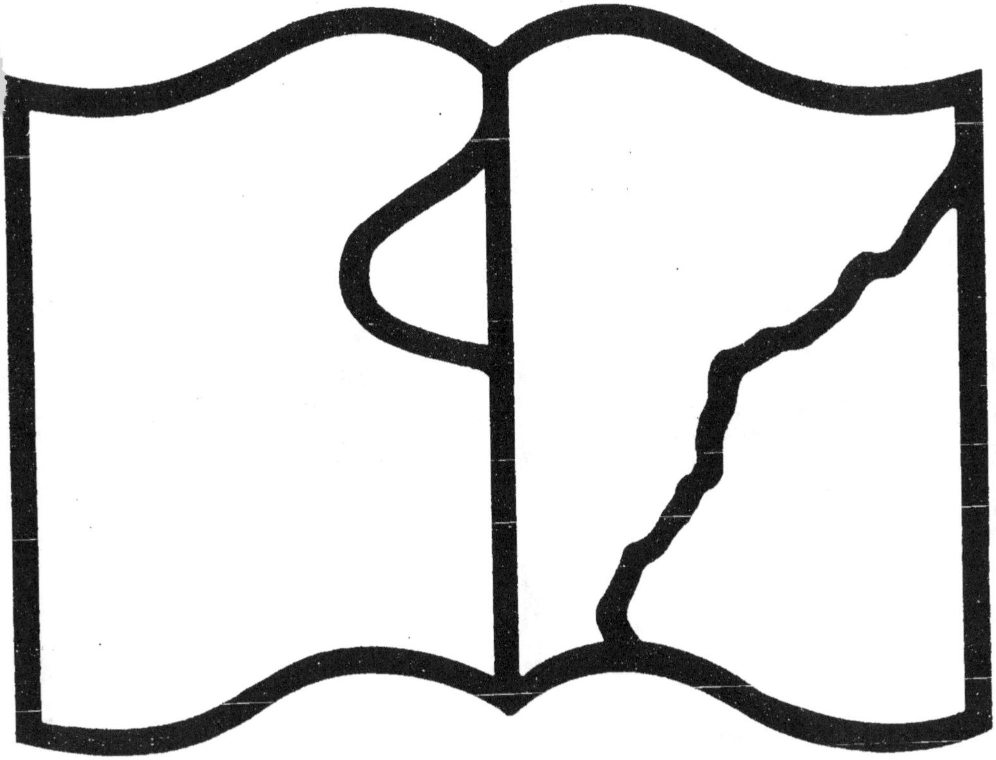

Texte détérioré — reliure défectueuse

NF Z 43-120-11

Contraste insuffisant

NF Z 43-120-14

EXPOSITION UNIVERSELLE DE 1900

PUBLICATIONS DE LA COMMISSION

Chargée de préparer la participation du

MINISTÈRE DES COLONIES

LES COLONIES FRANÇAISES

Un Siècle d'expansion coloniale

PAR

MARCEL DUBOIS
PROFESSEUR
A LA FACULTÉ DES LETTRES
DE L'UNIVERSITÉ DE PARIS

AUGUSTE TERRIER
SECRÉTAIRE GÉNÉRAL
DU COMITÉ DE L'AFRIQUE FRANÇAISE

PARIS

AUGUSTIN CHALLAMEL, ÉDITEUR

Rue Jacob, 17

Librairie Maritime et Coloniale

1902

EXPOSITION UNIVERSELLE DE 1900

PUBLICATIONS DE LA COMMISSION

Chargée de préparer la participation du

MINISTÈRE DES COLONIES

LES
COLONIES FRANÇAISES

Un Siècle d'expansion coloniale

PAR

MARCEL DUBOIS
PROFESSEUR
À LA FACULTÉ DES LETTRES
DE L'UNIVERSITÉ DE PARIS

AUGUSTE TERRIER
SECRÉTAIRE GÉNÉRAL
DU COMITÉ DE L'AFRIQUE FRANÇAISE

PARIS

AUGUSTIN CHALLAMEL, ÉDITEUR

Rue Jacob, 17

Librairie Maritime et Coloniale

1902

EXPOSITION UNIVERSELLE DE 1900

PUBLICATIONS DE LA COMMISSION

CHARGÉE DE PRÉPARER LA PARTICIPATION

DU MINISTÈRE DES COLONIES

EXPOSITION UNIVERSELLE DE 1900

PUBLICATIONS DE LA COMMISSION

Chargée de préparer la participation du

MINISTÈRE DES COLONIES

LES COLONIES FRANÇAISES

COMMISSION

CHARGÉE DE PRÉPARER LA PARTICIPATION

DU

MINISTÈRE DES COLONIES
A L'EXPOSITION UNIVERSELLE DE 1900

PRÉSIDENT

J. CHARLES-ROUX, délégué des Ministères des Affaires Étrangères et des Colonies, à l'Exposition universelle de 1900.

VICE-PRÉSIDENT

Marcel DUBOIS, professeur à la Faculté des Lettres de Paris.

SECRÉTAIRE

Auguste BRUNET.

MEMBRES

Marcel DUBOIS Professeur à la Faculté des Lettres de Paris. Auguste TERRIER Secrétaire général du Comité de l'Afrique française.	Histoire du développement successif des Colonies françaises depuis 1800. — Voyages d'exploration, campagnes, traités, missions.
Camille GUY Chef du service géographique et des missions au Ministère des Colonies.	Évolution économique des colonies françaises. — Régime commercial, régime financier, régime agricole et minier dans les colonies. — L'agriculture, les mines, l'industrie, le commerce. — Les travaux publics, les voies de communication. — Les banques coloniales.
A. ARNAUD et H. MÉRAY Inspecteurs des Colonies	Organisation administrative, judiciaire, politique et financière des Colonies.

J. IMBART de la TOUR Auditeur au Conseil d'État	Régime de la propriété. — Domaine public et domaine privé. — Gestion et mise en valeur. — Droits des indigènes. — Concessions.
F. DORVAULT Ingénieur chimiste agronome Ancien chef-adjoint du cabinet du ministre des Colonies.	Régime de la main d'œuvre. — Historique : Esclavage ; Colonisation pénale. — Immigration.
Henri FROIDEVAUX Docteur ès-lettres Secrétaire de l'Office Colonial près la Faculté des Lettres de Paris.	L'œuvre scolaire de la France aux Colonies. — Histoire des progrès de l'instruction publique dans les Colonies. — Enseignement secondaire et primaire. — Instruction des indigènes.
Victor TANTET Bibliothécaire-archiviste au Ministère des Colonies.	L'Œuvre de la France aux Colonies perdues pendant le xixe siècle. — Survivance de l'influence française. — Louisiane.— Ile Maurice.—Saint-Domingue.
Henri LECOMTE Agrégé de l'Université Docteur ès-sciences	La production agricole et forestière des Colonies : Principales cultures. — Cultures nouvelles. — Exploitations forestières. — Situation agricole des Colonies et comparaison avec les colonies étrangères.

LES COLONIES FRANÇAISES

I

UN SIÈCLE D'EXPANSION COLONIALE

EXPOSITION UNIVERSELLE DE 1900

PUBLICATIONS DE LA COMMISSION

Chargée de préparer la participation du

MINISTÈRE DES COLONIES

LES
COLONIES FRANÇAISES

Un Siècle d'expansion coloniale

PAR

MARCEL DUBOIS   Auguste TERRIER
PROFESSEUR   SECRÉTAIRE GÉNÉRAL
A LA FACULTÉ DES LETTRES   DU COMITÉ DE L'AFRIQUE FRANÇAISE
DE L'UNIVERSITÉ DE PARIS

PARIS

Augustin CHALLAMEL, Éditeur

Rue Jacob, 17

Librairie Maritime et Coloniale

1901

UN SIÈCLE D'EXPANSION COLONIALE

1800-1900

AU LECTEUR

L'étude d'histoire générale que nous avons été chargés d'écrire, à l'occasion de l'Exposition universelle de 1900, n'est que la préface des œuvres destinées à faire connaître la condition présente de l'empire colonial français. Nous voudrions montrer à travers quelles vicissitudes s'est reconstituée une France d'outre-mer, sinon égale en richesse à celle que nous avons perdue au XVIIIe siècle, du moins comparable à tout autre domaine, celui de la Grande-Bretagne excepté, et capable de nous dédommager, de nous récompenser même des sacrifices consentis.

Pour mener à bien cette lourde tâche, nous avons cru devoir, tout d'abord, rendre justice, par un récit impartial mais non indifférent, aux artisans de la conquête et de l'exploration des terres lointaines qui sont ainsi devenues françaises. Reconnaissance scientifique et occupation militaire semblent à quelques esprits des termes opposés et contradictoires ; et nous avons, dans l'intérêt de la clarté du récit, dissocié le plus souvent l'œuvre de la science et celle de la politique. Mais nous ne voudrions pas laisser croire que nous avons obéi à un parti pris doctrinaire. Le plus souvent, les mêmes hommes ont assuré à la France par les armes la possession des pays nouveaux et les lui ont révélés par l'exploration géographique, quand ils n'ont pas, du même coup, comme les Archinard, les Gallieni, les de Trentinian, posé les principes d'une mise en valeur prévoyante et humaine. Nous avons fait en sorte que, malgré l'inévitable nécessité de distinguer les divers modes de l'expansion coloniale française au XIXe siècle, l'unité morale de cette tradition de race et de ses serviteurs apparût aussi nettement que possible.

Si les inspirateurs contemporains de la politique coloniale française ont le droit de se déclarer solidaires, à bien des égards, de quelques traditions constantes qui révèlent, par des faits d'expansion, notre caractère national en ce qu'il a d'original et de fixe, du moins, il faut reconnaître que notre œuvre d'outre-mer évolua parfois dans ses préceptes et dans ses formes au cours du XIXe siècle.

Tout d'abord, la reprise de l'expansion coloniale de notre pays ne devient vraiment remarquable que dans la seconde moitié de cette période, exception faite de l'entreprise algérienne. Les faits essentiels, acquisition de vastes territoires en Afrique, à la suite d'explorations et de campagnes, constitution d'un domaine indo-chinois, consécration définitive de nos droits séculaires sur Madagascar, se sont accomplis à peu près exclusivement au cours des vingt dernières années. De 1802 à 1870 les soucis de la politique européenne avaient été prédominants dans les délibérations de nos chefs d'Etat et de nos ministres ; de 1870 jusqu'à nos jours l'activité colonisatrice prend le dessus.

Les causes déterminantes de cette activité ne sont plus rigoureusement les mêmes au XIXe siècle que dans les périodes antérieures de notre histoire ; la composition et l'emploi de l'empire colonial diffèrent également. Une révolution s'est accomplie qui a modifié le caractère de la métropole et par là même la nature de ses desseins coloniaux : la France, jusqu'alors agricole et commerçante, devient très rapidement un pays de grande industrie, sans se détacher toutefois de l'intérêt agricole, toujours prépondérant, dans la même mesure que la Grande-Bretagne. Désormais, la préoccupation dont on trouve l'indice dans la plupart des ouvrages traitant de la question coloniale, est celle de trouver à notre industrie de vastes débouchés : la fermeture ou le resserrement restrictif des marchés européens et des marchés d'outre-mer en pays de civilisation avancée, la naissance de nouveaux peuples industriels et maritimes en face des vieilles nations d'Europe, la concurrence très âpre qui en résulte, nous poussent à prendre ces « réserves », à occuper des « positions privilégiées ». Reste à savoir si l'application a répondu au dessein, si nous avons su, par des traités appropriés, nous appliquer et appliquer à nous seuls ces privilèges dont la perspective a inspiré notre politique coloniale.

Cette politique a donc été guidée, le plus souvent, par des motifs d'ordre commercial, et, le nombre des pays de peuplement encore libres demeurant très restreint, c'est dans les pays de climat tropical que la France a assis son œuvre nouvelle. La prépondérance des pays de cette nature dans la composition de notre domaine colonial, prépondérance de plus en plus accentuée, est un des traits saillants de l'expansion française de ce siècle. C'est ce qui rend dangereuse et précaire toute comparaison d'ordre général entre la colonisation française et la colonisation britannique, périlleux tout conseil général d'imitation.

Enfin, au cours de ce siècle, notre politique continentale a grandement réagi sur nos desseins coloniaux; la dépendance et la solidarité des deux ordres de faits deviennent de plus en plus étroites. « L'entente cordiale » avec la puissance rivale par excellence en matière de colonisation, la Grande-Bretagne, nous obligea, par définition, à restreindre l'essor de nos entreprises d'outre-mer. Sous Louis-Philippe, ce fut l'affaire Pritchard qui consacra ce recul ; et notre timidité, au lendemain de notre victoire de 1844 sur le Maroc, n'eut guère d'autre cause, d'autre excuse, voudrait-on dire. Sous le second empire la même recherche de l'alliance anglaise amena à Madagascar la première de ces conventions de grande allure et de mince résultat qui, faisant de la reine des Hovas une reine de Madagascar, ont remis en question des droits historiques précieux et une tradition jusque-là fidèlement revendiquée.

Il n'est pas davantage douteux que les variations de notre politique douanière ont réagi sur le caractère de notre politique coloniale. Nous n'avons, dans cette œuvre d'impartialité historique, à nous prononcer en faveur d'aucun système. Mais c'est seulement considérer la logique même des faits, que de noter combien les politiques du second empire, soucieux d'amener, par la transition de traités de commerce très libéraux, leur solution souhaitée du libre-échange, étaient portés à montrer une grande réserve en matière de politique coloniale ; car l'espoir de faire triompher l'absolue liberté des échanges implique nécessairement celui de voir s'ouvrir tous les marchés, colonies d'autrui ou pays libre, et exclut la hâte sinon le fait même des prises de possession. En revanche, le régime douanier des tarifs plus ou moins protecteurs, exige, en bonne logique, des mesures visant à réserver aux industriels et aux commerçants nationaux des marchés privilégiés aux colonies. Hâtons-nous d'ajouter que l'application des principes régulateurs de notre politique douanière s'est faite, sous l'un et l'autre régime, avec des tempéraments et des restrictions. Les ministres du second empire, si formelle que fût leur adhésion à la doctrine philosophique du libre-échange, furent conduits à atténuer les facilités primitivement données à la concurrence étrangère, en Algérie et ailleurs : et, au cours des dernières années de notre politique coloniale, on a vu les prises de possession territoriales les plus avantageuses contrebalancées par des concessions douanières *consenties à nos voisins et émules en Afrique. L'étude de l'influence exercée par notre politique économique sur notre politique coloniale est donc infiniment complexe et délicate, bien qu'elle soit incontestable.*

Il nous a été impossible de nous renfermer rigoureusement dans les limites chronologiques du XIXe siècle. L'an 1800 ne saurait avoir une signification essentielle, ni même importante, dans l'histoire des vicissitudes de notre empire colonial; et il n'est point de pire injustice que d'accuser les hommes politiques de la Révolution d'avoir subordonné leur conduite au mot célèbre et d'ailleurs dépourvu d'authenticité : « Périssent les colonies plutôt qu'un principe! » La plupart surent respecter, dans les traditions coloniales de l'ancienne monarchie, ce qu'il y avait de conforme au génie et à l'intérêt français. Nous avons donc été contraints de marquer l'évolution si curieuse des idées à la fin du XVIIIe siècle, pour introduire le lecteur à l'étude des événements d'outre-mer qui ne prennent tournure décisive que vers la paix d'Amiens.

Nous avons dû, pour nous conformer à un principe essentiel de la méthode historique, résumer le récit des faits contemporains qui sont présents à toutes les mémoires, et porter notre plus grand effort de documentation et de critique sur les périodes lointaines ou mal connues. On nous reprocherait avec justice de raconter les explorations d'un Brazza, les campagnes d'un Faidherbe ou d'un Gallieni, dont les moindres détails sont populaires ; nous avons fait œuvre plus utile, semble-t-il, et assurément plus nouvelle en ajoutant quelques traits à l'histoire coloniale du Directoire, du Consulat, du premier Empire, en montrant le mérite de la célèbre croisière de Dupetit-Thouars sur l'Océan Pacifique, en essayant de mettre en lumière les tentatives coloniales de Clauzel et de Bugeaud.

Si nous avons pu faire mieux connaître et plus aimer quelques épisodes de cette histoire de la plus grande France et quelques-uns de ses meilleurs artisans, nous le devons beaucoup à l'obligeance ou au savoir des nombreux amis des études coloniales. Aux archives du ministère des colonies, M. Tantet, notre collaborateur, nous a guidés et renseignés par son ingénieuse érudition autant que par son amicale courtoisie. Au ministère de la marine, M. Durassier a su abréger et inspirer nos recherches. Qu'ils acceptent tous deux l'hommage de notre sincère gratitude.

Nous n'oublions pas que nos prédécesseurs, les auteurs des « Notices coloniales illustrées », publiées à l'occasion de l'Exposition de 1889, nous ont frayé le chemin ; nous remplissons un agréable devoir de solidarité en rappelant leur utile et intéressant labeur.

En abrégeant l'histoire des explorations africaines les plus récentes nous rendons implicitement hommage aux nombreux collaborateurs du « Bulletin du comité de l'Afrique française » ; ces scrupuleuses annales d'une partie notable de notre expansion n'ont besoin ni de refonte, ni de compléments, ni de commentaires ; et nous savons que leurs lecteurs seront aussi les nôtres. Le « Bulletin de la Société de géographie de Paris », devenu désormais une excellente revue d'information et de science, la « Géographie », les publications de la « Bibliothèque de l'École libre des sciences politiques » ont aussi hâté et facilité notre labeur d'enquête.

L'un des deux auteurs de cette étude serait particulièrement ingrat s'il ne rappelait ce qu'il doit à nombre de ses élèves et anciens élèves du cours de géographie coloniale de la Sorbonne. S'il eut plaisir à susciter parmi la jeunesse le goût d'études historiques et géographiques consacrées à la France d'outre-mer, il a été grandement récompensé par l'éclosion d'un grand nombre d'œuvres originales de ce genre sous forme de thèses de doctorat de diplôme d'études supérieures, de licence ; mention fréquente sera faite de ces travaux d'érudition si réconfortants par leur caractère et leur valeur.

Nous avons également à cœur de rappeler qu'au moment où était nommée la commission officielle qui nous a délégué une part de sa tâche, M. Ernest Bousson, aujourd'hui chef de cabinet du préfet de Lot-et-Garonne, fut notre collaborateur. Si ses fonctions administratives l'ont constamment retenu loin de nous, il ne s'en est pas moins intéressé à l'œuvre de ses anciens collègues ; et il nous a gracieusement priés de rappeler cette primitive confraternité d'études.

Le texte de notre étude historique est aussi bref qu'il nous a été possible ; nous avons évité tout développement oiseux de questions déjà élucidées et connues, et avons consacré nos efforts à la mise en relief de quelques idées nouvelles et de leurs preuves.

Les proportions et le dessein de l'ouvrage nous ont interdit l'appareil, si recherché aujourd'hui, d'une bibliographie ; et nous avons mieux aimé pécher par omission de livres lus que par étalage de titres entrevus ou de couvertures soupçonnées. Nous savons d'ailleurs que notre confrère M. Henri Froidevaux, secrétaire du bureau colonial de la Sorbonne, prépare une œuvre bibliographique où science et conscience auront satisfaction.

Les documents les plus caractéristiques et les plus probants ont été réunis, à la fin de chacun de nos chapitres, dans des appendices, et, quand il le fallait, accompagnés de commentaires. Le lecteur pourra, à l'aide de ces recueils, fixer sa conviction d'après les témoignages authentiques et contrôler l'œuvre que nous lui soumettons de bonne foi, soucieux de préparer par notre effort d'autres découvertes de faits précis ou d'idées. Il nous a paru qu'il n'y avait point de meilleur moyen de célébrer la grande date à l'occasion de laquelle ce livre est composé.

INTRODUCTION

AU SEUIL DU XIXᵉ SIÈCLE

L'historien anglais Seeley, dont les études sur l'expansion coloniale de sa patrie sont justement devenues classiques, observe à plusieurs reprises que l'histoire britannique du xviiie siècle est généralement mal appréciée et même mal connue de ses compatriotes ; et il explique les erreurs de jugement les plus fréquentes et les plus graves par la coutume anglaise de classer les faits par règnes au lieu d'en considérer l'enchaînement rationnel. Il note, en particulier, qu'il y a cohésion parfaite entre les événements coloniaux datant de la révolution de 1688 et ceux dont la fructueuse consécration n'eut lieu pour la Grande-Bretagne qu'en 1815.

Ne devons-nous pas prendre à notre compte la philosophie de cette remarque, et chercher, dans l'histoire des idées et des mœurs de la fin du xviiie siècle, les origines de la politique coloniale de la Révolution, du Directoire, du Consulat et de l'Empire ? On s'exposerait à commettre une grave injustice en expliquant, par la naissance soudaine et quasi-miraculeuse d'une tradition nouvelle, ce que furent, au déclin du siècle dernier et à l'aurore du suivant, la politique et les pratiques

coloniales des orateurs et des hommes de gouvernement de la
Révolution française ; nombre de liens d'idées et de sentiments
les rattachent à la lignée des artisans monarchiques de notre
diplomatie maritime et coloniale, ce qui est tout à l'honneur
des uns et des autres. Ils tiennent, à tant d'égards, comme
leurs prédécesseurs immédiats, des « philosophes » et des
« économistes », que leur conduite est inexpliquée si nous ne
présentons, au début de cette étude, une esquisse des théories
et des tendances de l'âge pendant lequel ils furent formés. Et
d'autre part, jetés éperdûment dans une lutte héroïque contre
l'étranger, ils ont dû rompre avec nombre d'espoirs philosophiques et de chimères de leurs prédécesseurs, s'inspirer des
intérêts d'une défense souvent improvisée, c'est-à-dire devenir
hommes d'action. En lisant leurs écrits, en suivant le détail de
leurs actes, on peut se convaincre qu'ils sont, par leur sens
pratique qu'aiguisa l'épreuve, tout proches de nos plus anciens
colonisateurs et marqués des meilleurs caractères de la race et
de la tradition.

Il leur fallut un profond et clairvoyant patriotisme pour
rompre avec les suggestions des théoriciens, des utopistes ou
des frondeurs de la seconde moitié du xviiie siècle. Le désastre
de 1763 avait déterminé l'éclosion de dangereux doctrinaires
du renoncement colonial ; à l'aide de théories accommodantes
et de maximes frivoles on s'efforçait de démontrer au peuple
français qu'après tout, sa spoliation avait été, sinon un bien,
du moins une sorte d'anticipation du retour à sa vraie destinée.
C'est pourquoi la politique coloniale de la Révolution et des
régimes qui en furent ou s'en déclarèrent issus jusqu'en 1815,
fut une énergique reprise de nos traditions et une réaction
caractéristique contre les conseils de défaillance.

En effet, si l'opinion publique se passionne, à la fin du
xviiie siècle, avant la crise révolutionnaire, pour les questions
coloniales, ce n'est plus, comme jadis, en vue du seul intérêt

national. Désormais on s'efforce d'élucider des problèmes de
doctrine : on discute la réalité et la légitimité du bénéfice des
entreprises coloniales ; on se prononce en vertu de certains
principes de droit naturel, en vertu de doctrines économiques
qui expliquent ou paraissent expliquer la « richesse des nations ».
Les titres des ouvrages publiés à cette époque sont caractéristiques ; beaucoup sont des dissertations théoriques comme
le « Pour et le Contre » de Dubuisson et Dubuc publié en 1784.
Forbonnais, Morellet, Montesquieu, Adam Smith, font loi et
font école. On se désintéresse des questions de fait à force de
se passionner pour les problèmes de droit pur : et les dogmatiques remplacent les hommes d'action.

Toutefois, parmi les administrateurs de profession et les
hommes d'État, on comptait encore des représentants du vieil
esprit français. Les « Instructions » du baron de Bessner et
de Préfontaines sur l'établissement de colonies en Guyane,
attestent, comme l'a prouvé M. Henri Froidevaux par leur
publication et par son commentaire, beaucoup de savoir précis
et de sens droit (1). Mais l'exemple le plus caractéristique de
la persistance des traditions d'étude rigoureuse et de discernement est fourni par un mémoire (2) écrit en 1758, au moment
de nos premières épreuves de la guerre de Sept Ans. L'auteur,
« un simple citoyen qui ignore le secret du cabinet et les res-
« sources que les négociations peuvent avoir ménagées »,
montre à la fois une remarquable perspicacité diplomatique et
une entente merveilleuse des conditions de mise en valeur de
nos colonies. Solidarité de l'intérêt maritime et de l'intérêt
colonial, nécessité de réserver le plus possible à la métropole
les marchés coloniaux et de demander aux colonies une large

(1) Henri Froidevaux, *Recherches scientifiques de Fusée Aublet*, etc.. etc.
(2) Léon Deschamps, *Histoire de la question coloniale*, p. 261 et suivantes.

part des matières premières utiles à l'industrie métropolitaine,
ce curieux anonyme, qui était homme d'expérience, envisage
tout ce qui nous préoccupe aujourd'hui. Il montre, avec un sens
pratique fort aiguisé, une hauteur de sentiments, une largeur
d'idées remarquables ; chez lui point de théories chimériques,
point de souci de déterminer ce qu'est « une colonie en soi »
ou comment « tout peuple, en quelque pays que ce soit, peut
et doit coloniser ».

On a plaisir à lire ces pages d'une raison simple et robuste ;
elles consolent des fâcheuses railleries de Voltaire s'intéressant
à l'Inde sans doute beaucoup parce que « c'est le pays où
Pythagore vint s'instruire », et sûrement un peu « parce qu'il
était Français et avait une partie de son bien sur la Compagnie ».
Le grand homme a contribué à fonder une tradition, encore
vivace aujourd'hui, et dont les adeptes nous prêchent uniquement
l'imitation de l'étranger ; c'est le premier apôtre de la foi
en la « supériorité des Anglo-Saxons ». La célèbre lettre à
Chardon, du 5 avril 1767, l'atteste : « On a bien raison de dire
de la France : « Non illi imperium pelagi ». La fameuse phrase
dans laquelle il regrette que « deux nations civilisées soient en
guerre pour quelques arpents de neige au Canada » en a fait
oublier beaucoup d'autres qui ne sont ni plus sages, ni plus
généreuses.

Les politiques français qui allaient se trouver aux prises
avec l'Angleterre résolue à ruiner notre marine et le reste des
colonies, avaient été imbus aussi, dans leur enfance, de l'énervante
sentimentalité d'un Bernardin de Saint-Pierre. Ils avaient
pu lire ce curieux conseil : « Je croirai avoir rendu service à
« ma patrie, si j'empêche un seul honnête homme d'en sortir,
« et si je puis le déterminer à cultiver un arpent de plus dans
« quelque lande abandonnée. »

Les livres de doctrine raisonnée et de savoir profond n'étaient
guère moins décourageants pour la jeunesse du xviiiᵉ siècle

qui aurait rêvé de reconquérir nos colonies. En lisant Montesquieu, elle aurait appris que « l'effet ordinaire des colonies est
« d'affaiblir les pays d'où on les tire, sans peupler ceux où on
« les envoie... » L'illustre penseur croyait pouvoir conclure
avec mélancolie, de ses études d'histoire comparée de la colonisation, que le globe s'était notablement dépeuplé depuis la
fin de l'empire romain. « Personne », affirmait-il « ne voudrait
« de ces conquêtes à pareilles conditions ». Seules, quelques
régions privilégiées, qu'il oublie d'ailleurs de citer nettement,
et « dont les climats sont si heureux que l'espèce s'y multiplie
« toujours », valent la peine d'être colonisées.

Les mêmes philosophes, dont l'effort généreux a préparé la
Révolution française, en venaient à ne plus comprendre que
l'intérêt commercial de la colonisation, à lui subordonner, à lui
sacrifier tout le reste. On pourrait croire qu'ils eurent l'intention de consoler habilement leurs compatriotes de la perte du
Canada, de faire « à mauvaise fortune bon visage », s'ils
n'avaient procédé que par boutades. Mais il faut renoncer à
cette illusion en face de l'impitoyable dogmatisme d'un Montesquieu et de tant d'autres philosophes, économistes et historiens. Pour l'auteur de l'*Esprit des Lois*, l'objet des colonies
« est de faire le commerce à de meilleures conditions qu'on
ne le fait avec les peuples voisins »; les colonies sont des
« objets de commerce ».

Turgot n'avait point d'autre dessein. On sait avec quelle insistance il recommandait au roi, dans son *Mémoire sur la
guerre d'Amérique*, « de regarder les colonies non comme des
« provinces asservies, mais comme des Etats amis, protégés,
« si l'on veut, mais étrangers et séparés. » Tout ce que l'on
avait tenté depuis deux siècles, tout ce qu'avaient imaginé des
politiques tels que Henri IV, Richelieu et Colbert, c'était « l'illu-
« sion qui berce nos politiques ». Il fallait la dissiper au plus
vite, et « l'on s'apercevrait, par le peu de changement réel

« qu'on éprouvera, que cette puissance était aussi nulle et chimérique dans le temps qu'on en était le plus ébloui ».

C'est d'Angleterre que nous venaient ces doctrines incomplètes, surtout depuis l'accueil enthousiaste qu'avait reçu l'ouvrage, si curieux d'ailleurs et si digne de passionner, d'Adam Smith, *Recherches sur la richesse des nations*. Admirable programme pour la politique coloniale anglaise, programme incomplet et partiellement inapplicable en France. On ne voit pas que les ministres anglais aient été pressés d'ouvrir, comme il le conseillait, les vastes colonies de leur patrie au commerce de toutes les autres nations, qu'ils aient renoncé aux prises de possession militaire sous prétexte que l'activité du négoce était la seule et vraie manière de dominer; au reste l'état de notre domaine colonial, à la fin de l'ancienne monarchie, était tel en face des immenses possessions de l'Angleterre enrichie à nos dépens, que l'on comprend à merveille chez nos ministres le désir d'échanger, sous prétexte d'absolue liberté, des avantages si inégaux. En considérant la même disproportion, les politiques anglais ne pouvaient concevoir que le dessein de l'accentuer davantage; et ils mirent tout en œuvre pour le mener à bien, et achever l'œuvre si heureusement avancée en 1763. Il n'est pas malaisé de comprendre comment les dures épreuves des guerres de la Révolution firent brèche dans les dogmes philosophiques des Montesquieu et des Turgot, comment elles mirent à néant l'esprit frondeur des théoriciens ironiques de l'âge précédent : et pourtant c'est surtout par l'effort de notre commerce que les débris de notre ancien empire colonial étaient encore, en 1789, de quelque valeur.

II

LES COLONIES FRANÇAISES EN 1789.

Le domaine colonial de la France était bien, en 1789, fondé sur l'exploitation commerciale, comme l'avaient souhaité la plupart des économistes du siècle, tirant sans doute leurs conclusions idéales de cette réalité très particulière et originale, et prenant vite leur parti du désastre canadien. Un diplomate ne s'était-il pas consolé du traité de 1763, en estimant que, le Canada perdu, la France s'était débarrassée, au détriment de l'Angleterre, d'une chance de sécession et de révolte ? L'activité mercantile de la France coloniale de 1789 faisait naître, dans quelques esprits, de vastes espoirs et de graves illusions. Cette apparente richesse était précaire ; elle reposait sur une institution destinée à disparaître, l'esclavage ; elle dérivait d'un nombre très restreint d'exploitations agricoles et d'opérations mercantiles. L'antagonisme de l'état social des colonies et des mœurs de la métropole était une cause de ruine dont les observateurs les plus prévenus étaient contraints de percevoir l'imminence ; et l'attache d'intérêt qui liait la métropole aux colonies était elle-même fragile : elle ne tenait, dans la communauté française, que de rares provinces, et dans ces provinces que des groupes de privilégiés.

Un maître de la statistique, M. Émile Levasseur, a pu reconstituer, dans sa belle étude de la « population de la France » (1), une part des conditions démographiques de la France coloniale à cette époque. Les rapports de Hecker, de

(1) Émile Levasseur, *La population de la France*, tome III. La question a été reprise par M. Léon Deschamps, dans sa thèse de doctorat, « Les Colonies et la Constituante ».

Malouet et de Barnave, le célèbre « mémoire pour les gens de couleur », publié en 1789 par Grégoire, les recensements et les listes de l'état-civil conservés dans nos inestimables « Archives du ministère des Colonies », en particulier les études du « bureau de la Balance du Commerce », nous permettent d'estimer la valeur de la France d'outre-mer alors si réduite.

Sans doute le traité de Versailles (1783) avait atténué quelques clauses de la désastreuse convention de Paris. La restitution de Tabago consacrait par un maigre profit l'honneur de quelques heureuses rencontres dans les parages des Antilles. On ne pouvait prévoir alors ce que nous vaudrait un jour la rentrée en possession du Sénégal ; Indes orientales et occidentales semblaient infiniment plus précieuses, pour le peuplement comme pour le commerce, que le Soudan quasi-légendaire et la Guinée, destinée, croyait-on, à rester un pays de troc et de traite, un pays de faible ressource dès que l'esclavage aurait été aboli. L'idée de chercher en Indo-Chine une compensation à la perte de l'Inde, hantait les esprits les plus clairvoyants ; toutefois, si la concession de Han-lan, que nous fit Gialong dans la baie de Tourane (1787), pour reconnaître les services de l'évêque d'Adran, est considérée avec raison comme le premier jalon de notre politique nouvelle en Indo-Chine, il faut avouer que le gouvernement fit preuve d'une extrême timidité et ne sut nullement se mettre à la hauteur des initiatives privées. Le voyage de la Pérouse (1783-1787), suivi avec un intérêt plus constant dans ses préparatifs et dans ses résultats, ne nous valut aucune des compensations que le patriotisme de nos marins rêvait d'obtenir dans les parages du Pacifique.

Sauf Tabago et le Sénégal, rien ne s'ajoutait aux épaves de 1763. Du moins la condition des pays qui restaient attachés à notre communauté prouvait que notre œuvre coloniale n'avait pas été vaine, que nous avions su, au moins aussi bien que nos heureux rivaux, peupler, cultiver, ouvrir au commerce;

à titre de témoignages ces rares colonies valaient beaucoup et montraient combien, dès cette époque, se trompaient les juges trop prompts qui voyaient dans nos revers la juste punition d'une incapacité nationale.

L'Atlantique, soit sur sa face américaine, soit sur ses côtes d'Afrique, était garnie de postes français que visitaient en nombre nos navires. Si Saint-Pierre et Miquelon ne portaient guère que 1200 habitants, apparentés à la grande famille du Canada français, 7000 marins y venaient, chaque année, pêcher sur les bancs.

A cette école se formaient de rudes matelots qui, pendant les guerres de la Révolution et de l'Empire, allaient l'illustrer dans une lutte inégale contre l'Anglais. Aux Antilles nous comptions près de 600.000 sujets dont la moitié à Saint-Domingue ; les familles de notre race y étaient nombreuses, puisqu'on y estimait la population blanche à plus de 80.000 personnes. La Guyane, encore garnie de quelques-unes de ces belles cultures décrites par Buffon, renfermait près de 2000 Français. En Afrique, un noyau à peu près aussi important (2000 à 2500) de colons et de traitants était groupé dans nos comptoirs du Sénégal.

Sur l'Océan Indien, nous demeurions bloqués, depuis la perte de la grande péninsule centrale, dans nos anciens avant-postes et ports de relâche de l'Inde, l'Ile-de-France et Bourbon. Là, du moins, nous avions, dans les deux îles-sœurs près de 30.000 colons de sang français, tout prêts à seconder notre expansion à Madagascar, et capables, le cas échéant, de reprendre leur rôle de ravitailleurs des forces métropolitaines dirigées contre l'Inde ; car là était le point d'appui des croisières et des expéditions de débarquement, nos 80.000 sujets des établissements Indiens étant désormais étroitement bloqués, avec leurs pauvres troupes de police, sur des territoires dispersés et restreints.

Ces ressources restreintes, en territoires et en hommes dévoués à la mère-patrie, auraient peut-être permis une efficace résistance s'il n'y avait eu, dans le gouvernement et l'administration coloniale de la fin de l'ancien régime la même incohérence, les mêmes manies d'essais sans netteté, qu'en France même. La concession de droits étendus aux colons de race blanche avait pour premier résultat de creuser l'abîme entre les Français et les indigènes de diverses conditions dont on prévoyait le plein affranchissement à brève échéance. En permettant aux colons (1780) d'envoyer des députés auprès du Conseil Colonial, en créant (1788) des « assemblées coloniales » analogues aux « assemblées provinciales » de France, on semblait vouloir prendre d'avance des gages contre le reste de la population que le droit civil maintenait, à peu de chose près, dans la condition inscrite au « Code noir ».

Un autre danger naissait de l'existence de classes intermédiaires, petits-blancs, mulâtres, et affranchis, capables, suivant leur intérêt, d'agglomérer et de préparer à la révolte la population esclave, ou d'aggraver, si on les rapprochait des blancs par quelques concessions, les raisons de défiance et de haine dont l'étranger saurait se servir en cas de guerre. On n'en était plus, sauf dans le parti des propriétaires de grands domaines, à la maxime formulée par Dubuc, dans ses *Lettres critiques et politiques à M. Raynal* : « Des nègres et des vivres pour les nègres, voilà toute l'économie des Colonies » ; mais, par des atermoiements, et des demi-mesures, on se préparait à rendre inutiles les efforts mêmes de philanthropie que nombre de colons avaient faits de bonne foi. On allait mécontenter tout le monde par des équivoques et préparer la révolte contre toute mesure énergique.

L'activité du commerce, si grande qu'elle fût, masquait incomplètement ces périls ; elle reposait sur l'inégalité sociale, sur le maintien de la traite ; et les mêmes philosophes, les mêmes économistes, qui avaient prédit et souhaité la fin de l'esclavage, avaient cependant vanté les mérites absolus d'une colonisation reposant sur le commerce. Certes les chiffres du négoce colonial étaient considérables. Au dire de Goudard qui rédigea en 1789 un « Rapport sur le commerce de la France », les échanges de la métropole avec ses colonies dépassaient une valeur de 700 millions de livres, partagée à peu près par moitié entre les importations et les exportations. Les seules colonies des Antilles donnaient lieu à un mouvement d'affaires de 300 millions de livres : Saint-Domingue comptait presque pour les deux tiers.

Ce commerce occupait près d'un millier de navires, c'est-à-dire un cinquième de la marine marchande coloniale. Au dire de LaRochefoucauld-Liancourt, dont le témoignage ne repose que sur des présomptions et des raisonnements par analogie, trois millions de personnes vivaient en France des industries et du trafic dérivés des cultures coloniales. Le chiffre le plus tristement authentique est celui qui représente la valeur de la traite : les négriers de France traitaient, chaque année, pour une somme variant de 50 à 60 millions de livres et réalisaient un bénéfice de 6 à 7 millions. Ajoutons que l'Etat les aidait à obtenir ces résultats avantageux en leur allouant 2 à 3 millions de primes diverses.

En France même de puissantes industries transformaient les matières premières exportées par nos colonies ; et il semblait à beaucoup qu'il y eût là un lien d'intérêt puissant et durable. En 1788 les fabricants de la métropole firent, sur la revente des sucres raffinés et des mélasses, un bénéfice d'environ 20 millions de livres. On a estimé, en étudiant les origines de notre industrie cotonnière, que nos manufactures normandes de filature et de tissage importaient, vers la même date, environ 90.000 quintaux de cotons provenant de Saint-Domingue et de Cayenne : la vente des tissus de cette région à l'étranger représentait annuellement 8 à 10 millions de livres.

Pourtant l'épreuve de l'instabilité du régime douanier n'avait pas été épargnée à ce commerce. Il s'était développé, à l'origine, sous la protection de l'« Exclusif » de Colbert ; et pendant longtemps il avait paru bon à la plupart des Français, négociants ou autres, que les colonies fondées par un État fussent exploitées au bénéfice de ce même État, et que le bénéfice allât au pays d'où était venu le premier sacrifice d'exploitation et de mise en valeur. Mais la perte de notre meilleure colonie de peuplement, la prépondérance des pays fournisseurs de denrées alimentaires et de matières premières dans le lot qui nous restait, tout inclinait les esprits vers la doctrine de la supériorité d'une exploitation commerciale. Cette adhésion à la doctrine nouvelle dont Adam Smith était le plus éloquent apôtre, dont Turgot était l'adepte convaincu, impliquait la recherche de tous les moyens capables de stimuler le trafic : et au nombre de ces moyens était l'ouverture plus large de nos marchés coloniaux à l'étranger, et surtout par là même l'ouverture des marchés étrangers aux planteurs de nos colonies et aux industriels de la métropole intéressés dans le trafic colonial. L'arrêt du 30 août 1734, permettant l'échange des colonies avec l'étranger pour une catégorie déterminée de produits, avait été un premier pas dans cette voie ; toutefois il ne faut pas exagérer la portée de cet acte, car peu d'articles inscrits dans cette catégorie faisaient concurrence aux produits de la métropole. La concession avait été plus symbolique que réelle.

Le dommage résultait surtout de l'instabilité prodigieuse du régime des compagnies privilégiées, tantôt dessaisies, tantôt remises en possession de leur monopole, sans qu'on pût toujours nettement démêler les causes de ces rapides vicissitudes. En 1785, après 16 ans d'essai de libre commerce dans l'Inde, on avait reconstitué le monopole de la compagnie des Indes orientales. En 1779, la compagnie du Sénégal, précédemment dissoute, avait été rétablie et munie à nouveau de son privilège de traite des esclaves. La plainte des petits armateurs et des négociants contre le monopole et la mauvaise gestion des compagnies privilégiées est générale et vive en France pendant les dernières années qui précèdent la Révolution.

Enfin les relations commerciales entre la France et les grands états étrangers s'étaient modifiées, sans qu'on fît autre chose que des essais souvent brusques et mal appropriés à la condition des échanges et à la disposition des esprits. Au traité de navigation et de commerce, conclu le 26 septembre 1786 avec l'Angleterre avait bientôt été jointe une convention additionnelle du 11 janvier 1787 qui était un acheminement vers l'absolue liberté des échanges et renfermaient notamment la clause de la nation la plus favorisée pour les marchandises non spécifiées dans le texte. C'était un « traité de réciprocité et de « convenances mutuelles... devant mettre fin à l'état de prohi- « bition existant depuis près d'un siècle entre les deux nations. » L'expérience avait été appréciée aussi sévèrement en Angleterre qu'en France ; et en particulier l'échange des denrées coloniales provenant des entrepôts des deux métropoles avait grandement gêné les coutumes commerciales des armateurs et négociants dans l'un et l'autre pays. L'essai d'un traité « libéral », du 19 décembre 1787, entre les États-Unis et la France, avait amené de part et d'autre des récriminations analogues.

Ainsi l'organisation commerciale elle-même, sur laquelle des philosophes optimistes fondaient l'espoir du rétablissement de notre puissance coloniale, sans effort d'extension nouvelle, portait les germes d'une prochaine décadence. Aussi a-t-on lieu de s'étonner que des historiens de la colonisation aient estimé le « domaine colonial de 1789 supérieur à celui d'aujourd'hui en « valeur internationale (1) ». L'état de prospérité commerciale

(1) Léon Deschamps, *La Constituante et les Colonies*, p.31. « Il ne paraît

de 1789 était le résultat de plus d'un siècle d'exploitation à outrance par le travail servile ; et ceux qui souhaitaient le plus ardemment la suppression de ce travail forcé ne se rendaient pas compte, si facile que fût l'observation des faits, qu'on ne pourrait de longtemps remédier aux maux d'une libération.

Il ne s'agit pas ici de mettre en doute la bonne volonté des gouvernants, mais seulement d'expliquer les causes profondes de la décadence prochaine de nos colonies. Avouer que le roi Louis XVI s'intéressa passionnément aux questions maritimes et coloniales, qu'il accueillit les énergiques conseils d'un de Vergennes avec faveur, qu'il gagna beaucoup sur l'esprit de Turgot, n'est que justice. Lorsque le roi communiqua à l'hôtel de ville de Paris, en 1785, les instructions qu'il donnait à la Pérouse pour son grand voyage autour du monde, il fut reçu avec enthousiasme ; et même ce fut à ce propos que la municipalité parisienne forma le vœu qu'il fût fondé une société de géographie. On fit à Suffren, après ses victoires dans l'Inde, une réception triomphale. Chacun espérait qu'à défaut d'un domaine peuplé de Français, comme le Canada, nos colonies conservées, par leur commerce encourageraient le développement de la marine, et nous donneraient les moyens de hâter la revanche contre l'Anglais. L'Inde continuait à intéresser l'opinion publique ; et l'abdication n'était point tenue pour définitive. Mais on se faisait illusion sur les chances de durée de la prospérité commerciale de nos colonies.

Une des erreurs les plus familières des historiens de la colonisation consiste à supposer, avant notre époque de communications rapides et aisées, d'échanges d'idées faciles et constantes, une France tout entière intéressée aux œuvres de colonisation et solidaire, d'un bout à l'autre du territoire,

donc pas exagéré de dire que le domaine colonial de 1789 était supérieur à celui d'aujourd'hui en valeur internationale. Il l'égalait au moins en valeur intrinsèque. »

dans l'exploitation de notre domaine d'outre-mer. Il s'en fallait de beaucoup qu'il en fût ainsi en 1789 : l'unité morale et sociale du pays n'étant pas encore achevée, on comprend quels obstacles l'esprit provincial et l'esprit corporatif mettaient aux entreprises de négoce lointain. A la veille de la Révolution, les hommes instruits étaient en mesure de disserter, dans toutes les provinces, sur l'utilité des colonies en s'inspirant de Montesquieu, de Turgot et d'Adam Smith ; il n'était lettré qui se refusât à envisager les avantages et surtout les inconvénients de l' « exclusif » ou « pacte colonial » de Colbert. Mais la connaissance précise de la condition de nos colonies était bornée à la population de nos provinces maritimes et de quelques régions industrielles ; encore chaque province s'intéressait-elle, d'une manière spéciale, à quelques colonies. Nantes avait la primauté parmi les ports qui se livraient aux opérations de la traite. La même ville, puis Bordeaux, Marseille, Dieppe, Orléans et Paris étaient en relations, grâce à leurs puissantes raffineries, avec les colonies de plantations de canne à sucre. Marseille joignait à son trafic traditionnel du Levant et d'Algérie d'actives négociations avec l'Inde, le Sénégal et le royaume de Juda en Guinée ; Bordeaux traitait aussi des gommes de Guinée et des divers articles de traite en Afrique occidentale. Dieppe et Rouen recevaient les cotons de Saint-Domingue et de Cayenne. De nos ports de Normandie et de Bretagne partaient les flottilles de pêche à destination des bancs de Terre-Neuve.

Non seulement les efforts des diverses provinces maritimes et des villes d'industries coloniales étaient dissociés ; mais, dans les discussions dogmatiques qui préparaient l'œuvre philanthropique de la Révolution, apparaissait déjà l'antagonisme des pays de commerce colonial attachés, par intérêt, soit à la traite soit au maintien des noirs en condition inférieure, et de la France continentale dévouée à des réformes dont elle ne devait point sentir le dommage. Doctrines et intérêts, le plus souvent connexes, prédisposaient les esprits au conflit, rendaient difficile la solidarité d'efforts sans laquelle les débris de l'empire colonial français ne pouvaient demeurer attachés à la métropole. En France même étaient les germes de la sécession de nos pays d'outre-mer. Est-il donc étonnant que des esprits, même éclairés et animés du meilleur patriotisme, aient souvent, au cours des guerres de la Révolution et de l'Empire, regardé les colonies comme une gêne, sans compensation aucune, pour la politique continentale à laquelle nous vouaient des coalitions inspirées et nouées par l'Angleterre, notre constante rivale en puissance coloniale et maritime : et ne doit-on pas, pour juger équitablement nos politiques, tenir compte de ces terribles oppositions de sentiments et d'intérêts qui se répercutaient de la métropole aux colonies et des colonies à la métropole ? L'hésitation ne fut-elle pas dans leurs desseins parce que l'incohérence se révélait à la première analyse des hommes et des ressources dont ils semblaient disposer pour agir ? La France, homogène et unie contre l'ennemi européen, ne pouvait encore inspirer à ses gouvernants la même confiance dans l'enthousiasme de l'effort dès qu'il s'agissait d'entreprises d'outre-mer. Sous l'ancienne monarchie, un ministre se déshonora en déclarant qu'on ne pouvait veiller « aux écuries quand le feu était à la maison ». Pendant la Révolution, le Consulat et l'Empire, le feu qui menaçait la « maison » était plus grave encore, mais il s'étendait spontanément aux « écuries ». Et pourtant on ne désespéra point ; et à défaut de forces, on maintint obstinément la tradition et le droit.

PREMIÈRE PARTIE

1800-1830

CHAPITRE PREMIER

RÉVOLUTION, CONSULAT ET EMPIRE

1° DE 1789 A LA PAIX D'AMIENS (1802)

SOMMAIRE

Le caractère général de cette période. — Plans révolutionnaires d'organisation des colonies. — L'esprit de tradition coloniale dans les assemblées révolutionnaires. — L'opinion publique coloniale pendant la révolution. — Quel secours les colonies peuvent attendre de la marine. — Politique agressive de l'Angleterre. — Essai de reconstitution de la marine. — Politique conciliante envers les Etats-Unis. — Les missions des représentants aux colonies. — La défense locale aux colonies. — Affaire de Saint-Domingue. — Perte de nos colonies de l'Inde. — Evénements d'Indo-Chine. — Tentatives de descente en Angleterre ; leur valeur à l'égard de la politique coloniale. — Signification coloniale de l'expédition d'Egypte. — Projets d'attaque de l'Inde par terre. — Politique dans le Levant. — Paix d'Amiens, sa valeur.

Nous avons essayé de montrer, dans une brève introduction, combien était précaire, sous de brillantes apparences, la condition de notre domaine colonial en 1789. C'est dire que les assemblées et les gouvernements qui, de 1789, à 1802, eurent à organiser nos colonies, reçurent en réalité l'héritage de difficultés graves dont les symptômes seuls s'étaient fait sentir dans les dernières années de l'ancien régime. Qu'on ajoute la longue durée de l'état de guerre qui fut perpétuel de 1793 à 1802, l'immixtion de l'étranger à main armée ou à prix d'argent dans la plupart des troubles, et l'on sera porté à juger avec quelque indulgence leur politique coloniale, à comprendre qu'ils ne pouvaient songer à l'expansion, mais tout juste à la défense des débris de la France d'outre-mer. Estimer que la France passa tout à coup alors de l'ordre au désordre, de la bonne administration à l'anarchie, c'est oublier la constance de la tradition politique anglaise qui visait à achever l'œuvre de spoliation de 1763, à nous reprendre les maigres réparations obtenues au cours de la guerre d'indépendance américaine et mettre au compte de la France, à titre de défaillances, ce qu'on voulait et préméditait de l'autre côté du détroit, à titre d'agression.

Pendant la période de guerres à peu près continues que termine la trêve si précaire de la paix d'Amiens, on trouverait difficilement l'expression d'un plan rationnel soit d'expansion, soit de défense coloniale ; le temps des délibérations et des discussions de principes est passé, il s'agit de vivre.

C'est, naturellement, en analysant les conditions de la lutte spéciale contre l'Angleterre qu'il est permis d'apprécier les moyens de diplomatie et de guerre auxquels s'arrêtèrent des hommes d'État disposant d'une marine amoindrie, d'une armée qu'il fallait, sous peine de mort, adapter aux conditions nouvelles et impérieuses de la guerre continentale. De ce caractère original et volontairement recherché des ressources militaires de la France, dérive le caractère des opérations engagées contre l'ennemi maritime. Assurément, à bien des égards elles rappellent et continuent le passé ; ni le projet de descente en Angleterre, ni le dessein de faire de la Méditerranée, plus éloignée des bases d'opération anglaises, le théâtre de nos manœuvres combinées de terre et de mer, ne sont, à strictement parler, des innovations politiques et stratégiques des hommes de guerre de la Révolution. L'originalité, néanmoins très grande, réside dans la proportion différente des efforts maritimes et continentaux associés.

Dans cette période de crise les plans d'organisation, à peine ébauchés, durent faire place à des plans de défense ; on ne peut donc se demander si l'œuvre coloniale de la Constituante, de la Législative et de la Convention auraient bien ou mal servi la cause de l'expansion ; la question ne saurait être utilement posée.

C'est par une série de mesures transitoires (1) que l'on en vint à la déclaration de principes contenue dans la « Constitution de l'an III » : « Les colonies sont parties intégrantes de la République et sont soumises aux mêmes lois constitutionnelles.» La Constituante avait donné aux seuls colons blancs le droit d'élection s'appliquant aux « Assemblées coloniales » qui jouissaient de prérogatives restreintes ; elle leur avait attribué un mode de représentation dans le parlement métropolitain. Tout d'abord les « noirs libres et propriétaires, fils de père et mère libres », avaient été déclarés citoyens actifs, en mai 1791 ; en 1792 le même régime avait été étendu à tous les noirs libres, sans distinction d'origine ; enfin le 4 février 1794 l'esclavage était aboli. Il était inévitable que ces dispositions législatives n'aboutissent pas, faute de préparation suffisante, à une véritable fusion des classes et des races. Toutefois on doit reconnaître que, dans quelques épisodes de la lutte contre l'étranger, les mesures d'atténuation partielle des inégalités, ou d'affranchissement, portèrent leurs fruits et déterminèrent un véritable mouvement de patriotisme, comme à la Martinique.

De même, il n'est que juste de reconnaître que les assemblées révolutionnaires cédèrent peu à la sollicitation des doctrines absolues dont les philosophes et les économistes avaient recommandé l'application en matière commerciale. Tous leurs efforts visèrent à rapprocher les colonies de la métropole par

(1) Voir à ce sujet le livre de M. Léon Deschamps, *La Constituante et les colonies.*

une généralisation des échanges rendus plus libres, et par la destruction des monopoles. Le commerce des Indes fut déclaré libre et ouvert à tous dès avril 1790, bien que Lorient et Toulon conservassent une destination spéciale, à seule fin de faciliter les perceptions du fisc. Les taxes d'entrée et de sortie qui grevaient si lourdement le trafic de nos nationaux avec les Colonies d'Amérique, soit en France, soit aux Antilles, furent en grande partie supprimées. La Convention en vint à une complète libération et, en abolissant les douanes entre la France et ses colonies, appliqua le principe énoncé dans une déclaration de la Constituante : « Le commerce des Colonies « est un commerce entre frères, un commerce de la nation « avec une partie de la nation. » On doit même à la Convention (septembre 1793) l'ouverture la plus caractéristique de réaction contre les stipulations douanières imprudentes de la fin de la monarchie : elle décréta que tout le commerce colonial devrait être fait sous pavillon français.

Si l'on veut se rendre compte de l'intérêt que portait le peuple français aux œuvres de colonisation, quand il fut enfin mis en mesure de donner un avis par l'organe de ses représentants, il faut consulter le recueil des « cahiers de 1789 ». L'enquête sommaire qu'a faite sur cette question un récent historien de la politique coloniale des Constituants (1) prouve que l'opinion publique n'est nullement hostile aux entreprises d'outremer, qu'elle n'a pas été profondément atteinte par les déclarations pessimistes des économistes et des philosophes. Nombre d'auteurs de cahiers « exprimaient nettement l'idée qui a été, « depuis Henri IV, et sera, pendant la Révolution, répétée à satiété, que sans colonies il n'est pas de commerce, et sans « commerce, pas de marine ni de défense... C'est assurément

____

(1) Léon Deschamps, *La Constituante et les Colonies*, p.39 et suiv.—Lire tout le début de ce chapitre intitulé : Les cahiers de 1789.

« un honneur, pour cette génération surmenée d'à priori, d'a-
« voir, en cette matière, établi son jugement sur l'expérience ».
C'est ce même esprit de tradition, de prudente critique du passé
toutes les fois que l'intérêt national est un jeu, qui inspire les
ministres et les commissaires qui font acte d'autorité aux
colonies.

Une des causes qui rendirent particulièrement difficile, pendant les guerres de la Révolution, non seulement l'expansion
coloniale, mais la défense même de nos peu nombreuses possessions d'outre-mer, fut l'émigration d'un nombre considérable d'officiers expérimentés de la marine et des troupes
employées aux colonies. Il semble prouvé, en dépit des déclarations ministérielles, qu'à la fin de l'année 1791, près de
300 officiers sur 800 étaient absents sans congés réguliers, ce
qui signifiait pour beaucoup le renoncement définitif et volontaire à leurs fonctions (1). Or non seulement les « collets
bleus » formaient une catégorie d'officiers très distingués par
leur connaissance de la navigation et de la guerre maritime ;
mais c'est dans leurs rangs qu'on avait continué de recruter
les gouverneurs de colonies et les commandants des troupes
chargées de leur défense et des multiples opérations d'embarquement et de débarquement, alors si longues et délicates. On
ne pouvait improviser le remplacement d'un personnel d'élite
qui avait fait ses preuves.

Nous avions perdu nos colonies, sous le règne de Louis XV,
pour avoir prêté aux querelles continentales une attention telle
que nos intérêts maritimes et coloniaux en devaient nécessairement souffrir. Il est classique en France, parce qu'il fut
d'abord classique en Angleterre, d'opposer à cette funeste
« distraction » de nos hommes d'Etat la sagesse des diplomates britanniques qui s'appliquèrent avec une indomptable

(1) Cf. Léon Deschamps, *La Constituante et les Colonies*, p. 159-160.

ténacité à notre spoliation coloniale; cette importation de doctrines historiques, de la rive septentrionale du détroit à la rive
méridionale, paraît être un fait normal depuis plus d'un siècle.
Reste à savoir s'il ne serait pas à la fois plus simple et plus
proche de la vérité de dire que notre condition géographique
d'Etat soudé au continent rendait pénible sinon impossible à
nos ministres la sagesse à laquelle les Anglais étaient conviés,
sinon prédestinés, par leur qualité d'insulaires. Les hommes
d'Etat révolutionnaires, et Bonaparte, premier consul ou empereur, se heurtèrent au même obstacle qui est un obstacle
naturel autant et plus qu'historique; querelles de Frédéric II
et de Marie-Thérèse ou grandes coalitions, le conflit d'intérêt
conserva, sous des apparences diverses, beaucoup des mêmes
caractères. Si l'Angleterre a toujours encouragé, dans son intérêt, les rivalités des peuples continentaux, la force même
des choses lui donnait beau jeu : ces peuples et leurs chefs
ont plus ou moins accru les chances naturelles de l' « insulaire ».

C'est la lutte contre l'Angleterre qui fait l'unité de toute
notre histoire coloniale, si triste, si pleine d'humiliation, depuis
le début des guerres révolutionnaires jusqu'à la chute de l'Empire. Au moins peut-on rendre cette justice aux représentants
des divers régimes sous lesquels vécut notre pays, qu'à de
rares exceptions près, ils eurent le dessein de rester fidèles à
nos traditions coloniales, quoique les interprétant de manières
fort différentes, et qu'il y eût, de la part de nos rivaux d'Outre-
Manche, un parti pris d'offensive, de spoliation, parfaitement
caractérisé. Lord Auckland ne déclarait-il pas, en 1793, qu'il
voulait réduire la France « à un vrai néant politique »? Au
cours de la guerre montagnarde, l'Angleterre subventionna
nos guerres civiles, bloqua et attaqua nos côtes de concert
avec les émigrés, ruina le crédit public par l'introduction d'as-
signats falsifiés, recueillit le bénéfice de trahisons comme celle

de Toulon. Bref elle ruina notre marine dans le but de saisir plus facilement nos colonies.

L'inspirateur de cette politique d'intervention perpétuelle et d'hostilité à outrance, William Pitt, ne cachait nullement son dessein préféré de rayer la France du nombre des puissances coloniales : c'est ce qu'il entendait en déclarant qu'il fallait « détacher la France du monde commercial », et Barère ne s'y trompait point en poussant la Convention à publier un « acte de navigation » contre « l'île marchande ». Toutes les mémorables rencontres de nos marins de la Révolution avec les escadres anglaises sur nos côtes bloquées sont des épisodes mêmes de la guerre coloniale; une part notable du convoi que sauva l'héroïque bataille du 1er juin 1794, où périt le « Vengeur », venait de Saint-Domingue. L'amiral anglais Hotham, lorsqu'il paralysait l'escadre française de Martin en 1795, et se rendait maître de la Corse, croyait nous ravir les chances de succès que nous donnait notre politique traditionnelle dans les pays barbaresques et dans le Levant, et prenait des gages contre des adversaires que le développement d'une forte armée continentale porterait à agir en Egypte pour maîtriser la puissance britannique dans les Indes. Les corsaires français qui, de 1793 à 1795, prirent près de 500 navires anglais, étaient des marins familiers avec nos colonies et soucieux de les défendre partout.

En travaillant à l'improvisation d'une nouvelle flotte de guerre et d'un nouveau personnel, les conventionnels savaient travailler au salut des colonies françaises. Aussi doit-on rappeler ici les merveilleux efforts de Jeanbon Saint-André (1) pour concentrer à Brest des navires, des approvisionnements

____

(1) Nous croyons savoir qu'une thèse de doctorat ès-lettres, consacrée à l'œuvre de Jeanbon Saint-André, sera prochainement soutenue par M. Lévy-Schneider, agrégé d'histoire et de géographie.

et des équipages choisis beaucoup moins au hasard qu'on ne le croit et en tout cas instruits avec une ardeur méthodique. Dès l'année 1791, 34 écoles de navigation avaient été créées dont les élèves, quoique formés en hâte, rendirent d'excellents services : et c'est encore rappeler un titre de la Convention à la reconnaissance des amis de notre expansion coloniale que de citer des décrets qui instituèrent trois « Ecoles spéciales » d'un degré supérieur, à Brest, à Toulon et à Rochefort ; car c'est de cette institution qu'est sortie notre « école navale ». Il n'y eut, au milieu même des plus dures épreuves, ni relâchement de l'ardeur coloniale, ni mépris de la tradition maritime.

S'il est un groupe de faits diplomatiques qui montre clairement le parti délibéré des diplomates révolutionnaires de respecter, dans la tradition de l'ancien régime, ce qui était salutaire à l'intérêt français, c'est bien l'ensemble des négociations engagées avec les Etats-Unis d'Amérique pour les entraîner contre l'Angleterre. En dépit d'imprudences, d'ailleurs peut-être voulues et purement apparentes, il y eut là un dessein cohérent et suivi. Renoncer au Canada était, hélas ! la condition beaucoup plus impérieuse que jadis d'une entente avec la république américaine, et l'on dut s'y soumettre pour se créer quelque chance d'un arrangement offensif. Au reste il ne faut pas oublier que l'opinion de la plupart des partisans de l'expansion coloniale, pendant la période révolutionnaire, est guidée par l'espoir des bénéfices commerciaux ; or le négoce des denrées coloniales dont on attendait les plus sûrs profits avait pour théâtres privilégiés l'Inde et les Antilles ; les exploits très populaires de nos corsaires s'exerçaient sur des cargaisons anglaises d'indigo, de sucre et de coton, et le Canada, peuplé d'un groupe de colons français dont la délivrance semblait devoir venir d'une intervention des Etats-Unis, république comme la France, ne pouvait donner lieu à d'aussi actives transactions. Tout fut donc tenté, à l'exclusion de nos revendications tradi-

tionnelles (et on agira de même sous le Consulat et l'Empire),
pour attirer les Etats-Unis dans une coalition anti-anglaise : la
cause coloniale française ne pouvait qu'y gagner, par une répercussion toute naturelle. Envisagées ainsi, la mission Genet,
bruyante et destinée à soulever l'enthousiasme américain,
comme Franklin avait soulevé l'enthousiasme français, l'ambassade de Fauchet, plus réservée d'allure, servirent la même cause.
En 1794 la rupture, grâce aux maladresses fiscales de l'Angleterre, faillit se produire ; mais le traité Jay (novembre 1794)
brouilla au contraire les deux républiques et excita à Paris une
aigreur si justifiée qu'on en vint à la guerre de tarifs et même
à quelques rencontres à main armée entre Américains et Français. Adams empêcha les hostilités décisives par crainte des
excès de fédéralistes ; et quand Bonaparte eut renversé le Directoire, il conclut avec Jefferson l'arrangement du 19 décembre 1801. Déjà il avait résolu de renoncer à toute politique
coloniale offensive dans les parages américains, tant pour ménager la dangereuse susceptibilité des Etats-Unis que pour
consacrer ses forces à l'exécution du projet indien concerté
avec les Russes ou exécuté avec les ressources des Mascareignes. Il y a là un virement de notre politique qui n'est pas
l'œuvre d'un seul homme, mais que préparaient déjà des manœuvres diplomatiques des derniers représentants de la monarchie et des ministres révolutionnaires.

Il n'est pas, à notre avis, de preuves plus éclatantes du désir
des Assemblées révolutionnaires de maintenir la tradition coloniale française, de revendiquer notre domaine dans son
intégrité, que les actes des commissaires envoyés à l'Ile de
France, à la Réunion et à Madagascar. La mission donnée à
Lescallier (1) par l'Assemblée Constituante est particulièrement

(1) Les nouvelles données historiques que nous commentons ici sont
empruntées à un mémoire manuscrit de M. L. Abraham, sur « le main-

significative. Une loi du 22 août 1791 avait disposé que « des
« troubles et des dissensions ayant éclaté dans les établisse-
« ments français de Coromandel et du Bengale, il est néces-
« saire d'envoyer des commissaires revêtus de pouvoirs suffi-
« sants pour y rétablir la concorde..... » En lisant le texte de
la loi et des instructions données, on s'assure sans peine que
législateurs et ministres français ont pleine conscience de la
solidarité des mesures à prendre dans les parages de Madagascar et dans l'Inde et qu'ils sont pénétrés des devoirs que leur
impose notre passé colonial. L'œuvre à accomplir parut si importante, que le nombre des commissaires civils, primitivement
fixé à 2, fut porté à 4. L'article 1er de la loi du 15 janvier 1792
ordonne que « leur mission s'étendra à tous les établissements
« français au delà du Cap de Bonne-Espérance. » Le commissaire Lescallier, chargé de visiter les îles Seychelles et l'Inde
devait, aux termes du « plan de conduite exposé par les com-
« missaires civils, le 12 août 1792 au ministre de la marine »,
document d'une précision rare, « passer tout d'abord par Ma-
« dagascar pour se concerter avec le chef de traite, et le chef
« du pays environnant de Foulpointe sur le projet qu'a la
« France relativement à cette île. Il y laissera un honnête
« homme et éclairé dont l'unique mission sera de parcourir
« l'île, d'en reconnaître les ports, les terrains, de pénétrer
« quelle peut être la tendance des esprits, de porter les naturels
« du pays à affectionner le nom de Français, de leur inspirer
« de la confiance dans la nation et de préparer tous les rensei-
« gnements possibles pour le retour des commissaires civils
« dans cette île..... » (1). La politique de l'Assemblée apparaît,
à la lumière des documents officiels, conservés aux Archives

lien de la tradition française à Madagascar pendant la Révolution, le
Consulat et l'Empire.

(1) Cf. à la fin du chapitre le document annexe et commentaire sur la
« mission de Lescallier ».

des colonies, nettement traditionnelle ; en effet Lescallier avait mission de faire visiter l'« île entière ». Sans doute Madagascar reste sous la dépendance étroite de l'île de France, en fait, il serait incorrect de le nier ; mais cela paraît à l'Assemblée et à son envoyé absolument provisoire : « l'île de Madagascar « (écrit Lescallier), d'une étendue immense et peuplée d'hommes « mes libres et industrieux, *deviendra une possession française* « quand le gouvernement voudra s'occuper de cette contrée, y « faire jouir ses habitants des lois françaises et profiter des « bonnes dispositions de ses peuples en notre faveur. » Lescallier est souvent amené, dans ses rapports officiels, à juger les œuvres de la colonisation des âges antérieurs ; il le fait sans amertume, avec une liberté d'esprit que rend d'autant plus facile sa conviction qu'il existe une tradition française à laquelle il veut être fidèle. C'est avec une parfaite franchise qu'il réprouve les promoteurs des entreprises « qui se sont trop occupés des « profits des Européens et jamais du bien-être des indigènes ». En parlant ainsi il ne se flatte pas d'exprimer un sentiment nouveau mais seulement de ressembler aux meilleurs représentants de l'expansion nationale, en quelque siècle qu'ils aient vécu.

Assurément les hommes politiques qui eurent, pendant la Révolution, la charge de gouverner nos colonies cédèrent quelquefois au généreux et chimérique désir d'abolir, sans transition aucune, toute trace de l'ancien régime colonial. Mais on serait ingrat en ne reconnaissant point qu'ils surent, à l'occasion, tempérer leur attachement à d'absolus principes ; tel Jannot Oudin qui, ne pouvant faire accepter, en 1794, sa proclamation sur l'abolition de l'esclavage, consentit à l'adoucir en établissant un « régime du travail », condition transitoire bien étudiée, intéressante dans ses dispositions générales comme dans son détail, et dont la sagesse pourrait donner quelque jalousie aux législateurs coloniaux des époques les moins troublées.

On sait que, malgré la rupture ou la condition précaire des relations entre les colonies françaises et la métropole, les colons surent garder la tradition de la résistance héroïque contre l'Anglais; et si elles connurent la discorde, les querelles de races et de classes, elles ne donnèrent pas, après tout, un exemple plus lamentable que celui de la mère-patrie, à Toulon, en Vendée et en Corse. Il suffit de rappeler que la Guadeloupe, troublée, dès les débuts de la Révolution, par les propagandes également excessives de la « Société des Colons » et des « Amis des noirs », sut expulser les Anglais qu'avait appelés en 1794 un groupe de « Blancs » de la Grande-Terre; l'organisation des milices par Pelardy, la direction de l'attaque des troupes ennemies par Victor Hugues, les exploits des corsaires coloniaux, la reprise de Sainte-Lucie, le projet de descente à la Jamaïque, attestent clairement que l'esprit de résistance à l'étranger demeurait vivace comme en France même. Si la Martinique refusa de recevoir Rochambeau, commissaire de la République, et tomba, dès 1793, sous la domination des Anglais, elle le dut à la faiblesse de son gouverneur, M. de Béhague, à l'acharnement intéressé de quelques planteurs et à l'insuffisance de sa garnison. Enfin l'ennemi avait compris l'importance majeure de son occupation, les avantages de sa position et de ses ports. Les furieuses dissensions qui mirent aux mains, presque sans interruption, Petits-Blancs et Grands-Blancs de la Guyane, de 1790 à 1794, et plongèrent la colonie dans un état anarchique, n'amenèrent aucune des assemblées de France à laisser tomber en désuétude nos droits antérieurs, aucun des groupes de colons à faire une proclamation séparatiste; la construction d'un fort portugais sur l'Oyapok, entreprise pour nous mettre en présence du fait accompli, ne provoqua, ni dans la métropole, ni dans la colonie, aucune de ces capitulations d'apparence secondaire auxquelles consent parfois un grand peuple en péril.

Un des objectifs de la guerre navale, faite par l'Angleterre en vue de renier notre puissance coloniale et d'empêcher le ravitaillement de nos corsaires, fut, comme pendant l'ancien régime, l'occupation du Sénégal. Saint-Louis, ou, à son défaut, Gorée, était, au delà des côtes portugaises, l'escale nécessaire des convois dirigés soit vers les Antilles, soit vers l'Inde. Or, en dépit de la condition précaire de la défense, Saint-Louis repoussa, de 1793 à 1794, trois attaques anglaises : l'Angleterre dut se contenter de Gorée qu'elle occupa en 1800 seulement.

La perte de Saint-Domingue ne fut pas seulement un épisode douloureux de la guerre coloniale dans les Antilles ; elle entraîna le découragement qui nous coûta la Louisiane, et sous couleur d'amitié pour les États-Unis que peu d'hommes politiques, même Anglais, s'attendaient à voir rester neutres, nous amena à l'attitude d'une modeste défensive dans ces parages. Le fait est intéressant parce qu'il nous entraîna, après la campagne d'Égypte, vers une reprise d'action sur les rives de la Méditerranée dont les derniers termes seront la conquête de l'Algérie et la mise de la Tunisie sous notre protectorat. Du grand projet continental d'attaque de l'Inde par l'Iran, on passera à diverses velléités d'intervention dans le Levant, puis à une brusque et vigoureuse offensive dans le Maghreb ; et c'est là encore une reprise de traditions, non une nouveauté.

De l'année 1794, quelques mois après la promulgation de la loi (18 mars 1790) qui concéda les droits politiques aux mulâtres, datent les premiers troubles de Saint-Domingue. Les noirs soulevés obtinrent la liberté le 29 août 1793. En 1795 Toussaint-Louverture était commandant en chef, et occupait la partie espagnole cédée à la France par le traité de Bâle ; en 1800 il devint gouverneur à vie : c'en était fait de cette admirable colonie qui avait enrichi, par son commerce, la métropole plus que toutes les autres Antilles réunies.

Les Anglais eurent la tâche facile contre nos possessions et comptoirs de l'Inde ; des mesures hâtives prises contre l'ancienne compagnie des Indes, une réorganisation politique mal adaptée aux mœurs de nos sujets indigènes, des querelles de préséance entre Pondichéry et Chandernagor, paralysèrent tous les éléments de résistance. Était-il prudent de briser une organisation comme celle de la compagnie, de disperser des administrateurs rompus aux pratiques de la vie indigène, des officiers habitués à la guerre de course, au recrutement des auxiliaires, au jeu si délicat des relations avec l'île de France et Bourbon ? On doit convenir qu'en ces parages l'action des ministres de la Révolution manqua de prévoyance : en particulier, la vente des denrées amassées dans les magasins de la compagnie, par le ministère d'agents de l'État, les procès de Fabre d'Eglantine, de Delaunay d'Angers, de Chabot, semèrent partout le découragement. Le chef des forces anglaises Floyd, obtint, après un mois de siège, la capitulation de Pondichéry, en août 1793 ; et les indigènes, troublés par nos discordes, se soumirent aisément. En trois mois, il n'y avait plus trace de postes français.

Si les attaques anglaises, pendant la période qui s'étend jusqu'à la paix d'Amiens, épargnent le groupe des deux petites îles de France, de Bourbon et la grande Madagascar où se ravitaillent si souvent navires de guerre ou corsaires venus de la métropole, c'est parce que nos ennemis réservent avec raison toutes leurs forces pour la lutte décisive contre les princes indépendants de l'Inde. D'autre part, ayant choisi le Cap comme escale de prédilection, en pays plus tempéré et mieux placé sur la route de leur grande colonie, ils peuvent attendre le moment où ces postes, entre l'Inde conquise et le Cap séquestré, tomberont d'eux-mêmes. Ils comprennent que les parties décisives, pour l'occupation des chemins de l'Inde, se jouent en Egypte et en Afrique australe, et qu'avant tout il faut en finir avec les principautés indiennes, vrai et seul appui d'une intervention française. Qu'importent les archipels de l'Océan Indien ; il sera temps de s'en occuper quand l'Inde sera domptée et tous les maillons nécessaires de la chaîne des postes de ravitaillement bien rivés.

Aussi, beaucoup plus que l'occupation de nos postes et comptoirs de l'Inde, la victoire remportée sur Tippou-Saïb, sous le gouvernement de lord Cornwallis (1786-1793) et de lord Wellesley (1797-1805), la saisie des colonies hollandaises, sous John Shore (1793-1797) mettent à néant nos espérances de revanche. Le dernier recours sera le « grand projet ».

C'est pendant le Consulat que l'audacieuse tentative de Pigneau de Béhaine, si médiocrement encouragée par l'ancienne monarchie, malgré le traité formel signé le 27 novembre 1787, à Versailles, porta ses premiers fruits. Grâce aux officiers et aux ingénieurs français mis à sa disposition par l'évêque d'Adran, Nguyen-Anh devenait, sous le nom de Gia-Long, maître de la Cochinchine et du Tonkin (1801-1802) ; et si la France ne lui avait pas prêté officiellement secours, c'est à des hommes de notre nation, aux Chaigneau, aux Ollivier, aux Dayot, aux Guilloux, qu'il devait sa brillante fortune. Une tradition, honorable d'abord pour notre pays, profitable ensuite, s'établissait en Indo-Chine comme en Egypte ; et à la formation d'une monarchie nouvelle, la France gagnait de n'être plus en présence de princes relevant de l'empire chinois et de voir échouer des tentatives anglaises de conquête ou de protectorat comme celle dont la visite de lord Macartney semble avoir été l'occasion, en 1793.

Le projet de descente en Angleterre, ou du moins en Irlande, conçu après la paix de Bâle pour mettre à la raison notre vieille ennemie maritime et coloniale, fut beaucoup moins une chimère, une aventure, qu'un recours à la méthode déjà essayée de frapper sur terre après les risques de mer de moindre durée ; et la preuve en est dans la cruelle angoisse qu'éprouvèrent les populations anglaises, ses ministres les plus résolus, ses marins les plus expérimentés. La France, très forte sur terre, avait tout intérêt à transformer le caractère de la lutte ; la descente en Irlande, avec l'action déjà plus mêlée de fortunes de mer en Egypte, avec des attaques contre l'Inde préparées à l'Ile de France, à la Réunion ou à Madagascar, la marche transcontinentale entreprise avec le concours des Russes, ce sont là autant de variantes, plus ou moins avantageuses, du dessein de réduire le peuple qui arrêtait notre expansion d'outremer. Si l'idée de conserver et d'accroître notre domaine colonial n'avait vraiment inspiré toutes ces tentatives si diversement préparées, les politiques français, révolutionnaires ou empereur, auraient pu se contenter de rejeter l'Angleterre chez elle en réduisant les coalitions suscitées par son aigreur persistante ; toutes ces entreprises, qu'on regarde parfois comme secondaires ou empreintes d'une extrême témérité, étaient rendues inéluctables par l'inflexibilité du dessein anglais de ruiner nos colonies.

Hoche, quand il partit de Brest pour la baie de Bantry, le 15 décembre 1796, avait pleine conscience de la grandeur du dessein qui lui était confié ; et la preuve en est dans son désir de renouveler la tentative quand la tempête eut dispersé ses forces si heureusement échappées à la croisière anglaise de Brest. Il ne s'agissait donc point d'une petite diversion, d'une opération secondaire, mais d'une attaque dont on devait attendre un résultat décisif, l'affranchissement des mers, la délivrance de nos colonies si durement éprouvées alors et dont les ministres français savaient la détresse. Les Anglais sentirent le danger au point de faire à la France, au lendemain même de la défaite des Espagnols au cap Saint-Vincent, des offres de restitution coloniale fort avantageuses, même celle de la remise du Cap aux Hollandais : quoique victorieux, ils ressentaient les effets de la terreur inspirée par les desseins français ou hollandais de descente. Hoche, déjà général de l'armée de Sambre-et-Meuse, restait tourmenté du désir de réduire l'Angleterre, comme le prouve cette phrase fameuse, extraite de sa correspondance à Hédouville : « La fortune me menât-elle avec « mon armée aux portes de Vienne, comme je l'espère, que je « la quitterais encore pour aller à Dublin et de là à Londres. » Il savait donc servir un grand dessein et rendre à son pays la faculté d'expansion. Aussi sa mort fut-elle, à cet égard aussi, un irréparable malheur. Après la défaite des Hollandais à Camperdown en 1797, la descente de Humbert ne fut point préparée comme il convenait, et l'opération prit alors, mais alors seulement, le caractère d'une diversion (1798) ; le dessein d'Egypte devint essentiel et prima tout le reste.

Lorsque Bonaparte, muni des pleins pouvoirs du Directoire, préparait à Toulon l' « aile gauche de l'armée d'Angleterre », personne n'était rigoureusement dupe de cette dénomination. En Angleterre on ne pouvait prêter au général français, déjà connu par tant d'actions audacieuses, le dessein de faire embarquer à Toulon un corps d'armée destiné à descendre en Irlande, de risquer pour des troupes si nombreuses le passage de Gibraltar et une si longue traversée, puisque les ports de l'Atlantique et de la Manche restaient inactifs et ne préparaient rien qui ressemblât à un corps central ou à une aile droite ; cette disproportion était un indice facile à comprendre. D'autre part la persistance des desseins français contre l'Inde, entretenus par des escarmouches audacieuses comme celles de Raymond, à la tête d'un corps franc (1795) et du corsaire Ripaud, se disant envoyé par le Directoire, était partout admise ; et par là se renouait une tradition coloniale des régimes antérieurs. Dans nombre de réunions politiques il fut question « d'enlever aux Anglais le commerce de l'indigo, du sucre et du coton ». Assurément le dessein était audacieux, mais point absolument chimérique pour qui veut se rappeler le grand crédit du nom français dans le Levant, les ressources de l'Egypte pour nourrir et recruter une armée, la commodité que donnent les moussons pour cingler régulièrement des bouches de la mer Rouge à l'Inde, enfin le calcul des politiques français, avant même Bonaparte, de faire agir la Russie et la Perse au Nord, nos postes de l'Océan Indien à l'extrême sud. Avec une organisation meilleure des ressources de l'île de France, de la Réunion et de Madagascar, organisation prévue par Lescallier, Cossigny, Rose, Bory-Saint-Vincent, ébauchée plus tard par Decaen, avec l'appui d'alliés capables de renouveler l'exploit désormais beaucoup plus facile d'Alexandre, l'expédition d'Egypte était un moyen de préparer la revanche de 1763. Prétendre qu'elle fut un simple calcul d'ambition personnelle de Bonaparte, sans portée réelle, sans souci de servir l'intérêt français, semble une exagération dont peuvent se passer même les adversaires les plus résolus de la politique intérieure de ce grand génie militaire.

Le plan de conquête des Indes, et par là de revanche contre la tyrannie maritime et la confiscation coloniale de l'Angleterre, n'est pas, on le sait, l'œuvre originale de Bonaparte. On connaît la curieuse lettre de Leibniz à Louis XIV dont un passage, absolument caractéristique, définit à merveille le dessein, modifié et repris ensuite : « La possession de l'Egypte ouvrira « une prompte communication avec les plus riches contrées de « l'Orient : elle liera le commerce des Indes à celui de la France « et fraiera le chemin à de grands capitaines pour marcher à « des conquêtes dignes d'Alexandre. » Enfin au xviiie siècle une alliance fut ébauchée, au moment du voyage de Pierre le Grand à Paris, ayant pour but d'ouvrir une voie continentale de trafic vers l'Inde.

Le projet ne pouvait manquer d'être repris par les hommes d'État qui rêvaient de frapper la puissance britannique sans s'exposer à des risques maritimes de trop longue durée, bref, comme

le dit un rapport du maréchal de Castries, en 1787, « d'attaquer
« les établissements anglais aux Indes avec une armée qui par-
« tirait d'Astrakhan et qui traverserait la Grande-Bucovie ».
Bonaparte s'y attache avec une persistance toute raisonnée.
Tout d'abord, au cours de l'expédition d'Egypte, il s'efforce
d'entrer en relations avec l'iman de Mascate, convoyeur tout
désigné des troupes françaises à travers l'Océan Indien, et
avec Tippou-Saïb : en même temps il sollicite du commandant
de l'Ile de France des renseignements sur l'Inde. L'échec de
l'expédition d'Egypte fait renaître en son esprit le plan d'attaque
par terre concerté avec l'empire russe et arrêté dans ses principales lignes en 1800. La mort de Paul Ier remit tout en question :
l'accord conclu entre son successeur Alexandre Ier et l'Angleterre amena la dissolution de la « ligue des neutres » dont la
France pouvait tout attendre pour la reprise de ses colonies.
Toutefois la paix d'Amiens ne constitue qu'une trêve qu'on est
bien résolu, de part et d'autre, à ne point respecter.

Il serait injuste d'oublier, à l'honneur du Directoire, un acte
politique qui, préparant notre action dans le Levant, renouait
une vieille et utile tradition de la diplomatie française. L'envoi
du général Aubert-Dubayet à Constantinople, en 1796, fut le
signal d'un revirement du Divan en notre faveur. L'ambassade
de France redevenait privilégiée entre toutes, recevait confirmation de toutes ses prérogatives antérieures, reprenait en
mains le protectorat catholique des églises de Syrie. Par des
dons d'armes, par des missions d'officiers chargés de réorga-
niser l'armée ottomane, par l'envoi d'ingénieurs, la France
montrait son dessein de n'abandonner aucune de ces traditions
qui ont si puissamment aidé plus tard à son œuvre coloniale
dans les pays méditerranéens. On parlait déjà d'une alliance
avec la Turquie, quand la mort de cet ambassadeur, aussi
habile à Constantinople qu'il avait été héroïque à Mayence,
remit tout en question (1797).

Le traité d'Amiens (6 germinal an X, 27 mars 1802) est important non seulement par les stipulations qui restituent à la France une part notable des colonies perdues, mais encore par les articles qui règlent divers litiges soit franco-anglais, soit franco-portugais, et par les clauses relatives à la colonie du Cap. Par malheur, s'il est exagéré de dire que toutes les parties contractantes envisageaient avec une égale mauvaise foi les moyens de rompre sans retard cet accord, on peut estimer que tacitement il ne fut considéré que comme une trève.

C'était un avantage indirect, mais réel pour la France, que la restitution ou promesse de restitution de leurs colonies à la Hollande et à l'Espagne; en revanche, la cession de Ceylan et de la Trinité aux Anglais leur assurait deux sentinelles vigilantes dans les parages où la guerre risquait de recommencer vite.

Un arrangement (art. 7) confirmait en toute souveraineté à la République française les territoires guyanais situés au nord de la rivière Arawari. L'article 15 faisait mention du droit de nos pêcheurs sur les côtes de Terre-Neuve, droits que l'état de guerre avait rendus illusoires.

Les conditions essentielles portaient sur la restitution de la Martinique, de Gorée et des établissements de l'Inde.

Si l'on considère que l'Espagne nous avait cédé (1795) par le traité de Bâle, la partie orientale de Saint-Domingue, et rendu la Louisiane, en 1801, par le traité de Saint-Ildefonse, on est tenté de croire que le domaine français était, à la date de 1802, notablement supérieur en étendue et en population à celui de 1763. Mais il convient d'observer que nos Antilles étaient encore durement éprouvées par les discordes civiles et les querelles de races, que l'Espagne, en nous cédant Saint-Domingue, avait surtout accru nos difficultés de répression et les chances d'émancipation de l'île entière. Dès la signature de la paix d'Amiens, il était également aisé de prévoir que la rétrocession de la Louisiane nous plaçait dans une condition délicate en face des Etats-Unis déjà fort médiocrement disposés à notre égard, et bien résolus surtout à tirer parti de l'inévitable hostilité de la France et de l'Angleterre en matière coloniale. Le message triomphal que les consuls adressèrent au corps législatif, à l'occasion de cette paix, ne trompait sans doute pas même ses rédacteurs qui qualifiaient Toussaint-Louverture de « brigand errant » et affirmaient que les colonies rendues « apportaient à la métropole, avec leur confiance et leur attachement, une prospérité au moins égale à celle qu'elle y avait laissée » (1).

(1) Les négociations qui aboutirent, en 1801, au traité de Madrid, mettent bien en relief la continuité de la tradition coloniale française. Le Portugal dut restituer, jusqu'à la limite de l'Arawary, le territoire guyanais sur lequel il avait fait construire des forts dans l'espoir de se créer des droits nouveaux. On convint d'en revenir, pour ce litige déjà presque séculaire, à l'état de fait antérieur aux actes offensifs des Portugais, et de ne point trancher la question essentielle, chacun s'en tenant à son interprétation.

2⁰ DE LA PAIX D'AMIENS AU TRAITÉ DE PARIS (1814)

SOMMAIRE

Comment l'opinion publique française, émue par les événements grandioses et vite connus des guerres continentales, continue-t-elle à porter intérêt à la politique coloniale? Et surtout, comment, au lieu de disperser son attention sur les menus faits dont nos Antilles étaient le théâtre, aux exploits isolés de corsaires ou de chefs de partisans, peut-elle comprendre la portée coloniale des grands projets d'expédition en Egypte, de marche d'une armée vers l'Inde avec l'aide de la Russie? Car, à la veille de la campagne d'Egypte, ce n'est pas seulement parmi les négociants ou les simples curieux qu'on s'entretenait d'une perspective de reprise de l'Inde. Une des causes de cette persistance, avec quelque déviation, de l'idée coloniale est assurément le développement de nos industries, si remarquable de 1800 à 1815 en dépit de la persistance des guerres. A nos filatures agrandies et accrues en nombre il fallait des marchés d'achat de matières premières et de vente de nos produits manufacturés ; et cet essor même de la grande industrie conduisait les esprits à supputer les bénéfices de la réouverture du monde indien, si riche, si peuplé, à notre commerce. Ajoutons qu'on savait la valeur de l'aide financière que les Anglais tiraient déjà de ce pays, et qu'à l'espoir de vendre et d'acheter avec profit s'ajoutait celui de payer moins d'impôts en s'aidant du concours de colonies prospères. La suppression de l'esclavage avait ruiné nos Antilles ; et son rétablissement n'avait pu ni ramener au labeur l'ancien personnel au complet, ni réparer les ruines accumulées par les discordes politiques et une guerre étrangère incessante.

L'intérêt se reportait de l'Atlantique vers la Méditerranée et l'Océan Indien ; on se détachait de la colonisation pour envisager déjà un avenir de compensations éclatantes dans le Levant et l'Extrême Orient.

Il y aurait quelque rigueur à accuser, sans aucune explication, le régime du Consulat d'avoir mis à néant toute l'œuvre administrative de la Révolution aux colonies. L'expérience des atroces discordes qui avaient déchiré nos Antilles et assuré le rapide triomphe de nos ennemis dans l'Inde était, hélas ! suffisante pour donner à des législateurs soucieux du bien public le désir d'un répit d'exécution et d'une étude nouvelle ; l'expérience de Saint-Domingue, si particulièrement lamentable, révélait toute l'imprudence du nivellement révolutionnaire dans des pays mal préparés. Et s'il est juste de reconnaître que les hommes politiques de la Révolution n'ont ni proféré ni appliqué ce mot absurde : « Périssent les colonies plutôt qu'un principe », la même équité commande d'avouer que ces applications violentes de principes avaient bien failli les faire périr et nous les avaient fait perdre. Il y avait donc lieu de reprendre l'œuvre d'organisation et de la mettre au point.

Le gouvernement consulaire avait à tenir la promesse faite par la Constitution de l'an VIII annonçant qu'il y aurait « des

lois spéciales pour les colonies ». Et, comme on pouvait s'y
attendre, il prit d'abord des mesures suspensives pour se livrer
à une enquête approfondie. C'est ce que signifie l'article 4 de la
loi du 30 floréal an X (20 mai 1802), disposant que « nonobstant
« toutes lois antérieures le régime des colonies est soumis
« pendant dix ans aux règlements qui seront faits par le gou-
« vernement. » Toutefois « pour l'état des personnes, pour la
« propriété, pour la compétence des assemblées coloniales »,
les colonies devaient être régies « par les lois et règlements en
« vigueur avant 1789. » L'esclavage, supprimé par la Convention, était formellement rétabli, sans que rien dans le texte de
la loi du 30 floréal fît prévoir la recherche du régime mitigé
que beaucoup réclamaient.

Au reste des arrêtés spéciaux réglèrent l'administration de
chacune des colonies ou groupes de colonies, introduisant dans
un désordre grave des éléments nécessaires de variété et tenant
compte des différences de condition, de mœurs des colons et
sujets. Parmi les innovations heureuses que l'on doit à l'action
personnelle de Bonaparte, il faut placer l'institution, à la Réunion qui était, grâce à Decaen, l'objet de son intérêt particulier,
d'un « commissaire de justice » à côté du « capitaine général »
et du « préfet colonial » dont on pouvait redouter les rivalités
et les empiétements. L'arrêté du 13 pluviôse an XI, relatif à l'île
de France et à la Réunion, détermine, avec une netteté parfaite,
les attributions de chacun des hauts fonctionnaires, et limite
leur compétence.

Quand on juge la politique napoléonienne du Consulat et de
l'Empire on a coutume de reprendre une appréciation sévère,
déjà appliquée à quelques-uns des actes de l'ancienne monarchie, et d'affirmer que tous ces gouvernements sont res-
ponsables de l'arrêt et de la décadence de notre politique coloniale parce qu'ils se sont trop intéressés aux complications
continentales. Sans vouloir justifier les entraînements belli-

queux d'un grand homme dont la gloire coûta cher à son pays, on est en droit de rappeler, pour tempérer cette rigueur parfois aveugle et passionnée, que la responsabilité des coalitions continentales, des sanglantes discordes entre peuples européens, remonte à l'Angleterre qui y trouvait son intérêt mercantile et colonial. Lanfrey a magistralement exposé cette pensée : « Chaque déclaration de guerre des puissances conti« nentales n'ayant, en définitive, d'autre résultat que de la « délivrer d'une concurrence sur le grand marché du monde « et de faire tomber entre ses mains la marine et les colonies « de ses adversaires, elle en était venue à ne considérer les « milliards de ses emprunts et des subsides que comme autant « de primes payées pour le développement de ses propres « ressources. » Ce sont des victoires continentales qui nous avaient valu la restitution de nos colonies à la paix d'Amiens et même le retour de la Louisiane à notre domaine. L'abstention était facile à l'Angleterre qui, d'ailleurs, ne s'abstint pas de s'associer aux coalitions. Enfin, l'expédition d'Egypte, les projets de descente en Angleterre, le dessein de dompter par terre la suprématie maritime anglaise, n'étaient point tellement chimériques ; et un avenir prochain montrera peut-être l'impuissance d'une domination navale que ne soutiennent point des armées de terre suffisantes. On nous dira que c'est le développement de la navigation à grande vitesse, avec des vaisseaux capables de porter beaucoup de troupes et d'approvisionnements, qui a rendu les blocus moins efficaces, les surprises d'une prompte descente plus faciles, bref, mis en lumière la victoire décisive de la terre sur la mer, des États continentaux à grandes armées sur les États purement maritimes. Les instruments ont changé, mais le principe était déjà vrai ; et il y a déjà une indication, plus qu'une indication intéressante dans le groupement d'un matériel spécial de descente à Boulogne : l'idée est tellement juste qu'elle frappe aujourd'hui même beaucoup d'esprits avisés qui conseillent des dispositions offensives et défensives analogues contre notre grande rivale d'expansion coloniale et maritime. Il y a plus. Au temps des guerres de la Révolution, du Consulat et de l'Empire, une armée française victorieuse sur le sol anglais s'y serait aussi aisément ravitaillée qu'une flotte anglaise refoulée de ses propres arsenaux et dépourvue alors des bases d'opération coloniales qui font aujourd'hui sa force. Envisager, comme Hoche et Napoléon (car Napoléon ne fut pas seul de cet avis) la solution de la rivalité coloniale anglo-française par une lutte corps-à-corps sur le sol anglais, et par d'autres opérations favorables à une armée de terre nombreuse et entraînée, n'était point une pure chimère.

Avant même la conclusion de la paix d'Amiens, que Bonaparte espérait, du moins, devoir être une trève suffisante pour permettre la définitive soumission de Saint-Domingue, des préparatifs considérables avaient été faits en vue d'y transporter un corps d'armée nombreux. Il est inutile de vanter la richesse de cette belle colonie où s'étaient fixés plus de 20,000 colons de race française, où s'étaient développées des cultures prospères et capables d'alimenter un trafic considérable. N'était-il pas permis d'espérer que, même à défaut de la Louisiane déjà vivement jalousée par les États-Unis, nous aurions dans cette grande Antille une réserve d'influence et de ressources ? Que l'on calcule, pour répondre à cette question, combien Cuba et Porto-Rico, même médiocrement administrées, ont rapporté à l'Espagne avant de passer à d'autres mains. L'insistance du gouvernement français était donc fort explicable. Nous n'avons pas à refaire ici l'histoire des opérations conduites par le général Leclerc, beau-frère du premier consul, à la tête de 35,000 hommes. Après l'apparente pacification du 1er mai 1802, l'arrestation et l'envoi en France de Toussaint-Louverture, la fièvre jaune fit plus, pour la perte de notre colonie, que l'effort des insurgés ; Rochambeau, successeur de Leclerc, fut, presque dès le début de son commandement, coupé de ses communications avec la métropole par la reprise des hostilités anglo-françaises. Une croisière anglaise le fit prisonnier au cours de sa tentative pour rentrer en France (novembre 1803).

La mauvaise tournure que prenait l'affaire de Saint-Domingue inclina sûrement le premier consul à négocier la vente de la Louisiane aux États-Unis. Il semble que les lointaines opérations de guerre sur des territoires étendus, après la traversée d'un océan plus particulièrement sillonné par les escadres anglaises, offrent de trop grands risques ; dans l'état de notre marine qu'il allait, du reste, essayer d'adapter à la guerre de côtes et aux opérations de descente, il lui parut prudent de renoncer aux expéditions où le nombre des grosses unités de combat réglait seul la fortune. On en revint aux plans d'attaque de l'Angleterre par des flottilles de canonnières surveillant les transports, et à l'idée de harceler l'Inde en développant la course dans les parages de l'Océan Indien, et en préparant l'invasion par l'Asie centrale.

Aussi laisse-t-on, à Saint-Domingue, le général Ferrand s'en tenir jusqu'en 1810 à une stricte défensive, pour éviter de paraître renoncer à nos droits en cas d'un retour de fortune. En même temps par le traité conclu à Paris le 8 avril (10 floréal) 1803, le premier consul, « désirant donner un témoignage re- « marquable de son amitié aux États-Unis », fait cession de la Louisiane. Quelques avantages commerciaux masquaient mal cette capitulation à laquelle d'ailleurs la reprise des hostilités avec l'Angleterre nous aurait amenés, car l'opinion des hommes politiques américains ne laissait prévoir ni pour les Français une tranquille possession, ni pour les Anglais une chance quelconque d'intervention. En France, les esprits inclinaient soit vers une attaque directe et décisive de l'Angleterre, soit vers une active opération contre l'Inde ; les discordes aux petites

Antilles, la coûteuse et sanglante révolte de Saint-Domingue avaient éveillé la méfiance en matière de colonisation américaine. Quand on ne pouvait soumettre l'île, que devait-on espérer d'une possession continentale ! L'esprit de solidarité républicaine entre la France et les États-Unis, le souvenir de la confraternité d'armes, l'illusion d'affaiblir l'Angleterre en fortifiant son ancienne colonie, tels furent les motifs, plausibles ou non, d'une résignation assez générale en France.

C'est toujours au persistant dessein de reprendre la question capitale des Indes par une intervention dans le Levant. particulièrement en Egypte, que se rattache l'affaire de la mission Sébastiani. Quelques mois après la paix d'Amiens, assez près de cet événement diplomatique pour qu'on suppose le projet esquissé au moment même où l'on se promettait officiellement amitié (septembre 1802), le général Sébastiani arrivait dans le Levant avec le titre d' « agent commercial ». Ce titre n'est point si singulier qu'on s'est plu à le dire : il prouve que Bonaparte, homme de guerre, comprenait la valeur commerciale des grandes routes qui mènent à l'Inde et la valeur de l'Inde même ; et puisque nous sommes accoutumés enfin aujourd'hui à établir un lien entre les événements de diplomatie, de guerre, et les faits économiques, reconnaissons chez le premier consul cette aptitude dont nous faisons un mérite aux historiens.

L'enquête de Sébastiani visait surtout l'Egypte, comme le prouve son rapport renfermant cette phrase caractéristique : « 6,000 Français suffiraient aujourd'hui pour reconquérir l'Egypte. » Assurément c'était menacer la paix : mais le parti délibéré des Anglais de n'en point exécuter les clauses, de garder Malte et le Cap, nous dispense de voir dans les intentions de Sébastiani et de son inspirateur autre chose que de la prévoyance. Bonaparte tenait à son dessein colonial d'atteindre l'Inde par le Levant, d'opposer à la tyrannie maritime l'occupation des routes de terre et des isthmes. Le présent parle, hélas ! assez haut pour justifier cette reprise de l'expansion coloniale par une solide installation en Egypte : la Grande-Bretagne de 1900 prouve la sagesse de Bonaparte.

Dans la période contemporaine de la politique coloniale, l'extrême aisance et la rapidité des communications maritimes a fait échec à l'influence des grands déploiements de forces navales. Un peuple riche et doté de fortes institutions militaires peut désormais, sans disposer d'escadres nombreuses, devenir colonisateur et défendre avec chances de succès les colonies acquises ; il lui suffit d'organiser, avec les ressources du recrutement européen ou indigène, une armée coloniale partout outillée pour repousser un débarquement, et d'armer solidement des forteresses sur les points vitaux de ses fronts de mer. Pourvoir au ravitaillement des citadelles et des troupes coloniales, même fort loin, est, pour un État militaire dont les magasins métropolitains sont amplement garnis, une opération qui peut être improvisée et même bien faite en quelques semaines. Jadis c'était l'office exclusif de la marine de guerre, vu le risque et le long temps d'œuvres de ce genre ; la multiplication des paquebots, l'accroissement de leur rapidité a changé ces conditions anciennes. La plus grande puissance maritime du monde, jadis prête à pourvoir et à frapper la première, est mise en échec si elle ne dispose en même temps d'une armée nombreuse ; et une grande puissance continentale lutte avec avantage au delà des mers sans disposer de flottes en rapport avec le nombre de ses soldats. A force de circulation navale, la terre a battu la mer.

Pendant la période consulaire, le gouvernement est sollicité de prêter attention aux efforts des colons français qui, de l'Ile-de-France ou de la Réunion, veulent travailler à rendre Madagascar une vraie et fidèle dépendance de la mère-patrie. C'est ce que prouve l'étude des mémoires jusqu'ici incomplètement publiés de Cossigny, de Rose et de Bory-Saint-Vincent (1). D'une part, des efforts constants sont faits en France pour renouer avec Madagascar les relations interrompues par les désastres de la guerre maritime; d'autre part, les colons insistent avec ardeur pour éveiller la sollicitude du gouvernement métropolitain. Tous restent fidèles à la tradition française, manifestent le désir d'aménager Madagascar pour une œuvre de colonisation méthodique; mais on ne passa point du plan à l'action. Il ne faut pas s'en étonner outre mesure; le dessein avait mûri, depuis l'expédition d'Egypte, de frapper l'Angleterre dans l'Inde, mais en donnant à cette guerre le caractère, de mieux en mieux marqué, d'une opération continentale faite avec le concours de la Russie; dès lors, toute action dans les parages de l'océan Indien devenait accessoire.

La mission du général Decaen à l'Ile de France se rattache étroitement au plan d'attaque contre l'Inde que Bonaparte avait étudié de près, encourageait et dirigeait en dépit de l'opposition de son ministre Decrès; de récentes découvertes de documents (2) prouvent tout le prix que le Premier Consul et Empereur attribuait à cette entreprise connexe des opérations égyptiennes et du grand dessein continental franco-russe. C'est au plus fort de la rivalité coloniale de la France et de l'Angleterre, pendant la période de tension menaçante qui suivit de si peu la paix d'Amiens, que le général Decaen, brillant lieutenant de Moreau à Hohenlinden et fort désireux d'être employé aux colonies fut désigné, en dépit des remontrances de Decrès, et sur l'offre directe de Bonaparte, comme capitaine général des établissements de l'Inde. Il semble que le chef de

(1) Cf. Note-annexe sur les mémoires de Cossigny, Rose et Bory Saint-Vincent, d'après l'étude inédite de M. L. Abraham, qui nous a donné communication de ces documents.

(2) Cf. Annexe sur le rôle de Decaen aux Indes et à Maurice, Réunion, Madagascar.

notre marine se montrait peu empressé d'opérer la reprise stipulée par la paix d'Amiens. Bonaparte réagit contre cette mauvaise volonté qu'explique soit l'aversion pour les entreprises lointaines et le désir d'en revenir à la guerre d'escadres avec rigoureuse concentration dans nos parages, soit le simple et moins honorable calcul d'exercer par là même plus d'influence personnelle et de contrôle ; le premier consul prévoyait l'imminence de la rupture, et, fidèle à son idée directrice de limiter les risques de mer en faisant ses transports de troupes et ses envois de matériel dès la paix, hâtait le départ de l'expédition de reprise. Aussi le 4 mars 1803, la division de l'amiral Linois emmenait Decaen, le préfet colonial Léger et un fort détachement de troupes avec des officiers en surnombre pour encadrer au besoin des indigènes.

Les projets d'alliance franco-russe intéressent très directement l'histoire de notre politique coloniale par cela même qu'ils visaient la lutte contre l'Angleterre, notre acharnée rivale, et avaient pour but la conquête des Indes. C'est bien ainsi que l'entendaient les deux promoteurs du premier dessein, Bonaparte et Paul Ier : tous deux avaient conscience de la gravité du coup que porterait à l'Angleterre la perte de l'Inde, quoique Bonaparte seul eût en vue les bénéfices coloniaux de l'entreprise préparée en commun. Les pourparlers du début de l'année 1801 sont suffisamment explicites à cet égard.

Au cours de l'année 1808 le souci d'attaquer l'Angleterre, avec le concours des Russes, par une expédition continentale dirigée contre l'Inde se marque encore très nettement dans les résolutions de Napoléon Ier. Après Tilsitt il s'applique à préparer la guerre maritime et par là même la reprise de l'expansion coloniale dont le prélude obligé était et restera longtemps encore l'humiliation de l'Angleterre. On a dit que cette préoccupation avait exaspéré sa politique au point de la rendre chimérique, que le blocus continental était impraticable en raison des liens commerciaux qui unissaient l'Angleterre à la Russie pressée de vendre ses bois, ses blés et son bétail. Cet argument n'est point irréfragable ; car si les Russes étaient désireux de s'enrichir par l'exportation de ces produits, ils avaient aussi le dessein fort légitime de transporter leurs denrées sous pavillon national pour développer leur marine ; et au prix d'une crise, beaucoup plus difficile à supporter pour l'Angleterre que pour les peuples moins commerçants du continent, la Russie aurait secoué l'entrave du monopole de rouliers que s'étaient arrogé les Anglais. Aussi la fameuse lettre du 2 février 1808, adressée par Napoléon à Alexandre, fut-elle admirablement accueillie et il s'en fallut de fort peu qu'elle fût efficace. C'est un document de premier ordre de la politique coloniale de l'empereur, et, pour le montrer, il suffirait d'en citer une phrase : « Le coup en retentirait aux Indes, et l'Angleterre serait soumise. »

Napoléon ne cherchait pas l'appui de la seule Russie pour l'exécution de son projet d'attaque contre l'Inde ; en 1807, après Eylau, il jeta son dévolu sur la Perse qui signa le traité de Finkenstein (4 mai 1807), vrai traité d'alliance offensive et de subsides qui avait le défaut d'opposer à la Russie et à l'Angleterre, en même temps, un adversaire insuffisant. On sait que le shah de Perse Feth-Ali-Kan marquait nettement son adhésion à la politique indienne de la France en ouvrant ses ports à nos navires, en préparant une alliance avec les Afghans pour attaquer l'Inde, en rappelant son ambassadeur à Bombay. La Lettre de Napoléon à Decrès, du 22 avril 1806, contient un plan complet d'attaque. Gardane, envoyé à Téhéran, attestait que « l'expédition de l'Inde était dans toutes les têtes ». Mais le revirement qui rapprocha la France de la Russie en 1808 eut pour effet naturel de rendre l'influence anglaise prédominante en Perse. Napoléon dut en revenir à son projet favori de coopération franco-russe.

C'est bien aussi pour la grandeur coloniale de la France comme pour la grandeur maritime que travaillaient, en 1804, dans les ports du Pas-de-Calais, les marins, ingénieurs, armateurs, occupés à préparer l'instrument d'une descente rapide et décisive en Angleterre. Il fallut le désastre de Trafalgar pour arrêter l'exécution de ce projet ; et en vérité il est étrange que l'on ait parfois béni cette grave humiliation comme si elle nous avait libéré des risques d'un acte de folie, la descente en Angleterre avec 120,000 homme d'élite. Les historiens qui tiennent à mettre en lumière l'esprit chimérique du plus pratique et du mieux informé des hommes de guerre, allèguent l'insuccès de Saint-Domingue ; il est curieux de voir comparer une expédition faite sous le ciel des tropiques, à quarante jours de la mère-patrie, pendant une épidémie de fièvre jaune, sous des chefs médiocres, avec ce qu'aurait pu être, dans un pays riche, salubre, muni de docks bien fournis, la campagne d'une troupe d'élite de 100,000 hommes conduite par Napoléon.

Il serait injuste d'oublier, dans une histoire même sommaire de l'expansion coloniale française, les luttes soutenues, au service de princes Indous, par des officiers ou aventuriers de notre race : car ils étaient les auxiliaires désignés de l'action que préparait ou faisait préparer Bonaparte contre la riche colonie d'Angleterre. En 1802, tandis que l'on signait en Europe cette paix « boiteuse et mal assise » d'Amiens, un Français Perron, chef du « corps français » du Sindhia, n'était pas un adversaire indigne de l'Anglais Lake, et son successeur Louis Bourquien fit une résistance acharnée dans la bataille de Delhi (11 septembre 1802). Dans les négociations avec le Sind, en 1809, une des clauses exigées par les négociateurs anglais est « l'exclusion des Français ».

S'il y avait une tendance marquée des esprits en France à attendre une renaissance coloniale d'une politique plus active dans la Méditerranée et aux Indes, on trouvait, comme sous

l'ancienne monarchie, des raisons de se consoler de nos malheurs
en escomptant la continuation de l'hostilité des États-Unis
contre l'Angleterre. La courte guerre de 1812-1815 entre les
Anglais et leur ancienne colonie excita chez nous un intérêt
d'autant plus vif que le Canada parut quelque temps en être
l'enjeu ; et on la considéra, non sans exagération, comme « une
seconde guerre de l'indépendance des États-Unis ».

Les guerres au cours desquelles nous furent ravies nos colonies
ne furent point sans honneur, en dépit de l'inégalité des forces.
Les courses de Surcouf dans l'Océan Indien, en 1800, jetèrent
parfois la terreur jusque dans le voisinage de Calcutta où il fit
des prises. En 1804 Linois fit une glorieuse croisière dans les
parages de l'archipel Malais et de l'Inde. Mais le succès était
impossible, une fois l'Angleterre maîtresse de Malte, du Cap
et de Ceylan, et surtout après le désastre de Trafalgar. L'île
de France et Bourbon succombèrent en 1810 malgré l'habileté
de Decaen. Nos établissements de l'Inde n'avaient, pour ainsi
dire, pas été restitués, dans l'intervalle entre la paix d'Amiens
et la reprise des hostilités. De 1804 à 1809, Gorée, puis Saint-
Louis étaient enlevés, renforçant la chaîne des postes anglais
sur le chemin atlantique de l'Inde. Deux années avaient suffi,
cette fois (1809-1810), pour venir à bout de la Guadeloupe et
de la Martinique. Quand on signala la paix, en 1814, ce qui restait
de colonies françaises, après le premier assaut des guerres de
la Révolution, était aux mains de l'Angleterre depuis cinq ans
environ.

Le traité de Paris (30 mai 1814) consacra notre déchéance
maritime et coloniale et la suprématie de l'Angleterre. Dans
l'Océan Indien nous perdions Rodrigues, les Seychelles, l'Ile
de France peuplée d'une nombreuse colonie de notre race, riche
par ses cultures, munie d'un excellent port ; par malheur ou à
dessein Madagascar n'était pas nettement signalée au nombre
des terres qu'on nous laissait. Les cinq villes de l'Inde nous

faisaient retour, mais sous forme de comptoirs dépourvus de protection autre qu'une police.

Aux Antilles nous retrouvions nos possessions de 1792, sauf Tabago et Sainte-Lucie cédées à l'Angleterre. La perte définitive de Saint-Domingue aggravait ces dommages ; et la condition des îles restituées, Guadeloupe, Martinique et dépendances, était lamentable.

C'était sous bénéfice d'une médiation britannique pour le règlement de la frontière en pays contesté que la Guyane nous était rendue par les Portugais ; à ce titre l'arrangement figurait au traité.

Le droit de pêche à Terre-Neuve était stipulé dans les mêmes conditions qu'au 1er janvier 1792, suivant la formule générale de ce traité.

Les établissements du Sénégal, jugés désormais peu dangereux pour la puissance qui avait confisqué et gardé le Cap et acquis l'Ile de France, retournaient à notre pays.

Il est de peu d'intérêt d'observer que ce simulacre de domaine colonial, que cette addition d'épaves, couvrait 38.000 kilomètres carrés, et comptait 400.000 sujets. Notre faiblesse était soulignée par l'accroissement de forces de l'Angleterre qui avait, à l'avantage de dépouiller la Hollande et l'Espagne comme la France, joint celui de mieux tenir l'Inde pacifiée dans son ensemble, et de posséder une chaîne continue de postes autour de l'Atlantique et de l'Océan Indien, sur les voies maîtresses de son commerce.

Mais auprès des malheurs de l'invasion, de la rançon imposée, de l'occupation prolongée, qui aurait songé à compter les humiliations coloniales en 1814-1815 ? L'état de la marine ne nous permettait pas l'illusion d'une prochaine revanche. La France était plus épuisée et moins capable d'expansion qu'au lendemain des désastres consacrés par la paix de 1763.

ANNEXES DU CHAPITRE PREMIER

SOMMAIRE

I. — Jusqu'au traité d'Amiens

1º Actes diplomatiques : traités de Bâle, de Saint-Ildephonse et de Madrid. — 2º La politique de la Révolution et du Consulat à Madagascar. — 3º Le projet contre l'Inde en 1801 : Paul Ier et Bonaparte.

II. — Du traité d'Amiens au traité de Paris

1º Le régime des colonies : lois et arrêtés. — 2º Le traité d'Amiens : stipulations coloniales. — 3º La cession de la Louisiane et la lutte contre l'Angleterre dans l'Océan Indien : la mission du général Decaen ; les projets contre l'Inde en 1805 ; le projet indien en 1807 ; la chute de l'Ile-de-France ; Sylvain Roux à Madagascar. — 4º Le projet contre l'Inde en 1811. — 5º Le traité de Paris et l'acte final de Vienne.

I. — JUSQU'AU TRAITÉ D'AMIENS

1º Actes diplomatiques.

Au point de vue diplomatique, trois documents sont à citer dans la période de guerres qui va jusqu'au traité d'Amiens.

C'est d'abord le traité de Bâle, conclu le 14 thermidor an III (1er août 1795) entre la France et l'Espagne et dont l'article 9 entraînait cession à la France de la partie espagnole de Saint-Domingue :

Art. 9. — En échange de la restitution portée par l'article 4, le roi d'Espagne, pour lui et ses successeurs, cède et abandonne en toute propriété à la République française toute la partie espagnole de l'île de Saint-Domingue aux Antilles.

Un mois après que la ratification du présent traité sera connue dans cette île, les troupes espagnoles devront se tenir prêtes à évacuer les places, ports et établissements qu'elles y occupent, pour les remettre aux troupes de la République française au moment où celles-ci se présenteront pour en prendre possession.

Les places, ports et établissements dont il est fait mention ci-dessus seront remis à la République française, avec les canons, munitions de guerre et effets nécessaires à leur défense, qui y existeront au moment où le présent traité sera connu à Saint-Domingue.

Les habitants de la partie espagnole de Saint-Domingue qui, par des motifs d'intérêt ou autres, préféreraient de se transporter, avec leurs biens, dans les possessions de S. M. C., pourront le faire dans l'espace d'une année, à compter de la date de ce traité.

Les généraux et commandants respectifs des deux nations se concerteront sur les mesures à prendre pour l'exécution du présent article.

Voici ensuite le texte des principaux articles du traité de Saint-Ildephonse (1er octobre 1800, 9 vendémiaire an IX) relatif à l'agrandissement des États de Parme et à la rétrocession de la Louisiane à la France :

Art. 1er. — La République française s'engage à procurer, en Italie, à S. A. R. l'Infant, duc de Parme, un agrandissement de territoire qui porte ses états à une population d'un million à douze cent mille habitants, avec le titre de roi et tous les droits, prérogatives et prééminences qui sont attachés à la dignité royale, et la République française s'engage à obtenir à cet effet l'agrément de S. M. l'empereur et roi, et celui des autres états intéressés, de manière que S. A. R. l'infant, duc de Parme, puisse, sans contestation, être mis en possession desdits territoires à la paix à intervenir entre la République française et S. M. I.

Art. 3. — S. M. C. promet et s'engage, de son côté, à rétrocéder à la République française, six mois après l'exécution pleine et entière des conditions et stipulations ci-dessus relatives à S. A. R. le duc de Parme, la colonie ou province de la Louisiane avec la même étendue qu'elle a actuellement entre les mains de l'Espagne et qu'elle avait lorsque la France la possédait, et telle qu'elle doit être d'après les traités passés subséquemment entre l'Espagne et d'autres états.

Enfin, le 7 vendémiaire an X (29 septembre 1801), traité de Madrid entre la France et le Portugal, qui détermine les limites des Deux-Guyanes, sans trancher, d'ailleurs, la question du Contesté. Voici le texte de l'article relatif à cette délimitation :

Art. 4. — Les limites entre les deux Guyanes française et portugaise seront déterminées à l'avenir par la rivière Carapanatuba, qui se jette dans l'Amazone à environ un tiers de degré de l'équateur, latitude septentrionale, au-dessus du fort de Macapa. Ces limites suivront le cours de la rivière jusqu'à sa source, d'où elles se porteront sur la grande chaîne de montagnes qui fait le partage des eaux : elles suivront les inflexions de cette chaîne jusqu'au point où elle se rapproche le plus du Rio-Branco, vers le deuxième degré et un tiers nord de l'équateur.

2º La politique de la Révolution et du Consulat a Madagascar.

On a lu plus haut le récit de la lutte engagée aux colonies de 1793 à 1802. Nous voudrions ici montrer par quelques documents que, même pendant cette période troublée, ni la Convention, ni le Directoire, ni le Consulat n'abandonnèrent nos droits sur Madagascar (1). Ce sera répondre à une légende que les Anglais ont tenté de faire accepter par le gouvernement de la Restauration. qui réclamait, en vertu de la tradition française, l'absolue souveraineté de la France sur Madagascar. Ce sera montrer que notre politique coloniale n'a pas subi, pendant la Révolution, le recul qu'aurait presque justifié la situation intérieure et continentale.

Dès le mois d'août 1791, l'Assemblée Constituante se préoccupe de l'océan Indien. « Des troubles et des dissensions ayant éclaté dans les établissements français de Coromandel et du Bengale », elle décide d'y envoyer « des commissaires revêtus de pouvoirs suffisants pour y rétablir la concorde » et le 15 janvier 1792, elle porte leur nombre de deux à quatre en étendant leur mission « à tous les établissements français au delà du cap de Bonne-Espérance. » Lescallier, chargé des Seychelles et de l'Inde, doit « passer tout d'abord par Madagascar pour se concerter avec le chef de traite et le chef des pays environnants de Foulpointe sur le projet qu'a la France relativement à cette île. Il y laissera un homme honnête et éclairé dont l'unique mission sera de parcourir l'île, d'en reconnaître les ports, les terrains, de pénétrer quelle peut être la tendance des esprits, de porter les naturels du pays à affectionner le nom des

(1) Le maintien de la tradition française à Madagascar pendant la Révolution, le Consulat et l'Empire, par M. L. Abraham, Sorbonne.

Français, de leur inspirer de la confiance dans la nation et de préparer tous les renseignements possibles pour le retour des commissaires civils dans cette île. »

Lescallier arriva à Foulpointe le 24 août 1792. Ses relations avec Zaca-Vola, chef des Bettsmassar et avec la trentaine de Français groupés sous le nom de « la Palissade » autour du représentant de l'Ile de France furent excellentes. Sur la demande de Zaca-Vola et pour répondre au désir exprimé par ce chef désireux « de vivre dans la meilleure intelligence avec les Français qui viendraient s'établir dans la province ou y commercer », Lescallier fit un règlement destiné, dit-il, à « consolider encore davantage la liaison intime de cette partie de l'île avec la France ».

Ce règlement comprend quatorze articles relatifs à l'administration de la petite colonie française et à ses rapports avec les indigènes. Les Français devaient nommer cinq notables chargés d'assister le représentant de l'administration dans le règlement des litiges. Quant aux rapports avec les indigènes, le représentant de l'administration devait tenter la conciliation et, en cas d'échec, se concerter avec les notables sur les moyens d'obtenir justice auprès de Zaca-Vola. Le règlement stipulait enfin « qu'on enverrait incessamment deux Français visiter tous les rois et grands chefs des différentes provinces de l'île qui ont quelques rapports avec les Français et leur signifier l'arrivée prochaine des commissaires de la nation, les intentions bienveillantes de la France et du roi des Français à leur égard et le désir de voir cesser les guerres et les dissensions entre les peuples de la même île. »

Lescallier partit pour l'Inde en annonçant son retour pour la fin de 1793 afin de « terminer tous les objets qui auraient pu rester indécis ». La guerre l'en empêcha.

Mais sa mission avait été l'affirmation très nette de la reprise de la tradition française à Madagascar. C'est à l'île entière qu'elle s'appliquait, et Lescallier avait tenu à engager des relations pacifiques avec les indigènes. Beniowski était allé, en 1773, dans la baie d'Antongil avec la mission de « former une colonie en se conciliant la bienveillance, la confiance et l'attachement des naturels du pays ». Lescallier avait des instructions presque identiques et la conclusion de son rapport est la suivante : « L'île de Madagascar, d'une étendue immense et peuplée d'hommes libres et industrieux, deviendra une possession française quand le gouvernement voudra s'occuper de cette contrée, y faire jouir ses habitants des lois françaises et profiter des bonnes dispositions de ses peuples en notre faveur. »

A la vérité, dans la période de guerre qui suivit le passage de Lescallier, la métropole ne put s'occuper utilement de Madagascar. Mais la tradition française ne fut point abandonnée et c'est l'Ile de France qui la continua. Depuis longtemps ses habitants tiraient de la grande île des bœufs, du riz et des esclaves. Les relations furent à peine ralenties pendant la guerre. Mais le caractère de cette tradition fut un peu modifié. Ce n'était plus la politique large et généreuse, fondée sur la colonisation et la pacification, qui inspirait Lescallier, c'était une politique d'exploitation (1), une politique utilitaire et l'Ile de France assurait la continuité des vues françaises sur Madagascar en traitant cette île comme une dépendance.

L'attention du Consulat fut attirée sur Madagascar par deux intéressants mémoires tendant à la reprise d'une action effective dans l'île. L'un, de Cossigny, se terminait ainsi : « Porter la civilisation, la culture, les arts dans une vaste contrée qui gémit dans la barbarie; lui faire connaître le bonheur inappréciable qui naît de la liberté ; associer un peuple agreste, mais bon, brave, intelligent, à la nation, est un projet neuf en lui-même et digne du héros qui gouverne la France. » La « nouveauté » n'était pas le principal mérite du projet de Cossigny : Lescallier, et avant lui Beniowski, s'inspiraient des mêmes principes. Le second mémoire dû à Rose qui, comme Cossigny, avait beaucoup voyagé dans l'océan Indien, offrait plus d'originalité. Il proposait d'envoyer à Madagascar, non pas des soldats, mais des ouvriers, jeunes et mariés, et des prêtres assermentés qui n'eussent pas « la fureur des conversions ». On les débarquerait à Madagascar avec des marchandises, ustensiles, instruments agricoles, alambics, sels, et leur « bon exemple » nous attacherait les indigènes. La dépense totale serait de 1.200.000 francs, que Rose proposait de réunir en répartissant des actions de 1.000 fr. entre les villes maritimes : les actionnaires choisiraient l'administrateur de la colonie de peuplement ainsi formée.

Ces préoccupations, nécessité de tirer parti de Madagascar et douceur envers les indigènes, se retrouvent dans les projets du Consulat. Mais le but du Consulat, et surtout, nous le verrons, de Bonaparte, est de poursuivre l'Angleterre dans ses possessions indiennes, de

____

(1) Abraham, ouvrage cité.

former comme un blocus anti-anglais dans l'océan Indien, et accessoirement d'organiser les îles de la mer des Indes et d'opérer de nouvelles tentatives de colonisation à Madagascar.

C'est en ce sens (1) que sont rédigées les instructions destinées à l'amiral Villaret-Joyeuse et à Lequoy-Montgiraud qui devaient être nommés l'un gouverneur général des établissements à l'est du cap de Bonne-Espérance et le second « ordonnateur desdites îles orientales ». Ils devaient grouper en un faisceau toutes les hostilités contre l'Angleterre dans l'océan Indien et jusqu'en Cochinchine. Mais ils devaient aussi « mettre en honneur le commerce » et dans ce but, il leur était prescrit d'activer « le commerce avec l'île de Madagascar qui peut devenir important », de rechercher « les moyens les plus convenables pour tirer du riz de l'île et autres graines, des bestiaux, des volailles, des bois de charpente et de construction pour l'artillerie et la marine », de réprimer la traite, d'observer à l'égard des indigènes l'attitude conseillée par Lescallier et de rendre compte le plus souvent possible « des mesures qu'ils auront prises relativement à Madagascar et du progrès que fera notre commerce et de nos liaisons avec cette île ». Ces instructions étaient d'autant meilleures que la situation à Madagascar se trouvait fort compromise et que Magallon, gouverneur général, signalait la nécessité de s'occuper de Madagascar. Malheureusement, l'ordre de départ ne fut point donné à Villaret-Joyeuse et à Lequoy-Montgiraud.

L'attention fut encore attirée sur Madagascar par Bory de Saint-Vincent, membre de la mission scientifique embarquée pour un voyage autour du monde sur le *Naturaliste* et la *Géographie*, les deux corvettes du commandant Baudin. Bory ne put aller à Madagascar, contrairement à ce que l'on a dit (2) ; il ne vit que l'île de France et Bourbon. C'est à l'Ile de France qu'il arrêta, lui aussi, un plan contre l'Angleterre, en y faisant une large place à Madagascar. Il conseillait non point une attaque contre l'Inde, mais un blocus qu'on pouvait organiser en se retirant sur des places de seconde ligne, l'Ile de France, Bourbon, les Seychelles et Madagascar. Celle-ci, notamment, lui paraît devoir être « le magasin général » ; il en fait ressortir les avantages, en décrit les rades, lui promet un avenir commercial et proclame qu'à ses yeux l'Ile de France n'a de valeur

(1) Abraham, ouvrage cité.
(2) V. Abraham, *ouv. cité*.

que comme point de défense d'une colonie plus importante qu'elle-
même.

Au résumé, il n'y eut sous le Consulat que des projets, des plans
d'action. Mais pas plus que sous le Directoire et pendant la Révolution nos visées historiques sur Madagascar ne furent abandonnées.
La situation troublée de la France et la guerre n'interrompirent
point la tradition française créée par Richelieu.

3° LE PROJET INDIEN EN 1801.

N'est-ce pas aussi une reprise de la tradition française que les
projets de Bonaparte contre l'Inde ? L'opinion publique en France
ne cessait de se préoccuper de la riche colonie perdue, on connaissait les sympathies des Indous pour la France de Dupleix,
peut-être appréciait-on mieux la valeur commerciale de l'empire que
la royauté n'avait pas su défendre.

D'ailleurs dès 1787 le cabinet de Versailles avait eu le désir de
recommencer la lutte aux Indes et sur un rapport du maréchal de
Castries, il avait proposé au cabinet de Saint-Pétersbourg « d'attaquer les établissements anglais aux Indes avec une armée qui
partirait d'Astrakan et qui traverserait *la grande Bucovie* ».

En 1798 la préoccupation de l'Inde apparaît partout en France.
Le Directoire, en même temps qu'il tend à un rapprochement avec
la Russie, organise la campagne d'Egypte et dans l'arrêté du 12
avril 1798 portant destination de l'armée d'Orient, il ne limite pas
à l'Egypte la mission du général en chef : « Il chassera les Anglais
de toutes les possessions de l'Orient où il pourra arriver, et notamment il détruira tous les comptoirs de la mer Rouge. » (Art. 2.) Les
considérants sont encore plus expressifs : « Considérant d'ailleurs
que l'infâme trahison à l'aide de laquelle l'Angleterre s'est rendue
maîtresse du cap de Bonne-Espérance ayant rendu l'accès des Indes
très difficile aux vaisseaux de la République par la route usitée, il
importe d'ouvrir aux forces républicaines une autre route pour y
arriver, y combattre les satellites du gouvernement anglais et y
tenir les sources de ses richesses corruptrices... »

Bonaparte, avant son départ pour l'Egypte, pense aussi à l'Inde ;
au Gange « qu'il suffit, dit-il, de toucher d'une épée française pour

faire tomber dans toute l'Inde cet échafaudage de grandeur mercantile. » Le 23 février 1798 il écrit au Directoire que « si la descente en Angleterre n'est pas possible faute d'argent ou faute de marine, il faut ou se borner au Rhin ou faire une expédition dans le Levant qui menaçât le commerce des Indes. » Arrivé en Egypte il continue à se renseigner sur l'Inde : « Un bâtiment arrivé à Suez, écrit-il au Directoire le 17 décembre 1798, a amené un Indien qui avait une lettre pour le commandant des forces françaises en Egypte, cette lettre s'est perdue. Il paraît que notre arrivée en Egypte a donné une grande idée de notre puissance aux Indes et a produit un effet très défavorable aux Anglais. » Le 25 janvier il écrit du Caire au Sultan de la Mecque, à l'imam de Mascate et à Tippou Saïb, sultan de Mysore. La lettre écrite à ce dernier est à citer :

Vous avez déjà été instruit de mon arrivée sur les bords de la mer Rouge avec une armée innombrable et invincible remplie du désir de vous délivrer du joug de fer de l'Angleterre. Je m'empresse de vous faire connaître le désir que j'ai que vous me donniez, par la voie de Mascate et de Moka, des nouvelles sur la situation politique dans laquelle vous vous trouvez; je désirerais même que vous puissiez envoyer à Suez ou au Grand Caire quelque homme adroit qui eût votre confiance, avec lequel je puisse conférer.

Et il en informe le Directoire : « J'ai écrit plusieurs fois aux Indes, écrit-il le 28 juin 1799, j'en attends la réponse sous peu de jours. C'est le chérif de la Mecque qui est l'entremetteur de notre correspondance. » Le 30 juin il écrit encore au commandant de l'Ile de France : « Faites-moi passer par vos avisos toutes les nouvelles que vous pouvez avoir des Indes. »

Mais Bonaparte est bientôt obligé d'abandonner l'Egypte et Tippou Saïb succombe le 4 mai, les armes à la main, sur la brèche de Seringapatam, sa capitale. Devenu consul et maître de la France, Bonaparte n'oublie pas l'Inde. Comme il écrira dans le *Mémorial*, « les Anglais ont frémi de nous voir occuper l'Egypte. Nous montrions à l'Europe le vrai moyen de les priver de l'Inde. »

Et c'est à ce moment que se précise, dans sa pensée, le fameux projet d'expédition par terre contre l'Inde qu'il va tenter de réaliser d'accord avec Paul 1er et qui demeurera toujours l'expédition sans cesse projetée, toujours déjouée.

Il est établi que le « grand projet » de Bonaparte et Paul 1er con-

tre l'Inde était à peu près arrêté dans ses grandes lignes à la mort
du tzar. La négociation fut conduite avec le plus grand secret.
Paul Ier, séduit par les avances du Premier Consul, s'était rapproché
de la France et avait fait cause commune avec la Ligue des Neutres.
Il consentit d'autant plus facilement à tourner ses regards vers l'Inde
que le testament de Pierre le Grand disait :

Il recommande à tous ses successeurs de se pénétrer de cette vérité :
que le commerce des Indes est le commerce du monde et que celui qui
peut en disposer exclusivement est le vrai souverain de l'Europe. Qu'en
conséquence on ne doit perdre aucune occasion de susciter des guerres
à la Perse, de hâter sa dégénérescence, de pénétrer jusqu'au golfe Persique, de tâcher alors de rétablir par la Syrie l'ancien commerce du
Levant.

Sur le projet même on n'a que des documents de seconde importance. Les papiers du baron de Stedingks contiennent l' « esquisse
d'un plan de campagne contre les établissements anglais de l'Inde
tel qu'il fut arrêté par Bonaparte et Paul Ier ». En voici les grandes
lignes. Une armée française de 35,000 hommes d'infanterie avec
tout le matériel de son artillerie légère devait se porter à Ulm du
consentement de l'Autriche, descendre le Danube par bateau, rencontrer sur la mer Noire une flotte russe chargée de la porter jusqu'à Taganrok, se rendre ainsi à Tsaritzin sur la Volga et descendre
le fleuve jusqu'à Astrakan. Elle y retrouvait une armée russe de
35,000 hommes dont 15,000 d'infanterie, 10,000 de cavalerie, et
10,000 cosaques. On comptait que l'armée française arriverait à Astrakan au bout de 80 jours de marche et qu'il en faudrait encore 50
pour parvenir sur la rive droite de l'Indus par Hérat, Férah et Candahar. Toutes les troupes russes et françaises devaient être placées,
à la demande expresse de Paul Ier, sous le commandement en chef
de Masséna, l'heureux adversaire de Souwarof.

De Beauchamp, dans ses Mémoires secrets et inédits, cite un Plan
commercial et militaire de Napoléon dont nous parlerons plus loin
et à propos duquel il décrit en ces termes le projet de Paul en 1801 :

En 1801 Paul Ier à qui on soumit un plan relatif au rétablissement du
commerce de l'Inde l'examina avec la plus sérieuse attention et y puisa
l'idée d'aller attaquer les Anglais dans leurs possessions de l'Inde.
Ce plan embrassait tous les rapports que la situation géographique de

la Russie lui permettait d'établir avec ces riches contrées. Il avait pour objet de faire revivre ce commerce par la mer Noire, la mer Caspienne, et par la route d'Orenbourg. Cette route qui est celle que suivent les caravanes fut choisie par l'empereur Paul pour la marche de son armée. Il se fit en conséquence tracer par l'auteur du projet un itinéraire depuis Orenbourg jusqu'à Calcutta, et trois mois après 25,000 cosaques, une nombreuse artillerie et 3000 chameaux se trouvèrent réunis à Orenbourg. Paul Ier pensa que les cosaques convenaient mieux que toute autre troupe pour le pays qu'il avait à parcourir.

Le secret de cette expédition fut si scrupuleusement observé que la première division de l'armée était déjà en marche depuis trois jours lorsque le premier avis en fut apporté à Saint-Pétersbourg et qu'aujourd'hui même on en connaît à peine les principales circonstances.

Sur ces entrefaits arriva la mort de Paul Ier qui fut immédiatement suivie de la paix avec l'Angleterre et l'armée reçut l'ordre de rétrograder.

Le document le plus précis qu'on ait recueilli sur le grand projet est un « Projet d'expédition dans l'Inde par terre concerté entre le Premier Consul et l'Empereur Paul Ier en 1800 », publié par de Hoffmans en 1840 à la suite du Mémoire de Leibnitz à Louis XIV sur la conquête de l'Égypte. De Hoffmans n'indique pas ses sources, il ne veut « ni abuser personne sur la provenance de ses matériaux, ni compromettre par son silence d'honorables amis », et il déclare qu'il ne doit qu'à ses propres recherches la connaissance des documents qu'il publie. Il semble que le projet qu'il rapporte soit surtout le développement des notes du baron de Stedingks.

La concentration des deux armées se fait de même à Astrabad où l'armée française de 35,000 hommes arriverait en 75 jours et de là elles mettaient ensemble 45 jours pour atteindre l'Indus. Le projet prévoit longuement les moyens d'exécution. La partie vraiment originale est relative aux mesures à prendre pour assurer le succès de la marche de l'armée combinée d'Astrabad à l'Indus. Voici ce passage :

Avant le débarquement des Russes à Astrabad, des commissaires des deux gouvernements seront envoyés à l'effet de notifier à tous les khans et autres petits despotes des pays que l'armée combinée devra traverser :

Qu'une armée de deux nations les plus puissantes de l'univers doit passer sur leurs domaines pour se rendre aux Indes; que le seul but de cette expédition est de chasser de l'Indoustan les Anglais qui ont asservi ces belles contrées, jadis si célèbres, si puissantes, si riches en production et en industrie, qu'elles attiraient tous les peuples du monde pour prendre part aux dons et aux faveurs de tout genre dont il avait plu au ciel de les combler, que l'état horrible d'oppression, de malheur et de servitude sous lequel gémissent aujourd'hui les peuples de ces contrées a inspiré le plus vif intérêt à la France et à la Russie ; qu'en conséquence ces deux gouvernements ont résolu d'unir leurs forces pour affranchir les Indes du joug tyrannique et barbare des Anglais ; que les princes et les peuples de tous les états que doit traverser l'armée combinée n'ont rien à craindre d'elle ; qu'au contraire ils sont invités à coopérer de tous leurs moyens au succès de cette utile et glorieuse entreprise ; que cette expédition est aussi juste dans sa cause qu'était injuste celle d'Alexandre qui voulait conquérir le monde entier ; que l'armée combinée ne lèvera point de contributions ; qu'elle achètera de gré à gré et paiera argent comptant tous les objets nécessaires à sa subsistance ; que la discipline la plus sévère la maintiendra dans le devoir ; que le culte, les lois, les usages, les mœurs, les propriétés, les femmes seront partout respectés, etc.

D'après une semblable proclamation, et en agissant avec douceur, franchise, loyauté, il n'est pas douteux que les khans et les autres petits princes accorderont un libre passage dans leurs États respectifs ; d'ailleurs divisés comme ils le sont tous entre eux, ils se trouvent trop faibles pour opposer une sérieuse résistance.

Les commissaires français et russes seront accompagnés par d'habiles ingénieurs qui lèveront la carte topographique des pays que l'armée combinée devra traverser. Sur leurs cartes, ils marqueront les lieux des campements, les rivières qu'il faudra franchir, les villes auprès desquelles l'armée devra passer, les points où le transport des bagages, de l'artillerie et des munitions pourrait éprouver quelques difficultés en indiquant les moyens de surmonter les obstacles.

Ces commissaires traiteront avec les khans, les princes et les particuliers pour les fournitures de vivres, de chariots, etc., signeront les traités, demanderont et obtiendront les otages.

Lorsque la première division française arrivera à Astrabad, la première division russe devra se mettre en marche ; les autres divisions de l'armée combinée suivront successivement à la distance de cinq à six lieues l'une de l'autre, ces divisions communiqueront entre elles par de petits détachements de cosaques.

Un corps de 4,000 à 5,000 cosaques, mêlé avec de la cavalerie légère des troupes réglées, formera l'avant-garde : les pontons doivent toujours la suivre immédiatement ; cette avant-garde jettera des ponts sur les rivières, en défendra l'approche, et veillera à la sûreté de l'armée, en cas de trahison ou de quelque autre accident.

Le gouvernement français fera remettre au général en chef de l'expédition des armes de la manufacture de Versailles, telles que fusils, carabines, pistolets, sabres, etc., des vases et autres objets de porcelaine, de la manufacture de Sèvres ; des montres et des pendules des plus habiles artistes de Paris ; de belles glaces : de superbes draps de France, de différentes couleurs, comme écarlate, cramoisi, vert et bleu, qui sont les couleurs favorites des Asiatiques et en particulier des Persans ; des velours, des draps d'or et d'argent ; des galons et des soieries de Lyon; des tapisseries des Gobelins, etc., etc.

Tous ces objets distribués à propos aux princes de ces contrées et offerts avec la grâce et l'amabilité qui sont si naturelles aux Français, serviront à donner à ces peuples la plus haute idée de la munificence, de l'industrie et de la puissance de la nation française, et à ouvrir, par la suite, une branche importante au commerce.

Un corps choisi de savants et d'artistes doit prendre part à cette glorieuse expédition. Le gouvernement leur confiera les cartes et les plans qui peuvent exister dans les pays que devra parcourir l'armée combinée, ainsi que les mémoires et les ouvrages les plus estimés qui traitent de ces contrées.

Des aérostiers et des artificiers seraient très utiles.

Pour inspirer à ces peuples la plus haute idée de la France et de la Russie, il conviendra, avant que l'armée et le quartier général partent d'Astrabad, de donner dans cette ville quelques fêtes brillantes accompagnées d'évolutions militaires comme dans les fêtes par lesquelles on célèbre à Paris de grands événements et de mémorables époques.

Toutes ces choses étant ainsi disposées, il n'y a point de doute sur la réussite de l'entreprise, mais son succès dépendra de l'intelligence, du zèle, de la bravoure et de la fidélité des chefs auxquels les deux gouvernements confieront l'exécution du projet.

On a aussi, d'après ce projet, les objections faites par le premier consul et les réponses de Paul Ier. Les voici :

1. — Y a-t-il assez de bateaux pour transporter une armée de 35,000 hommes sur le Danube jusqu'à son embouchure ?

Je crois qu'il sera facile de rassembler une quantité suffisante de bateaux : dans le cas contraire, l'armée descendrait par terre jusqu'à Ibrahilof, port sur le Danube dans la principauté de Valachie, et jusqu'à Galatz, autre port sur le même fleuve, dans la principauté de Moldavie ; alors l'armée française s'embarquerait sur les navires préposés et envoyés par la Russie et elle continuerait sa route.

2. — Le Grand Seigneur ne consentira pas à laisser descendre une armée française par le Danube, et il s'opposera à ce qu'elle s'embarque dans les ports qui sont de la dépendance de l'Empire ottoman ?

Paul Ier obligera la Porte à faire tout ce qu'il voudra ; ses forces imposantes feront respecter sa volonté par le divan.

3. — Y a-t-il dans la mer Noire assez de navires et de bâtiments pour le transport de l'armée, et Paul Ier en a-t-il assez à sa disposition ?

L'empereur de Russie peut aisément rassembler dans ses ports de la mer Noire plus de 300 navires et bâtiments de toutes grandeurs ; tout le monde sait les accroissements que la marine marchande a pris sur la mer Noire.

4. — Le convoi, sorti du Danube, ne courra-t-il pas le risque d'être inquiété ou dispersé par la flotte anglaise de l'amiral Keith qui, au bruit de cette expédition, franchissant les Dardanelles, entrera dans la mer Noire pour empêcher la sortie de l'armée française et la détruire ?

Si M. Keith veut franchir le détroit et que les Turcs ne s'y opposent pas, Paul Ier s'y opposera ; pour le faire, il y a des moyens plus efficaces qu'on ne pense.

5. — L'armée combinée étant réunie à Astrabad, comment pourra-t-elle aller jusqu'aux Indes par des pays presque sauvages et dénués de ressources, ayant à parcourir une distance de 300 lieues, jusqu'aux frontières de l'Indoustan ?

Ces pays ne sont point sauvages et arides ; la route est ouverte et pratiquée depuis longtemps ; les caravanes arrivent ordinairement en 35 ou 40 jours des bords de l'Indus à Astrabad. Le sol n'est point couvert comme l'Arabie et la Lybie de sables mouvants ; il est arrosé presque à chaque pas par des rivières ; les fourrages n'y manquent pas ; le riz y abonde et forme la principale nourriture des habitants ; les bœufs, les moutons et le gibier y sont communs, les fruits variés et délicieux.

La seule objection raisonnable que l'on puisse faire, c'est la longueur de la marche, mais cela ne doit pas faire rejeter le projet. Les armées françaises et russes sont avides de gloire : elles sont braves, patientes, infatigables ; leur courage, leur persévérance et la sagesse des chefs vaincront tous les obstacles quels qu'ils puissent être.

Un fait historique vient à l'appui de cette assertion.

En 1739 et 1740, Nadir-Shah, ou Thomas Koulikhan, partit de Delhi avec une nombreuse armée pour faire une expédition en Perse et sur les bords de la mer Caspienne : il passa par Candahar, Ferah, Hérat, Méchhed, et il arriva à Astrabad ; toutes ces villes étaient considérables ; quoiqu'elles soient bien déchues de leur ancienne splendeur, elles en ont conservé une grande partie.

Ce qu'une armée vraiment asiatique (et c'est tout dire) fit en 1739 et 1740, certes on ne doutera point qu'une armée de Français et de Russes puisse l'exécuter aujourd'hui.

Il paraît certain que du côté des Russes il y eut un commencement d'exécution, car Paul Ier avait déjà mobilisé les Cosaques du général Orlof comme l'établissent les lettres suivantes (1) :

(1) Extraites d'une étude inédite de M. Joachim, d'après le *Recueil de la Société impériale russe.*

N° 1

Saint-Pétersbourg, 12 janvier 1801.

Les Anglais se préparent à attaquer, avec leur flotte et leurs armées, moi et mes alliés, les Suédois et les Danois. Je suis prêt à les recevoir, mais il faut les attaquer eux-mêmes et là où le coup peut leur être le plus sensible et où ils l'attendent le moins. D'Orenbourg à l'Inde, il y a trois mois et de l'endroit où vous êtes à Orenbourg un mois, en tout quatre. Je vous confie cette expédition, à vous et à votre armée. Rejoignez vos troupes et partez pour Orenbourg par l'une des trois routes. Vous marcherez avec l'artillerie tout droit à travers la Boukharie et Khiva sur l'Indus et les établissements anglais qui y sont situés. Les troupes de ce pays sont de la même espèce que les vôtres. Ainsi avec de l'artillerie, vous aurez un avantage assuré. Préparez tout pour l'expédition. Envoyez vos éclaireurs préparer, inspecter ou examiner les routes. Toutes les richesses de l'Inde seront notre récompense pour cette expédition. Rassemblez vos troupes au dernier Stanitza (poste de cosaques) et après m'avoir prévenu, attendez l'ordre de marcher sur Orenbourg. Une fois là, attendez de nouveau l'ordre d'aller en avant. Une telle entreprise nous couronnera tous de gloire, vous méritera ma bienveillance particulière, vaudra des richesses, développera le commerce et frappera l'ennemi au cœur. Je joins à ceci toutes les cartes que j'ai en ma possession. Que Dieu vous bénisse. Je suis votre bienveillant,

PAUL.

N. B. — Les cartes ne vont que jusqu'à Khiva et à l'Amou. Plus loin c'est votre affaire de vous procurer des renseignements jusqu'aux possessions anglaises et aux peuples qui leur sont soumis.

N° 2.

Saint-Pétersbourg, le 12 janvier 1801.

L'Inde où vous êtes envoyé est gouvernée par un chef principal et beaucoup de petits. Les Anglais y ont des établissements de commerce acquis avec de l'argent et par les armes. Il s'agit de détruire tout cela, de délivrer les souverains soumis et de mettre les pays, par rapport à la Russie, dans la dépendance où ils sont maintenant chez les Anglais et de détourner le commerce chez nous.

N° 3.

Saint-Pétersbourg, 13 janvier 1801.

Monsieur Petrowitch, je vous envoie une carte détaillée et nouvelle de toute l'Inde. Souvenez-vous que vous n'avez affaire qu'aux Anglais et laissez en paix ceux qui ne les aideront pas.

Assurez-les de l'amitié de la Russie dans votre trajet. Allez de l'Indus au Gange et de là marchez contre les Anglais. En passant, consolidez la Boukharie pour qu'elle ne tombe pas aux mains des Chinois. A Khiva, mettez en liberté des milliers de prisonniers nos sujets. Si l'infanterie est nécessaire, j'en enverrai après vous aussitôt que je pourrai. Mais il serait mieux que vous opériez par vous-même.

Votre bienveillant

Paul.

N° 4.

Château de Michailowski, 7 février 1801.

Je vous envoie ci-joint un ordre de marche tel que j'ai pu l'obtenir pour vous. Il vous complète et vous explique la carte. L'expédition est très nécessaire. Plus elle ira vite, mieux cela sera.

Votre bienveillant

Paul.

P. S. — Cependant je ne vous lie pas du tout les mains par ce plan.

N° 5.

Château de Michailowski, 21 février 1801.

Monsieur le général de cavalerie Orloff Ier, sur votre rapport du 25 janvier, je n'ai rien à dire sinon que j'approuve vos propositions.

Je reste votre bienveillant

Paul

Note de la main de l'Empereur : Prenez autant que vous voudrez d'hommes, etc. — Sur l'infanterie, je suis de votre avis, il vaut mieux ne pas en prendre.

Ces projets étaient donc en bonne voie, l'avant-garde du général Orloff avait déjà franchi le Volga sur la glace dans les premiers jours de mars 1801 et on pense même que Paul avait donné l'ordre de faire armer dans la partie extrême-orientale de son empire, à Saint-Pierre ou Saint-Paul, au Kamchatka, trois frégates destinées à attaquer les flottes anglaises des mers de l'Inde. La nouvelle de la mort de Paul Ier (23 mars 1801) vint arrêter la marche en avant. En apprenant son assassinat Bonaparte eut ce cri de colère : « Ils m'ont

manqué au 3 nivôse, ils ne m'ont pas manqué à Saint-Pétersbourg. »
Son ressentiment, on pourrait presque dire son dépit, se traduit
jusque dans l'exposé des motifs présenté au Corps Législatif pour
l'approbation du traité franco-russe du 8 octobre 1801 : rappelant
les phases du rapprochement entre la France et la Russie : « Pour
abréger les délais, écrit-il, il (le Premier Consul) se décida à établir
entre Sa Majesté (Paul Ier) et lui une correspondance directe qui,
en donnant lieu de part et d'autre aux communications les plus
franches et les plus étendues, eût aplani bientôt toutes les difficultés
et *conduit aux plus grands résultats*. Mais la mort inopinée et subite
de Paul Ier, etc., etc. »

La ligue des neutres était dissoute et le projet indien abandonné,
ajourné plutôt, car Napoléon reprendra, sur d'autres bases, mais
sans aboutir, le projet d'expédition contre l'Inde.

II. — DE LA PAIX D'AMIENS AU TRAITÉ DE PARIS

1° LE RÉGIME DES COLONIES

Les colonies étaient soumises au régime institué par l'ordonnance
du 25 septembre 1766 qui instituait dans chaque colonie un gouverneur assisté d'un intendant et par la loi du 12 nivôse an VI (1er janvier 1798) qui envoyait à Saint-Domingue, à la Guadeloupe et autres
îles du Vent et à Cayenne des « agents » chargés « de faire exécuter
à leur arrivée dans les colonies la loi du 4 brumaire présent mois (1)
sur la division du territoire et de mettre successivement en activité
toutes les parties de la constitution ».

La constitution de l'an VIII annonça que des lois spéciales seraient
faites pour les colonies :

Art. 91. — Le régime des colonies françaises est déterminé par des
lois spéciales.

Mais comme on l'a vu c'est plutôt par des règlements et des arrêtés
que ce régime fut déterminé, si bien qu'une loi du 30 floréal an X

(1) Cette loi du 4 brumaire (25 octobre 1797) était relative à la division
du territoire des colonies occidentales.

(20 mai 1802) apportait cette dérogation à l'article 91 de la constitution :

Art. 4. — Nonobstant toutes lois antérieures, le régime des colonies est soumis pendant dix ans aux règlements qui seront faits par le gouvernement.

Déjà le 16 juin de la même année (27 prairial an X), un arrêté avait réglé la condition des personnes aux colonies en décidant que « pour l'état des personnes, pour la propriété, pour la compétence des assemblées coloniales, les colonies seront régies par les lois et règlements en vigueur avant 1789. »

Le 29 prairial ce retour à l'ancien état de choses était confirmé par un arrêté relatif à l'administration de la justice et ainsi conçu :

Art. 1. — Dans les colonies rendues à la France par le traité d'Amiens du 6 germinal dernier, les tribunaux existants en 1789 continueront de rendre la justice, tant au civil qu'au criminel, suivant les formes de procéder, les lois, règlements et tarifs alors observés, et sans qu'il soit rien innové à l'organisation, au ressort et à la compétence desdits tribunaux.

Enfin, nouveau retour à l'ancien état de choses par la loi du 30 floréal an X (20 mai 1802) qui rétablissait en ces termes l'esclavage supprimé par la convention le 16 pluviôse an X (4 février 1794) :

Art. 1er. — Dans les colonies restituées à la France en exécution du traité d'Amiens l'esclavage sera maintenu conformément aux lois et règlements antérieurs à 1789.
Art. 2. — Il en sera de même dans les autres colonies françaises au delà du cap de Bonne-Espérance.

Quant à l'administration des colonies elle fut réglée pour la plupart d'entre elles par un arrêté spécial ; arrêté du 13 pluviôse an XI (2 février 1803) pour les îles de France et de la Réunion ; du 29 germinal an IX (19 avril 1801) pour la Guadeloupe ; du 11 messidor an X (30 juin 1802) pour Tabago, du 6 prairial an X (26 mai 1802) pour la Martinique et Sainte-Lucie ; du 24 septembre 1803 pour l'Inde.

Une analyse de l'arrêté du 13 pluviôse an XI, relatif à l'Ile de France et à la Réunion permettra de mettre en lumière l'esprit qui a présidé à la confection de ces arrêtés.

La division des pouvoirs établie sous l'ancien régime entre le gouverneur et l'intendant subsistait, mais à côté du « capitaine général » et du « préfet colonial », successeurs du gouverneur et de l'intendant, était institué un nouveau fonctionnaire, le commissaire de justice.

Les pouvoirs du capitaine-général étaient les suivants :

ART. 1. — Le capitaine général a sous ses ordres immédiats les forces de terre et de mer des deux colonies, les gardes nationales et la gendarmerie. Il est exclusivement chargé de la défense intérieure et extérieure des îles de France, de la Réunion et dépendances.

ART. 2. — Il pourvoit provisoirement à tous les emplois militaires, selon l'ordre de l'avancement graduel jusqu'à celui de chef de bataillon ou d'escadron exclusivement, et propose au ministre tous les remplacements à faire dans les grades supérieurs.

ART. 3. — Il délivre les passeports à l'Ile de France ; il y ordonne tout ce qui est relatif au port d'armes : il communique pour les deux îles avec les gouvernements des pays neutres, alliés et ennemis au delà du cap de Bonne-Espérance ; il détermine et arrête, chaque année, avec le préfet colonial, pour chacune desdites îles et dépendances, les travaux à faire pour fortifications, ouvertures de nouvelles routes ou communications avec les anciennes. Il arrête de même avec lui l'état de toute dépense à faire dans l'année suivante, conformément aux besoins du service, pour être envoyé au ministre avec l'aperçu des recettes qui pourraient y faire face. Il exerce enfin tous les pouvoirs ci-devant attribués aux gouverneurs généraux des colonies, sauf en ce qui y serait dérogé par le présent arrêté.

ART. 7. — Le pouvoir de concéder les terres vagues de l'Ile de France appartient au capitaine général conjointement avec le préfet colonial, en se conformant aux règles établies ; en cas de diversité d'avis, la voix du capitaine général sera prépondérante ; le tout sauf l'approbation du gouvernement.

ART. 8. — Le capitaine général nomme dans les deux îles et dépendances, et dans le délai de dix jours, à l'intérim des places vacantes dans toutes les parties de l'administration et de l'ordre judiciaire sur la présentation respective du préfet colonial ou du commissaire de justice, chacun en ce qui le concerne.

ART. 9. — Toutes les nominations faites par le capitaine général dans le militaire, dans l'administration et dans l'ordre judiciaire ne deviendront définitives qu'après confirmation par le premier consul.

A côté du capitaine général, chef militaire et politique, dispensateur des emplois, se place le préfet colonial qui a comme l'ancien intendant la haute main sur l'administration et les finances :

Art. 13. — Le préfet colonial a sous sa direction l'administration des finances, la comptabilité générale et la destination des officiers d'administration dans les îles de France, de la Réunion et dépendances.

Art. 14. — Le préfet colonial est chargé exclusivement, à l'Ile de France, de l'administration civile et de la haute police de la colonie ; ce qui comprend la levée des contributions, les recettes, les dépenses, la comptabilité, les douanes, la solde et l'entretien des troupes, les appointements des divers entretenus, les magasins, les approvisionnements, les consommations, les baux et fermages, les ventes et achats, les hôpitaux, les bagnes, les salaires d'ouvriers, les travaux publics, les bacs et passages, les domaines nationaux, les distributions d'eau, l'inscription maritime, la police de la navigation, l'agriculture et le commerce, les recensements, la répression du commerce interlope, la répartition des prises, les invalides de la marine, le régime des noirs, l'instruction publique, le culte, l'usage de la presse, et généralement tout ce qui était ci-devant attribué aux intendants ou ordonnateurs, soit en particulier, soit en commun avec le gouverneur général autant néanmoins qu'il n'y est pas dérogé par le présent arrêté.

Art. 15. — Les comptables et tous les employés civils d'administration sont sous les ordres du préfet colonial à l'Ile de France.

Enfin, le commissaire de justice hérite d'une partie des fonctions de l'ancien intendant et il en reçoit de nouvelles, la préparation de lois pour les colonies :

Art. 23. — Le commissaire de justice aura la surveillance des tribunaux des îles de France, de la Réunion et dépendances, et celle des officiers ministériels établis près d'eux ; il se fera rendre des comptes par les présidents des tribunaux et par les commissaires du gouvernement.

Art. 24. — Il donnera tous ses soins à la prompte distribution de la justice, tant au civil qu'au criminel, ainsi qu'à la sûreté et à la salubrité des prisons.

Art. 25. — Il présidera les tribunaux toutes les fois qu'il le jugera convenable, et y aura voix délibérative.

Art. 28. — Le commissaire de justice a seul le droit de faire des règlements provisoires sur les matières de procédure, sans s'écarter des lois et de publier lesdits règlements sous la formule prescrite en l'article 11 du titre Ier, lorsqu'ils auront été consentis par le capitaine général. Il les fait enregistrer au greffe des tribunaux sur son propre mandement.

Art. 31. — Le commissaire de justice préparera les lois qu'il croira les plus propres à former à l'avenir le code civil et criminel des colonies dont il s'agit : ses projets seront communiqués au capitaine général et au préfet, et envoyés au ministre, avec le procès-verbal de leurs délibérations et des opinions respectives.

L'innovation vraiment remarquable de cette administration coloniale, c'est la quasi-indépendance mutuelle dont jouissent les trois hauts fonctionnaires.

Art. 4. — Ne pourra le capitaine général entreprendre directement ni indirectement sur les fonctions du préfet colonial, du commissaire de justice ni des tribunaux ; mais il lui sera toujours libre de se faire donner par eux tous les renseignements qu'il jugera à propos de leur demander, et qu'ils seront obligés de lui fournir, sur quelque partie du service que ce puisse être.

Art. 21. — Le préfet colonial ne pourra, sous aucun prétexte, entreprendre sur les fonctions de l'ordre judiciaire, comme le commissaire de justice et les tribunaux ne pourront entreprendre sur les siennes.

C'est dans cet article qu'apparaît le désir de Bonaparte de ne point laisser les capitaines généraux grandir leur personnage et de ne point concentrer dans leurs mains tout le pouvoir, toute la vie des colonies qu'ils administrent. Lorsque Forfait, prédécesseur de Decrès au ministère de la marine, lui eut soumis un projet d'arrêté sur l'organisation des colonies, il lui fit le 3 avril 1801 cette objection caractéristique : « Il m'a paru qu'à l'article 10 on pourrait ôter la partie de cet article qui dit que les actes du préfet colonial seront timbrés au nom de la République française et du capitaine général ; c'est donner à celui-ci trop d'autorité. Il m'a paru aussi que les prérogatives du capitaine général étaient un peu trop grandes. Je désire que vous les diminuiez un peu. »

Cette « diminution » a entraîné l'indépendance relative du préfet colonial et du commissaire de justice envers le capitaine général. Celui-ci préside l'administration générale de la colonie, il nomme aux emplois civils et militaires, il contrôle les actes de son collègue. Mais il ne centralise point le pouvoir entre ses mains. La centralisation est à Paris.

2° Le traité d'Amiens

Voici le texte des stipulations coloniales du traité d'Amiens (27 mars 1802, 6 germinal an X) :

Art. 3. — S. M. B. restitue à la République française et à ses alliés : savoir à S. M. C. et à la République batave toutes les possessions et colonies qui leur appartenaient respectivement et qui ont été occupées ou conquises par les forces britanniques dans le cours de la guerre, à l'exception de l'île de la Trinité et des possessions hollandaises dans l'île de Ceylan.

ART. 4. — S. M. C. cède et garantit en toute propriété et souveraineté à S. M. B. l'île de la Trinité.

ART. 5. — La République batave cède et garantit en toute propriété et souveraineté à S. M. B. toutes les possessions et établissements dans l'île de Ceylan qui appartenaient avant la guerre à la République des Provinces Unies ou à sa compagnie des Indes Orientales.

ART. 6. — Le cap de Bonne-Espérance reste à la République batave en toute souveraineté, comme cela avait lieu avant la guerre. Les bâtiments de toute espèce appartenant aux autres Parties Contractantes auront la faculté d'y relâcher et d'y acheter les approvisionnements nécessaires, comme auparavant, sans payer d'autres droits que ceux auxquels la République batave assujettit les bâtiments de sa nation.

ART. 7. — Les territoires et possessions de S. M. T. F. sont maintenus dans leur intégrité tels qu'ils étaient avant la guerre ; cependant les limites des Guyanes française et portugaise sont fixées à la rivière d'Arawari qui se jette dans l'océan au-dessus du cap Nord, près de l'île Neuve et de l'île de la Pénitence, environ à un degré un tiers de latitude septentrionale. Ces limites suivront la rivière Arawari depuis son embouchure la plus éloignée du cap Nord jusqu'à sa source et ensuite une ligne droite tirée de cette source jusqu'au Rio Branco vers l'ouest.

En conséquence, la rive septentrionale de la rivière d'Arawari depuis sa dernière embouchure jusqu'à sa source et les terres qui se trouvent au nord de la ligne des limites fixées ci-dessus appartiendront en toute souveraineté à la République française.

La rive méridionale de ladite rivière à partir de la même embouchure et toutes les terres au sud de ladite ligne des limites appartiendront à S. M. T. F.

La navigation de la rivière d'Arawari dans tout son cours sera commune aux deux nations.

ART. 12. — Les évacuations, cessions et restitutions stipulées par le présent traité seront exécutées pour l'Europe dans le mois, pour le continent et les mers d'Amérique et d'Afrique, dans les trois mois, pour le continent et les mers d'Asie, dans les six mois qui suivront la ratification du présent traité définitif, excepté dans le cas où il y est spécialement dérogé.

ART. 13. — Dans tous les cas de restitution convenus par le présent traité, les fortifications seront rendues dans l'état où elles se trouvaient au moment de la signature des préliminaires et tous les ouvrages qui auront été construits depuis l'occupation resteront intacts.

ART. 15. — Les pêcheries sur les côtes de Terre-Neuve, des îles adjacentes et dans le golfe Saint-Laurent sont remises sur le même pied où elles étaient avant la guerre. Les pêcheurs français de Terre-Neuve et les habitants des îles Saint-Pierre et Miquelon pourront couper les bois qui leur sont nécessaires dans les baies de Fortune et Désespoir pendant la première année à compter de la notification du présent traité.

En portant ce traité à la connaissance du Corps législatif, les consuls lui adressaient un message dont voici un extrait :

Citoyens législateurs, le gouvernement vous adresse le traité qui met un terme aux dernières discussions de l'Europe et achève le grand ouvrage de la paix . . . .
. . . .

En Amérique, les principes connus du gouvernement ont rendu la sécurité la plus entière à la Martinique, à Tabago, à Sainte-Lucie. On n'y redoute plus l'empire de ces lois imprudentes qui auraient jeté dans les colonies la dévastation et la mort ; elles n'aspirent plus qu'à se réunir à la métropole et elles lui apportent, avec leur confiance et leur attachement, une prospérité au moins égale à celle qu'elle y avait laissée.

A Saint-Domingue, de grands maux ont été faits, de grands maux sont à réparer. Mais la révolte est chaque jour plus comprimée. Toussaint, sans places, sans trésors, sans armées, n'est plus qu'un brigand errant de monde en monde avec quelques brigands comme lui, que nos intrépides éclaireurs poursuivent et qu'ils auront bientôt atteints et détruits.

La paix est connue à l'Ile de France et dans l'Inde : les premiers soins du gouvernement y ont déjà reporté l'amour de la République, la confiance en ses lois et toutes les espérances de la prospérité.

3º LA LUTTE CONTRE L'ANGLETERRE DANS L'OCÉAN INDIEN

On a rappelé plus haut les péripéties, au point de vue colonial, de 1802 à 1815 : la perte définitive de Saint-Domingue après les campagnes de Leclerc et de Rochambeau, l'occupation successive des établissements de l'Inde, de Gorée et Saint-Louis, de la Guyane, de la Guadeloupe et de la Martinique, de la Réunion et de l'Ile de France.

Il faut y ajouter la perte de la Louisiane rendue en 1800 par les Espagnols et que Bonaparte rétrocède le 8 avril 1803 aux États-Unis par un traité signé à Paris par Barbé-Marbois, ministre du Trésor public, et R. Livingston et James Monroe, ministres plénipotentiaires des États-Unis. En voici les principales stipulations ; celles de l'article 7 sont intéressantes au point de vue commercial :

Traité conclu à Paris le 8 avril 1803 (10 floréal an XI) entre la République française et les États-Unis :

ART. 1er. — Attendu que par l'art. 3 du traité conclu à Saint-Ildephonse le 9 vendémaire an IX (1er octobre 1800) entre le premier consul de la République française et S. M. C., il a été convenu ce qui suit :

« S. M. C. promet et s'engage, de son côté, à rétrocéder à la République française, six mois après l'exécution pleine et entière des conditions et stipulations ci-dessus, relatives à S. A. R. le duc de Parme, la colonie ou province de la Louisiane avec la même étendue qu'elle a actuellement entre les mains de l'Espagne, et qu'elle avait lorsque la France la possédait, et telle qu'elle doit être d'après les traités passés subséquemment entre l'Espagne et d'autres États.

Et comme par suite dudit traité, et spécialement dudit article 3, la République française a un titre incontestable au domaine et à la possession dudit territoire ; le premier consul de la République, désirant donner un témoignage remarquable de son amitié auxdits États-Unis, il leur fait, au nom de la République française, cession, à toujours et en pleine souveraineté, dudit territoire, avec tous ses droits appartenances, ainsi et de la même manière qu'ils ont été acquis par la République française en vertu du traité susdit conclu avec S. M. C.

ART. 4. — Il sera envoyé, de la part du gouvernement français, un commissaire à la Louisiane, à l'effet de faire tous les actes nécessaires, tant pour recevoir des officiers de S. M. C. lesdits pays, contrées et dépendances au nom de la République française, si la chose n'est pas encore faite, que pour les transmettre, audit nom, aux commissaires ou agents des États-Unis.

ART. 7. — Comme il est réciproquement avantageux au commerce de la France et des États-Unis d'encourager la communication des deux peuples, pour un temps limité, dans les contrées dont il est fait cession par le présent traité, jusqu'à ce que des arrangements généraux relatifs au commerce des deux nations puissent être convenus, il a été arrêté entre les parties contractantes que les navires français venant de France ou d'aucune de ses colonies, uniquement chargés de produits des manufactures de France ou de ses colonies, et les navires espagnols venant directement des ports d'Espagne ou de ceux de ses colonies, et uniquement chargés de produits des manufactures de l'Espagne et de sesdites colonies, seront admis, pendant l'espace de douze années, dans le port de la Nouvelle-Orléans, et dans tous les autres ports légalement ouverts, en quelque lieu que ce soit des territoires cédés, ainsi et de la même manière que les navires des États-Unis venant de France et d'Espagne ou d'aucune de leurs colonies, sans être sujets à d'autres ou plus grands droits sur les marchandises, ou d'autres ou plus grands droits de tonnage que ceux qui sont payés par les citoyens des Etats-Unis. Pendant l'espace de temps ci-dessus mentionné, aucune nation n'aura droit aux mêmes privilèges dans les ports du territoire cédé. Les douze années commenceront trois mois après l'échange des ratifications, s'il a lieu en France, ou trois mois après qu'il aura été notifié à Paris au gouverneur français, s'il a lieu dans les Etats-Unis. Il est bien entendu que le but du présent article est de favoriser les manufactures, le commerce à fret et la navigation de la France et de l'Espagne, en ce qui regarde les importations qui seront faites par les Français et par les Espagnols dans lesdits ports des Etats-Unis, sans qu'il soit en rien innové aux règlements concernant l'exportation des produits et marchandises des Etats-Unis et aux droits qu'ils ont de faire lesdits règlements.

Art. 8. — A l'avenir et pour toujours après l'expiration des douze années susdites, les navires français seront traités sur le pied de la nation la plus favorisée dans les ports ci-dessus mentionnés.

Deux autres conventions conclues le même jour réglaient le prix de la cession.

La première concernait le paiement du prix de cession de la Louisiane :

Art. 1er. — Le gouvernement des Etats-Unis s'engage à payer au gouvernement français de la manière qui sera spécifiée en l'article suivant, la somme de soixante millions de francs, indépendamment de ce qui sera fixé par une autre convention pour le payement des sommes dues par la France à des citoyens des Etats-Unis.

La seconde concernait le règlement des sommes dues par la France à des citoyens américains.

Art. 1er. — Les dettes dues par la France aux citoyens des Etats-Unis, contractées avant le 8 vendémiaire an IX (30 septembre 1800) seront payées conformément aux dispositions suivantes avec les intérêts, à six pour cent, à compter de l'époque où la réclamation et les pièces à l'appui ont été remises au gouvernement français.

Art. 2. — Les dettes qui font l'objet du présent article sont celles dont le résultat par aperçu est compris dans la note annexée à la présente Convention, et qui ne pourront, y compris les intérêts, excéder la somme de vingt millions.

Art. 3. — Le principal et les intérêts seront acquittés par les Etats-Unis d'Amérique sur des mandats tirés par le Ministre plénipotentiaire desdits Etats-Unis sur leur trésor.

Ainsi les Etats-Unis payaient à la France 60 millions et acquittaient les dettes de cette puissance pour une vingtaine de millions. Ils acquéraient la Louisiane pour la somme de 80 millions.

Pour mettre en lumière le caractère de la guerre coloniale contre l'Angleterre, il convient d'insister sur la lutte engagée dans l'océan Indien et sur la continuité des vues de Bonaparte sur l'Inde pendant cette période troublée. Nous aurons ici pour guide une remarquable étude de M. H. Prentout sur l'*Ile de France sous Decaen*, dont l'auteur a bien voulu nous communiquer quelques pièces inédites.

A. — *La Mission du général Decaen*

Decaen emportait des instructions du ministre de la marine qui se référaient à la reprise de nos villes et comptoirs et aux moyens financiers mis à sa disposition et d'autres plus précises, plus graves du premier consul lui-même. Son action dans l'Inde lui était prescrite en ces termes habiles :

Le capitaine général arrivera dans un pays où nos rivaux dominent, mais où ils pèsent également sur tous les peuples de ces vastes contrées. Il doit donc s'attacher à ne leur donner aucun sujet d'alarme, aucun motif de discussion et à diminuer le plus possible les vues du gouvernement. Il doit s'en tenir aux relations indispensables pour la sûreté et l'approvisionnement de nos établissements, et il s'étudiera à ne mettre aucune affectation dans les communications qu'il aura avec les peuples ou les princes qui supportent avec le plus d'impatience le joug de la Compagnie anglaise et à ne lui donner aucune inquiétude. Les Anglais sont les tyrans des Indes; ils sont inquiets et jaloux, il faut s'y comporter avec douceur, dissimulation et simplicité.

Déjà toutes les pensées de Bonaparte sont à la guerre, il veut que Decaen le renseigne principalement sur l'aide à donner aux princes de l'Inde contre les Anglais en cas de guerre et sur les moyens d'amener et d'entretenir une armée européenne. Il lui fait entrevoir de grandes destinées et retrouve pour enflammer son courage les phrases brillantes de ses plus belles proclamations :

La mission du capitaine général est d'abord une mission d'observation sous les rapports politiques et militaires, avec le peu de forces qu'il réunit et une simple occupation de comptoirs pour notre commerce. Mais le Premier Consul, bien instruit par lui et par l'exécution ponctuelle des observations qui précèdent, pourra le mettre à portée d'acquérir un jour cette gloire qui prolonge la mémoire des hommes au delà de la durée des siècles.

Parti pour l'Inde en mars 1803, c'est à l'Ile de France que Decaen devait arriver après avoir à peine entrevu la presqu'île. La tension politique s'était accentuée pendant le voyage et, quand le chef d'état major de Decaen, le commandant Binot, arriva à Pondichéry sur la *Belle Poule* qui avait pris les devants et qui amenait avec lui M. Léger et deux compagnies de la 109e demi-brigade, les Anglais, suivant les instructions de lord Wollesley, ajournèrent la remise et l'escadre de l'amiral Rainier vint mouiller en entourant la *Belle-Poule*. Decaen et la division, à leur arrivée, protestèrent et demandèrent la restitution. Mais ils furent atteints le même jour par une lettre de Decrès annonçant la rupture prochaine et prescrivant à Decaen de se replier sur l'Ile de France. On dut partir en toute hâte, la nuit, sans pouvoir rembarquer nos soldats mis à terre, en laissant à Binot le soin de poursuivre la restitution et, en cas d'hostilités, de faire une capitulation honorable.

C'est ce que fit cet officier. Le 6 septembre 1803 le 73e de ligne anglais et une batterie d'artillerie sommèrent Binot de se rendre à discrétion. L'attitude énergique du chef d'état-major de Decaen et de ses hommes leur valurent une capitulation dont ils réglèrent eux-mêmes les termes. Ils furent embarqués pour la France d'où ils allèrent se fondre dans la Grande Armée : Binot fut tué à Eylau.

B. — *Les projets sur l'Inde en 1805*

Grâce à l'activité de Decaen devenu par ses instructions capitaine général de l'Ile de France et à son sentiment très net de l'importance de l'Ile de France, celle-ci devient le centre de la lutte contre l'Angleterre dans l'Océan Indien. Cavaignac était allé à Mascate renouer la tradition française ; Decaen s'intéressa aussi à la loge de Moka, il pressait l'amiral Linois de multiplier les croisières. Malheureusement dès le début le général et l'amiral étaient entrés en conflit et ce dernier, prenant texte de son indépendance, soutenu secrètement par Decrès, n'exécutait que mollement les plans du capitaine général : c'est ainsi que le 14 février 1804 il laissa échapper à Poulo Aor le fameux courrier de Chine, 27 bâtiments chargés, ce qui arracha à Napoléon ce cri de colère contre lui : « Linois a rendu le pavillon français la risée de l'univers. Le moindre reproche qu'on peut lui faire, c'est d'avoir mis trop de prudence dans la conservation de sa croisière. C'est l'honneur que je veux qu'on conserve, et non quelques vaisseaux de bois et quelques hommes. »

Decaen, au contraire, veut prendre l'offensive contre l'Inde. Binot lui a fait donner des renseignements précis sur les populations favorables à la France et la possibilité d'un débarquement. L'officier qu'il a envoyé à Decaen dit au capitaine général que le jour de son débarquement dans l'Inde sera aussi « celui d'un soulèvement général contre le despotisme anglais ». Decaen se rappelle les grands projets que ses instructions laissent deviner et il adresse au Premier Consul, par un de ses aides de camp, le capitaine Barrois, envoyé spécialement à Paris, un plan de campagne contre l'Inde.

Il y notait les circonstances favorables, la guerre contre les Mahrattes inspirés par des aventuriers français, le soulèvement de Ceylan, le petit nombre des Européens, 20,000 à peine, dans l'armée anglaise de 140,000 hommes à laquelle on pourrait opposer les cavaliers et fantassins du Sindhia, du Bhonsla, du Holkar, du Guicowar, plus de 200,000 hommes, croit-il ! Il choisit son point de débarquement entre Goa et Bombay, à Chaoul près du Poonah, d'où il pourrait facilement faire sa jonction avec les Mahrattes. Il s'établirait à Goa, appliquant à l'Asie le principe de l'utilisation des alliés si souvent appliqué en Europe : « Les Portugais, écrit-il, doivent être ou nos amis ou nos ennemis. Comme ennemis l'objection tombe. Comme amis, ils sont intéressés à ce que les Anglais cessent d'exister dans l'Inde. » Il demande comme moyens d'exécution 6 vaisseaux de 74 armés en guerre, 2 armés en flûte, 4 frégates de 44 armées en guerre avec des vivres pour six mois ; 2,000 hommes d'infanterie de ligne, 1,000 hommes d'infanterie légère, 500 cavaliers, 4 compagnies d'artillerie légère ; en tout 4,000 hommes. Il propose de détourner l'attention des Anglais en simulant une tentative vers l'Egypte. Il pense que l'expédition pourrait quitter la France en juillet et arriver à la côte de Malabar en décembre, ce qui lui permettrait de combattre pendant six mois et « six mois bien employés doivent décider du sort de la puissance anglaise dans l'Inde. »

Il continue à réunir des renseignements et à surveiller les agissements des Anglais ; il envoie des agents dans toute l'Inde et il dépêche à Napoléon plusieurs émissaires: Cavaignac de retour de Mascate, le lieutenant Lefebvre, le commandant d'Arsonval, son frère le lieutenant René Decaen. Barrois et Cavaignac rencontrent l'Empereur en juin et juillet, Lefebvre en septembre 1804.

A ce moment Napoléon paraît disposé à faire l'expédition et, à la fin de décembre, alors qu'il n'a point fait connaître son avis et qu'il semble le plus préoccupé des affaires continentales, il écrit à Decrès pour lui exposer son plan d'action dans l'Inde en réponse aux propositions de Decaen :

Vous trouverez ci-joint un tableau qui vous fera comprendre comment je conçois l'expédition de l'Inde. Elle serait composée de trois escadres: Brest, Rochefort et le Ferrol ; Brest fournirait 15.000 hommes, Rochefort 2000 et le Ferrol, 2000 Français et 3000 Espagnols.

L'expédition de Brest aurait avec elle six flûtes qui seraient destinées à aller jusqu'aux Indes et pourrait en avoir un certain nombre d'autres qui n'iraient qu'au Ferrol pour y verser leurs vivres à bord de deux vaisseaux armés en flûte que fourniraient les Espagnols. L'escadre de Brest serait composée de 21 vaisseaux, de 6 frégates, 6 flûtes et 3 ou 4 bricks.

L'escadre de Rochefort serait composée de 2 vaisseaux, 5 frégates et 8 ou 10 flûtes.

L'escadre du Ferrol serait composée de :

5 vaisseaux, 2 frégates, français ; 5 vaisseaux, 2 ou 3 frégates, espagnols armés en guerre et de 3 ou 4 frégates espagnoles armées en flûte, chargées de vivres.

Toute l'artillerie serait embarquée sur des vaisseaux de guerre et il est facile de comprendre que voulant annuler six vaisseaux aux Indes, les boulets de ces vaisseaux serviraient à ce que l'on voudrait et fourniraient une riche dotation pour l'Ile de France. L'opération ainsi calculée, on doit porter au moins neuf mois de vivres pour l'armée et l'escadre et trois mois de farine et de légumes pour l'armée et l'escadre. 20.000 Français, 3.000 Espagnols et 3.000 autres Français des îles de France et de la Réunion feront indubitablement une terrible guerre à l'Angleterre, quel que puisse d'ailleurs en être le résultat final.

C'est bien le projet dont Napoléon écrira plus tard dans le Mémorial :

Longtemps j'ai rêvé une expédition décisive sur l'Inde, mais j'ai été constamment déjoué. J'envoyais 16.000 soldats sur des vaisseaux de ligne, chaque soixante-quatorze en eût porté 500, ce qui eût demandé 32 vaisseaux; je leur faisais prendre de l'eau pour quatre mois ; on l'eût renouvelée à l'île de France ou dans tout autre endroit habité du désert de l'Afrique, du Brésil ou de la mer des Indes. On eût, au besoin, fait la conquête de cette eau partout où on eût voulu relâcher. Arrivés sur les lieux, les vaisseaux jetaient les soldats à terre, et repartaient aussitôt, complétant leurs équipages par le sacrifice de sept ou huit de ces vaisseaux dont la vétusté avait déjà marqué la condamnation, si bien qu'une escadre anglaise arrivant d'Europe à la suite de la nôtre, n'eût plus rien trouvé. Quant à l'armée, abandonnée à elle-même, mise aux mains d'un chef sûr et capable, elle eût renouvelé les prodiges qui nous étaient familiers, et l'Europe eût appris la conquête de l'Inde comme elle avait appris celle de l'Egypte.

La réponse de Decrès fut franchement décourageante. Le ministre de la marine, après avoir éliminé le concours des Espagnols comme inutile, expose copieusement les chances d'insuccès et les difficultés de l'entreprise :

On ne peut se dissimuler, écrit-il, que pour établir une expédition de cette espèce avec les moyens à notre disposition, on est obligé d'en tirailler les éléments dans tous les sens, et je compare les raisonnements sur lesquels je l'établis à une partie d'échecs qui, bien méditée et paisiblement suivie, peut à toute force être gagnée; mais si les distractions de toute espèce surviennent, si le roulis de notre vaisseau dérange tant soit peu les pions, si une vague renverse l'échiquier, j'ai perdu tout mon temps.

Ici je suis forcé d'employer de vieux vaisseaux pour des pays lointains et il n'y a pas au monde une marine qui puisse s'expédier en masse pour une campagne au delà de l'Equateur ; et nous c'est ce à quoi nous nous décidons.

Je pars avec des vivres pour quatre mois et demi et trois mois d'eau et les secours sur lesquels il me faut compter sont incertains. J'emporte des transports qui peuvent couler, les séparer, avarier par l'eau qu'ils feront, les vivres qui sont à bord.

Si tout ce que j'ai préparé réussit, je vois partir l'armée avec la plus grande crainte sur la solidité de ses bâtiments, avec la crainte qu'elle ne se sépare de ses bâtiments chargés de vivres, avec la certitude que sa traversée sera longue, puisque je n'ai mis aucun choix dans ses bâtiments. Je crains la durée de la relâche au Cap, la pénurie qu'elle y éprouvera, les lenteurs qu'on lui opposera.

Je crains que des forces légères mieux armées ne la préviennent au lieu de sa destination et ne l'arrêtent dans son expédition. Je la vois enfin arrivant dans l'Inde dénuée de tout.

Cette série de craintes et de prévisions pessimistes se terminait par un argument décisif : « Il faut, écrivait Decrès, pour faire réussir un pareil projet, que l'homme qui sera chargé de son exécution ait une force de tête, de volonté, d'activité et de fortune telle que je n'en connais pas un seul dans la marine de S. M. et peut-être dans aucune marine du monde qui ne fût étonné de l'incertitude des moyens et de la nature de l'entreprise. » Pas d'homme, c'était bien le défaut capital de la marine, et c'est peut-être l'argument qui arrêta Napoléon. Quand le frère de Decaen le rencontra le 24 juillet, l'ajournement était décidé. « Il faut encore attendre, dit Napoléon au jeune Decaen, car je veux envoyer 20.000 hommes dans ce pays-là et vous n'avez rien à l'Ile de France... Je ne veux pas m'exposer à recevoir un échec ».

Les préoccupations continentales allaient le détourner, pendant plus de deux ans, de ses projets sur l'Inde.

L'offensive anglaise ne tarde pas d'ailleurs à se produire dans l'Océan Indien. Le 4 janvier 1806, l'escadre anglaise débarque 10.000 hommes près du Cap et le 8, le gouverneur hollandais Janssens est battu dans la plaine de Blauenberg malgré l'héroïsme du contingent français de l'*Atalante*, navire naufragé de la division Linois, qui a 110 tués. Janssens est obligé de capituler le 20, reconnaissant trop tard la sagesse de Decaen qui voulait l'empêcher d'expédier une partie de ses troupes à Batavia.

C. — *Le projet indien en 1808*

« On ne vaincra jamais les Anglais que dans Londres », avait dit le maréchal de Saxe. Après avoir tenté de réaliser cette prophétie, Napoléon semble tendre constamment à en montrer la fausseté en revenant toujours à ses premiers projets contre l'Inde. C'est là qu'il veut frapper l'Angleterre. En 1808 il reprend avec une ardeur nouvelle ses divers plans de campagne contre l'Inde.

Son but est de former contre la puissance anglaise une alliance russo-persane et il n'oublie pas le concours que cette combinaison peut espérer de l'Ile de France. Déjà Romieu, mort à Téhéran en 1805 et Joubert avaient jeté les bases de l'alliance. Talleyrand n'y était point favorable : « La Perse, écrivait-il à l'empereur, n'a même pas l'ombre d'une marine. Elle ne peut donc attaquer les Anglais par mer. Par terre elle ne confine à aucune de leurs possessions. Elle n'y peut arriver que par le pays des Afghans et le Kurdistan (?). Aussi avant de pouvoir exécuter les stipulations de l'alliance qu'elle a faite avec nous, il aurait fallu qu'elle en fît d'autres avec plusieurs nations. » Napoléon ne suit point ce conseil et le 4 mai 1807, au camp de Finenstein, il négocie par l'intermédiaire de Maret, duc de Bassano, et non par celui de Talleyrand, et il signe avec l'ambassadeur persan Mirza Méhémet Riza Khan un traité garantissant à la Perse l'intégrité de son territoire et la Géorgie, à charge par elle d'entrer immédiatement en conflit avec l'Angleterre. Le traité contenait les articles suivants :

Art. 10. — S. M. l'empereur de Perse employera toute son influence pour déterminer les Afghans et les autres peuples du Candahar à joindre leurs armées aux siennes contre l'Angleterre ; et après avoir obtenu passage sur leur territoire, il fera marcher une armée sur les possessions anglaises dans l'Inde.

Art. 11. — Dans le cas où une escadre française se rendrait dans le golfe Persique et dans les ports de S. M. l'empereur de Perse, elle y trouverait toutes les facilités et tous les secours dont elle pourrait avoir besoin.

Art. 12. — S'il était dans l'intention de S. M. l'empereur des Français d'envoyer par terre une armée pour attaquer les possessions anglaises dans l'Inde, S. M. l'empereur de Perse, en bon et fidèle allié, lui donnerait passage sur son territoire. Ce cas arrivant, il serait fait à l'avance, entre les deux gouvernements, une convention particulière qui stipulerait la route que les troupes devraient tenir, les subsistances et les moyens de transport qui leur seraient fournis, ainsi que les troupes auxiliaires qu'il conviendrait à S. M. l'empereur de Perse de joindre à cette expédition.

L'Empereur en envoyant le général Gardanne à Tchéran l'engage à préparer la Perse à une expédition contre l'Inde, à préparer des auxiliaires pour une expédition de 20.000 Français, des lieux de débarquement, des vivres. D'autre part il écrit à Decaen de se mettre en relations avec Gardanne. Decaen croit enfin l'heure venue et il renvoie à Napoléon son frère l'enseigne Decaen qui lui écrit, après avoir vu l'Empereur, que l'expédition de l'Inde lui semble peu probable :

Et cependant la fougue du jeune enseigne avait réveillé en Napoléon l'idée de l'expédition contre l'Inde. Mais à son projet d'expédition par terre, combinée avec la Russie et la Perse, il joint l'attaque par mer. Après avoir successivement rêvé d'assaillir l'Angleterre dans les Indes par trois routes, Suez en 1796, l'Asie centrale en 1800, le Cap en 1805, il veut les employer simultanément et recommencer l'expédition d'Egypte, en même temps qu'il fera doubler l'Afrique à ses flottes et prononcer sur les frontières de la Perse l'aventureux mouvement rêvé par Paul Ier ; l'expédition par mer lui paraît d'ailleurs la plus réalisable et la plus urgente parce qu'elle assurera la défense de l'île de France. Il ne la conçoit plus sur le plan grandiose de 1805, l'idée a mûri, il s'arrête à des projets plus restreints et plus praticables, à des opérations successives pour l'Inde, mais qui auront lieu simultanément avec les opérations de la flotte de Toulon sur la Méditerranée. Il ordonne à Decrès de former des croisières et de lancer des transports. La volonté de faire l'expédition né fait que s'accroître aux nouvelles qu'il reçoit de l'Ile de France, il presse Decrès : « Pour arriver à ce résultat, il faut vouloir vaincre les obstacles, ne pas perdre de temps en projets ni en discussions et donner tous les ordres nécessaires. Après que vous aurez fait ce travail, remettez-moi sous les yeux le mémoire du général Decaen sur l'Inde et ce qu'il a fait, afin de le réétudier et de voir en détail ce qu'il lui faut. » Il ne parvient pas à vaincre l'apathie du ministre. Enfin Napoléon précise ses instructions. Le 10 juin il fixe la composition des expéditions de Nantes, 12 voiles ; Lorient, 13 ; Brest, 34. Elles porteront 10.600 marins et 19.600 soldats avec du pain pour 300 jours, des vivres de campagne pour 120 jours, 20 jours de biscuit pour débarquer avec l'armée et 40.000 quintaux de farine à débarquer en dépôt à l'île de France (1).

Mais les affaires d'Espagne viennent contrecarrer ces dispositions. Le 7 juillet il écrit à Decrès :

« Il ne sera peut-être plus dans mon projet de hasarder une si grande quantité de forces sur les mers, mais mon parti ne sera pris que dans le courant de juillet. Dans tout état de choses, quelques expéditions seront nécessaires, mais des expéditions si considérables devront être ajournées si l'arrivée du roi en Espagne n'améliore pas promptement l'état des insurrections. »

Le soulèvement de l'Espagne mit fin aux grands projets. Napoléon quitta Bayonne d'où il pensait diriger une nouvelle lutte maritime et coloniale. Les troupes destinées à Decaen ne partirent point. Le capitaine général de l'Ile de France ne reçut que des nouvelles et quelques frégates.

D. — *La chute de l'Ile de France*

Decaen avait résolument engagé la guerre de course. Malheureu-

____

(1) H. Prentout, ouvrage cité.

sement les événements lui firent perdre deux appuis considérables, Manille qui suivit l'Espagne dans sa révolte et s'ouvrit aux Anglais, et Batavia que la croisière anglaise sépara de l'Ile de France. Néanmoins depuis 1806 les corsaires couraient l'océan Indien. Devenu, par le départ de Linois, maître de la marine, Decaen, assisté de Léger, devenu en quelque sorte le préfet maritime, déploya la plus grande activité pour organiser la guerre maritime. Les croisières des frégates la *Sémillante*, la *Canonnière* et du petit *Entreprenant* du capitaine Bouvet et les exploits des corsaires tels que Robert Surcouf firent beaucoup de mal au commerce maritime et à la marine des Anglais.

Mais ils finirent par attirer leur attention sur ce foyer si intense de résistance. Lord Minto qui avait remplacé Barlow dans l'Inde résolut de détruire l'Ile de France, unique point stratégique de la France contre sa colonie. En mai 1809 il fit occuper Rodrigue et proclama le blocus des Mascareignes. Le 23 septembre les Anglais détruisent les magasins des prises de Saint-Paul (île Bonaparte-Réunion) et le 8 juillet 1810, le colonel Sainte-Suzanne, après avoir brillamment organisé la résistance, capitulait, très honorablement devant les 4.000 hommes du colonel Keating.

L'Ile de France tomba la dernière. L'escadre que Decaen avait pu composer pour Duperré avait obtenu des succès sérieux et notamment le 23 septembre, elle avait détruit ou capturé au Grand-Port quatre frégates anglaises. La réunion de la Hollande à la France décida lord Minto à en finir avec l'Ile de France. Le 29 novembre 1810, une forte expédition, commandée par Bertie, débarqua à Mapou. Après un combat à la plaine des Tombeaux, Decaen, entouré de forces supérieures, signa le 3 décembre une capitulation fort honorable : les troupes n'étaient point prisonnières, mais devaient être conduites dans un port. A son arrivée en France, Decaen n'en fut pas moins traité en suspect par Decrés qui l'avait si peu secouru. Il fut traduit devant un Conseil d'enquête, mais ce fut à son honneur, car le Conseil conclut qu'il ne pouvait tenir avec 2.000 hommes devant des forces écrasantes et que la prise de l'Ile de France était imputable au manque de troupes, d'approvisionnements et d'argent : c'est ce que Decaen avait toujours réclamé, c'est ce que Napoléon aurait voulu lui donner.

L'Ile de France était perdue comme les autres colonies. Le *Moniteur* enregistra sa chute en ajoutant avec philosophie : « Les colo-

nies reviendront à la paix. » L'Ile de France est malheureusement
une de celles qui ne sont pas revenues.

E. — *Sylvain Roux à Madagascar.*

Le général Decaen, dès son arrivée, avait compris l'importance
de Madagascar et il y envoya aussitôt le capitaine du génie Mécus-
son avec la mission de débarquer à Fort-Dauphin, de reconnaître
les ports et les côtes et de lier amitié avec les chefs. Puis il se décide
à y établir un agent commercial, non seulement pour protéger le
trafic et maintenir l'ordre, mais aussi pour préparer la voie à la
colonisation : « Je choisis, écrit-il, une personne propre à une mission que je crus devoir diriger tout à la fois pour maintenir l'ordre
et assurer l'approvisionnement de ces colonies (île de France et
Bonaparte), ainsi que pour essayer s'il est possible d'espérer qu'on
aurait un jour la faculté de pouvoir former un établissement que
recommande déjà la population croissante des îles de France et
Bonaparte. » Pacifier et coloniser, telles étaient donc les instructions
de cet agent commercial, Sylvain Roux.

Il les remplit avec intelligence et malgré l'hostilité des colons; il
appuya notamment les tentatives de pénétration dans l'intérieur.
Decaen d'ailleurs lui envoya sur ce point des instructions particulières lui enjoignant la prudence, mais lui conseillant aussi de
demander aux voyageurs des renseignements géographiques, ethnographiques, commerciaux, agricoles. « L'on devra, disait-il, tout
examiner afin que l'on soit à même de se faire l'idée la plus juste
des avantages que le commerce pourrait espérer du naturel de ces
peuplades, des productions du pays, des besoins que peuvent avoir
ces populations, des échanges qu'il serait possible de faire entre
elles. »

Malheureusement, Sylvain Roux devait se préoccuper de la défense
de Tamatave où il était installé. La menace perpétuelle de l'attaque,
l'hostilité des commerçants et des indigènes, la difficulté du climat
l'empêchaient de se consacrer ardemment au développement de sa
colonie. Bientôt les Anglais viennent l'inquiéter. Le 28 février 1810,
une frégate est repoussée. La capitulation de l'île Bonaparte et de
l'Ile de France ne diminue point le courage de Sylvain Roux. Il
écrit alors : « Peut-être Madagascar pourra-t-elle servir de port de

refuge, car les Anglais craignent trop son climat pour y venir de sitôt. » Mais le 19 février 1811, l'*Eclypse*, capitaine Lynne, se présenta avec une autre corvette devant Tamatave, et Roux, qui n'avait qu'une cinquantaine d'hommes mal armés, dut capituler à son tour : Tamatave fut reconquis au mois de juin de la même année par la *Renommée*, mais ce ne fut que momentanément.

Au résumé, Decaen et Sylvain Roux avaient fait œuvre de colonisation. Comme Lescallier, ils ne voyaient pas simplement dans la grande île une terre à exploiter, mais un pays à étudier, à organiser, à administrer, à mettre en valeur. Grâce à eux, il n'y eut pas solution de continuité de la tradition française sous la Révolution et sous l'Empire.

4° LE PROJET INDIEN EN 1811.

L'expédition de Russie n'était-elle que la première phase d'une marche vers l'Inde? On a, à l'appui de cette thèse controversée, ces paroles de Napoléon à M. de Narbonne, au départ pour la campagne de Russie : « Après tout, cette longue route est la route de l'Inde. Alexandre était parti d'aussi loin que Moscou pour atteindre le Gange... Vous savez la mission du général Gardanne et celle de Joubert en Perse. Rien de considérable n'est apparu, mais j'ai la carte et l'état des populations à traverser pour aller d'Erivan et de Tiflis jusqu'aux possessions anglaises dans l'Inde. »

Nous avons déjà parlé du *Plan commercial et militaire de Napoléon Ier*, vu à Hambourg en 1811 par le comte de Beauvollier, et cité par de Beauchamp dans ses Mémoires secrets. Après avoir rappelé les attaques dirigées de l'Occident vers l'Inde, les routes suivies par le commerce et le plan de Paul Ier cité plus haut, de Beauchamp ajoute :

Tels sont les exemples qu'on citait en faveur du *Plan commercial et militaire de Napoléon Ier* et je ne doute pas qu'il ne l'eût mis à exécution si son expédition eût réussi.

Les successeurs de Pierre le Grand au trône de la Russie n'avaient fait que continuer le système dont il avait démontré l'utilité ; certes le conquérant de ce vaste empire n'aurait pas dédaigné d'entrer dans cette

voie de prospérité pour les peuples qu'il aurait associés à sa fortune et aux destinées de la France.

Les productions de la Russie sont indispensables aux puissances européennes ; d'où il suit que cet empire est comme un *immense magasin de contrainte* qui appelle impérieusement dans ses ports les navigateurs et les acheteurs. Depuis 1762 jusqu'en 1777, l'exportation s'est accrue d'un à sept.

Le commerce asiatique est la réunion de celui de la Perse, de l'Inde et de la Chine.

Pierre le Grand avait conclu un traité de commerce avec la Perse et jeté les bases d'un autre traité plus avantageux encore avec la Chine.

La France, eu égard à sa position continentale, ne pouvait-elle pas obtenir par le commerce de l'Inde, fait avec *les moyens* bornés que comportent les communications par terre, des avantages qui eussent balancé ceux que l'Angleterre retire de la contrebande ? Désormais privée de toute communication en Europe, et n'ayant plus que la stérile ressource de dépenser les produits qu'elle tire de l'Inde, ou de les vendre en Amérique, la Grande-Bretagne aurait infailliblement perdu l'un de ses plus puissants éléments de richesses, et n'aurait pu racheter cette perte par aucun système de compensation : c'était ce que Napoléon ambitionnait de tous ses vœux, et sans doute, il n'eût pas laissé échapper l'occasion d'appauvrir et d'humilier une puissance rivale.

Je répéterai ici ce que j'ai déjà avancé. J'ignore si ce *plan,* tel que ma mémoire me le rappelle, eût été celui que Napoléon eût voulu suivre ; *mais je sais très positivement qu'il lui avait été présenté,* et qu'à *Hambourg* on en parlait comme d'un *projet savamment combiné* et qu'on y rattachait d'immenses résultats. Il paraît même qu'on avait proposé à Napoléon la création de nouvelles villes hanséatiques telles que Revel, Riga, Memel, Koenigsberg, Gothembourg, Stetin, Stralsund et les plus fortes places maritimes d'Espagne. Chacune de ces villes aurait eu une *junte commerciale* composée de négociants, sous la surveillance des consuls français. Cette association était représentée comme devant *réveiller sur le continent l'esprit mercantile et contribuer à entraver le commerce anglais.* C'était un boulevard inexpugnable sur lequel devait s'appuyer ce nouveau genre de domination.

5° LE TRAITÉ DE PARIS ET L'ACTE DE VIENNE

Le traité de Paris (30 mai 1814) contient les stipulations d'ordre colonial suivantes :

Art. 8. — S. M. B., stipulant pour elle et ses alliés, s'engage à restituer à S. M. T. C., dans les délais qui seront ci-après fixés, les colonies, pêcheries, comptoirs et établissements de tout genre que la France possédait au 1er janvier 1792 dans les mers et sur les continents de l'Amérique, de l'Afrique et de l'Asie, à l'exception toutefois des îles de Tabago et de Sainte-Lucie, et de l'Ile de France et de ses dépendances, nommément Rodrigue et les Séchelles, lesquelles S. M. T. C. cède en toute propriété et souveraineté à S. M B. comme aussi de la partie de Saint-Domingue cédée à la France par la paix de Bâle et que S. M. T. C. rétrocède à S. M. C. en toute propriété et souveraineté.

Art. 9. — S. M. le roi de Suède et Norvège, en conséquence d'arrangements pris avec ses alliés et pour l'exécution de l'article précédent, consent à ce que l'île de la Guadeloupe soit restituée à S. M. T. C. et cède tous les droits qu'il peut avoir sur cette île.

Art. 10. — S. M. T. F., en conséquence d'arrangements pris avec ses alliés et pour l'exécution de l'art. 8, s'engage à restituer à S. M. T. C., dans le délai ci-après fixé, la Guyane française telle qu'elle existait au 1er janvier 1792. L'effet de la stipulation ci-dessus étant de faire revivre la contestation existante à cette époque au sujet des limites, il est convenu que cette contestation sera terminée par un arrangement amiable entre les deux cours sous la médiation de S. M. B.

Art. 11. — Les places et forts existants dans les colonies et établissements qui doivent être rendus à S. M. T. C., en vertu des art. 8, 9 et 10, seront remis dans l'état où ils se trouveront au moment de la signature du présent traité.

Art. 13. — Quant au droit de pêche des Français dans le grand banc de Terre-Neuve, sur les côtes de l'île de ce nom et des îles adjacentes et dans le golfe de Saint-Laurent, tout sera remis sur le même pied qu'en 1792.

Art. 14. — Les colonies, comptoirs et établissements qui doivent être restitués à S. M. T. C. par S. M. B. ou ses alliés, seront remis savoir : ceux qui sont dans les mers du Nord ou dans les mers et sur les continents de l'Amérique et de l'Afrique dans les trois mois et ceux qui sont au delà du cap de Bonne-Espérance dans les six mois qui suivront la ratification du présent traité.

D'autre part, l'acte final de Vienne, 9 juin 1815, contient la stipulation suivante :

Art. 107. — S. A. R. le prince régent du royaume de Portugal et de celui du Brésil, pour manifester d'une manière incontestable sa considération particulière pour S. M. T. C., s'engage à restituer à Sadite Majesté la Guyane française jusqu'à la rivière d'Oyapock, dont l'embouchure est située entre le quatrième et le cinquième degré de latitude septentrionale, limite que le Portugal a toujours considérée comme celle qui avait été fixée par le traité d'Utrecht.

L'époque de la remise de cette colonie à S. M. T. C. sera déterminée, dès que les circonstances le permettront, par une convention particuculière entre les deux cours ; et l'on procédera, à l'amiable, aussitôt que faire se pourra, à la fixation définitive des limites des Guyanes portugaise et française, conformément au sens précis de l'article 7 du traité d'Utrecht.

CHAPITRE II

I. — L'OPINION ; RENAISSANCE GRADUELLE DES IDÉES D'EXPANSION.

A l'observateur superficiel qui s'en tient à la constatation des traités et des faits patents d'expansion coloniale, il semble que l'opinion publique française, justement émue et lassée des grands revers de la fin de l'empire, ait renoncé à tout espoir d'outre-mer et accepté la déchéance, avec une simple nuance de rancune contre l'Anglais, auteur de notre spoliation. Et, à vrai dire, dans les difficultés que nous coûtèrent de simples et légitimes reprises de possession et par lesquelles nos puissants vainqueurs semblent avoir voulu prolonger notre humiliation, il y avait matière à décourager le peuple le plus attaché à ses traditions de grandeur coloniale. Mais la lecture des débats parlementaires nous montre, au contraire, dès le lendemain de nos désastres, un désir grandissant et un dessein suivi de reconstituer la marine de guerre, instrument de renaissance d'un domaine de colonies bien attachées à la métropole; et, comme il est arrivé dans la suite, plus près de nous, après d'autres désastres subis en Europe, le parti de la résignation au rôle de petite puissance européenne perd chaque année en force et en cohésion dans notre Parlement. Le tempérament du pays se retrouve intact, après une courte défaillance ; son génie colonial reparaît dans des manifestations d'admirable éloquence et d'action de plus en plus franche. La conquête de l'Algérie n'est que l'expression de cette reprise graduelle des traditions nationales ; et, résolue à la suite d'incidents fortuits, elle était déterminée, tant par une série d'antécédents de notre politique méditerranéenne, que par cette réconfortante montée de l'opinion française.

Pendant les quinze années qui suivirent la chute définitive de l'empire, aucune conquête coloniale ne fut entreprise : les patriotes qui sentent quel péril courrait le pays en se repliant sur lui-même et en renonçant à toute expansion, luttent d'abord contre les excès d'un parti agrarien qui posait en dogme l'incompatibilité de l'agriculture et de la colonisation. Même sous le règne de Charles X qui fut marqué par la glorieuse intervention de notre flotte reconstituée dans la guerre d'indépendance hellénique, par de nouvelles mesures d'accroissement de nos escadres, par un remarquable essai de réorganisation coloniale, enfin par la mémorable expédition d'Alger, il fallut soutenir une lutte incessante contre les partisans de l'absolu « recueillement ». L'occupation même d'Alger ne fut acceptée par nombre d'esprits sages mais timorés qu'à la condition de demeurer une simple « opération de police ».

Ces caractères généraux de l'opinion coloniale, sous le régime de la Restauration, se dégagent avec une singulière netteté des débats soulevés chaque année dans la Chambre des députés par la discussion du budget de la marine. Chaque vote est le prétexte d'une lutte oratoire à laquelle prennent part les parlementaires les plus écoutés, Roy, Benjamin Constant, Duvergier de Hauranne, Portal, Manuel. En 1817 M. Néel-Lavigne ose, en dépit d'une opposition puissante, démontrer l'absolue nécessité des colonies, « si la France veut se placer à la hauteur des des-

« tinées où l'appelle sa position géographique ». En 1818,
Molé, ministre de la marine, combattant une réduction des crédits de son ministère, démontrait éloquemment l'étroite solidarité du commerce, de la marine et des colonies : « La guerre,
« disait-il, est une hypothèse dans laquelle l'heureuse disposition
« des souverains et des nations rend chaque jour moins néces-
« saire de se placer. De tous les fléaux qui désolent l'humanité
« elle est celui qu'une civilisation aussi éclairée que la nôtre
« semble repousser davantage. Mais le progrès de cette même
« civilisation agrandit et rend presque sans limite une autre
« carrière où tous les peuples rivaliseront à l'avenir et d'efforts
« et d'ardeurs. C'est celle du commerce, de l'industrie; vaste
« champ où toutes les nations vont désormais se rencontrer
« sans se combattre et où aucune d'elles ne doit faire une con-
« quête sans que toutes les autres aient raison de s'en applau-
« dir... C'est pour entretenir les relations de nos colonies avec
« la métropole et de nos colonies entre elles que nous avons
« besoin d'armements... Pense-t-on que nous puissions retrou-
« ver, même en partie, nos anciennes relations avec le Levant
« si notre pavillon ne s'y montre pas à l'instar de celui des
« autres puissances maritimes, s'il n'y protège pas notre com-
« merce contre les pirates qui infestent ces mers ? Il est un
« autre point de vue sous lequel nous serons conduits tous les
« jours à envisager plus sérieusement les colonies, je veux parler
« du débouché qu'elles peuvent offrir à cet excédent de popu-
« lation qui pèse sur la vieille Europe. Déjà des émigrations
« nombreuses ... ont prouvé combien il serait facile de donner
« cette direction à une activité qui, réduite à réagir sur elle-
« même, menacerait la société de dangers trop certains. » Cette
déclaration est intéressante pour l'histoire de notre politique
coloniale parce qu'elle montre l'intention déjà nette du gouvernement de s'appliquer à l'œuvre d'expansion, si l'occasion se
présentait, dans les parages de la Méditerranée; c'est l'annonce

précieuse d'une évolution de nos desseins. En 1821 le secrétaire d'État Lainé, répondant aux partisans d'une réduction de la marine, en vient à une apologie très caractérisée de la colonisation; on peut juger, par quelques extraits de son discours, quels progrès avait faits la cause coloniale en France (1) : « Sans doute la France a perdu beaucoup d'établissements qui « lui étaient à la fois chers et utiles; mais c'est précisément « parce qu'il lui en reste peu qu'elle doit tenir davantage à « ceux qu'elle possède encore, et si, pour les conserver, des « sacrifices sont nécessaires, quel est le Français qui ne soit « disposé à les faire ?... Je crois que la France doit chercher « tous les moyens d'avoir d'autres colonies, dût-elle les éta- « blir sur des bases différentes et dans un but autre que celui « qui a dirigé nos colonisations, dût-elle, en suivant des exem- « ples récents, les acquérir; car la possession des territoires « qu'on acquiert est plus sûre et plus stable que la possession « conquise. » Il affirme avec une conviction profonde la solidarité de la richesse industrielle et agricole de la mère-patrie avec le développement colonial : « C'est ainsi que par l'assis- « tance mutuelle des colonies et de la marine, notre commerce « extérieur pourra s'étendre, dans l'intérêt même de notre « industrie et de notre agriculture. Toutes ces choses se lient « dans un grand État, et ce n'est pas en calculant isolément « les produits d'une possession lointaine qu'on peut apprécier « ses avantages. Renoncer aux colonies, c'est vouloir abjurer, « dans la suite, le commerce maritime, ce serait exiler les Fran- « çais des mers, leur interdire la navigation, et en faire, pour « ainsi dire, les Chinois de l'Europe. »

On peut dire qu'en 1825, après l'application du plan de réforme maritime du ministre Portal, l'opinion publique et même

----

(1) Cf. des passages nombreux de ce remarquable discours dans « l'Annexe » à la fin de ce chapitre.

l'opinion parlementaire sont gagnées aux idées d'expansion
coloniale; et il est utile de le bien marquer si l'on ne veut s'exposer à croire que la conquête de l'Algérie surprit et trompa
toutes les prévisions de nos hommes d'État. A partir de cette
date on n'entend plus guère, au Parlement, les violentes attaques dont le général Sébastiani prit plusieurs fois l'initiative :
ou du moins elles ne mettent plus en danger la dotation nécessaire à l'entretien de la marine de guerre. En 1825 un député
alla jusqu'à dire, en réponse aux critiques des ennemis de la
colonisation : « La puissance maritime de l'Angleterre est le
grand danger de l'Europe. »

Bien plus, l'intérêt passionné que portent désormais aux
colonies la plupart des hommes politiques se traduit par une
œuvre pratique de refonte de l'administration. En 1827, 1828
et 1829, des mesures sont prises pour donner enfin aux colonies la législation promise par l'article 73 de la Charte, notamment celle qui fit passer du budget de la marine à celui de la
guerre les « dépenses de protection générale », ce que nous ap-
pellerions aujourd'hui les « dépenses de souveraineté », pour
y laisser les seules dépenses administratives. En 1828 le ministre de la marine, Hyde de Neuville fut plus catégorique
encore que ses prédécesseurs dans la défense de l'intérêt colonial : « C'est là une incontestable vérité. Où pourrions-nous
« trouver des abris en temps de guerre, où pourraient se ravi-
« tailler nos bâtiments, si nous n'avons pas de ports dans les
« différentes parties du monde ? ..... On (le général Sébastiani)
« ne propose pas, il est vrai, d'abandonner les colonies. Mais
« qui donc aurait le droit de proposer une pareille mesure ?
« Les colonies ne sont-elles pas françaises ? Ne font-elles pas
« partie de la grande famille ? Elles ont été fondées par des
« Français et sont habitées par des Français. S'il était permis
« de mettre en question l'existence des colonies, parce qu'elles
« nous sont plus ou moins onéreuses, on pourrait également,

« Messieurs, demander si tel ou tel département n'est pas plu-
« tôt une charge qu'un profit. Les Colonies, c'est la France ;
« aucun pouvoir que la force des choses ne peut les détacher
« de la monarchie. » Ainsi c'est à la faveur d'une reprise de
l'opinion coloniale que la marine de France répare ses désastres des grandes guerres de la Révolution et de l'Empire ; la
doctrine de la nécessité de postes coloniaux de ravitaillement
pour la marine, jadis si nettement mise en lumière par Richelieu, rencontra des partisans de plus en plus nombreux et
convaincus ; les ministres réclament des « points d'appui » et
des « bases d'opérations » pour la flotte. A mesure que nos
escadres sont reconstituées, en personnel et en matériel, leur
répartition est faite de manière à réserver l'avenir de l'expansion coloniale et en consultant la carte de nos stations navales,
en 1829, au moment où les relations devenaient difficiles avec
Alger, on devine déjà un plan rationnel de protection de nos
intérêts commerciaux qui est aussi un plan d'expansion aux
colonies. Sur un total de 280 bâtiments, 128 étaient armés et
répartis sur les points les plus divers du globe, 22 à la station
du Levant, 11 à Toulon, 2 aux pêcheries de Bône, 6 à la station d'Afrique pour la répression de la traite, 3 à Terre-Neuve,
8 à la station des Antilles, 5 à Cuba et dans le golfe du Mexique, 2 à Cayenne, 9 à la station du Brésil, 1 aux communications entre le Sénégal et Cayenne, 10 à la station des mers
du sud, 3 à Bourbon et Madagascar, 3 aux établissements de
l'Inde, 15 stationnaires aux colonies pour la répression de la
traite, etc., etc.....

Il faut rappeler aujourd'hui les noms des orateurs qui soutinrent victorieusement de si rudes luttes en faveur de l'expansion et amenèrent, à force de logique et de labeur, l'opinion
française à son réveil de 1830 : ce sont Dubouchage, Molé,
Portal, de Clermont-Tonnerre et Hyde de Neuville qui ont
préparé, en plaidant les causes solidaires de la marine et des

colonies, la reprise de la grande tradition nationale. Grâce à eux, l'attitude de notre flotte à Navarin fut une surprise pour nos rivaux ; et on leur doit d'avoir pu confier, en 1830, à l'amiral Duperré une des plus belles flottes que la France eût encore mises à la mer, 103 bâtiments de guerre dont 11 vaisseaux de ligne, 23 frégates et 7 bateaux à vapeur et plus de 400 navires de transport. Nous avions le moyen d'acquérir des colonies et de faire respecter nos acquisitions.

Cette progression quelque peu latente et indirecte de l'idée coloniale se montre aussi dans l'œuvre administrative de la Restauration ; les hommes qui prenaient un soin si rigoureux de bien organiser les pouvoirs locaux, d'éviter entre fonctionnaires les conflits d'attributions et de réserver la haute main à la métropole pour les intérêts essentiels, avaient assurément conscience de préparer les cadres du domaine plus étendu qu'on ne pouvait manquer d'acquérir bientôt. En disciplinant ce qui restait des forces vives de la France d'outre-mer, ils ont rendu la nécessité d'une reconstitution plus évidente et plus impérieuse. Quelques colonies furent dotées, dès 1823, de comités consultatifs qu'établit une ordonnance royale. Ces comités reçoivent mission de donner leurs avis sur l'assiette et la répartition de l'impôt, sur le budget des recettes et des dépenses. Il peut être piquant de rappeler aujourd'hui que dès 1824, une ordonnance institua un « conseil supérieur du commerce et des colonies », et « près du président du conseil des « ministres, un bureau du commerce et des colonies : tous les ministères devaient fournir à ce bureau tous les renseignements pouvant intéresser le commerce et la navigation. Le 21 août 1826 fut signée la « charte des colonies ».

II. — REPRISES DE POSSESSION ; TENTATIVES
D'EXPANSION ; DÉBUTS DE L'AFFAIRE D'ALGER

Il y avait quelque mérite à ne point désespérer, à envisager les chances d'une reconstitution de notre domaine colonial, pour des hommes qui avaient connu les obstacles mis par l'adversaire implacable à la plus légitime des reprises de possession. Notre spoliation était consommée depuis 1814 ; et pourtant que d'épreuves humiliantes nous furent imposées par surcroît quand l'heure sonna de nous rendre les débris de notre bien. Lorsque nos officiers réclamèrent sur place l'exécution du traité spécial du 20 novembre 1815, ils se trouvèrent en présence d'une série de procédés dilatoires dont l'inspiration n'avait rien de commun avec le droit des gens. Au Sénégal, c'est le colonel Schmaltz qui, après le tragique naufrage de la « Méduse », se voit en butte à une persécution odieuse que masquent des apparences de philanthropie ; il faut qu'à la fin de l'année 1816, lord Bathurst, honteux de la conduite de ses subordonnés, leur adresse, avec un blâme formel, l'ordre de céder la place aux Français et d'évacuer le Sénégal « pour « éviter les soupçons que leur refus peut avoir fait naître sur « la bonne foi du gouvernement britannique ». Et c'est le 25 janvier 1817 que le trop célèbre Brereton retirait la garnison anglaise établie là depuis 1809.

Il ne fallait pas plus de deux ans de labeur de notre nouveau gouverneur, le colonel Schmaltz, pour rendre jaloux de nos progrès d'expansion et de mise en valeur nos maîtres de la veille. Son œuvre fut continuée par des hommes qui méritent la gratitude des amis de la colonisation française, le capitaine de vaisseau Lecoupé (1820-1822), le baron Roger (1822), le commissaire principal Jubelin qui reçut le titre de « gouverneur du Sénégal et dépendances » (1828) et le capitaine de vaisseau Brou (1829). Le 8 mai 1819, le colonel Schmaltz ouvrit à la colonisation le territoire du Oualo par un traité conclu à N'Guio avec Amar Boye, brack du Oualo et ses principaux chefs ; et cette mesure avait été préparée l'année précédente par l'envoi de machines agricoles de France et d'initiateurs de cultures. On voudra bien observer, en lisant le texte du traité de N'Guio, combien l'officier énergique qui reprit possession du Sénégal était soucieux de développer pacifiquement les richesses du sol et de donner essor au commerce ; il est donc faux d'affirmer que, jusqu'à l'époque toute contemporaine de la colonisation française, l'esprit de conquête l'a emporté sur le zèle d'attirer à nous les indigènes par les arts de la paix. Le même génie colonial se retrouve sans cesse dans notre histoire, génie d'un peuple humain, passionné pour l'agriculture à laquelle il doit tant, et désireux d'en faire bénéficier nos nouveaux sujets. Pour étendre les opérations du commerce des gommes, divers traités furent passés avec les chefs Maures ; et en 1824, un fort fut élevé à Bakel qui protégea les réunions des traitants. Toutefois, en 1830, nos établissements se bornaient encore à l'îlot de Gorée, à Saint-Louis et aux trois postes de Richard-Toll, Dagana et Bakel.

C'est l'initiative privée qui, seule, prépara, de 1815 à 1830, par des explorations, nos progrès vers le haut-fleuve et vers le Soudan. C'est le commis de marine Mollien qui fait, en 1818, la reconnaissance des sources du Sénégal et de la Gambie, l'enseigne de vaisseau de Beaufort qui longe les bords de la Gambie, procédant à une première étude hydrographique du tracé et du régime, puis parcourt le Bambouk et le Kaarta, terrassé à Bakel par la fièvre (1824-1825). Enfin, c'est la prodigieuse traversée continentale de René Caillié (1828), le premier Européen qui put atteindre Tombouctou et en revenir sain et sauf, fournissant des renseignements précieux sur le régime des caravanes si fort gênées, si souvent pillées par les Touaregs dont il définit à merveille l'état social, et indiquant avec clairvoyance les difficultés que devait rencontrer plus tard notre occupation du Moyen-Niger. Jomard, rapporteur de la Société de géographie, qui récompensa Caillié, entrevit tout l'intérêt de ce grand voyage et démontra, en particulier, à l'aide des notes de son protégé, que la route de Saint-Louis au Niger était moins longue et plus facile que la route Marocaine et Saharienne : cette étude comparée lui inspirait l'espoir de voir se développer rapidement notre colonie du Sénégal. L'exploration de Caillié lui faisait prophétiser l'œuvre de Faidherbe.

Les tergiversations que les autorités locales anglaises opposèrent à notre légitime reprise de possession du Sénégal sont à peine dignes d'être mentionnées à côté de l'intrigue, nouée par sir Robert Farquhar, gouverneur de Maurice, en vue de confisquer Madagascar. Sa lettre au général Bouvet de Loziers, commandant de l'île Bourbon, dans laquelle il réclamait purement et simplement la grande île, comme « dépendance de l'Ile de France », est un chef-d'œuvre d'interprétation pharisaïque des traités. Si les remontrances dignes et fermes de notre ministre des affaires étrangères à Londres eurent pour effet d'obtenir de lord Bathurst, le 18 octobre 1816, une contradiction formelle de l'avis de Farquhar, l'Angleterre profitait néanmoins de l'occasion de ce débat pour limiter sa reconnaissance de nos droits aux « établissements que la France possédait à Madagascar le 1er janvier 1792 » ; c'était une manière de rouvrir la question et de donner à Farquhar toute licence de recommencer son intrigue.

Alors s'engage entre le gouverneur anglais de Maurice et nos représentants à Bourbon une édifiante mais regrettable correspondance ; car on devait, à tout prix, comme le com-

prenait Sylvain Roux, éviter une discussion même de pure
forme. Farquhar écrit d'abord au capitaine de frégate Martin de
Lacroix un mémoire doucereux (30 août 1817) dans lequel il
affirme que « les mesures prises par le gouvernement de Mau-
« rice se sont bornées à former des traités d'amitié et à s'en-
« tretenir en bonne intelligence avec les princes et les naturels
« de Madagascar. » Bientôt après il posait en principe que le
territoire de Madagascar était « la propriété des naturels ».
Enfin il reconnut Radama, chef de la tribu des Hovas « comme
« roi de Madagascar et de ses dépendances. » Ces pourparlers
aboutirent à la concession d'un port ouvert aux Anglais sur la
côte, et (23 octobre 1817) à la signature d'un traité anglo-
malgache relatif à l'interdiction de la traite. Il y avait donc des
atteintes diplomatiques portées, sans dénégation suffisante de
notre part, à notre droit traditionnel en vertu duquel Madagascar était colonie française ; là est l'origine de négociations
humiliantes, louches, de guerres coûteuses et sanglantes par
lesquelles il a fallu, en 80 ans, recouvrer une part de notre
vieux domaine.

Cependant, même à si courte distance de nos désastres de
1815, il y eut en France un mouvement de protestations et une
velléité d'en finir par un coup d'énergie. Les missions de Forestier (1817), Albrand et Carayon, les instances de Sylvain
Roux, inspirèrent du moins au conseil d'amirauté une mesure
de précaution, l'occupation formelle de Sainte-Marie de Madagascar (1819) « afin d'en faire avec la baie de Tintingue le port
de notre station navale dans la mer des Indes ». La réponse
de Sylvain Roux, chargé de mener à bien l'opération, à sir
R. Farquhar qui osait lui demander des comptes, est un de ces
modèles de fière dignité qui contraste avec la longue série des
capitulations écrites ou autres dont foisonne, hélas ! l'histoire
de notre reconquête de Madagascar en ce siècle. Ce Français
de grand caractère répondit aux provocations de Radama en

réoccupant Fort-Dauphin, en nouant des relations avec les chefs du pays voisin de Tintingue depuis Fenérife jusqu'à la baie d'Antongil. Il est pénible d'ajouter que, mal soutenu par le gouverneur de Bourbon, il ne put obtenir une démonstration devant Foulpointe et reçut au contraire l'ordre de demander une entrevue à Radama, ce qui nous valut une des nombreuses lettres d'insolences dont les rois hovas se rendirent coutumiers dans la suite. On sait le reste, la mort de Sylvain Roux (1823), abattu par la fièvre et par le chagrin profond de se sentir désavoué, l'attaque par Radama des chefs qui avaient accepté notre protectorat, la prise de Tintingue et de Pointe-à-Larrée, sans déclaration de guerre, par une armée que dirigeaient ostensiblement des officiers anglais, la traîtreuse surprise du poste français de Fort-Dauphin : en récompense de sa complicité mal déguisée, le gouverneur de Maurice obtint un décret malgache du 18 juin 1825 qui accordait à tous les navires de commerce anglais l'entrée des ports de Madagascar moyennant un droit de 5 0/0 sur la valeur des marchandises importées et autorisant les Anglais à résider, à construire des navires, à bâtir des maisons et à cultiver des terres. L'attitude à la fois ferme et conciliante du ministre de la marine Hyde de Neuville qui avait essayé de traiter avec la reine Ranavalona, veuve et successeur de Radama, aboutit à la démonstration du capitaine de vaisseau Gourbeyre qui remit, devant Tamatave, notre ultimatum en juillet 1829. Le bombardement et l'occupation de Tamatave, la prise de Pointe-à-Larrée n'eurent point le résultat espéré : un de ces revirements soudains de notre politique malgache, dont les causes mystérieuses commencent à être pressenties, enraya l'action de nos marins.

Faut-il citer les faits de simple reprise ou de véritable expansion dont nos vieilles colonies des Antilles et de la Guyane furent le théâtre ? En vérité ce sont événements de peu d'im-

portance auprès de l'affaire d'Algérie et même de notre intervention sur les confins de notre Sénégal ou à Madagascar. La
fondation de la « Nouvelle-Angoulème », où l'on établit, près
de la rivière Mana, en Guyane, des anciens militaires et des
orphelins, fut un échec que ne répara point l'arrivée de Madame Javouhey, en 1828, avec un renfort de 36 religieuses et
de 40 cultivateurs ; il est vrai que l'énergique supérieure des
sœurs de Saint-Joseph de Cluny sauva une part de l'entreprise
en employant, à la place des cultivateurs français, des noirs libérés qui formèrent une petite colonie, longtemps prospère,
de cultures et d'élevage.

Dans l'Indo-Chine, la tentative de Bougainville pour renouer
des relations avec le successeur de Gia-Long, Mang, échoua
devant une hostilité déclarée (1825).

Au gouvernement de la Restauration revient l'honneur d'avoir engagé la conquête de l'Algérie, et résolu avec énergie des
difficultés diplomatiques que la moindre faiblesse eût aggravées, sinon rendues insolubles. Comment la France dut-elle
passer d'un simple projet de châtiment passager à un dessein
suivi d'expansion ? Le discours du Trône de 1828 au moment
où déjà l'on parlait ouvertement d'une expédition, manque de
clarté : « Un blocus rigoureux dont le terme est fixé au jour
« où j'aurai reçu la satisfaction qui m'est due, contient et
« punit Alger et protège le commerce français. » On ne saurait conclure, sans naïveté, que le gouvernement ne désirait
aucune acquisition territoriale ; et il ne s'agit peut-être, dans
l'espèce, que d'endormir la jalouse vigilance de l'Angleterre
par l'obscurité même des déclarations officielles. C'est au cours
de la discussion de l'adresse à la Chambre, en 1830, que le
baron d'Haussez, ministre de la marine, invoqua des raisons
traditionnelles et visa en quelque sorte des droits privilégiés
d'intervention française : « La France possédait depuis plu
« sieurs siècles, sur la côte d'Afrique, un vaste territoire et un

« établissement important destiné à protéger la pêche du co-
« rail qu'elle exerçait sur une étendue de plus de soixante
« lieues, lorsque, dès l'époque de la Restauration, le gouver-
« nement d'Alger manifesta dans des déclarations et par des
« actes l'intention de la troubler dans cette possession. » Enfin
ce n'était pas une médiocre habileté que de représenter la
France comme chargée de délivrer l'Europe de la piraterie des
Barbaresques, comme elle s'y était jadis appliquée par des
exploits qui constituaient une sorte de tradition ; le ministre
n'y manqua pas.

Par malheur les querelles de politique intérieure se mêlèrent
à ce débat d'ordre si éminemment national ; et l'opposition
crut devoir combattre le gouvernement en rabaissant l'entreprise algérienne au niveau d'une manœuvre électorale, jusqu'au
moment où, avec beaucoup d'habileté, elle s'y rallia par crainte
du jugement de l'opinion publique qui était favorable. Le revirement fut même si rapide et si complet que bientôt la presse
antiministérielle reprochait avec âpreté au gouvernement de
ne pas fonder à Alger un établissement durable et utile. Après
la prise d'Alger l'organe le plus autorisé de l'opposition, le
« Journal des Débats » soutient la thèse de l'occupation permanente (17 juillet 1830) : « Maintenant que veut-on, que peut-
on faire d'Alger ? « Etendra-t-on la guerre et la conquête aux
« villes anciennement dépendantes du Dey et qui ont envoyé
« leurs milices pour le défendre ? Tout ce territoire sera-t-il
« occupé, colonisé ? Supposez un ministère qui n'eût aucune
« de ces difficultés intérieures, la question diplomatique est
« simple. *Nous gardons Alger parce que nous l'avons pris et
« qu'il n'appartient à personne. Nous y faisons un établissement
« de guerre et de commerce* qui assure notre juste influence
« sur la Méditerranée. La Russie approuve, et l'Angleterre,
« dans sa situation actuelle, se plaint sans s'opposer. »

Cette dernière puissance se cantonna en effet, comme on

l'avait prévu, dans l'emploi des demandes d'explications et de divers moyens dilatoires à la faveur desquels on pouvait escompter l'assoupissement de l'opinion coloniale française ; mais déjà il était trop tard. Lord Aberdeen qui, tout d'abord, avait obtenu de notre gouvernement des promesses vagues mais bienveillantes eut le tort de trop insister. M. de Polignac, soutenu ou forcé d'être énergique par l'opposition même qui devenait l'organe de notre politique traditionnelle, se résolut à envoyer la fameuse note qui mit fin aux pourparlers : « Les « communications du roi ne demandent aucun nouveau développement. » En tout cas la chute de Charles X plaça fort heureusement les négociateurs français dans une situation neuve et les libéra des promesses, d'ailleurs peu nettes, contre lesquelles l'opposition, désormais maîtresse, avait toujours protesté.

Par l'occupation d'Alger la France donnait une base solide à sa politique coloniale dans les parages de la Méditerranée ; elle devenait prépondérante sur le bassin occidental de cette mer et portait une première atteinte à l'omnipotence des citadelles de Gibraltar et de Malte. Elle plantait un solide jalon de sa puissance future sur le continent d'Afrique, et gagnait tout d'abord l'accès d'une terre où pourraient s'établir et vivre ses nationaux, comme jadis au Canada et en Louisiane. L'effet moral de cet acte d'expansion fut d'une portée considérable ; c'était le premier refus net d'abaisser le pavillon devant les protestations de l'Angleterre, donc la première revanche de notre spoliation de 1814, donc le retour à l'une de nos meilleures traditions coloniales, celle qui se fondait à la fois sur nos fréquentes interventions dans le Levant ou à Tunis au nom de la chrétienté, sur les antiques rapports de nos marins de guerre et de commerce avec la côte barbaresque. La prise d'Alger avait prouvé la force de la flotte française reconstituée en quinze années de labeurs ; la conquête allait montrer la faculté d'aptitude de notre organisme militaire à ces guerres nouvelles, sous un climat dur à supporter. Enfin et surtout l'opinion française s'était ressaisie après quelques années d'hésitations ; la France aurait, devrait avoir désormais une politique coloniale.

L'occupation d'Alger était complétée par la conclusion de traités d'amitié et de commerce avec le Maroc et la Tunisie, traités qui, en rappelant les termes des « capitulations », montraient notre dessein de ne point laisser effacer les traditions si vieilles et honorables de notre politique avec les pays musulmans. Notre influence renaissait, à mesure que renaissaient nos forces, en Egypte comme dans le Maghreb, et si Méhémet-Ali fut assurément plus porté à se servir des Européens qu'à les servir, du moins sa prédilection pour nos nationaux, officiers, ingénieurs, médecins, artistes, prépara chez les Egyptiens un réveil marqué d'opinion en notre faveur. Jadis chassés d'Égypte, nous y avions laissé meilleur souvenir que nos vainqueurs ; et il appartenait à nos diplomates de ne point négliger ces précieux germes d'influence. On a pu croire longtemps qu'ils n'y manqueraient pas.

Dès cette époque de la Restauration, le renouvellement des privilèges de nos nationaux, à Moka, n'était pas un gage insignifiant pour notre politique dans les pays que baigne la mer Rouge.

ANNEXES DU CHAPITRE II

______

SOMMAIRE

I. — La politique coloniale de la restauration : la réorganisation de la marine et le Parlement.
II. — La législation coloniale.
III. — Les reprises de possession : 1° Sénégal ; Naufrage de la Méduse. — Les essais de colonisation. — Relations avec les Maures. — L'exploration : René Caillié. — 2° Madagascar : Négociations et démêlés avec Farquhar, gouverneur de Maurice. — Sylvain Roux. — Radama. L'expédition Gombeyre. — 3° Autres colonies.
IV. — L'expansion française dans l'Afrique du Nord. — 1° Alger : Préparatifs de l'expédition. — Opinion en France et en Angleterre. — 2° Maroc et Tunisie. — 3° Égypte. — 4° Moka.

I. — LA POLITIQUE COLONIALE DE LA RESTAURATION

Dès les premières discussions du Parlement le mouvement de réaction contre l'extension maritime et coloniale se prononça. Les « agrariens » qui demandaient la diminution de l'impôt foncier au moyen d'économies budgétaires étendues ne cessaient de répéter, comme le comte de Rougé (1), que « les propriétaires et les fermiers sont les deux classes qui ont le plus souffert des calamités que deux invasions consécutives ont fait peser sur notre patrie », ou, comme M. de Puymaurin (2) que « l'on veut absolument faire de la France un pays manufacturier et elle est essentiellement agricole, l'agriculture est sans bras et l'industrie en a trop ». Cet état d'esprit inspira dès 1817 la commission du budget, qui, dans son rapport, propo-

____

(1) Chambre des députés, 14 mars 1816.
(2) C. D., 7 mars 1817.

sait, par l'organe de Roy, la réduction à 44 millions du budget de la marine et des colonies qui s'élevait à 66 millions en 1787, à 48.800.000 fr. en 1790, à 42.268.000 fr. en 1815, à 46.000.000 en 1816 et pour lequel le ministre de la marine, comte Dubouchage, demandait 50 millions et demi. La discussion des crédits révéla l'opinion de la Chambre sur l'expansion de la France au début de la Restauration.

Le rapport de Roy invoquait principalement la situation générale des finances pour justifier la réduction proposée. En voici le principal passage :

Il serait sans doute facile de justifier l'utilité d'un budget de 50 et même 70 millions pour la marine. Mais il faut toujours examiner, avant tout si cette utilité balance le grave inconvénient d'augmenter la charge successive des impôts ; or, il n'est pas douteux que la possibilité d'une guerre maritime ne se présente heureusement que dans un avenir fort éloigné ; que tous les sacrifices qu'on pourrait faire aujourd'hui auraient une bien légère influence sur les résultats d'une pareille lutte ; qu'il vaut mieux ne pas avoir un corps nombreux d'officiers ; laisser aux colonies qui, quoique peuplées de Français, sont affranchies du poids énorme de l'arriéré et des impôts de guerre, le soin de pourvoir, au moins jusqu'à des temps plus heureux, à une partie des dépenses de leur administration et de leurs garnisons, que de frapper encore davantage la propriété ou l'industrie.

La propriété, c'est-à-dire l'agriculture. Dès ce moment apparaît dans le Parlement l'hostilité apparente entre les intérêts de l'agriculture et l'expansion outre-mer que les adversaires de la colonisation ne cesseront d'entretenir. Elle fut vivement relevée par les partisans de la colonisation.

A la séance du 4 février 1817, Garnier-Dufougeray combat en ces termes la réduction proposée par la commission du budget :

On fait remarquer que l'état précaire de nos colonies ne permet pas de les abandonner à leurs propres moyens : car si elles ont donné des preuves de fidélité, il n'en est pas moins vrai que par leur nature elles tendent à l'indépendance ; et si la métropole devenait indifférente à leur sort, elles auraient un puissant motif pour chercher un nouveau protecteur, si elles ne pouvaient se suffire à elles-mêmes ; calculez alors la perte qui en résulterait pour le commerce, obligé de s'approvisionner dans des marchés étrangers où il subirait des conditions d'autant plus onéreuses que nos besoins sont multipliés.

Ces considérations ont sans doute échappé à votre commission qui n'a pu avoir pour but de détruire la marine et de porter un coup mortel au commerce ; conséquences cependant immédiates de l'application des économies qu'elle vous propose ; déjà une trop funeste expérience vous a prouvé le danger de ces systèmes anti-coloniaux et si elle ne suffisait pas, que l'exemple de la prospérité d'une nation voisine vienne vous fixer.

Dubouchage, ministre de la marine, justifie le crédit qu'il a demandé en invoquant l'impossibilité où sont les colonies de se suffire à elles-mêmes et il ajoute (1) :

« Les colonies sont aux villes maritimes ce que les manufactures sont aux provinces de l'intérieur : c'est là que s'exerce leur industrie, que se dirigent leurs spéculations. Leur rendre ce commerce impossible, c'est les priver de tous les avantages de leur position, c'est nuire aux intérêts du trésor autant qu'aux intérêts locaux.

Divers députés combattent la réduction, le comte d'Augier, Duvergier de Hauranne, Bégouen, Nécl-Lavigne, M. de Cotton qui justifie en ces termes l'expansion coloniale (2) :

Il faut des colonies à la France. Il en faut pour lui procurer des denrées qui sont devenues aujourd'hui des objets de première nécessité et ne pas la rendre tributaire des étrangers. Il en faut pour y importer les produits de notre sol et de notre industrie, car avec le système prohibitif qui s'introduit dans tous les états de l'Europe, avec le progrès que chacun d'eux fait dans les arts et les manufactures, bientôt les différents peuples n'auront rien à se fournir les uns aux autres. Le commerce extérieur sera tué par les progrès mêmes du commerce et de l'industrie. Il faut enfin des colonies parce qu'une population toujours croissante a besoin d'un écoulement continuel, parce qu'il faut ouvrir une carrière à ces esprits inquiets et aventureux pour qui le repos est une fatigue et dont l'agglomération dans notre sein compromettrait toujours la tranquillité publique.

La commission du budget doit s'émouvoir de ces critiques et Roy remonte à la tribune, afin de protester au nom de la commission de son « ardent amour pour le bien public » ; il reconnaît que la

(1) C. D., 10 février 1847.
(2) C. D., 1er mars 1847.

France a besoin « de colonies, de vaisseaux, d'approvisionnements, de marins », mais il ajoute :

> « Nos routes en France sont dégradées, nos édifices commencés ne peuvent s'achever et se détériorent chaque jour ; et alors que la fortune publique et que la publique misère ne nous permettent pas d'accorder les fonds nécessaires pour ces dépenses si urgentes et si indispensables, les sommes demandées pour les colonies ne pourraient-elles éprouver quelque réduction ?

Et il obtient gain de cause. La Chambre rejette le chiffre de 48 millions et adopte celui de 44, proposé par la commission : quatre millions seulement étaient applicables aux colonies dont la reprise s'opérait à ce moment.

En 1818, nouvelle économie proposée par la commission du budget qui ne veut donner que 42 millions et demi. Cette réduction est combattue avec plus de vivacité encore que celle de 1817 et un député va jusqu'à proclamer que « l'agriculture ne peut devenir plus productive et que la seule espérance de la France est dans la restauration du commerce maritime et colonial » (1).

Malgré l'éloquente intervention de Molé la commission obtint encore gain de cause en 1818 et le crédit réduit fut voté. « Dans ses calculs, avait dit Roy, le ministre de la marine n'a vu que son département et nous, nous avons été obligés de voir la France. »

Avec Portal qui arrive au ministère en 1819, le développement de la marine devient plus rapide. A ce moment la flotte comprenait 263 bâtiments, dont 59 vaisseaux (48 à flot et 11 en construction), 33 frégates, dont 4 en construction, 16 corvettes, 25 bricks, 15 flûtes et 115 petits bâtiments. Dès ses premiers discours, Portal annonce qu'il est résolu à accroître la marine. Le 24 mai 1819 il dit à propos de crédits supplémentaires exigés par les missions envoyées au Sénégal : « Pour nous dédommager des colonies que nous avons perdues, il faut tâcher de tirer le plus grand parti possible de celles qui nous restent. » Au cours de la discussion du budget de 1819, il proteste de l'insuffisance du crédit de 45 millions qui lui est alloué, il manque, dit-il, de bateaux et d'officiers et il engage la Chambre à « se préparer dès à présent à des sacrifices qui, sans nuire aux

(1) Ganilh, député du Cantal, C. D., 4 avril 1818.

autres parties du service public, conservent à la France le rang
qu'elle doit occuper entre les puissances maritimes » (1). En 1820
le budget est porté à 50 millions, Portal propose un plan de réfection de la flotte et il parle plus impérieusement de la nécessité d'a-
boutir :

L'existence même du ministère de la marine dépendait de l'entier
affranchissement du territoire. Il a dû céder le pas aux services qui pouvaient hâter ce moment heureux. Aujourd'hui revendiquer sa place ou
en d'autres termes, les moyens d'être utile à l'Etat, n'est pas seulement
un droit pour la marine, c'est un devoir pour le ministre.

Ce serait une grande erreur de croire que la marine, rendue à l'état
de paix, ne présente d'autre intérêt que celui de sa conservation. Elle
parcourt les mers pour chercher à nos productions et à notre industrie
de nouveaux consommateurs ; elle appuie par la manifestation de la
protection royale nos spéculations maritimes et donne de la consistance
à notre considération dans les ports étrangers ; placée au centre des
grandes pêcheries, elle contient la jalousie des nations rivales et procure à ce genre d'opérations une sécurité indispensable ; c'est elle qui
défend nos colonies contre l'audace des pirates, et, tout en servant à
l'entretien d'une communication soutenue entre elles et la métropole,
elle concourt au progrès des sciences physiques et des procédés industriels (2).

Mais c'est au cours de la discussion du budget de 1821 que la
bataille s'engagea avec le plus d'ardeur entre partisans et adversaires de l'expansion. La commission du budget accorde au ministre
les 53 millions qu'il demande, mais Portal déclare qu'il aura besoin
de plus larges crédits, de 65 millions environ, et il établit que le
pays entier est intéressé à la prospérité de la marine et des colonies (3) :

Ce qui doit nous occuper essentiellement aujourd'hui, dit-il, c'est de
préparer l'avenir de la marine, de protéger la navigation de nos côtes et
celle de notre commerce avec nos colonies et sur toutes les mers ; d'ouvrir, s'il est possible, de nouvelles sources de prospérité, et de mettre
ainsi en action l'activité de nos négociants, de nos cultivateurs et de
nos manufacturiers.

(1) C. D., 4 juin 1819.
(2) C. D., 23 juin 1820.
(3) C. D., 25 juin 1821.

Divers orateurs appuient le chiffre de 65 millions : de Chantereyne qui reproche à l'Empire de n'avoir pas su défendre les côtes de France, le général Foy, Villemain, hostile aux colonies, à cause de « l'anéantissement du commerce et de la misère progressive de son département », mais confiant dans le grand rôle de la France maritime en présence des « événements qui cernent l'Atlantique et la Méditerranée, soulevés d'un rivage à l'autre et qui semblent faire entendre le fameux *sed motos prestat componere fluctus* (1) ».

L'expansion est combattue par M. Ternaux :

Je pense qu'au lieu de vous demander 53 millions pour lesquels on ne vous donne d'autre motif que celui de satisfaire une vanité sans objet, M. le Ministre pourra se contenter de 30 ou 35 : vous aurez, au lieu d'une augmentation de 12 millions, une économie annuelle de 20 millions qui, cumulés pendant vingt ans, avec les intérêts des intérêts, ou avec les bénéfices que peut produire un tel capital, s'il est laissé à l'agriculture et à l'industrie, représenteront une valeur de 800 à 900 millions, avec lesquels on pourrait, s'il le fallait, faire à l'Angleterre une guerre plus vigoureuse, qu'on ne le pourra jamais avec les 40 vaisseaux de ligne, les 40 frégates que l'on vous propose d'entretenir dans nos ports.

Laîné, ministre secrétaire d'État, répond par des déclarations très nettes, le 25 juin 1821 ; le 27 du même mois, il revient à la charge avec une nouvelle énergie :

Quel que soit le régime à suivre pour les colonies, qu'il doive être plus ou moins modifié d'après l'état du monde, selon les nouveaux intérêts qui se sont créés entre les vieux États et les nouvelles puissances qui se sont élevées ou qui essayent de se former selon les nouveaux rapports de commerce, de culture ou d'industrie ; quel que soit, dis-je, le régime à suivre, la France ne doit rien négliger pour rendre les colonies plus prospères. Quand elle n'y trouverait que l'honneur de conserver la langue et la religion de la France sur quelques points du globe ; quand, pour descendre à de moindres intérêts, elle n'y verrait que l'avantage d'avoir des stations pour ses vaisseaux et des relâches pour

(1) Villemain était favorable à la marine pour une autre raison : « On remarque avec plaisir, dit-il, les avantages importants qui résulteront pour notre commerce et notre agriculture autant que pour notre marine du succès éprouvé et de l'adoption de notre fromage indigène dans les vivres de campagne... »

ses navigateurs, elle ne doit pas compter les sacrifices. Les colonies sont indispensables, je ne cesserai de le dire, à la conservation et aux progrès de notre marine ; par là elles peuvent servir à la sûreté et à la défense de l'État, dont la marine doit protéger les frontières maritimes, plus étendues et plus vulnérables peut-être que les frontières de terre.

En 1822, l'attaque contre la marine et les colonies est conduite par le général Sébastiani qui précise la théorie des partisans de la « concentration » :

Combien les dépenses surabondantes que nous faisions pour la marine, dans le but de protéger notre commerce extérieur, ne seraient-elles pas plus utilement employées pour améliorer notre agriculture, rendre plus actif notre commerce intérieur et développer notre industrie !... Pour écouler les produits de votre sol et de votre industrie, il faut que vous produisiez plus que vos voisins, mieux que vos voisins et que vous ayez assez de capitaux pour vendre à vos acheteurs à des prix plus modérés et avec des crédits qui facilitent les transactions. Tant que vos manufacturiers ne seront pas assez riches pour accorder ces crédits, les manufacturiers anglais auront la préférence...

Ayons une marine proportionnée à nos intérêts politiques et commerciaux, mais ne dépassons pas les bornes que ces intérêts ont posées. Il est facile d'obtenir une marine matérielle ; jetons dès aujourd'hui les bases de la marine militante : elles sont dans le développement de notre commerce extérieur, il est vrai, mais le commerce extérieur n'existe que par la richesse du commerce intérieur, par le développement de l'industrie et la prospérité de l'agriculture (1).

Le marquis de Clermont-Tonnerre, ministre de la marine, n'est pas moins résolu que ses prédécesseurs et il répond par un argument topique emprunté, comme celui du général, à la situation intérieure de la France :

Si vous voulez jeter un coup d'œil sur ce qui se rattache aux colonies, vous verrez que le commerce qui se fait avec elles produit annuellement un mouvement de fonds d'environ 100 millions, tandis que ces colonies ne nous coûtent que 5 à 6 millions : si donc vous ajoutez ici les 30 millions que leurs produits fournissent aux douanes de France, vous verrez que le sacrifice est plus que contrebalancé par les avantages qu'il procure. Si, d'ailleurs, vous retranchiez des produits de vos départements,

(1) C. D., 1er avril 1822.

ce que coûtent les dépenses qui s'y font pour leur administration ou pour leur défense, croyez-vous qu'il s'en trouvât beaucoup qui présentassent les mêmes avantages que nos colonies, que ces provinces françaises.

Cependant le développement de la marine se poursuit méthodiquement, le plan tracé par Portal est appliqué dans ses grandes lignes, le budget est porté à 60 millions, il est voté sans opposition, de nombreux orateurs proposent même de le renforcer, « c'est ici, dit l'un d'eux en 1824, qu'une sage prodigalité est une véritable économie », « si on ne peut faire des économies suffisantes sur les services publics, dit un autre, il faut augmenter l'impôt dans la proportion strictement nécessaire pour procurer à la marine l'essor qu'elle doit avoir (1) ».

A partir de 1825, les attaques contre le développement maritime et l'expansion coloniale deviennent plus rares. Les discussions de cet ordre portent principalement sur la traite des noirs contre laquelle Benjamin Constant ne cesse de s'élever et sur l'organisation des colonies. On s'occupe de régler l'administration de nos possessions, de leur donner la législation promise par l'art. 73 de la charte, d'y restaurer l'ordre et la bonne gestion financière : « Ces nouvelles dispositions, dit le comte de Chabrol, ministre de la marine, qui remplissaient les vues les plus justes et les plus raisonnables des colonies ont été accueillies par elles avec l'expression de la plus profonde reconnaissance parce qu'elles leur ont donné un avenir et un intérêt d'administration qu'elles n'avaient pas et qu'elles ne pouvaient avoir (2) ».

La discussion sur la meilleure formule d'administration coloniale continua dans la discussion des budgets des années 1827, 1828, 1829 : on verra plus loin le système auquel s'était arrêté le gouvernement de Charles X. Mais l'hostilité contre la marine et les colonies ne désarmait point complètement et le 26 juillet 1828, le général Sébastiani affirmait de nouveau l'inutilité de nos colonies. Hyde de Neuville, ministre de la marine, répéta comme ses prédécesseurs : « Point de marine sans colonies. »

En 1829, nouvelle attaque d'un député de la Dordogne, M. Bessières :

(1) Regnouf de Vains, C. D., 16 mai 1825.
(2) Chambre des Pairs, 5 juillet 1826.

Il faut des colonies pour avoir une marine, il faut avoir une marine pour avoir des colonies. Tel est le cercle vicieux où l'on nous retient toujours. Pour moi qui suis convaincu que pour ce que nos colonies nous valent et nous coûtent, nous gagnerions beaucoup à ne pas les avoir et que le système colonial, fût-il avantageux, n'est plus praticable, je dis qu'il a incontestablement cessé d'être nécessaire.

Cette hostilité se manifesta jusque dans la commission du budget de 1830, qui proposait des réductions sur le budget de la marine et les justifiait ainsi :

En 1789, la France qui possédait alors de nombreuses colonies et exploitait un commerce maritime très étendu avait en mer 36 bâtiments de tous rangs. Aujourd'hui qu'il ne lui reste de sa richesse coloniale que quelques débris, et que son commerce maritime est très restreint, les préparatifs sont faits pour que nous ayons, au 1er janvier 1830, une flotte de 280 bâtiments dont 128 seront armés. C'est bien du luxe, messieurs, et il semble qu'on ait déjà oublié les suites funestes qu'entraîne le prestige d'une fausse grandeur.

Mais la marine et les colonies avaient cause gagnée, la gloire de Navarin et la tension des rapports avec Alger suffisaient à justifier les crédits demandés et Hyde de Neuville pouvait déclarer le 30 juin 1829 :

Personne ne pourrait dire que la marine est sans dignité, que le commerce est sans protection, que nos colonies s'administrent elles-mêmes et ne reconnaissent aucune règle, que nos établissements de mer ne présentent que des ruines ; et qu'enfin la marine militaire de France marche à sa décadence, à sa mort. Ce qu'on lui reproche, c'est une surabondance de force et de vie. »

La marine était en effet reconstituée. En 1814, elle comptait 73 vaisseaux et 42 frégates ; en 1823, 61 vaisseaux et 45 frégates. En 1830, conformément au plan de Portal qui voulait, avec la Chambre, plus de frégates que de vaisseaux, elle avait 52 vaisseaux, 63 frégates et 165 autres bâtiments, en tout 280 bâtiments, à flot ou en construction, sous les ordres de 33 officiers généraux et de 1330 officiers ou élèves officiers.

A la même date, il est vrai, l'Angleterre comptait 504 bâtiments, dont 333 à vapeur (1) et elle en avait 171 en armement. Mais le développement de la marine française n'en était pas moins remarquable. Il avait fallu vaincre l'hostilité de la majorité du Parlement qui avait pour le développement maritime et les entreprises coloniales la même défiance.

II. — LA LÉGISLATION COLONIALE

Dans le domaine administratif, l'œuvre de la Restauration fut aussi une œuvre d'organisation.

Sans entrer dans le détail des nombreuses ordonnances qui furent rendues à partir de 1817, conformément à l'article 73 de la Charte (2), soit pour les colonies en général, soit pour chacune de nos possessions, nous indiquerons quelques ordonnances d'une portée générale les plus propres à mettre en lumière les principes d'administration qui prévalaient au ministère de la marine (3).

Le 6 septembre 1823 est promulguée une ordonnance portant établissement de comités consultatifs dans quelques colonies. Voici la composition et la fonction de ces comités :

Art. 1er. — A la Martinique, à la Guadeloupe, à Bourbon et à Caïenne, il sera formé un comité consultatif dont les membres seront, pour les trois premières colonies, au nombre de neuf, et pour la Guyane française, au nombre de cinq.

Art. 2. — Chaque année, après que le gouverneur ou le commandant et administrateur pour le roi aura provisoirement arrêté en conseil de gouvernement et d'administration, pour l'exercice suivant, sur les propositions de l'ordonnateur ou de l'officier d'administration qui en fait les fonctions :

1° La quotité des contributions publiques ;

(1) Nous n'avions en juin 1829 que sept bâtiments à vapeur en armement.

(2) Charte, art. 73. Les colonies seront régies par des lois et des règlements particuliers.

(3) Nous laissons en dehors de cette étude les ordonnances relatives à la traite, la question de l'esclavage étant réservée à une étude spéciale de la présente collection. Voir l'étude de M. Dorvault.

2º Le projet du budget des recettes et dépenses du service intérieur et municipal ;

Et avant que ledit gouverneur ou commandant et administrateur rende également en conseil l'ordonnance exécutoire de l'imposition, et arrête finalement le projet de budget des recettes et dépenses intérieures ou municipales.

Le comité consultatif émettra son avis :

1º Sur l'assiette et la répartition des contributions publiques ; — 2º Sur le budget des recettes et des dépenses du service intérieur ou municipal.

Une expédition des avis donnés par le comité consultatif demeurera annexée à la minute de l'ordonnance annuelle d'imposition et à celle du budget du service intérieur ou municipal.

ART. 3. — Les autres attributions du comité consultatif seront de recevoir, avant qu'il soit arrêté par le gouverneur ou commandant et administrateur en conseil, la communication du dernier compte annuel des recettes et dépenses du service intérieur et municipal ;

D'entendre le compte moral (rédigé par l'ordonnateur ou l'officier d'administration qui en fait les fonctions), de la situation de la colonie, notamment en ce qui concerne les recettes et les dépenses, soit générales, soit intérieures ou municipales.

De faire ses observations sur les dits comptes, tant matériel que moral, desquelles observations il sera joint des copies à ces mêmes comptes.

D'examiner tous les projets et documents relatifs à des objets d'utilité publique qui lui seront renvoyés par nos gouverneurs ou commandants et administrateurs en chef, soit de leur propre mouvement, soit par ordre de notre ministre secrétaire d'Etat de la marine et des colonies et d'émettre leur opinion motivée sur chacun desdits projets et documents.

Le 23 janvier 1824, promulgation d'une ordonnance instituant un conseil supérieur du commerce et des colonies. En voici les principaux articles :

ART. 1er. — Il sera formé un conseil supérieur du commerce et des colonies, chargé d'aviser à l'amélioration successive des lois et tarifs qui régissent les rapports du commerce français avec l'étranger et avec les colonies françaises, et à l'examen duquel seront soumis tous les projets de lois et d'ordonnances en cette matière, destinés à être présentés à notre approbation.

ART. 3. — Il sera formé, près de notre président du conseil des ministres, un bureau du commerce et des colonies, chargé de recueillir les faits et documents propres à éclairer les délibérations du conseil supérieur et nos propres déterminations, en tout ce qui touche à l'action de notre gouvernement sur le commerce, dans ses rapports avec l'étranger et avec nos colonies.

ART. 5. — Notre président du conseil des ministres prendra les mesures nécessaires pour que les départements des finances, de l'intérieur, des affaires étrangères et de la marine, fassent exactement parvenir au dit bureau tout ce qui, dans les faits constatés par l'administration des douanes, dans la correspondance et dans les actes des chambres et conseils de commerce et de manufacture, des consuls français, à l'étranger, de nos gouverneurs et administrateurs dans les colonies, et des commandants de nos stations dans toutes les mers, sera de nature à le mettre en état d'apprécier la marche et les besoins de notre commerce et de notre navigation.

ART. 6. — Le bureau recevra, par les soins de nos ministres, communication des demandes générales concernant le commerce qui parviendront à leurs départements respectifs et toutes informations que le bureau jugera devoir être demandées aux chambres et conseils de commerce, aux compagnies, aux négociants et manufacturiers, à nos agents de toutes les classes, soit à l'intérieur, soit à l'étranger.

Il pourra proposer aux ministres compétents d'ordonner des enquêtes tendant à éclaircir les points de commerce plus particulièrement susceptibles de controverse ; ces enquêtes auront lieu par les soins desdits ministres, qui pourront, quand ils le jugeront à propos, en confier la direction au bureau lui-même.

ART. 7. — A l'aide de ces documents et de tous autres qu'il pourra réunir, le bureau proposera au conseil supérieur, pour nous en être référé, s'il y a lieu, toutes les mesures qu'il croira avantageuses au commerce général de notre royaume.

Tous projets de lois et d'ordonnances en matière de commerce, des douanes et des colonies, que nos ministres des divers départements croiraient utile de soumettre à notre approbation, seront d'abord communiqués au bureau de commerce et des colonies, pour être ensuite examinés et discutés en conseil supérieur.

Mais c'est à partir de 1825 que le gouvernement organise méthodiquement l'administration des colonies. Le 26 janvier de cette année, une ordonnance créa un nouveau système budgétaire dont l'effet était de faire payer sur les fonds de la guerre et de la marine les dépenses coloniales qui se rattachaient au service de ces deux départements et de laisser à la charge des colonies toutes celles qui intéressaient leur administration intérieure. L'art. 3 stipulait :

ART. 3. — Les dépenses des colonies qui se rattachent aux dépenses de la guerre et de la marine, étant ainsi mises à la charge des deux départements, il ne sera plus fait d'allocation spéciale sur les fonds du trésor

royal aux colonies de la Martinique, de la Guadeloupe et de Bourbon ;
ces colonies seront désormais chargées de pourvoir sur leurs revenus
locaux à toutes dépenses autres que celles qui sont portées au compte
de la guerre et de la marine; à cet effet il leur est fait entier abandon
desdits revenus, quelles qu'en soient la nature et l'origine. Dans les
établissements de l'Inde le service continuera d'être réglé ainsi qu'il
l'est actuellement sous la déduction des dépenses qui sont mises à la
charge de la marine.

Le 17 août, une seconde ordonnance consacrait cette modification:

Art. 1er. — En conséquence de ce qui a été stipulé à l'égard de nos
colonies de la Martinique, de la Guadeloupe et de Bourbon, par l'art. 3
de notre ordonnance du 26 janvier dernier, il est fait à dater de 1826, à
nos colonies de la Guyane française et du Sénégal et à nos établissements de l'Inde entier abandon de leurs revenus locaux pour être appliqués à l'acquittement des dépenses de leur service intérieur ; demeure
exceptée la rente de quatre lacks de roupies sicca payable par la compagnie de l'Inde et dont l'emploi a été réglé par la susdite ordonnance.
Art. 3. — Les établissements publics de toute nature et les propriétés
domaniales existant dans nos diverses colonies leur seront remises en
toute propriété à la charge de les réparer et entretenir, et de n'en disposer que sur notre autorisation.

La « charte des colonies », l'ordonnance constitutive du gouvernement de Bourbon, qui fut appliquée successivement aux autres
colonies, fut signée le 24 août.

Cette ordonnance confie « le commandement général et la haute
administration » de la colonie à un gouverneur : trois chefs d'administration, un commissaire ordonnateur, un directeur général de
l'intérieur, un procureur général du Roi, dirigent sous ses ordres les
différentes parties du service. A côté d'eux est un contrôleur colonial
qui veille à la régularité du service administratif et requiert l'exécution des lois, ordonnances et règlements. De plus l'ordonnance
institue un conseil privé, placé près du gouverneur, éclairant ses
décisions ou participant à ses actes dans les cas déterminés, et un
conseil général donnant annuellement son avis sur les budgets et
les comptes des recettes et des dépenses coloniales et municipales
faisant connaître les besoins et les vœux de la colonie.

Le gouverneur est le dépositaire de l'autorité du roi dans la
colonie. Il exerce l'autorité militaire seul et sans partage, il est
chargé de la défense de la colonie, a le commandement des troupes

et des bâtiments attachés au service de la colonie et le droit de réquisitionner les vaisseaux en station ou en mission, et peut déclarer l'état de siège sur l'avis d'un conseil de défense. Au point de vue administratif, il a la direction supérieure de l'administration de la marine, de la guerre et des finances, et des différentes branches de l'administration intérieure, il arrête les projets de budgets et de travaux pour les soumettre à l'approbation du ministre, il lui est prescrit de se faire rendre compte de l'état et des besoins de l'agriculture et des mouvements du commerce et d'en favoriser les progrès ; il surveille les approvisionnements, veille à la sûreté et à la police sanitaire, à la répression de la traite, à la prompte distribution de la justice, tous les fonctionnaires et agents du gouvernement sont soumis à l'autorité, il promulgue les lois, ordonnances et règlements, il doit inspecter la colonie chaque année et adresser un rapport d'ensemble au ministre.

Le commissaire-ordonnateur, officier supérieur de l'administration de la marine, est chargé sous les ordres du gouverneur de l'administration de la marine, de la guerre et du trésor, de la direction des travaux de toute nature autres que ceux des ponts et chaussées et des communes et de la comptabilité générale pour tous les services.

Le directeur général de l'administration intérieure est chargé, sous les ordres du gouverneur, de l'administration intérieure de la colonie, de la police générale et de l'administration des contributions directes et indirectes.

Le procureur général soumet au conseil privé, d'après les ordres du gouverneur, les projets d'arrêtés, d'ordonnances et de règlements, il a la surveillance de la justice.

Le contrôleur colonial est chargé de l'inspection et du contrôle spécial de l'administration de la marine, de la guerre et des finances et de la surveillance générale de toutes les parties du service administratif de la colonie.

Le conseil privé est composé du gouverneur, des trois fonctionnaires chefs de service et de deux conseillers coloniaux nommés par le roi. Le gouverneur doit prendre son avis sur un certain nombre de matières et n'exerce une partie de ses pouvoirs que collectivement avec le conseil ; ce dernier connaît du contentieux administratif.

Le conseil général, composé de douze membres nommés par le roi sur une liste double de candidats présentés par les conseils mu-

nicipaux de la colonie, s'assemble deux fois l'an, délibère et donne
son avis sur les projets de budget de la colonie et des communes,
les comptes généraux, les projets de travaux. Il peut être consulté
sur le régime des noirs, les mesures à prendre pour favoriser le
développement du commerce et de l'agriculture, les abus à réformer,
les améliorations à introduire.

En somme, les pouvoirs étaient centralisés dans les mains du
gouverneur représentant du roi et les chefs du service n'avaient plus
vis-à-vis du chef de la colonie cette indépendance partielle que Napoléon avait laissée au préfet colonial (1).

Une ordonnance du 31 août 1828 régla minutieusement le mode
de procéder devant les conseils privés.

En même temps qu'il établissait un gouvernement colonial, fortement constitué, le gouvernement de Charles X réglait l'organisation judiciaire des colonies en créant dans les principales possessions des tribunaux de paix, un tribunal de première instance et
des assises. Des ordonnances appliquèrent ces dispositions le 30
septembre 1827 à l'île Bourbon, le 20 juillet 1828 à la Guyane et
le 24 septembre 1828 à la Martinique et à la Guadeloupe.

III. — LES REPRISES DE POSSESSION

En vertu du traité du 20 novembre 1815 la France put reprendre
possession des colonies qui lui étaient restituées par le traité de
Paris. Mais la reprise donna lieu à de nombreux incidents.

1° SÉNÉGAL

La reprise de possession du Sénégal eut lieu dès 1817.

L'expédition de reprise avait été constituée dès les premiers mois
de 1816. Elle avait à sa tête le colonel d'infanterie Schmaltz, chargé
de la direction des établissements du Sénégal avec le titre nouveau
de «commandant et administrateur pour le Roy », et elle comprenait un personnel civil et militaire, des troupes de garnison et une

(1) Cette organisation fut appliquée le 21 août 1825 à Bourbon, le 9
février 1827 aux Antilles et le 27 août 1828 à la Guyane.

mission d'une trentaine de personnes chargées d'étudier un plan de colonisation établi par de Villeneuve, aide-de-camp du chevalier de Boufflers. La division navale composée de la *Méduse*, de l'*Echo*, de la *Loire* et de l'*Argus*, quitta l'île d'Aix le 17 juin 1816.

Le 2 juillet l'inexpérience de M. de Chaumareys, commandant de la *Méduse*, ancien émigré parvenu à ce commandement en vertu de la fameuse ordonnance du 25 mai 1814, réintégrant avec un grade supérieur les officiers de marine qui n'avaient point servi l'Empire, fit naufrager la frégate sur le banc d'Arguin. Les épisodes de ce naufrage, celui du radeau notamment, sont devenus légendaires.

C'est donc en naufragé que le colonel Schmaltz, échappé au danger sur le grand canot du bord, arriva le 9 juillet devant la barre de Saint-Louis. Il allait constater sans retard les dispositions hostiles des Anglais (1). Brereton, lieutenant-gouverneur de Saint-Louis, répond à la demande de restitution qu'il n'a point reçu d'ordres et qu'il ne dispose d'aucun moyen pour évacuer ses troupes. Schmaltz écrit alors à M. Mac-Carthy, gouverneur des possessions britanniques de l'Afrique occidentale à Sierra-Leone. Ce dernier répond que l'évacuation se fera dès l'arrivée des navires nécessaires au transport des troupes et il promet la bienveillance des Anglais du Sénégal pour le personnel de l'expédition et pour les malheureux naufragés qui arrivent successivement. Cette promesse ne fut pas tenue. Le commandant de Gorée s'oppose à l'entrée à l'hôpital des malades les plus atteints ; il autorise M. de Foncin, commandant désigné de Gorée, à transformer une maison de la ville en hôpital, mais il est blâmé de sa courtoisie par Mac-Carthy qui lui écrit que « dès que les Français débarqués seront assez rétablis, il conviendra de les éloigner de Gorée » et ces prescriptions sont exécutées ponctuellement. Le colonel Schmaltz se plaint avec vivacité à Brereton et il écrit au ministre :

Les ordres prétendus donnés pour le soulagement de l'expédition, les offres continuelles de service ne sont qu'un échafaudage d'humanité et de bonne volonté dont l'effet est honteusement éludé. Les phrases : On fera tout ce qui pourra être fait ; on recevra autant de malades qu'on pourra en admettre dans les hôpitaux ou tout ce qui pourra s'accorder avec mes devoirs, sont autant de subterfuges à l'aide desquels, sous l'ap-

---

(1) Voir les intéressants détails que M. V. Tantet donne à ce sujet dans l'*Expédition de la Méduse*, *Revue hebdomadaire*, avril 1895.

parence de vouloir diminuer les souffrances et les inconvénients de l'expédition, on s'assure les moyens de refuser toute espèce de soulagement.

L'indignation du colonel Schmaltz était d'autant plus explicable que le naufrage de la *Méduse* le laissait dénué d'argent et qu'il avait dû demander un crédit de 50,000 francs à une maison de commerce française. Il avait cru que la restitution n'eût été qu'une simple formalité et qu'il lui eût suffi de produire la copie de la lettre suivante de lord Bathurst :

Downing-Street, 20 février 1816.

Monsieur, je vous transmets ci-joint copie de l'ordre donné le 30 juillet 1814 pour la remise des forts et établissements de Gorée et du Sénégal aux commissaires désignés par le gouvernement français pour en prendre possession, et je désire que vous preniez les mesures nécessaires pour mettre à exécution les instructions qui y sont contenues, le .... étant désigné pour cet objet.

De plus l'inscription de rente stipulée par la convention du 20 novembre 1815 comme condition de la rétrocession avait été faite dès la fin de 1815.

Heureusement à la fin du mois de septembre 1816, la situation se modifie. Lord Bathurst, mis au courant du conflit, blâme catégoriquement Brereton :

Comme il est très important, lui écrit-il, d'éviter les soupçons que votre refus peut avoir fait naître sur la bonne foi du gouvernement britannique, je vous enjoins dans le cas où les établissements du Sénégal et de Gorée ne seraient point encore rendus, de les remettre immédiatement après la réception de la présente, à l'officier, quel qu'il soit, de S. M. T. C. qui sera dûment autorisé à les recevoir et qui produira l'ordre donné par S. A. R. le Prince Régent pour leur rétrocession.

Malgré ces ordres impératifs la remise est encore ajournée et telle est l'acrimonie du colonel Schmaltz qu'il conclut dans une lettre adressée à M. Forestier, intendant du Roi, que les Anglais semblaient n'avoir eu qu'un but, le déterminer à quitter la côte, et il va jusqu'à écrire : « N'est-on pas en droit de conclure qu'ils calculent avec une froide barbarie la destruction des sujets de Sa Majesté ? » On dit autour de lui que Brereton a voulu ménager l'existence de ses soldats en les tenant éloignés des garnisons insalubres de Sierra-Leone et de la Gambie et qu'il laisse cyniquement les nôtres dépérir à Dakar. Peut-être aussi les Anglais craignent-ils de « perdre par la remise une grande partie des avantages que leur procurent les captures et dont la totalité est abandonnée aux capteurs. »

Enfin, après de nouvelles tergiversations, les Anglais remettent la colonie le 25 janvier 1817. Ils l'occupaient depuis le 14 juillet 1809.

Le colonel Schmaltz et ses successeurs se préoccupèrent à la fois d'expansion et de colonisation.

Le 8 juillet 1818 un personnel et un matériel déjà important avaient été envoyés de France pour faire dans la colonie des essais de cultures indigènes.

Texte des principaux articles du traité de Nguio (8 mai 1819), document dont les stipulations commerciales sont remarquables :

Art. 1er. — Le roi Amar Boye, Brack du pays de Wallo, les chefs ci-dessus dénommés et tous autres invitent le commandant, pour le roi et administrateur du Sénégal et dépendances, à diriger les sujets de S. M. T. C. sur les terres du pays de Wallo pour y former, conjointement et avec le secours des habitants indigènes, des établissements de culture dans toutes les positions qui lui paraîtront les plus avantageuses.

Art. 2. — En conséquence de l'article ci-dessus et pour son exécution, le roi Amar Boye, Brack du pays de Wallo, les chefs dénommés ci-dessus et tous autres s'obligent et promettent de céder, remettre et transporter à S. M. le roi de France, en toute propriété et pour toujours, les îles et toutes autres portions en terre ferme du royaume de Wallo qui paraîtront convenables, au commandant pour le roi et administrateur du Sénégal et dépendances pour la formation de tous établissements de culture qu'il jugera à propos d'entreprendre dès à présent et par la suite. Lesdites cessions faites en retour des redevances ou coutumes annuelles qui seront déterminées ci-après et en considération du désir qu'ils ont d'augmenter la prospérité de leur pays par sa mise en valeur et le commerce, et des secours qu'ils trouveront dans une alliance avec le gouvernement français.

Art. 3. — La tranquillité du pays de Wallo et la sûreté des établissements de culture qui y seront entrepris, nécessitant des mesures de protection suffisantes pour mettre les personnes et les propriétés à l'abri de toutes incursions de la part des peuples voisins, Amar Boye, Brack du pays de Wallo, les chefs ci-dessus dénommés et tous autres demandent qu'il soit construit par le gouvernement français un fort au village de Dagana, situé sur sa frontière avec le pays de Toro, et des

postes moins considérables dans les autres parties du royaume, partout
où ils seront jugés nécessaires par le commandant pour le roi et administrateur du Sénégal et dépendances, et qu'il y soit placé les garnisons
qu'exigera leur défense.

Art. 9. — Il ne sera rien changé aux lois et usages actuels du royaume
de Wallo en ce qui concerne les rapports maintenant existants entre le
roi, les principaux chefs et sujets ou subordonnés ; ils conserveront,
comme par le passé, l'entier exercice de leurs droits et de leur police
sur les indigènes qui ne seront point employés dans les établissements
de culture formés par les habitants français.

Art. 10. — En retour des dispositions ci-dessus et de l'empressement
avec lequel les habitants du royaume de Wallo ont recherché l'alliance
du gouvernement français et se sont prêtés à ses vues, le commandant
pour le roi, au nom du roi de France, s'engage et promet de traiter toujours le roi Amar Boye, Brack du pays de Wallo, comme un ami
distingué, et les chefs ci-dessus dénommés et tous autres avec la considération propre à leur assurer le respect et l'obéissance de leurs subordonnés ; d'envoyer former dans leur pays des établissements de culture ;
de faire payer, par les propriétaires aux chefs de village qui fourniront
des cultivateurs et rempliront les conditions présentes, l'allocation
annuelle de quatre barres par chaque tête d'individu dont l'engagement
aura été complètement rempli ; de faire rendre exactement justice aux
contractants ; de construire à Dagana le fort demandé et des postes
armés dans tous autres lieux où il jugera nécessaire d'en établir pour
assurer la conservation des propriétés et la tranquillité du pays ; de
placer dans lesdits forts et postes des garnisons suffisantes pour les défendre ; enfin, de protéger les habitants du royaume de Wallo contre
toutes incursions de la part de leurs voisins.

Des centres agricoles furent immédiatement créés dans le Oualo.
Mais ce mouvement de colonisation fut entravé par l'hostilité des
Maures Trarzas qui, prétendant avoir des droits sur le Oualo, se
liguèrent avec les Braknas et le damel du Cayor contre les Français
et attaquèrent en août 1819 deux bateaux français qui remontaient
le fleuve. Une colonne organisée contre eux les vainquit. Le 7 juin
1821, Amar Moktar, chef des Trarzas, signait le traité suivant,
avec le baron Lecoupé :

Art. 1er. — La mésintelligence qui existait entre la tribu des Trarzas
et les Français cesse à compter de ce jour ; les escales seront rouvertes
et les anciennes relations rétablies à dater du moment de la signature
du présent traité.

Art. 2. — Le roi et les princes Trarzas prétendent avoir des droits sur
les terres du pays de Wallo que les Français ont achetées à Brack. Le

gouverneur croit que ces droits sont réels, mais prétend alors leur acheter la faculté d'y faire des établissements, moyennant une nouvelle coutume qui sera stipulée plus bas.

ART. 3. — Le roi Amar-Moktar et les princes Trarzas consentent à céder aux Français, moyennant cette coutume, tous leurs droits sur le Wallo ; ils s'engagent non seulement à respecter tous les établissements qu'il plairait aux Français de former sur la rive gauche, mais encore à les défendre, les conserver et les protéger et à contribuer de tous leurs moyens à leur prospérité.

ART. 4. — Le roi Amar Moktar et les princes Trarzas engagent le gouvernement français à s'établir dans leur pays sur la rive droite ; ils lui concèdent à cet effet tous les terrains où il jugerait convenable d'élever des habitations et de faire des lougans, lui promettant d'y contribuer eux-mêmes de tout leur pouvoir, de les défendre, respecter et faire respecter, etc. Ils verront avec plaisir les Français bâtir chez eux des cases et des maisons et fonder des établissements.

ART. 10. — Le roi et les princes Trarzas s'engagent à favoriser de tous leurs moyens toute espèce de culture et particulièrement celle du coton, soit dans le Wallo, soit sur la rive droite, à déterminer et pousser les habitants des deux rives à en venir vendre aux bâtiments qui vont traiter, et, dans le cas où quelques nègres des habitations établies viendraient à déserter, ils promettent et s'engagent à les ramener à leurs propriétaires gratuitement.

ART. 17. — Il est entendu entre le gouverneur du Sénégal et le roi et les princes Trarzas que les Français ne prétendent s'immiscer en rien dans les affaires du pays des Trarzas, soit entre eux et leurs sujets et qu'ils n'ont aucune prétention de souveraineté dans le pays des Trarzas, hors leurs établissements de culture.

Le 25 juin, traité identique avec Hamet-Dou, chef des Braknas :

ART. 1er. — Hamet-Dou, roi de la tribu des Braknas, promet et s'engage de favoriser par tous les moyens qui seront en son pouvoir la traite de gomme qui se fait à son escale et tout autre commerce qui pourrait s'ouvrir par la suite entre les sujets du roi de France et les siens dans toute l'étendue du pays.

ART. 7. — Le roi Hamet-Dou promet et s'engage de respecter et faire respecter par tous ses sujets les terres et habitants du pays de Wallo, les regardant comme faisant partie de l'île et habitants de Saint-Louis. Il reconnaît et garantit en outre au commandant pour le roi et administrateur du Sénégal et dépendances tous les arrangements qu'il a faits avec les chefs de ce pays et toutes les concessions stipulées par eux et le gouvernement français.

ART. 8. — Le roi Hamet-Dou engage le commandant pour le roi et administrateur du Sénégal et dépendances, à faire dans son pays des

établissements de culture ; il lui concède à cet effet tous les terrains où
il jugerait convenable d'élever des habitations et de faire des lougans,
lui promettant d'y contribuer lui-même de tout son pouvoir, de les défendre et faire respecter. Il permet en outre au gouvernement français
d'élever des forts ou batteries pour la défense et protection des habitations et lougans qui pourront se former par la suite.

Art. 9. — Le roi Hamet-Dou s'engage à favoriser de tout son pouvoir
toutes espèces de culture, et particulièrement celle du coton sur les
terres qui sont sous sa domination ; il promet, en outre, d'engager et de
porter ses sujets à en cultiver et à en vendre aux bâtiments qui vont
traiter.

Nous reproduisons ces deux documents parce qu'ils montrent
nettement les deux caractères de l'expansion sénégalaise à cette
époque : préoccupations d'ordre agricole et commercial et stipulation de « coutumes » c'est-à-dire de redevances annuelles, en faveur
des chefs maures (1). Déjà le 7 février 1821, Moktar, prince des
Dowiches, s'était engagé, moyennant une coutume, à établir une
escale sur le fleuve à Bakel, à y envoyer toutes les gommes recueillies dans son pays et à protéger le commerce.

Pour donner plus d'efficacité à cette stipulation, on commença le
3 juillet de la même année à Bakel la construction d'un poste fortifié. Dès lors la traite de la gomme prit une grande activité et elle
remplaça presque totalement la culture du coton et de l'indigo que
l'absence de main-d'œuvre indigène rendait trop coûteuse.

De nouvelles difficultés se produisirent avec les Trarzas. Déjà le
19 août 1824, il avait fallu leur imposer un second traité par lequel
ils s'engageaient à faire porter toutes les gommes de leur pays à
une escale ouverte sur le fleuve pendant la saison de traite et à respecter le Oualo. Cette promesse ne fut pas tenue. Les Trarzas envahirent le Oualo à la voix d'un de ces faux prophètes comme il en
surgira en Afrique occidentale jusqu'à la fin du siècle, Mohamed-

(1) Voici, à titre de curiosité, la coutume stipulée en faveur du chef
des Dakhelifas : 4 pièces de guinée bleue, 1 fusil double, fin ; 40 livres
de poudre, 200 balles, 200 pierres à feu, de plus lorsque Ibrahim-Ould-
Moktar viendra à Saint-Louis pour y prendre sa coutume, ou lorsqu'il
y sera appelé pour le service du gouvernement, il recevra un *souper*,
composé chaque jour de : 6 moules de mil ou l'équivalent en riz, 2 livres
de pain ou 2 livres de cassonade, 7 livres de viande fraîche. Ce souper
ne sera délivré qu'à lui personnellement et jamais à ses envoyés.

Amar. Le capitaine de vaisseau Brou les châtia sévèrement et
Mohamed-Amar fut pendu près du poste de Richard-Toll. Le 15
avril 1829, le gouverneur ratifiait le traité suivant qui mettait fin
provisoirement aux difficultés avec les Trarzas :

Art. 1er. — Le traité conclu le 7 juin 1821 entre M. Lecoupé, commandant et administrateur du Sénégal et dépendances, et Amar-Ould-
Mokhtar, roi des Trarzas, dont l'effet avait été momentanément atténué
reprend toute sa force à partir de ce jour. Les deux parties contractantes
s'en confirment réciproquement les articles et jurent d'y adhérer en
tous points.

Art. 7. — Les tribus maures qui sont actuellement dans le Walo
seront libres d'y demeurer ou de passer sur la rive droite. Au cas où il
resterait dans le Walo des Maures tributaires des princes Trarzas, ceux-
ci pourront, comme autrefois, exiger les redevances dues par ces tributaires, mais, en cas de difficulté, ils s'abstiendront d'employer envers
eux aucun moyen de rigueur avant d'avoir prévenu le gouverneur du
Sénégal ou ses agents en rivières afin qu'ils puissent intervenir pour
arranger les différends à l'amiable.

Par mesure de sécurité, le gouverneur traitait le 25 avril avec les
Maures Dakhelifas qui s'engageaient à coopérer avec lui pour
repousser toute agression étrangère contre les établissements français du Oualo, à l'informer des événements de leur région et à employer leur influence auprès des Trarzas et auprès des Oualos en
faveur des Français.

Il est remarquable d'observer que dès 1820 les Anglais suivaient
avec intérêt nos efforts de colonisation au Sénégal et redoutaient
notre expansion dans l'ouest africain. Voici à ce sujet quelques
lignes fort caractéristiques extraites d'un ouvrage publié à Londres,
en 1820, par James Grey Jackson, chargé de mission diplomatique
et commerciale au Maroc et relatif au voyage d'un Marocain, à Tombouctou en 1787 (*An account of Timbuctoo and Housa*, Londres,
1820) :

Comme cela devait arriver, les Français ont cherché à prendre le
sceptre du commerce et tandis que nous nous efforçons en vain d'abolir
la traite des noirs en capturant les navires chargés d'esclaves, ils ont
subrepticement introduit sur les rives du Sénégal la culture du coton,
du café, du sucre, de l'indigo et de différents autres produits coloniaux.

Ainsi, si nous continuons à ne pas nous préoccuper de leurs impor-

tants essais agricoles en Afrique, ils seront, d'ici quelques années,
capables de nous supplanter sur le marché européen, dans le commerce
des denrées d'Amérique.

En effet, au Sénégal, la main-d'œuvre des nègres affranchis étant peu
coûteuse, les Français peuvent cultiver à un prix de revient très inférieur à celui de nos possessions des Antilles. La distance est inférieure
de moitié et il faut prévoir que d'ici peu de temps le marché européen
s'approvisionnera de denrées coloniales au Sénégal, l'importation de
ces denrées en Europe coûtant moitié moins cher que si on les importait de nos possessions des Antilles.

La Grande Bretagne sera ainsi évincée du marché des produits coloniaux, sauf ou à peu près, en ce qui regarde sa propre consommation.

Les Français commencent à recueillir les fruits de ce plan à la réalisation duquel ils travaillent depuis que nous leur avons laissé prendre
pied sur les rives du Sénégal. Leur ex-empereur, Bonaparte, se com-
plaisait dans cette idée que le malin génie de Talleyrand lui avait suggérée pour compenser la perte de Saint-Domingue.

En outre, les Français qui défrichent avec une ardeur infatigable le
sol du Sénégal seront, d'ici quelque temps, non seulement en mesure
de fournir tous les marchés d'Europe de produits coloniaux, mais encore, puisqu'ils seront devenus les maîtres de l'Afrique, ils pourront
établir un nouveau Ceuta sur le promontoire du Cap Vert et au cas
d'une guerre, porter un préjudice considérable à notre commerce des
Indes.

D'autre part ils sont susceptibles de former au Cap-Vert avec le concours des Américains toujours disposés à les aider, un entrepôt des plus
précieux produits des Indes et les introduire de là en Afrique et en
France, à l'exclusion presque totale de l'Angleterre.

Si nous voulons bien penser à empêcher ces événements de s'accomplir, nous pouvons nous approprier plusieurs de leurs mesures. Les
temps ont bien changé et en ce qui regarde les affaires africaines nous
devons nous montrer plus vigilants, plus actifs, plus énergiques que
jamais.

Nous espérons que ces réflexions attireront l'attention des ministres
de Sa Majesté. Qu'ils surveillent avec l'œil de l'aigle et la prudence du
serpent les empiétements sans cesse grandissants des Français sur nos
marchés coloniaux.

Pendant cette période de 1815 à 1830, le mouvement du Sénégal
vers l'est se prononce déjà. Douze ans après la mort de Mungo-Park,
noyé dans les rapides de Boussa en 1806 ou, suivant une autre ver-
sion, assassiné près de ce village, un jeune commis de marine Mollien, survivant de la *Méduse*, quittait Saint-Louis en janvier 1818,
avec un interprète et quelques marchandises pour tenter de recon-

naître les sources de la Gambie et du Sénégal : il découvrit les premières près de Bandeia, atteignit Timbo, puis les sources du Sénégal et rentra par Bissao après avoir encouru de nombreux dangers.

L'assassinat du major anglais Laing, frappé en 1826, au retour
de Tombouctou, qu'il avait atteinte par le nord, attira l'attention sur
la ville mystérieuse que Mollien et de Beaufort avaient déjà rêvé de
reconnaître. René Caillié était, lui aussi, de l'expédition de reprise
du Sénégal, mais il avait pris passage non sur la *Méduse*, mais sur
la *Loire* et il arriva à Saint-Louis avec l'enthousiasme pour les grandes aventures que lui avait donné la lecture de récits de voyages. Il fit,
en 1818 un premier voyage dans le Bondou et, après un assez long
repos en France, il revint, en 1824, au Sénégal et fit un séjour d'une
année chez les Maures Bracknas afin de se familiariser avec l'islamisme et les coutumes indigènes.

A sa rentrée à Saint-Louis, il sollicita une subvention pour un
voyage vers Tombouctou. L'assassinat de Laing et l'ignorance où
l'on était de l'importance de cette ville préoccupaient l'opinion publique. La Société de géographie de Paris venait de publier un
« encouragement pour un voyage à Tombouctou et dans l'intérieur
de l'Afrique ». Elle offrait de récompenser le voyageur qui pourrait
atteindre Tombouctou et rapporter « des lumières certaines et des
résultats positifs sur la géographie, les productions, le commerce
de ce pays et les contrées qui sont à l'est ». L' « encouragement »
ajoutait : « Le succès d'une telle entreprise ne serait pas sans fruit
pour notre industrie commerciale. »

La demande de Caillié fut rejetée par le gouverneur intérimaire
du Sénégal. Le jeune voyageur, — il avait alors 27 ans, — résolut
de tenter le voyage à ses risques et périls ; il s'équipa avec ses modi-
ques ressources, se déguisa en Arabe et partit de Sierra-Leone le
22 mars 1827 en se présentant aux indigènes comme un Arabe
d'Egypte enlevé à sa famille par les Français lors de leur expédition
au Caire, emmené par son maître au Sénégal, affranchi par lui et
rentrant en Egypte auprès de ses parents.

Nous n'avons pas à faire ici le récit détaillé du remarquable
voyage de Caillié, dont l'énergie fut vraiment surhumaine. En voici
l'itinéraire : après avoir traversé le Fouta-Diallon, il passa le Bafing
et le Tankisso, atteignit le Niger à Kouroussa, séjourna cinq mois
à Turié, se joignit à une caravane, traversa Tengréla, Bangoro,
Débéria, Toumané, arriva à Dienné le 11 mars 1828, le 20 avril à

Tombouctou, y séjourna jusqu'au 4 mai, gagna le Maroc en se mêlant à une caravane qui emmenait plus de 1400 chameaux et arriva le 7 septembre, sans ressources, épuisé, chez le consul de France à Tanger, M. Delaporte, qui le fit rapatrier.

Les résultats qu'il rapportait étaient surtout d'ordre géographique et scientifique (1). Mais il avait recueilli en même temps d'intéressants renseignements sur le commerce, la navigation et l'agriculture, ainsi que des données précises sur l'état politique des pays qu'il avait traversés. C'est ainsi qu'il définissait très justement les relations des Touareg avec Tombouctou et l'exploitation de cette cité industrieuse par les pillards du désert. C'est pour mettre fin à cette situation que nous avons été appelés et que nous sommes allés à Tombouctou en 1894. On pouvait à cette date encore la retracer comme l'a fait Caillié :

Le commerce de Temboctou, écrit-il, est considérablement gêné par le voisinage des Touariks, nation belliqueuse qui rend les habitants de cette ville tributaires. Ces derniers, pour avoir leur commerce libre, leur donnent pour ainsi dire ce qu'ils demandent, indépendamment des droits que paient les flottilles à leur arrivée à Cabra : s'ils se refusaient à les satisfaire, il en résulterait des inconvénients fâcheux, parce que les Touariks sont très nombreux et assez forts pour interdire toutes les communications entre Temboctou et Cabra : alors cette ville, qui n'a par elle-même aucune ressource en agriculture, se trouverait réduite à la plus affreuse disette, ainsi que les pays qui l'avoisinent... Quand le chef de cette peuplade arrive avec sa suite à Temboctou, c'est une calamité générale ; et cependant chacun le comble de soins et de présents pour lui et les siens.

------

(1) Ces résultats confirmaient notamment l'indépendance du bassin du Niger et de celui du Nil. C'était la principale question discutée à partir de 1820 dans le monde géographique. Déjà de 1822 à 1824, Denham, le lieutenant Clapperton et le D' Oudney qui mourut dans le Bornou, atteignirent le lac Tchad par la Tripolitaine et explorèrent le Bornou, le Haoussa, le Sokoto. Clapperton, accompagné de son domestique Richard Lander, alla de nouveau à Sokoto en 1826 en partant de la côte de Guinée et en passant le Niger près de Boussa : il mourut à Sokoto en mars 1827. Dès ce moment, les géographes avaient conclu à la séparation du Nil des Noirs et du Nil d'Egypte, mais ils le considéraient encore comme un affluent du lac Tchad et Jomard présentait le 28 avril 1825 à l'Académie des Sciences un mémoire détruisant la légende de la communication des deux bassins et une carte conduisant le Dioliba ou Niger sous les noms de Quolla et de Yaou dans le Tchad. Il regrettait en

La Société de géographie donna à Caillié la récompense promise par l' « Encouragement » au premier Européen qui rapporterait des données sur Tombouctou, et elle le défendit par l'organe de son président Jomard contre les attaques et contre les doutes qui furent émis surtout en Angleterre sur la réalité de sa traversée d'Afrique. Mais la commission chargée de faire un rapport sur ce voyage ne signala point les avantages commerciaux que l'on pouvait retirer du voyage de Caillié, les « fruits » que « l'industrie commerciale », que la colonisation devaient recueillir. Le rapport, rédigé par Jomard, se borne à prévoir qu'une voie nouvelle est ouverte à l'exploration : « A présent, dit-il, que la possibilité du voyage et du retour est prouvée par l'événement et non par des conjectures, tous les hommes dévoués que tant de catastrophes répétées coup sur coup avaient pu détourner de leur dessein, vont reprendre courage et tenteront l'entreprise. »

Jomard était mieux inspiré, il comprenait la valeur du voyage de Caillié au point de vue colonial, quand il publiait, en 1830, à la suite du récit du voyageur qu'il n'avait cessé de protéger, des « remarques et recherches géographiques sur le voyage de M. Caillié » dont il faut détacher le passage suivant :

Les notions de commerce ont été recueillies avec soin. M. Caillié ne manque presque jamais d'indiquer les marchandises indigènes ou étrangères qui sont sur chaque marché, leur prix et l'espèce des monnaies. Il nous confirme que les marchandises d'Europe parviennent dans l'Afrique centrale ; des objets de fabrique anglaise se voient à Djenné comme à Saccatou (1). Sur le commerce de l'or du Bouré, le voyageur

---

quelque sorte sa conclusion : « S'il était vrai, écrivait-il, que le Dialli-bà, le Quolla, le Yaou, le Bahr Dago et le Bahr-el-Abyad ne fissent qu'un seul et même courant avec le Nil d'Egypte, quelles conséquences n'en résulterait-il pas pour les communications à ouvrir entre l'Afrique orientale et l'Afrique occidentale? Dans cette hypothèse, il n'y aurait presque aucune barrière entre la mer Rouge et l'Atlantique. L'Europe aurait l'espoir de lier un jour par son industrie les bouches de la Gambie et du Sénégal avec les embouchures du Nil et avec les marchés de l'Arabie. » Mais lui-même établissait que cette hypothèse était sans fondement. Ce fut le domestique de Clapperton, Richard Lander, qui la détruisit définitivement en 1830 en se rendant à Boussa, en se lançant en pirogues sur le fleuve et en débouchant par la rivière de Brass dans le golfe du Bénin.

(1) Sokoto.

donne des renseignements qui paraissent aussi positifs que neufs et
propres à diriger peut-être les calculs des spéculateurs ou les efforts des
gouvernements européens. Nous ne savons encore que vaguement quel
est le degré actuel des richesses des mines de Bouré, et la quantité de
l'or qui est maintenant dans le commerce ; mais on ne peut révoquer
en doute l'abondance de l'or dans ce quartier de l'Afrique. Nous savons
de plus positivement que *ce riche pays est à cent vingt ou cent quarante
lieues en ligne droite des établissements de la Gambie et du Sénégal.* Si l'on
pouvait ouvrir un jour *une communication directe,* on éviterait le trajet
de Bouré à Ségo, de Ségo à Djenné, de là à Temboctou, puis à Maroc à
travers le grand désert ; on ferait plus que raccourcir le chemin d'au
moins quatre cents lieues en ligne droite ; on échapperait à l'avidité des
Maures et des Juifs, qui absorbent la plus grande partie des bénéfices ;
on échapperait encore à la férocité des brigands du désert. Avec peu de
sacrifices, et en peu de temps, on obtiendrait ce résultat, si l'on voulait
y consacrer une petite partie des efforts dépensés en pure perte pour
des objets moins utiles. *Quoi qu'il arrive, la géographie et le génie des découvertes auront eu le mérite de signaler une source nouvelle de richesses à
notre vieille Europe, surchargée de dettes et de population, et prête à succomber sous ce double fardeau, si l'on n'ouvrait bientôt quelques débouchés à
son industrie.*

Jomard prévoyait ainsi que l'exploration, le « génie des découvertes », devait jouer en Afrique un rôle considérable en signalant
au commerce les débouchés et les sources de richesses.

2° MADAGASCAR

A Madagascar la reprise souleva de grandes difficultés dès la
signature de la paix, Farquhar, gouverneur de Maurice, revendiqua
au nom de l'Angleterre la propriété entière de l'île de Madagascar
qu'il qualifiait «dépendance de l'île de France » et le 25 mai 1816,
il écrivait au général Bouvet de Loziers, commandant de l'île Bourbon :

Monsieur, j'ai l'honneur d'informer Votre Excellence que, par une
dépêche des ministres de Sa Majesté en date du 2 novembre 1815, j'ai
reçu l'ordre du gouvernement de Sa Majesté de considérer l'île de Madagascar comme ayant été cédée à la Grande-Bretagne sous la désignation générale de dépendances de l'Ile de France.

Cette interprétation que Farquhar avait déjà formulée par une lettre du 28 juin 1815 fut signalée au ministre des affaires étrangères par le ministre de la marine le 12 juin 1816 et le 17 septembre de la même année, le même ministre adressait à son collègue la communication suivante (1):

Le gouverneur de l'île Maurice a fait connaître au commandant pour le roi à l'île de Bourbon, dans une lettre du 28 juin 1815, qu'il considérait les possessions françaises sur la côte de Madagascar comme étant une dépendance de l'Ile de France et comme telle une propriété de S. M. B., attendu que par traité de paix du 30 mai 1814, l'Ile de France et ses dépendances sont cédées à l'Angleterre. « L'article 8 du traité cité porte que S. M. B. restitue à S. M. T. C. les comptoirs et établissements de tout genre que la France possédait au 1er janvier 1792 dans les mers et sur les continents d'Afrique à l'exception toutefois de l'Ile de France et de ses dépendances nommément Rodrigue et Seychelles.

Les dépendances de l'Ile de France sont Rodrigue et Seychelles, l'île Plate, l'île Ronde, l'île aux Serpents, le Coin de Mire, l'île d'Ambre, l'île de la Passe, l'îlot Hill, l'île aux Dames, etc.

Ces îles, ou plutôt ces îlots, sont si peu importants qu'on n'a pas cru devoir leur donner place dans le traité du 30 mai. On s'est borné à y désigner les deux plus étendues, pour déterminer la nature des dépendances qu'on jugeait inutile de spécifier.

Si les rédacteurs de l'article dont il s'agit avaient pu considérer comme une dépendance de l'Ile de France la côte française de Madagascar, dont l'étendue est de 300 lieues, on ne peut croire qu'ils eussent manqué de l'indiquer nommément, puisqu'ils ont pris ce soin pour deux îlots de peu d'importance.

Une seule observation doit même dissiper toute incertitude à ce sujet.

L'expression « dépendances » dût-elle être entendue dans un sens absolu, l'île de Bourbon soumise, dans tous les temps, au gouvernement établi à l'Ile de France, serait nécessairement restée sous la domination de S. M. B. puisque la rétrocession à la France n'en est pas nommément faite à l'article 8 du traité. C'est cependant en vertu de ce même article qu'elle a été remise à S. M. T. C.

Il est évident que par l'article dont il s'agit, on a voulu seulement désigner des îlots qui sont placés à l'entour de l'Ile de France, lesquels dépendent en effet naturellement de son territoire, et que la côte est de l'île de Madagascar nous est rendue en toute propriété par le traité du 30 mai 1814, comme l'île de Bourbon qui n'a pas été nommée dans l'article 8 du traité.

---

(1) Louis Brunet, député, *La France à Madagascar*. 1815-1895, Hachette.

« J'ai l'honneur de prier Votre Excellence de vouloir bien faire auprès du ministère de S. M. B. les démarches nécessaires pour que la rétrocession de cette partie de nos possessions d'Afrique soit effectuée sans délai et de me donner connaissance du résultat des soins qu'elle aura bien voulu prendre à cet égard. »

Le 30 novembre 1816, nouvelle note adressée par le ministre de la marine et des colonies au garde des sceaux, ministre des affaires étrangères :

« Lorsque M. le conseiller d'État Portal et M. Desbassyns remirent à Sir Charles Stuart une première note au sujet de la réclamation de Madagascar, cet ambassadeur en interrompit la lecture en disant qu'il n'était pas nécessaire pour lui d'entrer dans de plus grands détails, que le droit de la France était incontestable et que notre demande ne pouvait souffrir de difficulté ; l'ambassadeur ajouta même qu'il croyait se rappeler avoir entendu dire à lord Castlereagh, avec lequel il se trouvait à Paris lors de la conclusion du traité du 30 mai 1814, que la France n'avait jamais renoncé à la possession de Madagascar, et il y a lieu de croire que cette opinion n'a pas changé.

« Une difficulté avait toutefois été élevée dans le principe, relativement à la démarcation des limites de notre possession, mais *M. Farquhar ayant revendiqué au nom du ministère de S. M. B. la propriété entière de l'île, par cela seul qu'il la considérait comme ayant été cédée à l'Angleterre dans le traité, le ministère se trouve avoir implicitement reconnu que la France possédait la totalité du territoire, et dès lors toute discussion de limites doit cesser.* Quant à la propriété en elle-même, j'ai démontré à Votre Excellence, dans une lettre précédente, combien était fausse l'interprétation donnée à la lettre du traité.

« Comment supposer en effet qu'on aurait nommé dans cet article deux îles d'aussi peu d'importance et d'aussi peu d'étendue que Rodrigue et les Seychelles, tandis qu'on aurait compris dans le terme général *dépendances* et qu'on aurait négligé de désigner l'île de Madagascar, qui a 800 lieues de tour ? Comment enfin aurait-on rendu à la France l'île de Bourbon qui n'est pas nommée dans l'article en question, si ce mot *dépendances* avait pu comprendre et atteindre celle de Madagascar parce qu'elle n'y est pas réservée ?

Les énergiques protestations du gouverneur français amenèrent la reconnaissance de nos droits et le 18 octobre 1816, lord Bathurst écrivait à Farquhar :

« J'ai l'honneur de vous informer que Son Altesse Royale le prince régent a bien voulu admettre l'interprétation que le gouvernement fran-

çais a donnée à l'article du traité de paix du 30 mai 1814, qui stipule
la reddition de certaines colonies que la France possédait au 1er janvier
1792, dans les mers et sur les continents d'Afrique ; et je vous transmets
en conséquence les ordres de Son Altesse le Prince Régent qui sont que
vous prendrez les mesures nécessaires pour remettre aux autorités françaises à Bourbon les établissements que le gouvernement français possédait sur les côtes de l'île de Madagascar, à l'époque susmentionnée. »

Farquhar ne se tint pas pour battu, il évacua les territoires possédés par la France en 1792, mais ne voulut pas reconnaître nos
droits sur l'île entière et quand les administrateurs de Bourbon lui
envoyèrent le capitaine de frégate Martin de Lacroix, pour procéder
à la rétrocession il leur répondit par la lettre suivante datée du 30
août 1817 :

« Pour ce qui concerne Madagascar, je dois vous déclarer, messieurs,
que j'ai reçu en février passé, du gouvernement de S. M., l'original de
la dépêche à laquelle vous vous référez, daté du 18 octobre 1816. Les
instructions que renferme cette dépêche m'ordonnent de prendre les
mesures nécessaires pour remettre aux autorités françaises à Bourbon
les établissements que la France possédait sur les côtes de Madagascar
au 15 janvier 1792.

« Comme dans une mesure de cette importance, il est essentiel que
je me conforme strictement à mes instructions, je vous prie, messieurs,
de me faire connaître clairement et nommément quels sont les établissements que vous regardez comme ayant appartenu à la France à l'é-
poque précitée sur la côte de Madagascar.

« Toutefois, je vous demande la permission d'observer que le gouvernement de Maurice n'a conservé à Madagascar aucun établissement
sur les lieux et emplacements où les Français avaient auparavant fixé
leurs postes ou palissades sur cette île. Sous ce point de vue, il est clair
que ce gouvernement-ci n'a rien à remettre aux Français.

« Dans tous les cas soyez bien persuadés, messieurs, qu'aussitôt que
j'aurai reçu une réponse aux explications que j'ai cru ne pouvoir me
dispenser de demander à ce sujet, dans une dépêche spéciale du mois
de février dernier, je mettrai tous mes soins à prévenir les obstacles qui
pourraient s'élever dans l'exécution des ordres du gouvernement de
S. M. »

Martin de Lacroix répondit en énumérant les acquisitions et
occupations de la France sur différents points de l'île. Farquhar
répliqua qu'il considérait le territoire de Madagascar comme propriété des naturels, qu'il n'avait formé aucun établissement aux

lieux où les Français étaient établis en 1792 et que par suite il
n'avait rien à remettre.

En même temps il nouait des intrigues sur la Grande-Terre, dis-
tribuait argent et cadeaux et prenait pour base de sa politique, pour
instrument de sa lutte contre l'influence française, [Radama, chef de
la tribu des Hovas, qu'il reconnut « King of Madagascar and its
dependencies ». Il lui envoya un officier, Le Sage, qui éblouit Jean
René, chef de Tamatave, en lui apportant le titre d'« aide de camp
correspondant » et fut reçu à Tananarive en grande solennité par
Radama. Le traité secret qui fut conclu stipulait que les Anglais
permettraient à Radama de soumettre Jean René : eux-mêmes engagèrent ce chef à se reconnaître le vassal de Radama.

Farquhar obtenait aussi un port ouvert sur la côte. Il ne tarda
pas à en profiter. Le 23 octobre 1817 un de ses officiers, le capitaine
Stanfell, signait à Tamatave, avec les délégués de Radama, un traité
relatif à l'interdiction de la traite et dont voici les principaux passages :

I. — Les parties contractantes s'engagent respectivement et chacune
pour sa part, à maintenir et à perpétuer pour jamais les liens d'amitié,
de confiance et de fraternité reconnus par la convention ci-après.

II. — Les deux parties contractantes emploieront tous leurs efforts, à
dater de la signature du présent traité, à empêcher que les esclaves
ou toute personne autre, ne soit vendue et transportée des états du roi
Radama ou des territoires soumis à son influence, dans un autre état,
île ou pays, quelle que soit la puissance qui gouverne ou à qui appartiennent ces territoires.

Radama, roi de Madagascar, s'engage à défendre à ses sujets par une
proclamation et par une loi, et à toute personne sous sa domination, la
vente d'un esclave pour le transporter hors de Madagascar. Celui qui
aura concouru ou prêté son appui à une vente faite dans un tel dessein,
sera lui-même réduit en esclavage.

La proclamation de Radama fut immédiatement faite par les délégués, contresignée par l'officier anglais. Le début mérite d'être
cité :

HABITANTS DE MADAGASCAR,

Personne de vous n'ignore l'amitié que nous sommes heureux de
porter au gouverneur de Maurice et l'attachement dévoué que nous lui
avons déclaré.

A la différence des autres représentants des nations étrangères qui ont visité nos rivages, il s'est attaché à augmenter notre bonheur et notre prospérité. En aucun instant, il n'a cherché à nous priver de nos lois et de nos biens. Jamais il n'a souffert que les blancs emmenassent nos enfants comme esclaves. Il nous a envoyé des maîtres pour nous enseigner les arts et l'industrie inconnus jusqu'ici, pour nous défendre contre nos ennemis et empêcher la famine, en nous enseignant une meilleure manière de cultiver.

Nous sommes plus heureux et plus tranquilles depuis que la Grande-Bretagne a établi son pouvoir près de nos états et nous en sommes reconnaissants à notre bien-aimé Père, qui a attiré sur nos têtes de telles bénédictions.

Farquhar s'empressa de se rendre à Londres pour faire ratifier le traité conclu avec le « roi de Madagascar ».

Sur ces entrefaites, la reprise de nos possessions avait été résolue en France. Le 15 octobre 1818, le capitaine de frégate de Mackau reprit possession de Sainte-Marie. On avait agité en France un plan d'action à Madagascar. Forestier, envoyé en 1817 dans la grande île, fut d'avis de s'établir à Sainte-Marie et d'aborder Madagascar par Tintingue. Albrand et Carayon, envoyés après lui, préféraient Fort-Dauphin. Mais en 1819, le conseil d'amirauté se prononça pour l'occupation de Sainte-Marie « afin d'en faire avec la baie de Tintingue le port de notre station navale dans la mer des Indes ». Cette décision avait été vraisemblablement inspirée par les efforts de Sylvain Roux qui avait repris possession de Tamatave et était rentré en France en juillet 1819. Il fut chargé de prendre le commandement de l'expédition, mais les difficultés de la préparation et les lenteurs administratives ajournèrent son départ jusqu'au 7 juin 1821.

Farquhar avait déjà regagné son poste et renoué ses intrigues. Il avait envoyé à Tananarive son agent Hastie qui avait renouvelé avec Radama, au nom du gouvernement britannique, le traité du 23 octobre 1817 conclu avec Farquhar et y avait fait ajouter le paragraphe suivant :

En conséquence de ce traité, il est reconnu entre M. James Hastie, agent du gouvernement, représentant Son Excellence le gouverneur Farquhar, et le roi Radama, que ledit M. James Hastie s'engage, au nom de son gouverneur, à prendre avec lui vingt sujets libres de Sa Majesté le roi Radama pour leur enseigner l'art des mécaniciens, des joailliers, des tisseurs, des charpentiers et des forgerons.

Dix d'entre eux seront envoyés en Angleterre et les dix autres dans l'île de Maurice aux frais du gouvernement anglais.

De plus, Hastie avait organisé l'administration et l'armée des Hovas et avait dirigé contre nous toute l'organisation dont il avait jeté les bases.

Certain de l'appui de Radama, Farquhar, dès qu'il apprit le débarquement de Sylvain Roux à Sainte-Marie, le 30 octobre 1821, lui envoya le capitaine Moresby, sur la frégate *Menay* qui, le 23 novembre 1821, le mit en demeure de lui dire dans quel but et en vertu de quels pouvoirs il venait s'établir sur ce point de Madagascar. Sylvain Roux ne se laissa pas intimider et il répondit par cette lettre très digne :

« Je suis venu en cette île où je suis arrivé depuis plus de vingt jours pour y former un établissement d'après les ordres du roi mon maître. J'ai relâché au cap de Bonne-Espérance, où j'ai eu l'honneur de voir M. Donckin, gouverneur de cet endroit, et auquel j'ai participé ma mission sans qu'il m'ait fait aucune observation.

« Je ne crois pas avoir besoin de vous informer quels sont les endroits où je devrais établir des postes militaires, des colonies ou autres comptoirs à Madagascar. De tout temps les Français ont eu droit particulièrement sur toute la côte orientale de Madagascar ; ils y ont formé et établi presque tous les endroits de cette côte depuis le fort Dauphin jusqu'au cap d'Ambre dans le nord.

« Je n'ai pas de qualités pour entrer en ce moment en discussion de nos droits ; je vous renvoie, à cet effet, à ce qui s'est traité en 1817 entre M. Martin Delacroix, agissant au nom de MM. Delafitte et Desbassyns, et M. le gouverneur Farquhar ; vous y verrez, Monsieur, que le gouvernement français n'a voulu ni pu faire aucune concession au gouvernement britannique, sur les droits de la France sur l'île de Madagascar ; droits que je dois considérer comme imprescriptibles, et pour lesquels je proteste formellement, au nom de mon gouvernement, dans le cas où il y serait porté atteinte d'une manière quelconque.

« Le roi, mon maître, en m'envoyant à Madagascar, m'a nommé commandant particulier des établissements français en cette île, avec le rang de capitaine de vaisseau de la marine royale ; elle m'a placé sous les ordres de M. le gouverneur et commandant pour le roi de l'île de Bourbon, duquel je dépends. Ma mission est de coopérer avec lui, et Son Excellence le gouverneur de Maurice, à l'extinction de la traite des nègres. Personne à Sainte-Marie, ni dans aucun endroit à établir par nous, n'aura le droit d'avoir des esclaves, et tout naturel ou homme noir qui serait introduit dans cet établissement est de suite affranchi, et ne peut jamais être esclave.

« Je crois avoir répondu aux divers articles de votre lettre ; comme vous, je désire éviter toute espèce de mésintelligence ou de malentendu entre nos deux gouvernements. »

Moresby en référa à Farquhar ; ce dernier répondit qu'il considérait Madagascar « comme une puissance indépendante, actuellement unie au roi d'Angleterre par des traités d'alliance et d'amitié et sur le territoire de laquelle aucune nation n'avait de droits de propriété hors ceux que cette puissance serait disposée à admettre » et « qu'il avait été notifié par cette même puissance au gouvernement de Maurice et au commandant des forces navales britanniques dans ces mers, qu'elle ne reconnaissait le droit de propriété sur le territoire de Madagascar à aucune nation européenne. »

Quelque temps après, le 14 février 1822, Radama lançait en effet la proclamation suivante :

« Le roi Radama croit de son devoir de prévenir messieurs les administrateurs européens et tout particulier étranger de Madagascar, de quelque nation qu'il puisse être, qui viendra résider dans cette île : que toutes acquisitions de terre qui leur seront faites par quelques chefs, soit des côtes, soit de l'intérieur, seront de nulle valeur s'il ne les approuve pas, attendu que, dès ce moment aucun chef n'a droit ni d'en vendre ni d'en concéder sans son approbation.

« En conséquence, tout administrateur et tout particulier étranger qui en feront de pareilles acquisitions, sans une autorisation expresse du roi Radama, seront considérés comme désobéissant aux lois ; et les acquisitions qu'ils y auront acquises rentreront au domaine royal :

« Fait à Tananarive, ce 14 février 1822.

« RADAMA. »

Sylvain Roux ne se laissa pas davantage intimider. Il demanda une entrevue à Radama qui répondit :

« MONSIEUR,

« Mon général, le commandant de Foulpointe, m'ayant envoyé en service une copie de votre lettre à son adresse en date du 19 janvier dernier par laquelle vous avez intimé un désir d'avoir un entretien particulier avec moi,

« La présente est pour vous informer que je lui ai donné des ordres de vous annoncer que je partirai d'ici dans le mois de juin pour visiter mon territoire de la côte de l'est, et établir une tranquillité fixe dans toute cette partie de mon indépendance, et comme c'est toujours mon

désir d'avoir des entrevues amicales avec des officiers distingués, vous
aurez cette occasion de me voir et vous pouvez être assuré d'être reçu
avec toute considération et jouir du respect que je dois à la Très Chrétienne Majesté.

« Recevez, je vous prie, l'assurance de mon estime et de mon affection,

« RADAMA,
« roi de Madagascar. »

Le gouvernement français demeurait inactif et ne sut même pas
profiter de l'insurrection des tribus contre les Hovas. Radama, excité
contre nous par ses conseillers britanniques, tenta même de rendre
le séjour de Sainte-Marie impossible. Il défendit aux commerçants
de notre île d'acheter du riz et du bétail à Madagascar, sauf à Foulpointe et à Fénérife où la douane percevait des droits exorbitants, et
réduisit en esclavage ceux qui violèrent cet ordre.

La mort de Hastie, notre implacable ennemi et de Radama (27
juillet 1828) modifia brusquement la situation générale. Ranavalona,
femme de Radama, proclamée reine, par les chefs du peuple, renia
tous les engagements pris par Radama avec les Anglais et refusa de
recevoir Lyall, désigné comme agent britannique en remplacement
de Hastie.

Quelle attitude allait prendre la France vis-à-vis de la nouvelle
reine ? Avant la mort de Radama Hyde de Neuville s'était préoccupé
d'assurer nos droits à Madagascar. L'ordonnance du 21 août 1825,
qui organisait le gouvernement de l'île Bourbon, définissait ainsi
notre situation à Madagascar.

Art. 190. — Les dépendances de l'île de Bourbon sont l'île de Sainte-
Marie et les établissements français à Madagascar.

Art. 191. — Les chefs de ces divers établissements sont placés sous
l'autorité du gouverneur. Ils reçoivent ses ordres et lui rendent compte.

Art. 193. — Une ordonnance spéciale réglera tout ce qui concerne le
commandement et l'administration de l'île de Sainte-Marie et des possessions françaises à Madagascar.

Le ministre avait résolu, à la nouvelle de l'hostilité de Radama,
de faire occuper Tintingue, d'exiger la reconnaissance de nos droits
sur Fort-Dauphin et la partie orientale de l'île allant de la rivière
d'Yvondrou, près de Tamatave, jusqu'à la baie d'Antongil ainsi
que sur les autres points soumis anciennement à la domination
française, de rétablir sous le protectorat français les anciens chefs

dépossédés par Radama et de lier avec les peuples de Madagascar des relations d'amitié et de commerce. Très sagement il laissait au conseil colonial de Bourbon le soin de décider de la date de l'expédition et du lieu de débarquement.

Des ouvertures faites à Ranavalona ayant échoué et nos nationaux ayant été spoliés et quelques-uns tués, M. de Cheffontaines, gouverneur de Bourbon, et le conseil colonial organisèrent l'expédition et la confièrent au capitaine de vaisseau Gourbeyre. Arrivé devant Tamatave le 9 juillet 1829, Gourbeyre fit transmettre à la reine un ultimatum conçu dans les termes mêmes du programme tracé par Hyde de Neuville. La réponse lui parvint à Tintingue qu'il avait occupé le 2 août :

« Je recevrai avec plaisir, écrivait Ranavalona, les ambassadeurs du roi de France, mais je ne consentirai jamais à ce que vous vous établissiez sur mon territoire ; si c'est parce que je suis femme que vous m'avez écrit sur un ton arrogant et que vous croyez me faire la loi dans mes états, je vous montrerai que vous vous êtes trompé. »

Et la reine interdisait par une proclamation la fourniture de vivres aux Français. Gourbeyre revint devant Tamatave et le 11 octobre, après sommation, il bombarda la ville et l'occupa, et deux jours après le capitaine Schoëll chassait les Hovas d'Ambatou Manoui. Mais Gourbeyre subit un échec devant Foulpointe : le 27 octobre le corps de débarquement se trouva en présence de positions solides derrière lesquelles l'armée hova ouvrit un feu violent qui tua plusieurs soldats, dont le capitaine Schoëll, et mit le désordre dans les rangs. Gourbeyre vengea cet insuccès en enlevant Pointe-à-Larrée le 4 novembre. L'exiguité de ses forces l'obligea de rentrer à Bourbon après avoir laissé une garnison à Tintingue.

L'expédition Gourbeyre n'eut pas de lendemain, le gouvernement ne répondit point favorablement aux propositions de Bourbon et de Gourbeyre, la politique d'abandon et de recul triomphait.

3º Autres colonies

La reprise de la Guadeloupe avait eu lieu dès le mois de décembre 1814. Mais elle fut reprise par les Anglais pendant les Cent-Jours : l'amiral Linois, qui avait été nommé gouverneur, dut capituler. La colonie fut rendue à la France le 25 juillet 1816. L'histoire de la colonie de 1815 à 1830 n'offre aucun autre fait remarquable que la promulgation des ordonnances réglant le régime administratif et judiciaire. A la Martinique, au contraire, le maintien de l'esclavage amena des troubles graves. Les noirs tentèrent à plusieurs reprises de recouvrer la liberté ; le 14 octobre 1822, à la voix de quatre d'entre eux, ils se soulevèrent, massacrèrent de nombreux colons, incendièrent les plantations et les récoltes ; le soulèvement ne fut arrêté que par une répression sanglante. En 1824, un mulâtre nommé Bisette organisa une nouvelle révolte ayant pour but l'expulsion des blancs, mais ses intrigues furent découvertes et le mouvement échoua (1).

La rétrocession de Saint-Pierre ne donna lieu à aucun incident : les anciens colons revinrent en grand nombre, relevèrent le bourg de Saint-Pierre et fondèrent celui de Miquelon.

La Guyane ne fut réoccupée qu'en 1818. Toute son histoire jusqu'en 1830 est faite d'entreprises plus ou moins heureuses de colonisation sous les gouvernements de Carra-Saint-Tyre, du baron de Laussel, de Catineau-Laroche et du baron Milius.

Ce dernier notamment avait entrepris de former un établissement agricole à la rivière de la Mana. Malgré l'hostilité des agrariens du Parlement qui combattaient les entreprises coloniales à la Guyane comme au Sénégal, un crédit de 400.000 francs fut ouvert en faveur de cette entreprise. Malheureusement elle échoua : les colons de la « Nouvelle-Angoulême », anciens militaires et orphelins, s'adonnèrent à l'ivrognerie et à la paresse et le 23 mai 1827, de Chabrol, ministre de la marine, annonçait à la Chambre l'insuccès de cette tentative de peuplement : « Tous les mémoires, disait-il, qui avaient été présentés à mes prédécesseurs sur le travail des bras européens à la Guyane, les vérifications qu'ils avaient fait faire avaient pu les engager à tenter un essai. Il n'a pas été moins sage de déférer aux leçons de l'expérience qui depuis plusieurs années semble avoir dépouillé cette entreprise des illusions dont elle avait été environnée. » Les débris de la Mana furent recueillis par Mme Javouhey, supérieure des sœurs de Saint-Joseph de Cluny, qui arriva à la Nouvelle-Angoulême en 1828 avec 36 sœurs et 40 cultivateurs. Ces derniers abandonnèrent l'exploitation à l'expiration de leur contrat de trois années.

(1) *Les Colonies françaises*, notices illustrées de l'Exposition de 1889.

La reprise de la Réunion eut lieu dès le 6 avril 1815. La colonie dut se défendre de nouveau vigoureusement contre une nouvelle tentative des Anglais pendant les Cent-Jours. Les gouverneurs durent se préoccuper de l'application de l'abolition de la traite et des relations avec Madagascar.

La reprise de l'Inde fut opérée par une expédition qui arriva à Pondichéry le 16 septembre 1816. La remise ne fut faite par les Anglais que le 4 décembre pour Pondichéry et Chandernagor, le 14 janvier 1817 pour Karikal, le 22 février pour Mahé et le 12 avril pour Yanaon. La délimitation de Mahé donna lieu à des pourparlers et à des négociations qui durèrent jusqu'en 1853.

En Indo-Chine, l'influence française avait subi un recul considérable depuis la mort de l'évêque d'Adran (octobre 1798). La mort de Gia-Long (1820) ne fit qu'accentuer ce recul. Son fils, Minh-Mang, expulsa les Français en 1824 et refusa en 1825 de recevoir le capitaine de vaisseau de Bougainville.

IV. — L'EXPANSION FRANÇAISE
DANS L'AFRIQUE DU NORD

1° ALGER

Il n'entre point dans les limites de cette étude de faire le récit détaillé des événements qui amenèrent l'expédition d'Alger : nous renverrons le lecteur aux études définitives de MM. Camille Rousset, Rotalier, Eugène Plantet, Wahl, Louis Vignon, etc.

Mais il nous paraît utile d'examiner ici, au point de vue de l'expansion française, deux aspects de l'intervention en Algérie sous la Restauration. Quel était l'état de l'opinion en France au sujet des projets du ministère de Polignac? Quel était l'état de l'opinion en Angleterre sur cette question ?

En France, la confusion était d'autant plus grande que le gouvernement ne parut jamais guidé par un plan nettement arrêté. Dès 1828, l'expédition paraissait imminente, mais on en ignorait les raisons, le but et la portée. Les discours du Trône étaient sur ce point laconiques et vagues.

En 1829, le projet d'exécution se précise :

L'espérance que je conserve encore d'obtenir du dey d'Alger une juste réparation a retardé les mesures que je puis être forcé de prendre pour le punir, mais je ne négligerai rien de ce qui doit mettre le commerce français à l'abri de l'insulte et de la piraterie, et d'éclatants exemples ont déjà appris aux Algériens qu'il n'est ni facile ni prudent de braver la vigilance de mes vaisseaux.

Le discours du trône de 1830 (27 février) annonce que l'expédition est imminente, mais sans indiquer quelles conséquences on veut en tirer :

Au milieu des graves événements dont l'Europe était occupée, j'ai dû suspendre l'effet de mon juste ressentiment contre une puissance barbaresque, mais je ne puis laisser plus longtemps impunie l'insulte faite à mon pavillon ; la réparation éclatante que je veux obtenir, en satisfaisant à l'honneur de la France, tournera avec l'aide du Tout-Puissant au profit de la chrétienté.

Énumération par le baron d'Haussez, ministre de la marine, des déclarations et des actes hostiles du dey d'Alger (séance de discussion de l'adresse, à la Chambre) :

Ces actes sont :
Le projet annoncé longtemps d'avance, et exécuté plus tard, de nous chasser d'une possession française et la destruction de nos établissements sur la côte d'Afrique ;
La violation du privilège de la pêche du corail qui nous était assuré par les traités ;
Le refus de se conformer au droit général des nations et de cesser un système de piraterie qui rend l'existence actuelle de la régence d'Alger dangereuse pour tous les pavillons qui naviguent dans la Méditerranée ;
De graves infractions aux règlements arrêtés, de commun accord avec la France, pour la visite des bâtiments en mer ;
La fixation arbitraire de différents droits et redevances malgré les traités ;
Le pillage de plusieurs bâtiments français et celui de deux bâtiments romains, malgré l'engagement pris de respecter ce pavillon ;
Le renvoi violent du consul général du roi à Alger en 1814 ;
La violation du domicile de l'agent consulaire à Bône en 1825 ;
Et au milieu de ces faits particuliers, une volonté constamment manifestée de nous dépouiller des possessions, des avantages de tous genres, des privilèges acquis à titre onéreux que les traités nous assurent, et de se soustraire aux obligations que les traités imposent.

Le ministre expose ensuite l'affaire des deux juifs algériens Bacri
et Busnach, créanciers du gouvernement français pour la fourniture de blé à l'expédition d'Egypte, la convention passée avec eux,
les prétentions du Dey, l'outrage au consul Deval, le long blocus
établi devant Alger, la mission du commandant La Bretonnière sur
la *Provence* et l'outrage fait à ce dernier en pleine rade d'Alger et
il conclut :

Telle est la suite des griefs, telle est la peinture fidèle de l'état des
choses qui forcent aujourd'hui le roi à recourir à l'emploi des moyens
que la Providence a mis entre ses mains pour assurer l'honneur de la
couronne, les privilèges, les propriétés, la sûreté même de ses sujets et
pour délivrer enfin la France et l'Europe du triple fléau que le monde
civilisé s'indigne d'endurer encore, la piraterie, l'esclavage des prisonniers et les tributs qu'un Etat barbare impose à toutes les puissances
chrétiennes.

Désormais, toute pensée de conciliation est écartée et le roi a dû
chercher, dans la force de ses armes, une vengeance que des considérations d'un autre ordre l'avaient engagé à suspendre. La question n'était
plus de savoir si on ferait la guerre, mais comment on la ferait. Le gouvernement a dû porter, dans une matière aussi importante, toute la
prudence et toute la réflexion possibles. Sa résolution prise, il doit
l'exécuter avec énergie (1).

Mais il ne dit pas un mot sur l'avenir d'Alger, sinon que la question n'était point encore posée. On a d'ailleurs une lettre écrite le
20 avril par M. de Polignac au comte de Rayneval, ambassadeur à
Vienne, et qui atteste l'irrésolution du cabinet sur l'avenir de la
conquête qu'il entreprenait si résolument, ou du moins, son désir
de ne rendre aucun compte :

La seule résolution, disait-il, que le roi ait arrêtée à ce sujet est
de ne quitter cette contrée qu'en y laissant un ordre de choses qui pré-
serve à jamais l'Europe du triple fléau de l'esclavage des chrétiens, de
la piraterie et de l'exigence pécuniaire des deys. Telles sont les intentions que Sa Majesté a déjà fait connaître à ses alliés. Elle se propose de
les leur répéter lorsque ses troupes seront dans Alger en invitant chacun
d'eux à lui faire connaître quelle destination il pense que l'on doive
donner à ce pays (2).

(1) *Gazette de France*, 20 mars 1830.
(2) Rousset, *La Conquête d'Alger*, 1879, p. 86.

Et de Polignac énumère les différents systèmes envisagés par le ministère : l'évacuation après un traité de paix accordant les trois points indiqués ci-dessus avec une indemnité de guerre et la cession de Bône ; le désarmement d'Alger joint au traité de paix stipulé dans les conditions énumérées ; la destruction du port et des fortifications ; l'établissement à la place du dey d'un prince maure ou arabe ; la création à Alger d'un simple pachalik du sultan ; la cession d'Alger à l'ordre de Malte ; le maintien de l'occupation d'Alger et la colonisation de la côte ; enfin, un partage de la côte donnant Bône à l'Autriche, Stora à la Sardaigne, Djidjelli à la Toscane, Bougie à Naples, Alger à la France, Tenez au Portugal, Arzeu à l'Angleterre, Oran à l'Espagne. De Polignac ne parlait plus de Méhémet-Ali auquel il voulait précédemment faire jouer un rôle capital. Finalement, il fut décidé qu'on attendrait la conquête et l'avis du général de Bourmont.

Mais l'on conçoit combien cette irrésolution donnait prise aux critiques et aux attaques de l'opposition qui dirigeait déjà avec une si vive ardeur le mouvement d'opinion qui allait emporter la Restauration.

L'opposition s'empare de l'affaire algérienne et elle ne tarde point à la dénoncer comme une diversion tentée par un ministère parvenu au conflit avec les représentants de la nation. Le *Journal des Débats* écrit le 7 mars 1830 :

Dans toute autre circonstance l'expédition d'Alger annoncée par le discours du trône contre la régence à Alger eût excité la plus sérieuse attention et absorbé en quelque sorte toutes nos sollicitudes et toutes nos pensées ; mais telle est aujourd'hui la préoccupation unique de tous les esprits, telle est l'importance et la gravité de la lutte qui va décider du sort de nos institutions, que nos regards peuvent à peine se distraire un moment du combat qui commence déjà sous nos yeux, pour se porter vers ces rives étrangères, théâtre prochain de la valeur de nos soldats.

Ce n'est cependant pas, pressons-nous de le dire, une entreprise qui puisse ou doive s'entreprendre légèrement et sans un mûr examen, qu'une expédition contre les pirates africains. Quand il s'agit de 40.000 Français et d'une centaine de millions, on s'étonne même, il faut l'avouer, qu'une entreprise de cette importance soit l'œuvre présumée d'un ministère mourant ! Il y a là de sa part un étrange oubli des principes de notre gouvernement, ou une illusion bien obstinée sur les misères de sa situation parlementaire.

Aux yeux de beaucoup de gens, il est vrai, la guerre d'Alger est pompeusement annoncée, toutes ces nominations de généraux et d'états-majors, toutes ces désignations de régiments, tous ces ordres d'approvisionnements n'ont encore passé que pour un essai inutile de distraction sur l'opinion publique, pour une diversion vainement essayée en faveur de la gloire contre la liberté !

Le même journal précise cette insinuation le 29 mars :

Serait-il vrai qu'en désespoir de cause le ministère s'en fût remis à la marine et à l'armée du soin de lui ramener dans les collèges électoraux la majorité qu'il a perdue dans la Chambre des Députés ? Serait-il vrai que l'expédition d'Alger ne fût que le programme d'une réélection tentée en faveur de M. de Polignac et que la France dût payer de ses trésors et du sang de ses enfants ce malencontreux et inutile effort ?

L'hostilité contre l'expédition paraît être pendant quelque temps l'arme principale contre le ministère. Mais le sentiment général du pays y est favorable, et l'opposition, fort habilement et conformément à la tradition française, se rallie à la guerre, mais elle reproche au cabinet de ne point chercher à en tirer les conséquences utiles. Le gouvernement français a désavoué à Londres une allocution du général de Bourmont qui avait parlé à Toulon d'un projet de colonisation d'Alger. On lui reproche d'aller à Alger pour la gloire et au profit de la chrétienté, et non pour y fonder un établissement durable : ici la passion politique donne à l'opposition la conscience de nos intérêts en Afrique et de notre tradition coloniale. Le 20 juin, le *Journal des Débats* semble désapprouver encore l'expédition, mais uniquement parce que le « patriotisme prévoyant peut regretter que le sang si précieux des François soit versé dans une guerre infructueuse où notre cabinet a d'avance stipulé par notes diplomatiques l'abandon du terrain que nos troupes auraient conquis par leur courage » et il ajoute :

M. de Polignac s'est dit : En 1824, M. de Villèle après l'expédition d'Espagne a eu des élections excellentes pour lui. Trouvons quelque part une Bidassoa, un Trocadéro ; et nous aussi, nous aurons d'excellentes élections, ou nous pourrons nous en passer.

Peu de temps après la prise d'Alger, la Révolution faisait disparaître le cabinet de Polignac, et Charles X laissait à Louis-Philippe le soin de décider de l'avenir de l'entreprise algérienne et de négocier avec les puissances, notamment avec l'Angleterre.

Celle-ci avait suivi avec un soin jaloux l'action de la France en
Algérie. Tant qu'elle put croire que la France voulait achever la
répression que lord Exmouth n'avait pu mener à sa fin en 1817, elle
appuya les vues du cabinet des Tuileries. Mais elle ne tarda point
à s'alarmer des ambitions coloniales qui se manifestaient en France,
dans l'opinion et la presse bien plus qu'au Parlement. Les projets
de coopération de Méhémet-Ali avaient accru sa méfiance. Le 5 mars,
lord Aberdeen, secrétaire d'État des affaires étrangères, fit demander
au gouvernement français des explications sur la force de l'expédition (1) et les projets de la France à l'égard de la Régence. Le 12
mars le prince de Polignac répond par une circulaire envoyée aux
chancelleries et dans laquelle il rappelle que le but de la mission
est de détruire la piraterie, d'abolir l'esclavage des chrétiens et de
supprimer le tribut des puissances civilisées :

Tel sera, ajoute-t-il, si la Providence seconde les armes du roi, le résultat de l'entreprise dont les préparatifs se font en ce moment, dans les
ports de France. S. M. est résolue à la poursuivre par le développement
de tous les moyens qui seront nécessaires pour en assurer le succès,
et si, dans la lutte qui va s'engager, il arrivait que le gouvernement
même existant à Alger vînt à se dissoudre, alors le roi, dont les vues,
dans cette grave question, sont toutes désintéressées, se concerterait avec
ses alliés pour arrêter le nouvel ordre de choses qui, pour le plus grand
avantage de la chrétienté, devrait remplacer le régime détruit, qui
serait le plus propre à assurer le triple but que S. M. s'est proposé d'atteindre.

Ces déclarations conciliantes redoublèrent l'ardeur de l'opposition qui critiquait l'inutilité de l'expédition au point de vue national ; elles ne purent satisfaire le cabinet de Londres qui demanda
une renonciation plus explicite à toutes vues d'occupation territoriale (2). Le 24 avril, Polignac confirme les termes de la note du 12

(1) Voir Rousset, ouv. cité, p. 81.
(2) Le *Courier*, de Londres, écrivait le 2 avril : On a répété déjà plusieurs fois que l'attaque d'Alger n'était pas le seul but de l'expédition
qui se prépare à Toulon. Une occupation militaire permanente passe
pour être entrée dans les combinaisons du gouvernement français ; on
parle aussi avec confiance de résultats intérieurs qui ne seraient pas
sans importance politique. Nous ne savons pas précisément ce qu'il y
a de fondé dans tout ceci, mais il est évident que cette extension donnée
au premier but avoué de l'expédition placerait les choses sous un tout

mars. Mais les exigences de l'Angleterre devenaient plus pressantes : « L'affaire, écrivait lord Aberdeen, le 4 mai, commence à prendre un mauvais aspect et à faire naître des doutes et des soupçons que S. M. ne désire assurément pas se voir confirmer. » Polignac répond à cette note en adressant le 12 mai à toute l'Europe une circulaire conforme à celle du 12 mars et qu'il termine ainsi :

Le roi est fermement résolu à ne pas poser les armes et à ne pas rappeler ses troupes d'Alger que ce double but (l'abolition de l'esclavage et celle de la piraterie et des tributs) n'ait été atteint et suffisamment assuré; et c'est pour s'entendre sur les moyens d'y parvenir, en ce qui concerne les intérêts de l'Europe, que S. M. a fait annoncer à ses alliés, le 12 mars dernier, son désir de se concerter avec eux, dans le cas où le gouvernement actuellement existant à Alger viendrait à se dissoudre au milieu de la lutte qui va s'engager. On rechercherait alors en commun quel serait l'ordre de choses nouveau qu'il serait convenable d'établir dans cette contrée, pour le plus grand avantage de la chrétienté. Sa Majesté doit, dès ce moment, donner l'assurance à ses alliés qu'elle se présenterait à ces délibérations prête à fournir toutes les explications qu'ils pourraient encore désirer, disposée à prendre en considération tous les droits et tous les intérêts, exempte elle-même de tout engagement antérieur, libre d'accepter toute proposition qui serait jugée propre à assurer le résultat indiqué et dégagée de tout sentiment d'intérêt personnel.

Ces déclarations si nettes ne parviennent point à calmer l'inquiétude du gouvernement britannique dont les organes officieux publient des notes presque menaçantes, telles que celles-ci :

Le langage tenu par M. de Bourmont et par des personnes connues pour être ses amis politiques avait donné lieu de penser que le gouvernement français avait l'intention de former un établissement sur la côte d'Afrique et d'étendre indéfiniment ses conquêtes dans cette partie du monde. Cette supposition paraît avoir excité de vives alarmes; les grandes puissances intéressées à la libre navigation de la mer Méditerranée et l'Angleterre surtout ne pouvaient voir sans inquiétude une telle résolution.

Cependant les alarmes ont un peu cessé. Tout le monde est convaincu aujourd'hui que le gouvernement français n'a pas et n'a jamais eu

autre point de vue. Cependant nous n'avons pas la plus légère appréhension des projets qui puissent interrompre l'harmonie des deux gouvernements.

l'envie d'adopter la moindre mesure qui pût tendre à troubler la paix
et qu'il n'a jamais pu penser sérieusement à former des colonies sur la
côte d'Afrique dans l'état actuel du pays. D'abord les dépenses en
seraient énormes et il faudrait de longues années pour en retirer quelque
profit. Ensuite une guerre éclaterait entre la France et l'Angleterre ; et
le premier résultat de cette guerre serait la perte de nouvelles colonies ;
car il serait impossible à la marine française, dans son état actuel de
faiblesse, de résister à la formidable puissance de la marine anglaise.

Ces raisonnements rapprochés des déclarations bien connues du ministre français n'ont pas tardé à calmer toutes les inquiétudes (1).

Les inquiétudes étaient si peu calmées que le 3 juin, le cabinet
anglais insista de nouveau afin d'obtenir la garantie plus certaine
de nos engagements pour Alger. On était alors à Paris et à Toulon
au milieu des préparatifs de départ de l'armée de Bourmont et les
insistances anglaises furent assez mal accueillies. Une note de M. de
Polignac, disant que les communications du roi « ne demandaient
aucun nouveau développement », mit fin à cette discussion diplomatique.

L'arrogance et le sans-gêne du gouvernement anglais n'avaient
pu modifier notre résolution. Il semble que l'énergie de notre gouvernement ait fortement impressionné l'Angleterre, car, le 16 juillet,
le même *Times*, qui nous menaçait d'une guerre si nous voulions
nous maintenir à Alger, publiait un curieux commentaire de nos
premiers succès. Il déclarait « ne pas voir les dangers qui naîtraient
pour l'Angleterre de l'occupation permanente d'Alger par les Français » et il ajoutait :

Pour le politique même le plus jaloux de l'agrandissement de la
France, il est clair que l'accroissement de puissance, qui résulterait
pour la France de l'établissement de quelques-uns de ses sujets dans le
nord de l'Afrique tournera tout au bénéfice de la civilisation dans cette
partie du monde. Les droits de propriété seraient respectés et si les
Français couraient en foule à Alger pour y transporter la culture de la
canne à sucre et des autres produits coloniaux, ce ne serait qu'en ache_
tant des terres et en donnant une direction nouvelle à l'industrie de la
population indigène. Dans ce cas, la France ne percevrait pas seule de
grands avantages ; les autres puissances maritimes verraient de nouvelles voies s'ouvrir à leur commerce : on explorerait l'intérieur de
l'Afrique et les côtes méridionales de la Méditerranée pourraient rivaliser avec les côtes opposées de l'Italie et de la France.

(1) *Times*, 20 mai 1830.

Cet article du *Times* ne manqua pas d'être commenté. Le sens en fut amendé dans un second article, du 26 juillet, relatif à la dépêche du comte de Bourmont annonçant qu'on allait garder Alger :

La Cour des Tuileries, y était-il dit, est trop raisonnable pour adopter à la légère les idées de cet ardent vainqueur ; et quels que puissent être les arrangements définitifs pour l'extinction de la piraterie algérienne, pour l'abolition de l'esclavage des chrétiens et la civilisation des états barbaresques, ils ne seront conclus qu'avec le consentement des alliés de la France, en respectant les droits existants, et ne seront pas surtout la simple expression de la volonté du plus fort.

Qu'on ne se méprenne pas sur notre pensée. Nous répétons que nous sommes les amis décidés de la civilisation dans l'Afrique du nord ; quoique nous croyions de notre devoir de dire que nos voisins ne doivent pas se charger à eux seuls de toute la besogne. La décision d'une question aussi importante que celle d'Alger doit être le résultat d'une négociation européenne.

Comme hommes, comme chrétiens, ses alliés peuvent exprimer toute leur reconnaissance à S. M. T. C. pour l'envoi d'une expédition qui a vengé l'humanité et aboli l'esclavage des chrétiens, mais ils s'attendent à être consultés sur le meilleur mode d'assurer la jouissance permanente de la conquête, sans exciter la jalousie, sans blesser aucun intérêt et sans courir le danger de rompre l'équilibre des puissances européennes.

Le *Times* demandait, en somme, l'entente des puissances européennes que le gouvernement de Charles X n'avait cessé de proposer. La Révolution ne permit pas à ce dernier de réaliser ses promesses et l'attitude jalouse, hostile, équivoque de l'Angleterre ne fut pas une des moindres difficultés que devaient rencontrer désormais l'établissement et l'expansion de la France dans sa nouvelle conquête.

2° MAROC ET TUNISIE

Dans nos relations avec le Maroc il faut citer, à la date du 17 mai 1824, le traité conclu à Wuarga par Sourdeau, consul de France, et qui renouvelait le traité conclu à Maroc, le 28 mai 1767, par le comte de Breugnon.

L'article principal de ce dernier traité était le suivant :

ART. 2. — Les sujets respectifs des deux empires pourront voyager, trafiquer et naviguer en toute assurance et partout où bon leur semblera

par terre et par mer dans la domination des deux Empires, sans craindre
d'être molestés ni empêchés sous quelque prétexte que ce soit.

Le traité du 17 mai 1824 renouvelait ces stipulations et ajoutait :

1° De plus, nous accordons aux armements de guerre français, lorsqu'ils amèneront dans nos ports protégés de Dieu, des prises faites au
delà de la portée de nos canons et hors de notre protection, sur des
nations chrétiennes avec lesquelles ils seraient en guerre, la faculté
entière de les vendre, s'ils le veulent, sans qu'ils en soient empêchés
par aucun des officiers exécuteurs de nos ordres, sous la condition de
payer les droits de douane voulus par l'usage ;

2° Pareillement les armements de guerre français qui se rendront
dans nos ports protégés de Dieu et qui auront besoin de s'approvisionner
en bœufs, poules et autres articles de subsistance, en sus de ce qu'ils
chargent ordinairement sans payer de droits, le chargeront, mais ils
paieront les droits de douane qui existeront lorsqu'ils opèreront leurs
chargements.

Après la mort de Louis XVIII, le traité fut renouvelé, avec la
stipulation que les Français étaient les meilleurs amis du Maroc.
Après avoir rappelé les termes du traité de Wuarga, ce traité, conclu
le 28 mai 1825, déclarait en effet :

Peu après la ratification, le souverain susdit mourut ; et son frère,
notre ami, le Très Haut et Très Fortuné roi Charles, étant monté au
trône de ses ancêtres, nous a adressé une députation avec une lettre de
sa part, que nous recevons actuellement, pour nous demander de renouveler le traité et d'en assurer les bases en le confirmant.

Pour satisfaire à ses intentions et désirant d'autant plus maintenir
la paix et les traités que le gouvernement français est, auprès de notre
Cour, le plus favorisé, parce que, de tout temps, il s'est étudié à faire
ce qui pouvait nous être agréable et être utile à notre service, nous sui-
vrons le traité dans toute sa teneur et nous vivrons avec S. M. dans le
même état de paix, bonne union et affection sincère qui a existé, sans
y porter la moindre atteinte, ni l'altérer en rien, s'il plaît à Dieu.

Avec le bey de Tunis, la France avait conclu, dès 1824, un traité,
négocié par le consul général Guys, et renouvelant les capitulations.
En voici les principales dispositions :

Art. 1er. — Les capitulations faites et accordées entre l'empereur de
France et le grand seigneur ou leurs prédécesseurs, ou celles qui seront
accordées de nouveau par l'ambassadeur de France près la sublime

Porte pour la paix et l'union desdits Etats seront exactement gardées et observées sans que, de part et d'autre, il y soit contrevenu directement ou indirectement.

ART. 2. — Tous les traités antérieurs et suppléments sont renouvelés et confirmés par le présent, sauf les changements et additions mentionnés dans les articles ci-joints.

ART. 3. — Les Français établis dans le royaume de Tunis continueront à jouir des mêmes privilèges et exemptions qui leur ont été accordés, et à être traités comme appartenant à la nation la plus favorisée, et il ne sera accordé, suivant les mêmes capitulations et traités, aucun privilège ni aucun avantage à d'autres nations qui ne soient également communs à la nation française, quand bien même ils n'auraient pas été spécifiés dans lesdites capitulations ou traités.

Pendant les préparatifs de l'expédition d'Alger il fallut ouvrir de délicates négociations avec le bey de Tunis. Les projets de Méhémet-Ali, encouragés sinon inspirés, par M. de Polignac qui avait proposé de faire punir Alger par le pacha du Caire, avaient indisposé le bey. Mais l'influence de notre consul M. de Lesseps et la maladresse de Hussein qui somma le bey d'accourir à sa défense, sous peine d'invasion, ramenèrent le bey à des dispositions plus favorables à la France et les agents du comte de Bourmont obtinrent même qu'il se prêtât au ravitaillement du corps expéditionnaire (1).

<h3 align="center">3° ÉGYPTE</h3>

Il faut rattacher à l'expansion française dans l'Afrique du Nord les efforts accomplis en Egypte après 1815 pour le maintien de l'influence française. Ils prouvent que l'attention de la France se portait sur tous les points de la Méditerranée et que le changement de régime n'avait point interrompu la tradition.

Méhémet-Ali n'avait pas hésité à faire appel aux Européens pour l'aider à accomplir la transformation de l'Egypte qu'il projetait. Les Français répondirent en grand nombre à son appel (2) : officiers, ingénieurs, architectes, agronomes, médecins, professeurs se mirent à son service. Méhémet-Ali leur fit le meilleur accueil ; il avait été dans sa jeunesse l'ami d'un négociant marseillais, M. Lion,

(1) Rousset, *ouv. cité*, p. 89.
(2) Déhérain, *Le Soudan égyptien sous Méhémet-Ali*.

qui lui avait rendu quelques services et l'avait initié aux mœurs et
usages de l'Europe. Les deux consuls, Diovetti et Mathias de Lesseps, encourageaient ces bonnes dispositions du pacha et l'œuvre
des Français fut si considérable qu'un Anglais devait plus tard la
juger ainsi : « Il n'y a pas de nation qui ait autant contribué à la
civilisation et au développement de l'Egypte que la France (1). »
Ces sympathies de Méhémet-Ali étaient d'autant plus remarquables
que son entourage était hostile aux Européens : « Il faudra au vice-
roi des années, écrivait le consul général Malivoire au baron de
Damas en 1825, avant que de vaincre la répugnance qu'ont en général ses subordonnés à se laisser instruire par des chrétiens et à
favoriser son système d'innovations. »

Les exemples de l'influence française et de l'activité des Français
sous Méhémet-Ali sont nombreux. C'est l'envoi à Paris d'une mission de jeunes Egyptiens chargés d'étudier les sciences et les arts
de l'Europe ; c'est la reconstitution de l'armée égyptienne par le
colonel Sève (Soliman-Pacha), les généraux Boyer, Livron, les colonels Gaudin, Rey, Varin, la création d'une école d'état-major par
M. Planat ; la réfection de la flotte après Navarin par M. de Cerisy
et M. Besson ; l'organisation de l'Ecole de médecine et du Conseil
de santé par Clot-Bey. Cette faveur de Méhémet-Ali pour les officiers français s'explique par ce fait qu'il avait combattu autrefois
contre l'armée de Bonaparte et qu'il avait pu se convaincre de la
supériorité de la discipline française.

Une tentative curieuse fut celle des Saint-Simoniens (2). C'est
vers l'Egypte qu'Enfantin dirigea ses fidèles pour remplacer les
théories et les projets par une entreprise sérieuse. Il débarqua à
Alexandrie en octobre 1833 avec les ingénieurs Fournel et Lambert,
deux de ses disciples les plus fidèles, et fut bientôt suivi de nombreux adeptes. Méhémet-Ali et les Français de son entourage firent
bon accueil à cette équipe de polytechniciens, et comme on venait
de décider l'exécution du barrage du Nil, c'est à cette tâche qu'il
s'appliqua avec Fournel, Lambert, Hoart, Bruneau, etc. Le colonel
Sève et Linant de Bellefonds traitaient Enfantin en ami, et de même
le consul Mimaut et le vice-consul Ferdinand de Lesseps :

(1) Bowring, *Report on Egypt*, 1840.
(2) G. Weill, *L'Ecole saint-simonienne*, Alcan.

L'activité du petit groupe sembla d'abord réussir. Barrault faisait à Alexandrie des conférences éloquentes sur l'histoire de la civilisation ; Clorinde Rogé ouvrait un pensionnat de jeunes filles ; le gouvernement égyptien employait Rogé avec Yvon Villarceau, le futur savant, comme professeurs de musique, Alric et Achard comme professeurs de dessin ; les médecins Jallat et Forcade avaient une nombreuse clientèle. Le plus brillant de tous, Lambert, devenu directeur de la nouvelle école des mines, employait une bonne partie de son traitement à défrayer le Père, à l'égard duquel sa vénération demeurait toujours aussi grande. Quelques-uns allèrent jusqu'à embrasser l'islamisme ; ainsi Machereau, un artiste naïf, toujours négligé dans sa tenue, si bien qu'on disait couramment au Caire « sale comme le bon Machereau », se fit circoncire et se maria en Égypte. Mais chez la plupart il y eut bientôt misère et découragement ; les positions brillantes qu'ils avaient espérées ne s'offraient pas, les grands travaux qui les passionnaient tous demeuraient en suspens. Fournel, désespéré par l'échec du canal, rentra en France un des premiers avec sa femme. Beaucoup étaient très malheureux, malgré l'appui de leurs frères ; Suzanne Voilquin se fit leur blanchisseuse pour gagner sa vie tout en leur épargnant une dépense.

La peste survint et fit cesser les travaux du barrage ; plusieurs des adeptes s'empressèrent de revenir en France, tandis qu'Enfantin allait fuir la contagion dans la Haute-Égypte et se reposait à Karnak. Au Caire, les victimes furent nombreuses parmi les saint-simoniens : après le Dr Forcade, Lamy, Maréchal, Dumolard succombèrent. La mort du bon et brave Hoart jeta la consternation dans la secte ; il fut suivi par Ollivier, un fidèle de la première heure, auquel on fit de solennelles funérailles saint-simoniennes. L'épidémie terminée, Enfantin espéra que les travaux allaient reprendre ; avec cette absence de sens historique et artistique qui avait fait réclamer par le *Globe* la destruction du Louvre, il approuvait le projet, soumis au vice-roi, de jeter une des pyramides dans le Nil pour faciliter le barrage. Mais le travail demeura interrompu ; d'ailleurs on cherchait à se passer des Européens ; un refroidissement survenu dans les relations de la France et de l'Égypte nuisit aux saint-simoniens. Enfantin perdit courage et rentra en France en 1837 (1).

Au Soudan égyptien même, les Français participaient à l'exécution des projets de Méhémet-Ali. C'est ainsi que le document le plus précieux que nous ayons sur la conquête du Soudan égyptien (1820-1822) est d'un Français, Frédéric Caillaud, qui accompagna l'armée égyptienne jusqu'au dixième degré et a rédigé un intéres-

(1) Weill, ouv. cité.

sant récit de cette campagne et de son voyage (1). Ibrahim, deuxième
fils du pacha, avait même proposé à Caillaud, en octobre 1821, un
plan de voyage aux sources du Nil :

« Nous explorions, écrit Caillaud, le fleuve Blanc sur des barques bien
armées et de petits canots en grand nombre qui auraient pu se transporter facilement au cas où des cataractes auraient entravé la navigation. Cette flottille remontait le fleuve et ses principales branches jusqu'aux sources. »

Ismaïl avait des projets aussi grandioses que son frère. Le jour où
Cailliaud prit congé de lui, le 18 février 1822, il lui dit : « Allez en
France, publiez vos matériaux et revenez en Egypte. Comptez bien
que mon père ne s'en tiendra pas aux tentatives infructueuses que
nous avons faites. Il déploiera des forces moins insignifiantes et je
vous conduirai moi-même aux sources du fleuve Blanc. »

En 1823, un autre Français, Vaissière, ancien officier, vétéran des
guerres du Premier Empire, qui avait fait avec Ibrahim-Pacha la
campagne du Hedjaz, entreprit le commerce des gommes du Kordofan. Chaque année il expédiait d'El Obeid de 450 à 500 charges
de gommes. Ce trafic lui rapporta de fort beaux bénéfices. Mais
Méhémet-Ali, toujours à la recherche des ressources nécessaires à
ses grands projets, lui retira le monopole. Vaissière demanda alors
qu'on lui concédât le privilège de transporter et de vendre en Egypte
les cafés expédiés d'Abyssinie au Caire à travers le Soudan. Il
l'obtint et réussit également dans ce nouveau commerce : une année
il envoya même en Egypte 400 chameaux chargés de café. Ce succès
excita pour la seconde fois la cupidité de Méhémet-Ali qui le priva
du monopole et se l'appropria.

Il faut citer enfin la reconnaissance poussée en 1827 par Linant
de Bellefonds jusqu'à El-Aès. Notre compatriote de retour en France
arrêta le programme d'un grand voyage qu'il devait faire en 1831
avec les souscriptions du Roi, des Chambres et du public. Mais le
voyage demeura à l'état de projet.

(1) Voyage à Meroë, au fleuve Blanc au delà de Fazogle, dans le midi
du royaume de Sennar, à Syouah et dans cinq autres oasis, Paris, 5 vol.
in-8, 1826-27.

4° MOKA

Le 26 septembre 1824 l'Imam de Sana rendait le firman suivant en faveur des Français :

Au nom de Dieu clément et miséricordieux.

Par nos généreuses et nobles écritures nous assurons et confirmons aux Français les privilèges qui leur furent accordés par nos illustres ancêtres et dont ils jouissent depuis de longues années dans notre florissante ville de Moka, la protégée de Dieu, sans que jamais il y survienne aucun changement ou qu'on puisse leur causer aucune peine. Nous voulons qu'ils continuent à obtenir tous les avantages stipulés dans les pièces qu'ils ont entre les mains et qu'ils aient de plus droit aux mêmes prérogatives que les Anglais ; que nos officiers leur témoignent tous les égards et tout le respect convenables ; que ceux-ci prennent une entière connaissance de ces dispositions et qu'ils se soumettent à nos ordres. Dieu nous suffit : nous nous en rapportons à sa volonté.

ABDERRHAMAN-EBEN-MOHAMMED.

DEUXIÈME PARTIE

1830-1848

Le gouvernement de Juillet n'a pris l'initiative d'aucune
œuvre nouvelle d'expansion coloniale; il dut continuer la conquête algérienne, toute opposition diplomatique étant désormais écartée. Mais son souci de vivre en bonne intelligence,
sinon en étroite amitié avec l'Angleterre, le porta à de déplorables capitulations dont l'affaire Pritchard est l'exemple le plus
caractéristique. D'ailleurs sous ce régime ondoyant et incertain, qui cessait d'être autoritaire sans devenir vraiment libéral, l'opinion publique et l'opinion savante se laissèrent également
aller au stéril dogmatisme qui semblait avoir été déraciné par
les rudes épreuves de guerre de la Révolution et de l'Empire.
Tandis que les hommes d'Etat de la Restauration avaient été
simplement divisés sur la question de savoir si la France avait
plus d'intérêt à se concentrer en Europe qu'à prendre son essor
aux colonies en reconstituant une forte marine, on voit les
politiques de la monarchie de Juillet discuter longuement et
abstraitement sur les mérites de la colonisation en soi, invoquer ou révoquer en doute les dogmes du libre-échange que
les sympathies anglaises mettaient en vogue et que les hommes
d'Etat de l'Angleterre se gardaient d'appliquer sans tempéraments; bref les développements théoriques prirent trop souvent
la place des nettes discussions d'intérêt, et l'on en vint beaucoup
plus près qu'à l'époque de la Révolution des détestables formules

qu'on a synthétisées en une seule : « Périssent les Colonies plutôt qu'un principe. » Et pendant que législateurs et économistes se laissaient entraîner à ces débats théoriques, l'esprit colonisateur restait pourtant cher à la nation; nos officiers d'Algérie s'ingéniaient à rendre notre nouvelle conquête vraiment féconde, et parfois même dans les plans les plus chimériques de refonte de la société il y eut telles inspirations généreuses qui procédaient en droite ligne de la tradition française d'expansion. Comme il arrive toujours sous les régimes politiques d'incertitude et de faiblesse, le génie français exilé de la plupart des conseils de gouvernement et des débats parlementaires se retrouva dans les œuvres originales et dans les tentatives des hommes d'action, à l'armée, et dans les livres des propagateurs de doctrines nouvelles.

S'il est un indice significatif du manque de netteté de la politique coloniale de la monarchie de Juillet, c'est sa lenteur à compléter l'organisation promise à nos établissements d'outre-mer par l'article 64 de la « Charte réformée ». On ne perçoit dans l'ensemble des mesures que comprennent les deux lois importantes du 24 avril 1833 et du 25 juin 1841, rien qui puisse contribuer à hâter l'expansion : ce sont simples précautions de régularité administrative, simples compléments de la réorganisation entreprise sous le précédent régime (1).

Sur un point cependant la monarchie de Juillet s'en tint avec résolution à une conduite que le gouvernement de la Restauration avait imitée du régime impérial, non sans atténuations toutefois. On sait que des droits élevés frappaient, en vertu du décret de 1802, nombre de denrées coloniales, sucre, coton, etc... à leur entrée en France. Les ordonnances de 1814 et de 1816 consacrent, malgré l'adoucissement de 1826, la fermeture du marché colonial français aux produits étrangers. Si le gou-

(1) Cf. Annexe sur le « régime administratif des colonies ».

vernement de Juillet commit une faute en restaurant, à deux
reprises (1838 et 1842) les privilèges de l'ancienne Compagnie
du Sénégal, on ne saurait le blâmer d'avoir refusé, en 1837, à
la Martinique l'autorisation de frapper les marchandises françaises d'un droit d'octroi, et annulé les avantages (libre sortie
des sucres) que cette même colonie et la Guadeloupe avaient
faits aux navires étrangers.

CHAPITRE PREMIER

CONQUÊTE ET COLONISATION ALGÉRIENNES

On peut dire, en particulier, que la conquête de l'Algérie
s'accomplit sous la pression des circonstances, se développa
d'incident, en incident, beaucoup plus qu'elle ne fut le résultat
d'une application tenace et d'un dessein suivi : ou, pour mieux
dire, tandis que les chefs de notre armée d'Afrique prenaient
conscience, sur place et au contact de la dure réalité, du besoin
d'une action rationnelle et combinée, les débats parlementaires
et les délibérations ministérielles accusaient une fâcheuse incertitude. C'est l'histoire trop fréquente de nombre de nos entreprises coloniales, au cours desquelles l'opinion publique, endor-
mie par une série de succès faciles, ou dépitée par quelque
inévitable surprise, finit toujours par se reprendre et par aviser
au mieux de l'intérêt national. Nous restons étonnés aujourd'hui
que notre vieille expérience des Barbaresques, avec lesquels notre
marine de commerce ou de guerre était en relations constantes,
ne nous ait pas évité tant de vicissitudes ; c'est oublier que la
fréquentation des communautés musulmanes de la côte, habi-
tuées à nos mœurs et portées à s'y plier par amour du gain
commercial, ne nous avait point préparés à comprendre les nomades des hauts-plateaux ni les belliqueux montagnards de la Kabylie et de l'Aurès, que notre armée, quelle que fût sa valeur de
science et de bravoure, avait besoin de s'adapter aux conditions

de cette guerre nouvelle et sans cesse changeante. De même que nous suivons souvent sur des cartes aux formes vraies et aux distances exactes les campagnes de César qui concevait une tout autre image de la Gaule, nous jugeons presque toujours à l'aise, sur nos belles cartes actuelles de l'Algérie, les opérations de généraux qui durent longtemps se guider sur des renseignements et s'en remettre à des croquis sommaires, dressés à l'aide de témoignages encore mal contrôlés.

Aujourd'hui nous pouvons apprécier, en raisonnant sur la valeur des obstacles de relief et de climat qui gênèrent la marche de nos troupes, les causes des faits dominants de cette laborieuse expansion. Sous le gouvernement de Juillet la France développa sans trop de peine son occupation dans les fertiles régions des plaines côtières; là même nous fûmes arrêtés à courte distance du littoral par la résistance des montagnards de la Kabylie. Sur les deux ailes, à l'ouest et à l'est, il fallut vaincre des difficultés de nature très différente : à l'ouest ce fut la poursuite des nomades, insaisissables sur les espaces immenses des hauts-plateaux, protégés par la rigueur du climat également redoutable en hiver et en été, assurés d'ailleurs de trouver asile et protection parmi les tribus marocaines dont ils n'étaient séparés ni par une frontière physique, ni par des contrastes de mœurs; à l'est on rencontrait au sud, entre les plaines maritimes et la citadelle de l'Aurès, une série de pays bien peuplés, riches, par là capables d'une énergique résistance sur place, comme il arriva dans la région de Constantine. Si les Tunisiens étaient moins durement hostiles que les Marocains, ils étaient mieux en mesure, grâce à l'étude de leurs relations commerciales, de ravitailler en vivres et en armes les tribus sédentaires résolues à la résistance. Ainsi se groupent les événements essentiels des campagnes qu'il n'est point dans notre rôle de rapporter ici en détail.

De 1830 à 1834 quatre chefs se succèdent à la tête de l'armée d'Algérie, Clauzel, Berthezène, Savary, duc de Rovigo, et Voirol ; c'est une période d'organisation au cours de laquelle Savary, s'inspirant d'idées dont le mérite revient partiellement à Clauzel, forme les troupes spéciales des zouaves, de la légion étrangère et des chasseurs d'Afrique, et applique le système des postes fortifiés ou blockhaus pour relier les diverses garnisons que séparaient de grandes distances. L'établissement des « bureaux arabes » est l'œuvre du général Voirol qui nous donna par là l'instrument de négociations le mieux approprié à ce pays guerrier.

L'expansion se réduisit, en raison des alternatives de mollesse ou de résolution du gouvernement, à la prise de Blidah et de Médéah sous Clauzel, c'est-à-dire au dégagement de la banlieue d'Alger, à l'occupation de Mostaganem, d'Arzeu et de Bône, sous Savary, qui se rendit ainsi maître de bases d'opérations précieuses à l'est et à l'ouest. Tandis que Savary commandait à 40.000 hommes, comprenant des troupes spéciales, Berthezène n'en obtenait du gouvernement que 9000, juste de quoi tenir garnison à Alger et aux environs immédiats.

A dater de la création du premier gouverneur général (22 juillet 1834) qui coïncide avec le soulèvement déterminé par Abd-el-Kader, la guerre d'expansion est constante, mais tantôt plus active à l'ouest, tantôt à l'est. A l'ouest, après les opérations restreintes du général Desmichels et la convention à laquelle son nom est resté attaché, Trézel dégagea les plaines voisines d'Oran ; puis, en dépit de l'échec de la Macta, Abd-el-Kader fut refoulé sur les hauts-plateaux après la prise de Tlemcen et l'affaire de la Sickah (1836). Ces succès étaient dus aux deux officiers qui ont alors le plus énergiquement servi la France en Algérie, Clauzel, gouverneur général, et Bugeaud, commandant des troupes dirigées contre l'émir.

A la faveur du traité de la Tafna qu'on supposait bien ne devoir être qu'une trêve, les progrès de notre domination à l'est furent assurés par la prise si chèrement achetée de Constantine (1837) ; par cette avancée lointaine au sud du Tell, on esquissait un mouvement enveloppant au delà des massifs montagneux qui se dressent au sud-est d'Alger : c'est ce que signifient le voyage du maréchal Valée par terre, d'Alger à Constantine, et le passage des « Portes de Fer » (1839).

Désormais la zone maritime et le Tell étaient garantis sur toute leur longueur, à l'exception des massifs montagneux occupés par les Kabyles; en revanche les hauts-plateaux de l'ouest restaient ouverts aux déprédations des nomades algériens, toujours prêts à razzier les riches pays du nord, et à leurs auxiliaires du Maroc. Bugeaud y achève, comme gouverneur général, l'œuvre qu'il avait commencée en qualité de commandant des troupes de l'ouest.

Valée avait refoulé l'invasion loin du Tell Algérien. Bugeaud, Baraguey-d'Hilliers, le duc d'Aumale poussent de victoire en victoire, jusqu'à Boghar, Saïda, et rejettent Abd-el-Kader dans le sud Oranais et de là au Maroc, après la prise de la Smala (1843). Quatre ans après, notre redoutable adversaire se rendait au général Lamoricière (1847). Dès ce moment les grandes opérations de la conquête algérienne étaient achevées. Le gouvernement de Louis-Philippe n'avait pas su tirer parti de la brillante victoire remportée en 1844 sur le Maroc; le traité de Lalla-Marnia, conclu le 18 mars 1845, loin de nous accorder un dédommagement territorial, nous frustra d'une part des anciennes dépendances d'Alger : Cette faiblesse, qui nous valut, dans la suite, nombre d'insurrections concertées entre Algériens et Marocains d'une zone frontière impossible à surveiller, pèse aujourd'hui encore sur notre politique.

Si l'Algérie était conquise, on était loin, dans le premier enivrement de la victoire, d'avoir nette conscience de sa valeur ; les discussions parlementaires et même les projets de colonisation des officiers généraux qui l'avaient le mieux étudiée et le plus aimée le prouvent avec surabondance. Les erreurs des théoriciens qui condamnaient cette entreprise coloniale au même titre que toutes les autres n'ont rien qui surprenne ; à prononcer, sur une matière si délicate, au nom de dogmes, on ne peut que se tromper. Mais que Clauzel, que Bugeaud, emportés par les plus généreux sentiments, n'aient point rigoureusement démêlé, après tant de campagnes et de voyages, tous les caractères d'une colonisation rationnelle de l'Algérie, voilà qui prouve l'extrême difficulté et la délicatesse infinie de cette tâche.

Il suffit d'étudier la correspondance récemment publiée et commentée du maréchal Clauzel pour comprendre quelle incertitude plana sur les débuts de l'entreprise (1). Pendant plusieurs années, le sort de notre établissement algérien fut laissé en suspens ; la politique d'occupation définitive et la politique d'évacuation avaient leurs partisans résolus qui venaient tour à tour au pouvoir. Et si ces contradictions n'empêchaient point nos progrès, du moins elles les retardèrent et les rendirent plus coûteux en vies humaines et en argent. Lorsque le général Clauzel succède au général de Bourmont, c'est de l'aveu du gouvernement qu'il rédige et envoie en France son projet de colonisation du royaume d'Alger. Son enthousiasme répond aux instructions qu'il a reçues avant de partir. « Dans vingt « ans, » écrit-il, « et progressivement d'année en année, la « France importera en Afrique plus de marchandises qu'elle « n'en envoyait à Saint-Domingue et dans toutes les colonies « réunies, et à l'exception du café, l'Afrique fournira à la « France les mêmes et d'aussi beaux produits qu'elle retirait « de ses possessions aux Antilles. » Il y a là quelque exagération si l'on applique à l'Algérie seule les termes qu'emploie Clauzel ;

(1) Cf., dans les annexes, des extraits de documents empruntés aux notes inédites de M. L. Mann, diplômé d'études supérieures de l'Université de Paris.

mais déjà, comme beaucoup de ses compagnons d'armes, il entrevoyait les avantages d'une progression vers le sud; et peut-être concevait-il la liaison des territoires de notre nouvelle colonie avec les vieilles possessions sénégalaises ; ces projets étaient déjà dans quelques esprits hardis.

Les orateurs hostiles ne manquèrent pas de riposter au Parlement ; les plus fougueux de tous furent les disciples des économistes attachés sans restriction aux idées du libre-échange, et qui, pleins d'espoir dans la mise en commun de toutes les colonies, allaient logiquement jusqu'à déclarer toute colonisation inutile et funeste : tel le comte de Sade qui s'écria : « Il y a « peut-être encore des gens assez arriérés pour croire qu'un « accroissement de territoire est un accroissement de forces. « Mais on a compris maintenant qu'il n'en était pas toujours « ainsi, et qu'en particulier les colonies nous coûtent beaucoup « plus qu'elles ne nous rapportent. Si l'on veut coloniser en « Afrique, il en sera de même : il faudra y envoyer des soldats « dont l'absence diminuera notre force. Le seul parti raison- « nable à prendre est d'entretenir des relations amicales avec « le pays afin d'y exporter nos produits, mais ce dont il faut « se garder surtout, c'est d'envoyer des troupes. » A ces ar- guments de théorie pure les défenseurs de l'expansion française répondaient, dès 1830, par la bouche d'orateurs comme de Montalembert : « Le ministre qui signerait l'ordre d'évacuation « mériterait d'être traduit à cette barre comme coupable de « haute trahison. »

Le danger fut beaucoup plus grave lorsque Soult réduisit le corps d'occupation à 10,000 hommes, au moment même où Clauzel venait d'engager une action de grande portée par l'occupation de Médéah. La correspondance échangée fut des plus vives et mérite d'être rappelée : « Vous vous bornerez « jusqu'à nouvel ordre », écrivait Soult, « à occuper Alger sans « envoyer aucun détachement à Bône ni à Oran. En principe,

« vous devez voir par toutes ces dispositions que *l'intention*
« *du gouvernement est de ne rien préjuger sur l'occupation*
« *ultérieure d'Alger*, mais de s'y maintenir provisoirement avec
« les moyens réduits que je viens de vous indiquer. » Clauzel
fit entendre la plus énergique des protestations, en disant,
sans ambages, que le gouvernement l'induisait à manquer à
sa parole : « L'abandon d'Alger », répliqua-t-il, « ou, ce qui
« reviendrait au même, une réduction des troupes, telle qu'il
« fallût renoncer à continuer les travaux publics et particu-
« liers commencés sur *la garantie que j'ai été autorisé à don-*
« *ner que l'occupation définitive était décidée*, l'abandon d'Al-
« ger, dis-je, serait une faute grave dont la France demanderait
« un jour un compte sévère au gouvernement. L'honneur
« national en serait entaché. »

Dans les discours prononcés par Clauzel au Parlement,
comme dans sa correspondance administrative, si libre d'allures, on trouve l'expression éloquente et vraie de la tradition
française ; on lui doit, pour une forte part, le revirement de
l'opinion des gouvernants que finit par émouvoir la révolte de
l'opinion publique, déjà forte et bien dirigée. On sait avec
quelle vivacité il railla ce qu'il appelait le « cours d'histoire
ancienne » du président Dupin, cherchant des arguments favorables à l'évacuation dans le détail des conquêtes romaines.
Viennet, Laurence, Mauguin, le comte de Laborde secondaient
de leur talent le défenseur de l'Algérie. Le gouvernement dut
capituler. En 1834, le maréchal Soult déclarait « qu'il n'est
« jamais entré dans la pensée du gouvernement d'évacuer la
« régence d'Alger. » Enfin, le 20 mai 1835, Guizot commençait un discours parfaitement net et catégorique par ces paroles : « La France a conquis la régence d'Alger, la France
gardera sa conquête. » C'était la fin des tergiversations officielles.

L'opposition des doctrinaires continua, obstinée et stérile :

mais parmi les ministres on ne discuta plus que sur l'opportunité de nouvelles expéditions militaires et sur les meilleurs moyens d'assurer les progrès de la colonisation. La thèse de la nécessité de l'extension vers l'intérieur fut, en particulier, soutenue avec éclat par Thiers, président du conseil, en 1836 : « Nous voulons, dit-il, occuper la côte d'Afrique, mais il me « semble que nous tenterions une entreprise insensée si nous « voulions nous borner à occuper quelques ports qui, il faut « le dire, comme ports, ne mériteraient pas que la France fît « d'aussi grandes dépenses et déployât d'aussi grands efforts. » Il est vrai que la lutte était facile contre l'argumentation de l'économiste Desjobert qui, beaucoup moins bien inspiré que M. de Sade, était tombé dans le plus singulier paradoxe à force de dogmatisme ; du moins, il avait le simple mérite d'avouer qu'il ignorait l'Algérie et la candeur de s'en vanter, tandis que beaucoup d'autres adversaires de la colonisation ont, dans la suite, voilé de semblants d'érudition une ignorance égale. Le morceau mérite d'être cité : « La question d'Afrique « est complexe, Messieurs, c'est une question coloniale, et je « ne sache pas que pour étudier le régime colonial, pour étu- « dier ce qui s'est passé dans les colonies anciennes et mo- « dernes depuis deux ou trois mille ans, un voyage en Afrique « puisse être utile. C'est une question d'économie politique, « et la vue de l'Afrique n'apprendra pas l'économie politique à « celui qui ne l'aura pas étudiée. C'est une question de haute « politique, mais en France, il y a beaucoup plus d'éléments « qu'en Afrique pour approfondir une question aussi ardue. « C'est une question de salubrité de territoire, je vous ai donné « le détail des malheureux que nous y avons perdus et des « nombreux malades qui y souffrent. »

Quand on discutait, de 1842 à 1847, le système de colonisation préconisé par Bugeaud, la question de l'expansion en Algérie était devenue une question d'ordre pratique, de mesure, d'application ; la cause était gagnée, comme le prouve le déclassement des anciens partis et le concours donné désormais à cette œuvre d'intérêt national, sans esprit de système, par les hommes éminents d'action ou de science que séparait jadis un vrai antagonisme de dogme. Ce furent des amis dévoués de l'expansion algérienne qui combattirent, avec des arguments empruntés à la moins contestable des expériences, le dessein de Bugeaud qui, avec ses imperfections et ses lacunes, méritait d'attirer l'attention des connaisseurs.

Au temps où le maréchal l'imaginait, on n'avait pas encore procédé à une étude systématique et complète de notre belle colonie ; et les appréciations se ressentaient de la hâte avec laquelle chacun, suivant son tempérament et son ardeur à servir une doctrine, interprétait des faits mal groupés, parfois même mal constatés. Les opposants outranciers, comme Desjobert, réunissaient en faisceau toutes les misères climatériques qui avaient éprouvé nos troupes soit dans des plaines encore mal drainées, comme la Mitidja, soit sur les hauts-plateaux du sud-ouest, successivement brûlants ou glacés. Les officiers généraux, tels que Bugeaud, Bedeau, Lamoricière pouvaient répliquer, en toute sincérité, par l'exemple de la salubrité des garnisons dans les montagnes du Tell ou tout près de la côte. Nous avons connu ces extrêmes divergences de jugement quand, à une époque toute voisine de nous, Madagascar et le Tonkin excitaient des enthousiasmes et des critiques d'une égale exagération. Et combien on est plus vite et mieux renseigné de nos jours qu'au temps de Clauzel et de Bugeaud !

Le maréchal Bugeaud eut tort sans doute, un tort dérivé de sa foi dans la vigueur de l'expansion coloniale française, de croire que les mêmes mains pouvaient, malgré l'insécurité grande encore de l'Algérie, manier l'épée et la charrue « ense et aratro » ; et sans doute l'exemple des Romains, dont il

n'avait point pénétré le détail, dont il avait aimé la hardiesse
et l'endurance quelque peu sur la foi d'autrui, l'amena à un
optimisme excessif. L'armée d'Afrique comprenait des éléments
français dont une part seulement, celle du recrutement méridional, pouvait s'adapter sans regret aux conditions physiques
de l'Algérie, et des éléments mixtes, les troupes spéciales, beaucoup plus avides d'émotions guerrières que de labeur agricole.
Or une armée professionnelle est beaucoup moins portée, par
sa nature même, qu'une armée nationale, à échanger la vie
aventureuse et nomade des camps contre la vie sédentaire.
Aussi les projets de Clauzel, trop vite et parfois trop dédai-
gneusement écartés, les projets mêmes de Bedeau et de Lamoricière offraient de meilleures chances de succès : tous voulaient
qu'avant de constituer des centres de colonisation, camps ou
villages, on assurât la salubrité des terres à distribuer et la
facilité des communications par un bon ensemble de travaux
publics.

Il restait vrai qu'avant la capture d'Abd-el-Kader (1847), on
eût difficilement recruté des colons civils dans un temps où
l'agriculture française était en pleine prospérité. Où le projet
de Bugeaud, d'ailleurs incomplètement expérimenté, échoua,
les autres projets auraient échoué, parce que le pays n'était
pas mûr pour la colonisation. Il est vraiment trop commode
et trop peu concluant de comparer la progression des colons
anglais au milieu des malheureux et inoffensifs sauvages de
l'Australie avec le laborieux cheminement de nos compatriotes
parmi les Arabes et les Kabyles belliqueux, fanatiques, organisés, pour prouver la supériorité de l'expansion anglo-saxonne ;
les deux tâches n'offrent aucune analogie. La devise de Bugeaud devint vraie à la longue, sinon son système applicable.
Nombre d'anciens officiers et soldats de l'armée d'Algérie ont
été pris par l'amour du pays conquis ou surveillé et s'y sont
établis ; et s'ils l'ont fait, c'est parce qu'ils étaient de souche

française, agriculteurs de goût et de race, résolus à prendre
de leurs mains les bienfaits de la terre au lieu de les attendre
du commerce mis au service du labeur indigène ou étranger.
Bugeaud fut un prophète et un précurseur, un représentant de
cette tradition française qui faisait préférer par nos ancêtres
le « labourage et pastourage » du Canada aux mines de métaux précieux; il a vu trop tôt, prévu, mais prévu juste. C'est
pourquoi il est compté, avec Clauzel trop oublié, parmi les
meilleurs apôtres de l'expansion coloniale française.

CHAPITRE II

REPRISE DE L'EXPANSION EN AFRIQUE OCCIDENTALE

L'attention publique et même la sollicitude des hommes instruits avaient pour objet essentiel, en matière coloniale, la conquête et la mise en valeur de l'Algérie. Clauzel croyait la nouvelle colonie appelée à remplacer les Antilles sur le marché métropolitain ; Bugeaud y voulait fixer une robuste population empruntée à l'armée, comme jadis on avait hâté le peuplement du Canada en y expédiant le régiment de Carignan. Nos rivaux anglais, après quelques manifestations de mauvaise humeur, s'étaient résignés, d'autant plus facilement sans doute que l'acquisition de ce domaine était plus pénible et coûteuse et qu'on y pouvait escompter notre découragement. Mais partout ailleurs, sous le gouvernement de Juillet comme sous la Restauration, nos efforts d'expansion furent surveillés de près, gênés, arrêtés à l'occasion par des remontrances directes ou par l'opposition d'intérêts particuliers.

Au Sénégal et sur la côte de Guinée il n'y eut, toutefois, aucun conflit notable. Il n'y avait pas, à vrai dire, de raison, pour que « l'entente cordiale », chère au gouvernement de Juillet, nous fût plus douce et plus profitable là que sur l'Océan Pacifique, si ce n'est la nécessité de se concerter pour la répression de la traite : et, notre humeur chevaleresque faisait le reste, on estimait avec raison que nous ne profiterions pas de l'occasion de ces croisières philanthropiques pour occuper autre chose que des stations de relâches destinées à faciliter la chasse des négriers. Chez nous aussi on mettait un point d'honneur à ne se point faire accuser d'asservir les noirs sur terre pendant que nous les libérions sur mer. Enfin les désagréables incidents de la reprise de possession du Sénégal avaient induit le gouvernement britannique à donner désormais des instructions plus conciliantes aux agents chargés de la représentation en Afrique Occidentale.

Mais ce qui explique le plus logiquement la prudence de nos interventions et la réserve de la seule puissance maritime qui pût alors rivaliser avec nous, c'est l'indifférence relative avec laquelle on envisageait les régions tropicales de l'Afrique. Les matières premières nécessaires à l'industrie et les produits alimentaires provenant de la zone tropicale n'étaient point encore réclamés par l'Europe en quantité telle que l'Inde, les Antilles, les colonies espagnoles ou anciennes colonies, fussent embarrassées pour y suffire ; et bien que l'ère des grands voyages africains eût été inaugurée par Caillié, on était loin de l'enthousiasme de notre temps que nous prêtons trop volontiers aux colonisateurs même les plus convaincus de la génération qui nous a précédés. L'Afrique tropicale n'était point jugée à sa valeur ; et notamment la croyance généralement répandue que la chaîne des monts de Kong limitait la Guinée riche à une série de petits compartiments côtiers, d'échelles, de comptoirs, avait pour effet d'arrêter toute tentative de pénétration comme dangereuse ou peu utile. Le savoir imaginaire eut là ses conséquences naturelles ; si nos officiers de marine, tenus à de pénibles croisières, connaissaient et faisaient connaître l'hydrographie des côtes et des estuaires du golfe de Guinée, on n'avait aucune raison, en France, de leur donner des instructions visant à l'étude des pays de l'intérieur. Mais leurs campagnes laborieuses dans ces parages vont les mener à des hypothèses, à des inductions, qui seront le ferment des grands voyages de la seconde moitié du siècle ; et, si modestes qu'aient été leurs acquisitions, on doit les saluer comme des initiateurs de science et d'expansion coloniale en Afrique.

La période comprise entre 1830 et 1848 fut marquée au Sénégal par les efforts des gouverneurs qui se succédèrent à Saint-Louis en vue de la mise en valeur des anciens territoires de la colonie et aussi de son expansion le long du fleuve ou sur les côtes voisines : à cette œuvre se dévouèrent en particulier le capitaine de vaisseau Brou, le commandant Renault de Saint-Germain, les capitaines de vaisseau Pujol, Charmasson, Montagniès de la Roque, enfin et surtout Bouët-Willaumez et Baudin qui, après avoir commandé la station navale, occupèrent les fonctions de gouverneur, le premier de février 1843 à décembre 1845, le second de décembre 1847 à août 1850.

La mesure qui encouragea nos gouverneurs du Sénégal à entreprendre cette double œuvre d'expansion fut l'ordonnance de réorganisation du 7 septembre 1840 ; il est intéressant d'observer avec quelle insistance ce document officiel recommande aux gouverneurs, tous issus de l'armée ou de la marine, les intérêts du commerce. Régularisation du négoce dans les postes du haut-fleuve, limitation de la culture aux plantes donnant des produits d'ores et déjà recherchés par l'industrie métropolitaine, surveillance rigoureuse dans l'attribution des primes de culture, tels furent les résultats de l'ordonnance. Ce fut en particulier un avantage précieux de ces dispositions nouvelles que la répression des sévices exercés par les Maures Trarzas et Braknas sous prétexte de s'assurer le plein bénéfice des coutumes. Leur révolte de 1832 avait été énergiquement châtiée ; et le traité du 4 septembre 1835 nous avait permis d'imposer un chef de notre choix au Oualo. Après un nouveau soulèvement des Trarzas en 1840, notre expansion commerciale vers l'intérieur fut assurée par une série de stipulations avanta-

geuses, traités relatifs à la sécurité du commerce, spécialement
de la traite des gommes, le 11 octobre 1841, avec l'almamy du
Fouta, le 20 avril 1842, avec le chef de Podor et le roi des
Braknas, le 25 avril de la même année avec le roi des Trarzas
et le chef des Damanhour, etc..., etc...

Nous avons essayé de déterminer ci-dessus les causes du
médiocre souci qu'on eut à cette époque, dans les conseils du
gouvernement, de préparer par des explorations le développement de notre colonie sénégalaise et de nos postes guinéens
vers l'intérieur. Il faut pourtant marquer l'importance des deux
missions dont les résultats ont été consignés par le commissaire de la marine, Raffenel. Les instructions données, en 1843,
par Bouët-Willaumez aux membres de la mission, portaient
qu'elle « devait étudier les moyens de multiplier nos relations
« politiques et commerciales, examiner avec soin les mines du
« Bambouk et les procédés d'exploitation des indigènes, enfin
« déterminer la position astronomique de divers lieux, et éta-
« blir la carte de la Falémé. » Cette mission nous valut un
utile traité d'amitié et de commerce avec l'almamy du Bondou
qui s'engageait à diriger de préférence vers nos ports et postes
fluviaux les caravanes de Mandingues et des Sarracolets. Le
second voyage de Raffenel, entrepris en 1846, dans le but
d'aller jusqu'au Nil par le Sokoto et le Soudan central, nous fit
du moins connaître la géographie générale du Kaarta et l'importance des peuples Bambaras. Ainsi l'horizon de notre colonie
du Sénégal vers le Soudan commençait à s'élargir, et la tradition se fondait dont Faidherbe devait être le plus illustre représentant.

Beaucoup plus timides étaient les tentatives faites pour donner à nos comptoirs des rivières du Sud et de la Guinée la
garantie d'une possession territoriale de quelque étendue : du
moins le nombre des jalons d'une colonisation ultérieure, que
surent planter là nos marins, fut assez considérable pour nous

constituer une sorte de privilège. Au souvenir des fréquentes visites de nos navigateurs normands dans ces parages où ils rivalisèrent avec les Portugais, on substitua des droits bien régulièrement acquis par traités sur l'emplacement des meilleurs ports. C'est, en Casamance, la convention commerciale signée dès 1837 par le commandant de Gorée, Dagorne; il y avait cession de terrain en échange de cadeaux en argent ou en nature au roi et aux chefs. Ainsi fut fondé notre comptoir de Sedhiou. Dans les rivières du Sud, Fleuriot de Langle en 1842, Baudin en 1845 surent lier à notre intérêt par des conventions fort habilement rédigées les chefs du Rio-Nunez et des Nalous; à la promesse de seconder notre action contre les négriers étaient joints des engagements politiques et commerciaux de haute portée. La besogne était plus facile, mais d'autant plus urgente sur la Côte d'Ivoire, que nos négociants s'y trouvaient déjà nombreux et riches; après des pourparlers et des conventions préparatoires, Bouët-Willaumez put signer, au cours de sa croisière de 1842, des traités définitifs. Le 9 février, le roi Péter nous cède Grand-Bassam; le 4 juillet de l'année suivante, Assinie devient française, sauf ratification des chefs qui fut obtenue en 1844. Nombre d'autres rois et chefs de tribus se mirent sous notre protection. Le chef de notre station navale faisait preuve d'une perspicacité moins aiguisée quand il présageait, en 1847, les avantages que nous étions appelés à retirer de la fondation de la République de Libéria.

C'est le même officier, infatigable hydrographe des estuaires de l'Ouest africain, qui obtint, en 1839, du roi Denis la cession d'un terrain à l'embouchure du Gabon; peut-être une note significative de l'amiral Linois, remontant à 1805, avait-elle attiré sur cette côte la vigilance de nos marins. Quoi qu'il en soit, un second traité, signé en 1843, nous fit cession sur la rive droite, propriété du roi Louis, d'un emplacement tout aussi avantageux : nous tenions les deux rives. Là encore plu-

sieurs conventions passées avec des chefs secondaires étendaient nos droits à l'intérieur. Par ce réseau de postes possédés
en toute propriété, et de territoires soumis à notre protectorat,
nous étions prêts à l'expansion vers l'intérieur lorsque les
grands voyages scientifiques en auraient démontré la valeur.
Les Fleuriot de Langle, les Bouët-Willaumez, les Baudin ont
préparé la tâche des Binger et des Brazza.

CHAPITRE III

MADAGASCAR ET LES POSTES DE L'OCÉAN INDIEN

L'Angleterre n'avait pu prendre ombrage des modestes essais de notre colonisation sur la côte occidentale d'Afrique. Dans ce temps où le monde tropical américain et asiatique offrait encore à l'expansion ou au commerce européen de riches perspectives, et où personne n'avait besoin urgent de toucher à la réserve africaine dont on ne savait pas bien la valeur, nos chaînes de postes, consacrés à la répression de la traite et au négoce, de Dakar au Gabon, ne présentaient aucun danger aux maîtres de Gibraltar, de l'Ascension, de Sainte-Hélène et du Cap, aucun motif de jalousie aux propriétaires à peu près paisibles de l'Inde. Il en était tout autrement de Madagascar que de vieux amiraux de la flotte britannique pouvaient avoir connue dans son rôle de ravitaillement des croisières d'Etat ou des corsaires français préparant des entreprises contre l'Inde; aussi la politique de Farquhar y fut-elle continuée soit par un appui indirect prêté aux Hovas, soit par une gênante alliance imposée à nous-mêmes. C'était beaucoup de précautions contre le gouvernement de Juillet qui se bornait à de simples opérations de police et de représailles à l'égard des Hovas et qui ne songeait point à une politique nettement active ni sur l'océan Indien ni sur la mer Rouge, témoin la faiblesse et l'inconstance de l'appui prêté à Méhémet-Ali partisan du

développement militaire et commercial des ports égyptiens de
la mer Rouge.

Or, pendant que nous payons là, au prix d'un nouveau recul
de notre influence, les douteux bienfaits de l' « entente cordiale », l'Angleterre est en train d'achever sa conquête de
l'Inde par la soumission du Sindh et de Lahore, en intervenant dans les affaires de l'Afghanistan ; enfin, deux brides
nouvelles étaient mises aux détroits de l'Océan Indien par
l'occupation de Singapoure (1836) et d'Aden (1839), tandis
qu'à l'entrée sud-ouest de cette même mer le développement
de la conquête anglaise en Cafrerie augmentait la valeur de la
citadelle du Cap. Les dommages résultant de notre faiblesse
étaient accrus par les progrès mêmes de nos rivaux.

Avant même toute menace de complication, on avait entendu
proposer, en pleine Chambre française, en 1835, l'évacuation
de Sainte-Marie-de-Madagascar ; si l'amiral Duperré s'y refusa,
nous supportâmes, du moins, avec une déplorable longanimité,
la série d'exactions et de sévices que nous infligèrent les princes
hovas. Ce ne fut point une consolation pour le déclin de notre
influence que de voir, par « l'ordre » malgache du 13 mai 1865,
les missionnaires et résidents anglais aussi durement traités
que les nôtres : la coopération du capitaine de vaisseau Romain-
Desfossés avec le capitaine anglais Kelly, commandant de la
station navale anglaise, ne put qu'induire les Hovas à croire
que nous dépendions de nos rivaux d'hier. Après un vain
bombardement de Tamatave et une descente malheureuse, nos
nationaux durent quitter l'île, non sans avoir été témoins du
massacre des chrétiens indigènes ; et le gouvernement français
ne sut obtenir aucune réparation.

Toutefois, le souci de rechercher sur l'Océan Indien une
station de ravitaillement meilleure que les rades foraines de la
Réunion, amena les chefs de notre division navale à affirmer,
sur quelques points de la côte occidentale ou des archipels

malgaches, des droits que nous n'aurions jamais dû laisser en discussion ; par là se rouvrait insensiblement la question que Farquhar avait cru clore en suscitant la royauté hova, et s'engageait, en dépit de la mollesse du gouvernement, une série nouvelle de revendications qui devaient aboutir à la reprise de notre ancienne colonie. De l'année 1833, date la croisière de « la Nièvre » dans la baie si merveilleusement ramifiée de Diégo-Suarez, croisière entreprise sur ordre formel du ministre de la marine avec le dessein avoué de trouver une station de ravitaillement. L'annexion de Nossi-Bé et de Nossi-Comba, en 1841, fut faite dans le même but : non seulement nous devenions maîtres de positions importantes, mais en traitant avec les princes sakalaves qui consentaient ces cessions, nous adoptions une politique de protestation, bien timide, il est vrai, contre les empiètements hovas et nous donnions l'occasion d'intervenir au nom de protégés indigènes. Mayotte, en 1843, puis Nossi-Mitsiou, complétèrent ce groupe de sentinelles vigilantes qui nous permettaient d'attendre l'occasion favorable de reconquérir la grande terre : on ornait, d'ailleurs, cet ensemble de colonies du nom nouveau d' « établissements français du canal de Mozambique ». Était-ce pour éviter tout ombrage à nos concurrents de Maurice ? Était-ce à seule fin de procéder à la solide occupation du canal de Mozambique, nous détournant de la politique de revendications indiennes pour amorcer notre expansion en Afrique orientale. On serait porté à le croire en considérant une série de faits, dont chacun isolé ne paraît point entraîner d'importantes conséquences, mais qui réunis sont significatifs, la signature d'un traité d'amitié et de commerce en 1844, à Zanzibar, avec le sultan de Mascate, l'envoi d'ambassades amicales et de nombreux explorateurs vers l'Ethiopie. Et en vérité, une politique plus nette et plus clairvoyante en Egypte eût rendu ces avantages précieux puisque les Khédives visaient à suivre, sur la mer Rouge, une politique conforme à la nôtre. Quelques hommes politiques français eurent sans doute alors le dessein de compenser la perte de l'Inde par une action plus énergique sur la face indienne du continent africain : nous verrons comment, dans la suite, furent trompées ces espérances.

A l'autre extrémité du monde indien et indo-chinois, le commandant Rigault de Genouilly avait été contraint de couler, en rade de Tourane, une escadrille annamite de cinq bâtiments qui avaient fait une manœuvre hostile contre deux bâtiments français, la *Gloire* et la *Victorieuse*.

CHAPITRE IV

EXPANSION DANS LES ARCHIPELS DU PACIFIQUE

Il serait injuste de dire que la politique coloniale française fut plus audacieuse ou jouit de plus d'impunité dans les parages de l'Océan Pacifique, témoin l'affaire Pritchard qui révéla du moins l'opinion publique irritée et lassée des déconvenues de l'entente cordiale. Assurément c'est du règne de Louis-Philippe que date l'acquisition de nos établissements d'Océanie ; mais, à supposer que ce terme ait quelque signification géographique ou historique, on ne peut oublier que les événements dans lesquels nous voyons souvent l'indice d'une résolution virile du gouvernement de Juillet sont contemporains du développement de l'Australie anglaise enrichie de la Nouvelle-Zélande, devenue anglaise par une indiscrétion, et de la guerre de l'opium. Nous devions donc gagner, au prix d'une humiliation, la propriété ou le protectorat de quelques archipels situés à quelques milliers de kilomètres les uns des autres, plus loin encore de la métropole, tandis que l'Angleterre se rendait maîtresse, sur les bords occidentaux du Pacifique, des terres les meilleures, les plus vastes, les plus habitables pour ses colons, et des marchés les plus avantageux à son commerce. Nos croisières allaient pouvoir se ravitailler en plein Pacifique, et trouver, en faisant le tour du monde, quelques stations françaises ; mais on savait déjà que le rivage oriental de cet Océan,

Asie orientale, archipel Malais, Australie, est une dépendance de l'Océan Indien et était commandé par les citadelles anglaises du Cap et de l'Inde, tandis que le rivage occidental, en Amérique, peu étendu, gravite surtout autour de l'Océan Atlantique. C'est sur le moins « sociable » et le moins commerçant des Océans que nous prenions ainsi des gages. Ces considérations ne retirent rien au mérite des officiers qui soutinrent, dans ces lointains parages, l'honneur du pavillon : tel, comme Dupetit-Thouars, s'y montra à la fois habile diplomate et homme d'action de première valeur.

Nous n'avons pas à raconter ici les détails connus de la lutte haineuse que, sous couleur de religion, le consul Pritchard livra à l'influence française, ni à décrire ce personnage curieux qui menait de front, avec la même ardeur, le commerce, la propagande évangélique, et la politique étrangère ; aussi bien n'est-il pas le seul adversaire de cette nature mixte que notre expansion coloniale ait rencontré sur tous les points du globe. Notons, pour être justes, que la prédication protestante et l'influence anglaise avaient devancé la prédication catholique et l'influence française jusqu'en 1836, et qu'en vérité la Grande-Bretagne aurait pu trouver une facile occasion d'annexer Tahiti avant la croisière de Dupetit-Thouars. Mais, une fois la concurrence religieuse et politique déchaînée, la conduite des agents anglais fut un malheureux contraste, pour le choix des moyens, avec l'attitude de nos officiers ; et c'est ce contraste, bientôt connu et même exagéré alors en France, qui déchaîna, contre la faiblesse de notre gouvernement une irritation facile à comprendre. Le premier succès de notre pays fut la signature d'une convention d'amitié mutuelle, assez vague dans sa forme sentimentale, que Dupetit-Thouars, alors commandant de la Vénus au grade de capitaine de vaisseau, obtint de la reine Pomaré IV, en septembre 1838.

Pritchard avait riposté, après le départ de la Vénus, par une

tentative de protectorat britannique dont l'échec fut souligné,
en 1839, quand le commandant Laplace, chef de pavillon en
l'absence de Dupetit-Thouars, obtint une déclaration additionnelle favorable au libre exercice de la religion catholique. Avec
ou sans l'excitation de Pritchard éclata une émeute dont les
Français furent victimes ; et Dupetit-Thouars, tant pour châtier les mauvais procédés de la police tahitienne que pour
effacer la mauvaise impression de notre déconvenue de Nouvelle-Zélande, cingla des Marquises qu'il venait d'annexer,
vers Tahiti où l'appelait son chef de station. En cours de route
(août 1842), il avait occupé aussi Oua-Ouka et Fatou-Hiva. Le
8 septembre, l'amiral sommait la reine de payer une indemnité,
à défaut de laquelle il annonçait son intention de prendre des
gages ; cette démarche amena, le lendemain même, une demande de protectorat français de la part des chefs : et en attendant la ratification de la métropole, un gouvernement provisoire fut établi. En l'absence de Pritchard tout s'était passé
avec tant de douceur et de bonne volonté mutuelles, que Dupetit-Thouars reçut des ministres de la religion protestante
une lettre d'approbation d'un caractère très digne et de termes
fort élevés : consul des États-Unis, vice-consul anglais, résidents anglais témoignèrent leur gratitude pour la conduite
bienveillante et délicate de l'amiral. Il importe de mettre ces
faits en lumière pour montrer combien l'exemple de Pritchard
était isolé, et combien même il était sévèrement jugé par la
majorité de ses compatriotes de Tahiti. La ratification de la
métropole, obtenue en mars 1843, semblait donc ne devoir
laisser aucune aigreur aux étrangers ni aux indigènes.

C'était compter sans Pritchard et sans le capitaine Toup
Nicholas, commandant de la « Vindictive » qui le ramena à
Papeete pour le malheur de tous, et se mit d'ailleurs en pleine
harmonie de desseins et de moyens. Il y a, dans cette campagne d'intrigues, quelques détails caractéristiques comme le

plaisant détour imaginé par l'officier anglais pour occuper l'île de Motou-ouata ; il ne demandait que le droit d'y installer un hôpital qui, naturellement, aurait été surmonté du pavillon anglais ; il dut plier devant l'attitude résolue du commandant Vrignaud, de la Boussole, qui opposa à toutes les ruses une inflexible droiture. L'affaire du « pavillon personnel » de la reine, hissé sur le conseil de Pritchard, fut d'un caractère plus grave ; c'est elle qui força Dupetit-Thouars à mettre ses compagnies de débarquement à terre pour en finir. On sait la suite, c'est-à-dire l'achat de notre protectorat au prix d'un rappel de Dupetit-Thouars ; il ne devait pas être, hélas ! le dernier officier français payant d'un désaveu la faiblesse du gouvernement métropolitain et servant de monnaie d'appoint à une capitulation. Le protectorat ne fut d'ailleurs assuré qu'en 1847 par un nouveau traité, après la réintégration de Pomaré. Pritchard, outre son indemnité, eut une dernière satisfaction de vengeance dans la « convention de Jarnac » (19 juin 1847) qui nous coûta provisoirement les « Iles sous le Vent ».

L'occupation des Mangareva (groupe des Gambier) (1844), la convention d'amitié signée avec le roi des Wallis (1842) complétaient l'ensemble des mesures par lesquelles Dupetit-Thouars avait conseillé d'arrêter les empiètements britanniques. Mieux conduite et surtout mieux soutenue, comme elle le méritait, la tentative de 1843, faite par l'évêque Douarre en Nouvelle-Calédonie, pouvait avoir de bien autres résultats. Elle reste intéressante à titre d'indice des sentiments d'ardeur et de foi que professaient, à cette époque, pour l'œuvre d'expansion coloniale, plusieurs écoles de philosophes ou de propagandistes religieux, fidèles par là à l'une des traditions les meilleures du génie français. Rien n'est curieux, au point de vue religieux, colonial et social, comme l'histoire de la « Société de l'Océanie », comme le voyage de Marceau à bord de l' « Arche d'alliance » : le zèle d'expansion française est respectable et

intéressant sous cette forme, quoique ses résultats aient été
fort médiocres. Marceau n'est pas seulement un apôtre respectable et désintéressé de sa foi; avant de s'engager dans l'œuvre
de propagande religieuse, que fut le voyage de l' « Eglise
ambulante », comme on disait alors, il avait étudié, à l'école
des saint-simoniens, la condition sociale de la France, les
causes des crises industrielles, et avait résolu d'appliquer aux
souffrances des humbles dont il avait la plus touchante com-
passion, le remède de l'expansion coloniale. A ce titre il est
un précurseur clairvoyant; et nombre d'idées généreuses de
réforme sociale que nous croyons aujourd'hui nouvelles sont
inscrites dans ses proclamations et dans les statuts de la « Société de l'Océanie ». Dans ce temps où les missions protestantes
se livraient à une ardente propagande en faveur de l'Angleterre, à Madagascar, aux îles de l'Océanie, le projet de tourner
en faveur de la France la propagande catholique doit être
compté à ses partisans comme un titre d'honneur.

La Société manifestait hautement « le désir de procurer des
« travaux aux ouvriers des fabriques en facilitant l'écoulement
« des produits d'un pays qui produit plus qu'il ne consomme, de
« faire des avances aux fabricants pour empêcher le chômage
« de leur usine, de fournir un aliment à notre marine, de con-
« server le rang de l'industrie française sur les marchés étran-
« gers en y maintenant le goût et les usages des produits
« français ». C'était donc une œuvre d'expansion qu'annonçait
« la Société de l'Océanie » dans la circulaire qu'elle répandait
en France, à la veille de fonder un comptoir général. Ces apôtres qui eurent le tort de choisir fort médiocrement leur champ
d'expériences et d'appliquer leur effort à des pays trop lointains pour permettre des échanges rémunérateurs étaient aussi
de fiers Français, résolument attachés à nos traditions de philanthropie et de respect des indigènes. Une grande part de
leurs idées sera reprise par les auteurs du projet également

généreux mais encore plus chimérique de colonisation agricole
de l'Algérie par des ouvriers sans travail de nos grandes villes.
Aux uns et aux autres il faut beaucoup pardonner en raison
de la grandeur et du désintéressement de leurs sentiments :
leurs projets sont de ceux qui sans doute inspiraient à Michelet
ce fier jugement : « Si l'on voulait mettre en tas ce que chaque
« nation a fait d'efforts désintéressés qui ne devaient profiter
« qu'au monde, la pyramide de la France irait s'élevant jusqu'au
« ciel et la vôtre, ô nations, toutes tant que vous êtes, irait au
« genou d'un enfant. »

Les résultats acquis à la fin de la monarchie de juillet faisaient assurément plus d'honneur à notre philanthropie qu'à
notre perspicacité politique ; et sauf la continuation, volontaire
ou non, courageuse ou résignée, de l'entreprise algérienne, rien,
dans les conseils de ce gouvernement, n'avait répondu au besoin
d'expansion qui restait puissant dans le caractère de notre
nation.

ANNEXES

SOMMAIRE

I. — LE RÉGIME ADMINISTRATIF DES COLONIES

La charte de 1814 avait décidé que les colonies seraient régies par des *règlements* particuliers. Celle de 1830, art. 64, établit que « les colonies seraient régies par des *lois* particulières ».

Conformément à ce principe, une loi concernant le régime législatif des colonies fut votée et promulguée le 28 avril 1833. Le but de cette loi était « de substituer au régime des ordonnances un régime législatif qui admît la propriété et l'industrie à prendre part, au moyen de la représentation, à la discussion et à la délibération des questions qui touchent à leurs intérêts ». Le gouvernement s'arrêta à une solution mixte qui partageait, entre la législation

métropolitaine et une législation locale, les questions de législation.
Le rapport fait à la Chambre des Pairs s'exprimait ainsi :

La pensée-mère du projet de loi, c'est de retenir dans le domaine de
la législation le jugement des questions générales, ou qui affectent
d'une manière directe les intérêts moraux et matériels de l'Etat ; de
remettre à la décision d'une législature locale, instituée à cet effet, les
matières qui se rattachent à l'intérêt particulier des colonies en général
et de chaque colonie en particulier ; enfin, de confier, pour un délai déterminé à l'autorité royale, en outre du pouvoir exécutif qui lui appartient, et sans l'obligation de consulter préalablement les colonies, le
soin de statuer sur quelques matières qui, par leur nature, ne sont pas
du ressort de la législation générale et qui ne pourraient pourtant
encore être remises à la législature locale sans qu'on eût à redouter de
sa part ou les erreurs dans lesquelles pourrait entraîner l'inexpérience
ou l'influence de quelques préjugés.
Votre commission a vu dans cette pensée une heureuse et prudente
conciliation de tous les droits et de tous les intérêts (1).

Conformément à ces principes, la loi du 24 avril 1833 réservait
au pouvoir législatif du royaume les lois relatives à l'exercice des
droits politiques, les lois civiles et criminelles concernant les personnes libres et les lois pénales déterminant pour les non-libres les
crimes punis de mort, les lois réglant les pouvoirs des gouverneurs
en matière de haute police et de sûreté générale, les lois sur l'organisation judiciaire, les lois sur le commerce, le régime des douanes,
la traite des noirs et les lois réglant les relations entre la métropole
et les colonies. Les ordonnances royales statuaient sur l'organisation administrative, le régime municipal excepté, la police de la
presse, l'instruction publique, l'organisation et le service des milices, les affranchissements, les dispositions pénales applicables aux
non-libres et n'entraînant pas la peine de mort, l'acceptation de
dons et legs aux établissements publics. Enfin, la loi instituait dans
les colonies, à la place de l'ancien conseil général, un conseil colonial réglant, par décrets rendus sur la proposition du gouverneur,
les matières qui n'étaient réservées ni aux lois de l'Etat ni aux ordonnances royales : de plus, ce conseil votait le budget intérieur de
la colonie, déterminait l'assiette et la répartition des contributions
directes et pouvait émettre des vœux sur les objets intéressant la

(1) Chambre des Pairs, 1833, Rapport de M. Gautier.

colonie ; il était composé de membres élus pour cinq ans et se
réunissait une fois par an. Le gouverneur, en vertu de cette même
loi, n'avait plus qu'à rendre « des arrêtés et des décisions pour
régler les matières d'administration et de police et pour l'exécution
des lois, ordonnances et décrets publiés dans la colonie.

La loi de 1833, qualifiée « charte coloniale » par les rapports
parlementaires, ne s'appliquait qu'aux colonies de la Martinique,
de la Guadeloupe, de Bourbon et de la Guyane. Le Sénégal fut
exclu de la loi parce qu'il ne possédait pas, dit l'exposé des motifs,
« les éléments des nouvelles institutions qu'il s'agit de créer et que
ces institutions ne pourraient d'ailleurs y trouver une utile application. » Il protesta contre cette exclusion, mais il demeura sous le
régime des ordonnances. Les établissements de l'Inde et la colonie
de Saint-Pierre et Miquelon continuèrent également d'être régis par
ordonnances royales.

II. — L'ALGÉRIE

Alger prise, la question de l'occupation se posa immédiatement
devant le Parlement et devant l'opinion. Mais aucun plan ne fut
arrêté.

Au début de l'occupation le gouvernement était favorable à l'occupation, comme le prouve la correspondance du général Clauzel,
nommé en remplacement du maréchal de Bourmont, et du général
Gérard, ministre de la guerre. Clauzel (1), débarqué à Alger le
4 septembre avec la mission de s'assurer l'armée et d'agir en toute
liberté en vue de la conquête et de la colonisation, écrit dès le 29
septembre au ministre pour lui faire connaître ses intentions. Il lui
offrait de coloniser le royaume d'Alger et faisait entrevoir les plus
brillantes perspectives.

Cette proposition ferme ne fut pas sans embarrasser le gouvernement. Le Parlement était divisé. Les partisans de l'occupation
étaient peu nombreux encore. Le parti libéral, vainqueur en juillet, avait été généralement hostile à l'expédition organisée, selon

____

(1) *L'œuvre coloniale du maréchal Clauzel,* par M. Mann ; Mémoire de la
Faculté des Lettres.

lui, comme une diversion par le cabinet de Polignac et les économistes qui furent les protagonistes de la lutte parlementaire contre l'Algérie formulaient déjà leurs théories. L'attitude des premiers était définie par ce passage d'un discours du député Odier :

L'expédition d'Alger n'a pas été faite avec l'assentiment de la France : elle a été conçue par un ministère qui spéculait sans doute sur sa réussite pour l'accomplissement de desseins coupables, et ce qu'il y a de certain, c'est qu'il en a arrêté le plan peu après être arrivé au pouvoir : n'y avait-il pas de moyens plus convenables de rétablir la paix avec le dey d'Alger et de lui faire respecter le pavillon français ?

Les idées des seconds étaient préconisées par les discours du comte de Sade qui intervint avec énergie.

Heureusement cette opposition politique et cette opposition doctrinaire se heurtaient à la conscience des intérêts et de la tradition de la France qui se manifestait dans les discours des partisans de l'occupation, tel de Montalembert qui, dès 1830, parlait ainsi :

Quant à moi, je considère cette possession comme tellement importante aux intérêts de la France dans les circonstances présentes que le ministre qui signerait l'ordre de son évacuation mériterait à mes yeux, je n'hésite point à le dire, d'être traduit à cette barre coupable de haute trahison envers l'État... Il se peut que cette conquête entraîne des difficultés diplomatiques, mais faisons comme les Anglais et disons que ce qui est bon à prendre est bon à garder.

Le comte Gérard, ministre de la guerre, se rallia aux idées de Clauzel et le 12 novembre il écrivait à ses collègues :

Informé que l'incertitude où se trouvait le général en chef de l'armée d'Afrique sur la détermination de la France relativement à cette conquête nuisait aux mesures qu'il avait à prendre pour l'occupation et la défense du pays, j'ai cru devoir, après avoir pris les ordres du Roi et m'être consulté avec mes collègues, lui faire connaître que l'intention du gouvernement français était de conserver la possession d'Alger. Cette détermination repose sur les motifs les plus importants, les plus intimement liés au maintien de l'ordre public en France et même en Europe : l'ouverture d'un vaste débouché pour le superflu de notre population et pour l'écoulement des produits de nos manufactures en échange d'autres produits étrangers à notre sol et à notre climat.
Tout concourt donc à conseiller à la France de garder sa conquête : son intérêt, celui du pays occupé et celui de la civilisation qui ne doit

plus abandonner une terre où elle a fleuri pendant plusieurs siècles et où la nature a déposé pour elle le germe de nouveaux bienfaits.

C'était presque la formule de Clauzel : « La France peut être appelée à donner le premier exemple d'un système de colonisation peu coûteux pour la métropole et également avantageux aux colonisants et aux colonisés. »

Soutenu par son chef direct, Clauzel avait entrepris l'organisation de l'établissement durable qu'il projetait. Il créa les zouaves, les chasseurs algériens et rétablit la discipline et la confiance dans l'armée. Il transforma la commission de gouvernement créée par de Bourmont en un « comité de gouvernement » composé de trois membres chargés respectivement de l'intérieur, des finances et de la justice. Il maintint les institutions et les tribunaux locaux et institua une cour de justice pour les Européens. Il établit une administration douanière et une comptabilité, il fit assainir Alger, créer des approvisionnements.

Il voulut également développer les cultures, principalement les cultures coloniales, malgré les avis défavorables de son entourage. Il institua une commission de colonisation chargée d'élaborer un plan général et de prononcer entre le système de la colonisation libre et celui de la colonisation dirigée par le gouvernement. Appliquant l'expérience qu'il avait acquise à Saint-Domingue, il encouragea la formation d'une société de 400 actions de 500 francs pour la création d'une ferme-modèle « qui sera un jalon de colonisation pour diriger les spéculateurs futurs et qui leur montrera par des essais expérimentaux que ce n'est qu'avec prudence et retenue qu'il faudra exploiter cette source d'ailleurs féconde de richesses agricoles. » Il devint lui-même propriétaire de terres à Alger.

Enfin il arrêta le projet d'expédition sur Médéa pour en chasser le bey de Titeri.

Mais déjà la politique métropolitaine s'était modifiée. Le maréchal Soult, qui avait remplacé Gérard, était hostile aux projets de Clauzel et dès le 25 novembre, il invitait ce dernier à ne garder que 10.000 hommes et à renvoyer en France le surplus en vue de la guerre possible.

Clauzel, qui venait de diriger l'expédition de Médéah, protesta énergiquement contre la réduction des troupes.

Cette indépendance et cette initiative, l'expédition de Médéah,

l'envoi par Clauzel d'un officier auprès du sultan du Maroc pour le
sommer de rappeler son envoyé à Tlemcen, l'investiture de princes
tunisiens en qualité de beys à Constantine et à Oran décidèrent le
gouvernement à rappeler Clauzel. Le général quitta Alger le 21 février, laissant la colonie pourvue d'une organisation rudimentaire,
mais suffisante, le pays tranquille, Médéah soumis.

C'est sur le terrain parlementaire qu'il porta la lutte pour l'Algérie. Le gouvernement était hostile à l'extension de l'établissement
français, puisqu'il avait donné au général Berthezène la mission
de se borner à occuper Alger et les environs de manière à assurer
les approvisionnements et de ne pas envoyer au loin de détachements à poste fixe. Mais sous les efforts de Clauzel et des partisans
de l'occupation, on vit l'hésitation, l'hostilité du gouvernement
céder peu à peu à la résolution de maintenir notre conquête.

En mars 1832, Clauzel souleva lui-même le débat algérien au
cours de la discussion du budget de la guerre : bien que son optimisme lui eût fait affirmer qu'on « pourrait retirer d'Alger plus
qu'on ne le faisait des autres colonies par la culture de la canne,
du café, du coton, de l'indigo », le gouvernement se montrait peu
disposé à maintenir l'occupation.

En 1833, le débat reprit avec plus d'ampleur. Le ministère devenait plus affirmatif. Clauzel, soutenu par un parti nombreux, défendit chaleureusement l'Algérie contre les économistes dont le porte-
paroles, le comte de Sade, parlait en ces termes :

On commence à reconnaître que les colonies nous coûtent plus qu'elles
ne valent; on s'en aperçoit même en Angleterre. En effet, tout accroissement de territoire n'est avantageux que s'il fournit des hommes et de
l'argent à la nation conquérante; or la régence, loin de vous en fournir,
vous en absorbe. Il faudra employer pour cette colonie les sommes considérables qui seraient employées bien plus utilement en France, et cela,
sans résultat, car il ne faut pas s'attendre à la soumission des indigènes.
Mais supposons que l'Algérie soit colonisée et qu'elle produise de nombreuses denrées coloniales : à quoi bon augmenter la masse de ces denrées ? Elles surabondent de toutes parts. L'univers en regorge, nos négociants, nos marins, tous nos consommateurs ne vous demandent que la
permission d'aller les chercher là où elles croissent à foison... Ils se
plaignent de vos colonies et des privilèges que vous êtes obligés de leur
donner, et ils pourraient craindre qu'une nouvelle colonie qui, pour
parvenir à la même prospérité, demanderait à être armée, à être hérissée
de privilèges semblables, ne leur apportât en dernière analyse plus

d'embarras que de bénéfices... Que veut-on lorsqu'on vient vous parler de tribut que nous payons aux nations étrangères ? Que nous fassions cette opération (de commerce) avec une colonie fondée sur les côtes d'Amérique soit par des Portugais, soit par des Espagnols, ou avec une colonie fondée sur les côtes d'Afrique par les Français, que nous importe ? (comte de Sade, Chambre des députés, 1833).

« Il faut appeler en Algérie une partie de l'excédent de population qui se déverse chaque année sur les États-Unis », répondait Clauzel. Déjà le ministère ne se demandait plus si l'on garderait Alger, mais comment on l'administrerait.

À la Chambre des Pairs la lutte fut plus vive. Berthezène, successeur et ennemi de Clauzel, faisant allusion aux achats de terrains de son prédécesseur, déclarait que beaucoup de personnes parlaient avec ferveur de l'Algérie à cause des capitaux qu'elles y avaient engagés. Le gouvernement cependant fit un nouveau pas et déclara qu'il ne s'opposerait pas au développement de la colonisation.

En cette même année 1833, une commission d'enquête mi-parlementaire, mi-militaire, envoyée à Alger, établit un rapport favorable à la conservation et concluant à la création d'un gouvernement général des possessions françaises d'Afrique (1). La discussion de 1834 fut décisive. La lutte contre l'Algérie fut dirigée avec passion par Passy, de Rémusat, de Sade, Desjobert, le président Dupin, hypnotisé par les souvenirs de l'occupation romaine, ce qui lui valut cette réplique assez sèche de Clauzel : « Je n'entrerai pas dans un cours d'histoire ancienne. » L'Algérie eut aussi ses défenseurs éloquents, Viennet, Laurence, Mauguin et le comte de Laborde qui s'exprima ainsi :

L'exemple de Saint-Domingue, du Canada, de la Louisiane et des Indes montre que la France a très bien su coloniser et que ses colonies lui ont été fort utiles. Est-ce bien d'ailleurs une colonie qu'Alger ? N'est-ce pas plutôt un département de la France, plus près de Toulon, à parler commerce, que Toulon ne l'est de Lyon ? Car on envoie une cargaison à Alger dans trois jours, et il vous en faut quinze pour aller à Lyon. C'est une expansion de la population semblable à celle des Espagnols pour le Mexique, des Anglais pour les États-Unis, qui va cultiver dans un lieu les moyens d'échange avec la métropole.

____

(1) Il fut institué par une ordonnance du 22 juillet 1834.

Le maréchal Soult hésitait à se prononcer. Enfin, le 30 avril, après une déclaration catégorique, affirmant le maintien définitif de l'occupation, les crédits furent votés, l'occupation était reconnue.

La session de 1835 fut encore plus concluante. Passy proposa, au nom de la commission du budget, la réduction de l'armée d'occupation et la suppression des frais de colonisation. Le gouvernement fut, cette fois, plus affirmatif. Dans la séance du 20 mai 1835, Guizot prononça le fameux discours qui détruisait les espérances des économistes :

Aucun engagement contraire ne gêne à cet égard la liberté du gouvernement français. Nous agissons dans une complète indépendance, nous ne connaissons que l'intérêt national. Le premier élément de la puissance d'un pays, c'est la considération, c'est l'opinion que se forme le monde de sa fermeté, de son courage, de sa résolution, c'est là un élément de force qui surpasse quelquefois la force matérielle. L'abandon d'Alger serait un affaiblissement notable de la considération et de la puissance morale de la France. L'importance croissante de la Méditerranée commande à la France de faire de nouveaux efforts pour conserver son rang, de ne rien faire surtout qui puisse affaiblir sa puissance et sa considération sur mer.

... Nécessité morale, nécessité politique de garder nos possessions d'Afrique, utilité d'une occupation militaire sûre et tranquille et des sacrifices nécessaires pour atteindre ce but ; utilité de bonnes relations constamment entretenues avec les naturels du pays. Quant à l'extension de l'agriculture et de la colonisation, sachons nous en remettre à l'avenir, ne rien presser, attendre les faits et n'y prêter que la portion d'aide et de secours qui conviendra aux intérêts nationaux de la mère-patrie.

En somme, la Chambre acceptait l'occupation définitive de la régence, mais s'opposait à la guerre à outrance et refusait de s'occuper de la colonisation. C'est sur ces entrefaites (juillet 1835), après l'échec de Trézel à la Macta, que Clauzel fut de nouveau nommé gouverneur.

Les instructions qu'il emportait, datées du 17 juillet 1835, déterminent la politique algérienne du gouvernement à cette date :

Le roi en vous appelant au gouvernement général de nos possessions de l'Afrique du nord vous a confié la haute mission de consolider et de régler selon l'intérêt national notre établissement dans cette contrée.

Pour atteindre ce but deux conditions paraissent au gouvernement du roi également indispensables : l'une c'est d'entretenir avec les naturels du pays des relations propres à les convaincre, d'une part, de la solidité de notre établissement, d'autre part, de la sécurité et des avantages qu'ils doivent eux-mêmes recevoir ; l'autre, c'est de n'imposer à la France, pour la conservation et l'administration de nos possessions du nord de l'Afrique, point de sacrifices prématurés et hors de proportion avec les avantages qu'elle en retire ou qu'elle peut raisonnablement en espérer.

Vous aurez donc soin de ne rien faire qui donne lieu de croire de notre part à un système d'extension par la voie de la violence et de la conquête. Sans doute, toute agression de la part des indigènes, toute tentative par eux formée pour mettre en péril la durée ou la sécurité de notre établissement doivent être énergiquement repoussées. Il importe d'imprimer à ces populations un profond sentiment de notre force et de notre vigilance, mais il faut les convaincre en même temps que nous ne voulons entretenir avec elles que des relations pacifiques et bienveillantes et que si, de leur côté, elles ne les troublent point, nous ne nous appliquerons qu'à les faire jouir elles-mêmes des bienfaits du commerce et de la paix.

Vous vous abstiendrez donc contre les tribus de l'intérieur que leurs préjugés et leurs antipathies éloignent encore de nous de toute expédition entreprise sans nécessité évidente et sans résultat clairement utile. Vous attendrez que la sagesse et l'activité de votre administration les amènent toutes à comprendre leur véritable intérêt et à se rapprocher de nous. D'ailleurs, la diminution de l'effectif des troupes d'occupation, devenue inévitable par la réduction des fonds relatifs à leur entretien, nous fait une loi d'adopter cette marche prudente. Au moyen des crédits votés pour les travaux du génie, vous établirez solidement les troupes qui resteront sous vos ordres, de manière à suppléer au petit nombre par la force des positions. Vous aurez soin aussi de ne pas trop étendre les ouvrages et de les borner aux seuls développements indispensables afin qu'ils puissent être gardés et défendus, en cas de nécessité même par un effectif moindre que celui qui a été récemment déterminé.

Quant aux établissements agricoles ou industriels qui pourraient être formés sur le territoire de la Régence par des colons européens, vous veillerez à ce qu'ils ne deviennent pas le sujet d'illusions ou de prétentions que le gouvernement du roi ne pourrait réaliser. Sans doute, au sein de la paix et de la sécurité qui doivent résulter d'une bonne administration, il est naturel que les entreprises agricoles s'étendent et s'affermissent, aussi bien que les relations commerciales et lorsqu'elles auront acquis assez d'importance pour mériter d'être rangées au nombre de nos intérêts nationaux, la protection due à tous ces intérêts ne manquera point. Mais le gouvernement ne doit point, en encourageant directement et prématurément les essais de colonisation, imposer à la France des charges que ne justifierait aucune nécessité et qui ne seraient compensées par aucun avantage assuré et général.

Vous éviterez avec soin tout ce qui pourrait induire en erreur à cet égard sur les intentions du gouvernement du roi, lui faire attribuer des engagements qu'il ne saurait contracter et faire naître des entreprises qui, hors d'état de se soutenir par elles-mêmes, ne pourraient pas non plus être soutenues par les moyens militaires et financiers mis à votre disposition.

Ce n'étaient point les idées de Clauzel qui débarqua à Alger avec la volonté d'étendre l'occupation française et de développer la colonisation. Il employa ses efforts dans ce sens, en organisant les expéditions de Mascara et de Tlemcen, en faisant appel à l'immigration, en autorisant les grandes exploitations agricoles, en protégeant les colons, en leur concédant des terres, en mettant des soldats à leur disposition.

Inquiet de son initiative, le ministère l'invita à venir lui-même défendre sa politique devant le Parlement en 1836. La commission du budget ne voulait ni colonisation ni expédition, la contribution imposée aux gens de Tlemcen était fort discutée. Ce fut Thiers, président du Conseil, qui défendit le plus ardemment l'Algérie (Cf., dans le texte, le début de ce discours) :

Et si nous voulions que cette terre parvînt peu à peu à présenter assez de sécurité pour que l'industrie et la culture puissent s'y développer, cela ne signifierait pas que nous allons de suite conquérir, mais que nous ferons les plus grands efforts pour que les colons trouvent d'abord aux environs d'Alger et ensuite plus loin, à mesure que nos rapports s'étendraient, les moyens de cultiver avec plus de sécurité et de retirer de cette culture tous les avantages qu'on peut en attendre.

Clauzel, à son tour, réfuta les assertions de l'économiste Desjobert qui, dans la séance du 10 juin 1836, avait fait, de la manière bizarre que l'on sait, le procès de la colonisation algérienne.

Clauzel eut gain de cause, les réductions proposées par la commission du budget furent repoussées.

L'échec de l'expédition de Constantine, le rappel de Clauzel qui en fut la conséquence (février 1837) provoquèrent de nouveaux débats en 1837. Thiers et Guizot se déclarèrent partisans d'une occupation étendue et d'une conquête rapide, le président du conseil Molé se prononçait pour l'occupation restreinte et pacifique. Clauzel dont le gouvernement finissait par un échec, pouvait cependant constater que grâce à lui l'occupation algérienne n'était plus discutée

et le système de conquête et de colonisation qu'il avait préconisé fut
celui qui fut appliqué par Bugeaud.

Les tentatives de colonisation de Bugeaud sont connues. Dès son
arrivée à Alger en qualité de gouverneur, il proclama que ses anciennes idées sur l'occupation restreinte étaient modifiées :

Le pays s'est engagé, disait-il, je dois le suivre. J'ai accepté la
grande et belle mission de l'aider à accomplir son œuvre ; j'y consacre
désormais tout ce que la nature m'a donné d'activité, de dévouement et
de résolution. Il faut que les Arabes soient soumis. Mais la guerre indispensable aujourd'hui n'est pas le but. La conquête serait stérile sans
la colonisation. Je serai donc colonisateur ardent, car j'attache moins
de gloire à vaincre dans les combats qu'à fonder quelque chose d'utilement durable pour la France.

Les principes de colonisation étaient de deux sortes ; substitution
de la concession gratuite et conditionnelle des terres domaniales à
la vente et application de la colonisation militaire.

C'est aux soldats libérés qu'il s'adressa tout d'abord : il pensait
que ces soldats, acclimatés à la vie d'Afrique, se laisseraient séduire
par les avantages qu'il leur offrait. Il n'en fut rien (1). En décembre
1844 il offrit des concessions à 800 soldats libérés et leur adressa
lui-même l'allocution suivante :

SOLDATS,

Vous avez noblement payé votre dette à la patrie ; il est juste que
vous rentriez dans le repos et la vie de famille après tant de fatigues et
de dangers. Ce sont ces titres incontestables qui m'ont fait vous réunir
ici pour vous répéter ce que je vous ai dit dans ma circulaire du 14 décembre. Oui, soldats, c'est parce que j'apprécie vos services que je veux
vous donner la préférence pour l'occupation des villages que nous cons-
truisons. Vous connaissez tous les lieux où ils sont situés. Le sol y est
fertile et sain, le site agréable ; ses abords faciles ; tout leur présage
une grande prospérité... Il y a une immense différence entre cultiver
les champs d'autrui et son propre domaine. Ici personne ne viendra
prendre une part dans le produit de vos travaux. Tout sera bien à vous
et, pendant plusieurs années, vous ne paierez pas d'impôt.

Croyez donc les conseils de votre général qui s'honore aussi du titre

---

(1) Maurice Wahl, l'Algérie ; Edouard Cat, les Idées de Bugeaud en
matière de colonisation, Algérie nouvelle, 1900.

de votre ami... Des officiers vont passer dans vos rangs pour prendre les
noms de ceux qui acceptent.

Enfin, soldats, j'accorderai des congés à ceux qui voudront visiter
leurs parents, et je les exhorterai à se marier avant de revenir... Je leur
dirai aussi : Amenez votre père et votre mère, vos frères et vos sœurs ;
la terre est généreuse, et je vous en distribuerai assez pour que la famille
puisse vivre largement !

Cinquante-trois soldats seulement acceptèrent la proposition de
Bugeaud. Ils furent installés à Aïn-Fouka avec d'autres colons militaires. Mais l'entreprise échoua.

Bugeaud crut qu'il réussirait mieux avec « des hommes ayant
plusieurs années de service à faire, voulant se consacrer à l'Afrique
et ayant en général des habitudes agricoles », c'est-à-dire avec des
soldats libérables : l'essai tenté à Beni-Méred échoua également (1).

Attaché à son principe de la colonisation militaire que sa devise :
Ense et aratro proclamait, il fit dresser en mars 1842, par le comte
Guyot, un plan de colonisation fondé sur des considérations stratégiques et décida la création d'une douzaine de villages répartis en
trois zones concentriques autour d'Alger :

Les nouveaux villages furent placés sur des hauteurs comme des
postes militaires et souvent même sur l'emplacement des anciens camps.
On les entoura de fossés, on les flanqua aux quatre coins de petites tourelles. Ils étaient en vue les uns des autres, assez rapprochés pour qu'à
la première alarme les colons pussent se porter assistance. Du reste, on
ne s'inquiéta nullement de l'état et de la nature des terres environnantes,
de la proximité des sources et de la possibilité de faire arriver l'eau
dans les remparts. Sans doute, il fallait songer à la sécurité, et, au
point de vue stratégique, les positions choisies étaient les meilleures.
Mais apparemment on n'entreprenait la colonisation que parce que l'on
était convaincu que la paix allait se raffermir ; ces précautions n'avaient
qu'une utilité provisoire ; fallait-il maladroitement lui sacrifier des intérêts permanents tout opposés ?..... Avec leurs fossés d'enceinte, leurs
ponts-levis et leurs tourelles d'observation, ces villages ressemblaient à
des places de guerre en miniature, et, au milieu des repaires où beaucoup avaient été tracés, l'on se demandait s'ils étaient bien construits
pour des laboureurs et n'étaient pas plutôt destinés aux vétérans de
l'armée, à qui l'on aurait voulu ménager le plaisir de la chasse aux
hyènes et aux chacals. A peine même un nouveau colon arrivait-il

____

(1) Edouard Cat, *ouv. cité.*

qu'on lui remettait un fusil entre les mains, et que, coiffé d'un képi, il se voyait enrôlé dans les rangs de la milice nationale (1).

Cette colonisation officielle et militaire était fort discutée en Algérie même par Lamoricière et Bedeau qui étaient d'avis que le gouvernement, après avoir exécuté les travaux de sécurité, d'assainissement et de communication, se bornât à donner le sol en ayant soin de mêler dans les concessions les grands capitalistes aux petits propriétaires et les indigènes aux Européens (2). Elle ne fut point agréée par la Chambre qui repoussa en 1847, sur le rapport de Tocqueville, le projet de loi présenté par le ministre de la guerre, inspiré par Bugeaud, et relatif à l'établissement de camps agricoles : Bugeaud donna sa démission.

Son œuvre militaire et politique était plus considérable que son œuvre coloniale. L'Algérie était conquise, la Kabylie exceptée. Le Maroc était vaincu.

Malheureusement, si le traité de Tanger du 10 septembre 1844 avait fait droit aux exigences de la France, le traité de délimitation dit de Lalla Marnia, conclu le 18 mars 1845, entre le général de la Rüe et Sid Ahmida Ben Ali El Sudjâaï pour le Maroc, abandonnait la frontière naturelle et historique de la Moulouïa pour adopter un tracé bizarre et tout à l'avantage du Maroc. Bugeaud avait écrit à El Guenaoui, chef marocain d'Oudjda : « Nous voulons conserver la limite de la frontière qu'avaient les Turcs et Abd-el-Kader après eux ; nous ne voulons rien de ce qui est à vous. » Comme Abd-el-Kader n'avait jamais eu sous sa domination le pays compris entre la frontière actuelle et la rive droite de la Moulouïa, c'était abandonner un pays qui avait incontestablement fait partie de la régence d'Alger. Le traité sanctionna cette erreur, soigneusement entretenue par la diplomatie marocaine. En voici les principaux articles :

Art. 1er. — Les deux plénipotentiaires sont convenus que les limites qui existaient autrefois entre le Maroc et la Turquie resteraient les mêmes entre l'Algérie et le Maroc. Aucun des deux empereurs ne dépassera la limite de l'autre ; aucun d'eux n'élèvera à l'avenir de nouvelles constructions sur le tracé de la limite ; elle ne sera pas désignée par

---

(1) Beaudicour, *Histoire de la colonisation de l'Algérie.*
(2) Wahl, *ouv. cité,* p. 332.

des pierres. Elle restera, en un mot, telle qu'elle existait entre les deux pays, avant la conquête de l'empire d'Algérie par les Français.

ART. 2. — Les plénipotentiaires ont tracé la limite au moyen des lieux par lesquels elle passe et touchant lesquels ils sont tombés d'accord, en sorte que cette limite est devenue aussi claire et aussi évidente que le serait une ligne tracée.

Ce qui est à l'est de cette ligne frontière appartient à l'empire d'Algérie.

Ce qui est à l'ouest appartient à l'empire du Maroc.

ART. 3. — La désignation du commencement de la limite et des lieux par lesquels elle passe est ainsi qu'il suit : cette ligne commence à l'embouchure de l'oued (c'est-à-dire cours d'eau) *Adjeroud* dans la mer ; elle remonte avec ce cours d'eau jusqu'au gué où il prend le nom de *Kis ;* puis elle remonte encore le même cours d'eau jusqu'à la source qui est nommée *Ras-el-Aïoun,* et qui se trouve au pied des trois collines portant le nom de *Menasseb-Kis,* lesquelles, par leur situation à l'est de l'oued, appartiennent à l'Algérie. De Ras-el-Aïoun, cette même ligne remonte sur la crête des montagnes avoisinantes jusqu'à ce qu'elle arrive à Drâ-el-Doum ; puis elle descend dans la plaine nommée *El-Aoudj.* De là, elle se dirige à peu près en ligne droite sur Haouch-Sidi-Aïèd. Toutefois, le Haouch lui-même reste à cinq cents coudées (deux cent cinquante mètres) environ, du côté de l'est, dans les limites algériennes. De Haouch-Sidi-Aïèd, elle va sur Djerf-el-Baroud, situé sur l'Oued-bou-Nâïm ; de là, elle arrive à Kerkour-Sidi-Hamza ; de Kerkour-Sidi-Hamza à Zoudj-el-Beghal ; puis, longeant à gauche le pays des Ouled-Ali-ben-Talha, jusqu'à Sidi-Zahir, qui est sur le territoire algérien, elle remonte sur la grande route jusqu'à Aïn-Takbalet, qui se trouve entre l'Oued-Bou-Erda et les deux oliviers nommés *El-Toumiet,* qui sont sur le territoire marocain. De Aïn-Takbalet, elle remonte avec l'Oued-Roubban jusqu'à Ras-Asfour ; elle suit au delà le Kef, en laissant à l'est le marabout de Sidi-Abd-Allah-ben-Mehammed-el-Hamlili ; puis, après s'être dirigée vers l'ouest, en suivant le col de El-Mechèmiche, elle va en ligne droite jusqu'au marabout de Sidi-Aïssa, qui est à la fin de la plaine de Missiouin. Ce marabout et ses dépendances sont sur le territoire algérien. De là, elle court vers le sud jusqu'à Koudiet-el-Debbagh, colline située sur la limite extrême du Tell (c'est-à-dire le pays cultivé). De là, elle prend la direction sud jusqu'à Kheneg-el-Hada, d'où elle marche sur Tenïet-el-Sassi, col dont la jouissance appartient aux deux empires.

Pour établir plus nettement la délimitation à partir de la mer jusqu'au commencement du désert, il ne faut point omettre de faire mention, et du terrain qui touche immédiatement à l'est la ligne sus-désignée, et du nom des tribus qui y sont établies.

A partir de la mer, les premiers territoires et tribus sont ceux des Beni Mengouche-Tahta et des Aâttïa. Ces deux tribus se composent de sujets marocains qui sont venus habiter sur le territoire de l'Algérie,

par suite de graves dissentiments soulevés entre eux et leurs frères du
Maroc. Ils s'en séparèrent à la suite de ces discussions, et vinrent chercher un refuge sur la terre qu'ils occupent aujourd'hui et dont ils n'ont
pas cessé jusqu'à présent d'obtenir la jouissance du souverain de l'Algérie, moyennant une redevance annuelle.

Mais le commissaire plénipotentiaire de l'empereur des Français,
voulant donner au représentant de l'empereur de Maroc une preuve de
la générosité française et de sa disposition à resserrer l'amitié et entretenir les bonnes relations entre les deux États a consenti au représentant
marocain, à titre de don d'hospitalité, la remise de cette redevance
annuelle (cinq cents francs pour chacune des deux tribus); de sorte que
les deux tribus sus-nommées n'auront rien à payer, à aucun titre que ce
soit, au gouvernement d'Alger, tant que la paix et la bonne intelligence
dureront entre les deux empereurs des Français et du Maroc.

Après le territoire des Aàtïa, vient celui des Messïrda, des Achâche,
des Ouled-Mellouk, des Beni-bou-Saïd, des Beni-Senous et des Ouled-el-
Nahr. Ces six dernières tribus font partie de celles qui sont sous la
domination de l'empire d'Alger.

Il est également nécessaire de mentionner le territoire qui touche
immédiatement, à l'ouest, la ligne sus-désignée, et de nommer les
tribus qui habitent sur ce territoire. A partir de la mer, le premier
territoire et les premières tribus sont ceux des Ouled-Mansour-Rel-Trifa,
ceux des Beni-Iznèssen, des Mezaouir, des Ouled-Ahmed-ben-Brahim,
des Ouled-el-Abbès, des Ouled-Ali-ben-Talha, des Ouled-Azouz, des Beni-
Bou-Hamdoun, des Beni-Hamlil et des Beni-Mathar-Rel-Ras-el-Aïn.
Toutes ces tribus dépendent de l'empire du Maroc.

4. Dans le Sahara (désert), il n'y a pas de limite territoriale à établir
entre les deux pays, puisque la terre ne se laboure pas et qu'elle sert
de pacage aux Arabes des deux empires, qui viennent y camper pour y
trouver les pâturages et les eaux qui leur sont nécessaires. Les deux
souverains exerceront de la manière qu'ils l'entendront toute la pléni-
tude de leurs droits sur leurs sujets respectifs dans le Sahara. Et, toutefois, si l'un des deux souverains avait à procéder contre ses sujets, au
moment où ces derniers seraient mêlés avec ceux de l'autre état, il
procédera comme il l'entendra sur les siens, mais il s'abstiendra envers
les sujets de l'autre gouvernement.

Ceux des Arabes qui dépendent de l'empire du Maroc sont : les M'beïa (1),
les Beni-Guil, les Hamian-Djenba, les Eùmour-Sahra et les Ouled-Sidi-
Cheikh-el-Gharaba.

Ceux des Arabes qui dépendent de l'Algérie sont : les Ouled-Sidi-el-
Cheikh-el-Cheraga et tous les Hamian, excepté les Hamian-Djenba susnommés.

5. Cet article est relatif à la désignation des kessours (villages du

____

(1) Les Mehaïa.

désert) des deux empires. Les deux souverains suivront, à ce sujet, l'ancienne coutume établie par le temps, et accorderont, par considération l'un pour l'autre, égards et bienveillance aux habitants de ces kessours.

Les kessours qui appartiennent au Maroc sont ceux de Yiche et de Figuigue.

Les kessours qui appartiennent à l'Algérie sont : Aïn-Safra, S'fissifa. Assla, Tiout, Chellala, El-Abiad et Bou-Semghoune.

6. Quant au pays qui est au sud des kessours des deux gouvernements, comme il n'y a pas d'eau, qu'il est inhabitable, et que c'est le désert proprement dit, la délimitation en serait superflue.

Le représentant du gouvernement français avait été préoccupé uniquement d'obtenir du Maroc la reconnaissance de notre souveraineté sur les musulmans algériens et un concours efficace pour éloigner Abd-el-Kader de la frontière. C'est à ces considérations qu'était dû ce traité qui soulèvera plus tard de sérieuses difficultés.

III. — EXPANSION EN AFRIQUE OCCIDENTALE

C'est sous le gouvernorat de Charmasson, le 7 septembre 1840, que fut signée l'ordonnance organisant le gouvernement de la colonie du Sénégal à laquelle n'était point applicable la loi du 24 avril 1833. Voici la base de l'organisation adoptée :

Art. 1er. — Le commandement et la haute administration de la colonie du Sénégal et de ses dépendances sont confiés à un gouverneur résidant à Saint-Louis.

Art. 2. — Un commissaire de la marine et le chef du service judiciaire dirigent, sous les ordres du gouverneur, les différentes parties du service.

Art. 3. — Un inspecteur colonial veille à la régularité du service administratif et requiert, à cet effet, l'exécution des lois, ordonnances et règlements.

Art. 4. — Un conseil d'administration, placé près du gouverneur, éclaire ses décisions et statue, en certains cas, comme conseil du contentieux administratif.

Art. 5. — Un conseil général séant à Saint-Louis et un conseil d'arrondissement séant à Gorée, donnent annuellement leur avis sur les affaires qui leur sont communiquées et font connaître les besoins et les vœux de la colonie.

Le gouverneur exerce les pouvoirs administratifs, militaires et civils qui ont été conférés aux gouverneurs des autres colonies par l'ordonnance du   que nous avons analysée plus haut.

Il lui est particulièrement recommandé de s'attacher au développement du commerce et l'art. 20 lui en fait même une obligation :

ART. 20. — Le gouverneur suit les mouvements du commerce et prend les mesures qui sont en son pouvoir pour en encourager les opérations et en favoriser les progrès.

Cette recommandation paraît si importante au gouvernement métropolitain qu'une ordonnance spéciale du 29 janvier 1842 ajoute au texte ci-dessus de l'article 20 la prescription suivante :

Il règle le mode, les conditions et la durée des opérations commerciales avec les peuples de l'intérieur de l'Afrique et détermine les localités où les échanges sont permis.

C'est que les conditions d'exploitation du Sénégal se sont modifiées. Le commerce tend à remplacer complètement l'agriculture. Les plantations de coton et d'indigo ont complètement échoué et les colons s'adonnent presque exclusivement à la traite de la gomme et, à partir de 1844, de l'arachide. D'où vient cet échec ? Les causes en sont très exactement analysées dans le récit de Raffenel (1) qui, au cours de son voyage dont nous parlerons plus loin, écrivait :

... Nous dépassons successivement plusieurs habitations ruinées qui sont restées sur les bords du fleuve comme pour témoigner de la mobilité des projets humains et des tristes suites du défaut de persévérance ; on éprouve, en effet, un regret profond en revenant par la pensée au temps où ces habitations, élégamment disposées sur les rives du Sénégal, protégeaient de vastes cultures et abritaient de nombreux travailleurs. Malheureusement la prospérité à laquelle on serait indubitablement parvenu, en suivant avec continuité les essais de colonisation qui donnèrent tout d'abord de si belles espérances, n'a laissé dans le pays que le souvenir d'un beau rêve. Les débuts promettaient de rapides progrès ; mais il fallait, pour les atteindre, une énergique persistance et une puissante volonté, et cela manqua. A un empressement des plus vifs pour cette exploration agricole succéda bientôt l'indifférence, puis le dégoût ; la mauvaise foi de plusieurs des nouveaux colons vint, en outre, augmenter l'embarras des gouverneurs, qui se virent forcés à

____

(1) *Voyage dans l'Afrique occidentale*, exécuté en 1843 et 1844, par Anne Raffenel, Paris, 1846.

prendre un parti extrême : ils abandonnèrent les cultures qui ne s'étaient
élevées que sous la protection et à l'aide des subventions du gouvernement. Tout à coup privées de cette immense ressource, elles tombèrent
et avec elle s'évanouit l'espoir conçu par des hommes à grands desseins
d'assurer un avenir prospère au Sénégal.

Raffenel donne ce curieux exemple de la « mauvaise foi » qu'il
reproche aux colons :

Il est au Sénégal de notoriété publique que les primes qui, par une
trop grande confiance de l'administration, étaient payées sur pied au
lieu d'être payées sur récolte, servirent plus souvent à récompenser la
paresse et la fraude qu'à encourager le travail honnête. Voici comment :
lorsque la visite de l'inspecteur était annoncée, des chefs de cultures
faisaient ficher en terre, pendant la nuit, des branches de cotonniers et
d'indigofères et, à la faveur de cette grossière supercherie, le nombre
des plants, s'accroissant facilement dans une proportion indéfinie, non
seulement donnait droit à des primes d'un chiffre élevé, mais entraînait
encore à faire sur la prospérité des cultures, des rapports inexacts qui
entretenaient une erreur déplorable.

C'est donc vers le commerce que se porta l'activité de la colonie.
Aussi les efforts des gouverneurs tendirent à maintenir et à pacifier
les diverses tribus riveraines du Sénégal et les tribus maures dont
l'hostilité ne cessait d'entraver les relations commerciales que la
compagnie de Galam, notamment, entretenait avec les escales du
fleuve : ces tribus allaient, au témoignage de Raffenel, jusqu'à
placer des madriers en travers des passes étroites du fleuve pour
faire échouer les bateaux revenant du Galam. Les plus remuantes
étaient les Trarzas. C'est à Raffenel encore que nous empruntons cet
exposé de nos relations avec ces Maures :

L'anarchie la plus désordonnée est devenue, pour ainsi dire, l'état normal de la constitution politique des nations maures. Les Maures sont
généralement fourbes et adroits ; ils sont, en outre, enclins à guerroyer,
et, par suite de cet état anarchique dont je viens de parler, il est difficile
d'entretenir avec eux des relations durables de bonne harmonie ; il est
difficile aussi, par suite de leurs habitudes nomades, de leur infliger à
propos les châtiments qu'ils méritent bien souvent.
Les Trarzas et les Bracknas surtout qui sont avec nous dans de continuelles relations de commerce nous placent très fréquemment dans des
situations fâcheuses ; il faut pourtant éviter avec soin de les blesser, et
notre rôle doit être le plus ordinairement un rôle de conciliation et de

tolérance que la nécessité nous oblige parfois à pousser jusqu'à la faiblesse ; car, il n'y a point à se le dissimuler, nous avons besoin d'eux ; nous avons besoin du produit qu'ils sont seuls susceptibles de conduire à nos marchés et ce produit (la gomme) est à peu près l'unique source où la population du Sénégal va puiser sa subsistance. L'histoire politique des peuples maures de la Sénégambie est la même pour tous : c'est toujours une série de crimes qui bouleverse incessamment l'ordre ; c'est toujours un chaos de haines, d'ambitions et d'intrigues.

Raffenel signalait déjà l'inutilité des « coutumes » : il les déclarait « d'une complète impuissance pour déterminer ceux qui les perçoivent à protéger ou à activer le commerce ». Elles ne suffisent pas à maintenir les Maures. En 1832, les Trarzas se révoltèrent et attaquèrent les bâtiments de commerce : leur chef, Moctar, fut fait prisonnier et fusillé le 19 décembre 1832 à Saint-Louis : les Trarzas décidèrent de le venger et, pour réussir plus complètement, leur nouveau chef, Mohamed-el-Habib, épousa la « princesse Guimbotte », reine du Oualo. Une expédition fut organisée contre eux ; elle conquit le Oualo et bientôt les Maures demandèrent la paix. Le gouverneur Pujol stipula dans le traité que le mariage du chef des Trarzas et de Guimbotte n'entraînerait point la réunion des deux pays :

ART. 1er. — Le roi des Trarzas renonce formellement, pour lui personnellement, ses descendants et successeurs, à toutes prétentions directes ou indirectes sur la couronne du pays de Wallo et notamment pour les enfants qui pourraient naître de son mariage avec la princesse Guimbotte.

Cette dernière demeura princesse du Oualo (1) mais, en renouvelant les anciens traités avec ce pays, le gouverneur Pujol y installa un nouveau chef par le traité du 4 septembre 1835 :

ART. 1er. — Le Brack Fara-Pinda et les principaux chefs du Wallo s'engagent pour eux et tous les gens de leur parti à n'inquiéter ni recher-

____

(1) Raffenel, en passant au village de N'Tiagar, écrivait : « Ce village a été choisi pour l'entrevue annuelle de la reine du Wallo Gombott avec son époux le roi des Trarzas. Cette alliance est toute politique et nous l'avons facilitée sans trop nous inquiéter des convenances mutuelles des époux ; ils semblent, du reste, se passer parfaitement l'un de l'autre, et peut-être même sont-ils réciproquement très satisfaits de ne se trouver en présence qu'une fois l'an dans une entrevue officielle. »

cher soit dans leurs personnes, soit dans leurs propriétés les gens du Wallo qui ont pris parti dans cette dernière guerre pour Kerfi et le Sénégal; enfin ils promettent un entier oubli des faits accomplis.

ART. 2. — Le gouverneur du Sénégal, désirant voir rétablir la paix entre tous les peuples qui ont pris part à la dernière guerre, Fara Pinda et les chefs du Wallo consentent à accepter sa médiation pour terminer leurs différends avec Eliman Boubakar.

ART. 3. — Aux conditions ci-dessus, le gouverneur du Sénégal reconnaît Fara Pinda pour Brack du Wallo, promet de payer la coutume de cette année ainsi que celle des années suivantes et il autorise les gens du Wallo à rentrer dans leur pays.

Les Trarzas s'agitèrent encore à diverses reprises, notamment en 1840, où ils menacèrent le poste de Richard-Toll.

L'exploration de l'intérieur ne fut pas très prospère pendant cette période : c'est vers la côte que se portèrent les préoccupations des nombreux gouverneurs, presque tous marins, qui dirigèrent la colonie. L'exploration ne compte que les deux reconnaissances de Raffenel.

En 1843, Bouët-Willaumez constitua une mission composée d'abord de cinq membres, puis réduite par la maladie à trois : Huard, pharmacien de la marine; Raffenel, commissaire de la marine et Pottin, négociant de Saint-Louis. La mission fit l'exploration de la Falémé, en détermina le régime hydrographique, passa à Sénoudébou et signa à Boulébané avec l'almamy du Boudou, Amady-Sadda, un traité par lequel ce dernier s'engageait :

1º A nous laisser fonder un établissement commercial au Boudou ;

2º A diriger exclusivement sur nos comptoirs les caravanes de ses sujets qui vont, au Bambouk, à Ségou et dans d'autres parties de l'Afrique, chercher des produits indigènes;

3º A diriger aussi sur nos comptoirs les caravanes de marchands étrangers, et particulièrement de marchands sarracolets et mandingues qui sont obligés de traverser son pays pour aller vendre leurs produits aux Européens, soit Anglais, soit Français (1).

---

(1) Raffenel note cette exclamation curieuse d'un vieillard présent à la signature du traité et à l'exposé des avantages qu'il devait procurer au Boudou : « Les blancs nous détestent autant que nous les détestons. Mais nous aimons leurs marchandises et ils aiment les produits de notre pays. Voilà ce qu'il faut dire, le reste n'est que mensonges. » Le traité avec Sadda fut confirmé par un traité, en date du 23 août 1845.

La mission visita ensuite les mines d'or de Kéniéba, assez superficiellement d'ailleurs, et conclut à la possibilité d'une exploitation fructueuse par des moyens perfectionnés. Elle rentra en mars 1844 à la côte par Mac-Carthy et Sainte-Marie (Guinée anglaise). Huard mourut quelques mois après et c'est Raffenel qui écrivit le récit du voyage.

Raffenel tenta deux ans après (1846) un nouveau voyage : il voulait gagner le Nil par le Kaarta, Ségou, Sokoto et l'Afrique centrale. Il partit de Saint-Louis en août 1846 avec un indigène sénégalais Léopold Panet, gagna Bakel, puis s'enfonça dans le Kaarta, mais il fut retenu prisonnier pendant huit mois et rentra ensuite à Saint-Louis avec des renseignements très abondants sur les Bambaras.

Si l'exploration intérieure ne fut pas brillante pendant cette période, en revanche l'expansion le long de la côte occidentale d'Afrique fut très active et c'est à ce moment que notre station navale jeta les bases de nos établissements coloniaux qui devaient être plus tard les colonies de la Casamance, de la Guinée française, de la Côte d'Ivoire et du Congo.

En Casamance, l'expansion commença dès 1837. Le 24 mars, Dagorne, commandant de Gorée, passait avec Bodian Dafa, roi de Boudhié, la convention suivante :

Art. 1er. — Le Roi du pays de Boudhié s'engage à recevoir et protéger les marchandises et commerçants français qui viendront trafiquer dans son pays et à les y mettre à l'abri de toute vexation.

Art. 2. — Afin de donner à ces marchands un asile assuré et un lieu de résidence convenable pour eux et leurs marchandises, le roi de Boudhié et les notables habitants des villages de Seguiou, de Pathioloro cèdent en toute propriété au roi des Français un terrain situé au sud du village de Séguiou et s'étendant le long de la rivière, en la descendant, l'espace de 250 mètres, avec une profondeur dans l'intérieur de 100 mètres pour en jouir en toute propriété et sans réserve afin d'y établir un comptoir de commerce.

Art. 3. — La commission d'exploration, au nom de S. M. le roi des Français, s'engage à faire payer audit roi et auxdits notables la somme de... payable en marchandises et en deux termes.

Le poste de Sedhiou fut immédiatement établi. Le 1er avril, une convention semblable cédait à la France l'île de Dhinbering. Enfin en décembre 1839 l'*Erèbe* concluait de nouvelles conventions avec les chefs d'Itou, de Dhiogué, de Sandignery, de Pacao, etc.

Dans les rivières du sud, où nous avions déjà des comptoirs commerciaux, — c'est d'un comptoir français que René Caillé était parti, — des traités pour la protection du commerce français furent conclus en janvier 1842 par de Kerhallet, commandant de l'*Alouette*, avec les Landoumans (Rio-Nunez), en décembre par Fleuriot de Langle avec les Nalous. Ces traités furent renouvelés, en 1845, par Baudin qui passa à Booton, à Cagnaba, chez les Nalous, etc., une série de traités dont voici le modèle :

Art. 1er. — Le chef de Rio-Grande, Soliman, s'engage à bien recevoir et à laisser librement trafiquer tous les navires et tous les commerçants français et à recevoir en amis les indigènes des ports français de la côte d'Afrique.

Art. 2. — Les Français qui débarqueront à Rio-Grande pour commercer seront garantis de tous mauvais traitements et il leur sera rendu justice s'il s'élève des contestations sur les achats et sur les ventes. Les navires français qui feront naufrage sur la côte seront préservés de tout pillage ; les marchandises sauvées seront laissées ou rendues à leurs propriétaires, et les marins et les passagers naufragés seront recueillis et soignés jusqu'à ce qu'ils puissent être emmenés par un autre bâtiment.

Art. 3. — Le chef de Rio-Grande, Soliman, s'engage à faire venir dans la rivière et à livrer aux troqueurs français, à prix débattus, la plus grande quantité possible d'or, de cire, de peaux, d'huile, d'ivoire et d'autres produits du pays. Il reconnaît que le seul bon commerce est celui qui se fait par l'échange des produits de la terre contre d'autres marchandises et que la vente des esclaves pour l'exportation est un trafic mauvais et criminel. Il déclare qu'il le prohibera et qu'il fera tout ce qui dépendra de lui pour le faire cesser ou le prévenir dans l'étendue du pays soumis à son autorité : et, à cet effet, il acceptera l'assistance des officiers, soldats et matelots du roi des Français. Il s'oblige de plus à avertir les bâtiments français de la présence de tout navire négrier qui tenterait d'enfreindre les présentes prohibitions.

Art. 4. — (Stipulation d'une coutume).

Signalons encore le traité passé le 27 juillet 1848 par Ducrest de Villeneuve, commandant de l'*Amaranthe*, avec les chefs de Landoumans et des Nalous pour l'abolition de la traite et la cession d'un terrain à Boké.

A la Côte d'Ivoire de nombreux traités furent conclus. Ils nous valurent la cession d'Assinie et de Grand-Bassam. Des maisons de commerce y avaient établi des comptoirs : elles-mêmes sollicitaient

la création d'établissements français. Déjà en 1838, le 14 décembre,
le capitaine de corvette Montagnès de la Roque avait fait conclure à
bord de la *Malouine* par Bouët-Willaumez un traité par lequel les
deux Black-Will, chefs du pays de Garroway, cédaient à la France un
vaste terrain, et faisaient alliance avec elle. En 1842, Bouët-Willaumez fut chargé d'établir des relations définitives avec les divers
chefs de la côte.

Le 7 février 1842, Bouët-Willaumez concluait un nouveau traité
avec les rois Black-Will, à Garroway :

ART. 1er. — Les pays coupés par la rivière de Garroway sont concédés
en toute propriété au roi des Français dans une étendue de quatre lieues
carrées, dont l'embouchure de la rivière occupe le milieu sur le littoral ;
tout le cours de la dite rivière est compris dans cette concession. Les
Français auront donc seuls le droit d'y arborer leur pavillon et de
faire sur l'une ou l'autre rive toutes bâtisses et fortifications qu'il leur
plaira ; mais aucune autre nation ne pourra s'y établir, en raison de la
souveraineté concédée au seul roi des Français.

De plus, les Black-Will concèdent en même temps au roi des Français tous leurs droits de souveraineté sur les pays dont la légitime possession leur vient de leurs pères, lesquels pays s'étendent jusqu'au
Petit-Ceste ou ancien Petit-Paris.

ART. 2. — Les chefs et leurs populations s'engagent donc à se conduire avec respect et bonne foi à l'égard des Français, et s'il en est
ainsi, un cadeau annuel facultatif sera fait au roi par le gouvernement
ou les traitants, à titre de récompense

ART. 3. — Le roi Black-Will, son frère et le jeune Duc, font remarquer que, lors de l'arrivée des habitants de l'intérieur sur le terrain
concédé par eux aux Français précédemment, ils ont protesté contre
cette occupation et ont recouru même à la voie des armes pour l'empêcher ; que cette occupation qui n'est que le résultat de la force brutale
et dont le père du jeune Duc a péri victime, ne nuit en rien aux droits
acquis préalablement par les Français, qu'elle est un motif de plus déterminant les gens de Garroway à être rangés sous le protectorat du roi
des Français, dont ils se considèrent comme les sujets dorénavant.

Traité avec le roi Péter, relatif à la cession de Grand-Bassam (9 février) :

ART. 1er. — La souveraineté pleine et entière du pays et de la rivière
du Grand-Bassam est concédée au roi des Français ; les Français auront
donc seuls le droit d'y arborer leur pavillon et d'y faire toute bâtisse et
fortification qu'ils jugeront utiles et nécessaires en achetant les terrains
aux propriétaires actuels.

Aucune autre nation ne pourra s'y établir en raison même de la souveraineté concédée au seul roi des Français.

Art. 2. — Le roi *Peter* et les chefs *Quachi* et *Wouacha* cèdent également deux milles carrés de terrain, soit sur les bords de la rivière, soit à la plage, un mille sur l'une, un mille sur l'autre, enfin au choix des bâtiments de guerre français expédiés pour établir les traitants dans le pays.

Art. 3. — En échange de ces concessions, il sera accordé au roi et à son peuple protection des bâtiments de guerre français. En outre, il sera payé au roi, lors de la ratification du traité (stipulation de cadeaux).

Art. 5. — Si quelques difficultés s'élevaient entre les habitants et les naturels, il en serait statué par le commandant du premier navire de guerre arrivant dans le pays, lequel ferait prompte justice des coupables, de quelque côté qu'ils fussent.

Art. 6. — Les bâtiments de commerce français seront respectés et protégés ; ils ne seront nullement inquiétés dans leurs relations commerciales et autres ; si l'un d'eux faisait naufrage, il serait concédé un tiers des objets sauvés aux naturels qui auraient coopéré au sauvetage.

Le 4 juillet 1843, Fleuriot de Langle, au nom de Bouët-Willaumez, obtenait du roi Aigin, du roi Atacla et de son neveu Amatifou la cession d'Assinie :

Art. 1er. — Le roi, les chefs et le peuple d'Assinie se rappellent l'amitié et l'alliance qui a existé de tous temps avec la nation française, amitié qui avait porté les anciens chefs du pays à faire des concessions de terrain aux Français, avec le droit d'y bâtir des forts, droits dont ils ont usé déjà ; ils considèrent que cette amitié ancienne n'a jamais été altérée et désirent se créer un protecteur puissant en se rangeant sous la souveraineté de S. M. *Louis-Philippe Ier*, roi des Français, à qui ils concèdent la possession pleine et entière de tout leur territoire, avec le droit d'y arborer ses couleurs, d'y faire telle bâtisse ou fort qu'il jugera convenable.

Art. 2. — Le roi et les chefs du pays continueront à jouir, vis-à-vis des indigènes, de leurs droits de souveraineté ; mais, en vertu du présent traité, ils ne pourront nouer de relations avec les puissances étrangères, ce droit restant dévolu à S. M. le roi des Français ou aux agents qu'il lui plaira de nommer. Conséquemment, aucune nation n'aura le droit de faire dans le pays d'Assinie aucun établissement d'aucune espèce.

Art. 3. — Le roi et les chefs s'engagent à faire respecter les Français dans leurs personnes, propriétés et marchandises. S'il s'élève des dissensions entre les Français et les indigènes, l'officier qui commandera le poste fera une information à ce sujet ; si les indigènes ont tort, le roi et ses chefs s'engagent à les punir ; si les Français ont tort, le chef du poste fera rendre justice aux indigènes qui auraient été molestés.

ART. 6. — Le roi et les chefs d'Assinie cèdent en propriété aux Français toute la langue de terre qui existe entre la mer et la rivière, depuis la barre jusqu'au lieu où la rivière prend sa direction vers le nord ; ils cèdent, en outre, un mille carré sur la rive droite. L'officier muni d'ordres pour établir le comptoir fortifié projeté par S. M. le roi des Français, sera libre de choisir dans ce terrain le lieu qui lui semblera le plus convenable pour asseoir cet établissement.

ART. 7. — En échange de ces concessions, il sera accordé par les Français protection au roi et aux chefs d'Assinie à qui S. M. le roi des Français s'engage à faire donner le jour de la ratification du traité les articles suivants qui seront partagés entre le roi et les chefs.

Le 26 mars 1844, le traité avec les chefs d'Assinie était renouvelé. Le 22 avril, Boyer, qui portait le titre de « commandant supérieur des comptoirs de la Côte-d'Or », obtenait cession du territoire du roi Aka, entre l'Atacla et Grand-Bassam. Enfin, en 1845, pendant la campagne faite par Baudin pour assurer la répression de la traite et de la protection du commerce, des traités furent conclus avec les chefs de Saint-André (Sassandra), Rio Fresco, Lahou, Jack-Jack, Half-Jack, Ivory Towns, etc.

Telles étaient les bases de notre future colonie de la Côte d'Ivoire. A Assinie, on releva les restes d'un vieux fortin de l'ancienne compagnie de Guinée et à Grand-Bassam, on établit un fortin appelé Fort-Nemours (1).

L'expansion politique accompagnait ainsi la répression de la traite à laquelle le renforcement de notre station navale, conséquence de la convention franco-anglaise de Londres du 29 mai 1845, donna un nouvel essor.

Les commandants de nos stations navales favorisèrent même la naissance et le développement de l'état fondé par les nègres libérés à Libéria et, dès 1847, Bouët-Willaumez, « prévoyant, disait-il, les conséquences si favorables à l'extinction de la traite des noirs que la fondation de cet état chrétien et civilisé devait avoir inévitablement un jour » appuyait auprès du gouvernement français la demande de reconnaissance officielle que la République de Libéria avait déjà obtenue de l'Angleterre et des États-Unis.

Nos navires portèrent également le pavillon dans les bouches du

____

(1) *Notices coloniales de l'Exposition* de 1889.

Niger et des traités furent conclus le 4 octobre 1841 à Bonny et le 27 août 1842 à Vieux-Calabar. Ce dernier, signé du roi Eyamba, était ainsi conçu :

En attendant qu'un bâtiment de guerre dûment autorisé vienne dans la rivière du Vieux-Calabar pour faire avec moi, si cela est jugé nécessaire, un traité de commerce et d'amitié, je m'engage de protéger les Français qui viendront dans cette rivière pour commercer, et ils seront traités par moi aussi bien que les Anglais eux-mêmes, sans que, à cause de ceux-ci, il leur soit fait aucune injure et qu'ils éprouvent aucun retard dans la délivrance des marchandises qui leur seront dues en échange des leurs.

Ce fut aussi la surveillance de la traite qui détermina l'établissement des postes français au Gabon. A la vérité des missions catholiques s'étaient déjà établies au Gabon aux XVIe, XVIIe et XVIIIe siècles : on cite notamment l'abbé Propart qui vécut à Loango au milieu du XVIIIe siècle. Mais leur action n'avait aucun caractère politique. Si toute la politique coloniale du premier empire n'avait été dominée par les nécessités de la défense, peut-être un établissement français aurait-il été fondé au Gabon, car on trouve dans une correspondance adressée le 22 décembre 1805 au ministre de la marine par l'amiral Linois au retour d'une de ses campagnes dans l'Océan Indien cette intéressante indication :

A mon passage à Loango et Mayombe, j'ai été visité par des naturels du pays qui m'ont témoigné le désir de voir se renouveler les relations avec les Français dont ils préfèrent les marchandises à celles des Anglais ; plusieurs d'entre eux parlaient notre langue à se faire bien comprendre (1).

L'indication ne fut pas utilisée. Ce furent, comme nous l'avons dit, les difficultés de la répression de la traite qui nous amenèrent au Gabon. Montagnier de la Roque, commandant de la station navale en 1838, employait pour la chasse aux négriers des bâtiments de petite dimension, capables de fouiller les côtes et les embouchures de rivières, mais, par suite, incapables de porter un ravitaillement de quelque importance. Comme il devait surveiller la côte occidentale de Gorée jusqu'au fond du golfe de Guinée, il chargea Bouët-

(1) Archives nationales, *Rapports militaires de l'amiral Linois*, 1805.

Willaumez d'installer un dépôt dans l'estuaire du Gabon que cet officier avait reconnu en 1837. Bouët-Willaumez réussit à entrer en relations avec les chefs du Gabon et le 9 février 1839, il concluait à bord de la *Malouine* avec Denis, chef de la rive gauche du Gabon, le traité suivant :

ART. 1er. — Le roi Denis s'engage à céder à perpétuité à la France deux lieues de terrain en partant de la pointe Sandy se dirigeant vers le village du roi et dans toute la largeur de la rive gauche moyennant les marchandises de traite ci-dessous dénommées.

ART. 2. — La France élèvera toutes les bâtisses, fortifications ou maisons qu'elle jugera convenables.

ART. 3. — Le susdit roi s'engage à une alliance offensive et défensive avec la France qui, d'un autre côté, lui garantit sa protection.

ART. 4. — La présente convention une fois ratifiée en France, la prise de possession pourra avoir lieu immédiatement.

Le 18 mars 1843, Bouët revint au Gabon sur le *Nisus*, en qualité de commandant de la station navale, et conclut avec Louis, chef de la rive droite, un traité presque identique à celui de Denis, mais dont le dernier article mérite d'être cité avec les premiers :

ART. 1er. — La souveraineté du territoire du roi Louis, situé entre le village du roi Glass et celui du roi Quabens, est concédée pleine et entière au roi des Français. Les Français auront donc seuls le droit d'y arborer leur pavillon et le roi Louis se range dorénavant sous la protection et la souveraineté de la France.

ART. 2. — Le roi Louis cède de plus en toute propriété aux Français le terrain de l'ancien village de son père pour y élever telle bâtisse ou fortification qu'il leur plaira.

ART. 5. — Le roi Louis ne stipule aucune condition de cadeaux d'échange et s'en rapporte tout à fait à la générosité du gouvernement français.

Le 27 avril 1843, Baudin obtint à son tour la cession du village du chef de Quaben.

En mars, avril et juillet 1844, l'*Eperlan*, commandant Darrican de Traverse, passa de nouveaux traités avec les chefs des terres, îles et presqu'îles baignées par les affluents du Gabon, Glass, Dalyngha, Cringer, Cobangoï, Passall, etc.

Nos officiers ne voyaient d'ailleurs dans ce nouvel établissement qu'un dépôt pour les navires et Bouët-Willaumez écrivait en 1850 :

« Notre point central de relâche, c'est le Gabon, mieux placé encore que l'Ascension pour la promptitude des traversées qu'effectuent les croiseurs alors que leurs vivres étant épuisés, ils quittent momentanément leurs points de croisière pour gagner leur centre de ravitaillement. La rade du Gabon est en outre la plus vaste et le plus bel abri que possède la France entre les tropiques (1). »

Au résumé, pendant cette période, la colonie du Sénégal n'a pris à l'intérieur qu'un développement restreint, bien que son commerce se fût élevé de 11.830.000 francs, chiffre de 1840, à 23.800.000 fr., chiffre de 1846. En revanche, elle a été la base de l'expansion qui établit à la côte occidentale d'Afrique les bases de quatre de nos futures colonies.

IV. — DANS L'OCÉAN INDIEN

La période de 1830 à 1848 est à Madagascar une période de recul. Le gouvernement de Louis-Philippe se montrait désireux d'éviter toute entreprise nouvelle dans la Grande-Ile et il ordonna de cesser tout acte de guerre à Madagascar. Il fut même invité à évacuer Sainte-Marie. C'est en ces termes que dans la séance de la Chambre du 9 juin 1835, M. d'Angeville demandait l'évacuation :

Devons-nous conserver ce comptoir? Je ne le pense pas ; en voici les motifs : à moins de prendre Tintingue, que l'on a abandonné ou Tamatave que l'on appelle encore à Bourbon le *Tombeau des Français*, l'on ne pouvait choisir un lieu plus défavorable sous le rapport sanitaire que l'île de Sainte-Marie. L'insalubrité de ce pays est-elle compensée par de grandes richesses, ou même par un bon port? Non, messieurs, les cultures coloniales, essayées sur Sainte-Marie, n'y ont pas réussi; quant au port, il n'a aucune fortification, et un vaisseau de guerre ne saurait y entrer. Que faisons-nous donc sur cette côte? Nous sommes placés vis-à-vis d'une population qui a toujours eu la prétention d'être maîtresse chez elle; cette prétention, elle l'a eue de tout temps, même alors que la souveraineté était éparpillée sur son sol jusqu'aux limites de l'autorité patriarcale.

L'amiral Duperré, ministre de la marine et des colonies, répon-

(1) Annales de la marine et des colonies, octobre 1850.

dit qu'il se refusait à prendre l'engagement d'un abandon de territoire. Mais le gouvernement, dont la politique à Alger était irrésolue, se résigna à Madagascar, à une politique d'inertie qui eût eu des conséquences irréparables si les Hovas, se jugeant à l'abri des atteintes et des entreprises françaises, n'avaient usé envers les Anglais de la même politique de tracasseries et d'éviction. Les missions britanniques durent abandonner Tananarive, le commerce des traitants européens était entravé. Enfin le 13 mai 1845, Ranavalona fit publier l'ordre suivant :

A partir de ce jour tous les habitants et traitants seront tenus de prendre la loi malgache faite en ce jour concernant les étrangers, c'est-à-dire de faire toutes les corvées de la reine, d'être assujettis à tous les travaux publics, même ceux que font les esclaves ; de prendre le *tanguin* (poison de l'épreuve judiciaire) lorsque la loi les y oblige ; d'être vendus et faits esclaves, s'ils ont des dettes ; d'obéir à tous les officiers et même au dernier des Hovas, ne leur accordant aucune des prérogatives que la loi malgache accorde à ses sujets ; de ne sortir de Tamatave sous aucun prétexte et de ne faire aucun commerce avec l'intérieur de l'île. Quinze jours de réflexion sont accordés aux traitants et commerçants. Si à ce terme ils n'ont pas accédé, leurs clôtures seront brisées, leurs marchandises livrées au vol et au pillage, eux-mêmes seront embarqués de force sur le premier navire qui se trouvera en rade (1).

Les intrigues anglaises avaient donc abouti à l'éviction complète des Européens. L'Angleterre et la France ou plutôt leurs représentants dans l'Océan Indien, s'unirent pour punir cet outrage. Le commandant de la station navale de la mer des Indes, Romain Desfossés, envoya aussitôt la corvette la *Zélée*, lieutenant Fiéreck, devant Tamatave afin de protéger les Français et la *Zélée* fut bientôt rejointe par le *Conway*, capitaine W. Kelly, puis par la corvette *Berceau* commandée par Desfossés lui-même. Les Hovas ayant conformément à la loi du 13 mai chassé onze traitants français et douze anglais et pillé leurs biens, les deux commandants envoyèrent le 15 juin un ultimatum au gouverneur de la place, Razakafedy. Ce dernier répondit :

Nous avons reçu votre lettre et nous vous déclarons que nous ne pouvons changer la proclamation que nous avons donnée comme loi de Madagascar. Je vous salue.

(1) Brunet, ouv. cité, p. 184.

Le bombardement fut aussitôt commencé, il dura deux heures.
Puis les trois bâtiments débarquèrent leurs troupes qui s'élancèrent
à l'assaut du fort. Le lieutenant Fiéreck fut tué en franchissant la
haie de manguiers, les soldats escaladèrent le mur d'enceinte et
purent même enlever le pavillon hova. Mais les munitions, mouil-
lées par le débarquement, manquèrent et il fallut ordonner la retraite, une retraite précipitée qui ne permit pas d'enlever les
morts (1). Leurs têtes furent piquées sur des sagaies plantées dans
le sable que nos corvettes purent voir en quittant la rade de Tamatave après cet échec. Les crânes des soldats français et anglais de-
meurèrent dix ans exposés sur la place de Tamatave.

La rupture fut complète entre la France, l'Angleterre et les Hovas.
Les étrangers durent abandonner l'île et les chrétiens indigènes furent égorgés en masse.

Notre action avait été plus heureuse sur la côte occidentale. Le
gouvernement de Louis-Philippe cherchait à obtenir un port de
relâche et de ravitaillement dans la mer des Indes. En 1833 il fit
explorer dans ce but par la *Nièvre* la baie de Diégo-Suarez que le
capitaine anglais Owen avait reconnue en 1826 et surnommée « la
citadelle de l'Océan Indien ». La station navale de la mer des Indes
chercha le point d'appui désiré sur la côte occidentale et dans les
dépendances de Madagascar et c'est ainsi que fut établie notre influence dans ces îles.

Le 5 mars 1841 le capitaine d'infanterie de marine Passot, envoyé
à Nossi-Bé sur les indications du capitaine de corvette Jehenne,
commandant du *Colibri*, signa avec Tsoumeka, reine de Nossi-
Bé et de Nossi-Comba un traité emportant cession complète à la
France de ces deux îles et « de tous les droits de souveraineté que
la reine tient de ses ancêtres tant sur ces îles que sur la côte depuis
la baie de Passandava jusqu'au cap Saint-Vincent. » La prise de
possession eut lieu le 5 mai.

Le 25 avril 1841 le capitaine Passot signa un nouveau traité avec
le chef de Mayotte, Adrian Souli, qui avait pu se maintenir assez
difficilement au pouvoir et qui céda à la France l'île de Mayotte en
toute propriété, avec cette stipulation que les terres non reconnues
propriétés privées appartiendraient de droit au gouvernement fran-

(1) Brunet, ouv. cité.

çais. La prise de possession fut opérée le 13 juin 1843, par le commandant Protet, de la *Lionne*.

Cette campagne de 1841 se termina par l'annexion de l'île de Nossi-Mitsiou, cédée par le roi Tsimiaro, « sous condition d'être protégé contre ses ennemis et d'être traité comme sujet français. »

Le commandant Protet, en prenant possession de Mayotte, conclut également un traité avec le sultan Salim et les principaux chefs de l'île d'Anjouan pour l'installation à Anjouan d'un agent permanent de la France et pour la réception dans cette île des malades et convalescents de Mayotte.

Tous ces établissements parurent assez intéressants au gouvernement pour que, le 8 septembre 1847, il fît rendre une ordonnance organisant l'administration de la justice « dans les établissements français du canal de Mozambique ». Cette ordonnance instituait à Mayotte un « conseil de justice » pour le jugement des crimes de rébellion et d'attentat à la sûreté de la colonie et un tribunal correctionnel et civil ; l'autorité des tribunaux indigènes était maintenue.

Signalons enfin le traité d'amitié et de commerce conclu le 17 novembre 1844 à Zanzibar entre Séid, sultan de Mascate, et le capitaine de vaisseau Romain Desfossés :

Art. 1er. — Il y aura paix constante et amitié perpétuelle entre S. M. l'empereur des Français, ses héritiers et successeurs, d'une part, et S. A. l'Iman de Mascate, ses héritiers et successeurs, d'autre part, et entre les sujets des deux États, sans exception de personnes ni de lieux.

Art. 2. — Les sujets de S. A. l'Iman de Mascate pourront, en toute liberté, entrer, résider, commercer et circuler en France avec leurs marchandises. Les Français jouiront de la même liberté dans les états de S. A. le sultan de Mascate, et les sujets de chacun des deux pays auront réciproquement droit, dans l'autre, à tous les privilèges et avantages qui sont ou pourront être accordés aux sujets des nations les plus favorisés.

Art. 17. — Les Français auront la faculté de former, soit à Zanzibar, soit sur tout autre point des états de S. A. le sultan de Mascate des dépôts ou magasins d'approvisionnements de quelque nature que ce soit.

V. — EXPANSION DANS L'OCÉAN PACIFIQUE

C'est sous le règne de Louis-Philippe que furent fondés nos principaux établissements de l'Océanie.

La situation à Tahiti avant 1836 était la suivante : les missionnaires anglais, dirigés par l'un d'eux, Pritchard, avaient pris sur Pomaré III un ascendant considérable qui fut encore renforcé sous Pomaré IV. La religion protestante était devenue religion d'Etat ; cependant Canning avait refusé d'annexer les îles, comme on le lui avait proposé. En 1836, l'arrivée de deux missionnaires catholiques français, les pères Carey et Laval, inquiéta les missionnaires anglais ; des incidents, des conflits se produisirent auxquels Pritchard, investi par lord Palmerston des fonctions de consul, ne fut pas étranger, les deux pères furent rembarqués de force, et la France dut intervenir pour protéger ses sujets. Le 4 septembre 1838, Dupetit-Thouars, alors capitaine de vaisseau, commandant de la *Vénus*, conclut avec Pomaré IV la convention suivante, à Papeete :

Il y aura paix perpétuelle et amitié entre les Français et les habitants d'O'Taïti.

Les Français, quelle que soit leur profession, pourront aller et venir librement, s'établir et commercer dans toutes les îles qui composent le gouvernement d'O'Taïti ; ils y seront reçus et protégés comme les étrangers les plus favorisés.

Les sujets de la reine des îles O'Taïti pourront également venir en France ; ils y seront reçus et protégés comme les étrangers les plus favorisés.

Pritchard entra dès ce moment en lutte ouverte contre l'influence française. La *Vénus* partie, il fit adopter une loi interdisant aux étrangers l'achat des terres et l'enseignement des doctrines étrangères au culte protestant officiel ; il arracha également à la reine une demande de protectorat : sur ces entrefaites, le capitaine Laplace, commandant de l'*Artémise*, vint à Papeete et fit signer, le 20 juin 1839, l'article additionnel suivant :

Le libre exercice de la religion catholique est permis dans l'île d'O'Taïti et dans toutes les autres possessions de la reine Pomaré. Les Français catholiques y jouiront de tous les privilèges accordés aux protestants sans que pourtant ils puissent s'immiscer sous aucun prétexte dans les affaires religieuses du pays.

Mais ces conditions ne furent pas observées. La situation ne tarda pas à s'aggraver : au cours d'une émeute, la police frappa les Français et Mme Moerenhout, femme du consul, installé par Dupetit-

Thouars, mourut des suites de ses blessures. Le commandant du
Bouzet, de l'*Aube*, prévint le contre-amiral qui se décida à une
action énergique.

Dupetit-Thouars venait, suivant les instructions du gouvernement
qui voulait compenser la perte de la Nouvelle-Zélande, d'occuper
les îles Marquises où les missionnaires avaient depuis longtemps
facilité sa tâche. Cette occupation s'était faite en moins de deux
mois. Pour chacune des îles la prise de possession fut enregistrée
par un procès-verbal ainsi conçu :

Nous, Abel Dupetit-Thouars, contre-amiral, commandeur de la Légion
d'honneur et commandant en chef de la station navale de l'Océan Pacifique, déclarons à tous présent et avenir qu'en vertu des ordres du roi
et sur la demande réitérée des principaux chefs de l'île Tahuata nous
en prenons possession, ainsi que de toutes les îles du groupe sud-est
des Marquises qui en dépendent.

En conséquence, nous ordonnons que notre pavillon national y soit
arboré et qu'une garde soit placée sur l'île pour en assurer la protection.

Ainsi furent occupées le 1er mai 1842 l'île de Tahuta, le 5 mai
celle de Hivaoa (la Dominique), le 31 mai Nouka-Hwa, le 12 juin
Ouapou, etc. Et le 25 juin Dupetit-Thouars écrivait au ministre de
la marine :

Monsieur le Ministre, j'ai l'honneur d'informer V. E. que la prise de
possession, au nom du roi et de la France, des deux groupes qui forment l'archipel des îles Marquises, est aujourd'hui heureusement effectuée.

La reconnaissance de la souveraineté de S. M. Louis-Philippe Ier a
été obtenue par les voies de conciliation et de persuasion, et, conformément à vos ordres, elle a été confirmée par des actes authentiques
dressés en triple expédition. J'en adresse une ci-jointe à V. E. ; je ferai
parvenir la seconde qu'elle m'a demandée par la frégate la *Thétis*.

Je joins encore à ces pièces officielles le rapport très circonstancié de
la navigation de la frégate la *Reine-Blanche* depuis son départ de Valpa-
raise et celui de toutes les transactions qui ont eu lieu pour la reconnaissance de la souveraineté du roi et pour la prise de possession de
l'archipel des Marquises.

L'amiral complétait son œuvre en prenant possession, le 3 août
et le 24 août, des îles de Oua-Ouka et Fatou-Hiva quand lui arriva
la nouvelle de la situation à Papeete. Il se rendit immédiatement
à Tahiti et le 8 septembre 1842, il adressa à la reine et aux chefs

une lettre énergique. « Mal conseillée, disait-il, subissant une influence contraire à ses véritables intérêts, la reine apprendra une seconde fois qu'on ne se joue pas impunément de la bonne foi et de la loyauté d'une puissance comme la France. » Et il demandait le dépôt immédiat d'une somme de 57.000 francs comme garantie des indemnités dues aux Français ou l'occupation du fort de la Reine, des établissements de Motou-Outa et de l'île de Tahiti et il terminait ainsi :

... Dans le cas de l'inexécution de l'une des clauses ci-dessus, je crois qu'il est de mon devoir de vous déclarer bien contre mon gré que je me verrais dans la dure nécessité de prendre une résolution plus rigoureuse encore. Cependant pour prouver à la reine et aux chefs principaux combien il me serait pénible d'user d'une telle sévérité envers eux, je les autorise à me soumettre dans les vingt-quatre premières heures du délai fixé plus haut toute proposition d'accommodement capable d'apaiser le juste ressentiment de ma nation, si vivement excité contre eux et de conduire à une sincère réconciliation entre deux peuples qui ont de grandes sympathies de caractère et que l'on s'efforce malheureusement de diviser.

Cette attitude énergique eut un effet immédiat : les chefs résolurent de renouveler la demande de protectorat qui n'avait pas été accueillie en 1841 et ils adressèrent à Dupetit-Thouars, à la date du 9 septembre, la lettre suivante :

Parce que nous ne pouvons continuer à gouverner par nous-mêmes dans le présent état de choses, de manière à conserver la bonne harmonie avec les gouvernements étrangers, sans nous exposer à perdre nos îles, notre liberté et notre autorité,

Nous, les soussignés, la reine et les grands chefs de Tahiti, nous écrivons la présente pour solliciter le roi des Français de nous prendre sous sa protection aux conditions suivantes :

1° La souveraineté de la reine et son autorité et l'autorité des chefs sur leurs peuples sont garanties;

2° Toutes les lois et les règlements seront faits au nom de la reine Pomaré et signés par elle;

3° La possession des terres de la reine et du peuple leur sera garantie. Ces terres leur resteront. Toutes les disputes relatives aux droits de propriété ou des propriétaires seront de la juridiction spéciale des tribunaux du pays;

4° Chacun sera libre dans l'exercice de son culte et de sa religion;

5° Les églises existantes actuellement continueront d'être et les missionnaires anglais continueront leurs fonctions sans être molestés; il en sera de même pour tout autre culte; personne ne pourra être molesté ni contrarié dans sa croyance.

A ces conditions, la reine Pomaré et les grands chefs demandent la protection du roi des Français, laissant entre ses mains ou aux soins du gouvernement français, ou à la personne nommée par lui et avec approbation de la reine Pomaré, la direction de toutes les affaires avec les gouvernements étrangers, les règlements de port, etc., et de prendre telle autre mesure qu'il pourra juger utile pour la conservation de la bonne harmonie et de la paix.

PĀRAITA,   POMARÉ.
        régent.

(Suivent les signatures des trois grands chefs Usami, Hitoti, Tati.)

Dupetit-Thouars répondit en acceptant, sauf ratification, le protectorat et les conditions stipulées et il terminait ainsi :

La démarche honorable pour mon gouvernement que vous venez de faire auprès de moi, Madame et Messieurs, fait disparaître jusqu'aux dernières traces du juste mécontentement qu'avaient fait naître les mesures peu bienveillantes prises à l'égard de nos compatriotes. Je me félicite, Madame et Messieurs, de vous voir mettre un terme à nos différends et je suis convaincu qu'une bienveillance réciproque viendra promptement resserrer les liens qui nous unissent.

Le même jour, un traité fut signé dont voici les principaux articles :

La reine Pomaré et le contre-amiral Dupetit-Thouars arrêtent :
Qu'un conseil de gouvernement sera établi à Papeete, capitale de Tahiti; ce conseil est investi, conformément aux conditions du protectorat, du pouvoir administratif et exécutif et des relations extérieures des états de la reine Pomaré;
Le conseil du gouvernement est composé de trois membres, à savoir : le consul de France, commissaire du roi près le gouvernement de S. M. la reine Pomaré; le gouverneur militaire de Papeete, le capitaine du port de Papeete;
Les arrêtés du conseil du gouvernement ne pourront être pris qu'après délibération en conseil; ils ne seront exécutoires que lorsqu'ils seront prononcés à l'unanimité.
Hors du conseil, chacun des membres ne conservera que le pouvoir de la spécialité dont il est chargé; le conseil ne pourra s'assembler que lorsqu'il sera convoqué par le consul de France, commissaire du roi, ou par le gouverneur militaire de Papeete.

En cas d'appel d'un jugement au conseil du gouvernement, le conseil devra s'adjoindre, comme assesseurs, les consuls des nationaux intéressés, ou, si l'affaire est mixte, c'est-à-dire entre un blanc et un indigène, le consul de la nation intéressée, d'une part, et le gouverneur du district de l'autre; dans ce cas, le jugement pourra être rendu à la majorité des voix.

La justice civile sera exercée à Tahiti : 1º par des tribunaux entièrement composés d'indigènes nommés par la reine, pour les affaires entre les naturels, selon la coutume établie; 2º par les mêmes tribunaux, auxquels seront adjoints, en nombre égal aux jurés indigènes, pour la formation de tribunaux mixtes, des jurés blancs nommés par le conseil du gouvernement qui les choisira sur des listes triples de candidats présentés en nombre égal par chacun des consuls étrangers, pour les affaires entre les blancs et les indigènes.

Enfin, les blancs déféreront leurs affaires aux tribunaux du pays, mais, dans ce cas, tous les jurés seront nommés par le conseil dudit gouvernement, comme il a été dit ci-dessus pour les jurés du tribunal mixte.

Les consuls étrangers conserveront, jusqu'à ce que le gouvernement français et leur gouvernement en soient informés, leur juridiction sur leurs nationaux.

Les indigènes et les blancs seront égaux devant la loi.

La liberté des cultes est proclamée; le gouvernement lui accordera une égale protection.

Nul ne pourra être recherché pour ses idées religieuses, ni contraint dans l'exercice de son culte.

La liberté individuelle est garantie; il ne pourra y être porté atteinte que sur un ordre écrit et motivé du consul, après délibération et sur une décision prise à l'unanimité.

Toutes les propriétés, indistinctement, sont garanties.

Tout blanc résidant à Papeete devra être pourvu d'un certificat de nationalité ou reconnu par le consul de sa nation, ou encore, pris sous la protection d'un de ceux qui sont accrédités; à défaut de cette garantie, il pourra être considéré comme vagabond, et comme tel obligé de quitter le pays. Toutefois, ce jugement ne pourra être rendu qu'après délibération du conseil du gouvernement et à l'unanimité des voix.

Tout blanc qui interviendra dans les affaires entre le gouvernement et la reine Pomaré et celui du roi, provisoirement établi, ou qui, par ses clameurs, ses menées, ses calomnies ou ses actions, cherchera à troubler l'ordre public et la bonne harmonie qui tendent à s'établir, pourra, sur un arrêté pris en conseil à l'unanimité des voix, être forcé à quitter le pays.

Le gouvernement provisoire fut constitué le 15 septembre : il comprenait le lieutenant de vaisseau Reine, gouverneur militaire de

Papeete, président ; Gabrielli de Carpegna, capitaine de port, et Moerenhout, commissaire du roi. Le drapeau du protectorat fut composé par l'adjonction des trois couleurs françaises dans l'angle supérieur de hampe du drapeau tahitien.

Le nouveau régime fut accueilli avec joie par les indigènes et les Français, et, Pritchard étant absent, sans protestation de la part des étrangers. C'est ainsi que les ministres de la mission protestante écrivirent le 21 septembre à l'amiral :

Nous, ministres soussignés de la mission protestante aux îles de Taïti et de Moorea, étant réunis en comité et informés des derniers changements qui ont eu lieu relativement au gouvernement taïtien, désirons assurer S. E. que, ministres de l'Evangile de paix, nous regardons comme un devoir impérieux d'exhorter le peuple de ces îles à une obéissance tranquille et constante envers les pouvoirs existants, dans la pensée que cette conduite est celle qui convient le mieux à leurs propres intérêts ; attendu surtout que cette obéissance est commandée par les lois de Dieu que nous avons eu jusqu'à présent pour objet spécial de faire connaître.

DARLING, président ; HOWE, secrétaire ;
J. AROMOND, JOHN DAVIS, etc.

Les résidants anglais écrivirent de leur côté :

Monsieur, nous soussignés, résidants anglais de Taïti, désirons vous remercier d'avoir accepté provisoirement la demande par laquelle la reine Pomaré a sollicité la protection de S. M. le roi des Français dans ce qui touche à ses relations extérieures avec les puissances étrangères, les rapports avec les résidants étrangers, et nous sommes heureux de voir mettre un terme au désordre et aux abus qui ont régné jusqu'à présent dans ce port ; nous vous félicitons que vous ayez *pro tempore*, comme vous l'annoncez dans votre proclamation, rendu des lois et des règlements et donné des garanties capables d'assurer la protection des propriétés et l'administration de la justice.

Signé : R. HOOTOON, NEUTON et 29 signatures.

Le vice-consul anglais lui-même faisait preuve de sentiments louables :

Taïti, 12 septembre 1842.

Monsieur, j'ai l'honneur de vous accuser réception de votre communication datée du 11 courant et en réponse je puis vous assurer que je trouve heureux que les difficultés entre la France et le gouvernement taïtien aient été terminées sans que vous ayez recours à des mesures hostiles et en termes aussi modérés que favorables. J'ai aussi l'honneur de vous assurer que j'aurai grand plaisir à m'entendre avec vous (lorsqu'il vous plaira de me le faire savoir) et de vous donner tout mon concours pour les meilleures mesures à prendre pour maintenir le bon ordre et la bonne harmonie parmi les étrangers résidant à Taïti et pour le bien général des habitants.

TH. WILSON, consul de S. M. B.

Le consul des États-Unis, M. Blackler, écrivait :

Monsieur l'amiral, j'ai l'honneur de vous accuser réception de votre note du 17 courant et de celle de date antérieure accompagnée d'une proclamation fixant les bases qui constituent la nouvelle administration des affaires dans ce pays. Je suis heureux d'ajouter que les principes justes et libéraux contenus dans la proclamation, l'approbation avec laquelle elle a généralement été accueillie et les grands intérêts que les résidants blancs trouvent dans la sécurité accordée à leurs personnes et à leurs propriétés, doivent dans mon opinion assurer pour longtemps le bon ordre et la tranquillité si désirables qui n'ont jamais existé ici auparavant.

Enfin, la reine elle-même écrivait de Moorea à Moerenhout, à la date du 16 septembre, une lettre par laquelle elle lui confiait l'administration et le priait de faire publier la proclamation suivante qu'elle adressait à son peuple :

AMIS ET AUTORITÉS DE PAPEETE,

Ceci est pour vous dire de bien observer les intentions du gouvernement. Les consuls (*c'est-à-dire les autorités françaises*) ont dit que vous ne les secondiez pas bien. Prêtez toute votre attention aux juges. Surveillez bien ceux qui sont coupables, jugez-les, imposez-leur des amendes et privez-les de leurs offices. Les mutoïs (juges) que vous devez surveiller sont ceux établis à Fana. C'est tout ce que j'ai à vous dire. Santé et paix soient avec vous.

POMARÉ.

La tranquillité était donc parfaite à Tahiti et l'île eût mérité de reprendre son nom de Nouvelle-Cythère si le retour de Pritchard n'eût de nouveau tout compromis.

Le traité avait été envoyé en France où il fut ratifié le 25 mars dans les termes suivants :

LOUIS-PHILIPPE A LA REINE POMARÉ, SALUT !

'Illustre et excellente princesse, notre contre-amiral Dupetit-Thouars, commandeur de la Légion d'honneur et commandant en chef de nos forces navales dans l'Océan Pacifique, nous a rendu compte de la demande que, de concert avec les grands chefs principaux de vos îles, vous avez faite de placer votre personne et vos terres, ainsi que la personne et les terres de tous les Tahitiens, sous le protectorat de notre couronne, offrant de nous remettre la direction extérieure de vos états, les règlements de port et autres mesures propres à assurer la paix dans cet archipel. Notre cœur s'est ouvert à votre voix, et puisque, d'accord avec les chefs de vos îles, vous ne pouvez trouver repos et sûreté qu'à l'ombre de notre protection, nous voulons vous donner une preuve éclatante de notre royale bienveillance en acceptant votre offre. Nous conférons tous pouvoirs au gouverneur de nos établissements dans l'Océanie, le capitaine de vaisseau Bruat, pour s'entendre avec vous et avec les grands chefs. Il a toute notre confiance, écoutez-le. Conservez vos terres et votre autorité intérieure sur vos sujets, et sous la garde de notre sceptre ami, assurez leur bonheur par la sagesse et la bonne foi. De notre côté, nous chercherons toujours les occasions de vous donner, ainsi qu'à tous les habitants de vos îles, des gages de la sincère amitié que nous vous portons. Que la paix et la prospérité soient avec vous !

Donné en notre palais des Tuileries, le 25e jour du mois de mars 1843.

LOUIS-PHILIPPE.

GUIZOT,

Secrétaire d'Etat au département des affaires étrangères.

Dupetit-Thouars était occupé dans le début de l'année 1843 à achever l'occupation des Marquises où il était représenté par le commandant Collet, à surveiller les événements de l'Amérique du sud et à relever le prestige de la France dans les archipels de la Polynésie méridionale où le *Bucéphale*, commandant Pigeard, fit une remarquable croisière qui prouva aux indigènes l'intérêt que la France portait aux choses du Pacifique.

C'est à ce moment, le 25 février 1843, que la *Vindictive*, capitaine Toup Nicholas, ramena Pritchard à Papeete. Dès ce moment, l'histoire de Tahiti ne fut plus qu'une longue lutte entre les intrigues de Pritchard et de Toup Nicholas et le gouvernement provisoire installé par Dupetit-Thouars (1).

(1) *La Campagne de l'amiral Dupetit-Thouars dans le Pacifique*, 1844-1843, par M. Passerat (*Mémoire de la Faculté des Lettres*).

Dès son arrivée, Pritchard arracha à la faiblesse de la reine une lettre par laquelle elle demandait à la reine Victoria « qu'elle lui prêtât une assistance puissante et prompte et lui envoyât promptement un grand vaisseau de guerre pour l'aider ». Le 13 mars, il écrivait lui-même au comte d'Aberdeen pour demander le protectorat, affirmant qu'il conformait sa conduite « aux promesses réitérées d'assistance et de protection données par le gouvernement anglais à la reine Pomaré ». Et il citait une lettre de Canning au père de Pomaré, le 3 mars 1827 : « S. M. m'ordonne de vous dire que bien que la coutume de l'Europe lui défende d'acquiescer à vos vœux sous ce rapport (arborer le pavillon anglais), il s'estimera heureux de donner à vous et à vos domaines toute la protection que peut accorder S. M. à un pouvoir ami à une si grande distance de son royaume » ; une dépêche de lord Palmerston, 9 septembre 1841 : « La reine sera charmée de donner la protection de ses bons offices à la reine Pomaré dans tous les différends qui pourraient survenir entre cette reine et toute autre puissance » et un extrait des instructions d'Aberdeen à lui, Pritchard, le 30 juillet 1842 : « A l'occasion de votre retour à votre poste à Taïti, il serait bon que vous pussiez prouver aux autorités exerçant le gouvernement dans ces îles que le gouvernement de la reine continue à prendre le même intérêt à leur prospérité. » Et Pritchard ajoutait : « Votre seigneurie comprendra que la reine Pomaré est dans une situation vis-à-vis d'une autre puissance qui l'engage à demander à la Grande-Bretagne l'accomplissement des promesses de protection à elles faites de temps à autre. »

Les mois d'avril et de mai se passèrent sans autre incident qu'une tentative de Toup Nicholas pour s'installer dans l'îlot de Motou-Ouata, situé au milieu de la baie de Papeete ; l'énergie de Vrignaud, commandant de la *Boussole*, l'empêcha seule d'agir. Mais dès les premiers jours de juin, le commandant de la *Vindictive*, inspiré par Pritchard, démasqua ses batteries et le 4 juin, il écrivit à Dupetit-Thouars une lettre par laquelle il déclarait ne pouvoir reconnaître la validité du traité de protectorat. De plus, il réclamait le droit de diriger la politique de Pomaré : « Vous pourrez voir dans ma correspondance, écrit-il, les mesures que j'ai prises relativement à la reine Pomaré et au gouvernement provisoire depuis mon arrivée ici. Ces mesures ont toujours été prises selon l'avis des autorités sur la loi nationale que j'ai toujours en vue. » Il affir-

mait que la reine lui avait demandé, dès son arrivée, « l'accomplissement de promesses qui avaient été faites de temps à autre à son
père et à elle-même par le gouvernement britannique. » Il insinuait
même que le gouvernement provisoire avait donné au traité une
interprétation différente de celle que lui donnait la reine et il était
convaincu que le roi des Français ferait une enquête sur ce point.
Il faisait même appel à l'humanité :

Ce qui lui tient le plus à cœur, écrit M. Passerat dans le mémoire cité
plus haut, c'est que le protectorat a été établi au moment où Pomaré
était près d'accoucher, « situation qui a toujours exigé des hommes
civilisés de tous les pays du monde protection et douceur et surtout de
ceux d'une nation qui tient le premier rang par sa courtoisie chevaleresque ». Les mêmes scrupules agitent le capitaine au sujet de la proclamation, qui, d'après les informations de bonne source qu'il recueillit,
fut signée par Pomaré à cause des menaces du consul de France. Ce
sont même d'*insultantes* menaces qui eurent pour effet de faire entrer la
reine en travail d'enfant une heure après. Circonstance qui met le
comble à l'indignation de M. Toup Nicholas, qui en appelle à la *France,
à l'Europe et au Monde* pour flétrir ces procédés sans exemple. Tout fier
de ce bel élan d'humanité, il est persuadé que Dupetit-Thouars, qu'il
croit informé le premier de ces faits, les déplorera avec lui et que le roi
des Français annulera le traité de protectorat. Il espère que l'amiral, à
ces nouvelles, n'hésitera pas à blâmer la conduite de *l'individu* (Mœrenhout) qui a été l'instrument de tous les maux qui ont affligé Taïti dans
ces derniers temps. Prêtant une oreille complaisante à tous les bruits
défavorables qui couraient à Taïti sur les Français, il n'a fait aucune
difficulté de croire ceux qui lui ont rapporté que M. Mœrenhout avait
dit plusieurs fois que ce ne serait pas sa faute s'il n'éclatait pas une
guerre entre les deux nations. Après bien des circonlocutions, il en
arrive à dire que les circonstances, *sans précédent aucun*, qui ont accompagné la signature du traité, « le rendront nul, *ab initio*, pour des raisons qu'il tire des écrits de Puffendorf, Barbayrac et Wattel ».

Il terminait ainsi cette correspondance transmise au ministre de
la marine par l'amiral Dupetit-Thouars :

Au milieu de la variété des réflexions, Monsieur, que les devoirs
délicats que j'ai eu à remplir à Taïti depuis quelques mois m'inspirèrent,
ce dont je m'applaudirai toujours le plus, ce sera d'avoir été constamment fidèle à la modération et j'ose espérer que toute personne désintéressée ici me rendra cette justice de dire que dans les nombreuses difficultés et j'ajouterai même les offenses (ce qui est prouvé par les lettres

sur lesquelles j'ai appelé vottre attention), offenses qui m'ont été faites par la personne que j'accuse d'être l'unique cause de toutes les dernières mésintelligences arrivées dans l'île et qui (si je me fusse laissé aller au même esprit) auraient amené une guerre entre l'Angleterre et la France ; on me rendra, dis-je, la justice d'avouer que j'ai constamment usé de modération. Je suis bien certain que le plus vif désir des deux gouvernements et des hommes qui sont à leur service est d'éloigner le plus longtemps possible toute éventualité de guerre. Je crois devoir vous donner l'assurance que l'Angleterre (et j'en ai la certitude) ne cherche pas, ne désire pas jouir d'une influence prépondérante à Taïti. Tout ce qu'elle désire, c'est de voir la souveraine de l'île libre et indépendante, accordant faveur et protection égale aux sujets de tous les États, sans montrer de la partialité pour aucun.

Toup Nicholas ne se contenta pas d'écrire. Il amena la reine à hisser sur sa demeure non plus le pavillon du protectorat, mais son ancien pavillon avec couronne, et le 20 juin, il enjoignit aux résidants anglais de ne plus reconnaître l'autorité française par la circulaire suivante :

C'est un devoir pour moi d'informer les sujets de Sa Majesté britannique qui résident maintenant dans les états de la reine de Taïti que j'ai reçu des instructions en conséquence desquelles ils devront, quel que soit le motif pour lequel ils aient à demander justice, avoir recours aux officiers de leur propre souveraine dans cette île, ou aux lois établies par la reine Pomaré, et ne pas s'inquiéter des sommations pour comparaître comme jurés, ni se soumettre aux règlements et aux juridictions de quelque sorte qu'ils soient établis temporairement ici par les autorités françaises, sous le nom de gouvernement provisoire, non plus qu'être sous la dépendance de tout autre officier français, quel que soit son rang dans la station, jusqu'à ce que la décision de la reine d'Angleterre relativement à Taïti soit connue. Bien que je sois déterminé, pour exécuter rigoureusement cet ordre, à appuyer par la force ce règlement si cela est malheureusement nécessaire, cependant je continuerai à faire de mon mieux pour rester en bonne intelligence avec les officiers de la marine française en station ici ; et j'ai la sincère conviction que rien ne viendra troubler l'harmonie qui a subsisté jusqu'à présent entre les sujets de nos nations respectives. Je crois convenable de vous faire observer ici que l'Angleterre ne cherche pas, ne désire pas le maintien sous quelque forme que ce soit d'une influence souveraine dans ces îles ; mais tout en répudiant une semblable intention et en déclarant, ainsi qu'elle l'a fait maintes fois en répondant aux souverains qui se sont succédés à Taïti et qui la sollicitaient de devenir leur protectrice permanente, que, bien qu'elle ne veuille pas prendre un pouvoir prépondé-

rant dans le gouvernement de Taïti, la Grande-Bretagne, cependant, j'en suis sûr, a pris la détermination qu'aucune autre nation n'aura une plus grande influence ou autorité sur ses états que celle qu'elle réclame comme son droit naturel acquis par ses longs et intimes rapports avec eux.

Surtout je me considère comme autorisé à constater que la détermination de la reine d'Angleterre est bien de maintenir indépendante et libre la souveraineté de Taïti.

Le gouvernement provisoire protesta immédiatement contre cette audacieuse proclamation par la lettre suivante du 20 juin :

Les nouvelles difficultés que vous venez d'élever et l'opposition aussi gratuite à un ordre de choses que vous avez vous-même reconnu, nous obligent, Monsieur le Commodore, à protester ainsi qu'il suit :

1o Nous protestons contre tout droit que vous vous arrogez d'intervenir directement ou indirectement dans les affaires politiques déjà réglées ou encore en litige entre la France et la reine Pomaré parce que cette demande était à la fois contraire au respect dû au gouvernement français et en contradiction avec les lois internationales ;

2o Nous protestons contre toute démarche hostile aussi contraire à la paix et à la bonne harmonie en cette île qu'en opposition avec la liaison intime et les sentiments de bienveillance et de respect qui règnent entre les gouvernements français et britannique ;

3o Nous protestons contre votre dernière démarche auprès des résidants anglais à Taïti, ainsi que contre tout acte ou transaction quelconque avec la reine Pomaré, son gouvernement ou les autorités locales, faites sans notre participation.

Malgré cette démarche authentique que nous prescrit notre devoir, nous vous prions de croire que notre plus vif désir est toujours comme par le passé de maintenir la bonne harmonie et de prévenir toute difficulté dans ce pays.

Signé : REINE, CARPEGNA et MOERENHOUT.

Mais Toup Nicholas était résolu à rompre avec le gouvernement provisoire et le 22 juin, il lui écrivit la lettre suivante :

Mon devoir m'a obligé à refuser de correspondre plus longuement avec vous comme gouvernement provisoire ; cependant je répondrai encore dans cette occasion (mais pour la dernière fois) à la lettre que vous avez bien voulu m'adresser hier.

Je dois nier positivement, Messieurs, que j'aie jamais témoigné aucun sentiment ni fait aucune démonstration hostile et que j'aie dépassé en rien les limites qui m'étaient imposées par mon devoir en faisant chaque jour l'exercice du canon depuis que la *Vindictive* est dans ce port, et je vous demande la preuve de l'injuste assertion que vous avez portée contre moi. Si par bonheur le capitaine Vrignaud n'avait pas été ici, je crois que les mesures adoptées par un de vos membres au moins (sans doute Moerenhout) m'auraient forcé à prendre une position hostile. En terminant pour toujours ma correspondance avec vous comme gouvernement provisoire, je dois vous le répéter : en même temps que je continuerai d'éviter avec un soin extrême tout ce qui pourrait être l'occasion de la plus légère offense pour le pavillon de votre souverain, j'obéirai à mes instructions, vous pourrez en être assurés, messieurs, sans m'inquiéter des résultats, avec zèle et rigidité et je soutiendrai énergiquement l'honneur de mon pavillon.

La situation demeura indécise pendant plus d'un mois ; Pritchard proclamait déjà le succès de ses intrigues, quand arriva, comme un coup de théâtre, le 29 juillet, l'ordre de rappel de la *Vindictive*. L'impression fut profonde. Toup Nicholas retira lui-même sa proclamation du 20 juin et après son départ, Pritchard reconnut le gouvernement provisoire : il lui envoya la liste de ses nationaux en vue de la formation du jury.

Mais il ne cessa point ses intrigues. Elles décidèrent Dupetit-Thouars à achever son œuvre. Le traité de 1842 venait d'être ratifié et le capitaine de vaisseau Bruat était nommé gouverneur des établissements français de l'Océanie et commissaire du roi près de Pomaré. Dupetit-Thouars arriva le 1er novembre à Papeete pour notifier les décisions du gouvernement français. Après un léger différend avec le commodore Tucker, commandant du *Dublin*, qui avait remplacé la *Vindictive*, il écrivit le 3 novembre à Pomaré pour l'inviter à amener son pavillon personnel. Il écrivait le même jour au gouvernement français :

Ayant reconnu que la reine était toujours mal avisée et faisait de l'opposition en hissant un pavillon qu'elle disait avoir reçu de la reine d'Angleterre et ne pouvant plus tolérer tant d'actes provocateurs et insultants pour notre considération nationale et voulant mettre un terme à tant de tergiversations, j'ai pris, en conformité de nos droits de souveraineté extérieure, la décision que je lui ai adressée, en vertu de laquelle je placerai le pavillon de la France successivement sur tous les points de défense et de protection des îles de la Société.

Le lendemain 4 novembre, il fit occuper l'îlot de Matou-Outa et y arbora le drapeau français. La reine protesta qu'elle ne pou-

vait amener son pavillon, le traité ne stipulant rien à cet égard.

Dupetit-Thouars répondit immédiatement par une lettre pleine de conciliation, mais dévoilant nettement les intrigues anglaises. Il avertissait Pomaré que l'on s'efforce toujours et très malheureusement à lui inculquer des principes faux et de tous points contraires au droit des gens et aux intérêts de S. M. et de son peuple. La signature apposée au bas du traité « l'engageait irrévocablement envers la France », Pomaré n'avait plus « le légitime pouvoir de faire un acte de souveraineté à l'égard des étrangers » et elle n'avait pas non plus « le pouvoir d'apporter le plus petit changement à l'état de choses existant au moment du traité ». Il lui déclarait qu'on ne pouvait s'écarter de ces principes fondamentaux sans blesser la foi des traités et que « toute personne qui a pu dire le contraire à S. M. a commis un acte offensant pour le roi de France », il la prévenait que ces actes d'hostilité étaient dirigés non seulement contre les Français, mais encore contre elle-même « puisqu'on cherche à l'entraîner à faire des actes contraires à son honneur, puisque sa foi était engagée et qu'en persistant dans son refus S. M. s'expose à des conséquences graves et à prolonger les maux de son peuple, dans l'intérêt duquel pourtant le protectorat a été fondé. » Il ne cessait de parler d'accommodement, il lui disait que tout pouvait s'arranger le plus facilement du monde, « qu'elle n'a qu'à lui désigner la forme, la couleur du pavillon qu'elle veut prendre et qu'il est prêt à le reconnaître et à le saluer. » Mais il l'avertissait en même temps qu'il « ne reconnaîtra jamais un pavillon créé sous l'influence des personnes qui étaient animées d'un esprit d'hostilité à ce même traité et à la France. » Il offrait une concession : qu'elle acceptât de substituer une couronne aux étoiles d'or ou deux étoiles blanches à la couronne massive du pavillon actuel et il lui rendrait les honneurs royaux. « Puisse la divine Providence porter la vérité dans l'esprit de V. M. et lui faire comprendre enfin quels sont ses intérêts et ceux de son peuple (1). »

Pritchard parvint à imposer à la reine un nouveau refus à cette tentative de conciliation : non seulement elle se refusait à modifier le pavillon, mais elle ajoutait qu'elle n'avait signé le traité que dans la crainte qu'il arrivât malheur à son peuple. Dupetit-Thouars

____

(1) Passerat, ouv. cité.

crut cependant devoir faire auprès d'elle, le lendemain 5 novembre,
une dernière tentative :

La prise d'un pavillon, lui écrivit-il, est un acte vicié dans son origine, nul de plein droit et de plus une offense envers la France, puisque
la reine manque à ses engagements avec elle. Je vous ai fait toutes les
représentations, dit-il, et donné tous les avis que ma bienveillance pour
vous et votre bien m'a suggérées, afin de ménager votre amour-propre
et de vous amener de vous-même à détruire un acte qui, par la manière
dont il a été effectué, est non seulement une infraction formelle à la foi
que vous devez au traité, mais, de plus, c'est une infraction formelle à
la foi que vous devez au roi des Français et à son gouvernement. Puisque
par votre lettre en date d'hier vous confirmez votre refus d'amener ce
pavillon et par là vous continuez à insulter à la France et au roi et à
vous jouer de notre bonne foi, de vos promesses et de vos engagements
les plus solennels, c'est avec regrets, je vous le déclare, puisque vous
m'y forcez de nouveau, que si avant deux heures écoulées, à partir de la
remise de cette lettre, ce pavillon n'est point amené et qu'avant le cou-
cher du soleil vous ne m'ayez écrit une lettre d'excuse de votre incon-
cevable conduite et fait une déclaration formelle que vous revenez de
bonne foi à votre traité avec la France, je ne vous considérerai plus
comme reine et comme souveraine des terres et des indigènes des îles de
la Société et j'en prendrai possession au nom du roi et de la France.
Par suite de cet acte, toutes les terres de la reine Pomaré et celles des
personnes de sa famille qui ne se soumettront pas au gouvernement du
roi seront confisquées au profit de l'Etat.

La reine, complètement influencée par Pritchard, refusa encore :
elle répéta qu'elle n'avait conclu le traité que par crainte, qu'au surplus, il ne stipulait aucun pavillon et elle ajoutait qu'elle était
pleine de respect et de soumission pour la France. Dupetit-Thouars
atterrit pour aller voir Pomaré. Elle était réfugiée dans la maison de
Pritchard ! Elle ne voulut recevoir l'amiral que le lendemain matin
6 novembre, il rappela la suite des événements et lui donna jusqu'à
midi pour amener son pavillon. Elle allait s'y résoudre quand Pritchard intervint encore, la menaça de relever seul le pavillon de la
couronne et la décida à renoncer à son projet.

A midi, une compagnie de débarquement descendait à terre et
Dupetit-Thouars prit solennellement possession de Taïti et de ses
dépendances.

En rendant compte de ces événements au ministre, Dupetit-Thouars
pouvait se vanter d'avoir fait échec au plan anglais : « J'étais bien

convaincu, écrivait-il le 15 novembre 1843, que notre position aux Marquises entraînerait les officiers de la marine britannique à chercher à s'établir à Taïti et on ne peut douter que sans le pavillon du protectorat le leur eût été arboré sur cette île avant que le roi eût eu la faculté de se prononcer. » Malheureusement l'énergie de nos agents d'exécution au Pacifique ne se retrouva point dans le gouvernement métropolitain. Pritchard protesta violemment à Londres contre l'annexion et contre son arrestation, la Société des Missions de Londres agita l'opinion publique, « l'affaire Pritchard » souleva un incident diplomatique que nous n'avons point à raconter en détail, mais qui se termina par l'octroi d'une indemnité à Pritchard, le désaveu de Dupetit-Thouars et le rétablissement du protectorat.

Les adversaires de l'influence française, encouragés par ces événements, suscitèrent alors dans l'île de Tahiti des conflits nombreux et sanglants et il fallut plusieurs combats pour rétablir l'ordre : la prise du fort de Fautahua par le capitaine de corvette Bonard (17 décembre 1846) nous donna les clefs de l'île ; Pomaré, qui s'était réfugiée à Raiatea, fut réintégrée dans son autorité et le capitaine de vaisseau Lavaud, nommé gouverneur des possessions françaises de l'Océanie, conclut, le 4 août 1847, avec Pomaré, un nouveau traité de protectorat dont voici les principaux articles :

Art. 1er. — Les îles Tahiti, Moorea et dépendances forment un seul État, libre et indépendant, sous la domination des îles de la Société. Cet État est placé sous la protection immédiate et exclusive de S. M. le roi des Français, ses héritiers et successeurs.

Art. 2. — Pour assurer, sans restriction, à S. M. la reine Pomaré et aux habitants des îles de la Société les avantages résultant de la haute protection sous laquelle ils sont placés, ainsi que pour l'exercice des droits inhérents à cette protection, S. M. le roi des Français a celui d'élever et d'occuper des forteresses et places sur tous les points nécessaires à la défense du pays et d'y tenir garnison.

Art. 3. — L'organisation intérieure des îles de la Société est réglée avec l'approbation de la puissance protectrice.

Art. 4. — Le gouvernement civil se compose de la reine, de l'assemblée des législateurs et du pouvoir judiciaire.

Un commissaire nommé par le roi des Français y représente la puissance protectrice.

Art. 5. — La reine exerce le pouvoir exécutif.

Art. 6. — L'assemblée des législateurs se compose de chefs et des délégués de chaque district, en nombre fixé par la loi.

ART. 14. — Le pouvoir judiciaire se compose des grands juges et des juges des districts.

ART. 24. — Tout projet de loi voté par l'assemblée législative n'a force de loi qu'après avoir reçu la sanction de la reine et du commissaire du roi.

ART. 31. — Il n'y a d'autre force militaire dans les îles de la Société que les troupes de S. M. le roi des Français.

ART. 32. — Il peut toutefois être créé un corps de milices indigènes dont la levée et l'organisation ne doivent avoir lieu que d'après l'autorisation ou sur l'ordre du commissaire du roi, qui en a le commandement.

ART. 33. — En cas de guerre ou d'agression étrangère, la reine met à la disposition du commissaire du roi toutes les forces et toutes les ressources nécessaires à la défense du pays.

ART. 34. — La haute police des îles est placée exclusivement entre les mains du commissaire du roi.

ART. 35. — Toutes les relations avec l'extérieur sont abandonnées au gouvernement protecteur.

ART. 36. — Aucun étranger ne peut entrer en communication avec la reine sans en avoir obtenu l'autorisation du commissaire du roi.

ART. 37. — Aucun résident étranger, à quelque titre que ce soit, ne peut, par privilège ou autrement, s'immiscer dans l'administration du pays ou provoquer des actes politiques.

ART. 38. — Pour attester le protectorat de France, sur les îles de la Société, le pavillon du protectorat, c'est-à-dire l'ancien pavillon tahitien, écartelé du pavillon français, flottera sur les établissements municipaux. Le pavillon national français est arboré sur tous les postes militaires et tous les points de défense des îles.

ART. 39. — La reine, comme signe de son autorité personnelle, reçoit du gouvernement français et arbore le pavillon du protectorat avec l'emblème de la royauté.

Pomaré IV devait désormais rester fidèle à la France qui, en 1852, réprima l'insurrection qui l'avait renversée.

Un des derniers actes de Pritchard avait été de nous enlever les Îles-sous-le-Vent. Il avait persuadé à Pomaré qu'il était de son intérêt de proclamer l'indépendance de ces îles et la France et l'Angleterre signèrent, le 19 juin 1847, à Londres, une déclaration qu'on a appelée « convention de Jarnac » :

S. M. le roi des Français et S. M. la reine du Royaume-Uni de la Grande-Bretagne et de l'Irlande, désirant écarter une cause de discussion entre leurs gouvernements respectifs au sujet des îles de l'Océan Pacifique désignées ci-après, ont cru devoir s'engager réciproquement :

1o A reconnaître formellement l'indépendance des îles de Huahine,

TROISIÈME PARTIE

RÉPUBLIQUE DE 1848 ET SECOND EMPIRE

Raiatea et Boraborœ (Sous-le-Vent de Tahiti) et des petites îles adjacentes qui dépendent de celles-ci ;

2° A ne jamais prendre possession desdites îles ou d'une ou plusieurs
d'entre elles, soit absolument, soit à titre de protectorat ou sous aucune
forme quelconque ;

3° A ne jamais reconnaître qu'un chef ou prince régnant à Tahiti
puisse en même temps régner sur une ou plusieurs des autres îles susdites, et réciproquement qu'un chef ou prince régnant dans une ou plusieurs de ces dernières puisse régner en même temps à Tahiti, l'indépendance réciproque des îles désignées ci-dessus et de l'île de Tahiti et
dépendances étant posée en principe.

Heureusement nous pûmes obtenir plus tard l'abrogation de cette
convention.

Il nous faut encore mentionner la prise de possession des îles
Mangareva (Gambier), le 16 février 1844, par le capitaine de vais-
seau Charles Renaud et celle des îles Wallis, où notre influence
avait été établie par un missionnaire, le P. Bataillon, et dont le roi,
Lavelua, signa le 4 novembre 1842 avec le capitaine de corvette
Mallet, commandant de l'*Embuscade*, le traité suivant :

Art. 1er. — Il y aura paix et amitié perpétuelle entre Sa Majesté le
roi des îles Wallis et Sa Majesté le roi des Français.

Art. 2. — Les bâtiments et les sujets de Sa Majesté le roi des Français
seront reçus aux îles Wallis sur le pied de la nation la plus favorisée,
ils y jouiront de la protection du roi et des chefs et seront assistés dans
tous leurs besoins.

Art. 3. — En aucun cas on n'exigera d'autres droits pour l'ancrage
et l'eau que ceux fixés par le tarif aujourd'hui en vigueur.

Art. 4. — La désertion des marins embarqués sur les navires français sera réprimée sévèrement par le roi et les chefs, qui devront employer tous leurs moyens pour faire arrêter les déserteurs. Les frais de
capture seront payés par les capitaines, à raison de 3 piastres ou 15 francs
pour chaque déserteur.

Art. 5. — Les marchandises françaises ou reconnues de provenance
française, et notamment les vins et eaux-de-vie, ne pourront être prohi-
bées ni payer un droit d'entrée plus élevé que 2 pour 100 *ad valorem*.

Art. 6. — Aucuns droits de tonnage ou d'importation ne pourront être
exigés des marchands français, sans avoir été consentis par le roi des
Français.

Art. 7. — Les habitants des îles Wallis qui viendront en France ou
dans les possessions de Sa Majesté le roi des Français y jouiront de tous
les avantages accordés à la nationalité la plus aimée et la plus favorisée.

C'est aussi pendant cette période qu'eut lieu la première tentative
d'établissement en Nouvelle-Calédonie (1). Des missionnaires français de la congrégation des Maristes, dirigés par l'évêque Douarre,
furent conduits, en décembre 1843, à Balade par le *Bucéphale*,
commandant Julien de la Ferrière. Le pavillon français fut arboré,
mais les indigènes étaient hostiles. En 1846, la *Seine* vint à Balade
apporter l'ordre d'amener le pavillon, elle se perdit sur les rochers,
et les officiers profitèrent de leur séjour forcé dans l'île pour dresser
des cartes : le commandant Lecomte se déclarait d'ailleurs peu favorable au projet de colonisation de l'île. En août 1847, la *Brillante*
vint recueillir la mission au moment où elle allait être massacrée
par les indigènes.

Signalons enfin que la période de 1830 à 1848 a été marquée en
Indo-Chine par la continuation du recul de l'influence française : en
1847, sous le règne de Tien-Tri, la frégate la *Gloire*, commandant
Lapierre, et la corvette *Victorieuse*, commandant Rigault de Genouilly, eurent à détruire dans la baie de Tourane cinq bâtiments
annamites qui voulaient les attaquer.

VI. — MARCEAU ET LA « SOCIÉTÉ DE L'OCÉANIE »

Le but de la « Société de l'Océanie » est nettement marqué dans
la collection des « bulletins de l'Arche d'Alliance » dont une collection à peu près complète existe à la bibliothèque nationale, dans le
« Journal du Dr Montargis, médecin de l'Arche d'Alliance » (bibl.
nationale), dans le journal de M. Vautier, second de Marceau.
On pourra juger quelle attente sympathique elle suscita en lisant la
collection du journal « La démocratie Pacifique ». L'entreprise a
été étudiée, dans ses rapports avec le Saint-Simonisme et avec le
catholicisme par Reybaud, « *Les réformateurs au* xixe *siècle, Saint-
Simon*, et Georges Goyau, « *Autour du catholicisme social*. » Voici
quelques extraits de documents émanant de la « Société ».

« Étude sur les rapports de la marine avec la civilisation, le commerce et la politique, n° 4 du « bulletin de l'Arche d'Alliance ».

---

(1) Augustin Bernard, *l'Archipel de la Nouvelle-Calédonie*, Hachette,
1895.

« Toute grande puissance d'avenir doit être à la fois continentale
« et maritime, mais non écrasée sous ses colonies comme l'Angle-
« terre. La vraie force colonisatrice c'est la France. Il y a loin du
« génie de l'Angleterre à ce génie colonisateur qui est le génie
« chrétien et français, génie de dévouement et de justice, plus heu-
« reux des biens qu'il procure que de ceux qu'il reçoit, désireux
« avant tout d'éclairer les peuples qu'il visite, de leur léguer, en
« partant, des lois libres pour les rendre meilleurs, etc., etc. »

Dans le même bulletin (n° 4) est une théorie du bienfait de l'expansion pour la classe ouvrière. « Nos manufactures ont besoin de
« débouchés. Le péril social est grand par suite du manque de travail
« et de la modicité des salaires. Aux ouvriers inoccupés nous vou-
« lons ouvrir la mer et des mondes inexplorés et féconds qui offri-
« ront des périls et des dangers séduisants à leur imagination. Ces
« natures puissantes deviendront sur la mer et dans les îles des
« capitaines courageux, des chefs de colonie intègres, peut-être des
fondateurs illustres. » Le jugement du « Mémorial bordelais » du
26 janvier 1847 montre ce que l'on attendait, dans les villes commerçantes, de la « Société de l'Océanie ».

« L'Angleterre a été redevable de sa grandeur à ses explorations
« lointaines et à ses voyageurs commis de ses idées, de sa foi et de
« ses produits. Pourquoi la France n'aurait-elle pas le même pro-
« sélytisme ? La « Société de l'Océanie » a donc entrepris de faire
« concurrence à l'Angleterre, d'opposer des Compagnies à ses Com-
« pagnies, et de venir en aide au commerce national... »

C'est le 28 janvier 1849, après quarante mois de navigation, que
« l'Arche d'Alliance » rentra en France.

CHAPITRE PREMIER

IDÉES DIRECTRICES DE LA COLONISATION SOUS
LE SECOND EMPIRE

Le gouvernement issu de la Révolution de 1848 ne fut point
assez durable pour imprimer quelque élan à l'expansion coloniale de la France; on garde seulement le souvenir des mesures
décisives par lesquelles nos colonies furent libérées de toute
trace de l'esclavage et dotées d'une première série de libertés
politiques. Le même régime fit en Algérie l'essai malheureux
d'une colonisation destinée à diminuer l'intensité de la crise
ouvrière de la métropole, et dont n'eurent à se féliciter ni la
métropole, ni la colonie.

Sous le gouvernement du second empire, le nombre excessif
des interventions politiques que n'appelait point l'intérêt national
et qui furent ruineuses au Mexique, en Crimée, en Italie, a
paralysé notre activité coloniale. L'alliance ou la recherche de
l'alliance anglaise fut, comme au temps de Louis-Philippe, une
autre gêne pour notre expansion ; le désir de ne point blesser
la susceptibilité de nos alliés ne fut point cependant poussé
jusqu'à empêcher les progrès de notre colonie du Sénégal vers
le Niger, l'occupation de la Nouvelle-Calédonie réservée d'ailleurs à des expériences de philanthropie pénitentiaire, la con-

quête de la Cochinchine assurée par l'accession du Cambodge à notre protectorat. Sur l'Océan Indien une foi quelque peu naïve dans la nationalité hova dictait à nos diplomates deux traités qui, appliqués honnêtement par l'autre partie contractante, pouvaient nous éliminer à jamais de Madagascar. Au reste, il y a lieu d'examiner si l'attachement passionné de l'empereur aux doctrines libre-échangistes le laissait logiquement libre de s'adonner à une large politique d'expansion coloniale.

Ce serait jouer sur les mots que s'étonner de voir un régime de liberté politique, comme la République de 1848, désirer le maintien du privilège des nationaux français aux colonies, tandis qu'un régime monarchique comme le second empire, mit en pratique les principes de la liberté commerciale dans les rapports entre la France et son empire colonial. Il n'y a là qu'une contradiction verbale et apparente ; la résolution d'ouvrir le marché national, dont les colonies sont une partie, au négoce étranger peut être et a été souvent prise par des gouvernements autoritaires, tandis que des États républicains ont restreint cette liberté des importations étrangères quand ils l'ont crue dangereuse pour l'agriculture ou l'industrie de la nation ; les exemples en sont nombreux, à commencer par celui de la République de 1848, avide de franciser les colonies par l'assimilation, et rêvant de trouver en Algérie la guérison de la crise ouvrière, pendant que l'empire comptait sur l'afflux des capitaux et des produits étrangers pour hâter la mise en valeur de cette même Algérie.

Aussi doit-on reconnaître que, si la politique coloniale du second empire n'a point donné au pays les satisfactions sur lesquelles il pouvait compter, elle fut du moins guidée par cet esprit de système logique à outrance qui est la marque des hommes d'État idéologiques, souvent généreux, toujours funestes, en fin de compte, à leurs concitoyens. Se lier à la Grande-Bretagne est, qu'on le veuille ou non, se lier les mains en matière d'expansion coloniale, parce que, quelle que soit la valeur individuelle des hommes qui composent ce grand peuple, quel que soit leur désir de conciliation, la communauté vise, par l'effet d'une tradition lointaine, c'est-à-dire presque instinctivement, à la conservation et à l'accroissement de sa suprématie commerciale ; et ce rêve britannique de suprématie toujours grandissante ne peut être que troublé par la renaissance coloniale d'un peuple même ami et allié, parce que c'est là le plus despotique besoin d'une collectivité nationale et le plus exclusif de tout partage. Or cette amitié ne pouvait être vraiment cimentée que par des avantages d'ordre maritime et colonial consentis à des vaincus qui n'avaient oublié ni les spoliations de 1763, ni surtout celles de 1814 ; le retour d'un Napoléon sur le trône de France avait précisément pour effet de faire revivre dans tous les esprits la sanglante épopée, l'expédition d'Egypte, Aboukir, Trafalgar, Sainte-Hélène, et plus d'un patriote, même ou surtout parmi les bonapartistes les plus convaincus, eut quelque honte du contraste violent de ces souvenirs en face de la conclusion d'une nouvelle « entente cordiale ». D'un passé plus proche on avait aussi retenu fidèlement la mémoire de l'humiliation du traité de Londres (1840) et de l'affaire Pritchard.

L'empereur croyait de bonne foi et avec une énergie que révélèrent les négociations préparatoires des traités de commerce de 1860, que la pratique sincère du libre-échange, procurant pleinement à la France le partage fraternel de l'expansion commerciale britannique, et lui ouvrant sans réserve ces colonies dont nous ressentions encore moralement et matériellement la perte, effacerait vite la trace des blessures reçues au temps de la rivalité. Il eût dû observer que la conviction libre-échangiste des Anglais ne les empêchait nullement de continuer le cours de leurs annexions, ce qui prouvait une foi aussi incertaine dans le triomphe de la doctrine que sûre dans son excellence pour l'intérêt anglais. Quoi qu'il en soit, la confiance du gouvernement impérial dans l'efficacité du libre-échange lui imposait, à défaut du renoncement absolu à toute expansion coloniale qui aurait menti aux traditions françaises, une préférence marquée en faveur de la colonisation de caractère commercial, soutenue par de puissants capitaux, représentée par des compagnies riches et bien organisées. La pratique du libre-échange avait conduit l'Angleterre à rechercher surtout, dans les œuvres coloniales, les bénéfices mercantiles, plus vite et plus facilement obtenus : pourquoi la France n'aurait-elle pas suivi la même voie, et attendu cette fortune nouvelle que lui promettait son chef, à la fois d'une mise en valeur plus rapide du domaine qu'elle possédait déjà, et d'un élargissement des marchés étrangers pour ses exportations.

Il faut reconnaître, quelles que soient les convictions d'économie politique vers lesquelles on incline, que le développement industriel de la France, attesté par l'Exposition de 1855, pouvait induire des esprits même sages et clairvoyants à espérer de cette orientation nouvelle, plus strictement commerciale, de notre expansion d'outre-mer les plus heureux résultats pour la France. Les échecs des tentatives récentes de colonisation, familiale et agricole en Algérie, la déconvenue de ces ouvriers qu'on avait essayé de ramener à la culture en les dotant de bonnes terres dans notre belle colonie, l'exemple de l'Angleterre où l'abandon rapide des exploitations agricoles et l'exode des travailleurs vers les manufactures des grandes villes n'avait déterminé encore aucune crise vraiment capable de contrebalancer le prodigieux accroissement de la richesse publique, toutes ces causes inclinaient nombre d'économistes et d'hommes politiques à modifier le caractère de notre expansion dans la mesure et dans le sens où se modifiait le tempérament même de la métropole. Comment s'étonner que la vue de la France sillonnée par des voies ferrées de plus en plus nombreuses, couverte d'usines, ait influencé jusqu'à l'illusion ses gouvernants de cette époque, et leur ait donné le dessein de la servir au dehors par d'autres moyens de colonisation que ceux auxquels s'arrêtaient leurs devanciers de la Restauration et du gouvernement de Juillet ? Bugeaud, en lançant sa belle devise « Ense et aratro » pour le développement de l'Algérie avait, à coup sûr, montré une fidélité plus tenace à la tradition et au génie de sa patrie : mais sa clairvoyance avait été aidée et soutenue par l'étude de la condition encore profondément agricole dans laquelle il avait connu son pays. Après lui, ayant fait l'expérience des difficultés qu'entraîne ce plan de fixer des colons dans des villages improvisés en pays encore ennemi et mal connu, on en vint nécessairement, et par une réaction trop brusque, à tout attendre de la circulation intense des denrées et des hommes. Plus d'un économiste escompta, et sans risquer une hypothèse qui semblât alors téméraire, l'exemple des colonies australiennes qui, accessibles à l'immigration, n'en devenaient pas moins alors, avec une rapidité merveilleuse, des colonies de grand commerce, prospérant par l'afflux des capitaux autant et plus que par l'émigration de colons agricoles. Prévost-Paradol fut à peu près seul prophète clairvoyant des vraies destinées de l'Algérie ; encore ne prononça-t-il son remarquable jugement qu'à la fin de l'empire, c'est-à-dire après l'échec de quelques essais de colonisation par l'intermédiaire de grandes compagnies.

Le gouvernement impérial était tenu, s'il appliquait en conscience ses principes nouveaux d'expansion, de mettre fin au « pacte colonial » ; et ce fut, en effet, une mesure qu'il prit le 3 juillet 1861, un an après la conclusion des fameux traités de commerce. On la représenta d'ailleurs non comme une application de principes nouveaux, mais comme une compensation accordée aux colonies qui se plaignaient avec raison de ne plus recevoir de leur métropole un traitement de faveur ; on les

laissa libres de commercer avec l'étranger, à l'importation et
à l'exportation, parce que la mère-patrie leur avait refusé toute
garantie de préférence. « Le gouvernement de l'empereur n'a
« pas cru qu'il fût possible de refuser plus longtemps à nos
« établissements coloniaux l'accès de la voie libérale et féconde
« ouverte à la France. » Ainsi, ni les marchandises françaises,
ni les navires français ne recevraient désormais aux colonies
un accueil privilégié ; on ne réservait au pavillon national que
les transports de colonie à colonie située dans les limites du
cabotage.

On ne s'en tint pas là. Le sénatus-consulte du 4 juillet 1866
donna aux colonies de la Réunion et des Antilles le droit de
voter leurs tarifs de douane et d'octroi de mer. N'était-ce pas
une imitation des lois par lesquelles l'Angleterre avait, en 1850,
accru dans une si large mesure l'autonomie de ses grandes
colonies de peuplement ?

Cette politique coloniale du second empire n'a pas été, en
somme, avantageuse pour notre expansion. Sans doute, il serait injuste de nier que nos colonies recueillirent quelques bénéfices de cette circulation commerciale intense dont les traités
de 1860 furent le signal ; ces avantages, si passagers qu'ils
aient été, doivent être reconnus. Mais un pareil régime dé-
tourna de l'Algérie l'émigration française et retarda sa mise
en valeur par cette colonisation graduelle, agricole, familiale
qui lui convient et convient à l'état social de la métropole. Il
a favorisé, en revanche, l'afflux des étrangers, désireux et
capables de rester étrangers sur le sol colonial français par le
fait même de la facilité des relations commerciales avec leurs
mères-patries. Si la Restauration et le gouvernement de Juillet
exagérèrent peut-être les réserves et les obstacles à l'expansion
que suscitaient les « agrariens », le second empire s'en tint
trop exclusivement aux applications d'un système purément
mercantile. Par là, il prépara une réaction énergique : le jour

où la France aurait goûté les fruits amers de l'ingratitude des nationalités libérées par ses armes, sa foi dans la fraternité coloniale devait s'évanouir, à supposer qu'elle eût jamais été bien vive en dehors des conseils du gouvernement.

CHAPITRE II

L'ALGÉRIE — FIN DE LA CONQUÊTE — DÉBUTS DE LA MISE EN VALEUR

Quelles que fussent les idées personnelles de l'empereur en matière de colonisation, quelle que fût sa prédilection pour les entreprises dont on pouvait surtout attendre une expansion commerciale, son gouvernement était engagé d'honneur et par l'enchaînement même des faits à achever la conquête algérienne. C'est, en effet, sous le second empire que fut consommée cette œuvre essentielle de notre politique coloniale ; la marche de nos troupes vers le sud mit notre nouvelle colonie en contact avec les nomades du désert et les sédentaires de ses oasis, et posa la question saharienne après la question algérienne. Ce développement naturel des conséquences de la pacification est d'autant plus digne d'intérêt qu'à la même époque notre colonie du Sénégal gagnait, d'étape en étape, vers le Niger et le Soudan ; par l'Algérie et le Sénégal nos explorateurs tentèrent d'atteindre ces pays encore mystérieux et de légendaire renommée que la hardie traversée de Caillié avait fait connaître en quelques-uns de leurs traits essentiels, que le savant voyage de Barth venait de révéler avec une merveilleuse précision. L'attrait de ces perspectives lointaines dut encourager l'empereur à mettre l'Algérie en valeur par les moyens les plus prompts

d'y développer le commerce ; et, pour cette raison comme pour
d'autres, il réagit contre les maximes des Clauzel et des Bugeaud.

Il fallait d'abord briser deux obstacles redoutables que la
résistance indigène opposait à notre expansion. L'Algérie ne
pouvait aspirer à un élargissement de son influence en Afrique
tant que sa tranquillité intérieure serait menacée par l'attitude
agressive des montagnards de la Kabylie et de l'Aurès, tant
que les incursions des tribus sahariennes, ravitaillées par les
oasis du sud, menaceraient les confins du pays sédentaire. A
ces deux œuvres difficiles se consacrèrent les chefs de notre
armée d'Afrique, déjà exercée, accoutumée à des procédés tout
nouveaux de guerre et capable, grâce à ses corps spéciaux, de
faire désormais la police de l'Algérie au désert comme dans la
montagne. De 1849 à 1852, les montagnards de la Kabylie et
de l'Aurès furent en insurrection à peu près perpétuelle ; c'est
seulement au cours de la campagne de 1853 que la petite
Kabylie, soulevée par Bou-Baghla, fut soumise et désarmée.
Il fallut encore quatre ans de guerre, l'effort de chefs comme
Randon, Mac-Mahon et Bourbaki pour réduire la grande
Kabylie : la construction du « fort Napoléon » assura le maintien de l'influence française parmi ces belliqueuses tribus qui,
dans la suite, fourniront à nos armées coloniales leurs meilleurs
soldats.

Pour pacifier la région des plus riches oasis, celles du sud-est, il était nécessaire de réduire les populations remuantes du
sud constantinois, denses et attachées à leur fertile terroir ; on
n'y réussit qu'après la laborieuse campagne du général Pélissier contre Mohammed-ben-Abdallah en 1851. Avant même le
succès de cette opération décisive la lutte contre les maîtres
des oasis avait commencé, en 1849, par le meurtrier assaut de
Zaatcha, au sud de Biskra. Dès lors, on peut, sans imprudence, lancer contre les oasis les plus peuplées de nos confins

sahariens des colonnes légères ; en 1852, Pélissier soumet le
Mzab et occupe Laghouat ; en 1854, Touggourt, Ouargla et la
région de l'Oued-R'ir reçoivent nos garnisons, aidées par les
« goum » de notre fidèle allié Si-Hamza. Notre Algérie a conquis ses grands-gardes du désert et menace, par son expansion
dans l'Oued-R'ir, la route la plus fréquentée des caravanes
allant de Tripoli au Soudan central ; l'exploration et la diplomatie vont compléter, chez les populations nomades du Sahara,
l'œuvre accomplie par nos soldats dans les oasis de la lisière
désertique.

Après la conquête, et au cours même des dernières guerres,
le gouvernement impérial s'efforçait de développer la richesse
de l'Algérie pour en assurer l'expansion. On ne s'étonnera pas
qu'il ait employé, pour obtenir ce résultat, des moyens dérivés
de sa politique essentiellement commerciale. Faire affluer les
capitaux plutôt que les colons, favoriser l'action de grandes
compagnies plutôt que l'effort des familles attirées de France,
susciter une circulation intense des marchandises indifféremment
étrangères ou nationales, telles semblent avoir été les maximes
de l'Etat français à cette époque.

C'est à la suite du célèbre voyage de 1862 que l'empereur
Napoléon III montra, fort habilement d'ailleurs, en témoignant
par sa lettre du 6 février 1863 sa sympathique prédilection
pour les indigènes, que la colonisation de mœurs et de race
françaises ne devait point espérer son appui. Il définissait
l'Algérie un « royaume arabe » et se déclarait « l'empereur des
Arabes » aussi bien et à même titre que « l'empereur des Français ». Il y avait assurément, dans cette brusque sortie qui
condamnait la politique de ses prédécesseurs, quelque chose
de la vague et vaine philanthropie dans laquelle il se plaisait
à rêver, mais encore et surtout une conviction de doctrinaire
persuadé que la fécondation d'une colonie par des entreprises
de banque, de grands travaux publics, d'actif négoce, est plus

rapide et plus sûre que l'afflux des colons nationaux. Aussi, loin d'encourager les Français à se fixer sur le sol conquis, il s'appliqua, même à l'aide d'erreurs de fait qui inspirèrent ses lois, à serrer les mailles de la propriété indigène, en renforçant cette propriété, en l'inventant même à l'occasion. Le sénatus-consulte du 8 mai 1863, consacrant l'inaliénabilité de la terre *arch*, repose sur une série d'erreurs volontaires ou involontaires touchant la condition de la société indigène. Les instructions données, par lettre impériale du 20 juin 1865, au maréchal de Mac-Mahon sont encore plus nettement restrictives de toute expansion notable de la colonisation française ; et elles montrent avec évidence que l'empereur attendait la prospérité de l'Algérie du travail indigène galvanisé par l'afflux des capitaux, organisé dans les cadres de grandes compagnies.

Si les concessions gratuites d'étendue moyenne étaient supprimées par décret (1864), on fit des exceptions à cette règle en faveur de deux puissantes sociétés, celle de l'Hebra et de la Hacta, puis la Société générale algérienne, qui recevaient des terres en échange de travaux publics à exécuter à leurs frais. On peut dire que les diverses mesures, prises dans un même esprit, par le gouvernement impérial avaient arrêté, vers 1864, l'expansion si désirable de notre race en Algérie ; l'arrêt voulu s'était nettement marqué.

Avant même l'adoption de la politique du « royaume arabe » l'empereur n'avait guère compris que la colonisation de peuplement pratiquée par l'intermédiaire de grandes compagnies. C'est ainsi qu'avait été constituée, au début de 1853, la « Compagnie Gènevoise » qui avait obtenu un domaine de 20.000 hectares autour de Sétif, à charge de fonder des villages. Il y aurait quelque naïveté à s'étonner qu'un tel mécanisme ait donné de médiocres résultats de peuplement, que les rares colons dont la compagnie fit le recrutement, aient souffert de sentir leur liberté limitée par des expropriations hâtives et rigoureuses ; une compagnie financière ne peut se payer de philanthropie. Ce que l'on a quelque peine à comprendre c'est la persistance de la faveur impériale qui récompensa des échecs au lieu de mettre fin à une expérience dont le résultat ne pouvait être douteux.

Le régime douanier de l'Algérie fut, sauf vers la fin de l'empire, calculé de manière à ouvrir largement la colonie, comme sa métropole, au commerce étranger. Certes la condition faite au pays conquis par la Restauration et par le gouvernement de Juillet n'avait point été favorable au développement de sa production ; de 1830 à 1843, l'établissement de droits de sortie sur tous les produits algériens attesta que les recettes de douanes étaient considérées comme un moyen de compenser aussi rapidement que possible les frais de la conquête. Si, à partir de 1843, les marchandises françaises importées en Algérie eurent pleine franchise, la douane continua à percevoir des droits sur les produits algériens à leur entrée en France. Il semble donc que la tâche la plus pressante et la plus féconde devait consister dans la libération des denrées d'Algérie destinées à la métropole et, d'une manière plus générale, dans la conclusion d'un pacte de réciprocité, liant de plus en plus étroitement la France et l'Algérie. La loi du 11 janvier 1851 parut d'abord modifier dans ce sens les relations douanières des deux pays ; elle stipula que « certains produits naturels et produits d'industrie » seraient admis en franchise à leur entrée dans la métropole : sous l'influence de ce régime les ventes de l'Algérie en France s'accrurent du simple au triple en trois ans. Mais la même loi favorisait les importations étrangères par l'artifice d'une disposition dont les termes sont singulièrement vagues et compréhensifs : étaient « admis francs de droits en Algérie les produits étrangers nécessaires « aux constructions urbaines et rurales ». En outre les « fontes brutes, fers en barre, fers blancs, cuivres d'origines étrangères payaient la moitié seulement des droits exigés dans la métropole ». L'Algérie nouait donc des liens d'intérêt plus étroits avec la France, mais presque aussi étroits avec les puissances étrangères. Le même esprit anime la loi douanière du 17 juillet 1867 qui consacre bien l'union douanière entre la colonie et sa métropole en proclamant la franchise des produits naturels ou fabriqués que l'on échangerait, mais qui réserve encore au négoce étranger un traitement singulièrement favorable : si les tissus, boissons, conserves de poissons d'origine non française acquittent à l'entrée de l'Algérie les mêmes droits qu'en France, les fontes, les fers en barres, les aciers en barres, les plombs laminés, rails, outils, machines, ne payaient qu'un tiers des droits métropolitains. Aussi, bien que la loi de 1867 soit relativement restrictive et marque en quelque mesure une exception au régime inauguré par les traités de 1860, son effet immédiat et notable fut, comme on pouvait s'y attendre, un accroissement des importations anglaises dans cette colonie que, certes, l'Angleterre ne nous avait pas encouragés à acquérir.

Mais le dogme de l'entente cordiale et la nonchalance à en constater les effets fort visibles dominent toute la politique de ce temps. Comme au xviiie siècle les disciples français d'Adam Smith avaient oblitéré le sens colonial français en l'obscurcissant de doctrines représentatives du seul intérêt anglais, au xixe siècle nos admirateurs de Cobden conduisirent la politique coloniale de leur pays vers les perspectives purement commerciales. La tendance pouvait être bonne pour des colonies tropicales ; elle ne pouvait que faire tort à l'Algérie où la condition première du commerce est la présence d'une main-d'œuvre agricole énergique et savante que la métropole était capable de fournir en abondance. Bugeaud s'était trompé dans le choix du moment et des moyens, mais avait eu l'intuition générale du genre d'expansion qui convenait à l'Algérie ; le gouvernement impérial commit l'erreur de croire que dans toute colonie semence d'argent lève en prospérité commerciale et que la prospérité commerciale doit être recherchée de préférence à toute autre.

Et cette erreur, il ne la commit point sous la pression d'une opinion publique impérieuse, mais à l'encontre du sentiment national que Prévost-Paradol exprimait si merveilleusement dans les dernières années de l'empire : « L'Afrique... ne doit « pas être pour nous un comptoir comme l'Inde, ni seulement un « camp et un champ d'exercice pour notre armée ; encore moins « un champ d'expériences pour nos philanthropes : c'est une « terre française qui doit être, le plus tôt possible, peuplée, « possédée et cultivée par des Français, si nous voulons qu'elle « puisse, un jour, peser de notre côté dans l'arrangement des « affaires humaines. »

Désirer, comme ce fut le cas du gouvernement impérial, l'expansion surtout commerciale de l'Algérie, c'était s'engager à étudier les moyens d'attirer sur nos marchés du sud les caravanes du Soudan et de nouer des relations suivies avec les pays d'outre-Sahara. L'occupation des oasis nous mettait enfin en mesure de faire à cet égard une enquête efficace. Au reste, le projet de déterminer un courant commercial transsaharien avait été déjà soumis à notre gouvernement, avant même la conquête de l'Algérie. En 1791, au moment où Golberry préparait pour le ministre de la Luzerne un projet d'association africaine française imitée de celle de Londres, des renseignements avaient été demandés à nos consuls résidant en Afrique ; au nombre des agents particulièrement informés qui se dévouèrent à cette enquête fut le vice-consul de France à Tripoli, Froment de la Garde dont le labeur remarquable fut résumé ensuite dans un « mémoire sur les itinéraires des marchands arabes ou soudanais à travers le Sahara ». L'idée fit si bien son chemin qu'en 1802 on imprimait à Paris les règlements d'une « Société de l'Afrique intérieure et des découvertes » dont le comité devait tenir ses séances à Marseille ; la tentative

échoua en raison du caractère tout autre des desseins coloniaux
du Consulat et de l'Empire, et de la prépondérance de la politique continentale. Sous la Restauration et sous le gouvernement de Juillet nous prîmes surtout intérêt aux pays africains
où donne accès la vallée du Nil et à l'Ethiopie ; on sait les
encouragements donnés par Méhémet-Ali aux remarquables
explorateurs que furent Linant de Bellefonds, Arnaud, Saba-
tier et tant d'autres. Mais dès la première année de la conquête
algérienne, nos ingénieurs escomptèrent l'importance de la
nouvelle colonie considérée comme base d'opérations commerciales au Soudan ; alors paraît le mémoire d'Augier la Sauzaye
« sur la possibilité de mettre les établissements de la côte
« septentrionale de l'Afrique en rapport avec ceux de la côte
« occidentale, en leur donnant pour point de raccord la ville
« centrale et commerciale de Tombouctou. » Il s'agissait donc
seulement de réunir deux groupes de colonies françaises et non
d'aborder le Soudan. Puis, à mesure que la conquête d'Algérie
se développe et s'assure, à mesure aussi que les indigènes nous
renseignent mieux sur les coutumes des caravanes venues du
sud, le dessein de trafiquer à travers le désert s'étend aussi.
En 1840, Sutil, ingénieur français, établi à Tourzouk, propose
à Louis-Philippe « de détourner vers Constantine les caravanes
« à destination de Tripoli et de l'Egypte ». Le roi n'était pas
homme à suivre avec ténacité des projets d'allure aussi aventureuse ; on laissa passer l'occasion qui, d'ailleurs, ne pouvait
être utilement saisie qu'après la prise de possession des oasis
algériennes. C'était le temps des hésitations sur les méthodes
de mise en valeur ; et l'opinion du gouvernement, comme l'opinion publique, était portée, non sans raison, en faveur de la
colonisation agricole par peuplement français. Il ne semble pas
que les hommes d'Etat de la République de 1848 se soient
laissé séduire par la curieuse étude que consacra, en 1849, le
docteur Bodichon au « projet d'une exploration politique, com-

« merciale et scientifique d'Alger à Tombouctou par le Sahara ».
L'auteur, philanthrope et patriote, prêche la « liberté du désert » à l'égal de celle de la mer, propose l'établissement d'un
« droit public saharien », aussi nécessaire, à son avis, qu'un
droit public maritime, et présage les grandes destinées de la
France dans l' « Afrique intérieure ».

Ces lointaines perspectives, cet espoir de détourner vers
l'Algérie un « courant commercial » de grande importance,
s'accordaient pleinement avec la politique économique de l'empereur et de ses conseillers. L'afflux des marchandises du
Soudan aiderait, par l'effet bienfaisant du transit, l'Algérie dans
son essor commercial. Au reste, les progrès simultanés des
colonies de l'Algérie et du Sénégal vers le Soudan n'encoura-
geaient-ils pas une telle espérance ? C'était le temps de la marche
victorieuse de Faidherbe vers le Niger ; et au sud de l'Algérie
nos explorateurs, dignes émules de Barth qui venait de révéler
le Soudan central, prenaient contact avec les Touareg qu'ils
croyaient gagnés à notre cause. Sans parler de l'héroïque traversée de Panet entre Saint-Louis du Sénégal et le Maroc, de
l'essai d'Ismaïl-bou-Derba pour détourner vers l'Algérie les
caravanes du Maroc et de la Tripolitaine, le généreux Duveyrier nous apportait l'inattendue et décevante révélation de
l'esprit chevaleresque des Touareg Azdjer ; et son optimisme
gagnait rapidement l'opinion. Un ami d'Ikhenoukhen, chef des
Azdjer, Cheikh Othman, nous avait d'ailleurs été recommandé
par Si-Hamza, notre fidèle allié, et nous avait avertis des menées anglaises qui avaient amené la récente occupation de
Ghadamès par les Turcs ; or, en 1856-1857, le capitaine de
Bonnemains avait été très favorablement accueilli par les notables de cette ville. Tout paraissait confirmer l'heureuse impression de Duveyrier, et reléguer au rang des incidents secondaires les hostilités auxquelles le commandant Colonieu et le
lieutenant Barin s'étaient heurtés dans le Gourara. Le traité

de Ghadamès, signé en 1862, par le chef d'escadrons Mircher et le capitaine de Polignac avec les mandataires, autorisés ou non des Azdjer, fut une consécration diplomatique des longs efforts de nos explorateurs sahariens ; mais on en attendit vainement les effets, ou plutôt on dut reconnaître, longtemps après, qu'on s'était mépris sur la portée d'une semblable négociation.

Au reste la rapidité et la facilité relative de l'expansion de notre colonie du Sénégal vers le Soudan déterminaient une préférence de mieux en mieux marquée en faveur de la voie de pénétration que préconisait Faidherbe. Toute avancée des pionniers de notre vieille colonie vers le Niger faisait tort aux projets de voie transsaharienne ; il faudra la reconnaissance du Soudan central et l'annexion d'une de ses parties les plus riches à la France pour susciter une nouvelle campagne des partisans d'un chemin de fer menant d'Algérie au Soudan.

Ainsi le gouvernement du second empire, rompant avec les traditions de colonisation algérienne déjà éprouvées par vingt ans d'expérience, semble avoir médiocrement compris les conditions de peuplement et de mise en valeur de notre belle colonie. Sa politique, qu'on ne saurait accuser d'avoir été incohérente, s'inspira de principes généraux et d'idées préconçues, appliqua un système ; on ne connaît pas encore un succès d'œuvre coloniale obtenu par ces moyens. La politique coloniale est, plus que toute autre, exclusive des doctrinaires, ou du moins devrait l'être.

L'historien équitable ne peut, toutefois, manquer d'enregistrer, à l'honneur du second empire, des actes qui, accroissant notre prestige dans le bassin oriental de la Méditerranée, préparaient à la fois l'expansion de nos idées et de notre commerce parmi les musulmans, et le développement des colonies acquises dans l'Extrême-Orient. A ce titre l'intervention de 1860-1861 en Syrie, pour protéger les Maronites contre les Druses accrut notre influence en pays turc et fit revivre les droits précieux, si l'on sait s'en servir, qui nous constituent puissance privilégiée dans le Levant. De même l'ouverture du canal de Suez, le crédit qui en résulta pour nous en Egypte et le discrédit parallèle qu'entraîna pour les Anglais leur opposition acharnée, donnaient à notre politique maritime et coloniale de notables chances de succès ; de sorte que si les décrets et les lois du second empire ont arrêté l'essor de notre colonie algérienne, certains actes de sa politique méditerranéenne étaient de nature à favoriser plus tard notre expansion. Ce n'est que justice de le dire.

CHAPITRE III

ACQUISITIONS EN AFRIQUE TROPICALE; POLITIQUE IMPÉRIALE A MADAGASCAR

Les perspectives de « grands courants commerciaux » qui avaient engagé le gouvernement impérial, médiocrement dévoué à la colonisation algérienne, à nouer des relations avec les tribus sahariennes, devaient lui inspirer le désir de pousser nos lignes de postes et de comptoirs du Sénégal jusqu'au Niger. La colonie du Sénégal, exclusivement vouée au négoce, intéressant nos grands ports où la doctrine et les pratiques du libre-échange étaient très populaires, ne pouvait manquer d'éveiller la sympathie privilégiée de l'empereur et de ses ministres : cette faveur s'étendit d'ailleurs à nos autres colonies d'Afrique occidentale, des bouches du Sénégal à l'estuaire du Gabon. Mais il faut ajouter que la valeur de l'apôtre fit la valeur de l'œuvre d'expansion, et que, sans un Faidherbe, les jalons de notre future expansion n'auraient point été si vigoureusement plantés.

L'œuvre était d'autant plus difficile à mener à bien que la condition de la colonie du Sénégal, au milieu du XIX° siècle, s'était aggravée, et qu'à la négligence de la métropole avait répondu la hardiesse croissante des Maures et des Toucouleurs; pour se rendre un compte exact de cette condition, il suffirait

de comparer ce qu'était l'expansion sénégalaise à la fin du
XVIIᵉ siècle et au commencement du XVIIIᵉ, à l'époque des
grands voyages d'André Brue et de ses collaborateurs, avec le
spectacle des humiliations auxquelles on se résignait quand
Faidherbe fut nommé gouverneur, à la fin de 1854. Le gouvernement français payait, depuis 1839, sous le nom de coutumes, de véritables tributs, tant aux chefs maures qu'à ceux
du Cayor et du Oualo; le régime des « escales » rendait difficile le commerce des traitants qui étaient soumis à toutes sortes
d'exactions de la part des Maures, des Ouolofs et des Toucouleurs. La concession qui nous avait été faite, en 1845, du poste
de Sénoudébou, dans la vallée de la Falémé, restait illusoire
du fait de la condition précaire de nos communications que
protégeaient des postes trop éloignés les uns des autres. La
hardie traversée de Panet, accomplie en 1850, entre Saint-
Louis et Mogador par le Sahara, ne pouvait être considérée
que comme la brillante sortie d'une garnison assiégée et serrée
de près. Nous tenions solidement Saint-Louis et sa banlieue,
nos postes du moyen fleuve et leurs environs; toutefois un
notable progrès d'ordre et de sécurité avait été obtenu par le
recrutement des spahis indigènes autorisé en vertu d'un décret
du gouvernement de Juillet (7 juillet 1847).

Faidherbe avait les éminentes qualités qu'il fallait pour mener
à bien une pareille tâche. Tempérament équilibré dans lequel
se conciliaient les mérites du savoir et les vertus de l'action,
intelligence méthodique sans abus d'esprit de système, caractère énergique mais d'une énergie réfléchie dont les apparentes
boutades et les merveilleuses saillies avaient leur profonde
logique, capable de sang-froid ou d'ardeur suivant les circonstances ou les aptitudes de ses collaborateurs, il fut un des
génies les plus complexes et les plus puissants de l'expansion
coloniale française. Ses dispositions naturelles s'étaient développées à bonne école; six années de service actif en Algérie,

un séjour de deux ans à la Guadeloupe, une mission en Guinée
où il avait très ingénieusement fortifié Dabou près de Grand'
Bassam, lui avaient donné une expérience variée de nos colonies. Le maniement des Algériens, dans les dernières années
de campagne active, l'avait préparé à comprendre la politique
si délicate et en même temps si énergique qu'il convenait d'appliquer aux Maures; en Guinée, il avait gagné la pratique du
gouvernement des sédentaires du pays tropical maritime. Son
succès est donc une œuvre d'intelligente volonté, de méthodique application; c'est pourquoi à ce mérite d'avoir doté la
France d'une voie d'accès vers le Soudan s'ajoute le mérite
plus grand encore et plus durable dans ses effets lointains,
d'avoir formé à son école la pléiade d'officiers braves, humains
dans la mesure des nécessités de la guerre, savants et désintéressés qui ont refait la « plus grande France » sous la troisième république. Il fut un chef et un maître; il laissa à son
pays de vastes territoires, à ses disciples de l'armée une doctrine, une tradition, bien humaine et bien française.

Il n'est pas question ici de sa doctrine générale de colonisation française. A cet égard le grand homme, influencé par
les merveilleux succès de son entreprise sénégalaise, peut-être
même touché avec excès de ce sentiment si vif d'émulation qui
mit longtemps aux prises les colons de l'Algérie et ceux du
Sénégal, fermait trop volontiers les yeux au mérite de notre
œuvre de peuplement et de culture du Maghreb. « Il paraît
malheureusement certain », écrivait-il (1), « que nous sommes
aujourd'hui peu aptes à fonder des colonies de peuplement.
Ainsi en Algérie les deux tiers des colons sont Espagnols ou
Italiens et non Français. » Mais ses maximes d'expansion en
Afrique occidentale sont d'une rare justesse et d'une netteté

____

(1) Général Faidherbe, *Le Sénégal, la France dans l'Afrique occidentale*.
Paris, Hachette, 1889.

admirable : il en a donné un résumé dont la clarté est saisissante en reprenant les termes essentiels des instructions qu'il reçut de Paris et qui furent manifestement inspirées par ses propres conseils : « Nous devons *dicter nos volontés aux chefs* « *maures, pour le commerce des gommes.* Il faut *supprimer les* « *escales* en 1854, employer la force si l'on ne peut rien obte- « nir par la persuasion. Il faut *supprimer tout tribut* payé par « nous aux Etats du fleuve, sauf à donner, quand il nous « plaira, quelques preuves de notre munificence aux chefs dont « nous serons contents. Nous devons être les *suzerains du* « *fleuve.* Il faut *émanciper complètement le Oualo*, en l'arra- « chant aux Trarzas et *protéger en général les populations* « *agricoles de la rive gauche contre les Maures.* Enfin il faut « entreprendre l'exécution de ce programme *avec conviction et* « *résolution.* »

Nous avons quelque peine aujourd'hui, depuis que la géographie du Sénégal est connue et sa carte levée, à nous représenter exactement ce qu'il fallait d'intuition scientifique, de divination et d'audace pour concevoir ce vaste plan dont Faidherbe assura l'exécution rigoureuse. On ne connaissait le régime du fleuve que par les relations des traitants; il s'en fallait de beaucoup que son hydrographie fût exactement achevée. Si l'on commençait, grâce aux relations des officiers placés à la tête des postes fluviaux, à prendre conscience du caractère des pays Maures de la rive droite, mêlés de steppes, d'oasis et de déserts, nous étions beaucoup moins nettement renseignés sur la nature des régions de la rive gauche, en particulier des étendues désolées du Ferlo. L'itinéraire de Panet rapatrié en 1851 était un document de haute nouveauté au moment où Faidherbe fut nommé gouverneur; la reconnaissance de Vincent dans l'Adrar est postérieure aux épisodes les plus dramatiques des luttes contre les Maures et contre El-hadj-Omar (1860); celles de Bou-el-Moghdad eut lieu plus tard encore.

On en peut dire autant du voyage de l'enseigne de vaisseau
Bourrel chez les Braknas et d'Alioun-Sal dans le Tagant, de
la hardie traversée de Mage chez les mêmes peuplades, des
fructueuses explorations du lieutenant Pascal dans le bassin
de la Falémé et du lieutenant Lambert au Fouta-Dialon.

Aussi, tout en reconnaissant que Faidherbe n'exprime pas
avec une assurance parfaite, avant la date de 1863, ses desseins de pénétrer jusqu'au Soudan par la voie du Sénégal,
doit-on observer que son premier plan d'opérations implique
une induction divinatoire des données essentielles du problème ; et c'est là un mérite d'intelligence et d'audace. Quand
il se décide à rejeter au large de nos postes du fleuve, serrés
de trop près, les Maures qui en exploitaient les populations
sédentaires, il a compris que les nomades, une fois éloignés
de cette base d'opérations, seront réduits à l'impuissance et
justiciables de quelques reconnaissances de cavalerie. Dès le
début aussi il se rend un compte exact de la nécessité d'occuper solidement le Cayor pour refouler par l'ouest comme par
le nord les tribus du Fouta et du Ferlo. Avec la même promptitude de coup d'œil, il saisit le caractère de la domination
d'El-hadj-Omar, et encore mal informé, déduit du spectacle
des ressources de son terrible adversaire la valeur du Macina,
dont il parlait alors comme on parla plus tard du Soudan
occidental ou du moins des pays de la boucle du Niger. Ainsi,
dégager la route du fleuve, seule capable d'assurer le ravitaillement de nos colonnes, faire bonne garde le long de la
lisière maritime qui s'étend de Saint-Louis à Gorée pour retirer
toute ressource à des tribus qui voudraient nous harceler sur
la rive gauche, puis, grâce à ce déblaiement de la vraie voie
de pénétration, arriver en forces au-devant de l'ennemi venu
des régions nigériennes, tel fut le plan rationnel qu'il traça,
par hypothèse justifiée au début, dont il poursuivit l'exécution

après que ses collaborateurs eurent vérifié sur place ce qu'à distance il avait pressenti.

La vigueur de l'exécution est digne de la netteté méthodique du plan.

Quatre années lui suffisent (1855-1859) pour mettre fin au régime d'exactions des Maures et les refouler à bonne distance des postes du fleuve. Il dégage d'abord la rive gauche du Bas-Sénégal en chassant les Trarzas du Oualo et du Cayor qu'ils avaient envahis; c'était la préparation naturelle de toute marche ultérieure et comme une simple opération de police de la banlieue de Saint-Louis (1854-1855). Les Braknas, moins redoutables parce que notre poste de Podor et ses annexes leur barraient le passage vers le Toro et les Douaïch, pillards attitrés du Fouta, se soumirent beaucoup plus facilement que leurs congénères de la zone maritime. En juin 1859, les dernières résistances étaient brisées, le Oualo, le Cayor, le Toro, le Fouta et le Damga réunis à la colonie en dépit des tentatives d'El-hadj-Omar pour les soulever.

Là fut la plus redoutable difficulté de l'œuvre de Faidherbe; il devait mener de front la pacification des rives du fleuve à bonne distance des escales, et la lutte contre le prophète Toucouleur, aidé par les contingents des régions nigériennes et du Fouta-Dialon. Faidherbe aimait à le rappeler, plus dans l'intérêt de ses collaborateurs qu'en vue de rehausser son mérite : « Ceux qui pendant six ans, avec des moyens bien bornés, « ont fait face à ces deux besognes, passant la saison sèche à « batailler contre les Maures et la saison des hautes eaux à « faire des expéditions dans le haut du fleuve, et qui ont, « malgré cela, établi notre domination sur le Sénégal, peuvent « avoir la conscience d'avoir rendu un grand service à leur « pays. » La guerre sainte d'El-hadj-Omar fut, fort heureusement, restreinte aux Toucouleurs et aux Peulhs qui étaient rivaux des Maures dans l'exploitation pillarde des populations du moyen et du bas-Sénégal ; et l'œuvre de rétablissement d'une vie sédentaire et policée que le gouverneur accomplissait autour de nos escales et dans les pays riverains eut pour effet de rendre difficile le ravitaillement de la grosse armée des fanatiques qui se heurta à des places fortes comme Médine, si vaillamment défendue par Paul Holl (1857). Grâce à la prévoyance avec laquelle avaient été construits et munis les forts de nos postes, l'extrême mobilité et l'abondance de cavalerie de l'ennemi devinrent des avantages inutiles ; Faidherbe, officier du génie, avait donné tous ses soins au choix de l'emplacement et de la construction des forts, et assuré chaque progrès par un solide « point d'appui ». En pleine guerre, le poste fortifié de Matam (1857) fut élevé pour tenir le Damga en respect, puis ce fut Saldé, sentinelle surveillant à la fois les Maures et le Fouta, enfin Joal, la citadelle du Sine.

Ces précautions étaient d'autant plus nécessaires que le gouverneur, tout en dirigeant les grandes campagnes de répression contre les Maures et contre El-hadj-Omar, dut assurer aussi l'expansion française chez les peuples ou tribus que l'une et l'autre influence essayaient de soulever contre nous. Il eut recours ici à la diplomatie, là à la force, nouant des relations avec les chefs, leur expliquant les desseins pacificateurs de la France. En 1862-63, en l'absence du gouverneur Faidherbe, le capitaine de vaisseau Jauréguiberry et le colonel Martin des Pallières soumirent définitivement les Toucouleurs du Fouta ; en 1863-64 eut lieu la laborieuse campagne qui nous donna le Cayor après la défaite de Lat-Dior, soulevé et battu de nouveau en 1869.

Dans cette dernière campagne s'était distingué le colonel Pinet-Laprade, successeur de Faidherbe dans le gouvernement de la colonie à partir de 1865. L'énergique officier continua la politique d'expansion et procéda, en particulier, à l'occupation ou à l'organisation du protectorat des « rivières du

Sud »; par là il tournait le Fouta-Dialon, en préparait l'entrée dans notre domaine et fermait aux puissances rivales un chemin d'accès au Haut-Niger dont les explorations ultérieures ont démontré l'excellence. Sous son gouvernement se développèrent d'excellentes institutions dont Faidherbe avait eu l'initiative, le recrutement de ces admirables « tirailleurs sénégalais » qui ont si bien servi notre expansion coloniale en Afrique et ailleurs, l'admission de sous-officiers et officiers indigènes dans le corps des « spahis », l'établissement de l' « Ecole des otages » destinée aux fils de chefs influents, la réforme des « Ecoles musulmanes. »

Par l'action militaire, bornée aux campagnes indispensables et provoquées du fait des pillards et des fanatiques, par la mise en œuvre de toutes les ressources d'intelligence et de force du Sénégal, Faidherbe voulait préparer la marche vers les pays du Niger. S'il n'exprime ses desseins sous une forme décisive qu'après la pacification des tribus Maures et la défaite d'El-hadj-Omar, c'est-à-dire vers 1863, il n'en faut pas conclure qu'il ne se fût, de longue date, assigné cet objectif. Mais il ne voulait point rebuter l'opinion publique par une hâte excessive ; le Sénégal une fois pacifié et organisé, cette réserve fit place à un enthousiasme qui, d'ailleurs, n'excluait point la logique. Loin de s'associer aux ambitieux projets de jonction de l'Algérie et de notre colonie sénégalaise qui étaient déjà en faveur, il les combattait, et, fort méfiant à l'endroit des formules grandioses, expliquait son projet plus modeste et plus sûr avec un sens pratique irréfragable : « Cette phrase stéréotypée dans « tous les journaux que le Sénégal et l'Algérie doivent se don- « ner la main par dessus le Sahara, phrase à effet, s'il en fut, « a-t-elle un sens? Pour nous c'est en vain que nous l'avons « cherché jusqu'aujourd'hui. Il y aura toujours un affreux « désert de 400 à 500 lieues entre le Tell et le Soudan, 500 à « 600 lieues de Tombouctou à Oran par le Touat, 700 lieues

« de Kano à Alger….. Qu'au lieu de trop compter sur l'avenir
« des caravanes du Sahara, on nous ouvre une ligne commer-
« ciale entre le Haut-Sénégal et le Haut-Niger, de Bakel à
« Bammakou, cela sera beaucoup plus rationnel. Oui, contrai-
« rement à ceux qui ne rêvent que le Sahara sillonné par de
« nombreuses caravanes de coton, sa traversée rendue moins
« affreuse par des puits artésiens de distance en distance, les
« oasis s'étendant et se multipliant, en un mot la civilisation
« et la culture chassant le désert pied à pied, nous pensons
« que le Sahara tend à redevenir désert, seule chose qui lui
« convienne. Il s'est peuplé pour trois causes : 1° profits
« énormes de la traite des nègres ; 2° révolutions continuelles
« au Tell ; 3° absence d'autres voies pour le commerce du
« Soudan. Ces trois causes n'existent presque plus et elles ces-
« seront tout à fait d'exister dans des temps assez rappro-
« chés.

« ….. Quelques cultivateurs de dattes dans les oasis les plus
« rapprochées et les plus fertiles, quelques chasseurs d'au-
« truches, voilà, suivant nous, tout l'avenir du Sahara.

« Quelle distance entre ces prédictions et cette image de
« l'Algérie et du Sénégal se donnant la main par dessus le
« Sahara ! Qui a raison? Dieu le sait et l'avenir l'apprendra.
« Dans notre opinion, la grande chose à entreprendre, rela-
« tivement à l'Afrique centrale, si la France veut tourner de
« ce côté ses vues et son activité, ce n'est pas de chercher à
« rétablir, à travers un pays maudit, des voies commerciales
« impossibles. Il faut, après avoir repoussé El-hadj-Omar du
« bassin du Sénégal, s'il ose s'y présenter de nouveau, aller
« fonder un établissement vers Bammakou, sur le Haut-Niger,
« en le reliant à Médine et à Sénoudébou par une ligne de
« postes distants de 25 à 30 lieues et dont le premier doit
« être à Bafoulabé, confluent du Bafing et du Bakhoy; puis
« s'emparer de la navigation du Niger par l'embouchure, de

« concert avec les Anglais. Ce ne sont pas là des entreprises
« faciles, mais ce sont de nobles entreprises.....

    « Ajoutons maintenant que, de même que le Sahara ne s'est
« pas peuplé en un jour, ce n'est pas en un jour qu'il rede-
« viendra désert, et qu'on n'a pas tort de chercher à prendre
« sa part du commerce qui s'y fait encore aujourd'hui, et qui,
« en fait de puissances européennes, profite surtout à l'An-
« gleterre par le Maroc et par Tripoli (1). »

Faidherbe payait tribut aux idées de son temps ou du moins
aux préférences politiques du gouvernement impérial en se
leurrant de l'espoir d'un condominium anglo-français dans la
région du Bas-Niger. Mais il percevait nettement les avantages
d'une voie de communication reliant le Moyen-Niger à la côte
par la vallée du Sénégal ; on ne peut lui reprocher, en bonne
justice, de n'avoir pas été un précurseur des apôtres de la pénétration vers le Haut-Niger par les rivières du sud. Le grand
voyage de Mage et Quintin, achevé d'ailleurs en 1866, sous le
gouvernement de son successeur, M. Pinet-Laprade, ne pouvait que justifier les desseins de Faidherbe. Quant à son appréciation des projets de routes ou voies ferrées transsahariennes,
pour sévère qu'elle soit sous sa forme vive et humoristique,
elle nous prouve surtout l'aversion du distingué officier pour
des spéculations brillantes que n'autorise point la preuve de
faits nombreux et bien établis. Au reste Duveyrier, avec sa
bonne foi parfaite, a rapporté le témoignage de Cheikh-Othman
qui corrobore l'opinion de Faidherbe : « Cheikh-Othman me
« fait remarquer (écrivait Duveyrier), que les convois d'or
« entre Insalah et Ghadamès sont moins fréquents depuis que
« M. le gouverneur Faidherbe a donné aux routes du Sénégal
« une sécurité qu'elles n'avaient jamais connue jusque-là, et
« il craint que la concurrence de nos possessions sénégaliennes

----

(1) *Revue maritime et coloniale*, juin 1863.

« n'achève de priver les routes du nord de ce riche produit (1). »

Toutefois, après le retour de Faidherbe en France, de hardies et heureuses explorations, puis des traités commençaient à révéler la valeur des régions maritimes de la Guinée et à déterminer, avant même le grand et décisif voyage de Binger, une modification de l'opinion qu'on s'était faite jusque-là du Soudan. De 1865 datent plusieurs conventions qui réservent à la France la majeure partie des rivières du sud; alors fut occupé le poste si important de Benty sur la Mellacorée. Sur la côte d'Ivoire, une habile négociation du commandant Martin des Pallières avait confirmé ou développé nos droits dans les régions de Bassam, de Jackville, de Grand-Jack, de l'Ebrié, etc..., etc..... En 1853, 1855, 1868, 1869 eurent lieu nombre d'annexions ou de traités de protectorat dans les pays de la Côte-d'Or; enfin la diplomatie de nos officiers de vaisseau ne fut pas inactive au Dahomey. Cependant nos acquisitions ne portaient encore que sur les districts côtiers, et valaient surtout par le développement qu'elles donnaient à notre commerce d'escales maritimes.

Au Gabon, les aventureux voyages de Paul du Chaillu furent la brillante préface des explorations méthodiques des lieutenants de vaisseau Braouzec, Serval et Aymès; ce dernier fit connaître, en 1869, le cours de l'Ogooué et indiqua la valeur du chemin où devait plus tard s'engager Brazza. Là aussi furent signées plusieurs conventions qui réservaient nos droits sur les pays de l'intérieur.

En somme, la politique du second empire, quelle qu'en ait été l'inspiration essentielle, aboutit, dans l'Afrique occidentale, à un mouvement d'expansion; le Sénégal était dégagé et avait franc accès vers les pays baignés par le Niger, tandis que d'importantes amorces nous étaient acquises dans la région de

_____

(1) Duveyrier, *Les Touareg du nord*, p. 360.

débouchés marins de la Guinée. Il n'en fut pas de même, à beaucoup près, des effets de la politique suivie en Afrique orientale et à Madagascar ; et l'on a peine à comprendre que le gouvernement auquel revient l'honneur d'avoir encouragé, en dépit de l'opposition anglaise, l'œuvre du canal de Suez, ne se soit pas mieux préoccupé de s'en assurer par avance les profits commerciaux. Là encore il semble que l'illusion de voir se développer le commerce national sans aucun recours ou presque sans recours à la saisie de fortes positions se soit emparée des ministres français, ou bien que la préoccupation de ne point inquiéter nos alliés anglais ait joué un rôle prépondérant.

On n'en peut douter en ce qui touche notre conduite à Madagascar, où la « politique conventionnelle » révéla sur le vif son trésor de contradictions. C'est au moment même ou Français et Anglais préparaient la campagne de Crimée que le missionnaire Ellis travaillait contre nous à Madagascar comme Pritchard l'avait fait à Tahiti. Il ruinait, à force d'insinuations, le crédit qu'avaient acquis par les moyens les plus légitimes nos compatriotes, MM. de Lastelle et Laborde. Au reste le gouvernement anglais avait nettement refusé l'offre naïve d'une action commune (1853).

Quand Radama II succéda à Ranavalona, nous pouvions du moins espérer que l'appui officiel de la France seconderait les efforts heureux de l'homme résolu et avisé qu'était M. Lambert (1861). C'est le moment que choisit le gouvernement impérial pour signer, par le traité de 1862, une première reconnaissance de Radama II comme roi de Madagascar, et mettre ainsi à néant toutes nos revendications antérieures, plus de deux fois séculaires. En vain le traité renfermait une vague « réserve des droits de la France » ; nous traitions avec les Hovas sur le pied de la plus complète égalité, et ils surent nous le rappeler en 1885.

La mort tragique de Radama II fut aussi profitable aux Anglais que nuisible à notre influence. Le second traité qui réglait, en 1868, les conditions d'une bonne entente, paix et amitié « entre S. M. l'empereur des Français et S. M. la reine « de Madagascar » ne contenait plus une clause réservant nos droits. Aussi le grand patriote Jules Ferry eut-il, lors des difficultés de 1884, le droit de juger sévèrement la politique malgache du Second Empire : « L'Empire », dit-il, dans son discours du 24 mars 1884, à la Chambre des députés, « a « poussé, on peut le dire, la confiance, la bienveillance envers « ces peuplades à demi sauvages, jusqu'à la candeur. Il a « poussé la courtoisie jusqu'à l'imprudence, car c'est lui qui a « le premier donné à un prince hova, à Radama II, ce titre « de roi de Madagascar qu'aujourd'hui on nous oppose dans « le droit malgache et parfois même dans le droit européen. » Dès lors, on ne peut plus signaler qu'à titre de souvenir triste et contradictoire, les divers traités passés, avant les actes de 1862 et 1868, avec les chefs de tribus de la côte ouest, avec le roi des Mahafales, avec la reine du Ménabé. La France avait abdiqué, et ce fut un bonheur inespéré pour notre intérêt que les Hovas, par leur mauvaise foi, aient rendu lettre morte ce mutuel engagement souscrit par nous à la légère.

On comprend d'autant moins cette lamentable faiblesse de la diplomatie impériale à Madagascar que, dans des parages de moindre importance, au débouché de la mer Rouge, elle se montrait vraiment soucieuse des conséquences de l'ouverture du canal de Suez. C'est ce que semble indiquer la convention de 1862 qui nous assura Obock, à la suite des incidents dramatiques qui coûtèrent la vie à notre compatriote Lambert. Il est vrai que la Grande-Bretagne, bien pourvue à Aden, ne pouvait prendre grand ombrage de cette acquisition ; sa susceptibilité, si aiguë à Madagascar, n'était point éveillée par une simple prise de possession, sans aucun effort d'élever soit une citadelle française, soit un établissement de charbonnage pour nos navires. Les effets de cette imprévoyance devaient être durement ressentis, comme la mauvaise humeur de nos anciens alliés, quand il fallut diriger vers l'Indo-Chine une expédition de quelque importance, vingt ans après. Une seconde occasion fut négligée d'affermir et d'étendre nos droits, celle qui s'offrit en 1868, quand les Anglais, engagés dans la guerre contre Théodoros, durent négocier avec nous le débarquement de leur armée en rade d'Adulis et solliciter la permission d'employer l'île Bessi aux opérations de ravitaillement; la France donna toutes les autorisations nécessaires sans exiger la moindre réciprocité. Et nous faisions preuve de cette incurie à une époque où les Anglais ne semblaient pas encore mesurer l'importance de l'œuvre de Suez; quand l'Ethiopie aura, de nos jours, intérêt à se rapprocher de la France, il sera trop tard, et il faudra mille détours pour empêcher une consécration trop définitivement fâcheuse de ces faiblesses du gouvernement impérial.

CHAPITRE IV

Le gouvernement impérial fut mieux inspiré, plus heureux, ou mieux servi par des agents que la distance protégeait contre les palinodies, dans ses entreprises indo-chinoises. L'acquisition de la Cochinchine, le protectorat du Cambodge, sont dus, en effet, comme nos progrès en Afrique occidentale, à la ténacité des officiers qui faisaient sur place, et loin des hésitations ministérielles ou impériales, besogne de négociateurs et de conquérants tout à la fois. Ce ne furent pas des avantages moins précieux, et l'on estime encore davantage leur valeur quand on constate qu'à plusieurs reprises, sans autres causes que des caprices ou des complaisances, ils faillirent nous échapper. Sans la guerre anglo-française de Chine qui, vite achevée, laissa disponibles des forces militaires en Extrême-Orient, nos amiraux n'auraient point sans doute obtenu les ressources indispensables au succès. Au reste une politique essentiellement commerciale et dont l'espoir principal reposait sur la conquête de nouveaux marchés en pays peuplés devait tenir à prendre position à proximité de l'Empire chinois. D'autres mobiles, en particulier le désir d'appuyer la propagande religieuse, renforcèrent cette première conviction. L'intelligence de nos chefs d'escadre, le point d'honneur de ne pas lâcher prise, une fois engagés, firent le reste.

Quelle fut la pensée directrice du gouvernement impérial quand il entreprit l'expédition de Cochinchine? Obéissait-il au dessein de reprendre la tradition inaugurée par l'évêque d'Adran, et de faire valoir des droits datant des dernières années de l'ancienne monarchie? Ou bien était-il seulement soucieux, en Indo-Chine comme en Chine, de faire de la politique catholique et de protéger les missionnaires, fidèle en Extrême-Orient à la maxime qui l'avait guidé dans son intervention en Syrie?

Il ne semble pas que le souci de maintenir une tradition utile et glorieuse ait été prépondérant dans les conseils de l'empereur; ou, du moins, si cet avis fut exprimé, il suffit, pour l'écarter, de faire valoir aux yeux du souverain des scrupules d'érudition historique et de diplomatie contentieuse. En 1857 une commission fut chargée de décider si le traité signé, en 1787, entre la France et l'Annam pouvait être encore considéré comme valable, après un si long relâchement des relations engagées : et cette commission, après un examen minutieux et avec une bonne foi dont nos annales de diplomatie coloniale sont spécialement riches, décida que le traité était nul et non avenu, la France n'ayant pas exécuté les dispositions les plus importantes. Quelle était la portée de cette délibération? Voulait-on, en 1857, écarter toute éventualité d'une intervention et éviter tout ombrage à l'alliée de prédilection, l'Angleterre? Ce renoncement vertueux au bénéfice du passé n'était-il, au contraire, qu'un moyen d'agir plus librement dans un avenir prochain? Des interprètes subtils iraient volontiers jusqu'à croire que la manœuvre ménageait à la fois la susceptibilité anglaise et l'intérêt français ; et l'on aimerait à le croire.

Sans remonter aussi haut, les diplomates du Second Empire auraient pu s'inspirer des préoccupations patriotiques de Guizot qui, en 1843, à la veille du traité de Whampoa, signé avec la Chine le 24 octobre 1844, faisait déjà valoir la nécessité de

l'occupation de postes en Extrême-Orient (1) : « Je n'avais
« dessein en 1843 », écrit-il à M. de Lagrené, « que de faire
« en Chine pour la France ce que venaient d'y faire l'Angle-
« terre et les Etats-Unis, c'est-à-dire de régler par un traité
« formel nos relations commerciales avec les Chinois, de prêter
« appui à nos missionnaires et de donner ainsi à des faits nou-
« veaux ou encore contestés le caractère de droits reconnus
« et acceptés..... Mais en poursuivant ces résultats, je n'igno-
« rais pas combien, même obtenus et convenus, ils seraient
« précaires et vains, s'ils n'avaient pas, sur les lieux mêmes,
« des garanties efficaces. Deux sortes de garanties peuvent
« être seules efficaces, une station navale toujours présente
« dans les mers de Chine, et un établissement français perma-
« nent, assez voisin de la Chine pour être le point d'appui et
« de refuge de notre station navale, de notre commerce et de
« nos missionnaires. » Et dans une note confidentielle, il précisait son dessein avec une parfaite netteté (2) : « Le roi a
« décidé qu'une station navale stationnerait désormais dans
« les mers de Chine et de l'Inde, avec la mission d'y protéger
« et au besoin d'y défendre nos intérêts politiques et commer-
« ciaux. Mais la France ne possède actuellement, dans ces
« mers, aucun point où les bâtiments qui composeront cette
« station permanente puissent se ravitailler, réparer leurs ava-
« ries, déposer leurs malades; c'est donc à la colonie portu-
« gaise de Macao, ou à l'établissement anglais de Hong-Kong,
« ou enfin à l'arsenal de Cavite, dans l'île espagnole de Luçon,
« que la division française devrait demander un point d'ap-
« pui, un point de refuge, un point de ravitaillement. Cela
« n'est pas possible. Il ne convient pas à la France d'être
« absente dans une aussi grande partie du monde, lorsque les

(1) Lettre à M. de Lagrené, cf. la mission du comte Elgin, par Laurence Oliphant.
(2) Lettre confidentielle du 9 novembre 1843, *ibid*.

« autres nations de l'Europe y possèdent des établissements.
« Le drapeau français doit aussi flotter dans les mers de Chine,
« sur un point où nos navires soient assurés de trouver un
« appui et des secours de toute espèce. Il faut donc, comme
« les Anglais l'ont fait à Hong-Kong, comme nous venons de
« le faire nous-mêmes aux îles Marquises, y fonder un établis-
« sement militaire pour notre marine, un entrepôt pour notre
« commerce... J'appliquais ainsi aux mers de Chine une idée
« que j'avais déjà mise en pratique pour d'autres points du
« globe, et que je regarde comme capitale non seulement dans
« l'intérêt commercial, mais dans tous les intérêts moraux,
« politiques, militaires et maritimes de la France. » M. Guizot
n'invoquait point, on le voit, l'argument des droits traditionnels, mais celui de la nécessité présente. Pourtant c'était bien
l'Indo-Chine que visait cette annonce d'une prochaine intervention ; il n'attendait, pour agir, que d'être mieux informé,
car, disait-il, « les notions qu'on possède sur l'Indo-Chine
« ne sont ni assez étendues, ni assez précises pour que l'on
« puisse, dès à présent, déterminer le point dont on devrait
« prendre possession afin d'y fonder ce nouvel établisse-
« ment. »

Le premier projet d'intervention de l'empereur Napoléon III,
qui remonte à l'année 1856, se distingue du projet Guizot en
ce qu'il n'implique aucun acte d'occupation, mais repose seulement sur des pactes conclus avec les souverains indigènes.
Tel est le sens des instructions données alors à M. de Montigny
que le gouvernement impérial envoyait à la cour d'Annam.
Notre envoyé avait charge d'obtenir du gouvernement annamite : 1° l'ouverture du pays au commerce français et la cession
soit de Tourane, soit d'une île voisine à seule fin d'y établir
une factorerie ; 2° la liberté religieuse et le droit d'entretenir
un agent diplomatique à Hué. M. de Montigny, qui ne disposait pas des forces nécessaires, ne put rien obtenir de Tu-

Duc (1) : le souverain annamite, exalté par l'insuccès de notre
ambassade qui se retirait sans la moindre sanction, procéda
bientôt aux actes de violences qui déterminèrent l'ouverture
des hostilités.

Toutefois, le désir d'une conquête territoriale ne semble pas
avoir été antérieur à nos succès. D'une part, le rapport officiel
français (2) constate le fait sans la moindre restriction : « Par
« la force des événements, le but qu'on s'était proposé se
« trouvait donc singulièrement dépassé, et nous devenions des
« conquérants là où nous étions allés dans le principe pour
« redresser simplement des griefs. » Ces termes pourraient
être empreints de cette exagération familière des documents
officiels rédigés pour prouver la générosité première du dessein
des vainqueurs et leur regret plus ou moins sincère d'avoir
été obligés de s'en départir. Mais, d'autre part, les ministres
de Tu-Duc, au cours des mêmes négociations qui préparèrent
le traité du 5 juin 1862, se crurent autorisés à dire que les
pouvoirs de l'amiral Bonard n'exigeaient aucune cession de
territoire.

L'expansion française résulta donc de l'extrême énergie dé-
ployée par les amiraux dans le châtiment des actes de cruauté
qui avaient justifié notre intervention. Notons d'abord que
l'amiral Rigault de Genouilly engagea les opérations avec des
troupes qui venaient d'évacuer le Peï-ho, et que la première
attaque fut une sorte de diversion à la guerre d'importance
majeure dont la Chine était le théâtre.

Le dessein de conquête était si mal arrêté que l'amiral Rigault de Genouilly, libre de frapper l'empire d'Annam où il lui
plairait, dut faire une enquête approfondie avant de se résoudre.

(1) Cf. d'intéressants détails dans les *Annales de la Propagation de la
Foi*, tome XXX, 1858.
(2) Cf. une étude très intéressante de M. Galos, *Revue des Deux-Mondes*,
mai 1864.

Le séjour de la petite armée franco-espagnole à Haïnan, la prise de Tourane ne sont que des préludes et des reconnaissances ; c'est après avoir reçu des rapports favorables sur la salubrité des provinces cochinchinoises du sud de l'Indo-Chine qu'il s'arrête à un franc parti d'attaque avec descente et occupation. On raisonnait alors sur la salubrité de la Cochinchine comparée à celle de l'Annam central, comme plus tard sur la condition du Tonkin, supérieure à celle de la Cochinchine. Ce qu'il faut observer c'est que ce chef éminent pensait aux avantages que donnerait à l'expansion française la grande voie de pénétration du Mékong et que bientôt il considéra la possession ou le protectorat du Cambodge comme le moyen d'accéder à l'empire du Milieu. Dans le courant de l'année 1859 se forme et se fortifie chez lui cette opinion, premier germe de la grande entreprise de l'exploration du Mékong qui devait aboutir à la démonstration de la supériorité des voies tonkinoises.

Mais que d'hésitations dans les conseils de la métropole ! Quand l'amiral Page, successeur de l'amiral Rigault de Genouilly depuis le 1er novembre 1859, eut maîtrisé les défenses de Hué, il reçut ordre de proposer à la cour d'Annam un traité sans indemnité pécuniaire, sans cession de territoire, stipulant pour les missionnaires le droit d'enseigner leur religion, sous réserve qu'ils ne troubleraient en rien l'administration annamite ; des consuls français seraient reçus dans les trois ports de Cochinchine, et tous les trois ans on enverrait à Hué un chargé d'affaires de France. Était-ce un parti pris de ne rechercher que des avantages commerciaux et une orientation voulue de notre politique coloniale vers la voie du développement des échanges sans garantie territoriale, ce qui était conforme aux idées personnelles de l'empereur ? Ou bien cette magnanimité était-elle seulement une habile diversion permettant aux troupes françaises de se porter vers le Peï-ho, sans paraître reculer ? Il y eut sans doute un mélange de l'une et l'autre préoccupation. L'héroïque attitude de la petite garnison de Saïgon, la mauvaise foi de Tu-Duc, nous sauvèrent d'une capitulation désastreuse en dépit des apparences diplomatiques.

L'amiral Charner, après avoir brisé la résistance avec les troupes qu'il ramenait de Chine, fit entendre un cri d'alarme : « Si j'avais mille hommes de plus », écrivait-il en avril 1861, « je prendrais les trois provinces, mais aurais-je assez de « monde pour les garder ? Je dois m'attacher à ne pas faire un « pas en arrière ; notre prestige en dépend. » Son successeur l'amiral Bonard reçut enfin, grâce à l'heureuse influence de M. de Chasseloup-Laubat, ministre de la marine, des instructions visant le développement méthodique de l'expansion territoriale ; il devait « porter notre frontière à l'est, au delà de Saïgon, sur un des points où les montagnes se rapprochaient de la mer. » Il les exécuta en enlevant Bien-hoa en décembre 1861, et Vinh-Long en mars 1862 ; le blocus du riz aux approches de la rivière de Hué amena la cour d'Annam à résipiscence. Le traité du 5 juin 1862, promulgué en France par décret du 15 juillet 1863 consacrait notre établissement en Indo-Chine.

Toutefois l'inconstance de l'opinion publique et l'irrésolution du gouvernement impérial faillirent nous retirer le bénéfice de ce traité si péniblement obtenu. Tu-Duc envoya à Paris une ambassade chargée de mettre à profit les mauvaises dispositions du peuple français qui ne discernait point entre une expédition coûteuse et sans résultats comme celle de Chine et une œuvre d'expansion coloniale exigeant des sacrifices mais capable de les compenser dans la suite. A Paris on rapprochait les chiffres des dépenses militaires de 1860 (59 millions) et de 1861 (60 millions). A la fin de l'année 1863, à l'ouverture de la session législative, le discours impérial laissait entrevoir, dans des phrases vagues à dessein, la prochaine rétrocession : la mission du commandant Aubaret, à Hué, confirmait dans leurs inquiétudes les partisans de notre expansion coloniale. Par bonheur l'empereur se reprenait et se dérobait aux conseils de faiblesse qui lui avaient inspiré son discours de 1863 ; personnellement il parut répugner à la rétrocession ; l'intervention du marquis de Chasseloup-Laubat, de M. Duruy, du baron Brenier, de l'amiral Rigault de Genouilly, de MM. Thiers et Lambrecht fit le reste.

La conquête des provinces de Cochinchine fut un début d'expansion d'autant plus heureux que l'œuvre d'organisation de l'amiral de la Grandière nous gagna les indigènes et fit des populations de Cochinchine des propagateurs zélés de l'idée française. En garantissant la propriété, en supprimant la piraterie par le recensement rigoureux des jonques, en choisissant les maires des villages parmi les notables les plus considérés, ce remarquable organisateur, comme la marine en fournit beaucoup au service colonial, donna à notre première conquête la cohésion et la prospérité qui en firent une précieuse base d'opérations plus étendues. Les étrangers rendirent justice au caractère civilisateur de notre expansion Indo-Chinoise ; un Anglais, témoin oculaire, écrivait, dès l'année 1861 : « Les « Français, en faisant succéder immédiatement à la conquête « l'ordre et la sécurité, ont bien mérité de leurs nouveaux sujets..... Ils ont droit à de grands éloges pour les ouvrages « publics de toute espèce qu'ils ont construits..... Rien ne « s'oppose à ce que la Cochinchine, si elle est bien gouvernée, « devienne, en peu d'années, une des plus riches contrées de « l'Orient (1). »

La question de l'expansion française au Cambodge ne se posa qu'après le traité du 5 juin 1862 qui termina la première expédition de Cochinchine. C'est alors que l'amiral la Grandière, gouverneur de la Cochinchine, prit nettement conscience,

____

(1) Sincapoura free press. 1861.

au contact même des faits, de l'intérêt qu'il y aurait à gagner à notre cause le peuple qui commandait les passages entre le delta et le cours moyen du Me-Kong. Cet auxiliaire nous permettrait de réduire Tu-Duc encore puissant dans le pays cochinchinois, et de contenir les Siamois dont nos officiers commençaient à soupçonner la duplicité. Doudart de Lagrée, le plus distingué artisan de nos succès au Cambodge, a nettement exprimé cette opinion dans une page de la préface (1) inachevée de son ouvrage si curieux : « Si l'on veut, » écrivait-il, « que « l'établissement fondé en Cochinchine subsiste et prospère, il « faut lui accorder, à mains ouvertes, les conditions indispen- « sables de vitalité et d'épanouissement pacifique. Pour toute « colonie et surtout pour une colonie lointaine, la première de « ces conditions, c'est qu'en face de ses frontières et pour le « moins sur une moitié de son étendue, elle rencontre des popu- « lations alliées et fidèles, et des barrières assurées. Il faut « aussi..... que toute influence étrangère puissante et surtout « toute influence européenne soit éloignée, si l'on ne veut pas « compliquer de difficultés diplomatiques les premiers embar- « ras d'une colonie. » Enfin nos représentants savaient l'importance commerciale de Pnom-Penh, au moins égale alors à son importance stratégique ; le marché de cette ville regorgeait de denrées expédiées du Siam vers le débouché de Saïgon.

Le voyage du lieutenant Salmon, quoique rapide, donnait déjà aux autorités françaises une première notion du danger siamois. C'est ce qu'exprime Doudart de Lagrée dans une note (2) qui nous a été conservée : « Le Cambodge, pressé entre deux « voisins plus puissants, siamois et annamites, qui, depuis « deux cents ans, se disputaient ses dépouilles, était définiti-

---

(1) *Doudart de Lagrée, Explorations et missions*, papiers et documents mis en ordre et publiés par M. de Villemereuil, Paris,1883.

(2) *Doudart de Lagrée, Explorations et missions*, par M. de Villemereuil, index, p. XLVII.

« . vement tombé entre les mains de ceux qui lui étaient le moins
« antipathiques ; un agent de la cour de Bangkok tenait, dans
« la capitale cambodgienne, Oudong, la réalité du pouvoir. »

Pour mener à bien une tentative d'expansion française au
Cambodge, il fallait le plus énergique et le plus délié des ambassadeurs ; en désignant Doudart de Lagrée l'amiral de la
Grandière fit un choix excellent. Doudart de Lagrée s'était distingué à Sébastopol dans le commandement de la batterie basse
du « Friedland » : caractère sage et circonspect en même temps
que brave, l'action une fois résolue, il convenait merveilleusement à cette tâche ; le docteur Hennecart et monseigneur
Miche, évêque de Dansara, le secondèrent d'ailleurs avec activité. Une première démarche lui révéla sur-le-champ toute la
gravité des empiètements du Siam : « L'influence du Siam est
extrême », écrit-il dans son premier rapport à l'amiral ; « un
« premier fait m'a surpris. La personne chargée des introduc-
« tions m'a demandé si je verrais le mandarin siamois avant ou
après le roi. » Doudart de Lagrée, en faisant de menues concessions sur la question des tracés de frontières entre la Cochinchine et le Cambodge, sut gagner les bonnes grâces du souverain ; et cette attitude contrastait heureusement, aux yeux des
Cambodgiens, avec l'arrogance du représentant siamois. Le 11
août 1863 était signé le traité de protectorat par lequel la France
se chargeait de défendre la « complète indépendance » du
Cambodge contre tous. Deux ans après, l'aménité de Doudart
de Lagrée avait mis aux mains de notre représentant toute
l'administration du pays, ce qu'il expliquait dans une lettre
charmante de modestie et de belle humeur : « Mon domaine
« n'est pas grand, mais j'y suis seul et il y faut tout faire : j'y
« suis ambassadeur, grand juge, grand général, grand ami-
« ral, etc., etc..., enfin un grand pas grand chose, et quand
« l'heure du courrier arrive, la tête m'en part. » On sait l'histoire de ce gouverneur d'une [province voisine du Siam, qui

résistait seul à l'ascendant de Doudart de Lagrée, et dont celui-ci gagna la sympathie par une visite de quelques heures.

Tant d'efforts faillirent être compromis par les négociations directement engagées entre Paris, Saïgon et Bangkok, après le départ de Doudart de Lagrée, et en dépit des études savantes qu'il avait faites pour démontrer la vanité des prétentions siamoises. Il importe de bien marquer ici l'origine de difficultés auxquelles nous nous heurterons, trente ans plus tard, pour avoir manqué d'esprit de décision à l'époque où nous organisions le protectorat cambodgien. Après le traité de 1863, Norodom, qui paraissait avoir accepté de bonne grâce la convention qui l'unissait à nous, signait le 1er décembre de la même année un autre traité, secret, de protectorat avec le Siam ; notre représentant ne le connut qu'en avril 1864. Or, comme la ratification du traité franco-cambodgien exigeait un délai de plusieurs mois, le traité siamois, en tant qu'instrument diplomatique de plein effet, se trouva antérieur au nôtre ; et tandis que notre ministre de la marine et des colonies, M. de Chasseloup-Laubat, insistait auprès de l'empereur pour hâter la ratification et prononcer l'antériorité de notre stipulation, le ministre des affaires étrangères s'arrêtait devant un scrupule de formalité et hésitait à proclamer son refus de reconnaître la validité de la convention siamo-cambodgienne. Les Siamois comptaient sur ce scrupule et l'exploitèrent de leur mieux : déjà l'Angleterre, intéressée à s'assurer un appui pour sa politique en Indo-Chine, pesait, en faveur du Siam, sur les décisions du cabinet des Tuileries, et se préparait à accroître sa récente acquisition du Pégou (1852) due à lord Dalhousie. Le représentant siamois à Oudong laissait donc entendre à Norodom que le traité de protectorat cambodgien ne serait jamais ratifié à Paris ; bientôt il l'induisit à faire le voyage de Bangkok pour son couronnement qui serait célébré en présence des seuls Siamois. Fort heureusement Doudart de Lagrée, qui était encore à Oudong, usa de fermeté, de sorte que rien n'était compris lorsque le traité fut rapporté de Paris, à la fin de 1863, avec la ratification de l'empereur. Le couronnement de Norodom fut fait des mains de notre chef d'état-major qui, concession malheureuse, prit la couronne présentée par l'envoyé siamois.

Les Siamois eurent leur revanche; et, s'ils avaient évacué Oudong et la majeure partie du Cambodge, ils contestèrent à nos protégés, c'est-à-dire à nous-mêmes, les territoires de Siemréap et de Battambang. Doudart de Lagrée était déjà parti pour la grande mission au cours de laquelle il devait trouver la mort (1867-68) quand fut signé l'acte de 1867, qui donnait gain de cause aux Siamois sur cette grave question : ce fut l'origine du récent conflit qui n'a été que provisoirement apaisé, en dépit de l'énergie de nos marins, et qui renaîtra à la moindre occasion.

C'est sous le Second Empire que fut étudiée, dans toute son ampleur, et à titre de conclusion de nos importantes conquêtes, la question des voies de pénétration d'Indo-Chine en Chine; la grande mission du Me-Kong eut pour résultat essentiel de démontrer la supériorité des routes fluviales ou terrestres du Tonkin sur la voie du Me-Kong. On sait comment son chef, Doudart de Lagrée, fatigué déjà par ses glorieux labeurs du Cambodge, succomba après la période de reconnaissance du grand fleuve, et avec quelle intelligence Francis Garnier acheva l'œuvre d'étude au Tonkin et en Chine, pour rentrer à Saïgon, au début de l'hivernage de 1868, muni des conclusions qui allaient inspirer désormais la politique coloniale française. Il attirait l'attention sur la valeur des provinces du Yunnan et du Sse-Tchouen et préconisait, en conséquence, notre établissement au Tonkin. « L'ouverture du Tongking », écrivait-il à la fin de son rapport, « est une suite nécessaire de notre éta-« blissement dans les six provinces de la Basse-Cochinchine.

« Cette partie de l'empire annamite paraît être l'un des pays
« les plus riches du monde. »

Au reste, l'occasion d'intervenir au Tonkin s'était déjà offerte
à nous, mais au temps où il était impossible d'en apprécier
rigoureusement la valeur. En 1858, au début des opérations
franco-espagnoles, le prince royal Lé-phung, de la dynastie
des Lé, se soulevait contre Tu-Duc et se déclarait roi du Tonkin ; or, à ce moment même, le [navire français le *Prégent*
croisait sur la côte tonkinoise. Après avoir essayé de gagner
à sa cause le commandant de ce navire, Lé-phung partit pour
Tourane où il fit des offres à l'amiral Rigault de Genouilly qui
ne crut pas devoir les accueillir. En 1861, après une nouvelle
insurrection au cours de laquelle Lé-phung prit la flotte de
Tu-Duc, puis en 1862, le prétendant se mit à la disposition
de l'amiral Bonard. Le vaillant officier, qui craignait déjà, et
non sans cause, d'être désavoué pour être allé au delà de ses
instructions, dut éconduire ce précieux allié, malgré l'insistance
du colonel espagnol Palanca qui nous conseillait vivement
d'agir au Tonkin. Il faudra l'énergique campagne de Francis
Garnier en faveur de l'intervention, l'action indépendante de
J. Dupuis, enfin une série de ces traîtrises orientales qui coûtèrent la vie à tant de nos soldats, pour déterminer la virile
résolution qui sera l'éternel honneur de la vie de Jules Ferry.
En tous cas, dès le Second Empire, nous étions assez nettement engagés en Indo-Chine pour ne plus pouvoir reculer.

CHAPITRE V

EXPANSION DANS LES ARCHIPELS DU PACIFIQUE
ACQUISITION DE LA NOUVELLE-CALÉDONIE

Pour apprécier les causes très diverses de l'acte politique qui nous rendit maîtres de la Nouvelle-Calédonie, il faut se rappeler les conditions dans lesquelles se faisait alors l'expansion des grands peuples marins et commerçants : et l'on éprouve quelque difficulté à s'en rendre un compte exact, tant la transformation de la marine à voiles en marine à vapeur, tant la substitution des trajets rectilignes et rapides aux longues croisières d'autrefois, ont modifié les idées et les manières de raisonner en l'espace d'un demi-siècle.

Aujourd'hui nous ne parlons plus de l'Océan Pacifique comme de l'Atlantique ou de l'Océan Indien. Nous avons pris conscience de la difficulté que suscitent aux paquebots la longueur des trajets à parcourir et la rareté des escales qui jalonnent ces trajets. Nous avons pris la coutume, fort rationnelle et sage, de considérer l'Australie et la Nouvelle-Zélande comme les étapes extrêmes de la grande voie de trafic international qui se développe des ports d'Allemagne, d'Angleterre et de France jusqu'à ceux de Chine, de Japon, de Malaisie et d'Australie : ces terres, continent et îles grandes ou petites vivent désormais d'une vie commerciale commune avec l'ancien continent, font corps avec lui. Le terme jadis employé d'Océanie ne nous donne aucune impression d'unité ni de cohésion ; les terres d'Australie, de Nouvelle-Zélande, de Malaisie, gravitent autour de l'Asie orientale, tandis que les menus archipels qui sèment le Pacifique, à des milliers de kilomètres les uns des autres, sont les modestes oasis du plus vaste et du moins sociable des océans.

Mais c'est l'invention et le développement de la grande navigation à vapeur qui ont fait ce rapide miracle. En 1850, quand avait lieu le voyage de reconnaissance de la corvette l' « Alcmène », on envisageait autrement la condition de la concurrence des grands peuples navigateurs. L'Australie et la Nouvelle-Zélande, avant l'ouverture du canal de Suez, recevaient des navires venus par le détroit de Magellan comme par le cap de Bonne Espérance. Si, sur le rebord occidental du Pacifique, les Anglais semblaient prépondérants par l'occupation du continent australien, les Etats-Unis d'Amérique à l'est, sans compter le Chili déjà fort, entretenaient une importante marine à voiles ; et la perspective d'une plus large ouverture du marché chinois, après le marché japonais, laissait entrevoir un développement parallèle du commerce à travers le Pacifique. Or, on ne pouvait prendre sa part de ce trafic sans s'assurer une base de ravitaillement, et, en cas de conflit, une base d'opérations. La Nouvelle-Calédonie pouvait rendre ce service.

La France avait aussi une revanche à prendre de la désagréable surprise que lui avait value une indiscrétion dans l'affaire de la Nouvelle-Zélande. Le souvenir de cette humiliation était resté vivace, au moins parmi nos officiers de marine qui ne furent jamais de bien chauds partisans de l' « entente cordiale » chère à l'empereur ; beaucoup pouvaient se rappeler sans grand effort de mémoire l'affaire Pritchard. Ce n'est point un sentiment isolé et personnel qu'exprime le distingué commandant Bérard, quand il fait valoir, dans une note fortement raisonnée, les inconvénients de l'omnipotence maritime des maîtres de l'Australie. Ajouter que l'Angleterre convoitait la Nouvelle-Calédonie n'est rien dire qui soit bien particulier à cette île ; si la tournée du « Havannah », commandée par Erskine, n'aboutit point à une occupation, c'est parce que l'officier anglais jugea l'archipel trop pauvre.

Quant à la tentative de colonisation allemande du Dr Lang de Sydney, tentative que l'auteur essaya de mettre sous le patronage du Parlement de Francfort, elle ne semble pas avoir éveillé en France une vive inquiétude (1848) ; à peine, d'ailleurs, y fut-elle connue.

Enfin les missionnaires qui avaient d'importants établissements en Nouvelle-Calédonie appelaient de leurs vœux la domination française ; ils s'employèrent, au reste, de leur mieux à aider les chefs des escadrilles qui procédèrent à l'occupation de la Grande-Terre en 1853, des îles Loyalty en 1864.

Ce furent assurément ces raisons, nécessité d'une base d'opérations sur le Pacifique entre l'Asie et l'Amérique, comme disait le P. Verguet, désir de protéger les missionnaires catholiques, qui prévalurent dans les conseils du gouvernement. Mais le dessein de soustraire les condamnés de race blanche au climat de la Guyane et de tenter une expérience philanthropique de régénération par le travail était de ceux qui devaient séduire l'empereur Napoléon. Le « Moniteur » enregistrait, pour justifier l'occupation, « les vues du gouvernement sur le régime pénitentiaire ». La fameuse loi du 30 mai 1854, organisant la peine de la transportation pour les condamnés aux travaux forcés, loi encore en vigueur, prouva bientôt quelle importance attachait l'empereur à cette expérience ; à la fin de l'empire la Nouvelle-Calédonie avait le malheur de posséder déjà une population pénale de plus de 2.500 personnes.

Les espérances d'exploitation des mines, de colonisation libre, semblent avoir été médiocrement escomptées. La légitime préoccupation de ne point laisser l'Angleterre seule maîtresse dans les parages occidentaux du Pacifique, l'idée généreuse et chimérique de transformer des criminels à force de bien-être, tels furent les motifs de l'occupation de la Nouvelle-Calédonie. On se trompait sur l'importance future du poste militaire ; on se trompait encore en croyant imiter l'exemple anglais d'emploi des convicts dont on ignorait la nature exacte. Mais l'avenir a démontré que le pays contenait des ressources sur lesquelles on n'avait point compté, en dépit de la scrupuleuse enquête des officiers de l' « Alcmène ». L'acquisition de la Nouvelle-Calédonie est donc un réel bienfait d'expansion coloniale au compte du Second Empire. Que l'empereur ait été l'objet d'une de ses illusions familières, en espérant que notre colonie lointaine, associée au groupe de Taïti, deviendrait l'escale privilégiée et l'entrepôt prospère de grands courants commerciaux que le triomphe du libre échange allait créer à travers le Pacifique, ce n'est qu'une erreur d'appréciation commune à nombre de ses contemporains et dont nous avons essayé d'indiquer ci-dessus les causes ; son dessein était, malgré tout, patriotique et généreux, et l'hostilité constante des Australiens contre cette colonie plus riche, plus proche, et mieux située que Taïti, fut, dans la suite, la justification de cet acte qui complétait les résultats de la glorieuse campagne de Dupetit-Thouars.

ANNEXES

───

SOMMAIRE

I. — L'algérie et l'afrique du nord

1º Organisation et colonisation : les colonies agricoles de 1848 ; le décret du
26 avril 1851 (concessions) ; la loi du 13 juillet 1851 sur la constitution de
la propriété ; le cantonnement ; les douanes ; la compagnie génevoise ; le
ministère de l'Algérie et des colonies : rapport sur la situation de l'Algérie ;
le décret du 25 juillet 1860 sur le régime de la colonisation ; le royaume
arabe ; le sénatus-consulte du 8 mai 1863 sur la propriété indigène ; l'enquête de 1869. — 2º Conquête et expansion : la pacification ; les missions
de Bonnemain, Bou-Derba, Duveyrier, Mircher et de Polignac ; le traité de
Rhadamès. — 3º Tunisie.

II. — Le régime des colonies

Les sénatus-consultes du 3 mai 1854 et du 4 juillet 1866. — La loi du 3 juillet
1861 sur les douanes.

III. — Le développement de l'afrique occidentale

1º Guerres avec les Maures. — 2º Guerre avec El-Hadj-Omar. — 3º Fin de la
pacification. — 4º Administration intérieure : progrès commercial. —
5º Pénétration et exploration : les missions Panet, Hecquard, Vincent, Bourrel, Alioun-Sal, Mage ; les idées de Faidherbe sur la pénétration vers le Niger : la mission Mage et Quintin. — 6º Expansion à la côte d'Afrique:
Guinée, Côte d'Ivoire, Dahomey, Gabon.

IV. — Dans l'océan indien

La politique impériale à Madagascar ; les traités du 12 septembre 1862 (Dupré)
et du 8 août 1868 (Garnier). — La politique traditionnelle en 1859.

V. — Établissement dans la mer rouge

Le traité du 11 mars 1862.

VI. — Reprise de la tradition française en indo-chine

1º Cochinchine et Cambodge : occupation de la Cochinchine en 1858-1859 ;
traité du 4 juin 1862 ; le traité Aubaret ; l'occupation ; le traité du 11 août
1863 avec le Cambodge et du 15 juillet 1867 avec le Siam. — 2º Mékong et
Tonkin : exploration du Mékong ; mission Doudart de Lagrée en 1866 ; visées
politiques sur le Tonkin.

VII. — Dans l'océan pacifique

Prise de possession de la Nouvelle-Calédonie ; l'organisation de Tahiti.

I. — L'ALGÉRIE ET L'AFRIQUE DU NORD

1º Organisation et colonisation

Jusqu'en 1850, l'Algérie demeura soumise au régime des concessions institué par l'ordonnance du 1er septembre 1847 qui prescrivait de longues formalités pour l'obtention des concessions, ne laissait à la disposition des préfets et des généraux que des concessions de 25 hectares et au-dessous, à celle du gouverneur général que des concessions de 100 hectares au maximum et ne faisait délivrer aux colons qu'un titre provisoire trop facilement révocable.

La République de 1848 s'efforça de tenir les promesses faites par la proclamation adressée aux colons d'Algérie par le gouvernement provisoire, le 4 mars 1848 :

Le gouvernement provisoire se préoccupe vivement de la position précaire où vous avez été laissés pendant si longtemps. Il sait qu'une partie de vos embarras provient de l'incertitude qui jusqu'ici a plané sur l'avenir de l'Algérie. La coupable incurie du gouvernement déchu, sa pusillanimité peut-être, ont empêché le développement de la colonie où vous n'avez pas craint de transporter, dès les premiers jours, vos familles et vos capitaux.

La République défendra l'Algérie comme le sol même de la France. Vos intérêts matériels et moraux seront étudiés et satisfaits. L'assimilation progressive des institutions algériennes à celles de la métropole est dans la pensée du gouvernement provisoire ; elle sera l'objet des plus sérieuses délibérations de l'assemblée nationale.

Dès le mois de septembre, l'assemblée nationale vote un décret établissant en Algérie des concessions agricoles. Voici les principaux articles de ce décret daté du 23 septembre 1848 :

Art. 1er. — Un crédit de cinquante millions de francs est ouvert au ministre de la guerre, sur les exercices 1848, 1849, 1850, 1851 et suivants, pour être spécialement appliqué à l'établissement des colonies agricoles dans les provinces de l'Algérie, et aux travaux d'utilité publique destinés à en assurer la prospérité. Ce crédit sera réparti ainsi qu'il suit : Exercices 1848 : 5,000,000 fr. ; 1849, 10,000,000 fr. ; 1850, 1851 et suivants, 35,000,000 fr. Total égal, 50,000,000 fr.

Un décret de l'assemblée nationale déterminera ultérieurement la portion du crédit de trente-cinq millions de francs affectée à chacun des exercices 1850, 1851 et suivants.

Le crédit de cinq millions de francs sur l'exercice 1848 sera réparti ainsi qu'il suit : 1° travaux pour la création et le développement des colonies agricoles, 1,600,000 fr. ; 2° voies de communication et autres travaux d'utilité publique, 800,000 fr. ; 3° subvention aux colons en matériaux, instruments, semences et bestiaux, 1,800,000 fr. ; 4° frais d'émigration, transports, passages et séjours, 550,000 fr. ; 5° frais et matériel de première installation sur le terrain, 250,000 fr. Total : 5,000,000 fr.

Art. 2. — Le chiffre des colons qui bénéficieront des dispositions du présent décret ne pourra excéder douze mille âmes en 1848.

Art. 3. — Les colonies seront fondées par des citoyens français, chefs de famille, ou célibataires.

Les colons cultivateurs, ou qui déclareront vouloir le devenir, recevront de l'État, à titre gratuit, des concessions de terre d'une étendue de deux à dix hectares par famille, selon le nombre des membres de la famille, leur profession et la qualité de la terre, et les subventions nécessaires à leur établissement.

Les colons ouvriers d'art exécuteront soit individuellement, soit par association tous les travaux d'installation des familles, et concourront aux travaux d'utilité publique reconnus indispensables pour le développement des colonies.

Lorsque les colons ouvriers d'art voudront se fixer dans un des centres des colonies agricoles, ils recevront, comme les premiers, dans la localité qui leur sera assignée, un lot à bâtir, un lot de terre et les prestations nécessaires pour faciliter leur établissement.

Art. 4. — Les subventions de toute nature accordées pour la mise en valeur des terres ne pourront être allouées pendant plus de trois années. Cette durée de temps comptera à partir du jour où chaque colon aura pris possession de son lot.

A l'expiration de ces trois années, les habitations construites pour eux et les lots qui leur auront été affectés deviendront la propriété des colons, à la condition de se conformer aux décrets qui régiront la propriété en Algérie.

ART. 5. — Tous les concessionnaires dont les lots ne seront pas mis en rapport dans le délai de 3 ans pourront être dépossédés, suivant les formes et les règles de la législation en Algérie, à moins qu'ils ne puissent justifier de cas de force majeure.

ART. 6. — Les concessionnaires ne pourront, pendant les six premières années de leur mise en possession, aliéner les immeubles à eux concédés qu'à la condition de rembourser à l'Etat le montant des sommes dépensées pour leur installation.

ART. 7. — Les colons seront soumis aux lois et arrêtés en vigueur dans les territoires sur lesquels ils auront été placés.

Dans le délai d'un an ou plus tôt, s'il est possible, les communes agricoles seront assimilées, pour le régime municipal et judiciaire, aux communes des territoires civils.

Dès le mois d'octobre, un certain nombre de colons furent mis en route. Les envois se succédèrent jusqu'à la fin de l'année et près de 13.500 émigrants furent répartis entre 42 centres dont les principaux furent : Castiglione, El-Affroun, Lodi, Damiette, Pontéba, Montenotte, Marengo, Zurich et Novi, dans la province d'Alger ; Saint-Cloud, Saint-Leu, Rivoli, Fleurus, Saint-Louis, Aboukir, dans la province d'Oran ; Robertville, Jemmapes, Gastonville, Mondovi, Héliopolis, Millésimo, dans la province de Constantine.

D'autres envois de colons devaient avoir lieu en 1849. Mais, avant d'allouer les fonds (1), l'Assemblée nationale qui avait reçu des nouvelles peu rassurantes sur le succès de cette colonisation officielle, fit instituer le 20 juin 1849 une commission chargée de se rendre en Algérie pour dresser un rapport sur l'état des colonies agricoles. Cette commission, dont Louis Raybaud fut nommé rapporteur (2), justifia les colons de 1848 des accusations de paresse, de turbulence et d'immoralité lancées contre eux. Mais elle constata que le plus grand obstacle à la prospérité de ces colonies était le choix défectueux des colons, presque tous ouvriers sans travail de

(1) *Rapport sur la colonisation de l'Algérie*, par M. Labiche, sénateur, 1896. — *Les colonies agricoles en* 1848, par M. Edouard Cat, *Algérie nouvelle*, 1900.

(2) Rapport du 16 novembre 1849.

Paris, bons artisans, mais déplorables agriculteurs, et elle conclut
qu'il n'y avait pas lieu d'envoyer de nouvelles colonies, qu'il valait
mieux améliorer les centres déjà créés et combler les vides par
l'envoi de colons ruraux. Le gouvernement s'appropria ces conclusions et la loi du 30 juillet 1850 statua ainsi sur les colonies agricoles :

Art. 2. — Les colons destinés à compléter la population des villages
fondés en 1848 seront choisis, sur les désignations faites par les conseils
de préfecture, parmi les catégories ci-après et dans l'ordre suivant :
1o les soldats libérés du service ou ayant servi en Algérie ; 2o les cultivateurs d'Algérie mariés ; 3o les cultivateurs de France mariés.

Art. 4. — Les colonies agricoles continueront à être placées sous la
direction des autorités militaires jusqu'à l'expiration des trois années
pendant lesquelles elles ont à recevoir les subventions de l'Etat. Néanmoins avant l'expiration de ce délai, le pouvoir exécutif pourra établir
le régime municipal et judiciaire dans les colonies où l'application lui
en paraîtra opportune.

Art. 5.....
Il sera institué dans chaque colonie une commission consultative
composée du directeur, remplissant l'office de maire, président ; du
ministre du culte, du médecin civil ou militaire, de l'instituteur secrétaire et de trois colons élus par leurs camarades.

Cette commission donnera son avis sur toutes les mesures d'ordre et
d'administration intéressant la communauté, et notamment sur la distribution des maisons, terres et subventions, et sur les propositions
d'éviction concernant ceux des colons qui porteraient atteinte à l'ordre
public par leur mauvaise conduite, ou laisseraient incultes, par paresse
ou débauche, les terres qui leur sont données à charge de les mettre en
valeur.

Les colonies agricoles furent peu à peu placées sous le régime
civil. Cette tentative avait coûté 28.282.000 francs, et elle donnait
en 1852 à l'Algérie une population de 10.450 habitants, soit une
moyenne de 2.700 francs par individu (1).

Sous le gouvernement du maréchal Randon (1851-1858), le régime de colonisation fut avantageusement modifié par le décret du
26 avril 1851 :

Art. 2. — Les concessions d'une étendue de moins de cinquante hectares sont autorisées par le préfet, sur l'avis du conseil de préfecture.

(1) Labiche, ouv. cité, p. 21.

Art. 3. — Les actes de concessions en Algérie conféreront, à l'avenir, la propriété immédiate des immeubles concédés à la charge de l'accomplissement des conditions prescrites.

Art. 6. — Est rapporté l'art. 6 de l'ordonnance du 5 juin 1847 qui exige un cautionnement des concessionnaires d'une superficie de cent hectares et au-dessus.

Art. 7. — Le concessionnaire peut hypothéquer et transmettre, à titre onéreux ou à titre gratuit, tout ou partie des terres à lui concédées.

Art. 9. — Si toutes les conditions sont exécutées, le préfet, après avoir pris l'avis du directeur des domaines, déclare l'immeuble affranchi de la condition résolutoire.

La « période d'épreuve » était donc supprimée et des concessions plus étendues étaient à la disposition des préfets.

Les demandes de concession furent si nombreuses que le maréchal Randon dut se préoccuper d'accroître le domaine de colonisation. Une loi du 13 juillet 1851 venait de disposer sur la constitution de la propriété en Algérie. Après avoir délimité le domaine public, le domaine de l'État, le domaine départemental et le domaine communal, cette loi ajoutait :

Art. 10. — La propriété est inviolable sans distinction entre les possesseurs indigènes et les possesseurs français ou autres.

Art. 11. — Sont reconnus, tels qu'ils existaient au moment de la conquête ou tels qu'ils ont été maintenus, réglés ou constitués postérieurement par le gouvernement français, les droits de propriété et les droits de jouissance appartenant aux particuliers, aux tribus et aux fractions de tribus.

Art. 14. — Chacun a le droit de jouir et de disposer de sa propriété de la manière la plus absolue en se conformant à la loi.

Néanmoins aucun droit de propriété ou de jouissance portant sur le sol du territoire d'une tribu ne pourra être aliéné au profit de personnes étrangères à la tribu.

A l'État seul est réservée la faculté d'acquérir ces droits dans l'intérêt des services publics ou de la colonisation, et de les rendre, en tout ou en partie, susceptibles de libre transmission.

Cette loi consacrait l'inaliénabilité de la propriété *arch* ou de tribus suivant la théorie admise à ce moment (1). Et cependant c'est peu après la promulgation de cette loi que Randon inaugura, afin de créer de nouvelles réserves de terres, la politique de « canton-

(1) L. Vignon, *La France en Algérie*, 128.

nement » des indigènes qu'un ancien directeur des domaines à Alger résumait ainsi (1) :

Nous disions aux Arabes :

D'après votre loi islamique, dans les pays conquis par les musulmans, le sol appartient tout entier à Dieu et au Sultan, qui est son représentant sur la terre. Les individus n'ont sur le sol qu'un droit de jouissance précaire.

Or, vous occupez des terrains immenses disproportionnés avec vos besoins. La propriété, sur laquelle vos droits sont contestables, est frappée d'immobilité et de mainmorte. De grandes parties du territoire sont incultes. Eh bien! Nous allons consolider, en vos mains, ces droits de jouissance plus ou moins précaires, en les convertissant en pleine propriété de la majeure partie du sol. La part de l'Etat, destinée à faire face aux besoins urgents de la colonisation étant ainsi dégagée, le résidu sera réparti entre les familles de la tribu, ou lots individuels librement transmissibles, d'après un quantum basé sur le chiffre de la population et des troupeaux, la qualité des terres et les conditions générales des différents groupes.

On leur attribuait généralement quinze hectares par tête, soit une trentaine d'hectares par tente ou famille, non compris les pâturages.

De 1851 à 1858, 65 centres furent créés avec une population de 15.000 colons et 251.000 hectares furent concédés dans les conditions inaugurées par le décret du 26 avril 1851.

Le 11 janvier 1851 fut votée la loi supprimant les douanes entre la France et l'Algérie.

Art. 1. — Les produits naturels de l'Algérie, et nommément ceux qui sont énumérés au tableau I, d'origine dûment justifiée et transportés directement, seront admis en franchise de droits dans les ports de la République.

Art. 2. — Seront admis en franchise de droits, dans les ports de France, les produits d'industrie algérienne énumérés au tableau II (armes de luxe, ceintures, cordages, essences, burnous, joaillerie, nattes, livres et brochures, sellerie, tapis, vannerie, etc.)

Art. 3. — Les marchandises exportées de France en Algérie ou d'Algérie en France seront exemptes de tout droit de sortie.

Art. 4. — Les produits étrangers importés en Algérie seront soumis aux mêmes droits que s'ils étaient importés en France, par la Méditer-

____

(1) Commission d'étude des questions algériennes, Sénat, 1891 ; déposition de M. Perrioud, p. 299.

ranée, sauf les exceptions des art. 5 et 6 (ouvrages destinés aux constructions et à la reproduction agricole).

Ce fut pendant cette période qu'eut lieu un essai de colonisation par grande concession. Un décret du 26 avril 1853 concéda 20.000 hectares de terre aux environs de Sétif à une compagnie génevoise dirigée par le comte de Beauregard, le docteur Lullin, MM. Mirabeaud, Pautter, etc. La compagnie s'engageait à construire et peupler un village sur chaque zone de 1.000 hectares qui lui serait remise, à donner à chaque famille un lot d'environ 20 hectares, moyennant quoi elle aurait, en toute propriété et pour en disposer comme il lui conviendrait, 800 hectares de terre à côté, chaque village devant avoir un communal de 200 hectares ; la compagnie se ferait payer par les concessionnaires, en plusieurs annuités, le prix de revient des maisons, sans pouvoir le majorer d'autre manière que du compte des intérêts à 5 0/0. L'État s'engageait à faire tous les travaux d'utilité publique, tels que fontaines, abreuvoirs, aménagement des eaux, voies de communication, travaux de défense, et à les terminer en même temps que la construction des villages (1).

Les débuts furent satisfaisants, les premiers villages, Aïn-Arnat notamment, furent prospères. Mais on constata bientôt que la compagnie ne remplissait les conditions prescrites que dans une très faible mesure. Et cependant un décret du 24 avril 1858 lui donna, au lieu des 8.000 hectares promis au cas de réussite, 12.000 hectares, malgré son insuccès. En décembre 1858 il n'y avait, que 500 colons. « Les colons découragés et, s'il faut en croire les plaintes formulées par eux dans une pétition de 1868, exploités par la Société, expropriés pour non-payement des sommes réclamées par celle-ci avec une très grande rigueur, ont abandonné en masse le pays. La population des colonies génevoises n'était plus formée au 1er janvier 1868 que de 308 individus. Par contre à la même date, la population indigène installée dans ces colonies se chiffre par 2.342 âmes. En fait depuis de longues années, la très grande partie des 20.000 h. concédés à la compagnie génevoise ne fait plus l'objet que de locations consenties aux indigènes. L'entreprise de colonisation a tourné en une spéculation de capitalistes (2). »

(1) Ed. Cat., ouv. cité.
(2) Labiche, ouv. cité, p. 25.

La période de 1858 à 1860 fut celle du ministère de l'Algérie et des Colonies. C'est le décret suivant, du 24 juin 1858, qui arrêta cette réforme :

Napoléon, etc., voulant donner à l'Algérie et à nos colonies un nouveau témoignage de notre sollicitude pour leurs intérêts et favoriser, autant qu'il est en nous, le développement de leur prospérité, avons décrété :

ART. 1er. — Il est créé un ministère de l'Algérie et des colonies.

ART. 2. — Ce ministère sera formé de la direction des affaires de l'Algérie et de la direction des colonies, qui seront distraites du ministère de la guerre et du ministère de la marine.

ART. 3. — Notre bien-aimé cousin le prince Napoléon est chargé de ce ministère.

Le premier acte du prince Napoléon fut d'adresser le 29 juillet 1858 un rapport à l'empereur sur le partage d'attributions nécessité par la création du nouveau département. Ce rapport, approuvé par l'Empereur, décidait que « toutes les dépêches sans exception, qui concernent la politique et l'administration, toutes celles qui, bien qu'ayant un caractère militaire, intéressent cependant la situation de l'Algérie » seraient transmises au ministère de l'Algérie : la guerre n'aurait plus que la correspondance relative à l'administration intérieure des corps, aux questions purement militaires et à la justice militaire. Conformément à ce rapport, un décret du 31 août 1858 supprima les fonctions de gouverneur général, le conseil de gouvernement et institua un commandement supérieur des forces militaires de terre, et de mer qui fut confié au général de Mac-Mahon. Ce rapport était précédé d'un rapport du prince Napoléon doit l'extrait suivant établit la situation de l'Algérie à cette date et le but de la nouvelle organisation :

Préoccupé des progrès de ce pays, l'Empereur veut que, tout en continuant d'assurer au moyen d'une armée suffisante la soumission des Arabes et leur tranquillité, son gouvernement ait pour principal but la colonisation. Pour cela, il faut, à côté de la sécurité, plus de liberté. L'Algérie ne peut être assimilée à aucune des grandes possessions étrangères ; dans l'Inde, le gouvernement s'exerce par l'intermédiaire des chefs indigènes en éloignant la colonisation ; aux États-Unis, l'établissement des Européens s'est fait par l'extermination ou l'expulsion des Indiens. Rien de semblable ne peut se faire en Afrique ; nos difficultés sont beaucoup plus grandes ; nous avons une race belliqueuse à contenir et à civiliser, une population d'émigrants à attirer, une fusion de races à obtenir, une civilisation supérieure à développer par l'application des grandes découvertes de la science moderne. Nous sommes en présence d'une nationalité armée et vivace qu'il faut éteindre par l'assimilation, et d'une population européenne qui s'élève ; il faut concilier tous ces intérêts opposés ; et, de là, les rôles indiqués aux fonctions militaires et aux fonctions civiles en Algérie. Jusqu'à ce moment, les résultats obtenus ont entraîné de très grands sacrifices, occasionnés surtout par les nécessités de la conquête, et par l'obligation d'entretenir une armée considérable pour maintenir une sécurité complète ; il est temps que le territoire conquis, dont l'étendue embrasse deux cent vingt-cinq lieues de côtes sur une profondeur illimitée, produise un revenu qui arrive progressivement à couvrir les dépenses de la métropole et à indemniser la mère-patrie de ses sacrifices. L'Algérie se divise en trois provinces, subdivisées elles-mêmes en territoires militaires et en territoires civils. Les premiers, où l'élément arabe est presque exclusif, sont administrés par des généraux, parce qu'il est reconnu que l'autorité militaire est celle qui convient le mieux aux mœurs et aux traditions des indigènes. Les seconds, où domine l'élément européen, où nos lois, nos habitudes et une civilisation plus avancée réclament et admettent la prépondérance des institutions civiles, sont placés sous la direction des préfets. Dans les territoires militaires, des chefs arabes exercent, sous l'autorité supérieure des généraux, une influence que nous devons amoindrir et faire disparaître. Notre but doit être de développer l'action individuelle et de substituer à l'agrégation de la tribu la responsabilité, la propriété et l'impôt individuels, de manière à préparer efficacement les populations à passer sous le régime civil. Dans les territoires civils, il faut faire cesser la tutelle étroite qui est exercée par le pouvoir sur les intérêts et sur les personnes ; le moment est venu d'accorder à l'autorité locale une action plus libre et plus directe, en lui permettant d'administrer avec plus d'indépendance, et par là même avec plus de responsabilité. Il convient, en un mot, que le ministre laisse aux administrateurs, généraux ou préfets, une plus grande latitude, et n'intervienne que pour les affaires d'une certaine importance et d'un intérêt général. Gouverner de Paris et administrer sur les lieux en divisant l'administration comme je viens de l'indiquer, tel est le système qui me paraît le plus propre à contribuer au prompt développement de la prospérité de nos possessions du nord de l'Afrique. Les hommes d'État qui ont étudié depuis vingt ans la question algérienne se sont montrés à peu près unanimes pour indiquer ce but, alors même que l'opportunité n'était peut-être pas encore venue comme elle l'est aujourd'hui. Dans cet ordre d'idées, Votre Majesté reconnaîtra que la centralisation des affaires à Alger, par un gouvernement général, devient un rouage inutile. En effet, deux systèmes étaient seuls rationnels pour réaliser les progrès que vous voulez, Sire : ou donner plus de pouvoir au gouverneur

général en transportant tous les services à Alger et le faisant ministre,
ou absorber le gouverneur général, en constituant un ministère spécial.
Ces deux solutions vous ont été soumises : vous avez choisi ce dernier
parti. Il y a urgence de donner satisfaction à l'opinion publique, qui
attend du gouvernement de l'Empereur une solution de ces graves ques=
tions. Votre Majesté ne voudra pas que le ministre, seul responsable
vis-à-vis de l'Empereur, porte le poids d'une fausse situation qu'il ne
pouvait surmonter. L'état de l'Algérie peut se résumer ainsi : Beaucoup
de bien a été fait, des résultats immenses ont été obtenus, mais on ne
peut se dissimuler qu'il y a des abus à faire cesser, et qu'il faut pour
cela beaucoup de force et d'unité de volonté. La conquête et la sécurité
sont entières, grâce aux efforts glorieux de notre armée ; les crimes
sont rares, les routes et les propriétés sont sûres, les impôts rentrent bien.
Et cependant la colonisation est presque nulle, deux cent mille Européens à peine, dont la moitié Français ; moins de cent mille agriculteurs ; les capitaux rares et chers, l'esprit d'initiative et d'entreprise
étouffé, la propriété à constituer dans la plus grande partie du territoire,
le découragement jeté parmi les colons et les capitalistes qui se présentent pour féconder le sol de l'Algérie. Telle est la situation vraie. La
suppression des fonctions de gouverneur général rendra l'action du
gouvernement plus facile ; elle donnera au ministre et aux autorités
locales toute leur liberté d'action, elle simplifiera la direction et facilitera l'obéissance ; partant du centre du gouvernement l'impulsion sera
plus vive et plus régulière, et ainsi disparaîtra toute possibilité de conflits. Enfin pourquoi maintenir, avec un ministre spécial, un gouverneur
général pour une possession située à trente-six heures de la mère patrie ?

Ce rapport se terminait ainsi :

Vous pouvez espérer, Sire, féconder aussi la colonisation et attirer en
Algérie le courant de l'émigration européenne par des principes simples
et salutaires : sécurité et justice pour tous, Français, Européens, indigènes ; émancipation successive des hommes et des intérêts.

Ce régime nouveau dont on attendait de tels résultats ne dura que
deux années : un décret du 24 novembre 1860 supprima le ministère de l'Algérie et des colonies et rendit les colonies à la marine.

Mais le second ministre de l'Algérie et des colonies, de Chasseloup-Laubat, avait fait décréter une mesure importante qui modifia
complètement le système de colonisation. Le 25 juillet 1860, l'empereur signa un décret dont voici les deux articles principaux :

Art. 5. — Les terres comprises, en exécution des dispositions précédentes, dans les périmètres de colonisation, sont aliénables par vente à

prix fixe ou par vente aux enchères publiques. Elles peuvent aussi être aliénées, sous les conditions déterminées par le présent décret, par vente de gré à gré, par voie d'échange, par voie de concession.

ART. 23. — Sur les lots réservés, conformément aux dispositions des art. 2 et 3 du présent décret (c'est-à-dire par décision ministérielle pour la fondation de villes, villages, établissements publics et pour le placement immédiat de colons), le ministre peut faire des concessions d'une contenance maximum de trente hectares au profit d'anciens militaires ou d'immigrants et de cultivateurs résidant en Algérie. Les travaux à imposer à ces concessionnaires sont limités à la construction d'une habitation.

ART. 24. — Des concessions d'une plus grande étendue peuvent être exceptionnellement accordées par nous, sur le rapport de notre ministre secrétaire d'Etat de l'Algérie et des colonies, notre conseil d'Etat entendu.

Ainsi à la concession gratuite, le décret de 1860 substituait un régime comprenant à la fois la vente à prix fixe, la vente aux enchères, la vente de gré à gré et la concession dans des cas spéciaux. La vente à prix fixe devait être la règle.

Elle n'entraîne, écrivait le ministre dans son rapport, aucune lenteur, n'amène aucune difficulté; le prix de chaque lot est déterminé d'avance, et quiconque veut en acquérir un ou plusieurs n'a qu'à faire sa demande, déposer le tiers du prix fixé, et le lendemain du jour où il s'est présenté, il peut disposer comme il l'entend de la terre qu'il a acquise, sans être assujetti à aucune obligation de mise en valeur. C'est à son intérêt et à son intelligence que ce décret s'en rapporte du soin de tirer parti de ce qu'il a acheté, de ce qu'il a déjà payé en partie et de ce qu'il doit achever de payer en deux ans.

Huit centres seulement furent créés pendant la durée du ministère de l'Algérie.

Un décret du 10 décembre 1860 rétablit l'institution du gouverneur général. Ce haut fonctionnaire rendait compte directement à l'Empereur de la situation politique et administrative, commandait les forces de terre et de mer et nommait aux emplois civils, sauf pour la justice, l'instruction publique et les cultes. On instituait auprès de lui un conseil consultatif délibérant sur les actes concernant le domaine et un conseil supérieur examinant avec le gouverneur le budget de l'Algérie.

Le maréchal Pélissier était nommé gouverneur général. C'est en

1862 que Napoléon III fit en Algérie le voyage qui le détermina à écrire la fameuse lettre publique du 6 février 1863 dont le passage suivant menaçait les intérêts des colons : « L'Algérie n'est pas une colonie proprement dite, mais un royaume arabe. Les indigènes ont, comme les colons, un droit égal à ma protection, et je suis aussi bien l'empereur des Arabes que l'empereur des Français. » L'empereur condamnait en même temps la politique de cantonnement du maréchal Randon.

C'est du même état d'esprit que s'inspira le sénatus-consulte du 8 mai 1863 qui consacrait l'inaliénabilité de la terre dite *arch* :

Art. 1. — Les tribus de l'Algérie sont déclarées propriétaires des territoires dont elles ont la jouissance permanente et traditionnelle, à quelque titre que ce soit.

Tous actes, partages ou destructions de territoires, intervenus entre l'État et les indigènes, relativement à la propriété du sol, sont et demeurent confirmés.

Art. 2. — Il sera procédé administrativement et dans le plus bref délai :

1º A la délimitation des territoires des tribus ;

2º A leur répartition entre les différents douars de chaque tribu du Tell et des autres pays de culture, avec réserve des terres qui devront conserver le caractère de biens communaux ;

3º A l'établissement de la propriété individuelle entre les membres de ces douars, partout où cette mesure sera reconnue possible et opportune.

Un règlement d'administration publique en date du 23 mai détermina les formes de la délimitation des territoires des tribus, les formes de leur répartition entre les douars et de l'aliénation des biens appartenant aux douars et les formes d'établissement de la propriété individuelle.

La seconde lettre de l'empereur, en date du 20 juin 1865 et adressée au nouveau gouverneur, maréchal de Mac-Mahon, amena un nouveau recul de la colonisation française. L'empereur traçait « un périmètre à la colonisation autour des chefs-lieux des trois provinces » et ajoutait :

Dans la province d'Oran, les territoires de Nemours, de Mascara et de Tiaret ne pourront prendre de nouveaux développements que lorsque les populations deviendront plus denses. Il en sera de même dans la province d'Alger pour le territoire d'Aumale ; dans la province de Constantine pour les postes de Bougie, Djidjelli, Collo et Batna. Quant aux postes de Maghnia, Sebdou, Daya, Saïda, Ammi-Moussa, dans la province d'Oran ; les postes de Teniet-el-Haad, Boghar, Tizi-Ouzou, Fort-Napoléon, dans la province d'Alger ; enfin les postes de Bordj-bou-Arreridj, Biskra, Ain-Bejda et Tébessa, dans la province de Constantine, ils devront rester dans l'état actuel, sans que leur territoire puisse être augmenté. Toutefois on viendra en aide, par des subsides, aux colons qui demanderont à rentrer dans les zones de colonisation.

Un décret du 31 décembre 1864 avait définitivement supprimé les concessions gratuites.

Cependant il faut citer deux exemples de grande concession : celle de la Société de l'Habra et de la Macta, fondée en 1865, avec une concession de 24.000 hectares, à charge de faire un certain nombre de travaux publics (1) et la Société générale algérienne, fondée en 1868, qui reçut 100.000 hectares et avança 87.000.000 à l'État (2), mais ne put exécuter complètement ses charges.

Il faut encore citer la mise en exploitation des forêts de chêne-liège en vertu du décret du 28 mai 1862.

Mais, d'une façon générale, on peut dire que « si les dix années qui se sont écoulées de 1860 à 1870 n'ont pas été perdues entièrement pour la colonisation, cela ne tient qu'à ce fait que l'impulsion donnée ne pouvait s'arrêter. Mais les progrès accomplis le furent par la seule force des choses en dehors de l'administration qui ne fit guère sentir son action que par l'exécution de travaux publics et par des facilités ouvertes aux institutions de crédit » (3). Pendant toute cette période, il ne fut créé que 11 villages, presque tous avant 1864, et l'on avait concédé 84.500 hectares.

Il est juste de rappeler que ce ralentissement de la colonisation n'était pas dû uniquement à l'abandon de la colonisation officielle, mais aussi aux grands incendies de 1863 et 1865 et à la famine de 1866-1867.

Peut-être l'Empire n'eût-il pas tardé à modifier sa politique algérienne si les événements de 1870 ne l'eussent emporté. L'opinion publique, à la fin de l'Empire, manifestait un intérêt très vif pour les choses d'Algérie. C'était l'époque où Prévost-Paradol écrivait.

---

(1) Cette société devint la Société franco-algérienne qui n'est plus qu'une société de chemins de fer.

(2) Vignon, ouv. cité, p. 103-107.

(3) Labiche, ouv. cité, p. 28.

les lignes remarquables qui sont en contradiction si nette avec la politique algérienne de l'Empire.

L'enquête agricole accomplie en 1868 par le comte Le Hon en Algérie fut suivie de l'institution d'une « commission d'étude des questions se rattachant à la constitution et à l'organisation administrative et politique de l'Algérie » formée par décision impériale en date du 5 mai 1869. Le rapport du maréchal Niel, ministre de la guerre, fondait l'utilité des études de cette commission sur ces idées absolument nouvelles :

Le moment semble venu de poursuivre l'œuvre constitutionnelle ainsi commencée (par le sénatus-consulte du 22 avril 1863 et celui du 14 juillet 1865, qui avait déclaré Français les indigènes musulmans) et de donner des garanties nouvelles aux populations européennes attachées désormais au sol, comme à celles que doit y amener un mouvement plus prononcé de l'émigration. Il faut, en effet, qu'en arrivant sur une terre nouvelle, le colon trouve autour de lui des institutions qui ne laissent planer aucun doute sur l'avenir et lui permettent de se livrer en toute sécurité aux labeurs et à l'exploitation du présent.

La commission, présidée par le maréchal Randon et composée de MM. Béhic, sénateur, Barrot, grand référendaire du Sénat, les généraux Allard, Desvaux, Gresley, choisit M. Béhic pour rapporteur. Son œuvre fut presque exclusivement administrative : elle arrêta un projet de sénatus-consulte réglant la constitution de l'Algérie et un projet de loi organique relatif au gouvernement et à l'administration générale de la colonie. L'esprit de ces deux projets était ainsi résumé dans le rapport de M. Béhic en date de janvier 1870 :

La commission s'est proposé pour but, sans rien sacrifier des moyens d'assurer la sécurité de la domination française en Algérie, d'étendre successivement le bienfait du régime civil, non seulement aux parties déjà colonisées, mais à toutes celles qui semblent devoir devenir le plus prochainement colonisables. Elle a voulu, tout en maintenant le gros de la population musulmane sous une autorité assez forte pour la contenir et tout en respectant, dans la mesure nécessaire, son organisation et ses mœurs, l'entraîner peu à peu dans l'orbite de la civilisation européenne. Aux colons et aux indigènes elle a cherché à faire accepter les charges d'une certaine autonomie locale en leur en assurant par compensation tous les avantages. Elle leur a donné des moyens légaux pour produire leurs griefs au grand jour et elle a placé le gouvernement de leurs intérêts sous la garantie d'une responsabilité politique directe et effective.

Un décret du 31 mai 1870 augmenta les pouvoirs de l'autorité civile en Algérie. La guerre de 1870 et la proclamation de la République allaient amener l'institution du régime civil.

2° CONQUÊTE ET EXPANSION

La période de 1848 à 1870 vit la fin de la pacification et un commencement d'action saharienne.

La pacification fut marquée par la soumission de l'Aurès et de Biskra en 1847, la prise de Zaatcha en 1849, la reprise de Laghouat sur le chérif Mohammed-ben-Abdallah en 1852, l'occupation de Touggourt en 1854, la victorieuse campagne de Randon en Kabylie en 1857 et la construction de Fort-Napoléon, aujourd'hui Fort-National, au milieu du pays des Beni-Iraten. Les difficultés furent plus grandes dans le sud-ouest. En 1859, le général de Martimprey fit châtier les Beni-Snassen et les Augad, tribus révoltées de la frontière marocaine. En 1864, les oulad Sidi-Cheikh, jusqu'alors contenus par Si-Hamza, se révoltèrent sous Si-Siman et Si-Lala et massacrèrent la petite colonne du colonel Beauprêtre dans le Djebel Amour. L'insurrection menaça de s'étendre jusqu'au Tell. Il fallut de nombreuses colonnes et cinq ans de campagne pour la réprimer. Le général de Wimpffen dut aller poursuivre et châtier les pillards en territoire marocain ; sa campagne de mars-avril 1870 fut vigoureusement poussée, les Ouled-Djerir et les Dominenia furent battus le 15 avril et les Beni-Guil le 25 avril : ils durent demander l'aman.

L'expansion saharienne de l'Algérie commença dès cette période. Les voyages de Richardson à Rhât en 1845-1846, de Barth, Richardson et Ovenveg en 1850 avaient attiré l'attention de l'Angleterre et de la France sur l'utilité de la pénétration au Sahara. Le gouvernement général de l'Algérie avait déjà engagé des relations avec Cheikh Othman, ami d'Ikhenoukhen, le chef des Touareg Azdjer, amené à Alger par Si-Hamza, le chef des Oulad Sidi Cheikh, Cheikh Othman avait assuré les Français des bonnes dispositions des Azdjer et avait attiré leur attention sur les agissements des Anglais en Tripolitaine où les Turcs, à l'instigation du consul anglais Dickson, venaient d'occuper Ghadamès (1).

(1) Paul Vuillot, *L'Exploration du Sahara*, Challamel, 1895.

En 1856-1857, le gouvernement général envoya à Ghadamès le capitaine de Bonnemain avec la mission d'étudier la situation commerciale de la ville et de rechercher les moyens de créer des relations permanentes entre Ghadamès et les marchés du sud Algérien. Parti d'El-Oued le 26 novembre 1856, le capitaine de Bonnemain arriva le 19 décembre à Ghadamès, obtint du gouverneur et des notables la promesse de favoriser le courant commercial entre Ghadamès et l'Algérie et rentra à El-Oued le 7 janvier 1857.

En 1858, l'interprète militaire Ismayl Bou Derba reçut la mission de se rendre à Rhât et de demander aux Azdjer l'ouverture de leur région à notre commerce. Accompagné de Cheikh Othman, Bou Derba atteignit Rhât le 26 septembre 1858 par El-Biodh et Temassinin. L'accueil hostile qu'il reçut à son arrivée fit place à une assez grande confiance : Bou Derba recueillit d'utiles renseignements, reçut des promesses encourageantes et rentra le 1er décembre à Laghouat. « Au point de vue commercial il rapportait la preuve que le commerce avec le centre de l'Afrique est très important, mais que ce commerce est tout entier entre les mains des maisons anglaises de Tripoli : il suffirait d'ouvrir une route de caravanes allant de l'Algérie à Rhadamès et à Rhât pour détourner au profit de la France tout ce courant commercial. Il rapportait, de plus, une constatation fort importante : il remarqua, un des premiers, qu'on avait beaucoup exagéré la stérilité du Sahara ; il insistait sur ce point qu'on y trouvait partout de l'eau en creusant à quelques mètres de profondeur et qu'on pouvait par conséquent le sillonner de puits et l'ouvrir aux caravanes (1). »

Cette mission décida le gouvernement général à s'assurer des sentiments des Azdjer pour les Français eux-mêmes. On s'adressa pour cette mission difficile à Henri Duveyrier, jeune voyageur, déjà signalé par deux voyages importants, une reconnaissance du Mzab et une pointe audacieuse sur El-Goléa en 1859 et une reconnaissance du Souf et du Djerid tunisien.

Il reçut à Biskra en juin 1860 la mission de compléter le voyage de Bou Derba et de nouer des relations commerciales avec les Azdjer. Parti d'El-Oued, il arriva le 11 août à Rhadamès avec Cheikh Othman. Rejoint dans cette ville par Ikhenoukhen, chef des Azdjer et muni de recommandations qu'il était allé chercher à Tripoli, il

---

(1) P. Vuillot, ouv. cité, p. 57.

partit pour Rhât avec Ikhenoukhen en décembre 1860. Il resta près de Rhât avec ce dernier, s'efforçant de se concilier l'amitié des chefs des tribus Azdjer et rentra à Tripoli par Mourzouk.

Pendant cette même année 1860 le commandant Colonieu et le lieutenant Burin tentèrent de pénétrer au Gourara et au Touât et se joignirent à une caravane commerciale à destination de ces oasis. Mais ils furent mal reçus au Gourara et dans l'Aouguerout, les villages fermaient leurs portes à leur arrivée et ils durent rentrer à Géryville sans avoir pu prendre contact avec les indigènes.

Cependant l'heureux résultat du voyage de Duveyrier et les importants renseignements qu'il rapporta sur les Touareg décidèrent le gouvernement général à faire une tentative plus directe auprès des Azdjer dont le chef avait écrit au maréchal Pélissier : « Envoyez-moi des Français, ils seront bien reçus. Grâce à Dieu, ma main s'étend jusqu'au Soudan. » Cheikh Othman accepta de devancer et d'annoncer la mission dont l'envoi était projeté. Elle fut confiée au chef d'escadrons Mircher et au capitaine de Polignac qui emmenèrent avec eux l'ingénieur de Vatonne, le docteur Hoffmann et l'interprète Bou Derba. Débarqués à Tripoli le 28 septembre 1862, les envoyés français arrivèrent à Rhadamès le 21 octobre par Zintan et Sindoun.

Le 26 novembre, MM. Mircher et de Polignac signèrent un traité et une convention additionnelle avec les chefs touareg présents à Rhadamès, Amar-el-Hadj, frère d'Ikhenoukhen, El-Hadj-Djebbour et le cheikh Othman. Le traité était conclu au nom du maréchal Pélissier, gouverneur général, « désirant répondre aux dispositions qu'ont montrées plusieurs chefs touareg à entrer en relations amicales et de bon voisinage avec l'Algérie, et à se faire les intermédiaires des entreprises commerciales que la France voudrait ouvrir, à travers leur pays, vers les régions soudaniennes ; et, par réciprocité, désirant faciliter aux Touareg l'accès des marchés de l'Algérie ». En voici les principaux articles :

Art. 1er. — Il y aura amitié et échange mutuel de bons offices entre les autorités françaises et indigènes de l'Algérie ou leur représentant et les chefs des différentes fractions de la nation touareg.

Art. 2. — Les Touareg pourront venir commercer librement des différentes denrées et produits du Soudan et de leur pays, sur tous les marchés de l'Algérie, sans autre condition que d'acquitter sur ces marchés

les droits de vente que payent les produits semblables du territoire
français.

Art. 3. — Les Touareg s'engagent à faciliter et à protéger, à travers
leur pays et jusqu'au Soudan, le passage, tant à l'aller qu'au retour,
des négociants français ou indigènes algériens et de leurs marchandises, sous la seule charge par ces négociants d'acquitter entre les mains
des chefs politiques les droits dits coutumiers, ceux de location de chameaux et autres, conformément au tarif ci-annexé, etc., etc.

La convention additionnelle contenait les articles suivants :

Art. 1er. — Conformément aux anciennes traditions qui règlent les
relations commerciales entre les états du nord de l'Afrique et les différentes fractions des Touareg, la famille du cheikh El-Hadj-Ikhenoukhen
restera chargée du soin d'assurer aux caravanes de l'Algérie une entière
sécurité à travers tout le pays des Azdjer.

Toutefois les usages particuliers de garantie commerciale, existant
actuellement entre d'autres familles des Azdjer et différentes fractions
des Chambaa et du Souf restent maintenus.

Art. 4. — Le cheikh El-Hadj-Ikhenoukhen et les autres chefs politiques du pays des Azdjer s'engagent à mettre à profit, dès leur retour
à Rhât, leurs bonnes relations avec les chefs de la tribu des Kel. Oui,
pour préparer aux négociants français et algériens le meilleur accueil
de la part de cette tribu, afin que les caravanes traversent également
en toute sécurité le pays d'Aïr.

La mission rentra par El-Oued à Biskra où elle arriva le 16 décembre 1862.

Le traité de Rhadamès, bien loin d'imprimer un nouvel essor à
notre action au Sahara, ne fut suivi d'aucun acte, d'aucune tentative
française et jusqu'aux colonnes Lacroix et de Gallifet en 1872 et
en 1873 on n'a à signaler que les voyages de l'allemand Gerhard
Rohlfs en 1862 dans le sud marocain et en 1864 au Touat et à In
Salah d'où il rentra par Timassinin et Tripoli et le voyage de
Mlle Tinne, qui fut assassinée à Bri-Guig entre Mourzouk et Rhadamès en juillet 1869.

3° Tunisie

La période de 1848 à 1870 dans l'histoire de la Tunisie que nous
n'avons pas à étudier en détail ici, est caractérisée par la marche

de plus en plus rapide de la régence vers la ruine financière, les efforts des consuls de France pour mettre un peu d'ordre dans l'anarchie tunisienne, ceux du consul d'Angleterre ou de l'agent italien pour battre en brèche l'influence française et par les progrès de « l'attraction que la proximité et le prestige de la France exerçaient sur les souverains de Tunis » (1).

La situation difficile des finances tunisiennes et les compétitions internationales à Tunis amenèrent la signature du décret beylical du 5 juillet 1869, qui instituait une commission financière internationale en Tunisie et qui « ouvrait une période nouvelle dans l'histoire de la Tunisie » (2).

II. — LE RÉGIME DES COLONIES

La constitution du 4 novembre 1848 comprenait au sujet des colonies la disposition suivante :

Art. 109. — Le territoire de l'Algérie et des colonies est déclaré territoire français, et sera régi par des lois particulières jusqu'à ce qu'une loi spéciale les place sous le régime de la présente constitution.

Dès le 27 avril le gouvernement provisoire avait confié la direction des colonies à des « commissaires de la République » auxquels il avait attribué les pouvoirs des gouverneurs, il avait décidé la création aux colonies d' « ateliers nationaux » dans lesquels pourrait être employé tout individu manquant de travail, il avait institué une fête du travail aux colonies, et, le 4 mai, il avait décrété la suppression des conseils coloniaux de la Martinique, de la Guadeloupe, de la Guyane et de la Réunion, celle des conseils généraux du Sénégal et de l'Inde française et les fonctions de délégués des colonies.

L'art. 109, inspiré par M. Schœlcher, révélait une tendance très nette à l'assimilation. La seconde République ne dura pas assez longtemps pour que cette tendance pût s'affirmer et la période de 1848 à 1852 n'est remarquable, au point de vue administratif, que

(1) P. H. X., *La Politique française en Tunisie,* p. 3.
(2) P. H. X., ouv. cité, p 53.

par le décret du 3 mai 1848, abolissant l'esclavage, que nous n'avons pas à commenter ici (1).

La constitution du 14 janvier 1852 donna au Sénat le droit de statuer sur le régime des colonies, par l'article 27 ainsi conçu : « Art. 27. Le Sénat règle par un sénatus-consulte : 1° la constitution des colonies et de l'Algérie. »

On a vu plus haut le régime adopté pour l'Algérie.

Le régime des colonies de la Martinique, de la Guadeloupe et de la Réunion, appelées « les trois anciennes colonies », fut réglé par le sénatus-consulte du 3 mai 1854. En voici les principaux articles :

ART. 2. — Sont maintenues dans leur ensemble les lois en vigueur et les ordonnances ou décrets ayant aujourd'hui force de loi : 1° sur la législation civile et criminelle ; 2° sur l'exercice des droits politiques ; 3° sur l'organisation judiciaire ; 4° sur l'exercice des cultes ; 5° sur l'instruction publique ; 6° sur le recrutement des armées de terre et de mer.

ART. 3. — Les lois, décrets et ordonnances ayant force de loi ne peuvent être modifiés que par des sénatus-consultes, en ce qui concerne : 1° l'exercice des droits politiques ; 2° l'état civil des personnes ; 3° la distinction des biens et les différentes modifications de la propriété ; 4° les contrats et les obligations conventionnelles en général ; 5° les manières dont s'acquiert la propriété par succession, donation entre vifs, testament, contrat de mariage, vente, échange et prescription ; 6° l'institution du jury ; 7° la législation en matière criminelle ; 8° l'application aux colonies du principe de recrutement des armées de terre et de mer.

Art. 4. — Les lois concernant le régime commercial des colonies sont votées et promulguées dans les formes prescrites par la constitution de l'empire.

Art. 6. — Les décrets de l'empereur rendus dans la forme de règlement d'administration publique statuent : 1° sur la législation en matière civile, correctionnelle et de simple police, sauf les réserves prescrites par l'art. 3 ; 2° sur l'organisation judiciaire ; 3° sur l'exercice des cultes ; 4° sur l'instruction publique ; 5° sur le mode de recrutement des armées de terre et de mer ; 6° sur la presse ; 7° sur les pouvoirs extraordinaires des gouverneurs en ce qui n'est pas réglé par le présent sénatus-consulte ; 9° sur les matières domaniales ; 10° sur le régime monétaire, le

(1) Voir les études de M. Guy et de M. Dorvault dans la présente série de publications.

taux de l'intérêt et les institutions de crédit ; 11° sur l'organisation et les attributions des pouvoirs administratifs ; 12° sur le notariat, les officiers ministériels et les tarifs judiciaires ; 13° sur l'administration des successions vacantes.

Art. 7. — Des décrets de l'empereur règlent : 1° l'organisation des gardes nationales et des mairies locales ; 2° la police municipale ; 3° la grande et la petite voirie ; 4° la police des poids et mesures ; et, en général, toutes les matières non mentionnées dans les articles précédents, ou qui ne sont pas placées dans les attributions des gouverneurs.

Art. 9. — Le commandement général et la haute administration, dans les colonies de la Martinique, de la Guadeloupe et de la Réunion, sont confiés, dans chaque colonie, à un gouverneur, sous l'autorité directe du ministre de la marine et des colonies. Le gouverneur représente l'empereur : il est dépositaire de son autorité. Il rend des arrêtés et des décisions pour régler les matières d'administration et de police, et pour l'exécution des lois, règlements et décrets promulgués dans la colonie. Un conseil privé consultatif est placé près du gouverneur. Sa composition est réglée par un décret.

Art. 12. — Un conseil général nommé moitié par le gouverneur, moitié par les membres des conseils municipaux est formé dans chacune des trois colonies.

Art. 13. — Le conseil général vote : 1° les dépenses d'intérêt local ; 2° les taxes nécessaires pour l'acquittement de ces dépenses et pour le paiement, s'il y a lieu, de la contribution due à la métropole, à l'exception des tarifs de douanes qui seront réglés conformément à ce qui est prévu aux art. 4 et 5 ; 3° les contributions extraordinaires et les emprunts à contracter dans l'intérêt de la colonie. Il donne son avis sur toutes les questions d'intérêt colonial dont la connaissance lui est réservée par les règlements ou sur lesquelles il est consulté par le gouverneur. Les séances du conseil général ne sont pas publiques.

Art. 14. — Il est pourvu, dans les trois colonies, par des crédits ouverts au budget général de la métropole, aux dépenses de gouvernement et de protection concernant les matières ci-après, savoir : gouvernement, administration générale, justice, culte, subventions à l'instruction publique, travaux et services des ports, agents divers, dépenses d'intérêt commun et généralement les dépenses dans lesquelles l'État aura un intérêt direct. Toutes autres dépenses demeurent à la charge des colonies. Ces dépenses sont obligatoires ou facultatives, suivant une nomenclature fixée par un décret de l'empereur.

Art. 15. — Les colonies dont les ressources contributives seront reconnues supérieures à leurs dépenses locales pourront être tenues de fournir un contingent au trésor public. Les colonies dont les ressources contributives seront reconnues insuffisantes pour subvenir à leurs dépenses locales pourront recevoir une subvention sur le budget de l'État. La loi annuelle des finances réglera la quotité du contingent imposable à chaque colonie ou, s'il y a lieu, la quotité de la subvention accordée.

Art. 16. — Les budgets et les tarifs des taxes locales, arrêtés par le conseil général, ne sont valables qu'après avoir été approuvés par les gouverneurs qui sont autorisés à y introduire d'office les dépenses obligatoires auxquelles le conseil général aurait négligé de pourvoir, à réduire les dépenses facultatives, etc.

Art. 18. — Les colonies autres que la Martinique, la Guadeloupe et la Réunion seront régies par décrets de l'empereur, jusqu'à ce qu'il ait été statué à leur égard par un sénatus-consulte.

Au résumé, ce sénatus-consulte de 1854, « propre à réaliser les intentions d'un gouvernement libéral et sensé, basé sur l'étude des faits et conforme à l'état des esprits, ouvrant aux hommes intelligents et dévoués l'accès des affaires du pays, conciliant dans une juste mesure les intérêts de l'autorité et ceux de la liberté (1) », donnait : 1° au Sénat, la réglementation des droits civils et politiques et des questions de propriété ; 2° au gouvernement la réglementation, par décrets rendus dans la forme de règlement d'administration publique, de la législation intéressant la souveraineté de l'Etat, et par décrets simples la législation relative aux intérêts municipaux et locaux ; 3° au gouverneur le règlement des matières d'administration et de police ; 4° au conseil général le vote des dépenses d'intérêt local et des taxes afférentes à ces dépenses. De plus, il instituait auprès du ministre de la marine et des colonies un comité consultatif composé de quatre membres nommés par l'empereur et d'un délégué de chacune des trois colonies.

Les colonies autres que la Martinique, la Guadeloupe et la Réunion, furent exclues du bénéfice de ces dispositions : le sénatus-consulte qui devait leur être applicable n'a jamais été présenté ni voté.

L'importance donnée aux conseils généraux par le sénatus-consulte de 1854 fut encore accrue par le sénatus-consulte du 4 juillet 1866 uniquement consacré aux attributions des conseils généraux des colonies.

Par ce sénatus-consulte, les conseils généraux étaient appelés :

1° A *statuer* sur des affaires dont le règlement leur était absolument dévolu : acquisition et aliénation des biens de la colonie, gestion de ces biens, actions à intenter au nom de la colonie, dons et

____

(1) Rapport du procureur général Delangle.

legs, routes et chemins, concessions de travaux, assurances, caisses de retraite, enfin, taxes et contributions de toute nature nécessaires pour l'acquittement des dépenses de la colonie ; en toutes ces matières, leurs décisions étaient exécutoires si dans le délai d'un mois le gouverneur n'en demandait l'annulation au ministre. Ils statuaient encore, mais avec approbation d'un décret, en matière de douanes :

Art. 2. — Le conseil général vote les tarifs d'octroi de mer sur les objets de toute provenance, ainsi que les tarifs de douanes sur les produits étrangers, naturels ou fabriqués importés dans la colonie.

Les tarifs de douanes votés par le conseil général sont rendus exécutoires par décrets de l'empereur, le conseil d'Etat entendu.

2º A *délibérer* sur des affaires qui, à raison de leur nature, doivent, pour être définitivement réglées, être soumises ensuite à l'appréciation d'une autorité supérieure ; emprunts, recrutement des immigrants, mode d'assiette et règles de perception des contributions et taxes, etc.

3º A *donner leur avis* sur des questions dont la solution touche à des intérêts d'un ordre plus élevé : changements de circonscriptions, difficultés relatives à la répartition des dépenses des travaux intéressant plusieurs communes, etc.

De plus, aux termes du sénatus-consulte, les conseils généraux délibéraient et le gouverneur arrêtait le budget de la colonie. La métropole n'était plus tenue à payer que le traitement du gouverneur, le personnel de la justice et des cultes, le service du trésorier-payeur et les services militaires. Toutes les autres dépenses étaient à la charge de la colonie, mais en cas de recettes insuffisantes, elle pouvait recevoir des subventions du budget de l'Etat (1).

En précisant et en élargissant les attributions des conseils généraux des colonies, le sénatus-consulte de 1866 eut donc « pour but principal de consacrer l'idée que les colonies doivent satisfaire à leurs dépenses et ne laisser à la charge de la métropole que le contingent qui, dérivant du principe même de la souveraineté, constitue essentiellement une dette de l'Etat ».

Dans le domaine commercial, la période de 1848 à 1870 est marquée par la loi très importante du 3 juillet 1861 qui détruisait le

____

(1) Edouard Petit, *Organisation des colonies françaises*, I, 265.

régime connu sous le nom de « Pacte colonial ». D'après l'exposé des motifs de cette loi, le régime du « pacte colonial » pouvait être défini par les caractères suivants :

1° Les produits des colonies ne peuvent être transportés que sur le marché métropolitain ;

2° La navigation entre les colonies et la métropole, et *vice versâ*, ainsi que la navigation de colonie à colonie, est réservée à la marine française ;

3° Le marché colonial est fermé aux produits étrangers. La production métropolitaine peut seule alimenter le marché des colonies, sauf les exceptions déterminées ;

4° Les produits coloniaux ont un privilège ou traitement de faveur sur le marché métropolitain ; des droits protecteurs garantissent un débouché certain à la production des colonies.

En fait, si le « pacte colonial » avait subsisté, l'ensemble de prohibitions et de restrictions que formait la série d'actes (édits, arrêts du Conseil, ordonnances, lettres patentes et lois) compris sous ce titre et dont les plus anciens remontaient à 1664 et à 1670 avait subi de nombreuses atteintes. Les exceptions se multiplièrent tellement, surtout à partir du sénatus-consulte du 3 mai 1854, qu'il devint bientôt « très difficile de distinguer le principe qui les dominait » (1). Ces dérogations avaient particulièrement atteint le privilège dont les produits coloniaux jouissaient sur les marchés métropolitains. Aussi les colonies, constatant que par le traité de commerce avec l'Angleterre l'ancienne communauté d'intérêts entre la France et les colonies était rompue au préjudice de ces dernières, demandèrent elles-mêmes un régime nouveau :

Pressé, dit l'exposé des motifs de la loi de 1861, par les réclamations de plus en plus vives des colonies et de leurs organes officiels, ainsi que par les manifestations de la presse coloniale, encouragé par l'assentiment des chambres de la métropole les plus compétentes et les plus autorisées, excité par les vœux sortis du sein du Corps législatif lui-même, le gouvernement de l'empereur n'a pas cru qu'il fût possible de refuser plus longtemps à nos établissements coloniaux l'accès de la voie libérale et féconde ouverte à la France.

Le régime, établi par la loi du 3 juillet 1861, pouvait se définir ainsi, d'après l'exposé des motifs :

(1) Ed. Petit, ouv. cité, II, 525.

1° Liberté d'importer par tous pavillons toutes les marchandises étrangères admises en France, aux mêmes droits qu'en France (art. 1, 2 et 3) ;

2° Liberté d'exporter les produits coloniaux à l'étranger sous tous les pavillons (art. 7) ;

3° Liberté de se servir de la navigation étrangère, concurremment avec la navigation française, pour les échanges des colonies à la métropole, de la métropole aux colonies, ou d'une colonie à une autre colonie située en dehors des limites assignées au cabotage (art. 6) ;

4° Surtaxe de 30 fr., 20 fr. et 10 fr. par tonneau d'affrètement, suivant la distance, pour tous les transports par navires étrangers de l'étranger aux colonies, de la métropole aux colonies, des colonies à la métropole ou de colonie à colonie (art. 3 et 6) ;

5° Réserve du pavillon français pour les transports de colonie à colonie située dans les limites du cabotage (art. 7).

Il fallut aller encore plus loin et le sénatus-consulte du 4 juillet 1866 que nous avons cité plus haut laissa aux colonies des Antilles et de la Réunion le soin de voter leurs tarifs de douane et d'octroi de mer, en mettant à leur charge toutes leurs dépenses, sauf celles de souveraineté et en leur retirant le bénéfice de la détaxe dont jouissaient les denrées coloniales. Les trois colonies supprimèrent les droits de douane, sauf sur certains produits (sucre, café, tabac à la Guadeloupe, tabac à la Réunion).

III. — LE DÉVELOPPEMENT DE L'AFRIQUE OCCIDENTALE

Nos établissements d'Afrique occidentale furent considérablement développés pendant la période de 1848 à 1870. Les divers gouverneurs qui se succédèrent à Saint-Louis, le capitaine de vaisseau Baudin, le capitaine de vaisseau Protet (octobre 1850), le colonel Faidherbe (décembre 1854), le capitaine de vaisseau Jauréguiberry (décembre 1861), Faidherbe, devenu général (14 juillet 1863), le colonel Pinet-Laprade (juillet 1865), le colonel Valière (août 1869), donnèrent à la colonie une vigoureuse impulsion :

1° GUERRES AVEC LES MAURES

En mars 1854, une première campagne fut dirigée par Protet contre les Maures, Ouolofs et Toucouleurs qui inquiétaient les commerçants : l'expédition établit un fortin à Podor, enleva Dialmath, capitale du Dimar, après un vif combat, renforça la garnison de Dagana et supprima complètement les escales et coutumes.

La suppression des escales nous mettait aux prises avec les Maures. En nommant Faidherbe au gouvernement de la colonie sur la demande des négociants, le ministre de la marine et des colonies lui donnait les instructions suivantes :

Nous devons dicter nos volontés aux chefs maures pour le commerce des gommes. Il faut supprimer les escales en 1854, employer la force si l'on ne peut rien obtenir par la persuasion. Il faut supprimer tout tribut payé par nous aux Etats du fleuve, sauf à donner, quand il nous plaira, quelques preuves de notre munificence aux chefs dont nous serons contents. Nous devons être les suzerains du fleuve. Il faut émanciper complètement le Walo en l'arrachant aux Trarzas et protéger en général les populations agricoles de la rive gauche contre les Maures. Enfin, il faut entreprendre l'exécution de ce programme avec conviction et résolution (1).

L'invasion du Oualo par les Trarzas de Mohammed el Habib qui s'était vanté d'aller faire son salam dans l'église de Saint-Louis fut le signal de l'ouverture des hostilités. Nous ne raconterons pas les opérations en détail (2). Les Trarzas Arounas furent défaits, puis les Oualos. La reine du Oualo fut déclarée déchue et le Oualo annexé en décembre 1855. Les Trarzas furent chassés du Oualo et les Bracknas qui s'étaient joints à eux battus et punis.

Les hostilités reprirent en 1857 et Faidherbe battit complètement les Trarzas le 13 mai au lac Cayar et le 31 mai dans le Dimar. Aussi les Trarzas n'inquiétèrent point le gouverneur pendant ses opérations contre El Hadj Omar. Battus dans plusieurs engagements en 1858, ils demandèrent la paix. Le 20 mai, le traité suivant fut signé à Saint-Louis :

Art. 1er. — Le roi des Trarzas reconnaît, en son nom et au nom de ses successeurs, que les territoires du Oualo, de Gaé, de Bokol, du Toubé, de Dialakhar, de Gandiole, de Thionq, de Djiaos et de N'diago appartiennent à la France et que tous ceux qui les habitent ou les habiteront plus tard sont soumis au gouvernement français, et, par suite, ne peuvent être astreints à aucune espèce de redevances ni de dépendance

(1) Faidherbe, *Le Sénégal*, Hachette, 1889.
(2) Voir les *Annales sénégalaises*, 1854-1885. Maisonneuve.

quelconque envers d'autres chefs que ceux que leur donnera le gouverneur du Sénégal.

Art. 2. — Le roi des Trarzas reconnaît en son nom et au nom de ses successeurs, que le gouverneur du Sénégal est le protecteur des Etats Ouolof du Dimar, du Djolof, du Ndiambour, et des Trarzas ; c'est par l'intermédiaire du gouverneur que les tributs seront perçus et livrés au roi des Trarzas, et c'est par lui que seront levées les difficultés qui pourraient s'élever entre le roi des Trarzas et ces Etats. En conséquence, aucun Maure armé ne traversera le fleuve pour aller dans ces pays, sans le consentement préalable du gouverneur.

Art. 3. — Le roi des Trarzas s'engage, en son nom et au nom de ses successeurs, à exercer la plus grande surveillance pour empêcher les courses et pillages de quelques-unes de ses tribus sur la rive gauche du fleuve. Le gouverneur du Sénégal s'engage à aider de tout son pouvoir le roi des Trarzas dans ce but, et à soutenir son autorité contre ceux de ses sujets qui voudraient, malgré lui, revenir à leurs anciennes habitudes.

Art. 4. — Les relations commerciales seront immédiatement rétablies entre les Français et les Trarza. Les Français ne veulent, pour le moment, acheter la gomme que dans leurs établissements de Saint-Louis, Dagana, Podor, Saldé, Matam, Bakel et Médine, et veulent l'acheter toute l'année. Le roi des Trarza ne veut, pour le moment, laisser venir les gommes des Trarza qu'à Dagana ; il en est le maître. Le roi des Trarza et le gouverneur prendront, chacun de leur côté et dans la limite de leurs droits, les mesures nécessaires pour faire exécuter leur volonté par leurs sujets et administrés respectifs. Le commerce de tous les autres produits du pays des Trarza se fera librement et partout, soit à terre, soit à bord des embarcations.

Art. 5. — Comme le commerce d'un pays doit rapporter des revenus au gouvernement de ce pays, il est juste que le roi de Trarza tire un profit du commerce des gommes. La perception de cet impôt sur le commerce de ses sujets offrant pour lui des difficultés de plus d'un genre, le gouvernement français, comme preuve de bienveillance envers son allié, veut bien se charger de cette perception. En conséquence, les commerçants qui achèteront la gomme des Trarza à Dagana, ou peut-être plus tard sur d'autres points, sauront que ce produit est grevé, à sa sortie du pays des Trarza, d'un droit d'une pièce de Guinée par 500 kilogs de gomme, soit environ 3 0/0 au profit du roi des Trarza, et qu'ils auront à verser ce droit entre les mains du commandant ou de telle autre personne désignée, qui le livrera au roi des Trarza quand celui-ci le désirera. La pièce de Guinée par 1000 livres de gomme sera également perçue à Saint-Louis, au profit du roi des Trarza, quand les caravanes trarza en apporteront sur ce point avec son autorisation.

Art. 6. — Le roi des Trarza s'engage à protéger, par tous les moyens, en son pouvoir, le commerce des gommes et autres produits contre tous ceux qui voudraient l'empêcher ou le gêner, et à ne jamais intervenir entre les vendeurs et les acheteurs, pas plus que le gouverneur ne le fait : si l'on apprenait que moyennant payement ou gratuitement, il influençât ses sujets pour leur faire vendre de préférence à tel ou tel particulier, on cesserait aussitôt la perception du droit d'une pièce.

ART. 7. — Le gouverneur permettra, en temps de paix avec les Trarza, à leurs caravanes, de traverser les territoires français pour aller faire du commerce sur la rive gauche, mais aucun Maure armé n'accompagnera ces caravanes sans une permission spéciale du gouverneur ou de ses agents autorisés. De leur côté, et en observant les mêmes conditions, les sujets français pourront circuler librement et en toute sécurité sur le territoire du roi des Trarza.

ART. 8. — Les sujets français ne pourront, sans en avoir préalablement obtenu l'autorisation du roi des Trarza, cultiver ou pêcher, ou en un mot faire aucun acte de propriété sur son territoire. De leur côté, les Trarza sont soumis aux mêmes conditions vis-à-vis des Français.

Un traité semblable fut conclu le 10 juin à Podor avec les Bracknas. « Depuis cette époque, écrit Faidherbe (1), il n'a été commis aucune infraction à ces traités et les rois des Trarza et des Brakna se sont efforcés, par tous les moyens en leur pouvoir, de maintenir leurs sujets dans les limites que nous leur avons assignées ; cette tâche a été quelquefois assez difficile à cause des habitudes invétérées de pillage de ces peuples. Cependant, grâce à la bonne volonté des chefs et à l'appui que nous leur prêtions, nous sommes parvenus à mettre la rive gauche à l'abri des brigandages des Maures, même au-dessus de Podor.

2° GUERRE AVEC EL 'HADJ-OMAR

La guerre avec El-Hadj-Omar fut conduite avec la même résolution. Ce marabout toucouleur auquel un assez long séjour à la Mecque avait valu une grande réputation de savoir et de sainteté était « naturellement désigné par l'opinion publique pour proclamer et commander, au moment venu, une de ces guerres saintes qui, depuis plusieurs siècles, se succèdent dans le Soudan et le transforment successivement en états musulmans. » C'est vers la fin de 1854 qu'il quitta le Dinguiray et envahit le Bambouk. Fai-

(1) *Le Sénégal*, p. 157.

dherbe avait fortifié le poste de Bakel dès ce moment. Il résolut de porter plus loin la première ligne de défense et en août 1855, il se rendit jusqu'à Kayes et fit commencer les travaux d'un fort à Médine. Le 5 octobre, il laissait le fort achevé entre les mains d'un vieux traitant mulâtre, Paul Holl, de sept soldats européens et de cinquante tirailleurs. Omar vint attaquer le fort au mois de mai 1857 et après avoir subi deux échecs se livra à un siège en règle : Holl et ses valeureux compagnons résistèrent pendant près de cent jours et allaient succomber faute de vivres et de munitions quand la colonne de secours, commandée par Faidherbe en personne, vint les débloquer. Un retour offensif d'Omar avec les contingents du Fouta n'eut pas un plus grand succès.

El Hadj reprit l'offensive en avril 1858 et tenta d'empêcher Faidherbe d'occuper les ruines du Bambouk. Puis il se retira sur Nioro, mais Faidherbe fit enlever par le commandant Faron la garnison qu'il avait laissée à Guéinou. El Hadj tint encore la campagne pendant plus d'une année, mais dut se reconnaître vaincu et au mois d'août 1860, il fit faire par son envoyé, Tierno-Moussa, des ouvertures qui aboutirent à la conclusion de l'accord suivant :

1º La frontière entre les Etats d'Al Hadj et les pays sous la protection de la France est le Bafing, depuis Bafoulabé jusqu'à Médine. Nos pays sont Natiaga, Logo, Médine, Niagala, Farabana, Tambaoura, Kamanan, Konkodougou, Dentilia, Diabela, tout le cours de la Falémé, Guidimakha, Kaméra, Guoy, Boudou..., etc.

Les pays d'Al Hadj sont : Diombokho, Kaarta, la partie du Khasso sur la rive droite du Bafing, Bakhounou, Fouladougou, Bélédougou..... et tout ce qu'il pourra prendre de ce côté.

2º Al Hadj ne bâtira pas de tata et n'établira pas de villages guerriers dans le pays de Khoulon, ni de Kanamakhounou.

3º Al Hadj rendra les marchandises qu'il a prises à Médine (impossible dans l'exécution).

4º Tout pillage, toute expédition de guerre cessera d'un côté comme de l'autre. Les sujets de l'un des pays n'iront pas en armes dans l'autre pays.

5º Le commerce se fera librement entre les deux pays. Nous vendrons à Al Hadj tout ce qu'il nous demandera.

6º Chaque pays gardera ses sujets et ses captifs comme il l'entendra. On ne rendra ni sujets ni captifs qui se sauveraient d'un pays dans l'autre. Cette condition est nécessaire, parce que, sans cela, on aurait continuellement des difficultés au sujet des fugitifs.

El-Hadj Omar se retourna contre les tribus de la boucle du Niger qu'il soumit à sa domination. Dès 1859, Faidherbe écrivait (1) :

L'Etat du Macina... doit exciter notre attention car si nous parvenons un jour à mettre le pied dans le Haut-Niger, c'est probablement à lui que nous aurons surtout affaire, soit que, n'obéissant qu'à son fanatisme, il nous fasse une guerre à outrance, soit qu'au moyen de concessions réciproques, il consente à entretenir avec nous des relations pacifiques et commerciales.

3° FIN DE LA PACIFICATION

Il restait à pacifier les diverses tribus qui s'étaient révoltées au cours de la guerre des Maures et de la guerre avec El Hadj-Omar. Jauréguiberry, Faidherbe et Pinet-Laprade procédèrent à cette pacification par une série d'expéditions de 1862 à 1869.

En 1862-1863 Jauréguibéry soumit le Fouta que le colonel Martin des Pallières soumit définitivement le 10 août 1863 en lui imposant un traité par lequel le Fouta renonçait à toute prétention sur le Damga et sur le Toro. Le 1er septembre un traité fut conclu avec le Toro :

Cejourd'hui, 1er septembre 1863, les pricipaux chefs du Toro, réunis à Guédé, ont renouvelé la déclaration de leur indépendance, vis-à-vis du Fouta, consacrée par le traité du 15 août 1859, et ont de nouveau reconnu l'annexion de leur province à la colonie du Sénégal, annexion solennellement et publiquement prononcée en présence de tous les chefs du pays, notamment des signataires de la présente déclaration, à Aéré, le 7 septembre 1860.

Les chefs, en leur nom et au nom des différentes populations du Toro, s'engagent à obéir aux ordres du gouverneur du Sénégal ; ils promettent de vivre en paix les uns avec les autres et de se secourir mutuellement contre les ennemis étrangers.

De son côté, et dans ces conditions, le Gouverneur promet en son nom et au nom de ces successeurs de faire tous ses efforts pour protéger le Toro contre tout ennemi extérieur et contre les brigandages des Maures.

Dès 1856-1858 des campagnes avaient soumis le N'Diambour, le Sine, le Saloum ; en 1860, le commandant Pinet-Laprade soumettait les Yolas et les Balantes de la Casamance.

(1) *Notice sur la colonie du Sénégal,* par le colonel Faidherbe, 1859.

La conquête du Cayor donna lieu également à de multiples opérations. Macodou, nommé damel du Cayor en 1860, se révolta contre nous, il nous fallut maintenir par la force le damel élu sous notre influence, Madiodio, et nous eûmes à vaincre un autre concurrent à la couronne du Cayor, Lat-Dior, qui fut battu à plusieurs reprises et notamment à Loro, le 12 janvier 1864. L'année 1865 fut consacrée par Pinet-Laprade à la soumission du Saloum et à la défaite du prophète Maba. En mars 1869, Lat-Dior reprit l'offensive sous l'inspiration d'Ahmadou Cheikou, chef du Toro : il fut encore battu en diverses rencontres et s'enfuit dans le Rip d'où il revint en 1871 pour faire sa soumission. Le colonel Valière le rétablit dans ses fonctions de damel du Cayor par un traité conclu à Saint-Louis le 12 janvier 1871. Le gouvernement de la colonie espérant clore l'ère des hostilités lui rendait le Cayor, sauf les banlieues de Saint-Louis et de Dakar et la province de Diander.

4° ADMINISTRATION INTÉRIEURE

Au point de vue administratif et commercial, la colonie du Sénégal reçut un développement considérable sous le gouvernement de Faidherbe.

Il faut citer l'organisation du tribunal musulman de Saint-Louis créé par un arrêté du 11 mai 1848, et par un décret du 6 juin 1857, la réglementation des écoles musulmanes, l'établissement du service de l'enregistrement et du timbre, la création des tirailleurs sénégalais (21 juillet 1857), la fondation de l'école des otages, l'assainissement et l'embellissement des villes, etc. (1).

Le commerce ne cessa de se développer. Faidherbe écrivait en 1859 (2) :

L'importance du commerce du Sénégal est d'environ 12 millions de francs ; celle du commerce de Gorée s'élève à près de 10 millions et comme, outre cela, beaucoup de navires s'expédient directement de France pour la côte occidentale d'Afrique, nous croyons que l'importance du commerce total de la France sur cette côte s'approche annuellement de 30 millions de francs. Or ce chiffre ne peut et ne fait qu'augmenter ;

(1) *Notices coloniales illustrées*, V, 42.
(2) *Notice sur la colonie du Sénégal*, par le colonel Faidherbe, 1859.

aussi nos possessions sur la côte occidentale d'Afrique sont peut-être, de toutes nos colonies, celles qui ont le plus d'avenir et elles méritent toute l'attention et toute la bienveillance du gouvernement.

La progression du commerce du Sénégal et dépendances pendant cette période est donnée par les chiffres suivants :

	Importations	Exportations	Total
1848	7.824.000 fr.	5.003.000 fr.	12.827.000 fr.
1854	13.788.000	13.132.000	26.920.000
1864	15.426.000	13.510.000	28.936.000
1869	20.032.000	17.209.000	37.244.000

5° PÉNÉTRATION ET EXPLORATION

L'exploration fut brillante dans la période de 1848 à 1870 et c'est à Faidherbe encore que nous devons le premier plan précis d'expansion du Sénégal vers le Niger.

C'est vers 1863 qu'il formula ce plan. Les explorations antérieures à cette date furent assez nombreuses.

En 1850, Léopold Panet, l'ancien compagnon de Raffenel, fut encore chargé d'aller de Saint-Louis à Alger par le Sahara en se conformant aux instructions suivantes qui furent rédigées par Joard :

« Reconnaître les différentes peuplades qui habitent ou du moins qui parcourent les contrées voisines des bords de la mer ; indiquer leurs noms, leurs résidences ou stations, leurs moyens d'existence, leurs relations entre elles et avec l'intérieur du pays ; s'assurer s'il n'y a pas parmi ces tribus des Européens naufragés qui seraient retenus en esclavage, comme on a de fortes raisons de le craindre ; préparer la délivrance de ces malheureux, s'il en existe, et vérifier la possibilité qu'il y aurait d'établir avec ce pays des rapports quelconques de commerce.

Panet, après un voyage mouvementé au cours duquel il faillit être assassiné, arriva en mai 1851 à Mogador.

En 1851 le sous-lieutenant Hecquard fit à la côte d'Ivoire et en haute Casamance des reconnaissances dont nous parlons plus loin.

En 1860 le capitaine d'état-major Vincent fit une reconnaissance très fructueuse dans l'Adrar.

A la fin de cette même année son compagnon de voyage, Bou-el-

Moghdad, noir de Saint-Louis, traversa comme Panet le Sahara occidental et arriva le 5 mars 1864 à Madagascar.

Au mois de juillet 1860, M. Bourrel, enseigne de vaisseau, fit une longue reconnaissance chez les Bracknas au camp de Sidi-Ely. Le lieutenant indigène Alioun-Sal, parti avec lui, visita le Tagant, Oualata ; mais à Bassikounou, il fut reconnu et fait prisonnier ; il put heureusement se cacher à Tiguiguel et, redevenu libre, rentra à Bakel en décembre 1862.

Cette même région de Tagant avait été visitée en 1861 par l'enseigne de vaisseau Mage qui partit de Saint-Louis le 9 décembre 1860, parvint à l'oasis de Tagant après un pénible voyage et rentra au Sénégal à la fin de janvier 1861.

Il faut encore citer le voyage du lieutenant Pascal qui, en 1860, explora le bassin de la Falémé et celui du Bafing et celui du lieutenant Lambert qui partit du Rio-Nunez en février 1860, visita le Fouta-Djallon et arriva en juin à Sénoudébou.

C'est à ce moment que se précisent dans l'esprit du général Faidherbe ses idées sur la pénétration et sur l'expansion du Sénégal vers le Niger. L'expansion de notre domination dans le Sud algérien avait fait surgir en France dès cette époque des projets de jonction de l'Algérie à l'Afrique occidentale. Le traité Mircher de Polignac à Ghadamès (1864) encourageait ces projets et en 1863, un officier, le capitaine Magnan, avait proposé un plan de mission dont les grandes lignes étaient les suivantes : partir pour le Niger avec trois bateaux à vapeur, dont un démonté, assembler ce dernier au-dessus des rapides de Boussa, remonter jusqu'à Bammako en envoyant de Tombouctou en Algérie une caravane escortée par des spahis sénégalais.

C'est à ce propos que Faidherbe précisa ses idées dans une étude intitulée *L'Avenir du Sahara et du Soudan* que publia la *Revue maritime et coloniale* en juin 1863.

C'est des idées générales exprimées dans ce célèbre opuscule que s'inspirèrent les instructions données le 7 août 1863 par Faidherbe au lieutenant de vaisseau Mage. Voici les passages décisifs de ce remarquable document :

« Cette mission consiste à explorer la ligne qui joint nos établissements du Haut-Sénégal avec le Haut-Niger, et spécialement avec Bamakou, qui paraît le point le plus rapproché en aval duquel le Niger ne présente peut-être plus d'obstacles sérieux à la navigation jusqu'au saut de Boussa.

« Le but serait d'arriver, quand le gouvernement jugera à propos d'en donner l'ordre, à créer une ligne de postes distants d'une trentaine de lieues entre Médine et Bamakou, ou tout autre point voisin sur le Haut-Niger qui paraîtrait plus convenable pour y créer un point commercial sur ce fleuve..... Si, au moyen des postes dont je vous ai parlé, et qui serviraient de lieu d'entrepôts pour les marchandises et les produits, et de points de protection pour les caravanes, nous pouvions créer une voie commerciale entre le Sénégal et le Haut-Niger, n'aurions-nous pas lieu de supplanter par là le commerce du Maroc avec le Soudan?

« ..... Le commerce du Maroc avec le Soudan profite surtout à l'Angleterre, il tend à introduire des esclaves au Maroc. Il y aurait donc double avantage à le supprimer à notre profit. Un chef tout-puissant d'un grand empire, tel que l'est aujourd'hui el Hadj Omar, dans le Soudan central, s'entendant avec nous, était nécessaire à la réalisation de ce projet. Ce marabout, qui nous a suscité autrefois tant de difficultés, pourrait donc, dans l'avenir, amener la transformation la plus avantageuse au Soudan et à nous-mêmes, s'il veut entrer dans nos vues.

« Et quant à lui, il pourrait tirer de ce commerce par le Haut-Niger de très grands profits.

« Quelque considérables que fussent les droits qu'il percevrait sur son territoire, il y aurait encore de grandes économies si on pense aux frais énormes de quatre cents lieues à dos de chameaux et aux exigences et aux pillages des nomades du Sahara.

« C'est donc comme ambassadeur à el Hadj Omar que je vous envoie... Nous avons appris que vous seriez parfaitement reçu dans les contrées où il domine ; mais comme il est dans le Bakna, c'est-à-dire dans le nord-est de Médine, il est à craindre qu'on ne veuille vous diriger vers lui par Kouniakary (Diombokko), ce qui vous détournerait du but le plus important et peut-être le plus utile de votre voyage, qui est d'étudier la communication du Haut-Niger par Bafoulabé, Bangassi et Bamakou.

« Vous devez donc faire tout votre possible pour suivre cette dernière voie, en mettant en avant les raisons que les circonstances vous suggéreront.

« Pour chaque point de cette ligne où vous croiriez qu'un poste pourrait être établi, donnez-moi : un levé topographique des lieux, des renseignements sur les matériaux de construction, bois, pierres, terre à brique, pierres à chaux, ou à plâtre, qui se trouvent sur la place ou à des distances que vous déterminerez; sur les productions naturelles susceptibles de fournir un aliment au commerce, sur la densité de la population du lieu même et des provinces voisines, sur la nature et l'importance des relations commerciales dont ce lieu pourrait devenir le centre.

« ..... Quelles que soient les circonstances où vous vous trouverez et le rôle que vous serez obligé de prendre pour vous tirer d'embarras, ne faites rien qui puisse contrecarrer nos projets d'approvisionner le Soudan occidental, par la ligne du Sénégal, et par l'intermédiaire des noirs, en supplantant les Sahariens et les Marocains, qui sont en possession de ce marché. »

Cette lettre indiquait nettement les trois idées essentielles de la politique de pénétration en Afrique occidentale :

1º La jonction du Haut-Sénégal au Haut-Niger par une ligne de postes ;

2º La possibilité de faire passer par ces voies les objets d'importation européenne pour en faire le commerce sur le Niger et retour par la même voie des matières riches ;

3º L'impossibilité de songer à cette même voie pour les marchandises encombrantes des bords du Niger, et l'importance qu'il y aurait à voir si on ne pourrait pas utiliser à cet effet l'embouchure de ce fleuve (1).

Faidherbe a expliqué ailleurs (2) quel caractère il avait voulu donner à cette marche vers le Niger :

Il s'agit d'occuper par des postes-comptoirs la ligne de Médine au Niger. Ce n'est pas par la force que nous voulons nous établir dans le pays. Les circonstances sont favorables ; nous resterons neutres entre les belligérants.

Nous pénétrons dans ces pays pour y faire régner la paix et la justice, afin que les habitants puissent jouir de leurs richesses naturelles en faisant avec nous un commerce avantageux aux deux partis.

Persuadons aux populations indigènes que nous ne voulons pas nous mêler à leurs guerres, que nous ne désirons qu'une chose, commercer pacifiquement avec tout le monde.

Le voyage de Mage est « remarquable non pas tant par les découvertes géographiques qui en résultèrent que par l'idée même qui l'avait fait naître : la pénétration au Soudan (3) ». Parti de Médine le 25 novembre 1863 avec le chirurgien Quintin et une dizaine d'indigènes, Mage (4) remonta le Sénégal sur l'aviso la *Cou-*

(1) *La France dans l'Afrique occidentale,* ministère de la marine et des colonies, 1884.

(2) *Le Sénégal,* 1889, 387.

(3) Ancelle, *les Explorations au Sénégal,* 1887.

(4) Le crédit qui lui avait été ouvert s'élevait à 9,000 fr., dont 4,000 alloués par le ministère de la marine.

leuvrine, passa à Roundian, prit la direction de l'est et arriva le 18 janvier 1864 à Kita dont il prédit l'importance future en ces termes :

« C'est un point important par sa situation même et par l'avenir qui l'attendrait, si jamais la civilisation envahit ce coin du globe.

« Sa position sur un plateau élevé, sain, riche en terres végétales, en bois de construction, adossé à une montagne qui forme une défense naturelle ; la facilité des cultures dans les plaines du nord, le riz de bambous (?) qu'on récolte en grande quantité, le beurre de Karité, les bois de caïlcédras, sont des richesses naturelles qui ne feraient que croître par suite du double passage des caravanes de sel et de bestiaux qui se rendent de Nioro à Bouré et dont Kita est le lieu de passage obligé ; étant le point de départ de toutes les routes, du Sénégal au Niger, il acquerrait une importance considérable comme place de commerce. Si donc jamais la France, réalisant le projet du général Faidherbe, s'avançait vers le Niger pour y prendre pied, Kita serait une de ses étapes naturelles les mieux indiquées. »

Le 22 février, Mage et Quintin atteignirent à Nyanuria le Niger, très bas à cette époque, et le 28 à Ségou où ils furent reçus par Ahmadou, fils d'El Hadj-Omar, qui dirigeait alors dans le Macina la campagne où il devait trouver une mort si tragique (1). Mage devait conclure avec El Hadj-Omar le traité dont Tierno Moussa avait demandé la signature, il pensait quitter Ségou au bout de quelques jours pour aller dans le Macina, la duplicité d'Ahmadou le retint dans cette ville jusqu'au 6 mai 1866, le fils d'El Hadj finit par signer le traité, mais avec des modifications qui ne furent point ratifiées.

Mage et Quintin revinrent par Nyanuria, Nioro, Kouniakary et arrivèrent, le 28 mai 1866, à Médine. Mage a raconté avec une émouvante simplicité son arrivée au poste français le plus avancé :

« Bientôt j'aperçus des montagnes devant nous, et sur la gauche je reconnus la curieuse montagne de Dinguira qu'on voit de Médine. Le docteur, à qui je le disais, ne pouvait croire cette nouvelle ; néanmoins nous pressions d'autant plus nos montures, et tout à coup je m'écriai : Voilà le poste ! Le docteur parvint à faire prendre le galop à sa jument ;

(1) Traqué par ses ennemis, El Hadj-Omar s'enferma dans une grotte près de Hamdallahi.

mais mes coups d'éperons furent vains aussi bien que ceux d'Abdoul, les pauvres bêtes étaient fourbues. Nous arrivâmes au petit trot sur la berge située en face du poste..... Dire nos impressions au moment où, haletants, nous nous penchions sur l'eau claire du Sénégal pour y boire, dire de quels battements notre cœur était agité dans nos poitrines, c'est chose impossible; ce pavillon tricolore surmontant les blanches murailles du poste nous disait que nous étions en France, que désormais nous n'avions plus rien à craindre des hommes; que bientôt nous serions dans les bras de nos compatriotes, dans ceux de nos amis.

« Oh! c'est un de ces moments terribles dont on peut mourir aussi facilement que d'une balle ennemie, car la joie tue aussi bien que la douleur, mais il était dit que cette fois encore nous ne mourrions pas.

Ce fut le colonel Pinet-Laprade qui reçut à Saint-Louis les deux premiers missionnaires de la pénétration politique du Sénégal vers le Niger.

6° EXPANSION A LA COTE D'AFRIQUE

L'expansion le long de la côte occidentale d'Afrique fut poussée avec activité.

Rivières du sud. — Dans les rivières du sud, le colonel Pinet-Laprade, qui fut gouverneur après Faidherbe, porta ses efforts sur le développement des premiers comptoirs établis par les commerçants dans les ports de la côte, à Rio-Nunez notamment. Le 28 novembre 1865, il fit conclure avec les Nalous le traité suivant qui servit de modèle au Rio-Pongo, au Cassini, etc.

ART. 1er. — Le roi des Nalous, chef des pays qui s'étendent sur les deux rives du Rio-Nunez depuis son embouchure jusqu'à Boké, déclare placer, lui, son pays et ses sujets, sous la suzeraineté et le protectorat de la France.

ART. 2. — Le gouverneur du Sénégal reconnaît Youra comme seul chef des Nalous et fixe ses appointements à 5000 francs. Ces appointements lui seront payés en argent, par semestre, par les soins du gouverneur du Sénégal.

ART. 3. — Le gouverneur promet à Youra son appui dans les guerres qu'il aura à soutenir pour faire respecter le territoire des Nalous par les peuplades voisines.

Youra, de son côté, s'engage à mettre toutes ses forces à la disposition du gouverneur dans les guerres qu'il aura à soutenir dans l'intérêt du commerce français dans le Rio-Nunez.

ART. 4. — Le gouvernement français se réserve de faire sur le territoire des Nalous les établissements qu'il jugera utiles aux intérêts des parties contractantes, sauf à indemniser, s'il y a lieu, les particuliers dont les terrains seraient choisis pour servir d'emplacement à ces établissements.

Art. 5. — Les traitants ou autres qui voudront créer des établissements commerciaux dans les pays des Nalous ne pourront disposer des terrains qui leur seront nécessaires qu'après en avoir obtenu, par des arrangements avec les propriétaires indigènes, la jouissance ou la propriété.

Art. 6. — Tous les droits d'ancrage, de traité ou autres consentis par des traités antérieurs au profit des chefs indigènes sont et demeurent abolis.

Pinet-Laprade fit établir des postes à Boké et à Benty. Cependant il n'y eut pas de tentative de pénétration : le lieutenant Lambert avait cependant, comme René Caillié, montré la route à suivre.

Côte d'Ivoire. — A la côte d'Ivoire, notre influence subit une extension considérable. Ce fut en 1852 la série de conventions conclues à bord du Marigot entre le lieutenant Martin des Pallières et les chefs de la côte. Voici le modèle de ces conventions :

Art. 1er. — Considérant qu'il est de leur intérêt de se ranger sous la protection de la France, et d'avoir avec elle des relations commerciales utiles, les rois et les habitants des villages ci-dessus mentionnés reconnaissent la souveraineté pleine et entière de la République française sur leur territoire, en échange de sa protection.

Art. 2. — Les rois et les habitants des villages sus-mentionnés adoptent les couleurs françaises, à l'exclusion de toute autre, et s'engagent à expulser de chez eux quiconque s'y présenterait avec un autre pavillon ou des intentions hostiles aux intérêts de la France.

Art. 3. — Les rois et habitants des villages cèdent en toute propriété aux Français les terrains qui leur sont nécessaires pour bâtir telle fortification ou établissement commercial qu'ils jugeront nécessaires, moyennant payement d'après estimation de la valeur desdits terrains.

Art. 4. — En cas de naufrage d'un bâtiment de quelque nation qu'il soit, ils prêteront la main au sauvetage ; le tiers de la cargaison sera concédée aux sauveteurs.

Art. 5. — Si quelques difficultés survenaient entre les habitants desdits villages et les traitants français de Grand-Bassam, ou les sujets de l'Ebrié, il en serait statué par le commandant français de Grand-Bassam, lequel ferait prompte justice des coupables, de quelque côté qu'ils fussent.

Art. 6. — Les rois et habitants desdits villages s'engagent à toujours bien recevoir les Français qui viendront chez eux pour traiter ou pour tout autre motif, et à leur prêter aide et assistance au besoin.

Art. 7. — En échange de ces concessions, il sera accordé aux rois et habitants desdits villages protection des comptoirs et des bâtiments de guerre français.

De semblables conventions (1) furent conclues par Martin des Pallières le 24 février 1852 avec Peter et Gadji, rois de Bassam, le 20 avril les chefs de Jacqueville et de Grand-Jack, le 22 avril avec les chefs de Morphy, d'Adjoé et d'Adjacouti, le 24 avril avec les chefs de l'Ebrié, le 25 avril avec Aclan dit Jack Lahou, le 26 avec Taboutou, le 7 mai avec les chefs de Tiakha, dépendance des Boubourys, le 10 avec Abréby et Afagou (grand Ivory Town), le 17 avec les chefs d'Audoin et le 19 avec les chefs de Comassé.

En 1853, Faidherbe, alors capitaine, alla à Dabou diriger la construction d'un fort destiné à surveiller les agissements des Jacks-Jacks et conclut avec les indigènes de Dabou le traité suivant (10 octobre) :

Les chefs d'Ebremou, capitale du pays de Dabou, voulant donner à la France une preuve de leur désir d'établir entre les deux peuples de bonnes et amicales relations, voulant, en même temps, encourager les traitants français à venir commercer dans leur pays, ont concédé à la France, en toute propriété, les terres nécessaires à l'établissement d'un comptoir fortifié et des emplacements pour les factoreries qu'on voudrait créer autour du poste.

En échange de ce bon procédé, le commandant en chef du corps expéditionnaire de Grand-Bassam, commandant la station des côtes occidentales d'Afrique, inspecteur général des comptoirs du golfe de Guinée, assisté de MM. le chef de bataillon *Colomb*, commandant la colonne d'infanterie ; *Lefer de la Motte*, commandant la colonne des marins ; *Potestas*, chef d'état-major de l'expédition ; *Faidherbe*, capitaine du génie ; *Le Beurriée*, commissaire d'armée, s'est engagé, au nom du Gouvernement français, à faire, en toutes circonstances, respecter les propriétés des habitants du pays, faire rendre à tous bonne justice, en cas de conflits, et à protéger à l'occasion tous ceux qui viendraient à être obligés de chercher un refuge dans les environs du fort français en cas de guerre, avec les pays voisins.

En même temps, Baudin, à bord du *Grand-Bassam*, signait de

(1) Dues à une obligeante communication de M. Binger, directeur au ministère des colonies.

nouvelles conventions avec les Jacks-Jacks et avec les chefs de Petit-Bassam.

En 1855, nouvelle campagne. Le commandant Mouléon obtint que le village de Grand Jack-Jack s'abstiendrait de faire cause commune avec les Boubourgs.

Le 4 février 1868, le lieutenant de vaisseau Crespin signa une convention avec les chefs de Petit-Bériby, de Grand-Bériby et de Basha.

Enfin, en février 1869, le lieutenant de vaisseau Pernet, revêtu du titre de « commandant supérieur des comptoirs de la Côte-d'Or », signa diverses conventions dont voici le modèle :

Art. 1er. — Le roi ou chef du pays compris entre le Dabon et les Jack-Jack, désirant mettre son pays sous la protection de la France, concède la souveraineté pleine et entière de son territoire à Sa Majesté Napoléon III, empereur des Français.

Art. 2. — Le pavillon français sera arboré sur tous les points où l'Amiral, commandant en chef, le jugera nécessaire comme marque de souveraineté.

Art. 3. — Le roi ou chef cède en toute propriété aux Français les terrains qui leur seront nécessaires pour bâtir telle fortification ou établissement commercial qu'ils jugeront convenable.

Art. 4. — En cas de naufrage d'un bâtiment, de quelque nation qu'il soit, ils devront prêter la main au sauvetage, et le tiers de la cargaison sera concédé aux sauveteurs.

Art. 5. — Lorsque des différends s'élèveront entre les gens du pays compris entre le Lahou et les Jack-Jack et des Français ou des étrangers, si l'affaire ne peut s'arranger à l'amiable, elle sera portée au tribunal du commandant supérieur de Grand-Bassam qui jugera en dernier ressort, sauf approbation de l'amiral commandant en chef.

Art. 6. — Tout bâtiment, à quelque nation qu'il appartienne, pourra traiter avec les villages compris entre le Lahou et les Jack-Jack, en se conformant aux différents arrêtés de l'amiral commandant en chef, et moyennant un droit de douane de 4 0/0 sur les marchandises exportées, fixé par le décret du 12 septembre 1868. Ce droit sera perçu par les agents français à compter du 1er mai 1869.

Art. 7. — En échange de ces concessions, il sera accordé aux roi, chefs et habitants de ce territoire protection du comptoir et des bâtiments de guerre français.

Un décret du 11 septembre 1869 organisa l'administration de la justice dans les « établissements français de la Côte-d'Or » : il institua des tribunaux d'arrondissement à Grand-Bassam, Assinié et Dabou et un tribunal supérieur à Grand-Bassam.

Signalons à propos de la Côte d'Ivoire que le contre-amiral Bouët-Willaumez, au cours de sa croisière de surveillance de la traite (1848-1850), avait fait en 1849 une expédition à terre « pour détruire conjointement avec l'État naissant des Libériens qui nous avaient appelés à l'aide les foyers de traite d'esclaves établis par les négriers sur le territoire de Libéria même » (1).

Dahomey. — Notre établissement politique au Dahomey fut accompli entre 1848 et 1870. Le fort français établi depuis le xviie siècle avait été toujours maintenu. Le 1er juillet 1851, le lieutenant de vaisseau Bouët concluait à Abomey, avec le roi Guézo, un traité d'amitié et de commerce qui, à côté de stipulations commerciales, contenait les deux articles suivants :

ART. 1er. — Moyennant les droits et coutumes usités jusqu'à ce jour et stipulés dans l'article ci-après, le roi de Dahomey assure toute protection et liberté de commerce aux Français qui voudront s'établir dans son royaume. Les Français de leur côté se conformeront aux usages établis dans le pays.

ART. 9. — Pour conserver l'intégrité du territoire appartenant au Fort français, tous les murs ou bâtiments construits en dedans de la distance réservée (treize brasses à partir du revers extérieur des fossés d'enceinte) seront abattus immédiatement et il sera fait défense par le roi d'en construire de nouveaux.

ART. 10. — Le roi prend l'engagement de donner toute sa protection aux missionnaires français qui viendront s'établir dans ses États, de leur laisser l'entière liberté de leur culte, de favoriser leurs efforts pour l'instruction de ses sujets.

En 1864, Glé-Glé, au cours d'une visite que firent à Abomey le capitaine de vaisseau Devaux et M. Daumas, agent consulaire à Porto-Novo, céda verbalement à la France le territoire de Kotonou. La cession fut enregistrée, un traité conclu le 19 mai 1868 entre le lieutenant de vaisseau Arnoux, commandant du *Gabès*, et le gouverneur de Ouidah :

ART. 1. — Le roi de Dahomey, en confirmation de la cession faite antérieurement, déclare céder gratuitement à S. M. l'Empereur des Fran-

---

(1) Bouët-Willaumez, *Campagnes aux côtes occidentales d'Afrique*, 1850.

çais le territoire de Kotonou avec les droits qui lui appartiennent sur ce territoire sans aucune exception ni réserve et suivant les limites qui vont être déterminées : au sud, par la mer ; à l'est, par la limite naturelle des deux royaumes de Dahomey et de Porto-Novo ; à l'ouest, à une distance de 6 kilom. de la factorerie V. Régis aîné sise à Kotonou sur les bords de la mer, au nord à une distance de 6 kilom. de la mer mesurée perpendiculairement à la direction du rivage.

En 1857 les Minas vendent à la France la plage de Pla ou Grand-Popo, et en 1868, Agoué.

De son côté le roi de Porto-Novo, Mecpon, successeur de Soudji, plaça ses états sous le protectorat de la France en 1863, afin d'éviter une attaque des Anglais qui en décembre 1862 s'étaient emparés de Lagos.

Mais les Anglais de Lagos ne cessèrent de protester contre nos établissements et, l'amiral Lafont de Ladébat ayant abandonné le protectorat en 1865 sans d'ailleurs renoncer aux droits de la France, la station anglaise vint bloquer Kotonou afin de détourner tout le mouvement commercial sur Lagos : les Français établis à Porto-Novo obtinrent par leur résolution la levée du blocus et évitèrent le bombardement dont on les avait menacés. En 1867 les Anglais de Lagos firent une nouvelle tentative : elle échoua encore devant les protestations des blancs.

Gabon. — Enfin, notre établissement du Gabon fut lui-même considérablement développé. En 1849, un des navires français de la station de surveillance de la traite débarquait un chargement de noirs enlevés à un négrier et ces noirs libérés fondèrent Libreville à côté des magasins établis par l'Etat.

L'exploration commença dès cette époque : Paul du Chaillu, au cours des chasses et reconnaissances qu'il fit de 1850 à 1865, faillit arriver à l'Ogooué dont il signala le premier l'existence et dont il prévoyait l'importance. En 1862, le contre-amiral Didelot qui venait d'acquérir par traité les bouches de l'Ogooué chargea plusieurs de ses officiers de missions d'exploration. L'enseigne de vaisseau Braouzec reconnut la Komo ; le lieutenant de vaisseau Serval, après une tentative infructueuse faite avec le docteur du Bellay, atteignit le premier l'Ogooué près de Lambaréné. Il fut bientôt suivi par le lieutenant de vaisseau Genoyer qui avait remonté la Bokoé et par le voyageur anglais Walker. En 1867, le lieutenant de vaisseau Aymès reconnut le Fernan Vaz dans un premier voyage, et dans un second remonta le cours supérieur du bas Ogooué et entra en relations avec les principaux chefs, notamment avec Rénoqué, roi des Inengas. L'Ogooué se trouvait ainsi ouvert au commerce européen.

Le décret du 11 septembre 1869 institua un tribunal d'arrondissement et même un tribunal supérieur pour les établissements français du Gabon.

Tous ces établissements de la Guinée actuelle, de la Côte d'Ivoire, du Dahomey et du Gabon formaient en 1870 les « Établissements français de la Côte d'Or et du Gabon », placés sous le commandement supérieur du contre-amiral commandant en chef la division navale des côtes occidentales d'Afrique : l'amiral avait sous ses ordres les quatre commandants du Gabon, de Grand-Bassam, d'Assinie et de Dabon.

IV. — DANS L'OCÉAN INDIEN

C'est sous l'Empire que, pour employer une expression dont on fit un fréquent usage lors de la discussion de 1885, on fit à Madagascar de la « politique conventionnelle ». Le roi des Hovas fut reconnu roi de Madagascar et cette faute devait entraver pour longtemps le développement de l'influence française dans l'île.

Malgré la rupture des relations entre la France et Madagascar, quelques Français étaient parvenus à se maintenir à Tananarive et deux d'entre eux. MM. de Lastelle et Laborde, avaient acquis une grande influence auprès de la reine et du prince Rakoto. Un négociant de la Réunion, Lambert, vint se joindre à eux et ils décidèrent de constituer une vaste société d'exploitation et de faire établir le protectorat de la France. Lambert se rendit en France dans ce but. Le gouvernement impérial ne voulut rien faire sans le concours de l'Angleterre. Lambert, envoyé à Londres auprès de lord Clarendon, eut le tort de faire au ministre anglais une description enthousiaste de la richesse de l'île. Lord Clarendon refusa l'offre d'une action commune, mais il envoya à Madagascar le méthodiste Ellis dont la lutte contre l'influence française égala celle de son ami Pritchard à Tahiti. On sait que, froidement reçu à son arrivée, Ellis parvint à faire accuser les Français de complot contre la reine et à les faire expulser en juillet 1853 ; mais il provoqua de plus un massacre gé-

néral des chrétiens et de ses coreligionnaires méthodistes eux-
mêmes.

La mort de Ranavolona, le 16 août 1861, modifia la situation à
notre avantage. Rakoto, devenu roi sous le nom de Radama II, fit
revenir les Français, nomma Lambert son représentant en Europe,
délivra en son nom une charte autorisant la formation d'une « Compagnie de Madagascar » (1) qui avait à sa tête, M. Desbassayns de
Richemont, sénateur, et dont le but était « l'exploitation des mines,
des forêts, des terrains situés sur les côtes et dans l'intérieur », in-
troduisit dans la législation malgache une série de mesures qui
tendaient à faire de l'île un état civilisé, mais qui indisposaient les
grands et le peuple hova lui-même. De plus, pour ménager les
susceptibilités de l'Angleterre, le gouvernement impérial ne se
résolut point à proclamer son protectorat. Il fit reconnaître, en février 1862, Radama II en qualité de « roi de Madagascar, sous la
réserve des droits de la France » et le 12 septembre 1862, le capitaine de vaisseau Dupré signait à Tananarive le traité suivant :

Art. 1er. — Il y aura paix constante et amitié perpétuelle entre S. M.
l'empereur des Français, ses héritiers et successeurs, d'une part, et
S. M. le roi de Madagascar, ses héritiers et successeurs, d'autre part, et
entre les sujets des deux États, sans exception de personnes ni de lieux.

Art. 2. — Les sujets des deux pays pourront librement entrer, résider, circuler, commercer dans l'autre pays, en se conformant à ses lois ;
ils jouiront respectivement de tous les privilèges, immunités, avantages
accordés dans ce pays aux sujets de la nation la plus favorisée.

Art. 3. — Les sujets français jouiront de la faculté de pratiquer ouvertement leur religion. Les missionnaires pourront librement prêcher,
enseigner, construire des églises, séminaires, écoles, hôpitaux et autres
édifices pieux où ils le jugeront convenable en se conformant aux lois
du pays ; ils jouiront de droit de tous les privilèges, immunités, grâces

____

(1) La « Compagnie de Madagascar, foncière, industrielle et commerciale », fut autorisée par un décret du 2 mai 1863. Les statuts, déposés
par M. Desbassayns de Richemont, sénateur et M. Frémy, gouverneur du
Crédit foncier de France, expliquaient que le roi de Madagascar avait
accordé à la compagnie le privilège exclusif de l'exploitation de toutes
les mines de Madagascar et la propriété des terrains inoccupés qu'elle
choisirait sur les côtes et dans l'intérieur du pays pour être mis en culture. Les produits de l'exploitation jouissaient du privilège de libre
exportation et ses propriétés étaient exemptes d'impôts. Le gouverneur
de la société devait, d'après l'article 18, être nommé par l'empereur.

ou faveurs accordés à des missionnaires de nation ou de secte différente. Nul Malgache ne pourra être inquiété au sujet de la religion qu'il professera, en se conformant aux lois du pays.

ART. 4. — Les Français auront la faculté d'acheter, de vendre, de prendre à bail, de mettre en culture et en exploitation des terres, maisons et magasins dans les états de S. M. le roi.

ART. 8. — Les hautes parties contractantes se reconnaissent le droit réciproque d'avoir un agent politique résidant auprès de chacune d'elles, et celui de nommer des conseils ou agents consulaires partout où les besoins du service l'exigeront. Cet agent politique, ces consuls et agents consulaires jouiront des mêmes droits et prérogatives qui pourront être accordés aux agents de même rang de la puissance la plus favorisée; ils pourront arborer le pavillon de leur nation respective sur leur habitation.

ART. 9. — Les autorités dépendant du roi n'interviendront pas dans les contestations entre Français, ou entre Français et autres sujets chrétiens. Dans les différends entre Français et Malgaches, la plainte ressortira au consul et au juge malgache jugeant ensemble.

ARTICLE ADDITIONNEL

Les droits de douane sur toutes marchandises sont supprimés, tant à l'entrée qu'à la sortie par la volonté expresse de S. M. le roi Radama II. Ils ne seront pas rétablis pendant la durée de son règne.

Le mécontentement provoqué par les réformes hâtives de Radama II fut exploité par Ellis qui excitait le vieux parti hova contre ce roi « qui livrait le pays aux Vasas ». Des émeutiers allèrent lui demander en mai 1863 l'annulation des concessions faites aux étrangers et le retrait de la charte Lambert. Le 11 mai la populace envahit le palais royal et le lendemain, les partisans du roi étaient égorgés et lui-même étranglé.

La mort de Radama II, ce « Titus malgache » (1) fut le signal d'un nouveau recul de l'influence française. La veuve de Radama II, proclamée reine sous le nom de Rasshernia, ne fut qu'un instrument entre les mains de ses ministres et des missionnaires anglais. La charte Lambert fut déchirée, un ultimatum du commandant Dupré resta sans réponse, Ellis ne cessait de développer l'influence anglaise et obtint, le 27 juin 1865, un traité avantageux.

En 1866, le gouvernement impérial tenta de négocier un nouveau

____

(1) Jules Ferry, Chambre des députés, 27 mars 1884.

traité : le comte de-Louvières ne put l'obtenir et mourut à Tananarive le 1er janvier 1867. Mais le consulat intérimaire de Laborde
modifia les dispositions de la reine qui fit bon accueil au nouvel
envoyé de la France, B. Garnier. Sa mort, survenue le 1er avril 1868,
donna le pouvoir à sa cousine, Ranavalo II, avec laquelle Garnier
conclut le 8 août 1868, à Tananarive, un traité dont voici les principaux articles :

§ 1er. — Il y aura désormais et à perpétuité paix, bonne entente et
amitié entre S. M. l'empereur des Français et S. M. la reine de Madagascar et entre leurs héritiers, successeurs et sujets respectifs.

§ 2. — Les sujets de chacun des deux pays pourront librement entrer,
résider et circuler dans toutes les parties de l'autre pays placées sous
l'autorité d'un gouverneur, en se conformant à ses lois ; ils y jouiront
de tous les privilèges, avantages et immunités accordés aux sujets de la
nation la plus favorisée.

§ 3. — Les sujets français, dans les Etats de S. M. la reine de Madagascar, auront la faculté de pratiquer librement et d'enseigner leur
religion, et de construire les établissements destinés à l'exercice de leur
culte, ainsi que des écoles et des hôpitaux. Ces établissements religieux
appartiendront à la reine de Madagascar, mais ils ne pourront jamais
être détournés de leur destination.

Les Français jouiront, dans la profession, la pratique et l'enseignement de leur religion, de la protection de la reine et de ses fonctionnaires, comme les sujets de la nation la plus favorisée.

Nul Malgache ne pourra être inquiété au sujet de la religion qu'il
professera, pourvu qu'il se conforme aux lois du pays.

§ 4. — Les Français, à Madagascar, jouiront d'une complète protection pour leurs personnes et leurs propriétés. Ils pourront, comme les
sujets de la nation la plus favorisée et en se conformant aux lois et
règlements du pays, s'établir partout où ils le jugeront convenable,
prendre à bail, acquérir toute espèce de biens meubles et immeubles, et
se livrer à toutes les opérations commerciales et industrielles qui ne
sont pas interdites par la législation intérieure. Ils pourront prendre à
leur service tout Malgache qui ne sera ni esclave, ni soldat et qui sera
libre de tout engagement antérieur. Cependant si la reine requiert ces
travailleurs pour son service personnel, ils pourront se retirer, après
avoir préalablement prévenu ceux qui les auront engagés.

Les baux, les contrats de vente et d'achat et les contrats d'engagement
de travailleurs seront passés par actes authentiques devant le consul de
France et les magistrats du pays.

Nul ne pourra pénétrer dans les établissements ou propriétés possédés
ou occupés par des Français, sans le consentement de l'occupant, à
moins que ce ne soit avec l'intervention du consul.

En l'absence du consul ou de tout autre agent consulaire, et dans le cas où l'on aurait la preuve que des criminels poursuivis par la justice se trouvent cachés dans ces établissements, l'autorité locale pourra les y faire chercher, en prévenant, toutefois, l'occupant avant d'y pénétrer.

Les Français ne pénétreront pas non plus dans les maisons des Malgaches contre le gré de l'occupant.

§ 5. — Les hautes parties contractantes se reconnaissent le droit réciproque d'avoir un agent politique résidant auprès de chacune d'elles et de nommer des consuls ou agents consulaires partout où les besoins du service l'exigeront. Cet agent politique et ces consuls ou agents consulaires jouiront des mêmes droits et prérogatives qui pourront être accordés aux agents de même rang de la puissance la plus favorisée; ils pourront arborer le pavillon de leur nation respective sur leur habitation.

§ 6. — Les autorités dépendant de S. M. la reine de Madagascar n'interviendront pas dans les contestations entre Français qui seront toujours et exclusivement du ressort du consul de France, ni dans les différends entre Français et autres sujets étrangers. Les autorités françaises n'interviendront pas non plus dans les contestations entre Malgaches, qui seront toujours jugées par l'autorité malgache.

Les litiges entre Français et Malgaches seront jugés par le consul de France, assisté d'un juge malgache.

§ 7. — Les Français seront régis par la loi française pour la répression de tous les crimes et délits commis par eux à Madagascar. Les coupables seront recherchés et arrêtés par les autorités malgaches, à la diligence du consul de France, auquel ils devront être remis et qui se chargera de les faire punir conformément aux lois françaises.

§ 11. — Les biens des Français décédés à Madagascar ou des Malgaches décédés, sur le territoire français seront remis aux héritiers, ou à défaut, au consul ou agent consulaire de la nation à laquelle appartenait le décédé

§ 14. — S. M. la reine de Madagascar s'engage à ne prohiber ni l'entrée ni la sortie d'aucun article de commerce, sauf l'importation des munitions de guerre, que la reine se réserve exclusivement, et l'exportation des vaches et des bois de construction.

§ 15. — Les droits d'importation établis dans les ports de Madagascar sur les produits français ou importés par des navires français ne pourront être plus élevés que ceux auxquels seront soumis les mêmes produits originaires ou importés par bâtiments de la nation la plus favorisée. Ces droits ne pourront, en aucun cas, excéder 10 0/0 de la valeur des marchandises.

Les droits *ad valorem* seront convertis en droits spécifiques, en vertu d'un tarif concerté entre le consul de France et les commissaires malgaches et qui devra être soumis à l'approbation de S. M. l'empereur des Français et de S. M. la reine de Madagascar.

§ 16. — Les droits perçus à l'exportation des produits du sol et de l'industrie malgaches ne pourront excéder 10 0/0 de la valeur.

Ces traités de 1862 et de 1868, en reconnaissant le souverain des Hovas comme « roi de Madagascar », ouvraient une série de nouvelles difficultés et ils constituaient un nouveau recul de notre politique.

Cette reconnaissance de la souveraineté des Hovas avait été précédée de quelques conventions conclues en 1859 sur la côte de Madagascar par le capitaine de vaisseau Fleuriot de Langle qui étaient inspirées d'une vue plus nette de la politique traditionnelle de la France, car elles établissaient le protectorat de la France sur diverses parties de Madagascar.

C'est ainsi que le 26 février 1859 fut signé avec les chefs de la côte ouest une convention dont les deux articles suivants sont à noter :

Art. 8. — Le roi Tsihaouan de l'Ambougou reconnaît aux Français assimilés le droit de s'établir et de commercer dans toute l'étendue de son territoire. Il leur reconnaît le droit de remonter les cours d'eau, de les utiliser comme force motrice pour débiter du bois ou toute autre chose, de faire le commerce à l'intérieur, de faire des établissements sédentaires et de cultiver sur les terrains qui leur seront assignés et qui deviendront leur propriété incommutable une fois qu'ils seront mis en rapport.

Art. 12. — Le commandant en chef a pris acte, au nom de son souverain S. M. Napoléon III, de la soumission avec laquelle Angareza et les princesses ses tantes qui avaient été placées sous la protection de la France, par leur père et grand-père (Adrian-Souly, dernier roi du Boueni, qui céda l'île de Mayotte à la France) ont de nouveau reconnu ce droit de protectorat.

Le 10 août 1859 une convention presque identique fut conclue avec le roi des Mahafales :

Art. 1er. — Le commandant en chef prend acte au nom de son Souverain de la soumission qu'il a rencontrée dans les chefs mahafales et déclare qu'il y aura amitié et alliance perpétuelle entre la France et la tribu des Mahafales.

Art. 6. — En reconnaissance des cadeaux stipulés et en reconnaissance de l'amitié de la France et *de la protection* que donne son alliance aux Mahafales, le roi de cette tribu reconnaît aux Français et assimilés le droit de s'établir et de commercer, etc.

Nouvelle convention, le 26 septembre 1859, avec Outzinzou, reine des Manouis, faction de l'Ambougou :

Art. 6. — La reine Outzinzou, *reconnaissant les droits anciens de la France*, assure aux bâtiments français le droit de commercer sur la côte, etc.

Le 30 mars 1860, convention avec Varouva, reine de Ménabé.

Art. 5. — La reine de Ménabé, d'accord avec ses chefs, reconnaît les anciens droits de la France sur toute l'île de Madagascar et assure aux bâtiments français le droit de commercer dans son pays.

Art. 6. — En reconnaissance de la clémence de S. M. à leur égard, en reconnaissance de la protection que leur donne son alliance, la reine Varouva, d'accord avec tous les chefs, assure aux Français le droit de s'établir chez elle et de commercer, etc.

Le gouvernement impérial fut moins bien inspiré en abandonnant après 1860 à cause des obligations de l'entente avec l'Angleterre la politique traditionnelle de la France pour adopter la politique conventionnelle d'où devaient sortir tant de complications et de conflits.

V. — ETABLISSEMENT DANS LA MER ROUGE

C'est sous l'Empire qu'eut lieu notre établissement dans la mer Rouge.

Notre agent consulaire à Aden en 1857, Henri Lambert, qui avait noué des relations avec les chefs d'Hodéidah, de Tadjourah et de Zeilah, avait obtenu du contre-amiral Méquet une intervention qui fut heureuse, en faveur d'un chef de Tadjourah, Aboubeker Ibrahim, emprisonné depuis plus d'une année : l'amiral Méquet fit remettre Ibrahim en liberté et lui fit restituer une somme assez importante. En témoignage de reconnaissance Ibrahim proposa aux Français la cession de Ras-Ali et d'Ouano.

Le gouvernement français qui se préoccupait comme l'Angleterre des conséquences de l'ouverture du canal de Suez écouta ces propositions et décida l'envoi du capitaine de frégate Russel pour étudier la valeur de la côte qui nous était offerte. L'assassinat de Lambert, le 4 juin 1859, par les matelots d'un boutre, précipita les

résolutions du gouvernement. Le commandant Fleuriot de Langle
intervint énergiquement, arrêta et fit punir les assassins et ramena
avec lui en France un ami de Lambert, Dini Ahmet Aboubeker,
cousin du sultan de Tadjourah.

Une convention fut conclue le 11 mars 1862 à Paris entre Dini
Ahmet et M. Thouvenel, ministre des affaires étrangères.

Aux termes de ce traité, la possession des port, rade et mouillage
d'Obock nous était cédée moyennant la somme de dix mille thalaris
(50.000 fr.), avec le territoire qui s'étend depuis le ras Domneirah
au nord jusqu'au ras Ali au sud. Les chef danakil s'engageaient aussi
à ne jamais accepter aucune suzeraineté étrangère (1).

La prise de possession eut lieu le 20 mai 1862. Mais aucun développement politique ou commercial ne fut donné à ce nouvel établissement.

VI. — REPRISE DE LA TRADITION FRANÇAISE
EN INDO-CHINE

La tradition française en Indo-Chine, négligée, mais non pas
oubliée sous le premier Empire, la Restauration et la Monarchie de
Juillet, fut reprise avec résolution sous le second Empire et c'est de
cette période que date notre établissement définitif dans la péninsule.

Notre action peut se résumer ainsi : 1° occupation de la Cochinchine et protectorat du Cambodge ; 2° premiers regards sur le Tonkin. Ainsi, dès le début, la question du Tonkin se présente comme
corollaire de notre action en Cochinchine.

1° COCHINCHINE ET CAMBODGE

La mission de Lagrené avait obtenu en 1844 l'ouverture de plusieurs ports à la marine française et les missionnaires, le cardinal
de Bonnechose notamment, ne cessaient d'engager le gouvernement
impérial à « se prévaloir des anciens traités avec les royaumes
d'Annam, du Tonkin et de la Cochinchine, à s'établir solidement
dans les ports et sur les côtes ». Ce n'est qu'en 1857 que l'assassinat

(1) *Notices coloniales de* 1889, VI, 238.

de l'évêque espagnol Diaz décida la France et l'Espagne à agir contre Tu-Duc.

L'amiral Rigault de Genouilly prit Tourane le 31 août 1858 ; puis, au lieu de rester inactif « au fond d'une rade qui n'aboutissait nulle part », il se rendit devant Saïgon qu'il enleva le 17 février 1859 après un brillant combat. Rappelé par les campagnes d'Italie et de Chine, l'amiral laissa Saïgon sous le commandement du capitaine de vaisseau d'Ariès et du colonel espagnol Palanca qui soutinrent énergiquement l'attaque des Annamites, rendus plus audacieux par l'évacuation de Tourane. Après la campagne de Chine, l'amiral Charner, puis l'amiral Bonard parvinrent à briser la résistance de Tu-Duc qui, privé de ravitaillements et inquiet de la révolte du Tonkin où nous appelait Lê-Phung, signa à Saïgon avec l'amiral Bonard un traité de paix en date du 4 juin 1862 et dont voici les principaux articles :

ART. 1er. — Il y aura dorénavant paix perpétuelle entre l'empereur des Français et la reine d'Espagne, d'une part, et le roi d'Annam de l'autre. L'amitié sera complète et également perpétuelle entre les sujets des trois nations, en quelque lieu qu'ils se trouvent.

ART. 2. — Les sujets des deux nations de France et d'Espagne pourront exercer le culte chrétien dans le royaume d'Annam, et les sujets de ce royaume, sans distinction, qui désireraient embrasser la religion chrétienne, le pourront librement et sans contrainte, mais on ne forcera pas à se faire chrétiens ceux qui n'en auront pas le désir.

ART. 3. — Les trois provinces complètes de Bien-Hoa, de Gia-Dinh (Saïgon) et de Dinh-Tuong (Mytho) ainsi que l'île de Poulo-Condore, sont cédées entièrement par ce traité, en toute souveraineté, à S. M. l'empereur des Français. En outre, les commerçants français pourront librement commercer et circuler sur des bâtiments, quels qu'ils soient, dans le grand fleuve du Cambodge et dans les bras du fleuve ; il en sera de même pour les bâtiments de guerre français envoyés en surveillance dans ce même fleuve ou dans ses affluents.

ART. 4. — La paix étant faite, si une nation étrangère voulait, soit en usant de provocation, soit par un traité, se faire céder une partie du territoire annamite, le roi d'Annam préviendra, par un envoyé, l'empereur des Français, afin de lui soumettre le cas qui se présente, en laissant à l'empereur pleine liberté de venir en aide ou non au royaume d'Annam ; mais si, dans ledit traité avec la nation étrangère, il est question de cession de territoire, cette cession ne pourra être sanctionnée qu'avec le consentement de l'empereur des Français.

ART. 5. — Les sujets de l'empire de France et du royaume d'Espagne pourront librement commercer dans les trois ports de Tourane, de Balat et de Quang-An. Les sujets annamites pourront également librement commercer dans les ports de France et d'Espagne, en se conformant toutefois à la règle des droits établis.

Si un pays étranger fait du commerce avec le royaume d'Annam, les sujets de ce pays étranger ne pourront pas jouir d'une protection plus grande que ceux de France et d'Espagne, et si ce dit pays étranger obtient un avantage dans le royaume d'Annam, ce ne pourra jamais être un avantage plus considérable que ceux accordés à la France ou à l'Espagne.

Art. 10.—Les habitants des trois provinces de Vinh-Long, d'An-Gian et de Hatien pourront librement commercer dans les trois provinces françaises, en se soumettant aux droits en vigueur ; mais les convois de troupes, d'armes, de munitions ou de vivres entre les trois susdites provinces devront se faire exclusivement par mer. Cependant l'empereur des Français permet à ces convois d'entrer dans le Cambodge par la passe de Mytho dite Cuâ-Tien, à la condition toutefois que les autorités annamites en préviendront à l'avance le représentant de l'empereur, qui leur fera délivrer un laisser-passer. Si cette formalité était négligée et qu'un convoi pareil entrât sans permis, ledit convoi et ce qui le compose sera de bonne prise et les objets saisis seront détruits.

Art. 11. — La citadelle de Vinh-Long sera gardée jusqu'à nouvel ordre par les troupes françaises, sans empêcher pourtant en aucune façon l'action des mandarins annamites. Cette citadelle sera rendue au roi d'Annam aussitôt qu'il aura mis fin à la rébellion qui existe aujourd'hui par ses ordres dans les provinces de Gia-Dinh et de Ting-Tuong, et lorsque les chefs de ces rébellions seront partis et le pays tranquille et soumis comme il convient à un pays en paix.

Conquise par les armes, la Cochinchine faillit être perdue par la politique. Tu-Duc envoya à Paris un de ses plus habiles diplomates, Phan-Than-Gian, avec la mission de tenter d'obtenir l'abandon de notre conquête. Le séjour de Phan-Than-Gian à Paris et ses négociations donnèrent lieu à de longues discussions où se joua le sort de notre futur empire indo-chinois.

Le gouvernement impérial qui voulait concentrer ses efforts sur les affaires du Mexique avait conclu avec Phan-Than-Gian, dans les premiers mois de 1864, un traité qui substituait le *protectorat* de la France à la domination qu'elle exerçait déjà : quelques places, Saïgon, Mytho, Thu-dau-Mot et Cholon, devaient seules rester à la France. Le capitaine Aubaret fut désigné et s'embarqua pour aller présenter le traité à la ratification de l'empereur d'Annam, à Hué. Le gouvernement impérial qui, dans le discours du Trône de 1862, faisait dire à l'empereur que « notre établissement en Cochinchine s'était consolidé par la valeur de nos soldats et de nos marins » et que « les Annamites résistaient faiblement à notre domination », n'inscrivait aucun crédit relatif à la Cochinchine au budget de 1864 à cause de la « situation transitoire » de cet établissement.

La Cochinchine avait heureusement des défenseurs qui, au Sénat, au Corps législatif et dans la presse, unirent leurs efforts pour le maintien de l'occupation ; de Chasseloup-Laubat, Victor Duruy, le baron Brénier qui, déjà dans la séance du Sénat du 27 février 1861, demandait à ses collègues d'encourager les troupes de l'expédition de Cochinchine « à persévérer jusqu'à l'accomplissement de la domination » et de donner leur appui « à tout ce qui peut agrandir dans une juste mesure la France coloniale », Thiers, Lambrecht et le député Arman qui, dans la séance du Corps législatif du 18 mai 1864, combattit le traité de protectorat porté à Hué par le capitaine Aubaret en montrant la stupeur que la nouvelle de l'évacuation produisait en Cochinchine :

Je viens supplier le gouvernement, lorsqu'il en est encore temps, lorsque le traité qui doit borner notre occupation à un simple protectorat sur les six provinces du sud de la Cochinchine n'est pas signé, de ne pas lâcher la proie pour l'ombre et de repousser bien loin toute indemnité, dût-elle être de 20 à 25 millions, moyennant le paiement desquels nous serions obligés de nous enfermer dans la ville de Saïgon et le fort de Mytho.

Le jour où notre protectorat serait renfermé dans ces murailles, nous y serions bientôt assiégés.

Alors la conquête redeviendrait indispensable ; car nous avons des engagements non seulement vis-à-vis de nos nationaux, mais vis-à-vis des indigènes, vis-à-vis du souverain de Cambodge.

L'amiral de la Grandière, pour assurer les approvisionnements des colonies, pour se procurer les 7 ou 8,000 bœufs qui lui sont nécessaires pour maintenir la sûreté de notre frontière et soustraire le Cambodge aux menées des cours de Hué et de Siam, a accordé le protectorat de la France au Cambodge, mais il l'a accordé parce que nous étions souverains, parce que nous avions en toute et définitive possession la province du sud de la Cochinchine. Mais notre possession se réduisant elle-même à un protectorat énervé et notre force se concentrant sur un seul point, les protectorats que nous avons promis seraient bientôt impuissants et c'est par la guerre que nous aurions à reprendre les espaces que nous avons conquis.

Aussi j'adjure nos honorables collègues de la commission du budget et ceux qui se préoccupent des expéditions lointaines de bien croire que ce n'est pas en abandonnant le lendemain d'une conquête un territoire si précieux que nous ferions une chose sage, une chose économique, mais que nous ferons bien mieux d'organiser une colonie qui sera bientôt sans rivale.

Le gouvernement impérial fut ébranlé par les plaidoyers des amis de la Cochinchine et le capitaine Aubaret apprit au moment où il arrivait à Hué que le traité de protectorat était annulé.

Battu sur le terrain politique et diplomatique, Tu-Duc se lança dans l'insurrection et sans dénoncer le traité de 1862 fomenta contre nous des révoltes et des attaques qui durèrent jusqu'en 1867 : Phan-Than-Giang essaya vainement de le convaincre de l'inutilité de ses efforts, l'influence antichrétienne du maréchal Nguyen-Tri-Phuong l'emporta. L'amiral de la Gaudière résolut alors d'occuper Vinh-Long, Chaudoc et Hatien, c'est-à-dire les provinces occidentales de la Cochinchine : Phan-Than-Giang renonça à défendre sa province contre nous, mais plutôt que de se rallier à notre cause, il s'empoisonna.

La pacification était achevée en 1868. L'organisation avait été entreprise dès 1863 par l'amiral Bonard et fut continuée à partir de 1866 par l'amiral de la Gaudière. Le « gouvernement des amiraux » dota la Cochinchine d'une bonne administration : le nombre des fonctionnaires européens fut réduit, on conserva l'institution des inspecteurs des affaires indigènes, on maintint en la disciplinant l'organisation primitive annamite.

En 1863, l'amiral Bonard, dont l'attention avait été attirée sur le Cambodge par des massacres de chrétiens, se rendit à Pnom-Penh et signa, le 11 août 1863, avec le roi Norodon, une convention de protectorat dont voici les principaux articles :

Art. 1er. — S. M. l'empereur des Français accorde sa protection à S. M. le roi du Cambodge.

Art. 2. — S. M. l'empereur des Français nommera un résident français auprès de S. M. le roi du Cambodge, qui sera chargé, sous la haute autorité du gouverneur de la Cochinchine, de veiller à la stricte exécution des présentes lettres de protectorat. S. M. le roi du Cambodge pourra nommer un résident cambodgien à Saïgon, pour communiquer directement avec le gouverneur de la Cochinchine.

Art. 3. — Le résident français aura, au Cambodge, le rang de grand mandarin, et il lui sera rendu, dans tout le royaume, les honneurs dus à cette dignité.

Art. 4. — Aucun consul d'une autre nation que la France ne pourra résider auprès de S. M. le roi du Cambodge ou dans un autre lieu de ses États, sans que le gouverneur de la Cochinchine en ait été informé et se soit entendu à cet égard avec le gouverneur cambodgien.

Art. 5. — Les sujets français jouiront, dans toute l'étendue du royaume du Cambodge, d'une pleine et entière liberté pour leurs personnes et leurs propriétés. Ils pourront circuler, posséder et s'établir librement dans toutes les provinces et dépendances de ce royaume, lorsqu'ils en auront informé un grand mandarin cambodgien qui leur délivrera un permis.

Art. 6. — Les sujets cambodgiens jouiront, dans toute l'étendue de l'empire français, d'une pleine et entière liberté pour leurs personnes et leurs propriétés ; ils pourront circuler, posséder et s'établir librement dans toutes les provinces et dépendances de cet empire, lorsqu'ils en auront informé un officier français compétent qui leur délivrera un permis.

Art. 7. — Lorsqu'un Français, établi ou de passage dans le royaume du Cambodge, aura quelque sujet de plainte ou quelques réclamations à formuler contre un Cambodgien, il devra d'abord exposer ses griefs au résident français qui, après avoir examiné l'affaire, s'efforcera de l'arranger à l'amiable ; mais, dans l'un et dans l'autre cas, si la chose était impossible, le résident français requerrait l'assistance d'un fonctionnaire cambodgien compétent et tous deux, après avoir examiné conjointement l'affaire, statueront suivant l'équité. Le résident français s'abstiendra de toute intervention dans les contestations des sujets cambodgiens entre eux ; de leur côté, les Français dépendront, pour toutes les difficultés qui pourraient s'élever entre eux, de la juridiction française et l'autorité cambodgienne n'aura à s'en mêler en aucune manière, non plus que des différends qui surviendraient entre Français et Européens qui seront jugés par le résident français. Les crimes commis par des sujets français dans le royaume cambodgien seront connus et jugés à Saïgon par les cours de justice compétentes. Dans ce cas, le gouvernement cambodgien donnera toute facilité au résident français pour saisir le coupable et le livrer au gouverneur de la Cochinchine. En cas d'absence du résident français, le commandant des forces françaises le remplacera pour exercer la justice.

Art. 10. — Les marchandises importées ou exportées par navires français dans le Cambodge, lorsque leurs propriétaires seront munis d'un permis du gouvernement de Saïgon, seront admises en franchise de tous droits dans tous les ports du royaume du Cambodge, excepté l'opium qui sera soumis aux droits.

Art. 11. — Les navires chargés de marchandises cambodgiennes, qui auront acquitté les droits au Cambodge, s'ils sont munis d'un permis du gouvernement cambodgien visé par le résident français, seront admis en franchise de tous droits dans tous les ports ouverts de la Cochinchine.

ART. 15. — Les missionnaires catholiques auront le droit de prêcher et d'enseigner. Ils pourront, avec l'autorisation du gouvernement cambodgien, construire des églises, des séminaires, des écoles, des hôpitaux, des couvents et autres édifices pieux, sur tous les points du royaume du Cambodge.

ART. 16. — S. M. l'empereur des Français, reconnaissant la souveraineté du roi du Cambodge, Somdach Préa Norodom Boreraksa Préa Moha Obbarach, s'engage à maintenir dans ses Etats l'ordre et la tranquillité, à le protéger contre toute attaque extérieure, à l'aider dans la perception des droits de commerce et à lui donner toute facilité pour établir une communication entre le Cambodge et la mer.

Ce traité permettait au représentant de la France à Pnom-Penh de combattre l'influence du Siam : le secours que nous donnâmes à Norodom contre un prétendant insurgé, Paconibo, fut d'un grand effet. Mais il fallut désintéresser le Siam de ses prétentions sur le Cambodge en lui abandonnant, par le traité du 15 juillet 1867, la souveraineté des provinces de Battambang et d'Angkor :

ART. 1er. — S. M. le roi de Siam reconnaît solennellement le protectorat de S. M. l'empereur des Français sur le Cambodge.

ART. 2. — Le traité conclu au mois de décembre 1863 entre les royaumes de Siam et du Cambodge est déclaré nul et non avenu, sans qu'il soit possible au gouvernement de Siam de l'invoquer à l'avenir en aucune circonstance.

ART. 3. — S. M. le roi de Siam renonce, pour lui et ses successeurs, à tout tribut, présent ou autre marque de vassalité de la part du Cambodge. De son côté, S. M. l'empereur des Français s'engage à ne point s'emparer de ce royaume pour l'incorporer à ses possessions de Cochinchine.

ART. 4. — Les provinces de Battambang et d'Angkor (Nakhon Siemrap) resteront au royaume de Siam. Leurs frontières, ainsi que celles des autres provinces siamoises limitrophes du Cambodge, telles qu'elles sont reconnues de nos jours de part et d'autre, seront, dans le plus bref délai, déterminées exactement, à l'aide de poteaux ou autres marques, par une commission d'officiers siamois et cambodgiens, en présence et avec le concours d'officiers français désignés par le gouverneur de la Cochinchine. La délimitation opérée, il en sera dressé une carte exacte par les officiers français.

ART. 5. — Les Siamois s'abstiendront de tout empiètement sur le territoire du Cambodge et les Cambodgiens s'abstiendront également de tout empiètement sur le territoire siamois. Toutefois les habitants des deux pays auront la liberté de circuler, de faire le commerce et de résider pacifiquement sur les territoires respectifs. Si des sujets siamois se rendent coupables de quelques délits ou crimes sur le territoire du Cambodge, ils seront jugés et punis avec justice par le gouvernement du Cambodge et suivant les lois de ce pays; si des sujets cambodgiens se rendent coupables de délits ou crimes sur le territoire siamois, ils seront également jugés et punis avec justice par le gouvernement siamois suivant les lois de Siam.

Art. 6. — Les bâtiments sous pavillon français pourront naviguer librement dans les parties du fleuve Mékong et de la mer intérieure qui touchent aux possessions siamoises...

2° MÉKONG ET TONKIN

Dès les débuts de notre établissement en Cochinchine, les gouverneurs de la nouvelle colonie s'attachèrent à la solution du problème de l'ouverture des rapports commerciaux avec la Chine (1). Et c'est en cherchant à mettre en communication les provinces occidentales de la Chine avec un point de la côte soumis à la domination française, qu'ils portèrent leur attention sur le Tonkin.

Ce fut par l'exploration du Mékong que fut obtenu cet important résultat. Qui en eut la première pensée? Le vicomte de Carné, membre de la mission Doudart de Lagrée, l'attribue à l'amiral de la Gaudière. Cependant, la brochure de Garnier (2) réclamait déjà la reconnaissance du Mékong, route de Chine. En tout cas, Chasseloup-Laubat donna en 1866 son assentiment au projet de mission dans le Mékong et arrêta les instructions suivantes :

Déterminer géographiquement le cours du fleuve par une reconnaissance rapide poussée le plus loin possible ; chemin faisant, étudier les ressources des pays traversés et rechercher par quels moyens efficaces on pourrait unir commercialement la vallée supérieure du Mékong au Cambodge et à la Cochinchine : tels sont, en résumé, les objets essentiels que vous ne devez jamais perdre de vue.

La mission fut confiée au capitaine de frégate Doudart de Lagrée qui eut sous ses ordres les lieutenants de vaisseau Francis Garnier

(1) Voir *Le Tonkin et la Mère-Patrie*, par Jules Ferry, Victor Havard, 1890. Nous lui empruntons plusieurs citations.

(2) *La Cochinchine française en 1864*, par G. Francis.

et Delaporte, les docteurs Joubert et Thorel, et M. de Carné, attaché au ministère des affaires étrangères. Ils reconnurent les difficultés de la navigation du Mékong et arrivèrent le 16 octobre 1867 à la frontière chinoise. Puis elle quitta le Mékong et s'avança dans le Yunnan chinois où Doudart de Lagrée mourut le 12 mars 1868. Francis Garnier s'était rendu jusqu'à Tali au prix de mille difficultés. Il dirigea le retour de la mission qui atteignit le Yang-Tsé-Kiang le 26 avril 1868 et rentra le 29 juin à Saïgon.

Cette belle exploration, qui avait recueilli d'importants renseignements géographiques et ethnographiques, est pour nous particulièrement intéressante par ses conséquences économiques et coloniales. Elle avait constaté l'impossibilité d'établir le trafic avec la Chine par le Mé-Kong difficilement navigable et la possibilité de lui faire prendre la voie du Song-Koi ou Fleuve-Rouge. Elle reportait l'attention de la France de la Cochinchine vers le Tonkin.

MM. Jules Ferry et Sentupéry, dans l'ouvrage cité plus haut, ont extrait de la correspondance des membres de la mission Doudart de Lagrée des passages très caractéristiques à ce sujet.

Le 6 janvier 1868, Doudart de Lagrée écrivait à l'amiral de la Grandière :

Ainsi que j'ai eu l'honneur de vous l'écrire de Ssu-Mao, ce n'est pas sans un vif regret que nous avons abandonné le Mékong. A la vérité, la question de navigabilité n'était plus en cause, car dès le 20ᵉ degré (bien avant la frontière chinoise), les difficultés sont trop nombreuses et trop fréquentes.

M. de Carné écrivait d'autre part (1) :

Le gouverneur de Yuen-Kiang nous confirma que le fleuve qui baigne la ville (le fleuve Rouge) se jette à la mer après avoir traversé le Tong-Kin... A partir du premier marché annamite qui ne serait éloigné de Mangkho, le dernier marché chinois, que de trois jours de marche, les marchandises se rendraient en seize jours par la voie fluviale à Ke-Tcho, capitale du Tong-Kin, sans avoir à subir aucun transbordement... Il se faisait avant la guerre, entre le Yun-nan et le Tong-Kin, un commerce très considérable, qui semble avoir été surtout alimenté par les métaux... Cette communication si ardemment cherchée, ce déversoir

____

(1) Voyage en Indo-Chine et dans l'empire indo-chinois, *Revue des Deux-Mondes*, 1869.

par lequel devra s'écouler un jour dans un port français le trop-plein des richesses de la Chine occidentale, c'est du Song-Koï (fleuve Rouge) et non du Mé-Kong qu'il faut l'attendre. C'est là une vérité désormais hors de doute et qu'imposerait certainement à tous les esprits l'exploration complète du Tong-Kin. Il s'agit pour le moment de rétablir le courant commercial qui existait autrefois entre deux pays qui, l'un et l'autre, bien qu'à des degrés divers, souffrent de l'interruption du trafic.

Et plus loin :

J'ai déjà montré l'importance des renseignements que nous avons recueillis sur le fleuve du Tong-Kin... Le Song-Coï mérite une attention particulière. Parce que nous avons pu voir, plus encore que par ce qu'on nous a dit, il semble appelé à réaliser les espérances que le Mékong a déçues.

Francis Garnier écrivait dans son rapport du 1er octobre 1868 :

Pourrions-nous trouver un accès commercial facile dans la Chine méridionale et détourner à notre profit une partie des productions que les Anglais veulent s'efforcer d'attirer à Calcutta et à Rangoon ?... Aujourd'hui, le coton nécessaire au Yunnan vient par le fleuve Bleu, et par des routes impraticables, pénètre jusqu'à Ta-ly, Ssu-mao, Liungan, aux frontières du Tong-King. Que l'on suppose ce même coton apporté aux embouchures du Song-Koï et remontant en barque, moyennant deux ou trois transbordements faciles jusqu'à Yuen-Kiang et l'on restera frappé de l'économie de ce dernier trajet.

Garnier revenait dans son rapport du 2 février 1869 sur l'utilité de cette action au Tonkin à laquelle il devait se dévouer :

J'ai développé dans mon rapport d'ensemble les avantages immenses que pourrait retirer notre commerce de relations directes avec le Yunnan et le Ssu-tchouen établies par le moyen du fleuve du Tong-King. Il serait facile, je crois, d'obtenir de la cour de Hué qu'elle n'y mette aucun obstacle... En même temps, une exploration de la vallée du Song-Koï devrait venir compléter les renseignements obtenus déjà par la commission lors de son passage au Yunnan.

L'idée d'intervention et même d'occupation était formulée plus nettement encore dans l'étude de M. de Carné, ci-dessus citée, qui se terminait ainsi :

Un protectorat exercé directement comme au Cambodge ou tout au moins une complète liberté commerciale obtenue dans les ports du

Tong-King et garantie par l'installation à Hué d'un représentant officiel relevant du gouverneur de la Cochinchine, on ne voit pas d'autre moyen pour sortir de l'impasse où nous acculerait une timidité sans excuse, aussi bien que des scrupules par trop naïfs.

Au résumé, pendant cette période, non seulement nous avions fondé nos établissements cochinchinois et cambodgien, mais l'attention du gouvernement et des commerçants était attirée sur le Tonkin désigné dès 1869 comme un champ nécessairement ouvert à l'expansion française.

VII. — DANS L'OCÉAN PACIFIQUE

L'acte capital de notre action politique dans l'océan Pacifique sous l'Empire fut la prise de possession de la Nouvelle-Calédonie (1).

Le désaveu infligé, en 1846, sur les réclamations de l'Angleterre, au commandant du *Bucéphale* pouvait faire craindre que l'Angleterre ne s'emparât de la Nouvelle-Calédonie. En fait, pendant plus de quatre années, notre action politique à la Nouvelle-Calédonie fut nulle : il faut seulement signaler, en 1848, la tentative de colonisation religieuse par des missionnaires français inspirés par l'évêque Douarre et dirigés par un officier de marine mystique et illuminé, Marceau, neveu du grand général.

Le voyage de l'*Alcmène* en 1850 précéda et amena la prise de possession. Le commandant d'Harcourt avait pour mission d'explorer la côte orientale de la Calédonie de l'île des Pins au nord, il reconnut l'île des Pins, Canala, Kouaova, Hienghène et l'un de ses officiers, Bérard, fit quelques reconnaissances à l'intérieur. Mais, comme l'*Alcmène* mouillait à Balade, les indigènes des îlots Paâba et Yenghiébane surprirent, massacrèrent et mangèrent l'équipage d'une chaloupe envoyée sous les ordres des aspirants Devarenne et Saint-Phalle en reconnaissance hydrographique.

L'occupation fut décidée à la suite de ce massacre et d'un rapport colonial de Bérard qui se terminait ainsi :

L'Angleterre règne seule en Océanie. Sans doute l'Australie deviendra un empire libre : mais qu'importe à l'Angleterre ? Son esprit régnera

---

(1) Voir la remarquable étude de M. Augustin Bernard, *L'Archipel de la Nouvelle-Calédonie*, Hachette, 1895.

sur elle, et longtemps encore elle y trouvera des débouchés pour ses produits. Placée à quelques jours des établissements anglais sur la route de l'Inde, sa position géographique fait de la Nouvelle-Calédonie un poste militaire de première importance. Défendue par son récif, elle offre d'excellents abris et un ravitaillement assuré pour une flotte.

Quant au but de la prise de possession, le *Moniteur* du 14 février 1854 l'exposa ainsi :

La prise de possession a eu pour but d'assurer à la France dans le Pacifique la position que réclamaient les intérêts de la marine militaire et commerciale, et les vues du gouvernement sur le régime pénitentiaire, position que ne lui donnait ni l'occupation du petit archipel des Marquises, ni le protectorat des îles de la Société. Les Marquises, désignées par la loi du 8 juin 1850 comme lieu de déportation politique, n'ont ni l'étendue, ni la fertilité, ni la situation géographique d'un grand établissement maritime et colonial. La Nouvelle-Calédonie est un excellent point d'appui, mais on ne connaît pas encore assez sa valeur pour tirer parti de ses ressources agricoles et minérales, ou y jeter les premiers fondements d'un pénitencier.

L'occupation se fit avec une certaine hâte et un certain mystère qu'expliquait la crainte où l'on était d'être devancé par l'Angleterre comme à la Nouvelle-Zélande. Le contre-amiral Febvrier-Despointes, commandant la station navale de l'océan Pacifique, arriva le 24 septembre 1853 à Balade à bord de la corvette à vapeur le *Phoque* et le procès-verbal de prise de possession fut immédiatement rédigé en ces termes :

Cejourd'hui 24 septembre 1853, à trois heures de l'après-midi,
Je, soussigné, Auguste Febvrier-Despointes, contre-amiral, commandant en chef les forces navales françaises dans la mer du Pacifique, agissant d'après les ordres de mon gouvernement, déclare prendre possession de l'île de la Nouvelle-Calédonie et de ses dépendances au nom de S. M. Napoléon III, empereur des Français.
En conséquence, le pavillon français est arboré sur ladite île (Nouvelle-Calédonie), qui, à compter de ce jour, 24 septembre 1853, devient, ainsi que ses dépendances, colonie française.
Ladite prise de possession est faite en présence de MM. les officiers de la corvette à vapeur le *Phoque* et de MM. les missionnaires français qui ont signé avec nous.
Fait à terre au lieu de Balade, Nouvelle-Calédonie, les heure, jour, mois et an que dessus.
Ont signé : E. de Bovis, L. Candeau, A. Barazer, Rougeron, Forestier,

J. Vigoureux, A. Cany, Muller, Butteaud, Mallet, L. Dépériers, A. Aniet, L. de Marcé ; le contre-amiral, commandant en chef, Febvrier-Despointes.

Un procès-verbal semblable fut rédigé pour la prise de possession de l'île des Pins, le 29 septembre : ici le *Phoque* avait été précédé par le navire anglais *Herald*, mais les missionnaires parvinrent à empêcher le chef de traiter avec le commodore anglais qui, après la prise de possession, se brûla la cervelle de désespoir.

Le commandant de Montravel succéda à l'amiral Febvrier-Despointes et choisit Nouméa comme chef-lieu de notre établissement.

On a vu que l'occupation s'était faite principalement en vue de l'établissement d'un pénitencier. Les études furent faites en 1859 et un décret en date du 2 septembre 1863 autorisa « la création à la Nouvelle-Calédonie d'établissements pour l'exécution des travaux forcés. » Le premier convoi, composé de 250 condamnés astreints à la résidence perpétuelle, arriva à *Nouméa* sur l'*Iphigénie* le 2 janvier 1864 ; les convois se succédèrent et, à partir de 1867, la Nouvelle-Calédonie demeura la seule colonie pénitentiaire pour les blancs.

Un décret du 15 juillet 1860 l'avait enlevée à l'autorité du gouverneur des établissements français de l'Océanie et l'avait érigée en colonie spéciale. Un gouverneur lui fut donné en 1862.

Les dépendances de la Calédonie, et notamment les îles Loyalty, ne furent occupées qu'en 1864.

De nos autres établissements de l'Océanie, les îles de la Société sont les seules dont l'histoire offre quelque particularité notable sous l'Empire. La reine Pomaré vivait en bonne intelligence avec le commissaire français depuis la convention du 19 juin 1847. Détrônée en 1852 par une insurrection, elle fut rétablie grâce à l'autorité du commissaire français.

Notre action politique pendant cette période consista à faire édicter une série de modifications à la législation trop sommaire de Tahiti. Ces modifications tendaient à faire entrer peu à peu les îles de la Société sous l'administration plus directe de la France. Par un arrêté en date du 21 mars 1850, un conseil de gouvernement fut constitué sur les bases suivantes :

Le conseil de gouvernement aux Iles de la Société s'occupera de la haute administration du pays et des mesures d'intérêt général ; il siégera comme cour d'appel, ainsi qu'il sera expliqué dans le règlement général de la justice aux Iles de la Société.

Le conseil de gouvernement sera désormais composé de quatre membres seulement qui seront :

Le commissaire de la République, président ;

Le chef de bataillon d'infanterie ;

Le chef du service administratif ;

Le chef d'état-major.

Le secrétaire du commandant de la division remplira près du conseil les fonctions de secrétaire.

Il sera adjoint à ce conseil :

Un résident et un indigène à titre de membres titulaires ;

Un résident et un indigène à titre de membres suppléants.

Lorsque le conseil se constituera en cour d'appel il sera complété au nombre de cinq membres adjoints ou par des personnes désignées par le commissaire de la République. Les membres qui auront participé ou prononcé des jugements attaqués ne pourront jamais siéger comme juges d'appel dans les mêmes causes. Quand le conseil s'occupera d'affaires d'intérêt général, les membres titulaires ci-dessus pourront être appelés et siégeront, suivant que le conseil en jugera l'opportunité, avec voix délibérative ou consultative.

Une ordonnance du 14 décembre 1865 porta organisation du service judiciaire à Tahiti et un arrêté en date du 27 décembre de la même année appliqua les lois françaises à cette colonie :

Art. 1er. — La justice sera administrée dans les états du protectorat des Iles de la Société par un tribunal supérieur, un tribunal de première instance, des tribunaux de paix.

Art. 2. — Les délits et les crimes qui compromettront la sûreté de la colonie seront déférés aux conseils de guerre.

Art. 3. — Les tribunaux rendront la justice au nom de l'empereur et du gouvernement du protectorat.

En matière civile et commerciale ils appliqueront les dispositions du Code Napoléon et du Code de commerce.

En matière de simple police, de police correctionnelle et en matière criminelle, ils ne pourront appliquer d'autres peines que celles établies par la loi française.

Leur compétence s'étendra sur tous les habitants des îles dépendant du protectorat de la France, sans distinction d'origine ou de nationalité.

Toutefois, les contestations entre les indigènes des états du protectorat relatives à la propriété des terres seront soumises à la juridiction spéciale maintenue par l'ordonnance de la reine en date du 14 décembre 1865.

Art. 4. — Dans toutes les causes où un indigène sera en cause soit comme demandeur, soit comme défendeur, les juges s'adjoindront un assesseur tahitien, désigné par le chef du service judiciaire.

Cet assesseur assistera avec voix consultative au débat et à la délibération. Son avis devra être mentionné dans le libellé du jugement. Le tout à peine de nullité.

Signalons enfin la situation fâcheuse des îles Gambier. L'établissement de notre protectorat par l'acte du 16 février 1844 n'ayant pas été suivi d'effet, les îles Gambier tombèrent sous la domination d'un missionnaire de l'Ordre de Picpus, le P. Laval, dont les menées antifrançaises amenèrent de nombreux incidents. Le 24 mai 1869, la reine Maria-Eutokia adressa même au ministre de la marine une lettre retirant la demande de protectorat adressée à la France 26 ans auparavant par les Mangarewiens (1). Ce ne fut qu'en 1871, après une enquête du commandant de La Motte-Rouge et le rappel du P. Laval, que le protectorat fut confirmé.

(1) Paul Deschanel, *Les Intérêts français dans l'Océan Pacifique.*

QUATRIÈME PARTIE

1870-1900

CHAPITRE PREMIER

DES IDÉES DIRECTRICES ET DES CAUSES RÉELLES
DE LA RENAISSANCE COLONIALE FRANÇAISE

En 1871 notre empire colonial comptait une superficie de moins d'un million de kilomètres carrés, une population inférieure à cinq millions d'habitants. Sa force principale résidait dans l'Algérie qu'une insurrection, suscitée par la nouvelle de nos malheurs continentaux, venait de mettre une fois encore à l'épreuve. Le peuplement français y était encore médiocrement avancé, l'outillage économique à peine organisé, la condition douanière peu cohérente et conforme à l'intérêt français.

Le Sénégal, pacifié par le gouvernement de Faidherbe, n'était encore ni l'avenue du Soudan, ni la tête de ligne du cabotage du golfe de Guinée ; car nos anciens droits sur la côte d'Ivoire, nos plus récentes prétentions à l'expansion dans les parages du Gabon, n'éveillaient point grande sollicitude.

Nos conquêtes de Cochinchine, avec le pays vassal du Cambodge, développaient leur commerce, mais en grande partie sous pavillon étranger.

Quant à nos vieilles colonies des Mascareignes, des Antilles et de la Guyane, elles étaient en proie à la crise sucrière ; et nul soulagement n'avait été apporté à cette épreuve issue du développement rapide de la culture betteravière dans la métropole.

L'importance de nos stations de pêche de Saint-Pierre et

Miquelon souffrait déjà des atteintes directes ou indirectes que recevait notre droit traditionnel sur le « french shore » de Terre-Neuve ; l'amitié si fort recherchée de la Grande-Bretagne nous conférait, pour tous avantages, une lamentable accoutumance à « laisser faire » par respect de l' « entente cordiale ».

Pour la même raison nos comptoirs de l'Inde se soudaient de plus en plus étroitement, par des liens d'intérêt, au grand corps de la colonie anglaise.

Enfin nos possessions de l'Océan Pacifique étaient surtout consacrées à des expériences pénitentiaires encore plus coûteuses pour la France qu'intéressantes pour le reste de l'humanité.

Toutes ces colonies entretenaient des relations commerciales d'une valeur de moins de 600 millions, dont plus d'un tiers avec l'étranger. La métropole payait au prix de 30 millions l'avantage de prendre une si médiocre part à ce trafic restreint ; l'Algérie recevait encore de la France une subvention de 22 millions.

Il fallut donc une réaction énergique pour faire la conquête politique et économique de l'empire colonial que nous possédons aujourd'hui. La Tunisie, l'Afrique tropicale et Madagascar, l'Indo-Chine, furent les théâtres privilégiés de notre expansion. La hâte et l'énergie de cette expansion se traduisirent par des faits qu'il importe de signaler ici, avant d'aborder le récit méthodique de nos progrès dans chaque région. Aux voyages entrepris par des pionniers isolés et qu'inspirait leur seule ardeur scientifique, succèdent désormais des « explorations d'Etat », systématiquement organisées et dirigées le plus souvent par des officiers qui font œuvre de diplomates, de savants et de conquérants tout à la fois. Les prises de possession, les conventions de protectorat, résultent, dès lors, des voyages mêmes qui ne semblaient tout d'abord entrepris que dans une intention d'enquête. Si la multiplicité des rôles imposés à nos chefs de mission, civils ou militaires, si le caractère nécessai-

rement hâtif des explorations, amenèrent quelques incidents
pénibles pour nos sentiments d'humanité, il ne semble pas,
tout compte fait, que nous puissions rougir d'une comparaison
scientifique ou philanthropique de nos procédés avec ceux de
de nos rivaux.

II

Des jugements divers et parfois contradictoires ont été portés sur l'œuvre d'expansion coloniale qui, en l'espace de moins
d'un quart de siècle, assura à la France le vaste empire d'outre-mer qu'il s'agit aujourd'hui de mettre en valeur. Les uns
estiment que ce grand effort a été fait en pure perte et n'a
abouti qu'à affaiblir la France en Europe ; les autres pensent
que ce mouvement a ranimé la vigueur et fait renaître la confiance de notre nation en ses forces ; d'autres enfin, sans nier
absolument la vertu de cet éveil des énergies françaises, inclinent à croire que l'impulsion colonisatrice, s'exerçant de toutes
parts au cours d'un laps de temps si restreint, a excédé nos
facultés d'assimilation, mais qu'on n'aura pas lieu de s'en re-
pentir si désormais la politique de saine exploitation succède
à la politique des annexions territoriales. On ne discute pas
avec une moindre vivacité sur la valeur propre de ce domaine
si rapidement acquis.

Une première remarque aurait dû calmer l'âpreté de ces
controverses auxquelles, d'ailleurs, l'esprit de parti a communiqué quelque chose de son injustice ordinaire. Si la politique
coloniale fut souvent l'effet d'une véritable préméditation de
nos hommes d'Etat, elle fut aussi, dans maintes circonstances,
dictée et inspirée par des événements que déchaînaient tout à

coup les convoitises d'autres nations, rivales de la France ; il
y eut donc, chez les diplomates que l'on considère au plus juste
titre comme les représentants des desseins coloniaux les plus
méthodiques de notre patrie, un mélange de décisions mûries,
arrêtées d'avance, et de brusques résolutions dont on ne saurait leur faire porter l'entière responsabilité. Dans la plupart
des grands débats parlementaires que suscita en France la politique coloniale, il est douloureux d'observer que l'ingérence
de l'étranger dans nos entreprises coloniales fut moins nettement signalée, moins souvent invoquée pour expliquer nos humiliations ou les excès d'initiative de nos gouvernants, que les
fautes de clairvoyance ou de résolution des ministres français.
L'avenir, qui livrera le secret de nombre d'incidents encore
inexpliqués, montrera sous leur vrai jour, dès que seront tombés les voiles de la courtoisie diplomatique, l'inspiration généreuse et la continuité de desseins de ce quart de siècle de politique coloniale.

Il va de soi que chaque doctrine d'expansion coloniale renferme sa part d'erreur ou d'illusion, par cela même que ses
apôtres ont subi l'influence de nos querelles de politique intérieure et forcé l'expression des idées dont ils désiraient passionnément le triomphe : leurs critiques ont à se reprocher des
excès au moins égaux.

Gambetta n'eut pas l'occasion de poser le problème sous une
forme scientifique et rigoureuse. Avec un sens et un tact merveilleux il avait reconnu, au cours de la discussion des crédits
pour les opérations militaires en Tunisie, que la France n'est
pas sujette aux mêmes « fatalités » d'expansion coloniale que
l'Angleterre. Il se bornait à recommander une politique « de
conservation et de maintien de notre patrimoine », à faire valoir la nécessité d'une vigilance toute particulière dans les parages de la Méditerranée. Une seule phrase, du discours si net
qu'il prononçait à cette occasion, a l'allure dogmatique d'un

argument d'histoire générale et comparée. « Est-ce que vous
ne sentez pas », s'écria-t-il, « que les peuples étouffent sur ce
vieux continent! » Aucun orateur de l'opposition ne sut observer que la France, en vertu de sa richesse agricole et de sa faible population, souffrait beaucoup moins que d'autres peuples
de cette crise de pléthore industrielle. Mais Gambetta s'était
mis, d'autre part, à l'abri du reproche, en opposant à la politique anglaise, envahissante par fatalité, la politique française
de « conservation » coloniale.

L'argumentation de Jules Ferry est fondée aussi sur le respect des engagements pris et des entreprises commencées sous
les régimes antérieurs à la république, sur la nécessité de donner à notre marine des points d'appui et des bases de ravitaillement. Mais le grand politique s'attache avec prédilection à
démontrer que les colonies doivent être surtout des marchés
privilégiés pour l'exportation des produits français; il dénonce
le danger des mesures de protection douanière que prennent de
grands peuples industriels, tels que les Etats-Unis d'Amérique.
Il met l'opposition en face d'une doctrine cohérente, raisonnée,
formelle. Et cette fois les adversaires de la politique coloniale
ne manquèrent point d'objecter que, d'une part, le danger était
moins pressant pour notre industrie si éloignée encore d'une
surproduction comparable à celle des industries anglaise ou
allemande, et que d'autre part, ni Madagascar, ni l'Afrique
tropicale, si mal peuplées et civilisées, n'offriraient de longtemps à nos exportateurs les compensations souhaitées et prédites. Jules Ferry répliquait en citant l'exemple du Tonkin
dont on lui reprochait si amèrement la conquête; et sur ce point
sa doctrine était pleinement justifiée. On lui doit rendre aussi
hommage en observant qu'il veilla avec rigueur à ce que les
nouveaux marchés ouverts par la conquête fussent, comme il
convient, réservés aux Français, en compensation de leurs sacrifices; sa diplomatie commerciale ne mentit jamais aux pro-

messes de sa diplomatie d'expansion. Il eut, en cette matière, une doctrine et une conduite rigoureusement logiques et concordantes, dont on peut discuter les résultats mais non la bonne foi ni la sincérité : « Le système protecteur est une machine à « vapeur sans soupape de sûreté, s'il n'a pas pour corrélatif « et pour auxiliaire une saine et sérieuse politique coloniale. »

Les orateurs parlementaires qui ont été, pendant les dix dernières années du dix-neuvième siècle, les champions les plus autorisés de la politique coloniale sont restés fidèles à la doctrine si clairement exposée par Jules Ferry et ont assigné aux colonies le rôle de marchés privilégiés pour l'industrie et le commerce français. Curieuse contradiction ! C'est au cours de cette dernière période qu'ont été acquis les territoires coloniaux les plus vastes, mais aussi les moins capables, en raison de leur médiocre population, de leur main-d'œuvre incomplète, et aussi de leur condition naturelle, de procurer à la métropole de riches marchés d'exportation ; c'est la période de la prépondérance des acquisitions africaines. Or l'opposition, si véhémente et âpre contre les entreprises indo-chinoises, a désarmé, exception faite de l'opposition socialiste, restée seule fidèle à son programme et à ses arguments : et c'est contre les grandes annexions de savanes, de steppes et de déserts d'Afrique occidentale que les objections les plus graves pouvaient être faites, comme c'est en leur faveur que la doctrine des « débouchés commerciaux » devait être le moins invoquée. Ajoutons qu'à la diplomatie « protectionniste » de Jules Ferry s'est graduellement substituée une diplomatie plus portée à faire avec l'étranger un assez libre échange de marchés coloniaux, à instituer des zones neutres, des loges même, bref à restreindre par ces conventions « annexes » traitant de la condition du négoce, de la navigation, du transit, du droit de propriété, de la nature des sociétés d'exploitation coloniale, le privilège formellement promis au peuple français le jour où ses gouvernants lui demandèrent les sacrifices d'hommes et d'argent nécessaires à la reconstitution du domaine colonial. Bref la richesse de nos colonies, protégée par le pavillon et la force armée de France, tend à s'internationaliser par toutes sortes de biais de la diplomatie commerciale : cet état de choses ne peut manquer d'amener une renaissance de l'opposition systématique à laquelle on donne des arguments fort solides, et ensuite une réaction dans le sens d'une plus rigoureuse nationalisation du bien colonial si chèrement acheté. Voilà dix ans (décembre 1891) que M. Étienne insistait sur cette nécessité ; il citait avec esprit l'exemple de la libre-échangiste Angleterre reniant une foi économique qui risquait de l'appauvrir après l'avoir comblée de richesses, et cherchant un abri dans la doctrine de l'impérialisme colonial.

L'aveu de cette contradiction entre les promesses des premiers apôtres de l'expansion coloniale et les résultats d'une période de conquêtes nécessairement rapides, la confession d'une insuffisance de nos précautions douanières coloniales en face des tentatives de l'étranger pour s'approprier notre bien, échappèrent à Emile Jamais, toujours si loyal et sincère dans sa gestion du patrimoine colonial de la France : « Comment voulez-vous », disait-il le 11 avril 1892, « que nous n'ayons pas « le sentiment et en même temps le devoir de résister à une « politique d'extensions nouvelles, quand il suffit de consulter « les statistiques de nos colonies pour savoir qu'il en est plu- « sieurs où les autres nations font un commerce égal, sinon « supérieur, à celui de la France ? » — Suivant la très heureuse expression de M. Chautemps, « le ministre des colonies est « tenu de se considérer avant tout comme un second ministre « du commerce. » — M. Delcassé, prenant conscience, en 1895, de la même difficulté, promettait « aux capitaux français, dans « les colonies le concours et la protection qui leur sont indis- « pensables. »

Le jour où tous les partisans de l'expansion coloniale française, voulant la fin, voudront franchement les moyens, c'est-à-dire des mesures propres à nous réserver un bien acquis par nos seuls sacrifices, ou sauront se garder de cette diplomatie coloniale inaugurée jadis par le prince « qui ne voulait pas traiter en marchand », l'opinion publique, percevant des résultats tangibles, sera définitivement ralliée, il ne restera plus qu'à entourer les tentatives d'exploitation coloniale des garanties qui donneront aux petits et aux moyens, parmi les Français et parmi les indigènes, l'accès libre des bénéfices de la colonisation.

III

Mais n'est-il pas curieux d'observer que les adversaires de l'expansion coloniale se sont exposés à des contradictions de doctrine au moins aussi choquantes ? Ferry ne peut être tenu responsable des concessions excessives que firent, de son vivant et après lui, aux prétendus besoins des bons rapports diplomatiques avec l'étranger, des ministres qui ne partageaient point sa foi dans l'efficacité du régime protecteur. En reprochant (discours du 7 avril 1892) aux ministres de la République « de n'avoir initié le pays qu'à de petits moyens et à d'é- « troits calculs », le grand orateur A. de Mun voulait indiquer sans doute le péril des argumentations fondées sur la nécessité d'ouvrir au commerce français de nouveaux débouchés. Lorsqu'il vantait une méthode en apparence différente, celle qui consiste à « faire aimer la politique coloniale en rappelant les « grandes destinées et les traditions séculaires de la France », au lieu de ne montrer que les « petits côtés de la question et les plus ingrats », il entendait opposer la politique de l'expansion généreuse et instinctive, celle que glorifie apparemment notre histoire, à la politique des recherches d'intérêt. Or ces oppositions sont, à bien des égards, imaginaires ou forcées. L'artisan de notre grandeur coloniale du dix-septième siècle, Colbert, ne perdit jamais de vue l'intérêt du commerce et de l'industrie de la métropole ; « l'exclusif » prouve assez hautement qu'il entendait assurer aux négociants français des marchés privilégiés en fondant des colonies ; et au dix-huitième siècle, les meilleurs et plus fidèles serviteurs de la monarchie, les partisans de la tradition de Colbert, reprochèrent durement et avec justice à leur prince de s'être refusé à « traiter en marchand ».

Nul n'a donc été plus fidèle à la tradition française, dans ce qu'elle a de permanent et de vivace, que Jules Ferry l'apôtre de la renaissance coloniale contemporaine ; et il ne semble pas que sa doctrine, si essentiellement française, ait été reniée par un seul de ses successeurs. Nous en donnons plus loin, en citant des documents, des preuves non équivoques ; nulle pensée n'est plus consolante, ni plus propre à atténuer nos discordes : en matière d'expansion coloniale il ne devrait plus y avoir de partis politiques, car en aucune matière il n'y a meilleure concordance du présent avec le passé.

Un autre orateur de l'opposition, M. Jules Delafosse, dont les discours méritent aussi l'attention des politiques désireux de rendre notre gestion coloniale plus économique, qualifie l'œuvre de Jules Ferry de « véritable hallucination, de leurre, de rêve décevant et périlleux », et il s'efforce de le prouver en alléguant l'intrusion menaçante et la prépondérance déplorable du commerce étranger dans nos colonies. Son argumentation n'établissait que la pressante nécessité de mettre notre régime douanier colonial en accord avec la promesse de privilège faite aux industriels et aux commerçants français ; or ce fut la pensée constante de Jules Ferry, son projet sans cesse repris et complété ; et l'envahissement de la Cochinchine par le commerce anglais et allemand, tant reproché au ministre républicain, était la conséquence directe de la politique libre-échangiste de l'empire contre laquelle Jules Ferry réagit avec la plus méthodique énergie.

Quant à la politique de « solidarité européenne » ce n'était pas, évidemment, à la France humiliée et amoindrie qu'il appartenait de la remettre en honneur avant d'avoir reçu des gages de sympathie et de réparation, ou mieux avant d'avoir prouvé sa vitalité et montré à l'Europe qu'elle n'abdiquait point dans les questions de politique coloniale. Or c'est précisément sur le terrain de la politique coloniale que s'est peu à peu refaite la solidarité européenne, jadis détruite par l'indifférence avec laquelle fut observée notre défaite : et il n'est point paradoxal d'affirmer que la pratique des congrès coloniaux, des négociations multiples auxquelles donna lieu le partage de l'Afrique, a rendu moins dangereux, par la fréquence même des pourparlers amiables, le contact des intérêts européens si divers et opposés pourtant en cette matière comme en toute autre. Le « concert européen » s'est manifesté, deux fois au moins, d'une manière éclatante, au cours des dernières années du siècle, au congrès de Berlin et dans le règlement de la crise chinoise ; or ce sont, par excellence, des questions coloniales qui furent étudiées dans les deux cas : et si un reproche peut être fait à la diplomatie française, c'est d'avoir, par égard pour la solidarité internationale et pour l'amour de la paix, sacrifié son droit strict et livré au commerce international des pays conquis par notre seul effort. Donc la politique d'expansion coloniale et la politique de solidarité européenne, loin de s'être opposées l'une à l'autre, ont été étroitement associées ; et c'est la « solidarité européenne » qui nous a coûté de lourds sacrifices qu'il est urgent de réparer, qu'on a déjà partiellement

réparés, en appliquant à nos colonies une politique douanière
de solidarité plus française qu'européenne. Et en vérité M. Clémenceau, le défenseur si spirituel et ardent de la « solidarité
européenne », estimerait peut-être lui-même aujourd'hui que,
depuis les débats mémorables de 1883, la diplomatie française
a exagéré ses efforts dans la direction qu'il indiquait ; en tout
cas une part du bien pacificateur qu'il souhaitait a été faite, et
c'est par l'exercice de la politique d'expansion coloniale.

Plus grave fut l'illusion de M. de Broglie proclamant que la
France est « une puissance essentiellement continentale » et essayant de démontrer que la colonisation expansive doit être
le simple corollaire des succès obtenus en Europe. Devait-on
après toute humiliation continentale, renoncer aux entreprises
d'outre-mer et se renfermer dans le souci de réparer les échecs
sur le terrain même où ils nous furent infligés? Ce serait oublier
la différence essentielle des temps. Est-ce le groupe de l'Angleterre, de l'Irlande et de l'Ecosse, qui a payé, par le simple
effet de sa bonne administration, les grandes dépenses de la
politique anglaise au dix-neuvième siècle, ses subventions aux
puissances étrangères dont elle souhaitait le concours armé,
ses levées de mercenaires de tout prix et de toutes races, et par
dessus tout la colossale dépense de ses constructions navales ?
Non, c'est sur l'Inde et les autres colonies qu'a été levée une
forte part de ces contributions ; la conquête et l'exploitation de
l'Inde ont été les gages des autres progrès coloniaux ou maritimes. La France, moins rigoureusement maritime, est sujette
aux mêmes conditions qui s'imposent aujourd'hui à tout grand
peuple, depuis que la richesse joue un rôle décisif dans la préparation des guerres, depuis qu'il est permis à une Allemagne,
pauvre en ports naturels, mais industrielle et commerçante
au delà les mers, de s'outiller pour le trafic et la guerre maritimes tout comme l'Angleterre ; or l'expansion commerciale n'a
de sécurité qu'à la condition d'être gagée par des colonies, et

il n'est puissance, si riche et bien gouvernée qu'elle soit chez elle, qui puisse aspirer à capter une part du grand trafic international si elle n'offre, en échange des permissions de trafiquer plus ou moins librement qu'elle reçoit d'Etats indépendants et désireux de se suffire, des marchés coloniaux où flotte son pavillon. Politique continentale, territoriale ou douanière, politique coloniale, d'occupation ou de commerce, ce ne sont là qu'expressions partielles d'un même intérêt national ; et quoi qu'on puisse regretter d'un passé glorieux, il devient vrai, de plus en plus vrai, que la richesse est le gage des succès guerriers comme des autres.

L'opposition du parti socialiste procède d'une tout autre doctrine. Il paraît à ses penseurs que la classe ouvrière ne peut retirer aucun profit d'œuvres organisées à l'aide de gros capitaux et dont la direction effective appartient, en dépit du contrôle de l'Etat, aux détenteurs de ces capitaux. C'est, pour ainsi dire, un rouage de plus ajouté à l'engrenage qui soustrait au travailleur industriel la large part de bénéfices qu'on lui fait espérer. Nuisible au travailleur de la métropole, cette mainmise du capital sur les entreprises de colonisation attente également aux droits des indigènes et par là aboutit, aux colonies comme en France, à un détournement des rémunérations dues au travail. Il faut savoir reconnaître, à travers des exagérations d'idées et de mots, la part de vérité que renferme cette thèse : assurément, dans la métropole, l'agiotage des manieurs d'argent risque de restreindre gravement la part de richesse destinée à nos usines qui travaillent pour l'exportation coloniale, et par là aux ouvriers, comme d'ailleurs aux patrons : assurément encore l'organisation du travail indigène par des initiateurs dont la préoccupation essentielle vise à rémunérer le plus tôt possible les capitaux engagés, ne sera point toujours une œuvre d'équité, plus rarement encore une œuvre de bienfaisance. Mais ce sont là vices à surveiller et à punir, sans qu'il soit besoin d'employer le remède désespéré de défendre toute action dans la crainte qu'elle soit mauvaise. Mieux vaut observer que l'ouverture de marchés nouveaux à nos produits manufacturés a chance, en rendant nos ventes plus fructueuses, de relever et de régulariser les salaires, d'accroître les bénéfices de tous, employés et employeurs, que la culture, en sol français, de nombre de plantes bienfaisantes, riz, cacao, café, etc....., peut les faire affluer à meilleur compte dans toutes les classes de la société, supprimer des intermédiaires étrangers qui les grèvent actuellement, bref aboutir à un accroissement du bien être. Si le libre échange entre toutes nations présente le danger de susciter un agiotage international, insaisissable et impuni en raison même de ce caractère, l'établissement d'une large solidarité entre la France et ses colonies, sans la garantie de lois conformes à l'intérêt social, doit avoir pour résultat d'améliorer la condition des travailleurs de tous pays et de toutes races qui vivent sous le régime français.

Au reste ce n'est pas, logiquement, le socialisme international qui devrait condamner les œuvres d'expansion coloniale marquées du caractère mercantile ; ce serait plutôt l'office du socialisme français, c'est-à-dire de celui qui, pour mieux aboutir, limite l'effort de sa prédication égalitaire aux citoyens de la seule patrie française. Les socialistes français ou plutôt tous les Français, qui, socialistes ou non, sont avides de solidarité nationale et d'égalité entre frères d'un même pays, ont le droit d'observer que l'emploi massif de la richesse mobilière dans les entreprises d'expansion coloniale n'est pas dépourvu de péril pour la communauté.

En effet, la richesse mobilière est internationale par sa nature même ou portée à le devenir, en dépit des sentiments et en raison des intérêts de ses détenteurs. Son nom signifie précisément qu'elle se déplace et se transforme au gré de ses possesseurs, qu'elle échappe aux servitudes nationales d'impôt

et autres dans une large mesure, qu'elle s'associe volontiers,
en dépit de la nationalité de ceux qui l'ont acquise, aux ressources de l'étranger, et devient ainsi antagoniste de l'effort
national.

IV

D'ailleurs, si les doctrines d'expansion coloniale prennent,
à partir de 1870, un nouveau caractère, et s'attachent, beaucoup
plus que dans le passé, à l'encouragement des entreprises plus
purement commerciales, c'est autant à cause de la nature particulière des pays colonisés désormais qu'en vertu de l'évolution de la richesse française. Il reste bien encore, dans de rares parages, des contrées de climat tempéré où l'on peut
envoyer des colons agricoles en nombre assez considérable ;
mais ce sont des surfaces et des valeurs médiocres en comparaison des immenses étendues de régions tropicales où se porte
l'effort d'exploitation mercantile des grands peuples d'Europe
et d'Amérique. Le culte de l'Afrique, qui compte quelques
adorateurs fervents à l'excès, ne signifie pas autre chose que
la conscience prise nettement par notre opinion publique de
cette condition nouvelle. Or la mise en valeur de tels pays appelle avant tout l'emploi de capitaux, implique les grosses
avances d'argent qu'exige l'installation hâtive des voies de
communication, des cultures, des magasins, des ports, etc....,
etc..... ; et par là il arrive, ce qui n'est point une contradiction
sauf à nos habitudes vicieuses de langage, que la base même
du labeur agricole qui enrichira ces terres n'est autre chose que
le commerce, et surtout le commerce de l'argent, la banque.
Nos sociétés sont devenues riches de capitaux par la longue

accumulation des profits du travail de la terre arable ou des mines ; les sociétés nouvelles se figeront dans l'état sédentaire de l'agriculture auquel les prédestinent leurs ressources de terroir et de climat, par la vertu du subit afflux des capitaux acquis. Ce ne sera pas d'ailleurs le seul exemple, ni en notre siècle, ni dans le passé le plus lointain et, en bonne justice, on n'a pas plus le droit aujourd'hui de maudire l'argent accumulé qui devient source et moyen du bonheur humain, du labeur normal des siècles prochains, qu'on n'eut jadis celui de maudire le travail lent, tenace, indomptable, d'où sortit à la longue la richesse ; à supposer même que des capitaux, dont l'action fécondante va se faire sentir dans les colonies, soient d'origine parfois moins louable et de formation rapide à l'excès, cet emploi ne peut que les purifier, puisqu'il en fait des germes de travail.

On peut dire, en résumé, que la difficulté de nous conduire, dans les conjonctures nouvelles que faisait naître pour la France le clairvoyant patriotisme d'un Jules Ferry, provenait du conflit qui se livrait dans l'esprit de nos hommes d'Etat entre les traditions de notre histoire coloniale, représentatives du tempérament de la nation, et les conditions nouvelles de cette lutte pour la vie. Notre passé nous redisait la vitalité de la forte race agricole que nous sommes, transplantée sur une terre fertile comme le Canada ; il nous montrait les échecs subis par nos efforts d'expansion commerciale et nous laissait entendre que là n'était point notre vocation. Une expérience plus récente, faussée, il est vrai, par quelques manœuvres hasardeuses de la politique impériale, pouvait inspirer aux plus persévérants champions de l'idée coloniale des doutes motivés sur notre aptitude à peupler même une région proche de la mère-patrie et vouée comme elle, par tempérament, à une activité dans laquelle les œuvres agricoles tiendraient la plus grande place.

Or, de 1870 à la fin du siècle notre pays s'est transformé dans le sens d'un accroissement de la production industrielle bien au delà des besoins de nos nationaux ; et le reste du monde, de client des vieilles puissances commerciales devenant producteur et exportateur à son tour, nous avons dû envisager la colonisation nouvelle comme la genèse d'une gigantesque union douanière. La politique coloniale « des débouchés » est devenue de plus en plus prépondérante. Mais cette politique commerciale a été comprise de manière fort différente par les diverses écoles d'économistes, d'hommes d'Etat, dont les opinions reflètent l'embarras très grave des diverses classes de la nation.

L'immense majorité des penseurs et des travailleurs de France a formé le projet d'une union entre la mère-patrie et les colonies, fondée sur l'inéluctable nécessité de ne se point faire concurrence. Pour Jules Ferry et ses disciples politiques les colonies devaient être des marchés privilégiés où la métropole, en échange de la protection, de la bonne police, du progrès de civilisation qu'elle procurait à ses nouveaux associés, recueillerait l'avantage de vendre ses produits à l'exclusion des produits étrangers, du moins de ceux qui faisaient concurrence manifeste et dangereuse aux nôtres. S'attacher à l'idée d'un pacte de ce genre était indiquer clairement l'intention de rendre la production coloniale complémentaire de la production métropolitaine, et rivale de la production étrangère. C'était donc une politique commerciale, mais inspirée par le dessein de resserrer les liens de solidarité entre la France et ses colonies, même au détriment des échanges faits avec l'étranger. Dès lors il n'est pas étonnant que les principaux initiateurs de notre expansion coloniale, qui réagissaient contre la politique de libre échange ou du moins de traités de commerce fort libéraux pour l'étranger, du second empire, aient été précisément les représentants, non du protectionnisme, ce système n'exis-

tant pas sous la forme absolue qu'on lui a prêtée pour le rail-
ler, mais de la protection du travail national. Prévoir un régime de privilèges pour les colonies en France et pour la France
aux colonies, était prévoir les représailles de l'étranger et
prendre la résolution d'y parer et d'y répondre. Donc loin
d'être antagoniste, la doctrine de la protection des produits
nationaux, qu'on représente volontiers comme une doctrine
aboutissant au resserrement sur nous-mêmes, et la doctrine
de l'expansion coloniale, large et active, se concilient et s'accordent à merveille, et ce n'est point par l'effet d'une « contradiction patriotique » que Jules Ferry est devenu l'apôtre de
notre renaissance coloniale, mais en vertu d'un développement
logique de ses desseins.

Toutefois il serait injuste d'insinuer que les penseurs et les
hommes d'action, dont l'idéal se confond avec le dogme libre-
échangiste ou s'en rapproche, n'ont pas contribué à cet élan
colonial si remarquable sous la troisième république. La mise
en valeur de notre nouveau domaine est même l'œuvre qui a
le mieux rapproché et mêlé dans l'action, des adversaires irré-
ductibles sur tout autre terrain. Négociants, armateurs, ban-
quiers, qui sont, par intérêt et par profession, enclins à combattre toute entrave apportée à la circulation internationale,
ont, à leur tour, été séduits et attirés par la perspective de
privilèges précieux accordés aux entreprises françaises, par
l'octroi de garanties de bonne justice qui leur faisaient trop souvent défaut chez certains peuples étrangers. Seulement, parmi
ces adeptes de la colonisation très ardents et précieux par leur
expérience, la doctrine du privilège français sur les marchés
coloniaux ou n'est pas admise, ou subit quelques atténuations.

Les uns admettent, comme pour le commerce métropolitain,
quelques droits différentiels légers, et quelques taxes destinées à assurer aux colonies naissantes des ressources nécessaires aux travaux publics ; les autres semblent croire que les

colonies sont, pour la France, une sorte de monnaie d'échange
et que la plus sage politique consiste à ouvrir toutes grandes
nos colonies aux peuples commerçants qui peuvent nous offrir un avantage de même nature. Les partisans de l'absolu
« laissez-faire », « laissez-passer » sont de plus en plus rares ;
et il semble qu'on s'achemine, fort lentement, il est vrai, et à
travers maintes contradictions vers un régime qui assurera à la
métropole la compensation durement méritée de ses sacrifices
d'hommes et d'argent, sans négliger tel échange de faveurs
commerciales avec les peuples étrangers capables de nous les
rendre. Il faudra en venir là tôt ou tard en négociant la rési-
liation de nombre de traités trop avantageux à l'étranger et
qui ont, dans une clause initiale, fixé des frontières, pour les
détruire dans une autre qui stipule la liberté commerciale en
faveur d'un ou de plusieurs de nos voisins.

Car, à côté de l'effort rival d'une grande propriétaire de
colonies comme l'Angleterre, nous avons à redouter autant et
plus l'insinuante progression de peuples mal pourvus de colonies, comme l'Allemagne, mais que des artifices de diplomatie et de commerce introduisent au cœur de nos colonies,
sans qu'on puisse attendre d'eux des avantages de réciprocité.

V

Il ne suffit pas d'observer que la doctrine des artisans de la
renaissance coloniale française fut cohérente, méthodique,
logique ; il faut prouver, si l'on veut juger équitablement leur
œuvre, que cette doctrine fut à la fois l'expression d'un besoin
vrai de leur pays et l'interprétation exacte de l'évolution éco-

nomique et politique des grandes nations avec lesquelles la France entretenait les plus notables rapports.

Est-ce bien, à proprement parler, l'apparition de nouvelles puissances coloniales qui a forcé la France à se pourvoir si vite et dans de si nombreux parages ? N'est-il pas plus vrai de dire que la formation de grands organismes, industriels et commerciaux à outrance, lui a inspiré le désir d'appuyer d'une garantie nouvelle, de la propriété de colonies nombreuses la sécurité de sa vieille richesse menacée par l'essor prodigieux de nations concurrentes ? On voudra bien observer que seule la Grande-Bretagne a fait, dans le cours du dernier quart de siècle, des acquisitions comparables aux nôtres, et capables, par leur valeur, de déterminer une modification essentielle dans le partage des grands marchés du monde ; or, elle était déjà pourvue, et assurée d'une telle prépondérance coloniale, que notre renaissance, si rapide qu'elle fût, n'était point de nature à la vraiment inquiéter ; et la France, de son côté, ne pouvait nourrir l'illusion de contrebalancer, en vingt ans d'efforts, l'hégémonie maritime et coloniale de ses heureux rivaux.

En vérité on ne sait à quel parti s'arrêter en présence de cet envahissement anglo-saxon que symbolise le mot d' « impérialisme » ; et l'historien impartial est obligé d'avouer que chacun des deux courants d'opinion coloniale, l'un favorable à un rétablissement de l' « entente cordiale », l'autre hostile, devait naturellement se former. L'Angleterre étant, avec la France, la seule puissance maritime dont l'essor commercial s'explique, pour une large part, par la grandeur et la richesse de son domaine colonial, est aussi la seule qui puisse nous donner, en échange de certaines faveurs douanières dans nos colonies, des avantages vraiment équivalents. Mais d'un autre côté, elle nous est tellement supérieure en richesses et en forces maritimes ou coloniales, que d'elle nous peut venir le plus redoutable danger, ce qui nous oblige à chercher dans une concep-

tion politique analogue à la « Ligne des neutres » le vrai
contrepoids à une prépondérance partout affirmée et souvent
agressive. En tout cas l'expansion britannique ne pouvait avoir,
aux yeux de nos politiques, le caractère d'un fait nouveau et
brusquement révélé qui contraint à l'action ; et pourtant
c'est à coup sûr l'événement colonial le plus caractérisé par sa
progression même, par son lien avec un passé trop instructif
d'actes semblables, le plus impérieusement menaçant pour nous;
de sorte qu'en dernière analyse c'est moins l'apparition soudaine de nouvelles puissances coloniales que le renforcement
d'une prépondérance déjà marquée depuis longtemps et continue qui a réveillé chez nous l'instinct d'expansion et la vitalité d'outre-mer. Par là le mouvement de la colonisation française est beaucoup plus traditionnel que ne l'ont proclamé ses
partisans, que ne l'ont désiré avec regret ses adversaires.

Toutefois il faut bien admettre que l'opinion publique a pu
être émue et entraînée par une propagande médiocrement conforme à la réalité ; de plus, les partisans les plus enthousiastes
de l'expansion coloniale française, en proclamant bien haut les
dangers des ambitions rivales de plusieurs peuples, croyaient
avec raison amener le peuple français à prendre des garanties
d'autant meilleures et des gages d'autant plus précieux, de
telle sorte que l'élan de nos explorateurs et de nos conquérants
aurait découragé les convoitises de nos émules. Mais on croira
avec peine qu'un grand peuple, comme l'Allemagne, ait trouvé,
dans le seul désir de nous complaire ou dans la seule crainte
de nous froisser, un motif suffisant de limiter ses ambitions
en Afrique occidentale et ailleurs ; cette limitation procède
manifestement d'un dessein arrêté d'avance. De même l'Italie
ne s'est point résignée, sans raisons sérieuses, autres que la
crainte, à restreindre ses entreprises en Ethiopie ou dans d'autres parages ; car elle avait assurément la force de faire plus
et mieux.

Mais il n'était pas nécessaire que l'Allemagne, que les États-Unis, devinssent de grandes puissances coloniales, pour nous dicter le pressant devoir de coloniser à notre tour ; leur expansion industrielle et commerciale, leur organisation conquérante de la propagande mercantile, le développement de leurs marines de guerre, voilà les raisons qui suggérèrent à nos hommes d'État le dessein de prendre des gages de victoire dans les luttes économiques de l'avenir. Propriétaires de marchés privilégiés où nous achèterions, sinon à l'exclusion absolue des étrangers, du moins avec les avantages légitimes qui sont la compensation des sacrifices de la conquête, les Français pourraient envisager sans trop de crainte les progrès d'émancipation industrielle et commerciale des peuples qui furent jadis leurs meilleurs clients. C'est là un espoir de compensation que ne peut concevoir l'Allemagne en raison de la médiocre valeur de ses colonies ; aussi est-on fondé à croire que le grand empire d'Europe central s'est fait colonisateur moins pour compenser les pertes prochaines et inévitables de son exportation en pays étrangers et capables de se fermer, que pour tenir en main la monnaie d'échange à l'aide de laquelle, puissance coloniale à peu de frais, elle saurait obtenir, des États mieux pourvus, des concessions d'entrée en franchise dont elle semblerait offrir la contre-partie. Mais pareille illusion ne peut longtemps durer : et les récentes entreprises de colonisation mercantile allemande, organisées en Chine après l'affaire de Kiao-tchéou, démontrent que les politiques du grand empire d'Europe centrale ont senti l'instabilité des faveurs obtenues dans les domaines coloniaux étrangers ; là sans doute est l'explication de l'insistance particulière des diplomates et des généraux allemands en faveur d'une action énergique et suivie en Chine. La France, loin de suivre les exemples d'expansion, a donc adopté une politique coloniale préventive à laquelle l'invitaient d'ailleurs les tentatives restreintes mais significatives des autres peuples ; seule la Grande-Bretagne, par la continuelle progression de ses conquêtes coloniales, a vraiment provoqué les mesures de précaution de la diplomatie française.

En même temps qu'une garantie commerciale, notre pays a recherché dans l'œuvre de colonisation une garantie de puissance maritime : et plus que jamais la solidarité est étroite d'un commerce développé et d'une marine bien armée. A cet égard le spectacle de la naissance de nouvelles flottes de guerre était singulièrement instructif. L'accroissement de la marine militaire allemande prouvait, en particulier, que le temps était passé où l'empire des mers appartenait de droit aux nations riches en populations riveraines de l'océan, aguerries dès le temps de paix par la pratique de la pêche ; la marine du jeune et puissant empire surgissait comme inexpliquée pour les yeux du spectateur imbu d'idées traditionnelles mais devenues fausses en vingt-cinq ans ; elle était fille de l'industrie métallurgique et du commerce universel de l'Allemagne : ses marins, ses officiers, se formaient rapidement et sans peine sur les paquebots, complexes et délicats comme les navires de guerre dont ils étaient désormais les vraies Ecoles préparatoires. C'était, pour les pays de vieilles marines comme l'Angleterre et la France, la fin décisive d'un rêve de tranquille et sûr monopole.

VI

La France était par là plus spécialement menacée dans l'une de ses forces vives ; car elle n'avait pas, à côté des avantages d'un personnel nombreux et instruit, la vitalité industrielle intense qui garantit le facile entretien d'un matériel naval de première importance. Ouvrir à nos produits manufacturés de larges marchés aux colonies, c'était donner à notre peuple, encore si essentiellement agricole, le moyen d'équilibrer ses forces productives par un supplément d'activité industrielle désormais gagée et sûre de durer. Enfin la possession de colonies multiples et bien placées rendait possible la création de « points d'appui » de la flotte sans lesquels il n'est aucune chance de succès ni pour les opérations d'escadres régulièrement constituées, ni pour les tentatives des croiseurs à grande vitesse contre le commerce ennemi. Cette préoccupation a guidé tous les artisans de notre renaissance maritime, parallèle à notre renaissance coloniale, et étroitement solidaire : la politique d'expansion coloniale nous a arrêtés sur une pente d'abandon maritime où, pendant les dix années qui ont suivi la grande défaite, nous nous laissions aller, sous prétexte de nous consacrer sans réserve à l'œuvre de réparation du revers continental. Ce bienfait en entraîna un autre ; la France redevenue grande puissance maritime et coloniale, sans rien abjurer de ses légitimes desseins en Europe, fut mieux en mesure d'assurer le jeu de sa diplomatie et de faire rechercher son alliance. Tout peuple ennemi de la prétention d'un autre peuple à l'hégémonie maritime et coloniale, est intéressé à garantir sa part de liberté et d'initiative en associant son action défensive, sur mer et aux colonies, à celle de la France. Notre politique a désormais plusieurs objets et plusieurs enjeux, plusieurs raisons de se combiner avec la politique d'autres nations ; après la défaite et les années de solitude qui l'ont suivie, notre rôle s'est singulièrement agrandi en raison du nombre des gages et des moyens d'agir que l'expansion coloniale nous a assurés.

La nouvelle politique coloniale, après tout si analogue à l'ancienne, puisqu'on cherchait, comme au temps de Colbert, des débouchés aux produits agricoles et industriels de la métropole, n'impliquait pas seulement une promesse de privilège aux exportateurs français, une promesse de protection contre la conquête commerciale étrangère, mais encore l'adoption d'un régime de mise en valeur des colonies qui fût conforme aux intérêts de la mère-patrie. Qu'on pare du nom de liberté, dont on abuse si souvent pour masquer une rupture de la solidarité nationale, les doctrines aux termes desquelles les colonies devraient se développer sans aucun souci du dommage fait par concurrence à la métropole, il n'importe. La France qui a sacrifié tant de vies humaines et tant de millions pour acquérir des marchés privilégiés, et qui n'a consenti les sacrifices que sous cette promesse, a le droit de régler par sa tutelle l'essor des cultures et des industries coloniales ; et, comme la plupart de ces colonies en sont encore au début de leur mise en valeur, il s'agit de rendre la production coloniale complémentaire de la production métropolitaine, non pas en détruisant des organisations déjà fondées mais en empêchant leur formation préjudiciable à la communauté. Fonder dans les colonies des entreprises culturales ou industrielles concurrentes des nôtres serait manquer au pacte primordial dont la conclusion n'a été possible que par l'adhésion raisonnée mais conditionnelle des agriculteurs et des industriels de France ; si l'on eût exposé aux Chambres françaises, à l'heure des conquêtes du Tonkin et de Madagascar, qu'il s'agissait d'y fabriquer à meilleur marché que dans la métropole des soieries et des cotonnades, nul doute que les crédits eussent été rejetés à une majorité considérable. C'est une promesse toute contraire qui a été faite, qui a entraîné le vote ; il faut la tenir dans la mesure où l'on n'est point tyrannique, et combiner, par une intervention bienveillante de l'État, l'intérêt métropolitain et l'intérêt colonial. Les colonies peuvent s'enrichir en nous vendant le coton, au lieu de nous ruiner en fabriquant les cotonnades ; elles peuvent se substituer au Brésil et à Java pour la fourniture du café, etc., etc. ; il sera temps d'envisager une activité plus complexe quand, à force de vivre longtemps dans cette solidarité conforme au pacte d'alliance, on en sera venu à une telle fraternité de coutumes, de mœurs, d'échanges, que l'obéissance à la même loi d'intérêt ne sera plus nécessaire pour maintenir l'union. Cette nécessité ne saurait, bien entendu, être imposée à nos vieilles colonies, ni à l'Algérie, vraies provinces de France ; mais les frères adoptifs qui sont entrés plus récemment dans la famille n'ont pas même intérêt à laisser des capitalistes français, et à plus forte raison étrangers, hâter fiévreusement le jour de leur émancipation. Ils ont d'autres moyens de s'enrichir que faire concurrence à leurs aînés ; qu'ils commencent par les aider dans l'âpre lutte que soutient partout la richesse de la vieille patrie contre les concurrences étrangères. C'est là le mode d'association qu'on leur a proposé et qu'ils ont accueilli avec joie pour se libérer du joug de leurs dominateurs locaux ; c'est écrit en toutes lettres dans les discours des apôtres de notre expansion coloniale.

La France a donc agi et énergiquement agi moins pour suivre des exemples à peine marqués que pour prévenir des initiatives dangereuses ; et son essor n'a guère rencontré d'opposition systématique et persistante que de la part de la puissance la mieux pourvue en colonies, la Grande-Bretagne. Loin de céder à un entraînement général, elle a donné le branle au mouvement colonial des grands États civilisés ; et, en fin de compte, c'est l'implacable continuité de l'expansion anglaise qui a suscité son énergique réaction, médiocrement imitée par d'autres peuples qui étaient pourtant assez riches et forts pour aspirer à de vastes annexions. Cette constatation est seule à l'honneur des politiques qui ont reconstitué notre empire colonial ; ils ont été prévoyants dans leurs desseins, rapides dans leurs actions.

ANNEXES

<hr>

GAMBETTA, Chambre des députés, 1er décembre 1881.

(A propos d'un crédit pour les opérations militaires en Tunisie)

... A côté de ce besoin de réduire au minimum les sacrifices imposés, sacrifices qui en définitive profitent à l'honneur et à la puissance de la France, il y a une question engagée dans ce débat : il s'agit de savoir si, oui ou non, par suite de considérations, de nécessités particulières, par suite de conditions commerciales, même historiques, il s'agit de savoir si vous avez une politique extérieure coloniale ; il s'agit de savoir si sans courir les aventures, si, sans aller provoquer des contacts peut-être irritants, dangereux même, avec d'autres pays, d'autres puissances, il s'agit de savoir ce qui vous appartient, ce qui, de tradition immémoriale dans ce pays, a été le but de tous les gouvernements, il s'agit de savoir si mis en demeure de le défendre, de le protéger, vous vous déjugerez, si vous trahirez notre histoire. Je ne le crois pas, et, Messieurs, voulez-vous toute ma pensée ? car je vous parlerai toujours sans réticences, sans réserve : ce qui a manqué aux politiques précédentes, c'est la netteté, c'est la fermeté. Oui, quand on dira au Parlement français, ici ou dans l'autre Chambre, qu'on lui apporte une résolution de nature à conserver le patrimoine colonial de la France, à l'affermir, à l'agrandir et que la solution qu'on vous propose est suffisamment respectueuse de l'ordre et du concert européen ; que l'on peut à travers les difficultés qu'il faut savoir résoudre tous les jours et au jour le jour, qu'on peut, sans faire œuvre de conquête, sans faire œuvre d'annexion, régler dans la Méditerranée au profit de la France, — car la France, j'imagine, a bien le droit de parler à son profit, quand on viendra dire nettement quels sacrifices il faut consentir, à quelles limites ils s'arrêtent, à quelles charges ils répondent, à quels besoins supérieurs ils donnent satisfaction, je suis convaincu que, pourvu qu'on dise sincèrement, nettement, les choses, il y aura toujours un écho dans le pays et dans le Parlement pour juger et approuver cette politique.

..... L'Angleterre est un grand empire colonial dans le monde, et cet empire s'étend tous les jours parce que l'Angleterre est condamnée à l'étendre aussi bien par son histoire que par sa constitution, par sa constitution sociale autant que par sa constitution géographique. Il y a là un développement nécessaire, une extension fatale, pour ainsi dire, de la puissance anglaise sur le monde et sur les mers. Nous n'avons rien esquissé de semblable, et quand je vous parlais d'avoir une politique française, une politique de conservation, de maintien de notre patrimoine, — car aux générations qui déjà vous pressent vous avez le devoir de rendre intact le patrimoine que vos devanciers vous ont légué, — je n'entendais que vous associer à une tâche définie et limitée, et je trouve véritablement singulier qu'on vienne s'armer des légitimes soucis des représentants du pays en ce qui touche l'allègement des charges du service dans l'infanterie de marine pour s'apitoyer sur les sacrifices inévitables qu'entraîne notre établissement aux colonies, et parce qu'il y a quelque chose à changer là, pour faire appel à votre sensibilité, pour essayer, ce que d'ailleurs je ne redoute guère, de vous faire renoncer à la politique défensive, même véritablement nationale, que vous êtes résolus à soutenir, car, messieurs, vous n'avez jamais dit à ce pays que vous reculeriez devant les mesures nécessaires au cas seulement où il serait question de son honneur et de sa dignité. Est-ce que vous ne travaillez pas toute l'année à doter ce pays de chemins de fer, de voies de transport, de canaux, de ports ? Est-ce que vous ne multipliez pas les moyens d'impulsion et d'initiative ? Est-ce que vous n'excitez pas autant qu'il est en vous l'esprit d'entreprise et de production ? Est-ce que vous ne sentez pas que les peuples étouffent sur ce vieux continent ? Est-ce que vous ne cherchez pas à créer au loin des marchés, des comptoirs, à favoriser partout une expansion nécessaire ? Et nécessaire à quoi, messieurs ? nécessaire à l'accroissement de notre prospérité matérielle.

Et maintenant vous refuseriez de prendre les moyens pratiques indispensables pour ne pas condamner à l'inertie, au dessèchement, et bientôt à l'anéantissement notre prospérité industrielle et agricole ! Ces grandes questions se lient, et il n'est pas possible, parce qu'on parle d'attaquer ultérieurement la politique du gouvernement sur les divers points où elle est engagée dans le monde, il n'est pas possible de séparer ces deux idées : ou vous serez un grand pays, défendant ses intérêts partout où ils seront engagés, ou vous y renoncerez.

Quand vous serez à même de faire un choix, ce ne seront pas, j'en suis bien sûr, des conceptions chimériques, des rapprochements mal fondés et mal conçus, qui pourront vous empêcher d'accomplir votre devoir, le devoir d'assurer toujours le développement de la prospérité et de la grandeur nationales.

JULES FERRY, Chambre des députés, 11 octobre 1883.

(Interpellation sur le Tonkin)

..... Est-ce que la France est seulement une puissance continentale ? N'est-elle pas aussi la deuxième puissance maritime du monde ? Est-ce que, pour soutenir ce rôle de puissance maritime, elle ne supporte pas un gros et lourd budget ? La France a donc à accomplir des devoirs d'ordre divers, des devoirs qu'un gouvernement vigilant et patriotique doit savoir concilier. Quelle a été sur cette question du Tonkin la pensée des républicains qui ont fait partie avec moi des différents cabinets qui se sont succédé ? Tous, nous nous sommes dit : la monarchie avait légué à la République une France amoindrie, mutilée ; le premier devoir de la République est de ne pas perdre, de ne pas aliéner une seule parcelle du territoire qui lui était laissé.

..... Donc, disions-nous, toutes les parcelles du domaine colonial, ses moindres épaves doivent être sacrées pour nous, parce que, d'abord, c'est un legs du passé et ensuite parce que c'est une réserve pour l'avenir. Est-ce que la République doit avoir une politique éphémère, de courtes vues, uniquement préoccupée de vivre au jour le jour ? Est-ce qu'elle ne doit pas, comme tout autre gouvernement, considérer d'un peu haut l'avenir des générations qui lui sont confiées, l'avenir de cette grande démocratie laborieuse, industrielle, commerçante, dont elle a la tutelle ?

Eh bien, vous, messieurs, qui avez souci de cet avenir, qui vous rendez justement compte qu'il appartient aux travailleurs et aux vaillants, jetez les yeux sur la carte du monde et regardez avec quelle vigilance, avec quelle ardeur les grandes nations qui sont vos amies ou vos rivales s'y réservent des débouchés. Il ne s'agit pas de l'avenir de demain, mais de l'avenir de cinquante ans ou de cent ans, de l'avenir même de la patrie, de ce qui sera l'héritage de nos enfants, le pain de nos ouvriers !

—

Sénat, 11 décembre 1884

(Réponse au duc de Broglie)

Messieurs, je ne suis, pas plus que l'honorable duc de Broglie, partisan d'une politique coloniale étourdie. C'est de la politique coloniale conservatrice que nous entendons faire, et nous n'avons pas, que je sache, dépassé les limites du domaine qui nous appartient depuis longtemps. Si nous avons, sur l'injonction directe, on peut dire presque passionnée, des pouvoirs publics, des deux Chambres, si nous avons abordé la politique coloniale à Madagascar, n'avons-nous pas là-bas des droits plus anciens que le régime même sous lequel nous vivons ? Si nous avons, malgré vos prédictions sinistres, achevé de compléter l'œuvre de l'occupation tunisienne, n'y avait-il pas là les intérêts algériens à défendre ? Est-ce que ces intérêts ne devaient pas rendre, un jour ou l'autre, la prise de possession nécessaire, soit sous la forme directe, soit sous la forme de protectorat ?

Est-ce que nous sommes allés de par le monde cherchant les aventures ? Eh ! nous avons assez à faire de nous tirer à notre honneur de celles dans lesquelles d'autres nous ont jetés !

Eh bien ! restreinte à ces limites, conçue avec cette sagesse, est-ce que la politique coloniale n'est pas un des grands faits, un des faits généraux du temps où nous vivons ? Est-ce qu'il ne vous apparaît pas que, pour toutes les grandes nations de l'Euroque moderne, dès que leur puissance industrielle est formée, se pose l'immense et redoutable problème, qui est le fond même de la vie industrielle, la condition de l'existence : la question du débouché ? Est-ce que vous ne voyez pas toutes les grandes nations industrielles arriver tour à tour à la politique coloniale ? Est-il permis de dire que cette politique coloniale est un luxe pour les nations modernes ? Non, messieurs, cette politique est, pour elles toutes, une nécessité, comme le débouché lui-même.

Et la preuve ne vous en est-elle pas fournie, avec un éclat particulier, par la nouvelle attitude que vient d'adopter le gouvernement allemand dans les questions coloniales ?

Chambre des députés, 28 juillet 1885.

M. Jules Ferry expliqua sa conception de la politique coloniale dans la séance du 28 juillet 1885 à propos des affaires de Madagascar.

Il rappela d'abord l'un de ses précédents discours :

Messieurs, à côté de la politique conduite par le hasard, qui serait la politique de M. Rouvier, M. Perin place la politique des occasions, qui serait la mienne suivant lui. Je n'accepte pas cette formule dans sa brièveté et dans sa crudité : elle est fort incomplète. Et, puisque l'honorable M. Georges Perin veut bien me faire l'honneur de me traduire par une formule, je lui demanderai, en revanche, la permission de mettre sous ses yeux la formule que j'ai donnée moi-même de cette politique, non pas pour les besoins de cette cause, et quoiqu'il soit toujours désagréable de se citer soi-même, je crois que la Chambre me permettra de lui lire ce qu'à cette tribune, le 27 mars 1884, je disais de la politique coloniale, et de ses limites, et de son objet, et de son caractère.

Voici, messieurs, notre politique coloniale, celle que l'on discutera si l'on veut; mais qu'on n'en discute pas une autre ! En voici la formule ; je l'ai donnée moi-même à la Chambre au mois de mars 1884 :

« Certes, personne ne me contredira quand je ferai remarquer aux plus ardents de nos collègues, à ceux qui voudraient pousser la Chambre le plus vite et le plus loin du côté de Madagascar, que, de toutes les politiques, la politique coloniale est celle qui a le plus besoin de réflexion et de mesure.

« Nous avons beaucoup de droits sur la surface du globe : ce n'est pas en vain que la France est, comme on le rappelait tout à l'heure, une des plus grandes puissances maritimes du monde.

« Elle a, depuis deux siècles, grâce à l'activité de ses marins, à la puissance de son organisation maritime, non moins qu'à la hardiesse de ses voyageurs et de ses explorateurs, pris possession de beaucoup de points du globe, et elle a aussi un vaste champ pour s'essayer à la politique coloniale. Est-ce une raison, messieurs, pour que cette politique se développe partout à la fois ? N'y a-t-il pas à la coordonner, à l'échelonner, à la pratiquer par étapes et par séries ? L'honorable M. de Mun me faisait l'honneur de me citer, dans son beau et brillant discours, qui retentissait vraiment à cette tribune comme le clairon du patriotisme...

« Si M. le comte de Mun, dis-je, me faisait l'honneur de me citer en rappelant ce mot que j'ai prononcé dans une autre discussion « que la politique coloniale est pour la France un legs du passé et une réserve pour l'avenir », mais, c'est précisément à faire la part du présent et de l'avenir, à répartir la tâche d'aujourd'hui, et à réserver la part de demain, c'est là qu'est tout le secret d'une bonne politique coloniale.

« Sur tel point du globe, il importe uniquement de conserver les situations acquises, sur tel autre, il est nécessaire de faire un pas en avant ; enfin, il est tel point sur lequel une solution définitive, intégrale s'impose, parce que l'occasion est là, quelle passe et qu'elle ne se retrouvera peut-être pas.

« Certes, messieurs, dans cet ordre d'idées, dans cette sorte d'affaires, les événements nous conduisent bien plus que nous ne les conduisons, et nous pourrions trouver dans notre histoire récente bien des preuves, bien des exemples de résolutions qu'il a fallu précipiter, parce que les événements le commandaient et que nous aurions peut-être ajournées si nous avions été les maîtres du temps. Mais ce n'est pas une raison pour aller partout à la fois, pour marcher du même pas sur toutes les routes.

« Il y a un choix à faire, et il convient de considérer, avant toute chose, d'une part, l'utilité des acquisitions nouvelles, et, d'autre part, l'état de nos ressources ; c'est sous les auspices de ces pensées, qui ne sont pas nouvelles, mais que je crois justes, que je crois l'application des notions du bon sens à la politique coloniale, que je place les quelques éclaircissements que j'ai à vous donner. »

Voilà la politique coloniale dont nous sommes prêts à répondre devant la Chambre.

Dans un discours haché d'interruptions il expliqua que sa politique coloniale reposait sur une triple base, économique, humanitaire et politique.

1° *Point de vue économique :* Dans les considérations qui justifient à ce point de vue la politique coloniale, il met en première ligne la question des débouchés :

Oui, ce qui manque à notre grande industrie, que les traités de 1860 ont irrévocablement dirigée dans la voie de l'exportation, ce qui lui manque de plus en plus, ce sont les débouchés. Pourquoi? Parce que, à côté d'elle, l'Allemagne se couvre de barrières, parce que, au delà de l'Océan, les Etats-Unis d'Amérique sont devenus protectionnistes, et protectionnistes à outrance ; parce que non seulement ces grands marchés, je ne dis pas se ferment, mais se rétrécissent, deviennent de plus en plus difficiles à atteindre par nos produits industriels ; parce que ces grands Etats commencent à verser sur nos propres marchés des produits qu'on n'y voyait pas autrefois. Ce n'est pas une vérité seulement pour l'agriculture qui a été si cruellement éprouvée, et pour laquelle la concurrence n'est plus limitée à ce cercle de grands Etats européens pour lesquels avaient été édifiées en quelque sorte les anciennes théories économiques : aujourd'hui, vous ne l'ignorez pas, la loi de l'offre et de la demande, la liberté des échanges, l'influence des spéculations, tout cela rayonne dans un cercle qui s'étend jusqu'aux extrémités du monde. Ce problème est si grave, si palpitant, que les gens les moins avisés sont condamnés à déjà entrevoir, à prévoir et à se pourvoir pour l'époque où ce grand marché de l'Amérique du Sud, qui nous appartenait de temps en quelque sorte immémorial, nous sera disputé et peut-être enlevé par les produits de l'Amérique du Nord. Il n'y a rien de plus sérieux, il n'y a pas de problème social plus grave ; or, ce programme est intimement lié à la politique coloniale.

J. Ferry apporta à l'appui l'exemple de l'Allemagne qui s'est jetée avec résolution dans la politique coloniale.

2° *Point de vue humanitaire :*

Les races supérieures ont un droit vis-à-vis des races inférieures. Il y a pour elles un droit parce qu'il y a un devoir pour elles. Elles ont le devoir de civiliser les races inférieures.

Ces devoirs ont été souvent méconnus dans l'histoire des siècles

précédents, et certainement quand les soldats et les explorateurs espagnols introduisaient l'esclavage dans l'Amérique centrale, ils
n'accomplissaient pas leur devoir d'hommes de race supérieure. Mais
de nos jours je soutiens que les nations européennes s'acquittent
avec largeur, avec grandeur et honnêteté de ce devoir supérieur de
la civilisation.

Est-ce que vous pouvez nier, est-ce que quelqu'un peut nier qu'il
y a plus de justice, plus d'ordre matériel et moral, plus d'équité,
plus de vertus sociales dans l'Afrique du Nord depuis que la France
a fait sa conquête ? Quand nous sommes allés à Alger pour détruire
la piraterie et assurer la liberté du commerce dans la Méditerranée,
est-ce que nous faisions œuvre de forbans, de conquérants, de dévastateurs ? Est-il possible de nier que dans l'Inde, et malgré les épisodes douloureux qui se rencontrent dans l'industrie de cette conquête, il y a aujourd'hui infiniment plus de justice, plus de lumière,
d'ordre, de vertus publiques et privées depuis la conquête anglaise
qu'auparavant ?

Est-ce qu'il est possible de nier que ce soit une bonne fortune
pour ces malheureuses populations de l'Afrique équatoriale de tomber sous le protectorat de la nation française ou de la nation anglaise ? Est-ce que notre premier devoir, la première règle que la
France s'est imposée, que l'Angleterre a fait pénétrer dans le droit
coutumier des nations européennes et que la conférence de Berlin
vient de traduire en droit positif, en obligation sanctionnée par la
signature de tous les gouvernements, n'est pas de combattre la traite
des nègres, cet horrible trafic, et l'esclavage, cette infamie ?

3º *Point de vue politique :*

Est-ce que le recueillement qui s'impose aux nations éprouvées
par de grands malheurs doit se résoudre en abdication ? Et parce
qu'une politique détestable, visionnaire et aveugle a jeté la France
où vous savez, est-ce que les gouvernements qui ont hérité de cette
situation malheureuse se condamneront à ne plus avoir aucune politique européenne ? Est-ce que, absorbés par la contemplation de
cette blessure qui saignera toujours, ils laisseront tout faire autour
d'eux, est-ce qu'ils laisseront aller les choses, est-ce qu'ils laisseront d'autres que nous s'établir en Tunisie, d'autres que nous faire
la police à l'embouchure du fleuve Rouge et accomplir les clauses
du traité de 1874 que nous nous sommes engagés à faire respecter

dans l'intérêt des nations européennes ? Est-ce qu'ils laisseront
d'autres se disputer les régions de l'Afrique équatoriale ? Laisseront-
ils aussi régler par d'autres les affaires égyptiennes qui, par tant de
côtés, sont des affaires vraiment françaises ?

Je sais que cette théorie existe, je sais qu'elle est professée par
des esprits sincères, qui considèrent que la France ne doit avoir
désormais qu'une politique exclusivement continentale. Alors je
leur demande d'aller jusqu'au bout de leur théorie et de faire ce que
comporte la logique de cette politique nouvelle et restreinte qu'ils
veulent donner à la France : qu'ils se débarrassent donc de ce gros
budget de la marine qui impose à notre trésor des sacrifices considérables ! Si nous ne devons plus être qu'une puissance continentale,
restreignons notre puissance maritime, couvrons nos côtes et nos
ports de torpilleurs, mais licencions nos escadres, car nous n'aurons plus que faire de nos croiseurs et de nos cuirassés.

Mais si personne n'ouvre cet avis, si personne n'accepte cette conséquence logique des prémisses posées, alors cessez de calomnier
la politique coloniale et d'en médire, car c'est aussi pour notre
marine que les colonies sont faites.

Je dis que la politique coloniale de la France, que la politique
d'expansion coloniale, celle qui nous a fait aller, sous l'Empire, à
Saïgon, en Cochinchine, celle qui nous a conduit en Tunisie, celle
qui nous a amenés à Madagascar, — je dis que cette politique d'expansion coloniale s'est inspirée d'une vérité sur laquelle il faut
pourtant appeler un instant votre attention : à savoir qu'une marine
comme la nôtre ne peut pas se passer, sur la surface des mers, d'a-
bris solides, de défenses, de centres de ravitaillement.

A l'heure qu'il est, vous savez qu'un navire de guerre ne peut
pas porter, si parfaite que soit son organisation, plus de quatorze
jours de charbon, et qu'un navire qui n'a plus de charbon est une
épave, sur la surface des mers; abandonnée au premier occupant.
D'où la nécessité d'avoir sur les mers des rades d'approvisionnement, des ports de défense et de ravitaillement. Et c'est pour cela
qu'il nous fallait la Tunisie, c'est pour cela qu'il nous fallait Saïgon
et la Cochinchine, c'est pour cela qu'il nous faut Madagascar, et que
nous sommes à Diégo-Suarez, et que nous ne les quitterons jamais !

Conclusion :

Rayonner sans agir, sans se mêler aux affaires du monde, en se tenant à l'écart de toutes les combinaisons européennes, en regardant comme un piège, comme une aventure toute expansion vers l'Afrique ou vers l'Orient, vivre de cette sorte, pour une grande nation, croyez-le bien, c'est abdiquer, et, dans un temps plus court que vous ne pouvez le croire, c'est descendre du premier rang au troisième et au quatrième.

Je ne puis pas, et personne, j'imagine, ne peut envisager une pareille destinée pour notre pays. Il faut que notre pays se mette en mesure de faire ce que font tous les autres, et, puisque la politique d'expansion coloniale est le mobile général qui emporte, à l'heure qu'il est, toutes les puissances européennes, il faut qu'il en prenne son parti ; autrement il arrivera… oh ! pas à nous qui ne verrons pas ces choses, mais à nos fils et à nos petits-fils, il arrivera ce qui est advenu à d'autres nations qui ont joué un très grand rôle il y a trois siècles, et qui se trouvent aujourd'hui, quelque puissantes, quelque grandes qu'elles aient été, descendues au troisième ou au quatrième rang.

Préface de : *Le Tonkin et la Mère-Patrie*, 1890 :

La politique coloniale est fille de la politique industrielle. Pour les États riches où les capitaux abondent et s'accumulent rapidement, où le régime manufacturier est en voie de croissance continue, attirant à lui la partie sinon la plus nombreuse du moins la plus éveillée et la plus remuante de la population qui vit du travail de ses bras, où la culture de la terre elle-même est condamnée, pour se soutenir, à s'industrialiser, l'exportation est un facteur essentiel de la propriété publique.

… Le système protecteur est une machine à vapeur sans soupape de sûreté, s'il n'a pas pour corrélatif et pour auxiliaire une saine et sérieuse politique coloniale.

… La consommation européenne est saturée : il faut faire surgir des autres parties du globe de nouvelles couches de consommateurs, sous peine de mettre la société moderne en faillite, et de préparer, pour l'aurore du vingtième siècle, une liquidation sociale par voie de cataclysme dont on ne saurait calculer les conséquences.

Banquet offert au lieutenant de vaisseau Mizon, 5 juillet 1892.

Messieurs, vous m'êtes tous témoins que je ne suis pas venu ici pour faire un discours. J'étais venu pour entendre, pour m'instruire, pour rendre hommage.

J'étais curieux de serrer la main de cet homme qui appartient à une élite de l'humanité, qui représente, à cette fin de siècle, quelque chose qui ressemble aux légendes d'autrefois, un de ces hommes qui laissent derrière eux la civilisation avancée de plusieurs périodes. Quelle que soit mon admiration pour ceux qui vont au feu, j'en réserve une plus grande pour les héros qui vont seuls et désarmés à travers le danger, et nous donnent du courage humain une idée plus haute que les plus grand guerriers.

Qui leur donne cette force ? Qui, du sein de cette société où tant de gens ne songent qu'à jouir, les pousse au loin à travers les privations ? Comment se fait-il qu'ils se dégagent de cette masse frivole et qu'ils marchent, qu'ils conquièrent ?

C'est qu'au milieu de tant de gens qui ne croient à rien, ils ont de la foi dans la patrie et dans la France. Ils l'ont plus que d'autres patriotes qui se figurent que notre patrie devrait, par sagesse, restreindre son horizon, et, jusqu'à ce qu'elle ait reconquis sa gloire, vivre comme une veuve à son foyer, laissant passer l'histoire et se faire le destin du monde, à côté d'elle, sans elle et contre elle.

Il n'est jamais entré dans l'esprit des coloniaux que la France puisse accepter l'arrêt définitif de ses défaites. Elle a, dans la gloire passée, des conquêtes coloniales, interrompues momentanément par une mauvaise politique continentale, et qu'elle doit continuer.

Mizon, vous avez eu la foi qui vous a mené là-bas. Nous avons eu la foi qui nous a fait affronter les luttes, les difficultés et les oppositions. Vous y avez sacrifié votre vie ; nous y avons donné ce que des hommes politiques peuvent donner : nous avons immolé sur cet autel notre popularité. Nous ne nous flattons pas de la reprendre. Notre but est plus haut. Nous constatons que la France a vu clair : elle comprend que la politique coloniale la fortifie, elle, qui, disait-on, devait l'isoler !

Relevons-la donc, cette grande calomniée, et disons que son succès vient de ce qu'elle a été une politique de foi dans la France, dans sa grandeur, de foi dans la Patrie !

M. ÉTIENNE, Chambre des députés, 10 mai 1890.

(*A propos des discussions sur la politique au Dahomey*).

Si vous abaissez une perpendiculaire qui partant de la limite de la Tunisie et passant par le lac Tchad vienne aboutir au Congo, vous pouvez dire que la plus grande partie des territoires compris entre cette perpendiculaire et la mer et en exceptant, bien entendu, le Maroc et les possessions anglaises, allemandes et portugaises de la côte enclavées dans cet immense périmètre, sont à la France ou destinées à entrer dans la sphère d'influence de la France.

Nous avons là un vaste et immense domaine qu'il nous appartient de coloniser, de faire fructifier, et je crois qu'à l'heure actuelle étant donné le mouvement d'expansion qui se produit dans le monde entier, alors que les marchés étrangers se ferment devant nous et que nous entendons nous-mêmes redevenir maîtres de notre propre marché, je crois, dis-je, qu'il est prudent de songer à l'avenir et de réserver au commerce et à l'industrie de la France les débouchés qui lui sont ouverts dans ses colonies et par ses colonies.

Chambre des députés, 1ᵉʳ décembre 1891.

(*Discussion du budget*).

Il faut ces résultats, messieurs, pour qu'en présence des critiques répétées et violentes qui sont dirigées contre eux, les hommes qui ont la charge et la responsabilité de la direction de nos affaires coloniales ne s'abandonnent pas au découragement. Ils ont le sentiment, et c'est ce qui les soutient, qu'ils travaillent pour la République et pour la France !

D'ailleurs, dans la voie que nous suivons, nous avons l'exemple des pays voisins : l'Europe tout entière serait donc en démence ? Car tous les pays d'Europe cherchent à avoir des colonies. Voici un pays qui n'a pour ainsi dire pas de côtes, l'Allemagne ; elle est en Océanie, aux îles Salomon et dans la Nouvelle-Guinée ; elle est sur la côte occidentale d'Afrique...

Vous la trouvez sur la côte occidentale d'Afrique avec une étendue de pays presque aussi grande que l'Allemagne elle-même ; sur la côte orientale elle vient de se créer un immense empire. Et quand elle éprouve un échec comme celui qui vient d'être signalé il y a quelques jours sur la côte orientale ; quand, en outre, sur la côte occidentale, au Cameroun, deux expéditions successives ont été massacrées, où sont les cris de réprobation qui sont poussés en Allemagne ? quelle est la voix féroce qui crie au gouvernement : Vous avez trahi la patrie ?

En pareil cas, en Allemagne, on annonce aussitôt qu'une expédition plus importante s'organise et qu'on aura raison des difficultés.

Et cette nation qui est devenue une grande puissance colonisatrice par nos dépouilles, l'Angleterre, s'arrête-t-elle ? N'est-elle pas saturée de colonies ? Chaque jour, cependant, elle en cherche, chaque jour elle en trouve et elle agrandit son domaine. C'est ainsi qu'en Océanie elle a occupé récemment la moitié de la Nouvelle-Guinée ; sur les côtes d'Afrique, dans le nord, elle a Lagos et les bouches du Niger, que la France a laissé échapper en 1884 ; dans le sud, à travers sa colonie du Cap, elle s'avance par le Bechuanaland et elle tente d'arriver sur les rives du Nil, de façon à combattre par derrière le mouvement madhiste et à étendre son influence sur la Haute-Égypte.

En Asie, est-elle satisfaite de ses Indes, de cet immense empire de 290 millions d'âmes, avec lequel elle fait pour plus de 4 milliards d'affaires par an, ce pays si riche et dont le budget est cependant en déficit de 40 millions ? A côté, elle est en Birmanie depuis 1883 ; chaque année elle y envoie une expédition militaire ; à l'heure actuelle, elle a là-bas 20.000 hommes qui lui coûtent 30 millions. Et personne n'en dit rien ; on feint de l'ignorer, et les difficultés sont grandes, énormes.

Pourquoi tout ce mouvement ? Pourquoi l'Europe tout entière s'agite-t-elle ?

N'avons-nous pas, nous, un devoir impérieux ? Pouvez-vous faire que la France n'ait pas 1.500 kilomètres de côte sur l'Océan et 600 sur la Méditerranée ? Pouvez-vous faire que nos populations maritimes ne soient pas tentées par cet océan qui les provoque ? Voulez-vous qu'elles restent absolument inactives ?

Et enfin j'invoquerai un autre argument. N'y a-t-il pas aujourd'hui en Europe une situation nouvelle ? Je veux parler de ce fait que je ne veux pas discuter, et qui, à l'heure actuelle, pousse les peuples à se protéger.

En présence de ce mouvement économique que vous ne pouvez plus nier ni combattre, qui est parti de l'Amérique, qui aujourd'hui envahit l'Europe entière, que ferez-vous de vos produits si vous ne pouvez plus les exporter ?

Le fait est avéré : l'année dernière il a arraché à Lord Salisbury, au banquet du lord-maire, à Londres, ce mot profond et étonnant de la part d'un Anglais : « Le moment est arrivé où il faudra nous résigner à n'exporter nos produits que dans nos colonies. »

Je crois que c'était là plutôt une boutade.

Mais enfin lord Salisbury voulait indiquer que le mouvement protectionniste était tel, que la nation anglaise devait réserver ses colonies pour ses propres produits.

Ne devons-nous pas, nous aussi, chercher des débouchés pour notre production ?

Chambre des députés, 22 nov. 1894.

(Discussion des crédits pour la campagne de Madagascar).

Nous ne faisons pas de la politique coloniale pour le simple plaisir de trouver au dehors de vaines satisfactions d'amour-propre. Non ! Là, n'est pas le but. Le but est plus élevé. Vous ne pouvez ignorer la lente évolution qui s'est produite dans le monde et qui nous commande impérieusement de constituer les réserves économiques destinées à assurer l'avenir.

Vous ne pouvez ignorer que l'Amérique, ce pays de toutes les initiatives, n'a pas hésité à fermer ses barrières et ses portes, quand, après avoir appris à notre contact le secret de la civilisation européenne, il a constitué chez lui des industries qui lui ont permis de refouler complètement les produits étrangers.

Ce jour-là, que devait donc faire l'Europe, ainsi privée brusquement d'un si vaste débouché ?

La France mérite-t-elle le reproche d'imprudence et d'aveuglement, qui lui a été adressé, pour avoir compris et peut-être pressenti la nécessité de faire pour la conquête d'un empire colonial cette série d'efforts qui nous ont coûté tant de millions et tant de sang ? Toutes les autres nations n'ont-elles pas agi comme nous ?

L'objection qu'on nous adresse est, je le reconnais, assez sérieuse.

On nous dit : Qu'avez-vous fait jusqu'à présent de toutes ces colonies ?

A-t-on la prétention d'exiger qu'au bout de dix ans, de cinq ans même, nous touchions pour ainsi dire du doigt, nous réalisions immédiatement tous les résultats que nous pouvions désirer ? C'est impossible ?

Nous avons déjà dit maintes fois à cette tribune : l'œuvre coloniale que nous avons entreprise est une œuvre d'avenir. Nous ne travaillons pas seulement pour l'heure présente, nous travaillons surtout pour demain.

—

Chambre des députés, 9 décembre 1899.

Messieurs, notre domaine colonial est constitué ; maintenant il convient d'en tirer parti, en déclarant bien haut qu'il faut le compléter.

Mon honorable ami M. d'Estournelles a affirmé à cette tribune que notre empire colonial suffisait à notre activité. Je n'en disconviens pas ; je ne suis pas un conquérant impatient et insatiable ; je ne demande pas que nous marchions chaque jour de conquête en conquête. L'effort a été considérable ; mais je dis qu'il est des régions où l'intérêt de la France est si manifeste, telles, par exemple, celle qui est située dans l'ouest de l'Afrique du Nord, et celle qui, en Asie, n'est pas éloignée de notre empire de l'Indo-Chine, qu'il faudra, au jour rapproché ou éloigné des liquidations, que notre pays intervienne résolument.

Mais, ces réserves faites, j'estime qu'en effet l'activité française peut se développer aisément dans notre empire colonial.

Que devons-nous faire ? Continuer ce qui a été commencé. Tous les ans, des critiques acerbes se font entendre : Vous ne faites rien de notre empire colonial, nous dit-on ; vous ne savez pas l'utiliser ; vous n'avez ni colons ni capitaux.

Il semblerait, à entendre ces plaintes, que l'on ignore et les efforts accomplis et les résultats obtenus et que nous sommes encore à notre point de départ, en 1882.

Il n'en est rien. Assurément, nous avons marché, avec des difficultés sans nombre ; mais, aujourd'hui, nous pouvons fournir à la

Chambre des indications qui, je l'espère, seront de nature à lui donner complète satisfaction.

Le commerce général de nos colonies françaises avec le monde entier a été, en 1898, de 1,154 millions. Quel est, dans ce total, la part de la France ? Elle est de 860 millions.

M. JAMAIS, sous-secrétaire d'Etat des colonies.

Chambre des députés, 11 avril 1892.

Ce qui nous oblige à limiter notre action, mais sans rien abandonner du patrimoine nouveau que la République a donné à la France, c'est qu'à l'heure actuelle notre politique coloniale est engagée sur trop de points pour qu'il ne soit pas du droit strict des hommes qui la dirigent de discerner et de choisir en quels endroits ils doivent spécialement porter leurs efforts.

Pour ma part je suis convaincu qu'il y a en ce moment une œuvre plus importante et plus urgente à faire que d'étendre nos conquêtes : c'est d'organiser nos possessions acquises, et je n'hésite pas à reconnaître qu'elles ne sont pas suffisamment organisées.

... Comment voulez-vous que nous n'ayons pas le sentiment, et en même temps le devoir de résister à une politique d'extensions nouvelles quand il suffit de consulter les statistiques de nos colonies pour savoir qu'il en est plusieurs où les autres nations font un commerce égal, sinon supérieur, à celui de la France ?

Banquet offert aux survivants de la mission CHAMPEL, 23 mai 1892.

Je suis venu ici parce que c'était mon devoir de venir ; c'était un devoir et un plaisir à la fois de saluer, dans une circonstance comme celle-ci, un de ces pionniers qui travaillent à la gloire et à la grandeur de la France. Les sceptiques disent que nous ne vivons que pour les intérêts matériels, et pourtant il se trouve des hommes qui quittent tout pour aller affronter les périls, entraînés par l'idéal, par le désir de porter toujours plus loin le drapeau et le nom de la patrie. Il faut que ce soit pour le gouvernement du pays une leçon et une raison nouvelle d'agir. Je vais vous parler avec une franchise com-

plète. Les gouvernants ne peuvent pas toujours agir comme ils le
voudraient : ils ont à tenir compte de l'état des esprits dans le pays.
Mais actuellement tout nous porte à la politique coloniale : le passé,
nos mœurs, nos destinées. L'éducation du pays se fait tous les jours.
Il faut de la méthode, de l'activité, connaître la route à suivre et y
marcher nettement. Nous y arriverons par le groupement des partis : il faut que, sur le terrain colonial comme pour l'armée et la
marine, se réunissent, pour voter les crédits nécessaires, tous les
Français et tous les patriotes.

LE PRINCE D'ARENBERG, 23 janvier 1896.

(*Conférence à l'Union coloniale*).

On peut dire que toute la politique coloniale, toutes les questions
coloniales se résument dans une unique proposition : « il ne vaudrait pas beaucoup la peine de conquérir des colonies, si nous ne
savions pas les utiliser. » Cette question est plus à l'ordre du jour
que jamais.

Nous autres qui sommes convaincus, profondément convaincus
que la France ne peut se passer de colonies, et que les pays d'Europe
qui ne se seront pas créé des débouchés pour leur commerce sont
destinés à dépérir et à disparaître, — nous qui, en étudiant l'histoire, avons appris que les plus grandes époques de prospérité et
de développement ont toujours coïncidé, chez tous les peuples et
dans tous les pays, avec l'importance de leur domaine colonial, —
nous avons confiance dans l'avenir de notre pays, nous devons nous
préoccuper plus que tous autres du développement de nos colonies
et en tirer le meilleur parti possible.

Nos adversaires, ceux qui ne regardent pas bien loin dans l'avenir, qui ne veulent rien voir au delà des frontières européennes,
qui se contentent de la politique étroite au jour le jour, ceux-là auraient trop beau jeu contre nous, si nous ne savions pas faire profiter la France de ce qu'elle a acheté au prix de tant de sacrifices
d'argent et de sang, le sang de la France.

Banquet offert à l'explorateur MAISTRE, le 23 mai 1893.

De semblables succès devraient imposer silence à toute critique et ne laisser place qu'à l'admiration.

Mais les vieux préjugés, les vieilles théories ne sont pas faciles à déraciner. Il y a encore en France des gens qui croient que l'Afrique du Nord au Sud et de l'Est à l'Ouest, n'est qu'un vaste océan de sable. Ceux-là n'ont pas vu que la découverte de l'Afrique est le plus grand événement économique de notre siècle et ils n'ont pas compris que la France ne pouvait pas se désintéresser du mouvement qui pousse l'Europe vers les régions nouvelles.

Ah ! cette politique de la routine et de l'aveuglement, elle a toujours eu des représentants. Au commencement du seizième siècle, la Cour d'Espagne a entendu les rires et les moqueries de ceux qui regardaient avec pitié les grands navigateurs qui partaient pour le nouveau monde, et l'on prétendait alors que l'on ferait bien mieux de se préoccuper des Flandres et de la Lombardie.

Hélas ! ce n'est pas seulement à Madrid que des conseils de ce genre se sont fait entendre. A Versailles, au siècle dernier, on plaisantait sur les arpents de neige, comme on plaisante aujourd'hui sur les arpents de sable, et les Indes et le Canada ont été perdus pour nous.

Si les idées étroites ne varient guère, les arguments sont changés de nos jours. On nous dit: vous n'avez pas le droit, dans l'état actuel de la France, d'éloigner la moindre force ou la moindre troupe de soldats.

Messieurs, la réponse me semble facile, car, à mon tour, je demanderai qu'on me dise combien de soldats ont été emmenés par Brazza, par Binger, par Mizon, par Monteil et par Maistre pour donner à la France la part qu'elle doit avoir et qu'elle possède dans le continent africain.

Mais, grâce à Dieu, les politiques moroses n'ont pas trouvé d'écho dans le pays ; le pays, mutilé et abattu en 1870, s'est relevé avec fierté. Il n'a pas admis que sa marine et que son commerce pouvaient disparaître de la surface du globe et il a eu confiance en lui-même.

Et aujourd'hui, vingt-trois ans après la guerre néfaste, son empire colonial est plus vaste qu'il ne l'a jamais été à aucune autre époque de notre histoire. Les principaux artisans du relèvement de notre puissance coloniale ont été des hommes tout jeunes, mais qui aiment passionnément leur pays et qui ont foi dans sa destinée. La séduction des plaisirs et l'énervement de la vie facile n'ont pas pu les retenir, et ils sont partis, sans autre ambition, sans autre espoir que de montrer au monde que la France ne voulait pas abdiquer et que la noble mission qu'elle a remplie à travers les âges n'était pas terminée.

M. HANOTAUX, Chambre des députés, 13 novembre 1894.

Discussion des crédits pour la conquête de Madagascar.

Qu'on le veuille ou qu'on ne le veuille pas, Messieurs, qu'on l'approuve ou qu'on le blâme, la France est, comme la plupart des puissances européennes, entraînée vers une politique d'expansion lointaine qui n'est pas seulement la suite d'une volonté raisonnée ou d'un dessein calculé, mais qui est la résultante naturelle de ce besoin d'activité qui compte parmi les meilleurs symptômes de la santé chez les races vigoureuses.

Malgré des difficultés sérieuses, des déboires parfois pénibles, cette tendance a été se développant depuis quinze années, depuis que la France a repris son énergie et ses forces.

Les résultats de cette politique, Messieurs, vous les connaissez ; vous les consacrez chaque jour par vos votes ; vous poursuivez, malgré les charges déjà si lourdes d'une nation qui n'a pas qu'une seule tâche, l'œuvre entreprise par ceux qui vous ont précédés. Plusieurs de ces colonies récentes ont répondu à nos espérances. On peut dire que la possession de certains de ces territoires, parfois si chèrement gagnés, compte déjà parmi les éléments les plus précieux de notre autorité dans les grands problèmes qui, en ce moment, agitent le monde.

M. CHAUTEMPS, ministre des colonies, banquet colonial de 1895.

Notre histoire coloniale recommence aujourd'hui et cette page nouvelle est au moins aussi belle que celle qui l'a précédée en en-

treprises hardies, en faits d'armes éclatants, en féconds dévoue-
ments.

Mais, Messieurs, la lutte commerciale et industrielle est aujour-
d'hui si âpre entre les nations qu'une politique individuelle ne
suffirait pas, ou plutôt, si nous voulons que la France puisse demeurer fidèle à elle-même, qu'elle puisse continuer au profit des autres
peuples sa mission historique, il est nécessaire que sa situation
économique soit solidement établie, et sa valeur coloniale est une
ressource que nous avons le devoir de lui montrer.

Ce serait, en effet, peu de chose que la politique coloniale, si elle
consistait uniquement à conquérir de vastes territoires pour la satisfaction d'y exercer une autorité nominale : les colonies doivent profiter à la métropole, non pas, bien entendu, par le payement d'un
tribut, — c'est une doctrine condamnée, — mais par l'accroissement de la puissance politique et économique du pays.

Et voilà pourquoi, Messieurs, le ministre des colonies, malgré
ses préoccupations multiples : préoccupations politiques, administratives, judiciaires, pédagogiques, confessionnelles, militaires à
l'occasion, navales même, est tenu de se considérer, avant tout,
comme un second ministre du commerce. Gouverneurs, magistrats
et fonctionnaires de tous ordres, officiers de terre et de mer ne sont
que les moyens : le commerçant seul est la force. C'est pour lui que
l'administration doit être faite, et il ne serait pas admissible que
l'administration se considérât comme pouvant atteindre elle-même
le but poursuivi et qu'il est patriotique de rechercher.

M. DELCASSÉ, Chambre des députés, 2 mars 1895.

(Budget des colonies).

Il ne suffit plus de soutenir que nos colonies, à n'envisager
que le côté purement matériel, ne sont pas une charge pour la mère
patrie. Si vous défalquez du budget colonial 12 ou 13 millions
absorbés par le service de la transportation et de la relégation qui
ne sont pas des dépenses dans l'intérêt des colonies, je vous l'assure ;
si vous tenez compte encore des contingents coloniaux qui ne sont
pas inférieurs à 7 millions ; si vous tenez compte aussi des millions,
plus nombreux encore que les colonies payent à la métropole sous

forme de droits de douanes à l'entrée de leurs produits ; si vous
considérez, enfin, que sur le trafic général des colonies, qui a été
l'année dernière de 476 millions, la part du commerce français, —
et je réponds par là à la question de M. Naquet, — bien qu'insuf-
fisante encore, n'est pas moindre cependant de 200 millions, vous
reconnaîtrez que la balance fait ressortir un gain pour la mère
patrie.

Mais cela ne suffit plus. Puisque, soit à cause de la surélévation
des barrières douanières, soit par l'effet de la surproduction industrielle et agricole, les grandes puissances seront de plus en plus
réduites à exporter chez elles, il faut que les colonies, dans leur
intérêt même, deviennent pour la mère patrie une source de profits
de plus en plus considérables. La récolte est certaine, si l'on sait
faire à temps le sacrifice de la semence.

Et c'est pourquoi je fais appel à la hardiesse prévoyante des capitaux français, sûrs de trouver ici les renseignements et les conseils,
dans les colonies, le concours et la protection qui leur sont indispensables.

Ce sera là de plus en plus la tâche du gouvernement.

La période de développement territorial touche à son terme. En
Asie, notre place est indiquée, et nous pourrons, à notre heure,
achever de remplir le cadre qui nous y est tracé. En Afrique, dont
le partage définitif entre les grandes puissances sera bientôt accompli, il n'y a plus qu'à fournir à des pionniers hardis, actuellement
en cours de mission, les moyens de consolider et de compléter les
résultats acquis par d'illustres devanciers. Ce sera encore quelques
centaines de mille francs à dépenser et je sais qu'il n'est pas de petites économies ; mais serait-ce notre excuse si un jour on pouvait
dire que, pour quelques centaines de mille francs, nous avons laissé
nos rivaux occuper ce qui nous revenait légitimement ? Croyez-vous
même que la génération présente, sur qui pèsent les charges de la
politique coloniale, nous saura gré d'une abstention dont nos rivaux profiteraient ?

Non ! dans ce pays de France, avant tout sensible à l'honneur, où
l'ouvrier le plus humble, où le paysan le plus ignorant a le plus
vif sentiment de la grandeur singulière et des destinées supérieures
de sa patrie, aucun gouvernement n'aurait longtemps raison qui,
pour expliquer une défaillance, n'aurait à invoquer que des raisons
d'argent.

Et à ceux qui, préoccupés surtout de notre situation en Europe, et je vous prie de croire que celui qui est à cette tribune est loin de s'en désintéresser, à ceux qui appréhendent que la France se répande au dehors et rayonne au loin, je me bornerai à poser cette question :

Croyez-vous que nous serions plus forts aujourd'hui, que notre prestige serait plus grand, que nous serions entourés de plus de confiance et de respect, si nous avions continué à nous enfermer dans l'abstention à laquelle nous avons été condamnés pendant les dix années qui ont suivi 1870 ?

Si nous n'avions prouvé, oui ! par notre exubérance même, la profondeur de l'étendue de notre relèvement, si les Anglais, enfin, les Italiens, les Allemands, d'autres encore, détenaient à Tunis, à Madagascar, en Indo-Chine, au Congo, au Dahomey, sur la côte de Guinée, l'empire qui nous place après l'Angleterre et la Russie en Asie, et qui. en Afrique, nous permet légitimement de disputer le premier rang ?

M. FÉLIX FAURE, président de la République, 14 octobre 1897.

(Banquet au retour de son voyage en Russie).

Messieurs, la période qui s'ouvre et qui se prolongera bien au delà de notre siècle semble devoir fixer définitivement les destinées des nations de la vieille Europe et déterminer leur place respective dans le monde.

Les besoins et les ressources de pays, hier encore fermés à tout contact européen, nous sont révélés par les explorateurs et les missions que les gouvernements, les assemblées commerciales, les associations industrielles et financières envoient, à l'envi, de tous côtés. Déjà, ces contrées préparent l'outillage indispensable à l'exploitation de leurs richesses.

Chaque jour voit surgir des projets d'arsenaux, de ports, de canaux, de chemins de fer et d'établissements d'Etats, de villes ou de Sociétés privées.

Il vous appartient, Messieurs, d'obtenir pour notre pays une part aussi large que possible dans l'exécution de ces projets qui réclament le concours de l'industrie européenne.

Sans perdre un instant, élancez-vous donc à la conquête de marchés nouveaux.

Fondez à l'étranger de nombreux comptoirs qui seront pour notre influence autant de foyers de rayonnement. Favorisez l'émigration des capitaux qui, vivifiés et accrus par leur activité, feront retour à la métropole, augmenteront sa richesse et développeront sa puissance de consommation au profit de tous.

Hâtez-vous enfin de diriger vers ces régions à peine connues, encore inexploitées, les efforts individuels et les initiatives privées, sous peine de nous laisser devancer par nos concurrents étrangers et de voir notre pays exclu du rang auquel ses facultés et sa loyauté commerciale incontestée lui donnent le droit de prétendre.

C'est bien servir la patrie que de faire connaître aux peuples qui s'éveillent à la civilisation le génie si fécond de notre race laborieuse.

L'Etat, de son côté, connaît ses obligations et son devoir. Ce serait une utopie de penser que, dans ces entreprises, son action peut être substituée aux initiatives particulières.

C'est de ces dernières que nous devons tout attendre. En retour de leur hardiesse intelligente l'Etat donnera aux Français à l'étranger l'appui dont ils ont besoin.

La sollicitude de la République s'étend à tous ses enfants, à ceux surtout qui la servent au loin.

Là où est un Français, là est la France !

M. ANDRÉ LEBON, ministre des colonies.

(Banquet colonial de 1896.)

J'estime, quant à moi, que la politique coloniale française a traversé ce que j'appellerai la période héroïque : que depuis dix ans nous avons planté notre drapeau sur des points assez épars dans le globe et assez variés pour que l'avenir de notre industrie et de notre commerce soit désormais assuré. Sans doute nous aurons encore quelques opérations complémentaires à mener pour garantir nos établissements ; mais quand en dix ou quinze ans on a créé l'empire de l'Indo-Chine, celui de l'Afrique occidentale, celui du Congo, et celui plus récent de Madagascar, le devoir de ceux qui ont la charge d'administrer ces empires n'est pas de chercher à égaler la gloire de ses prédécesseurs, mais de poursuivre des victoires, plus modestes peut-être, bienfaisantes cependant, en s'appliquant à organiser et à mettre en valeur cet immense domaine ouvert aux générations de l'avenir.

M. MÉLINE, président du conseil, 17 avril 1898.

(Discours à Remiremont.)

Je ne dresserais de notre situation économique qu'un tableau incomplet, si je n'ajoutais qu'à côté de ces débouchés qu'il faut avoir à l'intérieur pour y attirer la sève de la nation, il en est d'autres auxquels il est temps de donner un nouvel et vigoureux développement. Notre empire colonial s'étend tous les jours, l'Europe est en train de se partager le monde, et il est juste que nous y prenions notre place. Elle est assez belle aujourd'hui pour suffire à notre ambition ; le moment est venu de tirer parti de ces espaces immenses ; pour cela il faut y porter toute notre attention, toutes nos ressources. Il faut créer toute une organisation commerciale, financière, administrative. Quel beau champ d'action pour de jeunes intelligences qui cherchent leur chemin !

M. A. DE MUN, Chambre des députés, 7 avril 1892.

Dans ma conviction ce qui fait la grande difficulté des questions de politique coloniale, ce qui empêche la masse du pays de les comprendre, ce qui crée sur ce terrain entre vous et lui une méfiance dont vous avez recueilli tant de témoignages, c'est qu'au lieu de parler à son cœur et à son imagination un langage intelligible, au lieu de lui découvrir les grands horizons qui pourraient l'attirer, au lieu de lui faire aimer la politique coloniale en lui rappelant les grandes destinées et les traditions séculaires de la France, vous ne lui montrez que les petits côtés de la question et les plus ingrats, vous ne l'initiez qu'à de petits moyens et à d'étroits calculs, à travers lesquels il n'aperçoit que le sacrifice amer, l'argent dépensé, les hommes tués ou morts à la peine, et les souffrances endurées.

Ce reproche, je l'ai fait aux gouvernements qui vous ont précédés à propos des affaires du Tonkin. J'ai cru à cette époque, comme je crois aujourd'hui, que le pays aurait compris ce qu'on voulait de lui, si on lui avait montré clairement l'immense intérêt que la France avait à ne pas abandonner la face orientale de l'Indo-Chine, où elle avait le pied par la Cochinchine et le Cambodge, pendant que l'Angleterre s'avançait tous les jours plus profondément sur la face occidentale et elle allait s'établir aux portes de la Chine, à l'heure où elle s'ouvrait au commerce européen, pendant que la Russie l'enserrait par le nord, d'une marche de plus en pressante.

Je crois que si l'on eût dès les premiers moments découvert ces larges visées à notre nation généreuse et jalouse de sa prépondérance dans le monde, elle aurait compris et accepté la tâche qui s'offrait à elle.

M. PAUL DE CASSAGNAC, Chambre des députés, 10 juillet 1883.

(Discussion sur le Tonkin.)

Dans un moment où nous n'avons que trop de colonies, alors que ces colonies sont ruinées par votre propre faute, par votre propre politique, quelle nécessité d'avoir des colonies nouvelles ? Sous quel prétexte allez-vous dire à la France qu'il lui faut de nouvelles colonies ?

Au lieu de vous lancer à courir après des colonies nouvelles agrémentées de prétendus gisements d'or que vous ne connaissez pas, ne les ayant pas vus, et de prétendues mines de houille dont vous ignorez l'existence, quoique vous les proclamiez et que vous les indiquiez sur vos cartes fantaisistes, pour que l'opinion publique vous accompagne dans cette aventure lointaine, la France vous dira de ne pas regarder si loin, si vous avez de l'argent, des efforts, une intelligence pratique quelconque à mettre au service de la patrie ; ne jetez pas les yeux si loin : c'est en France qu'il faut regarder, c'est la misère qui est en France qu'il faut soulager.

M. JULES DELAFOSSE, Chambre des députés, 7 décembre 1883.

Je demande à la France de refuser au cabinet qui est sur ces bancs les crédits qu'il demande, parce que le vote des crédits implique non seulement un vote de confiance, et d'approbation, mais parce qu'il serait une subvention donnée à une politique qu il est urgent d'arrêter ; parce que la politique d'expansion coloniale, dont M. le Président du conseil a proclamé le principe, condamne la France à des aventures sans fin.

..... Sans revenir sur le passé, sans reprocher à la Chambre, — je n'aurais pas le droit de le faire, — les votes qu'elle a émis, je viens lui demander si elle ne sent pas que l'heure est enfin venue de couper court à ces dangereuses expériences. Je tiens, quant à moi, messieurs, la politique d'expansion coloniale telle que l'a conçue M. le Président du conseil, et telle qu'il la pratique, pour une véritable hallucination.

Messieurs, si l'expression vous choque, je dirai que je la tiens pour un leurre, pour un rêve, pour le plus décevant et le plus périlleux des rêves.

..... En résumé, messieurs, une colonie de fonctionnaires, un tribut annuel de trois millions donnés à la colonie, un commerce avec la France de 8 millions, un commerce général de 90 millions qui ne profite pour les trois quarts qu'à l'Angleterre ; voilà, messieurs, tout ce que vaut la Cochinchine !

Messieurs, j'ai cité avec détails l'exemple de la Cochinchine parce que, vous le comprenez, elle a une corrélation étroite avec le Tonkin.

Les deux contrées se ressemblent, et, comme notre méthode de colonisation se ressemble également partout, et comme il est probable que nous ne ferons au Tonkin que ce que nous avons fait en Cochinchine, c'est à dire que nous lui fournirons la même subvention, que nous y introduirons les mêmes procédés, que nous la peuplerons des mêmes fonctionnaires, il est vraisemblable, messieurs, que nous arriverons aux mêmes résultats. Ces résultats, vous les connaissez aujourd'hui par anticipation, et je vous demande messieurs, après les avoir placés sous vos yeux, si M. le président du conseil a eu raison de vous dire que la conquête du Tonkin devait être l'héritage des générations futures et le pain de nos ouvriers.

Si les générations futures de la France et ses ouvriers ne devaient avoir d'autres ressources que celles que leur assure l'imagination coloniale de M. le président du conseil, autant dire qu'il les a condamnés d'avance à mourir de faim.

..... Pourquoi l'Allemagne voit-elle son commerce d'exportation

monter toujours ? C'est parce qu'elle est forte, parce qu'elle est puissante, parce qu'elle est victorieuse. Elle bénéficie de la victoire ; car
c'est triste à dire, mais il n'est que trop vrai que la victoire fait la
vogue et commande la mode. Et c'est pour cela qu'au lieu de nous
discréditer par la politique d'aventure, au lieu d'éparpiller nos forces aux quatre vents, je voudrais que tous ici nous fussions unis
pour les ramasser, les concentrer, pour travailler ensemble à redevenir forts, à redevenir victorieux, à reconquérir ainsi, avec le prestige perdu, les bénéfices qui l'accompagnent.

Du reste, messieurs, l'exemple que j'emprunte au commerce extérieur de l'Allemagne, le commerce français le fournit lui-même
et confirme mes assertions.

Le commerce total des colonies françaises avec la métropole ne
s'élève pas à 200 millions sur un total de 9 milliards. Voilà tout le
contingent de la politique coloniale. Vous savez maintenant par ces
chiffres ce qu'elle vaut et si elle mérite les sacrifices qu'on vous
demande pour elle.

M. CLÉMENCEAU, Chambre des députés, 31 octobre 1883.

Il s'est introduit en Europe, à la suite des événements que vous
connaissez, une sorte de système politique que M. Thiers appelait
la politique de : « Prenez de votre côté, je prendrai du mien ; » politique qu'on pourrait appeler aussi celle de : Je vous donne de ce
que je n'ai pas, donnez-moi de ce que vous n'avez pas.

C'est une sorte de curée muette, où chacun se regarde avec des
yeux inquiets et inquiétants, sans que personne dise rien, tandis
que d'autres, silencieux, mais résolus, guettent leur tour. Et voilà
tous les appétits éveillés, toutes les défiances suscitées ; ceux qui
devraient rester unis sont brouillés par la proie même qu'on leur a
donnée à dévorer. M. Thiers disait : Le faible est souvent opprimé,
mais il a un vengeur, c'est sa dépouille, qui dénonce et divise les
spoliateurs. Et, en effet, c'est ce qui arrive, chacun veut prendre son
morceau et regarde d'un œil d'envie la part du voisin.

Demandons-nous si nous n'avons pas notre part de responsabilité dans cette situation. N'avons-nous pas pris notre part de ce
triste butin ? En prenant, n'avons-nous pas autorisé à prendre ?

Et ce faisant, n'avons-nous pas empêché la seule politique qui fût possible pour nous en Europe ? Oui, il dépendait de nous d'opposer à la politique des intérêts antagonistes, la politique des intérêts solidaires, la politique de la solidarité européenne C'est une politique qui n'était pas brillante, qui était très modeste, qui n'aurait pas donné lieu aux beaux développements oratoires que nous avons eu le plaisir d'entendre aujourd'hui assurément! Mais c'était une politique très prudente en même temps que très ferme, et c'était une politique qui n'aurait pas tardé à porter ses fruits.

Pour cela, il fallait quoi ? Il fallait, suivant un mot célèbre : mettre notre intérêt dans l'intérêt européen, resserrer les liens de tous ceux qui ont intérêt à ce qu'il y ait une Europe, tranquilliser par notre attitude les esprits troublés, faire cesser les défiances et montrer que nous serions, s'il y avait en Europe quelqu'un qui songeât à prendre autre chose que son bien, un témoin gênant, par ce seul fait que nous regardions et que nous nous faisions les représentants de la conscience générale.

Ah ! pour cela, il fallait afficher une politique de désintéressement.

Nous n'aurions pas les satisfactions d'amour-propre et de vanité nationale qui nous ont été données et que nous payerons peut-être plus cher qu'elles ne valent ; mais soyez sûrs que la patrie y eût singulièrement gagné dans l'avenir, et soyez certain, monsieur le président du conseil, qu'une heure viendra où, lorsque les conséquences européennes de l'expédition de Tunis apparaîtront clairement, vous ne vous vanterez pas alors si haut d'avoir donné Tunis à la France !

..... Où est la Chambre qui approuvait M. Waddington allant au congrès de Berlin pour y proclamer la politique des mains nettes, — au moment précis où l'on se préparait à y renoncer, — en disant : Nous n'allons pas à Berlin pour prendre quoi que ce soit, pour défendre des intérêts particuliers ; nous allons défendre l'intérêt européen. Et il faut rendre cette justice à M. Waddington qu'il avait compris cette politique. Il faut féliciter la Chambre qui l'avait soutenu et qui paraissait avoir compris sa pensée.

Où est-elle, cette politique ? Elle a été abandonnée par qui ? Par M. Jules Ferry, qui nous a lancés dans l'expédition de Tunis ; par M. Jules Ferry, qui faisait partie du cabinet qui a essayé de nous lancer d'une façon indirecte et subreptice dans l'expédition d'Egypte ; par M. Jules Ferry, qui nous a lancés dans l'expédition du

Tonkin ; par M. Jules Ferry, qui bataille à l'heure présente à Madagascar.

Voilà ce que vous appelez votre politique coloniale !

Je vois bien les coups de fusils qui ont été échangés, je vois bien les dangers que nous courons, mais je ne vois pas les avantages que notre commerce en a retirés jusqu'à présent.

La politique des « mains nettes », elle a été complètement abandonnée au grand détriment de l'Europe, au grand détriment de la France.

Rappelez-vous quelle a été, jusqu'au congrès de Berlin, la situation européenne à l'égard de la France. Nous étions bien plus près de notre défaite ; notre réorganisation intérieure n'en était pas au point où elle en est aujourd'hui, et cependant nous avions d'autres sympathies que celles que nous rencontrons maintenant.

Rappelez-vous le résultat produit par cette politique « des mains nettes » et le résultat produit par la politique inaugurée par M. Jules Ferry, et comparez !

Et cela est d'autant plus malheureux, cela nous a porté un préjudice d'autant plus grand qu'à mon avis, il n'y a pas dans le monde une puissance mieux placée que la France pour représenter cette politique vis-à-vis de l'Europe, avec plus de chances de succès.

Nous ne sommes pas une île, comme l'Angleterre ; nous ne pouvons pas nous lancer au-delà des mers, certains que nous serons défendus, quoi qu'il arrive, par notre « ceinture argentée », comme on dit là-bas. Nous ne sommes pas entourés par des montagnes et la mer, comme l'Espagne. Nous sommes placés au milieu de l'Europe civilisée. Nous avons agi sur tous les peuples qui nous entourent, et ils ont réagi sur nous ; nous avons été les initiateurs d'un mouvement qui a été l'origine du monde moderne ; c'est nous qui avons fait la Révolution française.

.... Messieurs, lorsque j'ai été interrompu, je disais que la France me paraissait l'agent naturel de la reconstitution de l'Europe. Je disais qu'elle était singulièrement bien placée pour faire prévaloir cette politique. Je rappelais les liens historiques qui l'attachent aux autres États du continent ; je rappelais quelle grande part elle avait prise dans la création du monde moderne ; je rappelais ce grand mouvement de la Révolution française, qui a véritablement créé l'Europe moderne. Je disais que, quand on a pris une part aussi glorieuse à ce grand mouvement qui agite encore toutes les nations

du continent, lorsque ce pays a une puissance d'expansion universellement reconnue; lorsqu'il a toujours aspiré dans le monde à être
une puissance morale, — ce qui ne veut pas dire que nous ayons
charge des autres peuples, et que nous ayons mission de propagandistes, car le premier principe que nous devons respecter est celui
de l'autonomie et de l'indépendance des peuples, — lorsqu'un pays
est placé ainsi, que tout ce qui se passe en Europe l'émeut, qu'il ne
peut vibrer sans que l'Europe tressaille, qu'il reçoit le contre-coup
de tout ce qui se passe au dehors, je dis que dans ces conditions un
peuple qui a proclamé le droit moderne doit être le premier à l'appliquer, et qu'il a une autorité morale immense pour amener les
peuples et les gouvernements à suivre son exemple. Sachez-le bien,
vous avez perdu une occasion unique de revendiquer ce droit en
Europe et d'acquérir une puissante autorité au profit de la République et de la France.

Si vous aviez fait cela, vous auriez vu d'abord se grouper autour
de vous les petits États, tous ceux que M. Thiers appelait spirituellement les États à tempérament vertueux, c'est-à-dire ceux qui n'ont
pas le moyen de faire autrement que d'être vertueux, — ce qui ne
veut pas dire que la vertu des nations dépende de l'exiguïté de leur
territoire, car nous avons de l'autre côté de la Manche une puissance
amie qui ne prétendrait pas plus que nous à ce prix de vertu ; —
vous auriez vu se rallier à vous tous ces peuples qui auraient apporté autant de voix à la cause de la justice et du droit ; le reste
aurait suivi, et la politique qui a été adoptée sur d'autres points,
par d'autres nations, n'aurait pas pu être inaugurée ; mais vous
l'avez autorisée par votre exemple. Le tentateur vous a emmenés
sur la montagne, vous a montré les peuples à vos pieds en vous invitant à faire votre choix, vous l'avez fait ; d'autres ont fait de même.

Vous avez suivi des suggestions contre lesquelles vous deviez
vous tenir en défiance, et vous avez manqué l'occasion unique de
faire en Europe une politique d'opinion conforme aux principes
mêmes de votre gouvernement.

Oh ! je sais très bien que M. le président du conseil a prononcé
une parole — que j'ai recueillie — contre la politique d'opinion. Il
a reconnu qu'il pouvait y avoir des moments où l'opinion publique
ne saisissait pas toute la beauté de la politique coloniale telle qu'il
la comprend, et où il pourrait y avoir une certaine réaction dans le
pays ; mais il a promis le succès à ceux qui pourraient douter de

l'avenir et il leur a dit: « Soyez tranquilles, le succès justifiera tout. »

Eh bien, nous saurons l'instituer dans ce pays, la politique d'opinion, car c'est la République elle-même ; nous lui donnerons ses organes naturels, nous y avons tous le même intérêt. Mais il y avait un intérêt suprême, supérieur et antérieur à créer cette politique en Europe. Vous seuls pouviez parler assez haut ; vous seuls, même après la situation que nous avaient faite les événements de 1870, vous seuls aviez l'autorité morale suffisante pour dire : « Qu'importe ceux qui prennent? Moi, je ne prends pas ! » Et je dis que, devant votre attitude, personne n'eût osé prendre.

..... Non, votre politique n'est pas, comme vous le prétendez, une politique de fierté nationale ; ce n'est qu'une politique de chauvinisme national ; ce n'est qu'une politique d'effacement en Europe, puisqu'elle a pour conséquence nécessaire notre affaiblissement, la perte de notre autorité morale, notre impuissance.

Vous ne pouvez pas déplacer votre centre de gravité comme l'Autriche vous ne pouvez pas, comme l'Angleterre, vous lancer, sans souci de ce qui peut se passer derrière vous, à la conquête du monde?

Ce que vous enlèverez de nos forces ne se retrouvera pas, non seulement dans la guerre, mais dans la paix. Nous avons besoin de nos forces précisément pour empêcher la paix d'être rompue.

..... S'il se trouvait un gouvernement qui voulût préparer l'échiquier européen en vue de je ne sais quel dessein inavouable, n'est-il pas tout indiqué d'avance qu'il faut, s'il se peut, appeler la France au loin et l'y retenir? Est-ce qu'on n'a pas intérêt à nous pousser au Tonkin, à nous y maintenir, à y faire envoyer contre nos soldats des combattants plus ou moins réguliers? Est-ce qu'on ne peut pas, à un moment donné, nous placer entre le déshonneur d'une reculade et la certitude de compromettre nos intérêts les plus chers sur le continent !

Eh bien, nous croyons qu'il faut éviter d'en venir là, et nous vous disons : « Prenez garde ! »

Et quel est le moment que vous choisissez pour faire une entreprise pareille? C'est l'heure précise où il se manifeste une inquiétude générale en Europe.

Est-ce que vous n'avez pas un intérêt suprême à la conservation de la paix européenne? Est-ce que, si cette paix était rompue, notre intérêt ne commande pas de disposer de toutes nos ressources pour inspirer le respect, et si, par malheur, nous étions attaqués, quelle responsabilité redoutable aurait à supporter celui qui aurait engagé une partie de nos forces dans l'Indo-Chine, au Tonkin !

DUC DE BROGLIE, Sénat, 11 décembre 1884.

Le système qu'on a baptisé du nom de politique coloniale et qu'on préconise hautement dans la presse part de cette idée que la France, après les malheurs qu'elle a subis en 1870, les mutilations qu'elle a subies, est condamnée pour longtemps au repos et à l'inaction en Europe : elle doit renoncer pour longtemps à prendre aux affaires générales de l'Europe la part prépondérante, à y jouer le rôle brillant qui lui ont appartenu dans d'autres temps. La prudence la condamne à écarter ce souvenir et à se résigner sur le continent à une attitude de recueillement.

A cette cruelle nécessité il lui faut, ajoute-t-on, une consolation et une compensation. Elle ne peut les trouver qu'en dehors d'Europe dans une vaste et rapide extension de ses possessions coloniales.

C'est dans la création d'un empire colonial, — on a dit le mot dans un document officiel — que la France peut trouver la réparation de ses forces et la compensation de ses pertes. Il ne s'agit pas seulement pour elle, de conserver hors d'Europe les possessions qu'elle a acquises et qu'elle garde encore, de les féconder par le travail, de les organiser par une bonne administration, de maintenir ses droits et d'attendre l'avenir. Il faut, dès à présent, et par un subit élan, les accroître et fonder un grand domaine colonial. C'est de ce côté qu'il faut désormais que la France tourne ses regards et porte toute son activité.

Il n'est pas un de vous, messieurs, qui n'entende proclamer et répéter ce thème par de grands organes de la presse. Eh bien, si telle est la pensée qui préside à la politique étrangère du gouvernement et dont cette question du Tonkin n'est qu'une application partielle, laissez-moi saisir cette occasion pour protester hautement contre une telle tendance ; je n'en connais pas de plus chimérique et de plus dangereuse. Je n'en connais pas de plus contraire aux leçons de l'histoire et aux enseignements de la raison.

Penser qu'une puissance essentiellement continentale et européenne comme la France, momentanément affaiblie chez elle, peut aller retrouver dans des expéditions de conquêtes lointaines, une compensation quelconque de la force qu'elle a perdue, c'est aller, je le répète, contre tous les enseignements de l'histoire et les leçons du bon sens. S'il y a une chose que l'expérience des siècles démontre, c'est qu'on n'est fort au dehors et au loin que dans la proportion où on est fort chez soi et à ses portes. S'il y a une chose que les annales les plus anciennes et même les plus récentes enseignent avec évidence, c'est que la puissance coloniale d'une nation européenne est en proportion à peu près exacte de sa puissance continentale, que ces deux forces sont solidaires l'une de l'autre, ont toujours grandi et décliné ensemble et ne peuvent arbitrairement se remplacer l'une par l'autre.

Un grand développement colonial est un luxe et un surcroît de puissance pour une nation qui déborde de force et de prospérité. Pour une nation momentanément affaiblie, c'est une charge qui la grève, qu'elle ne peut porter longtemps, et qui avant de lui échapper peut avoir amené la ruine tout à la fois de la colonie et de la métropole.

J'ai parlé des leçons de l'histoire et à cet égard je n'ai que le choix : elles sont nombreuses et péremptoires.

On nous parle très souvent, par exemple, des colonies que la France possédait et qu'elle a perdues à la fin de la dernière monarchie. On oublie seulement de dire que si c'est la monarchie qui les a perdues, c'est la monarchie qui les avait fondées.

Elle les avait fondées dans les jours de prospérité et de force, dans les temps où la politique des Richelieu, des Mazarin, des Louis XIV était appuyée par la valeur des Turenne et des Condé. Elle les a perdues dans ses jours de déclin et de décadence.

... Et si ce que je dis est vrai pour les colonies anciennement fondées et florissantes, si celles-là mêmes quand la métropole s'affaiblit, deviennent un poids qui la charge et non un auxiliaire qui la fortifie et la soulage, combien cela est plus vrai et plus certain encore des colonies nouvellement acquises et encore en formation ? Celles-ci, combien d'années leur faut-il pour qu'elles puissent suffire à leur propre dépense et à leur propre défense ? Combien de temps, par conséquent, vivent-elles aux dépens de la métropole ?

... Je ne crois pas que la politique coloniale poursuivie avec l'é-

tendue, avec l'éclat qu'on lui donne aujourd'hui — car je ne dis pas
la conservation prudente des colonies existantes, — mais la politique coloniale ambitieuse et conquérante, soit à aucun degré une
compensation des malheurs que nous avons éprouvés en Europe. Je
m'estimerais heureux de pouvoir espérer qu'elle n'en amènera pas,
à un jour critique, l'aggravation et le complément.

... Je n'éprouve donc aucune confiance exagérée sur l'utilité de
nos prétentions coloniales même quand je vois en ce moment à Berlin la France et l'Allemagne côte à côte, et en quelque sorte la main
dans la main et leurs noms chaque jour rapprochés dans une conférence qu'elles ont convoquée en commun et qui a pour objet l'organisation coloniale d'un nouveau monde.

M. DOUMERGUE, Rapport du budget des colonies, 1899

En résumé, de tout ce qui précède, il ressort que nos colonies
constituent une lourde charge pour la métropole et que cette charge
n'est pas suffisamment compensée par les bénéfices qui résultent
du commerce qui se fait avec elles. Sur les 514,000,000 de francs
qui représentent le mouvement de leurs affaires, en 1897, 263,000,000,
c'est-à-dire plus de la moitié, forment la part de l'étranger.

Il ne faudrait pas cependant accuser seulement de ce résultat
notre administration coloniale et nos méthodes de colonisation. Il
est certain qu'aucun des pays d'Europe qui fondent des colonies ne
dépense pour elles les mêmes sommes que nous. Mais il ne faut pas
oublier qu'aucun de ces pays n'a, en aussi peu de temps et dans des
proportions aussi considérables que la France, accru son domaine
colonial. Ces accroissements dépassaient peut-être les limites de ce
que devaient nous permettre d'autres préoccupations plus hautes et
plus immédiates et les disponibilités de nos finances.

C'est dans un espace de dix ans que l'Annam, le Laos, le Tonkin,
le Soudan, le Congo, la Guinée, le Dahomey, Madagascar, sont venus s'ajouter à nos vieilles possessions. Au prix de quels sacrifices
et de quelles pertes en hommes et en argent, nous ne le savons que
trop. Ces acquisitions et ces conquêtes ont été faites souvent, sans
plan d'ensemble, sans méthode, sans préoccupation du lendemain,
parfois même sans la volonté du gouvernement responsable. Quel-

ques-unes peuvent à peine être considérées comme étant tout à fait
terminées, puisqu'il faut encore des colonnes militaires pour soumettre les populations qui les habitent. Dans les autres, l'heure de
la conquête est trop rapprochée pour qu'on puisse renoncer sans
péril à toute mesure de précaution.

M. D'ESTOURNELLES, 8 décembre 1899.

Budget des Colonies (analyse)

M. d'Estournelles a prononcé un discours qui a été une longue
critique de l'expansion coloniale. M. d'Estournelles estime « que la
période de notre expansion coloniale touche à son terme et que
nous sommes entrés dans la période de l'organisation » ; il est
« effrayé non seulement de l'avenir, mais du chemin déjà parcouru » ; il croit que le succès du protectorat tunisien « nous a
grisés » et que « de là nous nous sommes engagés très loin sur une
pente glissante et sans point d'arrêt » ; il est « inquiet des perspectives qui nous sont ouvertes et de la disproportion croissante qui se
prononce entre les dangers et les avantages de notre expansion lointaine » ; il ne croit même plus qu'au point de vue militaire les expéditions coloniales soient un bien, car, assure-t-il, « l'expérience de
la réalité, confirmée par tous les pays colonisateurs, vous atteste
que décidément ces expéditions coloniales ne sont pas une bonne
école, qu'elles ne préparent pas nos officiers à la grande guerre continentale et qu'au contraire elles ont ce grand inconvénient de les
habituer à voir en face d'eux non pas une armée, mais des populations sans instruction, sans commandement, sans armes perfectionnées, et qui, par conséquent, seraient vaincues d'avance si elles
n'avaient pas pour auxiliaire un climat trop souvent meurtrier » ;
il est opposé à notre politique africaine « à cause de la pauvreté de
notre natalité » et de notre production même qui convient à des
populations civilisées et à une clientèle de choix et non à nos colonies africaines « trop souvent ou désertes ou peuplées de sauvages
qui d'ici bien longtemps n'achèteront que de la camelote européenne et s'adresseront plutôt à la contrebande de nos rivaux qu'à
nous-mêmes ». Il s'élève notamment contre les projets de partage
de la Chine dont la naissance à la vie économique mobilisera contre

nous « un monde de marchands, d'ouvriers, de producteurs, de
surproducteurs » ; il redoute de voir transformer l'Océan Pacifique
en un champ de bataille où se rencontreront toutes les flottes du
monde, celles de l'Europe, celles des États-Unis, celles des jeunes
États de l'Amérique du Sud, de l'Australie, du Japon :

Et, au point de vue intérieur, a-t-il ajouté, nous poussons les capitaux à émigrer, soit ! Mais alors, privés de cet auxiliaire indispensable,
que deviendront les cultivateurs, que deviendra la production française ? Vous susciterez des crises sans fin de chômage, des grèves, des
révoltes, vous serez les artisans les plus actifs de la révolution sociale.
(*Mouvements divers*).

Gardons nos capitaux pour mettre en valeur notre domaine national
et colonial, pour tirer parti des merveilleuses ressources que la nature
nous a prodiguées. Vous nous demandez de coloniser la Chine, moi je
vous demande de coloniser la France.

Et M. d'Estournelles a conclu en demandant « de laisser faire le
temps, sans le presser fiévreusement ; c'est de laisser à l'Europe le
temps de se préparer, de s'organiser en vue de la plus terrible révolution économique que le monde ait jamais connue, le temps de se
transformer pour pouvoir faire face à cette inondation, à ce déluge,
si vous ne voulez pas qu'elle soit submergée ».

LES SOCIALISTES ET LA POLITIQUE COLONIALE,

Discussion du Congrès socialiste international de Paris, 1900.

Séance du 27 septembre 1900.

Extrait de la « *Petite République* »

LA POLITIQUE COLONIALE

Au nom de la 5ᵉ commission dont il est rapporteur, le camarade
Van Kol, délégué hollandais, exprime la joie qu'il éprouve de voir
pour la première fois la question de la politique coloniale inscrite
à l'ordre du jour d'un congrès international socialiste.

C'est « un coup de clairon pour la prise en main de la politique
coloniale que le Parti socialiste a jusqu'ici laissée dans la main de
nos ennemis qu'il veut sonner». Il le fait en termes excellents. Après

avoir montré les méfaits de l'expansion coloniale à laquelle est acculé le capitalisme, il conclut :

Et quant aux peuples qui souffrent de ces crimes innombrables des nations européennes, je les ai vus. Ai-je besoin de rappeler aux Belges les centaines de nègres massacrés au Congo ; aux Français, les massacres de Madagascar et du Dahomey ?

Le prolétariat doit être sur la brèche toutes les fois qu'il s'agit de défendre la solidarité humaine. (Applaudissements.)

Et il dépose la résolution suivante au nom de la 5e commission :

Le Congrès socialiste international tenu à Paris en 1900,
    Considérant,
Que le développement du capitalisme mène fatalement à l'expansion coloniale, cette cause de conflits entre les gouvernements ;
Que l'impérialisme qui en est la conséquence excite le chauvinisme dans tous les pays et force à des dépenses toujours grandissantes au profit du militarisme ;
    Considérant,
Que la politique coloniale de la bourgeoisie n'a d'autre but que d'élargir les profits de la classe capitaliste et le maintien du système capitaliste tout en épuisant le sang et l'argent du prolétariat producteur, et en commettant des crimes et des cruautés sans nombre envers les races indigènes des colonies conquises par la force des armes,
    Le Congrès déclare :
Que le prolétariat organisé doit user de tous les moyens en son pouvoir pour combattre l'expansion coloniale capitaliste et faire condamner la politique coloniale de la bourgeoisie et flétrir en toute circonstance et de toute sa force les injustices et les cruautés qui nécessairement en découlent dans toutes les parties du monde, livrées aux convoitises d'un capitalisme sans honte et sans remords ;
Dans ce but, le Congrès préconise plus particulièrement les mesures suivantes :
1° Que les divers partis socialistes mettent à l'étude la question coloniale partout où les conditions économiques le permettront ;
2° Encourager d'une façon spéciale la formation de partis socialistes coloniaux adhérents aux organisations métropolitaines.
3° Créer des rapports entre les partis socialistes des différentes colonies.

Le citoyen Hyndman, délégué anglais, lui succède à la tribune :

J'ai parlé fortement en Angleterre, dit-il, parce que nous autres, Anglais socialistes, nous n'avons pas pris part à cette guerre d'Afrique, que nous haïssons et que nous tenons à exprimer ici notre honte pour ce qui s'est passé là-bas. L'Angleterre est la plus grande puissance coloniale du monde. Il y a, à peu près 350 millions d'êtres humains opprimés par notre gouvernement. (Applaudissements.)

La politique coloniale suivie aux Indes met sous notre drapeau 300 millions d'hommes, et nous les dominons par l'épée. (Applaudissements.) C'est le régime de la force et du capitalisme. Je puis donner des chiffres. Les Indes sont le plus pauvre pays du monde. Une famille entière a pour toute l'année moins de 50 francs pour 5 personnes. De cette population misérable le capitalisme anglais tire, chaque année, 30 millions de livres sterling, 760 millions de francs.

En ce moment, il y a 75 millions d'hommes qui souffrent de la faim, parce que nous prenons leurs richesses. Voilà la politique coloniale : saigner à blanc la colonie. (Vifs applaudissements.).

Je hais cette politique. Pendant vingt ans, j'ai fait mon possible pour l'écraser. Et plus que la mort, c'est la dégénérescence pour ces êtres qui, à cinq, ne peuvent pas faire le travail d'un homme normal.

Nous ferons la même chose à la Chine avec les Français et les Russes.

J'espère donc que vous voterez une résolution condamnant le gouvernement anglais pour avoir ruiné une civilisation qui était peut-être meilleure que la nôtre. (Vifs applaudissements)

C'est au nom des ouvriers syndiqués et socialistes anglais que le camarade Quelch vient protester contre la politique coloniale :

C'est la Hollande qui a le plus colonisé et elle a été suivie par l'Angleterre, je tiens à dire aux délégués anglais qu'il n'y a pas de querelle entre les Hollandais et les Anglais sur ce point. On dit : « A l'étranger, on n'aime pas l'Angleterre. » Eh bien ! je dis que la classe ouvrière du monde entier n'a pas de querelle avec les ouvriers anglais. (Applaudissements.) Et c'est en Angleterre que tous les réfugiés politiques trouvent le meilleur accueil. Les ouvriers anglais savent que les ouvriers du monde sont leurs frères, même ceux qui sont syndiqués sans être socialistes. Il faut donc créer une presse puissante pour instruire le peuple qui a été aveuglé par la presse capitaliste.

Le Congrès devra reconnaître que c'est la presse qui est le meilleur moyen d'éducation du peuple, si elle est indépendante du capitaliste. (Applaudissements.)

Un autre délégué anglais, le citoyen Pete Curran, dit toute l'humiliation profonde qu'il ressent d'appartenir à une nation qui se trouve actuellement hors l'humanité :

Puisqu'il n'y a pas eu beaucoup de délégués anglais parlant à ce Congrès, sur cette question, nous devons faire entendre notre protestation devant l'Europe. Je suis le représentant de cinquante mille ouvriers syndiqués, pas tous socialistes, mais tous en opposition avec la guerre impérialiste. On leur a dit quand ils protestaient contre la guerre : « Mais vous aurez plus d'affaires. » Ils répondent : « Nous avons des amis sans travail, qu'on les fasse travailler pour nous-mêmes ! (Applaudissements.)

Cet esprit d'ambition, vous l'avez vu en France avec Napoléon, qui croyait conquérir le monde ; nous passons en Angleteterre par la même phase. (Applaudissements.) Les chauvins répètent en Angleterre dans les réunions électorales cette phrase célèbre : « Le soleil ne se couche pas sur les possessions de la Grande-Bretagne. » Eh bien, moi, je dis : « Il y a des endroits en Angleterre où le soleil ne luit jamais ! » (Vifs applaudissements.)

On fait une véritable ovation au camarade Quelch quand il quitte la tribune.

En sa qualité de conseiller général socialiste de la Guadeloupe, Louis Maurice apporte au Congrès la consolation que l'idée socialiste commence à germer dans les colonies et en particulier aux Antilles.

Le délégué français demande au Parti socialiste de rédiger un programme colonial avec affirmation de principes et revendications immédiates.

Il faut, dit-il, organiser politiquement et économiquement le prolétariat international. (Applaudissements.)

La discussion est close.

Le citoyen Van Kol constate l'unanimité du prolétariat pour réprouver et dénoncer les hontes et les crimes des expéditions coloniales. Il met aux voix la proposition de la commission qui est votée par acclamation.

CHAPITRE II

L'EXPANSION AU MAGHREB ET DANS LE SAHARA
PROTECTORAT TUNISIEN ET PÉNÉTRATION SAHARIENNE

I

Au lendemain de nos revers de 1870-1871, l'opinion publique considérait déjà, en dépit de l'épreuve d'une insurrection étendue, l'Algérie comme une partie intégrante de la France. On estimait que cette grande colonie avait valu à la mère-patrie une armée vaillante et exercée à laquelle le nombre seul avait manqué dans le sanglant conflit qui prenait fin : la révolte de quelques tribus ne faisait pas oublier l'héroïque conduite des tirailleurs algériens à Wissembourg et sur d'autres champs de bataille. Le gouvernement général de l'Algérie, confié successivement aux maréchaux Pélissier et de Mac-Mahon, était considéré comme une des plus hautes charges de l'État. Enfin l'œuvre de colonisation, qu'on inclinât vers la prépondérance du peuplement, comme Bugeaud, resté populaire, ou vers celle du commerce et des grandes compagnies, comme l'empereur et l'école libre-échangiste, intéressait vivement toutes les classes de la nation. Le souci constant des affaires algériennes était entré dans nos mœurs ; peu de familles, riches ou pauvres, avaient échappé à l'attrait de la terre d'Afrique ; la nation s'était initiée par le seul fait du séjour en Algérie d'une armée nombreuse et séjournant longtemps dans ce pays où la vie militaire avait encore quelque chose de nouveau, d'imprévu. Le nombre des colons civils restant restreint, c'est sous cette forme que s'était satisfait le goût français des voyages, des aventures, ou d'une vie plus libre, c'est-à-dire le goût même de la colonisation.

Il a même semblé à quelques partisans d'une colonisation plus hardie et moins conforme au tempérament agricole et prudent de la majeure partie des Français, que cette vie relativement paisible à quelques heures de navigation de la mère-patrie, risquait d'affaiblir les audaces de notre génie colonial. La crainte est excessive ; mais il est bien prouvé qu'en Algérie et même en France, à la suite des progrès de la pacification et peut-être plus encore à cause de l'énervement causé par les querelles de dogmes relatives au « royaume arabe », aux bureaux arabes et aux compagnies coloniales, le désir d'expansion s'était amorti : souvenirs de la guerre marocaine et du mauvais règlement de frontière qui en fut la conclusion, souci des relations à entretenir avec les beys de Tunis pour éviter quelque dangereux voisinage à l'est, nécessité d'une surveillance des oasis et des nomades du Sahara, n'apparaissaient plus aux esprits rassurés avec leur caractère d'urgence véritable. Les progrès merveilleux de notre colonie du Sénégal, confinant au Soudan depuis le gouvernement de Faidherbe, n'avaient pas peu contribué à borner outre mesure l'horizon de notre Algérie au sud, à l'ouest et à l'est : on raisonnait peut-être prudemment en réservant aux colonies d'Afrique occidentale le rôle de « porte du Soudan », mais on s'exposait à de graves dangers en veillant mal ou peu sur nos confins immédiats du Maroc, de la Tunisie et des groupes d'oasis où s'organisaient la résistance et même l'offensive des nomades.

A tous égards l'œuvre de la troisième République a marqué un progrès remarquable de l'influence française dans l'Afrique septentrionale. Tout d'abord l'Algérie a été dotée d'un régime politique et douanier qui a mis son intérêt en harmonie plus étroite avec l'intérêt de la métropole ; échanges d'hommes et échanges de denrées ont été singulièrement développés entre les deux rives françaises de la Méditerranée occidentale. Puis les délicates questions du voisinage tunisien et marocain ont été partiellement tranchées à notre avantage. Enfin, le danger saharien a été conjuré par des mesures de précaution, très tard, mais très résolument prises ; et si l'on n'est point d'accord sur la portée réelle des espérances que l'Algérie peut fonder sur la mise en valeur du lointain Soudan, du moins la période des études précises a succédé à celle des déclamations enthousiastes ; c'est encore un gain, si cher qu'on l'ait payé en vies humaines. Les querelles dogmatiques de la période précédente, querelles qui aboutissaient à des expériences contradictoires et également malheureuses, sont devenues impossibles tant s'est précisée la connaissance des pays colonisés ; les esprits sont peut-être, en apparence, plus passionnés, parce que l'intérêt vrai a grandi avec le savoir exact, mais aussi parce que le temps est venu de l'organisation détaillée, complexe, et par là même des difficultés de détail ; personne n'ose plus parler d'évacuation, et le nombre est déjà grand des Français capables de comprendre aussi bien les besoins de l'Algérie et de la Tunisie que ceux de la Provence et du Languedoc. Les « affaires d'Algérie-Tunisie » sont devenues affaires intérieures et provinciales de France, et par là nous touchent plus vivement en l'absence même de tout danger grave et de toute préoccupation vitale.

II

L'acte qui a le plus vivement influé sur le développement de l'Afrique Mineure française est, à coup sûr, l'entrée de la Tu-

nisie sous notre protectorat ; en dépit de l'opposition diplomatique et protocolaire des deux formes de gouvernement des
pays voisins, gestion directe et protectorat, Algérie et Tunisie
deviennent et doivent devenir de plus en plus étroitement solidaires. Quant à l'expansion saharienne, qui éveille chez quelques-uns des plus vaillants champions de nos œuvres coloniales,
l'espoir de faire de l'Algérie le plus important débouché du
Soudan, elle est un fait d'intérêt commun pour la Tunisie,
l'Algérie et pour les confins encore mal délimités de notre vieille
colonie et de son remuant voisin de l'ouest, le Maroc.

La série de révoltes localisées que l'histoire algérienne enregistre, entre la date funeste de 1870 et la fin du siècle, ne donna
lieu, le plus souvent, qu'à de rapides opérations de police. Ces
insurrections, si peu étendues et durables qu'elles aient été,
appartiennent pourtant à l'histoire de notre expansion, en ce
sens que leur répression atteignit et affaiblit les états voisins
d'où étaient venus les encouragements matériels comme les
excitations religieuses et politiques ; la campagne de Tunisie
ayant démontré avec la dernière évidence aux Turcs de l'est
combien la riposte française pouvait leur être funeste, le Maroc
est devenu ou resté le foyer des intrigues nouées contre nous.
La répression des mouvements insurrectionnels de l'intérieur
et des troubles des confins marque aussi une défaite et un recul
des influences européennes qui s'employèrent secrètement à
diminuer notre prestige méditerranéen et notre autorité morale
dans le monde musulman ; à ce titre, ce sont autant de victoires diplomatiques, peu bruyantes, mais efficaces, que rem-
porta le gouvernement de la République.

Une seule révolte, suscitée par Mokrani, en 1871, vers la fin
de la guerre franco-allemande, peut être envisagée comme un
acte spontané de protestation contre la présence des Français
en Algérie ; les indigènes semblent avoir été particulièrement
blessés par l'octroi de la naturalisation aux Juifs, en vertu du

décret du 10 novembre 1870, dit décret Crémieux. Les Kabyles des provinces de Constantine et d'Alger, estimant qu'ils auraient à souffrir gravement des conséquences de cette mesure, furent les principaux artisans de cette insurrection ; et cette désaffection momentanée d'éléments essentiellement sédentaires est due à des causes tout intérieures, car, à cette époque, la Kabylie n'était pas encore touchée par la propagande étrangère d'allure religieuse, mais de dessein politique dont l'audace a été récemment révélée dans la Chambre des députés.

Les soulèvements des tribus du Zab Dahraouï, en 1896, et de l'Aurès, en 1879, peu importants et vite réprimés, furent déterminés par des causes toutes locales, bien que des prédicants étrangers passent pour y avoir joué quelque rôle.

Bien autrement significative est la concordance des désordres commis par les Khroumirs sur notre frontière de l'est et de la grave révolte de Bou-Amema, dans le Sud Oranais (1881) : c'était une diversion que ni la mauvaise récolte de l'année 1881, ni même le fanatisme religieux des Ouled-Sidi-Cheikh ne suffisent à expliquer, et dont le secret comme la provenance furent dévoilés par la fuite de son instigateur au Maroc.

Les incidents, inattendus ou soudains, qui amenèrent, en 1899, l'occupation des oasis d'In-Salah et les opérations dont la même région fut le théâtre en 1900-1901, ne sont que les épilogues, encore incomplets, de la longue suite de troubles que le Maroc, spontanément fanatique ou secrètement excité contre nous, suscite depuis la guerre de 1844 et le mauvais traité de 1845. Ils n'ont eu pour effet que l'occupation définitive des oasis sud-oranaises, la construction de forts capables d'abriter des garnisons bien pourvues et bien montées, enfin la prolongation de la voie ferrée qui atteindra prochainement Zoubia-Duveyrier et le Touat. Par malheur, il n'est pas prouvé que toutes ces précautions puissent suffire longtemps dans le voisinage d'une frontière mal tracée et d'un empire encore plus dangereux par son état d'anarchie endémique que par le mauvais vouloir de ses gouvernants ; la solution de la question d'In-Salah nous a seulement rapprochés de la question marocaine sans nous donner des gages suffisants au cas où la succession viendrait à s'ouvrir. Monter bonne garde aux portes du désert, en plein désert même, est mesure de prudence ; mais l'intérêt vital ne reste pas moins la révision du traité qui a tracé, entre le Maroc et l'Algérie, la plus bizarre des frontières, et la surveillance de nos voisins de l'ouest que nous risquerions de perdre de vue en considérant avec une attention exclusive le lointain accès du Soudan.

L'établissement du protectorat français en Tunisie est un des plus brillants succès de notre politique coloniale. Comme l'a dit l'artisan principal de cette grande œuvre, Jules Ferry, si longtemps calomnié pour l'avoir conseillée et entreprise, « la question tunisienne est aussi vieille que la question algé- « rienne, elle en est contemporaine..... La France ne peut « supporter dans la régence ni l'anarchie, ni l'étranger..... Un « bon Français peut-il supporter la pensée de laisser à d'au- « tres qu'à une puissance faible, amie ou soumise, la posses- « sion d'un territoire qui est, dans toute l'acception du « terme, la clef de notre maison ? » Le grand homme d'État a montré, dans le discours qu'il prononça, le 5 novembre 1881, à la Chambre des députés, la continuité de la tradition diplomatique française dans ses rapports avec la Tunisie et la grandeur de nos intérêts politiques et matériels (1). Vingt années de bonne administration et de prospérité de ce beau pays ont justifié ses prédictions et attaché la Tunisie à la France par des liens indissolubles.

Notre intervention porta, cette fois encore, le caractère de précaution légitime et d'inévitable défense qui marque toutes

(1) Cf. Annexes, pages 474 à 480.

nos entreprises coloniales de ce dernier quart de siècle. Il est permis de dire, sans aucune exagération désobligeante, que notre action fut déterminée par les tentatives indiscrètes et bruyantes d'un consul étranger mal renseigné sans doute sur la règle de conduite inflexible de notre diplomatie, ou convaincu à tort du désir de la France d'éviter toute complication, même au prix d'une faiblesse. Nous fûmes mis, du fait de ces ingérences semblables à des défis, dans le cas de légitime intervention ; et le gouvernement français, une fois assuré du bon droit et de la nécessité d'un changement d'attitude, sut préparer la renonciation bénévole d'une des puissances maritimes que pouvait inquiéter notre soudaine revendication d'un passé parfaitement clair. Les pourparlers anglo-français de Berlin, la conversation amicale et décisive de notre ambassadeur avec lord Salisbury, contrastèrent heureusement avec les âpres négociations qui avaient précédé la conquête de l'Algérie ; et quelques diplomates conçurent sans doute l'espoir d'une nouvelle « entente cordiale », en matière d'entreprises d'outre-mer, espoir que l'entrée en scène de nombreux concurrents coloniaux détruisit beaucoup mieux et plus rapidement qu'un souvenir des grandes luttes du siècle précédent. Quoi qu'il en soit, on doit rendre hommage à la sagace fermeté de Jules Ferry, bien servie par l'habileté professionnelle de M. Barthélemy Saint-Hilaire et des ambassadeurs intéressés.

Au reste, le traité de Kasr-Saïd ou du Bardo (12 mai 1881), signé après l'entrée de nos troupes à Tunis, n'était pas une victoire définitive de l'influence française ; et le gouvernement sut le comprendre. Le temps n'est plus où l'occupation militaire d'un pays mettait fin à toute concurrence des nations rivales ; le développement et la diffusion facile de la presse adverse, la bruyante impunité avec laquelle se peuvent former en territoire français, métropolitain ou colonial, des sociétés d'apparence inoffensive et de propagande hostile, la coutume de séparer la question du régime commercial de celle du régime politique, l'extrême liberté d'immigration des étrangers dans les pays de colonisation ou de protectorat français, bref mille difficultés que l'on a coutume d'appeler secondaires et qui sont essentielles, risqueraient d'annihiler ou d'affaiblir la portée du succès militaire. Le danger était d'autant plus grave que la forme diplomatique du protectorat comptait parmi nos hommes politiques un grand nombre d'adeptes convaincus ; et cette ardeur dogmatique risquait de faire le jeu des sourdes immixtions de l'étranger et d'énerver en France l'opinion publique qui n'aurait pas longtemps compris le sens d'une intervention dépourvue de bénéfices commerciaux et autres, en quoi l'opinion publique aurait eu raison, comme souvent, contre les plus subtiles compétences.

Mais en Tunisie, l'évidence des périls du temps de paix était si visible que notre office des affaires étrangères dut s'employer sans retard et sans réserve au renforcement des liens noués entre la puissance protectrice et l'Etat protégé. Le traité de la Marsa (8 juin 1883), signé avec le nouveau bey, Ali-bey, marque un premier progrès de notre influence effective, la consécration du contrôle français sur les finances tunisiennes au prix d'une garantie de la dette. Ce fut seulement quinze ans après la signature du premier traité de protectorat que la France put enfin se libérer, vis-à-vis des états étrangers qui avaient conclu d'avantageuses conventions commerciales, d'une servitude économique qui neutralisait les bienfaits politiques de l'intervention : ce fut, en particulier, la conséquence des conventions italo-tunisienne du 28 septembre 1896 et anglo-tunisienne du 18 septembre 1897. Reste encore le péril d'une excessive immigration d'éléments étrangers, sinon hostiles, à l'influence française, par ce procédé du peuplement en masse, auquel la France ne peut opposer qu'une immigration limitée et choisie. Cet artifice de reconquête en pleine paix, menace terrible au cas où nous aurions à soutenir quelque grande guerre, surtout maritime, n'est pas moins nuisible à la Tunisie qu'à la France : car la Tunisie a grand besoin de colons assez riches pour hâter la mise en œuvre de ses richesses, et nullement d'une immigration de nécessiteux qui déclasserait les indigènes lésés dans leur labeur et les empêcherait de s'agréger à la communauté française. On ne doit pas oublier, enfin, quel dommage irréparable serait infligé à la mère-patrie par le développement d'un certain esprit « particulariste tunisien » que certains partisans excessifs de la formule du protectorat, vrais amis de « la lettre qui tue », ont parfois prêché et encouragé : il faut que les Tunisiens prennent conscience de la solidarité d'intérêt qui les unit à l'Algérie comme à la France, et s'associent à elles dans les entreprises pacifiques de commerce et d'industrie, afin d'être prêts, le cas échéant, à défendre leurs biens communs sous la protection d'une métropole qui a réuni les deux peuples, les a pacifiés et a fait tomber l'illusion d'une frontière d'ailleurs artificielle et géographiquement insignifiante.

Une pareille union, un si intime rapprochement, quelles que puissent être les apparences protocolaires, donnera seule à la France et à l'Afrique mineure française le plein bénéfice de leur association politique. L'Algérie-Tunisie n'est pas seulement, pour sa métropole, le complément indispensable de ses provinces trop peu étendues et trop montagneuses de climat méditerranéen, le grenier d'abondance et le cellier qui la rendront indépendante des excès d'importations italiennes ou espagnoles et lui donneront plus de liberté dans ses relations douanières : et la Tunisie ne nous a pas seulement conféré, par son accession fraternelle, l'avantage de tenir Bizerte, l'une des clés de passage de la Méditerranée occidentale à la Méditerranée levantine. La Tunisie est surtout une Algérie plus vraiment maritime et mieux placée pour nous permettre de jouer dans le

Levant le rôle que nous assignent à la fois nos traditions et nos intérêts : et si l'une des façades de ce merveilleux pays regarde Toulon et Bonifacio, Spezzia et la Maddalena, l'autre littoral a vue sur la Tripolitaine, l'Egypte, la Syrie. Les Tunisiens, marins barbaresques ou sujets français, ont toujours entretenu avec les communautés musulmanes et les marchés du Levant, d'actives relations. Or, si nos progrès en Afrique Mineure sont en quelque sorte la cause et la compensation du recul partiel qu'a subi notre influence dans le Levant, la Tunisie peut devenir, grâce à son aptitude commerciale et maritime, au génie de sa population plus portée au négoce et aux entreprises d'outre-mer que celle d'Algérie, essentiellement terrienne, l'initiatrice d'une renaissance française ou franco-arabe sur les marchés de l'Orient méditerranéen. Cet appoint est précieux au moment où des Etats, jusqu'à ce jour continentaux et peu intéressés aux destinées de l'empire turc, révèlent des facultés d'expansion maritime et économique qui ne se borneront pas sans doute longtemps à la construction des voies ferrées, des quais et des ports, sous le contrôle du Grand Turc. Des politiques anglais ont déjà insinué que notre occupation de la Tunisie était la rançon de notre éviction en Egypte; d'autres auront probablement tendance à croire ou à nous faire croire que la France, nantie de l'Algérie-Tunisie, doit désormais témoigner une sollicitude moins directe à ses clients traditionnels d'Asie-Mineure et de Syrie. Or, en protégeant la Tunisie, nous avons, au contraire, assumé la charge de nouveaux et importants intérêts dans ce Levant, tout plein de nos souvenirs et de nos œuvres : et le développement économique du groupe algérien et tunisien dans le Levant y retrempera notre influence.

III

Il semble bien que Tunisie et Algérie soient appelées à rayonner vers les autres pays des bords de la Méditerranée et que leur destinée les réserve au même rôle qui fait la fortune d'une Espagne, d'une Italie, d'une Grèce, d'une Syrie; elles combleront sur le marché français et sur les marchés des pays de riche consommation du centre et du nord de l'Europe, le déficit de certaines denrées propres au climat méditerranéen. Enfin elles formeront une communauté qui se constitue par des apports de population française et européenne, communauté de mieux en mieux associée aux indigènes, et dont le rôle peut être un jour prépondérant dans l'intérêt de la France. L'Afrique Mineure qui a fourni déjà tant d'héroïques soldats à notre armée coloniale, donnera aussi son contingent à notre force maritime : le prélude nécessaire de cette solidarité vraiment complète et sûre est le resserrement des liens d'intérêt économique entre la métropole et ses provinces jumelles d'outre-Méditerranée : ce resserrement n'est possible que si l'on surveille avec une rigoureuse vigilance non seulement le régime d'échange des denrées mais encore et surtout le régime d'échange des hommes, c'est-à-dire l'immigration et la naturalisation. Il y a égal intérêt à ne pas permettre l'afflux tumultueux et non contrôlé des émigrants étrangers dans l'Algérie-Tunisie et à ne conférer la naturalisation qu'à des individus bien francisés déjà de langue et de cœur; les statistiques des dernières années paraissent prouver que nous avons péché par excès de libéralisme (1).

La France est d'autant plus tenue de prendre ces précautions légitimes que plus d'un artisan illustre de notre expan-

____

(1) Cf. Annexes, pages 462 à 464.

sion coloniale considère l'Algérie-Tunisie comme la base d'opérations de toutes nos entreprises africaines : or, pour suffire à ces deux rôles de soutien de notre puissance navale sur la Méditerranée et de point d'appui de nos œuvres soudanaises, il faut un pays où la prépondérance française soit solidement assise. Au reste, si l'efficacité navale de la francisation d'une partie du Maghreb est depuis longtemps démontrée, on n'en peut dire autant jusqu'ici des projets divers de pénétration africaine qui sont nés ou se sont modifiés à chaque étape des accroissements partiels de notre Maghreb ou de notre Soudan (1).

Nous n'avons pas à étudier ici le détail des entreprises de police des oasis, d'exploration saharienne et transsaharienne qui marquent les principales périodes de résolution ou d'incertitude des autorités algériennes ou des ministres français ; nous voudrions seulement dégager de l'obscurité des ardentes polémiques qui se sont engagées à ce sujet, quelques enseignements utiles, et, s'il se peut, quelques conclusions dont le caractère nécessairement provisoire et passager ne nous échappe point.

Nul ne saurait regretter les actes d'énergie qui, des confins du Maroc à la frontière de Tripolitaine, ont fait sentir aux peuplades des oasis et à leurs protecteurs, déclarés ou dissimulés, que la France, longtemps et généreusement dupe des vaines promesses et des tergiversations des nomades, Touareg ou autres, fera désormais elle-même la police chez ses dangereux voisins du Sud. Le renforcement de nos anciens postes, la construction de nouveaux gîtes d'étapes et de centres de retranchement en plein désert, la prolongation des voies ferrées du Sud Oranais et du Sud Constantinois, telles sont les mesures qui consacrent les principes essentiels de cette politi-

____

(1) Cf. Annexes, pages 468 à 473.

que saharienne, si judicieusement vantée par un des gouverneurs de l'Algérie, M. Laferrière, et recommandée avant toute
tentative de relier l'Algérie-Tunisie au Soudan.

Cette pacification de nos confins désertiques, qui constitue
en même temps une protection de nos frontières de l'Est et de
l'Ouest, a été estimée à si haut prix par nos diplomates qu'ils
n'ont pas hésité à signer des conventions fort onéreuses, trop
onéreuses peut-être, pour en assurer les bienfaits à la France.
Deux traités ont définitivement consacré ce que les partisans
d'une jonction immédiate de l'Algérie-Tunisie avec le Soudan
appellent notre prépondérance saharienne, ce qui peut être
nommé plus modestement la sécurité des frontières méridionales du Maghreb français, septentrionales de nos possessions
soudanaises; ce sont les traités, anglo-français l'un et l'autre,
d'août 1890 et d'avril 1899. Encore est-il permis de se demander si nous avions vraiment besoin d'une autorisation ou d'un
renoncement quelconques pour discipliner la turbulence, spontanée ou non, des Touareg, et si l'achat de ce droit de police
et de passage valait les abandons que nous avons consentis
dans les régions du Niger et du Bahr-el-Ghazal? On est, en cette
matière, optimiste ou pessimiste, approbateur ou critique,
suivant qu'on est partisan ou adversaire des projets de jonction par voies ferrées, de l'Algérie ou de la Tunisie avec le
Soudan, central ou occidental; et s'il était démontré un jour
que ces projets exposent la France à de lourds sacrifices sans
compensations suffisantes, les deux conventions anglo-françaises compteraient au nombre des plus funestes qu'ait enregis-
trées notre histoire coloniale. Cela paraît être l'avis de l'éminent diplomate anglais qui signa la première et se vanta d'avoir
« donné au coq gaulois de quoi gratter jusqu'à s'user les ergots »; mais lord Salisbury fut dans cette occasion juge et partie
et l'on comprend qu'il ait eu surtout souci de démontrer à ses
compatriotes la réalité de leurs gains, donc la vanité des con-

cessions faites à la France. L'autre traité, épilogue de la douloureuse affaire de Fachoda, appartient à une époque de notre histoire encore trop récente et trop troublée de passions pour permettre, avant la production de tous les témoignages, sans exception, un jugement équitable. Du reste nous avons le devoir de n'aborder le difficile problème de la jonction des divers fragments de notre empire d'Afrique boréale qu'après avoir apprécié la valeur de notre expansion au Sénégal, au Soudan, dans les régions voisines du Tchad et des affluents de droite du Congo. Il suffisait de montrer ici par quelles précautions diplomatiques et militaires l'Algérie-Tunisie ont été protégées sur leurs divers confins. Or, d'une part nos lignes de postes fortifiés et de voies ferrées, notre organisation de troupes spécialement adaptées aux besoins de la police saharienne, semblent désormais parer aux plus graves dangers. D'autre part l'espace s'ouvre librement devant nous au Sud dans l'éventualité d'une démonstration des avantages d'une politique transsaharienne.

IV

Le mode de gouvernement intérieur et les procédés de colonisation appliqués en Algérie et en Tunisie sont les garanties essentielles de leur expansion vers les contrées auxquelles les unit si aisément la Méditerranée ou dont les sépare si rigoureusement le grand désert. A cet égard les gouverneurs et résidents ont dépensé à l'envi des efforts de labeur et d'habileté, auxquels nous devrions rendre justice, comme le font les visiteurs étrangers de ces deux admirables pays. En dépit de quelques hésitations, inhérentes à la difficulté même de l'œuvre, on est en droit de dire que la France a sans cesse amélioré le sort de la colonie et du pays de protectorat.

Le gouvernement de la République recevait, en 1870, l'Algérie encore troublée par l'incohérence des mesures du précédent régime, effrayée des essais de « royaume arabe », du danger d'empiètement des grandes compagnies de colonisation, enfin mal unie d'intérêt à la métropole dont l'éloignait un régime de douanes favorable aux étrangers : il faut ajouter, pour être juste, que l'application du décret Crémieux, hâtif et mal étudié au cours de nos grands désastres, avait joint à toutes ces causes de désordre un redoutable ferment. Mais comment méconnaître le bienfait de la loi du 21 juin 1871 qui attirait sur la terre algérienne les colons alsaciens-lorrains, des décrets du 15 juillet 1874 et du 30 septembre 1878 qui facilitèrent tant l'octroi des concessions? L'établissement d'un régime foncier favorable à la colonisation fut une œuvre beaucoup plus laborieuse ; les lois du 28 avril 1887 et du 16 février 1897 donnèrent satisfaction à des intérêts et à des sentiments de justice dont la loi hâtive du 26 juillet 1873 n'avait pas attesté un égal souci. Toutefois on ne doit pas oublier combien était difficile la mise en harmonie de notre législation foncière avec les coutumes d'indigènes ici sédentaires, là nomades.

En dépit de ces tergiversations, le peuplement français n'a cessé de croître, et les chiffres des derniers recensements attestent la prépondérance numérique de mieux en mieux marquée de nos nationaux. Il y a en Algérie 400,000 Français naturalisés, abstraction faite de la « population comptée à part » ; et la communauté indigène s'est développée à côté des colons français. Les lois de naturalisation, volontaire d'abord, puis automatique, font peut-être quelque illusion sur les progrès réels de la race et de la langue françaises ; mais en vérité ces lois ne sont insuffisantes et hâtives qu'en raison de l'inefficacité des divers ordres d'enseignement qui devraient atteindre et attirer à nous un nombre beaucoup plus grand d'étrangers et d'indigènes, et il semble bien que nous commettions en Algérie l'imprudence et la faute généreuses qui ont été si habilement exploitées contre nous en Alsace-Lorraine. L'admirable propagande d'œuvres privées comme l' « Alliance française », n'atténue en rien l'urgence du devoir qu'a l'État de franciser réellement nombre d'étrangers qui viennent à nous de bonne grâce, et ne restent étrangers de langue et de culture morale que faute de moyens accessibles de devenir français.

Le rapprochement commercial de la métropole et de sa colonie est, fait étonnant et bien caractéristique, le dernier auquel les ministres français aient donné leurs soins. De 1870 à 1885, l'Algérie et la France vécurent dans la condition d'union incomplète et précaire où les avait mises la loi de juillet 1867, encore si favorable à nombre d'importations étrangères. La loi du 29 décembre 1884, puis l'application du régime douanier de 1892 firent enfin à la colonie comme à la métropole le traitement fraternel dû à leurs échanges ; les avantages consentis à des compagnies françaises de navigation déterminèrent aussi un accroissement des relations entre les deux pays. L'aménagement des ports, agrandis ou mieux protégés, le développement du réseau des voies ferrées n'ont pas peu contribué à la prospérité de l'Algérie. Enfin, notre colonie, heureusement placée sur le trajet du grand courant commercial qui, des ports de la Baltique, de la mer du Nord et de la Manche, conduit à l'Inde, à l'Indo-Chine, à la Chine, au Japon, aux Indes Néerlandaises et aux nouveaux marchés de l'Afrique orientale, recueille, à titre d'escale avantageuse, quelques-uns des bienfaits de cet énorme trafic. Toutefois, au lieu de nous abandonner à la joie simple qu'inspire le progrès du tonnage d'un port comme Alger, prenons la peine de considérer que l'avantage de relâcher à Alger fait aux longs-courriers anglais, allemands ou autres, est peut-être plus considérable que le bénéfice du trafic réel pour les Français d'Alger qui font quelques échanges avec ces grands oiseaux de passage ;

le chiffre du tonnage d'un port n'implique jamais que les vrais bénéficiaires du trafic, s'il y a trafic et non seulement escale, soient les propriétaires politiques dudit port.

Au reste, la nature et l'étendue du commerce algérien se modifieront, comme il est arrivé entre l'Europe et les Etats civilisés d'Amérique, à mesure que le peuplement français européen et l'accroissement de la population indigène laisseront disponible une moindre quantité de denrées alimentaires et détermineront, en revanche, un plus grand appel de produits manufacturés pour une nation plus civilisée et habituée à une vie plus aisée. Ce progrès sera sans doute la cause d'un essor des échanges intérieurs par les voies ferrées, essor gêné jusqu'ici par la concurrence du cabotage qui suffit au plus grand nombre des besoins de la population actuelle. D'ailleurs, l'activité du commerce est-elle la seule marque à laquelle on puisse apprécier le bonheur d'un groupe d'humains? Il semble que ce témoignage soit insuffisant et de signification douteuse quand on veut connaître la condition vraie d'une population essentiellement agricole : et c'est le cas de l'Algérie qui doit l'activité de ses échanges à l'excédent de production de ses cultures et à l'insuffisance de son peuplement comparé à ses ressources nutritives.

Il manquait à cette colonie, qui est une vraie province de France, pour développer librement ses richesses, l'abrogation des « rattachements » qui retiraient toute initiative à son gouverneur. Les trois décrets du 23 août 1898 et l'institution d'un budget spécial lui assurent enfin le bénéfice d'une administration homogène, cohérente, consacrée au souci des œuvres locales; c'est un dernier bienfait de la métropole qui ne sera sans danger que si l'on veille à l'efficacité des naturalisations d'étrangers, au développement de l'immigration française et au maintien du régime économique qui rend étroitement solidaires l'intérêt de la métropole et celui de la colonie.

Nous avons constaté que les mêmes conditions s'imposaient à l'expansion française en Tunisie, mais que l'exercice loyal du protectorat rendait singulièrement délicate l'attribution d'avantages exclusifs aux colons du pays protecteur. C'est l'œuvre du peuplement français qui rencontre là les plus grands obstacles ; à défaut de mesures légales qui puissent les surmonter sans violer les engagements pris à l'égard des puissances étrangères, l'initiative privée du « Comité de peuplement » encouragera l'afflux de nos compatriotes. La forme de gouvernement indirect et discret qu'est le protectorat évite assurément à la France des frais d'administration et la soustrait au péril de froisser les indigènes par un brusque changement d'allures et d'apparences ; mais les partisans de l'annexion ont-ils tort d'objecter que cette généreuse concession aux habitudes d'esprit et aux mœurs des Tunisiens nous laisse désarmés en face de l'immigration étrangère la plus hostile et risque d'empêcher les progrès d'une solidarité si nécessaire entre l'Algérie et la Tunisie ?

En dépit du retard qu'ont imposé à notre expansion en Afrique Mineure des scrupules dont on ne saurait méconnaître la générosité, il est permis d'être fier de l'œuvre d'organisation administrative, de civilisation et de mise en valeur que la France républicaine a faite en trente ans dans ces pays, en dépit de dangereux voisinages, de graves complications comme celles qui nous amenèrent en Tunisie, et surtout en dépit de l'intensité d'une expansion coloniale, dispersée dans ses effets et hâtive dans ses moyens.

ANNEXES

SOMMAIRE

I. L'ALGÉRIE

1º La colonisation : la loi du 21 juin 1871 ; le décret du 30 septembre 1878 ; le mouvement de colonisation. — 2º Le régime foncier : les lois du 26 juillet 1873, du 28 avril 1887 et du 16 février 1897. — 3º La population : le recensement de 1896 et de 1901. — 4º Le régime douanier : la loi du 29 décembre 1884 ; la loi douanière de 1892 ; la progression commerciale. — 5º L'administration et le budget : le décret des rattachements ; les décrets de 1896 et de 1898 ; la question du budget spécial. — 6º La pénétration saharienne : la période de stagnation (1870-1879) ; la période du transsaharien et le massacre de la mission Flatters (1879-1881) ; la période d'effacement (1881-1890) ; reprise de la pénétration ; la déclaration Ribot sur le Touât ; les bordjs et l'exploration ; l'occupation des oasis sud-oranaises ; la mission Foureau-Lamy.

II. LA TUNISIE

1º L'établissement du protectorat : les causes de notre intervention, circulaire de M. Barthélemy Saint-Hilaire et discours de M. Jules Ferry ; le traité de Kasr-Saïd (12 mai 1881) ; le traité de la Marsa (8 juin 1883). — 2º Le protectorat : les réformes introduites dans la régence ; les conventions tunisiennes de 1896 et 1897. — 3º La frontière tripolitaine et la pénétration saharienne : la convention franco-anglaise du 21 mars 1899 et la Tripolitaine ; les caravanes sahariennes de l'Extrême-sud tunisien.

I. — L'ALGÉRIE

1° LA COLONISATION

Nous ne pouvons indiquer dans cet historique de l'expansion coloniale que les grandes lignes des questions algériennes examinées au point de vue du progrès de la colonisation française.

La colonisation fut d'abord régie par la loi du 21 juin 1871 qui attribuait aux Alsaciens-Lorrains à titre gratuit une concession de 100,000 hectares et par le décret du 16 octobre 1871 qui, en fixant les mesures d'exécution de cette loi décidait, par son titre II, que le gouverneur général pouvait consentir des locations domaniales moyennant la somme de un franc par an et « à condition de résidence sur la terre louée » (art. 7) : au bout de neuf ans de résidence continue le bail était converti en titre définitif de propriété ; la superficie de la concession était proportionnée à la composition de la famille et, à l'expiration de la deuxième année, le locataire pouvait céder son droit au bail à tout colon européen.

Le décret du 15 juillet 1874 améliora encore au point de vue des facilités de crédit la condition des concessionnaires ; la durée de résidence était réduite à cinq ans et la cession du bail était permise après trois ans de résidence.

Pendant la période de 1870 à 1879, le nombre des centres créés sous ce régime fut de 158, le nombre d'hectares vendus ou concédés de 250,000 et la population ainsi amenée en Algérie s'éleva à près de 30,000 personnes (1).

Le décret du 30 septembre 1878 modifia de nouveau le régime des concessions : il est encore en vigueur aujourd'hui. Nous en résumons les dispositions en publiant le texte des formalités à remplir par les postulants tel que le service des renseignements généraux de l'Algérie le leur fait remettre :

Nul ne peut obtenir une concession territoriale en Algérie, s'il n'est Français, d'origine européenne ou Européen naturalisé.

(1) Léon Béquet. Déposition devant la commission sénatoriale d'étude des questions algériennes, p. 35.

Les demandeurs doivent s'engager *à résider pendant cinq ans, avec leur famille, sur les terres qui leur seront concédées.* Au bout de trois ans cependant, ceux qui ont apporté sur leurs terres des améliorations permanentes d'une certaine importance, dont la valeur est calculée à raison de 100 francs par hectare concédé, dont un tiers au moins en bâtiments d'habitation ou d'exploitation agricole, peuvent obtenir leurs titres de propriété.

Tout demandeur en concession est tenu de déclarer, à peine de déchéance, qu'il n'est ou n'a été ni concessionnaire, ni cessionnaire, ni adjudicataire de terres domaniales de colonisation.

Elles doivent être accompagnées d'une soumission, établie suivant un modèle réglementaire, *de l'extrait du casier judiciaire et de la justification, au moyen des avertissements du service des Contributions directes et d'un certificat de l'autorité locale, des ressources dont dispose réellement le postulant.*

Lorsque ces ressources consistent, en totalité ou en majeure partie, en immeubles, le demandeur sera tenu de fournir un certificat du conservateur des hypothèques indiquant la situation de ces biens au point de vue des charges qui peuvent les grever.

Les concessions sont attribuées de préférence aux cultivateurs, chefs de famille et possédant un avoir d'au moins 5,000 francs.

La pratique des travaux des champs est nécessaire pour parvenir à tirer un bon parti des terres concédées.

Le capital est indispensable pour pouvoir construire une maison d'habitation et des bâtiments d'exploitation, acheter un cheptel, des semences et vivre en attendant les premières récoltes.

Les familles qui réunissent les meilleures conditions sont admises comme attributaires

Il faut noter que ce chiffre de 5.000 fr. a été fixé par l'administration algérienne par interprétation de l'article 2 qui veut demander aux postulants de justifier « de ressources suffisantes ».

Le décret de 1878 faisait de la concession la règle et de la vente l'exception. Mais le mode de la concession gratuite a été totalement supprimé en ce qui concerne les lots de ferme, invariablement aliénés depuis 1882 par voie d'adjudications publiques (1).

Chaque année le gouvernement général fait dresser un programme de colonisation donnant la liste des territoires à peupler. Le programme de 1900-1901 comprenait 737 concessions agricoles, 96 lots de ferme et 181 lots industriels à former dans les centres de population. Le département d'Alger y figurait pour 202 lots de la

____

(1) Labiche, ouv. cité, p. 39.

première catégorie, 52 de la seconde et 134 de la troisième. Le département d'Oran y comptait 335 concessions agricoles. Le département de Constantine avait, pour sa part, 200 concessions agricoles, 44 lots de ferme, et 47 lots industriels. La moyenne des colons appelés au peuplement des concessions agricoles était de quatre personnes par concession ; sur les lots de ferme (100 hectares) une personne par vingt hectares ; sur les lots industriels, trois personnes par lot. Ce serait donc, au total, une installation d'environ 4,000 habitants.

Ce décret a soulevé de nombreuses critiques. On lui a reproché notamment comme aux précédents de nuire au crédit des colons en ne leur assurant pas dès leur installation un titre de propriété définitif. Deux propositions de loi, l'une tendant à fonder le crédit des colons en leur donnant dès le début un titre de propriété avec hypothèque privilégiée (1882), l'autre réglementant l'aliénation des terres domaniales par vente à prix fixe ou aux enchères et exceptionnellement par concession gratuite (1886), furent soumises au Parlement et n'aboutirent point. Il en fut de même d'un projet de décret préparé en 1892 par le gouvernement général de l'Algérie et la colonisation algérienne est encore aujourd'hui sous le régime du décret de 1878.

Quant aux résultats obtenus depuis 1870, on les trouvera résumés dans le tableau suivant (1) :

	De 1871 à 1896	De 1897 à 1899	Total
Superficie du territoire colonisé	642,331 hect.	31,498	673,829
Nombre de lots formés	16,233	570	16,803
— — concédés	13,480	570	14,050
— — vendus	2,726	»	2,726
Nombre de personnes installées	44,329	2,546	46,875

2º LE RÉGIME FONCIER

Le sénatus-consulte de 1863, qui consacrait l'inaliénabilité de la terre dite *arch*, fut modifié par la loi du 26 juillet 1873 dont le but était d'établir chez les indigènes la propriété individuelle et de la substituer à la propriété collective ou familiale. Le rapport de la commission de l'Assemblée nationale mettait en opposition la pro-

______

(1) *Statistique générale de l'Algérie*, 1900.

priété privée des Berbères et la propriété collective des Arabes et
ajoutait :

Chez les Arabes la jouissance en commun de la terre et de ses fruits,
son occupation temporaire et incertaine, la possession collective et indivise d'un territoire par tous les membres de la tribu, possession considérée comme un droit supérieur à toute appropriation individuelle : tel
est le caractère général de la propriété. Aussi des friches improductives,
des broussailles rabougries, de vastes espaces livrés aux troupeaux,
quelques rares champs d'orge et de blé occupant à peine la dixième
partie du sol cultivable, ont remplacé ces récoltes célèbres sur lesquelles
les Césars comptaient pour nourrir les sujets de Rome. Ainsi, tandis que
la terre divisée en propriétés individuelles dans les tribus berbères rappelle, par ses productions, les domaines les mieux cultivés et les plus
riches de l'Europe méridionale, le sol tombé dans le communisme arabe
prépare l'observateur au spectacle désolé des déserts intérieurs de
l'Afrique.

L'article 3 de la nouvelle loi disposait :

ART. 3. — Dans les territoires où la propriété collective aura été
constatée au profit d'une tribu ou d'une fraction de tribu, par application du sénatus-consulte du 22 avril 1863 ou de la présente loi, la propriété individuelle sera constituée par l'attribution d'un ou plusieurs
lots de terre aux ayants-droit et par la délivrance de titres.

La loi fut assez vivement combattue à l'Assemblée nationale, notamment par M. Clapier qui la qualifiait « loi de spoliation pour
les Arabes » et qui ajoutait : « Vous substituez à la vie pastorale de
l'Arabe la vie agricole, vous substituez la maison à la tente : cela
ne se fait pas par décret. » La loi consacrait aussi l'interdiction
absolue de toute vente de terrains *arch*.

Il fallut bientôt modifier ces dispositions. La loi du 28 avril 1887
prescrivit la reprise des opérations de délimitation et de répartition
instituées par le sénatus-consulte de 1863, elle décida qu'en cas
d'indivision entre plusieurs familles, répartition serait faite entre
elles avant la délivrance des titres des immeubles commodément
partageables, elle simplifia les délais et formalités imposés par la
loi de 1873 et autorisa les détenteurs de terres *arch* à les aliéner aux
Européens dans les mêmes conditions que les terres *melck*.

Enfin la loi du 16 février 1897 corrigea quelques dispositions de
la loi de 1887. En remplacement des procédures, enquêtes d'en-

semble sur les douars et enquêtes partielles sur les immeubles vendus par les indigènes aux Européens, instituées par cette dernière loi, elle institue un système unique d'enquêtes partielles que tous propriétaires ou acquéreurs, européens ou indigènes, peuvent provoquer dans le but d'obtenir, à leurs frais, un titre français délivré par l'administration : pour les immeubles de propriété privée c'est le directeur des domaines qui est saisi du dossier de l'enquête ouverte aux mairies et dans les marchés et qui statue ; s'il s'agit d'un immeuble sis en territoire de propriété collective, c'est le gouverneur général. Cette loi, appliquée depuis deux ans, a permis de constater « que les indigènes profitent avec une regrettable imprévoyance des facilités qui leur sont accordées par la loi pour aliéner les immeubles sur lesquels ils vivent (1) » et sur un vœu du conseil supérieur, une commission spéciale a été instituée à Alger pour empêcher que « toutes les terres des indigènes ne passent dans les mains des spéculateurs et des usuriers. »

Aux termes d'une statistique récente, les immeubles régis par la loi française s'élèvent à 4 millions d'hectares et les immeubles régis par la loi mulsumane à 9 millions et demi. Les propriétés appartenant aux Français s'élèvent à environ un million et demi d'hectares.

3° LA POPULATION

Le recensement de 1896 a accusé pour l'Algérie une population totale de 4,429,421 habitants et celui de 1901 une nouvelle augmentation de plus de 410,000 habitants.

Dans le chiffre de 1896, les indigènes entrent pour 3,764,076 (Tunisiens et Marocains non compris). Ce chiffre accuse une augmentation croissante de la population indigène, dont voici la progression exprimée en chiffres approximatifs :

1856	2,307,000
1866	2,652,000
1876	2,462,000
1886	3,262,000
1891	3,559,000
1896	3,764,000

(1) *La propriété foncière en Algérie*, par M. Laynaud, directeur des domaines à Alger, 1900, p. 121 et suiv.

Ces derniers chiffres offrent une assez grande précision par suite de l'application de la loi du 23 mars 1882 constituant l'état civil des indigènes.

D'après ce même recensement de 1896 la population européenne s'élevait au chiffre de 665,772 âmes, dont 366,902 Français. Voici d'ailleurs un tableau de la progression de la population européenne en Algérie exprimée en chiffres approximatifs :

	Français et naturalisés y compris les Israélites	Étrangers y compris les Tunisiens et Marocains	Population comptée à part	Total
1856 . . .	90,000	66,000	9,000	165,000
1866 . . .	126,000	93,000	16,000	234,000
1876 . . .	192,000	156,000	60,000	408,000
1886 . . .	260,000	225,000	65,000	550,000
1891 . . .	320,000	230,000	16,000	562,000
1896 . . .	366,902	229,027	69,843	665,772

Le chiffre total des Français, y compris les Israélites indigènes et la partie française de l'armée, est donc de 437,000 âmes en réalité.

Si l'on compare par nationalités les résultats du dénombrement de 1896, l'on obtient le tableau suivant :

Français (civils).	345,300
Israélites indigènes	53,100
Musulmans sujets français . . .	3,757,900
Tunisiens et Marocains	17,800
Espagnols	158,000
Italiens	35,500
Anglo-Maltais	12,800
Allemands	3,300
Autres nationalités.	10,100

On remarque que tandis que le chiffre de la population française et indigène augmente, celui de la population espagnole et italienne tend à descendre depuis 1891 : nous renvoyons pour l'anayse détaillée de ces faits démographiques à l'intéressante étude de MM. Mandeville et Demontès, publiée dans les *Questions diplomatiques et coloniales*, 1900. Avec ces auteurs nous concluons sur ce point : « Les Européens, tant Français qu'étrangers, s'accroissent désormais dans la colonie de plus en plus régulièrement, de plus en plus vite. Mais les résultats apparents du dénombrement de 1896 ne doivent pas nous faire illusion et nous faire croire que les Français ont définitivement distancé les étrangers, étant donné surtout la manière dont ces derniers sont répartis et groupés. Pour permettre aux Français de garder leur avance et d'assumer, dans la formation du peuple franco-algérien, la part légitimement prépondérante qui leur revient, la colonisation officielle, malgré les défauts qu'on lui reproche à juste titre, a toujours été nécessaire et le demeure encore à l'heure actuelle. »

Les naturalisations se sont élevées dans la période comprise entre le sénatus-consulte du 14 juillet 1865 et le 31 décembre 1899 au chiffre de 27,858, dont environ 8,000 Italiens, 8,000 Allemands et Alsaciens-Lorrains, 4,800 Espagnols, 1,300 Anglais et Anglo-Maltais, 1,000 Belges, 1,000 Suisses, etc. La loi du 26 juin 1889 a été déclarée applicable à l'Algérie et a créé ainsi une « naturalisation automatique » en déclarant Français tout individu né en Algérie d'un étranger qui lui-même y est né, et les jeunes gens nés d'étrangers et qui domiciliés en France (ou en Algérie) à leur majorité ne déclinent pas la qualité de Français dans l'année qui suit leur majorité.

Il nous suffira de rappeler qu'en vertu des décrets de 1870 appelés « décrets Crémieux », les Israélites indigènes sont déclarés Français.

Citons encore sur cette question de la naturalisation qui a donné lieu à tant de discussions, la convention consulaire franco-espagnole relative au service militaire, d'après laquelle les jeunes Espagnols d'Algérie doivent satisfaire au recrutement soit d'après la loi espagnole, soit d'après la loi française et, en cas d'option pour celle-ci, peuvent réclamer de plein droit la naturalisation.

Quant aux indigènes nous devons signaler les efforts accomplis par quelques gouverneurs et quelques hommes d'Etat en vue de leur donner une situation morale meilleure : la création des médersas et des hôpitaux indigènes, les honneurs attribués au clergé musulman et aux grands chefs du Sud ont été la conséquence de ces efforts.

4° LE RÉGIME DOUANIER

L'Algérie demeura, jusqu'en 1884, sous le régime de la loi du 17 juillet 1867 qui avait établi l'union douanière entre la France et la colonie et soumis les produits étrangers à un régime spécial de faveur que nous avons indiqué plus haut.

Ce régime fut modifié par la loi du budget de 1885 (29 décembre 1884) :

ART. 10. — Les produits étrangers importés en Algérie sont soumis aux mêmes droits que s'ils étaient importés en France. Sont exceptés de la disposition qui précède les produits mentionnés au tableau A annexé à la loi du 17 juillet 1867 modifiée par la loi du 19 mars 1875. Sont maintenues les dispositions de la loi du 17 juillet 1867 relatives aux produits naturels ou fabriqués, originaires de la régence de Tunis, de l'Empire du Maroc et du sud de l'Algérie. Toutefois, les sucres étrangers importés en Algérie seront soumis aux surtaxes applicables aux sucres étrangers importés en France.

La loi douanière de 1892 modifia de nouveau ce régime, les produits algériens continuent à jouir de la franchise dans nos ports, jouissant ainsi, par rapport aux produits étrangers, du même supplément de protection que les productions métropolitaines.

L'Algérie possède depuis 1844 l'octroi de mer dont les revenus sont applicables aux municipalités et qui frappe les produits de consommation non à leur entrée dans les villes, mais à leur entrée en Algérie. Il a été réglementé par un décret du 23 décembre 1890 qui en a restreint la perception aux denrées coloniales, huiles minérales, alcools purs contenus dans les boissons excédant 15°9, bières, etc. L'article 4 dispose que « le produit net des taxes pour toute l'Algérie est réparti entre les communes de plein exercice et les communes mixtes au prorata de leur population normale et municipale constatée par le dernier recensement quinquennal, les indigènes musulmans étant comptés pour un cinquième seulement de leur nombre dans les communes de plein exercice et pour un quarantième de leur nombre dans les communes mixtes. » L'octroi de mer étant une taxe fiscale sans aucun caractère de protection, les décrets du 27 juin 1887 et du 19 septembre 1892 ont établi et ré-

glementé un droit intérieur sur la fabrication des alcools et des
bières dans la colonie (1).

Quant au mouvement commercial, sa progression a été la suivante, en millions de francs :

	1891	1899	1900 (2)
Importations.	277,7	341,6	249,3
Exportations.	235,7	346,4	221,7
Totaux. . . .	543,4	688	471,0

Sur ces chiffres, la part de la France est la suivante :

	1891	1899	1900 (2)
Importations de France .	222,0	282,2	195,3
Exportations en France .	189,6	279,6	165,8
	411,6	561,8	361,1

5° L'ADMINISTRATION ET LE BUDGET

Nous ne pouvons prétendre à exposer ici, même sommairement,
les nombreuses questions politiques soulevées par l'administration
de l'Algérie, par son régime électoral et par sa situation financière.

Il nous faut simplement rappeler le décret du 26 août 1881, relatif à l'organisation administrative de l'Algérie. Ce décret dit « décret des rattachements » plaçait sous l'autorité directe des ministres
compétents la plupart des services civils de l'Algérie. L'article 4 ne
laissait plus au gouverneur général, indépendamment des attributions qui lui avaient été conférées par des lois spéciales, que le
pouvoir de statuer par délégation des ministres sur diverses affaires
limitativement désignées par sept décrets rendus de 1881 à 1888. On
sait à quelles conséquences aboutit ce système des rattachements
. qui fut contemporain de la fameuse formule : « L'Algérie n'est pas
une colonie, mais un prolongement de la France. » Il nous suffira
de rappeler cette affirmation de M. Jules Cambon qu'il n'avait
point le pouvoir de déplacer un simple garde-forestier, et ce gouverneur général ne cessa, chaque fois qu'il prit la parole devant le
Parlement, de demander la suppression des rattachements (3).

(1) Vignon, ouv. cité, p. 229.
(2) Pour 1900, les chiffres mentionnés ne représentent que le commerce spécial.
(3) V. notamment C. D., 10 novembre 1896.

Le Sénat avait voté en 1893, et la Chambre demanda également en novembre 1896 la suppression de ce régime. Un premier pas décisif fut fait dans cette voie par le décret du 31 décembre 1896. Les articles suivants indiquent nettement la portée de ce décret :

Art. 1. — Sont rapportés les décrets des 18 décembre 1874, du 11 mars 1881 et du 26 août 1881.

Sont également rapportés tous les décrets et décisions portant délégation de pouvoirs des ministres au gouverneur général de l'Algérie par application des dispositions sus-rappelées.

Art. 2. — . . . .

Le gouvernement et la haute administration de l'Algérie sont centralisés à Alger sous son autorité (celle du gouverneur général).

Art. 4. — . . . .

Le gouverneur général correspond directement avec le ministre de France au Maroc et le résident général de France à Tunis. .

Art. 5. — Tous les services civils de l'Algérie sont placés sous la direction du gouvernement général, à l'exception des services non musulmans de la justice, des cultes, de l'instruction publique et des services de la Trésorerie et des douanes qui demeurent sous l'autorité des ministres compétents.

La principale réforme fut accomplie par les décrets du 23 août 1898. Ces trois décrets, dit l'exposé des motifs, « concourent à la réalisation d'une même pensée : assurer au gouvernement général de l'Algérie, déjà fortifié par la suppression presque complète du régime dit des « rattachements », une force nouvelle fondée sur des institutions libérales, destinées à associer plus directement les populations algériennes à l'œuvre du gouverneur qui représente la métropole auprès d'elles. »

Le premier décret a abrogé celui du 31 décembre 1896, mais en a reproduit en fait les dispositions en les précisant. Le second a organisé une institution nouvelle, les délégations financières, composées de délégués des colons, des contribuables non colons et des indigènes musulmans et consultées chaque année par le gouverneur général sur les questions relatives aux impôts ou taxes perçus ou à percevoir. Le troisième a modifié la composition du conseil supérieur de gouvernement en augmentant le nombre de ses membres par l'introduction de représentants des délégations financières.

Ces réformes, appliquées par le gouverneur général nommé en 1898, M. Laferrière, devaient avoir pour corollaire l'institution d'un budget spécial pour l'Algérie et l'attribution de la personnalité civile à la colonie. Cette nouvelle réforme, étudiée par les divers rapporteurs de la commission du budget, a été réalisée par la loi du 19 décembre 1900 qui dote l'Algérie de la personnalité civile et d'un budget spécial voté par les Délégations financières et délibéré par le Conseil supérieur de gouvernement : le premier budget ainsi arrêté a été celui de 1902, sous l'administration du nouveau gouverneur, M. Revoil.

6° LA PÉNÉTRATION SAHARIENNE.

L'exposé des efforts accomplis depuis trente ans pour la pénétration du Sahara révèle ce fait que nous n'avons eu dans le Sud algérien aucune politique définie et constante. Aussi distinguerons-nous, avec les auteurs de l'*Historique de la pénétration saharienne* (1), diverses périodes d'action et d'effacement : nulle part plus que dans cette question nous n'avons constaté cette succession de résolutions d'irrésolutions que l'on retrouve si souvent dans notre histoire coloniale.

Une première période, qui va jusqu'à l'année 1879, peut être définie la période de stagnation. La révolte de 1871 eut dans le sud un contre-coup qui amena l'envoi de deux colonnes, l'une qui en 1871-1872, sous le général de Lacroix, réoccupa Touggourt et Ouargla, l'autre qui, en 1873, sous les ordres du général de Galliffet, poussa jusqu'à El Goléa. L'exploration ne donna que des résultats modestes. Dournaux-Duperré et Joubert, qui voulaient reprendre les relations avec les Touareg, furent assassinés en 1874 au Redir Ohanet, au sud de Rhadamès, en se rendant à Rhât. Paul Soleillet, parti d'El Goléa avec quatre indigènes, se rendit à In Salah, mais ne put pénétrer dans les oasis et dut reprendre en toute hâte le chemin du retour. Victor Largeau, en 1875, gagna Rhadamès par Hassi-Botthin et rentra par El Oued ; l'année suivante il alla de nouveau à Rhadamès, mais ne put ramener aucune caravane, comme il l'espérait ; il fit encore en 1877 une tentative infructueuse pour gagner le Tidikelt. La pénétration du Sahara faisait partie du programme de pro-

____

(1) *Historique de la pénétration saharienne*, par MM. Augustin Bernard, professeur à l'Ecole des Lettres d'Alger, et le commandant Lacroix, ancien sous-chef du service des affaires indigènes ; Giralt, Alger, 1900.

pagande des Pères Blancs du cardinal Lavigerie et en 1876 les
Pères Paulmier, Ménoret et Bouchard partirent de Metlili vers le
sud : ils furent assassinés auprès de Hassi-Inifel. Trois ans après
les Pères Richard et de Kermabon engagèrent des relations avec les
Azdjer et gagnèrent le lac Mihero et rentrèrent à Rhadamès par le
lac Menkhough et Temassinin. Il faut rattacher à cette époque le
projet du lieutenant-colonel Roudaire qui voulait amener, grâce
aux différences de niveau, les eaux de la Méditerranée dans la région
des chotts du sud de Constantine et de la Tunisie.

De 1879 à 1881 nous avons eu la période du Transsaharien qui
se termina brusquement par le massacre de la mission Flatters.
L'idée du Transsaharien, déjà indiquée dans un mémoire d'Augier
La Sauzaie (1830) et dans la grammaire de Hanoteau, déjà combattue, nous l'avons dit, par Faidherbe, fut reprise et développée à
partir de 1875 par l'ingénieur Duponchel qui publia en 1879 sa
brochure, *Le chemin de fer Transsaharien*. Les discussions et les
polémiques que provoqua son projet amenèrent le gouvernement à
instituer une « Commission supérieure du Transsaharien » chargée
d'étudier la question. Cette commission prépara l'envoi de trois
missions. En 1879 l'ingénieur Pouyanne étudia un tracé oranais
par Ras el Ma. En 1879-1880, l'ingénieur Choisy et un groupe d'ingénieurs, parmi lesquels M. Georges Rolland, reconnurent le tracé
de Biskra-Ouargla et rapportèrent de précieux documents sur la
géologie et la géographie physique du Sahara. Enfin le lieutenant-
colonel Flatters, accompagné des ingénieurs Béringer et Roche, et
de plusieurs officiers, étudiait le tracé du Transsaharien au sud
d'Ouargla : cette première mission, qui le conduisit par El Biodh,
Temassinin et Tebalbalet jusqu'au lac Menghough, fut fertile en
résultats scientifiques et géographiques, mais presque nulle au
point de vue politique, on avait voulu enlever à la mission toute
apparence militaire, et les Touareg se refusaient à entrer en relations
avec elle. La seconde mission partit d'Ouargla le 4 décembre 1880
sous des auspices très peu favorables, les avis parvenus de divers
côtés faisaient prévoir l'hostilité des Touareg, mais l'optimisme de
Flatters restait entier. Le 16 février 1881 la mission fut attaquée et
massacrée à Bir-el-Gharama ou plutôt, comme l'a établi la mission
Foureau, à Hassi Tadjenout, dans un guet-apens préparé par les
guides, résolu à l'instigation des gens d'In-Salah et pour lequel
toutes les factions des Hoggars, sauf une, avaient fourni des contin-

gents (1) : des survivants indigènes rapportèrent quelques documents de la mission. Le 21 juin 1881, le conseil général des Ponts-et-Chaussées émettait l'avis que « puisque l'entreprise d'un chemin de fer transsaharien ne pouvait être abordée que lorsqu'on aurait occupé d'une manière permanente et définitive le Sahara algérien, il y avait lieu d'ajourner toute décision sur le choix d'une ligne pour amorce de ce chemin de fer, et de ne donner suite aux avant-projets présentés qu'autant que l'exécution en serait réclamée dans un intérêt politique et stratégique. » Néanmoins les promoteurs des trois projets partant respectivement d'Oran, d'Alger par Laghouat et de Biskra par Ouargla n'ont point désarmé et continuent leur propagande : le Biskra-Ouargla notamment est en instance devant le Parlement.

Une nouvelle période d'effacement s'ouvrit ainsi en 1881, qui dura jusqu'en 1890. La baisse de notre prestige ne fut pas compensée et la révolte de Bou-Amama montra combien il était nécessaire de le rehausser. Il faut noter dans cette période la création du poste d'Aïn-Sefra, la colonne Delebecque vers Figuig en 1881, celle du commandant Marmet en 1882, la pacification des Ouled-Sidi Cheikh Cheraga en 1883, l'occupation de Djenien-bou-Rezg en juillet 1885, la prolongation du chemin de fer jusqu'à Aïn Sefra en 1887 et jusqu'à Biskra en 1888, la création des puits artésiens dans l'Oued-Rir et, dans le domaine de l'exploration, l'assassinat des Pères Richard, Morat et Pouplard au sud de Rhadamès en décembre 1881, qui amena Mgr Lavigerie à renoncer à la pénétration, la première mission de M. Foureau en décembre 1882 jusqu'à Aïn Taiba et Hassi-Oulad-Aïch, l'assassinat du lieutenant Palat au Gourara en février 1886 et celui de Camille Douls dans le Tidikelt en 1889.

Avec l'année 1890 commence une période plus active. Le mouvement de conquête qui se déterminait depuis 1885 chez toutes les puissances coloniales et la limitation de notre influence au Sahara par la convention du 5 août 1890 nous entraînèrent à nous étendre dans le sud algérien. Ce n'est pas à dire que notre politique ait été constante et résolue.

En 1890, il sembla que nous dussions marcher au Touât et, à

____

(1) Voir Bernard et Lacroix, ouv. cité, p. 88, et P. Vuillot, *L'exploration du Sahara*, p. 186, bons résumés des documents relatifs à la mission Flatters.

Alger on étudia un projet d'expédition par Igli et l'Oued Saoura.
On se borna à construire un poste permanent à El-Goléa (1891) et à
décider le prolongement du chemin de fer d'Aïn Sefra jusqu'à
Djenien bou-Rezg. Il faut toutefois noter à l'actif des gouvernants
de cette époque la déclaration très nette des droits de la France
sur les oasis sud-oranaises qui fut apportée le 26 octobre 1891 à la tribune de la Chambre par M. Ribot, ministre des affaires étrangères :

Si dans ces derniers temps le Maroc a cru pouvoir envoyer des émissaires pour nouer des relations dans ces oasis, pour y faire réclamer
son intervention, je puis dire que le gouvernement français n'a pas
hésité à signifier au Maroc de la façon la plus claire et la plus catégorique qu'il ne tolérerait de sa part aucun acte de souveraineté sur ces
territoires qui rentrent dans la zone naturelle de l'influence française.

Cette question n'est pas une question européenne, ni même une question marocaine : c'est une question de police au sud de notre Algérie.

En 1892, M. Cambon, gouverneur général, se rendit à El Goléa
avec le général Thomassin et y reçut la visite des Ouled Sidi Cheikh.
Les oasis attendaient à ce moment la colonne d'occupation. Elle ne
fut point formée et l'on se borna à la création de bordjs ou fortins
auprès des principaux points d'eau. « Ces mesures étaient parfaitement justifiées s'il fallait y voir une solution d'attente, si ces bordjs
devaient être des gîtes d'étape et des points d'appui, en vue d'une
marche immédiate sur In-Salah, c'était une charge sans compensation si l'on devait s'imposer pendant des années le ravitaillement
coûteux et parfois dangereux de ces postes. Avec les nomades, quand
on occupe un point, on n'occupe que ce point (1). » De 1893 à 1899
cependant l'expansion sud algérienne se borna à la fondation de
quelques bordjs, à l'envoi d'émissaires aux oasis, à la préparation
de projets d'expédition et à la formation de quelques missions
d'exploration militaires, scientifiques ou commerciales, celles de
M. Méry en 1892 et en 1893, de M. d'Attanoux en 1893-94 vers le lac
Menghough, du commandant Godron en 1895 vers Tabelkoza, de
M. Flamand dans le Sud-Oranais en 1896, des commandants Germain et Laperrine jusqu'en vue d'In-Salah en 1898, et de M. Foureau qui depuis 1890 n'a cessé d'explorer le Sahara algéro-constan-
tinois. L'échec de ces tentatives pour amener à nous les Touareg

(1) Bernard et Lacroix, ouv. cité, p. 125.

décida le gouvernement à expérimenter un nouveau moyen d'expansion : la création dans le sud de marchés francs auxquels les marchandises importées de France pourraient parvenir exonérées de tous frais de douanes, de façon à concurrencer dans le Sahara les marchandises venues par le Maroc ou par Tripoli ; il ne paraît point que l'expérience ait donné de nombreux résultats.

Les années 1899 et 1900 furent décisives pour la pénétration saharienne. Le gouverneur général de l'Algérie M. Laferrière préconisait lui-même, au lieu du Transsaharien dont il ajournait l'étude et la création, l'établissement de chemins de fer sahariens. A la fin de cette année un événement capital tranche la vieille question du Touât. M. Flamand, géologue, chargé de mission, arrive à In-Salah en compagnie du capitaine Pein, chef de son escorte militaire et l'hostilité des oasis oblige la mission à les occuper par la force. (décembre 1899). Le gouvernement dut renforcer la mission Flamand et après quelques jours d'hésitation le maintien de l'occupation fut décidé.

Mais il fallut des opérations assez longues pour achever la soumission des oasis. Deux colonnes furent envoyées, l'une (colonne d'Eu) chargée d'achever l'occupation du Tidikelt, eut à vaincre dans un sanglant combat à In-Rhar les rebelles réunis par un personnage qui se faisait appeler le pacha de Timmi ; l'autre commandée par le colonel Bertrand alla occuper Igli. Il fut décidé aussi que le chemin de fer serait poussé immédiatement jusqu'à Zoubia-Duveyrier et ensuite vers Igli. De nombreux combats ont été livrés à diverses reprises pendant l'année 1900, notamment ceux de Sahela-Métarfa qui nous coûtèrent plusieurs tués. Des opérations nouvelles ont été préparées en octobre 1900 pour la campagne d'hiver 1900-1901 contre les Doui-Menia et autres tribus insoumises. Le général Servière qui les dirigeait a occupé le Touât en février-mars 1901, non sans avoir eu à livrer quelques sanglants combats, notamment à Charouin. — A l'été de 1901 la pacification était complète et les intrigues marocaines qui avaient suscité l'attaque des Berabers contre le poste de Timmimoun, ainsi que l'assassinat d'un Français, M. Pouzet, aux îles Zaffarines, ont pris fin à la suite de l'envoi d'une mission marocaine venue à Paris au mois de juillet 1901.

Un autre événement important de notre pénétration saharienne a été le passage de la mission Foureau-Lamy qui, partie d'Ouargla le 23 octobre 1898, et reprenant le projet de Flaters, s'enfonça dans le Sahara par In-Azaoua pour parvenir à Zinder et de là au Tchad.

Au résumé, l'occupation des oasis sud-oranaises, en dehors de toute préoccupation du côté du Maroc, de prolongement du chemin de fer vers le Touât, création future des autres sahariens, ces trois points déterminent notre action actuelle dans le sud. Il faut y ajouter la question de la création d'un commandement unique des territoires du sud qui se pose avec plus d'urgence encore depuis que le Soudan a planté, lui aussi, les premiers jalons d'une politique saharienne.

II. — LA TUNISIE

1° L'ÉTABLISSEMENT DU PROTECTORAT

Il n'entre point dans les limites de notre étude de retracer le détail des événements qui amenèrent l'intervention de la France en Tunisie et l'établissement de son protectorat sur la régence (1). Les années 1875 à 1880 se résument dans la marche de plus en plus rapide de la Régence vers l'anarchie, le désordre et la ruine financière ; dans les difficultés que rencontre la commission financière internationale : dans les négociations du congrès de Berlin où lord Salisbury déclare à M. Waddington que « il ne devait tenir qu'à nous seuls de régler au gré de nos convenances la nature et l'étendue de nos rapports avec le bey » et que « le gouvernement de la reine acceptait d'avance toutes les conséquences que pouvait impliquer pour la destination ultérieure du territoire tunisien le développement naturel de notre politique (2) » ; dans les intrigues du représentant de l'Italie, le consul Maccio, pour battre en brèche l'influence de M. Roustan, pour grandir l'importance de la colonie italienne ; enfin, dans les incursions fréquentes des tribus rebelles à la frontière algérienne.

(1) Voir P. H. X. *La politique française en Tunisie*, Plon, 1892.
(2) M. Waddington au marquis d'Harcourt, 26 juillet 1878, *Livre Jaune*.

Quant aux causes mêmes de notre intervention, elles sont ainsi définies par Barthélemy Saint-Hilaire dans sa circulaire du 9 mai 1881 :

Aux confins de la Tunisie et de l'Algérie, il y a toute une zone de tribus insoumises et belliqueuses qui sont perpétuellement en guerre et en razzias les unes contre les autres et qui entretiennent dans ces contrées, naturellement très difficiles, un foyer d'incursions, de brigandages et de meurtres. Le plus ordinairement, ce sont les tribus de notre domination qui en sont les victimes, parce que, grâce au régime plus doux dont nous leur avons apporté le bienfait, elles sont devenues plus sédentaires et plus paisibles en se civilisant peu à peu ; mais les tribus tunisiennes sont plus barbares et plus aguerries, et, entre celles-là, on distingue surtout les Ouchtetas, les Freichichs et les Khroumirs... Le premier objet de notre expédition, c'est la pacification définitive de notre frontière de l'est.

Mais ce ne serait rien d'y avoir rétabli l'ordre et le calme, si l'État qui nous est limitrophe restait sans cesse hostile et menaçant. Nous ne pouvons pas craindre une attaque sérieuse de la part du bey de Tunis tant qu'il en est réduit à ses propres forces ; mais la plus simple prudence nous fait une loi de veiller aux obsessions dont il peut être entouré et qui, selon les circonstances, nous créeraient en Algérie de très graves embarras dont le contre-coup porterait jusqu'en France.

Jusqu'à ces derniers temps, nous sommes demeurés en excellente intelligence avec le gouvernement de S. A. le Bey, et, si parfois nos rapports avaient été troublés pour le règlement de quelques indemnités dues à nos tribus lésées, l'accord s'était promptement rétabli ; il s'était même consolidé à la suite de ces dissentiments légers. Mais dernièrement, et par des causes qu'il serait trop délicat de pénétrer, les dispositions du gouvernement tunisien envers nous ont totalement changé ; une guerre sourde d'abord, puis de plus en plus manifeste et audacieuse, a été poursuivie contre toutes les entreprises françaises en Tunisie, avec une persévérance de mauvais vouloir qui a amené la situation au point où elle est arrivée aujourd'hui.

Afin de mieux éclairer encore l'Europe sur nos intentions et pour qu'aucun doute ne subsistât sur les limites que nous entendions assigner à notre action, le ministre des affaires étrangères ajoutait :

Nous avons montré depuis plus de quarante ans que si nous étions obligés, pour la sécurité de la France algérienne, de revendiquer dans la régence une situation prépondérante, nous savions respecter scrupuleusement les intérêts des autres nations, qui peuvent, en toute confiance, vivre et se développer à côté et à l'abri des nôtres. Les puissances savent bien que nos sentiments à leur égard ne changeront pas.

Les origines de l'établissement du protectorat tunisien sont en outre fort nettement rappelées dans le discours prononcé par Jules Ferry, à la séance de la Chambre du 5 novembre 1881, en développant cette idée que le protectorat tunisien était « une nécessité politique et une garantie absolument indispensable à la sécurité de l'Algérie » :

Laissez-moi dire ici et redire encore une fois ce que c'est que l'expédition de Tunisie, et vous rappeler quels grands intérêts nationaux elle a eu pour but de garantir. Messieurs, j'imagine que ceux qui l'attaquent si violemment n'ont jamais jeté les yeux sur la carte de l'Afrique du Nord. S'ils l'ont regardée, ont-ils considéré, d'une part, cette frontière toujours ouverte, soit aux insurrections algériennes qui se dissipent, soit aux insurrections algériennes qui recommencent ? D'autre part, ont-ils porté leur attention sur cette côte illustre, riche, et si tentante, et se sont-ils demandé parfois si un bon Français pouvait supporter la pensée de laisser à d'autres qu'à une puissance faible, amie ou soumise, la possession d'un territoire qui est, dans toute l'acception du terme, la clef de notre maison ?

Ainsi, messieurs, il faut vraiment ou bien être complètement étranger à l'histoire politique et diplomatique de ce pays, ou bien être singulièrement aveuglé par l'esprit de parti pour croire que le gouvernement qui est sur ces bancs ou que les agents qui le représentent à l'étranger, sont les inventeurs de la question tunisienne. Mais, messieurs, la question tunisienne est aussi vieille que la question algérienne, elle en est contemporaine ; il y a, sur ce point, dans notre politique depuis cinquante ans, une suite d'idées, une unité de desseins et de conceptions tout à fait remarquable. La monarchie de Juillet avait reçu la conquête algérienne comme un héritage de la branche aînée ; elle l'avait maintenue, continuée avec persévérance, au prix de grands sacrifices. Or, dès le premier jour, ses hommes d'État comprirent que la question de sécurité pour nos possessions d'Algérie était intimement liée, faisait corps essentiel avec la question de la domination politique dans la régence.

Le gouvernement de Juillet était tellement convaincu que la régence devait rester sous la prépondérance française, établie, soit par une alliance sincère, soit par des garanties d'un autre ordre, qu'il n'a jamais toléré la pensée que cette possession africaine pût appartenir même à la Porte, si faible qu'elle fût. La Porte, en 1835, avait remis la main sur la Tripolitaine ; cette reprise de possession était entrée dans le droit européen, et, prenant goût à la chose, à chaque émotion populaire, à chaque conspiration de palais, à chaque rébellion des tribus dans la régence, la Porte, toujours aux aguets et toujours prête, mettait sa flotte en campagne et menaçait la régence du sort de la Tripolitaine. Quant à la France, elle opérait, avec la même irrégularité, un mouvement en sens inverse. M. Guizot, dans ses mémoires, a résumé en quelques lignes la politique persistante du gouvernement de Juillet dans l'Afrique du Nord :

« A cet effet, une escadre turque sortait presque chaque année de la mer de Marmara pour aller faire sur la côte tunisienne une démonstration plus ou moins menaçante... Mais nous voulions le maintien du *statu quo*, et, chaque fois qu'une escadre turque approchait ou menaçait d'approcher de Tunis, nos vaisseaux s'approchaient de cette côte avec ordre de protéger le bey contre toute entreprise des Turcs. »

La politique de l'empire ne fut pas moins positive, constante, absolument rebelle à toute compromission sur ce point délicat.

Voici, par exemple, une circulaire de M. Drouin de Lhuys, adressée, au mois de mai 1854, à M. de Moustier, alors ambassadeur à Constantinople. A ce moment, la régence était en feu ; une insurrection formidable, sous les coups de laquelle la dynastie manqua de s'écrouler, y avait éclaté quelques mois auparavant, et la Porte, suivant son usage, avait fait soupçonner des desseins d'intervention. Mais l'ambassadeur de France à Constantinople était allé au-devant du péril ; il avait vu le grand vizir, qui était un grand politique ottoman de cette époque, Ali-Pacha ; celui-ci avait donné au gouvernement français les explications les plus rassurantes, ce qui faisait dire au ministre des affaires étrangères :

« Nous devons conclure de là qu'il n'est pas dans la pensée de la Porte de méconnaître les engagements qu'elle a pris d'ancienne date envers nous à l'égard de Tunis, et qu'elle reconnaît que les intérêts spéciaux, résultant pour nous de la possession de l'Algérie, ne nous permettraient pas de laisser porter atteinte dans la régence au *statu quo* dont la conservation est devenue un des principes, en quelque sorte traditionnels de notre politique. C'est en nous plaçant à ce point de vue que nous désirons le maintien de la famille aujourd'hui en possession du pouvoir à Tunis, parce que sa déchéance ne pourrait s'accomplir sans provoquer des compétitions et amener peut-être des luttes d'influence qu'il est évidemment préférable d'écarter. »

Et, dans une conversation, qui a été rappelée dans divers documents distribués aux Chambres, de M. de Moustier avec le grand-vizir, Ali-Pacha, l'ambassadeur de France, dans un entretien, résumait, d'une façon très claire et très pittoresque, la question dans toute sa gravité, en disant : « Il faut quelque chose entre la Porte et nous, et, si la Tunisie n'existait pas, il faudrait l'inventer. »

Telle était donc la doctrine du gouvernement impérial, en cela absolument semblable à la politique du gouvernement de Juillet : la France ne peut tolérer dans la régence, ni l'anarchie, ni l'étranger. Mais, comme l'anarchie tendait à devenir endémique dans ce pays, et que l'anarchie conduit nécessairement à l'appel de l'étranger, surtout lorsqu'il y a un suzerain ou se prétendant tel qui s'appelle la Porte, dès 1864 nous voyons apparaître au ministère des affaires étrangères, dans les correspondances de ses agents en Tunisie, la préoccupation d'une occupation éventuelle de la Tunisie.

Les preuves en abondent. En 1864, au milieu de l'insurrection, on examine l'hypothèse d'un débarquement dans la Tunisie opéré par une puissance étrangère. Le lieutenant-colonel Campenon, alors membre de la mission militaire française à Tunis, recommande, dans ce cas, de répondre victorieusement à ce défi en montrant nos soldats du côté du Kef. Notre représentant à Tunis, M. de Beauval, écrivait :

« En présence de cette éventualité, je n'ai pas hésité à demander un bâtiment de la marine impériale à M. le gouverneur général de l'Algérie... Le gouvernement de Sa Majesté aura d'ailleurs à apprécier s'il ne convient pas de faire venir, à proximité de Tunis, à Bône par exemple, des forces imposantes. »

A cette communication, le ministre des affaires étrangères répondait par des instructions très précises, où il rappelait que le voisinage de l'Algérie nous avait créé, dans la Régence, des intérêts spéciaux que nous ne devions pas laisser compromettre :

« Si vous prévoyiez, dit-il, que la dynastie des Hassanli fût menacée, soit par la crise intérieure, soit par l'action de quelque puissance étrangère, vous auriez à m'en informer directement par le télégraphe, et vous devriez même, en cas d'urgence, vous entendre avec M. l'amiral d'Herbinghem pour aviser aux moyens de prévenir une catastrophe. »

La paix est rétablie dans la Régence d'une façon un peu précaire. En janvier 1868, une note du ministère des affaires étrangères précise de nouveau la continuation de la même politique, et atteste la préoccupation si sérieuse, entrevue déjà à l'horizon, de la nécessité possible d'une occupation française :

« L'incapacité de la dynastie qui règne à Tunis, l'improbité du ministre qui y exerce un droit absolu » — c'était le célèbre Mustapha-Khasnadar, mort en 1873 — « les vices de l'administration la plus inintelligente et la plus oppressive, la dilapidation, au profit d'un petit nombre, de ressources onéreuses, résultant d'emprunts usuraires, ont épuisé la Régence, anéanti son agriculture, ruiné son commerce et décimé sa population. »

Pour remédier à cet état de choses, que faut-il faire ? « Il conviendrait, dit le ministre des affaires étrangères, de recourir à un « moyen terme » qui permettrait de concilier l'existence du beylick, comme souveraineté indépendante, avec les garanties que réclament non seulement les intérêts de nos nationaux, mais ceux qui se rattachent d'une manière plus générale pour la France à la question tunisienne. » Ce moyen aurait consisté à occuper toute la partie sud de la Régence, de telle sorte que nous eussions eu toute facilité pour arrêter les essais d'occupation étrangère ou de révolte qui auraient pu se produire. En janvier 1869, nouvelle note, plus précise encore, indiquant et formulant avec une grande clarté et une véritable prévoyance, les vues du gouvernement français :

« La France est le seul pays avec qui le bey ait sérieusement à compter ; en cas de guerre, nous respecterons son sol, la nationalité de son peuple, s'il est pour nous un ami fidèle, c'est-à-dire s'il empêche que des secours, d'une nature quelconque, soient fournis par des indigènes à nos ennemis. Mais, à la moindre attaque, ou même si nous avions des doutes sérieux sur sa neutralité, nous entrerions à main armée sur le territoire de la Tunisie, ouvert de tous côtés, et nous serions bientôt sous les murs de la capitale, qui tomberait infailliblement en notre pouvoir. En temps de paix, nous sommes les protecteurs naturels du pays ; notre colonie nous fait un devoir de nous opposer aux vues ambitieuses des États étrangers qui, sous un prétexte quelconque, tenteraient de prendre pied à côté de nous. »

Outre ces notes, qui représentent l'opinion du ministère des affaires étrangères à Paris, il y a la correspondance des agents locaux.

A cette époque, de 1869 et 1870, le représentant de la France à Tunis était M. de Botmiliau. M. de Botmiliau, dans sa correspondance, a souvent envisagé l'hypothèse d'une occupation de la Régence par nos armes ; il en a toujours parlé comme d'une extrémité fâcheuse. Mais, à mesure que le temps s'écoulait et que la faiblesse du gouvernement beylical apparaissait à tous les yeux, le représentant de la France à Tunis rencontrait plus souvent sous sa plume cette idée, qui se représente à chaque instant dans sa correspondance : « l'occupation, nous ne la désirons pas, mais elle est inévitable. »

Il exprimait la même pensée avant comme après nos malheurs. Vous trouverez au Livre jaune qui a été distribué à l'ancienne Chambre, à la page 8, une dépêche où M. de Botmiliau dit, à la date du 16 mars 1870 :

« Il y a longtemps que j'ai écrit au département que nous marchions à une catastrophe, que ce n'était pas la banqueroute seulement qui menaçait la Régence, mais l'anarchie. Elle est à peu près partout. Une dernière tentative se fait en ce moment pour sauver ce pays par la commission financière. Si elle échoue, nous pourrons être forcément appelés à occuper la Tunisie, et ce sera pour nous une extrémité fâcheuse. »

Et le 19 octobre 1871, au lendemain de nos désastres : « Sans un changement radical dans la marche du Gouvernement, c'est l'anarchie qui règne en Tunisie, et l'anarchie nécessairement entraîne l'occupation étrangère. »

Le 21 décembre 1871, il disait encore : « Si nous nous trouvions un jour devant le dilemme de laisser une autre puissance occuper la Tunisie ou de l'occuper nous-mêmes, le doute, je crois, ne serait pas permis, et, tout en regrettant une pareille nécessité, nous devrions nous en emparer. Je veux, en conséquence, chercher dès à présent quelles seraient, dans ce cas, les dispositions des populations à notre égard. »

Enfin, le 28 décembre de la même année :

« Le rapport que j'ai eu l'honneur de vous adresser, le 21 de ce mois, conclut à la nécessité d'occuper la Régence dans un avenir peu éloigné : je ne crois pas que cette occupation puisse désormais être évitée. »

Messieurs, si l'on considère l'état de la Régence à partir de cette époque, à partir de 1870 et 1871 et durant ces dix dernières années, on comprend les inquiétudes, les scrupules, mais aussi les vues prévoyantes de nos agents et du Gouvernement français. L'état de la Régence, pendant les dix dernières années, a été décrit en quelque sorte jour par jour, avec les témoignages officiels, dans le Livre Jaune que l'honorable M. Barthélemy Saint-Hilaire a fait distribuer à la dernière Chambre, il y a quelques mois : c'est là qu'il faut chercher les causes de l'expédition de Tunisie. J'entends parler d'une enquête sur les origines de cette expédition ; mais cette enquête, Messieurs, elle est faite, elle est là ! Il faut lire le Livre Jaune pour se rendre compte de la situation intolérable que faisaient les agissements de la Régence à nos possessions algériennes. A chaque page, à chaque ligne de ce recueil, dont je ne saurais trop recommander la lecture attentive aux personnes curieuses de connaître exactement l'état des choses, vous trouverez constatées ces réalités menaçantes, formidables : la Régence est le refuge naturel, quotidien de tous les fauteurs d'insurrections en Algérie ; la Régence est l'entrepôt naturel et quotidien d'immenses envois d'armes et de poudre qui vont armer les bras des tribus rebelles dans nos possessions d'Algérie. Vous lirez dans le Livre jaune qu'en plein dix-neuvième siècle, en 1878, la Régence est encore, sur les côtes du Nord, dans un état de barbarie qui rappelle celui des anciens états barbaresques au siècle dernier, ou au commencement de ce siècle, avant la prise d'Alger : vous y verrez qu'en plein jour, sous les yeux des autorités musulmanes et beylicales, en présence de nos consuls impuissants, on y pille un navire, l'*Auvergne*, comme, deux années plus tard, on devait piller le *Centoni*.

La lecture du Livre jaune vous apprendra aussi que ce n'est pas, comme l'ont dit certains plaisantins, le gouvernement actuel qui a inventé les Kroumirs : vous y verrez, dans les dépêches de M. de Billing, par exemple, les projets, l'organisation des Kroumirs, et leurs préparatifs d'insurrection dénoncés dès 1874. En dix années, combien a-t-on compté de violations de frontières, de la frontière française d'Algérie ? 2.363 ! Le détail en est au Livre jaune.

« Les violations de nos frontières se comptent par milliers, et remarquez, messieurs, qu'il s'agit non pas de brigandages individuels, ce qui est inévitable en pays arabe, mais d'incursions faites par des bandes

armées, de véritables attaques militaires, de véritables combats. Je ne veux
pas vous fatiguer de lectures, mais je recommande aux personnes qui
étudient avec tant de soin les origines de la question tunisienne, le rapport d'un officier supérieur qui est inséré au Livre jaune, à la date du
4 mars 1881.

« M. le commandant Vivensang avait été chargé par notre gouvernement de régler dans une conférence les indemnités dues à nos tribus
pour les méfaits des tribus kroumirs ; après de longues journées d'attente, après de vaines discussions, il constate que le gouvernement du
bey se raille de la France et de sa puissance, qu'on joue là une comédie
indigne du gouvernement français et que les tribus de la frontière ne
croient plus à notre force.

Bien plus, une dépêche de M. le Gouverneur général de l'Algérie, en
date du 4 avril, constate que les autorités beylicales, loin d'aider à la
pacification, émettent la « prétention de déplacer violemment la frontière à nos dépens, et de la reculer bien avant sur notre territoire, non
seulement en face de Souk-Ahras, mais jusqu'à la hauteur de Tebessa ».

Messieurs, toutes ces choses sont d'hier, on les oublie pourtant ; mais,
si l'on veut pénétrer plus à fond dans l'historique de ces affaires, qu'on
reprenne encore le Livre jaune avec l'annexe publiée par l'honorable
M. Barthélemy Saint-Hilaire. On assistera, parallèlement à ce triste
abaissement de l'influence et de la grandeur françaises sur la frontière
occidentale de la régence, on assistera jour par jour, heure par heure,
pour ainsi dire, dans les derniers mois de 1880 et dans les premiers
mois de 1881, à l'effondrement de l'influence française à Tunis même.
Oui, pour des causes sur lesquelles je ne veux pas revenir, car là une
grande réserve m'est commandée, mais dont l'effet est certain, visible,
je constate qu'à l'époque qui a précédé immédiatement l'expédition de
Tunisie et qui l'a rendue nécessaire, le gouvernement du bey, je ne sais
pourquoi, ou plutôt je sais trop pourquoi, s'était absolument insurgé
contre cette influence française, que, même au moment de nos malheurs, il avait encore respectée. Ce n'est plus la France qui est prépondérante à Tunis. La diplomatie française est, à cette époque, obligée de
reconnaître qu'à Tunis, au Bardo, on répond à son esprit de conciliation véritablement admirable, à tous ses efforts pour la défense des
intérêts dont elle a le dépôt ; on répond à tout ce que nous demandons
de juste, d'équitable, d'avantageux pour la régence elle-même, par une
humeur de plus en plus revêche, de plus en plus hostile. »

Nous n'avons qu'à rappeler la campagne du général Forgemol
de Bostquénard, la défaite et la soumission des tribus tunisiennes,
les négociations de M. Roustan pour empêcher le bey de faire cause
commune avec elles, l'arrivée du général Bréart et la signature,
le 12 mai 1881, du traité de Kasr-Saïd ou du Bardo :

Art. 1. — Les traités de paix, d'amitié et de commerce et toutes autres conventions existant actuellement entre la République française et son Altesse le Bey de Tunis sont expressément confirmés et renouvelés.

Art 2. — En vue de faciliter au Gouvernement de la République française l'accomplissement des mesures qu'il doit prendre pour atteindre le but que se proposent les hautes parties contractantes, Son Altesse le Bey de Tunis consent à ce que l'autorité militaire fasse occuper les points qu'elle jugera nécessaires pour assurer le rétablissement de l'ordre et la sécurité des frontières et du littoral.

Cette occupation cessera lorsque les autorités militaires françaises et tunisiennes auront reconnu, d'un commun accord, que l'administration locale est en état de garantir le maintien de l'ordre.

Art. 3. — Le Gouvernement de la République française prend l'engagement de prêter un constant appui à Son Altesse le Bey de Tunis, contre tout danger qui menacerait la personne ou la dynastie de son Altesse ou qui compromettrait la tranquillité de ses Etats.

Art. 4. — Le Gouvernement de la République française se porte garant de l'exécution des traités actuellement existants entre le Gouvernement de la Régence et les diverses puissances européennes.

Art. 5. — Le Gouvernement de la République française sera représenté auprès de Son Altesse le Bey de Tunis par un ministre résident, qui veillera à l'exécution du présent acte, et qui sera l'intermédiaire des rapports du Gouvernement français avec les autorités tunisiennes pour toutes les affaires communes aux deux pays.

Art. 6. — Les agents diplomatiques et consulaires de la France en pays étrangers seront chargés de la protection des intérêts tunisiens et des nationaux de la Régence.

En retour, Son Altesse le Bey s'engage à ne conclure aucun acte ayant un caractère international sans en avoir donné connaissance au Gouvernement de la République française et sans s'être entendu préalablement avec lui.

Art. 7. — Le Gouvernement de la République française et le Gouvernement de Son Altesse le Bey de Tunis se réservent de fixer, d'un commun accord, les bases d'une organisation financière de la Régence, qui soit de nature à assurer le service de la Dette publique et à garantir les droits des créanciers de la Tunisie.

Le rappel d'une partie des troupes employées à la pacification et les difficultés parlementaires amenèrent une reprise de l'agitation et il fallut une nouvelle campagne, la prise de Sfax, l'envoi des colonnes Forgemol, Etienne et Logerot et l'occupation de Kairouan, pour amener la pacification définitive.

Le 18 février 1882 M. Roustan, ministre résident, qui eut à subir tant d'attaques pour son rôle dans les affaires tunisiennes, était remplacé par M. Paul Cambon et le 8 juin 1883, par le traité de la Marsa, le nouveau bey, Ali-Bey, frère du bey Sadok, reconnaissait ouvertement le protectorat :

Article premier. — Afin de faciliter au Gouvernement français l'accomplissement de son Protectorat, Son Altesse le Bey de Tunis s'engage à procéder aux réformes administratives, judiciaires et financières que le Gouvernement français jugera utiles.

Art. 2. — Le Gouvernement français garantira, à l'époque et sous les conditions qui lui paraîtront les meilleures, un emprunt à émettre par Son Altesse le Bey, pour la conversion ou le remboursement de la dette consolidée s'élevant à la somme de 125 millions de francs et de la Dette flottante jusqu'à concurrence d'un maximum de 17.550.000 francs.

Son Altesse le Bey s'interdit de contracter, à l'avenir, aucun emprunt pour le compte de la Régence sans l'autorisation du Gouvernement français.

Art. 3. — Sur les revenus de la Régence, Son Altesse le Bey prélèvera : 1° les sommes nécessaires pour assurer le service de l'emprunt garanti par la France ; 2° la somme de 2 millions de piastres (1.200.000 francs), montant de sa liste civile, le surplus des revenus devant être affecté aux dépenses d'administration de la Régence et au remboursement des charges du Protectorat.

Art. 4. — Le présent arrangement confirme et complète, en tant que de besoin, le traité du 12 mai 1881. Il ne modifiera pas les dispositions précédemment intervenues pour le règlement des contributions de guerre.

2° LE PROTECTORAT

Le protectorat établi par le traité de la Marsa a été maintenu et l'est encore aujourd'hui et c'est sous ce régime qu'ont été introduites les réformes qui constituent depuis l'intervention française l'unique histoire de la Tunisie. Ce que valait cette forme de protectorat, Jules Ferry lui-même l'a établi en répondant le 1er avril 1884 aux députés qui demandaient l'annexion :

Nous conserverons à la France en Tunisie cette situation de protectorat, de puissance protectrice : elle a pour nous de très grands avantages ; elle nous dispense d'installer dans ce pays une administration française, c'est-à-dire d'imposer au budget français des charges considérables, elle nous permet de surveiller de haut, de gouverner de haut, de ne pas assumer malgré nous la responsabilité de tous les détails de l'administration, de tous les petits faits, de tous les petits froissements que peut amener le contact de deux civilisations différentes. C'est, à nos yeux, une transition nécessaire, utile, qui sauvegarde la dignité du vaincu, chose qui n'est pas indifférente en pays musulman, chose qui a une grande importance en terre arabe. Oui, sauvegarder la dignité du vaincu, c'est assurer la sécurité de la possession.

Le protectorat n'aurait pour lui que cette considération, que cette supériorité sur l'annexion, que nous tiendrions au protectorat. Mais, je le répète, il est évident que le protectorat est beaucoup plus économique, et que la Tunisie, en dehors des sommes nécessaires à l'entretien du corps d'occupation, peut être aujourd'hui gérée sans coûter un sou au Trésor français, tandis que si vous la transformiez en un département algérien, vous auriez à payer !

Le protectorat de la France est exercé par le résident général de France, dépositaire des pouvoirs de la République en Tunisie. Ce haut fonctionnaire, nommé par le ministre des affaires étrangères et rattaché à son département, vise les lois édictées par le Bey, remplit les fonctions de ministre des affaires étrangères de la Régence et préside le Conseil des ministres tunisiens. L'administration indigène a été maintenue, mais un décret du 4 octobre 1884 a institué des contrôleurs civils qui exercent auprès des caïds et des chefs indigènes le contrôle de la puissance protectrice et les fonctions consulaires.

Les résidents généraux MM. Paul Cambon, Massicault, Rouvier et René Millet, ont apporté dans l'administration de la Régence de nombreuses réformes.

En matière de finances, une convention conclue le 8 juin 1883 entre la France et le Bey et approuvée par une loi du 10 avril 1884, a converti et unifié la dette dont le taux d'intérêt a été fixé à 4 0/0. La commission financière internationale a été supprimée par décret du bey du 2 octobre 1884 et une direction des finances fut instituée à Tunis. En 1883, fut créé le budget de la Tunisie.

En matière de justice, on limita la compétence des tribunaux arabes (*chara* et *ouzara*), une loi du 27 mars 1883 institua un tribunal de première instance à Tunis et six justices de paix à compétence étendue et en l'année 1883 des négociations diplomatiques amenèrent les puissances à renoncer au régime des capitulations et à fermer leurs tribunaux consulaires.

En matière de propriété, la loi du 1er juillet 1885 institua la procédure de l'immatriculation imitée des dispositions de l'Act Torrens

et le décret beylikal du 21 octobre 1885 permit la constitution des
biens *habous* ou de mainmorte en *enzel*, c'est-à-dire en bail emphytéotique moyennant redevance annuelle.

Diverses autres réformes furent apportées : dans le domaine de
l'instruction (création de collèges et d'écoles, institution d'une
direction de l'enseignement et d'un service des antiquités et des
arts), des travaux publics (ouverture de routes et de chemins de fer
et des postes de Tunis, Bizerte et Sousse), de l'armée (réorganisation de l'armée tunisienne), des postes et télégraphes (maintien
de l'autonomie de l'office postal tunisien), de la police, etc.

L'œuvre du protectorat fut consolidée en 1896 et 1897 par une
série de conventions conclues avec les puissances européennes pour
l'abolition des anciens traités de commerce qui ne permettaient pas
à la France et à la Tunisie d'introduire dans leur régime douanier
réciproque les privilèges qui devaient naturellement résulter des
liens politiques spéciaux établis entre elles en 1881. De semblables
conventions furent conclues avec l'Autriche-Hongrie, la Russie,
l'Espagne, la Belgique, l'Allemagne, avec la Suède et Norvège, etc. ;
les deux plus importantes furent les conventions italo-tunisiennes
du 28 septembre 1896 et la convention anglo-tunisienne du 18 septembre 1897.

Les premières ont reconnu le protectorat français par l'article
14 de la convention consulaire et d'établissement : « Les consuls
généraux, consuls, vice-consuls et agents consulaires de la République française en Italie y sont chargés de la protection des tunisiens et de leurs intérêts » ; elles ont consacré l'abandon définitif du
régime des capitulations et elles ont mis fin au régime du traité italo-
tunisien du 8 septembre 1868 qui accordait à l'Italie le régime de
la nation la plus favorisée : par l'article 8 de la convention de commerce l'Italie a en effet renoncé à cette clause à l'égard de la France,
tout en la conservant à l'égard des autres puissances :

D'une manière générale pour tout ce qui concerne l'importation, l'exportation, la réexportation, le transit, l'emmagasinage, l'entrepôt, les
primes d'importation et d'exportation, les remboursements de droits,
les admissions temporaires, les droits locaux, le courtage, les tarifs et
formalités de douane et les échantillons, la Tunisie jouira en Italie et
l'Italie jouira en Tunisie du traitement de la nation la plus favorisée.
Il est d'ailleurs bien entendu que le traitement de la nation la plus
favorisée dont la jouissance est assurée à l'Italie, ne lui donne pas droit
au régime douanier qui pourrait être institué entre la Tunisie et la

France, mais seulement aux avantages de quelque nature que ce soit
qui, dans les matières énumérées au paragraphe précédent, seraient
concédés à une tierce puissante quelconque.

Les conventions furent votées par la Chambre italienne le 17 décembre après un assez vif débat où les chefs du parti gallophobe
les représentèrent comme un acte de trahison à l'égard de l'Italie.
Elles étaient la consécration du protectorat français, et l'*Unione*,
organe de la Chambre de commerce italienne de Tunis, publiait à
ce propos la déclaration suivante qui a été depuis lors la règle de
la colonie italienne de Tunisie :

L'*Unione* avait surgi pour combattre. Elle a combattu loyalement, sans
acrimonie ni personnalités, un état de choses que l'Italie ne reconnaissait pas. Aujourd'hui que l'Italie a accepté, il serait puéril, ridi-
cule même, de continuer de combattre. Le rôle de don Quichotte, nous
pouvons l'avoir rempli involontairement, mais pas de mauvaise foi,
ainsi que cela serait si nous continuions une lutte qui n'a plus sa raison d'être.

En nous harmonisant à cette nouvelle situation, nous éviterons et
nous éteindrons les polémiques qui viseraient une position forte, parfaitement dessinée par les nouveaux accords. Nous faisons des vœux
pour que, tout malentendu étant supprimé entre la colonie italienne
et la colonie française, elles marchent ensemble, d'accord, dans la voie
de la colonisation et du progrès, dans l'intérêt de cette terre qui nous
est hospitalière à tous.

Mais les conventions italo-tunisiennes et les accords conclus avec
les autres puissances en vue de leur renonciation à l'égard de la
France de la clause de la nation la plus favorisée ne pouvaient
avoir leur effet et permettre à la France de régler à son gré le régime
douanier de la Tunisie que si l'Angleterre renonçait au traité anglo-
tunisien du 19 juillet 1875 qui lui reconnaissait le régime de la
nation la plus favorisée. Cette renonciation fut opérée par la convention anglo-tunisienne du 18 septembre 1897 dont l'article premier
garantissait à l'Angleterre le traitement de la nation la plus favorisée, mais avec cette réserve que « le traitement de la nation la
plus favorisée en Italie ne comprend pas le traitement français. »
L'Angleterre se faisait octroyer une seule compensation : c'est que
jusqu'en 1913 ses cotonnades, qui sont sa principale importation,

ne pourraient pas être frappées en Tunisie de droits d'entrée supérieurs à 5 0/0 *ad valorem*.

La situation est donc nette aujourd'hui et un régime douanier spécial à la France pourra être donné à la Tunisie. La régence, qui s'était vu appliquer notre tarif général, vit encore sous le régime de la loi du 19 juillet 1890 qui admet en franchise dans la métropole des quantités des principaux produits tunisiens à déterminer chaque année par des décrets présidentiels.

La situation actuelle de la Régence est prospère. Le commerce a subi une progression constante qui l'a porté de 27 millions, chiffre antérieur à 1881, à 100 millions, chiffre de 1899. La part de la France s'est élevée à 65.75 0/0 en 1898 et ne fait que s'accroître. Malheureusement, le nombre des colons français est encore très restreint : il s'élève à 16.000 environ. Aussi un « Comité de peuplement français » s'est fondé en 1899 à Tunis pour provoquer l'afflux d'une population agricole française en Tunisie, afin de combattre l'afflux italien, pour constituer une main-d'œuvre agricole solide et pour fournir aux grandes propriétés des gérants capables et honnêtes. Il convient de signaler dans la population française de Tunisie certaines tendances à l'annexion qui se sont fait jour dans les élections et même dans les délibérations de la « Conférence consultative » instituée auprès du résident général pour faire entendre les vœux des colons.

L'occupation militaire française a pris en ces dernières années une importance plus grande. L'effectif de la division a été renforcé au moment de la tension politique de 1898-1899. Mais c'est surtout sur la mise en défense et l'amélioration du port de Bizerte que portent les efforts militaires de la France en Tunisie : d'importants travaux de défense ont été prévus dans le plan général de défense maritime et colonial élaboré en 1900 et sont en cours d'exécution. Bizerte a de plus un gouverneur militaire du rang d'officier général et un officier supérieur de la marine qui porte, depuis le décret du 15 février 1899, le titre de commandant de la marine en Tunisie.

3° LA FRONTIÈRE TRIPOLITAINE ET LA PÉNÉTRATION SAHARIENNE

Il y a en Tunisie comme en Algérie une question saharienne, et il y a de plus une question de la frontière tripolitaine.

Cette frontière, en effet, n'a été délimitée que dans le Sahel, et elle est indécise dans le sud. Le Dahar est occupé par les Oughamma (1), tribu tunisienne demi-nomade, très belliqueuse, dont le centre est Médenine. La portion nord de l'Erg est le domaine normal des tribus tunisiennes de Merazig et des Rherib et des tribus algériennes du Souf et des Châamba qui réclament l'Erg jusqu'aux portes de Rhadamès. Nous nous associerons sur ce point aux conclusions du commandant Rebillet :

Dans le Dahar et dans l'Erg, les Turcs ont pris possession de trois points, Rhadamès, Sinaoun et Derdj, mais le pays ouvert, les points d'eau, les routes et les pâturages sont restés le domaine indivis de nos tribus tunisiennes, des Touareg et des bergers de Rhadamès et de Sinaoun sans que jamais les Turcs aient pensé à y faire acte d'autorité.

Nous ne devons jamais perdre de vue cette règle, et notre conduite à l'égard des Turcs dans cette région doit constamment s'y conformer. Elle a été établie dès l'origine de notre installation en Tunisie, et si nous ne pouvons faire que les faits accomplis relativement à Rhadamès, Sinaoun et Derdj n'existent pas, nous ne devons pas du moins donner à ces faits une portée qu'ils n'ont pas en reconnaissant aux Turcs, en dehors de ces points, une autorité qu'ils n'ont jamais exercée et qu'ils n'ont jamais pensé à réclamer.

La convention franco-anglaise du 21 mars 1899 a déterminé la frontière tripolitaine, mais au sud du tropique du Cancer seulement : cette ligne part du point de rencontre du Tropique avec le 16° E. de Greenwich (13°40' E. de Paris), descend au sud-est jusqu'à sa rencontre avec le 24° E. de Greenwich (21°40' E. de Paris) et suit ce 24° jusqu'à sa rencontre avec la frontière du Darfour au nord du 15° de latitude. Cette convention a soulevé des protestations de la Porte qui considérait l'hinterland de la Tripolitaine comme s'étendant jusqu'au centre de l'Afrique et de l'Italie qui porte ses espérances sur la Tripolitaine et se considère comme l'héritière éventuelle de la Porte dans le Villayet.

Des négociations diplomatiques furent engagées entre l'Italie d'une part, l'Angleterre et la France d'autre part, et le 24 avril 1899, au Sénat italien, l'amiral Canevaro, ministre des affaires étrangères, après avoir rappelé les entreprises de la France et de l'Angleterre

(1) Commandant Rebillet : *Les relations commerciales de la Tunisie avec le Sahara et le Soudan*, 1896.

dans l'Afrique centrale et expliqué que la convention mettait fin
aux dangers de guerre franco-anglaise, ajoutait :

Ce fut grand bien d'avoir éloigné le péril qui menaçait la civilisation
et nous ne devons pas trop nous plaindre s'il en est résulté pour l'hinterland tripolitain un préjudice futur incertain que d'ailleurs nous ne
pouvions pas empêcher.

Le gouvernement n'a pas manqué de demander à la France et à l'Angleterre d'amicales explications qu'elles nous ont fournies amplement,
de manière à écarter tout doute sur leurs intentions et en les accompagnant de témoignages d'amitié.

Les assurances qui ont été données établissent qu'il n'y a à redouter
dans le présent ni dans l'avenir aucune entreprise de la France et de
l'Angleterre contre la Tripolitaine, que rien ne sera fait pouvant entraver les communications commerciales entre la Tripolitaine et les régions centrales de l'Afrique.

Quant à la Porte, la convention du 21 mars 1899 semble avoir
redoublé son activité dans le sud tripolitain ; on a signalé une réconciliation entre le sultan et le cheikh Senoussi qui a quitté l'oasis
de Koufra pour l'Afrique centrale et pendant toute l'année 1900 des
nouvelles de Tripoli apportaient la nouvelle d'un vague mouvement
panislamique africain inspiré par les autorités turques de Tripoli,
de Mourzouk, de Rhadamès et de Rhat.

Au résumé, la frontière tuniso-tripolitaine n'est déterminée que
dans le Sahel et dans la partie comprise au sud du point d'intersection du tropique avec le 16° E. de Greenwich.

La question de la pénétration saharienne de la Tunisie consiste
surtout dans les efforts tentés pour amener les caravanes sahariennes dans les marchés de la Régence. Le sud de la Tunisie, et en
particulier l'île de Djerba, ont été longtemps le point d'aboutissement des caravanes qui ont été depuis lors détournées vers Tripoli
par l'abolition de l'esclavage (1) et aussi par l'hostilité des Oughamma qui pillaient les caravanes de Rhadamès. Des efforts ont
été accomplis depuis 1899 pour rétablir l'ancien état de choses. Les
Oughamma ont été pacifiés et le commerce de Rhadamès a repris
le chemin de la Tunisie ; depuis 1890, chaque année, des caravanes
rhadamésiennes sont venues dans nos postes de l'Extrême-Sud tu-

____

(1) Fallot : *Le développement économique de l'Extrême-Sud tunisien*, Tunis, 1899.

nisien et le massacre de la mission du marquis de Morès, le 9 juin
1896 à El Ouatia, au sud-ouest de Sinaoun, n'a point arrêté ce mouvement. Le colonel Rebillet et M. Fallot demandent, pour l'activer,
la création en Tunisie, à Gabès notamment, d'un marché transsaharien, centre d'approvisionnement et d'échange, semblable à Tripoli,
destiné à faciliter aux caravanes sahariennes l'écoulement de leurs
marchandises et la formation des chargements de retour et « dont
l'influence puisse, dans un avenir plus ou moins rapproché, se
faire sentir directement et sans intermédiaire jusqu'au Soudan » (1).
Sur cette idée s'est greffé le projet d'un chemin de fer transsaharien
tunisien dont le point de départ serait le port de Bou-Grara, situé
en face de l'île de Djerba.

Actuellement, les efforts du gouvernement tunisien portent plutôt
sur le développement économique de l'Extrême-Sud, de l'oasis de
Gabès, de l'île de Djerba, etc.

L'Extrême-Sud de la Régence forme un commandement militaire
dont le siège est à Gabès et qui comprend deux cercles, celui de
Kebilli avec un poste de cavaliers méharistes du Maghzen à Douz,
bureau de transit des caravanes sahariennes, et un bureau annexe
des affaires indigènes à Matmata ; et celui de Médenine, avec bureaux
annexes des affaires indigènes à Tatahouine et à Zarzis et poste à
Ben Gardane, centre agricole en voie de formation. De plus, le
commandement militaire a détaché cinq postes ou bordjs pour la
surveillance de la région frontière à Dehiba, Allouet el Ghounna,
Sidi-Toui, Mechehed Salah et Djeneien.

(1) Rebillet, ouv. cité, p. 80-81. Dans le domaine de l'exploration, il
faut citer le raid sur Ghadamès accompli en 1893 par les capitaines
Cazemajou et Dumas et les reconnaissances de l'ingénieur Cornetz de
1891 à 1894 dans l'Extrême-Sud tunisien et à Rhadamès. Cf. aussi les
brochures de M. Bonnard, en faveur d'un transsaharien menant de Bou-
Grara à Loango.

CHAPITRE III

LA FORMATION DU DOMAINE
D'AFRIQUE OCCIDENTALE FRANÇAISE : EXPLORATIONS
CONQUÊTES, ORGANISATION (SÉNÉGAL
GUINÉE, NIGER)

I

On peut dire que la seule histoire de notre expansion contemporaine en Afrique, grâce à la science des explorateurs, à la vaillance de l'armée, à l'effort de la diplomatie, était plus importante que celle de plusieurs siècles de notre expansion totale des périodes précédentes. La prudence ordonne, toutefois, de moins insister sur les dimensions prodigieuses de notre nouveau domaine africain que sur sa vérité, de méditer plutôt sur l'emploi rationnel de chaque région suivant sa nature, que de rêver l'union des diverses parties. Il y a chez nous un « enthousiasme africain » qu'il faut éclairer sans le détruire, qu'il faut tempérer pour le rendre efficace. Le temps est passé où il était permis, en l'absence de notions rigoureusement exactes sur la valeur relative de chacun des fragments de cet empire, d'en parler comme d'un tout homogène, de prêcher à outrance la pénétration, la jonction, dans le seul but de posséder des territoires « d'un seul tenant ». Aux conceptions grandioses d'unification territoriale et politique succèdent, depuis qu'on est mieux informé, des projets partiels et bien étudiés de mise en valeur.

Au cours des grandes explorations qui, de 1870 à 1900, nous firent maîtres de la majeure partie de l'Afrique occidentale, au cours des campagnes où l'intérêt politique était associé au zèle scientifique et remis dans les mêmes mains, les idées d'expansion évoluèrent plusieurs fois ; et le plan décisif n'est conçu qu'après la mémorable exploration de Binger qui permet d'attribuer à chaque région sa valeur propre et pose les lois définitives de la répartition des déserts, des steppes, des savanes et des zones de production intense dans ce vaste ensemble.

Reconnaissances et prises de possession visent d'abord le Soudan, le bassin du haut et du moyen Niger, les terres promises entrevues par Faidherbe et ses collaborateurs pendant la conquête de la vallée sénégalaise.

Bientôt l'expérience des voyages entrepris dans la région des « rivières du Sud » et du Fouta-Dialon met en lumière la haute valeur des voies directes qui mènent au Niger supérieur, à travers une série ininterrompue de pays riches.

Puis c'est le coup de théâtre de l'exploration de Binger révélant la fausseté de l'orographie traditionnelle qui imaginait une barrière montagneuse interposée entre nos comptoirs côtiers du Sud et l'arrière-pays soudanais, prouvant par là même que ces colonies de la Côte d'Ivoire, si longtemps dédaignées comme de simples escales sans dépendances à l'intérieur, étaient aussi riches par elles-mêmes que précieuses pour le développement de nos relations avec les contrées de la boucle du Niger. On peut dire que la découverte de la valeur vraie des « rivières du Sud » et de la « Côte d'Ivoire » rendit inévitable l'entreprise de la conquête du Dahomey.

En même temps que devenait plus complexe notre marche vers le Soudan, désormais engagée sur plusieurs fronts et con-

vergente, l'étude du fleuve Niger nous enseignait un autre
moyen de rapprocher et d'unir les diverses fractions de notre
conquête. Si nous n'avions été détournés de notre action Nigérienne par la fiévreuse et hâtive préoccupation des voies Transsahariennes, le grand fleuve aurait été le trait d'union des
pays que Duponchel appelait « nos Indes Noires » ; par là prit
fin l'espoir de posséder, entre le bas-Niger et le Tchad, un
domaine d'excellente richesse en même temps qu'une précieuse
zone de transition vers le Baghirmi et le Ouadai.

Enfin, à l'extrème Nord, la soumission, encore trop peu
complète, des communautés Maures de la rive droite du Sénégal, et l'occupation de Tembouctou, interposèrent notre autorité entre les nomades des steppes limitrophes du désert, et
nos sédentaires de la Sénégambie, du Soudan et des Guinées.
La suppression de ce contact sera le coup de mort pour les
entreprises de mahdisme, si caractéristiques des peuples nomades qui compensent leur défaut d'attachement à la terre
par un excès d'attachement à l'homme.

II

DE 1870 A 1890

Au lendemain de nos désastres continentaux de 1870-71,
l'opinion publique française n'était ni rigoureusement informée
de la valeur de l'Afrique occidentale, ni par conséquent éprise
d'une idée d'expansion dans ces parages. Les exploits de
Faidherbe, les progrès de notre domination dans la région
des oasis sahariennes, avaient fait naître le désir d'atteindre le
Niger dont on escomptait les services politiques et commerciaux, en dépit du souvenir de l'insuccès désastreux des expéditions de Mungo-Park et de Lander. Encore le rénovateur de

notre colonie du Sénégal, l'initiateur de la marche vers le Soudan devait-il surtout à sa belle conduite pendant l'invasion de la mère-patrie la plus grande part de la popularité qui commençait à s'attacher à ses œuvres coloniales ; et puisque l'idée de l'expansion d'outre-mer ne fut d'abord chez nous, à cette époque, qu'une forme du désir d'une revanche quelconque après tant d'humiliations, Faidherbe fut d'autant mieux écouté qu'il s'était illustré dans les revers de la défense nationale comme dans les victoires de la guerre d'Afrique. Le héros de l'Afrique sénégalaise recueillit quelque part du sentiment flatteur qui s'adressait aux vieilles troupes d'Algérie, avec la délicate préférence que le jugement populaire, ému de malheurs attribués un peu légèrement à l'ignorance de quelques chefs, et passionnément épris de science, manifestait pour un officier dont on savait le goût pour les plus difficiles études. Quiconque a pu, dans ces cruelles années, vivre tout proche du sentiment du peuple, garde le souvenir ineffaçable de cette impression d'une confiance à la fois touchante et raisonnée.

Toutefois, ce parti pris vaillant de ne point laisser la patrie blessée se replier sur elle-même, se consumer dans le cuisant regret de ses provinces perdues, n'a pas encore, durant cette période, l'allure d'une résolution passionnée et hâtive : il manque à sa surexcitation la crainte de voir les étrangers nous devancer et nous disputer le bien que l'étude de nos traditions nous habituait déjà à regarder comme nôtre. C'est vers 1885 que se dessine l'adhésion de l'Allemagne aux doctrines et aux pratiques de l'expansion coloniale : le prince de Bismark proteste encore de son ferme propos de ne point « coloniser à la Française » et cherche les occasions d'affirmer la nécessité de ne sacrifier les « os d'un seul grenadier poméranien » qu'au jour où l'intérêt commercial allemand serait de valeur suffisante ; et l'on n'a pas encore compris chez nous que nos voisins feraient promptement dériver de leur richesse industrielle la force navale, armée ou mercantile, dont les progrès sont pourtant bien significatifs dès cette époque. Quant à la rivalité de la Grande-Bretagne, c'est un fait si coutumier de notre histoire coloniale, ancienne ou récente, qu'elle éveille dans l'opinion publique de France plus de vieilles rancunes que d'inquiétudes nouvelles; et il nous en coûtera cher de ne nous être point inquiétés à nouveaux frais.

Au cours de ces vingt années de fructueux efforts, l'objectif des explorations et des conquêtes françaises changera à plusieurs reprises. Tout d'abord domine le seul désir de déborder de la vallée du Sénégal dans celle du Niger et d'atteindre ce merveilleux Soudan qui, conquis au cours des premières campagnes dans sa partie septentrionale, la moins riche, excite, à côté des enthousiasmes, quelques bruyantes désillusions. Puis la vue de la vallée du Niger et des régions plus méridionales, mieux arrosées, mieux cultivées et peuplées, modifie les impressions premières et détourne quelque peu l'attention des contrées les plus proches du haut Sénégal. Enfin la Guinée, le Fouta-Dialon, la Côte-d'Ivoire, le Dahomey, révèlent leurs richesses : l'imagination conquérante et civilisatrice ne spécule plus sur des lignes géométriques d'accès plus ou moins rapide vers un Soudan qu'on crut longtemps homogène, mais sur des contrées étendues, diverses, nuancées dans leurs aspects; à l'enchantement soudanais de l'origine succède une appréciation favorable et justifiée des ressources du pays baigné par le golfe de Guinée, du Fouta-Dialon, de la « boucle du Niger ». Et cette intelligence déjà nette, sans être encore détaillée, de la valeur relative de chacune des terres conquises, mène au désir de les joindre et de les unir d'un seul tenant : ce sera la tâche de la période suivante. Développement inattendu, mais logique du plan de Faidherbe, développement dû d'ailleurs à des hommes qui furent et se confessèrent publiquement ses disciples, tant il est vrai que l'influence d'un chef méthodique et pourvu d'idées directrices est plus efficace et plus durable que celle d'un chef vaillant, doué même de génie, mais incapable de laisser à d'autres sa marque et sa foi !

La reprise de l'œuvre par le gouverneur Brière de l'Isle, en 1876, a nettement ce caractère systématique. Sous cette énergique direction, il ne fallut qu'une dizaine d'années pour pacifier le Sénégal au point d'en faire une solide base des opérations de marche vers le Niger ; tel fut l'effet des campagnes dirigées contre Abdoul-Boubakar dans le Fouta, contre Lat-Dior dans le Cayor. La fondation du poste de Bafoulabé en 1879, le vote par le Parlement français des crédits de construction d'une voie ferrée menant de Médine à ce poste avancé, consacrèrent les résultats de cette forte concentration sur la ligne du Sénégal.

Alors commence, à l'aide de missions scientifiques et de campagnes faites par les « colonnes du haut-fleuve », l'attaque de la région nigérienne et soudanaise. On procède d'abord, avec une bonne foi que rendit inefficace le fanatisme des princes soudanais, à un essai d'alliance et de protectorat qui nous constitueraient suzerains sans nous imposer les lourdes charges de l'occupation. Le traité que rapportèrent les chefs de la grande mission dirigée par le capitaine Galliéni devait, si le texte arabe d'Ahmadou eût été conforme au texte français, nous assurer une condition commerciale privilégiée dans l'empire de Ségou et nous donner la police exclusive du Niger, depuis ses sources jusqu'à Timbouctou : le seul bénéfice de ce traité, déjà caduc du fait de la contradiction des deux textes, fut de mettre en évidence la duplicité du prince éphémère de tribus à demi nomades avec lequel nous avions négocié comme s'il se fût agi du souverain régulier de nations sédentaires ; l'événement démontra vite à nos chefs militaires que, dans ces pays de savanes et de steppes, le seul point d'appui était le fleuve Niger sur les rives duquel étaient les ressources de ravitaillement et de communication capables de grouper les tribus à la fois terrorisées et entraînées par ce fléau endémique du « mahdisme ». La résolution de s'assurer par la force l'accès privilégié de cette grande « rue du Soudan » se traduit par les campagnes que dirige le colonel Borgnis-Desbordes, de 1881 à 1883 ; le 7 février 1883, le brillant officier inaugurant le poste de Bammako, prononçait ces paroles significatives et prophétiques : « Les « couleurs françaises flottent pour la première fois et pour « toujours sur les bords du Niger. Le bruit que font nos pe- « tites bouches à feu ne dépassera pas les montagnes qui sont « à nos pieds, et cependant, soyez-en convaincus, on en enten- « dra l'écho bien au delà du Sénégal. »

Les colonnes françaises, celles des colonels Boilève, Combes et Frey (1883-1886) étendent notre influence de plus en plus loin, sur les deux rives du moyen et du haut Niger ; il convient de noter que cette marche vers l'intérieur nous met en contact avec des régions de plus en plus méridionales, c'est-à-dire de mieux en mieux arrosées par la mousson humide du golfe de Guinée et de l'Atlantique. Par là un double avantage est obtenu ; d'un côté les dynastes nomades sont refoulés vers des pays où les tribus sédentaires sont mieux capables de leur résister, où la cavalerie des régions septentrionales de steppes et de savanes peut moins aisément se maintenir et se déplacer ; nos officiers sont amenés aussi à attacher une importance de plus en plus grande aux anciennes colonies de la côte de Guinée, si longtemps délaissées parce qu'on les croyait restreintes à une étroite lisière littorale s'arrêtant aux fameux monts de Kong, création de l'esprit de système de Buache.

Déjà, au sud de nos possessions sénégalaises, le colonel Gallieni avait, par ses opérations de l'année 1886, soudé à nos précieux comptoirs de la Casamance les territoires récemment acquis ou pacifiés du Saloum : un débouché nouveau était assuré d'avance à nos conquêtes soudanaises, et grâce à cette habile manœuvre la Gambie anglaise, encerclée de pays français, ne pouvait plus aspirer à capter tout le trafic du Bondou, du Bambouk et des contrées Mandingues. Cet enveloppement des zones littorales et la cohésion de nos domaines de l'intérieur s'affirmaient mieux encore par la convention qu'imposa (1887) à Samory le capitaine Péroz ; la rive gauche du Niger, jusqu'au confluent du Tankisso, était désormais terre française.

Au sud-ouest, tandis que notre diplomatie travaillait à libérer de toute concurrence anglaise, portugaise ou allemande, nos « Rivières du sud », une série de missions privées ou officielles, nous assurait le protectorat du Fouta-Dialon, pays précieux par lui-même et à cause de sa position au point de croisement de plusieurs voies naturelles importantes. A la fin de 1888 le capitaine Audéoud consacrait la valeur des conventions antérieures d'amitié, de commerce et de protectorat, en traversant le pays à la tête d'une compagnie de soldats français accueillis pacifiquement.

L'œuvre du refoulement nécessaire d'Ahmadou et de Samory loin des rives du Niger fut grandement avancée par les belles campagnes du colonel Archinard, de 1888 à 1890 ; la prise d'Ouossébougou, l'occupation de Koniakary, rejetèrent définitivement le premier dans le Kaarta, loin de ses meilleurs domaines de pillage et de ravitaillement. Samory était, pendant que nos soldats étaient aux prises avec Ahmadou, maintenu par notre allié Tiéba qui l'empêchait de faire sa jonction avec les Toucouleurs. Tout était préparé pour la période d'action décisive qui commence vers 1890.

Cette action ne pouvait être nettement résolue et méthodiquement organisée que le jour où deux séries de reconnaissances scientifiques auraient renseigné le gouvernement français sur la valeur exacte des pays où se portait notre expansion. Avant de s'engager à fond dans une entreprise de conquête et d'occupation définitive de la rive droite du Niger, il fallait savoir avec plus de précision dans quelle mesure le Niger serait une ligne de ravitaillement et de communications. Enfin il importait non moins de se renseigner sur la fertilité des régions comprises entre ce Soudan Nigérien déjà fort entamé et nos vieilles colonies de la côte de Guinée.

On sait comment les lieutenants de vaisseau Caron et Jayme firent l'hydrographie des divers biefs du Moyen Niger jusqu'à Timbouctou : leurs exploits, sans prouver que la navigation du fleuve pouvait être d'une pratique courante et facile, comme on le crut d'abord, démontrèrent que, sous condition d'un pilotage expérimenté et de l'emploi d'un matériel spécial, chacune des sections du grand fleuve deviendrait le siège d'échanges actifs pendant la majeure partie de l'année.

Au capitaine Binger revient l'honneur d'une reconnaissance scientifique qui modifia profondément les idées reçues et donna aux efforts de nos armées une orientation toute nouvelle; depuis la mémorable traversée de Barth aucun voyage n'avait été aussi riche en découvertes; et ces découvertes, belles en elles-mêmes par la multitude et la précision des faits observés, eurent encore le mérite, grâce à l'esprit de méthode de leur auteur, de devenir d'admirables ferments d'action. En démontrant l'inanité de l'hypothèse des monts de Kong, il fit tomber le préjugé qui laissait aux colonies de la côte d'Ivoire et du Dahomey la maigre importance d'escales sans relations lointaines avec l'arrière-pays : aussi, ces postes longtemps dédaignés, presque abandonnés, prenaient la valeur de débouchés du Soudan au même titre que la vallée du Sénégal et que nos « Rivières du sud ». La question des voies d'accès et de sortie de ce Soudan, connu désormais dans ses diversités et ses contrastes, devenait singulièrement complexe; et il était à la fois démontré que l'acquisition des pays de la boucle du Niger s'imposait comme une mesure urgente et qu'il y avait autant

de « portes du Soudan », autant de débouchés que nous avions
de territoires sur la côte ouest d'Afrique, des bouches du
Niger à celles du Sénégal. L'exécution du plan cher à Faidherbe avait prouvé d'abord l'excellence de la route du Sénégal au Niger comparée aux voies sahariennes ; un plus ample
développement des idées du « maître » par un de ses meilleurs disciples aboutissait à une restriction des avantages du
chemin Sénégalo-Nigérien. Si l'obligation d'unir positivement
tout le Soudan, pays du Sénégal et du Niger, Rivières du Sud,
côtes de Guinée, s'imposait, la nécessité d'un sectionnement
économique n'était pas moins évidente.

Notre première intervention armée au Dahomey (1889-1890)
servit la même cause ; l'occupation définitive de Kotonou et de
Porto-Novo, l'organisation si habilement faite par M. Ballot
du « protectorat du Bénin » nous réservaient d'excellents
postes d'accès vers le Bas-Niger. Mieux eût valu le contact
direct avec le Bas-Niger où si longtemps nos nationaux avaient
occupé d'importants comptoirs. Hélas, notre action diplomatique, d'ailleurs inspirée et gênée par certains entraînements
de l'opinion coloniale française, et loyale à outrance en face
de mensonges méthodiques de la partie adverse, lâcha, à ce
moment même, la proie pour l'ombre (5 août 1890).

Ce n'est pas qu'il faille méconnaître les mérites des négociateurs qui eurent la tâche difficile de faire consacrer par des
traités formels un développement territorial si rapide de l'A-
frique occidentale française. Les conventions franco-portugaise
du 12 mai 1886, franco-allemande du 24 décembre 1885,
franco-anglaises du 28 juin 1882 et du 10 août 1889, libérèrent
très habilement et moyennant des concessions modérées, notre
action dans la Guinée maritime et au Fouta-Dialon ; cet isole-
ment des colonies anglaises de Gambie et de Sierra-Leone, et
de la Guinée portugaise, ne fut pas acheté d'un prix excessif.
On ne doit pas oublier que le Portugal nous opposait nombre

de vieux droits historiques de première découverte et d'occupation, que la Grande-Bretagne se voyait frustrée par nos conquêtes continentales de l'espoir d'opposer sa voie de la Gambie
à celle du Sénégal et d'accéder au Fouta-Dialon par Freetown
et les Scarcies. Enfin la convention du 5 août, dont les désavantages éminents ne sauraient être contestés, ne fut-elle pas,
dans une large mesure, dictée et comme imposée à notre office
des affaires étrangères par les publicistes coloniaux qui préco-
nisaient à outrance, et comme un privilège inestimable, notre
libre passage du désert entre l'Algérie et le lac Tchad, objectif
abstrait de tant de patriotiques convoitises? En tout cas, sa
consécration par la signature de nos diplomates eut pour premier résultat de rendre vaine l'espérance au nom de laquelle
on l'avait souhaitée ; car si le Sahara central devenait français,
le Sokoto et le Bornou, vrais gages d'une exploitation transsaharienne, devenaient anglais ; le chemin était à nous, mais
le trésor auquel il menait était à d'autres.

Une énergique revendication de la liberté de navigation du
Niger et de la Bénoué est-elle le remède aux maux de ce traité
que l'irrationnelle mais populaire idée de la conquête et de la
traversée du Sahara explique sans le justifier. Il est permis d'en
douter. En échange d'une loyale et complète ouverture des
pays baignés par le Bas-Niger et la Bénoué, les Anglais récla-
meraient un réciproque traitement de faveur sur le reste du
fleuve Niger, c'est-à-dire au cœur de nos propres colonies. Or,
l'illusion de la mise en valeur de l'Afrique par les Européens
fraternellement solidaires, illusion consacrée par l'acte de la
Conférence de Berlin et par beaucoup d'autres actes de diplomatie commerciale, semble avoir décliné ; et le retour à l'idée
simple et juste de l'exploitation de chaque pays par l'Etat privilégié qui l'a conquis et en fait la police, est peut-être préférable au maintien formaliste et vain des grandes conventions
internationales, réduites désormais, par la force des choses,

à la valeur de belles « déclarations de principes ». Si la France
disposait vraiment pour son commerce de tous les pays qu'elle
eut la peine de conquérir et a la peine de garder en Afrique
occidentale, elle n'aurait plus rien à envier, pas même le domaine privilégié de la Grande-Bretagne sur les bords du Niger
et de la Bénoué. Mais cela n'est pas.

III

DE 1890 A 1900

La période qui s'étend de 1890 à 1900 fut particulièrement
féconde en résultats heureux ; rarement on vit s'exécuter avec
une si rigoureuse méthode un plan logique d'expansion coloniale. Les dominations des princes indigènes qui avaient pro-
mené leurs ravages des confins du désert à ceux de la forêt,
furent définitivement brisées ; la pacification s'étendit vers le
Nord jusqu'aux territoires des tribus Maures et des Touareg.
Les peuples de la boucle du Niger furent ralliés, les uns après
les autres, à l'autorité française ; des territoires de vaste superficie et de grande valeur s'adjoignirent à nos anciens comptoirs de la Côte d'Ivoire et du Dahomey. Enfin les enclaves
étrangères qui auraient pu gêner la cohésion de cet immense
domaine furent étroitement délimitées par des traités avantageux qui auraient été excellents sans la fâcheuse atténuation
d'un régime commercial trop favorable encore à la concurrence
étrangère. A l'Est, nous échouâmes dans la tentative de reprendre accès sur le Niger par la prolongation de notre arrière-
pays du Dahomey. Pendant la même période l'organisation
politique de l'Afrique occidentale se précisa ; un plan nouveau
et complexe de voies de communications fut conçu, reçut un
commencement d'exécution : bref la mise en valeur méthodique sembla désormais assurée. On voudrait être aussi heureux

de constater que la France en aura, sinon seule, du moins avec
le privilège dû à ses sacrifices, les bénéfices les meilleurs et
les plus étendus.

Il fallut trois ans d'habile politique et deux campagnes du
colonel Archinard pour réduire Ahmadou ; contraint en 1891
à se réfugier dans le Macina, l'héritier d'El-hadj-Omar perdit
toute autorité quand le chef de la colonne française eut bombardé Dienné, occupé Mopti, et mis à Bandiagara un résident,
le capitaine Blachère (1893). C'était la fin de la résistance des
Toucouleurs musulmans ; mais, en outre, les Touareg dont
l'hostilité s'était révélée d'une manière significative au cours
de cette longue lutte, étaient si fort menacés par notre intervention que déjà les villes riveraines du Niger, notamment
Timbouctou, osaient demander la protection française. C'était
le réveil de la solidarité des sédentaires unis contre les nomades du Nord : l'occupation du Macina mettait à notre discrétion les cités commerçantes de la lisière désertique.

La poursuite de Samory fut une œuvre beaucoup plus ardue. La campagne de l'hiver 1891, menée par le colonel Archinard, n'avait été qu'un prélude et une intelligente préparation de l'attaque décisive ; nous avions soutenu Tiéba, notre
allié, et pris Bissandougou, la capitale du prince indigène. Mais
tandis qu'en rejetant Ahmadou vers le Nord, on avait l'avantage décisif de le pousser vers des régions de savanes et de
steppes où la subsistance d'une force armée, même très aguer-
rie, devenait de plus en plus difficile, Samory, même chassé de
ses Etats, trouvait dans les riches régions du Sud des vivres en
abondance ; et si ce climat nouveau éprouvait sa cavalerie et
rendait ses troupes moins mobiles, le voisinage de la colonie
anglaise de Sierra-Léone permettait de ravitailler en armes
excellentes la troupe d'élite de ses « sofas ». Il ne suffisait même
pas, pour être assuré de le joindre, de l'attaquer à la fois par
le Nord et par le Sud, tant ses ressources de déplacements et

de manœuvres étaient grandes vers l'Est, abstraction faite de
la complicité qu'il pouvait obtenir et obtint à l'Ouest. Il ne fut
dompté que le jour où son armée, encombrée de captifs et de
butin, modifiée dans son recrutement après plusieurs batailles
meurtrières, eut perdu sa mobilité ; alors la révolte des sédentaires qu'il pressurait cruellement, les scrupules des indigènes
et des Anglais de Sierra-Léone menacés et lésés à leur tour,
rendirent possible l'héroïque coup de surprise qui nous débarrassa de ce redoutable adversaire.

Trois campagnes, énergiquement menées par les colonels
Humbert, Combes et Bonnier, n'avaient abouti, malgré
nombre de rencontres victorieuses, qu'à éloigner Samory des
confins de Sierra-Leone, et à décimer ses meilleures troupes.
L'envoi du colonel Bonnier vers Timbouctou avait laissé à
notre ennemi un répit dont il sut profiter ; quand les troupes
de Monteil prirent contact avec les bandes de Samory, nos
soldats étaient déjà épuisés par la traversée d'une vaste étendue de forêts, leur chef blessé et malade ; en rappelant la colonne vers la côte le gouvernement français reconnut que la
méthode d'attaque par le sud n'avait encore, faute de voies de
communication, aucune chance de succès, puisqu'un officier,
aussi énergique que Monteil n'avait pu amener à pied d'œuvre
des forces suffisantes. Il fallut se borner longtemps à surveiller
les confins du pays de Kong, et à protéger nos sujets du Gourounsi et de la vallée de la Volta. Enfin en 1898 les opérations
du commandant de Lartigue disloquèrent et enfermèrent les
contingents de l'almamy qui tomba aux mains du capitaine
Gouraud, envoyé en reconnaissance. Le dernier obstacle à la
jonction territoriale du Soudan avec la Guinée méridionale était
abattu.

L'expérience des guerres auxquelles nous contraignirent El-
hadj-Omar et Ahmadou avait révélé à des chefs observateurs et diplomates comme Faidherbe et Archinard le danger

de laisser subsister, sur la frontière saharienne de notre Soudan, des confédérations de nomades étroitement organisées. Il y avait là un élément de fanatisme insurrectionnel toujours prêt à entrer en jeu ; les Maures, voisins du Sénégal, et les Touareg, riverains du Niger, avaient également souhaité et préparé les succès de Toucouleurs, demi-nomades eux-mêmes et, comme leurs complices, exploiteurs impitoyables des agriculteurs et des négociants sédentaires. Un autre intérêt recommandait cette opération de police ; la solidarité des pillards du Sud-Algérien et de leurs congénères du Nord-Soudanais, Maures ou Touareg, commençait à être connue ; la surveillance du désert devait être exercée de part et d'autre.

L'occupation de Timbouctou s'imposait donc ; et en la décidant, ou en la laissant s'accomplir, ce qui est trop souvent la seule forme de responsabilité que le gouvernement français ait osé assumer dans les cas difficiles, on justifiait les prévisions politiques du colonel Archinard qui avait été rappelé pour excès d'audace. En 1893, le commandant Boîteux, chef de la flottille du Niger, se voit obligé d'entrer à Timbouctou ; en janvier 1894, le détachement conduit par le colonel Bonnier est massacré à Goundam par les Touareg, et bientôt, sous le coup de cette triste nouvelle, la colonne Joffre est autorisée à maintenir l'occupation à laquelle son chef avait dû procéder. La tribu des Touareg-Tenguereguif, qui avait organisé le guet-apens, fut presque anéantie en quelques actions d'avant-garde ; la reconnaissance de la riche région des lacs Nigériens, où l'inondation annuelle procure les mêmes bienfaits que dans la vallée du Nil, prouva la sagesse de l'occupation de Timbouctou et de ses avant-postes. Elle fut aussi un pressant encouragement à nous rendre maîtres effectifs du Niger jusqu'aux confins anglais de la région inférieure.

Les Maures de la frontière soudanaise s'étaient soumis de bonne grâce à notre autorité à mesure que nous occupions le

Kaarta, les pays Toucouleurs et le Macina. En revanche, les tribus limitrophes du Sénégal risquaient d'échapper à notre discipline tant que notre action, diplomatique et militaire, resterait gênée par l'incertitude des droits franco-espagnols dans le Sahara occidental et surtout tant que le Maroc serait laissé en condition d'exciter ces nomades contre nous par la prédication religieuse. Le 27 juin 1900 a été signée avec l'Espagne une convention de délimitation du Rio-de-Ouro, avec règlement annexe des droits de pêche et de commerce, qui supprime toute ambiguïté et toute chance de conflit. L'avancée de nos postes du Sud-Oranais jusqu'au Touat par l'Oued-Zousfana et l'Oued-Saoura rendra les intrigues marocaines plus difficiles. Le projet de constituer une « Maurétanie occidentale », étudié en 1900, paraissait mûr quand, à la suite de l'emprisonnement de la mission Blanchet, notre ministère des colonies jugea prudent d'en ajourner l'exécution. Quelle que soit la forme d'organisation à laquelle on s'arrête, personne ne peut nier l'urgence d'entretenir, dans ces régions de communautés nomades situées entre l'Algérie et le Soudan, au moins les cadres diplomatiques d'une surveillance dont profiteront nos deux colonies.

La politique française sut heureusement, au cours de la même période, avancer l'union des pays de la Guinée des Rivières du Sud avec le Fouta-Dialon. Les missions Brosselard-Faidherbe, Madrolle et Paroisse, eurent pour résultat essentiel de prouver l'importance de la voie commerciale aboutissant à Konakry : aussi la nouvelle colonie, constituée par la jonction des anciens territoires des « Rivières du Sud » avec des régions soudanaises, eut-elle définitivement accès vers le Fouta pacifié et vers le Haut-Niger. Notre droit ayant été consacré par des conventions (8 décembre 1892, ratification en 1894), l'exercice en sera rendu facile par la voie ferrée que l'on construit sur les plans du capitaine Salesses.

À la Côte-d'Ivoire même effort de formation territoriale et même souci d'assurer l'afflux vers les ports des riches produits de l'arrière-pays. Colonie anglaise de la Côte de l'Or et république de Libéria durent reconnaître, par des conventions précises, le privilège d'accès de notre nouvelle colonie vers les régions de l'intérieur où nos explorateurs avaient si heureusement devancé les étrangers. Mais le long séjour des bandes de Samory chez nos protégés du pays de Kong a retardé l'essor du commerce français, gêné l'étude des voies ferrées (mission Houdaille) et du port (Bingerville) qui feront de la vieille colonie de Grand-Bassam un territoire de grande culture et de vaste exploitation forestière. Binger, qui avait révélé sa valeur et son aptitude à former un groupe nouveau, fut en 1893 son premier gouverneur, le négociateur chargé de déterminer sa frontière en face de la Côte-d'Or anglaise, enfin l'auteur d'un plan rationnel de voies de communications.

Ce n'est pas seulement pour donner à la France un débouché de plus vers le Soudan que le Dahomey fut conquis, de 1890 à 1894, par le colonel, puis général Dodds. La richesse propre des anciens établissements du Bénin était connue des explorateurs, des missionnaires et des commerçants, lésés depuis longtemps par les sanglants caprices des princes indigènes ; la côte des Esclaves avait été, comme son nom l'indique, un des sièges privilégiés des opérations de traite pendant plusieurs siècles. Le Dahomey valait encore et surtout par le voisinage du Niger inférieur vers lequel menait le fleuve assez facilement navigable de l'Ouémé-Ocpara, utilisé plusieurs fois par la flottille des canonnières françaises au cours des opérations de guerre. On savait la zone forestière moins large et plus facile à pénétrer que vers la Côte-d'Ivoire, l'intérieur du pays plus salubre, plus sec, pour des causes dont on ne devait prendre une nette connaissance qu'après de nouveaux voyages d'exploration. Si les deux campagnes du général Dodds, entreprises quand on eut constaté l'inefficacité des démonstrations navales, furent pénibles autant que glorieuses, on peut se féliciter qu'après la défaite et la prise de Béhanzin (26 janvier 1894) ait enfin commencé la série de missions vers le Haut-Dahomey et le Niger, dont la conquête du Dahomey avait été la préparation logique et le prélude nécessaire. Il fallait que cette acquisition nouvelle nous permît, à l'ouest, en opérant la jonction du Haut-Dahomey avec le pays de Gourounsi et de Kong, de fermer aux Anglais de la Côte-d'Or et aux Allemands du Togo l'accès de la boucle du Niger, à l'est, de reprendre aux Anglais du Bénin, par la voie du sud, une part du cours du Niger inférieur abandonné aux Anglais (août 1890) sur la foi de renseignements reconnus faux après enquête. La conquête du Dahomey nous donnait donc un excellent moyen de rouvrir la question de la libre navigation du Niger et de la délimitation méridionale du Sahara français (ligne de Say à Barroua).

Nous n'avons pas à rappeler ici la formation de la première union des sociétés de commerce anglaises de la région du Niger, en 1879, sous le nom de « United African Company », l'octroi d'une charte royale, en juillet 1885, à cette Compagnie, quand fut consommée l'œuvre du rachat des compagnies françaises, découragées ou privées de l'appui du gouvernement. L'historien qui recherche, sans parti pris, la cause première de ces capitulations, la trouve aisément dans l'insuffisance de savoir et d'intérêt de l'opinion publique française ; faiblesse du gouvernement, abandon des particuliers ne sont que des conséquences. En 1885, l'expansion coloniale avait en France des adversaires systématiques et passionnés dont les excès de polémique contribuaient à désarmer notre diplomatie en face de l'étranger ; il n'est pas indifférent de remarquer que cette abdication de quelques négociants français de la région du Niger, auxquels on a prodigué de violents reproches, est contemporaine de la panique de Lang-Son et de la signature du lamen-

table traité de 1885 à Madagascar. L'opinion même des hommes
politiques et des publicistes qui prêtaient l'attention la plus
bienveillante aux efforts de nos officiers n'était pas toujours
aussi clairvoyante qu'elle était passionnée ; tandis que les Anglais, guidés par des initiateurs de la trempe du commandant
Mattei, s'en tenaient aux conclusions si savantes et si logiques
de Barth dénonçant la médiocrité explicable, rationnellement
supposée, constatée même, des régions du Soudan septentrional
limitrophes du Sahara, chez nous la plupart des esprits étaient
déjà obstinément attachés à la doctrine de la « marche vers le
Tchad » soit par l'Algérie, soit par le Sénégal et le Moyen-
Niger. La clairvoyance de Mizon était tout exceptionnelle à
cette époque parmi nous ; et rares étaient en France les hommes
qui considéraient sans hésitation le Bas-Niger et la Bénoué
comme le vrai chemin du Bornou. Or, c'est au cours de la première mission (1890-91), rendue célèbre par la mauvaise foi des
agents de la « Compagnie royale anglaise du Niger » que fut
justement signé le traité anglo-français qu'on pourrait résumer
en ces termes, conformes au commentaire ironique de lord
Salisbury : « Aux Français le Sahara et les routes du Nord, le
« Niger des cataractes, des savanes et des steppes ; aux An-
« glais le Sokoto, le Bornou et la belle voie navigable Niger-
« Bénoué. »

Notre signature une fois donnée, nous apprîmes par les
rapports de Mizon, par les protestations des Allemands et
même des Anglais que gênait la tyrannie illégale de la Compagnie britannique, que la souveraineté anglaise, ou seulement
la suzeraineté sur les pays Haoussas, notamment sur le Sokoto,
était un pur mensonge. La seconde mission de l'infatigable
Mizon avait démontré avec surabondance la vanité des droits
d'occupation première de nos rivaux ; les voyages des commandants Toutée et Hourst accumulèrent les preuves du même fait,
en même temps qu'ils nous faisaient connaître, par des résul-

tats en apparence contradictoires, mais également précieux, la valeur exacte de la voie navigable du Niger. En même temps nos explorateurs militaires prenaient possession, par des traités en bonne et due forme, de tous les pays de la boucle du Niger situés au nord du Dahomey et du Bénin anglais, de manière à nous rendre riverains du grand fleuve aussi près que possible de la région des embouchures ; en ajoutant à ces efforts une ferme revendication des droits de naviguer que nous conférait l'acte de la conférence de Berlin, nous avions chances d'atténuer les mauvais effets de l'acte diplomatique de 1890. Les commandants, Destenave, au Yatenga et au Mossi, Voulet et Chanoine dans le Mossi et le Gourounsi, Decœur, Bretonnet, Toutée, Baud et Vermeersch, dans le Haut-Dahomey, le Borgou, le Gourma, nous assurèrent l'avantage si nettement que la France semblait pouvoir attendre avec espoir le résultat des négociations entamées avec l'Angleterre. Cet espoir fut déçu ; dès 1895, sur une brusque injonction de l'Angleterre, le fort d'Arenberg, fondé par Toutée, avait été évacué ; le traité de 1898 fut, il faut savoir l'avouer, une nouvelle humiliation après des pourparlers au cours desquels la production des preuves, toutes vraies et authentiques de la part de nos explorateurs, établissait notre bon droit. Mais, devant un parti pris de menaces auquel le gouvernement français ne crut pas devoir répondre par le même procédé, nous nous inclinâmes une fois de plus : au Gourounsi, au Borgou, sur le Niger, la Grande-Bretagne eut gain de cause. Ce n'est pas la concession à bail, pour 30 ans, de deux emplacements de ports de commerce sur la rive droite du Niger, qui amoindrira l'effet moral et matériel de la convention du 14 juin 1898 ; ce sont clauses de tolérance qui rappellent trop la condition de nos loges ou colonies de l'Inde. Si le Niger doit être libre, comme l'exige l'Acte de la conférence de Berlin, deux ports commerciaux sans dépendances territoriales, sont inutiles ; s'il doit y avoir désormais, et c'est peut-être la solution la plus nette, un Niger anglais et un Niger français, deux emplacements de magasins commerciaux ne changeront rien à notre éviction réelle ; ils la souligneront. En dépit de l'habile fermeté avec laquelle le commandant Toutée sut conduire sa récente mission de délimitation, en dépit du passage d'un convoi militaire français à destination de Say, opération qui fait honneur au capitaine Lenfant, nous ne pouvons plus, écartés des rives du grand fleuve, nourrir l'espoir de rivaliser avec le commerce anglais, installé sur place et propriétaire éminent des régions avec lesquelles s'engagera le trafic vraiment fructueux.

Le gouvernement français estima avec juste raison qu'il importait, faute d'avoir obtenu gain de cause et accès direct du Dahomey sur le Niger, de consacrer au moins notre droit de passage entre le Soudan occidental et le Soudan central », « suivant la ligne tracée de Say à Barroua ». C'est à quoi tendait l'organisation du « territoire militaire » de Zinder, confiée au colonel Péroz qui sut s'acquitter si habilement de cette mission difficile que désormais nos convois circulent assez régulièrement, sur ces confins quasi-désertiques, entre le Niger et le Chari : l'efficacité de ces travaux auxquels fut associé le commandant Gouraud sera grandement accrue quand nous aurons remplacé le Niger Inférieur, dont l'emploi reste pour nous précaire, par une voie ferrée menant de Kotonou au premier grand port du Niger français : et nous aurons d'autant plus d'intérêt à nous servir de cette voie, que nous posséderons à l'est du Tchad des territoires riches. La possession du Baghirmi et du Ouadaï aura-t-elle cette influence sur le sort de notre route des confins sahariens, ou bien les convois militaires la suivront-ils seuls tandis que les marchandises gagneront les entrepôts de la haute Bénoué ou du Nil ? Dans l'état actuel des stipulations internationales qui placent Anglais et Français sur le pied d'égalité en matière économique, l'espoir serait téméraire. Mais si, quelque jour, nous nous décidons à affranchir là nos nationaux des entraves d'un régime hybride de condominium économique qui rappelle ce vieux reliquat de traités et de capitulations dont nous avons fini par nous libérer en Tunisie et à Madagascar, la jonction des territoires français par une route française aura un sens et un intérêt. Alors la mission Cazemajou (1898), dont le chef fut massacré à Zinder, la mission Voulet-Chanoine, continuée par le lieutenant Joalland qui dirigea la marche vers l'est, la mission Foureau-Lamy qui acheva son œuvre de traversée saharienne par une lutte victorieuse contre Rabah, ne se seront pas dévouées en vain.

Si l'on considère l'ensemble des résultats obtenus par la France, en Afrique occidentale à la fin du XIXe siècle, il est permis d'affirmer que nulle puissance coloniale n'y a gagné un tel accroissement, mais aussi que nulle nation n'a donné une pareille somme de savoir, d'esprit de sacrifice. Ce vaste domaine a été acheté au prix de nombre de vies précieuses et d'une dépense considérable ; en général, et exception faite de rares sévices que tout Français soucieux de l'honneur national doit réprouver, nos chefs de missions, civils ou militaires, ont montré envers les indigènes toute la générosité compatible avec l'intérêt de leur patrie et la sécurité immédiate de leurs compagnons. Des officiers comme Gallieni et Archinard doivent être salués avec reconnaissance comme les destructeurs des dominations cruelles de princes nomades, aussi pillards que fanatiques ; ils ont, par la fondation des « villages de liberté », appelé à la vie sédentaire et paisible des milliers de malheureux que menaçait sans cesse l'esclavage. Au nord les écumeurs du désert, Maures et Touareg, sont tenus en respect par l'interposition des « marches » que sont les territoires militaires de Tombouctou et de Zinder. L'Algérie-Tunisie au nord, le Soudan au sud, ainsi pacifiés, ne vont-ils pas attirer les tribus pillardes dont les mœurs cruelles dérivent peut-être

de la terreur que leur inspiraient les procédés souvent barbares
des protecteurs du pays fertile, et n'est-il pas plus désirable
qu'ils viennent à nous, colons pacifiques, que nous à eux? Le
développement de la culture du blé par un de Trentinian, dans
la région de Timbouctou, fera plus en peu d'années que nombre de traversées glorieuses du désert.

IV

ORGANISATION ET MISE EN VALEUR

Le devoir du gouvernement français, en présence de ce perpétuel changement d'étendue, de valeur, de centre de gravité
de notre domaine d'Afrique occidentale, a été singulièrement
difficile : aussi faut-il s'abstenir de juger avec une sévérité
excessive les apparentes contradictions, le changement de procédés ou même de principes, des organisateurs, hélas! trop
souvent éphémères, d'un empire aussi vaste et dont la reconnaissance révélait perpétuellement des aptitudes et des besoins
nouveaux. Dans l'ensemble, chacun des actes essentiels du
gouvernement métropolitain a répondu à quelque nécessité
que révélaient les progrès de l'exploration et de la connaissance scientifique.

Le maintien de l'ancien « gouvernement du Sénégal » jusqu'en
1875 s'explique par le doute que l'on pouvait encore concevoir
sur l'avenir économique d'autres colonies récemment acquises ;
le Soudan, ou du moins la partie du Soudan le plus anciennement réunie au domaine français, semblait une dépendance
du Sénégal. Jusqu'à la capture de Samory le sort de l'arrière-
pays de notre Côte-d'Ivoire restait incertain ; jusqu'au règlement du conflit latent de la Grande-Bretagne et de la France
sur les confins du Bas-Niger et du Dahomey, il était permis

de considérer avec réserve les destinées commerciales de l'ancien royaume de Béhanzin.

Cependant ce maintien du « gouvernement du Sénégal » n'empêchait point le progrès de l'autonomie des autres groupes coloniaux : seul le « commandant supérieur » du Soudan reste dépendant de l'ancienne colonie. En 1889 la Guinée devient, gérée par un « lieutenant-gouverneur », une sorte de colonie principale dont relèvent les établissements encore incomplets et mal constitués du reste de la « côte de Guinée », Côte-d'Ivoire et Bénin où siègent des résidents. Mais en 1893 ces deux anciens comptoirs, devenus grands territoires, sont dotés de gouverneurs spéciaux : et le régime civil est appliqué au Soudan, ce qui fut peut-être une mesure hâtive.

Ce développement rapide et ce rajeunissement de quelques anciennes colonies dont on croyait l'avenir borné par le fait de l'expansion soudanaise et qui tenaient de ce fait même leur brillante renaissance, risquaient de mener à l'émiettement des responsabilités, et à l'antagonisme des chefs dont chacun prenait, et avec raison, conscience de l'importance de sa tâche. Le décret, signé en 1895 par M. Chautemps, ministre des colonies, écarta ce danger en réunissant les pouvoirs politiques essentiels, l'emploi des forces de terre et de mer entre les mains d'un « gouverneur général de l'Afrique occidentale française », résidant au Sénégal. Il eut une influence décisive sur les admirables progrès de cohésion et d'entente qu'on put observer de 1895 à 1900 et auxquels ses rivaux ont pleinement rendu justice.

Le décret du 17 octobre 1899, qui consacre le morcellement du Soudan français partagé entre les colonies côtières ou « colonies de débouchés » a été vivement critiqué et considéré comme une atteinte portée à l'organisation unitaire de 1895. Cette opinion ne semble pas fondée. Il est vrai que, dans les considérations d'ordre général qui précèdent et justifient le

nouveau décret, on chercherait en vain la meilleure raison qui
puisse être indiquée en sa faveur, la nécessité de mettre en
pleine harmonie l'organisation politique et le système de l'exploitation économique. C'est peut-être ce que signifie, dans son
extrême laconisme, une phrase qui définit la « colonie du
Soudan français » comme un « groupement manifestement
artificiel et provisoire ». En vraie science (et la bonne administration doit être calquée sur la bonne science), il est fort
difficile de définir ce que signifie le terme de « Soudan » ; il a
été appliqué aux steppes limitrophes du désert, puisque Timbouctou fut longtemps l'objectif des tentatives de pénétration,
puis aux savanes qui leur succèdent vers le Sud, bientôt après,
à mesure que se révélait la richesse supérieure de ces pays plus
proches de la mer, moins asséchés par le Sahara, à des régions de cultures et de forêts. Ce que la relation si intelligente
de Barth laissait soupçonner, la décroissance de fertilité des
contrées d'Afrique occidentale à mesure que l'on s'éloigne du
rivage marin compris entre les bouches du Sénégal et celles du
Niger, les explorateurs de la Côte d'Ivoire et du Dahomey
français, comme les visiteurs anglais ou allemands du Togo,
de la Côte-d'Or et du Bénin, l'ont prouvé avec la dernière évidence. Il en résulte que la Guinée, la Côte d'Ivoire, le Dahomey,
détiennent chacun, comme le Sénégal, une fraction de ce Soudan indéfinissable et complexe, changeant même d'une saison
à l'autre, qui leur sert d'arrière-pays et auquel ces colonies
servent de débouchés. Ces idées, déjà fort bien exprimées par
Barth, et qui n'ont rien d'inattendu pour le connaisseur le plus
modeste des lois climatériques du globe et en particulier du mécanisme bien caractéristique de la mousson, gênent assurément
la propagande faite en faveur des projets de jonction grandiose de toutes nos colonies par quelque voie ferrée transsaharienne ; elles justifient au contraire l'œuvre pratique de l'attribution à chacune de nos « colonies de débouchés » d'une voie

ferrée drainant la partie la plus proche du Soudan, sans empêcher que l'on envisage dans l'avenir, après l'organisation de chaque groupe ainsi rendu solidaire et riche, les moyens de souder à l'intérieur ces tronçons les uns aux autres, comme ils le sont, sur la bordure maritime, par les lignes de cabotage. Or cette œuvre prudente et progressive, la première qui s'impose, ne peut qu'être facilitée par le décret du 17 octobre 1899 (1).

L'instrument essentiel de cette prospérité sera bientôt donné à nos colonies. Le chemin de fer de Saint-Louis à Dakar rend déjà les meilleurs services. Grâce à d'habiles combinaisons financières la voie qui de Kayes doit mener à Toulimandio sur le Niger, est poussée rapidement vers l'est et atteindra sans doute le grand fleuve en 1904. La Guinée sera dotée de 700 kilomètres de chemin de fer reliant Konakry à Kouroussa. Les études des railways de la Côte d'Ivoire et du Dahomey sont achevées dans leurs traits essentiels (2).

Déjà le développement du commerce de chacune de ces colonies indique les directions qu'il importe de donner aux voies de pénétration et de débouché. Si Saint-Louis et Dakar conservent une notable activité, les progrès de Konakry, de Grand-Bassam, bientôt Bingerville, et de Kotonou, sont merveilleux (3). Quantité et valeur des produits se sont accrues. Pourquoi faut-il qu'une part si considérable des bénéfices économiques de ces territoires, si chèrement acquis, si chèrement gardés et administrés, enrichisse des étrangers, traitants, navigateurs, au détriment de nos nationaux ? Où sont les « marchés privilégiés » promis à la nation quand on lui demandait les sacrifices nécessaires ? La « diplomatie douanière », peut-être considérée comme accessoire par quelques

(1) Cf. Annexes, page 568.
(2) Cf. Annexes, page 571.
(3) Cf. Annexes, page 570.

esprits que n'a pas encore émus l'âpreté des luttes économiques de ce siècle d'or et de fer, a trop souvent annihilé les avantages que semblait nous avoir assurés la « diplomatie territoriale ». Nos colonies d'Afrique occidentale comptent encore trop de frontières qui ne sont que d'une valeur géodésique et morale.

Avoir son lot dans le fameux « partage de l'Afrique » n'est pas seulement, semble-t-il, avoir son lot de frais de conquête, de garde et d'administration ; le lot des « bénéfices économiques » doit lui faire équilibre. Cet équilibre n'est pas atteint : et c'est à notre détriment qu'il est rompu en Afrique occidentale : il serait dangereux de le dissimuler.

ANNEXES

L'AFRIQUE OCCIDENTALE FRANÇAISE
(Sénégal, Guinée, Niger)

SOMMAIRE

I. — L'EXPANSION DE 1870 A 1890

1° Sénégal et Soudan. — La reprise de la marche vers le Niger sous Brière de l'Isle ; vote du chemin de fer du Soudan. — La mission Gallieni à Ségou (1880-1881). — Les trois campagnes du général Borgnis-Desbordes (1881-1883). — Etablissement au Niger. — Les campagnes Boilève, Combes et Frey. — Les campagnes de Gallieni contre Mahmadou-Lamine. — Le traité Péroz avec Samory. — Les campagnes du général Archinard ; prise de Ségou. — L'exploration : les missions Caron et Jayme ; le voyage de Binger (1887-1889).

2° Côte occidentale d'Afrique. — Etablissement au Fouta-Diallon. — La mission Treich-Laplène. — Première guerre du Dahomey (1890) ; le traité du 3 octobre 1890. — Organisation des colonies de la côte de Guinée (décret du 1er août 1889).

3° Les traités de délimitation. — Conventions franco-allemande du 24 décembre 1885 (Togo), franco-portugaise du 12 mai 1886 (Guinée), franco-anglaise du 28 juin 1882 (Sierra-Leone), franco-anglaise du 10 août 1889 (Gambie, Sierra-Leone, Côte-d'Or et Lagos), franco-anglaise du 5 août 1890 (ligne de Say à Barroua) ; discours de M. Ribot au sujet de cette dernière convention.

II. — L'EXPANSION DE 1890 A 1894

1° Sénégal et Soudan. — La campagne Archinard de 1890-1891 : prise de Nioro ; défaite de Samory et occupation de Kankan. — Campagne du colonel Humbert contre Samory en 1892. — Campagne de 1892-1893 : conquête du Macina et occupation de Dienné et de Bandiagara par le général Archinard ; poursuite de Samory par le colonel Combes. — Campagne de 1893-1894 : occupation de Tombouctou et massacre de la colonne Bonnier. — L'exploration : missions Crozat, Monteil, Ménard et Marchand.

3° Côte occidentale d'Afrique. — Développement de la Guinée française et de la Côte d'Ivoire — Conquête du Dahomey par la colonne Dodds en 1892 ; la pacification.

3° Les traités de délimitation. — Conventions franco-anglaises du 26 juin 1891 (Sierra-Leone et Côte-d'Or), du 12 juillet 1893 (Côte d'Or), du 21 janvier 1895 (Sierra-Leone) ; franco-libérienne du 8 décembre 1892.

III. — L'EXPANSION DE 1895 A 1900

Le plan d'ensemble de 1894-1895. — Missions du haut Dahomey et concurrence avec les Allemands et les Anglais : missions Decœur, Toutée, Ballot, Baud, Alby. — Convention franco-anglaise du 15 janvier 1896. — Mission Hourst.

Inaction de la France en 1896. — Reprise de l'occupation à la fin de cette année. — Plan de 1896. — Missions Bretonnet au Niger, Baud au Gourma, Voulet au Mossi ; occupation de Say, de la Volta et du Fouta-Diallon.

Convention franco-allemande du 23 juillet 1897 : délimitation du Togo. — Convention franco-anglaise du 14 juin 1898 : délimitation de l'Afrique occidentale.

Expansion de 1898 à 1901 : destruction de l'empire de Samory et capture de l'almamy. — Missions entre le Soudan et la Côte d'Ivoire.

IV. — LA NAVIGATION DU NIGER

La liberté de navigation du Niger. — Création de la Compagnie royale du Niger et disparition des comptoirs français. — L'acte de Berlin (21 février 1885). — Difficultés entre la Compagnie royale et les missions françaises (missions Mizon dans la Bénoué, affaire de l'*Ardent*, missions du Niger.) — Rachat de la Charte par le gouvernement anglais. — Les missions Toutée et Lenfant.

V. — L'ORGANISATION ET LA MISE EN VALEUR

Constitution du gouvernement général de l'Afrique occidentale et autonomie des diverses colonies. Le décret du 17 octobre 1899 : morcellement du Soudan, création des territoires militaires.

Progression du mouvement commercial de l'Afrique occidentale, statistiques de 1899 et de 1900.

Les chemins de fer en exploitation, en construction et en projet.

VI. — L'EXPANSION ET L'ACTION SOUDANIENNES DANS L'AVENIR

1° Les territoires Maures ; la Mauritanie. Traité franco-espagnol du 27 juin 1900. — 2° Les territoires militaires de Tombouctou et de Ouagadougou : pacification de la région Nord et des Touareg ; relations transsahariennes. — 3° Le territoire militaire de Zinder : missions Cazemajou, Foureau-Lamy, Joalland-Meynier, le Tchad et l'Aïr ; relations avec la région du Chari. La colonne Péroz. — Dans le sud soudanais : la jonction avec la Côte d'Ivoire et la question du Libéria.

I. — L'EXPANSION DE 1870 A 1890

On peut distinguer dans le développement de l'Afrique occidentale française une première période allant jusqu'à la déclaration franco-anglaise du 5 août 1890. Elle est caractérisée par l'établissement de la France au Niger, par l'exploration d'une partie importante de la boucle de ce fleuve, par une action militaire au Dahomey et par la signature de plusieurs conventions de délimitation. Elle se termine par la déclaration du 5 août 1890 qui est une limitation de notre expansion.

1º SÉNÉGAL ET SOUDAN

Jusqu'à l'année 1876, la marche vers l'est ne fut pas reprise. L'histoire de la colonie pendant cette période se résume dans la continuation des opérations de pacification du Sénégal, dans la reconnaissance de Lat-Dior comme damel du Cayor en 1871 et dans la campagne de 1875 contre Ahmadou Cheikhou, marabout du Toro, qui avait envahi le Cayor, mais qui fut battu par le colonel Bégin en février, à Boumdou, et tué.

En 1876, Brière de l'Isle, nommé gouverneur, reprit les projets de Faidherbe et à partir de ce moment, la marche vers le Niger fut engagée avec activité. Mais elle n'interrompit point la pacification du Sénégal où des opérations furent dirigées dans le Fouta contre Abdoul-Boubakar, chef des Bosséyabé, qui fut vaincu par la colonne Pons à N'Dourdabian (mars 1881) et se soumit en juin, et dans le Cayor où Lat-Dior se révolta de nouveau en 1883, mais fut pourchassé par le commandant Dodds et dut se soumettre. Son neveu Samba-Laobé, élu damel, fut reconnu par le gouvernement français, approuva, par un traité du 28 août 1883, la construction de la ligne ferrée et s'engagea à interdire l'accès du Cayor à Lat-Dior. En 1886, Samba-Laobé, battu par Ali-Bouri, roi du Diolof, refusa d'accepter les remontrances du gouverneur et fut tué dans une entrevue avec le capitaine Spitzer, représentant du gouverneur, entrevue qui dégénéra en une lutte à main armée. Lat-Dior, qui avait tenté de rentrer au Cayor, fut également tué. En 1886, Amar-Saloum fut reconnu roi des Trarzas après avoir battu et tué Ahmed Fall qui avait assassiné Eli Ould Mohammed el Habib, fils de la reine Guimbott.

Mais c'est surtout par la reprise de la marche vers l'est, sous Brière de l'Isle, que cette période est remarquable.

La prise de Sabouciré, village fortifié à 16 kil. en amont de Médine, par la colonne Reybaud, le 22 septembre 1878, et la fondation d'un poste à Bafoulabé en 1879 en furent les prologues. Le 25 septembre 1879, l'amiral Jauréguiberry, ministre de la marine et des colonies, proposait au Parlement les voies et moyens propres à opérer la jonction du Haut-Sénégal et du Haut-Niger, et dans un projet déposé le 5 février 1880 il demandait, conformément à l'avis de la Commission instituée au Ministère des Travaux publics pour l'étude des questions relatives à la mise en communication par voie ferrée de l'Algérie et du Sénégal avec l'intérieur du Soudan, l'établissement d'une voie ferrée de Dakar à Saint-Louis, d'un embranchement de cette ligne à Médine, et d'une ligne de Médine au Niger. Le Parlement demanda un complément d'études. Mais le 13 novembre 1880, sur la demande de l'amiral Cloué, ministre de la marine, il vota la construction d'une voie ferrée de Médine à Bafoulabé.

C'était la mise à exécution des idées de Faidherbe et la ratification des projets d'expansion de Brière de l'Isle. A partir de cette année 1880, chaque campagne nous fit faire un nouveau pas en avant, pendant que commençaient les études et les travaux du chemin de fer.

Brière de l'Isle voulut, tout d'abord, chercher à éviter toute cause de conflit avec Ahmadou Cheikhou, sultan des Toucouleurs de Ségou, fils et successeur d'El Hadj Omar, et il envoya à cet effet en mission auprès de lui le capitaine d'infanterie de marine Gallieni, les lieutenants Vallière et Pietri et les docteurs Tautain et Bayol avec vingt tirailleurs et dix spahis d'escorte. Partie de Médine le 20 mars 1880, la petite mission passa par Bafoulabé, Badoumbé et Kita en signant des traités avec les chefs, mais, chez les Bambaras du Bélédougou, elle fut attaquée à Dio, le 11 mai 1880, par deux mille indigènes et résista à cette attaque, mais en perdant 15 hommes et son convoi. Un ordre d'Ahmadou arrêta la mission à Nango, à 40 kil. en deçà de Ségou-Sikoro et elle y resta, à demi prisonnière, pendant dix mois, attendant la conclusion du traité dont Ahmadou ajournait sans cesse la signature. Finalement Gallieni put quitter Nango le 21 mars 1881 en rapportant un traité dont le texte arabe ne répondait point au texte français.

La première colonne du Haut-Fleuve n'avait pas attendu son retour. Le 9 janvier 1881, le colonel Borgnis-Desbordes, nommé commandant supérieur du Haut-Fleuve, quittait Médine avec 424 combattants, arriva à Kita le 7 février, prit le 12 le village de Goubanko dont la population de pillards menaçait notre nouvel établissement de Kita et rentra à Médine en laissant ce fort inachevé, mais occupé par une garnison et en état de résister à toute attaque : notre puissance était reconnue par les populations entre Bafoulabé et Kita.

La campagne de 1881-1882, engagée malgré l'épidémie de fièvre jaune de Saint-Louis, ramena le colonel Desbordes à Kita et le mit en présence d'un nouvel ennemi, Samory, chef du Ouassoulou, qui assiégeait Kéniéra, menaçait les populations de Kita et avait voulu garder prisonnier notre envoyé auprès de lui, le lieutenant Alakamessa. Le colonel passa le Niger, surprit Samory, le battit près de Kéniéra et rentra à Kayes en juin.

La campagne de 1882-1883 nous amena au Niger. Il s'agissait de devancer Samory à Bammako et de nous établir solidement sur le fleuve. Parti en novembre 1882 avec 542 combattants, le colonel Desbordes détruisit Mourgoula dont les Toucouleurs nous étaient hostiles et dut aussi prendre le village bambara de Daba dont les guerriers se défendirent avec acharnement (13 janvier 1883). Le 1er février, il arrivait à Bammako et faisait immédiatement commencer les travaux du poste. Il prononçait à cette occasion une allocution dans laquelle il rappelait les difficultés de toutes sortes qui s'étaient opposées à la marche au Niger, montrait l'avenir militaire, commercial et civilisateur du chemin de fer.

Les travaux étaient en pleine activité quand, en avril, Fabou, frère de Samory, se mit en mouvement et attaqua la colonne au marigot de Oueyako. Il fallut, du 2 au 24 avril, une série de combats dont les premiers furent très graves pour le battre et disperser son armée. Fabou fut poursuivi jusqu'à Bankhoumana, à 65 kil. en amont de Bammako et s'enfuit sur la rive droite du Niger. La campagne nous avait amenés à Bammako et on y laissait un poste solidement établi.

Les campagnes du colonel Boilève et du commandant Combes de 1883 à 1885 et du colonel Frey de 1885 à 1886 continuèrent sur le Niger l'œuvre de pacification. Des postes furent établis à Koundou, à Niagassola. Samory qui s'opposait au ravitaillement de ce poste par la colonne Frey fut battu en janvier 1886 au marigot de Fatako-

Djingo, signa un traité et nous envoya comme gage de paix son fils Karamoko.

Le colonel Gallieni, qui prit le commandement supérieur à la fin de 1886, trouva devant lui un nouvel ennemi, le marabout sarakollé Mamadou Lamine, qui avait envahi le Boundou au sud du Sénégal et avait osé attaquer Bakel. Une première campagne amena la défaite du prophète en plusieurs rencontres, l'occupation de Diana et la soumission des tribus qu'il avait soulevées. Dans la seconde, chassé du village fortifié de Toubakouta au nord de la Gambie, à la limite des possessions britanniques, il fut pourchassé par notre allié Moussa-Molo, roi du Fouladougou, et tué dans un combat. La conséquence de sa mort fut la soumission des tribus du sud du Sénégal jusqu'à la Gambie anglaise et la jonction de nos possessions du Soudan avec notre Casamance et notre Saloum sénégalais. De plus, le colonel Gallieni imposa à Ahmadou, par le traité de Gouri (12 mai 1887), le protectorat français et la libre navigation du fleuve, et son envoyé, le capitaine Péroz, força Samory à signer à Bissandougou, le 25 mars 1887, un traité de protectorat cédant aux Français les territoires de la rive gauche du Niger jusqu'au confluent avec le Tankisso.

C'est contre Ahmadou que le colonel Archinard, nommé commandant supérieur en 1888, tourna ses armes. Dans la campagne 1888-1889, il enleva la forteresse toucouleure de Koundian sur la route de Nioro où se trouvait alors Ahmadou, s'appliqua à pacifier les Bambaras du Bélédougou et imposa à Samory un nouveau traité par lequel l'almamy nous reconnaissait la rive gauche du Niger au sud du Tankisso.

La campagne 1889-1890 fut décisive, elle amena la prise de Ségou-Sikoro, la capitale d'Ahmadou. Ce sultan toucouleur prétendait que les Français n'étaient dans le Soudan que comme commerçants et non comme propriétaires du sol et ses talibés ne cessaient de couper les voies commerciales. La colonne partie de Médine le 15 février 1890, sous le commandement du colonel Archinard, comprenait 742 combattants et des auxiliaires indigènes. Le 6 avril 1890, après un bombardement, elle occupa Ségou, d'où Madani, fils d'Ahmadou, avait pris la fuite. La prise de Ségou amena des soumissions nombreuses, un poste y fut installé. La colonne alla ensuite attaquer Ouossébougou, forteresse avancée d'Ahmadou, à la frontière du Kaarta, qui tomba entre nos mains le 26 avril après une héroïque résistance ; il fallut prendre les rues maison par maison et le chef des assiégés, Bandiougou-Diara, se fit sauter dans son tata plutôt que de se rendre. L'occupation de Koniakary (16 juin) acheva la défaite d'Ahmadou dont les états étaient ainsi réduits au Kaarta.

Au résumé, en 1890, la série de campagnes des commandants supérieurs du Haut-Niger nous avait amenés sur le fleuve en amont de Bammako (Siguiri et Kouroussa) et en aval (Ségou) et avait rejeté Ahmadou au nord vers Nioro. Samory avait été également battu et refoulé.

En même temps que ces conquêtes augmentaient les limites présentes de notre domaine, l'exploration en reculait les limites futures.

En 1887, le lieutenant de vaisseau Caron parti de Manambougou, en aval de Bammako, sur la canonnière le *Niger*, avec un commerçant de Tombouctou, El-Hadj-Abd-el-Kader, venu l'année précédente à Paris, descendit le Niger. Il dépassa Ségou et arriva à Diafarabé d'où il se rendit à Bandiagara pour essayer de conclure un traité de protectorat avec Tidiani, neveu d'El-Hadj-Omar et roi du Macina. Il trouva auprès de ce chef un accueil peu favorable et, continuant sa route, arriva le 16 août 1887 à Koriumé, en vue de Kabara, le port de Tombouctou. Tombouctou était alors sous la domination des Touareg Tadmekket, dont le chef Liouarlish refusa d'entrer en relations avec les Français et qui menaçaient d'attaquer la mission. Le commandant Caron rentra le 6 octobre à Manambougou : pour la première fois le drapeau français avait été amené en vue de Tombouctou où aucun Français n'était venu depuis René Caillié.

L'année suivante, les canonnières le *Niger* et le *Mage*, commandées par le lieutenant de vaisseau Jayme, allèrent de nouveau mouiller à Koriumé.

Mais le voyage le plus important de cette période, aussi utile à la géographie qu'à l'expansion française, fut celui du capitaine Binger, qui explora et révéla la boucle du Niger. Parti de Bammako le 1er juillet 1887, le capitaine Binger, accompagné de deux serviteurs indigènes et de quelques porteurs, se rendit auprès de Samory qui assiégeait alors Sikasso. L'almamy voulait retenir à son camp l'officier français sur la présence duquel il comptait pour rehausser son prestige et accroître ses chances. Mais Binger s'échappa la nuit et, après avoir traversé un pays dévasté par la guerre, il visita le

Niéniédougou, le pays des Karaboko et arriva le 10 février 1888
à Kong, grosse cité commerçante où il fut bien accueilli par le chef,
Karamokho-Oulé-Ouattara. Prenant ensuite au Nord, il visita le
Mossi, Banenia et le 15 juin 1888, il atteignait Ouagadougou, la
capitale du Mossi, dont le roi Sanoum lui refusa le protectorat et
l'autorisation de continuer au nord. Binger explora alors le Gourounsi, le Mampoursi, le Dagomba, le Gondjia, les Etats du Bondoukou (roi Ardjoumani) et rentrait à Kong le 5 janvier 1889. Il y
retrouva l'explorateur Treich-Laplène, envoyé de Grand-Bassam à
sa recherche. Le 10 janvier 1889, il concluait avec Karamokho-
Oulé-Ouattara le traité de protectorat suivant :

Art. 1er. — Le chef du pays de Kong déclare placer la ville de Kong
et ses Etats sous le protectorat de la France.

Art. 2. — Le commerce se fera librement dans le pays de Kong et ne
sera soumis à aucune taxe. — Le chef de Kong s'engage à favoriser,
par tous les moyens dont il dispose, les relations commerciales entre
ses Etats et les comptoirs français établis, tant sur la Côte d'Or (Assinie et Grand-Bassam), que dans le Soudan français.

Art. 3. — Les Français seuls pourront venir faire du commerce dans
les Etats de Kong.

Art. 4. — Les missionnaires, voyageurs et autres sujets français seront libres de venir se fixer et traverser les Etats de Kong, le chef de
Kong s'engage à leur accorder protection dans toutes les circonstances.

Art. 5. — L'exercice de tous les cultes religieux sera libre dans les
Etats de Kong ; les Français, de leur côté, s'engagent à ne pas entraver
l'exercice de la religion musulmane.

Art. 6. — Le Gouvernement français sera juge des différends qui
pourraient s'élever entre les Etats de Kong et les pays placés sous la
protection de la France.

Art. 7. — Le chef de Kong s'engage à ne conclure aucune convention avec d'autres nations sans le consentement de la France.

Art. 8. — En compensation des avantages accordés ci-dessus à la
France, un cadeau annuel de trois mille francs, savoir cinquante fusils
à silex à un coup du prix de dix-huit francs pièce ; vingt barils de
poudre, de dix-huit francs pièce ;

Quarante pièces de calicot de 15 mètres, à six francs pièce.

Trois cents pièces de cinq francs en argent,
sera fait à Karamokho Oulé Ouattara, chef de Kong et des Etats de
Kong.

Ce cadeau sera payable à nos comptoirs d'Assinie ou de Grand-Bassam, dans les deux premiers mois qui suivront l'hivernage.

Le capitaine Binger établit encore le protectorat sur le Djimini et sur l'Anno, et, par le Comoé, il rentra à Grand-Bassam en mars 1890.

Cette exploration pacifique, accomplie au milieu de difficultés de toutes sortes par un Européen isolé, ouvrait à l'influence française les immenses contrées de la boucle du Niger. Les résultats scientifiques et politiques étaient également considérables.

2° COTE OCCIDENTALE D'AFRIQUE

Les établissements français à la côte occidentale d'Afrique prirent un important développement pendant la période de 1870 à 1890.

Dans les *Rivières du Sud*, de nombreux traités furent conclus avec les indigènes, non sans que quelques interventions militaires fussent nécessaires (guerre du Moréah en 1879-1882). Nos efforts se heurtèrent à ceux des Portugais, des Allemands dont le représentant, le Dr Nachtigall, avait pris possession de Corrérah, et des Anglais de Sierra-Leone. Des conventions de délimitation furent conclues avec ces trois puissances, convention franco-portugaise du 12 mai 1886 (1), convention franco-allemande du 24 décembre 1885 (art. 3), par laquelle l'Allemagne renonçait à toutes prétentions en Guinée, et conventions franco-anglaises du 28 juin 1882 et du 10 août 1889. Le décret du 1er août 1889 donna aux Rivières du Sud leur autonomie et un lieutenant-gouverneur spécial.

Nous rattachons à cette action dans les Rivières du Sud, qui deviendront plus tard la colonie de la Guinée française, l'établissement du protectorat au Fouta Diallon. Dès l'année 1880, des missions privées (mission de Sanderval qui obtint la concession d'un chemin de fer de Timbo à la mer et mission Gaboriaud et Ansaldy en juin 1880), obtinrent des résultats qui décidèrent le Gouvernement à envoyer à Timbo une mission officielle. MM. Bayol et Noirot, qui en furent chargés, conclurent le 14 juillet 1881 avec l'almamy de Timbo un traité d'après lequel ce dernier accordait à tous les Français le droit de fonder des factoreries, reconnaissait notre protectorat sur les Rivières du Sud, s'engageait à diriger les caravanes vers nos comptoirs et nous permettait d'avancer nos postes vers l'intérieur pour protéger les convois contre les Sousous.

Le colonel Gallieni, après la défaite d'Ahmadou et de Mamadou

(1) Voir le texte de ces conventions, page 529.

Lamine, se préoccupa d'assurer notre domination au Fouta, « non
pas au hasard des événements ni pour satisfaire des ambitions personnelles, mais en vertu d'une conception très nette, à la fois pour
donner aux Rivières du Sud l'importance que la nature leur a préparée comme chemin de sortie du Soudan et pour relier nos deux
voies de pénétration vers le Niger par la Gambie et le Bakhoy » (1).
Il envoya au Fouta deux missions, celle du capitaine Levasseur qui
dut s'arrêter à Labé et celle du capitaine Oberdof qui mourut à
Tombé : le lieutenant Plat et le Dr Fras, membres de cette dernière
mission, parvinrent à Timbo par le Dinguiré et signèrent avec l'almamy, le 30 mars 1888, un nouveau traité : il confirmait les avantages commerciaux précédemment concédés à la France et plaçait
sous le protectorat français les dix provinces (diwals) du Fouta.
A la fin de 1888, le capitaine Audéoud, à la tête d'une compagnie,
traversa le Fouta. La convention franco-anglaise du 10 août 1889
reconnaissait notre protectorat sur le Fouta que la convention franco-
portugaise de 1886 nous avait déjà reconnu.

A la *Côte d'Ivoire*, nos établissements avaient été évacués en 1870.
Mais le drapeau fut maintenu et gardé par M. Verdier, armateur
de La Rochelle, résident à Grand-Bassam et à Assinie. L'attention
publique ne se porta sur la Côte d'Ivoire qu'au retour du capitaine
Binger et de Treich-Laplène, envoyé au-devant de lui par M. Verdier, résident, et qui avait conclu, le 13 novembre 1888, un traité
avec Ardjoumani, roi du Bondoukou. Treich-Laplène, nommé résident, mourut le 9 mars 1890. Le décret du 1er août 1889 avait confié
l'administration des établissements à un résident placé sous l'autorité du lieutenant-gouverneur des Rivières du Sud, avec un budget
local spécial.

Au Dahomey, la période de 1870 à 1890 fut marquée par une
action politique importante.

Le 19 avril 1878, le capitaine de frégate Paul Serval concluait à
Ouidah, avec les représentants de Glé-Glé, roi du Dahomey, le
cabécère Chaudaton et le jévoghan de Ouidah, un traité de protectorat et de cession de Kotonou dont voici les principaux articles :

ART. 1er. — La paix et l'amitié qui règnent et n'ont cessé de régner
entre la France et le Dahomey depuis le traité de 1868 sont confirmées

(1) Gallieni, *Bull. Soc. Géog.*, 1889.

par la présente convention qui a pour objet d'élargir les bases de l'accord entre les deux pays.

Art. 2. — Aucun sujet français ne pourra désormais être tenu d'assister à aucune coutume du royaume de Dahomey où seraient faits des sacrifices humains.

Art. 7. — En confirmation de la cession faite antérieurement, Sa Majesté le roi Glé-Glé abandonne en toute souveraineté à la France le territoire de Cotonou avec tous les droits qui lui appartiennent sans aucune exception ni réserve et suivant les limites déterminées : au sud par la mer, à l'est par la limite actuelle des deux royaumes de Porto-Novo et de Dahomey, à l'ouest à une distance de 6 kilomètres de la factorerie Régis aîné, sise à Cotonou, sur le bord de la mer, au nord à une distance de 6 kilomètres de la mer mesurée perpendiculairement à la direction du rivage.

Le 14 avril 1882, à la demande de Toffa, roi de Porto-Novo, le protectorat sur ce royaume fut établi en fait par le décret suivant du Président de la République :

Art. 1er. — Le Protectorat de la France sur le territoire de Porto-Novo est rétabli en fait à la demande du roi et des chefs de ce pays.

Art. 2. — Le Résident chargé aux termes du décret du 4 février 1879 de la garde du pavillon de Cotonou exerce le protectorat sur Porto-Novo. Il relève à ce double titre de l'autorité du Gabon avec lequel il correspond directement.

Ce décret fut proclamé à Porto-Novo le 2 avril 1883 et le 25 juillet, un traité définissait le fonctionnement du protectorat et les attributions du résident qui devait s'abstenir de toute intervention directe dans les affaires indigènes.

L'année 1885 fut marquée par une convention conclue avec les Allemands pour la délimitation des possessions respectives des deux puissances et pour la cession de Petit Popo et de Porto-Seguro au Togoland (1). Des négociations diplomatiques amenèrent la renonciation du Portugal à ses prétentions sur Kotonou en 1886 et, pour mettre fin aux fréquents conflits avec les Anglais du Lagos, M. Ballot, commandant des établissements du golfe du Bénin, alla conclure à Lagos, le 2 janvier 1888, un *modus vivendi* pour la frontière, arrangement provisoire qui fut suivi de la conclusion de la convention franco-anglaise du 10 août 1889 (2).

(1) Voir le texte de cette convention, plus loin, page 529.
(2) Voir le texte de cette convention, plus loin, page 532.

Mais l'hostilité de Glé-Glé allait amener la guerre. Dès la fin de 1887 le roi du Dahomey fit savoir qu'il ne reconnaissait pas le traité conclu le 19 avril 1878 avec ses représentants et sommait les Français d'évacuer Porto-Novo. En 1889 des bandes dahoméennes passèrent l'Ouémé et dévastèrent le pays. Le gouvernement français décida d'envoyer auprès de Glé-Glé, M. Jean Bayol, lieutenant gouverneur des Rivières du Sud, avec la mission de l'amener à reconnaître le traité. Arrivé à Abomey le 21 novembre 1889, M. Bayol en repartit le 28 décembre sans avoir pu faire revenir Glé-Glé sur son hostilité. De retour à Kotonou il demanda d'urgence des renforts. Deux jours après son départ Glé-Glé, décédé, fut remplacé par le prince Kondo, Béhanzin, le « roi requin ».

La guerre dura jusqu'au 3 octobre 1890. Le commandant Terrillon, commandant supérieur des troupes, occupa Kotonou le 21 février et livra jusqu'au 28 mars une série de combats victorieux. Pendant qu'on délibérait, à Paris, sur la solution de l'incident, l'armée dahoméenne reparut le 21 avril à Bedji, au nord-est de Porto-Novo, et livra à nos troupes à Atchoupa un sanglant combat. Béhanzin menaçait Porto-Novo malgré les obus de la petite escadre du commandant Fournier. Le contre-amiral Cavelier de Cuverville qui arriva à la fin de mai 1890 sur la *Naïade* avec des instructions lui prescrivant de tendre tous ses efforts vers « la clôture par voie transactionnelle de l'incident du Dahomey » envoya à Ouidah le P. Dorgère avec la mission d'obtenir la restitution des négociateurs envoyés par le commandant Fournier. Le P. Dorgère obtint cette restitution, mais comme les négociations traînaient en longueur, l'amiral de Cuverville reparut devant Ouidah et menaça de bombarder la ville si les Dahoméens ne se soumettaient point. Le 3 octobre 1890 les messagers et cabecères de Béhanzin signèrent avec le commandant de Montesquiou-Fezensac et le capitaine Decœur le traité suivant :

1. Le roi du Dahomey s'engage à respecter le protectorat français du royaume de Porto-Novo et à s'abstenir de toute incursion sur les territoires faisant partie du protectorat.

Il reconnaît à la France le droit d'occuper indéfiniment Kotonou.

2. La France exercera son action auprès du roi de Porto-Novo pour qu'aucune cause légitime de plainte ne soit donnée à l'avenir au roi de Dahomey.

A titre de compensation pour l'occupation de Kotonou il sera versé annuellement par la France une somme qui ne pourra en aucun cas dépasser vingt mille francs (or ou argent).

Le 23 décembre 1890 l'amiral de Cuverville quittait la rade de Kotonou en laissant à M. Ballot, résident, les fonctions de gouverneur.

Pendant la fin de 1889 et les débuts de 1890, M. Ballot, en conformité du décret du 1er août 1889 qui réglait l'organisation politique et administrative des établissements de la Côte occidentale d'Afrique et instituait au Bénin un résident, organisait le protectorat en créant le budget local, un comité du commerce, un conseil d'hygiène, une milice, une commission des mercuriales et en faisant déterminer le régime de concessions territoriales et le régime douanier.

Tel fut le développement des Rivières du Sud, de la Côte-d'Ivoire et du Dahomey de 1870 à 1890. Un décret du 12 octobre 1882 les avait placés sous l'autorité du lieutenant-gouverneur du Sénégal sans définir d'une façon précise les attributions de ce haut fonctionnaire qui, en dehors de missions spéciales, était demeuré un simple intermédiaire entre les services installés dans ces établissements et le gouverneur du Sénégal. Un nouveau décret, rendu le 1er août 1889, modifia cette organisation pour les trois établissements. Il décida que le lieutenant-gouverneur du Sénégal était spécialement chargé de l'administration des Rivières du Sud et y exerçait les pouvoirs politiques, financiers, et administratifs dévolus au gouverneur du Sénégal ; il avait aussi l'exercice du protectorat du Fouta. Les établissements de la Côte-d'Or et ceux du golfe de Bénin étaient confiés à deux résidents placés sous l'autorité du lieutenant-gouverneur des Rivières du Sud.

3° LES TRAITÉS DE DÉLIMITATION

Un certain nombre de traités de délimitation ont réglé de 1870 à 1890 les possessions respectives des puissances en Afrique occidentale.

Le 24 décembre 1885, une convention fut signée à Berlin entre la France (Baron de Courcel) et l'Allemagne (comte de Bismarck-Schœnhausen). En voici les principaux articles :

ART. 2. — Le gouvernement de la République Française, en reconnaissant le protectorat allemand sur le territoire de Togo, renonce aux droits qu'il pourrait faire valoir sur le territoire de Porto-Seguro, par suite de ses relations avec le roi Mensa.

Le Gouvernement de la République Française renonce également à ses droits sur le Petit Popo et reconnaît le protectorat allemand sur ce territoire.

Les commerçants français à Porto-Seguro et au Petit Popo conserveront pour leurs personnes et pour leurs biens, de même que pour les opérations de leur commerce, jusqu'à la conclusion de l'arrangement douanier prévu ci-dessous, le bénéfice du traitement dont ils jouissent actuellement, et tous les avantages ou immunités qui seraient accordés aux nationaux allemands leur seront également acquis. Ils conserveront notamment la faculté de transporter et d'échanger librement leurs marchandises entre leurs comptoirs ou magasins de Porto-Seguro et du Petit Popo et le territoire français limitrophe, sans être astreints au paiement d'aucun droit. La même faculté sera assurée, à titre de réciprocité, aux négociants allemands.

La limite entre les territoires allemands et les territoires français de la Côte des Esclaves sera fixée sur les lieux par une commission mixte. La ligne séparative partira d'un point sur la côte à déterminer entre les territoires du Petit Popo et d'Agoué. Dans le tracé de cette ligne vers le Nord, il sera tenu compte des délimitations des possessions indigènes.

Art. 3. — Le Gouvernement de Sa Majesté l'Empereur d'Allemagne renonce à tous droits ou prétentions qu'il pourrait faire valoir sur des territoires situés entre le Rio-Nunez et la Mellacorée, notamment sur le Koba et le Kabitaï, et reconnaît la souveraineté de la France sur ces territoires.

Conformément à une disposition de cette convention une commission mixte étudia le tracé de la nouvelle frontière et arrêta le 1er février 1887 à Petit Popo le procès-verbal de délimitation suivant :

Le lieutenant-gouverneur du Sénégal et dépendances, M. Jean Bayol, et le commissaire impérial du Togo, M. Ernst Falkenthal, désignés par leurs gouvernements respectifs comme commissaires de délimitation, dûment autorisés à cet effet, après s'être réunis sur les lieux, ont fixé d'un commun accord, comme ligne séparative entre les territoires français et les territoires allemands de la Côte des Esclaves, le méridien qui, partant de la côte, passe par la pointe ouest de la petite île, nommée *île Bayol*, située dans la lagune, entre Agoué et Petit-Popo, un peu à l'ouest du village d'Hillacondji, prolongé jusqu'à la rencontre du neuvième degré de latitude nord.

Avec le Portugal un arrangement intervint le 12 mai 1886, dont voici les dispositions relatives à l'Afrique occidentale :

Art. 1er. — En Guinée, la frontière qui séparera les possessions portugaises des possessions françaises suivra, conformément au tracé indiqué sur la carte no 1 annexée à la présente convention :

Au nord, une ligne qui, partant du cap Roxo, se tiendra, autant que possible, d'après les indications du terrain, à égale distance des rivières Casamance (Casamansa) et San-Domingo de Cacheu (Sâo Domingos de Cacheu) jusqu'à l'intersection du méridien 17°30' de longitude ouest de Paris avec le parallèle 12°40' de latitude nord. Entre ce point et le 16° de longitude ouest de Paris, la frontière se confondra avec le parallèle 12°40' de latitude nord.

A l'est, la frontière suivra le méridien de 16° ouest, depuis le parallèle 12°40' de latitude nord jusqu'au parallèle 11°40' de latitude nord.

Au sud, la frontière suivra une ligne qui partira de l'embouchure de la rivière Cajet, située entre l'île Catack (qui sera au Portugal) et l'île Tristão (qui sera à la France), et se tenant autant que possible, suivant les indications du terrain, à égale distance du Rio Componi (Tabati) et du Rio Cassini, puis de la branche septentrionale du Rio Componi (Tabati) et de la branche méridionale du Rio Cassini (Marigot de Kakondo) d'abord, et du Rio Grande ensuite, viendra aboutir au point d'intersection du méridien 16° de longitude ouest et du parallèle 11°40' de latitude nord.

Appartiendront au Portugal toutes les îles comprises entre le méridien du cap Roxo, la côte et la limite sud formée par une ligne qui suivra le *thalweg* de la rivière Cajet et se dirigera ensuite au sud-ouest à travers la passe des Pilotes pour gagner le parallèle 10°40' latitude nord avec lequel elle se confondra jusqu'au méridien du cap Roxo.

Art. 2. — S. M. le Roi de Portugal et des Algarves reconnaît le protectorat de la France sur les territoires du Fouta-Dialon, tel qu'il a été établi par les traités passés en 1881 entre le gouvernement de la République française et les Almamys du Fouta-Dialon.

Le gouvernement de la République française, de son côté, s'engage à ne pas chercher à exercer son influence dans les limites attribuées à la Guinée portugaise par l'art. 1er de la présente convention. Il s'engage en outre à ne pas modifier le traitement accordé, de tout temps, aux sujets portugais par les Almamys du Fouta-Dialon.

Avec l'Angleterre une première convention fut conclue à Paris relativement au nord de Sierra-Leone, le 28 juin 1882 (1). Elle disposait ainsi :

Art. 1er. — La ligne de démarcation entre les territoires occupés ou revendiqués respectivement par la Grande-Bretagne et la France, au

____

(1) Signée par lord Lyons pour l'Angleterre et M. de Freycinet pour la France.

nord de Sierra-Leone, sur la côte occidentale d'Afrique, sera tracée entre les bassins des rivières Scarcies et Mellacorée.

La position exacte de la dite ligne de démarcation sera déterminée par une enquête faite sur les lieux par des commissaires à nommer à cet effet dans les conditions prévues dans l'art. 7 de la présente convention.

Cependant, la dite ligne de démarcation sera tracée de façon à assurer à la Grande-Bretagne le contrôle complet des rivières Scarcies et à la France le contrôle complet de la rivière Mellacorée.

ART. 2. — L'île de Yelboyah, et toutes les îles revendiquées ou possédées par la Grande-Bretagne sur la côte occidentale d'Afrique et situées au sud de la dite ligne de démarcation, jusqu'à la limite méridionale de la colonie britannique de Sierra-Leone, seront reconnues par la France comme appartenant à la Grande-Bretagne, et l'île de Matacong et toutes les îles revendiquées ou possédées par la France sur la côte occidentale d'Afrique, au nord de la dite ligne de démarcation jusqu'au Rio Nunez, seront reconnues par la Grande-Bretagne comme appartenant à la France, à l'exception des îles de Los, lesquelles continueront d'appartenir à la Grande-Bretagne.

Cette convention ne fut point ratifiée, quoique acceptée par les deux gouvernements, et le 10 août 1889, à Paris, MM. Egerton et A. Hemming pour l'Angleterre, Nisard et Jean Bayol pour la France, signaient une nouvelle convention dont voici les principaux articles et paragraphes :

ART. 1er. — En Sénégambie, la ligne frontière entre les possessions anglaises et françaises sera établie dans les conditions suivantes :

1. Au nord de la Gambie (rive droite) le tracé partira de Jinnak Creek pour suivre le parallèle qui, passant en ce point de la côte (environ 13°36' nord), coupe la Gambie dans le grand coude qu'elle fait vers le nord, en face d'une petite île située à l'entrée de Sarmi Creek, dans le pays de Niamena.

A partir de ce point, la ligne-frontière suivra la rive droite jusqu'à Yarbatenda, à une distance de 10 kilom. du fleuve.

2. Au sud (rive gauche) le tracé partira de l'embouchure de la rivière San Pedro, suivra la rive gauche jusqu'au 13°10' de latitude nord. La frontière sera établie ensuite par le parallèle qui, partant de ce point, va jusqu'à Sandeng (fin de Vintang Creek, carte anglaise).

Le tracé remontera alors dans la direction de la Gambie, en suivant le méridien qui passe par Sandeng jusqu'à une distance de 10 kilom. du fleuve.

La frontière suivra ensuite la rive gauche du fleuve, à une même distance de 10 kilom. jusqu'à et y compris Yarbatenda.

Art. 2. — Au nord de Sierra-Leone, conformément aux indications du traité de 1882 (non ratifié), la ligne de démarcation, après avoir séparé le bassin de la Mellacorée de celui de la Grande Scarcie, passera entre le Bennah et le Tambakka, laissant le Talla à l'Angleterre, le Tamisso à la France, s'approchera du 10e degré de latitude nord, en comprenant le pays des Houbbous dans la zone française et le Soulimaniah avec Falabah dans la zone anglaise.

Le tracé s'arrêtera à l'intersection du 13e degré de longitude ouest de Paris (10°40′ de Greenwich) (carte française) et du 10e degré de latitude.

Art. 3. — § 1. Sur la Côte d'Or, la frontière anglaise partira du bord de la mer, à Newtown, à 1,000 mètres à l'ouest de la maison occupée en 1884 par MM. les Commissaires anglais. Elle se dirigera ensuite, en droite ligne, vers la lagune Tendo. La ligne suivra ensuite la rive gauche de cette lagune et de celle d'Ahy, puis la rive gauche de la rivière Tanoé, ou Tendo, jusqu'à Nougoua.

A partir de Nougoua le tracé de la frontière sera établi en tenant compte des traités respectifs conclus par les deux gouvernements avec les indigènes. Ce tracé sera prolongé jusqu'au 9e degré de latitude nord.

Le gouvernement français prendra l'engagement de laisser l'action politique de l'Angleterre s'exercer librement à l'est de la ligne frontière, particulièrement en ce qui concerne le royaume des Achantis; le gouvernement anglais prendra l'engagement de laisser l'action politique de la France s'exercer librement à l'ouest de la ligne frontière.

La frontière française partira également du bord de la mer, à Newton, à 1,000 mètres à l'ouest de la maison occupée en 1884 par MM. les Commissaires anglais. Après avoir rejoint, en ligne droite, la lagune Tendo, elle suivra la rive droite de cette lagune et de celle d'Ahy ainsi que de la rivière Tanoé, ou Tendo, pour aboutir à Nougoua, point où les deux frontières se confondront.

Art. 4. — § 1. Sur la Côte des Esclaves la ligne de démarcation entre les sphères d'influence des deux puissances se confondra avec le méridien qui coupe le territoire de Porto-Novo à la Crique d'Ajarra, en laissant le Pokrah, ou Pokéa, à la colonie anglaise de Lagos. Elle suivra le méridien précité pour s'arrêter, au nord, au 9e degré de latitude nord. Au sud, elle ira aboutir à la plage après avoir traversé le territoire d'Appah, dont la capitale restera à l'Angleterre.

La navigation de l'Ajarra et celle de la rivière d'Addo, seront libres et ouvertes aux habitants et aux embarcations des deux protectorats.

§ 4. Il est convenu en outre que : 1) l'action politique du gouvernement anglais s'exercera librement à l'est de la ligne frontière, et que 2) l'action du gouvernement français s'exercera librement à l'ouest de la ligne frontière.

§ 5. Comme conséquence de l'entente qui vient d'être ainsi définie, et pour éviter les conflits auxquels les rapports journaliers des populations du pays de Porto-Novo avec les habitants de Pokrah pourraient

donner lieu si un poste de douane devait être établi par l'une ou l'autre
des parties contractantes à la crique Ajarra, les délégués français et
anglais s'accordent à recommander à leurs gouvernements respectifs
la neutralisation, au point de vue douanier, de la partie du territoire
de Pokrah comprise entre la crique d'Ajarra et l'Addo, en attendant
qu'un accord douanier définitif puisse intervenir entre les établissements
français de Porto-Nôvo et la colonie de Lagos.

Mais le plus important document diplomatique de cette période
est la déclaration franco-anglaise signée à Londres le 5 août 1890
par lord Sabisbury et M. Waddington, ambassadeur de France à
Londres, dans laquelle, en plus de la reconnaissance par la France
du protectorat britannique sur les îles de Zanzibar et de Temba et
de la reconnaissance par l'Angleterre du protectorat de la France
sur l'île de Madagascar avec ses conséquences, se trouvait le paragraphe suivant :

2. Le gouvernement de Sa Majesté Britannique reconnaît la zone
d'influence de la France au sud de ses possessions méditerranéennes,
jusqu'à une ligne de Say sur le Niger, à Barroua sur le lac Tchad,
tracée de façon à comprendre dans la zone d'action de la Compagnie du
Niger tout ce qui appartient équitablement (fairly) au royaume de
Sokoto, la ligne restant à déterminer par les commissaires qui seront
nommés.

Le gouvernement de Sa Majesté Britannique s'engage à nommer
immédiatement deux commissaires, qui se réuniront à Paris avec deux
commissaires nommés par le gouvernement de la République française,
dans le but de fixer les détails de la ligne ci-dessus indiquée. Mais il
est expressément entendu que quand même les travaux des commissaires n'aboutiraient pas à une entente complète sur tous les détails de
la ligne, l'accord n'en subsisterait pas moins entre les deux gouvernements sur le tracé général ci-dessus indiqué.

Les commissaires auront également pour mission de déterminer les
zones d'influence respectives des deux pays dans la région qui s'étend
à l'ouest et au sud du Moyen et du Haut Niger.

Pour apprécier l'exactitude et la valeur des renseignements qui
avaient été communiqués à notre diplomatie pour lui faire accepter cet arrangement, il faut relire l'extrait suivant du discours
que M. Ribot, ministre des affaires étrangères, prononça à la
Chambre des députés, le 4 novembre 1890, pour appuyer et faire
voter l'accord franco-anglais :

Nous avons des élans, en France, nous avons la vue nette, saine, de ce qui est nécessaire. Mais nous n'avons peut-être pas eu toujours, et particulièrement dans ces questions coloniales, cet esprit de suite et cette solidité dont je parlais tout à l'heure.

Nous avons parfois manqué de vigilance, et, pendant que nous nous endormions, l'action lente et incessante de nos voisins ne cessait pas de faire des progrès. Dans cette question même du Soudan, faut-il rappeler qu'il y a quelques années nous luttions avec les Anglais pour la possession des bouches du Niger? Nous y avions établi des comptoirs florissants, et la question restait indécise de savoir à qui appartiendrait le cours de cet admirable fleuve, c'est-à-dire l'influence décisive dans ces régions dont M. de Lamarzelle vient de vanter avec raison les richesses.

Mais, de 1880 à 1884, tous nos comptoirs ont été cédés à la Royal Niger Company, moyennant une indemnité considérable, et nous avons semblé à ce moment prendre notre parti de laisser l'Angleterre faire du Niger un fleuve exclusivement anglais, si bien qu'à la conférence de Berlin en 1885, Sir E. Malet a soutenu que le Niger était un fleuve anglais, et que nous avons dû lui rappeler que, si l'Angleterre tenait, à la vérité, l'embouchure, nous tenions, nous, le haut fleuve et que nous luttions avec elle d'influence dans ces régions. On a donc reconnu, à la conférence de Berlin, que le Niger serait désormais un fleuve français et anglais.

Mais nos progrès étaient plus lents que ceux des Anglais. Nous sommes descendus jusqu'à Tombouctou, tandis que les Anglais remontaient jusqu'à ce point de Saï dont on parlait tout à l'heure.

Ils s'y sont fortement installés, y ont établi leur influence et ils ont eu la prétention de pousser leurs reconnaissances jusqu'à la boucle du Niger, c'est-à-dire jusqu'à 800 kilomètres de Saï, à Bouroum, d'où ils pouvaient menacer Tombouctou, nous couper de l'Algérie et nous créer, à l'arrière de nos possessions africaines, de grandes difficultés.

Nous avons obtenu, dans cette convention que vous critiquez si vivement, que les Anglais ne dépasseraient pas Saï. Nous avons gagné ainsi 800 kilomètres de navigation sur le Niger, et la possession de Saï nous assure des avantages pour la délimitation de notre influence dans la boucle du Niger, dans ce pays si riche que Binger a traversé récemment, où nous avons planté notre drapeau et où notre situation est beaucoup meilleure que si nous avions dû nous arrêter à Bouroum, comme les cartes l'indiquaient déjà, même en France. Puis nous avons obtenu le libre passage de Saï au lac Tchad, qui, d'après les voyageurs étrangers, car les Français n'y ont pas encore planté leurs jalons, peut devenir le centre d'un grand commerce; nous avons obtenu que les Anglais nous laisseraient l'accès du lac Tchad au nord et à l'ouest.

Vous me dites : Pourquoi n'avez-vous pas revendiqué ces villes florissantes du Sokoto? Nous n'avons pu le faire, parce que les Anglais avaient déjà passé des traités avec le Sokoto : ils n'auraient pas consenti à reculer. C'est un avantage pour nous qu'ils aient renoncé à étendre plus loin leur action au nord et qu'ils nous aient laissé un libre accès au lac Tchad, où ils ne pouvaient manquer de nous devancer et d'où ils auraient pu nous exclure.

Nous avons, en outre, assuré à la France la possession de toutes ces routes de caravanes, de toute cette immense zone qui est placée à l'arrière de nos possessions algériennes.

Si ce n'est pas là un avantage commercial comparable à la possession du Sokoto, vous avez bien voulu reconnaître que c'était du moins un avantage politique qui n'est pas à dédaigner.

On sut plus tard que bien loin d'avoir atteint Say et de menacer de là Tombouctou les Anglais du Bas-Niger n'étaient pas encore arrivés à Boussa et qu'ils n'avaient encore passé aucune convention avec le Sokoto qui limitait au sud les « terres légères » sur lesquelles lord Salisbury déclarait voir sans déplaisir « gratter le coq gaulois jusqu'à s'user les ergots ».

II. — L'EXPANSION DE 1890 A 1894

Une seconde période d'expansion de l'Afrique occidentale va de 1890 à 1894 et se termine par la constitution du gouvernement général de l'Afrique occidentale française, en 1895. Elle est marquée par une nouvelle marche vers l'Est qui aboutit à l'occupation du Macina et de Tombouctou, par de nouvelles opérations contre Samory, par l'organisation des possessions de la côte occidentale et par la conquête définitive du Dahomey.

1° SÉNÉGAL ET SOUDAN

L'histoire intérieure du Sénégal n'offre pas de faits importants au point de vue de l'expansion pendant cette période, sauf la campagne du colonel Dodds contre Abdoul-Boubakar dans le Fouta sénégalais en 1891, des négociations avec les Maures et l'envoi vers l'Adrar des missions Fabert et Donnet en 1894.

Au Soudan, la marche en avant continua. La convention franco-anglaise de 1890 n'avait pas arrêté le mouvement qui portait la

France vers l'expansion africaine et que l'acte de Berlin n'avait fait qu'accentuer.

La campagne 1890-1891 fut de nouveau dirigée par le colonel Archinard. Ce fut d'abord contre Ahmadou qu'il tourna ses armes et la colonne expéditionnaire après une série de combats à Niogoméra, Korriga, etc., entra le 1er janvier 1891 à Nioro d'où Ahmadou s'était enfui : poursuivi par les cavaliers du lieutenant Marchand, il se réfugia dans le Macina, auprès de Mounirou, successeur de Tidiani. L'empire musulman d'El Hadj Omar était détruit et le pouvoir fut rendu aux héritiers des anciens chefs autochtones : à Sansanding, Mademba, employé des postes et télégraphes, fut proclamé fama.

Les agissements de Samory décidèrent le colonel à se retourner contre lui. En mars 1891, une nouvelle colonne se mit en marche, entra dans les états de l'almamy, chassa ses troupes devant elle, occupa Kankan (7 avril) et Bissandougou deux jours après. Kankan devint le chef-lieu d'une nouvelle province.

La campagne 1891-1892, sous le commandement du colonel Humbert, fut encore consacrée à la poursuite de Samory qui avait attaqué Kankan. L'almamy fut défait le 9 et le 11 janvier Bissandougou retombait entre nos mains : Sanankoro et Kerouané furent également occupées. Mais Samory échappa encore à la poursuite qui lui fut donnée sur les bords du Milo où il éprouva de nouvelles défaites. Après la rentrée de la colonne il tenta d'inquiéter nos postes de Sanankoro et de Kérouané, mais faillit être surpris à Kabiadiambara le 30 mars : il réussit encore à s'enfuir.

La campagne 1892-1893 fut dirigée à la fois contre Ahmadou, réfugié dans le Macina, et contre Samory, chassé des bords du Milo. Contre le premier, le colonel Archinard dirigea lui-même les opérations, tandis que le colonel Combes était envoyé contre Samory.

Parti de Kayes le 23 janvier 1893, le colonel Archinard se rendit d'abord à Nioro, où il régla diverses questions politiques, traversa le Bélédougou, en lui faisant accepter l'impôt et arriva le 14 mars à Ségou. Le fama Bodian y avait été installé en 1891 ; mais il ne pouvait remplir ces importantes fonctions : l'administration directe fut substituée à Ségou au protectorat. Le 22 mars, la colonne, à l'effectif d'un millier de combattants, quitta Ségou et s'enfonça dans le Minianka où Ahmadou avait trouvé de nombreux partisans. Les deux principaux villages hostiles étaient Kentieri et Mpesoba :

le premier céda à un bombardement et le second fit sa soumission
à la suite de l'envoi à 6000 mètres d'un seul obus qui avait éclaté
près de là sans que les gens de Mpesoba eussent vu la colonne.
Les soumissions arrivèrent de tous côtés et l'almamy de San fit à
la colonne un accueil enthousiaste. Il n'en fut malheureusement
pas de même à Dienné : cette ville de commerçants, terrorisée par
Ahmadou, refusa d'accueillir la colonne et fut prise d'assaut le 12
avril. Cinq jours après, on arrivait à Mopti, où Aguibou, dont le
colonel avait décidé de faire le fama du Macina, fut présenté aux
Peulhs. Pour mettre fin à la résistance d'Ahmadou, il en repartit
le 20 avril pour Bandiagara où il parvint le 28 malgré l'hostilité
des Touareg et des montagnards Habès, et où il proclama Aguibou
roi. Ahmadou avait fui dans la boucle du Niger. Le colonel laissa
au capitaine Blachère, installé comme résident à Bandiagara, des
instructions dont nous reproduisons un extrait pour bien montrer le caractère général de la politique si habile du colonel Archinard :

Votre mission à Bandiagara n'est pas de donner votre concours à
Aguibou pour faire de nouvelles conquêtes, je le lui ai signifié moi-
même dans la lettre d'investiture que je lui ai remise, que vous avez
lue et dont vous avez pris copie.

Votre rôle est surtout d'affirmer que c'est nous qui avons pris le
Macina et l'avons donné ensuite à qui nous a plu, et que nous sommes
prêts à défendre notre élu contre quiconque voudrait lui disputer le
pouvoir. Ce rôle est tout passif, je crois ; car je ne vois absolument pas
d'où pourrait venir une attaque.

Mais, si vous n'avez pas à donner votre concours à Aguibou, dans le
cas où il voudrait agrandir les Etats que nous venons de lui donner,
vous pouvez le lui prêter pour faire la police dans ses Etats, si quelque
village qui obéissait à Ahmadou ne voulait pas reconnaître son autorité à lui ; je précise en disant à Ahmadou, car il peut se faire, avec
tous les changements successifs qui ont eu lieu dans ce pays, que des
gens qui peuvent avoir obéi à une époque déterminée à Tidiani aient
depuis longtemps reconquis leur indépendance et n'aient jamais obéi
à Ahmadou.

Vous ne considéreriez pas des villages qui se trouveraient dans ce cas
comme devant forcément reconnaître l'autorité d'Aguibou et vous le lais-
seriez à ses propres forces s'il voulait les faire rentrer dans l'obéissance, lui donnant seulement votre appui moral, si vous le jugez bon.

De même, j'ai autorisé Aguibou à réclamer à Tombouctou les redevances que cette ville payait aux rois du Macina et payait à Ahmadou,

mais il est bien entendu que vous n'auriez pas à partir en guerre contre Tombouctou s'il s'élevait quelque difficulté entre Aguibou et cette ville.

D'une façon générale, vous devez rester à Bandiagara et, en tout cas, ne pas vous en éloigner beaucoup.

Le nouvel état de choses amènera certainement, et de fort loin, des gens qui voudront se rendre compte par eux-mêmes, et il importe qu'on vous voie et qu'on vous sache en forces.

Vous éviterez même, surtout au début, les excursions dans la direction de Mopti, pour qu'on ne puisse pas prétendre que vous vous en allez ou qu'une partie de la garnison s'en va.

Il est très probable que Bandiagara ne sera pas une garnison permanente pour nous, ou que tout au moins elle sera réduite, pendant le courant de la prochaine campagne, à la seule escorte d'un résident. Vous n'avez donc pas à chercher à substituer votre autorité à celle d'Aguibou et à prendre vous-même la direction des affaires du pays, au moins pour toutes les affaires intérieures.

Ce procédé qui a été essayé à Ségou ne nous a pas réussi : on nous attribue toutes les exactions faites par le chef noir, et un chef noir, se sentant soutenu par nous, hésite peu à en faire.

Il vaut mieux, je crois, ou que nous laissions toute l'autorité au chef indigène ou que nous l'exercions complètement nous-mêmes et en notre nom. A Bandiagara, c'est la première de ces deux solutions que j'ai admise et vous affirmerez, comme je l'ai toujours fait, que la garnison n'est là que pour donner le temps à Aguibou de se reconnaître et d'organiser les forces du pays, et qu'elle sera retirée dès qu'Aguibou me déclarera ne plus en avoir besoin. Cette déclaration peut parfaitement ne jamais se produire; car Aguibou, frappé de l'instabilité de la puissance des chefs indigènes et complètement rallié à nous, m'a paru plutôt désireux de jouer un second rôle à côté de nous et de se lier d'une façon de plus en plus intime aux Français. Il m'a demandé, avant même que j'aie pensé à lui en parler, à me confier un de ses jeunes fils, le plus intelligent, pour que je l'emmène en France et qu'il soit instruit. Il y a peut-être là un peu de jalousie de sa part contre Abdoulaye, un des fils d'Ahmadou, dont je lui ai lu les lettres à mesure que je les recevais, mais il y a, en tout cas, une marque de confiance, de sincérité, et la preuve qu'Aguibou ne cherchera pas à s'isoler de nous une fois qu'il pensera pouvoir se passer de notre concours.

Si, autant que possible, vous n'avez pas à vous mêler des affaires intérieures du Macina, cherchez quand même à être au courant de ce qui se passe et ne refusez pas vos conseils. Quant à la politique extérieure d'Aguibou, il faudra vous en préoccuper davantage et tâcher que rien ne se projette sans que vous le sachiez. Vous aurez à apprécier si cette politique est conforme aux instructions que j'ai données à Aguibou dans la lettre d'investiture que je lui ai remise et vous lui feriez des observations dans le cas contraire.

Cherchez à acquérir le plus de connaissances possibles sur le pays, les routes, le commerce, les pays voisins, leurs frontières, leurs races, leurs familles, etc... Cherchez à connaître toutes les nouvelles, tout ce qui se passe dans la région, faites faire quelques travaux de topographie aux officiers de la garnison : quand vous aurez l'occasion de leur faire faire quelques courses, cherchez à ce que les officiers placés sous vos ordres s'intéressent aux choses du pays, et plus particulièrement le lieutenant Bouverot qui serait appelé à exercer le commandement au cas où vous seriez malade ou empêché.

Vous recevrez tous les envoyés qui viendraient vous trouver, vous les écouterez, mais les renverrez à Aguibou s'il ne s'agit que de choses regardant le Macina et intéressant peu le développement de notre influence en Afrique. Si, au contraire, on venait vous trouver comme étant, non pas l'homme puissant du Macina, mais comme étant le représentant du commandement supérieur, vous traiteriez directement les questions dont il s'agirait et, si vous le jugez bon, vous en référerez au commandant supérieur avant de donner des réponses définitives qui pourraient engager l'avenir.

Le colonel Archinard rentra par Mopti et Dienné, où un marabout de Tombouctou vint lui exposer la situation de la ville dominée par les Touareg et où il prescrivit au lieutenant de vaisseau Boiteux, commandant de la flottille, de rester au mouillage de Mopti tant que la situation politique du Macina l'exigerait et d'escorter vers Tombouctou les chalands de Dienné, d'accord avec le résident de cette ville. A Sansanding, il détacha quelques cercles du royaume de Mademba, et rentra à Kayes le 14 juin par le fleuve et Bammako.

Cette brillante campagne avait définitivement détruit l'empire et le pouvoir même d'Ahmadou, nous avait donné le Macina et nous conduisait à la porte de Tombouctou.

Pendant ce temps, le colonel Combes reprenait dans la région sud la poursuite de Samory. Il avait pour mission de nettoyer la région qui s'étend entre le Milo et le Niger et de couper les communications de Samory avec la colonie anglaise de Sierra-Leone qui fournissait à l'almamy des armes et des munitions. Il envoya le capitaine Briquelot dans le Sankaran et le Komanko : cet officier établit des postes à Erimankono, à Ouassou et à Faranah et livra à Bilali, lieutenant de Samory, une série de combats au cours desquels malheureusement se produisit la malheureuse affaire de Waïma où la reconnaissance française commandée par le lieutenant Maritz et une reconnaissance anglaise commandée par le colonel

Ellis, croyant l'une et l'autre avoir devant elles les sofas de Samory, s'attaquèrent et se tuèrent plusieurs hommes, parmi lesquels le lieutenant Maritz. Le colonel Combes lui-même, après avoir poussé une pointe sur Konafadié, traversa le Milo et poussa Samory vers l'est : il le défit en plusieurs combats et occupa Guéleba et Odienné, espérant que de Sikasso le roi Tieba obéirait aux suggestions du capitaine Quiquandon, résident auprès de lui, et marcherait contre Samory. Mais la fuite plus rapide de Samory, l'hostilité des indigènes du Nafana et les difficultés du ravitaillement obligèrent le colonel Combes à décider le retour. Cette dure campagne, menée avec énergie, avait refoulé Samory vers l'est. Le colonel rentra au Soudan à la fin de mars.

A la fin de 1893, le lieutenant-colonel Bonnier, de l'artillerie de marine, était commandant supérieur et il se porta de nouveau contre Samory qui, surpris et harcelé par nos cavaliers, ne dut son salut qu'à la rapidité de son cheval. Les événements obligèrent le colonel Bonnier à changer d'adversaire et à se retourner vers Tombouctou. Le 12 décembre 1893, le commandant Boîteux, commandant de la flottille arrivé à Kabara sur les canonnières, était entré à Tombouctou au prix de quelques combats où l'enseigne de vaisseau Aube avait trouvé la mort. Le colonel Bonnier l'y rejoignit par le fleuve le 10 janvier 1894, pendant qu'une colonne commandée par le chef de bataillon du génie Joffre s'y rendait par terre par la rive gauche du fleuve. Bonnier voulut se rendre au-devant de la colonne Joffre, mais sa petite troupe, surprise le 15 janvier 1894 pendant la nuit à Tacoubao près de Goundam par les Touareg, fut massacrée, à l'exception d'un officier, le capitaine Nigotte, qui put regagner Tombouctou et donner l'alarme. La colonne Joffre arriva quelques jours après, vengea la mort de Bonnier et assura la sécurité de Tombouctou dont on décida de maintenir l'occupation.

Le Soudan avait été placé, à la fin de l'année 1893, sous le régime civil, avec un gouverneur à sa tête.

Plusieurs explorations furent accomplies pendant cette période dans les régions où nous amenait cette incessante marche vers l'est. En septembre 1890, le D\u1d63 Crozat se rendit à Ouagadougou, où le Naba conclut avec lui un traité d'amitié. L'année suivante, le capitaine Monteil traversait la boucle du Niger par Bobo-Dioulasso et Ouagadougou et atteignait, en août 1891, Say, où il fut bien accueilli, et conclut un traité et d'où il partit pour la grande exploration de l'Afrique centrale qui, par Sokoto, le Tchad et le Sahara, le conduisit jusqu'à la Tripolitaine. Dans le sud, le capitaine Ménard tentait de rejoindre la Côte d'Ivoire, mais il fut tué le 4 février 1892 à Séguéla par des sofas de Samory. Le capitaine Marchand, résident auprès de Tieba à Sikasso, étudiait le Bani, le Bagoé et le Haut-Cavally.

2° COTE OCCIDENTALE D'AFRIQUE.

L'histoire de la *Guinée française* (Rivières du Sud) de 1890 à 1894 se résume dans l'envoi de quelques explorations (missions Paroisse, Brosselard-Faidherbe, Madrolle, etc.), dans des conflits de frontière avec Sierra-Leone et Liberia, résolus et terminés par la convention du 8 décembre 1892, ratifiée en 1894 (1) et surtout dans l'organisation de la colonie à laquelle procéda le lieutenant-gouverneur Ballay. L'importance que prenaient les établissements de la Côte occidentale amena le gouvernement à les séparer complètement du Sénégal par le décret du 17 décembre 1891 et à constituer chacun d'eux, Guinée, Côte d'Ivoire et Dahomey, en colonie indépendante ayant un gouverneur et un budget spéciaux (décret du 10 mars 1893). La colonie de la Guinée française était dès lors constituée par les bassins du Nunez, du Pongo, de la Dubréka et de la Mellacorée ; on lui adjoignit plus tard le cercle de Faranah.

Le gouverneur établi à Konakry exerçait le protectorat du Fouta Diallon. Malgré la convention du 10 août 1889, des émissaires Sierra-Léonais continuaient à entretenir à Timbo un parti hostile aux Français ; les tournées de MM. Alby et de Beckmann montrèrent que l'almamy Ahmadou, pris entre les partisans anglais et les chefs gagnés par les sofas de Samory, n'avait plus qu'une autorité nominale. Il faudra une nouvelle action de la France au Fouta.

La *Côte d'Ivoire* se constitua aussi en colonie autonome pendant cette période en vertu du même décret du 10 mars 1893. Plusieurs missions furent envoyées de la côte vers l'intérieur (missions Armand et de Tavernost, Quiquerez et Segonzac, Arago en 1891, mission du capitaine Manet qui se noya dans les rapides du Bandama, mission Duatier-Moskowitz, etc...) En 1892, M. Binger, accompa-

____

(1) Voir le texte, page 549.

gné de M. Marcel Monnier, poussa jusqu'à Kong au cours d'un voyage de délimitation avec les autorités anglaises de la Côte-d'Or. Il revint dans la colonie en 1893 en qualité de gouverneur, et fit procéder à l'occupation de la côte jusqu'au Cavally conformément à la convention franco-libérienne du 8 décembre 1892 (1). Malheureusement les nouvelles de l'arrière-pays où le capitaine Marchand venait de faire de brillantes reconnaissances n'étaient point bonnes. Samory, chassé par les troupes du Soudan, menaçait Kong et les gens de Kong nous demandaient de les protéger. En 1894 on décida d'envoyer au secours de Kong une colonne confiée au lieutenant-colonel Monteil, dont la mission dans le haut Oubangui devenait inutile par suite de la conclusion d'un accord avec l'État indépendant du Congo. La colonne qui aurait dû être appuyée par une action militaire de la Région Sud du Soudan rencontra des difficultés de toutes sortes : elle fut arrêtée et disloquée au mois de mars 1895, au moment où elle avait pris le contact des troupes de Samory et leur avait livré de sanglants combats.

Au *Dahomey*, cette période fut décisive : elle fut marquée par la conquête du Dahomey et la constitution des anciens établissements du Bénin en colonie autonome. Les Dahoméens n'observèrent pas longtemps le traité du 3 octobre 1890. En mars 1892 ils reprirent leurs incursions sur le territoire de Porto Novo, attaquèrent la canonnière *Topaze* sur l'Ouémé, fermèrent les routes et menacèrent les factoreries de Ouidah. A une demande d'explications Béhanzin répondit le 29 mars par une lettre insolente, disant qu'il « restait dans son pays » et que « chaque fois qu'une nation africaine lui faisait la guerre il était bien en droit de la punir. » Il ajoutait : « Cela ne vous regarde pas du tout. » Et il terminait : « Si vous n'êtes pas content de ce que je vous dis, vous n'avez qu'à faire tout ce que vous voudrez, quant à moi je suis prêt. Vous pouvez venir avec vos troupes ou bien descendre à terre pour me faire une guerre acharnée. » Le 30 avril 1892 le gouvernement décida l'envoi du colonel Dodds avec des troupes. Cet officier supérieur débarqua à Kotonou le 28 mai, et, secondé par le lieutenant-gouverneur Ballot, commença immédiatement ses préparatifs. Comme Béhanzin, malgré plusieurs sommations, ne retirait pas ses troupes la colonne se mit en marche au mois d'août 1892. Après de sanglants com-

(1) Voir le texte, page 549.

bats qui nous coûtèrent des pertes importantes, Dogba où fut tué
le commandant Faurax, Poguessa, Akpa, Koto, Vacon, la colonne
arriva le 12 novembre à Cana, la ville sainte du Dahomey, et malgré les offres de soumission de Béhanzin, elle occupa Abomey le
17 novembre. Behanzin s'était enfui chez les Mahis. Le 3 décembre
Dodds, promu général, signait à Porto Novo la déchéance de
Béhanzin et proclamait le protectorat français sur le royaume du
Dahomey, « à l'exception des territoires de Ouidah, Savi, Avrékété,
Godomey et Abomey-Calavi qui constituaient les anciens royaumes
de Ajuda et de Jacquin lesquels sont annexés aux possessions de la
République française. » La pacification suivit de près la conquête.
L'année suivante, par le décret du 10 mars 1893, les établissements
du Bénin étaient constitués en colonie distincte. L'art. 3 spécifiait :
« L'action du gouverneur du Bénin s'étendra sur les établissements
compris entre la colonie anglaise de Lagos et la colonie allemande
du Togo et sur tous les territoires de l'intérieur. » La campagne
de 1893-1894 acheva la pacification en amenant la prise de Béhanzin. Le général Dodds, revenu dans la colonie en août 1893, donna
la chasse par des colonnes volantes à Béhanzin et aux débris de
l'armée dahoméenne et sépara le Dahomey en deux royaumes, celui
d'Abomey dont le prince Goutchili, fils de Glé-Glé, fut proclamé
roi sous le nom d'Agoli-d'Agbo (1) et celui d'Allada, donné à Gi-
Gla. Enfin le 26 janvier 1894, Dodds reçut la soumission sans conditions de Béhanzin qui fut déporté à la Martinique. Le 22 juin 1894,
M. Ballot fut nommé gouverneur de la « colonie du Dahomey et
dépendances » et se consacra immédiatement à une œuvre double :
l'organisation de la colonie et son extension vers le Niger.

3° TRAITÉS DE DÉLIMITATION

Il y eut avec l'Angleterre pendant cette période trois arrangements, relatifs à l'application de la convention du 10 août 1889 (2).
Le 26 juin 1891, MM. G. Hanotaux et J. Haussmann pour la

---

(1) Agoli-Agbo a été déclaré déchu en février 1900 à la suite de ses
efforts pour annihiler l'autorité du résident d'Abomey et le royaume
d'Abomey a été supprimé.

(2) Voir plus haut, page 532.

France, Egerton et J.-A. Crowe pour l'Angleterre, signaient à Paris la convention suivante :

Les commissaires techniques qui seront désignés par les gouvernements anglais et français, par application de l'art. 2 de l'arrangement du 10 août 1889, en vue de tracer la démarcation des zones respectives, suivront, autant que possible, ainsi qu'il est indiqué audit arrangement, la ligne du méridien 13° ouest de Paris, à partir du 10° de latitude, en se dirigeant vers le sud. En établissant la frontière d'après la direction générale de ce méridien, ils pourront tenir compte d'un commun accord, de la configuration du terrain et des circonstances locales, et faire fléchir la ligne de démarcation soit à l'est, soit à l'ouest du méridien, en prenant soin de ne pas avantager l'une des deux parties sans compensation équitable pour l'autre. Ces modifications ne seront, d'ailleurs, définitives qu'après ratification des deux gouvernements.

Il est entendu que la ligne de démarcation suivra, autant que possible, la crête des hauteurs qui, d'après la carte Monteil, avoisinent le cours du Niger sur la rive gauche entre le 10° et Tembi Counda.

Cependant, au cas où la ligne de partage des eaux ne serait pas telle qu'elle figure sur la carte Monteil, les commissaires des deux pays pourront tracer la frontière sans en tenir compte, sous la réserve expresse que les deux rives du Niger resteront dans la zone d'influence française.

Par le terme « Niger » est entendu le Djoliba, ainsi que ses deux sources principales, le Faliko et le Tembi. Dans le cas précité, la ligne frontière à partir du 10e degré jusqu'à Tembi-Counda suivra, à une distance de 10 kilomètres, la rive gauche du Djoliba, du Faliko et ensuite du Tembi jusqu'à sa source, s'il y a lieu.

Au cas où la crête des montagnes se trouverait plus rapprochée de la rive gauche du Niger, la frontière suivrait la ligne de partage des eaux.

Les commissaires techniques, qui seront nommés par les deux gouvernements, en exécution de l'art. 3 de l'entente du 10 août 1889, recevront pour instruction de tracer la frontière d'après les indications suivantes, relevées sur la carte Binger.

La ligne suivrait la frontière de Nougoua sur le Tanoe, entre le Sanwi et le Broussa, l'Indenié et le Sahué, laissant le Broussa, le Aowin et le Sahué à l'Angleterre ; puis la frontière couperait la route d'Annibilekrou au Cape Coast Castle, à égale distance de Debisou et d'Attiébentiékrou, et longerait à une distance de 10 kilomètres dans l'est la route directe d'Annibilekrou à Bondoukou, par Bodomfil et Dadiasi. Elle passerait ensuite par Bouko pour atteindre la Volta, à l'endroit où cette rivière est coupée par le chemin de Bandagadi à Kirhindi, et la suivrait jusqu'au 9e degré de latitude nord.

Comme les commissaires spéciaux n'étaient pas parvenus à tracer la ligne de démarcation, elle fut fixée par une convention signée à

Paris, le 12 juillet 1893, par MM. Phipps et Crowe pour l'Angle-terre, G. Hanotaux et Haussmann pour la France, dans les condi-tions suivantes :

1. La frontière britannique part de la côte à Newtown, à une distance de 1000 mètres à l'ouest de la maison occupée en 1884 par les commis-saires britanniques, puis se dirige droit vers le nord jusqu'à la lagune de Tanoe ou Tendo, suit la rive sud de cette lagune jusqu'à l'embou-chure de la rivière Tanoe ou Tendo (des quatre îles qui se trouvent à proximité de cette embouchure, les deux qui sont au sud étant attribuées à la Grande-Bretagne, et les deux qui sont au nord à la France). La frontière britannique longe, à partir de cet endroit, la rive gauche de la rivière Tanoe ou Tendo jusqu'au village de Nougoua, que, vu sa situa-tion sur la rive droite de cette rivière, l'Angleterre consent à reconnaître à la France.

2. La frontière française part également sur la côte de Newtown, à une distance de 1,000 mètres à l'ouest de la maison occupée, en 1884, par les commissaires britanniques. Elle s'avance, de là, droit au nord, vers la lagune de Tanoe ou Tendo, puis, traversant cette lagune, en suit la rive nord, et les rives nord et est de la lagune Ehi jusqu'à l'embou-chure de la rivière Tanoe ou Tendo, et suit la rive droite de cette rivière jusqu'au village de Nougoua.

3. La frontière britannique continue à suivre la rive gauche du Tanoe ou Tendo durant 5 milles anglais en amont de la maison qui sert actuellement de résidence au chef de Nougoua. Elle traverse en ce point la rivière et se confond avec la frontière commune, déterminée ci-dessous.

La frontière française suit la rive droite du Tanoe ou Tendo, égale-ment pendant 5 milles en amont de Nougoua, jusqu'au moment où elle est rejointe par la frontière anglaise.

4. La frontière commune quitte la rivière Tanoe et se dirige au nord vers le sommet de la colline de Ferra-Ferrako. De là, passant à 2 milles à l'est des villages d'Assikasso, Sankaina, Assambossoua et Akouakrou, elle court à 2 milles à l'est de la route conduisant de Souakrou à la rivière Boi, pour atteindre cette rivière à 2 milles au sud-est de Ba-mianko, village qui appartient à la France. De là, elle suit le thalweg de la rivière Boi et la ligne tracée par le capitaine Binger (telle qu'elle est marquée sur la carte ci-annexée), laissant Edubi, avec un territoire s'étendant à 1 mille au nord de ce point, à la France, jusqu'à ce qu'elle atteigne un point situé à 16,000 mètres droit à l'est de Yaou. A partir de ce point, elle coïncide avec la ligne tracée par le capitaine Binger (voir la carte ci-annexée), jusqu'à un point situé à 1,000 mètres au sud d'Abourouferrassi, village appartenant à la France. Elle continue à se tenir ensuite à une distance de 10 kilom. à l'est de la route conduisant directement d'Annibilekrou à Bondoukou, par Bodomfil et Dadiassi,

passe à mi-chemin entre Buko et Adjemrah, court à 10 kilom. à l'est
de la route de Bondoukou via Sorobango, Tambi, Takhari et Bandagadi,
et atteint la Volta au point d'intersection de cette rivière et de la route
de Bandagadi à Kirhindi. Elle suit alors le thalweg de la Volta jusqu'à
son intersection par le 9e degré de latitude nord.

Enfin le 21 janvier 1895 un arrangement conclu à Paris par
MM. Phipps et Crowe pour l'Angleterre, Georges Benoît et J.
Haussmann pour la France, mit fin aux difficultés qui s'étaient pro-
duites en Afrique en déterminant la frontière au nord et à l'est de
Sierra-Leone. En voici le texte :

Art. 1er. — La frontière part d'un point sur la côte de l'Atlantique
au nord-ouest du village de Kiragba, déterminé par l'intersection d'un
arc de cercle de 500 mètres de rayon, décrit du centre dudit village, avec
la ligne des hautes eaux.

De ce point, elle se dirige vers le nord-est parallèlement au chemin
de Kiragba à Roubani (Robenia), qui passe par ou près les villages anglais de Fungala, Robant, Mengeti. Mandimo. Momotimenia et Kongobutia, à une distance égale de 500 mètres du milieu dudit chemin,
jusqu'à un point situé à égale distance du village de Kongobutia (Anglais) et du village de Diguipali (Français). A partir de ce point elle
tourne au sud-est et coupe le chemin à angle droit, et arrivée à 500 mètres au sud-est dudit chemin, le suit parallèlement à la même distance
de 500 mètres, mesurée comme ci-dessus, jusqu'à ce qu'elle atteigne un
point situé au sud du village de Diguipali, d'où elle gagne en ligne
droite la ligne de partage des eaux de la chaîne de collines qui commence au sud du village ruiné de Passinodia et marque distinctement
la ligne de séparation entre le bassin de la rivière Mellacorée (Mella-
kori) et celui de la Grande Scarcie ou Kolenté.

La frontière suit cette ligne de partage des eaux laissant à la Grande-
Bretagne les villages de N'Bogoli (Bogolo), Musaliya, Malaguia (Lu-
koiya), Maforé (Mufuri), Tanéné (Tarnenai), Madina (Modina), Oblenia,
Oboto, Ballimir, Massini et Gambiadi et à la France les villages de
Roubani (Robenia), N'Tugon (N'Tunga), Daragoué (Daragli), Kunia,
Tombaiya, Erimakono (Herimakuna), Fonsiga (Fransiga), Talansa,
Tagani (Tanganne) et Maodea jusqu'au point le plus rapproché de la
source de la Petite Mola ; de là elle se dirige en ligne droite sur ladite
source, suit le cours de la Petite Mola jusqu'à sa jonction avec la Mola,
puis le thalweg de la Mola jusqu'à son confluent avec la Grande Scarcie
ou Kolenté.

De ce point, la frontière suit la rive droite de la Grande Scarcie
(Kolenté) jusqu'à un point situé à 500 mètres au sud de l'endroit où
aboutit, sur la rive droite, le chemin qui conduit de Ouelia (Wulia) à

Ouossou (Wossu), par Lucenia. A partir de ce point, elle coupe la rivière et suit une ligne tirée au sud du chemin ci-dessus mentionné, à une distance égale de 500 mètres, mesurée du milieu du chemin, jusqu'à la rencontre d'une ligne droite déterminée à ses extrémités par les points suivants :

1. Un point situé en amont et à 500 mètres du coude que décrit la Rivière Kora au nord du village de Lucenia, à environ 2,500 mètres de ce village et à environ 5 kilom. du confluent de la Rivière Kora avec la Grande Scarcie (Kolenté), mesurés le long de la rive.

2. Une brèche formée dans le flanc nord-ouest de la chaîne de hauteurs qui se trouvent dans la partie est du Talla, à environ 2 milles anglais (3,200 mètres) au sud du village de Donia (Duyunia).

A partir du point où elle rencontre la ligne droite mentionnée ci-dessus, la limite suit la dite ligne, vers l'est, jusqu'au centre de la brèche susmentionnée, d'où elle gagne ensuite, par une autre ligne droite, la rivière Kita, en un point situé en amont et à 1,500 mètres, à vol d'oiseau, du centre du village de Lakhata ; elle suit alors le thalweg de la rivière Kita jusqu'à son confluent avec le Lolo.

De ce confluent, elle rejoint en ligne droite la petite Scarcie ou Kaba, en un point situé à 4 milles anglais (6,400 mètres) au sud du 10e parallèle de latitude nord ; elle suit le thalweg de la Petite Scarcie jusqu'audit parallèle, qui forme ensuite la limite jusqu'à son intersection avec la ligne de partage des eaux entre le bassin du Niger, d'une part, et les bassins de la Petite Scarcie et des autres rivières qui se jettent, vers l'ouest, dans l'océan Atlantique, d'autre part.

La frontière suit enfin la dite ligne de partage des eaux vers le sud-est, laissant Kalieri à la Grande-Bretagne et Erimakono (Herimakuna), à la France, jusqu'à son intersection avec le parallèle de latitude qui passe par Tembikounda (Tembikunda), c'est-à-dire la source du Tembiko ou Niger.

ART. 2. — La frontière déterminée par le présent arrangement est inscrite sur la carte ci-annexée.

ART. 3. — Dans la pensée des parties contractantes, le présent arrangement complète et interprète l'art. 2 de l'arrangement du 10 août 1889, ainsi que l'annexe 1 et l'annexe 2 (Sierra Leone), dudit arrangement et l'arrangement du 26 juin 1891.

Fait à Paris, le 21 janvier 1895.

Annexe

Bien que le tracé de la ligne de démarcation sur la carte annexée au présent arrangement soit supposé être généralement exact, il ne peut être considéré comme une représentation absolument correcte de cette ligne jusqu'à ce qu'il ait été confirmé par de nouveaux levés.

Il est donc convenu que les commissaires ou délégués locaux des deux pays qui pourront être chargés par la suite de délimiter tout ou partie de la frontière sur le terrain, devront se baser sur la description de la frontière telle qu'elle est formulée dans l'arrangement. Il leur sera loisible, en même temps, de modifier la dite ligne de démarcation, en vue de la déterminer avec une plus grande exactitude, et de rectifier la position des lignes de partage, des chemins ou rivières, ainsi que des villes ou villages indiqués sur la carte susmentionnée.

Les changements ou corrections proposés d'un commun accord par les commissaires ou délégués seront soumis à l'approbation des Gouvernements respectifs.

Le 8 décembre 1892, MM. Hanotaux et Haussmann signaient à Paris, avec le baron de Stein, ministre de Libéria, la convention suivante :

ART. 1er. — Sur la Côte d'Ivoire et dans l'intérieur, la ligne frontière entre les possessions françaises et la République de Libéria sera constituée comme suit, conformément au tracé rouge porté sur la carte annexée au présent arrangement en double et paraphée, savoir :

1° Par le thalweg de la rivière Cavally jusqu'à un point situé à environ 20 milles au sud du confluent de la rivière Fodédougou-Ba, à l'intersection du 6°30′ de latitude nord et du 9°12′ de longitude ouest;

2° Par le parallèle passant par le dit point d'intersection jusqu'à la rencontre du 10° de longitude ouest de Paris, étant entendu, en tout cas, que le bassin du Grand Seisters appartient au Libéria et que le bassin du Fodédougou-Ba appartient à la France;

3° Par le méridien 10° jusqu'à sa rencontre avec le 7° de latitude nord; à partir de ce point, la frontière se dirigera en ligne droite vers le point d'intersection du 11° avec le parallèle qui passe par Tembi-Counda, étant entendu que la ville de Barmaquirla et la ville de Mahomadou appartiendront à la République de Libéria, les points de Naalah et de Mousardou restant par contre à la France;

4° La frontière se dirigera ensuite vers l'ouest, en suivant ce même parallèle jusqu'à sa rencontre, au 13° de longitude ouest de Paris, avec la frontière franco-anglaise de Sierra-Leone.

Ce tracé devra, en tout cas, assurer à la France le bassin entier du Niger et de ses affluents.

ART. 2. — La navigation sur la rivière Cavally, jusqu'au confluent du Fodédougou-Ba, sera libre et ouverte au trafic et aux habitants des deux pays.

La France aura le droit de faire, à ses frais, dans le cours ou sur l'une et l'autre rive du Cavally, les travaux qui pourraient être nécessaires pour le rendre navigable, restant toutefois entendu que, de ce fait, aucune atteinte ne sera portée aux droits de souveraineté qui, sur la rive droite, appartiennent à la République de Libéria. Dans le cas où les travaux exécutés donneraient lieu à l'établissement de taxes, celles-ci seraient déterminées par une nouvelle entente entre les deux Gouvernements.

ART. 3. — La France renonce aux droits résultant pour elle des anciens traités conclus sur différents points de la Côte des Graines et reconnaît la souveraineté de la République de Libéria sur le littoral, à l'ouest de la rivière de Cavally.

La République de Libéria abandonne de son côté toutes les prétentions qu'elle pourrait faire valoir sur les territoires de la Côte d'Ivoire situés à l'est de la rivière de Cavally.

ART. 4. — La République de Libéria facilitera, comme par le passé, dans la mesure de ses moyens, le libre engagement des travailleurs sur la Côte de Libéria par le Gouvernement français ou par ses ressortissants; les mêmes facilités seront accordées réciproquement à la République de Libéria et à ses ressortissants sur la partie française de la Côte d'Ivoire.

Art. 5. — En reconnaissant à la République de Libéria les limites qui viennent d'être déterminées, le Gouvernement de la République française déclare qu'il n'entend s'engager que vis-à-vis de la République libérienne libre et indépendante, et fait toutes ses réserves, soit pour le cas où cette indépendance se trouverait atteinte, soit dans le cas où la République de Libéria ferait abandon d'une partie quelconque des territoires qui lui sont reconnus par la présente convention.

III. — L'EXPANSION DE 1895 à 1900

Les cinq dernières années ont été la période d'achèvement de la constitution de notre empire d'Afrique occidentale. Chacune de nos colonies s'efforce d'étendre son arrière-pays dans l'intérieur de la boucle du Niger et, de même que le décret du 15 juin 1895 a établi un gouvernement général de l'Afrique occidentale chargé de diriger la politique de nos cinq colonies (Sénégal, Soudan, Guinée, Côte d'Ivoire et Dahomey), il semble qu'un plan d'ensemble préside à cette conquête de la boucle du Niger. Exploration et occupation marchent de pair et la poursuite de Samory continue en même temps que nous prenons possession des territoires de la Boucle et que nos missions engagent avec les missions anglaises et allemandes une rivalité qui fut particulièrement vive dans le haut Dahomey.

Dès 1894 la lutte s'engagea dans l'arrière-pays de cette colonie où M. Ballot avait fondé le poste de Carnotville et, où la France envoyait la mission Decœur, les Allemands du Togo la mission Gruner-de Carnap et les Anglais la mission Lugard. La mission Decœur, après avoir conclu quelques traités près de la frontière allemande, se rendit à Nikki, chef-lieu du Bórgou, où le 26 novembre elle conclut un traité ; puis de retour à Carnotville Decœur envoya le lieutenant Baud à Say (1er février 1895) et se rendit lui-même à Sansanné-Mango (6 janvier) et de là à Fada N'Gourma : dans toute la traversée du Gourma les itinéraires de la mission allemande et de la mission française se croisaient, mais le lieutenant de Carnap était devancé à Fada N'Gourma, capitale du Gourma, et à Say. Pendant ce temps le capitaine d'artillerie Toutée s'était rendu au Niger en partant du Dahomey et avait abouti à Badjibo en aval des rapides de Boussa où, ne trouvant aucune trace de l'occupation anglaise affirmée par la compagnie du Niger, il avait établi le poste français d'Arenberg et d'où il avait continué à remonter le Niger jusqu'à Farca, en amont de Sansan-Haoussa. M. Ballot, gouverneur de la colonie, s'était également rendu à Boussa. Dès ce moment se précisait la rivalité entre les Anglais qui réclamaient Boussa et le Borgou où Lugard s'était ou prétendait s'être rendu en même temps que la mission Decœur, les Allemands qui voulaient pousser le Togoland par le Gourma jusqu'à Say et les Français qui désiraient la jonction du Dahomey d'une part au Niger, d'autre part au Soudan par le Mossi où le capitaine Destenave, résident à Bandiagara, commençait à exercer une action et où l'administrateur Alby avait pénétré jusqu'à quelques kilomètres de Ouagadougou et enfin à la Côte d'Ivoire que le lieutenant Baud avait atteinte à Bouna en contournant le Togo et la Côte d'Or par le nord (Sansanné-Mango, Gambaka, Liaba, Bouna).

La convention conclue le 15 janvier 1896 à Paris pour la délimitation des possessions de ces deux puissances en Indo-Chine sembla mettre fin à la compétition franco-anglaise, en disposant ainsi dans son article 5 :

Les deux gouvernements conviennent de nommer des commissaires délégués par chacun d'eux et qui seront chargés de fixer de commun accord, après examen des titres invoqués de part et d'autre, la délimitation la plus équitable entre les possessions anglaises dans la région située à l'ouest du Bas-Niger.

Confiant dans les négociations engagées à Paris, le gouverne-

ment français arrêta toute action locale en Afrique et l'année 1896
ne fut marquée que par l'heureuse descente du Niger par la mission hydrographique du Niger (mission Hourst) et par l'occupation
de Ouagadougou et l'établissement du protectorat sur le Mossi ·et le
Gourounsi par les lieutenants Voulet et Chanoine. Nos rivaux profitèrent de cette inaction qui compromit les résultats fort brillants
de nos explorations de 1895 : les négociations traînèrent en longueur, puis furent interrompues ; les Allemands occupèrent Sansanné-Mango et les Anglais préparèrent une colonne d'occupation
des pays nigériens où l'on apprenait que leur influence était nulle
jusqu'à ce-jour et ils faisaient occuper Badjibo-Arenberg que nous
avions évacué.

Heureusement à la fin de 1896 le gouvernement français renonça
à la réserve qu'il avait gardée et pour défendre nos droits contestés
à la fois dans le Mossi, dans le Gourma et au Niger, il conçut le plan
d'occuper effectivement les territoires de la boucle du Niger en
faisant partir du Dahomey deux missions subventionnées par le
Comité de l'Afrique française, qui, s'avançant vers le nord pour ainsi
dire en éventail, allèrent l'une au Niger pour s'y établir, l'autre
dans le Mossi pour donner la main aux avant-postes du Soudan
français. La première fut confiée par M. Ballot au lieutenant de
vaisseau Bretonnet qui occupa le Moyen-Niger d'Ilo à Boussa en
février 1897 et se relia à Say où le Soudan détachait un poste. La
seconde fut remplie par les capitaines Baud et Vermeersch qui
devancèrent les nouvelles missions allemandes et qui, le 17 février
1897, rencontrèrent à Tibga la mission soudanaise Voulet : celle-ci
avait occupé Ouagadougou le 1er septembre 1896 et conclu le 20
janvier 1897 un traité plaçant le Mossi sous le protectorat de la
France. En même temps des colonnes, commandées par le commandant Destenave et par le commandant Caudrelier, occupaient
effectivement la région à l'est du Macina et la région de la Volta et
nous rapprochaient de Samory qui, dans un guet-apens organisé à
Bouna, parvint à nous tuer deux officiers, le capitaine Braulot et
le lieutenant Bunas. Partout l'occupation effective était réalisée, et
même au Fouta Diallon où M. de Beckmann renouvelait et exécutait
en 1896 le traité de protectorat et où une petite colonne opéra en janvier 1897 pour réprimer les troubles nés lors du remplacement de
l'Almamy Bokar Biro par Oumarou-Bemba.

La première conséquence de cette action fut la conclusion d'une convention de délimitation avec les Allemands signée à Paris le 23 juillet 1897. Elle arrêtait l'expansion du Togoland vers le Niger, mais lui donnait le marché de Sansanné-Mango et Gambaka. En voici le texte, signé par MM. Félix de Müller, premier secrétaire de l'ambassade d'Allemagne, Zimmermann et Ernest Vohsen pour l'Allemagne, René Lecomte, sous-directeur au ministère des affaires étrangères, et G. Binger, directeur des affaires d'Afrique au ministère des colonies pour la France :

ART. 1er. — La frontière partira de l'intersection de la côte avec le méridien de l'île Bayol, se confondra avec ce méridien jusqu'à la rive sud de la lagune qu'elle suivra jusqu'à une distance de 100 m. environ au delà de la pointe est de l'île Bayol, remontera ensuite directement au nord jusqu'à mi-distance de la rive sud et de la rive nord de la lagune ; puis suivra les sinuosités de la lagune, à égale distance des deux rives, jusqu'au thalweg du Mono, qu'elle suivra jusqu'au 7e degré de latitude nord.

De l'intersection du thalweg du Mono avec le 7e degré de latitude nord la frontière rejoindra par ce parallèle le méridien de l'île Bayol qui servira de limite jusqu'à son intersection avec le parallèle passant à égale distance de Bassila et de Penesoulou. De ce point, elle gagnera la rivière Kara, suivant une ligne équidistante des chemins de Bassila à Bafilo par Kirikri et de Penesoulou à Séméré par Aledjo, et ensuite des chemins de Sudu à Séméré et d'Aledjo à Séméré, de manière à passer à égale distance de Daboni et d'Aledjo, ainsi que de Sudu et d'Aledjo. Elle descendra ensuite le thalweg de la rivière Kara sur une longueur de 5 kilomètres et, de ce point, remontera en ligne droite vers le nord jusqu'au 10e degré de latitude nord, Séméré devant, dans tous les cas, rester à la France.

De là, la frontière se dirigera directement sur un point situé à égale distance entre Djé et Gandou, laissant Djé à la France et Gandou à l'Allemagne, et gagnera le 11e degré de latitude nord en suivant une ligne parallèle à la route de Sansanné-Mango à Pama et distante de celle-ci de 30 kilomètres. Elle se prolongera ensuite vers l'ouest sur le 11e degré de latitude nord jusqu'à la Volta blanche, de manière à laisser en tout cas Pougno à la France et Koun-Djari à l'Allemagne. Puis elle rejoindra par le thalweg de cette rivière le 10e degré de latitude nord qu'elle suivra jusqu'à son intersection avec le méridien 3°52′ O. de Paris (1°32′ O. de Gr.).

ART. 2. — Le gouvernement français conservera pour ses troupes et son matériel de guerre le libre passage par la route de Kouandé à la rive droite de la Volta par Sansanné-Mango et Gambaga, ainsi que de Kouandé à Pama par Sansanné-Mango, pour une durée de quatre années à partir de la ratification du présent arrangement.

Art. 3. — La frontière déterminée par le présent arrangement est inscrite sur la carte ci-annexée.

Art. 4. — Les deux gouvernements désigneront des commissaires qui seront chargés de tracer sur les lieux la ligne de démarcation entre les possessions françaises et allemandes, en conformité et suivant les dispositions générales qui précèdent.

La délimitation prévue par l'art. 4 a été opérée en 1899 par une commission mixte dirigée par le commandant français James Plé et par le commandant allemand de Massow qui durent réunir leurs troupes pour vaincre l'hostilité des indigènes.

Avec l'Angleterre, les négociations furent reprises à la fin d'octobre 1897. Elles furent longues et laborieuses, et le succès en fut compromis à diverses reprises par l'intervention de la presse britannique et aussi par l'enchevêtrement des postes français et anglais dans la région contestée, notamment à Béria et à Oua où les troupes françaises et anglaises se trouvèrent en présence : heureusement notre occupation fut maintenue notamment dans la région de Bouna et dans le haut Dahomey où le gouverneur Ballot, qui a joué un rôle si prépondérant dans toute cette expansion, l'organisa jusqu'à Boussa ; Sikasso, dont le fama Bemba était devenu l'allié de Samory, était occupée par le colonel Audéoud après un sanglant combat, le 1er mai 1898. La presse anglaise, s'appuyant sur les conventions conclues par le nègre Fergusson, par la mission Henderson qui fut massacrée presque en entier par Samory et dont les débris furent recueillis et sauvés par les officiers français du Soudan, réclamait le Mossi et voulait limiter le Dahomey au neuvième parallèle.

La convention ne fut signée que le 14 juin 1898 à Paris par MM. Martin Gosselin et le colonel Everett pour l'Angleterre, et par MM. René Lecomte et Binger pour la France. Boussa était rétrocédé aux Anglais et la limite était remontée jusqu'au nord d'Ilo au confluent du Dallol Maouri. Mais le Mossi, le Gourounsi et le Gourma nous étaient reconnus, et deux enclaves nous étaient concédées dans le Bas-Niger. Les plénipotentiaires avaient, de plus, précisé la ligne de Say à Barroua établie par la convention de 1890.

Voici le texte de la convention qui achevait la délimitation de notre empire d'Afrique occidentale (1) :

(1) L'histoire du Sénégal pendant cette période se résume dans les

Art. 1er. — La frontière séparant les colonies françaises de la Côte d'Ivoire et du Soudan de la colonie britannique de la Côte d'Or partira du point terminal nord de la frontière déterminée par l'arrangement franco-anglais du 12 juillet 1893, c'est-à-dire de l'intersection du thalweg de la Volta noire avec le 9e degré de latitude nord, et suivra le thalweg de cette rivière vers le nord jusqu'à son intersection avec le 11e degré de latitude nord. De ce point, elle suivra dans la direction de l'Est le dit parallèle de latitude jusqu'à la rivière qui est marquée sur la carte no 1 annexée au présent protocole comme passant immédiatement à l'est des villages de Souaga (Zwaga) et de Sébilla (Jébilla). Elle suivra ensuite le thalweg de la branche occidentale de cette rivière en remontant son cours jusqu'à son intersection avec le parallèle de latitude passant par le village de Sapeliga. De ce point, la frontière suivra la limite septentrionale du terrain appartenant à Sapeliga jusqu'à la rivière Nouhan (Nuhan) et se dirigera ensuite par le thalweg de cette rivière en remontant ou en descendant, suivant le cas, jusqu'à un point situé à 3,219 mètres (2 milles) à l'est du chemin allant de Gambaga à Tingourkou (Tenkrûgu), par Baukou (Bawku). De là, elle rejoindra en ligne droite, le point d'intersection du 11e degré de latitude nord avec le chemin indiqué sur la carte no 1 comme allant de Sansanné-Mango à Pama par Djebiga (Jebigu).

Art. 2. — La frontière entre la colonie française du Dahomey et la colonie britannique de Lagos, qui a été délimitée sur le terrain par la Commission anglo-française de délimitation de 1895, et qui est décrite dans le rapport signé le 12 octobre 1896, par les commissaires des deux nations, sera désormais reconnue comme la frontière séparant les possessions britanniques et françaises de la mer au 9e degré de latitude nord.

A partir du point d'intersection de la rivière Ocpara avec le 9e degré de latitude nord, tel qu'il a été déterminé par lesdits commissaires, la frontière séparant les possessions françaises et britanniques se dirigera vers le nord et suivra une ligne passant à l'ouest des terrains appartenant aux localités suivantes : Tabira, Okouta (Okuta), Boria, Téré, Gbani, Yassikéra (Ashigere) et Dekala.

De l'extrémité ouest du terrain appartenant à Dekala la frontière sera tracée dans la direction du nord, de manière à coïncider autant que possible avec la ligne indiquée sur la carte no 1 annexée au présent protocole et atteindra la rive droite du Niger en un point situé à 16,093 mètres (10 milles) en amont du centre de la ville de Guiris (Géré, port d'Ilo), mesurés à vol d'oiseau.

négociations avec les Maures Trarzas et Braknas. En 1897, M. André Lebon, ministre des colonies, se rendit au Sénégal et au Soudan en voyage officiel.

ART. 3. — Du point spécifié dans l'art. 2, où la frontière séparant les possessions françaises et britanniques atteint le Niger, c'est-à-dire d'un point situé sur la rive droite de ce fleuve à 16,093 mètres (10 milles) en amont du centre de la ville de Guiris (Géré) (port d'Ilo), la frontière suivra la perpendiculaire élevée de ce point sur la rive droite du fleuve jusqu'à son intersection avec la ligne médiane du fleuve Elle suivra ensuite en remontant la ligne médiane du fleuve jusqu'à son intersection avec une ligne perpendiculaire à la rive gauche et partant de la ligne médiane du débouché de la dépression ou cours d'eau asséché qui, sur la carte n° 2 annexée au présent protocole, est appelé Dallul Mauri, et y est indiqué comme étant situé à une distance d'environ 27,359 mètres (17 milles) mesurés à vol d'oiseau d'un point sur la rive gauche en face du village ci-dessus mentionné de Guiris (Géré).

De ce point d'intersection, la frontière suivra cette perpendiculaire jusqu'à sa rencontre avec la rive gauche du fleuve.

ART. 4. — A l'est du Niger, la frontière séparant les possessions britanniques et françaises suivra la ligne indiquée sur la carte n° 2, annexée au présent protocole.

Partant du point sur la rive gauche du Niger indiqué à l'art. précédent, c'est-à-dire la ligne médiane du Dallul Mauri, la frontière suivra cette ligne médiane jusqu'à sa rencontre avec la circonférence d'un cercle décrit du centre de la ville de Sokoto avec un rayon de 160,932 mètres (100 milles). De ce point elle suivra l'arc septentrional de ce cercle jusqu'à sa seconde intersection avec le 14e degré de latitude nord. De ce second point d'intersection elle suivra ce parallèle vers l'Est sur une distance de 112,652 mètres (70 milles); puis se dirigera au sud vrai jusqu'à sa rencontre avec le parallèle 13°28' de latitude nord; puis, vers l'est, suivant ce parallèle sur une distance de 402,230 mètres (250 milles); puis au nord vrai jusqu'à ce qu'elle rejoigne le 14e parallèle de latitude nord; puis vers l'est sur ce parallèle, jusqu'à son intersection avec le méridien passant à 35' est du centre de la ville de Kuka; puis ce méridien vers le sud jusqu'à son intersection avec la rive sud du lac Tchad.

Le Gouvernement de la République française reconnaît comme tombant dans la sphère britannique le territoire à l'est du Niger compris entre la ligne susmentionnée, la frontière anglo-allemande, et la mer.

Le Gouvernement de Sa Majesté britannique reconnaît comme tombant dans la sphère française les rives nord, est, et sud du lac Tchad, qui sont comprises entre le point d'intersection du 14e degré de latitude nord avec la rive occidentale du lac et le point d'incidence sur le lac de la frontière déterminée par la Convention franco-allemande du 15 mars 1894.

ART. 5. — Les frontières déterminées par le présent protocole sont inscrites sur les cartes nos 1 et 2 ci-annexées.

Les deux gouvernements s'engagent à désigner, dans le délai d'un an pour les frontières à l'ouest du Niger, et de deux ans pour les frontières à l'est de ce même fleuve, à compter de la date de l'échange des ratifications de la Convention qui doit être conclue aux fins de confirmer le présent protocole, des commissaires qui seront chargés d'établir sur les lieux les lignes de démarcation entre les possessions françaises et britanniques, en conformité et suivant l'esprit des stipulations du présent protocole.

En ce qui concerne la délimitation de la portion du Niger dans les environs d'Ilo et du Dallul Mauri visée à l'art. 3, les commissaires chargés de la délimitation, en déterminant sur les lieux la frontière fluviale, répartiront équitablement entre les deux puissances contractantes les îles qui pourront faire obstacle à la délimitation fluviale telle qu'elle est décrite à l'art. 3.

Il est entendu entre les deux puissances contractantes qu'aucun changement ultérieur dans la position de la ligne médiane du fleuve n'affectera les droits de propriété sur les îles qui auront été attribuées à chacune des deux puissances par le procès-verbal des commissaires dûment approuvés par les deux gouvernements.

Art. 6. — Les deux puissances contractantes s'engagent réciproquement à traiter avec bienveillance (« consideration ») les chefs indigènes qui, ayant eu des traités avec l'une d'elles, se trouveront, en vertu du présent protocole, passer sous la souveraineté de l'autre.

Art. 7. — Chacune des deux puissances contractantes s'engage à n'exercer aucune action politique dans les sphères de l'autre, telles qu'elles sont définies par les art. 1, 2, 3 et 4 du présent protocole.

Il est convenu par là que chacune des deux puissances s'interdit de faire des acquisitions territoriales dans les sphères de l'autre, d'y conclure des traités, d'y accepter des droits de souveraineté ou de protectorat, d'y gêner ou d'y contester l'influence de l'autre.

Art. 8. — Le Gouvernement de Sa Majesté britannique cédera à bail au Gouvernement de la République française, aux fins et conditions spécifiées dans le modèle de bail annexé au présent protocole, deux terrains à choisir par le Gouvernement de la République française de concert avec le Gouvernement de Sa Majesté britannique, dont l'un sera situé en un endroit convenable sur la rive droite du Niger entre Léaba et le confluent de la rivière Moussa (Mochi) avec ce fleuve, et l'autre sur l'une des embouchures du Niger.

Chacun de ces terrains sera en bordure sur le fleuve sur une étendue de 400 mètres au plus, et formera un tènement dont la superficie ne sera pas inférieure à 10 hectares ni supérieure à 50 hectares. Les limites exactes de ces terrains seront indiquées sur un plan annexé à chacun des baux.

Les conditions dans lesquelles s'effectuera le transit des marchandises sur le cours du Niger, de ses affluents, de ses embranchements et issues, ainsi qu'entre le terrain ci-dessus mentionné situé entre Léaba et le confluent de la rivière Moussa (Mochi), et le point à désigner par le Gouvernement de la République française sur la frontière française, feront l'objet d'un règlement dont les détails seront discutés par les deux gouvernements immédiatement après la signature du présent protocole.

Le Gouvernement de Sa Majesté britannique s'engage à donner avis quatre mois à l'avance au Gouvernement de la République française de toute modification dans le règlement en question, afin de mettre le dit Gouvernement français en mesure d'exposer au Gouvernement britannique toutes représentations qu'il pourrait désirer faire.

Art. 9. — A l'intérieur des limites tracées sur la carte n° 5, annexée au présent protocole, les sujets britanniques et protégés britanniques, les citoyens français et protégés français, pour leurs personnes comme pour leurs biens, les marchandises et produits naturels ou manufacturés de la Grande-Bretagne et de la France, de leurs colonies, possessions et protectorats respectifs, jouiront pendant trente années à partir de l'échange des ratifications de la Convention mentionnée à l'art. 5 du même traitement pour tout ce qui concerne la navigation fluviale, le commerce, le régime douanier et fiscal et les taxes de toute nature.

Sous cette réserve, chacune des deux puissances contractantes conservera la liberté de régler sur son territoire et à sa convenance le régime douanier et fiscal et les taxes de toute nature.

Dans le cas où aucune des puissances contractantes n'aurait notifié, douze mois avant l'échéance du terme précité de trente années, son intention de faire cesser les effets du présent article, il continuera à être obligatoire jusqu'à l'expiration d'une année à partir du jour où l'une ou l'autre des puissances contractantes l'aura dénoncé.

En foi de quoi les délégués soussignés ont dressé le présent protocole et y ont apposé leurs signatures.

Fait à Paris, en double expédition, le 14 juin 1898.

(Signatures).

Bien que le tracé des lignes de démarcation sur les deux cartes annexées au présent protocole soit supposé être généralement exact, il ne peut être considéré comme une représentation absolument correcte de ces lignes, jusqu'à ce qu'il ait été confirmé par de nouveaux levés.

Il est donc convenu que les commissaires ou délégués locaux des deux pays, qui seront chargés, par la suite, de délimiter tout ou partie des frontières sur le terrain, devront se baser sur la description des frontières telle qu'elle est formulée dans le protocole.

Il leur sera loisible, en même temps, de modifier les dites lignes de démarcation en vue de les déterminer avec une plus grande exactitude et de rectifier la position des lignes de partage, des chemins ou rivières, ainsi que des villes ou villages indiqués dans les cartes susmentionnées.

Les changements ou corrections proposés d'un commun accord par les dits commissaires ou délégués seront soumis à l'approbation des gouvernements respectifs.

Un modèle de bail est joint au traité. La délimitation de la frontière orientale du Dahomey a été commencée en 1899 par la mission Toutée, qui a choisi les deux enclaves l'une à la rivière Forcados, l'autre en face de Badjibo.

La fin de l'année 1898 fut encore marquée par un événement important, la capture de Samory. L'occupation de la région de la Volta et du Gourounsi et la reprise de Kong avaient rejeté l'almamy vers l'ouest. Une colonne, commandée par le chef de bataillon de Lartigue, fut chargée de lui donner la poursuite. Après plusieurs combats heureux à Tiafeso et à Doué, où le lieutenant Woelffel infligea aux troupes de l'almamy une sanglante défaite, Samory, harcelé par les troupes du commandant de Lartigue, fut rejoint et surpris par une reconnaissance dirigée par le capitaine Gouraud et capturé dans son camp le 29 septembre 1898 à Guélémou. Samory fut exilé au Congo où il mourut en 1900. Son armée fut dispersée et la pacification de l'Afrique occidentale fut désormais complète.

Mais il faut encore citer en 1900 les missions qui, reprenant les travaux de la mission Blondiaux, travaillèrent à la jonction de la Côte d'Ivoire et du Soudan. Le capitaine Woelffel et le lieutenant Mangin, qui descendaient du Soudan vers la côte, se heurtèrent à une résistance acharnée et, après avoir fondé un poste à Nouantonglouin au sud de Nzô, furent rappelés au moment où le passage allait s'ouvrir devant eux. L'administrateur Hostains et le capitaine d'Ollone, partis de la Côte d'Ivoire, purent franchir la forêt en reconnaissant le cours du Cavally et aboutirent en 1900 au poste soudanais de Nzô. Ils reliaient pour la première fois la Côte d'Ivoire au Soudan depuis le voyage de Binger et prouvaient que l'influence du Libéria est nulle à quelque distance de la côte.

IV. — LA NAVIGATION DU NIGER

La question de la liberté de navigation du Niger se rattache intimement à l'historique de l'expansion française en Afrique occidentale.

Nous possédons dans le bas Niger depuis 1880 des établissements commerciaux fondés par la Société française de l'Afrique équatoriale, créée par le comte de Semellé, et par la Compagnie du Sénégal et qui faisaient une concurrence heureuse aux maisons anglaises qui dès 1879 avaient fusionné en une seule compagnie, l'*United Afri-can Company*. Le commandant Mattei notamment, agent général de la première de ces sociétés, exerçait une action importante, fondait des comptoirs et lançait des bateaux jusque dans la Bénoué. Mais si les maisons anglaises étaient fortement appuyées par leur gouvernement qui se rendait compte, surtout d'après les observations de Barth, de l'importance de cette porte du Soudan, les maisons françaises furent laissées sans appui et, ne pouvant soutenir une lutte inégale, elles vendirent leurs établissements en avril 1885 à la Compagnie anglaise.

Le 10 juillet 1885, le *National African Company limited* recevait l'octroi d'une charte royale dont voici les articles principaux :

ART. 1er. — La Compagnie dite National African Company limited, désignée dans la présente Charte sous le nom de la Compagnie, reçoit, par les présentes, autorisation et pouvoir de tenir, employer et retenir l'entier bénéfice des concessions précitées, ou de l'une quelconque d'entre elles, ainsi que tous les droits, intérêts, pouvoirs et privilèges à l'effet de gouverner, préserver l'ordre public, protéger lesdits territoires et exercer les autres pouvoirs de quelque nature et quelque espèce qu'ils soient, tels qu'ils sont mentionnés ici, ou résultent de la présente Charte, et cédés ou conférés à la Compagnie dans, sur ou touchant les territoires, pays et propriétés dans le voisinage des dites concessions, de tenir et exploiter ces mêmes territoires, pays et propriétés, jouir de ces droits et intérêts, exercer ces pouvoirs et privilèges, conformément à l'objet de la Compagnie et aux termes de notre présente Charte.

ART. 3. — La Compagnie sera toujours et demeurera anglaise de caractère et de domicile ; elle aura toujours son principal établissement en Angleterre, ses principaux représentants dans les territoires susdits, et tous les directeurs seront toujours nés sujets britanniques, ou auront été naturalisés tels par un acte du Parlement de notre Royaume-Uni.

ART. 12. — Par les présentes, la Compagnie reçoit, à dater de ce jour, et après approbation préalable de notre secrétaire d'État, l'autorisation et le pouvoir d'acquérir et de prendre par voie d'achat, de cession, ou tout autre moyen légal, d'autres droits, d'autres intérêts, d'autres pouvoirs, de quelque ordre ou nature qu'ils soient, dans, sur ou touchant les territoires, pays ou possessions compris dans les divers traités susdits, ou tous droits, intérêts, pouvoirs ou privilèges, de quelque ordre ou nature qu'ils soient, sur, dans ou touchant d'autres territoires, pays ou possessions dans la région susmentionnée et de les exercer, de

s'en servir, d'en jouir et de s'en prévaloir conformément à l'objet de la
Compagnie et aux termes de notre présente charte.

Art. 14. — Rien dans notre présente charte ne tendra à autoriser la
Compagnie à imposer ou à accorder un monopole de commerce quelconque. Le commerce avec les territoires de la Compagnie placés sous
notre protection sera libre, soumis seulement aux taxes et droits de
douane ci-autorisés et à des restrictions sur les importations semblables,
en l'espèce, à celles qui se pratiquent dans notre Royaume-Uni ; et il
n'y. aura pas de différence dans le traitement accordé aux sujets des
diverses puissances, tant pour les règlements que pour l'accès aux marchés ; mais les étrangers aussi bien que les sujets anglais seront soumis aux dispositions administratives prises dans l'intérêt du commerce
et de l'ordre public.

Les droits de douane et les taxes ci-autorisés ne seront exigibles et
applicables que dans le but de subvenir aux dépenses nécessaires du
gouvernement, c'est-à-dire l'administration de la justice, le maintien
de l'ordre et l'exécution des obligations du traité comme il est ici mentionné, et cela dans la mesure et de la manière que notre secrétaire
d'Etat pourra de temps en temps autoriser pour le remboursement de
dépenses déjà faites dans des buts analogues ou tous autres, relatifs à
l'acquisition, au maintien et à l'exécution des droits du traité.

De temps en temps, périodiquement ou autrement, suivant ce qu'en
décidera notre secrétaire d'Etat, la Compagnie devra fournir, dans la
forme qu'il indiquera, des comptes et des détails, lesquels seront véri-
fiés comme il le demandera, sur les produits, la répartition, la perception, les revenus et l'application de ces taxes ; elle se conformera à la
direction qu'il donnera, eu égard aux modifications à apporter à la distribution, au produit, à la répartition, à la perception ou à l'application de toutes taxes de la même nature.

Conformité aux traités

Art. 15. — La Compagnie sera soumise à l'exécution, l'observation
et l'entreprise de toutes les obligations et stipulations relatives au
fleuve du Niger, à ses affluents, ses branches, ses bouches, ou aux territoires qui l'avoisinent ou bien à ceux qui sont situés en Afrique qui
sont désignés et visés par nous dans l'Acte général de la Conférence
des grandes puissances à Berlin, en date du 26 février 1885, ou dans
tout autre traité, accord ou arrangement intervenu entre nous et tout
autre Etat ou toute autre puissance, qu'il soit déjà conclu ou destiné à
être conclu postérieurement.

Elle devenait la Compagnie royale du Niger. Mais l'acte de Berlin, du 21 février 1885, avait établi un acte de navigation du Niger
dont voici les principaux articles :

Les Colonies, vol. 1.   36

Art. 26. — La navigation du Niger, sans exception d'aucun des embranchements ni issues de ce fleuve, est et demeurera entièrement libre pour les navires marchands, en charge ou sur l'est, de toutes les nations, tant pour le transport des marchandises que pour celui des voyageurs. Elle devra se conformer aux dispositions du présent Acte de navigation et aux règlements à établir en exécution du même Acte.

Dans l'exercice de navigation, les sujets et les pavillons de toutes les nations seront traités, sous tous les rapports, sur le pied d'une parfaite égalité, tant pour la navigation directe de la pleine mer vers les ports intérieurs du Niger, et vice-versâ, que pour le grand et le petit cabotage, ainsi que pour la batellerie sur le parcours de ce fleuve.

En conséquence, sur tout le parcours et aux embouchures du Niger, il ne sera fait aucune distinction entre les sujets des États riverains et ceux des non-riverains, et il ne sera concédé aucun privilège exclusif de navigation, soit à des sociétés ou corporations quelconques, soit à des particuliers.

Ces dispositions sont reconnues par les puissances signataires comme faisant désormais partie du droit public international.

Art. 27. — La navigation du Niger ne pourra être assujettie à aucune entrave ni redevance basées uniquement sur le fait de la navigation.

Elle ne subira aucune obligation d'échelle, d'étape, de dépôt, de rompre charge, ou de relâche forcée.

Dans toute l'étendue du Niger, les navires et les marchandises transitant sur le fleuve ne seront soumis à aucun droit de transit, quelle que soit leur provenance ou leur destination.

Il ne sera établi aucun péage maritime ni fluvial basé sur le seul fait de la navigation, ni aucun droit sur les marchandises qui se trouvent à bord des navires. Pourront seuls être perçus des taxes ou droits qui auront le caractère de rétribution pour services rendus à la navigation même. Les tarifs de ces taxes ou droits ne comporteront aucun traitement différentiel.

Art. 28. — Les affluents du Niger seront à tous égards soumis au même régime que le fleuve dont ils sont titulaires.

Art. 29. — Les routes, chemins de fer ou canaux latéraux qui pourront être établis dans le but de suppléer à l'innavigabilité ou aux imperfections de la voie fluviale sur certaines sections du parcours du Niger, de ses affluents, embranchements et issues seront considérés, en leur qualité de moyens de communication, comme des dépendances de ce fleuve et seront également ouverts au trafic de toutes les nations.

De même que sur le fleuve il ne pourra être perçu sur ces routes, chemins de fer et canaux, que des péages calculés sur les dépenses de construction, d'entretien et d'administration, et sur les bénéfices dus aux entrepreneurs.

Quant au taux de ces péages, les étrangers et les nationaux des territoires respectifs seront traités sur le pied d'une parfaite égalité.

Art. 30. — La Grande-Bretagne s'engage à appliquer les principes
de la liberté de navigation énoncés dans les art. 26, 27, 28, 29, en tant
que les eaux du Niger, de ses affluents, embranchements et issues,
sont ou seront sa souveraineté ou sous son protectorat.

Les règlements qu'elle établira pour la sûreté et le contrôle de la
navigation seront conçus de manière à faciliter autant que possible la
circulation des navires marchands.

Il est entendu que rien dans les engagements ainsi pris ne saurait
être interprété comme empêchant ou pouvant empêcher la Grande-Bretagne de faire quelques règlements de navigation que ce soit, qui ne
seraient pas contraires à l'esprit de ces engagements.

La Grande-Bretagne s'engage à protéger les négociants étrangers de
toutes les nations faisant le commerce dans les parties du cours du
Niger qui sont ou seront sous sa souveraineté ou son protectorat, comme
s'ils étaient ses propres sujets, pourvu toutefois que ces négociants se
conforment aux règlements qui sont ou seront établis en vertu de ce
qui précède.

Art. 31. — La France accepte sous les mêmes réserves et en termes
identiques les obligations consacrées dans l'article précédent, en tant
que les eaux du Niger, de ses affluents, embranchements et issues sont
ou seront sous sa souveraineté ou son protectorat.

Art. 32. — Chacune des autres puissances signataires s'engage de
même, pour le cas où elle exercerait dans l'avenir des droits de souveraineté ou de protectorat sur quelque partie des eaux du Niger, de ses
affluents, embranchements et issues.

Art. 33. — Les dispositions du présent Acte de navigation demeureront en vigueur en temps de guerre. En conséquence, la navigation de
toutes les nations neutres ou belligérantes, sera libre en tout temps pour
les usages du commerce sur le Niger, ses embranchements et affluents,
ses embouchures et issues, ainsi que sur la mer territoriale faisant face
aux embouchures et issues de ce fleuve.

Le trafic demeurera également libre, malgré l'état de guerre, sur les
routes, chemins de fer et canaux mentionnés dans l'art. 29.

Il ne sera apporté d'exception à ce principe qu'en ce qui concerne le
transport des objets destinés à un belligérant et considérés, en vertu du
droit des gens, comme articles de contrebande de guerre.

Malgré les stipulations de cet acte, la Compagnie royale ne tarda
pas à s'arroger un monopole de fait, et préoccupée d'acquérir à l'Angleterre la région haoussa autant que d'y faire du commerce, elle
opposa une résistance constante aux efforts de la France qui, s'appuyant sur les dispositions de l'acte de Berlin, tentait de naviguer
dans le Niger et son affluent principal la Benoué et d'y établir des
comptoirs.

Ce fut la première mission Mizon qui en 1890-1891 subit, la première, cette hostilité. Le lieutenant de vaisseau Mizon avait formé le projet de remonter le Niger et la Bénoué et d'atteindre le Tchad par cette voie. Il partit en septembre 1890 sous les auspices du syndicat de Haut-Benito et de l'Afrique centrale et entra dans le Niger par la rivière Forcados sur la chaloupe René Caillié en compagnie du capitaine Silvestre, de l'agent commercial Tréhot et de deux interprètes arabes. Il fut attaqué par les indigènes dans la rivière Ouaré. Mais ce ne furent pas les plus grandes difficultés qu'il rencontra. Le 22 octobre 1890, M. Flint, agent de la Royal Niger C⁰ lui écrivait : « Les instructions reçues du conseil de la Compagnie à Londres portent qu'il serait contraire aux lois et règlements de la Compagnie de vous laisser pénétrer sans son consentement dans les territoires du Niger. Je dois vous dire aussi que la navigation est libre, mais que si vous n'êtes pas muni de l'autorisation en question, il nous sera impossible de vous laisser toucher terre à aucun endroit dans les territoires. » Il apparaissait que la Compagnie était résolue à empêcher Mizon de poursuivre sa route et d'ouvrir ainsi dans l'Afrique centrale de nouveaux débouchés au commerce français. Mizon ne put partir d'Akassa qu'en se soumettant par force majeure aux « lois et règlements » de la Compagnie que lui opposait M. Flint : dès ce moment le syndicat qui l'avait envoyé faisait demander une indemnité au gouvernement anglais. Grâce à son énergie Mizon put continuer sa route, remonter la Benoué et atteindre Yola où il fut bien accueilli par le sultan Zoubir et d'où il put gagner la haute Sangha pour rentrer au Congo.

En septembre 1892, Mizon reparaissait dans le Niger chargé d'une mission scientifique avec MM. Nebout, second de Paul Crampel, l'enseigne Bretonnet, l'adjudant Chabredier et le docteur Ward et accompagné d'une mission commerciale organisée par la Compagnie française de l'Afrique centrale dirigée par MM. Wehrlin et Huntzbuchler. La mission était montée sur deux vapeurs, le *Mosca* et le *Sergent-Malamine*. Mizon retrouva la même hostilité de la part de la Compagnie du Niger dont l'agent était alors M. Wallace. Il n'en alla pas moins conclure un traité avec le Mouri que ce dernier réclamait comme dépendance de la Compagnie et dont le sultan demanda à Mizon de l'aider contre les rebelles de Koana. Puis la mission gagna Yola où elle renouvela le traité passé avec Zoubir, sultan de l'Adamaoua, malgré les intrigues des agents de la Compagnie et des

Allemands (mission d'Uchtritz). Le gouvernement français n'avait pas ratifié le traité du Mouri. Mizon rentra en septembre 1892, laissant à Yola un poste et le *Sergent-Malamine* transformé en comptoir. Plus tard la convention franco-allemande du 4 février 1894 ayant accordé l'Adamaoua aux Allemands du Cameroun, le gouvernement français renonça à faire valoir les droits sur Yola où notre poste fut évacué. La Compagnie du Niger saisit le *Sergent-Malamine*, acte arbitraire qui donna lieu à une nouvelle demande d'indemnité qu'on a décidé, par une convention en date du 3 avril 1901, de soumettre à l'arbitrage du baron Lambermont, ministre d'État de Belgique, en même temps que la demande adressée par les Anglais pour l'affaire de Waïma.

Les difficultés avec la Compagnie royale du Niger reprirent en 1895 en même temps que s'affirmait notre action dans le Bas-Niger. La Compagnie s'efforça de limiter nos prétentions en envoyant le colonel Lugard dans le Borgou, en contestant les résultats de la mission Toutée (fondation d'un poste à Badjibo-Arenberg et signature d'un traité à Boussa). Mais c'est surtout l'incident de l'*Ardent* qui révéla l'interprétation singulière qu'elle donnait à l'acte de Berlin. Cette canonnière commandée par le lieutenant de vaisseau d'Agoult pénétra dans le Niger pour y faire une enquête sur les réclamations portées contre la mission Mizon et s'échoua sur un banc de sable. La Compagnie s'opposa, vainement d'ailleurs, à l'entrée de ce navire dans le Niger et son agent Mac-Taggart osa même saisir le bateau *Faji* sur lequel l'un des officiers de l'*Ardent* faisait le ravitaillement.

Devant les protestations françaises elle exhiba un document en date du 31 mai 1894 et appelé *Niger Navigation Regulation Act*, qui supprimait en fait la liberté de navigation du Niger en obligeant les navires en transit dans les eaux nigériennes « à faire leur déclaration en transit à l'une des douanes qui pourraient être établies à cet effet sur la côte ou près de la côte maritime des territoires du Niger. » L'histoire de la Compagnie pendant les années antérieures à 1898 fut, en outre des fréquents soulèvements indigènes et des protestations françaises et même anglaises contre son monopole commercial, une lutte perpétuelle contre les efforts de la France pour se maintenir sur le moyen Niger aux environs de Boussa : son président Taubman-Goldie fut le plus empressé à provoquer un mouvement d'opinion et de presse contre la création du fort d'Arenberg installé à Badjibo par la mission Toutée.

La Convention franco-anglaise de 1898, en mettant fin aux contestations des deux puissances en Afrique occidentale, mettait fin aussi au rôle politique de la Compagnie, rôle qui devait être et qui fut primordial. Aussi la Convention fut-elle suivie à bref délai du rachat de la charte de 1886 par le Gouvernement britannique et de l'établissement de l'administration directe dans la Nigéria. La Compagnie à charte, au Niger comme dans l'Est africain, avait préparé les voies à la création d'une colonie.

Engagement a été pris, dans les annexes de la Convention, par la Grande-Bretagne « d'examiner, de concert avec le Gouvernement français, les règlements de navigation du Niger et de ses tributaires existant actuellement en vue de supprimer toute restriction préjudiciable au commerce français qui serait reconnu par les deux pays comme étant en désaccord avec les termes de l'Acte de Berlin. » Le Gouvernement français a pris un engagement identique en ce qui concerne le commerce britannique pour le règlement de navigation qui pourra être établi ultérieurement sur la partie du cours du Niger dépendant de la France.

En 1901, nous avons fait pour la première fois application des dispositions de la Convention de 1898 en ce qui concerne le Niger. En 1900, une commission mixte de délimitation, dirigée du côté français, par le commandant Toutée, avait choisi l'emplacement des deux enclaves cédées à la France : à Forcados pour le Bas-Niger, et en face de Badjibo pour le moyen. Le capitaine d'artillerie coloniale Lenfant, ancien commandant de la flottille du Niger, fut chargé de tenter de conduire à Say une flottille de ravitaillement. Il débarqua le 24 février à Forcados-River avec 10,000 caisses de vivres, 2,000 caisses d'outillage, 15 chalands en bois et 5 chalands en acier, remonta le fleuve, franchit la série des rapides de Boussa, arriva le 25 mai à Say et alla jusqu'à Sorbo-Haoussa pour débarquer 54 tonnes de ravitaillement destinées au troisième territoire militaire. Puis il redescendit à Say d'où il est de nouveau parti en amont à la fin de juillet 1901.

Cette heureuse expérience a démontré la possibilité de l'utilisation commerciale du Niger.

V. — L'ORGANISATION ET LA MISE EN VALEUR

L'organisation administrative de l'Afrique occidentale française s'est modifiée à mesure que la conquête s'étendait.

L'ancien Gouvernement du Sénégal subsista jusqu'en 1895. Le gouverneur du Sénégal avait sous son autorité le commandant supérieur du Soudan, institué par décret du 6 septembre 1890. Le lieutenant-gouverneur des Rivières du Sud, en vertu du décret du 1er août 1889, devint autonome avec autorité sur les résidents de la Côte d'Ivoire et du Bénin. Le décret du 10 mars 1893 constitua la Guinée, la Côte d'Ivoire et le Dahomey en colonies spéciales avec gouverneurs spéciaux et le décret du 21 novembre 1893 plaça le Soudan sous l'autorité d'un gouverneur civil.

Ce régime fut de nouveau modifié par le décret du 15 juin 1895, qui institua le Gouvernement général de l'Afrique occidentale française. Les considérants de ce décret faisaient valoir que « la situation créée dans le Soudan méridional par les opérations militaires qui ont eu lieu récemment au sud de Kong et les conflits d'attributions qui s'étaient produits déjà l'année précédente entre des gouverneurs voisins au sujet d'incidents survenus dans les contrées avoisinant notre protectorat du Fouta Diallon » avaient montré « la nécessité impérieuse de donner plus d'unité dans nos possessions du Nord-Ouest africain à la direction politique et à l'organisation militaire. » Le décret instituait un gouverneur général de l'Afrique occidentale française « représentant du Gouvernement de la République dans les territoires du Sénégal, du Soudan français, de la Guinée française et de la Côte d'Ivoire. » Ces trois dernières colonies étaient placées sous la haute direction politique et militaire du gouverneur général qui demeurait gouverneur du Sénégal, mais elles « gardaient respectivement leur autonomie administrative et financière sous l'autorité de gouverneurs résidant à Konakry et à Grand-Bassam et d'un lieutenant-gouverneur résidant à Kayes. » Le Dahomey demeurait en dehors de l'action du gouverneur général, mais son gouverneur devait lui adresser un duplicata de tous ses rapports politiques et militaires. Le gouverneur général était déclaré responsable de la défense de son gouvernement et un officier général remplissait auprès de lui les fonctions de commandant en chef des troupes de l'Afrique occidentale française. Les fonctions de gouverneur général furent confiées à M. Chaudié, inspecteur général des colonies, jusqu'en 1900, où M. Ballay en a été chargé.

Un décret du 25 septembre 1896 détacha la Côte d'Ivoire du gouvernement général et le gouverneur de cette colonie fut placé à l'égard du gouverneur général dans la même situation que celui du Dahomey.

L'organisation de l'Afrique occidentale française fut de nouveau complètement modifiée par le décret du 17 octobre 1899, qui prononça le morcellement de la colonie du Soudan français au profit des colonies côtières. Le décret du ministre des colonies, M. Decrais, faisait ressortir en ces termes, dans le rapport qui le précédait, la nécessité de cette nouvelle organisation, conséquence des progrès de notre expansion dans l'Ouest africain :

Depuis plusieurs années déjà, la domination française n'a cessé de se fortifier dans nos possessions de l'Afrique occidentale. La conquête de ces vastes territoires aura permis d'ajouter une page glorieuse à notre histoire coloniale, tantôt en donnant libre carrière à l'initiative hardie de nos explorateurs, tantôt en affirmant avec éclat les qualités brillantes de nos officiers et de nos soldats, la vaillance et la fidélité de nos troupes indigènes. Aujourd'hui, sur les pays de la boucle du Niger, comme dans les régions plus voisines de la côte, l'autorité française est suffisamment affermie pour que nous n'ayons à redouter désormais ni soulèvements étendus ni résistances organisées.

Cette extension progressive de notre influence, résultat fécond de si valeureux efforts, a réuni peu à peu, pour les transformer en un groupe compact, les différentes fractions de l'Afrique occidentale française. La jonction de ces divers éléments n'est pas seulement constituée, dans le domaine géographique, par l'ensemble des droits que des conventions diplomatiques nous ont reconnus; elle est devenue une réalité pratique aujourd'hui que des communications régulières, facilitées par un réseau terrestre de lignes télégraphiques, unissent entre elles et relient au Sénégal nos colonies de la côte d'Afrique.

Aucun obstacle de fait, aucun intérêt supérieur n'empêche dès lors de faire prévaloir dans les possessions françaises de l'Afrique occidentale les principes fondamentaux de notre organisation politique. Il est nécessaire désormais que le représentant le plus élevé de l'autorité centrale, le gouverneur général, assume entièrement la direction supérieure de nos diverses colonies, y compris la Côte d'Ivoire et le Dahomey, sans qu'aucun organisme politique ou militaire se constitue et agisse soit au-dessus de lui, soit en dehors de lui.

Pour entrer dans ces vues, il importe maintenant d'éviter, là du moins où elle n'est pas indispensable, toute confusion des pouvoirs administratifs et militaires; il paraît possible également de rattacher aux colonies, dont ils sont le développement naturel, les territoires aujourd'hui réunis sous le nom de « colonie du Soudan français » en un groupement manifestement artificiel et provisoire. C'est sous l'influence des mêmes considérations, enfin, qu'il semble sage, actuellement, d'instituer un commandant supérieur ayant sous ses ordres toutes les troupes de l'Afrique occidentale, les répartissant, selon les besoins, entre nos diverses possessions, mais demeurant toujours, dans les limites d'un rôle exclusivement militaire, l'auxiliaire du gouverneur général.

Le décret « disloquait » l'ancien Soudan en donnant au Sénégal les cercles de Kayes, Bafoulabé, Kita, Bamako, Ségou, Dienné, Nioro, Sokolo et Bougouni; à la Guinée qui avait déjà reçu le cercle de Faranah en 1896 les cercles de Dinguiray, Siguiri, Kouroussa, Kankan, Kissidougou et Beyla; à la Côte d'Ivoire les cercles de Odienné, Kong et Bouna; au Dahomey les territoires de Kouala et de Say. Les anciennes Région Nord, Région Est et Région de la Volta étaient réparties en deux territoires militaires ayant leur commandement à Tombouctou et à Ouagadougou. Le gouverneur général est chargé « de la haute direction politique et militaire de tous les territoires dépendant du Sénégal, de la Guinée française, de la Côte d'Ivoire et du Dahomey ». Les quatre colonies gardent leur gouverneur spécial et leur autonomie financière. Un officier général remplit les fonctions de commandant supérieur des troupes en Afrique occidentale.

Un troisième territoire militaire a été constitué en 1900, à Zinder, sur la route du Tchad. Un projet de réorganisation, formulé au moment de la nomination de M. Ballay aux fonctions de gouverneur général en remplacement de M. Chaudié (1900) serait favorable au transfert du siège du gouvernement général à Konakry avec institution d'un gouverneur pour le Sénégal de façon à ne laisser au gouverneur général que la gestion des intérêts communs à toute l'Afrique occidentale.

Le commerce des colonies occidentales d'Afrique s'est considérablement développé en ces dernières années. Il suit une marche ascendante.

Le Sénégal faisait en 1892 41 millions 1/2 d'affaires, dont 24 millions d'importations. Ce chiffre s'est élevé à 45 millions 1/2 en 1896, à 50 millions en 1897, à plus de 62 millions en 1898, et à 73 millions 1/2 en 1899. On craignait pour l'année 1900 une baisse due à l'épidémie de fièvre jaune qui a désolé Dakar et Saint-Louis de juillet à octobre 1900 et fait, surtout dans le corps d'officiers, de nombreux ravages. Le chiffre des affaires s'est cependant élevé à 79,737,000 francs. Les importations entrent dans ce chiffre pour 46,805,000 francs, dont plus de 31 millions de France ou des colonies françaises : elles consistent surtout en guinées, monnaies, ouvrages en métaux, riz, sucres, etc. Les exportations qui se sont considérablement élevées de 1899 à 1900 ont atteint près de 33 millions, dont 27 pour la France : dans le chiffre total, les arachides représentent plus de 24 millions et la gomme et le caoutchouc chacun 2 millions.

La Guinée française, grâce à une sage administration, a pris un développement rapide. En 1892 le total des affaires n'était que de 7 millions 1/2. Il s'est élevé successivement à 10 millions en 1894, à 10 millions 1/2 en 1896, à plus de 14 millions en 1897, à 16,800,000 francs en 1898 et à 24,900,000 francs en 1899. L'année 1900 a été signalée en Guinée par une crise du caoutchouc. Néanmoins le chiffre des exportations s'est maintenu et celui des importations a baissé. Le total est inférieur à celui de 1899. Il n'a été que de 24,122,000 francs, dont 14,275.000 francs d'importations et 9,847,000 d'exportations : la France entre dans le premier chiffre pour 4,282,000 fr. et dans le second pour 1,035,000 francs. Les importations principales sont les tissus, les monnaies et les ouvrages en métaux. Quant aux exportations, le caoutchouc à lui seul représente 7,321,703 fr., les autres produits sont les bœufs, les amandes de palme, la gomme copal, etc. En somme cette jeune colonie est en voie de prospérité et le port de Konakry prend dans l'ouest africain une importance croissante.

Le commerce de la Côte d'Ivoire a été stationnaire jusqu'en 1896 où il n'était que de 9 millions. Il s'est ensuite relevé au fur et à mesure que la colonie s'organisait et a dépassé 12 millions en 1899. En 1900, il a été de plus de 17 millions, dont 9 millions d'importations et 8 d'exportations. La France entre dans ces chiffres pour 2 millions 1/2 et pour 1,736,000 francs. Les importations sont surtout les tissus et les boissons, et les exportations, le caoutchouc, l'huile de palme et l'acajou. L'égalité douanière instituée par les clauses commerciales de la convention franco-anglaise de 1898 maintient

la supériorité du commerce allemand [et anglais à la Côte d'I-
voire.

Le Dahomey se trouve par rapport à la convention de 1898 dans
une situation identique. Son commerce qui était de 14 millions en
1897 a atteint 25 millions en 1899 et près de 28 millions en 1900.
Les importations représentent 15 millions, dont 3,280,000 de France
et les exportations 13 millions, dont 8 millions pour la France. Les
importations sont les boissons, les tissus, les monnaies et les tabacs,
et les exportations, les amandes de palme, l'huile de palme, le
caoutchouc et les colas.

Quant au Soudan français, une intéressante expérience de colonisation agricole et commerciale y avait été entreprise par le général
de Trentinian, lieutenant-gouverneur, qui a fait établir par ses officiers, de 1896 à 1899, une série de notices qui constituent un véritable inventaire du Soudan (1). L'essor commercial du Soudan,
cependant considérablement entravé par l'œuvre politique et militaire que devait accomplir le gouvernement du Soudan, s'accusait
par la progression des statistiques commerciales qui donnaient pour
total du commerce en 1896, 12 millions 1/2, dont plus de 10 millions
d'importations (2) et en 1898, 11 millions 1/2, dont plus de 8 millions d'importations. En 1899 le chiffre total a approché de 15 millions, dont 10 millions 1/2 d'importations. Cet écart entre l'importation et l'exportation s'explique par l'impossibilité de contrôler
l'exportation saharienne et nigérienne. L'exportation d'ailleurs suit
une marche ascendante. Le morcellement du Soudan a fait entrer
les territoires soudanais dans le mouvement commercial des colonies côtières et l'expérience du général de Trentinian n'a pas été
continuée.

Ce développement commercial de l'Ouest africain, déjà si rapide,
sera encore accentué quand sera achevé le réseau de chemins de fer
français de l'Afrique occidentale. Six lignes sont en exploitation,
en construction ou en projet.

Au Sénégal, le chemin de fer de Dakar à Saint-Louis a été construit de 1882 à 1885 et est en pleine exploitation ; il a une longueur
de 264 kilom. Un second projet, encore à l'étude, est celui du che-

(1) Publiées dans le *Bulletin du Comité de l'Afrique française*, 1896-
1899.

(2) Déduction faite des importations de l'État.

min de fer du Baol qui raccorderait le Sénégal au chemin de fer
du Soudan.

Le chemin de fer du Soudan doit relier Kayes, ancien chef-lieu
de colonie et point d'atterrissage aux hautes eaux des bateaux du
Sénégal, à Bammako ou plutôt à Toulimandio, point de départ de la
navigation du Niger. Voté en 1880, ses débuts furent assez difficiles.
On n'atteignit Bafoulabé qu'en 1888, mais le tracé était si défectueux que l'artillerie de marine reçut la mission de le refaire. Les
travaux ne reprirent une marche normale et rapide qu'à l'arrivée
du génie qui reçut charge du chemin de fer en 1891. Les missions
Marmier et Joffre étudièrent le tracé, conclurent à l'adoption de la
voie d'un mètre et les travaux furent activement poussés. Un emprunt autorisé en 1899 a permis de faire entrer les travaux dans la
période active, et en 1900, sur les 470 kil. de la ligne totale, 250
environ étaient construits et exploités. Le programme d'avancement
prévoit la fin des travaux pour 1904.

Le chemin de fer de la Guinée française (de Konakry au Niger)
est en construction. Étudié par la mission Salesses en 1896-97-98,
il est construit aux frais de la colonie de la Guinée qui a été autorisée par un décret en date du 14 août 1899 à emprunter à la Caisse
des dépôts et consignations une somme de 8 millions. La ligne,
actuellement construite sous la direction du capitaine du génie Salesses, aura 680 kil. et aboutira sur le Niger, à Kouroussa, par le
Badi, le haut Koukouré et Banko ; un embranchement la reliera à
Timbo. Elle a sur ses lignes concurrentes l'avantage de traverser des
pays riches, de drainer le commerce du Fouta Diallon et d'amener
directement au port de Konakry les produits du Soudan nigérien.

Le chemin de fer de la Côte d'Ivoire, qui doit aller du port à créer
de Bingerville, le nouveau chef-lieu de la colonie, à la rivière Nzi
par l'Attié et le Morénou a été étudié en 1898 et 1899 par la mission
Houdaille et celui du Dahomey, qui ira de Kotonou à Atchéribé
avec possibilité de prolongation vers Parakou, a été étudié en 1899
par la mission Guyon et concédé en août 1901 à une compagnie de
construction et d'exploitation.

Ces projets sont d'autant plus intéressants que plusieurs voies
ferrées anglaises sont en projet ou en cours d'exécution en Afrique
occidentale : chemin de fer de Sierra-Leone vers le nord, avec embranchement vers le Libéria, déjà construit jusqu'à Rotofunk,
chemin de fer de la Côte-d'Or vers les Achantis en construction,

chemin de fer en construction de Lagos vers Abéokuta et Ibadan.
Les Allemands projettent également un chemin de fer dans l'arrière-pays du Togoland.

VI. — L'EXPANSION ET L'ACTION SOUDANIENNES
DANS L'AVENIR

L'Afrique occidentale française est entrée dans l'ère de la mise en
valeur. Toutefois il est plusieurs points sur lesquels nous devrons
exercer encore une action politique ou une occupation militaire.

1° LES TERRITOIRES MAURES

Nos relations avec les Maures du Sénégal et du Soudan ne sont
point encore parvenues à leur état définitif. On a vu au cours de
l'exposé du développement du Sénégal les nombreuses difficultés
que nous avons rencontrées dans l'établissement de notre domination sur leur pays : nous sommes encore avec eux sous le régime des
coutumes. Au Soudan, au contraire, dans le nord du Sahel et dans
la région de Bassikounou les Maures ont accepté notre souveraineté
et viennent commercer sur nos marchés en nous payant des droits.

Au commencement de l'année 1900 le ministre des colonies
avait décidé d'établir une organisation unique pour déterminer les
relations avec les pays maures du Sénégal et du Soudan et il avait
institué au Pavillon de Flore un service spécial chargé de cette question et de celle des relations transsahariennes : on constituait ainsi
une « Mauritanie occidentale » dans le but de supprimer les coutumes sénégalaises, d'occuper progressivement les points d'eau du
Hodh et de l'Adrar (Oualata, Tichitt, Chinguetti) et la sebkha d'Idjil
qui forment un couloir d'accès à l'extrême-sud marocain et de
limiter les prétentions politiques et la propagande musulmane du
Maroc.

Malheureusement ces projets n'ont pas encore été réalisés. L'année 1900 a vu toutefois un premier pas fait dans cette voie par la
convention signée le 27 juin 1900 entre la France et l'Espagne pour
la délimitation de leurs possessions à la côte occidentale d'Afrique
et dont voici les articles relatifs au Rio-de-Ouro :

ART. 1. — Sur la côte du Sahara, la limite entre les possessions françaises et espagnoles suivra une ligne qui, partant du point indiqué par
la carte de détail A juxtaposée à la carte formant l'annexe 2 à la
présente convention, sur la côte occidentale de la péninsule du cap
Blanc, entre l'extrémité de ce cap et la baie de l'ouest, gagnera le milieu
de ladite péninsule, puis, en divisant celle-ci par moitié autant que le
permettra le terrain, remontera au nord jusqu'au point de rencontre
avec le parallèle 21°20′ de latitude nord. La frontière se continuera à
l'est sur le 21°20′ de latitude nord, jusqu'à l'intersection de ce parallèle
avec le méridien 15°20′ ouest de Paris (13° ouest de Greenwich). De ce
point, la ligne de démarcation s'élèvera dans la direction du nord-ouest,
en décrivant, entre les méridiens 15°20′ et 16°20′ ouest de Paris (13° et
14° ouest de Greenwich); une courbe qui sera tracée de façon à laisser à
la France avec leurs dépendances, les salines de la région d'Idjil, de la
rive extérieure desquelles la frontière se tiendra à une distance d'au
moins 20 kilomètres. Du point de rencontre de ladite courbe avec le
méridien 15°20′ ouest de Paris (13° ouest de Greenwich), la frontière
gagnera aussi directement que possible l'intersection du tropique du
Cancer avec le méridien 14°20′ ouest de Paris (12° ouest de Greenwich),
et se prolongera sur ce dernier méridien dans la direction du nord.

Il est entendu que, dans la région du cap Blanc, la délimitation qui
devra y être effectuée par la commission spéciale visée à l'article 8 de
la présente convention s'opérera de façon que la partie occidentale de la
péninsule, y compris la baie de l'ouest, soit attribuée à l'Espagne, et
que le cap Blanc proprement dit et la partie orientale de la même
péninsule demeurent à la France.

ART. 2. — Dans le chenal situé entre la pointe du cap Blanc et le banc
de la Bayadère, ainsi que dans les eaux de la baie du Levrier, limitée
par une ligne reliant l'extrémité du cap Blanc à la pointe dite de la
Coquille (carte de détail A juxtaposée à la carte formant l'annexe 2 à la
présente convention), les sujets espagnols continueront, comme par le
passé, à exercer l'industrie de la pêche, concurremment avec les ressortissants français. Sur le rivage de ladite baie, les pêcheurs espagnols
pourront se livrer à toutes les opérations accessoires de la même industrie, telles que séchage des filets, réparation des engins, préparation du
poisson. Dans les mêmes limites, ils pourront élever des constructions
légères et établir des campements provisoires, ces constructions et campements devant être enlevés par les pêcheurs espagnols toutes les fois
qu'ils prendront la haute mer, le tout à la condition expresse de ne porter atteinte, en aucun temps, aux propriétés publiques et privées.

ART. 3. — Le sel extrait des salines de la région d'Idjil et acheminé
directement par terre sur les possessions espagnoles de la côte du
Sahara ne sera soumis à aucun droit d'exportation.

C'est cette région de l'Adrar qu'a tenté de visiter en 1900 la mission Blanchet qui fut attaquée et faite prisonnière à Atar et délivrée sur l'intervention du gouvernement général.

La conséquence de cet arrangement qui nous donne liberté d'action dans l'Extrême-Sud marocain doit être l'application d'une politique d'ensemble dans la région comprise entre l'Afrique du Nord et le Soudan, c'est-à-dire dans les pays maures, et au nord de notre Soudan français dont il nous reste à parler.

2° LES TERRITOIRES MILITAIRES DE TOMBOUCTOU
ET DE OUAGADOUGOU

L'ancienne région nord du Soudan français est devenue en vertu du décret de 1899 le premier territoire militaire ayant Tombouctou pour chef-lieu, et l'ancienne région Est-Macina est devenue le second territoire militaire avec Ouagadougou pour chef-lieu.

Depuis l'occupation de cette ville en 1894, nous avons eu assez fréquemment des conflits avec les tribus nomades et la pacification n'a été achevée que tout récemment. Les tribus, qui continuaient à lancer des rezzous contre les populations soumises ont été successivement pacifiées grâce à l'envoi de nombreuses reconnaissances de cavaliers et de méharistes : peu à peu nous avons fondé aussi le long du fleuve une série de postes échelonnés de Bamba jusqu'à Say et qui ont mis fin aux incursions des Touareg sur la rive droite du Niger. Les opérations qui ont amené cette soumission ont été marquées par un regrettable incident, la surprise à Rhergo en 1897 d'une reconnaissance commandée par les lieutenants de Chevigné et de la Tour de Saint-Ygest et qui fut massacrée. Les deux régions ont coopéré en 1898-99 à la pacification de la partie septentrionale de la boucle du Niger, et aujourd'hui il ne reste à soumettre que les Touareg Aoulimmiden réfugiés sur la rive gauche du fleuve.

L'affaire de Rhergo avait permis de constater que le rezzou qui surprit la reconnaissance française s'était formé en plein Sahara et que sa formation avait été connue dans le sud algérien. Si des relations directes avaient été établies entre le gouvernement général de l'Algérie et le gouvernement du Soudan, peut-être aurait-on pu prévenir ce rezzou. Ainsi s'est manifestée la nécessité d'une entente entre l'Algérie et le Soudan en ce qui concerne notre politique au Sahara.

Les officiers de Tombouctou ont réussi à diverses reprises à faire parvenir des correspondances envoyées par caravaniers indigènes à travers le Sahara aux autorités d'Aïn-Sefra. Aussi ils ont étudié un projet de création d'une ligne télégraphique transsaharienne destinée à relier le Sud oranais à Tombouctou et qui rendrait nos communications avec l'Afrique occidentale indépendantes du réseau de câbles anglais de la côte d'Afrique. L'itinéraire qui semble devoir prévaloir pour cette ligne n'est point celui qui a été inscrit dans le projet de loi relatif à l'extension des lignes télégraphiques terrestres des colonies de l'Afrique occidentale (1) et qui passe par Tombouctou, Araouan, Ouallen, Taourirt et Timmimoun. Les officiers de la région de Tombouctou ont établi que la traversée du Tanezrouft par cette ligne offrirait des difficultés presque insurmontables et qu'un itinéraire plus pratique partirait de Gao sur le Niger, en aval de Tombouctou, et passerait par Argabesch, l'Adrar du Sud, Kerchouel, Taberrichet, Telaya, Inchouchaïe, Timissao, Inzize et In Salah.

L'Algérie et le Soudan doivent avoir une politique saharienne commune. C'est l'idée que résumait en ces termes le colonel d'artillerie de marine Klobb, lors de son commandement à Tombouctou : « Ici nous ne sommes pas au Soudan des noirs, mais dans le Sud algérien. »

3° LE TERRITOIRE MILITAIRE DE ZINDER

Un troisième territoire militaire a été constitué en Afrique occidentale en 1900, celui de Zinder.

La déclaration franco-anglaise du 5 août 1890 avait établi, comme limite méridionale du Sahara français, une ligne tracée de Say à Barroua, de façon à laisser à l'Angleterre « ce qui dépend équitablement de l'empire du Sokoto ». Cette ligne avait été déjà parcourue par le colonel Monteil qui, en avril 1892, atteignit le lac Tchad par Say, Sokoto, Kano, le Bornou et Kouka, d'où il prit la route du Nord pour rentrer par le Sahara et la Tripolitaine.

Une nouvelle mission française pénétra dans cette région en 1898, la mission Cazemajou, constituée par le Comité de l'Afrique

(1) Rapport de M. Maurice Ordinaire, Chambre des Députés, 1900, n° 1727.

française. Le capitaine du génie Cazemajou, parti de Say avec l'interprète Olive et quelques tirailleurs, reconnut la fausseté de la légende suivant laquelle des survivants de la mission Flatters auraient été gardés prisonniers dans cette région et arriva à la fin d'avril 1898 à Zinder. Son but était d'atteindre le lac Tchad et d'arrêter une ligne politique à suivre avec Rabah, le chef noir qui venait de conquérir une grande partie du Soudan central. Malheureusement Cazemajou et son interprète furent assassinés le 5 mai à Zinder sur l'ordre du serky Ahmadou.

En 1899, une autre mission française, la mission de l'Afrique centrale (mission Voulet-Chanoine), arrivait dans la région de Zinder dans le but de reconnaître la nouvelle ligne déterminée par la convention franco-anglaise du 14 juin 1898 et de donner la main à la mission Foureau-Lamy, partie de l'Algérie à travers le Sahara et à la mission qui descendait le Chari sous les ordres de M. Gentil. De tristes événements compromirent le succès de cette mission : le colonel Klobb, envoyé avec la mission de faire une enquête sur des accusations portées contre les chefs de la mission, fut assassiné à Maijirgui, le 14 juillet 1899, sur les ordres du capitaine Voulet, et celui-ci, ainsi que son second, le capitaine Chanoine, furent tués à leur tour par leurs tirailleurs révoltés. Les autres officiers, reprenant la marche, arrivèrent le 30 juillet à Zinder après avoir battu le sultan à Tyrmeni. Bientôt le lieutenant Pallier, qui avait pris le commandement de la mission, estimant qu'il ne pouvait continuer la route vers l'Est, reprit la route du Soudan avec 300 hommes. Le lieutenant d'artillerie coloniale Joalland resta comme résident à Zinder avec le lieutenant d'infanterie coloniale Meynier, qui accompagnait le colonel Klobb et qui avait été blessé auprès de lui et il acheva la pacification du pays qui fut complète le 15 septembre après la mort du serky de Zinder Ahmadou, l'assassin de Cazemajou, tué dans une action d'avant-garde. Le lieutenant Joalland, en vertu des instructions données au colonel Klobb disant que la jonction avec la mission Foureau-Lamy n'était pas le principal objectif et qu'il y avait au contraire un intérêt national à arriver le plus tôt possible sur le Tchad, crut de son devoir de reprendre la marche vers l'Est. Le 3 octobre, il quittait Zinder avec le lieutenant Meynier, 130 tirailleurs montés à méhari, quelques spahis et canonniers et un canon. Le 23 octobre, après avoir parcouru, en triomphant des difficultés dues à la rareté des puits, 525 kilomètres en 24 jours, dont 125 en 38 heures sans eau, il atteignit le Tchad à Nguigmi, le contourna par le nord, traversa le Kanem où il établit l'influence française, comme on le verra plus loin, et se relia le 9 décembre 1899 avec la mission du Chari qui opérait dans le Baguirmi contre Rabah.

En novembre 1899 arriva à Zinder, où le lieutenant Joalland avait laissé cent hommes sous le commandement de l'adjudant Bouthel, la mission saharienne (mission Foureau-Lamy). Nous avons indiqué plus haut la marche de cette mission dans l'Extrême-Sud algérien. Elle se composait de cinq membres civils : MM. Foureau, chef de mission, Dorian, député de la Loire, Villatte, Leroy et Du Passage, de onze officiers, le chef de bataillon Lamy, le capitaine Reibell, les lieutenants Rondeney, Métois, Verlet, Britsch et Oudjari, des tirailleurs algériens, le lieutenant de Chambrun, de l'artillerie coloniale, le lieutenant de Thézillat, des spahis sahariens, et les D\u02b3\u02e2 Fournial et Haller et de 280 hommes. Partie de Sedrata le 23 octobre 1898, la mission, escortée et ravitaillée par le goum du capitaine Pein, arriva, le 1\u1d49\u02b3 février 1899, à In Azaoua, près de l'ancien puits d'Asiou, après avoir visité dans une reconnaissance le puits de Tadjenout, où avaient été massacrés le colonel Flatters et ses compagnons. D'In Azaoua à Zinder, elle mit près de dix mois. Le 24 février, elle arriva à Iferouane, le premier village de l'Aïr. La difficulté d'obtenir des animaux de transport allait ralentir sa marche. Les indigènes se montraient indifférents ou hostiles et le 12 mars on dut repousser l'attaque d'une bande de 500 Touareg. Après un séjour forcé de trois mois à Iferouane, la mission arriva le 26 mai à Aguellal et fit autour de ce point diverses reconnaissances, dont l'une, celle du 14 juin, fut assaillie à Guettara par un parti de 800 Touareg que le commandant Lamy dispersa en ne perdant qu'un homme. La mission, perdant toujours ses animaux de bât sans pouvoir les remplacer, atteignit enfin, le 28 juillet, Agadès, la capitale de l'Aïr, dont le sultan accepta le protectorat français. Ce sultan n'est d'ailleurs maître que de la ville et les Kel-Oui sont partagés entre plusieurs chefs. Aussi la mission dut se remettre en route pour Zinder avec ses propres moyens. Elle fit une première marche effroyable dans le désert jusqu'aux puits d'Irhaïène, trompée par son guide qui la dirigeait vers le nord. Elle revint donc à Agadès et, devant l'indolence des autorités, elle occupa les puits alimentant la ville pour obtenir les chameaux et

les ânes qui lui étaient nécessaires. Enfin le 17 octobre 1899, sous
la conduite du Vizir Mili-Menzou, elle quitta Agadès, traversa les
régions de l'Azaouakh, du Tagama et du Damergou et parvint en
novembre à Zinder.

Elle y resta jusqu'au 26 décembre. Pendant ce temps, le commandant Lamy soumit la région de Tessaoua et recueillit un tribut
de chevaux et de chameaux. Le gouvernement ayant autorisé la
mission à continuer sa route vers le Tchad, M. Foureau et ses compagnons, sauf MM. Dorian et Leroy, qui devaient rentrer par Say,
se dirigèrent vers l'est, mais par une route plus méridionale que
celle de la mission Joalland. Ils suivirent la vallée du Komadougou,
pénétrèrent dans le Bornou, assistèrent à l'investiture de Ahmar
Scinda comme sultan du Bornou et, à travers le pays ravagé par
l'incursion de Rabah, contournèrent le nord du Tchad, atteignirent
Nguigmi le 5 février 1900, longèrent la côte orientale du Tchad à
travers le Kanem, rencontrèrent la mission Joalland à Debenenki
le 18 février et allèrent au Chari pour prendre part aux opérations
contre Rabah dont nous parlerons plus loin.

Après la défaite de Rabah, le capitaine Joalland revint à Zinder,
mais en passant par la rive méridionale du Tchad, à travers le
Bornou. De retour à Zinder le 10 juillet 1900, il fit une tournée
dans la province et fut relevé le 3 octobre par le capitaine Moll.

Un arrêté du gouverneur général, en date du 25 juillet 1900,
avait constitué la région de Zinder en un territoire militaire qui fut
confié au lieutenant-colonel Péroz, de l'infanterie de marine. Ce
dernier concentra sa colonne à Sorbo-Haoussa, port situé sur le
Niger en amont de Say. Il s'attacha d'abord à organiser la partie
occidentale du territoire, le V formé par le Niger et le Dallol
Maouri, et ses officiers en quelques mois parcoururent tout le pays,
soumettant de nombreux villages et couvrant le pays de reconnaissances sans tirer un coup de fusil. Puis il se mit en route pour
Zinder qu'il atteignit le 20 avril 1901, après des fatigues de toutes
sortes causées par la rareté des puits et l'hostilité des Touareg
Kel Gress. L'arc de cercle de 166 kil. tiré au nord de Sokoto rejette
au nord en plein désert la route française de Say à Zinder et, bien
que le colonel Péroz et le commandant Gouraud aient pu trouver
une route pour leurs convois, il semble difficile que nos colonnes
et nos renvois suivent régulièrement cette route pénible. Aussi on
a agité la question d'une modification à la ligne frontière déter-

minée par la convention de 1898, de façon que nous puissions
accéder plus facilement à Zinder qui sera un de nos grands ports
sahariens du sud et par où nous tiendrons tout le Sahara méridional. Dès son arrivée à Zinder, le colonel Péroz a pu se mettre en
relations par des courriers avec les officiers du territoire du Chari
et en continuant l'occupation de son territoire, il pourra ainsi réaliser d'une façon définitive l'union de l'Afrique occidentale et de
l'Oubangui.

4° DANS LE SUD SOUDANAIS

Enfin il faut citer une autre région de l'Afrique occidentale où
l'œuvre d'exploration et d'expansion n'est point terminée : c'est
l'arrière-pays de la Côte d'Ivoire, et notamment la partie voisine
du Haut-Libéria où ont opéré les missions Blondiaux et Woelffel
et qu'a traversée la mission Hostains-d'Ollone (région du Haut-
Cavally) sans y rencontrer la moindre trace d'influence libérienne.

Cette dernière mission a rectifié nos connaissances sur le cours
du Cavally et établi que ce fleuve, dont le bassin nous appartient,
fait une boucle dans l'arrière-pays du Libéria. La France devra
occuper cette région et ce sera pour elle le moyen de surveiller les
événements de cette république noire en décadence où le Gouvernement libérien n'a aucune autorité réelle et que l'Angleterre, l'Allemagne et même les États-Unis songent à faire entrer dans leur
zone d'influence.

Des explorations vont être faites également dans la rivière Sassandra où l'administrateur Thomann a fait déjà des reconnaissances
et où il a été envoyé en mission en octobre 1901.

CHAPITRE IV

LE CONGO FRANÇAIS — EXTENSION VERS LE TCHAD
ET LE HAUT-NIL

La fondation de la colonie française du Congo est le développement logique, mais rapide et merveilleusement pacifique de nos entreprises antérieures au Gabon. Le mérite essentiel de l'initiative revient tout entier au grand explorateur Savorgnan de Brazza qui conçut et exécuta le projet de donner aux colonies françaises de l'estuaire Gabonnais un débouché vers le bassin du Congo. Sa glorieuse rivalité avec Stanley, sa manière toute différente de comprendre les devoirs de l'explorateur et du colon, l'inspiration qu'il sut communiquer, comme Faidherbe, à une véritable pléïade de collaborateurs qui furent pour lui des disciples, tout lui confère sans conteste le titre de fondateur de notre vaste colonie.

L'expansion française rencontra d'ailleurs nombre d'obstacles : elle se heurta d'abord à des compétiteurs dont l'opposition se masqua derrière l'œuvre en apparence internationale et indépendante de l'Etat du Congo ; et l'expérience montra bientôt que le voisinage d'un neutre peut avoir ses graves inconvénients tout comme celui d'un Etat de pleine souveraineté. Dans cette première passe diplomatique, la France donna des preuves manifestes de son esprit conciliant ; et l'on peut dire que sa bonne volonté eut graduellement pour effet de soustraire l'Etat libre aux suggestions de quelques mauvais conseillers et de lui conférer enfin son vrai caractère de communauté largement ouverte à l'exercice des initiatives les plus diverses.

Frustrée de son développement vers le sud, la France élargit son action vers le nord, en annexant à ses territoires de l'Oubangui les pays riverains du Chari et du Tchad. Enfin, malgré les titres certains que lui conférait l'admirable mission de Marchand, elle sacrifia à l'amour de la paix son projet de jonction de son domaine Congolais avec le Haut-Nil, et s'inclina provisoirement devant l'intransigeance de la Grande-Bretagne.

Il faut, dans l'étude de la formation territoriale de la colonie du Congo, se rappeler sans cesse que les questions de développement superficiel et de fixation des frontières sont loin d'avoir la même importance qu'ailleurs. En effet, la jouissance des avantages de culture, de commerce, de fondation de compagnies coloniales, y est singulièrement limitée par une série de conventions qui internationalisent la plus grande partie de nos territoires et mettent nombre d'Etats étrangers sur le même pied que la France pour l'exploitation des territoires Congolais. C'est même cette histoire de la déviation du droit de propriété et de mise en valeur qui fait l'intérêt de notre expansion dans ces parages ; nous y avons collaboré à une curieuse tentative de collectivisme colonial de plusieurs puissances. Les sacrifices des autres Etats nous peuvent être assurément avantageux comme les nôtres aux étrangers ; mais il est des Etats étrangers qui ont dépensé et dépensent encore moins que nous pour bénéficier tout aussi largement. L'avenir dira ce qu'aura valu cette généreuse promiscuité de peuples coloniaux, née de la rivalité d'un particulier, Stanley, et du représentant d'un Etat souverain, M. de Brazza. Dans l'occurrence, c'est l'entreprise privée qui l'a emporté, grâce à l'artifice de l'internationalisation de la meilleure partie des terri-

toires en litige. Il reste à savoir si la France avait intérêt à
assurer la charge de la gestion complète et détaillée d'aussi
vastes contrées ; mais c'est une question que la France seule
avait le droit de se poser et que nul étranger ne saurait être
admis à examiner. D'où il découle que si notre politique congolaise a été généreuse et désintéressée, c'est à notre patrie que
revient tout le mérite des concessions qui font aujourd'hui de
l'Afrique baignée par le Congo le bien commun de plusieurs
peuples.

II

DE 1870 A 1888

Rien ne put faire soupçonner, au début, que notre expansion particulière aboutirait à des résultats d'intérêt international. Quand Savorgnan de Brazza fit son premier voyage, en
1872, au Gabon, il conçut le dessein de donner à la France un
accroissement territorial de sa primitive colonie en même
temps qu'un accès privilégié vers le bassin du Congo. La nouvelle exploration qu'il entreprend, en 1875, accompagné de
MM. Ballay et Alfred Marche, et que le souvenir des cruautés
de l'expédition Stanley fait partiellement échouer, a pour but
de faire des vallées de l'Ogooué et de l'Alima des terres et des
routes françaises. Son projet, exclusivement national, s'affirme encore quand se fonde l' « Association internationale
africaine » de Bruxelles, qui crut généreusement se servir de
Stanley, apôtre mal caractérisé, pour « une croisade de science,
d'humanité, et de progrès », mais qui servit efficacement Stanley dans sa jalouse opposition à M. de Brazza.

Il est vrai que notre chef de mission obligé de jouer dans
une certaine mesure le même jeu que son adversaire, se fait
fort de faciliter l'œuvre du comité français de l'association in-

ternationale et de lui désigner des stations bien choisies ; par
là il met son œuvre de découverte sous un patronage plus
spécialement français et réserve l'avenir. La preuve de l'opposition de l'œuvre internationale à notre expansion particulière éclate, lorsque Brazza, ayant fondé Franceville et Brazzaville, devance Stanley sur le Pool et y installe le sergent
Malamine que l'on essaya vainement d'intimider ou d'amener
par d'autres moyens à baisser pavillon. Le traité signé en 1880,
entre Brazza et le roi Makoko, comporte une prise de possession territoriale nullement déguisée ; l'occupation de Loango
est un acte de préservation d'un intérêt exclusivement français : et la ratification des Chambres françaises, en 1882, n'a
pas d'autre sens.

L'orateur du gouvernement dit, en propres termes, que « les
résultats obtenus par M. de Brazza » ont amené « les inter-
« prètes autorisés du *commerce national* à appeler l'attention
« du gouvernement sur la nécessité de ne point laisser perdre
« les fruits de l'heureuse et persévérante initiative de notre
« compatriote. » Il est vrai que la fin de son discours est beaucoup moins nette, qu'il parle des bienfaits que « recueillera le
commerce de toutes les nations, à la suite du nôtre », et
vante « le caractère éminemment libéral » du régime douanier
de nos colonies. M. Rouvier, alors rapporteur de la commission, accentuait cette déclaration libre-échangiste, tout en déclarant que « la France, plus directement intéressée, ne devait
« point se laisser devancer. » Ce n'étaient point là, toutefois, des
promesses de caractère diplomatique, et engageant la France
pour l'avenir, puisque nous n'avions en face de nous aucun
État constitué, mais seulement une Association ayant encore
besoin de notre reconnaissance pour être admise à stipuler
quoi que ce soit.

La remise des stations du comité français de l'association
au gouvernement français, l'investiture de M. de Brazza en

qualité de « commissaire du gouvernement » rendit encore les
situations plus nettes ; les occupations de nombreux postes
par nos soldats continuèrent pendant trois ans. Il ne put y
avoir aucun doute quand eut lieu, en avril 1884, l'échange
de la reconnaissance de « l'Association internationale du Congo » contre l'octroi à la France d'un « droit de préférence ».

Le groupe international, formé par Stanley pour nous faire
échec, gagnait la capacité de possession territoriale, mais était
obligé, comme le dit la curieuse lettre du colonel Strauch à
M. Jules Ferry « de donner une nouvelle preuve de ses sentiments amicaux pour la France. » Stanley avait dû « passer la
main. » Reste à savoir s'il valait mieux, dans l'intérêt de la
France, donner le jour à une personnalité politique nouvelle,
à un vrai « État », même représenté par des hommes courtois
et pleins d'égards, que continuer franchement son œuvre
d'expansion en passant outre aux habiletés et aux menaces
de Stanley, simple particulier : plus d'un publiciste colonial
estima, et avec quelque raison, qu'il eût été avantageux à la
France de hâter ses progrès jusqu'à rencontre, puis convention de partage, avec quelque État anciennement constitué,
c'est-à-dire, le Portugal dans cette occurrence. Le patronage
du prince de Bismark donné à l'Association internationale, ses
déclarations de sympathie pour l'œuvre personnelle du roi des
Belges, sa protestation contre le traité anglo-portugais, et
même son invitation à la France d'avoir à régler en Congrès
la question africaine, seraient difficilement interprétés comme
des preuves du bon vouloir de ladite Association pour l'œuvre
française de M. de Brazza.

Aussi la réunion de la « Conférence africaine de Berlin »,
le 15 novembre 1884, doit-elle être regardée, à notre sens,
comme tout autre chose qu'un succès diplomatique, en dépit
du luxe d'attentions courtoises qui entoura nos délégués.
L' « Acte général » qui sortit de ses délibérations est une grave

défaite pour les vieilles puissances coloniales, Angleterre, Espagne, France et Portugal, auxquelles tout un passé authentique d'explorations, de conquêtes, de traités, garantissait l'avenir, un triomphe pour les puissances nouvelles qui voyaient ainsi mettre à néant cet obstacle du vieux droit historique opposé à leurs convoitises, et s'ouvraient largement, par l'artifice d'une réglementation spéciale aux fleuves, les colonies acquises à prix de sang et d'or par leurs devancières. Sous prétexte d'une révision généreuse du droit de propriété territoriale, on prépara l'éviction décisive du Portugal et la caducité des privilèges économiques d'Etats comme la Grande-Bretagne et la France dans leurs propres colonies. Le souci de mettre en règle la Constitution de l'Association internationale du Congo semble avoir été une transition et un prétexte.

Avant la signature de l'Acte, deux Etats étaient directement en présence, la France et le Portugal, la patrie des premiers et glorieux découvreurs de la région du Zaïre ; la Grande-Bretagne, en vertu d'une récente stipulation avec le Portugal, pouvait être considérée aussi comme ayant un intérêt dans la question ; enfin il y avait à compter, depuis l'acte de « reconnaissance » avec un groupement intermédiaire entre les Etats souverains et les Sociétés particulières.

L'article 1er de l'Acte admet à la communauté des bénéfices nombre de nouveaux venus qui ne pouvaient faire preuve ni de vieux droits historiques, représentatifs de mérites et de dépenses du passé, ni du moindre effort de science, d'argent, ou d'action militaire dans la période toute contemporaine. « Le « commerce de toutes les nations jouira d'une complète liberté. » Territoires du bassin conventionnel, côtes voisines, s'ouvrent ainsi sans que (article 5) nulle puissance, exerçant ou devant exercer des droits de souveraineté dans les territoires susvisés, ait la permission d'y concéder « ni monopole, ni privilège « d'aucune espèce en matière commerciale ».

Un chapitre entier, le IVme, règle les conditions dans lesquelles s'exercera la libre navigation du Congo. Non seulement le chapitre V édicte les [mêmes dispositions au sujet du Niger, et fait ainsi d'une question qui était et pouvait rester anglo-française une question internationale : mais la conférence de Berlin impose à tous les signataires des conditions rigoureuses de prise de possession, d'occupation effective, et stipule la médiation obligatoire (art. 12) dans les cas de dissentiment sérieux.

Aussi les problèmes de délimitation territoriale perdent-ils singulièrement de leur intérêt, puisque la souveraineté territoriale ne concède plus désormais que des charges sans compensations, entretien d'une force armée et d'une police, travaux publics, etc..., etc... Telle fut la convention du 29 avril 1887, fixant à l'Oubangui la frontière entre la France et l'Etat indépendant; et, étant donné le caractère onéreux de toute acquisition territoriale qui ne pouvait être dès lors qu'une acquisition de charges nouvelles, on comprend que le Gouvernement français ait consenti à ne plus opposer à la Belgique son droit de préférence reconnu en 1884. Il est également aisé de comprendre que les traités de délimitation franco-allemand du 24 décembre 1885 et franco-portugais du 12 mai 1886 n'aient soulevé que de médiocres difficultés. L'Acte de la conférence de Berlin avait consacré une application partielle et fort ingénieuse de la doctrine coloniale du prince de Bismark, consistant à recommander la colonisation purement commerciale sans dépense des « os d'un seul grenadier Poméranien »; il est vrai qu'à défaut de Poméraniens, Français, Belges et Portugais ont connu les fatigues, les blessures et la mort pour ouvrir les portes où tous entreront.

III

DE 1888 A 1900.

Il faut revendiquer d'autant plus hautement l'honneur des efforts de science et d'endurance guerrière que firent alors nos explorateurs civils ou militaires, au nom de la France, au bénéfice des signataires de l'Acte de la conférence de Berlin; ils rappellent les plus beaux temps de notre désintéressement colonial, et notre histoire en était déjà riche, quand aucune nation ne nous enviait encore ce rôle humanitaire. C'est Crampel révélant la région des confins de l'Ogooué et du Congo, signalant les routes de trafic du pays pahouin, Fourneau découvrant les régions du Nord comprises entre l'Iconi et l'Ivindo, puis la vallée de la Sangha, Cholet, Pobéguin, Barrat, etc..., etc...

En même temps que Français et agents de l'Etat Indépendant rivalisaient d'ardeur dans des explorations pleines de périls, l' « Acte de Bruxelles » du 2 juillet 1890, signé par l'Allemagne, l'Autriche-Hongrie, la Belgique, le Danemark, l'Espagne, l'Etat indépendant du Congo, les Etats-Unis, la Grande-Bretagne, l'Italie, les Pays-Bas, la Perse, le Portugal, la Russie, la Suède et Norvège, la Turquie et Zanzibar, complétait, par un ensemble de mesures généreuses et vraiment philanthropiques, le nouveau « droit africain » qu'avait ébauché la Conférence de Berlin. Cette fois la puissance initiatrice fut la Grande-Bretagne; les invitations furent lancées au nom du roi des Belges, souverain de l'Etat Indépendant. La France, avertie par des expériences antérieures, et veillant, plus jalousement cette fois qu'à Berlin, sur ce qui lui restait de souveraineté effective au Congo et dans le reste de l'Afrique, lutta contre la tentative des plénipotentiaires anglais qui voulaient faire consacrer le droit de complète perquisition sur les navires soupçonnés de se livrer à la traite, droit essentiellement favorable à la suprématie navale britannique; et le Parlement français, plus jaloux même que nos négociateurs du respect de notre souveraineté vraie dans les parages régis ou protégés par une juridiction française, refusa la ratification de nombreux articles jugés incompatibles avec les principes de notre droit public comme avec notre intérêt à Madagascar. Cette résistance, et le vote, par les plénipotentiaires mêmes de la Conférence, d'un certain nombre d'atténuations aux applications des principes proclamés par les puissances réunies, prouvèrent que le désir d'indépendance de chacun des États souverains s'était accru et ressaisi depuis les jours de surprise et d'enthousiasme de la Conférence de Berlin dont certains votes étaient d'ailleurs restés « platoniques ».

C'est ce même souci d'une retrempe des droits de souveraineté territoriale qui inspira manifestement les négociations engagées par M. Hanotaux, ministre des Affaires Étrangères, avec le Gouvernement belge, lorsque le roi Léopold, après avoir légué en 1889, par testament, l'État du Congo à la Belgique, fit déposer, en 1895, par ses ministres, un projet de cession immédiate de son fief africain à sa patrie européenne. En faisant stipuler, par traité en date du 5 février 1895, que son droit de préemption resterait valable en cas d'échange ou de location de territoires congolais à une tierce puissance, la France prouvait qu'un des périls résultant de la reconnaissance de l'État indépendant n'échappait plus désormais à la vigilance de ses diplomates. Au reste, au cours d'un récent débat devant le Parlement belge, le projet de cession du Congo à la Belgique a été de nouveau ajourné, sur le conseil même du roi.

Les négociations qui ont abouti, le 27 juin 1900, au traité franco-espagnol de délimitation du Rio Mouni, furent marquées du même caractère de précaution. M. Delcassé, comme son prédécesseur, a pris soin d'introduire une clause de préférence pour le Gouvernement français, au cas où l'Espagne négocierait pour céder tout ou partie des possessions limitrophes de notre territoire congolais.

Beaucoup plus significatif encore, dans le même ordre d'idées, fut l'arrangement du 8 avril 1892, par lequel la France, le Portugal et l'Etat du Congo avaient réglé le régime douanier du « bassin occidental » du Congo. Tout d'abord la Commission internationale de 1890, réunie à Bruxelles, par le seul fait qu'elle s'en remettait au bon vouloir collectif des trois puissances ayant là une souveraineté territoriale, sans autre recours ni contrôle, altérait le caractère d'ensemble des stipulations premières de l'Acte de Berlin ; non seulement on ne légiférait plus pour l'Afrique entière ni même pour tout le bassin du Congo ; mais on consacrait un rapport direct entre le fait d'être « souverain territorial » et le droit de fixer un régime douanier.

Ainsi, sans doute en raison des progrès rapides de la constitution en Afrique de domaines réservés à chaque puissance, la foi dans l'efficacité d'une législation internationale trop compréhensive semble avoir faibli ; et chacun des Etats souverains qui colonisent en Afrique sur de vastes domaines en revient graduellement au désir légitime, prudent, et même philanthropique, puisqu'il est un meilleur gage de paix, de n'admettre l'intervention et le contrôle d'autrui que dans les questions bien limitées de respect de la liberté et de la vie humaines, de répression des crimes de droit commun et de lèse-humanité : encore y a-t-il tendance générale à s'en remettre à la bonne foi et à la loyauté de chaque « Etat souverain » sur ses territoires.

Il n'est pas étonnant que de vaillants Français aient conçu l'espoir de faire ces vastes territoires du Congo plus vraiment nôtres en s'efforçant de les relier à d'autres possessions moins détachées de l'intérêt métropolitain par des conventions philanthropiques ou commerciales onéreuses. A cet égard la fondation du Comité de l'Afrique française est significative ; elle marque un énergique propos, chez ses auteurs, de peser désormais sur notre diplomatie officielle par la manifestation officieuse, mais nette, d'une opinion publique éclairée. C'est bien ce qu'indique la mission Crampel ; et si la nécessité de joindre l'Algérie au Soudan par une voie ferrée n'est point démontrée, du moins le plan de nationaliser nos possessions congolaises en les mettant en contact avec l'aile orientale de notre Soudan avait pour objet de secouer le joug de l'internationalisme hâtif que semblait avoir consacré la conférence de Berlin. Le massacre de Crampel (1890) n'arrêta point le zèle patriotique de nos explorateurs, Gaillard, Ponel, Dybowski, Brunache, Clozel, de Béhagle, etc..., etc...; après le voyage de Maistre, et la rencontre de Mizon et de M. de Brazza sur la haute Sangha, la France devenait la puissance prédominante dans les vallées de l'Oubangui, de la Sangha et du Chari. La convention franco-allemande du 15 mars 1894, fixant notre frontière du nord-ouest, confirma quelques-uns des plus heureux résultats de cette héroïque poussée de nos explorateurs ; si cet arrangement accorde aux nationaux des deux parties contractantes des avantages identiques, du moins il est le début d'une sorte d'entente tacite pour résister aux empiètements du même voisin, maître dans la région du Bas-Niger et de la Bénoué ; et l'extrême courtoisie qui marqua les négociations franco-allemandes indique une réaction contre les principes qui avaient prédominé, lors de la conférence de Berlin, et mis l'influence allemande au service de l'association internationale contre nous.

Une combinaison diplomatique nouvelle et dont l'effet devait être considérable sur les affaires coloniales d'Afrique, se faisait jour ; l'empire allemand, s'il ne se rapprochait point formellement de la France dans les litiges africains, s'éloignait avec une netteté parfaite de la Grande-Bretagne et de l'État Libre, au moment même où l'entente de ces deux puissances coloniales se manifestait contre nous.

En effet, depuis que l'explorateur Van Gèle avait révélé, en 1891, la richesse des pays qu'arrose le M'bomou, l'État Libre recherchait les moyens de rendre caduque la convention signée en 1887, avec la France, convention qui assignait l'Oubangui comme frontière entre les deux contractants. L'Oubangui-Ouellé-Makoua coulant d'est en ouest, alors que les négociateurs belges avaient cru opposer à la marche de la France vers l'est un Oubangui coulant du nord au sud, nous ouvrait tout au contraire la route vers le Nil ; il fallait, dans le double intérêt de la Grand-Bretagne et de l'État Libre, détruire les effets de cette fâcheuse découverte qui servait les desseins français. Tout d'abord, les missions belges furent multipliées et se livrèrent à de nombreuses prises de possession pour mettre la France en présence du fait accompli, et tenir des gages en vue de négociations futures. Mais M. Liotard, et, après le rappel de la mission Monteil, M. Decazes se nantissaient tout aussi activement que leurs rivaux, bien que les instructions de la métropole fussent plutôt de nature à entraver leur zèle : car la déclaration de mars 1894, signée entre la France et l'État Indépendant, semble avoir donné, à Paris du moins, l'illusion d'un apaisement efficace du désaccord.

La publication du traité anglo-congolais du 12 mai 1894, traité qui logeait l'État Indépendant sur la rive gauche du Haut-Nil pour nous en exclure à jamais, et lui donnait à bail le Bahr-el-Ghazal, fut un soudain et dur réveil. L'Allemagne, lésée comme la France, protesta avec énergie contre une convention qui mettait à néant l'un des avantages essentiels de son expansion dans la région des lacs. Pour la France le procédé et le dommage étaient tous deux beaucoup plus graves, comme

le démontrèrent, aux applaudissements unanimes de la Chambre
des députés, MM. Etienne, président du groupe colonial, et
Hanotaux, ministre des affaires étrangères. Ces deux orateurs,
puis MM. Deloncle et Flourens, montrèrent, au cours d'une
séance mémorable, l'importance des intérêts engagés, la méconnaissance des droits de la Turquie et de l'Egypte, et la violation du traité de 1887 dont la clarté ne laissait rien à désirer.

Si l'Etat du Congo céda en principe et se déroba au rôle
dangereux d'état-tampon que voulait lui faire jouer la Grande-
Bretagne, la convention franco-congolaise du 14 août 1894 lui
fut néanmoins très avantageuse; car la France n'exigea pas
l'application stricte et littérale de la délimitation de 1887 et
ne reprit qu'une part de son bien légitime. Cette douloureuse
expérience, qui faisait tomber une dernière fois l'illusion de
l'innocuité du voisinage d'un état international et dit « indépendant », mot singulièrement ironique dans la circonstance,
n'amena qu'un acte significatif de précaution, le détachement
de la région du Haut-Oubangui confiée à un gouverneur spécial;
le 14 août 1894, une convention spéciale fixait la frontière
franco-congolaise dans la zone arrosée par le grand affluent de
droite du Congo.

Il n'était difficile, après ce grave incident, ni à l'Angleterre
de prévoir une revendication française, ni à la France de comprendre qu'il fallait à cette revendication deux qualités, la
promptitude et le secret dans l'exécution, puis l'inébranlable
dessein d'en assumer fièrement les conséquences. Le lieu n'est
point ici de débattre entre les Français quel parti, quel ministre ont le mieux servi les intérêts de la patrie; la douleur
est encore trop vive et trop récente de la menace dont la
Grande-Bretagne crut devoir, quand elle se vit devancée, soutenir une doctrine diplomatique mal défendable et dont nos
représentants firent prompte justice, en paroles du moins. Céder
à la force n'est jamais qu'une attitude provisoire pour un pays

comme la France; et, l'heure reviendra sans doute où la question tranchée contre nous par le moyen indiscutable et discourtois d'un ultimatum sera posée à nouveau, dans quelque autre circonstance, dans quelque autre parage. Notre force, à ce moment, sera ce qu'aura été notre solidarité dans l'humiliation.

La responsabilité de la querelle revient pleine et entière à la Grande-Bretagne qui eut recours au procédé peu franc de nous vouloir évincer du Nil supérieur en y asseyant le pouvoir mal défini et peu attaquable d'un Etat international; et les diplomates anglais qui imaginèrent ce biais de la convention anglo-congolaise du 12 mai 1894 auraient dû se méfier d'une arme qui avait déjà servi contre nous; quand, nulle puissance ne se souciant d'arrêter de face nos progrès au Congo, Stanley et le prince de Bismark s'avisèrent d'internationaliser tout ou partie de notre bien et d'obtenir de notre philanthrophie sentimentale bien connue ce qu'on ne pouvait attendre de la peur. Ce sont procédés bons tout au plus pour une fois; et dix ans de voisinage plus ou moins troublé nous avaient instruits sur le degré de vraie indépendance et de sincère impartialité de l'Etat hybride qui nous avait été juxtaposé. Il était inévitable que la France, juridiquement l'égale de la Grande-Bretagne dans le rôle de veiller à l'intégrité de l'Egypte et de ses dépendances, reprît directement, avec gages et avec franchise, la question mal engagée par suite de la complicité inattendue de l'Etat libre.

La France prépara ses missions et mit à profit le zèle et l'expérience africaine de ses officiers; la Grande-Bretagne échafauda, pour le cas d'une arrivée tardive de ses troupes, une doctrine de circonstance. On se rappelle la thèse de lord Grey, premier essai d'intimidation, parlant des revendications de l'Egypte sur le haut Nil, et déclarant que toute tentative d'y accéder serait regardée comme un acte « peu amical » de la

France (28 mars 1895). Notre ministre des affaires étrangères,
M. Hanotaux, revendiquait pour son pays le droit de veiller,
au même titre que la Grande-Bretagne, sur l'intégrité des biens
du sultan et du khédive.

Alors commença une lutte de vitesse et d'habileté entre le
sirdar Kitchener, s'avançant par la vallée du Nil, avec des ressources de ravitaillement sur place, avec des troupes accoutu-
mées à ces parages, et de Marchand, cheminant en pays inconnu
ou hostile, ayant tout à improviser, mais secondé par une merveilleuse pléiade d'hommes énergiques et dévoués au « chef »
avec une abnégation et un entrain parfaits. Marchand et ses
lieutenants, dont l'histoire gardera les noms, Baratier, Germain, Mangin, Largeau, Dyé, Emily, Landeroin, touchèrent
les premiers Fachoda le 10 juillet 1898 : un mois après ils y
étaient fortifiés et en mesure de rendre à l'Egypte le service de
battre l'armée des derviches.

Le 19 septembre Kitchener et Marchand étaient en présence ;
notre compatriote signifia clairement au chef de l'armée anglaise qu'il n'évacuerait Fachoda que sur un ordre du gouvernement français. Cet ordre fut donné. Fut-ce un aveu de
l'insuffisance des préparations diplomatiques des années précédentes ? Il est difficile de l'admettre quand on lit les déclarations si nettes que fit M. Delcassé dans ses notes du 20 septembre 1898, et du 4 octobre, quand on suit l'excellente
argumentation de notre ambassadeur M. de Courcel ; elles
donnent, au contraire, l'impression d'une franche continuité
de la politique française, exception faite d'un essai de désaveu
de la mission Marchand représentée comme une simple mesure
annexe se rattachant au plan d'ensemble de M. Liotard. Y eut-
il menace directe et ultimatum de la Grande-Bretagne ? Ultimatum ou insistance humiliante et comminatoire, on ne sait
pas encore quel fut le degré de pression employé pour arra-
cher au gouvernement français une décision qui coûta cher à

la fierté de nos officiers, à celle du pays, et qui, d'ailleurs en nous évinçant du Bahr-el-Ghazal, laisse toujours entière et ouverte la grave question d'Egypte. A cet égard, du moins, la correspondance diplomatique échangée pendant la période d'extrême tension des rapports anglo-français ne peut laisser subsister aucun doute.

C'est ce que prouve la rédaction de l'accord du 21 mars 1899, dans lequel il n'est point parlé des frontières occidentales de l'Egypte, mais seulement des confins orientaux de la zone d'influence française. C'est ce que prouve tout aussi clairement la série de votes patriotiques des Chambres françaises accordant aux ministres les moyens d'accueillir désormais autrement, avec une flotte plus nombreuse et des forteresses coloniales mieux garnies, soit un ultimatum, soit une menace peu équivoque. Même les éloges décernés à l'héroïque Marchand par M. J. Chamberlain ne sauraient faire illusion sur la durée du souvenir que laisse à tout Français l'affaire de Fachoda ; elle a déterminé en France un mouvement d'opinion beaucoup plus violent que jadis l'affaire Pritchard, et redoublé en Europe les appréhensions déjà si vives que suscite la prétention de la Grande-Bretagne à la suprématie maritime et coloniale. C'est la France qui a pris ce douloureux contact avec l'impérialisme ; mais la leçon n'a pas été perdue pour les autres puissances qu'intéresse la liberté des mers.

En matière d'expansion africaine, l'arrangement du 21 mars 1899, donné comme déclaration additionnelle à la Convention du 14 juin 1898, nous excluait non seulement de la vallée du Nil, mais de tout le bassin du Bahr-el-Ghazal. On nous concédait le droit de nous approprier le Ouadaï. Or de deux choses l'une : s'il était domaine égyptien, il devait nous être interdit au même titre que le Dar-four et le Kordofan ; s'il était terre vacante, nous n'avions besoin d'aucune investiture même indirecte, pour nous l'approprier. Enfin la conclusion d'un accord

commercial libre-échangiste, applicable aux pays entre Nil et
Congo, où Français et Anglais seraient absolument égaux, dimi-
nuait encore la valeur du peu qui nous restait de la conquête
de Marchand ; en effet la réciprocité n'était qu'illusoire, la
Grande-Bretagne tenant par la force un des débouchés, le Nil,
par les traités un deuxième, le Niger inférieur-Bénoué, et le
troisième en vertu du régime d'indifférence internationale, le
Congo. Nous étions, comme dans le traité du 5 août 1890,
comblés de faveurs sahariennes ; la Grande-Bretagne voulait
bien nous reconnaître une frontière saharienne allant à l'est
jusqu'aux monts du Tibesti, et investissant le sud de la Tripolitaine. Si la diplomatie anglaise traitait, comme il est vraisemblable, cette question au nom de l'Egypte, vassale de la Turquie, elle aurait dû prendre un égal souci des droits du grand
Turc sur la Tripolitaine et son arrière-pays, pour demeurer
logique. Mais il est vraisemblable que les négociateurs de la
Grande-Bretagne (on n'ose ajouter les nôtres) considérèrent
ces concessions désertiques comme capables de flatter et de
calmer l'opinion publique française, en paraissant encourager
les entreprises Transsahariennes : les plus résolus partisans
de la construction d'une voie ferrée entre l'Algérie-Tunisie et
le Soudan ne se laissèrent point prendre à cet appât ; les railleries de lord Salisbury, quoique vieilles de dix ans, sont restées
dans la mémoire du « coq gaulois ».

Le meilleur moyen de réserver l'avenir en Afrique était de
prendre sans retard des gages dans la région du Chari et du
Tchad, et de constituer à la France dans le Baguirmi un point
d'appui permettant l'occupation méthodique du Ouadaï, et
donnant à notre route Say-Barroua sa vraie importance. De
vaillants explorateurs y travaillaient déjà avant l'incident mémorable de Fachoda ; la nouvelle de l'humiliation de la mère-
patrie sur les confins nilotiques redoubla leur ardeur. L'expédition de Clozel, à la fin de 1894, avait étudié l'une des voies.

De 1895 à 1897, l'enseigne de vaisseau Gentil reconnaît le Gribingui, fait l'hydrographie du Tchad, et accorde au sultan du
Baguirmi la protection française contre Rabah, émule des
Ahmadou et des Samory, auteur responsable de l'assassinat
de Crampel. Après le massacre d'une nouvelle mission, commandée par Bretonnet, le Gouvernement français se décide à
concentrer contre Rabah les forces de la mission d'Afrique
centrale (Joalland-Meynier), et les contingents envoyés à Gentil
par M. de Lamothe, commissaire général du Congo : l'arrivée
de la mission saharienne Foureau-Lamy assura le succès décisif.
A Kousseri, sur la rive gauche (allemande) du Chari, la petite armée française, réunie sous les ordres du commandant
Lamy, battit complètement, le 22 avril 1900, Rabah qui fut
tué. Hélas ! la victoire nous coûta le commandant en chef et
le capitaine de Cointet. Ainsi a été constitué le « territoire militaire des pays et protectorats du Tchad », confié aux soins
du lieutenant-colonel Destenave; il y manque le Ouadaï,
encore en proie à des discordes intestines.

En somme l'œuvre d'expansion française dans la région du
Congo et sur les confins du Bahr-el-Ghazal et du Chari a plusieurs fois changé de caractère : on peut dire qu'elle a dévié,
et que, du fait de cette déviation, elle nous a frustrés d'une
part des bienfaits que nous avions le droit d'espérer. Entreprise par M. de Brazza, dans le but de donner à notre ancienne
colonie du Gabon et de l'Ogooué un arrière-pays dépendant
qui en ferait la route privilégiée d'une partie du bassin du
Congo, elle a abouti à la constitution d'un Etat indépendant,
doté de riches et vastes territoires, et à l'internationalisation
commerciale de ce qui nous était laissé dans ce même bassin.
Le régime des « concessions » qui vient d'y être inauguré
peut être et a été critiqué dans ses applications; le principe
s'imposait à peu près fatalement dès que notre diplomatie eut

abdiqué, par l'Acte de la conférence de Berlin, les privilèges
commerciaux que nos compatriotes attendent, en général, comme
le principal, sinon le seul bienfait de l'expansion coloniale.
Il est peu probable que cette condition dure longtemps, tant
elle est onéreuse et pleine d'anomalies ; on voudrait espérer
que si l'État Indépendant devient un jour une vraie colonie
belge, le Congo français deviendra, avec ses dépendances, une
vraie colonie française, au lieu de nous valoir seulement les
frais de police et de souveraineté. Si la Belgique estime même,
comme il peut arriver, le don trop onéreux pour ses finances,
la meilleure solution du problème consistera dans un traité de
partage entre les principaux intéressés : car en Afrique comme
en Europe, le secret de la paix et de la concorde est dans le
« chacun chez soi ». Et en vérité, le régime des échanges de
la France avec ses colonies est si bizarre et incohérent dans
sa variété, qu'il appelle une refonte complète, dût-elle être
achetée même au prix de concessions territoriales.

—

ANNEXES

———

LE CONGO FRANÇAIS, LE LAC TCHAD ET LE HAUT NIL

I. — Gabon et Congo.

1° *De 1870 à 1888.* — Les missions de M. de Brazza et la marche de Stanley ;
le traité Makoko. — La mission de l'Ouest africain. — Fondation de l'Association internationale du Congo et reconnaissance du droit de préférence
de la France. — Conférence africaine de Berlin : Acte général de Berlin et
constitution de l'État Indépendant du Congo. — Décret du 29 juin 1886,
constituant le Congo français. — Conventions de délimitation avec l'Allemagne et le Portugal. — Arrangement franco-congolais du 29 avril 1887.
— Décret du 11 décembre 1888.

2° *De 1888 à 1900.* — Missions diverses au Congo. — Actes diplomatiques :
Acte général de Bruxelles. — Réglementation du droit de préférence de la
France : testament du roi Léopold (1899) ; arrangement du 5 février 1895 ·
la question de la reprise du Congo par la Belgique. — Convention franco-
espagnole du Rio Mouni. — Arrangement commercial du 8 avril 1892.

II. — Oubangui, Sangha et lac Tchad.

1° *De 1890 à 1894.* — Expansion dans l'Oubangui et la Sangha : missions
Crampel, Dybowski, Maistre, Mizon, de Brazza. — Traité franco-allemand
du 15 mars 1894. — Compétition avec le Congo belge : convention du
29 avril 1887 ; missions belges et françaises ; MM. Liotard et le commandant Decazes ; convention anglo-congolaise du 12 mai 1894 ; la convention
franco-congolaise du 14 août 1894.

2° *De 1894 à 1900.* — A. Vers le Nil. — Français et Anglais sur le Nil. —
La déclaration de sir E. Grey. — La marche des Anglais : reprise du Soudan ; bataille d'Omdourman (2 septembre 1898). — La marche des Français : mission Liotard en 1894 ; mission Marchand en 1896. — L'incident
de Fachoda. — Évacuation de Fachoda (4 novembre 1898). — Convention
franco-anglaise du 21 mars 1899.

B. Vers le Tchad. — Mission Clozel. — La mission Gentil (1895-1897). —
L'invasion de Rabah dans le Baguirmi. — Massacre de la mission Bretonnet
(1899). — La seconde mission Gentil (mission du Chari) ; combat de Kouno.
— Jonction sur le Chari de la mission de l'Afrique centrale, de la mission
saharienne Foureau-Lamy et de la mission du Chari. — Combat de Kous-

seri (22 avril 1900) : mort de Rabah et du commandant Lamy. — Défaite des bandes de Rabah par le commandant Reibell. — Constitution du territoire militaire du Tchad.

III. — ORGANISATION ET DÉVELOPPEMENT COMMERCIAL.

Le décret du 28 septembre 1897 ; projet de dislocation du Congo français. — La progression du mouvement commercial de 1894 à 1900. — Le régime foncier et la question des concessions. — Les voies de pénétration au Congo ; le chemin de fer belge ; la navigation fluviale.

I. — GABON ET CONGO

1° DE 1870 A 1888

C'est pendant cette période que nos établissements du Gabon devinrent la colonie du Congo français.

Jusqu'aux voyages de Brazza l'exploration du docteur Lenz dans l'Ogooué est seule à signaler.

Après un premier voyage au Gabon en 1872 à l'état major du contre-amiral Le Couriault du Quilio, M. de Brazza, enseigne de vaisseau, repartit pour le Congo en septembre 1875, avec la mission d'étudier le bassin de l'Ogooué. Ce voyage, accompli en compagnie du docteur Ballay et de M. Alfred Marche, fut consacré à l'exploration de l'Ogooué et de l'Alima par eau et par terre : bien accueillie par les Batekés, de Brazza fut arrêté par l'hostilité des Bafourous du moyen Alima qui se vengeaient sur la mission française du passage de la mission Stanley ; le voyage se termina par l'exploration de quelques affluents du Congo et de Brazza rentra en France en septembre 1878.

Dès l'année suivante il revenait au Congo. Un événement important, la découverte du cours du Congo, s'était produit pendant qu'il accomplissait son voyage : Stanley, parti de Bagamoyo en novembre 1874, était parvenu à Nyangoué deux ans après et, suivant le cours du fleuve, il était arrivé, le 12 mars 1877, aux chutes du bas Congo, et le 9 avril à Boma. De plus dès septembre 1876 s'était réunie à Bruxelles, sous les auspices du roi des Belges, une Conférence géographique qui avait abouti à la formation d'une Association internationale africaine chargée de travailler à la découverte de l'Afrique inconnue et de commencer « une croisade de science, d'humanité et de progrès ». Le retour de Stanley décida l'Association et son fondateur à s'emparer des régions qu'il venait d'explorer, on lui en confia la mission et un Comité d'études du Haut-Congo, formé sous la présidence d'honneur du roi Léopold et la présidence effective du colonel Strauch, secrétaire général de l'Association internationale, lui en donna les moyens. Dès le mois de février 1879 Stanley se rembarquait pour l'Afrique, pour Zanzibar, d'où il faisait annoncer qu'il se mettrait en route, mais où il allait en réalité recruter des porteurs : l'*Albion* qui portait la mission ne tarda pas à retourner en Méditerranée, à tourner le nord du continent et le 14 août 1879 Stanley débarquait aux bouches du Congo, à Banana, pour chercher de là à pénétrer jusqu'au Pool.

Ses mouvements n'avaient pas échappé à M. de Brazza qui comprenait, comme les Belges, que le grand fleuve découvert par Stanley était la véritable voie d'accès à l'Afrique centrale. Dès que le plan des Belges lui apparut, il se rembarqua pour l'Afrique afin de reconnaître si, le bas Congo étant innavigable, il n'était pas avantageux de suivre d'abord la voie de l'Ogooué et de l'Alima et de désigner au Comité français de l'Association Internationale africaine l'emplacement de deux stations scientifiques et hospitalières : il tenait aussi à défendre lui-même les intérêts de la France au Congo. Après avoir fondé la station de Franceville (juin 1880) il marcha rapidement vers le Congo qu'il atteignit au mois de septembre par la Léfini : il conclut des traités avec divers chefs de la rive droite du fleuve, et notamment avec Makoko, le plus puissant d'entre eux, et fonda sur la rive droite du Pool la station qui reçut plus tard le nom de Brazzaville (1er octobre 1880). Quinze mois après, alors que de Brazza avait fondé un poste à l'Alima et étudié la voie d'accès du Niari Kouilou, qui lui paraît la meilleure entre Loango et Brazzaville, Stanley, qui s'était débattu péniblement pendant de longs mois dans les défilés des monts de Cristal avec sa grosse expédition et son matériel arrivait à son tour au Pool et avait la surprise d'y trouver le poste français installé par de Brazza et gardé par le sergent Malamine ; de Brazza rentra en France en juin 1882. Stanley, à titre de revanche, fondait Léopoldville et lançait sur le fleuve, en décembre 1881, trois bateaux qui le remontèrent jusqu'aux Stanley-Falls. L'enseigne de vaisseau Mizon était allé prendre le commandement des stations de l'Association, installait un second poste à l'Alima et explorait le pays environnant.

Le gouvernement français se décida à ce moment à s'occuper avec des vues plus précises des nouveaux établissements du Gabon. L'occupation de Loango fut suivie de la ratification du traité Makoko par les Chambres françaises (novembre 1882). Cette convention, qui eut sur notre situation au Congo une si grande influence, était ainsi conçue :

« Au nom de la France et en vertu des droits qui m'ont été conférés, le 10 septembre 1880, par le roi Makoko, le 3 octobre 1880 j'ai pris possession du territoire qui s'étend entre la rivière d'Iné et Impila. En signe de cette prise de possession, j'ai planté le pavillon français à Okila en présence de Ntaba, Scianho-Ngaekala, Ngaeko, Juma-N'voula, chefs vassaux de Makoko, et de Ngalième, le représentant officiel de son autorité en cette circonstance. J'ai remis à chacun des chefs qui occupent cette partie du territoire un pavillon français, afin qu'ils l'arborent sur leurs villages en signe de ma prise de possession au nom de la France. Ces chefs, officiellement informés par Ngalième de la décision de Makoko, s'inclinent devant son autorité et acceptent le pavillon et par leur signe fait ci-dessous donnent acte de leur adhésion à la cession du territoire faite par Makoko. Le sergent Malamine, avec deux matelots, reste à la garde du pavillon et est nommé provisoirement chef de la station française de Ncouma.

« Par l'envoi à Makoko de ce document fait en triple et revêtu de ma signature et du signe des chefs ses vassaux, je donne à Makoko acte de ma prise de possession de cette partie de son territoire pour l'établissement d'une station française.

« Fait à Ncouma, dans les États de Makoko, le 3 octobre 1880.

« Signé : L'enseigne de vaisseau,

« P. SAVORGNAN DE BRAZZA. »

(Ont apposé leur signe) :

Le chef Ngalième, représentant de Makoko ;

Le chef Scianho Ngaekala, qui porte le collier d'investiture donné par Makoko et commande à Ncouma sous la souveraineté de Makoko :

Le chef Ntaba ;

Le chef Ngaeko ;

Le chef Juma Nvoula.

« Le roi Makoko, qui a la souveraineté du pays, situé entre les sources et l'embouchure de Lefini et Ncouma, ayant ratifié la cession de territoire faite par Ngampey pour l'établissement d'une station française, et fait de plus cession de son territoire à la France, à laquelle il fait cession de ses droits héréditaires de suprématie ; désirant, en signe de cette cession, arborer les couleurs de la France, je lui ai remis un

pavillon français, et, par le présent document fait en double et revêtu
de son signe et de ma signature, donné acte des mesures qu'il a prises
à mon égard, en me considérant comme le représentant du Gouvernement français.

« Fait à Nduo, au village de Makoko, le 10 septembre 1880.

> « *Signé : L'enseigne de vaisseau, chef de la*
> *mission de l'Ogooué et du Congo intérieur,*
>
> « P. SAVORGNAN DE BRAZZA. »

Le Gouvernement, en demandant à la Chambre de la ratifier, la
présentait en ces termes :

On n'a pas à rappeler ici les conditions dans lesquelles s'est accompli
le voyage de l'explorateur français et les circonstances qui lui permirent
de devancer toute occupation sur le point qu'il avait choisi. Dès que les
résultats obtenus par M. Savorgnan de Brazza ont été connus en France,
ils y ont été accueillis avec une faveur marquée, et les interprètes autorisés du commerce national n'ont pas été seuls à appeler l'attention du
Gouvernement sur la nécessité de ne point laisser perdre les fruits de
l'heureuse et persévérante initiative de notre compatriote. Ce mouvement d'opinion se trouvait justifié par l'importance même de l'œuvre
qu'avait déjà accomplie M. de Brazza et par les perspectives que laissaient entrevoir ces premiers résultats. Tous les témoignages s'accordent
à reconnaître la valeur des débouchés que notre commerce et, à sa suite,
le commerce de toutes les nations sont assurés de trouver dans les
riches contrées ainsi ouvertes à l'action pacifique et civilisatrice de la
France. On connaît, en effet, le caractère éminemment libéral du régime
que, en matière de tarifs, notre organisation coloniale nous permet de
maintenir dans nos établissements d'outre-mer.

Enfin, il suffira de rappeler la part que notre pays a prise à l'abolition de l'esclavage et à la répression de la traite pour indiquer les heureuses conséquences que, au point de vue purement humanitaire, on
est en droit d'attendre des relations confiantes qu'il s'agit de nouer dans
cette partie de l'Afrique, entre la France et les chefs d'un groupe important de population.

D'autre part, M. Rouvier, rapporteur de la commission, s'exprimait ainsi dans son rapport :

Il est à considérer que la convention soumise à votre approbation
n'est pas le résultat d'une action militaire. C'est librement, de leur
propre gré, que les chefs indigènes ont demandé la protection du pavillon français. On peut dire que ce sont les avantages qu'ils espèrent

tirer de notre présence qui les ont engagés à se placer sous la protection de la France.

Il a suffi du brave sergent Malamine et de trois hommes laissés par M. de Brazza à la garde du pavillon pour assurer l'exécution du traité par les indigènes. Aucune complication prochaine n'est donc à prévoir de ce côté. On n'en saurait prévoir davantage de la part des nations européennes, par la double raison que, d'un côté, nous sommes incontestablement les premiers occupants, et que de l'autre, notre organisation coloniale, éminemment libérale, assure au commerce de toutes les nations la même liberté, les mêmes avantages qu'à notre propre commerce, partout où flotte le pavillon français.

Il faut d'autant plus écarter l'éventualité de toutes difficultés de ce genre que ni dans l'esprit de votre commission, ni dans les vues du Gouvernement, il ne s'agit en ce moment d'aller sur les rives du Congo, ou sur le littoral voisin avec un appareil militaire, mais simplement de fonder des stations scientifiques, hospitalières et commerciales, sans autres forces militaires que celles strictement nécessaires à la protection des établissements qui seront successivement créés. C'est au caractère pacifique qu'il a su donner à sa mission que M. de Brazza doit l'accueil bienveillant qu'il a reçu des populations indigènes.

Nous voulons, et vous voudrez avec nous, conserver à notre occupation ce même caractère. Il importe au développement de notre influence dans ces régions éloignées que la France apparaisse aux populations de l'Afrique centrale non comme une puissance conquérante, mais comme une nation commerçante, cherchant bien moins à étendre sa domination que ses débouchés commerciaux et son influence civilisatrice.

Si la ratification du traité qui vous est soumis ne semble devoir faire naître aucune complication sérieuse, ses avantages sont considérables. En effet, le territoire qui nous est cédé est en quelque sorte la clef du Congo, cette magnifique voie navigable qui, depuis le pays d'Ouregga, à l'ouest des grands lacs africains jusqu'à l'Atlantique, se déroule sur un parcours d'environ 5.000 kilomètres, arrosant une contrée admirablement fertile.

Notre commerce trouvera le caoutchouc, la gomme, la cire, les graines oléagineuses, les pelleteries, l'ivoire, les métaux et les bois précieux; notre industrie, des débouchés nouveaux pour ses produits, à mesure que les millions d'hommes qui habitent sur les bords de cet incomparable fleuve naîtront à la civilisation.

Cet immense mouvement commercial, dont on peut à peine entrevoir l'avenir et dont on ne saurait dès aujourd'hui mesurer l'étendue, se développera certainement au profit de ceux qui les premiers auront pénétré dans ces régions à peine entr'ouvertes au commerce du monde.

La France, plus voisine de l'Afrique que la plupart des autres nations, plus directement intéressée qu'elles à l'avenir de ce continent par ses

possessions de l'Algérie, du Sénégal, du Gabon, par les nombreux
comptoirs qu'elle possède sur la côte occidentale, méconnaîtrait gravement ses intérêts les plus certains si elle se laissait devancer dans le
mouvement qui entraîne le monde civilisé vers ces régions hier encore
mystérieuses.

Le Comité français de l'Association internationale fit, aussitôt
après la ratification, remise au Gouvernement français de ses stations congolaises, et le ministère de l'Instruction publique chargea
M. de Brazza d'une nouvelle mission qui fut appelée la « mission de
l'Ouest africain ». M. de Brazza, avec le titre de Commissaire du
Gouvernement de la République française dans l'Ouest africain,
reçut la remise du service du docteur Ballay qui, parti de l'Ogooué,
avait pu franchir cette fois le pays des Bafourous, avait réussi à
atteindre l'Alima et était arrivé jusqu'au Congo en pirogue. Pendant
trois ans, de 1883 à 1885, avec ses cinquante compagnons, MM. de
Chavannes, Dolisie, Fourneau, de Lastours, Decazes, Jacques de
Brazza, etc., il parcourut et fit reconnaître toute la région entre le
Gabon et le Congo, leva le cours du fleuve jusqu'à l'Oubangui, et
maintint notre occupation sur les deux rives du Pool, en sorte que
l'établissement de Stanley dans le Niari-Kouilou fut sans préjudice
pour nous et que lorsque le Gouvernement français rétrocéda la
rive sud du fleuve où était placé le poste du sergent Malamine, il
put obtenir à titre de compensation le bassin du Kouilou.

La situation diplomatique du Congo venait, en effet, de se modifier. Le caractère de l'entreprise belge se précisait. Le Comité
d'études du Haut Congo, afin d'assurer contre les entreprises de
la France et du Portugal, — ce dernier soutenu par l'Angleterre, — l'avenir de l'œuvre qu'il poursuivait, voulut la fonder
sur une base plus solide, dès 1883 il se transforma en une « Association internationale du Congo, » tout en redoublant d'activité et
poursuivit auprès des puissances la reconnaissance de sa souveraineté. Les États-Unis la reconnurent tout d'abord. Le traité
anglo-portugais du 26 février 1884 y faisant obstacle, l'Association
s'adressa à la France et le 23 avril 1884 le colonel Strauch, son
président, écrivait à M. Jules Ferry, président du Conseil, la lettre
suivante, qui reconnaissait notre droit de préférence en cas de cession des territoires de l'Association :

Bruxelles, le 23 avril 1884.

Monsieur le Ministre, l'Association Internationale du Congo, au nom des stations et territoires libres qu'elle a fondés au Congo et dans la vallée du Niadi-Quillou, déclare formellement qu'elle ne les cédera à aucune Puissance sous réserve des conventions particulières qui pourraient intervenir entre la France et l'Association, pour fixer les limites et les conditions de leur action respective. Toutefois, l'Association, désirant donner une nouvelle preuve de ses sentiments amicaux pour la France, s'engage à lui donner le droit de préférence, si, par des circonstances imprévues, l'Association était amenée un jour à réaliser ses possessions.

M. Jules Ferry répondit par la lettre suivante :

Paris, le 24 avril 1884.

Monsieur, j'ai l'honneur de vous accuser réception de la lettre, en date du 23 courant, par laquelle, en votre qualité de Président de l'Association Internationale du Congo, vous me transmettez des assurances et des garanties destinées à consolider nos rapports de cordialité et de bon voisinage dans la région du Congo.

Je prends acte avec grande satisfaction de ces déclarations et, en retour, j'ai l'honneur de vous faire savoir que le Gouvernement français prend l'engagement de respecter les stations et territoires libres de l'Association et de ne pas mettre obstacle à l'exercice de ses droits.

JULES FERRY.

La souveraineté de l'Association fut sauvegardée par l'intervention puissante du prince de Bismarck qui, soit par sympathie pour la dynastie de Cobourg, soit pour faire pièce à la France et à l'Angleterre, soit pour ménager à l'expansion coloniale allemande des chances heureuses dans l'avenir (1), se déclara le champion de l'œuvre du roi des Belges. Il protesta contre le traité anglo-portugais qui fut dénoncé, invita la France à se joindre à lui pour régler un accord général de la question africaine, reconnut officiellement le 3 novembre 1884 l'Association internationale comme puissance souveraine et invita les représentants des puissances à se réunir à Berlin dans le but de rechercher et d'établir une entente internationale sur les principes de la liberté du commerce dans le bassin et les embouchures du Congo, de l'application

______

(1) *La Conquête de l'Afrique*, par M. Jean Darcy. Perrin, 1900.

au Congo et au Niger des principes de la liberté de navigation et des formalités à observer pour que des occupations nouvelles sur les côtes d'Afrique fussent considérées comme effectives.

Les puissances répondirent à cet appel et la Conférence africaine de Berlin s'ouvrit le 15 novembre 1884. Elle aboutit à la signature du document diplomatique du 26 février 1885 qui a reçu le nom d'Acte de Berlin.

L'Acte général comprend sept chapitres. Le premier est relatif à la liberté du commerce dans le bassin du Congo, ses embouchures et pays circonvoisins. En voici les principaux articles :

Art. 1. — Le commerce de toutes les nations jouira d'une complète liberté :

1º Dans tous les territoires constituant le bassin du Congo et de ses affluents. Ce bassin est délimité par les crêtes des bassins contigus, à savoir, notamment, les bassins du Niari, de l'Ogooué, du Schari et du Nil, au nord ; par la ligne de faîte orientale des affluents du lac Tanganyka, à l'est ; par les crêtes des bassins du Zambèze et de la Logé, au sud. Il embrasse, en conséquence, tous les territoires drainés par le Congo et ses affluents, y compris le lac Tanganyka et ses tributaires orientaux ;

2º Dans la zone maritime s'étendant sur l'Océan Atlantique depuis le parallèle situé par 2º 30′ de latitude sud jusqu'à l'embouchure de la Logé. La limite septentrionale suivra le parallèle situé par 2º 30′, depuis la côte jusqu'au point où il rencontre le bassin géographique du Congo, en évitant le bassin de l'Ogooué, auquel ne s'appliquent pas les stipulations du présent acte.

La limite méridionale suivra le cours de la Logé jusqu'à la source de cette rivière et se dirigera de là vers l'est jusqu'à la jonction avec le bassin géographique du Congo ;

3º Dans la zone se prolongeant à l'est du bassin du Congo, tel qu'il est délimité ci-dessus jusqu'à l'Océan Indien, depuis le cinquième degré de latitude nord jusqu'à l'embouchure du Zambèze, au sud ; de ce point, la ligne de démarcation suivra le Zambèze jusqu'à cinq milles en amont du confluent du Shiré et continuera par la ligne de faîte séparant les eaux qui coulent vers le lac Nyassa des eaux tributaires du Zambèze, pour rejoindre enfin la ligne de partage des eaux du Zambèze et du Congo.

Il est expressément entendu qu'en étendant à cette zone orientale le principe de la liberté commerciale, les puissances représentées à la conférence ne s'engagent que pour elles-mêmes et que ce principe ne s'appliquera aux territoires appartenant actuellement à quelque état indépendant et souverain, qu'autant que celui-ci y donnera son consentement. Les puissances conviennent d'employer leurs bons offices auprès des gouvernements établis sur le littoral africain de la mer des Indes, afin d'obtenir ledit consentement et, en tout cas, d'assurer au transit de toutes les nations les conditions les plus favorables.

Art. 2. — Tous les pavillons, sans distinction de nationalité, auront libre accès à tout le littoral des territoires énumérés ci-dessus, aux rivières qui s'y déversent dans la mer, à toutes les eaux du Congo et de ses affluents, y compris les lacs, à tous les ports situés sur le bord de ces eaux, ainsi qu'à tous les canaux qui pourraient être creusés à l'avenir dans le but de relier entre eux les cours d'eau ou les lacs compris dans toute l'étendue des territoires décrits à l'article 1er. Ils pourront entreprendre toute espèce de transports et exercer le cabotage maritime et fluvial ainsi que la batellerie sur le même pied que les nationaux.

Art. 3. — Les marchandises de toute provenance importées dans ces territoires, sous quelque pavillon que ce soit, par la voie maritime ou fluviale ou par celle de terre, n'auront à acquitter d'autres taxes que celles qui pourraient être perçues comme une équitable compensation de dépenses utiles pour le commerce et qui, à ce titre, devront être également supportées par les nationaux et par les étrangers de toute nationalité.

Tout traitement différentiel est interdit à l'égard des navires comme des marchandises.

Art. 4. — Les marchandises importées dans ces territoires resteront affranchies de droits d'entrée et de transit.

Les puissances se réservent de décider, au terme d'une période de vingt années, si la franchise d'entrée sera ou non maintenue.

Art. 5. — Toute puissance qui exerce ou exercera des droits de souveraineté dans les territoires susvisés, ne pourra y concéder ni monopole, ni privilège d'aucune espèce en matière commerciale.

Les étrangers y jouiront indirectement, pour la protection de leurs personnes et de leurs biens, l'acquisition et la transmission de leurs propriétés mobilières et immobilières et pour l'exercice des professions, du même traitement et mêmes droits que les nationaux.

Art. 6. — Toutes les puissances exerçant des droits de souveraineté ou une influence dans lesdits territoires s'engagent à veiller à la conservation des populations indigènes et à l'amélioration de leurs conditions morales et matérielles d'existence et à concourir à la suppression de l'esclavage et surtout de la traite des noirs ; elles protégeront et favoriseront sans distinction de nationalité, ni de culte, toutes les institutions et entreprises religieuses, scientifiques ou charitables créées ou organisées à ces fins ou tendant à instruire les indigènes et à leur faire comprendre et apprécier les avantages de la civilisation.

Les missionnaires chrétiens, les savants, les explorateurs, leurs escortes, avoirs et collections seront également l'objet d'une protection spéciale.

La liberté de conscience et la tolérance religieuse sont expressément

garanties aux indigènes comme aux nationaux et aux étrangers. Le
libre et public exercice de tous les cultes, le droit d'ériger des édifices
religieux et d'organiser des missions appartenant à tous les cultes ne
seront soumis à aucune restriction ni entrave.

Le chapitre II est relatif à l'interdiction de la traite des esclaves
dans le bassin conventionnel du Congo.

Le chapitre III est relatif à la neutralité des territoires compris
dans le bassin conventionnel. En voici le principal article :

Art. 19. — Afin de donner une garantie nouvelle de sécurité au commerce et à l'industrie et de favoriser, par le maintien de la paix, le développement de la civilisation dans les contrées mentionnées à l'article 1er
et placées sous le régime de la liberté commerciale, les Hautes Parties
signataires du présent Acte et celles qui y adhéreront par la suite, s'engagent à respecter la neutralité des territoires ou parties de territoires
dépendant desdites contrées, y compris les eaux territoriales, aussi longtemps que les puissances qui exercent ou qui exerceront des droits de
souveraineté ou de protectorat sur ces territoires, usant de la faculté de
se prolamer neutres, rempliront les devoirs que la neutralité comporte.

De plus les puissances signataires, dans le cas d'un dissentiment
sérieux ayant pris naissance au sujet ou dans les limites du bassin
conventionnel, s'engagent, avant d'en appeler aux armes, à recourir
à la médiation d'une ou plusieurs puissances amies (art. 12).

Le chapitre IV est un acte de navigation du Congo dont les articles
13, 14, 15 et 16 reproduisent à peu près textuellement les dispositions des articles 26, 27, 28 et 29 du même acte, relatifs à la navigation du Niger et que nous avons reproduit plus haut. Les articles
17 à 24 instituent et organisent une commission internationale
chargée d'assurer l'exécution des dispositions de l'acte de navigation, commission imitée de celle du Danube, mais qui n'a jamais
été constituée.

Le chapitre V est relatif à l'acte de navigation du Niger, il a été
reproduit dans le chapitre relatif à l'Afrique occidentale.

Le chapitre VI détermine les conditions de validité des occupations nouvelles sur les côtes de l'Afrique. En voici les dispositions :

Art. 34. — La puissance qui, dorénavant, prendra possession d'un
territoire sur les côtes du continent africain situé en dehors de ses possessions actuelles, ou qui, n'en ayant pas eu jusque-là, viendrait à en
acquérir, et de même la puissance qui y assumera un protectorat,
accompagnera l'acte respectif d'une notification adressée aux autres

puissances signataires du présent acte, afin de les mettre à même de faire valoir, s'il y a lieu, leurs réclamations.

Art. 35. — Les puissances signataires du présent acte reconnaissent l'obligation d'assurer, dans les territoires occupés par elles, sur les côtes du continent africain l'existence d'une autorité suffisante pour faire respecter les droits acquis et, le cas échéant, la liberté du commerce et du travail dans les conditions où elle serait stipulée.

Le chapitre vii est fait de dispositions générales.

L'Acte général de Berlin a été signé par l'Allemagne, l'Autriche-Hongrie, la Belgique, le Danemark, l'Espagne, les Etats-Unis, la France (1), la Grande-Bretagne, l'Italie, les Pays-Bas, le Portugal, la Russie, la Suède et Norvège, et la Turquie. L'Etat indépendant du Congo a donné son adhésion.

Mais parallèlement à ces travaux les délégués de l'Association internationale avaient poursuivi les négociations en vue de la reconnaissance de la souveraineté de l'Association : une série d'actes furent signés du 14 décembre 1884 au 23 février 1885 avec les diverses puissances. Avec la France une convention (2) fut conclue le 5 février 1885. En voici le texte :

Art. 1er. — L'Association internationale du Congo déclare étendre à la France les avantages qu'elle a concédés aux Etats-Unis d'Amérique, à l'Empire d'Allemagne, à l'Angleterre, à l'Italie, à l'Autriche-Hongrie, aux Pays-Bas et à l'Espagne, en vertu des conventions qu'elle a conclues avec ces diverses puissances, aux dates respectives des 22 avril, 8 novembre, 16, 19, 24, 29 décembre 1884 et 7 janvier 1885 et dont les textes sont annexés à la présente convention.

Art. 2. — L'Association s'engage, en outre, à ne jamais accorder d'avantages, de quelque nature qu'ils soient, aux sujets d'une autre nation, sans que ces avantages soient immédiatement étendus aux citoyens français.

Art. 3. — Le gouvernement de la République Française et l'Association adoptent pour frontières entre leurs possessions:

La rivière Chiloango depuis l'Océan jusqu'à la source la plus septentrionale ;

La crête de partage des eaux du Niadi-Quillou et du Congo jusqu'au delà du méridien de Manyanga ;

(1) Représentée par le baron de Courcel, ancien ambassadeur à Berlin.

(2) Convention signée par M. Jules Ferry, ministre des affaires étrangères, et de Borchgrave d'Altena, secrétaire du roi des Belges.

Une ligne à déterminer, et qui, suivant autant que possible une division naturelle du terrain, aboutisse entre la station de Manyanga et la cataracte de Ntombo Mataka, en un point situé sur la partie navigable du fleuve ;

Le Congo jusqu'au Stanley-Pool ;

La ligne médiane du Stanley-Pool ;

Le Congo jusqu'à un point à déterminer en amont de la rivière Licona-Nkundja ;

Une ligne à déterminer depuis ce point jusqu'au 17e degré de longitude est de Greenwich, en suivant, autant que possible, la ligne de partage d'eaux du bassin de la Licona-Nkundja, qui fait partie des possessions françaises ;

Le 17e degré de longitude est de Greenwich.

Art. 4. — Une commission, composée de représentants des parties contractantes, en nombre égal des deux côtés, sera chargée d'exécuter sur le terrain le tracé de la frontière, conformément aux stipulations précédentes. En cas de différends, le règlement en sera arrêté par des délégués à nommer par la Commission Internationale du Congo (1).

Art. 5. — Sous réserve des arrangements à intervenir entre l'Association Internationale du Congo et le Portugal, pour les territoires situés au sud du Chiloango, le gouvernement de la République Française est disposé à reconnaître la neutralité des possessions de l'Association Internationale comprise dans les frontières indiquées sur la carte ci-jointe, sauf à discuter et à régler les conditions de cette neutralité d'accord avec les autres puissances représentées à la Conférence de Berlin.

Art. 6. — Le gouvernement de la République Française reconnaît le drapeau de l'Association Internationale du Congo — drapeau bleu avec étoile d'or au centre — comme le drapeau d'un Gouvernement ami.

Le 23 février 1885 la Conférence de Berlin reçoit notification de la reconnaissance de l'Association comme état souverain par toutes les puissances et de son adhésion à l'Acte qu'elle allait signer. L'Etat Indépendant du Congo était né, les Chambres belges autorisèrent au mois d'avril le roi Léopold à en devenir le souverain, et le 1er août le roi notifiait la constitution de l'Etat, en même temps qu'il annonçait que l'union entre la Belgique et l'Etat était exclusivement personnelle.

Telle était la nouvelle situation au Congo à la fin de la mission

(1) Conformément à cet article un protocole a été signé le 22 novembre 1885 à Manyanga entre le lieutenant de vaisseau Rouvier et le lieutenant Juhlin-Dannfelt pour la délimitation de la région de Manyanga.

de l'Ouest africain en 1885 : la colonie du Congo français et l'Etat Indépendant du Congo étaient nés.

Aussi quand M. de Brazza retourna dans la colonie en 1886, un décret du 29 juin avait déterminé le régime sous lequel étaient placés respectivement la colonie du Gabon et le Congo français : M. de Brazza était chargé de la direction générale avec le titre de commissaire général du gouvernement, et le docteur Ballay, son adjoint dévoué, était nommé lieutenant-gouverneur du Gabon.

Les explorations continuèrent pendant cette période de 1885 à 1888 : missions Cholet, Jacob, Dutreuil de Rhins, Pobéguin, etc. Mais c'est surtout par les négociations diplomatiques que cette période est remarquable. Le gouvernement français régla ses frontières avec l'Etat Indépendant du Congo, avec l'Allemagne et avec le Portugal.

Avec l'Etat Indépendant fut signée la convention du 29 avril 1887. Elle se rapporte à la délimitation de l'Oubangui et nous la reproduisons plus loin. Mais elle fut accompagnée d'une importante déclaration reconnaissant que le droit de préférence acquis à la France par l'arrangement de 1884 ne pourrait être opposable à la Belgique. Voici la lettre de M. Bourée, ministre de France à Bruxelles, apportant cette déclaration :

Bruxelles, le 29 avril 1887.

Vous m'avez fait l'honneur de m'écrire, à la date du 22 avril, une lettre qui a pour objet d'établir que l'Association internationale africaine, lorsqu'elle a contracté avec le gouvernement de la République l'arrangement de 1884, confirmé par la lettre du 5 février 1885, n'avait pas entendu qu'en cas de réalisation de ses possessions, le droit de préférence reconnu à la France envers toutes les autres puissances pût être opposé à la Belgique, dont le roi Léopold était le souverain. Vous ajoutiez qu'il allait de soi, toutefois, que l'Etat du Congo ne pourrait céder ces mêmes possessions à la Belgique sans lui imposer l'obligation de reconnaître le droit de préférence de la France, pour le cas où elle voudrait, elle-même, les réaliser.

Vous faites remarquer, d'autre part, que cette explication n'enlève ni n'ajoute rien aux actes rappelés ci-dessus ; que, loin de leur être contraire, elle ne fait qu'en constater le sens, et que tel est bien celui qu'y a attaché l'auguste fondateur de l'Association internationale africaine en les autorisant.

En vous accusant réception de cette communication, je suis autorisé à vous dire que je prends acte, au nom du gouvernement de la Républi

que, de l'interprétation qu'elle renferme et que vous présentez comme
ayant toujours été celle que vous avez attachée à la convention de 1884,
en tant que cette interprétation n'est pas contraire aux actes internationaux préexistants.

Avec l'Allemagne, la délimitation du Cameroun fut réglée par
la convention (1) du 24 décembre 1885 :

Art. 1er. — Le Gouvernement de Sa Majesté l'Empereur d'Allemagne
renonce, en faveur de la France, à tous droits de souveraineté ou de
protectorat sur les territoires qui ont été acquis au sud de la rivière
Campo par des sujets de l'Empire allemand et qui ont été placés sous
le protectorat de Sa Majesté l'Empereur d'Allemagne. Il s'engage à
s'abstenir de toute action politique au sud d'une ligne suivant ladite
rivière, depuis son embouchure jusqu'au point où elle rencontre le méridien situé par dix degrés de longitude est de Greenwich (sept degrés
quarante minutes de longitude est de Paris) et, à partir de ce point, le
parallèle prolongé jusqu'à sa rencontre avec le méridien situé par quinze
degrés de longitude est de Greenwich (douze degrés quarante minutes
de longitude est de Paris).

Le Gouvernement de la République française renonce à tous droits et
à toutes prétentions qu'il pourrait faire valoir sur des territoires situés
au nord de la même ligne, et il s'engage à s'abstenir de toute action
politique au nord de cette ligne.

Aucun des deux Gouvernements ne devra prendre de mesures qui
puissent porter atteinte à la liberté de la navigation et du commerce
des ressortissants de l'autre Gouvernement sur les eaux de la rivière
Campo, dans la portion qui restera mitoyenne et dont l'usage sera commun aux ressortissants des deux pays.

Avec le Portugal, la délimitation fut réglée par les articles suivants de la convention de Paris du 12 mai 1886 (2) :

Art. 3. — Dans la région du Congo, la frontière des possessions portugaises et françaises suivra, conformément au tracé indiqué sur la
carte n° 2 annexée à la présente convention, une ligne qui, partant de
la pointe de Chamba située au confluent de la Loema ou Louisa Loango
et de la Lubinda, se tiendra, autant que possible et d'après les indica-

(1) Signée par le baron de Courcel, ambassadeur à Berlin, et le comte de
Bismarck-Schœnhausen, sous-secrétaire d'Etat aux affaires étrangères.
(2) Signée par M. Girard de Rialle, ministre plénipotentiaire, et le
capitaine de vaisseau O'Neill pour la France, et par MM. d'Andrade
Corvo, ministre à Paris, et Roma du Bocage, capitaine du génie, pour
le Portugal.

tions du terrain, à égale distance de ces deux rivières, et à partir de la source la plus septentrionale de la rivière Luali, suivra la ligne de faîte qui sépare les bassins de la Loema ou Louisa Loango et du Chiloango, jusqu'au 10° 30' de longitude est de Paris, puis se confondra avec ce méridien jusqu'à sa rencontre avec le Chiloango, qui sert en cet endroit de frontière entre les possessions portugaises et l'État libre du Congo.

Chacune des Hautes Parties contractantes s'engage à n'élever à la pointe de Chamba aucune construction de nature à mettre obstacle à la navigation. Dans l'estuaire compris entre la pointe de Chamba et la mer, le *thalweg* servira de ligne de démarcation politique aux possessions des Hautes Parties contractantes.

ART. 4. — Le Gouvernement de la République française reconnaît à Sa Majesté Très Fidèle le droit d'exercer son influence souveraine et civilisatrice dans les territoires qui séparent les possessions portugaises d'Angola et de Mozambique, sous réserve des droits précédemment acquis par d'autres puissances, et s'engage, pour sa part, à s'y abstenir de toute occupation.

ART. 5. — Les sujets portugais dans les possessions françaises sur la côte occidentale d'Afrique et les citoyens français dans les possessions portugaises sur la même côte seront respectivement, en ce qui concerne la protection des personnes et des propriétés, traités sur un pied d'égalité avec les sujets et les citoyens de l'autre puissance contractante.

Chacune des Hautes Parties contractantes jouira, dans lesdites possessions, pour la navigation et le commerce, du régime de la nation la plus favorisée.

Cette période de constitution de la colonie du Congo français se termina par la signature du décret du 11 décembre 1888 qui réunissait les territoires du Gabon et du Congo français en une seule colonie placée sous l'autorité du commissaire général, qui avait sous ses ordres un lieutenant-gouverneur.

2° DE 1888 A 1900

Les explorations congolaises pendant la récente période ont été dirigées principalement vers la Sangha, l'Oubangui, le Tchad et le Bahr-el-Ghazal.

Dans le Congo, il faut signaler la première mission Crampel : parti de Lastoursville en août 1888, Paul Crampel arriva un mois après à Kandjama au confluent de l'Ivindo et de la Liboumbi, suivit la rive droite de l'Ivindo en étudiant le peuple m'fan ou pahouin, franchit la ligne de partage des eaux de l'Ogooué et du Congo, découvrit en janvier 1889 la rivière Djah, se dirigea ensuite vers l'ouest, descendit le Ntem, affluent du Komm, mais fut attaqué par les M'fans, blessé et dut rentrer à la côte par Batah. Il rapportait, outre un grand nombre de renseignements géographiques ét scientifiques, plusieurs traités passés avec les chefs des confins du Cameroun et des renseignements sur les routes commerciales du pays pahouin.

L'administrateur Fourneau, en juin 1889, partit de N'Djolé, remonta l'Ogooué jusqu'à Achouka, se dirigea ensuite vers le nord entre l'Iconi et l'Ivindo, coupa l'itinéraire Crampel et arriva à la côte à Campo en octobre.

Signalons encore les reconnaissances de MM. Cholet (1887), le capitaine Pleigneur qui fut noyé dans le Kouilou en 1886, Jacob qui étudia les communications entre le Niari et le Stanley-Pool, Berton, Thoiré, Pobéguin, Forêt, Barrat qui fit en 1893 un voyage scientifique dans le bassin de l'Ogooué, Godel, Le Châtelier, Cuny, etc.

Récemment M. Fourneau, administrateur des colonies, accompagné de M. Fnodère, du lieutenant Fourneau et du Dr Spire, partit de la Sangha en février 1889, reconnut les affluents de la Haute-Mossaka, releva la rivière Djadié, traversa le bassin de l'Ogooué et arriva à Libreville en juin 1899, rapportant le projet d'une voie de pénétration de la Sangha à la côte.

Diverses actions diplomatiques furent engagées et menées à bien pendant cette période.

La plus importante est celle qui aboutit à la conclusion de l'Acte de Bruxelles, qui ne s'applique point exclusivement au Congo, mais s'y rapporte principalement. C'est sur l'initiative du gouvernement de la Grande-Bretagne et sur l'invitation du roi des Belges que se réunit à Bruxelles, le 18 novembre 1889, une nouvelle conférence africaine dans le but « de mettre un terme aux crimes et aux dévastations qu'engendre la traite des esclaves africains, de protéger efficacement les populations aborigènes de l'Afrique et d'assurer à ce vaste continent les bienfaits de la paix et de la civilisation. » Le 2 juillet 1890, les délégués signèrent un acte général divisé en six chapitres.

Le premier est relatif aux mesures à prendre aux lieux d'origine, organisation progressive de l'administration des possessions africaines, établissement de stations à l'intérieur, construction de routes, voies ferrées, lignes télégraphiques, installation de service de bateaux, organisation d'expéditions et de colonnes mobiles, restriction de l'importation des armes à feu. Cette dernière restriction va dans certaines conditions jusqu'à l'interdiction :

ART. 8. — L'expérience de toutes les nations qui ont des rapports avec l'Afrique ayant démontré le rôle pernicieux et prépondérant des armes à feu dans les opérations de traite et dans les guerres intestines entre tribus indigènes, et cette même expérience ayant prouvé manifestement que la conservation des populations africaines, dont les puissances ont la volonté expresse de sauvegarder l'existence, est une impossibilité radicale si des mesures restrictives du commerce des armes à feu et des munitions ne sont établies, les puissances décident, pour autant que le permet l'état actuel de leurs frontières, que l'importation des armes à feu et spécialement des armes rayées et perfectionnées, ainsi que de la poudre, des balles et des cartouches est, sauf dans les cas et sous les conditions prévus à l'article suivant, interdite dans les territoires compris entre le 20e parallèle nord et le 22e parallèle sud et aboutissant vers l'ouest à l'océan Atlantique, vers l'est à l'océan Indien et ses dépendances, y compris les îles adjacentes au littoral jusqu'à 100 milles marins de la côte.

ART. 9. — L'introduction des armes à feu et de leurs munitions, lorsqu'il y aura lieu de l'autoriser dans les possessions des Puissances signataires qui exercent des droits de souveraineté ou de protectorat en Afrique, sera réglée, à moins qu'un régime identique ou des plus rigoureux n'y soit déjà appliqué, de la manière suivante, dans la zone déterminée à l'article 8.

Toutes armes à feu importées devront être déposées, aux frais, risques et périls des importateurs, dans un entrepôt public placé sous le contrôle de l'Administration de l'Etat. Aucune sortie d'armes à feu ni de munitions importées ne pourra avoir lieu des entrepôts sans l'autorisation préalable de l'administration. Cette autorisation sera, sauf les cas spécifiés ci-après, refusée pour la sortie de toutes armes de précision telles que fusils rayés, à magasin ou se chargeant par la culasse, entières ou en pièces détachées, de leurs cartouches, des capsules ou d'autres munitions destinées à les approvisionner.

Dans les ports de mer et sous les conditions offrant des garanties nécessaires, les gouvernements respectifs pourront admettre aussi les entrepôts particuliers, mais seulement pour la poudre ordinaire et les fusils à silex et à l'exclusion des armes perfectionnées et de leurs munitions.

Indépendamment des mesures prises par les gouvernements pour l'armement de la force publique et l'organisation de leur défense, des exceptions pourront être admises, à titre individuel, pour des personnes offrant une garantie suffisante que l'arme et les munitions qui leur seraient délivrées ne seront pas données, cédées ou vendues à des tiers, et pour les voyageurs munis d'une déclaration de leur gouvernement constatant que l'arme et ses munitions sont exclusivement destinées à leur défense personnelle.

Toute arme, dans les cas prévus par le paragraphe précédent, sera enregistrée et marquée par l'autorité préposée au contrôle, qui délivrera aux personnes dont il s'agit des permis de port d'armes, indiquant le nom du porteur et l'estampille de laquelle l'arme est marquée. Ces permis, révocables en cas d'abus constaté, ne seront délivrés que pour cinq ans, mais pourront être renouvelés.

La règle ci-dessus établie de l'entrée en entrepôt s'appliquera également à la poudre.

Ne pourront être retirés des entrepôts pour être mis en vente que les fusils à silex non rayés ainsi que les poudres communes dites de traite. A chaque sortie d'armes et de munitions de cette nature, destinées à la vente, les autorités locales détermineront les régions où ces armes et munitions pourront être vendues. Les régions atteintes par la traite seront toujours exclues. Les personnes autorisées à faire sortir des armes ou de la poudre des entrepôts s'obligeront à présenter à l'administration, tous les six mois, des listes détaillées indiquant les destinations qu'ont reçues les dites armes à feu et les poudres déjà vendues, ainsi que les quantités qui restent en magasin.

Art. 11. — Les puissances se communiqueront les renseignements relatifs au trafic des armes à feu et des munitions, aux permis accordés ainsi qu'aux mesures de répression appliquées dans leurs territoires respectifs.

Art. 13. — Les puissances signataires qui ont en Afrique des possessions en contact avec la zone spécifiée à l'article 8 s'engagent à prendre les mesures nécessaires pour empêcher l'introduction des armes à feu et des munitions, par leurs frontières intérieures, dans les régions de la dite zone, tout au moins celle des armes perfectionnées et des cartouches.

Le chapitre ii concerne les routes des caravanes et les transports d'esclaves par terre : les puissances s'engagent à surveiller les routes suivies par les marchands d'esclaves, à arrêter les convois en marche ou à les poursuivre, à surveiller les ports et les côtes pour empêcher la mise en vente et l'embarquement des esclaves amenés de l'intérieur et la formation des bandes de chasseurs d'esclaves.

Le chapitre iii est relatif à la répression de la traite sur mer et au droit de visite. La Conférence a voulu limiter l'exercice du droit de visite de manière à ménager les susceptibilités nationales tout

en assurant la répression de la traite : elle a établi une transaction
entre le système anglais de la perquisition complète à bord des navires soupçonnés et le système français qui n'admet que l'enquête
beaucoup moins minutieuse sur le pavillon et le droit de l'arborer (1).
La visite ne peut être pratiquée que dans une zone déterminée :

Art. 21. — Cette zone s'étend entre, d'une part, les côtes de l'Océan
Indien (y compris celles du golfe Persique et de la mer Rouge) depuis le
Beloutchistan jusqu'à la pointe de Tangalane (Quilimane), et, d'autre
part, une ligne conventionnelle qui suit d'abord le méridien de Tangalane jusqu'au point de rencontre avec le 26° degré de latitude sud, se
confond ensuite avec ce parallèle, puis contourne l'île de Madagascar
par l'est en se tenant à 20 milles de la côte orientale et septentrionale
jusqu'à son intersection avec le méridien du cap d'Ambre. De ce point
la limite de la zone est déterminée par une ligne oblique qui va rejoindre
la côte du Beloutchistan, en passant à 20 milles au large du cap Raz-
el-Had.

On écarta les propositions anglaises tendant à laisser exercer la
visite dans les eaux territoriales des États et à étendre la surveillance
à tout navire à voile : elle fut limitée aux bâtiments de moins de
500 tonneaux, c'est-à-dire principalement aux boutres arabes. En
principe dans la zone ci-dessus et pour les navires ainsi désignés,
les navires de guerre peuvent procéder à la vérification des papiers
de bord afin de s'assurer que le bâtiment ne se livre pas à la traite
et n'est pas coupable d'usurpation de pavillon. Mais on ne peut faire
l'appel de l'équipage et des passagers, vérifier le chargement, que
si le navire porte le pavillon d'un pays qui par ses traités particuliers autorise ces perquisitions. L'acte établit aussi la procédure de
la visite et de la capture.

Le chapitre IV est relatif aux pays de destination dont les institutions comportent l'existence de l'esclavage domestique et le chapitre V aux institutions destinées à assurer l'exécution de l'acte,
bureau international de Zanzibar, échange des documents relatifs
à la traite, protection des esclaves libérés. Le chapitre VI est relatif
aux mesures restrictives du trafic des spiritueux (2).

(1) V. Despagnet, *Droit international public*, 1894, p. 389.
(2) Une convention spéciale relative à la répression du trafic des spiritueux en Afrique a été signée à Bruxelles, le 8 juin 1899. Signalons à
ce propos une convention signée également à Londres, en mai 1890,
pour la protection de la faune africaine.

Toutes les puissances signataires de l'Acte l'ont ratifié : l'Allemagne, l'Autriche-Hongrie, la Belgique, le Danemark, l'Espagne, l'État Indépendant du Congo, les États-Unis, la Grande-Bretagne, l'Italie, les Pays-Bas, la Perse, le Portugal, la Russie, la Suède et Norwège, la Turquie et Zanzibar. Seule la France (1) a refusé son adhésion complète. Le Parlement a refusé de ratifier les clauses relatives à la limitation de la zone aux alentours de Madagascar (art. 21, 22 et 23) et à la procédure de l'arrêt, de la saisie et du jugement des navires suspects (art. 42 à 61) afin de maintenir le droit exclusif de juridiction de la France sur les bâtiments relevant d'elle, même s'ils étaient arrêtés par des croiseurs étrangers.

Sauf ces articles, l'Acte de Bruxelles a été ratifié par les Chambres et promulgué par un décret du 12 février 1892.

Bien qu'il ne s'applique point exclusivement aux territoires congolais, nous en avons placé ici l'analyse, car c'est principalement à la lutte antiesclavagiste dans le bassin du Congo et contre les Arabes du Haut-Nil qu'on doit sa présentation et son élaboration.

Des négociations eurent lieu également pendant cette période à propos du droit de préférence de la France sur l'État Indépendant du Congo.

En prenant la souveraineté de l'État le roi Léopold avait dit, dans son message du 16 avril 1885 : « Il n'y aura entre la Belgique et l'État nouveau qu'un lien personnel. J'ai la conviction que cette union sera avantageuse pour le pays sans pouvoir lui imposer de charges en aucun cas. » Néanmoins le roi avait dû demander à son Parlement, dès 1889, un crédit de 10 millions pour la compagnie qui venait de se former en vue de l'établissement d'une voie ferrée de Matadi au Pool. En 1890 il dut demander un prêt de 25 millions payables en dix ans et, en présentant sa demande, il y joignit et fit voter une convention politique, datée du 3 juillet 1890, par laquelle la Belgique pourrait, en 1900, annexer l'État du Congo avec tous les biens, droits et avantages attachés à la souveraineté de cet État. En même temps, il communiquait aux Chambres belges un testament, en date du 2 août 1889, qui léguait le Congo à la Belgique. En voici le texte :

Voulant assurer à notre patrie bien-aimée les fruits de l'œuvre que,

___

(1) La France était représentée à la conférence par M. Bourée, ministre à Bruxelles et M. Cogordan, ministre plénipotentiaire.

depuis de longues années, nous poursuivons dans le continent africain
avec le concours généreux et dévoué de beaucoup de Belges ;

Convaincu de contribuer ainsi à assurer à la Belgique, si elle le veut,
les débouchés indispensables à son commerce et à son industrie et d'ouvrir à l'activité de ses enfants des voies nouvelles,

Déclarons par les présentes léguer et transmettre après notre mort à
la Belgique tous nos droits souverains de l'Etat Indépendant du Congo,
tels qu'ils ont été reconnus par les déclarations, conventions et traité
intervenus depuis 1884 entre les puissances étrangères d'une part, l'Association internationale du Congo et l'Etat Indépendant du Congo d'autre
part, ainsi que tous biens et avantages attachés à cette souveraineté.

En attendant que la Législature belge se soit prononcée sur l'acceptation de mes dispositions prédites, la souveraineté sera exercée collectivement par le conseil des trois administrateurs de l'État Indépendant
du Congo et par le gouverneur général.

Fait à Bruxelles, le 2 août 1889.

LÉOPOLD

La question de la reprise par la Belgique se posa en 1895 à l'occasion d'une nouvelle demande de fonds. Le cabinet belge déposa
un projet de loi, daté du 9 janvier 1895, par lequel le souverain déclarait céder immédiatement le Congo à la Belgique. Ce projet eut
pour conséquence immédiate la conclusion d'un accord conclu, le 5
février 1895, entre M. Hanotaux, ministre des affaires étrangères, et
le baron d'Anethan, ministre de Belgique à Paris et ainsi conçu :

ART. 1er. — Le gouvernement belge reconnaît à la France un droit de
préférence sur ses possessions congolaises en cas d'aliénation de celles-
ci à titre onéreux en tout ou en partie.

Donneront également ouverture au droit de préférence de la France
et feront par suite l'objet d'une négociation préalable entre le gouvernement de la République Française et le gouvernement belge tout échange
des territoires congolais avec une puissance étrangère, toute location
desdits territoires, en tout ou en partie, aux mains d'un Etat étranger
ou d'une compagnie étrangère investie de droits de souveraineté.

ART. 2. — Le gouvernement belge déclare qu'il ne sera jamais fait de
cession à titre gratuit de tout ou partie de ces mêmes possessions.

ART. 3. — Les dispositions prévues aux articles ci-dessus s'appliquent
à la totalité des territoires du Congo belge.(1).

Cependant, à la Chambre belge, le projet de cession à la Belgique
fut mal accueilli ; un parti hostile à la cession se dessina, la majo-

____

(1) Une déclaration signée à Paris le même jour reconnaît comme
limite, dans le Stanley-Pool, la ligne médiane de Stanley-Pool jusqu'au

rité était indécise. Finalement un subside provisionnel fut seul accordé, l'annexion de l'Etat par la Belgique fut ajournée, une crise ministérielle s'ensuivit et le projet de loi fut retiré.

La question revint donc à la discussion à la date prévue par le traité de 1890, c'est-à-dire au commencement de l'année 1901. M. de Smet de Naeyer a déposé et fait voter un projet de loi tendant à ajourner la reprise du Congo. L'ancien président du conseil M. Beernaërt et la presse coloniale belge demandaient au contraire l'annexion immédiate, mais le roi est intervenu lui-même pour combattre la reprise, dans une lettre adressée à M. Woeste et dont voici un extrait :

L'Etat Indépendant du Congo, si l'annexion était votée actuellement, c'est-à-dire avant l'heure où elle pourra donner à la Belgique tout le profit que je veux qu'elle lui assure, se refuserait naturellement à continuer son administration et à participer à une sorte de gouvernement mixte qui, en pratique, serait un véritable chaos et ne produirait, tant au point de vue extérieur qu'au point de vue intérieur, qu'ébranlements, inconvénients et mécomptes.

Peut-on concevoir qu'on veut annexer un Etat et en même temps ses charges et lui laisser continuer pendant plusieurs années sa tâche *ad interim* ? Car, on le reconnaît, la Belgique n'est pas prête et n'est pas en mesure de remplacer actuellement l'administration existante.

Les journaux coloniaux belges ont enregistré cette lettre comme la promesse par le Roi-Souverain « d'avertir patriotiquement la Belgique lorsque le développement de l'Etat sera arrivé au point où la transmission de ses pouvoirs à ce pays constituera pour la Belgique un avantage incertain » et M. Beernaert a retiré son amendement. Les socialistes eux-mêmes ont accepté le projet d'ajournement de M. de Smet de Naeyer pour que l'administration congolaise fût dans l'avenir plus humaine et plus contrôlée. Le projet d'ajournement a été voté en juillet 1901 et le gouvernement belge a présenté à la Législature un projet relatif à l'administration des futures possessions coloniales de la Belgique : c'est la charte coloniale de la Belgique.

Un autre acte diplomatique se rapporte au Congo proprement dit. C'est le traité conclu avec l'Espagne le 27 juin 1900 entre M. Del-

point de contact de cette ligne avec l'île de Bamou, la rive méridionale de cette île jusqu'à son extrémité orientale, ensuite la ligne médiane du Stanley-Pool. L'île de Bamou reste à la France, mais il n'y sera pas créé d'établissements militaires.

cassé, ministre des affaires étrangères, et M. Léon y Castillo, ambassadeur d'Espagne à Paris, pour la délimitation, demeurée longtemps en suspens, des territoires du Rio Mouni (1). En voici le texte:

Art. 4. — La limite entre les possessions françaises et espagnoles, sur la côte du golfe de Guinée, partira du point d'intersection du thalweg de la rivière Mouni avec une ligne droite tirée de la pointe Coco Beach à la pointe Diéké. Elle remontera ensuite le thalweg de la rivière Mouni et celui de la rivière Outemboni jusqu'au point où cette dernière rivière est coupée, pour la première fois, par le 1° de latitude Nord et se confondra avec ce parallèle jusqu'à son intersection avec le 9° de longitude est de Paris (11°20' est de Greenwich).

De ce point, la ligne de démarcation sera formée par ledit méridien 9° est de Paris jusqu'à sa rencontre avec la frontière méridionale de la colonie allemande de Cameroun.

Art. 5. — Les navires français jouiront pour l'accès par mer de la rivière Mouni, dans les eaux territoriales espagnoles, de toutes les facilités dont pourront bénéficier les navires espagnols. Il en sera de même, à titre de réciprocité, pour les navires espagnols dans les eaux territoriales françaises.

La navigation et la pêche seront libres pour les ressortissants français et espagnols dans les rivières Mouni et Outemboni.

La police de la navigation et de la pêche dans ces rivières, dans les eaux territoriales françaises et espagnoles aux abords de l'entrée de la rivière Mouni, ainsi que les autres questions relatives aux rapports entre frontaliers, les dispositions concernant l'éclairage, le balisage, l'aménagement et la jouissance des eaux feront l'objet d'arrangements concertés entre les deux gouvernements.

Art. 6. — Les droits et avantages qui découlent des articles 2, 3 et 5 de la présente convention étant stipulés à raison du caractère commun ou limitrophe des baies, embouchures, rivières et territoires susmentionnés, seront exclusivement réservés aux ressortissants des deux Hautes Parties contractantes et ne pourront en aucune façon être transmis ou concédés aux ressortissants d'autres nations.

Art. 7. — Dans le cas où le gouvernement espagnol voudrait céder, à quelque titre que ce fût, en tout ou en partie, les possessions qui lui sont reconnues par les articles 1 et 4 de la présente convention, ainsi que les îles Elobey et l'île Corisco voisines du littoral du Congo français, le gouvernement français jouira d'un droit de préférence dans des conditions semblables à celles qui seraient proposées audit gouvernement espagnol.

Art. 8. — Les frontières déterminées par la présente convention sont

____

(1) Nous avons reproduit au chapitre de l'Afrique occidentale la partie de cette convention relative à la délimitation du Rio-de-Ouro.

inscrites, sous les réserves formulées dans l'annexe numéro 1 à la présente convention, sur les cartes ci-jointes.

Les deux gouvernements s'engagent à désigner dans le délai de quatre mois, à compter de la date de l'échange des ratifications, des commissaires qui seront chargés de tracer sur les lieux les lignes de démarcation entre les possessions françaises et espagnoles, en conformité et suivant l'esprit des dispositions de la présente convention.

Il est entendu entre les deux puissances contractantes qu'aucun changement ultérieur dans la position du thalweg des rivières Mouni et Outemboni n'affectera les droits de propriété sur les îles qui auront été attribuées à chacune des deux puissances par le procès-verbal des commissaires dûment approuvé par les deux gouvernements.

ART. 9. — Les deux puissances contractantes s'engagent réciproquement à traiter avec bienveillance les chefs qui, ayant eu des traités avec l'une d'elles, se trouveront, en vertu de la présente convention, passer sous la souveraineté de l'autre.

La délimitation a été faite sur les lieux en 1901 par une commission mixte dont la section française était dirigée par M. Bonnel de Mézières. De même une convention a été conclue le 23 janvier 1901 entre la France et le Portugal pour la délimitation de leurs possessions congolaises.

Il faut encore citer l'arrangement commercial signé à Lisbonne le 8 avril 1892 entre la France, le Portugal et l'Etat indépendant du Congo en vue de l'établissement des droits d'entrée et de sortie dans le bassin occidental du Congo. La commission internationale réunie à Bruxelles à la fin de 1890 pour établir les bases du régime douanier à mettre en vigueur au Congo avait laissé aux puissances ayant des possessions dans le bassin occidental le soin de régler par voie d'accord direct le tarif qu'elles devaient appliquer. Des pourparlers furent engagés entre la France, le Portugal et l'Etat du Congo et aboutirent à l'arrangement du 8 avril 1892.

Il décide que tous les produits importés dans le bassin occidental du Congo seront taxés à 6 0/0 de leur valeur sauf les armes, les munitions, la poudre et le sel qui acquitteront le taux de 10 0/0, les bateaux et machines industrielles ou agricoles, outils qui paieront 3 0/0 et les alcools qui sont réservés ; et que les produits exportés acquitteront les droits suivants pendant dix ans : ivoire et caoutchouc, 10 0/0 *ad valorem*, arachides, café, copal, huile de palme, sésame, 5 0/0, etc.

II. — OUBANGUI, SANGHA ET LAC TCHAD

1° DE 1890 A 1894

L'expansion française qui s'est portée du Gabon vers le Congo ne s'est pas arrêtée à ce fleuve, et, de même que les Belges envoyaient des missions vers le Haut-Congo et l'Oubangui, dès avant 1890, des missions françaises sont envoyées dans cette direction. C'est un chapitre nouveau de l'expansion africaine qui s'ouvre alors, et le Congo devient une voie d'accès vers le centre de l'Afrique.

Le mouvement de pénétration suivit deux directions, celle de l'Oubangui et celle de la Sangha.

Dans l'Oubangui où M. Dolisie, le commandant Rouvier, le Dr Ballay et le capitaine Pleigneur avaient pénétré avant 1890, M. Ponel en 1890 franchit les rapides de Bangui et remonta le fleuve jusqu'au 5e parallèle. C'est en cette même année 1890 que les projets de pénétration dans l'Oubangui et vers le lac Tchad se précisent et qu'est proclamé le plan de jonction de l'Algérie, du Soudan et du Congo, qui fut la formule de la fondation du Comité de l'Afrique française, créé en 1890 par le prince d'Arenberg et par M. Harry Alis et le but de la mission Paul Crampel. Ce voyageur avait formé le projet de traverser l'Afrique du Congo à l'Algérie par le Tchad et, en compagnie de MM. Nebout, Lauzière, Orsi et Biscarrat, il partit de Kouango sur l'Oubangui en janvier 1891 : il emmenait aussi un Targui, Ischekkad, interné à Alger et une petite Pahouine, Niarinzhe, qu'il avait ramenée de son précédent voyage. Trois mois après, la mission était attaquée à El Kouti sur le Chari par des bandes de Senoussi, faisant partie, on le sut plus tard, de l'armée du conquérant noir Rabah : Crampel et Biscarrat furent massacrés et, comme MM. Orsi et Lauzière étaient morts de maladie, M. Nebout, qui commandait l'arrière-garde, revint seul Européen pour annoncer le massacre (1).

La nouvelle de ce déplorable événement ne fit qu'aviver l'ardeur des coloniaux français qui se rendaient compte que l'activité des

____

(1) Voir Harry Alis, *A la Conquête du Tchad*, 1891 ; Nos Africains, 1894, Hachette.

officiers de l'Etat Indépendant dans la région de l'Ouellé où opéraient la grande mission Vankerckhoven et d'autres expéditions tenues assez confidentielles menaçait les visées de la France sur l'Afrique centrale. Pendant que des agents de la colonie, MM. Gaillard, Blom, de Poumayrac, Ponel effectuaient diverses reconnaissances dans l'Oubangui, le Comité de l'Afrique française avait déjà formé la mission de M. Dybowski qui, en compagnie de MM. Brunache, Bobichon, Briquez, Chalot et Nebout, châtia les assassins de Crampel, et la mission de M. Maistre, qui partit du poste des Ouaddas sur l'Oubangui en juin 1892, en compagnie de MM. Brunache, Clozel, de Béhagle, Briquez et Bonnel de Mézières : Maistre atteignit la Kémo, le Gribingui et le Chari où il recoupa l'itinéraire de Nachtigall, traversa le Logone et après de dures fatigues arriva à la Bénoué qu'il redescendit jusqu'au Niger : il rentra en France en avril 1893. Dans l'Oubangui, l'occupation et la fondation des postes étaient activement menées par les agents de la colonie : on eut à déplorer la mort de M. de Poumayrac, massacré par les Boubous, et celle d'un voyageur volontaire, le duc d'Uzès, qui, après une reconnaissance chez les Boubous, alla mourir à la côte.

Le voyage de Maistre nous avait assuré dans la région voisine du Cameroun de sérieux avantages. Ils furent encore renforcés par l'action exercée dans la Haute-Sangha. M. Cholet, administrateur, avait fait une première reconnaissance dans cette rivière jusqu'à la N'Goko en 1890 et nous avons dit que M. Fourneau s'était également rendu dans cette région : parti d'Ouesso avec MM. Blom et Thiriet, il remonta la N'Goko, reconnut le cours supérieur de la Sangha, fut attaqué et blessé, perdit même l'un de ses compagnons, M. Thiriet, tué dans cette attaque, et revint par la Mambéré. En 1891, M. Gaillard fonda le poste d'Ouesso et remonta la Sangha jusqu'à Bania. En 1892, la Sangha vit l'arrivée de la première mission Mizon venue de Yola : ne pouvant de la Bénoué se rendre au lac Tchad, Mizon opérait son retour par le Congo, traversait toute l'Adamaoua par Ngaoundéré, Koundé et Gaza et rejoignait M. de Brazza sur la Sangha, ayant réuni le Niger, la Bénoué et le Congo français. M. de Brazza s'était en effet rendu dans la Haute-Sangha, où il avait fait passer le vapeur « Courbet » et où il multiplia les reconnaissances confiées à MM. Gentil, Ponel, Goujon, Fredon, le capitaine Decœur : la plus importante de ces reconnaissances fut celle de M. Ponel, qui refit à rebours le voyage de Mizon et par

Ngaoundéré atteignit Yola où les agents de la Compagnie royale
du Niger lui opposèrent de nombreuses difficultés.

Ce mouvement vers la Sangha aboutit à la signature d'une convention franco-allemande, datée du 15 mars 1894, qui délimitait à
l'est la frontière du Cameroun. Elle donnait aux Allemands accès
à la fois au Chari et à la Sangha et nous ouvrait dans des conditions particulières l'accès du Mayo-Kebbi et de la Bénoué. En voici
le texte :

ART. 1er. — La frontière entre la colonie du Congo français et la
colonie du Cameroun suivra, à partir de l'intersection du parallèle formant la frontière avec le méridien 12°40 Paris (15° Greenwich), ledit
méridien jusqu'à sa rencontre avec la rivière Ngoko, le Ngoko jusqu'à
sa rencontre avec le parallèle 2°, de là en se dirigeant vers l'est, ce parallèle jusqu'à sa rencontre avec la rivière Sangha. Elle suivra ensuite,
en remontant vers le nord, sur une longueur de 30 kilomètres, la rivière Sangha ; du point qui sera ainsi déterminé sur la rive droite de la
Sangha, une ligne droite aboutissant, sur le parallèle de Bania, à 62
minutes (62') à l'ouest de Bania ; de ce point, une ligne droite aboutissant sur le parallèle de Gaza, à 43 minutes (43') à l'ouest de Gaza.

De là, la frontière se dirigera en ligne droite vers Koundé, laissant
Koundé à l'est avec une banlieue déterminée à l'ouest par un arc de
cercle d'un rayon de cinq kilomètres, partant, au sud, du point où il
sera coupé par la ligne allant à Koundé, et finissant, au nord, à son
intersection avec le méridien de Koundé ; de là, la frontière suivra le
parallèle de ce point jusqu'à sa rencontre avec le méridien 12°40' Paris
(15° Greenwich).

Le tracé suivra ensuite le méridien 12°40' Paris (15° Greenwich) jusqu'à sa rencontre avec le parallèle 8°30', puis une ligne aboutissant à
Lamé, en laissant une banlieue de cinq kilomètres à l'ouest de ce
point.

De Lamé, une ligne droite aboutissant sur la rive gauche du Mayo-
Kebbi, à hauteur de Bifara. Du point d'accès à la rive gauche du Mayo-
Kebbi, la frontière traversera la rivière et remontera en ligne droite vers
le nord, laissant Bifara à l'est, jusqu'à la rencontre du 10° parallèle.
Elle suivra ce parallèle jusqu'à sa rencontre avec le Chari, enfin le cours
du Chari jusqu'au lac Tchad.

ART. 2. — Le Gouvernement français et le Gouvernement allemand
prennent l'engagement réciproque de n'exercer aucune action politique
dans les sphères d'influence qu'ils se reconnaissent par la ligne de
démarcation déterminée à l'article précédent. Il est convenu par là que
chacune des deux puissances s'interdit de faire des acquisitions territoriales, de conclure des traités, d'accepter des droits de souveraineté

ou de protectorat, de gêner ou de contester l'influence de l'autre puissance dans la zone qui lui est réservée.

Art. 3. — L'Allemagne, en ce qui concerne la partie des eaux de la Bénoué et de ses affluents comprise dans sa sphère d'influence; la France, en ce qui concerne la partie du Mayo-Kebbi et des autres affluents de la Bénoué comprise dans sa sphère d'influence, se reconnaissent respectivement tenues d'appliquer et de faire respecter les dispositions relatives à la liberté de navigation et de commerce énumérées dans les articles 26, 27, 28, 29, 31, 32, 33, de l'Acte de Berlin du 26 février 1885, de même que les clauses de l'Acte de Bruxelles relatives à l'importation des armes et des spiritueux.

La France et l'Allemagne s'assurent respectivement le bénéfice de ces mêmes dispositions en ce qui concerne la navigation du Chari, du Logone et de leurs affluents et l'importation des armes et des spiritueux dans les bassins de ces rivières.

Art. 4. — Dans les territoires de leur zone d'influence respective, compris dans les bassins de la Bénoué et de ses affluents, du Chari, du Logone et de leurs affluents, de même que dans les territoires situés au sud et au sud-est du lac Tchad, les commerçants ou les voyageurs des deux pays seront traités sur le pied d'une parfaite égalité en ce qui concerne l'usage des routes ou autres voies de communication terrestre. Dans ces mêmes territoires, les nationaux des deux pays seront soumis aux mêmes règles et jouiront des mêmes avantages au point de vue des acquisitions et installations nécessaires à l'exercice et au développement de leur commerce et de leur industrie.

Sont exclues de ces dispositions les routes et voies terrestres de communication des bassins côtiers de la colonie du Cameroun ou des bassins côtiers de la colonie du Congo français non compris dans le bassin conventionnel du Congo tel qu'il a été défini par l'Acte de Berlin.

Ces dispositions toutefois s'appliquent à la route Yola, Ngaoundéré, Koundé, Gaza, Bania et *vice versa*, telle qu'elle est repérée sur la carte annexée au présent protocole, alors même qu'elle serait coupée par des affluents des bassins côtiers.

Les tarifs des taxes ou droits qui pourront être établis de part et d'autre ne comporteront, à l'égard des commerçants des deux pays, aucun traitement différentiel.

Art. 5. — En foi de quoi les délégués ont dressé le présent protocole et y ont apposé leurs signatures.

Fait à Berlin, en double expédition, le 4 février 1894.

<table>
<tr><td>Les délégués français,</td><td>Les délégués allemands,</td></tr>
<tr><td>HAUSSMANN, MONTEIL.</td><td>KAYSER, DANCKELMAN</td></tr>
</table>

Annexe

§ 1er. — La ligne de démarcation des sphères d'influence respectives des deux puissances contractantes, telle qu'elle est décrite à l'article premier du protocole du même jour, sera conforme au tracé porté sur la carte annexée au présent protocole, qui a été établie d'après les données géographiques actuellement connues et admises de part et d'autre.

§ 2. — Dans le cas où la rivière Ngoko, à partir de son intersection avec le méridien 12°40′ Paris (15° Greenwich), ne couperait pas le deuxième parallèle, la frontière suivrait le Ngoko sur une longueur de 35 kilomètres à l'est de son intersection avec le méridien 12°40′ Paris (15° Greenwich) : à partir du point ainsi déterminé à l'est, elle rejoindrait par une ligne droite l'intersection du deuxième parallèle avec la Sangha.

§ 3. — S'il venait à être démontré, à la suite d'observations nouvelles dûment vérifiées, que les positions de Bania, de Gaza ou de Koundé sont erronées, et que, par suite, la frontière, telle qu'elle est définie par le présent protocole, se trouve reportée, au regard de l'un de ces trois points, d'une distance supérieure à dix minutes de degré (10 minutes) à l'ouest du méridien 12°40′ Paris (15° Greenwich), les deux gouvernements se mettraient d'accord pour procéder à une rectification du tracé, de manière à établir une compensation équivalente au profit de l'Allemagne dans la région en question.

Une rectification du même genre interviendrait, en vue d'établir une compensation au profit de la France, s'il était démontré que l'intersection du parallèle 10° avec le Chari reporte la frontière à une distance de plus de dix minutes (10′) à l'est du point indiqué sur la carte (longitude 14°50′ Paris, 17°10′ Greenwich).

§ 4. — En ce qui concerne le point d'accès au Mayo-Kebbi, il demeure entendu que, quelle que soit la position définitivement reconnue pour ce point, la frontière laissera dans la sphère d'influence française les villages de Bifara et de Lamé.

§ 5. — Dans le cas où le Chari, depuis Goulfei jusqu'à son embouchure dans le Tchad, se diviserait en plusieurs bras, la frontière suivrait la principale branche navigable jusqu'à l'entrée dans le Tchad, avec cette réserve que, pour que ce tracé soit définitif, la différence de longitude entre le point ainsi atteint par la frontière sur la rive sud du Tchad et Kouka, capitale du Bornou, pris comme point fixe, sera un degré.

Dans le cas où des observations ultérieures, dûment vérifiées, démontreraient que l'écart en longitude entre Kouka et ladite embouchure diffère de cinq minutes de degré (5′), en plus ou en moins, de celui qui vient d'être indiqué, il y aurait lieu, par une entente amiable, de modifier le tracé de cette partie de frontière, de manière que les deux pays conservent, au point de vue de l'accès au Tchad, et des territoires qui leur sont reconnus dans cette région, des avantages équivalents à ceux qui leur sont assurés par le tracé porté sur la carte annexée au présent protocole.

§ 6. — Toutes les fois que le cours d'un fleuve ou d'une rivière est indiqué comme formant la ligne de démarcation, c'est le thalweg du fleuve ou de la rivière qui est considéré comme frontière.

§ 7. — Ces deux gouvernements admettent qu'il y aura lieu, dans l'avenir, de substituer progressivement aux lignes idéales qui ont servi à déterminer la frontière telle qu'elle est définie par le présent protocole, un tracé déterminé par la configuration naturelle du terrain et jalonné par des points exactement reconnus, en ayant soin, dans les accords qui interviendront à cet effet, de ne pas avantager l'une des deux parties sans compensation équitable pour l'autre.

Cette même année 1894 prit fin le litige beaucoup plus grave qui s'était élevé entre la France et l'Etat Indépendant du Congo, au sujet de l'Oubangui. La frontière avait été déterminée en ces termes par un protocole signé le 29 avril 1887 à Bruxelles entre M. Bourée, ministre de France, et M. Van Eetvelde, administrateur général des affaires étrangères de l'Etat :

Le gouvernement de la République française et le gouvernement de l'Etat Indépendant du Congo, après s'être fait rendre compte des travaux des commissaires qu'ils avaient chargés d'exécuter sur le terrain, autant qu'il serait possible, le tracé des frontières entre leurs possessions, se sont trouvés d'accord pour admettre les dispositions suivantes comme réglant définitivement l'exécution des derniers paragraphes de l'article 3 de la convention du 5 février 1885.

Depuis son confluent avec le Congo, le thalweg de l'Oubangui formera la frontière jusqu'à son intersection avec le quatrième parallèle nord.

L'Etat Indépendant du Congo s'engage, vis-à-vis du gouvernement de la République française, à n'exercer aucune action polique sur la rive droite de l'Oubangui, au nord du quatrième parallèle. Le gouvernement de la République française s'engage, de son côté, à n'exercer aucune action politique sur la rive gauche de l'Oubangui, au nord du même parallèle, le thalweg formant dans les deux cas la séparation.

En aucun cas, la frontière septentrionale de l'Etat du Congo ne descendra au-dessous du quatrième parallèle nord, limite qui lui est déjà reconnue par l'article 5 de la convention du 5 février 1885.

Le conflit vint de l'interprétation que donnèrent les Belges à cette convention. Ils prétendaient tantôt que le M'Bomou et non l'Ouellé était la branche initiale de l'Oubangui, tantôt que le M'Bomou et

l'Ouellé se réunissaient pour former l'Oubangui. Et à l'appui de
leurs prétentions ils envoyèrent vers le nord plusieurs missions,
celle de MM. Nilis et de la Kéthulle qui, partis de Rafaï, suivirent la
vallée du Chinko, affluent du M'Bomou, franchirent la ligne de
faîte du Nil près des mines d'Hofrah-en-Nahas et s'arrêtèrent à Katuaka, sur l'Ada, affluent du Bahr-el-Ghazal (juin 1893) ; celle du
lieutenant Donckier de Donceel qui occupa Liffi, village situé entre
Katuaka et Dem Ziber ; celle encore du capitaine Hanolet qui pénétra jusque dans le bassin du Chari. M. Liotard et les agents français,
malgré l'insuffisance de leurs moyens, résistaient de leur mieux à
ces empiétements. En 1893 le gouvernement décida de renforcer
notre action dans l'Oubangui et projeta d'y envoyer une expédition
confiée au lieutenant-colonel Monteil. M. Liotard qui depuis 1891
était dans l'Oubangui disposait d'un personnel vraiment restreint.
L'expédition Monteil devait être au contraire assez puissante. Mais
le départ de son chef était sans cesse ajourné, parce que l'on espérait résoudre le conflit par des négociations en Europe. Ce fut son
second, le commandant Decazes, parti en avant-garde, qui eut pendant la fin de 1893 et le commencement de 1894 la tâche délicate et
pénible de soutenir nos droits en face des agents si entreprenants
de l'Etat Indépendant. Il s'en acquitta pleinement, malgré l'incertitude de la politique du gouvernement français qui ne cessait de négocier en Europe et retardait toujours le départ de Monteil. Du
poste des Abiras Decazes fit diriger une expédition contre les Boubous et reconnaître la Kotto, le M' Bomou, le Chinko, les pays
n'sakkaras (reconnaissances des lieutenants François, Julien, Vermot,
de MM. Bobichon et Paul Comte, etc.). Le gouvernement, toujours
à la veille de conclure un arrangement avec l'Etat Indépendant,
prescrivait au commandant Decazes de limiter son action dans les
territoires contestés et il crut la situation sauvée par la déclaration
signée à Paris le 20 mars 1894 par M. Casimir-Perier, ministre des
affaires étrangères, et M. de Grelle-Rogier, secrétaire d'Etat des affaires étrangères de l'Etat :

ART. 1er. — Le gouvernement de la République française et le gouvernement de l'Etat Indépendant du Congo s'efforceront de résoudre, au
moyen d'une négociation directe, le différend territorial qui s'est élevé
entre eux et, à cet effet, ils nommeront chacun des délégués chargés de
rechercher et d'arrêter les bases d'une entente.

Ces délégués se réuniront à Bruxelles à une date à convenir.

Art. 2. — A dater de la signature de la présente déclaration jusqu'au règlement du différend territorial actuel, les deux gouvernements s'engagent à respecter réciproquement leurs positions dans les territoires litigieux.

Des ordres seront transmis simultanément, par voie télégraphique, aux agents respectifs en vue de la stricte exécution de cette disposition.

Il fallut la surprise produite par l'arrangement anglo-congolais du 12 mai 1894 pour mettre fin à l'apathie du gouvernement français. L'Angleterre l'avait conclu afin de faire de l'Etat Indépendant un Etat tampon entre le haut Oubangui français et le bassin du Nil, une sorte de sentinelle de bonne volonté contre les ambitions françaises qu'elle soupçonnait ; l'Etat Indépendant l'avait accepté afin de mettre à néant les prétentions de la France et de rendre moins précaire son occupation de Lado, sur le Nil. Par cette convention (1) la Grande-Bretagne donnait à bail au souverain du Congo, pour être occupée et administrée par lui, pendant la durée de son règne, la rive gauche du Nil depuis Mahagi sur le lac Albert jusqu'à Fachoda, ainsi que la partie du bassin du Bahr-el-Ghazal limitée à l'ouest par le 25ᵉ méridien et au nord par le 10ᵉ parallèle. A la mort de Léopold II une partie des territoires ainsi cédés, comprise entre le Nil et le 30ᵉ méridien, ferait retour à l'Angleterre, tandis que l'Etat du Congo (ou ses ayants-droit) resterait propriétaire ou locataire emphytéotique de toute la portion du bassin du Bahr-el-Ghazal comprise entre le 25ᵉ et le 30ᵉ méridiens. De plus était cédée au Congo belge une route de 25 kilomètres de largeur entre la frontière la plus proche de l'Etat et Mahagi sur le lac Albert. En retour de ces concessions l'Etat du Congo donnait à bail à l'Angleterre une bande de terrain de 25 kilom. de large longeant sa frontière est et allant de l'extrémité sud du lac Albert-Edouard à l'extrémité nord du Tanganyka sur une longueur d'environ 2 degrés et demi : par cette dernière clause l'Angleterre pensait faire tomber le seul obstacle subsistant, depuis la séparation du Congo portugais et de la colonie de Mozambique, à l'établissement de la voie ferrée britannique du Cap à Alexandrie. Cet accord faisait du Congo « le mandataire de la politique britannique et l'introduisait comme tenancier de l'Angleterre dans le bassin du Nil » (2).

(1) Darcy, ouv. cité, p. 60.
(2) Robert de Caix, *Fachoda*, 1899, p. 106.

Cet arrangement par lequel l'Angleterre disposait de territoires sur lesquels elle n'avait aucun droit souleva des protestations à la fois en Allemagne et en France. L'Allemagne ne voulut pas admettre que sa colonie de l'Afrique orientale devînt une simple enclave de l'Afrique britannique, sans contact avec l'État du Congo dont la déshérence est une éventualité possible, et le 25 juin 1894, sir E. Grey, secrétaire parlementaire des affaires étrangères, annonça à la Chambre des communes que l'article 3 de l'arrangement anglo-congolais (bande de terrain Tanganyika-Albert-Edouard) avait été abrogé « sans que de nouvelles conditions aient été établies. » La France se retourna contre l'État Indépendant : l'indignation y venait surtout de la désinvolture avec laquelle l'arrangement violait les droits de l'Egypte et de la Turquie sur le Haut-Nil, droits à propos desquels cet arrangement disait simplement : « Les signataires n'ignorent pas les prétentions de l'Égypte et de la Turquie dans le bassin du Haut-Nil. » Une interpellation fut portée à la Chambre des députés le 7 juin 1894 par M. Etienne, président du groupe colonial, qui montra tout le danger de cet arrangement. M. Hanotaux, ministre des affaires étrangères, rappela la thèse française de l'intégrité de l'empire ottoman et il signala combien le principe de neutralité de l'État Indépendant était compromis par l'arrangement « qui faisait sortir l'État Indépendant des limites générales qui circonscrivent le bassin de l'État du Congo, qui l'arrache à son champ d'action naturel, qui accroît ses charges et ses responsabilités, qui le met en état de rupture avec les puissances qui ont signé à son berceau. » Cet exposé juridique fut suivi d'actes et de résolutions. Selon la volonté exprimée par l'unanimité de la Chambre, un crédit élevé fut voté « pour renforcer nos postes sur le Haut-Oubangui et les relier à la côte par des communications télégraphiques et fluviales », le Haut-Oubangui fut détaché du Congo et constitué en un gouvernement spécial et le colonel Monteil recevait l'ordre de s'embarquer le 17 juillet pour rejoindre la mission dont il avait été chargé quatorze mois auparavant et dont le gouvernement avait pendant si longtemps retardé le départ.

L'État Indépendant du Congo dut céder et le 14 août 1894 était signée à Paris la convention suivante qui réglait la question de frontières (1) :

(1) Signée par MM. Hanotaux, ministre des affaires étrangères, et

Art. 1er. — La frontière entre l'État Indépendant du Congo et la colonie du Congo français, après avoir suivi le thalweg de l'Oubangui jusqu'au confluent du M'Bomou et du Ouellé, sera constituée ainsi qu'il suit :

1° Le thalweg du M'Bomou jusqu'à sa source ;

2° Une ligne droite rejoignant la crête de partage des eaux entre les bassins du Congo et du Nil.

A partir de ce point, la frontière de l'État Indépendant est constituée par ladite crête de partage jusqu'à son intersection avec le 30° degré de longitude est Greenwich (27°40′ Paris).

Art. 2. — Il est entendu que la France exercera, dans des conditions qui seront déterminées par un arrangement spécial, le droit de police sur le cours du M'Bomou, avec un droit de suite sur la rive gauche. Ce droit de police ne pourra s'exercer sur la rive gauche qu'exclusivement le long de la rivière, en cas de flagrant délit, et autant que la poursuite par les agents français serait indispensable pour amener l'arrestation des auteurs d'infractions commises sur le territoire français ou sur les eaux de la rivière.

Elle aura, au besoin, un droit de passage sur la rive gauche pour assurer ses communications le long de la rivière.

Art. 3. — Les postes établis par l'État Indépendant au nord de la frontière stipulée par le présent arrangement seront remis aux agents accrédités par l'autorité française, au fur et à mesure que ceux-ci se présenteront sur les lieux.

Des instructions, à cet effet, seront concertées immédiatement entre les deux gouvernements et seront adressées à leurs agents respectifs.

Art. 4. — L'État Indépendant s'engage à renoncer à toute occupation et à n'exercer, à l'avenir, aucune action politique d'aucune sorte à l'ouest et au nord d'une ligne ainsi déterminée :

Le 30° degré de longitude est de Greenwich (27°40′ Paris), à partir de son intersection avec la crête de partage des eaux des bassins du Congo et du Nil, jusqu'au point où ce méridien rencontre le parallèle 5°3′, puis ce parallèle jusqu'au Nil.

La convention écartait l'Etat Indépendant de notre route et nous donnait l'accès au Nil. Il semblait que ce succès diplomatique dût être suivi d'une action positive dans cette direction. Mais il n'en fut rien. Le colonel Monteil fut rejoint à Loango par un câblogramme qui l'envoya avec la plus grande partie de son effectif à la Côte d'Ivoire pour combattre Samory et secourir Kong, le comman-

Haussmann, directeur au ministère des colonies, pour la France ; Devolder et le baron Goffinet pour l'État Indépendant.

dant Decazes, ses officiers et les agents du Haut Oubangui se bornèrent, suivant leurs instructions, à occuper les postes rétrocédés par les Belges et le 2 mars 1895, le ministre des colonies répondait à la Chambre aux députés qui lui reprochaient de n'avoir fait monter dans le M'Bomou que deux des quatre compagnies de Sénégalais de la mission Monteil : « L'éventualité d'un conflit étant écartée, il n'y avait plus à diriger vers le M'Bomou que les effectifs suffisants pour occuper les postes, que les autorités congolaises allaient nous remettre. »

Au résumé, à la fin de 1894, l'Oubangui français, conquis par une série d'explorations heureuses, était délimité à l'ouest par la convention franco-allemande et à l'est, par rapport à l'État du Congo, par la convention du 14 août 1894 : l'accès au Tchad et au Nil était ouvert à la France.

<h3 align="center">2° DE 1894 A 1900</h3>

A partir de 1894 l'expansion congolaise suivit les deux directions qui lui étaient ouvertes par la convention de 1894, celle du Nil et celle du Tchad. L'un et l'autre mouvement furent marqués par d'importants événements.

A. — *Vers le Nil*

On peut résumer ainsi l'expansion française vers le Nil de 1894 à 1900 : la convention franco-congolaise de 1894 nous ouvrait l'accès vers le Haut-Nil, mais nous prîmes trop tard, et sans y être suffisamment préparés, la route de Fachoda et nous fûmes trop tard à l'arrivée. C'est l'histoire de Fachoda.

Cette convention confirma dans l'esprit du gouvernement britannique le soupçon que notre action dans l'Oubangui allait nous amener à prendre position dans le bassin du Haut-Nil : le décret appelant M. Liotard, à l'automne 1894, à diriger les « territoires limités à l'ouest par une ligne allant de Bangui à El Facher », capitale du Darfour, une interview de M. de Brazza, parue en février 1895, et où le commissaire général du Congo, parlant de l'accord franco-congolais, signalait que « l'accès par le sud de la vallée du Nil était le seul moyen qui permettra un jour de trancher conformément à nos intérêts la question de l'Egypte », des déclarations

d'un député faites à la Chambre en février 1895 et disant que nous
tions désormais « en bonne posture pour fournir à notre diplomatie
les éléments nouveaux pour la négociation indispensable dans un
bref délai en vue d'aboutir enfin à l'évacuation tant promise des
territoires du Khédive » amenèrent à la Chambre des Communes,
le 28 mars 1895, une grande discussion au cours de laquelle sir
E. Grey, secrétaire parlementaire des affaires étrangères, qui, quelques jours auparavant, avait déjà déclaré que « les sphères d'influence égyptienne et britannique ensemble couvraient toute la vallée
du Nil », assura ne pas croire aux rumeurs affirmant l'envoi d'une
expédition française sur le Nil et ajouta la fameuse déclaration
suivante :

> J'irai plus loin : je dirai que, en raison de nos revendications fondées
> sur les arrangements que nous avons passés et en raison aussi des
> revendications de l'Egypte dans la vallée du Nil et, étant donné enfin
> que ces revendications et les vues du gouvernement à ce sujet sont plei-
> nement et clairement connues du gouvernement français, je ne crois
> pas possible que ces rumeurs méritent créance, parce que la marche
> en avant d'une expédition française, munie d'instructions secrètes et
> se dirigeant de l'Afrique occidentale vers un territoire sur lequel nos
> droits sont connus depuis si longtemps, ne serait pas simplement un
> acte inconséquent et inattendu ; le gouvernement français doit savoir
> parfaitement bien que ce serait un acte peu amical (*unfriendly*) et qu'il
> serait considéré comme tel par l'Angleterre.

Cette déclaration produisit en France une vive émotion et le
5 avril, à la tribune du Sénat, M. Hanotaux, ministre des affaires
étrangères, y répondit en reprenant la thèse française des droits de
l'Égypte et de la Turquie. Il expliquait ses efforts pour obtenir du
gouvernement de la Reine des explications précises sur la sphère
d'influence revendiquée, déclarait avoir réservé « notre entière
liberté d'action » et il terminait ainsi :

> Personne ne peut songer à donner à ces premières délimitations,
> vaguement esquissées sur des cartes incertaines, le caractère pressant
> et imprescriptible que des sanctions traditionnelles ont assuré aux fron-
> tières des États européens. Personne non plus ne peut prétendre entraver
> l'initiative des hommes courageux qui vont à la découverte de ces pays
> nouveaux.
>
> Mais quand l'heure sera venue de fixer les destinées définitives de
> ces contrées lointaines, je suis de ceux qui pensent qu'en assurant le
> respect des droits du Sultan et du Khédive, en réservant à chacun ce

qui lui appartiendra selon ses œuvres, deux grandes nations sauront trouver les formules propres à concilier leurs intérêts et à satisfaire leurs communes aspirations vers la civilisation et le progrès.

Les deux thèses, britannique et française, étaient ainsi exposées. Mais les moyens d'exécution furent inégaux.

Profitant avec habileté de l'écrasement des Italiens par Ménélik à Adoua, le 1er mars 1896, pour obtenir l'assentiment de l'Allemagne obligée de laisser faire une diversion en faveur de la garnison italienne de Kassala laissée à la merci des Derviches, informée d'autre part par Slatin Pacha, échappé d'Omdurman, de la désagrégation du Mahdisme, le Gouvernement britannique ordonna, le 14 mars 1896, à lord Cromer, son représentant au Caire, d'organiser de suite la marche sur Dongola (1). L'appui obligé de la Triple-Alliance lui fit ouvrir les caisses de la Commission internationale de la Dette. En France, l'annonce de la campagne de Dongola et de la prochaine reprise du Soudan provoqua une vive émotion, mais qui ne se traduisit que par le procès fait à Alexandrie à la caisse de la Dette : le procès fut gagné et la Cour d'appel d'Alexandrie condamna le Gouvernement égyptien à restituer les sommes prélevées sur le fonds de réserve. Aussitôt l'Angleterre s'offrit à les fournir. Certaine de la neutralité de la Triple-Alliance tenue par ses engagements envers l'Italie, elle était résolue à pousser l'expédition.

La colonne du sirdar Kitchener était déjà partie, et, le 22 septembre 1896, Dongola était occupée. La reprise du mouvement en avant fut décidée en mai 1897, précipitée sans doute par les bruits relatifs à la mission française du Congo-Nil et par les nouvelles, rapportées d'Ethiopie par M. Rennell-Rodd, d'une marche des Ethiopiens vers le Haut-Nil; en décembre de la même année, Kassala fut remis par les Italiens aux Anglo-Egyptiens; d'autre part, le chemin de fer avait été activement poussé. Tout était donc prêt pour la marche en avant. L'armée de Kitchener, comprenant une brigade anglaise et trois brigades indigènes, environ 13,000 hommes, 24 canons et 12 Maxim, fut concentrée, en janvier 1898, au confluent de l'Atbara et, le 8 avril, elle défit l'émir Mahmoud. Kitchener

____

(1) Voir pour toute cette question le volume de M. Robert de Caix, déjà cité, *Fachoda*, 1899.

demanda et reçut de nouveaux renforts anglais, une deuxième brigade, et à la fin d'août il se remit en route. Le 2 septembre 1898, il
battit l'armée du Mahdi dans un sanglant combat sous les murs
mêmes d'Omdourman et le soir il entrait dans la ville et vengeait
la mort de Gordon, tandis que le Khalife s'enfuyait dans le Kordofan
où il fut tué l'année suivante. La politique anglaise avait su pro-
portionner ses moyens à son but : le Soudan était reconquis.

Quelle avait été pendant ce temps l'action de la France ? Jusqu'à
1896, elle avait été faite de velléités, de projets insuffisamment
appuyés. A la vérité, dès la fin de 1894, M. Liotard était reparti
pour le M'Bomou en qualité de commissaire du gouvernement,
avec la mission de pénétrer dans le Bahr-el-Ghazal. Mais il disposait
de moyens très restreints et il fallut toute la sage diplomatie de
M. Liotard, tout le dévouement de ses collaborateurs, MM. Bobichon, Cureau, le capitaine Hossinger, les lieutenants Chapuis,
Mahieu, l'interprète Grech pour établir la ligne des postes du
M'Bomou à Sémio, pour fonder un poste à Tamboura (février 1896)
et faire occuper Dem Ziber (avril 1897), l'ancienne moudirieh de
Lupton-Bey. Si notre politique était insuffisamment appuyée, elle
était, en tout cas, précise et nette depuis l'envoi de M. Liotard : le
Congo français avait dépassé la ligne de partage des eaux du Nil (1).

En 1896, le Gouvernement décida l'envoi dans le M'Bomou d'une
nouvelle mission chargée d'aller seconder l'action de M. Liotard et
spécialement d'aller occuper la région du Bahr-el-Ghazal et fonder
un poste sur le Haut-Nil à Fachoda. C'est bien avec cette mission
spéciale que débarqua à Loango, le 23 juillet 1896, le capitaine
d'infanterie de marine Marchand. L'annonce de la marche sur Dongola avait décidé le Gouvernement français à mettre en pratique
ces visées politiques qu'il avait proclamées en réponse aux prétentions britanniques.

Le capitaine Marchand, accompagné des capitaines Baratier et

(1) Allocution de M. Liotard à sa rentrée à Paris en octobre 1898 :
« Dès l'année 1890, j'ai été chargé par M. de Brazza d'occuper progressivement les territoires dans lesquels nous avions accès, notamment le
Haut-Oubangui, et d'en faire une région française ayant une porte
ouverte sur le Nil. En 1894, M. Delcassé me confiait la même mission
avec des pouvoirs plus étendus. Nous avons poursuivi depuis 1890 cette
œuvre dont le résultat le plus clair est la présence dans le Nil de l'expédition dirigée par M. le commandant Marchand. »

Germain, des lieutenants Simon, Mangin, Largeau, de l'enseigne
de vaisseau Dyé, du Dr Emily et de l'interprète Landeroin, dut
d'abord, malgré l'urgence de la marche vers le Nil, pacifier la route
des caravanes de Brazzaville et ne put arriver à Bangui, au prix des
plus grands efforts, qu'en avril 1897. Le 3 août, il avait réussi à
faire passer ses charges et toute sa mission à Sémio. Sur les avis
de M. Liotard, il délaissa la route du nord et prit directement à l'est
par le Bahr-el-Ghazal. Le passage du bassin du Congo dans celui
du Nil, opéré avec des moyens insuffisants, fut terminé en novembre 1897 : Marchand avait résolu de faire passer toute sa flottille et
tout son convoi dans le bassin du Bahr-el-Ghazal et il fallut les
transporter pièce par pièce dans un pays qu'on reconnaissait à
mesure que l'on avançait. Sur le Soueh, affluent du Bahr-el-Ghazal,
où ce transbordement avait porté la mission, il établit une série de
postes, Kodjalé, les Rapides et Fort-Desaix (Koutchouk-Ali) qui
devint le quartier général (novembre 1897). Pendant que le capitaine Baratier, l'interprète Landeroin et le lieutenant Largeau étaient
en reconnaissance en chaland dans le Bas-Soueh et le Bahr-el-
Ghazal et jusqu'au lac Nô, Marchand s'était acquis l'amitié des
Dinkas et avait occupé par des postes la région du Tondj et de
Djour Gattass. La saison d'hiver 1897-1898 vit la mission entravée
par la baisse des eaux. Mais le 4 juin 1898, ravitaillée par le lieutenant Fouque, elle se remettait en route, la petite flottille, conduite
par le *Faidherbe*, descendait le Bahr-el-Ghazal et le 10 juillet 1898,
la mission arrivait à Fachoda sur le Haut-Nil. Cette prodigieuse
odyssée avait été opérée par une poignée d'Européens au prix de
deux ans de fatigues et d'efforts. La mission construisit à Fachoda
un fortin et le 25 août y repoussa une attaque des Derviches venus
par eau. Ce succès lui valut l'amitié et une demande de protectorat
du chef des Chilloucks.

Marchand et ses compagnons étaient en droit de croire au succès
complet de leur mission : ils avaient vaincu toutes les difficultés
d'une traversée de l'Afrique, les indigènes leur étaient soumis, le
Faidherbe et la flottille naviguaient librement entre Fachoda et les
postes de ravitaillement du Bahr-el-Ghazal, la mission était abon-
damment pourvue d'armes, de munitions et de vivres, elle attendait des renforts par la route du Bahr-el-Ghazal et surtout de l'Abyssinie d'où elle pensait voir déboucher une armée abyssine conduite
par une mission française. Ce fut l'armée anglaise qui se présenta :

la mission de Bonchamps, partie de Djibouti, n'avait pu, faute de
ressources, triompher des difficultés de la marche à travers les
roselières du Sobat ni atteindre Fachoda ; et les Abyssins avaient
hésité à descendre de leurs hauts plateaux pour aller dans le bas
pays marécageux et fiévreux du Sobat.

C'est le 19 septembre que la mission Marchand vit arriver le
sirdar Kitchener. Dès la prise d'Omdourman, ce dernier s'était
rendu avec cinq canonnières, deux bataillons de Soudanais, une
batterie d'artillerie et une compagnie de highlanders à Fachoda où
Marchand tenait dans son petit poste avec 8 officiers et 120 Sénégalais. Marchand lui avait notifié, dès la veille, par lettre, l'occupation du Bahr-el-Ghazal et du pays Chillouk jusqu'à Fachoda et lui
avait souhaité la bienvenue à Fachoda où, disait-il, « je serai heureux de vous saluer au nom de la France. » La rencontre fut courtoise. Mais Kitchener déclara immédiatement « que la présence à
Fachoda et dans la vallée du Nil d'une troupe française était regardée comme une violation directe des droits de l'Egypte et de la
Grande-Bretagne » et qu'il devait « protester dans les termes les
plus énergiques contre l'occupation de Fachoda et l'érection du
drapeau français dans les domaines de S. A. le Khédive. » A quoi
Marchand répondit qu'ayant agi suivant les instructions de son
gouvernement il devait attendre des ordres pour une action ultérieure. Il fut décidé que son gouvernement serait prévenu ; c'est par
les dépêches anglaises que fut renseigné le gouvernement français.
Elles représentaient faussement la mission comme dénuée de ressources. Pendant que les négociations s'engageaient en Europe,
Kitchener édifiait à son tour un poste à Fachoda et interdisait la
circulation des munitions de guerre sur le Nil. Le gouvernement
français obtint qu'un officier de la mission, le capitaine Baratier,
apporterait en France les rapports de Marchand, et ce dernier alla
lui-même au Caire pour renseigner le gouvernement sur ses actes
et sur sa force réelle.

Il y eut quelques jours d'incertitude, de négociations, pendant
lesquels le gouvernement français fit valoir que la marche sur le
Nil était engagée avant le projet anglais de reconquête du Soudan,
et que par suite elle n'était nullement dirigée contre l'Angleterre :
le gouvernement anglais ne cessait de répéter que tous les territoires
qui étaient sous la domination du Khalife passaient par droit de
conquête sous celle des gouvernements égyptien et britannique et

il opposait la déclaration Grey comme si elle eût constitué un titre
de propriété ; la presse britannique d'un commun accord réclamait impérieusement l'évacuation de Fachoda. En vain la diplomatie française alla-t-elle jusqu'à soutenir qu'il n'y avait pas de
mission Marchand, mais le simple prolongement d'une mission
Liotard organisée en 1893 bien avant la déclaration Grey ; en vain
renonçait-elle momentanément et sur ce point à la thèse de l'intégrité de l'empire ottoman pour faire observer à l'Angleterre qu'elle
était mal venue à réclamer le Soudan au nom de l'Egypte, puisque
l'Egypte, conseillée par l'Angleterre, avait abandonné ses anciennes
provinces soudanaises et notamment l'Equatoria, puisque, de plus,
l'Angleterre avait conquis l'Equatoria pour son propre compte et
laissé prendre Lado par les Belges ; en vain le baron de Courcel,
ambassadeur à Londres, osa-t-il demander en quoi la présence de
nos troupes à Fachoda était « plus incompatible avec l'autorité du
Khédive que la présence des troupes anglaises dans d'autres parties
de territoires plus incontestablement égyptiens » que le Bahr-el-
Ghazal où la domination égyptienne n'avait duré que trois ou quatre
années.

Les trois documents du Livre Jaune (1) que nous reproduisons
ci-après établissent nettement la thèse soutenue par la diplomatie
française :

M. Delcassé, ministre des affaires étrangères, à M. Geoffray,
ministre de France à Londres.

Paris, le 20 septembre 1898.

Dès le 7 de ce mois, comme je vous l'ai fait connaître, j'avais eu une
première conversation avec sir Edmund Monson sur la question du haut
Nil. J'avais tenu à dire à l'ambassadeur d'Angleterre que, quelles que
fussent les questions qui divisaient, en Egypte, les deux gouvernements,
nous ne pouvions que nous associer aux éloges qu'avait suscités l'habileté
du sirdar et l'héroïsme dont ses troupes avaient fait preuve, le résultat
étant un recul de la barbarie. Nous ne devions pas douter que le gouvernement anglais n'envisageât avec des sentiments pareils les efforts
tentés par certains de nos compatriotes au profit également de la civilisation. Aussi avions-nous la conviction que si la défaite du Mahdi devait
avoir pour conséquence de mettre en contact sur le Nil nos officiers et

____

(1) Affaires du Haut Nil et du Bahr-el-Ghazal, 1897-1898.

ceux de l'armée anglo-égyptienne, ils s'y rencontreraient comme des champions venus de côtés différents pour assurer le triomphe de la civilisation sur la même barbarie.

Quel que fût, d'ailleurs, le point où la nécessité de défendre nos possessions du Centre africain contre les derviches eût conduit le capitaine Marchand, il ne pouvait appartenir ni à cet officier ni au général Kitchener de trancher sur place des questions politiques que, seuls, les deux gouvernements avaient le droit de régler selon la procédure accoutumée et dans des conditions conformes à leurs relations amicales.

J'avais ajouté que j'espérais que le cabinet de Londres, qui dispose de moyens de communication rapides, préviendrait ses agents.

Sir Edmund Monson avait promis, vous le savez, de faire connaître immédiatement à son gouvernement les vues que je lui avais exposées.

Depuis lors, l'ambassadeur d'Angleterre est venu me donner communication d'un télégramme de lord Salisbury dont vous trouverez le texte ci-joint en traduction ; il porte en substance que tous les territoires soumis au Khalife ont passé, après les derniers, événements, aux gouvernements britannique et égyptien et que le gouvernement de la reine est d'avis que ce droit n'admet pas de discussion.

Au cours d'une visite que m'a faite avant-hier sir Edmund Monson, j'ai abordé de nouveau avec lui la question du haut Nil et je l'ai saisi des observations que comportait de notre part le point de vue auquel entendait se placer le gouvernement britannique ; j'ai fait remarquer que, en admettant même la théorie contenue dans la première phrase du télégramme de lord Salisbury, cette déclaration ne saurait s'appliquer à Fachoda conquis, de l'aveu même des Anglais, sur les mahdistes avant la prise de Khartoum par le sirdar.

On ne peut, en effet, nous opposer la déclaration faite en 1895 par sir Edward Grey, puisque, quelques jours après ces déclarations, M. Hanotaux protestait à la tribune du Sénat contre la théorie qui s'y trouvait exprimée et que sa protestation n'a pas été relevée par le gouvernement de la reine. De plus, l'ambassadeur de France à Londres a, le 29 mars de la même année, formulé dans une lettre adressée à lord Kimberley les réserves qu'appelait de la part du gouvernement français le langage tenu par sir Edward Grey. Le gouvernement britannique ne doit pas d'ailleurs perdre de vue que nous n'avons jamais reconnu les conventions intervenues entre l'Angleterre et l'Allemagne en 1890.

Quant au fait que le capitaine Marchand s'est mis en marche dans la direction du Nil en 1896, c'est-à-dire plus d'un an après les déclarations de sir Edward Grey et que ce serait là de notre part un acte « peu amical », dans le sens où l'entendait sir Edward Grey, il suffit de rétablir la vérité, comme je n'ai pas manqué de le faire avec sir Edmund Monson, sur ce que les journaux appellent la mission Marchand. En réalité, le capitaine Marchand est un officier d'infanterie de marine qui a été chargé tout à la fois d'opérer la relève des troupes ayant achevé leur temps de service et d'assurer, sous la haute direction du commissaire du gouvernement, M. Liotard, l'occupation et la défense des régions que la convention franco-congolaise nous a notamment reconnues. Le seul chef de la mission est M. Liotard et cette mission qui lui a été confiée par moi-même, comme ministre des colonies, remonte à 1893, c'est-à-dire à une date bien antérieure aux déclarations de sir Edward Grey.

Avais-je à rappeler qu'à cette époque le Soudan était depuis longtemps perdu pour l'Egypte ? C'était si bien le sentiment du gouvernement anglais qu'il n'a pas hésité à en conquérir pour son propre compte une partie importante: la province équatoriale. Comment la liberté d'action que s'est ainsi attribuée l'Angleterre aurait-elle pu nous être refusée à nous-mêmes ?

J'aurais pu ajouter que, depuis, d'autres interventions se sont encore produites sur le Nil, à Lado notamment, sans soulever, que nous sachions, de contestations de la part du Cabinet de Londres.

Sir Edmund Monson, qui, au cours de l'entretien, avait plus particulièrement insisté sur les déclarations de sir Edward Grey et sur la date à laquelle il croyait pouvoir faire remonter la mission Marchand, n'a rien répondu à ces objections de fait. Il m'a assuré que le gouvernement britannique était très désireux de vivre en très bonne intelligence avec la France et que son sentiment touchant la nécessité d'une entente, dans la circonstance présente, entre les deux nations, était absolument conforme aux nôtres, tout en me répétant que le Cabinet de Londres se jugeait trop engagé par les déclarations publiques antérieures pour pouvoir renoncer à la possession de Fachoda.

J'ai cru devoir, — en raison même de la position prise jusqu'ici par le gouvernement anglais, — m'en tenir avec sir Edmund Monson aux constatations qu'il nous était permis de tirer ainsi de l'état de fait et que vous voudrez bien signaler vous-même à l'attention du Cabinet de Londres.

Mais il ne vous échappera pas que, si nous étions amenés à envisager la question à un autre point de vue, nous nous trouverions également en mesure de soutenir que nous n'avons pas moins de droit à Fachoda ou sur tel autre point où nos officiers peuvent être aujourd'hui parvenus sur le haut Nil que l'Angleterre n'en a à Khartoum ou dans toute autre partie du Soudan qui pourrait être occupée ultérieurement par le sirdar.

Il ne suffit pas, en effet, pour assurer à l'Angleterre des titres particuliers et dont nous ne pourrions nous-mêmes nous prévaloir, qu'elle agisse d'accord avec le gouvernement égyptien et comme son mandataire. Pour produire, au point de vue international, toutes les conséquences que le Cabinet de Londres paraît vouloir en tirer, l'occupation du Soudan ne saurait être, en effet, poursuivie au nom seul du Khédive, mais au nom et par une délégation expresse du Sultan, suzerain du Khédive et maître de l'empire turc dont l'Angleterre a, comme nous, garanti l'intégrité territoriale. Il serait donc nécessaire que le gouvernement anglais pût justifier de ce mandat du Sultan pour pouvoir soutenir que notre situation éventuelle sur le haut Nil ne saurait être considérée comme équivalente, en droit, à la sienne.

DELCASSÉ

M. Delcassé, ministre des affaires étrangères, au baron de Courcel, ambassadeur de France à Londres.

Paris, le 4 octobre 1898.

Sir Edmund Monson, que j'ai reçu hier matin, m'a donné connaissance d'un Livre Bleu que lord Salisbury se propose de publier prochainement et où se trouve longuement exposée la thèse anglaise d'après laquelle Fachoda appartient incontestablement à l'Egypte et aucun compromis, aucune discussion sur ce point ne seraient possibles. Les raisons que j'ai fait valoir en sens contraire y sont très brièvement résumées. Vous les connaissez. Il n'y a pas de mission Marchand organisée après les déclarations de sir Edward Grey et en vue de les mettre à néant.

Il n'y a qu'une mission Liotard qui remonte à 1893, par conséquent à une date bien antérieure à la reconquête du Soudan, bien antérieure à la déclaration de sir Edward Grey. C'est moi qui ai envoyé M. Liotard dans l'arrière-Oubangui, et, en lui désignant le Nil comme le terme de sa mission, comment aurais-je supposé que j'empiétais sur un territoire égyptien, puisque l'Egypte, conseillée par l'Angleterre, avait, depuis longtemps, abandonné ses anciennes provinces soudanaises, et notamment la province équatoriale et celle du Bahr-el-Ghazal (voir la déclaration de Gordon comme gouverneur du Soudan en 1884 et les instructions de Nubar Pacha à Emin Pacha en 1885), et puisque au même moment la Grande-Bretagne faisait pour son propre compte la conquête de l'Equatoria? En ce qui concerne Fachoda, peut-on contester que ce point soit, il y a plusieurs années, tombé au pouvoir des Mahdistes, et que ce soit aux mahdistes que le capitaine Marchand l'a arraché, avant que le sirdar leur ait lui-même enlevé Khartoum? De sorte que la défaite du Mahdi ne pouvait livrer au sirdar ce territoire que le Mahdi avait cessé de détenir.

Je ne prétends pas cependant invoquer le droit de premier occupant pour nous maintenir, en dépit de tout, même contre notre propre intérêt, à Fachoda. Mais pouvons-nous admettre qu'on nous demande de l'abandonner sans discussion, sans examen des conditions dans lesquelles cette éventualité pourrait être envisagée, en un mot sans que soit réglée la délimitation de nos colonies du Congo et du Haut-Oubangui?

Ne semble-t-il pas, au contraire, que, si les dispositions du gouver-

nement anglais sont bien celles dont témoignait le langage tenu mer-
credi dernier à M. Geoffray par lord Salisbury, la situation même devant laquelle nous nous trouvons puisse servir de point de départ à un
échange amical de vues entre les deux Cabinets et, par suite, à une
entente destinée à compléter les arrangements qui ont déjà déterminé
les sphères d'influence des deux pays dans la région du Tchad ?

DELCASSÉ.

Le baron de Courcel, ambassadeur de la République française,
à M. Delcassé, ministre des affaires étrangères.

Londres, le 12 octobre 1898.

Aujourd'hui, de nouveau, j'ai eu avec lord Salisbury une longue conversation.

Une grande portion de notre entretien a été employée à discuter des
questions théoriques de droit sur lesquelles nous avons trouvé difficile
de nous mettre d'accord.

Le ministre anglais n'admettait pas qu'on contestât son droit de revendiquer la possession des territoires ayant autrefois appartenu à l'Egypte,
et, par conséquent, de qualifier d'illégale la présence du commandant
Marchand à Fachoda.

J'ai dit qu'à mon avis nous avions le droit d'envoyer nos expéditions
jusqu'à ce point, si les territoires occupés ou traversés par nous étaient
sans maîtres ; mais que, si la légitimité des prétentions égyptiennes était
reconnue, il n'était pas prouvé que la présence de nos troupes dût
nécessairement y déroger, ni qu'elle fût plus incompatible avec l'autorité du Khédive que la présence des troupes anglaises dans d'autres
parties de territoires plus incontestablement égyptiennes.

Lord Salisbury répondit qu'une occupation mixte de l'Egypte offrirait
des inconvénients.

Je lui rappelai alors que l'Angleterre, lorsque ses troupes étaient
entrées dans l'ancienne province équatoriale, n'y avait pas rétabli le
pouvoir ni le pavillon du Khédive. J'ajoutai qu'en ce qui concerne la
région du Bahr-el-Ghazal elle n'avait guère été sous la domination de
l'Egypte que pendant trois ou quatre années, ce qui était bien peu pour
fonder la légitimité inaliénable qu'on prétendait nous opposer.

Lord Salisbury me parla alors de la domination du Mahdi, qu'il devait
considérer comme dévolue aux troupes anglo-égyptiennes par suite de
la conquête d'Omdurman.

Je répliquai que, si l'on invoquait le droit de conquête, il ne s'agissait
plus de questions de droit, mais de questions de fait ; qu'en fait Fachoda
n'avait pas été conquis sur le Mahdi, puisqu'il était occupé actuellement encore par une troupe française, qu'à plus forte raison l'on ne

pouvait pas parler de domination du Mahdi sur le Bahr-el-Ghazal, où nous avons pénétré il y a plusieurs années et où de nombreux postes français ont été établis. Ces territoires forment le prolongement naturel du Congo et de l'Oubangui, et le commandant Marchand avait pu y circuler sans rencontrer de troupes mahdistes, car, à ma connaissance, il n'avait eu d'engagement avec les derviches que sur le Nil même.

Lord Salisbury me fit observer alors que nos effectifs dans les pays dont nous parlions étaient trop faibles pour constituer une occupation véritable, que nous n'étions pas réellement maîtres du pays, ni capables de le défendre contre les revendications de l'Egypte.

Je répliquai qu'à la vérité notre autorité dans les territoires de l'Oubangui et du Bahr-el-Ghazal, comme probablement aussi dans une grande partie de nos territoires du Congo et du Centre africain, n'était représentée et soutenue que par une faible proportion d'Européens accompagnés d'indigènes bien armés et bien dressés en assez petit nombre, pour assurer leur mobilité et qui, suivant les circonstances, pouvaient se renforcer de recrues locales levées parmi les tribus amies.

Tel était l'usage constant des nations européennes en Afrique, et ce système avait été non seulement trouvé le plus pratique, mais universellement admis comme suffisant pour fonder des droits d'occupation effective. Nous étions organisés de la sorte pour faire face à toutes les exigences normales et locales de notre occupation. Mais nous n'avions pas songé à réunir des forces suffisantes pour combattre une armée européenne ou des troupes équipées et conduites par des Européens.

Si lord Salisbury voulait dire que le sirdar disposait de forces supérieures à celles du commandant Marchand et pouvait l'obliger à se retirer devant lui jusqu'où il lui conviendrait de le pousser, je ne contesterais pas une assertion aussi évidente ; mais alors il fallait quitter le terrain de la diplomatie. Je m'empresse de dire que lord Salisbury se défendit d'avoir exprimé une semblable pensée.

En ce qui concerne la province du Bahr-el-Ghazal, lord Salisbury me dit que, ce territoire faisant précisément l'objet de contestations entre nous, il devait demander que nous nous retirions jusqu'à la ligne de partage des eaux, sauf à nous à faire les réserves de droit que nous jugerons utiles.

Sans vouloir reprendre une stérile discussion juridique je fis observer au premier ministre que la ligne de partage des eaux, dans cette contrée, constituait une donnée scientifique dont la reconnaissance sur le terrain devait être fort difficile : pendant une grande partie de l'année, le pays inondé devenait marécageux ; des filets d'eau s'échappaient les uns dans la direction du Congo, les autres vers le Bahr-el-Ghazal et le Nil, sans que l'on pût parler de délimitation naturelle. Nous nous trouvions ainsi ramenés à la nécessité d'une délimitation amiable pour définir la sphère de nos protections et de nos droits réciproques.

Lord Salisbury me pressa alors avec insistance de lui faire des pro-

positions, si mes instructions m'y autorisaient. Je lui dis que, quoique
je n'eusse pas d'instructions nouvelles, je me croyais autorisé par vos
directions antérieures à revendiquer pour les territoires français du
bassin du Congo la possession de leur débouché nécessaire sur le Nil,
qui était la vallée du Bahr-el-Ghazal; qu'il me semblait de l'intérêt
commun de la France et de l'Angleterre de ne pas intercepter cette voie
naturelle du trafic de l'Afrique centrale, dont, au besoin, l'usage pourrait être garanti au commerce au moyen de stipulations spéciales, analogues à celles qui avaient été conclues pour les territoires du Niger.
Nous serions amenés ainsi à définir complètement nos sphères respectives et à terminer la délimitation des territoires entre le lac Tchad et
le Nil, la seule qui restât incomplète en Afrique depuis notre dernière
convention. Si nous nous mettions d'accord sur ces propositions, la
question de Fachoda ne serait plus une cause de difficultés et dispa-
raîtrait d'elle-même.

Lord Salisbury me dit qu'il réfléchirait au désir que je lui manifestais
de voir un accès réservé à la France sur le Nil par le Bahr-el-Ghazal :
mais qu'en tous cas il aurait besoin de se concerter avec les autres membres du Cabinet dont plusieurs étaient actuellement éloignés de Londres.

ALPH. DE COURCEL.

Le gouvernement britannique ne cessait de mettre au-dessus de
toute discussion le rappel de Marchand et l'évacuation de Fachoda.
Cette évacuation fut décidée par le gouvernement français qui publia le 4 novembre la note suivante :

Le gouvernement a résolu de ne pas maintenir à Fachoda la mission
Marchand. Cette décision a été prise par le conseil des ministres après
un examen approfondi de la question. Le gouvernement, en répondant
à l'interpellation qui doit lui être adressée à ce sujet, se réserve de développer devant les Chambres les motifs de cette résolution.

On fit valoir, pour expliquer cette décision, que la politique qui
avait, après hésitations, envoyé la mission Marchand à Fachoda
n'avait pas préparé le terrain diplomatique sur lequel elle eût pu
soutenir les efforts de la mission, ni la défense militaire, maritime
et coloniale suffisante pour en exiger les résultats.

Les négociations en vue d'un arrangement ne furent reprises
qu'au mois de janvier 1899 et durèrent jusqu'au mois de mars au
milieu d'un état de tension politique qui alla jusqu'aux armements
et à la mise en défense de nos côtes et de nos colonies. Conduites à
Londres par M. Paul Cambon, notre nouvel ambassadeur, elles

aboutirent le 24 mars 1899 à la signature à Londres d'une déclaration qui fut considérée comme « déclaration additionnelle à la convention franco-anglaise du 14 juin 1898 » et qui était ainsi conçue :

L'article 4 de la Convention du 14 juin 1898 est complété par les dispositions suivantes qui seront considérées comme en faisant partie intégrante :

1. Le gouvernement de la République française s'engage à n'acquérir ni territoire ni influence politique à l'est de la ligne frontière définie dans le paragraphe suivant et le gouvernement de Sa Majesté Britannique s'engage à n'acquérir ni territoire ni influence politique à l'ouest de cette même ligne.

2. La ligne frontière part du point où la limite entre l'État libre du Congo et le territoire français rencontre la ligne de partage des eaux coulant vers le Nil de celles qui s'écoulent vers le Congo et ses affluents. Elle suit en principe cette ligne de partage des eaux jusqu'à sa rencontre avec le 11e parallèle de latitude nord. A partir de ce point elle sera tracée jusqu'au 15e parallèle de façon à séparer en principe le royaume de Ouadaï de ce qui était en 1882 la province de Darfour ; mais son tracé ne pourra en aucun cas dépasser à l'ouest le 21e degré de longitude est de Greenwich (18°40 est de Paris), ni à l'est le 23e degré de longitude est de Greenwich (20°40' est de Paris).

3. Il est entendu en principe qu'au nord du 15e parallèle la zone française sera limitée au nord-est et à l'est par une ligne qui partira du tropique du Cancer avec le 16e degré de longitude est de Greenwich (13°40' est de Paris), descendra dans la direction du sud-est jusqu'à sa rencontre avec le 24e degré de longitude est de Greenwich (21°40' est de Paris) et suivra ensuite le 24e degré jusqu'à sa rencontre au nord du 15e parallèle de latitude avec la frontière du Darfour telle qu'elle sera ultérieurement fixée.

4. Les deux gouvernements s'engagent à désigner des commissaires qui seront chargés d'établir sur les lieux une ligne frontière conforme aux indications du paragraphe 2 de la présente déclaration. Le résultat de leurs travaux sera soumis à l'approbation de leurs gouvernements respectifs.

Il est convenu que les dispositions de l'article 9 de la convention du 14 juin 1898 s'appliqueront également aux territoires situés au sud du 14°20' de latitude nord et au nord du 5e degré de latitude nord, entre le 14°20' de longitude est de Greenwich (12° est de Paris) et le cours du Haut-Nil.

Fait à Londres, le 24 mars 1899.

(*L. S.*) Signé : Paul Cambon.
(*L. S.*) Signé : Salisbury.

Le Bahr-el-Ghazal nous était ainsi fermé et l'évacuation de nos postes fut opérée par le capitaine Roulet en 1899-1900.

Quant à la mission Marchand, elle avait quitté Fachoda le 11 décembre sur le *Faidherbe* et la flottille qui la transportèrent jusqu'au plateau abyssin. Le 24 janvier elle atteignit le premier poste abyssin, Bouré, fut bien accueillie à Goré par le Dedjaz Thessamma, arriva le 10 mars à Adis-Ababa où Ménélik lui fit une réception chaleureuse, le 17 mai à Djibouti et le 1er juin en France où d'enthousiastes ovations récompensèrent Marchand et ses compagnons de leurs fatigues sans les consoler de leurs déceptions.

C'est à la suite de la tension diplomatique qui s'était produite entre la France et l'Angleterre et pour remédier à l'insuffisance alléguée de notre armement sur mer et aux colonies que le gouvernement, conformément aux injonctions des Chambres, prépara un plan de défense maritime et coloniale qui fut présenté au Parlement en février 1900 et qui comprend cinq projets de loi : 1° augmentation de la flotte, renforcée de 6 cuirassés, 5 croiseurs cuirassés, 28 contre-torpilleurs, 112 torpilleurs et 26 sous-marins ; 2° outillage des ports de guerre et bases d'opération de la flotte, dont 55 millions pour les ports des colonies, notamment Bizerte et Dakar ; 3° défense des côtes ; 4° défense générale des colonies par la construction et l'achèvement de places fortes et de magasins de mobilisation ; 5° établissement d'un réseau de câbles sous-marins et extension des lignes télégraphiques terrestres de l'Afrique occidentale française. Ces projets ont été successivement votés par le Parlement, et les travaux sont en cours d'exécution.

B. — Vers le Tchad.

Le mouvement vers le Tchad fut marqué par des événements d'un autre ordre.

Une tentative avait été accomplie à la fin de 1894 par M. Clozel, le compagnon de Maistre, pour atteindre le lac Tchad en partant de la Sangha. Clozel atteignit la Mambéré à Tendira où il fonda le poste de Carnot, se dirigea vers le nord, franchit la ligne de partage des eaux de la Bénoué et du Congo et atteignit à Gouikora la rivière Ouom qui de 1895 à 1898 fut reconnue par M. Perdrizet jusqu'près du 16° de longitude, et qui fut plus tard identifié avec le Bahr-Sara (mission Bernard-Huot).

Mais c'est par la voie du Chari que le Tchad devait être définitivement atteint. Parti de Brazzaville le 28 octobre 1895, M. Gentil,
enseigne de vaisseau, fit passer dans le Gribingui, affluent du Chari,
le vapeur *Léon-Blot*, il lui fallut près de deux ans d'efforts et de
reconnaissances pour y parvenir. Le 20 août 1897, le *Léon-Blot* entrait dans le Chari et descendait le fleuve. M. Gentil nouait de
bonnes relations avec les indigènes et en octobre il arrivait à Massenya où Gaourang, sultan du Baguirmi, lui déclara que c'était
Rabah qui avait fait tuer Crampel et demanda la protection française qui lui fut accordée par traité. Continuant sa route, M. Gentil
repartit de Massenya et arriva le 30 octobre 1897 dans les eaux du
Tchad. Il y resta trois jours, bien accueilli par les populations op-
primées par Rabah, et rentra au Congo par la voie du Chari. L'un de
ses compagnons, M. Prins, avait fait un assez long séjour auprès de
Snoussi, le chef chez lequel Crampel avait été assassiné par Hassen,
lieutenant de Rabah, et il en avait rapporté un traité en due forme.

Cette mission qui nous ouvrait le Baguirmi nous avait amenés
au contact de Rabah. La puissance et l'histoire de ce chef datent de
1883. Fils d'une esclave de ce Zobéir Pacha qui fut nommé moudir
de la province de Chekka, puis interné au Caire, Rabah avait combattu contre Gessi-Pacha avec Souleiman, fils révolté de Zobéir.
Mais il avait échappé à la défaite de celui-ci et s'était jeté dans l'ouest
avec une bande sans cesse plus nombreuse. Il dévasta le Dar Fertit,
puis descendit vers l'Oubangui, se heurta aux N'Sakkaras, prit au
nord-ouest, envahit le Dar Rounga, soumit le sultan d'El Kouti,
Senoussi, qui sur ses ordres laissa massacrer la mission Crampel
(mai 1891), attaqua le Baguirmi dont il conquit la partie septentrionale (1893), puis le Bornou qu'il ravagea et dévasta. Dès ce moment il avait à sa volonté munitions et ravitaillement et l'ancien
chef de brigands du Bahr-el Ghazal devenait un empereur puissant
faisant payer tribut à vingt peuples soumis à son joug (1) : il leva
des impôts, rétablit les routes commerciales et établit sa résidence à
Dikoa, près du lac Tchad : il y reçut même en 1894 des ouvertures
d'émissaires anglais qui cherchaient à préserver le Sokoto et de
l'Etat du Congo qui tendait à ce moment à pénétrer jusqu'au Chari.

L'arrivée de la mission Gentil au Tchad fut le premier acte de
nos relations avec Rabah dans le Chari. A peine le *Léon-Blot* avait-il

_____

1) Wauters, *Mouvement géographique*, 1899.

quitté les eaux du Tchad et du Bas-Chari que Rabah, pour punir l.
Baguirmi de l'accueil fait à la mission française, l'envahit, et dé-
truisit les villes de Kousseri et de Goulfei. Gaourang, chassé d.
Massénya et battu, fit demander des secours aux Français.

Déjà dès le milieu de 1898, le gouvernement avait décidé d'envoyer au Chari une nouvelle mission confiée au lieutenant de vaisseau Bretonnet, administrateur des colonies, et au lieutenant Braun.
Ils devaient ramener au Chari des envoyés du Baguirmi venus en
France avec M. Gentil et continuer l'occupation des territoires du
Tchad. Les nouvelles du Chari devenant encore plus inquiétantes.
il fut décidé en décembre 1898 que M. Gentil retournerait lui-même
au Chari avec le titre de commissaire du gouvernement et une mission assez forte pour refouler Rabah, secourir Gaourang et se
mettre en rapports avec l'Ouadaï. On put croire un moment que
notre action contre Rabah serait accompagnée d'une action parallèle
des Allemands dans le haut Cameroun et des négociations furent
même engagées dans ce sens. Mais le gouvernement allemand renonça à ses premières intentions.

M. Gentil arriva sur le Chari le 16 août, à Gaoura. Une mauvaise nouvelle lui parvint. Le 17 juillet 1899, Bretonnet et sa mission avaient été subitement attaqués à Togbao par Rabah qui disposait de sept à huit mille hommes et ils avaient été massacrés après
un héroïque combat : le sergent sénégalais Samba-Sall avait seul
échappé au désastre pour en apporter la nouvelle.

M. Gentil se résolut immédiatement à venger la mort de Bretonnet. Il repartit pour Gribingui pour chercher les renforts amené.
par les capitaines Robillot, de Cointet et de Lamothe, et les concentra
à Fort-Archambault. Le 29 octobre 1899, la mission attaqua Rabah
qui s'était fortifié à Kouno : le combat fut très violent et nous coût
40 tués et 118 blessés, mais le tata de Kouno était détruit et Rabah
mis en fuite.

M. Gentil redescendit de nouveau jusqu'à Bangui pour trouve
des renforts. Pendant qu'il en recrutait et que M. de Lamoth
commissaire général du Congo, lui en fournissait, il en receva
d'autres qu'il n'attendait point. Le 13 janvier 1900, la mission
l'Afrique centrale Joalland-Meynier avait pris le contact avec 1
postes avancés de la mission du Chari: Nous avons indiqué à no
chapitre de l'Afrique occidentale l'origine de cette mission et
marche de Zinder au Tchad. Parvenue le 23 octobre 1899 à Nguigi

lle arriva le 17 novembre à Débénenki, un des principaux villages
du Kanem, et le 25, le capitaine Joalland avait signé le traité de
protectorat suivant avec Halifa Djerab, descendant des anciens chefs
du pays :

ART. 1er. — Halifa Djerab place sous la protection du gouvernement
français les cantons de Débénenki et de N'Gouri.

Ce pays s'étend, au Nord, jusqu'à Chittati ; à l'Ouest, au Tchad ; au
Sud, au pays de Dékéna ; à l'Est, au Ouadaï.

ART. 2. — Le gouvernement français dégage le Kanem de toutes les
obligations auxquelles il était tenu envers le Ouadaï.

Des garnisons permettant de défendre effectivement le Kanem contre
les incursions des bandes du Ouadaï seront placées dans le pays de Halifa
Djerab.

ART. 3. — La nourriture, la remonte et l'entretien de ces garnisons
seront entièrement à la charge du pays.

ART. 4. — Les marchandises européennes paieront, à leur entrée
dans le Kanem, un droit de 1/100 *ad valorem* ; ces droits de douanes seront remboursés en atténuation des frais occasionnés par l'occupation.

Les commerçants français pourront y commercer en toute liberté et
toute sécurité.

ART. 5. — Le présent traité devra être ratifié par le Gouvernement
de la République française.

ART. 6. — Le texte français seul fait foi.

Préoccupé de se relier à la mission Gentil, le capitaine Joalland
avait continué sa route vers le Chari et était arrivé le 10 décembre 1899 à Goulfeï, sans y trouver cette mission. Un courrier indigène n'ayant pu passer, il envoya en reconnaissance le lieutenant
Meynier à la recherche de M. Gentil. Pendant ce temps il revint
vers le Kanem et y intronisa définitivement Halifa Djerab en battant
son rival Halifa Agui qui fut tué le 4 janvier. Le 30, Joalland apprenait que M. Meynier avait pu, par le Bahr-Erguig, rejoindre la
mission du Chari et que le capitaine Robillot lui demandait l'assistance de ses troupes pour continuer sa campagne contre Rabah. La
jonction de la mission de l'Afrique centrale et de la mission du
Chari était faite.

Puis ce fut la mission saharienne Foureau-Lamy qui entra en
scène à son tour. Parvenue le 21 janvier 1900 au lac Tchad, elle avait
contourné le Tchad comme la mission de l'Afrique centrale et avait
rencontré, le 18 février, à Débénenki, le capitaine Joalland venu
au-devant d'elle. La réunion des deux missions, saharienne et
d'Afrique centrale, se fit à Goulfeï et le commandant Lamy devenait

le chef militaire de l'une et de l'autre. Il attaqua aussitôt et battit Rabah dans deux combats livrés à Kousseri le 3 mars et à Logone le 9.

Ce n'était que le préliminaire d'une action plus importante. La mission du Chari étant arrivée à son tour à Kousseri le 21 avril. M. Gentil, en sa qualité de commissaire du gouvernement, décida que les trois missions qui avaient complètement réalisé le plan Crampel de jonction de l'Algérie, du Soudan et du Congo, coopéreraient contre Rabah. Le commandant Lamy, à qui revenait le commandement, disposait de 700 réguliers, algériens ou sénégalais, de 4 canons et de 1500 auxiliaires baguirmiens. Rabah disposait de 5000 hommes et de 3 canons. L'attaque commencée par les troupes de Joalland eut lieu le 22 avril 1900 et dura trois heures : l'assaut final mit les troupes de Rabah en déroute, mais au moment où Lamy pénétrait dans le camp ennemi, il fut grièvement atteint d'une blessure qui devait être mortelle, et le capitaine de Cointet fut tué à ses côtés. Lamy eut du moins avant de mourir la satisfaction d'apprendre que Rabah était tué et que ses troupes avaient été complètement défaites. Profitant de l'effet moral produit par la mort de Rabah, le commandant Reibell, qui avait pris le commandement, poursuivit les bandes de Rabah jusqu'à Dikoa où il entra le 1ᵉʳ mai, et battit le 2 et le 7 mai les deux fils de Rabah, Fadel-Allah et Niobé. Ce succès achevait la victoire de Kousseri et vengeait la mission Crampel, la mission Bretonnet et aussi l'explorateur de Béhagle qui s'était rendu sur le Chari en mission privée et avait été fait prisonnier, puis exécuté par Rabah.

M. Foureau était déjà rentré en France, le commandant Reibell et ses troupes y revinrent en octobre 1900 et le capitaine Joalland, avec les troupes de la mission, regagna par le sud-ouest du Tchad Zinder et le Soudan d'où il rentra en France au mois de mars 1901. La mission du Chari demeurait sur place. M. Gentil ne rentra en France qu'en février 1901. Au mois de janvier 1901, Fadel Allah a tenté une nouvelle attaque et le commandant Robillot l'a battu et repoussé jusqu'au-delà de Dikoa : le fils de Rabah a demandé alors la protection des Anglais qui lui ont envoyé un ambassadeur, le major Mac-Clintock et ont envisagé la possibilité de le reconnaître comme sultan de Bornou.

A la suite de ces événements, le Gouvernement a décidé de constituer dans ces territoires un « territoire militaire des pays et protectorats du Tchad » et comprenant le bassin de la Kémo et le

bassin du Chari. Ce territoire a été organisé par un décret du 5 septembre 1900, et les forces dont dispose l'officier supérieur chargé
de l'intérim du commissaire du gouvernement en cas d'absence
de celui-ci ont été fixées à un effectif d'un bataillon de tirailleurs
sénégalais, un escadron de cavalerie indigène et une batterie mixte
d'artillerie, en tout environ 750 hommes ; le lieutenant-colonel
Destenave a été appelé à ce commandement.

Au moment où M. Gentil a quitté son territoire, le Chari était
divisé en deux régions : la région civile du Haut-Chari (indigènes
Bandas, Mandjias et Saras) à laquelle est rattaché le territoire du
cheikh Senoussi qui gouverne le Kouti, et la région militaire du
Bas-Chari. Cette dernière comprend le Baguirmi dont le sultan
Gaourang nous paie un tribut et un territoire qui nous appartient
en toute propriété, le delta du Chari. M. Gentil s'est inspiré dans
l'organisation de cette région de celle que Rabah avait donnée à
ses conquêtes.

Nous accédons maintenant à l'empire du Ouadaï dont le sultan
Ibrahim a été dépossédé et tué au commencement de 1901 par le
sultan Ben-Ali. Nous avons rompu les liens de vassalité qui unissaient au Ouadaï le Kanem et le Baguirmi. D'autre part, le mahdi
Senoussi, le chef de la grande confrérie à tendance panislamique,
s'est rendu de Djarboub et de Koufra aux environs du Tchad et il
tente de former dans le Ouadaï un faisceau de résistances contre
l'action française. C'est au milieu de ces éléments divers que notre
occupation va se porter sur le Ouadaï en faisant la « tache d'huile »
et assez tôt pour éviter que de nouvelles guerres intestines désolent
et ruinent ce pays.

III. — ORGANISATION ET DÉVELOPPEMENT COMMERCIAL

Le décret du 11 décembre 1888 avait réuni le Gabon et le Congo
français et depuis lors ces deux possessions n'ont formé qu'une
seule colonie. Son administration a été réorganisée par un décret
du 28 septembre 1897 qui a placé les territoires du Congo français,
y compris la région de l'Oubangui, sous l'autorité du commissaire
général du gouvernement ayant sous ses ordres un lieutenant-gouverneur du Congo français et un lieutenant-gouverneur de l'Oubangui. Le commissaire général a aussi sous ses ordres le commis-

saire du gouvernement au Chari, mais le décret du 5 septembre 1900, qui a créé le « territoire militaire des pays et protectorats du Tchad », a rendu autonome le budget de cette circonscription qui est toutefois soumis à l'approbation du commissaire général ; le même décret a supprimé le budget particulier de l'Oubangui, bien que cette région, sous la direction de l'administrateur Bobichon ait pris un grand développement en 1900-1901.

Un projet tend à séparer de nouveau l'ancien Gabon et le Congo. Les partisans de cette « dislocation » (1) font valoir que les dépenses dans la région du nord de la colonie ont absorbé les revenus particuliers du Gabon, et que cette dernière région demeure ainsi stationnaire, sans travaux publics ; que le Gabon est soumis au tarif général des douanes, tandis que le Congo est soumis aux fluctuations du régime prescrit par l'acte de Bruxelles pour le bassin conventionnel ; et qu'au surplus, les populations à administrer dans les deux régions sont absolument différentes. Ils concluent à la suppression du commissariat général, à la séparation du Congo et du Gabon avec deux gouvernements distincts et à la création d'un budget spécial de pénétration.

Le mouvement commercial subit au Congo une progression constante. En 1894 la colonie faisait 4 millions 1/2 d'importations, dont 1,100,000 francs de France et 6 millions d'exportations, dont 1 million 1/2 pour France. En 1899, elle a fait 6,600,000 fr. d'importations, dont 2 millions 1/2 de France et un chiffre presque égal d'exportations, dont 1,600,000 fr. pour France. Dans le chiffre total des exportations, l'ivoire entre pour 1,878,000 fr., le caoutchouc, pour 3 millions et les bois pour 1,150,000 fr. Le chiffre total du commerce de 1900 a été de plus de 18 millions, dont 10 million. 1/2 d'importations.

La mise en valeur du Congo français a donné lieu en 1899 à un important mouvement de colonisation et à l'octroi de nombreuse concessions territoriales. Un décret du 28 mars 1899 a détermin le régime de la propriété foncière fondé par application du systèm Torrens : la base du régime appliqué au Congo est l'immatricula tion des immeubles sur les registres d'un conservateur de la pro priété foncière résidant à Libreville. Une série de décrets publiés

(1) Rapport de M. Guynet, délégué du Congo, *Bulletin du Comité l'Afrique*, 1900, p. 253.

1899 et en 1900 a accordé à des concessionnaires des concessions territoriales d'une assez grande étendue : le cahier des charges joint aux décrets de concession exige des concessionnaires la constitution d'une société anomyne, le versement d'une redevance annuelle, une contribution aux frais d'installation de nouveaux postes de douane, l'entretien d'un certain nombre de bateaux à vapeur, le versement à la colonie d'une part de bénéfices. La plus grande partie des terres domaniales ont été ainsi concédées et réparties entre une cinquantaine de sociétés qui à ce jour ne paraissent pas avoir réussi en grand nombre; quelques-unes ont eu avec des maisons anglaises antérieurement établies des difficultés qui se sont traduites en 1900 par une intervention diplomatique du gouvernement anglais. D'autres ont éprouvé des difficultés considérables pour engager leurs opérations. On a même parlé de crise du Congo » et il semble que quelques concessions seulement pourront se maintenir et prospérer.

Le Congo français manque de travaux publics, et plus particulièrement de voies de communication. Les seuls moyens de transport en usage sont le portage à dos d'homme et le batelage sur les cours d'eau. Pendant longtemps l'unique voie d'accès à Brazzaville était la piste non carrossable de Loango à Brazzaville à travers la forêt du Maymbe et au milieu de populations souvent hostiles. Un projet de voie ferrée a été étudié en 1894 entre Loango et Brazzaville. Mais il a été abandonné, et actuellement la colonie et le commerce empruntent la voie du chemin de fer belge qui part de Matadi, contourne l'escalier du Congo sur une longueur de 400 kilomètres et aboutit à Léopoldville ; il a été construit de mars 1890 à juillet 1898.

Un projet français a été étudié en 1898-99 de la Sangha à Libreville par la mission Fourneau-Fondère.

Ajoutons que l'État Indépendant du Congo a commencé les études d'une voie ferrée allant de l'Oubangui au Nil.

La navigation sur le Congo et ses affluents a été jusqu'en 1900 le monopole d'une société congolaise et d'une société hollandaise. Les nouveaux concessionnaires du Congo doivent lancer des bateaux sur le fleuve et quelques-uns, réunissant leurs obligations respectives, ont fondé des compagnies de navigation fluviale.

De nombreuses reconnaissances ont été faites en 1900 par les officiers de la mission du commandant Gendron.

CHAPITRE V

DE LA SOLIDARITÉ ET DES
MOYENS D'EXPANSION DES COLONIES FRANÇAISES
D'ALGÉRIE-TUNISIE, D'AFRIQUE OCCIDENTALE
ET D'AFRIQUE CENTRALE

Tout esprit soucieux de l'avenir de nos colonies d'Afrique considère avec juste raison l'organisation rationnelle des moyens de transport et de communication comme la condition essentielle de notre expansion coloniale. Une faute commise dans l'agencement des routes et surtout des voies ferrées, aura, sur l'avenir de ces pays groupés à l'ouest-nord-ouest du continent africain, une influence d'autant plus funeste que, malgré le progrès des explorations, la plupart des régions de ce vaste domaine ne sont ni ne peuvent être encore appréciées à leur juste valeur. Pour agir sagement en pareille matière il faudrait calquer le plan des voies de communication sur le plan de mise en valeur adopté par la métropole : or, ce qu'un État est en mesure d'organiser systématiquement dans ses colonies, s'il en a la libre disposition, comme jadis la Hollande dans l'archipel Malais, une démocratie qui a le légitime souci de laisser aux colons isolés et aux concessionnaires groupés leur pleine initiative, ne peut l'imposer à ses colonies. Quelle part auront, chez nos sujets d'Afrique, les cultures du riz, du blé, du cacao, du café, du thé, du coton, du caoutchouc, voilà ce que nul ne saurait prédire, quelle que soit sa connaissance des aptitudes naturelles des pays colonisés. Enfin la destinée économique de l'Afrique française ne peut être envisagée sans une étude comparée et solidaire du reste de notre empire colonial. On est donc contraint ou de subordonner l'organisation des moyens de transport à ce qui est et vaut à l'heure actuelle, ou de considérer seulement, si l'on escompte l'avenir, les facultés les plus caractéristiques de production végétale des zones qu'il s'agit d'exploiter : et en ce cas on risque de méconnaître telle ressource minérale de grande valeur que le hasard d'une subite découverte peut faire surgir. La réserve méthodique et l'attente semblent donc s'imposer aux politiques soucieux du bon emploi de la richesse française, déjà plusieurs fois éprouvée par des entreprises mal conçues ou mal exécutées.

Or l'esprit de système a déjà entraîné fort loin, trop loin, l'opinion publique française qui, en dépit d'épreuves cruelles, reste simpliste et parfois capable de prendre d'ambitieuses et vaines formules pour l'expression de grands desseins. Les simples auxquels a manqué le bienfait d'une instruction technique et étendue à la fois, sont excusables de « voir simple » ; mais les hommes de science et d'action qui ont la charge redoutable de guider l'opinion française, ce qui est presque employer la fortune française, devraient longuement peser leurs responsabilités avant de préconiser des projets vastes et coûteux. Il fut déjà beaucoup trop parlé de « la victoire de l'humanité », sur les isthmes et quelquefois par des ingénieurs ou des publicistes qui recommandaient en même temps de rétablir certains autres isthmes en jetant des ponts gigantesques sur le Pas-de-Calais; le danger est le même de parler « in-abstracto » de la « victoire remportée sur les déserts » : il est des déserts, comme des isthmes, comme des détroits, qu'il importe de franchir et de vaincre, d'autres qu'il faut savoir laisser à leur condition naturelle. C'est pour gagner l'opinion publique, que Crampel a créé la brillante formule « de la réunion, sur les bords du Tchad, de l'Algérie-Tunisie, de l'Afrique occidentale et du Congo » ; par là aussi il a créé un « mouvement d'opinion ». Personne ne regrettera l'enthousiasme qu'il a ainsi déchaîné et qui nous a valu nombre d'émules de ses glorieuses explorations. Encore est-il légitime de rechercher si la formule magique de la « marche vers le Tchad » n'a point détourné notre attention d'intérêts plus tangibles, plus immédiats, et si cette formule résume un programme rationnel de travaux publics, ce qui tiendrait du merveilleux, Crampel ayant écrit la phrase qui a rendu le Tchad populaire, même parmi les gens habitués à raisonner, à une époque où la majeure partie des régions qu'il conseillait de réunir en un lieu quasi géométrique était encore mal connue. Le vaillant explorateur eût compris qu'une évolution d'idées générales et de projets d'ensemble devait suivre l'évolution de notre connaissance géographique, car ceux qui l'ont connu (et c'est notre cas) savent qu'il était accessible aux conseils de l'expérience et capable de transformer, par des corrections nécessaires, une devise d'enthousiasme en plan d'action pratique. Pourquoi faut-il que d'une pensée concise et forcément obscure, que d'une phrase échappée à l'improvisation généreuse du lettré délicat qu'il fut, on fasse aujourd'hui en hâte un principe d'action et un mot d'ordre?

Le moment est venu de déterminer dans quelle mesure on doit souhaiter la jonction de nos colonies si diverses de l'Algérie-Tunisie, de l'Afrique occidentale, et des territoires groupés autour des tributaires du Tchad et du Congo. L'intérêt français commande-t-il de solidariser étroitement toutes les parties de ce domaine par l'établissement d'un réseau de voies ferrées, ou bien suffit-il, laissant à chaque groupe l'autonomie de son administration, de son régime commercial et de ses moyens de communication, d'assurer par la construction de lignes télégraphiques les combinaisons éventuelles d'intérêt et les ententes indispensables. La thèse de la jonction intégrale des « tronçons » de l'Afrique française fut soutenue, nous l'avons vu, par Crampel qui désignait les bords du Tchad comme le lieu de rencontre de toutes nos routes africaines et le centre de gravité du vaste empire qui s'étend aujourd'hui des rivages de la Méditerranée à ceux du golfe de Guinée et au cours du Congo. A d'autres partisans de cette homogénéité artificielle suffirait une voie ferrée transsaharienne dont chacun fixe les stations de départ et d'arrivée au gré de son appréciation particulière sur la valeur des contrées et des oasis traversées. Enfin le plus grand nombre des amis de notre expansion africaine semble préférer désormais, soit d'une manière définitive, soit à titre de transitions indispensables, le plan qui concède d'abord à chaque groupe vraiment homogène de colonies françaises sa route ou sa voie ferrée d'intérêt local, au Sénégal l'achèvement du chemin de fer du haut-fleuve jusqu'à Kita et Bammako, à la Guinée le railway conforme au tracé du capitaine Salesses, à la Côte d'Ivoire et au Dahomey deux sillons pénétrants avec quelques ramifications ultérieurement déterminées, enfin à l'Algérie-Tunisie la prolongation des lignes du Sud-Oranais, du Sud-Constantinois, prolongation que tous estiment nécessaire jusqu'aux agglomérations les plus proches et les plus importantes d'oasis, Touat et Oued-Rhir. Ce sont là des desseins plus modestes, moins flatteurs et moins capables de déterminer en France une adhésion faite d'enthousiasme autant que de raison, mais plus sûrs aussi. Leurs risques d'exécution ne sont point tels qu'ils puissent, au jour d'un échec partiel ou d'un temps d'arrêt, déchaîner, comme d'autres, une révolte passionnée de l'opinion publique contre la politique coloniale encore si timidement approuvée par nombre d'esprits réservés, hostiles à toute apparence d'aventures, ou si ardemment combattue au nom de doctrines d'une application contestable mais d'une inspiration élevée et généreuse. Il est dangereux de choquer, sans nécessité urgente, le vieux fonds de circonspection paysanne du peuple français ; cette circonspection est respectable et contient sa part de sagesse vraie tout comme le scrupule moral des opposants d'écoles politiques nouvelles.

Il serait prudent de ne compter que sur l'envoi, de l'un des pays de cette union franco-africaine vers l'autre, des seuls produits dont ce pays est le détenteur direct et dont il regorge. A cet égard l'exemple de l'Algérie-Tunisie, considérée dans ses rapports avec le Soudan, est particulièrement instructif. Les partisans des voies ferrées transsahariennes supposent, sans raison bien valable, que l'Algérie-Tunisie doit être l'entrepôt de tous les produits de la métropole destinés au Soudan, étoffes, meubles, quincaillerie et outils, etc..., etc...; or, au temps encore lointain où le Soudan plus civilisé et mieux peuplé (ou moins dépeuplé) aura de grands besoins, on peut compter que les manufacturiers de France prendront leurs dispositions pour éviter le transbordement d'Alger et acheminer leurs convois jusqu'au port le plus proche du pays de destination, Saint-Louis, Dakar, Konakry, Bingerville, Kotonou ou Loango ; car la constitution de gros entrepôts est déjà presque un procédé du passé, au moins en ce qui concerne les pays de modique consommation et de médiocre richesse, et chaque progrès des moyens de correspondance télégraphique, téléphonique, postale, ou des moyens de transport, nous achemine vers la vente directe et la suppression des intermédiaires onéreux que sont les entreposeurs et les commissionnaires en gros. Si l'Algérie veut quelque jour organiser une industrie locale à destination du seul Soudan, ce pourquoi elle est peu douée, la métropole deviendra une concurrente d'autant plus âpre et empressée à se servir des voies directes et rapides pour son propre compte. Ce que nos colonies et pays de protectorat du Maghreb vendent le plus aujourd'hui, ce sont les céréales, les fruits et primeurs, le bétail et les vins : or les contrées soudanaises voisines du Sahara, que les récentes explorations nous ont fait connaître, sont ou seront fort riches en céréales, regorgent de bétail, et sont peuplées de Musulmans qui ne consomment point de vin. Les explorateurs des lacs et espaces noyés des environs de Tombouctou nous parlent d'une nouvelle Egypte; l'Egypte n'a pas besoin des blés de l'Algérie. Les voyageurs qui ont le mieux étudié le Mossi, le Macina, le Yatenga, comparent sans cesse à la Normandie ces merveilleuses régions d'élevage; la Normandie n'a pas besoin du bétail algérien. La réciproque est vraie : l'Algérie n'a rien à gagner aux importations d'objets similaires du Soudan des savanes et des steppes, et rien ne le prouve mieux que cette exclamation d'un observateur distingué, en présence des aspects caractéristiques des contrées du Nord de la boucle du Niger : « Nous ne sommes pas ici au Soudan, mais dans le Sud algérien. »

Il en faut revenir toujours à la même remarque, fondamentale et inexorable dans ses conséquences les plus simples : les régions vraiment riches et contrastantes de l'Algérie-Tunisie et de l'Afrique occidentale française sont, de part et d'autre, les régions maritimes donc celles qui ont le plus grand intérêt à se servir des voies de mer, le moindre intérêt à emprunter les voies de terre. L'Algérie-Tunisie vaut, par son Tell et son Sahel, l'Afrique occidentale française par ses territoires de Guinée; dans la condition actuelle qui, assurément, n'est point définitive, mais reflète des faits naturels de climat d'une inéluctable permanence, les deux zones de richesse majeure de ce que la France possède entre le golfe de Guinée et la Méditerranée sont aussi les plus distantes l'une de l'autre et les plus maritimes d'inclination commerciale autant que de climat. Ajoutons une dernière indication : les marchés de vente des produits de la Guinée et du Tell sont et resteront longtemps les marchés de la France et des pays d'Europe où le développement de l'industrie a déterminé le surpeuplement et une richesse qui attire matières premières et objets d'une consommation de luxe : huile de palme, fruits, primeurs, dès maintenant, coton, café, thé, riz, dans la suite prendront le même chemin. Ainsi la nécessité urgente des échanges entre l'Afrique occidentale française et l'Algérie-Tunisie est loin d'être démontrée.

A l'Afrique occidentale la métropole demandera surtout les denrées des deux zones les plus voisines de la mer, celles des forêts et des cultures moyennes, huiles de palme, riz, café, cacao, coton, denrées qui, sauf la première, ne sont pas encore produites en quantité suffisante pour alimenter un commerce important; et si le négoce français doit faire bientôt appel à des cargaisons de céréales venues des nouveaux champs du Moyen-Niger, ces cargaisons prendront tout naturellement le chemin des ports sénégalais et guinéens, parce que les produits abondants des zones côtières collaboreront, par leur extrême abondance, à l'amortissement du coût des transports de l'intérieur; si les voies de pénétration qu'on pousse vers le Haut-Sénégal, le Fouta-Dialon, l'arrière-pays de la Côte d'Ivoire et du Dahomey sont déjà capables de donner lieu à une exploitation fructueuse, nul doute que leur action attractive s'exerce sur les convois venus des régions d'élevage et de cultures céréales de l'intérieur, au détriment des routes trans-sahariennes menant en Algérie.

Un éminent économiste, M. Paul Leroy-Beaulieu, proteste, avec quelque raison, contre l'habitude vulgaire de considérer en bloc et d'une manière absolue le Sahara comme un néant. Il n'est que juste de reconnaître avec lui que les dattes, dont la production est surtout remarquable dans les oasis de la région septentrionale, que le sel, sont des denrées d'une réelle valeur; mais il serait aventureux d'escompter le transport de nitrates dont les gisements n'ont été ni localisés avec certitude, ni évalués même avec approximation ; et si le Sahara contient des phosphates de bonne qualité, ce qui peut être, un esprit prudent serait porté à craindre qu'on se décide seulement à les exploiter quand les carrières des régions peuplées, accessibles et pourvues de main-d'œuvre, seront épuisées, ce qui n'est pas imminent.

Faut-il s'attacher, avec une foi sans défaillance, à l'espoir qu'encouragerait, paraît-il, l'étude des sciences économiques, de voir les produits minéraux du globe devenir de plus en plus importants dans l'ensemble des échanges humains, et les produits végétaux se raréfier et s'avilir ? Le doute est grandement autorisé à cet égard, et, fût-il impossible, qu'il resterait à prouver que les déserts primeront nécessairement en richesse minérale les pays de belle végétation, et que le Sahara, en particulier, sera dans ce cas. Rien n'autorise, hélas ! si l'on en juge par les rapports de la mission Fourreau-Lamy, de si vastes pensées ; et la présence même de merveilleuses mines dans ce désert essentiellement français n'impliquerait la construction d'une voie ferrée de traversée que si ces éléments de fret étaient partout épars, en îlots, en archipels véritables ; car leur découverte au voisinage de l'Atlantique, du sud Algérien, du Nord Soudanais, ou de l'Est Nilotique, n'entraînerait que la construction de voies de raccordement.

Une raison inattendue et ingénieuse, spécieuse même, a été invoquée en faveur de l'exécution immédiate du chemin de fer transsaharien ; c'est l'ordinaire succès des voies ferrées dirigées du nord au sud. L'argument, qui repose d'ailleurs sur un fait fort contestable, emprunte sans doute son apparente valeur à l'observation d'un contraste fréquent, donc d'un besoin urgent d'échanges, entre pays qui se succèdent suivant les mêmes lignes de longitude et sont placés sous des latitudes très différentes. Or il y a là beaucoup moins qu'une loi de géographie physique : raisonner ainsi est méconnaître l'extrême diversité de directions que peuvent affecter des changements de régime climatérique. L'Europe occidentale et l'Asie orientale présentent des zones de production végétale très peu diverses sous des latitudes très différentes. Entre l'Europe occidentale et l'Europe orientale, le passage graduel du climat maritime au climat continental est le fait notable qui introduit des contrastes, donc des besoins d'échanges, d'un pays à l'autre. Ailleurs les variétés de production végétale s'échelonnent du nord-ouest au sud-est, etc..., etc... ; ce qui revient à redire une élémentaire vérité de géographie, à savoir que la répartition des pays en latitude n'est pas la loi absolue de leurs diversités de climats et de plantes. Enfin le commerce ne dépend pas des seuls contrastes de végétation ; et les richesses minérales qui déterminent une part du trafic humain sont réparties suivant des lois qui n'ont rien de commun avec la géographie mathématique. Mais le Sahara lui-même qui est une interruption, un hiatus climatérique et végétal, n'est-il pas la preuve la meilleure de l'irrégulière répartition des zones de températures et de plantes suivant la latitude ? Et l'on invoque, pour le doter d'une voie ferrée, la prétendue loi de physique dont il est la plus frappante négation !

Il y aurait quelque cruauté à discuter longtemps une autre loi, loi d'économie politique, citée jadis à l'appui de la même entreprise ; c'est la « loi du tarif décroissant » aux termes de laquelle le prix de transport d'une marchandise est d'autant plus bas que cette marchandise est transportée à plus longue distance. Le fait (non la loi) qui est d'une vérité contingente et limitée à quelques cas particuliers est vrai en ce seul sens que, plus souvent se renouvelle et change, de station en station, le stock de marchandises qui accompagne un chargement fait pour une longue distance, plus le prix de transport de ce chargement est diminué ; c'est un phénomène très simple d'amortissement des frais de traction par le nombre et la valeur des objets auxquels s'applique un effort de traction identique. Ce phénomène n'a lieu que dans les pays de grande richesse, de circulation intense, et par là même, de stations multiples où il y a mouvement perpétuel de réception et d'expédition de marchandises. Il est évident qu'une voie ferrée transsaharienne offrirait une condition toute contraire, celle d'une graduelle aggravation de la dépense de charbon ; ce serait donc le plus bel exemple du fait de croissance d'un tarif de transport et non de décroissance, comme on a pu l'insinuer en introduisant la méthode des sciences abstraites dans le domaine des sciences physiques et naturelles, économiques et sociales.

Il appartient aux promoteurs de l'œuvre des chemins de fer transsahariens de prouver que la construction et l'exploitation d'une belle voie n'entraîneront point de trop grands sacrifices, que l'excès de rigueur et de mutabilité de la température n'a aucune chance de nuire aux traverses, aux rails, aux délicats mécanismes des machines et des wagons, que l'invasion graduelle ou brusque des dunes n'exigera point des travaux de protection et de déblaiement coûteux ou impraticables, que le matériel de traction s'accommodera de semblables épreuves, que denrées, animaux et voyageurs n'auront aucun besoin de précautions plus onéreuses que les raffinements de nos meilleurs trains de luxe, que l'eau suffira, en quantité, aux nécessités de ravitaillement des machines, enfin que les Touareg accepteront avec résignation et sans représailles une gêne et une concurrence de cette nature. Les cruelles épreuves de la mission Foureau-Lamy ne portent pas à l'optimisme un observateur impartial ; en méditant leur histoire si poignante et si honorable pour nos compatriotes, on ne peut s'empêcher de comparer au dénûment physique de ce groupe d'hommes vaillants, nombreux, bien armés, l'extrême confiance de quelques partisans du Transsaharien à peine moins pourvus d'illusions

que le généreux et chevaleresque Duveyrier et de calculer en
tremblant que la moindre défaillance de sagacité diplomatique
ou d'énergie militaire nous eût valu le renouvellement du désastre de Flatters. La dernière expérience, si heureuse qu'elle
ait été, grandit le mérite du succès de cette élite d'hommes de
science et d'action, mais précise aussi le sentiment des difficultés d'une entreprise industrielle tentée en plein désert.

Si le domaine du Congo français, encore mal peuplé pour sa
vaste étendue et mal exploité pour sa grande richesse, doit disposer dans un avenir prochain de cargaisons importantes et
nombreuses destinées à l'exportation, tout incline à croire que
leurs vendeurs n'auront aucun intérêt à les diriger vers les rives du lac Tchad. D'une part le plus grand nombre des territoires munis de concessionnaires et mis en valeur est situé soit
dans la zone maritime de notre colonie, soit dans le voisinage
des voies navigables qui aboutissent au large sillon du Congo et
à la voie ferrée qui en est la suite artificielle. Irait-on solliciter,
sur cette lisière quasi-saharienne des rives septentrionales du
lac, ou dans les pays de steppes et de savanes qui leur font
suite au sud, la clientèle de tribus encore peu nombreuses et
dont les besoins sont fort limités ? Oublie-t-on que le régime
douanier de ces lointaines colonies est tel, en vertu des conventions signées avec la Grande-Bretagne et l'Allemagne, que
nos nationaux y sont à peu près sur le pied d'égalité en face de
leurs concurrents étrangers ? Or les Anglais de la Nigeria et
même les Allemands du Cameroun sont mieux à portée que
nous de donner satisfaction aux demandes de marchandises de
nos sujets de la région du Tchad ; c'est le cas de redire (et ce
cas est fréquent lorsqu'on envisage les destinées de notre empire colonial), que les acquisitions de territoires et les fixations
de frontières sont vaines satisfactions et dépourvues d'avantages,
si les frontières ne sont pas pour le commerce de nos concurrents étrangers de vraies barrières, si les territoires ne sont

pour nos nationaux ces « marchés privilégiés » que leur promirent, contre adhésion, les premiers promoteurs de notre expansion coloniale.

Tant que la France ne possédait aucun des territoires voisins du lac Tchad sur les rives du nord, de l'est et du sud, les stipulations du traité d'août 1890 condamnaient à l'impuissance toute tentative de mener une voie ferrée entre l'Algérie et ces parages du Soudan central. En effet, si cette convention nous avait ouvert libre passage à travers le désert, elle nous avait, du même coup, fermé le Sokoto et le Bornou en arrêtant notre droit à une ligne tracée entre Say et Barroua ; inspirée peut-être par le désir d'accorder une satisfaction aux partisans du Transsaharien elle nous mettait dans la condition du voyageur autorisé à se donner tout mouvement dans une impasse. Il eût été naïf d'attendre de nos concurrents anglais une renonciation à l'avantage éminent que leur procure dans ces parages la facilité de naviguer sur la Bénoué et le Bas-Niger ; et aujourd'hui comme alors, les armateurs de la Nigeria se garderont bien de confier la moindre expédition de marchandises à une voie ferrée menant vers Alger, alors qu'ils ont en leur pouvoir le vrai chemin de drainage commercial de la majeure partie des pays qui environnent le lac Tchad ; ils auraient même la ressource de faire construire, à l'issue de la section saharienne et morte de la ligne, un prolongement vers Yola qui servirait à merveille les intérêts de la navigation nigérienne.

Désormais il y a lieu de considérer les chances de développement des beaux pays du Baghirmi devenu français et du Ouadaï qu'une puissance rivale nous a laissé en nous rejetant loin du Bahr-el-Ghazal. Ces acquisitions nouvelles et futures valent-elles et vaudront-elles la dépense d'une voie ferrée de 2000 kilomètres les reliant au Maghreb français ? La question serait discutable si le traité qui nous a investis du droit territorial et politique d'y commander et d'y entretenir des troupes ne nous avait en même temps dépouillés du privilège d'y être commercialement les maîtres ; la convention anglo-française d'avril 1899, plaçant Anglais et Français sur le pied d'égalité en matière douanière, les marchandises de ces pays destinées à l'exportation et celles qu'on y importera suivront tout naturellement deux voies, l'une et l'autre plus avantageuses que les voies françaises, l'une qui mène au Nil, à Fachoda sans doute, l'autre qui conduit au port de la haute Bénoué, Yola ; ni la route du désert, même garnie de rails, ni celle de l'Oubangui, même munie d'un bon service de batellerie, ne sauraient prévaloir contre la concurrence des deux belles « avenues fluviales » dont les Anglais possèdent l'une en droit, l'autre en fait. Une récente et pénible expérience a montré combien peu valait le chemin tracé pour nous de Barroua à Say par le traité de 1890 ; il faut donc envisager sans illusion l'avantage qu'auront nos colonies de l'est du Niger à emprunter, pour leurs échanges commerciaux, des routes soustraites à notre influence. La Grande-Bretagne, dût-elle même en venir à l'interprétation loyale et franche de la liberté de navigation du Niger stipulée dans l'Acte de la conférence de Berlin, que l'infériorité de la voie transsaharienne resterait évidente : les chalands et navires français s'empresseraient d'amener vers Kotonou les cargaisons venues du Baghirmi, peut-être du Ouadaï. Ces conditions fatales ne peuvent être modifiées dans l'avenir que par une révision du régime douanier si bizarre de nos colonies ; le principe de notre politique coloniale contemporaine a été la recherche de nouveaux marchés, pour les négociants français, apparemment, mais les applications n'ont pas partout ni toujours répondu au principe.

La construction d'un chemin de fer transsaharien, dont les bénéfices commerciaux sont fort problématiques, est parfois recommandée comme le vrai moyen d'assurer notre domination dans le Soudan central ; tel est l'argument auquel s'arrêtent, avec un patriotisme qu'il faut reconnaître et honorer, plusieurs économistes et hommes politiques d'une valeur incontestable. Ils font observer que l'Algérie-Tunisie est pour la France une pépinière d'admirables soldats, qu'une armée ainsi recrutée et commandée par des officiers dressés à la guerre coloniale nous ferait maîtres du pays soudanais sans nous exposer aux représailles maritimes de la puissance rivale qui nous a évincés récemment des confins du Bahr-el-Ghazal.

On nous pardonnera de toucher ici une question difficile, douloureuse à tout Français, et qui surtout risque de froisser chez des étrangers le sentiment légitime de la foi en la stabilité des traités ; mais cette question a été discutée dans de récentes études de caractère à la fois économique et politique : force nous est d'envisager des hypothèses dont nous n'avons point la responsabilité première. Supposons donc, pour entrer dans le raisonnement des écrivains ou orateurs célèbres qui ont vanté l'efficacité politique et militaire d'un Transsaharien central, qu'une complication imprévue de la diplomatie européenne ou coloniale nous mette dans le cas de rechercher par la force de nouveaux avantages dans le centre du Soudan et de regagner à cette occasion ce que nous laissent à regretter les traités assurément peu glorieux de 1890 et de 1899 signés avec la Grande-Bretagne. L'Algérie-Tunisie serait-elle, en pareil cas, notre meilleure base d'opérations et le chemin de fer transsaharien l'instrument le plus sûr d'une victoire profitable ? Il semble que le même résultat puisse être obtenu par des moyens moins onéreux et plus proches de notre portée.

Disons, en passant, que l'Algérie-Tunisie n'est pas l'unique ni même la meilleure source de recrutement de nos forces coloniales, et que ses ressources peuvent être, au contraire, infiniment précieuses pour le cas d'une action vigoureuse dans les régions méditerranéennes, sur les confins franco-italiens, en particulier ; les descendants des soldats d'Hannibal se trouveraient dans d'excellentes conditions d'acclimatation et d'entraînement. On peut douter qu'ils résistent aussi bien que nos Sénégalais, nos Haoussas et nos tribus du Dahomey ou de Mossi, aux épreuves des périodes d'humidité du Soudan. Spahis et tirailleurs sénégalais de diverses races sont les vrais gardiens et doivent être les meilleurs conquérants des régions du Soudan central où notre action serait appelée à s'exercer; et, lorsque l'on aura achevé la jonction par voie ferrée entre le Sénégal et le Niger, puis organisé la navigation du Niger moyen, la formation de solides garnisons, soit à Say, soit au Baghirmi, si l'on remédie aux difficultés de notre route précaire du Niger au Tchad, sera singulièrement plus facile et moins onéreuse que la construction d'une voie ferrée de plus de 2000 kilomètres faite en vue d'une hypothèse diplomatique médiocrement justifiée par nos besoins coloniaux. L'organisation politique et militaire des pays de la boucle du Niger nous donnera les plus sûrs moyens d'exercer, le cas échéant, une pression utile dans le Soudan central. On voudra bien observer, d'ailleurs, que l'Algérie, considérée avec tant de complaisance comme la vraie et suprême réserve de notre armée africaine et vantée pour la liberté de son action continentale, soustraite aux risques de mer, serait, au cas d'une conflagration maritime, aussi bien et même mieux bloquée sur sa frontière septentrionale, baignée par une mer fermée, que le Sénégal avec sa citadelle de Dakar, surgissant d'un océan largement ouvert: et rien n'empêche d'avoir des approvisionnements au Sénégal comme en Algérie, ni de pourvoir, dès le temps de paix, à la réunion, en plein Soudan, des forces qui devraient servir nos desseins en cas de guerre. L'expérience de la guerre du Transvaal prouve avec quelle facilité est coupée une voie ferrée lancée en pays mal peuplé et nomade; et nous savons ce que nous pourrions attendre des Touaregs, abandonnés à eux-mêmes ou conseillés par une puissance rivale.

Les erreurs et les illusions, toutes généreuses, qui risquent de dévier nos forces d'expansion en Afrique et de substituer aux procédés pratiques de mise en valeur locale, raisonnée, des projets d'allure grandiose et unitaire, tiennent à un certain nombre de mauvaises habitudes de penser ou même seulement de parler en matière géographique. C'est pour avoir étudié, dès notre jeune âge et ensuite, la description de la Terre « en parties du monde » que nous avons contracté l'involontaire et verbale coutume de croire à l'homogénéité de l'Afrique et à la solidarité des fragments qui la composent. Combien faudra-t-il encore d'années d'enseignement pour dissocier clairement les morceaux de cet ensemble factice, pour montrer la parenté de l'Algérie-Tunisie avec les autres pays méditerranéens d'Europe ou d'Asie, de l'Espagne à la Syrie, par la Provence, l'Italie, la péninsule des Balkans et l'Asie-Mineure, pour prouver la ressemblance encore plus frappante du Sahara avec le désert d'Arabie ? La foi naïve et passionnée, à l'homogénéité des régions dites africaines, foi appuyée sur le seul et peu notable fait de leur continuité terrienne, peut conduire à faire mourir des Algériens en Guinée ou sur les bords du Congo où ils ne rencontrent aucune de leurs conditions normales d'existence, quoique restant « en Afrique ». Cette foi nous cache les admirables avantages des relations maritimes, si économiques, si faciles, et nous dissimule les désavantages et la cherté des transports par terre en pays mal peuplés ou déserts. L'erreur est aussi plaisante dans ses causes coutumières et aussi dangereuse dans ses conséquences, d'assimiler le Tchad, lit de mort de fleuves séchés par le désert, aux admirables et profondes mers d'eau douce et presque courante de lacs comme le Tanganyka, le Nyassa et le Victoria-Nyanza, berceaux de fleuves puissants, dont l'un, le Nil, est aussi nettement le vainqueur du désert que le Chari en est la victime. On dit et redit sans cesse que le Tchad est « le lieu de réunion

de toutes nos colonies de l'Algérie-Tunisie de l'Afrique occidentale et du Congo »; on a toujours omis de montrer en vertu de
quelles causes ce lac terminal de fleuves épuisés, limitrophe
du désert et des steppes sur une grande partie de ses rives,
était ce lieu géométrique d'une réunion dont la nécessité n'a
pas été davantage prouvée. En général un nœud de communications est localisé au point de rencontre de plusieurs vallées
riches et de directions diverses, au confluent de plusieurs
fleuves aisément et longtemps navigables, bref dans un carre-
four, jamais dans un cul-de-sac; pourquoi le Tchad, encerclé
de déserts au nord, de steppes et de savanes à l'est et à l'ouest,
sinon au sud, ferait-il exception ? Un désert rompt beaucoup
mieux la continuité de régions soumises à la même autorité
qu'un bras de mer : et le fait physique d'être « d'un seul tenant terrien », sur les deux rives d'une mer de sable, constitue
un obstacle aggravé, non une raison d'union : et s'il est prouvé
que le transport maritime des marchandises est trois fois plus
économique, pour le moins, à distance égale, que le transport
par terre, même en pays riche et peuplé, quelle évaluation
faudra-t-il adopter en considérant des étendues continentales
aussi désertes que la pleine mer ou dont les oasis sont loin de
valoir les plus modestes escales d'une ligne de navigation peu
favorisée ?

Il est un mot qui, employé sans discernement, a fait naître,
chez les partisans les plus ardents de notre expansion coloniale,
des illusions graves et mène tout doucement au sophisme :
c'est le mot « pénétration ». Nombre de géographes, d'économistes et d'hommes politiques, ont coutume de recommander
« in-abstracto », la « pénétration africaine »; or, le plus souvent, en ce qui concerne l'Afrique occidentale, pénétrer est aller
du plus riche au plus pauvre. En Algérie la « pénétration »
mène du Tell, si admirable, aux hauts plateaux, puis au désert.
Au Sénégal, la présence d'un beau fleuve rend ce contraste

moins saisissant ; en Guinée le relief du Fouta-Dialon répercute et maintient l'effet utile des nuées venues de l'Océan. Mais à la Côte-d'Ivoire et au Dahomey l'assèchement du pays est en raison directe de l'éloignement de la mer ; aux forêts littorales succède une brousse moins dense, puis la savane, puis le steppe et enfin le désert. Le voyageur qui va de Grand-Bassam à Kong et à Timbouctou peut suivre les progrès de l'appauvrissement, parallèle à la « pénétration », tout comme celui qui va d'Alger à Laghouat ou de Philippeville à Biskra et Ouargla. Comment n'a-t-on point pris garde à ce fait naturel et si facile à comprendre de la répartition des climats et des plantes, avant de s'abandonner au charme de conseils trop vagues et trop généraux pour être sages ? L'homme « arbitre et interprète de la nature est puissant en raison de ce qu'il sait », a dit Bacon ; et il ajoutait : « On ne peut vaincre la nature qu'en lui obéissant. » Excellentes devises pour la mise en valeur de l'Afrique.

En résumé, les facultés d'expansion et de développement des terres françaises d'Afrique occidentale ne semblent devoir être accrues que par l'attribution à chacune d'elles de la voie de communication continentale qui lui est le plus utile. Pousser les chemins de fer d'Algérie-Tunisie jusqu'aux oasis vraiment riches du sud, achever l'œuvre si souvent abandonnée et reprise de la voie du haut-Sénégal au Niger, exécuter les trois projets de pénétration si bien étudiés de la Guinée, de la Côte-d'Ivoire et du Dahomey, organiser la navigation fluviale et le portage au Congo, tels sont les besoins les plus urgents et les mieux démontrés de nos admirables colonies d'Afrique septentrionale, occidentale et centrale. L'union économique se fera par les lignes de navigation qui grouperont, du Congo au Sénégal, les produits de ces terres privilégiées dans des ports bien outillés et facilement accessibles.

Le passage à Dakar des paquebots déjà chargés des produits de l'Amérique du sud est encore une chance d'amortissement

des frais de transport de nos denrées coloniales du Soudan, de
la Guinée et du Congo. Seulement une condition première s'impose à tout projet d'organisation de ce fructueux trajet de cabotage qui se nouera, en rade de Dakar, aux grandes lignes de
navigation au long cours ; c'est l'application d'un régime douanier et de conventions de cabotage qui laissent à notre pavillon
la part à laquelle il a droit dans des pays conquis au prix de
tant de sacrifices d'hommes et d'argent ; celui-là doit profiter
des bénéfices de la navigation qui a dépensé les frais de conquête, d'organisation, de police, de pénétration. Qu'on fasse
des concessions aux étrangers mais aux seuls, étrangers qui
peuvent nous offrir des avantages vraiment équivalents. Alors
il sera permis d'apprécier le bienfait conféré à la patrie française par vingt années d'héroïques efforts de nos soldats, de
nos explorateurs, de nos administrateurs coloniaux ; et le bénéfice de notre politique coloniale africaine apparaîtra nettement à l'opinion publique quand l'étranger cessera d'exploiter,
grâce à des conventions de commerce et de navigation trop
complaisantes, ce que nous avons acheté au prix du sang.

CHAPITRE VI

LES ÉTABLISSEMENTS DE LA MER ROUGE

I

C'est encore l'intérêt de la liberté de l'Egypte et de la neutralité du canal de Suez qui a obligé la France à prendre des garanties dans les parages de la mer Rouge. Longtemps les établissements qu'elle y forma n'avaient eu d'autre valeur que celle de comptoirs de commerce heureusement placés sur la lisière des pays chrétiens d'Ethiopie. L'occupation de l'Egypte par les troupes anglaises, le refus d'accueillir nos vaisseaux qui cherchaient du charbon, à Aden, pendant la guerre du Tonkin, l'essai de main-mise britannique sur le canal de Suez, l'entente anglo-italienne conclue pour assurer aux conquérants de la vallée du Nil une diversion hostile à l'Ethiopie, telles sont les causes qui ont déterminé l'effort défensif de l'établissement d'un dépôt de charbon et le progrès de notre commerce avec l'intérieur. Il n'en faut point exagérer la portée : sans le respect de la neutralité du canal de Suez, Djibouti compterait peu dans une grande guerre maritime ; sans le maintien d'une Ethiopie indépendante et forte, sans la restitution de l'Egypte à ses maîtres naturels, les garanties commerciales que nous avons prises seraient de médiocre efficacité. La politique que la France applique là est une politique parallèle à sa politique égyptienne si conforme au droit des gens et à l'intérêt de l'Europe ; Djibouti veille sur l'indépendance de l'Ethiopie

comme Fachoda devait veiller hélas ! sur l'indépendance du
Soudan égyptien et par là de l'Egypte.

II

L'ouverture du canal de Suez qui avait accru la valeur de
toutes les citadelles maritimes anglaises échelonnées sur le
parcours de l'Europe occidentale à l'Extrême-Orient asiatique,
et de celle d'Aden en particulier, n'avait point inspiré au second
empire l'idée d'occuper solidement Obock dont la prise de
possession remontait pourtant à huit années (1862). L'occupation anglaise de l'Egypte (1882), dont on se flattait sans
doute d'abréger la durée, ne secoua pas cette indifférence.
Il fallut, pour nous imposer la prise de possession (1883) et
l'établissement ultérieur d'un dépôt de charbons et de vivres,
la fameuse déclaration de neutralité de la Grande-Bretagne
entre la France et la Chine, à propos de la guerre du Tonkin,
et la fermeture des ports d'Aden et de Hong-Kong à notre
marine de guerre. Alors furent consenties, par traités du
9 avril 1884, du 21 septembre 1884 et du 26 mars 1885, les
cessions territoriales qui substituèrent l'autorité de la France à
celle de trois sultans de la côte somali. Les îles Mouscha,
acquises par convention d'échange avec la Grande-Bretagne,
en 1887, furent adjointes à ce premier domaine. L'année suivante l'excellent port de Djibouti devenait français : et une
protestation anglaise n'aboutissait qu'à garantir l'intégrité du
Harrar dont le riche marché était à portée de notre nouvel
établissement. Djibouti est, depuis le 20 mai 1896, le chef-lieu
de la « Côte française des Somalis et dépendances. »

Désormais nous possédons les éléments d'une base d'opérations navales de quelque importance, sous condition que la
neutralité du canal de Suez soit respectée. Entre Mers-el-Kébir

et Bizerte d'une part, Diégo-Suarez et Saigon d'autre part, Djibouti en face d'Aden sera une précieuse relâche quand les travaux de fortification et d'aménagement y seront achevés.

Mais c'est encore et surtout un poste d'observation à bonne portée de l'Ethiopie. Il n'est pas téméraire de dire que ce pays, si vite initié, pendant ces dernières années, à la civilisation européenne, voit ses chances d'indépendance et de libre expansion accrues par le voisinage de la France, puissance amie qui n'aspire là à aucune acquisition territoriale au détriment des Abyssins. L'Ethiopie n'est plus rigoureusement resserrée entre le marteau anglais et l'enclume italienne ; et si Massaouah, le port désiré par les négus, lui échappe, l'ouverture de la route française peut faire compensation.

Les relations d'amitié, nouées dès le temps de Louis-Philippe entre la France et l'Ethiopie, ne pouvaient qu'être rétablies et resserrées au cours des vingt dernières années de ce siècle, tant les intérêts des deux pays apparurent communs. On sait, en effet, comment la Grande-Bretagne, gênée en Egypte par l'insurrection mahdiste, s'assura le concours de l'Italie dans les parages de la mer Rouge, moyennant un abandon des droits territoriaux du Khédive, aussi généreux à l'égard de ces précieux alliés, que la protection en était jalouse et menaçante envers d'autres. La politique anglaise fut alors démasquée par l'attitude des Italiens qui profitèrent de la menace d'une invasion de l'Ethiopie par les derviches pour envoyer le général San-Marzano contre le négus Jean (1889); le plan consistait à détruire les derviches par les Ethiopiens, ou de les user mutuellement, en réservant les pays nilotiques à l'influence anglaise, la Haute-Abyssinie et les rives de la mer Rouge aux Italiens. On put croire à Rome que le traité d'Ucciali (1889) signé avec Ménélik, successeur du négus Jean, tué à Métemmeh, allait constituer d'une manière définitive le protectorat italien sur toute l'Ethiopie.

Aussi dès l'année 1888 (juillet), M. Crispi se laissait-il aller à une attitude provocante contre la France qui avait réclamé à Massaouah, faute d'une prise de possession régulière de l'Italie, le respect des capitulations. M. Goblet, ministre des affaires étrangères de France, se voyait contraint de rappeler à nos voisins transalpins, dans des termes modérés, mais fermes, combien notre pays avait montré d'égards en n'exigeant pas l'évacuation des postes de la baie d'Adulis-Zoulla et Dissé, dont la propriété nous avait été reconnue par la Grande-Bretagne au moment de sa campagne contre Théodoros.

Cette attitude de la France, maintenant un droit sans forfanterie et sans désir d'accroissements territoriaux, faisait contraste avec celle des alliés anglo-italiens qui procédaient, en 1891, à une solennelle délimitation dans laquelle le territoire éthiopien était traité en simple pays conquis (traités anglo-italiens du 24 mars et du 15 avril). Malgré les protestations de Ménélik, et sa dénonciation loyale du traité d'Ucciali, la politique des deux alliés européens se maintenait tracassière et sujette à l'empiètement. Tel arrangement pris entre eux, le 5 mai 1894, risquait de rendre précaire notre établissement de Djibouti-Obok en mettant fin à l'indépendance du Harrar que la France et la Grande-Bretagne avaient garantie en commun, six ans auparavant.

Les défaites décisives que Ménélik infligea aux armes italiennes assurèrent la tranquillité de nos établissements de la mer Rouge; la formation d'un empire éthiopien fortement unifié et que l'Italie, par le traité de 1896, s'engagea à reconnaître « souverain et indépendant », eut le double avantage de mettre, dans une région inexpugnable, un des arbitres essentiels de la question d'Egypte, et de développer les richesses sur lesquelles compte le commerce des nations civilisées. Les difficultés que le règlement de frontière entre l'Italie et l'Ethiopie avait suscitées semblent devoir être aplanies par un mutuel effort de bonne volonté.

En présence de ce nouvel état de choses, et à la suite de la chute du ministère Crispi, l'Italie, plus désireuse désormais de la sage mise en valeur de ses territoires voisins de la mer Rouge que de conquêtes à l'intérieur, est, dans une large mesure, solidaire de l'intérêt français, intérêt du développement commercial des ports de l'Erythrée. Il n'est jusqu'à l'Angleterre, jadis hostile, et instigatrice de l'attaque italienne, qui ne recherche l'amitié de Ménélik, comme le prouvent les termes du traité signé le 14 mai 1897 par M. Rennell Rodd à Addis-Ababa : on avait même cru que la politique britannique, à la fois émue du péril qu'avait fait courir à son influence la mission Marchand, triomphalement accueillie par Ménélik, et désireuse de gagner ce prince à ses intérêts égyptiens, souhaiterait de donner aux Ethiopiens l'accès du Nil. Il est vrai que Ménélik n'a besoin d'aucune autorisation pour prendre ce qu'il croit nécessaire au développement naturel de ses intérêts dans la vallée du Nil bleu ; de même on comprend son souci d'être consulté sur la question vitale de la construction de voies ferrées dans la même vallée. En revanche le prince éthiopien, auprès duquel réside désormais (1899) un ministre de France à titre régulier et définitif, a favorisé dès l'année 1894 l'établissement d'un chemin de fer entre Djibouti et Harrar, chemin de fer qui sera sans doute prolongé bien au-delà vers l'intérieur ; la « Compagnie impériale des chemins de fer Ethiopiens » est une société anonyme française.

L'influence de notre patrie, assurée en Ethiopie par une sage et généreuse politique, est accrue par les progrès parallèles d'une puissance alliée et amie, la Russie. Par ses missions religieuses et militaires, le peuple russe ne peut que seconder l'effort de la France et contribuer à faire de l'Ethiopie une utile auxiliaire de l'Europe dans la revendication essentielle de la liberté de l'Egypte, revendication à laquelle elle est grandement intéressée.

La récente installation d'un dépôt français de charbon à Mascate, maintenue en dépit de l'attitude comminatoire du vice-roi de l'Inde anglaise, contribuera au triomphe du même dessein de libération du plus grand chemin commercial du monde. On sait que les empires de Russie et d'Allemagne semblent rechercher une garantie analogue dans les mêmes parages.

La France, toutefois, n'a pas encore revendiqué tous ses droits. Aux gages qu'elle possède déjà, elle peut ajouter, quand le moment opportun sera venu, la baie d'Adulis-Zoulla, et Cheikh-Saïd qu'une garnison turque occupe contre tout droit. Dans l'état actuel des relations franco-italiennes que l'œuvre délicate de délimitation de nos frontières septentrionales, en 1899, a révélées pacifiques et mutuellement bienveillantes, le gouvernement français a estimé avec raison qu'il ne convenait point de soulever un litige dont l'intérêt n'est point de premier ordre. Un bon « point d'appui de la flotte », une « voie de pénétration vers le Harrar, vers l'Ethiopie méridionale et centrale », tels sont les deux avantages que nous assurent nos colonies riveraines de la mer Rouge. Si l'on en veut mesurer l'exacte étendue, il suffit d'imaginer ce qui serait resté intact de la liberté maritime de la France et de son crédit dans la vallée du Nil et dans le Levant entier, s'il s'était établi, à côté de la domination anglaise de fait en Egypte un protectorat de droit italien en Ethiopie. Il est donc tels cas où la politique coloniale, avec de modestes prises de possession et de médiocres points d'appui, peut sauver de grands intérêts et servir la cause de la métropole dans de graves questions comme la question d'Orient ; aider moralement l'Ethiopie à devenir puissance souveraine, encourager la fondation d'un empire indépendant et fort à portée de l'Egypte, c'était travailler à un rétablissement d'équilibre, donc collaborer à la paix.

ANNEXES

LES ETABLISSEMENTS DE LA MER ROUGE

I. — FORMATION DE LA COLONIE DE LA COTE FRANÇAISE DES SOMALIS

Les conventions de Tadjoura, Sagallo et du Gubbet-Kharab. — Le transfert
du siège de la colonie à Djibouti. — Convention franco-anglaise du 8 février 1888. — Constitution de la colonie : décret de 1899. — Délimitation
franco-italienne de Doumeirah.

II. — LA QUESTION ÉTHIOPIENNE

Situation respective de l'Italie, de la France et de l'Angleterre au regard de
l'Abyssinie en 1890 : traité d'Ucciali ; traité Rochet d'Héricourt ; les Anglais
à Zeila. — Les conventions anglo-italiennes des 24 mars et 15 avril 1891.
— Dénonciation du traité d'Ucciali. — La convention anglo-italienne du 5
mai 1894 et le Harrar. — L'offensive et la défaite des Italiens en 1895-1896.
— La politique italienne et l'Abyssinie. — La mission anglaise Rennell
Rodd.
La politique française : la mission Lagarde en 1897. — La concession du chemin de fer du Harrar. — Commerce franco-éthiopien.
La politique russe. — L'affaire de Sagallo en 1889. — Les missions Machkoff
et de Léontieff.

III. — ADULIS, CHEIKH-SAID ET MASCATE

Nos droits sur la baie de Zoulla : la mission Russel en 1860.
Nos droits sur Cheikh-Saïd : maintien du *statu quo*. — Mascate et la convention de 1862.

I. — FORMATION DE LA COLONIE DE LA COTE FRANÇAISE DES SOMALIS

La prise de possession d'Obock en 1862 n'avait pas été suivie d'une occupation permanente. Pendant de longues années la position ne fut visitée que par quelques navires. Ce ne fut qu'en 1883, au moment où les Anglais, sous prétexte de neutralité entre la France et la Chine, nous fermèrent les ports d'Aden et de Hong-Kong, que l'on songea à tirer parti de la nouvelle possession.

L'*Infernet* ayant rapporté des conclusions favorables d'un voyage fait à Obock pour « se rendre compte de l'intérêt politique et des ressources que pouvait offrir ce pays », le gouvernement y installa un dépôt de charbon et de vivres et le 24 juin 1884 nomma M. Lagarde « commandant d'Obock ».

M. Lagarde fit reconnaître notre autorité par Ahmed-Loïtah, sultan de Gobad (9 avril 1884) et par Hamed, sultan de Tadjoura (21 septembre 1884) qui signa le traité suivant :

Art. 1er. — Il y aura désormais entre la France et le sultan Hamed de Tadjoura une amitié éternelle.

Art. 2. — Le sultan Hamed donne son pays à la France pour qu'elle le protège contre tout étranger.

Art. 3. — Le gouvernement français ne changera rien aux lois établies dans le pays du sultan Hamed.

Art. 4. — Le sultan Hamed, en son nom et au nom de ses successeurs, s'engage à aider les Français dans les constructions de maisons et achats de terrains.

Art. 5. — Le sultan Hamed s'engage à ne signer de traité avec aucun autre pays sans l'assentiment du commandant d'Obock.

Art. 6. — Le gouvernement français s'engage à servir annuellement une pension de 100 thalaris au sultan Hamed et de 80 au vizir.

Ces deux chefs concédèrent encore, à la fin de 1884, le premier le littoral de Adaëli à Ambado, le second Sagallo et Ras-Ali, et le 26 mars 1885 M. Lagarde signait un nouveau traité avec les chefs issas du Gubbet-Kharab et d'Ambado.

En 1884, la France avait amené le Khédive à faire retirer le pavillon égyptien qu'un agent khédivial trop zélé avait arboré à Ras-Bir. En 1887 elle avait occupé un point de la côte somali, Dongaretta, situé entre Zeilah et Berberah ; les Anglais, en échange de l'évacuation de Dongaretta, nous reconnurent les îles Mouscha, qui commandent le golfe de Tadjoura.

Mais la station d'Obock ne rendait pas les services qu'on pouvait attendre d'elle. Les approvisionnements y étaient rares et chers, le port peu profond ; un ingénieur colonial envoyé en mission estimait à 13 millions et demi les dépenses d'aménagement nécessaires. « Avec un sens très net des nécessités et des intérêts en jeu, le gouverneur de la colonie, M. Lagarde, sut à la fois ménager le présent et préparer l'avenir. En face d'Obock, de l'autre côté du golfe de Tadjoura, se trouvait une rade, connue des boutres arabes, qui offrait un développement assez considérable et de grandes profondeurs où les navires de fort tonnage pouvaient mouiller en toute sécurité. Les indigènes donnaient le nom de Djibouti au plateau qui la domine et l'on savait qu'un des chemins convergeant vers Djibouti aboutissait directement à Harrar, province fort riche, occupée en 1887 par les troupes du roi Ménélick. Ce chemin traversait, il est vrai, des régions désolées sur une longueur de près de 300 kilomètres, mais on n'ignorait pas qu'il était coupé, de distance en distance, par quelques puits, creusés par les indigènes, par quelques bassins naturels et par des ruisseaux, où les caravanes trouvaient de l'eau en quantité suffisante pour leurs besoins. C'est à Djibouti que le gouverneur d'Obock projeta de créer un second établissement. Il se mit à l'œuvre au commencement de 1888. Peu après de nombreuses constructions étaient édifiées ; puis grâce aux commerçants, aux boutiquiers, aux trafiquants indigènes et aux nombreux habitants d'Obock qui tous avaient suivi l'impulsion donnée, une petite cité active et grouillante s'éleva bientôt sur ce plateau naguère inculte et désert. Peu à peu les améliorations que comportait une création aussi hâtive vinrent s'ajouter aux éléments insuffisants de la première heure. Aujourd'hui Djibouti est une ville prospère de 6000 âmes, reliée à Perim et, de là, à l'Europe, par un câble sous-marin. Les paquebots des Messageries Maritimes s'y arrêtent, tant à l'aller qu'au retour, six fois par mois, et un mouvement de caravanes, de plus en plus actif, se produit de ce point vers Harrar et inversement. Djibouti est le nœud vital de notre colonie (1). »

C'est en 1888 que la France prit possession de Djibouti. Cette prise

(1) Vignéras, *Une mission française en Abyssinie*, Armand Colin, 1897

de possession souleva d'abord une protestation de l'Angleterre. Mais
une convention fut conclue le 8 février 1888 entre elle et la France,
qui détermina la limite orientale de notre possession à l'est de Djibouti et accessoirement garantissait l'intégrité du Harrar :

Art. 1er. — Les protectorats exercés ou à exercer par la France et la
Grande-Bretagne seront séparés par une ligne droite partant d'un point
situé en face des puits d'Hadou et dirigés sur Abassouen en passant
à travers lesdits puits ; d'Abassouen, la ligne suivra les routes des caravanes jusqu'à Bia-Kabouba et de ce dernier point elle suivra les routes
des caravanes de Jerlah à Harra, passant par Gildessa. Il est expressément convenu que l'usage des puits d'Hadou sera commun aux deux
parties.

Art. 2. — Le Gouvernement de S. M. Britannique reconnaît le protectorat de la France sur les côtes du golfe de Tadjourah y compris le
groupe des îles Muchah et l'îlot de Bab, situés dans le golfe ainsi que sur
les habitants, les tribus et les fractions de tribus situés à l'ouest de la
ligne ci-dessus indiquée.

Le Gouvernement de la République française reconnaît le protectorat
de la Grande-Bretagne sur la côte à l'est de la ligne ci-dessus jusqu'à
Bender-Ziadeh, ainsi que sur les habitants, les tribus et fractions de
tribus situés à l'est de la même ligne.

Art. 3. — Les deux gouvernements s'interdisent d'exercer aucune
action ou intervention, le Gouvernement de la République à l'est de la
ligne ci-dessus, le Gouvernement de S. M. Britannique à l'ouest de la
même ligne.

Art. 4. Les deux gouvernements s'engagent à ne pas chercher à annexer le Harrar, ou à le placer sous leur protectorat. En prenant cet
engagement, les deux gouvernements ne renoncent pas au droit de
s'opposer à ce que toute autre puissance acquière ou s'arroge des droits
quelconques sur le Harrar.

Art. 5. — Il est expressément entendu que la route de caravanes, de
Zeïlah à Harrar passant par Gildessa, restera ouverte dans toute son
étendue au commerce des deux nations ainsi que des indigènes (1).

(1) Au moment de la signature de la convention, lord Salisbury crut
devoir adresser à M. Waddington, ambassadeur à Londres, à la date
du 9 février une lettre ainsi conçue :

« En ce qui concerne la note que j'ai adressée aujourd'hui à Votre
Excellence, acceptant, au nom du gouvernement de Sa Majesté, l'arrangement conclu entre nous relativement aux protectorats anglais du
golfe de Tadjoura et de la Côte des Somalis, je crois juste de rappeler
à votre Excellence que j'ai reçu il y a quelques mois une requête de
l'ambassadeur Turc auprès de cette cour, demandant que dans tout

Un décret du 20 mai 1896 groupa les divers territoires de la colonie, Obock, Tadjoura, territoires des Danakils, protectorat des Somalis, sous le nom de « Côte française des Somalis et dépendances » avec Djibouti pour chef-lieu. Un décret du 28 août 1898 institua un Conseil d'administration et, tout en maintenant au ministre de France en Ethiopie la haute direction des services de la colonie, mettait à sa disposition un administrateur pour le suppléer. Enfin un décret publié au *Journal officiel* du 9 janvier 1899 a séparé les fonctions de gouverneur de la Côte des Somalis de celles de ministre de France en Abyssinie.

Une délimitation est intervenue en 1899 avec l'Italie pour la frontière septentrionale de notre possession. En 1891 l'origine de la frontière avait été fixée à la pointe de la petite presqu'île de Doumeirah, de façon à laisser à l'Italie le petit sultanat afar de Raheïta. Le *Volturno* ayant débarqué des Ascaris en novembre 1898 à Raheïta et à Doumeirah et la France ayant protesté, les gouvernements français et italien s'entendirent pour laisser à l'Italie la côte et le versant nord et une commission spéciale, dans laquelle la France était représentée par le capitaine Blondiaux, a reconnu sur place, en 1899, la nouvelle frontière. Un protocole a été dressé le 24 juin 1900, la nouvelle ligne de démarcation part de l'extrémité du ras Doumeira, suit la ligne de partage des eaux depuis le promontoire et tourne ensuite au sud-ouest, de façon à laisser en territoire italien la route des caravanes passant à Aoussa. L'arrangement a été confirmé dans un protocole du 10 juillet 1901.

II. — LA QUESTION ÉTHIOPIENNE

La colonie de la Côte française des Somalis offre une grande utilité parce qu'elle constitue sur la route de l'Extrême-Orient et de Madagascar une escale qui peut devenir un point d'appui de la flotte et où a été établi un dépôt de charbon.

arrangement qui pourrait être conclu sur ce sujet les droits de Sa Majesté le Sultan puissent être respectés.

« J'ai assuré en réponse Son Excellence, que le Gouvernement britannique s'abstiendrait soigneusement, à l'avenir, comme il l'avait fait dans le passé, d'aucune infraction aux droits légitimes du Sultan, et que j'étais convaincu que le gouvernement de la République agirait dans le même esprit.

« J'ai, etc. SALISBURY.

Mais l'importance principale de cette colonie vient de sa position par rapport à l'Éthiopie dont elle est la voie d'accès. Et il convient, pour mettre en relief cette importance, d'exposer à grands traits l'histoire récente et la situation diplomatique actuelle de l'empire de Ménélik.

C'est en ces dix dernières années que la question d'Éthiopie a pris toute son ampleur. En 1890, l'Éthiopie avait pour voisins l'Égypte, l'Italie, la France et l'Angleterre.

Vis-à-vis de l'Égypte, ses rapports étaient définis par un traité de paix signé à Adoua le 3 juin 1884, entre l'amiral Hewett et Mason-Bey, gouverneur de Massaouah, d'une part, et le négus Jean, d'autre part.

Les Italiens possédaient depuis 1869 la baie d'Assalb acquise par la Cie Rubattino, ils avaient peu à peu étendu leur possession et en 1882, poussés par le désir de donner une satisfaction à l'opinion publique italienne, mécontente de l'action des Français à Tunis, et par l'Angleterre, ils occupèrent Massaouah, puis s'avancèrent vers le plateau abyssin. Le négus Jean, après les avoir fait battre à Dogali par le ras Aloula, fut bientôt attaqué à la fois par une armée italienne de 20,000 hommes commandée par le général San Marzano et par les Derviches ; bien plus, le roi du Choa, Ménélik, se déclara contre lui. Jean marcha contre les Derviches, les battit à Métemm, mais fut tué dans la bataille (10 mars 1889). Les Italiens reprirent l'avantage et, voulant profiter de l'anarchie qui avait suivi la mort de Jean, appuyèrent et reconnurent pour souverain d'Abyssinie le roi du Choa, Ménélik, pensant lui imposer en retour le protectorat italien. En effet le 2 mai 1889, à Ucciali, le comte Antonelli pour l'Italie et Ménélik signaient un traité dont l'article 17 réglait les rapports des deux gouvernements, mais n'était pas dans le texte italien conforme au texte amara : « Le roi des rois d'Éthiopie *icciallaucial* (pourra, s'il lui plaît, disait le texte abyssin ; consent à, disait le texte italien) se servir de la diplomatie italienne pour traiter toutes ses affaires avec les puissances européennes. »

De plus, l'Italie s'était établie en 1889 au sud de l'Éthiopie sur une immense plage africaine, le littoral d'Oppia et du Benadir (1), de la rivière Djouba jusqu'à l'ouest du cap Guardafui : la possession

---

(1) Traité du 8 février 1889 avec Oppia, du 7 avril avec Migiurtini et Allula et du 15 novembre avec Benadir.

de ce littoral aride et désert lui paraissait nécessaire parce qu'il dessinait au sud, tandis que Massaouah et Assab l'esquissaient au nord, le vaste empire d'Erythrée dont M. Crispi songeait à faire ceindre la couronne au roi Humbert, et qu'il voulait sans doute appuyer à l'ouest sur le Nil.

Les Français étaient établis à Obock. En juin 1843, Rochet d'Héricourt, vice-consul de France à Massaouah, avait passé avec Sahlé-Salassi, roi du Choa, un traité d'alliance et de commerce auquel il ne fut malheureusement donné aucune suite. En voici le texte :

Vu les rapports de bienveillance qui existent entre S. M. Louis-Philippe, roi de France, et Sahlé-Sallassi, roi du Choa ; vu les échanges de cadeaux qui ont eu lieu entre ces souverains, par l'entremise de M. Rochet d'Héricourt, décoré des insignes du grand royaume de Choa, le roi de Choa désire alliance et commerce avec la France.

Art. 1er. — Vu la conformité de religion qui existe entre les deux nations, le roi du Choa ose espérer qu'en cas de guerre avec les Musulmans ou d'autres étrangers la France considérera ses ennemis comme les siens propres.

Art. 2. — S. M. Louis-Philippe, roi de France, protecteur de Jérusalem, s'engage à faire respecter comme les sujets français tous les sujets du Choa qui iront en pèlerinage à Jérusalem, et à les défendre, à l'aide de ses représentants, sur toute la route, contre les avanies des Infidèles.

Art. 3. — Tous les Français résidant au Choa seront considérés comme les sujets les plus favorisés, et, à ce titre, outre leurs droits, ils jouiront de tous les privilèges qui pourraient être accordés aux autres étrangers.

Art. 4. — Toutes les marchandises françaises introduites dans le Choa seront soumises à un droit de 3 0/0 une fois payé. Ce droit sera prélevé en nature, afin d'éviter toute discussion d'arbitrage sur la valeur desdites marchandises.

Art. 5. — Tous les Français pourront commercer dans tout le royaume du Choa.

Art. 6. — Tous les Français résidant au Choa pourront acheter des maisons et des terres dont l'acquisition sera garantie par le roi du Choa.

Les Français pourront revendre ou disposer de ces mêmes propriétés.

Fait en double à Angolola, le 7 juin 1843.

Signé : Sahlé-Sallassi,

Rochet d'Héricourt.

L'Éthiopie avait encore pour voisine la possession que les Anglais avaient fondée à Zeila, Berbera et Socotora après la campagne de lord Napier contre le négus Théodoros, tué à Magdala en 1868.

Ce fut la marche en avant des Italiens qui précipita les événements. En 1890, le général Orero envahit le Tigré, mais d'autre part les Italiens occupaient Agordat, sur la route directe du Nil. L'Angleterre s'alarma immédiatement de la progression des « solides alliés » et de leur désir ouvertement proclamé d'aller au Nil. Une première convention fut signée à Rome le 24 mars 1891 entre M. di Rudini et lord Dufferin, qui traçait la frontière sud-ouest du futur empire italien de la côte de l'Océan indien jusqu'au Nil Bleu. En voici le texte :

1° La ligne de démarcation dans l'Afrique orientale, entre les sphères d'influence respectivement réservées à la Grande-Bretagne et à l'Italie, suivra, à partir de la mer, le « thalweg » du fleuve de Juba, jusqu'au 6° de latitude nord, Kismayu avec son territoire à la droite du fleuve restant ainsi à l'Angleterre. La ligne suivra ensuite le parallèle 6° nord jusqu'au méridien 35° est Greenwich, qu'elle remontera jusqu'au Nil Bleu ;

2° Si les explorations ultérieures venaient plus tard en indiquer l'opportunité, le tracé suivant le 6° latitude nord et le 35° longitude est Greenwich pourra, dans ses détails, être amendé d'un commun accord d'après les conditions hydrographiques et orographiques de la contrée ;

3° Il y aura, dans la station de Kismayu et son territoire, égalité de traitement entre sujets et protégés des deux pays, soit pour leurs personnes, soit à l'égard de leurs biens, soit enfin en ce qui concerne l'exercice de toute sorte de commerce et industrie.

Le 15 avril de la même année, une seconde convention conclue à Rome par les mêmes négociateurs traçait la frontière à partir du Nil-Bleu jusqu'à la mer Rouge :

La sphère d'influence réservée à l'Italie est limitée, au nord et à l'ouest, par une ligne tracée depuis Ras Kasar sur la mer Rouge au point d'intersection du 17e parallèle nord avec le 37e méridien est Greenwich. Le tracé, après avoir suivi ce méridien jusqu'au 16°30' de latitude nord, se dirige, depuis ce point, en ligne droite, à Sabaderat, laissant ce village à l'est. Depuis ce village le tracé se dirige au sud jusqu'à un point sur le Gash, à 20 milles anglais en amont de Kassala, rejoignant l'Atbara au point indiqué comme étant un gué dans la carte de Werner Munzinger « Originalkarte von nord Abessinien und den Ländern am Mareb, Barca und Auseba » de 1864 (Gotha, Justus Perthes), est situé au 14°52 latitude nord. Le tracé remonte ensuite l'Atbara jusqu'au confluent du Kor Kakamot (Hahamot), d'où il va dans la direction d'ouest jusqu'à la rencontre du Kor Lemsen, qu'il redescend jusqu'à son confluent avec le Rahah.

Enfin, le tracé, après avoir suivi le Rahah pour le bref trajet entre le confluent du Kor-Lemsen et l'intersection du 35° longitude est Greenwich, s'identifiera, dans la direction du sud, avec ce méridien jusqu'à la rencontre du Nil-Bleu, sauf amendements ultérieurs de détails d'après les conditions hydrographiques et orographiques de la contrée;

2° Le gouvernement italien aura la faculté, au cas où il serait obligé de le faire pour les besoins de sa situation militaire, d'occuper Kassala et la contrée attenante jusqu'à Atbara. Cette occupation ne pourra, en aucun cas, s'étendre au nord, ni au nord-ouest de la ligne suivante.

De la rive droite de l'Atbara, en face de Gos Rejeb, la ligne va dans la direction d'est jusqu'à l'intersection du 36° méridien est Greenwich, de là, tournant au sud-est, elle passe à 3 milles au sud des points marqués Filik et Metkinab dans la carte précitée de Werner-Munzinger, et rejoint le tracé mentionné dans l'article 1 à 25 milles anglais au nord de Sabaderat, mesurés le long dudit tracé.

Il est cependant convenu entre les deux gouvernements que toute occupation militaire temporaire du territoire additionnel spécifié dans cet article n'abrogera pas les droits du gouvernement égyptien sur ledit territoire; mais ces droits demeureront seulement en suspens jusqu'à ce que le gouvernement égyptien soit en mesure de réoccuper le district en question jusqu'au tracé indiqué dans l'article 1er de ce protocole, et d'y maintenir l'ordre et la tranquillité.

3° Le gouvernement italien aura, pour ses sujets et protégés, ainsi que pour leurs marchandises, le passage en franchise de droits sur la route entre Metemma et Kassala, touchant successivement El-Affarch, Doka-Suk-Abu-Sin (Ghedaref) et l'Atbara.

Par ces deux conventions, l'Angleterre disposait en souveraine maîtresse des pays éthiopiens en faveur de l'Italie, mais elle limitait prudemment l'extension de celle-ci vers le Nil : elle laissait l'Italie libre de faire valoir son protectorat prétendu sur l'Ethiopie, mais elle l'excluait du règlement futur de la question du Haut-Nil. Elle ne lui donnait que la faculté de détenir provisoirement et pour des raisons stratégiques la ville de Kassala que le général Baratieri alla occuper le 17 juillet 1894.

Cependant les relations des Italiens avec Ménélik étaient compromises. Dès le mois de septembre 1890 le Négus avait écrit au roi Humbert la lettre suivante sur l'interprétation du traité d'Ucciali :

« Lion vainqueur de la tribu de Juda, Ménélick II, élu du Seigneur, roi des rois d'Ethiopie, à notre ami et frère, Sa Majesté le roi Humbert 1er, roi d'Italie, Salut !

« Ayant envoyé, à l'occasion de la fête de mon couronnement, la nou-

velle de mon avènement au trône aux puissances amies de l'Europe,
j'ai trouvé dans leurs réponses quelque chose d'humiliant pour mon
royaume. Le motif sort de l'article 17 du traité de Outchali, du 25
miazia 1881. Ayant de nouveau étudié ledit article, nous avons constaté
que le contenu écrit en maharigua et la traduction en italien ne sont
pas conformes.

« Quand j'ai fait ce traité pour l'amitié de l'Italie, pour que nos secrets
soient gardés et que nos affaires en Europe ne soient pas gâtées, j'ai dit
qu'en amitié nos affaires en Europe pourraient être traitées avec l'aide
du royaume d'Italie, mais je n'ai fait aucun traité qui m'y oblige.

« Qu'une puissance indépendante ne cherchera (*sic*) pas le secours
d'une autre, du moins que ce ne soit en amitié, Votre Majesté le comprend bien. Du reste, veuillez bien porter votre attention sur l'article
19 du traité d'Outchali, du 25 miazia 1881, dans lequel il est stipulé que
pour pouvoir servir de témoignage, les deux textes des deux langues
doivent être exactement conformes.

« L'article 17 dit que *Je peux* me servir de l'intermédiaire de l'Italie,
mais il ne dit pas que *Je consens* à me servir de l'Italie pour toutes les
affaires que j'aurai à traiter avec l'Europe.

« Quand, en causant avec le comte Antonelli, au moment de la stipulation de ce traité, je l'ai interrogé bien sérieusement et qu'il m'a
répondu : « Si cela vous convient, vous pouvez vous servir de notre inter-
« médiaire ; sinon, vous êtes libre de vous en dispenser », je lui dis :
« Du moment que c'est à titre d'amitié, pourquoi me servirais-je d'au-
« tres gens pour mes relations ? » mais je n'ai accepté, à cette époque,
aucun engagement obligatoire et encore aujourd'hui, je ne suis pas
l'homme pour l'accepter, et vous également, vous ne me direz pas de
l'accepter.

« A présent, j'espère que, pour l'honneur de votre ami, vous voudrez
bien faire rectifier l'erreur commise dans l'article 17, et de faire part
de cette erreur aux puissances amies auxquelles vous aviez fait communication dudit article.

« Je prie Dieu de vous accorder une longue vie et de préserver notre
amitié de tout trouble. »

Le 10 avril 1891 il adressait aux puissances européennes une circulaire dans laquelle il définissait les frontières d'Ethiopie :

Partant de la limite italienne d'Arafalé, dit-il, qui est située sur le
bord de la mer, cette limite se dirige vers l'ouest sur la plaine de Gegra-
Meda, va vers Mahija-Halaï, Digsa, Goura et arrive jusqu'à Adibaro.
D'Adibaro, la limite arrive jusqu'à l'endroit où le Mareb et le fleuve
Atbara se réunissent.
Cette limite partant ensuite dudit endroit se dirige vers le sud et arrive

à l'endroit où le fleuve Atbara et le fleuve Setit (Tacazzeh) se rencontrent et où se trouve la ville connue sous le nom de Tomat.

Partant de Tomat, la limite embrasse la province de Kedaref et arrive
jusqu'à la ville de Kargag sur le Nil bleu.

De Kargag cette limite arrive jusqu'à l'endroit où le Nil blanc et le
fleuve le Sobat se rencontrent. Partant de cet endroit la limite suit ledit
fleuve de Sobat, y compris le pays des Galla dits Arboré et arrive jusqu'à
la mer (lac) Sambourou. Vers l'est sont compris le pays des Galla connus sous le nom de Borani, tous les pays des Aroussi, jusqu'aux limites
des Somalis, y compris également la province d'Ogaden.

Vers le nord la limite embrasse les Habr-Oual, les Gadaboursi, les
Eissa-Somali, arrive jusqu'à Ambos. Partant d'Ambos, la limite embrasse
le lac Assal, la province de notre vassal d'ancienne date Mohammed
Amfalé, longe la côte et rejoint Arafalé.

En indiquant aujourd'hui les limites actuelles de mon empire je tâ-
cherai, si le bon Dieu veut bien m'accorder la vie et la force, de rétablir
les anciennes frontières de l'Ethiopie jusqu'à Khartoum et jusqu'au lac
Nyanza avec tous les pays galla.

Je n'ai point l'intention d'être spectateur indifférent, si des puissances lointaines se présentent avec l'idée de se partager l'Afrique, l'E-
thiopie ayant été pendant plus de quatorze siècles une île des chrétiens
au milieu de la mer des païens.

Comme le Tout-Puissant a protégé l'Ethiopie jusqu'à ce jour, j'ai la
confiance qu'il la protégera et l'agrandira aussi dans l'avenir. Mais je
suis certain qu'il ne partagera jamais l'Ethiopie entre d'autres puissances.

Auparavant la limite de l'Ethiopie était la mer. A défaut de force et
à défaut de l'aide de la part des chrétiens, notre frontière du côté de la
mer est tombée entre les mains des musulmans.

Aujourd'hui nous ne prétendons pas retrouver notre frontière de la
mer par la force ; mais nous espérons que les puissances chrétiennes,
conseillées par notre Sauveur Jésus-Christ, nous rendront les frontières
de la mer, au moins sur quelques points de la côte.

Le 12 février 1893 Ménélik dénonça formellement le traité d'Ucciali et le 27 février il notifiait cette dénonciation aux puissances.

Néanmoins le 5 mai 1894 l'Italie concluait avec l'Angleterre une
nouvelle convention qui violait encore les droits de l'Ethiopie et aussi
cette fois l'intégrité du Harrar garantie par la convention franco-
anglaise du 8 février 1888, reproduite plus haut. En voici le texte :

Afin de compléter la délimitation des sphères d'influence entre la
Grande-Bretagne et l'Italie dans l'Afrique orientale, qui a fait l'objet
des protocoles signés à Rome les 24 mars et 15 avril 1894, les soussi-

gnés, autorisés par leurs gouvernements respectifs, ont convenu ce qui suit :

La limite des sphères d'influence de la Grande-Bretagne et de l'Italie dans les régions du golfe d'Aden est constituée par une ligne qui, partant de Gildessa et se dirigeant vers le 8° latitude nord contourne la frontière nord-est des territoires des tribus Girri, Bertiri et Rer Alli, en laissant à droite les villages de Gildessa, Darmi, Giggigœ, Milmil.

Arrivée au 8° latitude nord la ligne s'identifie avec ce parallèle jusqu'à son intersection avec le méridien 48° longitude est de Greenwich ; elle se dirige ensuite à l'intersection du 9° latitude nord et du 49° longitude est de Greenwich et suit ce méridien jusqu'à la mer.

2° Les deux gouvernements s'engagent à se conformer dans les régions du protectorat britannique et dans celle de l'Ogaden, en faveur des sujets et protégés britanniques et italiens, ainsi que des tribus qui habitent ces territoires, aux stipulations de l'Acte général de Berlin et de la déclaration de Bruxelles, relatives à la liberté du commerce.

3° Dans le port de Zeila, il y aurait égalité de traitement pour les sujets et protégés britanniques et italiens en tout ce qui concerne leurs personnes, leurs biens et l'exercice de leur commerce et de leur industrie.

CRISPI. — F. C. FORD.

Note officieuse annexe.

« La délimitation part de Gildessa parce que les territoires somalis
« qui se trouvent à droite de la ligne Laoadu-Bia-Catuba-Gildessa,
« s'arrêtant à la frontière du Harrar, furent, en 1888, laissés par l'Angle-
« terre à la France.

« La sphère d'influence italienne reste formée du Harrar, de pres-
« que tout l'Ogaden et de la presqu'île Medjertine de Gardafui.

« Dans la sphère d'influence anglaise restent les tribus Issa-Gada-
« boursi, Abr-Aoual, Abr-Gheragis, Abr-Giableh, Uarsawgueli et Dob-
« bohauta. »

La France fit entendre une protestation. Mais déjà le conflit entre Italiens et Abyssins s'était aggravé et toute l'attention se portait sur le Tigré. Les Italiens l'avaient purement et simplement annexé, rapprochant ainsi de Ménélik le ras Mangascha, fils du négus Jean, auquel son père avait attribué la succession et qui en avait été évincé par Ménélik. En janvier 1895 ils prirent l'offensive contre Mangascha ; Baratieri le battit à Coatit et Sénafé, enleva Adigrat et fit une entrée triomphale à Adoua, la capitale historique du Tigré et à Axoum, une des villes saintes de l'Ethiopie. Mais Ménélik avait réuni toute l'Abyssinie sous ses ordres, il massacra à Amba-Alaghi en décembre 1895 la colonne du major Toselli, réoccupa Axoum et Adoua, fit capituler la garnison de Makallé et enfin le 1er mars 1896 défit complètement à Abba-Garima, près d'Adoua, l'armée du général Baratieri.

Des négociations furent ouvertes, et le 26 octobre 1896 elles aboutirent au traité suivant signé à Adoua par le major Nerazzmi :

ART. 1er. — L'état de guerre entre l'Italie et l'Éthiopie a pris définitivement fin. En conséquence, il y aura paix et amitié perpétuelles entre Sa Majesté le roi d'Italie et Sa Majesté le roi d'Éthiopie, ainsi qu'entre leurs successeurs et sujets.

ART. 2. — Le traité conclu à Outchalile 25 Miazia 1881 (correspondant au 2 mai 1889) est et demeure définitivement annulé ainsi que ses annexes.

ART. 3. — L'Italie reconnaît l'indépendance absolue et sans réserve de l'empire Éthiopien comme état souverain et indépendant.

ART. 4. — Les deux puissances contractantes n'ayant pu se mettre d'accord sur la question des frontières, et désireuses cependant de conclure la paix sans délai et d'assurer ainsi à leur pays les bienfaits de la paix, il a été convenu que dans le délai d'un an, à dater de ce jour, des délégués de confiance de Sa Majesté le roi d'Italie et de Sa Majesté l'empereur d'Éthiopie établiront, par une entente amicale, les frontières définitives. Jusqu'à ce que ces frontières aient été ainsi fixées, les deux parties contractantes conviennent d'observer le *statu quo ante*, s'interdisant strictement de part et d'autre de franchir la frontière provisoire, déterminée par le cours des rivières Mareb, Belesas et Mouna.

ART. 5. — Jusqu'à ce que le gouvernement italien et le gouvernement éthiopien aient d'un commun accord fixé leurs frontières définitives, le gouvernement italien s'engage à ne faire de cession quelconque de territoire à aucune autre puissance. Au cas où il voudrait abandonner de sa propre volonté une partie du territoire qu'il détient, il en fera remise à l'Éthiopie.

ART. 6. — Dans le but de favoriser les rapports commerciaux et industriels entre l'Italie et l'Éthiopie, des accords ultérieurs pourront être conclus entre les deux gouvernements.

ART. 6. — Le présent traité sera porté à la connaissance des autres puissances par les soins des deux gouvernements contractants.

ART. 8. — Le présent traité devra être ratifié par le Gouvernement italien dans le délai de trois mois à dater de ce jour.

ART. 9. — Le présent traité de paix conclu ce jour sera écrit en amharigua et en français, les deux textes absolument conformes, et fait en deux exemplaires, signés des deux parties, dont un restera entre les mains de S. M. le roi d'Italie et l'autre entre les mains de S. M. l'empereur d'Éthiopie.

Le ministère Rudini, qui succéda au ministère Crispi à la suite
du revers d'Adoua, fit approuver le 22 mai 1897 par la Chambre
italienne, son programme africain, inspiré du principe suivant :
« Le gouvernement en arrive à cette conclusion qu'il convient de
créer un état de choses qui permette de réduire au minimum notre
occupation militaire en la limitant, si possible, à la seule ville de
Massaouah. »

Au moment où nous écrivons, la délimitation italo-éthiopienne
prévue par l'article 4 du traité n'a pas encore été réglée, ou du
moins publiée. Cependant le rapport présenté au roi Victor-Emma-
nuel le 14 novembre 1900 par M. Saracco, président du Conseil des
ministres, déclare que l'Italie « a réglé d'une façon honorable et
satisfaisante la question difficile et compliquée des frontières. » En
effet, une convention a été conclue par le major Nerazzini en 1897
pour cette délimitation, mais elle n'est point encore publiée. Les
propositions de Ménélik seules sont connues. Elles sont les suivantes : 1° au nord, pour l'Erythrée, la frontière suivrait la rivière
Maï-Feccia jusqu'au Mareb dont elle suivrait le cours jusqu'au
confluent du Maï-Maretta, remonterait cette rivière, et, passant au
sud de Goura, Digsa, Halai et Mahio, descendrait au bas des
Gadline Faraone, se maintenant parallèlement à la mer Rouge à
60 kilom. de la côte ; 2° au sud, pour le Benadir italien, la frontière
se maintiendrait à environ 180 milles de la côte et rejoindrait le
Djouba au nord de Bardera, à Lugh, point qui demeurerait comme
station commerciale italienne (1).

Le parti africaniste italien est hostile à la convention Nerazzini
qui serait la consécration des propositions de Ménélik. Il reproche
à cette convention l'abandon à l'Ethiopie des régions du Seraé et
de l'Okulé-Kusaï et la renonciation aux positions stratégiques de
Adi Ugri et Adi Caié et il demande la fixation de la frontière de
l'Ethiopie à la ligne Mareb-Belesa-Mouna établie provisoirement
par le traité de paix de 1896. C'est cette nouvelle convention que le
capitaine Ciccodicola, représentant de l'Italie auprès de Ménélik, a
été chargé de lui faire agréer. Le Parlement italien ne tardera pas
à être saisi de la convention définitivement intervenue. En tout cas,
les coloniaux italiens réclament toujours comme limite de l'in-

(1) C'est dans l'arrière-pays du Benadir qu'ont opéré les missions
Ruspoli, Bottego, etc.

fluence italienne à l'ouest les lignes des protocoles des 24 mars et 15 avril 1891. Ils ont délimité avec les autorités anglo-égyptiennes, par des protocoles datés du 1er juin 1899 et du 16 avril 1901, la frontière italo-égyptienne des confluents de l'Ambacta et du Barca à Todluc, sur le Mareb.

En cette même année 1897, le Gouvernement anglais envoya à Adis-Ababa une mission confiée à M. Rennell-Rodd. Le 14 mai 1897, M. Rennell-Rodd signait à Adis-Ababa avec Ménélik le traité suivant :

Art. 1er. — Les sujets et protégés de chacune des deux parties contractantes auront pleine liberté d'entrer, de sortir, et d'exercer leur commerce dans les territoires de l'autre, jouissant de la protection du Gouvernement sous la juridiction duquel ils se trouvent, mais il est défendu aux bandes armées d'une part ainsi que de l'autre de traverser les frontières du voisin sous un prétexte quelconque sans permission préalable des autorités compétentes.

Art. 2. — Les frontières du Protectorat britannique sur la Côte des Somalis, reconnues par Sa Majesté l'Empereur Ménélik, seront réglées ultérieurement par échange de notes entre James Rennell Rodd, Esquire, comme représentant de Sa Majesté la reine, et Ras Maconen, comme représentant de Sa Majesté l'Empereur Ménélik au Harrar. Ces notes seront annexées au présent traité, dont elles formeront partie intégrale sitôt qu'elles ont été approuvées par les hautes parties contractantes. En attendant, le *statu quo* sera maintenu.

Art. 3. — Il est convenu que la route des caravanes entre Zeïla et le Harrar par voie de Gildessa restera ouverte dans tout son parcours au commerce des deux nations.

Art. 4. — Sa Majesté l'Empereur d'Ethiopie, de son côté, accordera à la Grande-Bretagne et ses colonies, en ce qui concerne les droits de douane et impôts intérieurs, tous les avantages qu'il accordera aux sujets d'autres nations. De l'autre côté, tout matériel destiné exclusivement au service de l'Etat éthiopien aura le droit de passer en Ethiopie par le port de Zeïla en franchise de douane sur demande de Sa Majesté l'Empereur.

Art. 5. — Le transit de tous les engins de guerre destinés à Sa Majesté l'Empereur d'Ethiopie est autorisé à travers les territoires dépendant du Gouvernement de Sa Majesté britannique sous les conditions prescrites par l'Acte général de la Conférence de Bruxelles, signé le 2 juillet 1890.

Art. 6. — Sa Majesté Ménélik II, roi des rois d'Ethiopie, s'engage, vis-à-vis du Gouvernement britannique, à empêcher de son mieux le passage à travers son Empire des armes et munitions aux Mahdistes, qu'il déclare ennemis de son Empire.

Le présent traité entrera en vigueur sitôt que la ratification de Sa Majesté britannique sera notifiée à Sa Majesté l'Empereur d'Ethiopie, mais il est entendu que les prescriptions de l'art. 6 seront mises en exécution à partir du jour de sa signature.

En foi de quoi Sa Majesté Ménélik II, roi des rois d'Ethiopie, en son propre nom, et Rennell Rodd, Esquire, pour Sa Majesté Victoria, reine de la Grande-Bretagne et d'Irlande, impératrice des Indes, ont signé le présent traité, fait en deux exemplaires, écrit en anglais et en amharic identiquement, les deux textes étant considérés comme officiels, et y ont apposé leurs sceaux.

Fait à Adis Abbaba, le 14 mai 1897.

Le 4 juin 1897 M. Rennell Rodd signait à Harrar avec le ras Makonnen, conformément à l'article 2 du traité précédent, une déclaration ainsi conçue, qui annulait les dispositions de la convention du 5 mai 1894 :

(Salut.)   *Harrar, le 4 juin 1897 (28 Genbot 1889).*

Après discussion amicale avec Votre Excellence, j'ai compris que Sa Majesté l'Empereur d'Éthiopie reconnaîtra comme frontière du Protectorat britannique sur la côte des Somalis la ligne qui, partant de la mer à l'endroit fixé par l'accord entre la Grande-Bretagne et la France, en février 1888, vis-à-vis les puits d'Hadou, suive la route des caravanes, tracée dans cet accord, qui passe par Abbassouen, jusqu'à la colline de Somadou. A partir de ce point sur la route la ligne est tracée par les montagnes de Saw et la colline d'Egu jusqu'à Mogar Medir ; à partir de Mogar Medir elle est tracée en ligne droite par Eylinta Kaddo jusqu'à Arran Arrhe, près de l'intersection de 44 degrés est de Greenwich et 9 degrés nord. De ce point une ligne droite sera tracée jusqu'à l'intersection de 47 degrés est de Greenwich et 8 degrés nord. A partir d'ici la ligne suivra le tracé de la frontière indiqué par le protocole anglo-italien du 5 mai 1894, jusqu'à la mer.

Les tribus habitant chaque côté de la ligne auront le droit de fréquenter les pâturages d'un côté ainsi que de l'autre, mais il est entendu que pendant leurs migrations elles seront soumises à la juridiction de l'autorité territoriale. Un accès libre aux puits les plus proches est réservé également aux habitants de chaque côté de la ligne.

Cet accord, conformément à l'art. 2 du traité signé le 14 mai 1897 (7 Genbot 1889), par Sa Majesté l'empereur Ménélik et M. RENNELL RODD à Adis Abbaba, doit être approuvé par les deux Hautes Parties Contractantes.

J'ai, etc.

(*Signé*)   RENNELL RODD.

Le bruit avait couru que l'Angleterre avait reconnu à l'Éthiopie l'accès au Nil à partir d'un point situé à 150 kil. en amont de Khartoum jusqu'au lac Albert. Mais les déclarations apportées à la Chambre des Communes ont spécifié qu'un accord n'avait été signé que pour la délimitation de la Somalie anglaise et que la frontière occidentale de l'Érythrie serait déterminée par un arrangement ultérieur.

Comme on le voit, ces conventions n'ont nullement déterminé la frontière occidentale de l'Éthiopie. Le Négus Ménélik, s'il s'en tient à ses idées de 1891, désire l'accès de son pays au Nil et il a envoyé dans ce but des colonnes et des officiers dans l'ouest : le dedjaz Thessama accompagné de MM. Febvre et Potter, du colonel russe Artamonoff et de 5000 Abyssins, alla en juin 1898 jusqu'au confluent du Nil et du Sobat. D'autre part, les Anglo-Égyptiens ont entrepris de pousser le chemin de fer de Khartoum le long du Nil Bleu jusqu'à Rosaires, au pied du plateau abyssin, auquel ils auront ainsi une voie d'accès. Du consentement de Ménélik des études topographiques ont été opérées en cette région en 1900 en vue de trouver un terrain d'entente pour la frontière occidentale de l'Éthiopie. Les membres du gouvernement anglais ont plusieurs fois annoncé aux Communes que les négociations pour la délimitation de l'Éthiopie vers l'ouest progressaient favorablement, mais jusqu'ici rien n'a été conclu et on peut craindre qu'il y ait là une source de conflits futurs. Le danger serait très grand si Ménélik venait à disparaître et si l'Abyssinie dont il a constitué l'unité au prix des plus grands efforts et en apaisant plusieurs rébellions, telles que celle du ras Mangascha en 1899, revenait à son état anarchique de jadis.

Deux puissances ont engagé avec l'Éthiopie des relations importantes, mais sans manifester aucune ambition territoriale.

La France, qui avait observé pendant tout le cours du conflit italo-abyssin une absolue correction — le capitaine français Clochette, un des organisateurs de l'armée éthiopienne, n'était pas en mission officielle, — et qui n'avait même en 1890 fait aucune objection à la notification du traité d'Ucciali, a envoyé en 1897 une mission diplomatique spéciale auprès du Négus. M. Lagarde, gouverneur de Djibouti, qui en fut chargé, conclut avec Ménélik deux conventions.

La première était le renouvellement du traité Rochet d'Héricourt avec quelques clauses nouvelles : l'élévation de 3 à 8 0/0 du droit d'entrée des marchandises françaises en Éthiopie et la détermination de la frontière entre la colonie française et l'empire éthiopien, frontière fixée sur la ligne du chemin de fer, à 90 kilomètres.

Le second résultat de la mission Lagarde était la ratification d'une convention conclue le 9 mars 1894 entre le Négus et M. Ilg, ingénieur suisse, et relative à la construction d'un chemin de fer entre Harrar et Djibouti.

En voici le texte :

I. — Sa Majesté Ménélick II, roi des rois d'Éthiopie, accorde à M. Ilg, ingénieur, l'autorisation de créer, sous le nom de Compagnie impériale des chemins de fer éthiopiens, une compagnie ayant pour objet la construction et l'exploitation d'un chemin de fer de Djibouti à Harrar, de Harrar à Antotto, et d'Antotto au Kaffa et au Nil Blanc.

II. — Toutes ces lignes, en ce qui concerne les études préalables, les travaux à entreprendre et toutes les conditions de la construction seront divisées en trois sections : la première, de Djibouti à Harrar ; la seconde, de Harrar à Antotto ; et la troisième, d'Antotto au Kaffa et au Nil Blanc. La présente concession ne s'applique qu'à la ligne s'étendant de Djibouti à Harrar.

III. — La présente concession durera quatre-vingt-dix-neuf ans, depuis le jour où les travaux auront été terminés et l'exploitation commencée, et cette clause s'appliquera à chacune des autres sections. Il est, de plus entendu qu'aucune autre Compagnie de chemin de fer ne sera autorisée à construire des lignes concurrentes partant des rives de l'océan Indien ou de la mer Rouge vers l'Éthiopie et le Nil Blanc.

IV. — Si la Compagnie ayant entrepris ce chemin de fer n'a pas commencé les travaux de la section Djibouti et Harrar dans les deux années à partir de la date de la présente convention, la concession sera annulée.

V. — Depuis le commencement de l'exploitation jusqu'à l'expiration de la concession, la Compagnie devra tenir la ligne en bon état. Sauf les cas de force majeure, l'exploitation ne devra pas être interrompue.

VI. — La Compagnie de chemin de fer établira tout le long de la ligne, et à ses frais, une ligne télégraphique et entretiendra le personnel nécessaire à son exploitation. Le télégraphe construit par la Compagnie sera à la disposition du gouvernement éthiopien pour tous les télégrammes d'État. Les télégrammes des particuliers seront également admis dans des conditions à fixer ultérieurement. Si le premier fil télégraphique devenait insuffisant, la Compagnie en établira un second à ses frais. Le télégraphe sera continué partout où pénétrera le chemin de fer.

VII. — La Compagnie ne transportera pas de troupes ou de matériel de guerre, entrant dans le pays ou en sortant sans une lettre du roi des rois d'Éthiopie. Si la compagnie se charge d'un transport de ce genre sans permission, la ligne sera confisquée par le gouvernement éthiopien. Les tarifs pour l'empereur seront moindres que pour toute autre personne. En temps de guerre, les troupes et le matériel seront transportés gratis.

VIII. — Pour les marchandises appartenant à des particuliers, la compagnie fixera elle-même ses tarifs ; mais ces tarifs ne devront pas être plus élevés que le coût présent des transports.

IX. — Les droits de douane perçus à Harrar, pour Sa Majesté, n'étant jusqu'ici que de 3 0/0 et ne dépassant pas 1 million de francs, Sa Majesté le roi des rois d'Ethiopie, dans le but de faciliter la construction du chemin de fer et d'assurer un intérêt au capital engagé, permet à la Compagnie de lever un droit de 10 0/0 sur toutes les marchandises entrant ou sortant ; mais ce droit sera réduit à 5 0/0, lorsque les bénéfices nets de la Compagnie auront atteint 2,500,000 fr. Lorsque ces bénéfices s'élèveront à 3 millions, le droit sera entièrement aboli. Si les bénéfices nets de la Compagnie dépassent 3 millions par an, le surplus sera également partagé entre la Compagnie et le gouvernement éthiopien.

X. — Sa Majesté le roi des rois d'Ethiopie ordonnera que toutes les marchandises, partant de Harrar ou venant de Djibouti, soient à l'avenir transportées par le chemin de fer. Dans chaque localité où pourraient arriver des marchandises, des agents des douanes du gouvernement percevront, sur place, les droits.

XI. — Sa Majesté le roi des rois d'Ethiopie concède à la Compagnie le terrain nécessaire pour l'établissement du chemin de fer sur toute la longueur de la ligne, avec les forêts, les mines et les eaux qu'il contient. Ce territoire sera mesuré et délimité. La zone, ainsi prise sur les terrains inoccupés, sera de 1,000 mètres.

XII. — Sa Majesté le roi des rois d'Ethiopie protégera le chemin de fer et ses ateliers contre toute attaque. Dans ce but, les soldats désignés pour cette garde, aussi bien que leurs provisions, seront transportés gratis.

XIII. — Sa Majesté le roi des rois d'Ethiopie ne lèvera pas de droits de douane sur le matériel que la Compagnie importera pour ses travaux, soit du pays lui-même soit de l'étranger. Aussi longtemps que le chemin de fer sera entre les mains de la Compagnie, tout ce qui sera nécessaire pour le chemin de fer, ainsi qu'il vient d'être dit, soit le charbon soit toute autre marchandise importée par la Compagnie, sera libre de droits.

XIV. — A l'expiration de cette concession, le chemin de fer et les établissements en dépendant, ainsi que le matériel roulant, deviendront la propriété du gouvernement éthiopien sans compensation. Pour ce qui est du matériel roulant et des provisions, le gouvernement éthiopien n'en prendra possession que contre payement.

XV. — La Compagnie qui entreprendra la construction de la ligne donnera à l'empereur Ménélick II, pour la présente concession, une somme de 100,000 thalers en actions émises par la Compagnie.

En janvier 1899, l'importance croissante de l'Ethiopie a amené le gouvernement français à accréditer à Addis-Ababa un ministre spécialement chargé des fonctions diplomatiques et M. Lagarde a été accrédité en cette qualité.

Diverses missions françaises se sont rendues en Abyssinie depuis les conventions de 1897 (missions Bonvalot, Henri d'Orléans, etc.). Nous avons déjà mentionné la traversée de l'Abyssinie par la mission de Bonchamps qui parvint jusqu'à la Sobat et par la mission Marchand revenant de Fachoda. En 1901 MM. Hugues Le Roux et du Bourg ont rempli en Abyssinie des missions scientifiques et commerciales.

Le commerce franco-éthiopien a déjà pris une certaine extension. Il se fait par deux routes, celle de Djibouti-Gueldeissa-Harrar-Adis-Ababa et celle de Djibouti-Lalibella-Adis-Ababa qui se confondent à Tadeltcha-Malca. La première statistique qui ait été publiée était relative au trafic du 1er avril 1897 au 31 mars 1898. Les exportations ont été de près de sept millions consistant surtout en café, or, ivoire, peaux, civette et cire. Les exportations ont été de 12 millions et demi consistant surtout en objets d'alimentation (notamment le sel du lac Assal), cotonnades, lainages, soieries, armes et munitions, verreries et verroteries, etc. « Le commerce avec l'Abyssinie a-t-il atteint le maximum de son développement, ou peut-on espérer le voir grandir encore ? L'Abyssinie offre des ressources naturelles, immenses, matière inépuisable pour l'exportation européenne. L'agriculture, favorisée par un climat qui permet les cultures des zones les plus variées, l'élevage, facilité par un grand nombre de prairies où vivent des troupeaux de chevaux, d'ânes et de mulets ne demandent, pour atteindre leur plein développement, que des débouchés sur la côte. Quant à l'importation son champ d'action peut s'étendre plus encore. L'industrie en Abyssinie n'existe pas et même en admettant que rien ne vienne entraver les tendances actuelles du pays qui, sous l'impulsion de son grand empereur Ménélik se révèlent nettement progressistes, elle ne s'organisera pas, de longtemps encore. D'autre part, les besoins sont considérables, besoins essentiels, comme ceux du vêtement, de la vie courante, de l'armement, qu'il faut satisfaire dès à présent, besoins de luxe, encore rudimentaires, mais que le développement de la richesse nationale et le contact plus régulier des Européens doivent forcément accroître. Il y a là pour l'industrie européenne, pour la nôtre, en particulier,

un terrain éminemment propice pour exercer son activité et son
ingéniosité. Les conditions essentielles du succès sont : appropriation exacte aux goûts et aux besoins des indigènes, production à
bon marché (1). »

Pendant l'année 1900, la valeur des marchandises expédiées de
Djibouti en Abyssinie s'est élevée à 1 million 1/2, dont 1.150.000 fr.
par voie ferrée ou par caravane sur notre territoire et 273.000 fr.
par la voie de Zeilah avec transport par mer jusqu'à ce port. L'exportation des produits du cru de l'Abyssinie n'a été que de
693.000 fr., en baisse de 20.000 fr. sur le chiffre de 1899. Cette
diminution porte sur les défenses d'éléphants, la civette et le
café.

La construction de la voie ferrée donnera à ce commerce toute
son importance. C'est un Français, M. Chefneux, qui en élabora le
projet. Il obtint l'assentiment du gouvernement français et éthiopien et il fut convenu que Djibouti serait la tête de ligne de chemin
de fer qui aurait pour point d'aboutissement Harrar d'abord, Addis-
Ababa ensuite, et ne serait établi qu'en territoire français et abyssin.
Nous avons publié plus haut le texte de la concession accordée à
M. Ilg. Les promoteurs constituèrent la Compagnie impériale des
chemins de fer éthiopiens, société anonyme française, qui possède
le monopole de la construction et de l'exploitation d'un réseau de
voies ferrées en Ethiopie. Etudié dès 1896, le chemin de fer a été
commencé en 1898 et la population de Djibouti s'est trouvée immédiatement augmentée. Le premier tronçon de Djibouti à Harrar
aura 290 kilomètres : le 22 juillet 1900 a été inaugurée la première
section qui va de Djibouti à Douanlé sur une longueur de 110 kilomètres, dont 18 en territoire abyssin. La voie était poussée à l'été
de 1901 jusqu'au kilomètre 190. On a pu craindre que l'œuvre du
chemin de fer passât à ce moment entre les mains de capitalistes
anglais. Mais le gouvernement français a fait connaître son intention de conserverver à cette œuvre le caractère français.

La Russie suit en Ethiopie une politique d'un caractère spécial,
une politique d'influence religieuse. Depuis quelques années, son
attention s'est portée vers l'Eglise chrétienne d'Abyssinie. Déjà en
1848 le religieux Porphyre Oupenski, chef de la mission russe à
Jérusalem, conseillait à la Russie d'entrer en relations avec l'Abys-

(1) *La Côte française des Somalis,* par S. Vignéras, Exposition de 1900.

sinie. Mais il ne fut pas donné suite à son projet. En 1874 le négus
Jean demanda la protection du Tzar Alexandre II.

Ce fut en 1888 seulement qu'une première tentative fut faite.
Le Cosaque Atchinoff se rendit à Tadjoura et en ramena deux moines
abyssins. Son retour en Russie fut l'occasion d'un mouvement d'opinion vers l'Abyssinie et en février 1889 Atchinoff revint à Obock avec
quelques compagnons dont plusieurs popes. Il s'établit à Sagallo,
fortin abandonné près de Djibouti, en territoire français. Le gouvernement d'alors, sachant qu'il n'avait aucune mission officielle,
le somma d'évacuer Sagallo et il fallut, pour le faire partir, se résoudre à un bombardement qui tua cinq ou six personnes.

En 1889 un lieutenant russe, Machkoff, arriva en Abyssinie où
il accomplit deux voyages jusqu'à l'année 1892 ; il fut fort bien
accueilli par Ménélik et par la population. En 1894, une mission
plus importante fut organisée par la société impériale russe de géographie et confiée au capitaine de Léontieff qui était accompagné
du père Zéphraïm. Le succès de sa mission lui valut d'être chargé
plus tard par Ménélik du gouvernement des provinces équatoriales
de l'Abyssinie.

La Russie a institué à Addis-Ababa une agence diplomatique et
un certain nombre d'officiers russes sont employés, à titre privé,
dans l'armée abyssine.

III. — ADULIS, CHEIKH-SAID ET MASCATE

Dans la mer Rouge la France possède des droits sur deux points
d'une certaine importance, la baie d'Adulis et Cheikh-Saïd.

En 1859 le ras du Tigré, Négoussié, désireux de trouver des
alliés contre la puissance croissante de Théodoros, envoya une ambassade à Paris demander à Napoléon III la protection de la France.
Une mission fut décidée par le gouvernement français et confiée
au capitaine de vaisseau Roussel. Celui-ci (1) étudia avec le plus
grand soin la baie de Zoulla, l'ancienne Adulis, et l'île Disseh, qui
la commande et en janvier 1860 il en obtint la cession du ras Négoussié. De retour à Paris il ne cessa de demander au gouvernement impérial une occupation effective de Zoulla et remit une note

(1) Castonnet des Fosses, *L'Abyssinie et les Italiens*, 1897.

en ce sens au ministre de la marine le 22 mars 1861. La politique du gouvernement impérial, si souvent inconséquente, fit qu'aucune suite ne fut donnée au projet du commandant Russel.

Nos droits sur la baie d'Adulis n'ont pas été reconnus par les Italiens (1), mais ils n'ont pas été abandonnés par le gouvernement français et ils pourraient être revendiqués si l'Italie renonçait à sa colonie Érythréenne.

A Cheikh-Saïd nos droits ont été acquis en 1868, par un groupe de négociants marseillais qui achetèrent ce territoire au Cheikh-Ali-Tabatt-Dourein. Le territoire acheté pour le prix de 80,000 talari part « de la pointe du cap Bab-el-Mandeb jusqu'à six heures de marche dans toutes les directions à partir du lieu dit Cheikh-Saïd ». La Turquie n'éleva à ce moment aucune protestation. Mais en 1870 des soldats turcs s'établirent à Cheikh-Saïd ; une protestation diplomatique auprès de la Porte et une reconnaissance du navire le *Bruat* les en éloignèrent. Après la guerre le *statu quo* a été maintenu et il est encore en vigueur aujourd'hui. Les négociants marseillais qui occupèrent Cheikh-Saïd jusqu'en 1871 et qui y installèrent un dépôt de charbon, utilisé pendant la guerre, n'ont quitté ce territoire qu'après avoir stipulé auprès du Cheikh-Ali que cette interruption de leur action ne pourrait invalider leurs droits (2). Cheikh-Saïd a été visité en décembre 1900 par un voyageur français, M. Hugues Le Roux ; il y a trouvé un pacha turc et une vingtaine de soldats qui lui ont interdit l'accès du promontoire.

Nous pouvons rapprocher de notre action politique dans les parages de Bab-el-Mandeb, l'affaire de Mascate. La France et l'Angleterre avaient signé, le 10 mars 1862, une convention garantissant l'indépendance de ce sultanat en même temps que celle de Zanzibar. Elle était ainsi conçue :

S. M. l'Empereur des Français et S. M. la reine du Royaume-Uni de la Grande-Bretagne et d'Irlande, prenant en considération l'importance qui s'attache au maintien de l'indépendance du Sultan de Mascate d'une part, et du Sultan de Zanzibar de l'autre, ont jugé convenable de s'engager réciproquement à respecter l'indépendance de ces deux princes.

Les soussignés, Ministre des affaires étrangères de S. M. l'empereur

----

(1) La France a aussi des droits sur deux autres points de la côte italienne, Edd et Amfila.

(2) Rambaud, *La France coloniale*, 436.

des Français et ambassadeur extraordinaire de S. M. B. près la Cour de France, étant munis de pouvoirs à cet effet, déclarent en conséquence, par le présent acte, que leurs dites Majestés prennent réciproquement l'engagement indiqué ci-dessus.

En foi de quoi, les soussignés ont signé en double la présente déclaration et y ont apposé le cachet de leurs armes.

Fait à Paris, le 10 mars 1862.

(L. S.) (signé) : E. THOUVENEL.
(L. S.) (signé) : COWLEY.

Au commencement de l'année 1899, un incident s'est produit entre la France et l'Angleterre à propos de Mascate. La France avait obtenu du sultan la concession d'un dépôt de charbon dans l'une des criques de Mascate. Le vice-roi des Indes, lord Curzon, envoya l'un de ses résidents à Mascate sur un navire de guerre pour sommer le sultan de retirer la concession faite à la France. Sous la menace des canons anglais, le sultan demanda à la France de lui rendre l'acte de concession. Sur notre refus, il déclara la concession annulée. Cette intervention de l'agent du gouvernement britannique était d'autant plus singulière, que l'Angleterre avait elle-même établi un dépôt de charbon à Mascate. Aussi après de courtes négociations le gouvernement britannique reconnut que les droits de la France et de l'Angleterre à Mascate, étant identiques de par la convention de 1862 comme identiques leurs obligations, la France peut très légitimement y avoir à son tour un dépôt de charbon et il exprima son regret pour « l'intervention aussi incorrecte que spontanée » du vice-roi des Indes (1).

---

(1) Chambre des députés, 6 mars 1899, Discours du ministre des affaires étrangères, M. Delcassé.

CHAPITRE VII

MADAGASCAR REDEVIENT COLONIE FRANÇAISE

Il a fallu vingt années de négociations et de guerres, avec
des vicissitudes étonnantes de fidélité à la tradition française
et de faiblesse, pour consacrer à Madagascar, en fait, une
condition de droit claire et vieille de plusieurs siècles. L'historien, surpris par ces oscillations de notre diplomatie, dont la
cause n'apparaît point dans les documents authentiques, chercherait en vain les moyens de montrer dans l'action ou dans
l'inaction française à Madagascar l'influence de quelque principe directeur, la trace de quelque méthode. Il semble que le
bien, c'est-à-dire la résolution d'agir efficacement et d'en finir,
ait résulté de l'excès du mal, et que nous devions le bienfait
d'avoir été poussés à bout par nos ennemis au méfait d'avoir
poussé les concessions à l'extrême limite : plus la somnolence
avait été longue, plus le réveil fut brusque, et mieux notre
diplomatie fut mise en présence d'un devoir catégorique et
d'une nécessité inéluctable. Le spectacle de ces longues tergiversations est d'autant plus bizarre dans son mystère, que
jamais cause coloniale ne rencontra pareille faveur devant les
Chambres françaises où la clarté de l'histoire nationale et l'évidence de nos intérêts déterminèrent, à plusieurs reprises, des
votes unanimes sur les affaires malgaches. A l'encontre de ce
que l'on observait dans d'autres débats relatifs à notre expan-

sion coloniale, les énergiques initiatives vinrent de l'opinion publique et de l'opinion parlementaire; les plus regrettables hésitations, les compromis tortueux, furent plutôt le fait des représentants du pouvoir exécutif.

I

Il convient de rappeler ici que la diplomatie du second empire avait légué au gouvernement républicain une situation pleine d'ambiguités et de périls; par la reconnaissance d'une reine hova comme souveraine de Madagascar, par le souci inquiet et mal récompensé de ne point éveiller la susceptibilité de la Grande-Bretagne, elle avait compromis une condition de droit jusque-là excellente. Ce que n'avaient pu mettre en question les pires revers de la période révolutionnaire et impériale, la recherche de l' « entente cordiale » anglaise, la sophistique subordination de notre politique au « principe des nationalités », l'attente béate des résultats de l'application du libre-échange qui devait, en rendant toutes les colonies accessibles à tous les peuples, supprimer la nécessité d'acquisitions pour compte national, le mirent en péril. Toutefois les engagements pris par les diplomates français ne liaient leur patrie que dans la mesure où les Hovas tiendraient parole et respecteraient les clauses acceptées par eux à notre avantage; ce qui, par bonheur, n'eut point lieu. Les traités impériaux avaient donc été dangereux : mais ils furent caducs fort peu de temps après leur signature.

Au moment même de notre grande épreuve nationale, un savant français qui fut l'initiateur de toutes les découvertes ultérieures en pays malgache, M. Grandidier, parcourait la grande île. Les articles d'excellente science qu'il publia, à la suite de deux ans d'incessants voyages, méritaient de modifier

profondément les idées qui avaient cours en France sur le relief
et la richesse végétale de Madagascar; il signalait la présence,
au sud-ouest, de pays desséchés et quasi-désertiques; telle
remarque de ses rapports, concis et discrets, pouvait déjà
faire douter de l'existence d'une partie notable de la grande
forêt « circulaire » marquée sur les meilleures cartes. Avec
les esquisses finement commentées de M. Grandidier et la
grande carte, vraie pour l'Imérina et les confins Betsiléo, du
P. Roblet, on avait les éléments d'une connaissance encore
toute générale mais déjà critique, et ceux d'une première préparation à des hostilités inévitables.

C'est en 1878 que se manifesta nettement le parti pris du
gouvernement hova de se soustraire aux engagements du traité
conclu dix ans auparavant avec la France. Le conflit qui éclata,
à propos de l'héritage de M. Laborde, consul de France, et
l'un des meilleurs artisans de la civilisation européenne à Madagascar, prouva d'une manière évidente la duplicité de nos
adversaires; permettre aux Français d'acheter des terres, mais
défendre aux Malgaches d'en aliéner, tel fut le singulier commentaire qu'un ministre hova osa donner de l'article 4 du
traité de 1868. La querelle fut envenimée par l'impudent essai,
essai qu'encouragea l'Anglais Parrett, de soustraire plusieurs
chefs sakalaves à l'action du protectorat de notre colonie de
Nossi-Bé. Quatre ans de pourparlers énervants, avec alternatives
de feintes concessions et de menaces à peine déguisées, furent
suivis d'une rupture diplomatique (1882) et d'une énergique
opération de police du commandant Le Timbre qui enleva les
pavillons hovas arborés sur la côte nord-ouest de Madagascar.
Cette rupture, consacrant l'inéxécution des clauses essentielles
du traité de 1868, nous mettait en état de pleine liberté d'action.

Fidèle à une vieille tactique qui lui réussit plusieurs fois, le
Gouvernement hova sut se soustraire à la négociation directe
avec les autorités françaises locales, et embrouiller le débat,

en le généralisant et en gagnant du temps, par l'envoi d'une
ambassade « auprès du Gouvernement de la République et des
gouvernements amis » (juillet 1882). C'était favoriser l'immixtion, à Paris, de toutes les influences favorables, étrangères
ou autres, et échapper à l'apparence de considérer la France
comme puissance privilégiée en vertu de l'ancienneté de ses
interventions à Madagascar. Cette manœuvre fut soulignée par
la maladroite insistance des plénipotentiaires hovas demandant
« qu'il ne fût pas fait mention, par écrit, de la clause relative aux droits généraux de la France à Madagascar », et
prétextant « qu'ils n'étaient pas munis de pouvoirs sur ce
point spécial ».

Le gouvernement anglais voulait saisir cette occasion de ne
point laisser la France et les Hovas en posture de régler seuls
et directement le différend ; son immixtion, tentée sous la forme
courtoise d'offre de bons offices, fut écartée sans hésitation
par M. Duclerc. On peut considérer comme un premier gain
de notre politique cette éviction des influences étrangères que
le gouvernement hova appelait à l'aide pour sanctionner visiblement le nouvel état de choses créé par le traité de 1868 ;
de ce traité il ne restait plus rien, faute d'exécution des articles essentiels.

Toutefois, après la vigoureuse campagne de l'amiral Pierre
en 1883, l'ultimatum remis le 1er juin à la reine Ranavalona
n'exigeait encore que la reconnaissance de notre souveraineté
ou protectorat sur des territoires strictement délimités du Nord-
ouest : c'était une sorte de traité de partage, et fort inégal,
entre la France et les Hovas. En tout cas la nécessité d'une
révision du traité de 1868 y était affirmée ; c'était en proclamer la caducité. Cet article de l'ultimatum en détermina le rejet par la reine.

L'amiral Pierre bombarda Tamatave et procéda à l'occupation, gêné sans cesse par l'inexplicable intrusion du comman-

dant anglais de la « Dryad » qui rappelle rigoureusement les
procédés employés à Taïti contre l'amiral Dupetit-Thouars.
Notre intervention à Madagascar eut aussi son affaire Pritchard,
déterminée par l'ingérence indiscrète sinon coupable du missionnaire Shaw. L'amiral Pierre, écœuré, mourut à l'expiration de son commandement remis à l'amiral Galiber.

A Paris M. Jules Ferry exigeait sagement que les négociations fussent engagées sur le théâtre même des opérations et
par nos représentants locaux. Ces négociations n'avaient, du
reste, aucune efficacité : pourtant le ministère français n'exigeait rien au delà des termes singulièrement modestes de l'ultimatum ; il restait même en deçà, puisque Jules Ferry lui-même,
tout en condamnant la « politique des vélléités et des abandons », s'en tenait à la consécration de nos droits sur la côte
nord-ouest, non sans marquer combien son attitude était imposée par la conduite de ses prédécesseurs (mars 1884). Mais
l'ordre du jour de la Chambre des députés, voté par 437 voix
contre 26, enjoignait à nos représentants de « maintenir *tous*
les droits de la France à Madagascar ». Il est curieux d'observer que les instructions remises à l'amiral Miot, qu'on chargeait
d'agir en le laissant libre de négocier, n'ont pas une netteté
adéquate à cette fière déclaration. L'amiral ne devait pas laisser discuter nos droits ni admettre de débat sur les limites de
notre prise de possession au nord-ouest : mais il n'était pas
davantage incité à proclamer la nullité de la souveraineté hova
en dehors de l'Emyrne ; et comme on l'autorisait à revendiquer
les avantages du traité de 1868, en outre du retrait de la loi
n° 85, par là même on l'encourageait, on le menait fatalement
à restaurer la valeur diplomatique de cette malencontreuse
convention (1).

Toutefois, après de nouvelles discussions dans la commis-

(1) Cf. Annexes, p. 735.

sion parlementaire des crédits et devant la Chambre des députés, discussions au cours desquelles M. de Lanessan avait démontré les dangers d'une excessive limitation de l'entreprise à la réoccupation des pays sakalaves du nord-ouest, de plus fermes instructions furent données à l'amiral, instructions que M. Jules Ferry, au nom du gouvernement, résuma en ces termes : « Il ne peut plus être question de nous tenir seulement sur le « terrain des négociations, sur le terrain du traité de 1868 : « cette politique est finie. »

Était-ce un retour définitif à la tradition française : on l'espéra quelque temps. L'amiral Miot harcelait l'ennemi, démantelait toutes les villes maritimes de quelque importance, sans dissimuler au gouvernement la nécessité d'opérations dans l'intérieur de l'île, mais en recommandant un protectorat établi avec l'aide de l'élément hova. Le nouveau ministre, M. de Freycinet, déclarait accepter l'héritage de « quatre ou cinq ministères successifs », bref continuer la tradition française, ce qui n'indiquait pas nécessairement une ligne de conduite rigoureusement fixée, puisque l'on pouvait relever de notables différences dans les diverses instructions données par des ministères antérieurs. Un député de l'opposition insinua que la politique du ministre « consistait à ne pas abandonner Madagascar et à ne pas la conquérir » tout à la fois. Jules Ferry, intervenant pour appuyer l'autorité, et peut-être stimuler l'énergie du nouveau cabinet, estimait que « la France ne doit pas se laisser jouer plus longtemps par un petit peuple barbare ». Enfin M. Brisson, président du conseil, déterminait le vote des crédits demandés en recommandant « une politique de conservation du patrimoine national ». Par malheur les tergiversations du passé enlevaient à cette heureuse formule une part de la valeur de netteté que le chef du gouvernement semblait y attacher. En quoi consistait ce patrimoine national qu'on exprimait l'énergique volonté de conserver ? Était-ce la reprise pure et simple d'une colonie vraiment française depuis plus de deux siècles, ou l'occupation des territoires sakalaves désignés dans les actes de 1841, ou les simples avantages dévolus aux sujets français par le traité de 1868 ? Chacun, depuis le plus chaud partisan de l'expansion jusqu'à son adversaire le plus résolu, pouvait comprendre à sa manière ; et le gouvernement pouvait, suivant son inclination, s'autoriser de ces belles et nobles paroles pour justifier soit une vigoureuse action, soit une négociation de la dernière faiblesse.

Les faits allaient commenter plus clairement le langage du président du conseil. Après une victorieuse campagne du commandant Pennequin en pays sakalave et un échec peu important essuyé par une simple reconnaissance de l'amiral Miot sur Farafate, on se hâta d'accueillir un nouveau recours des Hovas aux négociations ; et le 17 décembre 1885 fut signé entre l'amiral Miot et M. Patrimonio pour la France, l'Anglais Digby Willougby, qualifié de général pour le gouvernement hova, un traité de paix qui ne fut guère qu'une trêve de dix ans, et ne pouvait donner à aucun politique clairvoyant l'illusion de la stabilité définitive. Pour juger avec équité la conduite des ministres qui le conclurent, on doit se rappeler que les Chambres françaises et l'opinion publique étaient visiblement lasses de l'effort final qui avait emporté le succès au Tonkin, que le moment était peu opportun d'exiger sans retard un nouveau sacrifice qu'on savait devoir être considérable. L'essai loyal d'un protectorat qu'on savait ne pas être loyalement accepté par l'autre partie devait servir à éclairer l'opinion française et à la préparer ; et l'avenir montra que ce calcul d'une transition nécessaire, destiné à prouver la loyauté de notre pays et la mauvaise foi des Hovas, aboutit en somme où tous les Français soucieux de la grandeur coloniale de la patrie, désiraient le voir aboutir.

Considéré en lui-même, le traité n'était ni net, ni avantageux, sauf la cession de Diégo-Suarez. Le protectorat français ne s'affirmait que par la représentation de Madagascar dans toutes ses relations extérieures ; son respect n'était assuré que par l'« escorte militaire » du résident de France à Tananarive. La France s'engageait à fournir les instructeurs militaires, ingénieurs, chefs d'atelier, « qui lui seraient demandés », ce qui n'excluait point les étrangers et ne nous conférait aucun contrôle, la reine restant maîtresse « de présider à l'administration intérieure de toute l'île » Le titre de « reine de Madagascar » était consacré par son insertion dans l'article 7 ; et le traité de 1868, également rappelé en termes précis, redevenait, sinon une base des rapports entre les deux parties, au moins une pièce d'archives qu'on pourrait invoquer dans les discussions ultérieures. Quant à nos sujets sakalaves, ils n'étaient protégés contre les représailles que par une promesse de la reine « s'engageant à les traiter avec bienveillance » et à tenir « compte des indications fournies à cet égard par le gouvernement de la République. » Aucune stipulation impérieuse d'amnistie, aucun recours légal devant des juges français.

A tous ces indices on reconnaît le vrai caractère du traité qui est une suspension de la guerre et une sorte de délai imparti aux Hovas pour faire la preuve de leurs sentiments envers la France.

II

DE 1885 A 1895

Sur un seul point l'accord de 1885 était catégorique ; il mettait fin à toute velléité des Hovas d'intéresser à leur cause des puissances étrangères. C'était notre seul vrai gain ; encore fallut-il négocier et faire des concessions nouvelles pour isoler le gouvernement hova en obtenant le désistement des Etats sur lesquels reposait son seul espoir de tourner ce traité pourtant si bénévole.

Notre plus ancienne rivale, la Grande-Bretagne, ne reconnut notre protectorat sur Madagascar que moyennant notre reconnaissance du même fait à Zanzibar et les grands avantages que lui assura la convention du 5 août 1890 dans la région du Sokoto, du Bornou, du Bas-Niger et de la Bénoué. Or elle avait jadis, en 1816, au lendemain de nos pires humiliations de l'époque impériale, désavoué les manœuvres d'empiètement de sir Robert Farquhar et renoncé à voir dans Madagascar une « dépendance de l'île Maurice ». Le gouvernement républicain expiait donc, en 1885, la faute du trop fameux traité de 1868, inspiré par le souci de « l'entente cordiale » avec l'Angleterre.

L'empire d'Allemagne acceptait notre protectorat malgache moyennant liberté d'acquérir les territoires continentaux du sultan de Zanzibar.

Enfin les plénipotentiaires français de la Conférence de Bruxelles durent consentir à l'application, dans toute l'étendue de Madagascar, des mesures essentielles que stipulait l' « Acte général. »

Si cher qu'il eût fallu acheter cette institution d'un protectorat mal défini et garanti moins encore, dans une ancienne colonie française, nous étions désormais seuls en face de la royauté indigène qui nous bravait et nous molestait depuis près d'un siècle. La conduite du gouvernement hova à l'égard de la France ne se démentit point. M. Le Myre de Vilers, notre résident, se trouva, dès les premiers jours de son arrivée, aux prises avec une intrigue financière, l'affaire Kingdom, dont le succès pouvait mettre la reine de Madagascar sous une tutelle pseudo-administrative qui battrait en brèche le protectorat. Puis interviennent les difficultés de délimitation de notre territoire de Diégo-Suarez, et le refus de la reine de nous soumettre l'exequatur des consuls étrangers. Ce fut une série ininterrompue de violences et d'actes de mauvaise foi jusqu'à la rupture définitive de 1895.

Pendant cette période d'expériences trop concluantes, le Gouvernement français, sans se départir d'une patience et d'un calme qui mettaient par avance tous les droits de son côté et gagnaient à sa cause les esprits les plus prévenus, se préparait à une action inévitable en développant, à Madagascar comme en Afrique, les missions scientifiques. Grâce aux voyages de MM. Catat, Foucart et Maistre, de Henri Douliot, mort victime de son zèle ardent, d'Emile Gautier, du Dr Besson, de M. d'Anthouard, on connut bientôt les traits essentiels du relief, du climat et de la végétation de la grande île, et le détail des routes qui mènent de Majunga et de Tamatave à Tananarive. Nos agents diplomatiques suivaient avec une égale sollicitude toutes les manœuvres employées par le Gouvernement hova pour éluder une à une les clauses du traité de 1885, s'armer en vue de la rupture qu'il escomptait comme nous sans la croire aussi proche, et nouer des intrigues avec des aventuriers étrangers. Non seulement nos résidents se heurtaient à une force d'inertie, à une résistance passive des ministres hovas pour quoi le dernier traité restait lettre morte ; mais nos compatriotes étaient partout traqués, spoliés, assassinés dans des conditions qui laissaient peu de doutes sur la complicité des autorités hovas. Chez nos anciens sujets sakalaves, c'étaient des massacres en masse. Enfin la frontière de notre petit territoire de Diégo-Suarez était perpétuellement violée, l'escorte du résident général exposée à de continuelles insultes. La mesure était comble.

III

Au début même de l'année 1894, la Chambre des députés manifestait par un vote unanime, après interpellation de M. Brunet, député de la Réunion, les sentiments de réprobation que lui inspirait la politique hova, et son désir d'en arrêter les effets désastreux pour nos nationaux. Quel que fût le péril de la colonie française de Tananarive, un dernier avertissement fut donné au gouvernement de la reine sous forme d'une mission confiée à M. Le Myre de Vilers qui avait laissé à Madagascar la réputation d'un homme ferme mais conciliant. Il demandait, au nom de la France, et en réparation des dommages et violences personnelles dont nos compatriotes avaient été victimes, des excuses et des indemnités, la confirmation de la clause essentielle du protectorat nous donnant la direction et le contrôle des affaires étrangères, enfin la garantie d'une vraie garnison dans la capitale au lieu de l'insignifiante escorte de notre résident. On lui répondit par un contre-projet dérisoire qui transformait notre résident général en une sorte de consul de toutes les puissances étrangères, tenu de les consulter toutes et d'en recevoir une investiture unanime ; un article allait jusqu'à stipuler la punition des officiers français qui se permettraient de débarquer des troupes dans l'île et d'y faire des exercices militaires.

Dans la mémorable séance du 13 novembre 1894, au cours de laquelle ces nouvelles furent communiquées en détail aux représentants du pays, M. Hanotaux, ministre des affaires étrangères, rappelait avec amertume l'extrême bénignité du traité de 1885, et faisait un exposé magistral des droits de la France. Il avouait que « la politique du gouvernement de la « République, à Madagascar, avait offert, depuis neuf ans, « l'exemple de la prudence, de la modération, certains ont dit « de la longanimité. » Si réservé que fût son langage diplomatique, il se laissait aller à confesser que « les neuf dernières années avaient été un long piétinement sur place. » Les efforts de nos résidents généraux « s'étaient épuisés », disait-il encore. Le débat donna enfin l'occasion à M. Etienne de montrer en quelques traits saisissants et simples l'extrême importance de la position de Madagascar pour la défense de notre empire colonial.

On sait l'histoire héroïque de l'expédition qui commença le 15 février 1895 par l'occupation de Majunga, la marche de nos soldats à travers un pays dévasté et dépourvu de routes, l'admirable dévouement des troupes du génie, hélas ! plus que décimées par la fatigue et la fièvre après avoir accompli des prodiges d'intelligence et de valeur qui assurèrent le passage de remparts montagneux presque abrupts, enfin l'irrésistible poussée d'une colonne légère de 4000 hommes, vraie colonne infernale, qui bouscula une armée hova dix fois plus nombreuse, enleva Tananarive et imposa la paix à la reine dans son propre palais.

Or, malgré une si rude épreuve, le traité de paix du 1er octobre 1895 n'était encore qu'un traité de protectorat, aggravé et précisé, il est vrai, nous laissant libres de fixer l'importance du corps d'occupation, nous attribuant le contrôle de l'administration intérieure, nous rendant maîtres de la gestion financière. L'acte diplomatique de 1885 avait eu l'apparent mérite de nous dégager de tout péril d'une intervention des puissances étrangères ; les négociations de 1890 avaient clairement prouvé que nous nous en étions exagéré l'efficacité. Cette fois notre diplomatie avisait surtout au resserrement de l'autorité que la formule de protectorat nous donnait sur les Hovas ; les puissances étrangères, mises désormais hors d'état de s'immiscer dans les affaires intérieures de l'île, allaient soulever des difficultés à seule fin de conserver les bénéfices commerciaux inhérents au régime du protectorat et de rester, en matière économique, sur le pied d'égalité avec la France.

Le danger avait été prévu par M. Berthelot, ministre des affaires étrangères du cabinet Bourgeois, qui ajouta au traité de paix l'annexe d'une déclaration de « prise de possession ». Le 18 janvier 1896, la reine signait une nouvelle formule où le mot de protectorat était remplacé par des termes conformes à cette prudente attitude du gouvernement français : « La reine, après avoir pris connaissance de la déclaration de prise de possession de Madagascar par le gouvernement de la République française... etc... » Enfin M. Hanotaux, ministre des affaires étrangères du cabinet Méline, déposa, le 30 mai 1896, un projet de la loi « déclarant colonie française l'île de Madagascar avec les îles qui en dépendent ». Ainsi était définitivement rétablie la condition ancienne de la colonie que Richelieu avait eu, le premier, l'espoir et l'illusion de donner à la France dans des formes régulières.

Quelle qu'ait été la vigilance des cabinets Bourgeois et Méline, également soucieux d'une solution nette et qui nous assurât par des privilèges commerciaux la récompense de durs sacrifices, les États étrangers ne s'inclinèrent point sans résistance ou du moins sans demande d'explications devant le fait accompli de la conquête. Les États-Unis d'Amérique, mais surtout la Grande-Bretagne appréhendaient avec raison l'octroi logique d'un « traitement de faveur au commerce français ». Mais en présence de la promulgation d'une loi d'annexion, le 6 août 1896, loi qui fut accompagnée d'un ordre du jour « abolissant l'esclavage », toute controverse devenait impossible.

Il fallut encore une longue période de négociations et de répressions énergiques pour mettre fin aux révoltes que les anciens gouverneurs hovas soulevaient de toutes parts et aux actes de brigandage des « Fahavalos ». La conquête avait illustré les généraux Duchesne, Metzinger et Voyron ; la pacification de Madagascar mit le sceau au renom mérité que le général Gallieni avait déjà gagné par ses œuvres de science et d'organisation au Soudan et en Indo-Chine. Investi des pouvoirs civils et militaires, avec le titre de résident général, le général Gallieni fut d'abord contraint de faire quelques exemples, de proclamer l'état de siège dans les provinces centrales, et d'exiler à la Réunion la reine dépossédée : le résident devint « gouverneur général », le 30 juillet de la même année 1896. Bientôt l'ingénieux système de la « tache d'huile », comme disait familièrement son inventeur, répandit de proche en proche la paix dans toute l'île. Dans les premiers mois de l'année 1899 les tribus Malgaches étaient soumises, bien tenues en main, et quelques-unes capables de comprendre combien l'œuvre de la France leur devait être profitable. Il faut lire, pour se rendre compte de la portée de ce labeur achevé en moins de trois ans, le rapport et les instructions que le général Gallieni écrivait au début de la campagne de pacification et de travaux publics de l'année 1898 ; on ne sait ce qu'on y doit le plus admirer, la touchante modestie ou la rigoureuse netteté de cet homme d'un talent si complexe, savant, explorateur, officier d'une énergie méthodique, administrateur d'une prévoyance impeccable (1). Tout est à méditer dans ses instructions du 22 mai 1898, par lesquelles il explique le rôle colonisateur de l'armée ; le principe excellent, qui inspire toutes ses actions, n'est autre que l'application à chaque pays colonial d'une organisation spécialement conforme à la nature de ce pays. Aucune tendance doctrinaire dans cet esprit toujours en quête

(1) Cf. Annexes, p. 782.

d'adaptations harmonieuses et de solutions particulières : toujours une méthode, jamais de système, et une richesse de procédés égale dans la mise en valeur des hommes et des choses. L'organisation administrative (1) de l'île en est une preuve aussi remarquable que l'œuvre de pacification : le général Gallieni, au lieu de céder aux conseils des partisans dogmatiques de l'hégémonie hova, la plupart anciens partisans du protectorat, a procédé à une large décentralisation qui développera l'initiative et fera ressortir les intérêts de chaque groupe de races.

Enfin Madagascar, sous ce gouvernement de ferme autorité et de bon sens, est devenue (ce qui devrait être normal, mais est hélas ! exceptionnel) une colonie où la prépondérance des intérêts français de culture et de commerce est assurée : et l'application de notre loi douanière de 1892 à la grande île, loin d'avoir restreint le trafic, en a suscité l'essor. Le commerce s'est accru dans des proportions considérables : et l'arrivée de concessionnaires français bien choisis et munis de capitaux importants ne peut manquer de développer les forces productives du pays malgache. Le général Gallieni a repris et modernisé l'idée chère à Bugeaud ; il estime que, moyennant certaines précautions qu'il définit avec rigueur, la fixation à Madagascar de soldats libérés est un des meilleurs moyens de colonisation. Mais tant de projets ne pourront être exécutés avec toute l'ampleur nécessaire, et aboutir à un sensible mouvement d'expansion française, qu'après l'achèvement des voies ferrées et des routes les plus essentielles. C'est là un des soucis les plus pressants du gouverneur général dont l'ardeur est singulièrement contrariée par la rareté et la maladresse de la main-d'œuvre indigène (2).

(1) Cf. Annexes, p. 794.
(2) Cf. Annexes, p. 801.

Le retour de Madagascar à la France (car c'est bien un retour) ne pouvait avoir son plein effet de sécurité militaire et de prospérité commerciale, qu'à la condition d'ajouter à la grande île la majeure partie des satellites qui l'entourent. Si la Grande-Bretagne détient les Seychelles, les Amirantes, et la belle île Maurice, peuplée de descendants de Français, du moins le gouvernement de la République a su joindre à notre vieille colonie de la Réunion, si française de mœurs et de cœur, le groupe important des Comores, complément de Mayotte, et les îles Glorieuses, puis au loin vers le sud, Saint-Paul et Amsterdam. Aldabra, Cosmoledo, Astove et Assomption, sont revendiquées par le gouvernement anglais, sans qu'il ait fait jusqu'ici la preuve bien nette de ses droits. Madagascar, qui attire déjà nombre de Français de Maurice trop à l'étroit dans leur île et leur offre la plus belle des occasions de rentrer dans leur communauté de race et de langue, exercera de plus en plus son action sur ces satellites de diverses grandeurs.

En résumé l'expansion coloniale de la France à Madagascar est un des faits les plus notables de notre histoire des vingt dernières années. La réannexion définitive s'est accomplie en vertu d'un accord à peu près unanime du sentiment national et est un des plus beaux exemples de la solidarité des traditions coloniales françaises à travers les vicissitudes de notre politique intérieure. Le gouvernement de la République a mené à bien l'œuvre entreprise, ébauchée, abandonnée et reprise tant de fois : et il l'a menée à bien en montrant autant de douceur et de longanimité dans les négociations diplomatiques que de vigueur dans l'indispensable emploi de la force. Comme l'a démontré avec une parfaite clairvoyance le président du groupe colonial de notre Chambre des députés, M. Etienne, la possession de Madagascar est un élément de force à la fois pour notre politique africaine et pour notre politique indo-chinoise. Et l'on a la joie, en lisant les débats auxquels donna lieu cette grave affaire, de

constater chez nos orateurs parlementaires, même chez les adversaires les plus résolus de l'expansion coloniale, la toute-
puissante influence d'une tradition de droits et d'intérêts séculaires, l'action invincible d'une idée de solidarité patriotique
inspirant les hommes politiques des temps les plus divers, des
régimes de gouvernement les plus contraires, des opinions
les plus opposées ; et cela donne foi dans les destinées coloniales de la patrie.

ANNEXES

MADAGASCAR ET SES SATELLITES

I. — LA GUERRE DE 1882-85

Les explorations. — Causes du conflit : la loi sur la propriété et les droits de
la France à la côte ouest. — Les opérations du commandant Le Timbre. —
Une ambassade hova à Paris et à Londres. — La campagne de l'amiral
Pierre. — La discussion des crédits en 1884. — La campagne de l'amiral
Miot. — La discussion de 1885. — La mission Patrimonio. — Traité de
Tananarive, 17 décembre 1885. — Lettre interprétative des plénipoten-
tiaires français.

II. — DE 1885 A 1895

Négociations diplomatiques pour la reconnaissance du protectorat : convention franco-anglaise du 5 août 1890, communication à l'Allemagne, Conférence de Bruxelles. — Difficultés à Madagascar : question de l'exequatur.
— Les explorations : Catat et Maistre, Douliot, Gautier.

III. — LA GUERRE DE 1895

Causes du conflit : interprétation hova du traité de 1885 et crise intérieure
de l'île. — Interpellation et ordre du jour du 22 janvier 1894. — La mission Le Myre de Vilers à Tananarive; son échec. — L'expédition de Madagascar; vote des crédits au Parlement. — La campagne du général Duchesne.
— Traité de Tananarive, 1er octobre 1895. — M. Laroche résident général.

IV. — L'ANNEXION ET LA PACIFICATION DE MADAGASCAR

La déclaration de prise de possession. — L'acte unilatéral de M. Laroche,
18 janvier 1896. — Difficultés diplomatiques. — La loi d'annexion. — La
rébellion à Madagascar en 1896. — Nomination du général Gallieni. —
Exécution de chefs hovas et déposition de la reine. — Pacification de l'Imérina. — Campagne de 1897 dans l'ouest et le sud. — Principes du système

de pacification du général Gallieni : instructions du 22 mai 1898, citations
du colonel Lyautey. — La campagne de 1898 : achèvement de la pacification. — Opérations dans le Ménabé sous le gouvernement du général Pennequin.

V. — LE DÉVELOPPEMENT DE MADAGASCAR

Organisation administrative. — Mouvement commercial et navigation. —
Méthode de colonisation ; la colonisation militaire. — Les voies de communication : le chemin de fer.

VI. — LES SATELLITES DE MADAGASCAR

La Réunion : mouvement commercial ; la crise de la main-d'œuvre. — Mayotte
et les Comores : l'incident des Comores ; les rébellions de chefs comoriens.
— Les îles Glorieuses. — Saint-Paul et Amsterdam. — Kerguelen.

I. — LA GUERRE DE 1882-1885

L'histoire de Madagascar avant les incidents qui amenèrent la
guerre de 1882 se résume dans les explorations scientifiques qui
modifièrent d'ailleurs profondément nombre d'idées traditionnelles relatives à la colonie.

En août 1871, M. Grandidier publiait dans une carte le résultat
de ses longues reconnaissances de deux années : il avait fait la triangulation de l'Imérina et levé la première carte détaillée de cette
grande et populeuse province. En 1873, le P. Roblet complétait ses
travaux et poussait la triangulation jusqu'aux confins sud du pays
des Betsiléo.

Les connaissances sur l'intérieur de l'île étaient encore assez
vagues quand éclata la guerre.

La guerre de 1882-1885 eut deux causes principales, la promulgation d'une loi foncière, la loi 85 (1), interdisant la vente et l'alié-

(1) Texte de cette loi : « La terre à Madagascar ne peut être vendue
ou donnée en garantie qu'entre sujets du gouvernement de Madagascar.
Si quelqu'un vend ou donne en garantie à d'autres personnes, il sera
mis aux fers à perpétuité. L'argent de l'acheteur ou du prêteur sur cette
garantie ne pourra être réclamé, et la terre fera retour au gouvernement. »

nation des terres en faveur des étrangers et le refus des Hovas de reconnaître nos droits sur la côte nord-ouest de l'île.

La première cause de conflit se précisa à l'occasion de la succession de M. Laborde, consul de France, décédé à Tananarive en 1878, en laissant à ses héritiers, MM. Campan et Laborde, un certain nombre d'immeubles. Le gouvernement hova s'opposa à l'entrée en jouissance des héritiers et, aux réclamations de M. Baudais, consul et commissaire du gouvernement à Tananarive, qui invoquait l'article 4 du traité de 1868, il répondait : « Cet article 4 dit que les Français pourront acquérir toute espèce de biens meubles et immeubles *en se conformant aux lois et règlements du pays.* Or les lois et règlements s'opposent à ce que la terre appartienne à d'autres personnes qu'à la reine. La loi 85, que vous nous demandez de retirer ou de modifier, ne viole pas le traité. Elle défend, suivant les usages les plus anciens de notre pays, à tout sujet malgache de vendre ou d'engager la terre, mais elle ne défend pas aux Français d'acheter (1). »

La seconde cause de conflit se précisa par la visite à Tananarive, sous la direction de l'Anglais Parrett, de chefs sakalaves soumis à notre protectorat de Nossi-Bé et dépendances, par la prétention des Hovas d'établir des postes dans l'Ankara et les autres territoires de la côte nord-ouest et d'ignorer jusqu'à nos traités de 1841, par leur affirmation que Madagascar entière était la propriété de la souveraine. A l'appui de cette affirmation, le gouvernement hova apportait assez habilement le traité de 1868 proclamant la souveraineté de Ranavalo II sur Madagascar et aussi l'affaire du *Touélé,* boutre naufragé en 1881 et dont l'équipage avait été assassiné par des Sakalaves, crime pour lequel le gouvernement français avait eu l'imprudence de demander au gouvernement hova une indemnité qui fut immédiatement payée.

La rupture eut lieu en mars 1882, à la suite des menaces adressées à notre consul et des agissements des hovas à la côte nord-ouest. Le capitaine de vaisseau Le Timbre, après avoir visité cette côte, alla à Tamatave et y fut bientôt rejoint par le consul Baudais qui avait rompu toutes relations avec le gouvernement hova et avait laissé à Tananarive son chancelier, M. Campan. Le commandant

(1) Ravoninahitriniarivo, ministre des affaires étrangères, dans le *Livre Jaune,* 1881-83, p. 25.

Le Timbre se rendit alors à Nossi-Bé, et arracha les pavillons hovas plantés à Ampassimiène et à Sambirano. Bientôt M. Campan dut lui-même évacuer Tananarive avec ses compatriotes.

Au moment où les opérations allaient s'étendre, le gouvernement hova fit connaître qu'il allait envoyer à Paris une ambassade (juillet 1882). Cette ambassade, qui quitta Tananarive au moment où la reine Ranavalo II venait de mourir et d'être remplacée par sa cousine Ranavalo III (13 juillet 1882), commença ses négociations à Paris, le 23 octobre, avec M. Decrais, directeur des affaires politiques, l'amiral Peyron, chef d'état-major de la marine, et M. Billot, directeur au ministère des affaires étrangères. Les plénipotentiaires hovas tentèrent de justifier leurs prétentions sur la côte nord-ouest et la loi 85. Sur le premier point ils cédèrent et prirent l'engagement de faire disparaître les pavillons, garnisons et postes de douane établis sur les territoires placés sous le protectorat français. Mais les pourparlers furent rompus sur la question du droit de propriété. Le gouvernement français avait cependant fait une concession en acceptant que l'application du traité de 1868 fût « réglée de façon à assurer à ses nationaux la possession des terres sous forme de baux à longue échéance, renouvelables, entourés de garanties certaines et pouvant avoir une durée de quatre-vingt-dix-neuf ans. » Les plénipotentiaires hovas proposèrent « des baux de vingt-cinq ans pouvant être renouvelés trois fois selon consentement mutuel du propriétaire et locataire et entourés de garanties certaines. » Ils demandèrent aussi qu'il ne fût pas fait mention par écrit de la clause relative au droits généraux de la France à Madagascar.

Les négociations furent rompues, et les plénipotentiaires hovas partirent brusquement (novembre 1882) pour Londres, puis pour Berlin et l'Amérique. Le gouvernement britannique essaya d'amener une reprise des négociations en offrant ses bons offices. M. Duclerc, ministre des affaires étrangères, répondit le 24 janvier 1883 : « Les envoyés de la reine Ranavalo ont été suffisamment éclairés sur la légitimité de nos revendications et sur l'étendue des concessions auxquelles nous pourrions souscrire ; ils n'ont dû conserver aucune illusion sur les conséquences de l'attitude où il leur a plu de se maintenir. Dans cet état de choses et tout en s'associant à l'esprit dont les ouvertures de lord Granville s'inspirent, le gouvernement de la République ne croit pas qu'il y ait utilité à ce qu'un nouvel exposé de ses vues soit communiqué à l'ambassade malgache par les soins du gouvernement de Sa Majesté Britannique. » Le gouvernement allemand fit part de son intention de ne s'immiscer en rien dans les incidents de Madagascar et de son désir de placer sous la protection des agents français la personne et les intérêts des sujets allemands établis dans l'île.

Le gouvernement français se résolut à agir avec vigueur; il transforma la station navale des Indes en une division navale confiée au contre-amiral Pierre qui quitta la France en février 1883 avec la mission de faire évacuer les postes de la côte nord-ouest, de saisir la douane de Majunga et d'adresser au gouvernement hova par l'entremise du gouverneur de Tamatave, un ultimatum exigeant : « 1° la reconnaissance effective des droits de souveraineté ou de protectorat que nous possédons sur la côte nord ; 2° des garanties immédiates destinées à assurer l'observation du traité de 1868 ; 3° le payement des indemnités dues à nos nationaux. » L'amiral Pierre dans une rapide campagne en mai 1883 fit disparaître les postes hovas de la côte nord-ouest, bombarda et occupa Majunga le 16 mai et arriva le 31 mai à Tamatave. On y attendait l'arrivée des Français de Tananarive qui, le 25 mai, à la suite de l'excitation produite par la nouvelle de la prise de Majunga, avaient dû quitter la ville sous la conduite de M. Suberbie. Le 1er juin l'amiral et M. Baudais remirent au gouverneur de Tamatave l'ultimatum, ainsi rédigé :

Le Gouvernement français, animé du sincère désir de rétablir le plus promptement possible, avec le gouvernement de S. M. la reine Ranavalona II, les relations de paix et d'amitié qui les ont longtemps unis, mais décidé à employer tous les moyens pour sauvegarder la situation conventionnelle qui lui est acquise à Madagascar, a donné l'ordre aux soussignés de faire connaître au gouvernement de la reine Ranavalona les conditions auxquelles est désormais subordonné le maintien des bonnes relations que la France désire conserver avec Madagascar.

1° Le Gouvernement Hova reconnaîtra effectivement les droits de souveraineté ou de protectorat que nous confèrent sur certains territoires les traités conclus avec les chefs sakalaves.

Ces territoires s'étendent depuis la baie de Baly à l'ouest jusqu'à celle d'Antongil à l'est, en passant par le cap d'Ambre ;

2° La loi 85, en complète contradiction avec l'article 4 du traité de 1868, sera rapportée, et la reine s'engagera à donner des garanties formelles et immédiates que lui fera connaître en temps et lieu le commissaire de la République française, muni de pleins pouvoirs de son gouvernement pour régler cette question, afin qu'à l'avenir, le droit de

propriété ou de bail à très longue échéance puisse être exercé en toute
liberté par les nationaux français.

Elles feront objet d'une convention spéciale pour la signature de laquelle le gouvernement de S. M. la reine Ranavalona II s'engagera à
envoyer dans le délai de quinze jours un plénipotentiaire au lieu que
lui désignera le commissaire de la République française.

Ce plénipotentiaire aura aussi les pouvoirs nécessaires pour accepter
la révision que le commissaire de la République lui proposera, s'il y a
lieu, de tout ou partie du traité de 1868.

3° Le gouvernement de la reine s'engagera à payer, dans le délai de
trente jours à partir de l'acceptation du présent ultimatum à Tamatave,
entre les mains du commissaire de la République, la somme de un
million de francs, soit 200,000 piastres, pour les indemnités dues aux
nationaux français.

Les soussignés, aussitôt le présent ultimatum accepté, feront connaître
au gouvernement de la reine Ranavalo II les conditions qu'ils exigent
en *garantie* de l'*exécution* des clauses énumérées ci-dessus.

Ces conditions ne sont point présentées au gouvernement de la reine
Ranavalo II pour être discutées, mais pour être acceptées ou refusées,
par *oui* ou par *non*, dans le délai de huit jours.

Le 9 juin, dernier délai, parvenait la réponse négative du gouvernement hova, ainsi conçue :

Antananarivo, 5 juin 1883.

L'ultimatum adressé au gouvernement de S. M. la reine de Madagascar le 1er juin 1883, a été reçu. En réponse, nous avons à vous informer que le gouvernement de S. M. la reine de Madagascar a le regret
de vous dire qu'il ne voit aucune occasion d'entrer en négociation si
votre gouvernement ne reconnaît à la souveraine la souveraineté de
Madagascar. Votre gouvernement, par le traité conclu en 1868, a entièrement connaissance de cela.

Il a été aussi démontré en preuve par l'indemnité qu'a réclamée la
France à Maramoity, au sujet de l'affaire du boutre Touélé dans les
latitudes qu'elle réclame actuellement dans l'ultimatum.

ANDRIAMIFIDY,

Le 10 juin, au matin, Tamatave fut bombardé et les Hovas se
retirèrent en mettant le feu à la ville. Le lendemain elle fut occupée.

Le séjour de l'amiral Pierre devant Tamatave fut marqué par
deux incidents. Le commandant anglais Johnstone, du *Dryad*,
avait soulevé toutes sortes de difficultés à l'amiral français, en voulant exercer une sorte de contrôle sur les consignes militaires, et la

correspondance entre les deux officiers fut même rompue par suite
« de l'ingérence presque quotidienne et trop souvent mal fondée
du commandant Johnstone dans nos affaires, de son insistance à
saisir nos agents de questions qui échappaient à leur compétence,
ou à soulever des discussions destinées à entraver leur action, et
enfin, du ton même de ses communications (1). » Les Anglais
allèrent jusqu'à prétendre que l'injonction adressée au consul anglais
Packenham d'avoir à quitter Tamatave avant le bombardement
avait déterminé la mort de ce fonctionnaire décédé la veille du bombardement. Le gouvernement britannique protesta à Paris, mais les
allégations du commandant du *Dryad* furent facilement infirmées.

Le second incident fut relatif à un missionnaire de la Société des
Missions, M. Shaw, accusé de tentative d'empoisonnement sur nos
soldats. Des présomptions graves ayant été relevées à sa charge, un
ordre d'arrestation fut décerné contre lui ; au bout de sept semaines,
l'instruction aboutit à un non-lieu. L'incident souleva une vive
émotion en Angleterre ; il prit fin par l'allocation par le gouvernement français d'une indemnité de 25,000 fr.

L'amiral Pierre, étant mort, fut remplacé par l'amiral Galiber et
à ce moment (novembre 1883), les ambassadeurs hovas étant rentrés
à Madagascar après avoir de nouveau traversé Paris où M. Jules
Ferry, président du Conseil, leur déclara que c'était à Madagascar
que la contestation pouvait être réglée, le premier ministre, Rainilaiarivony, demanda de nouvelles négociations. L'amiral Galiber
et le consul Baudais les acceptèrent, à condition qu'elles ne suspen-
draient point les opérations de guerre et que l'ultimatum servirait
de base. Conduites par Rainandriampandry pour les Hovas, les
conférences eurent lieu à Tamatave du 19 au 26 novembre 1883.
Elles n'aboutirent point, les plénipotentiaires hovas ayant voulu
prendre d'autres bases de discussion que celles de l'ultimatum, et
proposer notamment le rachat de nos droits sur la côte nord-ouest
par une somme d'argent. Elles furent reprises le 21 février 1884
sur un télégramme de M. Jules Ferry demandant que la clause relative à la côte ouest fût ainsi rédigée : « Le gouvernement hova
s'engage à n'occuper aucun territoire, à n'exercer aucune action
dans la région qui fait l'objet des arrangements conclus par la

____

(1) Livre Jaune, 1882-1883, M. Challemel-Lacour à M. Waddington,
p. 53.

France en 1841 et 1842 avec les Sakalaves. » Mais elles furent de nouveau rompues le 8 avril 1884, les plénipotentiaires hovas se retranchant derrière des pouvoirs insuffisants et derrière l'intégrité du territoire de Madagascar.

Sur ces entrefaites, la Chambre avait été saisie de la question de Madagascar par une interpellation de M. de Lanessan qui occupa les séances du 25 et du 27 mars 1884. M. de Lanessan fit un exposé de la situation singulièrement compliquée de Madagascar et il conclut ainsi :

Etablissez-vous là où il vous plaira, sur cette côte ouest, d'un bout à l'autre ou sur un point au nord jusqu'à la baie d'Antongil, et vous êtes sûrs d'avoir immédiatement pour vous les populations qui entoureront vos établissements; vous trouverez parmi elles des soldats indigènes qui prendront la défense de vos postes avec un intérêt réel et qui vous serviront de base de défense.

Comme second acte vous exigerez des Hovas l'indemnité à laquelle vous avez droit, et, s'ils ne la payent pas, vous la prendrez. Vous avez déjà saisi les douanes de la côte, vous les garderez.

Parmi toutes les solutions qui se présentaient, celle-là est peut-être la plus conforme à l'esprit d'un gouvernement républicain, c'est-à-dire d'un gouvernement d'expansion pacifique et non de conquête violente, et elle est peut-être aussi celle qui est le plus de nature à sauvegarder et nos intérêts et notre dignité et l'honneur même de notre drapeau.

M. de Mun demanda une action plus énergique :

Les négociations ont été rompues, dit-il, au mois de décembre, par le mauvais vouloir des Hovas. Depuis, on est dans le statu quo. Et quel statu quo ? A 8 ou 10 kilomètres des Hovas, campés autour de Tamatave, où nos nationaux, expulsés de Tananarive, à travers les plus mauvais traitements, au prix de vives souffrances, sont entassés dans les plus mauvaises conditions, réduits à se ravitailler uniquement par le moyen des vaisseaux embossés devant la côte ; en réalité, on dirait que ce sont les Hovas qui bloquent Tamatave.

Eh bien, il n'y a rien de plus déplorable qu'une pareille situation, qui amoindrit notre prestige, qui enhardit l'ennemi et qui use nos forces dans l'immobilité sur une côte insalubre : et si c'était là tout le parti qu'on devait tirer du bombardement de Tamatave et de l'expédition de l'amiral Pierre, il aurait mieux valu ne rien entreprendre ; car jusqu'ici on n'a réussi qu'à amasser des ruines, à amener des violences et à créer un état de guerre sans en tirer aucun profit sérieux.

Cela n'est pas digne de la France : il faut en finir, et on n'y parviendra que par une campagne énergique. M. Baudais vous l'a dit, dans une des premières dépêches qui sont au Livre Jaune : « Vous n'obtiendrez que si vous exigez. » Eh bien, exigez donc !

C'est l'histoire de toutes nos tentatives depuis soixante ans sur la côte de Madagascar : l'amiral de Mackau le rappelait à la Chambre de 1846 :

« Quatre fois, disait-il, depuis trente ans, nous nous sommes présentés sur la côte orientale, toujours avec les motifs les plus légitimes, toujours pour couvrir nos nationaux, et chaque fois les moyens insuffisants que nous avons employés ont paralysé notre action. »

La Chambre se tira d'affaire en votant un paragraphe de l'adresse où elle affirmait platoniquement les droits de la France, tout en manifestant pour les expéditions lointaines une répugnance qui n'était pas faite pour les encourager.

Messieurs, ne faites pas comme la Chambre de 1846 ; ne vous bornez pas à des manifestations platoniques ; donnez à votre Gouvernement la force nécessaire pour qu'il agisse vigoureusement, pour qu'il renonce à négocier inutilement, comme s'il voulait la paix à tout prix, pour qu'il puisse aller de l'avant et faire valoir sur la Grande Terre, sur la France orientale, le droit de souveraineté dont il a la garde et qu'il a trouvé dans l'héritage des siècles.

Voilà la seule politique que je comprenne.

Celle où nous piétinons depuis six mois ne peut qu'aggraver le mal et rendre chaque jour la solution plus difficile et plus coûteuse.

M. Dureau de Vaulcomte, député de la Réunion, dans la séance du 27 mars, indiqua la marche sur Tananarive comme l'unique solution et il affirma que c'était par courtoisie que le titre de roi de Madagascar avait été donné à Radama. M. Jules Ferry, président du conseil, prit à son tour la parole et se justifia tout d'abord d'avoir engagé des négociations avec les Hovas : il montra que la politique conventionnelle avait été celle de ses prédécesseurs et qu'il était amené à la suivre encore. Il protesta aussi contre le reproche d'excessive longanimité et exposa en ces termes sa politique :

C'est à la date du 16 novembre qu'ont commencé les conférences dont vous avez le curieux récit dans le Livre Jaune. Eh bien, quel était le but de ces conférences ? D'arriver à un traité, n'est-ce pas ? Tel était donc le résultat des mesures énergiques que nous avions prises.

Les négociations ont été renouées le 1er février dernier, et, de notre part, dans des termes qui ont, comme toujours, et sur ma recommandation expresse, laissé intacts les droits historiques de la France. La question de souveraineté a été réservée ; il nous sera toujours possible de la revendiquer quand nous le jugerons utile, et de l'exercer dans la mesure qui nous semblera la meilleure pour les intérêts du pays.

Ces négociations ont donc été reprises le 1er février ; je n'en ai pas de nouvelles. Vous dirai-je que je fonde beaucoup d'espoir sur leur succès ? Je crois pourtant que ce serait trop se presser que de déclarer dès à présent qu'elles échoueront.

Pour moi, j'ai le plus vif désir qu'elles aboutissent. Je sais bien que j'attriste un peu l'excellent et patriotique esprit de nos collègues de la Réunion. Pourtant, je désire très sincèrement que nous arrivions à conclure un traité avec les Hovas. Et si je le dis très haut, je ne désire pas que les Hovas nous fournissent l'occasion de rompre avec eux d'une façon définitive.

Vous me direz : mais quel but poursuivez-vous ?

Je poursuis le double but établi par l'ultimatum : la protection des populations du nord-ouest, qui se sont placées sous notre garde et confiées à notre honneur, et la protection de nos nationaux indignement traités.

L'indignité la plus grande de ce traitement, ce n'est plus, comme dans d'autre temps, une persécution violente, j'en conviens, les mœurs des Hovas se sont adoucies ; mais c'est une inégalité que l'honneur de la France ne permet pas de supporter. Il n'est pas possible que les autres nations aient, par tolérance, si l'on veut, le droit de posséder à Tananarive et que les Français n'y jouissent pas des mêmes avantages.

Voilà le double but que nous poursuivons.

... Mais, me dira-t-on, votre but est limité, il est sage, il n'expose pas la France à de grandes dépenses d'hommes et d'argent ; mais, enfin, quels sont vos moyens pour l'atteindre ? Si les négociations qui sont encore pendantes n'aboutissent pas, que ferez-vous ?

Messieurs, je réponds que, si les négociations échouent, il est de notre devoir de n'écarter, pour terminer cette affaire, pour réduire à la raison le peuple hova, l'emploi d'aucun moyen, et que de ce qui se dit à cette tribune il ne faut pas que ce peuple obstiné, d'une obstination tout à fait particulière, puisse conclure que du haut de son nid d'aigles de Tananarive, il peut braver indéfiniment la volonté et les armes de la France.

Mais enfin, messieurs, en dehors du moyen extrême que je ne veux pas examiner encore, il y en a d'autres ; il y a des moyens intermédiaires, si je puis dire : on en a indiqué quelques-uns ; je pourrais en signaler d'autres. Il n'y a qu'une solution que nous écartons : c'est la politique du passé, la politique des velléités et des abandons. Nous résoudrons avec votre concours la question de Madagascar, nous n'abandonnerons jamais nos droits.

Nous voulons qu'on le sache, et il faut que cela soit dit assez haut pour que les Hovas ou ceux qui les conseillent en prennent bonne note.

Nous ne nous en irons pas, nous n'évacuerons pas, comme ont eu la douleur de le faire les gouvernements qui nous ont précédés, les points que nous occupons ; nous repoussons la solution du désistement, et nous supplions la Chambre de nous donner un ordre du jour qui exclue d'une manière absolue la politique de l'abandon.

Quant aux mesures à prendre, nous acceptons, que dis-je? nous désirons qu'une commission spéciale soit saisie de la question des crédits. Devant cette commission nous pourrons dire beaucoup de choses qu'il est de notre devoir de taire à cette tribune. Nous pourrons prévoir certaines hypothèses; nous pourrons arrêter une politique pratique et qui, sans cesser d'être sage, sauvegardera l'honneur et les intérêts de la France!

L'opposition délégua à la tribune M. Georges Périn qui proposa la solution suivante:

Je crois que vous obtiendrez du gouvernement hova un traité qui reconnaîtra vos droits, si vous lui faites comprendre que, tant que ce traité n'aura pas été signé, usant de votre droit de belligérant, vous continuerez à croiser autour de l'île et à bombarder les points où le gouvernement hova a des douanes qui sont sa seule ressource, en un mot si vous mettez le gouvernement hova dans cette alternative ou d'être affamé ou de céder.

Par 437 voix contre 26 la Chambre adopta l'ordre du jour suivant :

La Chambre, résolue de maintenir tous les droits de la France sur Madagascar, renvoie à une commission spéciale, qui sera nommée dans les bureaux, l'examen des crédits demandés et passe à l'ordre du jour.

Ce vote fut suivi d'une action énergique. L'amiral Miot fut chargé du commandement de la division navale et reçut le 7 avril 1884 les instructions suivantes :

Les dernières nouvelles reçues de Tamatave donnent lieu de penser que les négociations suivies avec les envoyés de la Cour d'Emyrne n'ont pas chance d'aboutir en ce moment; nous avons d'ailleurs prescrit à l'amiral Galiber de ne faire aucune tentative pour les reprendre avant votre arrivée. Si l'occasion vous est donnée de renouer les pourparlers, vous ferez désormais abstraction de toute clause relative aux limites que nous entendons assigner à nos établissements dans l'île et à notre occupation effective.

Etant donnés le caractère et l'antériorité de nos 'droits, nous n'avons à demander aux Hovas ni déclaration qui implique la reconnaissance de ces droits, ni engagements de respecter les arrangements particuliers que nous avons passés avec les tribus du nord de Madagascar. Notre intention est, dès à présent, d'affirmer nos droits sur la côte nord et nord-ouest en les exerçant, au lieu de demander aux Hovas un acte de reconnaissance qui aura toujours le double tort d'être difficile à obtenir et dépourvu de sanction sérieuse.

Vous ne laisserez pas ignorer toutefois que notre intention n'est pas d'abandonner la côte nord et nord-ouest, y compris Majunga. Quant à Tamatave, vous vous bornerez à confirmer verbalement que l'occupation en sera maintenue jusqu'au règlement définitif des difficultés pendantes.

C'est sur d'autres questions, sur celles même qui ont le plus spécialement motivé notre expédition, que devront porter les engagements conventionnels à obtenir des Hovas : je veux parler des réparations et des garanties dues à nos nationaux et du payement des indemnités. Il s'agira notamment, en ce qui concerne le droit de propriété, de réclamer des garanties formelles assurant à nos ressortissants la jouissance des avantages inscrits dans le traité de 1868, soit que vous exigiez le retrait de la loi n° 85, soit que vous vous contentiez de clauses additionnelles reconnaissant à nos nationaux la faculté de contracter des baux à longue échéance renouvelables au seul gré des parties.

Quant à l'indemnité, il conviendra d'en faire l'objet d'un forfait limité à trois millions, soit un million pour les créances antérieurement liquidées, et de deux millions à titre d'indemnité de guerre. Le gouvernement hova s'engagerait de plus à réparer les dommages causés aux particuliers de toute nationalité par le conflit actuel ; le règlement en serait fait par une commission composée de Français et de Hovas.

Ces stipulations spéciales pourraient d'ailleurs être complétées ultérieurement par tels arrangements que suggérerait l'intérêt commun des deux gouvernements, en vue de régler leurs rapports politiques et les relations de voisinage.

Il reste entendu que vous êtes, comme vos prédécesseurs, autorisé à signer avec M. Baudais tous arrangements que vous réussiriez à négocier sur les bases susmentionnées, le gouvernement se réservant toutefois le droit d'accorder ou de refuser sa ratification.

« Recevez, etc.

PEYRON.

Le crédit de 5 millions 1/2 demandé par le gouvernement pour Madagascar fut voté le 22 juillet 1884 après une nouvelle discussion.

M. Georges Périn proposa une politique de conciliation : « Si vous abandonnez, dit-il, l'idée d'une prise de possession d'une partie du pays, vous arriverez à un traité qui serait respecté un certain temps, comme tous ces traités sont respectés. » Mgr Freppel demanda l'expédition de Tananarive, M. Jules Delafosse réclama l'occu-

pation de quelques points, le blocus, et le désarmement « par voie
diplomatique » de l'hostilité des missions anglaises.

La commission, par l'organe de M. de Lanessan, rapporteur, proposa une « politique commerciale » : s'établir parmi les populations
non hovas, occuper Majunga, Tamatave, Vohémar, Ambundrou,
Tuléar et Mévatanane, et M. de Lanessan conclut en ces termes :

..... Ce n'est pas en vous établissant sur le bord de la mer, dans les
endroits les plus malsains de l'île, que vous protégerez les commerçants
et les cultivateurs qui iront s'y établir, c'est en plaçant derrière nos nationaux une barrière de canons que les Hovas ne pourront franchir.

Je le répète, c'est là le plan, le desideratum de la commission : c'est
ce qu'elle appelle la politique commerciale de la France à Madagascar.
Cette politique consiste à vous établir sur des territoires amis, habités
par des tribus dont vous n'avez rien à redouter, qui, au contraire, à
maintes reprises, ont sollicité votre protectorat, non pas, permettez-moi
cette expression, banale et vulgaire, pour l'amour des beaux yeux de la
France, mais parce que ces populations sont sans cesse pillées, massacrées, tourmentées de toute façon par les Hovas, et qu'elles cherchent
en vous des protecteurs capables de les mettre à l'abri de leurs tyrans.

..... Permettez-moi de dire, en terminant, pourquoi nous avons cru
nécessaire d'insérer dans le rapport l'idée de l'occupation de certains
points du sud. Ce n'est pas seulement au point de vue militaire, au point
de vue commercial et à celui de la salubrité que nous disons : Il faud-
dra tôt ou tard occuper Amboundou, Tuléar, la baie Saint-Augustin,
Fort-Dauphin ; quant à moi, j'y ajoute une considération qui, à mes
yeux, a une énorme importance, et que je vous demande la permission
de vous soumettre.

On a fait allusion aux difficultés que pourrait rencontrer la France
de la part des méthodistes anglais. Personne n'a émis à cette tribune
l'idée que nous puissions rencontrer une opposition quelconque de la
part du gouvernement anglais, car tout le monde sait qu'il a reconnu
nos droits sur Madagascar, qu'il ne peut plus les nier, qu'ils sont inscrits dans toutes les relations diplomatiques de la France avec ce grand
peuple.

Mais si vous voulez éviter tous les inconvénients ultérieurs, si vous
voulez être bien certains que Madagascar ne provoquera les convoitises
de personne, si vous voulez que personne n'ait l'idée d'y venir planter
son drapeau à côté du vôtre, il est nécessaire que dans l'acte définitif
que vous allez accomplir en ce qui concerne cette île, vous disiez bien
que vos droits portent sur l'île entière.

C'est une des considérations qui nous ont fait insérer dans le rapport
la nécessité de cette occupation d'un certain nombre de points du sud ;
occupation qui est insignifiante, je le répète, au point de vue militaire,

qui ne peut entraîner aucune conséquence fâcheuse, mais qui protège nos nationaux dans cette région où la France est presque seule à commercer. En même temps, nous disons que c'est un moyen d'assurer notre sécurité dans cette grande île de Madagascar.

Après les discours de MM. Raoul Duval et Goblet, Jules Ferry précisa les intentions du gouvernement :

On nous a demandé comment nous entendions mettre en pratique l'ordre du jour du 27 mars ; et on était, messieurs, absolument en droit de nous poser cette question. Ce n'était pas, en effet, à la commission à nous dire comment elle entendait interpréter, appliquer, exécuter cet ordre du jour ; c'était au gouvernement responsable à dire, le premier, comment il entendait agir.

J'ai dit à la commission, pour lui faire apprécier le point de vue du gouvernement, la façon dont il croyait devoir concilier et la résolution très ferme et la politique très décidée, très nouvelle qui lui était commandée par le vote de la Chambre. Cette politique, en effet, est très nouvelle, car c'est pour la première fois, depuis le 28 mars, que la France a eu une politique décidée dans l'affaire de Madagascar; j'ai dit à la commission : Pour vous faire apprécier le point de vue du gouvernement, je vais tout simplement vous donner connaissance de l'esprit et du texte même des instructions qui ont été adressées à l'amiral Miot.

Du jour où cette volonté de revendiquer nos droits historiques sur Madagascar est devenue par votre vote une volonté nationale, il ne pouvait être question de nous tenir seulement sur le terrain des négociations, sur le terrain du traité de 1868 ; nous avons très bien compris, qu'un pas, un grand pas avait été fait, et nous avons dit aux agents d'exécution : Jusqu'à présent, nous nous sommes bornés à demander aux Hovas de reconnaître nos droits ; cette politique est finie ; à partir du 27 mars, nous avons le droit d'exercer nos droits.

De là ce projet d'occupation limitée qui constitue la première partie des conclusions de votre commission, la seule que véritablement le gouvernement se soit appropriée.

L'amiral Miot, mis dès son arrivée en présence d'une demande de négociations, se renferma lui aussi dans les termes de l'ultimatum, les pourparlers furent de nouveau rompus et l'amiral occupa Mahanoro, Fénérife, Vohémar, Ambaonio et Diégo-Suarez. Au mois d'avril 1885 le nouveau ministère de Freycinet déposa une demande de crédits. A ce moment l'amiral Miot faisait connaître la situation en ces termes :

Ici, le gouvernement s'incarne dans un seul homme dont la volonté s'impose à tout le peuple hova. Je suis persuadé qu'il traitera quand on

l'aura battu à Marovoay, qui est la route de la capitale, s'il n'a pas à
subir d'autres échecs dans son orgueil, tandis qu'il attendra jusqu'à la
fin les effets de la force dans le cas contraire. Or, une expédition sur
Marovoay demandera 4,000 hommes au plus, quand, au contraire, une
marche sur Tananarive est une opération fort compliquée, fort longue
et fort difficile.

Nous y arriverons certainement, si nous le voulons, mais lorsque
notre pavillon flottera sur le Palais d'Argent, nous aurons à penser aux
garnisons à entretenir sur les nombreux points de la côte occupés actuellement par les soldats hovas.

Je ne pense pas que cette solution soit pratique, mais pour en rendre
une autre possible, il faudrait la formuler, et cette déclaration faite
dans les termes et les moyens que le gouvernement jugerait convenables,
nous permettrait d'utiliser légalement, pour ainsi dire, l'élément indispensable sans lequel nous ne ferons rien ici : l'*élément hova*. Suivant
moi, il faut faire accepter ou imposer le protectorat. L'effort pour y
arriver sera peut-être aussi sérieux que la conquête, mais nous froisse-
rons moins le sentiment national, nous écarterons des jalousies politiques et nous nous ménagerons des moyens de gouvernement et d'administration dont l'absence sera pour nous une source d'immenses
difficultés et de dépenses considérables. Avec le protectorat, nous pouvons ne garder ici qu'une faible garnison; avec la conquête, il faut au
minimum 6,000 hommes en permanence, pendant peut-être vingt ans.

Si les conditions dans lesquelles cette grosse question de Madagascar
a été engagée permettaient de croire, dans le début, que quelques coups
de canon suffiraient pour la résoudre, il n'en est pas de même aujour-
d'hui; et notre situation est telle, à l'heure actuelle, qu'il faut la poursuivre quand même pour l'honneur de nos armes, pour notre influence
politique, pour notre prestige sur la côte d'Afrique, et enfin pour la
sécurité de tous nos nationaux, à qui l'accès de cette grande terre serait
pour bien longtemps interdit.

J'ai tout lieu de croire qu'après quelques succès ce protectorat serait
peut-être accepté en principe, mais, encore une fois, il faudra mettre
en présence des hommes qui négocieront sans arrière-pensée d'animosité
et de rancune personnelles.

En résumé, le programme que je m'étais tracé a été accompli, et je
ne puis maintenant qu'attendre les renforts en conservant les points
occupés.

Ces renforts, suivant mon opinion, entraîneraient le pays dans des
entreprises fort coûteuses, fort longues et fort pénibles, s'ils ont un
autre but que d'imposer un protectorat. Or ce protectorat ne pourra être
discuté que par des hommes qui n'auront point été mêlés aux commen-
cements des hostilités.

Pour décider les négociations, un succès à fond me semble nécessaire.
Il faudrait frapper à Majunga avec 4000 hommes, les envoyer à la fois

quand on le pourra, et nommer un général qui les commanderait; des
mules et leurs bâts pour aider aux transports; de grandes tentes pour
abriter les hommes, des charrettes, des chalands, des chaloupes à vapeur, en un mot le matériel et les vivres que comporterait cette expédition.

Enfin, dans le cas où une marche en avant et sur Marovoay serait
décidée, il devient nécessaire, au point de vue de la rapidité et des
dépenses, que le commandant en chef en fût informé à l'avance, afin de
pouvoir préparer et établir un projet définitif sur les moyens et les
mesures à prendre pour assurer le résultat de l'opération dans de bonnes
conditions militaires et sanitaires.

Telles sont les réflexions que j'ai cru de mon devoir de soumettre à
votre haute appréciation.

Il apparaissait dès ce moment que pour mener à bien les négociations, il était essentiel de mettre les Hovas en présence d'un plénipotentiaire nouveau.

Sur ces entrefaites s'ouvrit à la Chambre une nouvelle discussion
à propos du crédit de 12 millions demandé par le nouveau cabinet
pour Madagascar. Le débat occupa quatre séances et toutes les opinions y furent exposées.

M. Georges Périn attaqua avec vigueur la conduite de l'affaire
de Madagascar et la politique coloniale en général :

..... Nous sommes, dit-il, dans une situation que nous ne retrouverons
peut-être pas plus tard. La laisserons-nous échapper? Voulons-nous
continuer aujourd'hui une expédition sur laquelle il y a, dans cette
Chambre, bien des hésitations et sur les avantages de laquelle, aussi,
s'élèvent des doutes qui n'existaient pas il y a un an?

Je crois que nous ne le devons pas, si nous voulons enfin inaugurer
une politique coloniale que la Chambre n'a pas voulu examiner jusqu'à
ce jour avec l'attention et l'impartialité qu'elle mérite, politique qui ne
consisterait ni à aller, comme l'expliquait l'autre jour M. Rouvier, au
hasard, à la suite de telle ou telle expédition militaire nécessitée par la
défense des intérêts de nos nationaux, prendre possession d'un pays où
on n'était allé d'abord que pour réclamer des indemnités; politique
qui ne consisterait pas davantage, — comme le voudrait l'ancien
président du Conseil — à attendre les occasions favorables pour s'emparer de terres qui ne sont à personne, parce qu'elles sont à des peuples
de race inférieure.

Cette troisième politique, qui est la politique coloniale, prudente et
sage, consiste, comme je le disais tout à l'heure, à tirer parti d'un domaine colonial suffisamment grand pour qu'il soit encore en partie en
friche dans la plupart de nos possessions; elle consiste à tirer parti d'un

domaine colonial qu'on a le tort de vouloir agrandir chaque jour davantage, dépensant ainsi en pure perte des millions que nous pourrions utilement employer à le mettre en valeur.

Oh! je sais que c'est là une politique qui n'est pas brillante et qui n'ajoutera pas une page nouvelle au livre des Victoires et Conquêtes. Mais je sais aussi que c'est la politique qui convient aujourd'hui à notre pays, parce qu'aujourd'hui — c'est le mot par lequel je veux terminer — s'il y a des champs de bataille sur lesquels la France doit paraître à un moment donné, ces champs de bataille ne sont ni au sud de l'Asie, en Indo-Chine, ni au sud de l'Afrique, à Madagascar.

Je ferais injure au patriotisme de la Chambre si je disais où sont ces champs de bataille.

Les conclusions de M. Périn furent combattues par un chaleureux discours de M. de Mahy, président de la commission :

...Là, dit-il, dans cette possession que l'on vous conseille d'abandonner et qui tombera aux mains de nos rivaux si vous l'abandonnez, là est la compensation des sacrifices nécessités par d'autres entreprises, moins bonnes peut-être, mais qui ont été rendues inévitables par la faiblesse et l'insouciance de notre diplomatie, insouciance que l'on s'était accoutumé à prendre pour de la sagesse, dans l'état d'esprit engendré chez nous par une longue désuétude de la vie publique, préparant les désastres où le gouvernement impérial a sombré, et les discordes civiles qui ont ensanglanté l'avènement de notre troisième République. Là est la réparation de nos forces. Là est le relèvement de notre marine marchande et militaire. Là vous avez, en outre des conditions stratégiques et topographiques, l'expérience déjà faite, et qui se poursuit avec succès, d'hommes de peine de toute sûreté, auxiliaires excellents des équipages de vos flottes dans les mers chaudes du globe. Là vous avez dès maintenant, pour vos diverses industries, de sûrs débouchés et de sûrs retours de matières premières. Là vous aurez, aussitôt que vous le voudrez, ne fût-ce que dans la perception des droits de douane, des sommes plus que suffisantes pour couvrir tous les frais, toutes les dépenses de l'occupation et de la colonisation. Que de sources de prospérité! que d'éléments pour la solution de la crise sociale qui sévit sur notre pays !

Tout cela n'a tenu qu'à un fil, à un moment donné. Tout cela, passez-moi une expression un peu rude, la seule qui dépeigne bien la situation que l'on avait su nous faire à Madagascar, tout cela a failli nous être soufflé pendant une sorte de somnolence de notre politique extérieure d'où nous ont enfin tirés les avertissements pressants de notre consul M. Baudais, la hardiesse, l'habileté, le retentissant éclat du commandant Le Timbre, les exploits et la mort de l'amiral Pierre, héros et martyr de cette cause française. Plusieurs de nos ministres des affaires étrangères, M. de Freycinet, l'un des premiers, M. Duclerc, M. Gambetta, M. Jules Ferry, ont revendiqué hautement les droits de la France.

Vous, messieurs, vous avez tout sauvé par votre vote du 27 mars 1884, l'un des plus beaux, l'un des plus mémorables de l'histoire parlementaire de ce pays, et j'ose le dire de tous les pays, car les rivalités, les dissensions, les haines des partis ayant désarmé spontanément sur ce terrain, dans une véritable trêve du patriotisme, vous n'avez cédé, — en examinant à fond cette affaire tant de fois débattue ici et au dehors, — vous n'avez cédé à aucun entraînement... mais, dans une appréciation raisonnée, et dans la claire vision de l'honneur, de la dignité, des intérêts du pays, vous ne vous êtes inspirés que des meilleures et des plus hautes suggestions de la sagesse politique. L'âme de la patrie a plané sur vos délibérations.

Si le Parlement obéissait aujourd'hui à des conseils auxquels nos rivaux applaudissent et que, donnant l'exemple d'une versatilité sur laquelle on ose compter ouvertement pour l'exploiter ensuite contre vous, vous vous laissiez conduire par les agitations et les incohérences de notre politique intestine, à abandonner Madagascar, après votre vote réfléchi du 27 mars, après la proclamation solennelle que vous avez faite de votre volonté et de vos droits, après la consécration dernière que ces droits ont reçue du succès de vos armes et des sacrifices d'hommes et d'argent que vous avez faits pour les soutenir, ce sera une de ces fautes inconcevables, éternel sujet de désespoir et de honte pour ceux qui les ont commises, d'étonnement pour ceux même qui ont osé les souhaiter ! ce sera une perte sèche pour la France, un préjudice irréparable pour la République, un coup funeste à votre bon renom.

Mais ce sera un bonheur inouï pour nos rivaux, qui s'empresseront de recueillir le fruit mûr, l'héritage opime ensemencé de notre or et de notre sang !

M. Camille Pelletan affirma qu'il n'y avait que deux motifs d'aller à Madagascar : ou bien faire une croisade au profit des missionnaires catholiques ou bien réveiller de vieux droits de Louis XIV négligés pendant plus de deux cents ans par une application nouvelle de « la politique systématique des expéditions lointaines ».

M. de Freycinet, ministre des affaires étrangères, écarta dès le début la question de la conquête de Madagascar en montrant que l'heure n'était point venue de la poser, surtout à la veille d'un renouvellement de la Chambre :

..... Vous le savez, messieurs, le moment où nous sommes n'est pas celui où un grand effort pourrait être tenté sur Madagascar.

Nous touchons à la fin de la saison qui comporte ce genre d'opérations. Si donc vous abordiez aujourd'hui un pareil débat, si vous entrepreniez de résoudre cette grave question de savoir si, ou non, la France décidera de s'emparer de Madagascar, ou bien vous résoudriez cette question affirmativement, et alors je vous le demande à vous-même, y a-t-il profit, y a-t-il utilité pour vous à engager vos successeurs par une résolution dont vous-mêmes ne pourriez pas voir le commencement de mise à exécution? ou bien vous la résoudriez dans un sens négatif, et alors vous fortifieriez à l'avance les Hovas qui, délivrés de cette crainte salutaire, se croiraient désormais plus libres pour nous braver et augmenter leur résistance.

De sorte, messieurs, qu'à quelque point de vue que vous vous placiez, tenant compte du moment où nous sommes arrivés, c'est une question que vous ne pouvez pas aborder utilement aujourd'hui, je dirai plus, que vous ne pouvez résoudre que d'une manière nuisible et dangereuse.

Ce n'est guère que dans quelques mois qu'un pareil sujet pourra être traité avec fruit et d'une façon pratique. Vous le savez, c'est vers le mois d'avril qu'une action de cette importance peut être engagée; ce n'est que vers le mois de janvier ou février que la discussion pourra être ouverte dans le Parlement.

Il ajouta qu'il ne s'agissait que de maintenir les situations acquises :

..... Je ne me dissimule pas les sacrifices qu'une pareille conduite entraîne, quand il s'agit de réduire un ennemi qui montre cette ténacité. Je sais que ces sacrifices sont lourds, douloureux, et nul plus que moi ne les déplore ; c'est pour cela qu'en 1882, quand j'ai vu cette question devenir aiguë entre mes mains, j'ai longtemps hésité, parce que j'ai pour principe, avant de m'engager dans une opération difficile, de la bien examiner et si les sacrifices m'apparaissent trop grands, de m'arrêter sur le seuil : mais ce que je n'admets pas, ce qui ne me paraît pas permis, c'est qu'une nation comme la France s'arrête, quand elle a commencé une grande entreprise, et à moins que la patrie en danger ne le réclame, de donner au monde le spectacle d'une conduite si mobile et si inconstante !

C'est pour cela que j'ai dit, en d'autres circonstances, et je le répète aujourd'hui, que les gouvernements qui se succèdent ont le devoir, vis-à-vis les uns des autres, de recueillir l'héritage de la politique étrangère que leur transmettent leurs devanciers.

Ils ont ce devoir, non pas pour renoncer à faire prévaloir leur politique propre dans les affaires qu'ils engagent eux-mêmes, mais pour continuer celles qui sont engagées, et dans lesquelles le drapeau de la France a été déployé ou sa signature donnée.

Ici, dans cette affaire de Madagascar, ce n'est pas un cabinet, mais ce sont quatre ou cinq ministères successifs qui ont eu à traiter dans les mêmes conditions. La Chambre à son tour a donné son adhésion.

Je n'ai pas à faire la revue rétrospective des incidents parlementaires qui ont précédé ou suivi cette période ; mais, bien avant 1884, le peuple hova nous avait donné de légitimes griefs, que je considérais, pour ma part, dès 1882, comme du devoir du Gouvernement de relever, et si j'étais resté au pouvoir, il est certain qu'à un moment, j'aurais proposé aux Chambres de voter des mesures coercitives.

Dès 1882, dès 1881 et même dans les années précédentes, nous étions en présence de griefs dont nous devions poursuivre la juste réparation ; en 1884, la Chambre saisie de la question a pensé également qu'il y avait lieu de procéder ainsi.

C'est à la suite de toutes ces constatations, de toutes ces déclarations que la France s'est trouvée engagée. Eh bien, je dis une fois de plus, car je ne saurais trop insister sur cette pensée par laquelle je termine, que ce serait, à mon sens, un spectacle profondément fâcheux et attristant que de montrer une pareille mobilité en politique, et après avoir fait des démonstrations et posé certaines conditions, de venir déclarer aujourd'hui, en refusant les crédits, qu'on met à néant, comme étant sans portée, tout ce qui a été proclamé jusqu'ici.

Vous redoutez des sacrifices qui, je le reconnais, sont pénibles ; je voudrais, pour ma part, les éviter à mon pays, mais au-dessus des sacrifices il y a des considérations d'honneur, de dignité et de fierté nationale ! Au point où nous sommes engagés, nous devons maintenir les décisions antérieures qui ont été prises ; nous devons continuer à occuper les points actuels et d'autres encore si c'est nécessaire, afin de nous mettre à l'abri des injures des Hovas.

En présence d'une attitude vigoureuse, de la fermeté du vote que vous allez émettre et du retentissement qu'il aura au loin, la soumission de ce peuple ne peut manquer de se produire, quand surtout il verra que vos résolutions sont inébranlables et que rien ne pourra lasser la persévérance et l'énergie de la République française.

Divers orateurs prirent encore la parole, MM. Frédéric Passy, Georges Périn contre les crédits, MM. de Lanessan, de Lanjuinais pour ; M. de Cassagnac se prononça contre la politique du ministre des affaires étrangères, « politique, dit-il, qui consiste à ne pas abandonner Madagascar et à ne pas conquérir cette île, politique qui nous condamne à nous immobiliser là-bas dans une situation pleine de périls pour notre armée et pour nos finances et peu digne de notre pays. » M. Brisson, président du conseil, déclara que le langage du ministre des affaires étrangères était arrêté en conseil de gouvernement : « Le cabinet, dit-il est résolu à n'abandonner rien ni de l'honneur, ni des intérêts de la France. »

Mais le plus vif débat s'engagea entre M. Jules Ferry et M. Clémenceau.

Le premier prononça sur la politique coloniale un grand discours (1). Nous l'avons analysé plus haut à propos de la politique coloniale générale (2). Sur la question spéciale de Madagascar il parla en ces termes :

... Tirer parti des événements ou se laisser conduire par le hasard sont deux choses absolument différentes. L'honorable M. Rouvier n'a point voulu dire et n'a point dit que la politique coloniale qu'il défendait était une politique conduite par le hasard. Au contraire, il vous a fait remarquer et il a voulu vous faire remarquer que cette politique n'avait jamais été conduite par la fantaisie. Il vous a dit : Nous sommes allés là où nous appelaient non seulement l'intérêt de la France, mais les traités formels, les engagements solennellement souscrits, et dont l'honneur et notre droit national nous imposaient le devoir d'assurer l'exécution.

Il vous disait cela en vous rappelant que la République française n'avait point fait ce que telle autre nation a pu faire, qu'elle ne s'était pas réveillée un matin en se disant : Voilà un point du globe qui me plaît, prenons-le ! Non, messieurs, nous n'avons porté notre expansion territoriale que sur les points où la méconnaissance de nos droits et la violation des traités les plus formels nous faisaient un devoir d'intervenir à main armée.

Est-ce que ce n'est pas là l'histoire de l'intervention dans la vallée du fleuve Rouge et au Tonkin ? Et n'est-ce pas là encore l'histoire de l'intervention à Madagascar ?

Messieurs, notre politique était si peu une politique de conquête brutale, comme on en a vu dans d'autres temps et chez d'autres nations, qu'un des reproches de l'opposition, dans cette série d'affaires, est d'avoir répondu aux impertinences des barbares par une trop longue condescendance ; c'est d'avoir trop longtemps négocié avec les Hovas, de nous être laissé jouer par eux, d'avoir montré une condescendance qui n'était point conforme à la dignité d'un grand pays.

... Eh bien, quoi qu'on pense et quoi qu'on puisse dire, je déclare que nous aurions infiniment préféré obtenir d'une action persuasive, d'une pression un peu énergique ce qu'il nous a été nécessaire d'exiger à la force des armes. La preuve, je vous le disais, c'est que nous avons longtemps, trop longtemps peut-être, négocié avec les Hovas ; et je ne comprendrais pas que les membres qui siègent de ce côté (l'extrême gauche) et qui pensent comme M. Georges Périn nous en fissent un reproche,

(1) Séance du 28 juillet 1885.
(2) Voir plus haut, p. 403.

car l'honorable M. Périn vous proposait, à l'heure qu'il est, de négocier encore. Il croit aux négociations !

En vain, l'honorable ministre des affaires étrangères lui a-t-il fait remarquer qu'il n'y avait pas de négociation acceptable pour la France avec les Hovas ; qu'ils nous avaient bien offert certaines sommes d'argent, notamment pour racheter nos droits séculaires, mais que sur la question même du droit de propriété par les Français, il n'y avait jamais eu de proposition sérieuse et ferme émise par eux ; en tous cas, il est un point que M. Georges Périn exclut systématiquement du programme des négociations nouvelles, et que je trouve essentiel non seulement aux intérêts, mais encore à l'honneur de la France : ce sont les traités de 1841 qui nous donnent la protection des populations du nord de l'île.

Eh quoi ! on propose de traiter avec les Hovas sur cette base : qu'on ne parlerait plus des traités de 1841 et qu'on se retirerait du nord de l'île, livrant ainsi les Sakalaves aux vengeances des Hovas et le nom français, à l'ignominie ! Est-ce admissible ?

Je sais bien que telle n'est pas la politique du Gouvernement et je sais très bien que tel n'est pas le sentiment de la Chambre ; mais, comme je le disais tout à l'heure, c'est toujours sur la nécessité de faire respecter des droits formels et de sauvegarder des intérêts non seulement séculaires, mais des droits écrits récents, ce n'est pas seulement en vertu d'une charte de Richelieu ou de Louis XIV, c'est aussi en vertu des traités de 1841, beaucoup plus clairs encore, que s'est fondée notre intervention à Madagascar.

Je crois, messieurs, que de tout cela il faut retenir et tirer cette conclusion : qu'il y a des moments où, quelque bon vouloir qu'on y mette, quelque désir que l'on ait d'épargner à la France des sacrifices lointains, dont elle ne peut pas toujours mesurer l'étendue, il y a des occasions où, comme le disait M. le ministre des affaires étrangères, l'honneur de la France exige qu'on ne se laisse pas jouer plus longtemps par un petit peuple barbare ; autrement, c'est la civilisation tout entière qui est compromise dans l'Extrême-Orient.

Dans la séance du 30 juillet, M. Clémenceau répondit à M. Jules Ferry : il prononça un plaidoyer contre la politique coloniale de M. Jules Ferry et tenta de tirer du vote du 30 mars qui avait renversé le cabinet précédent à propos de l'affaire de Langson un argument contre les crédits de Madagascar. M. Brisson, président du Conseil, intervint à nouveau pour dire qu'il n'était « ni pour la politique d'abandon, ni pour la politique d'aventures, ni pour la politique de conquêtes », mais « pour la politique de conservation du patrimoine national ».

Les crédits furent votés par 277 voix contre 120.

Les opérations reprirent au mois d'août. Le commandant Pennequin, à la tête de Français et de Sakalaves, battit les Hovas à Andampy; malheureusement une reconnaissance dirigée par l'amiral Miot contre Farafate échoua le 10 septembre. Le gouvernement hova avait déjà tenté d'ouvrir encore des négociations avec les Français. Il fit des offres plus sérieuses au mois de novembre. Le Gouvernement français ayant envoyé en mission à Zanzibar M. Patrimonio, ministre plénipotentiaire, celui-ci alla prendre la direction des négociations et le 17 décembre 1885, M. Patrimonio et l'amiral Miot signaient à bord de la *Naïade*, à Tamatave, le traité de paix suivant avec le général Digby Willougby, commandant des troupes malgaches :

Art. 1er. — Le Gouvernement de la République représentera Madagascar dans toutes ses relations extérieures. Les Malgaches à l'étranger seront placés sous la protection de la France.

Art. 2. — Un résident représentant le Gouvernement de la République présidera aux relations extérieures de Madagascar, sans s'immiscer dans l'administration intérieure des Etats de Sa Majesté la reine.

Art. 3. — Il résidera à Tananarive avec une escorte militaire. Le résident aura droit d'audience privée et personnelle auprès de Sa Majesté la reine.

Art. 4. — Les autorités dépendant de la reine n'interviendront pas dans les contestations entre Français, ou entre Français et étrangers. Les litiges entre Français et Malgaches seront jugés par le résident assisté d'un juge malgache.

Art. 5. — Les Français seront régis par la loi française pour la répression de tous crimes et délits commis par eux à Madagascar.

Art. 6. — Les citoyens français pourront résider, circuler et faire le commerce librement dans toute l'étendue des Etats de la reine.

Ils auront la faculté de louer, pour une durée indéterminée, par bail emphytéotique renouvelable au seul gré des parties, les terres, maisons, magasins et toute propriété immobilière. Ils pourront choisir librement et prendre à leur service, à quelque titre que ce soit, tout Malgache libre de tout engagement antérieur. Les baux et contrats d'engagement de travailleurs seront passés par acte authentique devant le résident français et les magistrats du pays, et leur stricte exécution garantie par le Gouvernement.

Dans le cas où un Français devenu locataire d'une propriété immobilière viendrait à mourir, ses héritiers entreraient en jouissance du bail conclu par lui pour le temps qui resterait à courir, avec faculté de renouvellement.

Les Français ne seront soumis qu'aux taxes foncières acquittées par les Malgaches.

Nul ne pourra pénétrer dans les propriétés, établissements et maisons occupés par les Français ou par les personnes au service des Français que sur leur consentement et avec l'agrément du résident.

Art. 7. — Sa Majesté la reine de Madagascar confirme expressément les garanties stipulées par le traité du 7 août 1868, en faveur de la liberté de conscience et de la tolérance religieuse.

Art. 8. — Le Gouvernement de la reine s'engage à payer la somme de dix millions de francs, applicables tant au règlement des réclamations françaises liquidées antérieurement au conflit survenu entre les deux parties, qu'à la réparation de tous les dommages causés aux particuliers étrangers par le fait de ce conflit. L'examen et le règlement de ces indemnités est dévolu au Gouvernement français.

Art. 9. — Jusqu'à parfait payement de la dite somme de 10 millions de francs, Tamatave sera occupé par les troupes françaises.

Art. 10. — Aucune réclamation ne sera admise au sujet des mesures qui ont dû être prises jusqu'à ce jour par les autorités militaires françaises.

Art. 11. — Le Gouvernement de la République s'engage à prêter assistance à la reine de Madagascar pour la défense de ses États.

Art. 12. — Sa Majesté la reine de Madagascar continuera, comme par le passé, de présider à l'administration intérieure de toute l'île.

Art. 13. — En considération des engagements pris par Sa Majesté la reine, le Gouvernement de la République consent à se désister de toute répétition à titre d'indemnité de guerre.

Art. 14. — Le Gouvernement de la République, afin de seconder la marche du Gouvernement et du peuple malgaches dans la voie de la civilisation et du progrès, s'engage à mettre à la disposition de la reine les instructeurs militaires, ingénieurs, professeurs et chefs d'atelier qui lui seront demandés.

Art. 15. — Le Gouvernement de la reine s'engage expressément à traiter avec bienveillance les Sakalaves et les Antankares, et à tenir compte des indications qui lui seront fournies à cet égard par le Gouvernement de la République.

Toutefois le Gouvernement de la République se réserve le droit d'occuper la baie de Diégo-Suarez et d'y faire des installations à sa convenance.

Art. 16. — Le Président de la République et Sa Majesté la reine de Madagascar accordent une amnistie générale pleine et entière avec levée de tous les séquestres mis sur leurs biens à ceux de leurs sujets respectifs qui jusqu'à la conclusion du traité et auparavant se sont compromis pour le service de l'autre partie contractante.

Art. 17. — Les traités et conventions existant actuellement entre le Gouvernement de la République et celui de Sa Majesté la reine de Mada-

gascar sont expressément confirmés dans celles de leurs dispositions
qui ne sont point contraires aux présentes stipulations.

ART. 18. — Le présent traité ayant été rédigé en français et en malgache, et les deux versions ayant exactement le même sens, le texte
français sera officiel et fera foi sous tous les rapports, aussi bien que le
texte malgache.

ART. 19. — Le présent traité sera ratifié dans le délai de trois mois
ou plus tôt si faire se pourra.

Fait en double expédition à bord de la *Naïade*, en rade de Tamatave,
le 17 décembre 1885.

Ce traité fut ratifié le 27 février 1886. Dans l'intervalle l'amiral
Miot et M. Patrimonio avaient adressé à M. Willougby une « lettre
interprétative » qui avait décidé le premier ministre à accepter le
traité, mais qui ne fut point et ne pouvait être ratifiée :

A bord de la Naïade, *Tamatave, le 9 janvier* 1886.

Monsieur le Plénipotentiaire,

Conformément au désir que vous avez bien voulu nous exprimer, et
afin de lever les doutes manifestés par le Gouvernement malgache relativement à l'interprétation de certaines expressions du texte du traité
du 17 décembre 1885, nous consentons volontiers à vous fournir les explications suivantes : Son Excellence le premier ministre vous a chargé
de préciser le paragraphe 1er de l'article 2 du traité, à savoir : « un
Résident représentant le Gouvernement de la République présidera aux
relations extérieures. »

Cela veut dire que le Résident aura le droit de s'ingérer dans les
affaires ayant un caractère politique extérieur, qu'il aura le droit de
s'opposer, par exemple, à toute cession de territoire à une nation étrangère quelconque, à tout établissement militaire et naval, à ce qu'un
secours quelconque, en hommes ou en bâtiments, sollicité du Gouvernement de la Reine de Madagascar par une nation étrangère, puisse être
accordé sans le consentement du Gouvernement français. Aucun traité,
accord ou convention ne pourra être fait sans l'approbation du Gouvernement français.

Par l'article 3 du traité, il est stipulé qu'il (le Résident) résidera à
Tananarive avec une escorte militaire.

Le premier ministre désire savoir ce que nous entendons par escorte
militaire. Nous consentons à lui déclarer que, qui dit escorte ne dit pas
corps d'armée, et, pour mieux préciser, nous prenons l'engagement que
cette escorte ne dépassera pas cinquante cavaliers ou fantassins. Cette
escorte n'entrera pas dans l'intérieur du palais royal.

A l'art. 6, l'expression « bail emphytéotique » signifie bail spécial
d'une durée de quatre-vingt-dix-neuf ans et renouvelable au gré des
parties.

Dans le paragraphe 3 du même article, en stipulant qu'ils (les citoyens français) pourront choisir librement et prendre à leur service, à quelque titre que ce soit, tout Malgache libre de tout engagement, nous avons nécessairement entendu exclure les soldats et les esclaves, puisque les soldats et les esclaves ont plus que tous autres engagé leur personne.

Nous pensons que le Gouvernement de Sa Majesté la reine n'a pas à se plaindre de cette omission. Elle a eu lieu dans un sentiment de bienveillance pour lui, car nous avons jugé préférable de ne pas faire figurer ces expressions dans les textes d'un traité de cette importance.

De même, par la clause en vertu de laquelle « le Gouvernement de la reine s'engage à payer la somme de 10 millions de francs, applicable tant au règlement des réclamations françaises liquidées antérieurement au conflit survenu entre les deux parties qu'à la réparation de tous les dommages causés aux particuliers étrangers par le fait de ce conflit », nous avons entendu les dommages causés avant et pendant la guerre jusqu'au jour de la signature du traité de paix.

Le Gouvernement de la République ne prêtera évidemment son assistance à la reine de Madagascar pour la défense de ses États que si cette assistance est sollicitée par Sa Majesté la reine.

Quant au sens de l'article 15, il nous semble assez net et assez précis pour qu'il ne soit pas encore nécessaire de le commenter. Les avantages qu'il stipule en faveur du Gouvernement de Sa Majesté la reine sont évidents, ce qui sera facile à démontrer au premier ministre lors de notre voyage à Tananarive.

En ce qui concerne le territoire nécessaire aux installations que le Gouvernement de la République fera, à sa convenance, dans la baie de Diégo-Suarez, nous croyons pouvoir vous assurer qu'il ne dépassera pas un mille et demi dans tout le sud de la baie, ainsi que dans le contour de l'est à l'ouest, de quatre milles autour du contour nord de la baie, à partir du point de la dite baie le plus au nord.

Il est superflu d'ajouter qu'à Diégo-Suarez les autorités françaises ne donneront pas asile aux sujets malgaches en rupture de ban ou qui ne pourront exhiber un passeport des autorités malgaches.

Enfin, dans l'exécution de l'amnistie générale pleine et entière, avec levée de tous les séquestres mis sur les biens des sujets respectifs des deux parties contractantes, le Gouvernement de Sa Majesté la reine s'inspirera des sentiments de loyauté et de justice que nous sommes en droit d'attendre de l'expérience et de l'esprit éclairé de son excellence le premier ministre.

Veuillez agréer, Monsieur le Plénipotentiaire, les assurances de notre haute considération.

Le ministre plénipotentiaire,
Signé : S. PATRIMONIO.

Le contre-amiral, commandant en chef,
Signé : E. MIOT.

P. S. — Vous nous avez demandé si le Gouvernement de la reine pourrait, comme par le passé, continuer à négocier les traités de commerce avec les puissances étrangères.

Sans doute, autant que ces traités de commerce ne seront pas contraires aux stipulations du traité du 17 décembre 1885.

Le ministre plénipotentiaire,
Signé : Patrimonio.

I. — DE 1885 A 1895

Au point de vue diplomatique la période de 1885 à 1895 fut marquée par les négociations qui amenèrent la reconnaissance par les puissances européennes de notre situation à Madagascar. La notification du traité de 1885 publié au *Journal officiel* du 6 mars 1886, fut acceptée sans observations par toutes les chancelleries.

De plus, l'Angleterre reconnut solennellement notre protectorat par la déclaration que signèrent à Londres le 5 août 1890 lord Salisbury et M. Waddington, ambassadeur de France. La France reconnaissait le protectorat de l'Angleterre sur Zanzibar, acceptait comme délimitation dans l'ouest africain la ligne de Say à Barroua et recevait l'acceptation de son protectorat sur Madagascar dans le paragraphe suivant :

Le soussigné, dûment autorisé par le gouvernement de la République française, fait la déclaration suivante :

1. Le Gouvernement de Sa Majesté britannique reconnaît le protectorat de la France sur l'île de Madagascar, avec ses conséquences, notamment en ce qui touche les exequaturs des consuls et agents britanniques, qui devront être demandés par l'intermédiaire du résident général français.

Dans l'île de Madagascar les missionnaires des deux pays jouiront d'une complète protection. La tolérance religieuse, la liberté pour tous les cultes et pour l'enseignement religieux, sont garanties.

Il est bien entendu que l'établissement de ce protectorat ne peut porter atteinte aux droits et immunités dont jouissent les nationaux anglais dans cette île.

L'Allemagne reconnut solennellement aussi notre protectorat par une communication échangée à Berlin le 17 novembre 1890 entre le baron de Marschall, ministre des affaires étrangères, et M. Herbette, ambassadeur de France.

S. Exc. M. Herbette, *Ambassadeur de France à Berlin, à S. Exc.*
M. le baron Marschall de Biberstein, *Secrétaire d'État*
aux Affaires Étrangères.

Berlin, le 7 novembre 1890.

Monsieur le Baron,

Au cours des entretiens que nous avons eus ensemble au mois d'août dernier, sur les rapports réciproques de l'Allemagne et de la France à la côte orientale d'Afrique, Votre Excellence m'a déclaré que le Gouvernement Impérial était disposé à reconnaître le protectorat de la France à Madagascar avec toutes ses conséquences.

De mon côté, j'ai été en mesure de vous donner, lors de notre entrevue du 6 de ce mois, l'assurance que, dans ces conditions, le Gouvernement de la République française n'élèverait pas d'objection contre l'acquisition par l'Allemagne de la partie continentale des États du Sultan de Zanzibar ainsi que de l'île de Mafia.

Il a, d'ailleurs, été entendu que les ressortissants allemands à Madagascar et les ressortissants français dans les territoires cédés à l'Allemagne par le Sultan de Zanzibar bénéficieraient, sous tous les rapports, du traitement de la nation la plus favorisée.

Dans le but de consacrer définitivement le complet accord des deux gouvernements sur les points ci-dessus spécifiés, j'ai l'honneur d'adresser à Votre Excellence la présente communication, et je vous prie de m'en faire parvenir un accusé de réception confirmatif.

Veuillez agréer, Monsieur le Baron, les assurances de ma très haute considération.

Signé : Jules Herbette.

De plus les droits de notre pays sur Madagascar furent solennellement reconnus par les puissances à la Conférence de Bruxelles alors que les délégués des divers États confièrent à la France le soin de faire appliquer dans la grande île les mesures édictées par l'Acte général (1).

(1) Les plénipotentiaires français, sur la demande qui leur fut adressée, firent la déclaration suivante :

« Le gouvernement de la République déclare qu'il s'engage à provoquer les mesures nécessaires pour empêcher l'exportation des armes et des munitions de guerre de Madagascar et de l'archipel des Comores, à destination des possessions de la côte orientale d'Afrique et à exercer un contrôle efficace dans les ports de ces îles. »

A Madagascar l'histoire du protectorat est faite dès le début de difficultés de toutes sortes. M. Le Myre de Vilers, notre premier résident, arrive le 14 mai 1886 à Tananarive. Il doit presque aussitôt s'opposer au contrat conclu entre le gouvernement hova et l'Anglais Kingdom en vue d'un prêt de 20 millions et il parvient à faire opérer le prêt par le Comptoir d'escompte. Une ligne télégraphique est installée de Tamatave à Tananarive en 1887. Des difficultés s'élèvent au sujet de la délimitation de Diégo-Suarez et M. Le Myre de Vilers, ne pouvant s'entendre avec le gouvernement hova, fait nommer un gouverneur spécial de Diégo-Suarez chargé d'étendre le plus possible la colonie dans le sud. Puis dès 1887 commence la série des difficultés relatives à l'exequatur des consuls étrangers, le premier ministre refusant d'admettre que les demandes d'exequatur et les réponses passent par l'intermédiaire du résident de France.

Les difficultés continuent sous la résidence de MM. Bompard (1889), Lacoste (1891) et Larrouy. Elles allaient aboutir à un nouveau conflit.

Pendant cette période intermédiaire l'exploration fit de nouveaux progrès.

MM. Catat et Maistre réunirent des renseignements intéressants sur le nord et le sud de l'île : ils fixèrent la ligne de partage des eaux des principales rivières du sud-est, rectifièrent la limite septentrionale du grand massif central et la distribution des forêts tant aux environs de Fort-Dauphin qu'au nord de l'Antsihanaka et relevèrent le cours de l'Ivondrona depuis sa source, aux grands marais de Didy, jusqu'à la mer. Leur compagnon, M. Foucart, explorait de son côté le cours inférieur du Mangoro.

M. Douliot explora une grande partie de la côte du canal de Mozambique et la région occidentale entre Maintirano et le Mangoka. Il mourut au cours de ce voyage. Après lui, M. Emile Gautier acheva l'exploration de la côte occidentale et parcourut en deux voyages le pays des Betsiléo et le Ménabé. L'exploration de M. Muller fut interrompue par l'assassinat de ce voyageur. Le Dr Besson et M. d'Anthouard parcouraient les régions encore peu connues des Tanalas, du Ménabé et du Boéni.

Enfin deux missions hydrographiques, Favé et Cauvet en 1887-88 dans le nord, Mion et Fichot en 1889 dans le sud-est, procédèrent à la revision des cartes marines des côtes de Madagascar.

III. — LA GUERRE DE 1895

Les causes qui ont amené la guerre de 1895, et dont les deux principales sont l'interprétation donnée par les Hovas au traité de 1885 et la crise intérieure de Madagascar, sont nettement indiquées dans l'extrait suivant du discours prononcé à la Chambre par M. Hanotaux, ministre des affaires étrangères, le 13 novembre 1894 :

On peut dire que, depuis le jour où la France a jeté les yeux hors de l'Europe et s'est attachée à se créer au loin des relations maritimes et coloniales, l'île de Madagascar a attiré son attention et suscité, chez ses marins et ses hommes d'action, de premières espérances et de premiers efforts. La crise relativement récente qui a motivé la campagne de 1883 à 1885 n'est que le dernier chapitre d'une histoire dont les vicissitudes ne comptent pas moins de trois siècles.

Je ne rappellerai pas à la Chambre les circonstances dans lesquelles, à la suite de cette campagne, a été conclu le traité du 17 décembre 1885, traité qui, à l'heure présente, régit, ou plutôt devrait régir les relations existantes entre les deux pays.

Les principales dispositions de ce traité nous assuraient à Madagascar une situation prépondérante, en vertu de la formule habituellement usitée pour l'établissement du régime du protectorat : « Un résident représentant le gouvernement de la République présidera aux relations extérieures de Madagascar... il résidera à Tananarive avec une escorte militaire. Il aura droit d'audience privée et personnelle près de S. M. la reine. »

Il est vrai qu'un article du même traité stipulait explicitement que « S. M. la reine de Madagascar continuerait, comme par le passé, de présider à l'administration intérieure de l'île » et qu'il était également déclaré « que le résident ne pourrait s'immiscer dans cette administration intérieure ». Mais il n'en restait pas moins que le traité conférait au résident général une autorité protectrice, tant sur nos nationaux que sur les étrangers qui recourraient à lui pour la défense de leur vie, de leurs biens, de leur trafic et de leurs intérêts. On peut dire que l'esprit même de cette convention se dégageait des termes identiques employés pour exprimer le pouvoir de la reine et celui du résident général : « Le résident général *présidera* aux relations extérieures de Madagascar, la reine de Madagascar continuera de *présider* à l'administration intérieure de l'île. »

Ce traité, messieurs, a été souvent discuté et souvent critiqué à des points de vue très divers. A peine était-il conclu, qu'il donnait lieu, de la part des plénipotentiaires qui l'avaient signé, à un acte interprétatif, sous forme de lettre adressée au premier ministre hova. Cet acte restreignait, dans une certaine mesure, les droits qui nous étaient conférés par le traité, sans toutefois en altérer le principe. Mais, je me hâte de l'ajouter, la lettre interprétative des plénipotentiaires, signée un mois après le traité, n'a jamais été ratifiée. Le gouvernement de la République ne lui a jamais reconnu aucune valeur, et il s'est toujours renfermé dans l'application scrupuleuse des stipulations du traité de 1885.

Il espérait sincèrement trouver, dans les clauses de ce traité, les éléments d'une entente et d'une collaboration féconde avec le Gouvernement hova pour l'amélioration de nos rapports, l'aménagement fructueux du pays, et, si je puis dire, pour l'avènement définitif à la civilisation de la grande île africaine.

Je tiens à rappeler, messieurs, que, dans le traité de 1885, les avantages n'étaient pas réservés uniquement à la France. Le Gouvernement hova eût pu mieux reconnaître les bénéfices qui lui étaient assurés à lui-même. Pour la première fois, il étendait son action sur l'île tout entière, tandis que nous abandonnions volontairement — peut-être à tort — les protectorats directs plus ou moins effectivement exercés par nous sur des tribus indépendantes de la côte. C'est en vertu de cette concession que le gouvernement hova a pu entreprendre, sur la côte ouest, des expéditions à la suite desquelles il s'est assuré, dans cette région, une autorité qui, auparavant, ne lui avait jamais été reconnue.

Nous nous engagions, en outre, par le traité de 1885, à défendre le gouvernement hova contre toute attaque venue du dehors. Nous devions mettre à sa disposition des instructeurs militaires, des ingénieurs, des professeurs et des chefs d'ateliers.

Que voulions-nous, en somme? Être désormais à l'abri de toute tentative d'ingérence extérieure à Madagascar, occuper la baie de Diégo-Suarez, qui nous était reconnue, vivre en bonne harmonie avec le gouvernement hova, enfin développer le commerce de l'île à la faveur des clauses du traité qui nous attribuaient en principe, sur les colons venus du dehors, le droit de protection.

C'est de ces sentiments, messieurs, que s'inspirent les instructions données au premier résident général, M. Le Myre de Vilers.

Ces instructions furent renouvelées aux résidents généraux ou intérimaires qui se sont succédé depuis que M. Le Myre de Vilers a pris place parmi vous : M. Bompard, M. Lacoste et M. Larrouy.

S'inspirant de ces vues, la politique du gouvernement de la République à Madagascar a offert, depuis neuf ans, l'exemple de la prudence, de la modération, certains ont dit : de la longanimité.

Quelques membres à gauche. De la faiblesse.

M. LE MINISTRE DES AFFAIRES ÉTRANGÈRES. — Or, il est incontestable que, si dans les premiers temps on a pu conserver quelque espoir, il est apparu peu à peu qu'en réalité, aucun progrès durable n'était accompli ni dans le sens de la collaboration entre le représentant de la France et le gouvernement hova telle que je l'indiquais tout à l'heure, ni dans le sens de la civilisation.

Il est certain que ces neuf années n'ont été, pour ne pas dire autre chose, qu'un long piétinement sur place ; que, durant cette période, toute la politique hova a consisté à éluder les dispositions du traité de 1885, à décliner nos bons offices toujours offerts en vain, à replier enfin vers la barbarie et vers tous les abus dont nous aurions voulu le purger, un gouvernement dont la faiblesse fuyante ne se soutenait que grâce à notre inexplicable..., à notre inaltérable patience.

Nos agents à Tananarive, liés par des instructions qui ne leur laissaient comme moyen d'action que la parole, — et une parole qu'on ne voulait pas entendre, — ont, chacun selon son tempérament propre, rempli avec honneur une tâche qui n'était ni sans difficulté ni même sans péril.

Il importe surtout que je signale ici deux points sur lesquels se sont en vain épuisés les efforts de nos résidents généraux. Sur ces deux points s'est produit dès l'origine le conflit, ininterrompu depuis lors, qui devait aboutir à la situation grave dont j'entretiendrai tout à l'heure la Chambre.

Je crois avoir montré déjà que l'article capital du traité de 1885, celui sur lequel s'appuie et s'autorise principalement notre action à Madagascar — celui, il faut bien le dire, qui a été vraiment le prix de notre campagne de 1883-1885 — est l'article 1er, qui a pour objet d'assurer au résident général l'autorité sur les relations extérieures du gouvernement hova. C'est l'essence même du régime institué par le traité. Or, messieurs, il faut reconnaître que cette clause qui devait assurer à notre action tous ses effets, les Hovas n'ont jamais consenti à l'exécuter.

Je ne fatiguerai pas la Chambre du détail des négociations interminables qui ont eu lieu à ce sujet. Les pièces qui concernent ces négociations emplissent les cartons du quai d'Orsay. Elle se rapportent presque toutes à cette fameuse question de l'exequatur, question non de pure forme, comme on l'a dit parfois pour atténuer l'importance de ce grief fondamental, mais question de fond, s'il en fut, puisqu'elle affecte l'existence même du traité de 1885.

La question de l'exequatur se résume en ceci : les puissances consentant à reconnaître la situation de droit créée à notre profit par le traité de 1885 s'adressaient à notre résident général pour obtenir par son intermédiaire, en qualité de ministre des affaires étrangères de la reine des Hovas, le document initial accréditant leurs représentants et les autorisant à exercer leurs attributions dans l'île. Notre résident général recevait cette demande de leurs mains. Il la transmettait au gouvernement hova ; il aurait pu même y répondre directement. Or, le gouvernement hova a toujours refusé de donner suite aux demandes présentées sous cette forme.

Si bien que, par suite de ce refus d'adhérer à l'exécution du traité et de délivrer l'exequatur, Madagascar s'est trouvée depuis huit ans dans

une véritable anarchie au point de vue des relations extérieures, notre
résident général — parfois même les agents des autres puissances —
insistant pour réclamer la mise à exécution d'une clause aussi formelle, tandis que le gouvernement hova s'obstinait à s'y soustraire.

C'est là, messieurs, le fait qui domine l'histoire de nos relations avec
le gouvernement hova depuis huit ans; telle est la cause première des
difficultés de toute nature qui, allant sans cesse en s'aggravant, ont
rendu pour ainsi dire impossible la vie des étrangers sur la terre de
Madagascar.

Pas de représentation étrangère, messieurs, cela veut dire pas de sécurité pour les étrangers, surtout dans un pays à peine sorti de la barbarie,
où les étrangers ne sont réellement protégés que par l'activité toujours
en éveil d'agents représentant la puissance lointaine d'une grande nation
civilisée. Et cette vérité, les faits déplorables qui se sont peu à peu multipliés dans l'île en ont, une fois de plus, fourni l'éclatante démonstration.

J'arrive ici, messieurs, au second point sur lequel nos résidents ont
rencontré les mêmes résistances que sur la question de l'exequatur : je
veux parler des garanties indispensables qu'ils ont vainement réclamées pour la sauvegarde de nos concitoyens.

Il ne s'agit pas seulement du manque absolu de sécurité dans les
affaires, qui, depuis huit ans, a paralysé l'effort de la colonisation et
du commerce à Madagascar; — je ne parle pas des entraves apportées,
de parti pris, à toute opération soit particulière, soit publique, qui pouvait avoir pour objet la mise en valeur des richesses naturelles de l'île;
je ne parle point des difficultés opposées à toute entreprise de travaux
publics sérieuse, tandis que des concessions imprudentes étaient prodiguées, sur le papier, à tout aventurier qui se disait hostile à notre
influence; mais je ne puis omettre ces attentats se renouvelant sur tout
les points de l'île et partout impunis, attentats attribués aux Favahalos,
mais dans lesquels on retrouve trop souvent la main de personnages
influents et même des fonctionnaires hovas.

C'est d'abord l'assassinat d'un de nos compatriotes, M. de Lescure,
puis celui de M. Bordenave, en octobre 1890, à Mahajamba.

C'est l'assassinat d'un autre compatriote, M. le docteur Beziat, tué en
septembre 1891, sur la route de Majunga.

C'est l'assassinat, à Mandritzare, probablement avec la complicité du
gouverneur, d'un autre missionnaire scientifique, M. Müller, en août 1893.

C'est à peu de temps de là, la tentative d'assassinat contre le père
Montaut, à Tananarive.

C'est, le 24 octobre 1893, la mort, dans une lutte contre des Favahalos
soudoyés par certaines autorités locales, d'un autre de nos compatriotes,
M. Silanque.

C'est, plus récemment encore, dans les premiers jours de septembre
dernier, le double assassinat commis sur la personne d'un Français,
M. Louvemont, et d'un sujet britannique, M. Gellé.

Eh bien ! messieurs, tous ces crimes sont restés sans châtiment. En vain nos résidents généraux ont accumulé réclamations sur réclamations, instances sur instances. Le gouvernement hova qui « préside » à l'administration intérieure de l'île, n'est plus responsable de cette administration quand il faut sévir. Il n'a d'énergie que pour nous résister ; il n'en a pas pour rechercher, pour trouver et pour frapper les coupables.

Sur tous les points de l'île, les délits et les crimes contre les personnes et contre les propriétés se renouvellent sans cesse sans qu'on puisse obtenir autre chose du Gouvernement hova que des enquêtes interminables ou des satisfactions dérisoires.

Ainsi, messieurs, la sécurité n'est nulle part assurée à nos nationaux, pas plus d'ailleurs qu'aux étrangers, par un [Gouvernement qui nous refuse les moyens de les protéger. Que dis-je ? Ce ne sont plus seulement les populations éloignées, les bandes opérant dans des endroits plus ou moins isolés qu'une telle impunité encourage : jusque dans Tananarive, au cours de ces derniers mois, nos compatriotes, l'escorte de soldats français, la Résidence générale elle-même ne se sont plus trouvés en sûreté.

Le 22 janvier de cette même année 1894 M. Brunet, député de la Réunion, avait interpellé le gouvernement sur la situation à Madagascar, et M. Casimir-Perier, président du conseil, ministre des affaires étrangères, avait déclaré : « Le gouvernement de la République fera son devoir. Il avait à prendre ses précautions et ses mesures, il a réfléchi à toutes ses responsabilités. »

La Chambre vota dans cette séance à l'unanimité l'ordre du jour suivant :

La Chambre, résolue à soutenir le gouvernement dans ce qu'il entreprendra pour maintenir notre situation et nos droits à Madagascar, rétablir l'ordre, protéger nos nationaux, faire respecter le drapeau, passe à l'ordre du jour.

Le Gouvernement fit renforcer la garnison de Diégo-Suarez et de la Réunion et accrut l'effectif de la division navale de l'océan Indien. Mais il voulut encore gagner du temps. Les télégrammes de M. Larrouy devenaient cependant de plus en plus pressants. Le 6 août 1894 il sollicitait l'autorisation de faire évacuer l'Emyrne par les Français. Le 12, le gouvernement lui répondait :

« Paris, le 12 août 1894.

« En vous confirmant mon télégramme précédent, je crois devoir préciser les vues du gouvernement. Nous persistons à penser qu'en l'état actuel des faits, et même en vue d'une intervention éventuelle, l'évacuation immédiate présenterait, en tant que mesure politique, de sérieux inconvénients.

« Dans notre pensée, on ne devrait procéder à l'évacuation que lorsque le gouvernement, après avoir terminé l'étude indispensable des voies et moyens, aura résolu de demander des crédits aux Chambres. On ménagerait encore, entre cette décision et le dépôt du projet de loi, le temps qui vous serait nécessaire pour évacuer.

« Toutefois, ces considérations ne sauraient prévaloir, au cas où vous jugeriez la situation assez grave pour mettre en péril la vie de nos nationaux en Emyrne et rendre impossible votre retour à la côte dans des conditions de sécurité suffisante. Si de telles conjonctures se présentaient, le gouvernement ne peut que s'en remettre à votre appréciation, certain que la résolution que vous prendrez vous sera dictée par le sentiment éclairé de tous vos devoirs. »

Sur ces entrefaites arrivait le 2 septembre de M. Larrouy le télégramme suivant qui ne permettait plus aucune hésitation :

Tananarive, le 28 août 1894.

« La sécurité de nos nationaux est si précaire que je n'hésite point à considérer leur vie comme menacée, et la prudence nous commande de ne pas attendre qu'il y ait mort d'hommes pour prendre les dispositions que la situation comporte. J'estime que nous sommes arrivés à la limite extrême des délais pour procéder à l'évacuation. Retarder plus longtemps cette opération rendrait impossible notre retour à la côte dans des conditions de sécurité suffisante. Je tiens à profiter de la fin de la bonne saison en vue de faire partir d'abord les femmes et les invalides, ensuite les colons. Je quitterai Tananarive le dernier avec l'escorte et le personnel.

« Toutefois, avant d'agir, j'attends votre réponse. »

Le gouvernement voulut faire une dernière tentative de conciliation et il confia à M. Le Myre de Vilers, député, ancien résident général à Tananarive, une mission dont l'objet était le suivant (1) :

Je résumerai en quelques mots l'objet de la mission confiée à M. Le Myre de Vilers. Le gouvernement voulait s'assurer, par l'envoi d'un personnage particulièrement compétent et autorisé, du véritable état des choses, et ajouter à la foi due aux dépêches de M. Larrouy le poids des avis de l'ancien résident général.

M. Le Myre de Vilers avait laissé à Madagascar la réputation d'un

(1) Discours de M. Hanotaux, Chambre des députés, 13 novembre 1894.

homme plutôt conciliant ; ses relations avec le premier ministre et avec
le gouvernement hova avaient été cordiales et s'étaient même continuées
depuis qu'il avait quitté l'île. Nous voulions faire, par son intermédiaire,
une dernière et sincère tentative d'arrangement ; enfin, messieurs, nous
pensions qu'au cas où l'obstination du gouvernement hova se refuserait à tout accord, il était utile de faire apparaître nettement à tous les
yeux notre bon droit, notre modération, la sagesse et le calme qui devaient présider jusqu'à la fin à nos décisions dans cette affaire.

Ajoutons, messieurs, qu'un autre souci pressait instamment le gouvernement de la République. Nous avions, depuis les télégrammes de
M. Larrouy, de légitimes raisons d'être inquiets sur le résultat d'une
évacuation longue et pénible pour nos nationaux habitant Tananarive.
Femmes, enfants, invalides, prêtres, colons, soldats, un effectif de plus de
250 personnes, pouvait se trouver, du jour au lendemain, jeté dans les
difficultés d'un exil brutal, par des routes impraticables, sans porteurs,
sans ressources et sans secours. Il fallait pourvoir à d'aussi graves
éventualités.

M. Le Myre de Vilers recevait sur tous ces points des instructions
précises. Ces instructions ont été jusqu'ici méthodiquement exécutées :
elles ont permis de préparer d'avance, à la montée, les moyens de faciliter
la descente, et nous avons toute raison de croire que, bien avant que les
paroles que je prononce ici soient parvenues à Tananarive, elles auront
mis à l'abri toute la colonie française obligée d'évacuer la capitale ou le
territoire de l'île.

Tel était, messieurs, le double objet de la mission de M. Le Myre de
Vilers.

En ce qui concerne les pourparlers qu'il devait engager avec le gouvernement hova, ses instructions étaient dictées par la nécessité, devenue impérieuse, de mettre fin à une situation obscure indéfiniment
prolongée. Puisque le gouvernement hova, obéissant à je ne sais quels
desseins occultes, avait poussé les choses à un point tel qu'une crise
était ouverte, il fallait que cette crise eût du moins pour effet de guérir le
mal dont on souffrait depuis trop longtemps. M. Le Myre de Vilers devait donc réclamer du gouvernement hova la pleine et entière exécution
du traité de 1885, l'établissement complet et de bonne foi du régime
que ce traité avait fondé, le régime du protectorat.

C'était, en première ligne, l'application de l'article 1er, avec toutes
ses conséquences en ce qui concerne les relations extérieures de la cour
d'Émyrne.

Il devait ensuite stipuler le renforcement de l'escorte du résident général, de façon qu'elle représentât une force sérieuse, capable d'appuyer
effectivement son autorité, et réclamer aussi la présence sur différents
points de l'île des troupes nécessaires pour garantir l'ordre et la sécurité.

Afin de donner à ces dispositions un caractère durable, il devait

réclamer le concours du gouvernement hova pour la création de voies
de communication permanentes et faciles entre la côte et Tananarive.
Enfin, pour couper court aux abus des concessions qui aliènent une
partie de la souveraineté du pays, ces actes devaient être soumis à l'approbation de la résidence générale.

Telles étaient, messieurs, les réclamations que M. Le Myre de Vilers
avait le mandat d'adresser au gouvernement hova. C'était le minimum
des garanties qui paraissaient nécessaires pour le bon fonctionnement
du régime qui, en droit du moins, existait, et nous était reconnu depuis plusieurs années.

La mission de M. Le Myre de Vilers échoua. Le gouvernement
hova entra en relations avec notre plénipotentiaire, mais il lui remit
un contre-projet de traité qui révélait le fond de sa politique :

Le gouvernement hova, disait M. Hanotaux dans ce même discours à
la Chambre, ne s'est pas refusé à entrer en pourparlers avec notre plénipotentiaire ; mais, après avoir pris connaissance de nos propositions,
il a remis en retour à M. Le Myre de Vilers un contre-projet qui, à lui
seul, suffirait à révéler le fond de sa politique. Cette politique, c'est,
en somme, l'abrogation du traité de 1885 et la négation de tout protectorat effectif de notre part dans la grande île africaine.

Voici les principaux points de ce contre-projet :

« Le résident général (au lieu de continuer de présider à la politique
extérieure du gouvernement hova), sera reconnu par ce gouvernement
comme représentant des gouvernements étrangers ayant des traités avec
Madagascar, s'il en est chargé par lesdits gouvernements, et s'il montre
son titre de nomination au gouvernement malgache.

« La reine de Madagascar prend sous sa sauvegarde les personnes et
les biens des Français résidant dans l'île. Par contre, le gouvernement
de la République s'engage à ne pas empêcher l'introduction par la reine
des armes et des munitions qui lui sont nécessaires pour mener à bonne
fin cette obligation.

« Le gouvernement de la République s'engage à donner des ordres
aux officiers commandant les navires de la station navale de ne point
débarquer des troupes à Madagascar pour y faire des exercices militaires et si, parfois, lesdits officiers contrevenaient à ces ordres, le gouvernement de la République en fera la répression.

« Le gouvernement malgache et le gouvernement français s'engagent
à nommer leurs délégués respectifs pour la délimitation de Diégo-Suarez, conformément au traité ; l'époque de la délimitation sera fixée pour
trois mois après la signature du présent traité. »

Je ne ferai qu'indiquer un autre article de pure forme, mais dont la
Chambre, qui n'a pas oublié certaines difficultés d'interprétation qui se

sont produites à l'occasion du traité de 1885, appréciera facilement la portée : « Le présent traité sera rédigé en français et en malgache, les deux versions ayant la même force. »

M. Le Myre de Vilers se refusant à discuter ce contre-projet, donna l'ordre d'évacuation et le 2 novembre il arrivait à Tamatave.

Le 13 novembre, en portant ces faits à la connaissance de la Chambre, le gouvernement déposait une demande de crédit de 65 millions pour pourvoir aux dépenses de l'expédition de Madagascar et M. Hanotaux, ministre des affaires étrangères, s'exprimait ainsi :

Un avenir incertain fait nécessairement un présent précaire. La longue tentative de conciliation poursuivie vainement, pendant près de neuf ans, avec le gouvernement hova, a découragé les plus entreprenants.

Le système tel qu'il était appliqué a échoué ; il faut entrer dans des voies nouvelles.

Messieurs, disons franchement les choses : il n'y a véritablement de protectorat que quand le protecteur est en mesure de faire prévaloir sa volonté, au moins dans le champ où elle se limite naturellement.

Or j'ai prouvé tout à l'heure à la Chambre qu'à Madagascar rien de tel n'existait.

Tant que le gouvernement hova pourra échapper à notre influence, tant que, renfermé dans ses montagnes, il se croira à l'abri d'une intervention directe de notre part, il nous refusera dans la [pratique ce que les traités mêmes nous reconnaissent.

Les faits parlent et ont surabondamment démontré que la présence effective d'une force sérieuse à Tananarive est indispensable. Elle est d'ailleurs prévue par l'acte de 1885.

Le traité stipule que le résident général sera entouré d'une troupe suffisante pour le garder, pour assurer le respect de ses décisions et, par suite, pour maintenir dans l'île l'ordre et la sécurité nécessaires au séjour de nos nationaux et de tous les résidents qui acceptent notre protectorat.

C'est cette force que nous vous demandons de conduire à Tananarive en l'accompagnant d'effectifs suffisants pour que, sur la route, elle soit à l'abri de toute surprise et qu'elle puisse au besoin briser les résistances qui lui seraient opposées.

Cette solution, nous aurions voulu l'obtenir du consentement du gouvernement hova ; mais, puisqu'il faut la lui imposer, avec votre concours, messieurs, nous la lui imposerons.

Le gouvernement, messieurs, se propose de déposer sans retard sur le bureau de la Chambre un projet de crédits lui assurant les ressources nécessaires pour obtenir le résultat qui vient d'être indiqué.

Ce projet devra être étudié par les deux Chambres, et je ne veux pas aujourd'hui en exposer le détail; mais ce que je puis dire immédiatement, c'est que, dans notre pensée, l'expédition projetée doit être assez forte pour monter, en une seule campagne, jusqu'à Tananarive et pour garder, par la suite, le bénéfice de l'effort qu'elle aura accompli.

Tananarive est à plusieurs centaines de kilomètres de la côte. Située sur un plateau élevé, la ville est, au milieu de l'île, un point culminant qui, par sa position, décide la domination de tout le pays. L'effort à faire pour s'en emparer doit être vigoureux. Mais le résultat sera décisif.

Installée dans la capitale, une garnison solide imposera désormais notre influence sur le pays tout entier.

La demande de crédits fut appuyée par MM. André Lebon, Brunet et Etienne qui rappela les tentatives d'expansion coloniale de l'Angleterre, de l'Allemagne et de l'Italie et ajouta :

Et quand tous ces efforts ont été faits par les puissances européennes, nous nous déclarerions absolument impuissants à poursuivre l'œuvre que nous avons entreprise depuis dix ans !

L'objection qu'on nous adresse est, je le reconnais, assez sérieuse. On nous dit : Qu'avez-vous fait jusqu'à présent de toutes ces colonies ?

A-t-on la prétention d'exiger qu'au bout de dix ans, de cinq ans même, nous touchions pour ainsi dire du doigt, nous réalisions immédiatement tous les résultats que nous pouvions désirer? C'est impossible!

Nous avons déjà dit maintes fois à cette tribune : l'œuvre coloniale que nous avons entreprise est une œuvre d'avenir. Nous ne travaillons pas seulement pour l'heure présente, nous travaillons surtout pour demain.

Voilà ce que nous avons toujours affirmé. Ne croyez pas que le Soudan sera dès demain ce qu'est aujourd'hui l'Algérie après soixante ans de luttes.

La conquête de l'Algérie a été contestée à son tour; son importance politique et économique a été niée. Et cela n'a pas empêché que cette colonie, qui nous a coûté tant d'efforts, est justement considérée à l'heure actuelle comme le véritable fleuron de notre couronne coloniale, qu'elle arrache des cris d'admiration à tous les étrangers qui l'approchent, aux Russes, aux Allemands, et même aux Anglais. Actuellement, l'Algérie, comme le disait très justement M. Chautemps, est notre sixième client au point de vue commercial. Si elle fait quatre cents millions d'affaires, si elle paye tous ses frais d'administration civile, ne croyez-vous pas que ce soit là un merveilleux résultat?

Mais pouvez-vous exiger autant dans toutes nos autres colonies, au bout de six ou huit ans ? Non, messieurs. C'est là une œuvre d'avenir;

je tiens à le répéter bien haut afin que cette objection ne se présente plus désormais devant nous.

Si vous avez cette conviction, pouvez-vous hésiter une seconde à aller jusqu'au bout de l'entreprise que vous avez commencée vous-même ! pouvez-vous hésiter à aller à Madagascar, à y établir votre drapeau et à l'y maintenir d'une façon définitive?

On nous dit : « l'effort est considérable en argent et en hommes », et l'on ajoute : « Il faut nous résoudre à des demi-mesures. »

Non, Messieurs, il ne peut s'agir ici de semblables expédients. Vous ne le pouvez pas, vous ne le devez pas.

L'île de Madagascar n'est pas une colonie ordinaire que nous soyons libre de prendre ou d'abandonner. Non, Madagascar n'est pas simplement un vaste territoire à conserver et à mettre en valeur : c'est plus et mieux; c'est un pays que notre intérêt stratégique et notre intérêt politique nous commandent de posséder.

C'est là, messieurs, ce que vous devez considérer surtout et ce que, je vous prie de le croire, d'autres n'ignorent pas. L'attention qu'ils apportent aujourd'hui à nos projets et les tentatives faites autrefois pour les déjouer le démontrent surabondamment. Cette attitude, ne vous y trompez pas, est la manifestation la plus éclatante de la valeur politique et stratégique de Madagascar.

De Madagascar, la France surveille d'un côté l'Indo-Chine, de l'autre la côte orientale d'Afrique, où tant d'intérêts opposés se sont créés, où notre influence doit se maintenir; de Madagascar nous rayonnons sur l'Océanie jusqu'à la Nouvelle-Calédonie.

N'est-ce donc rien que d'être dans cette position insulaire presque unique au monde? N'est-il pas vrai que le jour où, par suite d'incidents qu'il faut savoir regarder en face, le canal de Suez serait fermé, nous serons heureux d'avoir sur la route conduisant dans cette Chine où se passent actuellement des événements si graves, un territoire français où nous pourrons nous arrêter, où nous aurons une force armée, chargée de veiller non seulement sur nos intérêts propres dans cette île, mais encore sur les droits et les intérêts de la France sur d'autres rivages.

La Chambre était saisie d'un projet de résolution de M. Boucher tendant à l'ajournement du vote, au renforcement de l'escadre et à l'occupation des ports et des points stratégiques des côtes de Madagascar. Après un discours de M. Ribot, la Chambre repoussa ce projet de résolution et vota le 26 novembre les crédits que le Sénat ratifia le 6 décembre.

Le général de division Duchesne fut nommé commandant en chef du corps expéditionnaire. Les opérations commencèrent immédiatement. Dès le 12 décembre, le contre-amiral Bienaimé avait fait occuper Tamatave, et M. Le Myre de Vilers quitta cette ville le 26 décembre, après avoir reçu du premier ministre Rainilaiarivony une nouvelle fin de non recevoir.

Majunga, choisi comme base des opérations, fut occupé le 15 février 1895. Le 1er mars, le général Metzinger, à la tête de l'avant-garde, débarquait et s'avançait le long de la Betsiboka jusqu'à Marovoay. Le 2 mai et le 16 mai deux combats étaient livrés aux Hovas à Ampasivola et à Ambodimonty. Le général Duchesne, débarqué le 6 mai, fit reprendre la marche en avant et le 20 juin le bataillon Lentonnet repoussa les Hovas à Tsarasoatra. Pendant que les travaux de la route étaient poussés avec activité, la brigade Voyron avançait jusqu'à Andriba qu'elle occupait le 21 août 1895. La saison sèche approchant, il devenait évident que la construction de la route empêcherait de pousser jusqu'à Tananarive avant l'année suivante,

Aussi le général Duchesne forma à Andriba une colonne légère de 4,250 combattants et de 1500 conducteurs. La colonne, partie le 14 septembre, arriva le 29 devant Tananarive après plusieurs combats. La brigade Voyron gagna par un mouvement tournant la hauteur de l'Observatoire. Le bombardement était à peine commencé que les Hovas hissaient le drapeau blanc.

Le lendemain 1er octobre 1895, le traité suivant était signé :

Art. 1er. — Le gouvernement de S. M. la reine de Madagascar reconnaît et accepte le protectorat de la France avec toutes ses conséquences.

Art. 2. — Le gouvernement de la République française sera représenté auprès de S. M. la reine de Madagascar par un résident général.

Art. 3. — Le gouvernement de la République française représentera Madagascar dans toutes ses relations extérieures.

Le résident général sera chargé des rapports avec les agents des puissances étrangères; les questions intéressant les étrangers à Madagascar seront traitées par son entremise.

Les agents diplomatiques et consulaires de la France en pays étranger seront chargés de la protection et des intérêts malgaches.

Art. 4. — Le gouvernement de la République française se réserve de maintenir à Madagascar les forces militaires nécessaires à l'exercice de son protectorat.

Il prend l'engagement de prêter un constant appui à S. M. la reine de Madagascar contre tout danger qui la menacerait ou qui compromettrait la tranquillité de ses Etats.

Art. 5. — Le résident général contrôlera l'administration intérieure de l'île.

S. M. la reine de Madagascar s'engage à procéder aux réformes que le gouvernement français jugera utiles à l'exercice de son protectorat, ainsi qu'au développement économique de l'île et au progrès de la civilisation.

ART. 6. — L'ensemble des dépenses des services publics à Madagascar et le service de la dette seront assurés par les revenus de l'île.

Le gouvernement de S. M. la reine de Madagascar s'interdit de contracter aucun engagement sans l'autorisation du gouvernement de la République française.

Le gouvernement de la République française n'assume aucune responsabilité à raison des engagements, dettes ou concessions que le gouvernement de S. M. la reine de Madagascar a pu souscrire avant la signature du présent traité.

Le gouvernement de la République française prêtera son concours au gouvernement de S. M. la reine de Madagascar pour lui faciliter la conversion de l'emprunt du 4 décembre 1886.

ART. 7 et dernier. — Il sera procédé, dans le plus bref délai possible, à la délimitation des territoires de Diégo-Suarez. La ligne de démarcation suivra, autant que le permettra la configuration du terrain, le 12° 45' de latitude sud.

Rainilaiarivony fut déposé et déporté en Algérie. Le gouvernement décida, par un décret du 12 décembre 1895, que l'administration de Madagascar serait distraite du ministère des affaires étrangères et rattachée au ministère des colonies et M. Hippolyte Laroche, préfet, fut nommé résident général.

Un décret en date du 11 décembre 1895 définissait ainsi ses attributions :

ART. 1er. — Le résident général est le dépositaire des pouvoirs de la République française dans toute l'île de Madagascar et ses dépendances.

Il est nommé par décret du Président de la République et relève du ministre des colonies.

Il a seul le droit de correspondre avec le gouvernement de la République, sauf exception relative au commandement des troupes, réglée par l'art. 5.

Il communique avec les divers départements ministériels par l'intermédiaire du ministre des colonies.

Il correspond directement avec le gouverneur général de l'Indo-Chine avec les gouverneurs des possessions françaises dans l'Océan Indien avec les consuls de France dans l'Afrique australe, les côtes de l'Océa Indien, les Indes néerlandaises et l'Australie.

Il ne peut engager aucune négociation diplomatique sans l'autorisation du gouvernement de la République.

Art. 2. — Le résident général organise, dirige ou contrôle les différents services de Madagascar et de ses dépendances. Il nomme à toutes les fonctions civiles exercées par les Français en dehors du personnel de la magistrature et des trésoriers-payeurs ou des trésoriers particuliers, visés par l'article 155, du décret du 20 novembre 1882, et à l'exception des emplois ci-après : Secrétaire général de la résidence générale, résidents, vice-résidents et chefs des principaux services administratifs. Les titulaires de ces derniers emplois sont nommés par décret sur sa présentation.

En cas d'urgence, le résident général peut suspendre ces fonctionnaires et les renvoyer en France à la disposition du ministre, il doit en rendre compte immédiatement au ministre des colonies.

Art. 3. — Le résident général a sous ses ordres directs toutes les autorités, sauf l'exception mentionnée à l'art. 5, relative au commandement des troupes.

Il peut déléguer tout ou partie de ses pouvoirs au secrétaire général de la résidence générale, qui est appelé à le remplacer en cas d'absence ou d'empêchement.

Art. 4. — Le résident général est responsable de la défense intérieure et extérieure de Madagascar et de ses dépendances. Il dispose, à cet effet, des forces de terre et de mer qui y sont stationnées, dans les conditions déterminées par l'art. 5.

Aucune opération militaire, sauf dans le cas d'urgence où il s'agirait de repousser une agression, ne peut être entreprise sans son autorisation.

Le résident général ne peut, en aucun cas, exercer le commandement direct des troupes.

L'état de siège ne peut être établi ou levé que par le résident général.

Art. 5. — Le commandant supérieur des troupes exerce le commandement des troupes.

Pour tous les objets qui concernent son commandement : discipline, personnel, matériel, administration, justice militaire, il correspond avec le ministre dont il dépend.

Chaque fois que le résident général est dans la nécessité de recourir à l'action militaire, il se concerte avec le commandant supérieur des troupes et, dans le cas où le concert ne peut s'établir et où il est impossible d'en référer au ministre responsable de la garde et de la défense des colonies, il détermine par voie de réquisition le but à atteindre.

IV. — L'ANNEXION ET LA PACIFICATION
DE MADAGASCAR

Le traité de paix du 1er octobre 1895 avait été complété par une déclaration de « prise de possession » de Madagascar, lue dans la séance des Chambres du 27 novembre 1895 par M. Berthelot, ministre des affaires étrangères :

Messieurs,

L'expédition de Madagascar est glorieusement achevée. La rébellion des Hovas contre le protectorat de la France a été vaincue. La guerre qu'ils avaient suscitée s'est terminée par la prise de leur capitale et la soumission de la reine Ranavalo.

Grâce à l'héroïsme de nos soldats, à leur discipline, à leur endurance; grâce à la vigilance et à l'énergie de nos officiers, à l'inébranlable fermeté du commandant en chef, notre armée a surmonté les difficultés exceptionnelles opposées par le sol et par le climat.

L'île de Madagascar est aujourd'hui une possession française.

L'expédition a amené des sacrifices douloureux, supérieurs à toutes les prévisions, et qui nous ont donné le droit d'exiger des compensations étendues et des garanties définitives.

Le gouvernement doit faire connaître aux Chambres et au pays les décisions que cette situation a paru lui rendre nécessaires.

Il ne peut en résulter aucune difficulté extérieure; nous n'avons pas besoin de déclarer que nous respecterons les engagements que nous avons contractés vis-à-vis de certaines puissances étrangères : la France a toujours été fidèle à sa parole.

Quant aux obligations que les Hovas eux-mêmes ont pu contracter au dehors, sans avoir à les garantir pour notre propre compte, nous saurons observer avec une entière loyauté les règles que le droit international détermine, au cas où la souveraineté d'un territoire est, par le fait des armes, remise en de nouvelles mains.

Sous cette double réserve, nous sommes résolus à exercer, notamment au point de vue économique, tous les droits qui résultent pour nous de l'occupation définitive de Madagascar.

En ce qui touche l'organisation du gouvernement intérieur de l'île, nous estimons que, sous notre autorité, elle doit être maintenue aussi complètement que la sécurité de nos intérêts le permettra.

Aucune atteinte ne doit être portée aux dignités et honneurs de la reine, ni aux liens qui lui rattachent les populations qui lui sont soumises. Nous ne croyons pas qu'il soit nécessaire ou désirable de substituer une administration française à l'administration indigène; nous introduirons, d'ailleurs, dans cette dernière, les améliorations indispensables pour faire pénétrer dans l'île les bienfaits de la civilisation.

Le jour même de la prise de Tananarive, la soumission des Hovas à notre autorité a été constatée par un traité et par une convention additionnelle auxquels la reine Ranavalo a donné, pour sa part, la ratification. Nous n'avons pas l'intention de répudier ces conventions.

Toutefois, avant de soumettre un texte définitif à la ratification des Chambres et du Président de la République, le gouvernement a pensé que les principes que nous venons d'exposer, principes implicitement contenus dans certaines clauses des conventions du 1er octobre, pourraient être formulés d'une façon plus nette; il a estimé qu'il était nécessaire d'apporter à ces textes certaines modifications destinées à éviter toute méprise sur leur signification véritable et à prévenir toute possibilité de nouveaux conflits.

Nous avons décidé de prendre les mesures nécessaires pour qu'un instrument définitif conforme aux déclarations précédentes soit prochainement soumis à la ratification des Chambres.

De vives discussions s'étaient engagées dans la métropole à propos du traité du 1er octobre 1895. Déjà à la fin de la campagne et en considération des pertes qu'elle avait entraînées, le gouvernement avait câblé le 8 septembre au général Duchesne pour lui demander de substituer au traité projeté un acte unilatéral qui devait être signé uniquement par la reine. Ces deux instruments établissaient le régime du protectorat avec toutes ses conséquences.

Le cabinet Bourgeois adopta un système nouveau, et renonçant à faire ratifier le traité de Tananarive, il fit signer à la reine, par l'intermédiaire de M. Laroche, le 18 janvier 1896, un acte nouveau qui écartait la formule du protectorat avec ses conséquences et dont voici le texte:

S. M. la reine de Madagascar,

Après avoir pris connaissance de la déclaration de *prise de possession de l'île de Madagascar par le gouvernement de la République*, déclare accepter les conditions ci-après :

Art. 1er. — Le gouvernement de la République française sera représenté auprès de S. M. la reine de Madagascar par un résident général.

Art. 2. — Le gouvernement de la République française représentera Madagascar dans toutes ses relations extérieures.

Le résident général sera chargé des rapports avec les agents des puissances étrangères; les questions intéressant les étrangers à Madagascar seront traitées par son entremise.

Les agents diplomatiques et consulaires de la France en pays étrangers seront chargés de la protection des sujets et des intérêts malgaches.

Art. 3. — Le gouvernement de la République française se réserve de maintenir à Madagascar les forces militaires nécessaires à l'exercice de son autorité.

ART. 4. — Le résident général contrôlera l'administration intérieure de l'île.

S. M. la reine de Madagascar s'engage à procéder aux réformes que le gouvernement français jugera utiles au développement économique de l'île et au progrès de la civilisation.

ART. 5. — Le gouvernement de S. M. la reine de Madagascar s'interdit de contracter aucun emprunt sans l'autorisation du gouvernement de la République française.

Cette prise de possession était notifiée le 11 février 1896 aux puissances. Le 19 mars, M. Berthelot, interrogé à la Chambre sur l'interprétation de l'acte du 18 janvier, s'exprimait ainsi :

Voici l'état de choses actuel, tel qu'il résulte des événements accomplis. Ces événements ont créé une situation de fait, déjà acquise lors de la constitution du cabinet et que nous avons constatée le jour où nous avons déclaré à cette tribune, le 27 novembre 1895, que l'île de Madagascar est une possession française.

Cette déclaration exprime, je le répète, un fait acquis, résultant de la prise par nos armes de Tananarive, capitale des Hovas, le 30 septembre 1895, et de la soumission de la reine Ranavalo, qui en a été la conséquence immédiate. En effet, cette soumission a eu lieu le jour même de l'occupation de Tananarive ; elle est constatée et reconnue dans le préambule de l'acte signé par la reine, en présence du résident général, M. Laroche, le 18 janvier 1896. Dans cet acte, la reine Ranavalo déclare avoir pris connaissance de la déclaration de prise de possession de l'île de Madagascar par le gouvernement de la République. Cet acte est unilatéral ; j'insiste sur ce point ; il ne constitue pas un traité conclu entre deux puissances contractantes, comme le faisait le projet de traité proposé par le cabinet précédent, projet d'après lequel le gouvernement de la République française et le gouvernement de la reine de Madagascar auraient signé tous deux une convention bilatérale.

Le cabinet qui nous a précédé avait reconnu lui-même que ce projet ne répondait plus à la situation créée par la résistance prolongée des Hovas, et il avait pensé qu'il y avait lieu d'enlever à l'acte destiné à mettre fin aux hostilités son caractère bilatéral. Mais ses dernières instructions étaient arrivées trop tard.

Le cabinet présent, n'ayant à cet égard aucun engagement, a cru devoir reprendre un système analogue et même plus accentué, qui nous a paru mieux répondre à la grandeur des sacrifices de la France en hommes et en argent, ainsi qu'aux conditions dans lesquelles s'étaient accomplies l'occupation de Tananarive et la soumission de la reine.

La prise de possession de l'île de Madagascar par le gouvernement français a été ainsi constatée par lui et reconnue par la reine. Par le

fait de cette reconnaissance, un démembrement de la souveraineté s'est
accompli ; le gouvernement français ne maintient désormais à la reine
qu'une partie de ses pouvoirs, ceux qui concernent l'administration intérieure de l'île, et ces pouvoirs s'exerceront seulement sous le contrôle
et sous l'autorité du résident général.

En raison de son caractère unilatéral, l'acte du 18 janvier ne nous a
pas paru constituer un traité exigeant la ratification du Président de la
République.

Nous donnons communication de cet acte au Parlement dans le Livre
Jaune, en vue des explications que comporte l'interpellation qui nous
est adressée aujourd'hui.

Je vais maintenant exposer les conséquences que le gouvernement a
cru devoir tirer des prémisses qui précèdent, et je parlerai d'abord de
la situation qui en résulte pour la France dans ses relations avec Madagascar.

Une première question s'est posée : Quel devait être le caractère de
notre prise de possession ?

Le système d'un protectorat avec contrat bilatéral, et qui aurait exigé
la ratification du Parlement et du Président de la République, étant
écarté, en raison du caractère de l'acte signé par la reine, nous aurions
pu proclamer l'annexion pure et simple de l'île de Madagascar. Cette
annexion donnant lieu à une adjonction du territoire, elle aurait exigé
une loi ; elle eût produit, d'autre part, un changement profond dans le
statut personnel des populations annexées et dans l'état de la propriété à
l'intérieur du territoire qu'elles occupent.

En raison de la gravité de ces conséquences et de diverses autres, sur
lesquelles je reviendrai tout à l'heure, nous avons cru devoir écarter un
système aussi absolu ; il n'est pas impliqué, d'ailleurs, dans l'acte de
soumission de la reine Ranavalo. En effet, cet acte n'entraîne pas, à proprement parler, de cession ou d'adjonction de territoire (mouvements
divers), car la prise de possession de Madagascar par la France ne fait
pas disparaître, au moins au point de vue intérieur, c'est-à-dire dans ses
rapports avec la France, le gouvernement malgache.

C'est ce qui ressort de la rédaction de cet acte même : d'après l'article 2, le gouvernement français est représenté auprès de la reine par un
résident général ; or, il ne peut y avoir de résident dans un pays annexé
à la France.

M. CHAUTEMPS. — C'est une erreur ! Nous avons des résidents au
Dahomey.

M. LE MINISTRE. — La clause d'après laquelle la reine s'engage à procéder aux réformes jugées nécessaires serait également sans objet pour
un pays annexé ; car, en une terre adjointe au territoire français, les
institutions contraires à notre droit public tomberaient *ipso facto*.

Non seulement l'acte signé par la reine Ranavalo n'entraîne pas d'annexion, mais le gouvernement français n'y prend aucun engagement

financier. En outre, cet acte ne renferme ni clause ressemblant à un traité de commerce ni clause relative à la propriété des Français ou semblable à celles qui peuvent régler leur état dans un pays étranger. L'acte ne contient dès lors aucune clause à laquelle soit applicable l'article 8 de la loi constitutionnelle.

Le jour où des actes tombant sous le coup de cet article seront nécessaires, nous vous proposerons les projets de loi indispensables. En attendant, nous avons adopté une combinaison mixte, intermédiaire entre une annexion pure et simple et un protectorat à caractère bilatéral.

Un système mixte de ce genre n'a rien d'exceptionnel, ni au point de vue des principes ni au point de vue de la pratique du droit des gens. Les nombreux traités et conventions conclus par le gouvernement britannique, avec les États de l'Inde notamment, offrent les types les plus variés en ce qui touche les relations de l'État dominateur avec l'État subordonné.

D'après le système que nous avons adopté pour Madagascar, la souveraineté extérieure est réservée à la France, seule chargée des relations entre l'île de Madagascar et les puissances étrangères. Mais la souveraineté intérieure de l'île, ou plus exactement une portion de cette souveraineté est maintenue par la France au gouvernement de la reine Ranavalo, à laquelle nous conservons le titre et les honneurs de reine de Madagascar.

Tel est le système qui sert de base à l'acte du 18 janvier 1896.

Voici les motifs qui nous ont dirigés dans ces résolutions : l'annexion pure et simple de l'île de Madagascar aurait mis la France dans la nécessité de remplacer immédiatement le gouvernement hova et l'administration indigène établie dans l'île par une organisation entièrement française. Dans toute l'étendue de ce vaste territoire, nous aurions été obligés d'établir un nombre considérable de fonctionnaires, des garnisons françaises et, ce qui n'est pas moins grave, nous aurions été forcés d'y changer toutes les institutions et d'y proclamer partout la législation française. Sans doute, au point de vue de la logique absolue, ceci aurait pu sembler préférable à certains esprits, doués d'ailleurs des intentions les plus droites. Mais nous aurions assumé de la sorte les responsabilités les plus redoutables ; nous serions entrés dans une période de sacrifices excessifs en hommes et en argent, et nous nous serions heurtés à des difficultés peut-être insurmontables.

Telles sont les raisons qui nous ont paru rendre nécessaire la conservation à l'intérieur de l'île de l'autorité du gouvernement hova. Il est susceptible en ce moment d'y maintenir l'ordre, en vertu de son organisation préexistante, sur laquelle notre domination a tout avantage à s'appuyer. Du moment où nous ne bouleversons pas leur état social, les Hovas ont tout intérêt à se couvrir eux-mêmes de la protection de la France qui garantit leur propre autorité.

Ces explications satisfirent la Chambre qui vota un ordre du jour d'approbation. Mais des négociations diplomatiques délicates furent engagées avec les États-Unis et l'Angleterre qui demandèrent des éclaircissements sur la situation nouvelle de Madagascar. Ces difficultés amenèrent M. Hanotaux, ministre des affaires étrangères du cabinet Méline, à déposer le 30 mai 1896 un projet de loi déclarant colonie française l'île de Madagascar avec les îles qui en dépendent. Autrefois partisan du protectorat, M. Hanotaux expliqua à la Chambre les raisons qui l'avaient amené à proposer l'annexion (1). Il fit ressortir que c'était par nécessité que le gouvernement s'arrêtait à cette nouvelle solution. Le protectorat, d'après lui, avait fait place à l'annexion du jour où fut rédigé l'acte unilatéral de M. Laroche. Il insista surtout sur les difficultés que l'obscurité des formes de la prise de possession soulevait au point de vue diplomatique et il s'étendit sur les réponses faites par les États-Unis et l'Angleterre à la notification du 11 février 1896 :

Lord Salisbury, dit-il, en accusant réception à M. de Courcel, a ajouté « qu'il devait réserver tous les droits existants du gouvernement britannique à Madagascar, jusqu'à ce qu'il ait reçu communication des termes du traité qui a dû être conclu entre le gouvernement de la République et celui de Madagascar. »

M. Olney a répondu, le 26 février, à M. Patenôtre en faisant des réserves « en ce qui concerne les droits conférés aux États-Unis par les traités. »

C'était évidemment là qu'était le nœud du débat, le sort fait à ces deux puissances devant entraîner celui des puissances qui n'ont que des traités contenant seulement la clause « de la nation la plus favorisée », c'est-à-dire l'Allemagne et l'Italie.

Aux réserves et aux demandes d'éclaircissement formulées par l'Angleterre et les États-Unis, M. Bourgeois répond, le 31 mars, dans les termes les plus nets. Il affirme que, dans la pensée du gouvernement français, le maintien des traités passés avec les puissances est incompatible avec la nouvelle situation créée par la conquête dans l'île de Madagascar et, ce principe posé, il réclame à la fois la juridiction sur les citoyens des deux puissances avec lesquelles le débat s'est localisé et la liberté des tarifs douaniers.

Mais il est de nouveau interrogé par M. Eustis, ambassadeur des États-Unis, que cette formule de la prise de possession ne satisfait pas et qui pose nettement au gouvernement français une question précise :

(1) Chambre des députés, 20 juin 1896.

« Si nous renonçons, nous Américains, à notre traité, est-il entendu qu'il sera remplacé, au profit des citoyens américains résidant à Madagascar, par les conventions que les Etats-Unis ont passées avec la France ? »

Et alors le gouvernement français fait un pas décisif : le 16 avril, il répond :

« Par sa lettre du 14 de ce mois, Votre Excellence veut bien m'informer que son gouvernement, désireux de bien préciser la situation conventionnelle des Etats-Unis à Madagascar, lui a donné pour instruction de me demander si le traité qu'il a conclu, le 13 mai 1881, avec la reine Ranavalo doit demeurer en vigueur, ou bien être remplacé par ses conventions avec la France.

« En réponse à cette communication, je m'empresse de vous faire savoir que, dans l'opinion du gouvernement de la République, le maintien du traité du 13 mai 1881 est incompatible avec le nouvel état de choses créé par la prise de possession de Madagascar ; je me hâte d'ajouter que, par contre, le gouvernement de la République est tout disposé à étendre à la grande île africaine l'ensemble des conventions dont bénéficient le gouvernement ou les citoyens des Etats-Unis en France et dans les possessions françaises et qui leur ont permis d'y entretenir des relations de toutes sortes si profitables aux deux pays. »

Messieurs, ne sentez-vous pas que, le jour où cette phrase est écrite, la fiction de la prise de possession a disparu ; qu'on en est revenu au point de départ, à savoir que Madagascar est possession française et que, pour parler comme M. Berthelot, « la souveraineté a changé de mains », puisque ce sont des traités passés par la France avec d'autres puissances, c'est-à-dire des lois françaises en matière de souveraineté, qui vont désormais s'appliquer à Madagascar.

Ce grand pas accompli, le dialogue engagé avec les Etats-Unis d'Amérique se précisa singulièrement :

Le 2 mai, en réponse à M. Patenôtre, qui avait été chargé de lui faire cette communication, M. Olney nous demande simplement de dissiper un dernier doute qui lui reste sur la formule employée par M. Bourgeois, à savoir que le gouvernement français était disposé à étendre à la grande île africaine l'ensemble des conventions dont bénéficient en France et dans les possessions françaises le gouvernement et les citoyens américains.

« L'information qui nous a été transmise, dit M. Olney, apparaît plutôt comme l'application courtoise d'une mesure discrétionnaire que comme un résultat nécessaire de la conquête de ce territoire et de son absorption dans le domaine de la France. Dans l'entretien que vous avez eu avec moi, j'ai cru comprendre que vous affirmiez nettement que la conquête de Madagascar par les armes françaises était complète et qu'elle comportait comme conséquences l'extinction de la souveraineté malgache et la substitution de celle de la France. Une déclaration caté_gorique, de la part de votre gouvernement, qu'il en est ainsi et que les traités entre les Etats-Unis et la France sont applicables à l'île de Madagascar en tant que territoire français me mettrait à même de donner au consul des Etats-Unis à Tamatave des instructions définitives et positives, etc. »

Cette réponse, Messieurs, parvint au quai d'Orsay alors que le cabinet Méline était déjà constitué.

Eh bien ! je vous demande s'il lui était possible, à moins de vouloir bouleverser de fond en comble l'œuvre de ses prédécesseurs, à moins de renoncer à cette politique de continuité dans les vues et dans les desseins dont il s'était réclamé dans son programme, à moins de renoncer à l'obtention de résultats déjà acquis et de faire en arrière le plus inexplicable retour, s'il lui était possible de revenir à la formule du protectorat, de prétendre ranimer un système qui, encore une fois, avait eu ses préférences, mais qui, détruit dans le fond, détruit dans la forme, supprimé à l'égard des puissances par les notifications successives qui avaient été faites, compromis, au point de vue de son application, par les faits accomplis, ne pouvait plus qu'embarrasser de son poids inutile l'ère nouvelle que des décisions réitérées, publiques, connues de tous, avaient ouverte pour l'île de Madagascar.

Le cabinet actuellement aux affaires n'a pas pensé qu'il pût agir ainsi. Achevant, si je puis dire, la courbe qui avait été commencée par le précédent cabinet, il a cru qu'au point où en étaient les choses des hésitations et des tergiversations ne pouvaient que compromettre l'avenir, sans parvenir à restaurer le passé.

D'autres considérations l'amenaient à prendre ce parti.

En même temps, en effet, que s'engageait avec les Etats-Unis la correspondance dont je viens de vous rendre compte, une autre correspondance parallèle se poursuivait avec l'Angleterre. Ici encore, nous rencontrions les mêmes réserves, les mêmes demandes d'éclaircissements. A l'opinion notifiée par le cabinet de Paris que les traités passés entre l'Angleterre et la reine de Madagascar devaient disparaître en présence du fait de la conquête, on répondait par une discussion juridique très nourrie, dont vous me permettrez, Messieurs, de vous lire seulement la conclusion :

« Le gouvernement de Sa Majesté se fonde sur la déclaration de 1890, formelle et sans réserves, sur les assurances de MM. de Freycinet et Hanotaux, sur les explications de M. Berthelot, sur les termes de l'engagement signé par la reine de Madagascar et sur les principes généralement admis du droit international, pour prouver que, comme il n'y a pas eu annexion ni transfert de souveraineté, les rapports de droit d'un protectorat à Madagascar avec leurs conséquences de la sécurité garantie aux intérêts britanniques subsistent toujours, et qu'un traitement de faveur pour le commerce français serait incompatible avec les droits dont la Grande-Bretagne continue de jouir en vertu de son traité. »

Cette conclusion aboutissait donc, sous une forme différente, aux mêmes résultats que la réponse des États-Unis. Le gouvernement britannique, s'appuyant sur le fait qu'il n'y avait pas d'annexion, refusait notamment, en ce qui concerne les questions des tarifs douaniers, de se ranger aux vues du gouvernement français.

En somme, ce qu'on nous demandait encore, c'était cette déclaration catégorique dont il était question dans la note de M. Olney. Au point où en étaient les choses, nous n'avons pas cru qu'il y eût intérêt à le refuser plus longtemps.

Mais, Messieurs, pour la faire, la Constitution nous imposait le devoir de venir devant vous.

Cette déclaration catégorique qu'on sollicitait de nous, cet acte décisif autorisant l'application à Madagascar des traités passés avec les autres puissances, elle ne peut émaner que du pouvoir souverain. Nous l'avons reconnu, et tout autre Cabinet certainement, au moment de prendre une pareille responsabilité, eût agi de même.

C'est ainsi, Messieurs, que nous avons été amenés à déposer le projet de loi au sujet duquel nous sollicitons vos suffrages.

En le votant, vous n'aurez certainement pas réglé toutes les difficultés qui naissent naturellement d'un acte aussi considérable que la conquête d'un nouveau domaine colonial, important et étendu. Mais votre assentiment aura donné, à ceux qui sont chargés de les résoudre, une autorité et une force nouvelles. Dans un pays libre, Messieurs, la force du gouvernement au dehors repose sur le concours éclairé du Parlement et du pays.

Ainsi que j'ai eu l'honneur de le dire à la commission, le simple dépôt du projet de loi a suffi pour nous assurer de l'adhésion à nos vues d'une des principales puissances intéressées. Il y a là un premier résultat considérable qui, par la force des choses, ne doit pas rester isolé.

Au moment où la France va aborder, avec résolution, le grave et difficile problème de la mise en valeur de cette nouvelle partie de son domaine colonial, au moment où elle doit achever la pacification du pays, ouvrir les routes et les voies de communication, faire entrer, en un mot, dans le courant de la civilisation un territoire considérable qui, jusqu'ici, en était exclu, il est naturel qu'elle réclame pour elle, pour son commerce, pour son budget, la juste contre-partie des sacrifices qu'elle a faits et de ceux qu'elle doit faire.

Nous ne doutons pas, qu'ainsi envisagées, les questions diplomatiques, relativement secondaires, qui peuvent subsister encore, ne se résolvent rapidement.

En tout cas, il nous a paru nécessaire de vous demander les moyens de ne pas les laisser se perpétuer et entraver de leur lenteur la marche générale de notre politique internationale.

C'est pourquoi, Messieurs, me plaçant uniquement au point de vue diplomatique, mais, après m'être entendu avec mon collègue des colonies, dont les sentiments ont été, d'ailleurs, dès le début et de tous points conformes aux miens, je vous demande de voter sans retard le projet qui couronne les deux siècles et demi d'efforts, par lesquels la France a préparé le jour où l'île de Madagascar nous appartiendrait sans retour et deviendrait définitivement une colonie française.

Le Parlement vota la loi d'annexion (1) et la Chambre accompagna son vote de celui de l'ordre du jour suivant : « L'esclavage étant aboli à Madagascar par le fait que l'île est déclarée colonie française, le gouvernement prendra des mesures pour assurer l'émancipation immédiate. »

Pendant que la situation diplomatique était ainsi réglée au regard des puissances étrangères, la situation intérieure à Madagascar devenait inquiétante. La déportation en Algérie (2) de Rainilaiarivony, le 21 février 1896, fut suivie d'un commencement de rébellion qui allait en grandissant. Dès le mois de février, un ancien gouverneur hova Rabezavana et le chef Rabozaka groupent autour d'eux une bande d'anciens soldats malgaches et de fahavalos et occupent Anjozorobé à 90 kil. de Tananarive (3). Dans le sud-est un autre chef de bande, Rainibetsimisaraka, fait massacrer des prospecteurs européens et le 31 mars, à Manarintsoa, à 40 kil. de Tananarive, trois explorateurs, Duret de Brie, Grand et Michaux, sont assassinés. Le colonel Combes poursuit et bouscule les bandes de Rabozaka, le général Oudry châtie les habitants de Manarintsoa. Mais l'insurrection gagne du terrain de jour en jour. Le vieux parti hova s'était ressaisi et organise la résistance, encouragé par la duplicité de la reine qui prend des arrêtés contre les insurgés, mais sans leur donner aucune sanction ; les gouverneurs hovas, craignant la fin du régime des exactions, appuient le mouvement insurrectionnel ; ils laissent exciter les colères de la population contre les Français et contre les prospecteurs. Les reconnaissances et les convois d'Européens sont attaqués : siège d'Antsirabé par Rainibetsimisaraka le 25 mai, attaque du convoi Gendron à Babay le 5 juin, massacre du P. Berthieu le 8, du conducteur Savourgeran le 9, de quatre em-

(1) Promulguée le 6 août 1896.
(2) Il y mourut le 17 juillet 1896 en laissant une proclamation au peuple malgache l'engageant à accorder son amitié à la France.
(3) *La pacification de Madagascar*, par le capitaine Hellot, 1900.

ployés des travaux publics au nord de la route de Tamatave, des commerçants Garnier, Ducrot, Crave et Louis le 14. L'insurrection s'étend autour de Tananarive et la connivence du gouvernement malgache devient certaine. Le général Voyron, commandant supérieur des troupes depuis le départ du général Duchesne, dispose de moyens insuffisants ; de plus, l'entente est loin d'être parfaite entre la résidence générale qui continue à s'appuyer sur les hauts fonctionnaires malgaches et les autorités militaires.

C'est pour remédier aux inconvénients de cette dualité de commandement que le gouvernement français décida de confier les pouvoirs civils et militaires à l'officier qu'il avait appelé à remplacer le général Voyron, le général d'infanterie de marine Gallieni, que ses précédentes campagnes au Soudan et en Indo-Chine désignaient pour une telle mission. Le général Gallieni débarqua à Tananarive le 9 septembre 1896.

La situation était à ce moment fort inquiétante. La reine et le parti hova conspiraient contre nous ; l'insurrection était maîtresse de l'Emyrne et même des environs de Tananarive ; hors d'Emyrne, partout où l'hégémonie hova était reconnue, les indigènes étaient soulevés contre nous et, ailleurs, c'était le désordre et l'anarchie. La tâche du général était donc double : réduire la résistance du parti hova et mettre fin à la rébellion. Il agit avec la même vigueur contre l'une et l'autre.

Dès son arrivée à Tananarive, il déclina l'offre d'une présentation que son prédécesseur lui avait faite et contraignit la reine Ranavalo à lui faire la première visite et il attira son attention sur les dangers que pouvait encourir la royauté malgache du fait des agissements des complices des rebelles. La reine répondit en affirmant son dévouement à la France. Mais la duplicité de son entourage restait évidente. Le 30 octobre 1896, un conseil de guerre condamna à mort et fit fusiller deux des principaux chefs malgaches, Rainandriampandry, l'ancien gouverneur de Tamatave, et le prince Ratsimimanga, oncle de la reine, dont la complicité avec les rebelles avait été découverte. L'exemple fut salutaire. Mais cependant l'entourage de Ranavalo restait hostile. Aussi le 28 février 1897, le général Gallieni décida que la reine serait déposée et exilée à la Réunion (1) et il prenait un arrêté abolissant la royauté en Emyrne.

____

(1) En 1899 la reine fut transportée en Algérie.

Un décret du 30 juillet confirma le nouvel état de choses en supprimant l'emploi de résident général et en créant un gouverneur général de Madagascar et dépendances : le général Gallieni changea ainsi de titre.

La pacification de l'île fut assurée en deux campagnes bien distinctes : l'année 1896-97 fut consacrée à la répression de l'insurrection en Emyrne et les années suivantes au rétablissement progressif de l'ordre dans le reste de l'île.

Le système adopté pour la pacification de l'Emyrne a été défini par le nom de « politique de la tache d'huile ». Il consistait à éviter autant que possible les pointes et les reconnaissances qui ne laissent aucune trace derrière elles et à regagner du terrain dans chaque cercle, pied à pied, sur l'insurrection, par un mouvement continu et progressif, qui refoulerait les insurgés jusqu'aux confins de l'Emyrne, c'est-à-dire jusqu'à la limite de la zone presque déserte qui l'entoure de tous côtés. Ce mouvement ne devait s'arrêter que lorsque les frontières seraient atteintes, de manière à poursuivre les rebelles sans répit malgré la mauvaise saison et à les acculer à un pays où ils ne trouveraient plus rien pour subsister. Pour l'exécution de ce programme les commandants de cercle durent se conformer aux règles suivantes :

Installer autour de Tananarive un premier échelon de postes militaires formant un cercle de protection d'une vingtaine de kilomètres de rayon ;

Occuper méthodiquement et progressivement le pays en procédant par bonds, de manière à augmenter le rayon du cercle de protection et à refouler constamment les rebelles sur les frontières de l'Emyrne ;

Le relier constamment et étroitement avec les postes des cercles militaires voisins, et délimiter avec le plus grand soin les frontières séparant les cercles, afin qu'il ne pût pas subsister entre eux des sortes de zones-tampons servant de refuges aux rebelles ;

Armer les villages soumis, en arrière de la ligne des postes avancés, sous le contrôle vigilant des autorités françaises ;

Surveiller très étroitement l'intérieur du réseau des postes militaires et des villages armés, de manière à empêcher l'infiltration des bandes rebelles.

Quand l'échelon le plus avancé des postes serait établi aux limites de l'Emyrne, constituer une forte organisation défensive formée au moyen : 1º de postes militaires occupés par des troupes régulières, en première ligne ; 2° de postes de milice en deuxième ligne ; 3° de villages armés, en arrière (1).

Cette méthode fut appliquée du mois de septembre 1896 au mois de juin 1897 par le commandant Rouland dans le cercle d'Ambaton-drazaka, par le colonel Combes dans celui d'Ambohidrabiby, par les colonels Gonard et Lyautey dans celui de Babay, par le commandant Reynes et les colonels Borbal-Combret et Hürstel dans le cercle d'Arivonimamo.

Au mois de mai 1897 la pacification de l'Emyrne était accomplie. Rabezavana, l'un des principaux chefs rebelles du nord, s'était rendu le 29 mai, Rainibesitmisaraka, chef de l'insurrection du sud, avait suivi son exemple le 8 juin. Seul, Rabozaka refusait encore sa soumission et ne se rendit qu'au mois de janvier 1898.

Dès le mois d'avril 1897 le général Gallieni avait déjà fait commencer la pénétration et la pacification des territoires ouest et sud. La campagne de 1897 amena de premiers et importants résultats.

Dans le Ménabé et le Betsiriry une colonne fut envoyée sous le commandement du chef de bataillon Gérard avec la mission de prendre pied dans ces régions insoumises, de les occuper au moyen d'un réseau de postes et de donner aux pays sakalaves une administration stable. Le 30 août 1897 le commandant Gérard occupait Ambiky avec l'aide de l'équipage de la *Surprise* et il organisait les districts de la Tsiribihina, du Mahabo et du Manambolo. Mais il venait à peine de quitter la région que les Salakaves, excités par les commerçants indiens et par la crainte de voir mettre fin à leurs pillages et au commerce des esclaves, se révoltaient en masse, nous tuaient deux lieutenants et attaquaient le poste d'Ambiky. Le colonel Septans fut envoyé en toute hâte pour prendre le commandement du territoire sakalave. Mais les opérations furent suspendues pendant l'hiver.

Dans le nord-ouest le capitaine Toquenne organisa le cercle d'Analalava et le capitaine de Bouvié opéra dans le Boéni contre le chef Rainitavy que le commandant Rouland chassa le 9 septembre 1897 de la forte position de Masokoamena.

Dans le sud des opérations furent également engagées dans la région des Baras et des Tanalas, révoltés malgré les efforts du docteur

(1) Capitaine Hellot, ouv. cité, p. 56.

Besson, et dont le pays fut organisé en un cercle militaire après la création d'un poste à Tamo-Tamo et la prise d'Ikongo par le commandant Cléret ; dans la région de Fort-Dauphin où le capitaine Brûlard établit un cercle annexe, et enfin dans celle de Tuléar où le capitaine Génin et le résident Estèbe poursuivirent le chef insoumis Tompomanana.

Le général Gallieni pouvait, au moment où allait s'ouvrir la campagne de 1898, résumer ainsi l'œuvre accomplie :

L'année 1897 et les premiers mois de 1898 ont vu s'achever la pacification du plateau central de Madagascar.

La ruine des bandes, la soumission successive de tous les chefs rebelles ont couronné les efforts de tous nos commandants territoriaux.

Au nord de l'île, la destruction des repaires de Tsiafabazaha et de Bealana par le capitaine Toquenne, du camp de Masokoamena par le capitaine de Bouvié, ont été, avec la soumission de Rainitavy, puis, quelques mois après, de Rabozaka, les derniers épisodes d'une résistance opiniâtre qui dura près de deux ans. La liaison entre les provinces de Diégo, Vohémar, Analalava, Mandritsara, Majunga, le 4e territoire, l'Émyrne, le cercle d'Ambatondrazaka et la province de Tamatave est définitivement assurée. La tranquillité la plus parfaite règne actuellement dans ces immenses territoires.

Tout l'est de l'île, où la rébellion avait pénétré moins profondément que dans les autres régions de Madagascar, est en pleine voie de colonisation. Le pays betsiléo n'a vu troubler sa tranquillité que par quelques incidents de peu d'importance.

En somme, le plateau central, le nord et l'est de la grande île, c'est-à-dire la plus grande partie de notre nouvelle possession de l'océan Indien, sont aujourd'hui complètement pacifiés et les voyageurs isolés, les marchands, les colons, y trouvent une sécurité qui était même inconnue sous l'ancien gouvernement malgache. Le pays a été divisé en provinces, en respectant scrupuleusement le principe de l'autonomie des races. Chaque province a reçu une première organisation politique, financière, judiciaire, simple, mais répondant à ses besoins présents. On s'est occupé de suite de réparer les ruines de la dernière insurrection.

Les habitants commencent à comprendre peu à peu les sentiments de justice et de bienveillance qui nous animent à leur égard. Ils payent l'impôt facilement, ils construisent des routes et des chemins. Ils envoient leurs enfants apprendre le français dans les écoles. De plus, l'œuvre de colonisation a commencé et de nombreux colons ont déjà choisi une partie des lots de colonisation levés par les soins des brigades topographiques et des commandants territoriaux de nos cercles militaires.

Ces premiers résultats obtenus, et non sans de grandes difficultés, sans des pertes cruelles pour notre corps d'occupation, il s'agit de les maintenir. Tout serait compromis, si nos administrateurs civils ou militaires se relâchaient du système de surveillance établi dans leurs provinces, les Malgaches, les Hovas surtout sont crédules à l'excès. Ils sont prompts à suivre toutes les inspirations, bonnes ou mauvaises, qui peuvent leur être communiquées. Nous devons donc conserver constamment le contact avec nos nouveaux sujets, les administrer avec bienveillance mais fermeté, soutenir énergiquement les chefs qui nous servent d'intermédiaires avec les populations et respecter les mœurs de ces dernières. La tranquillité sera maintenue, notre action ne fera que se consolider et s'étendre, si nous nous conformons à ces principes. Je recommande notamment aux chefs de province de veiller à la garde de leurs frontières, anciennement exposées aux entreprises des Fahavalos, et, surtout, de rester en relations constantes et étroites avec les chefs des provinces voisines. Il ne faut pas qu'une bande de pillards, repoussée d'une région, puisse trouver asile dans le pays voisin. De plus, nos administrateurs et officiers qui commandent dans certaines régions boisées et difficiles ayant toujours servi de théâtre aux exploits des malfaiteurs de l'île, doivent exiger que leurs postes déploient une grande activité pour disperser immédiatement toute bande en formation. Tel est le cas pour la grande forêt qui borde la frontière orientale de l'Emyrne, pour la région de l'Ankaratra, pour le pays boisé et accidenté qui s'étend entre Anjozorobé et Ambatondrazaka, etc.

En résumé, que ces précautions soient prises, que rien ne soit changé encore au système de surveillance et de police établi dans les différentes provinces déjà pacifiées de la grande île, et les résultats déjà obtenus ne feront que se perfectionner et se développer, au grand avantage de la colonisation.

Il pouvait aussi dès ce moment indiquer nettement les principes de sa pacification, et il l'a fait dans ses Instructions du 22 mai 1898 dans lesquelles il a nettement expliqué sa conception du rôle colonial de l'armée et dont nous croyons devoir détacher une citation caractéristique :

1° *L'organisation administrative d'un pays doit être parfaitement en rapport avec la nature de ce pays, de ses habitants et du but que l'on se propose.*

2° *Toute organisation administrative doit suivre le pays dans son développement naturel.*

C'est en vertu de ces deux principes absolument généraux que telle méthode, bonne à employer sur tel point de l'île, est déplorable en telle autre région ; que tels procédés administratifs, excellents aujourd'hui en raison de l'état de choses existant, seront à rejeter dans quelques

mois, si des événements quelconques modifient la situation des contrées
où ils sont appliqués. Rien ne doit être plus souple, plus élastique, que
l'organisation d'un pays dont l'évolution s'opère sous l'impulsion des
agents énergiques que la civilisation et la colonisation européennes
mettent en œuvre, comme elles le font à Madagascar. C'est au bon sens
et à l'initiative des commandants territoriaux, en contact direct avec
ces populations, que l'administration supérieure doit faire appel pour
l'éclairer sur les symptômes révélateurs des changements dans l'état
moral et politique des provinces dont ils ont la garde et la surveillance.
A toute évolution politique et économique doit correspondre une évolution administrative.

Il serait impossible de donner une règle de conduite uniformément
applicable aux différentes régions de l'île. Les paisibles Betsimisarakas
de l'est demandent à être régis par d'autres lois que les Hovas du centre
à peine rentrés dans le devoir, et dont la révolte a amoncelé des ruines
qu'il faut relever, ou que les pillards sakalaves et mahafalys de l'ouest,
qui se refusent encore à accepter notre autorité.

Mais, il semble que certaines règles, très générales, sauraient être
mises à profit, d'une part, dans les territoires dont la pacification est
à faire ou à compléter; d'autre part, dans ceux où la pacification est
définitivement établie.

Le meilleur moyen pour arriver à la pacification dans notre nouvelle
et immense colonie de Madagascar, avec les ressources restreintes dont
nous disposons, est d'employer l'action combinée de la force et de la
politique. Il faut nous rappeler que, dans les luttes coloniales que nous
impose trop souvent, malheureusement, l'insoumission des populations,
nous ne devons détruire qu'à la dernière extrémité et, dans ce cas
encore, ne ruiner que pour mieux bâtir. Toujours, nous devons ménager
le pays et ses habitants, puisque celui-là est destiné à recevoir nos
entreprises de colonisation future et que ceux-ci seront nos principaux
agents et collaborateurs pour mener à bien ces entreprises. Chaque
fois que les incidents de guerre obligent l'un de nos officiers coloniaux
à agir contre un village ou un centre habité, il ne doit pas perdre de
vue que son premier soin, la soumission des habitants obtenue, sera de
reconstruire le village, d'y créer immédiatement un marché et d'y établir une école Il doit donc éviter avec le plus grand soin toute destruction inutile.

C'est l'action combinée de la politique et de la force qui doit avoir
pour résultat la pacification du pays et l'organisation primitive à lui
donner tout d'abord.

Action politique. — L'action politique est de beaucoup la plus importante, elle tire sa plus grande force de la connaissance du pays et de ses
habitants; c'est à ce but que doivent tendre les premiers efforts de tout
commandant, territorial, c'est l'étude des races qui occupent une région,
qui détermine l'organisation politique à lui donner, les moyens à em-

ployer pour sa pacification. Un officier qui a réussi à dresser une carte ethnographique suffisamment exacte du territoire qu'il commande est bien près d'en avoir obtenu la pacification complète, suivie bientôt de le l'organisation qui lui conviendra le mieux.

Toute agglomération d'individus, race, peuple, tribus ou famille, représente une somme d'intérêts communs ou opposés. Il y a des mœurs et des coutumes à respecter, il y a aussi des haines et des rivalités qu'il faut savoir démêler et utiliser à notre profit, en les opposant les unes aux autres, en nous appuyant sur les unes pour mieux vaincre les secondes. Il n'est pas moins important de chercher et de trouver les raisons qui déterminent certains soulèvements, certains mouvements généraux, tels que la révolte de l'Emyrne ou celle des Sakalaves de la Tsiribihina. C'est le plus souvent de la méfiance à notre égard, une répulsion instinctive à admettre la présence des Européens comme chefs, méfiance et répulsion exploitées par des factieux qu'aiguillonnent l'ambition ou les intérêts personnels. Frapper à la tête et rassurer la masse égarée par des conseils perfides ou des affirmations calomnieuses, tout le secret d'une pacification est dans ces deux termes.

En somme, toute action politique doit consister à discerner et mettre à profit tous les éléments locaux utilisables, à neutraliser et détruire les éléments locaux non utilisables.

L'élément essentiellement utilisable sera, avant tout, le peuple, la masse travailleuse de la population, qui peut, momentanément, se laisser tromper et entraîner, mais que ses intérêts rivent à notre fortune et qui sait bien vite le comprendre, pour peu qu'on le lui indique et qu'on le lui fasse sentir. J'en cite pour preuve les anciens esclaves de l'Emyrne, qui sont aujourd'hui nos meilleurs soutiens et ne cessent de nous prodiguer les marques d'un sincère attachement.

L'élément essentiellement nuisible est formé par les chefs rebelles ou par tous les insoumis, autour desquels il faut faire le vide, en minant leur prestige par tous les moyens possibles, politiques et militaires, par des coups répétés et incessants jusqu'à leur disparition ou leur soumission complète.

Il y a, enfin, deux éléments douteux :

1º Le chef indigène, à surveiller de près, à contrôler dans tous ses actes, que commandent quelquefois une cupidité insatiable et des intérêts personnels. Quels que soient ses inconvénients, quels que soient les embarras qu'il peut nous causer, il vaut mieux, en général, conserver ce fantôme de pouvoir, auquel l'indigène est plus habitué et derrière lequel nous pouvons manœuvrer plus à l'aise. Un peu de discernement dans son choix, un peu d'habileté à savoir exciter chez lui l'amour-propre et l'ambition, en feront même quelquefois un auxiliaire non à dédaigner ;

2º Toute la catégorie des gens autrefois au pouvoir et que notre présence ruine, en tant, du moins, qu'élément politique ; et, longtemps encore, ils dissimuleront, sous des dehors soumis et flatteurs, une rancune au profit de laquelle ils exploiteront nos moindres faiblesses. Une police bien faite et une sage fermeté les tiendront en respect.

Action par la force. — *Tout mouvement de troupes en avant doit avoir pour sanction l'occupation effective du terrain conquis, ce principe est absolu.*

L'action par la force se comprend sous deux formes : l'action lente et l'action vive.

La première, la plus préconisée et certainement la plus efficace, consiste dans l'occupation, dès le début, par des postes permanents, des centres politiques, des points d'où nos adversaires tirent leurs approvisionnements, et des voies de communication.

Le reste du pays est nettoyé progressivement, soit par de petites opérations militaires, soit même, et surtout, par la population ralliée à nous et armée, soutenue et ravitaillée en munitions par nos soins. Elle a pour points d'appui des postes provisoires qui sont successivement reportés en avant à mesure que l'épuration progresse ; elle est stimulée dans son zèle par des expédients faciles à trouver, des mises à prix de fusils, des récompenses pour les soumissions obtenues, etc.

Les zones pacifiées reçoivent immédiatement une organisation administrative ; elles sont tenues et surveillées par des troupes régulières d'abord, puis, quand le calme est bien rétabli, par la milice ou simplement des partisans armés ; enfin, quand tout danger a disparu, on peut et l'on doit faire rentrer les armes prêtées aux populations qui n'en ont plus que faire.

L'action vive est l'exception : c'est l'action des colonnes militaires. Elle ne doit être mise en œuvre que contre des objectifs bien déterminés, où il y a à faire œuvre de force, la force étant la caractéristique des colonnes ; leur durée, à moins de cas de force majeure, ne doit pas dépasser trois mois ; au delà, les troupes s'épuisent, les effectifs fondent. L'organisation de ces colonnes varie suivant le but à atteindre ; en principe, elles doivent comprendre un noyau de troupes indigènes, puis, chaque fois qu'il sera possible, des groupes de partisans qui ne représentent pas un élément bien sérieux de résistance, mais sont utilisables pour éclairer et poursuivre.

Ces colonnes, je le répète, doivent être absolument exceptionnelles et employées seulement contre des rassemblements nombreux et dangereux, fortifiés dans des repaires, forêts, cirques. d'où ils menacent la sécurité des régions environnantes et empêchent la soumission et l'obéissance des populations hésitantes, qui n'attendent que la destruction de ces bandes pour reconnaître notre influence.

Mais la méthode la plus féconde, celle qui a déjà fait ses preuves au Soudan, au Tonkin, à Madagascar même, pour la soumission de tout le plateau central et du nord de l'île, c'est la méthode progressive, c'est celle de la *tache d'huile.* On ne gagne du terrain en avant qu'après avoir complètement organisé celui qui est en arrière. Ce sont les indigènes

insoumis de la veille qui nous aident, qui nous servent à gagner les
insoumis du lendemain. On marche à coup sûr, et le dernier poste
occupé devient, tout d'abord, l'observatoire d'où le commandant du
cercle, du secteur, du district, examine la situation, cherche à entrer
en relations avec les éléments inconnus qu'il a devant lui, en utilisant
ceux qu'il vient de soumettre, détermine les nouveaux points à occuper
et prépare en un mot, un nouveau progrès. Cette méthode ne manque
jamais. C'est elle qui ménage le plus le pays et les habitants et prépare le mieux la mise sous notre influence de ces nouveaux territoires.
Elle exige, de la part de nos officiers, un ensemble de rares qualités :
initiative, intelligence et activité pour ne laisser échapper aucune occasion de prendre pied dans les contrées encore inconnues et insoumises;
prudence, calme et perspicacité, pour éviter tout échec, qui porte toujours un tort considérable à notre prestige, et pour savoir discerner ceux
des éléments adverses qu'ils peuvent utiliser pour les nouveaux progrès
à accomplir.

Action politique et action de force sont les deux principaux agents de
la première période d'une occupation ou d'une conquête. Si leur combinaison réussit, une deuxième période s'ouvre aussitôt : la période d'organisation, qui a recours à un troisième facteur, l'action économique.

Action économique. — Au fur et à mesure que la pacification s'affirme,
le pays se cultive, les marchés se rouvrent, le commerce reprend. Le
rôle du soldat passe au second plan, celui de l'administrateur commence.
Il faut, d'une part, étudier et satisfaire les besoins sociaux des populations soumises ; favoriser, d'autre part, l'extension de la colonisation
qui va mettre en valeur les richesses naturelles du sol, ouvrir des débouchés au commerce européen.

Ce sont là, semble-t-il, les deux conditions essentielles du développement économique d'une colonie : elles ne sont nullement contradictoires.
L'indigène, en général, n'a que fort peu de besoins, il vit dans un état
voisin de la misère, qu'il est humain de rechercher à améliorer ; mais
le nouveau mode d'existence que nous lui ferons adopter, en créant chez
lui des besoins qu'il n'avait pas, nécessitera de sa part des ressources
qu'il n'a pas davantage et qu'il lui faudra trouver ailleurs. Il faudra
donc qu'il surmonte sa paresse et se mette résolument au travail, soit en
faisant revivre des industries languissantes, celles de la rabane et de la
soie, par exemple, soit en augmentant ses cultures et en adoptant pour
elles des méthodes plus productives, soit en prêtant aux colons européens
le concours de sa main-d'œuvre.

Il rentre dans le rôle de nos commandants territoriaux de créer des
écoles professionnelles, où l'indigène se perfectionnera dans son métier
par l'étude et par l'application des moyens que l'expérience et la science
nous ont acquis ; d'installer des fermes modèles, où il viendra se
rendre compte des procédés de culture plus féconds que nous employons
et qu'il ignore ; d'encourager la reprise des industries nationales, en

facilitant l'établissement des premières fabriques qui s'organiseront et en les subventionnant au besoin ; de créer des marchés, francs de tous droits d'abord, et qui ne seront imposés que dans la suite très progressivement, etc.

Il se produira infailliblement une augmentation de richesse dans le pays, avec, comme conséquence naturelle, un besoin de bien-être, de luxe même, que le commerce européen saura mettre à profit. Il trouvera, dans les produits nouveaux de l'activité que nous aurons ainsi créée, des articles d'exportation, qui lui manquent un peu aujourd'hui, et, en tout cas, des ressources locales qui lui font défaut.

Il serait exagéré de mettre en vigueur, dans la colonie, des lois somptuaires dont l'application serait délicate et dont le principe est contraire à nos idées libérales et égalitaires ; mais il n'y a aucun inconvénient à engager les chefs sous nos ordres à adopter nos vêtements et nos coutumes, à inciter leurs femmes à se débarrasser des oripeaux qu'elles affectionnent souvent, pour se vêtir à l'européenne avec des étoffes d'origine française. La vanité et l'esprit d'imitation des Malgaches seront assez puissants pour faire le reste. Déjà, d'ailleurs, des résultats importants ont été obtenus à ce point de vue au grand avantage de notre commerce national. Ces résultats sont à poursuivre énergiquement.

A tous, la tâche sera facilitée par la connaissance de notre langue, que les indigènes auront acquise dans nos écoles. Un enseignement bien compris et bien dirigé fera, de la génération prochaine, une population qui nous sera toute dévouée et, accessibles à toutes nos idées. Le développement progressif du réseau routier ne fera qu'aider à ce résultat. D'autre part, les commandants territoriaux devront comprendre leur rôle administratif de la façon la moins formaliste. Les règlements, surtout aux colonies et en matière économique, ne posent jamais que des formules générales, prévues pour un ensemble de cas, mais inapplicables parfois au cas particulier. Nos administrateurs et officiers doivent défendre, au nom du bon sens, les intérêts qui leur sont confiés, et non les combattre au nom du règlement.

L'organisation administrative adoptée dans l'île laisse la plus complète initiative aux délégués de l'autorité supérieure. Ils ont toute liberté dans le choix des moyens à employer, mais gardent aussi toute la responsabilité des résultats obtenus. En centralisant dans leurs mains les pouvoirs civils, militaires et judiciaires, on met à leur portée les éléments d'action indispensables à tout administrateur énergique et intelligent.

Dans les territoires militaires, une surveillance plus délicate à exercer fractionne les contrées à peine rentrées dans l'ordre en zones restreintes. Le secteur devient l'unité de commandement et son chef reçoit les mêmes pouvoirs que les chefs de grandes provinces de la côte, en souscrivant aux mêmes devoirs. Son rôle, le rôle des commandants de cercle et de territoire, dont l'action régulatrice fait converger vers le même but les efforts des commandants de secteur, sont en premier lieu des rôles presque exclusivement militaires : le soldat se montre d'abord soldat, emblème de la force nécessaire pour en imposer aux populations encore insoumises; puis, la paix obtenue, il dépose les armes. Il devient administrateur, sans perdre de vue, toutefois, qu'il se trouve au milieu de populations non encore franchement ralliées, et qu'il a pour devoir strict de les surveiller étroitement, utilisant à ce point de vue le prestige moral que lui a procuré le succès de la conquête.

Ces fonctions administratives semblent incompatibles, au premier abord, avec l'idée que l'on se fait du militaire dans certains milieux. C'est là, cependant, le véritable rôle de l'officier colonial et de ses dévoués et intelligents collaborateurs, les sous-officiers et soldats qu'il commande. C'est aussi le plus délicat, celui qui exige le plus d'application et d'efforts, celui où il peut révéler ses qualités personnelles, car détruire n'est rien, reconstruire est plus difficile.

D'ailleurs les circonstances lui imposent inéluctablement ces obligations. Un pays n'est pas conquis et pacifié quand une opération militaire y a décimé les habitants et courbé toutes les têtes sous la terreur qu'inspirent les procédés qu'elle est obligée d'employer; le premier effroi calmé, il germera dans la masse des ferments de révolte, que les rancunes accumulées par l'action brutale de la force multiplieront et feront croître encore. Tout au moins, il restera dans les esprits une méfiance instinctive, qu'il faut à tout prix calmer. Tant que cette méfiance existera, le régime civil sera prématuré : le conquérant seul est assez fort pour se permettre des actes de clémence, que le peuple ne prendra pas pour de la faiblesse et qui le rallieront à nous. L'organisation des territoires militaires, avec sa surveillance étroite, est seule capable de fouiller assez profondément dans les bas-fonds, pour en extirper les germes de rébellion qui pourraient y subsister.

Pendant cette période, les troupes n'ont plus qu'un rôle de police qui passe bientôt à des troupes spéciales, milice et police proprement dites; mais il est sage de mettre à profit les inépuisables qualités de dévouement et d'ingéniosité du soldat français. Comme surveillant de travaux, comme instituteur, comme ouvrier d'art, comme chef de petit poste, partout où l'on fait appel à son initiative, à son amour-propre et à son intelligence, il se montre à hauteur de sa tâche. Et il ne faudrait pas croire que cet abandon momentané du champ de manœuvre soit préjudiciable à l'esprit de discipline et aux sentiments du devoir militaire. Le soldat des troupes coloniales est assez vieux, en général, pour avoir maintes fois parcouru le cycle des exercices et ne plus avoir grand chose à apprendre dans les théories et assouplissements auxquels on exerce les recrues de France. Les services que l'on réclame de lui, au contraire, entretiennent une activité morale et physique qui est décuplée par l'intérêt de la besogne qui lui est confiée.

En outre, en intéressant ainsi le soldat à notre œuvre dans le pays, on finit par l'intéresser au pays lui-même. Il observe, il retient, il calcule même et, souvent, au moment de sa libération, il sera décidé à mettre en valeur quelque coin de terre, à utiliser dans la colonie les ressources de son art, à la faire bénéficier, en un mot, de son dévouement et de sa bonne volonté. Il devient un des plus précieux éléments de la petite colonisation, complément indispensable de la grande. Déjà de nombreuses demandes de nos soldats se sont produites dans ce sens. Elles sont à favoriser et à encourager.

Au fur et à mesure que l'œuvre militaire s'achève, comprise dans le sens qui vient d'être donné, et complétée par les mesures qui n'ont été qu'indiquées, l'administration civile prend à sa charge les pays pacifiés et organisés. Le but et les principes restent les mêmes ; mais les détails économiques se compliquent, tandis que les préoccupations militaires disparaissent. Le moment est donc venu de substituer au régime militaire le régime civil, de remplacer les officiers par des administrateurs, plus rompus aux méthodes et formules administratives qui régularisent et réglementent le fonctionnement des services dans une colonie définitivement organisée.

Le colonel Lyautey, l'un des principaux collaborateurs du général Gallieni, a étudié cette méthode dans une intéressante étude (1) dont nous citerons ici quelques extraits à l'appui de la thèse de son chef. Ce n'est plus seulement une méthode, c'est une école, celle de l'utilisation coloniale de l'armée.

L'occupation militaire consiste moins en opérations militaires qu'en une « organisation qui marche ». Le système repose sur l'identité du commandement militaire et du commandement territorial, le cercle réservé au capitaine, le secteur au chef de bataillon, le territoire au colonel :

L'un des caractères essentiels de cette organisation, telle que nous l'avons vu spécialement appliquer par le général Gallieni, c'est qu'elle ne suit pas l'occupation du pays, mais la précède.

Aussitôt l'occupation d'un territoire nouveau résolue pour des raisons politiques ou administratives, nous ne l'avons jamais vu procéder « par colonne en coups de lance » contre un objectif plus ou moins militaire, le souci de l'organisation restant réservé jusqu'à l'issue de l'opération ; au contraire, tous les éléments de l'occupation définitive et de l'organisation sont assurés d'avance ; chaque chef d'unité, chaque soldat sait

(1) *Du rôle colonial de l'armée*, par le colonel Lyautey, *Revue des Deux-Mondes*, 1900.

que le pays qui va lui échoir sera celui où il restera, et chefs et troupes
sont formés en conséquence. Et ainsi l'occupation successive dépose les
unités sur le sol comme des couches sédimentaires. C'est bien *une organisation qui marche.*

Cette méthode est la négation de la grosse colonne proprement dite,
de celle qui, pour ainsi dire, devient le but au lieu de rester le moyen,
qui traverse sans s'y arrêter, droit sur un objectif presque toujours
fuyant, un pays qu'elle épuise d'autant plus *qu'aucun de ceux qui le conquiert n'est directement intéressé à sa préservation.*

Mais, si au contraire toute troupe jetée dans un pays neuf est celle
qui doit y séjourner, y habiter, le *coloniser;* si son chef est celui qui
doit le *susciter,* quelle différence ! Et nous aboutissons alors à cette formule qui, prenant une bien autre portée, ne s'applique plus seulement
à des actions de détail, mais peut s'appliquer à toute guerre de conquête
coloniale.

« Une expédition coloniale devrait toujours être dirigée par le chef
désigné pour être le premier administrateur du pays après la conquête. »

Oh ! c'est qu'alors la route qu'on poursuit, le pays qu'on traverse vous
apparaissent sous un tout autre angle !

Qu'on excuse un souvenir personnel. Dans une de mes premières
expéditions, étant en bivouac sur la rivière Claire, j'appris qu'un des
jeunes officiers présents avait débuté sous l'un des chefs qui avaient
laissé au Tonkin la trace la plus profonde, le colonel P..., et, dans mon
zèle de débutant, je ne voulais pas laisser échapper cette occasion d'apprendre quelque chose sur l'œuvre de ce chef, l'un des maîtres de notre
école : « Oh ! me fut-il répondu, le colonel P..., j'ai marché avec lui.
Au combat, il se préoccupait bien moins de l'enlèvement du repaire
que du marché qu'il y établirait le lendemain, » Sans le vouloir, ce
jeune homme, qui croyait faire une critique, avait trouvé la formule de
la guerre coloniale, car, *lorsque, en prenant un repaire, on pense surtout
au marché qu'on y établira le lendemain, on ne le prend pas de la même façon.*

Et, lorsqu'on conquiert avec cet état d'esprit, certains mots ne gardent
plus exclusivement leur signification militaire :

La route, alors, n'est plus seulement la « ligne d'opérations », la
« route d'invasion », mais la voie de pénétration commerciale de demain. Tel plateau, aux bonnes communications, aux abords faciles, ne
vaut plus seulement comme position stratégique ou tactique, mais
comme centre de relations économiques, comme emplacement d'un
marché prochain, et tout s'y fait en conséquence. Telle riche plaine
n'est plus seulement un point de ravitaillement militaire, mais un centre
de ressources et de cultures à ménager, à gérer immédiatement en bon
père de famille.

Et cela va du grand au petit.

Croit-on que, lorsque chaque soldat sait que le village qu'il aborde
sera celui qui va devenir sa garnison pendant des mois ou des années,

il le brûle volontiers? que ses rizières le nourriront, il les détruise?
que ses animaux seuls lui donneront sa viande, il les gaspille? que ses
habitants seront ses aides, ses collaborateurs de demain, il les maltraite?
Non.

Telle est la méthode pendant la période de conquête. La pacification faite, le soldat devient administrateur. Comme l'écrit encore le
colonel Lyautey :

Bref, le but poursuivi par le général Gallicni, c'est l'utilisation coloniale de chaque homme du corps d'occupation conformément à ses aptitudes. Ce qu'il n'admet pas, c'est que la force vive que représente un
Français aux colonies reste inemployée. Du jour où le secteur assigné
à une compagnie a été pacifié et où le dernier coup de fusil y a été tiré,
cette compagnie ne représente plus seulement l'unité militaire, mais
surtout une collectivité, un réservoir de contre-maîtres, de chefs d'atelier, d'instituteurs, de jardiniers, d'agriculteurs, tout portés, sans nouvelles dépenses de la métropole, pour être les premiers cadres de la mise
en valeur coloniale, les premiers initiateurs des races que nous avons
la mission providentielle d'ouvrir à la vie industrielle, agricole, économique, et aussi, oui, il faut le dire, à une plus haute vie morale, à une
vie plus complète.

Il me souvient d'avoir trouvé, dans un poste où je comptais établir le
siège d'un commandement important, une compagnie d'infanterie de
marine épuisée par les trois années de campagne et d'insurrection, ané-
miée, oisive, incapable de fournir un service actif, mais d'ailleurs concentrée dans la main de son chef et accomplissant les rites métropolitains aux heures traditionnelles du tableau de service. Il était visible
que ces hommes, à 3,000 lieues de leur village, mal abrités, inoccupés,
périssaient d'ennui, de spleen et de mal du pays. Malgré les objections
tirées de l'état de santé de ces hommes, de l'impossibilité qui en résultait de les livrer à eux-mêmes loin de l'infirmerie et de la surveillance,
de leur état de dépression, de la nécessité de les avoir sous la main, je
les ai dispersés sur l'heure. Ils se sont transformés en contremaîtres
d'une école professionnelle, en chefs d'exploitation agricole, en jardiniers, en constructeurs de route, et, deux mois après, à ce ramassis d'in-
firmes s'était bien réellement substituée une compagnie prête à se rassembler au coup de sifflet, l'œil clair, le jarret sec, l'allure dégagée et le
fusil prêt. C'est que chacun d'eux, en face d'une responsabilité et d'une
initiative, s'était ressaisi : qu'ils avaient retrouvé *une raison de vivre*.

Et cela a été l'histoire de la plupart des compagnies.

D'autre part, cette dispersion entraîne une autre conséquence : c'est
que le soldat, au contact immédiat du pays, s'y attache et souvent y
reste.

Le grand reproche qu'on a fait à cette méthode est celui de démilitariser les officiers. Le colonel Lyautey y répond victorieusement :

D'abord, jamais on ne vous fera admettre qu'un mode d'emploi qui met en œuvre quotidiennement, à toute heure, toutes les facultés viriles initiative, responsabilité, jugement, lutte contre les hommes et les éléments, démilitarise... Il « décaporalise » peut-être, ce qui n'est pas la même chose.

Croit-on qu'il faille nulle part une plus grande dépense d'énergie, d'endurance, d'autorité, qu'il n'en faut à l'officier chargé de la construction d'une route en pays sauvage ? Il passe des mois, des années parfois, dans des abris improvisés, miné par la fièvre, compagne inséparable de tels travaux, allant d'un chantier à l'autre, n'obtenant qu'à force d'énergie, d'exemple, de volonté imposée, le rendement maximum de son personnel. Croit-on qu'il ne faille pas plus d'autorité, de sang-froid, de jugement, de fermeté d'âme, pour maintenir dans la soumission, sans tirer un coup de fusil, une population hostile et frémissante que pour la réduire à coups de canon une fois soulevée ?

Qu'on me permette d'évoquer le souvenir d'un commandant d'infanterie de marine. Chargé, il y a un an, de soumettre une région sakalave insurgée, il s'était fait une loi absolue d'épargner, de pacifier, de ramener cette population. Je le vois abordant un village hostile, et, malgré les coups de fusil de l'ennemi, déployant toute son autorité à empêcher qu'un seul coup partît de nos rangs, et y réussissant, ce qui avec des tirailleurs sénégalais n'était pas facile. Je le revois, lui et ses officiers en avant, à petite portée de la lisière des jardins, la poitrine aux balles, et, avec ses émissaires et interprètes, multipliant les appels et les encouragements. Et comme cet officier était aussi un très bon et très habile militaire et qu'il avait pris d'heureuses dispositions, menaçant les communications, rendant difficile l'évacuation des troupeaux, il réussit après des heures de la plus périlleuse palabre à obtenir qu'un Sakalave se décidât à sortir des abris et à entrer en pourparlers. Et ce fut la joie aux yeux que, le soir venu, il me présenta le village réoccupé, en fête, les habitants fraternisant avec notre bivouac à l'abri du drapeau tricolore, emblème de paix. A peine de retour en France, il y a quelques mois le commandant Ditte a succombé aux fatigues accumulées pendant cette campagne ; et ce n'est plus qu'à une tombe que va l'hommage ici rendu à ce bon et loyal ouvrier.

Eh bien ! croit-on que non seulement le résultat n'ait été plus fécond, mais encore qu'il n'ait pas fallu plus de fermeté et de courage, au sens propre du terme, pour faire une telle besogne que pour se donner le facile mérite d'enlever d'assaut ce village sakalave ?

La campagne de 1898 vit achever le mouvement de pacification de l'ouest. Le colonel Sucillon opéra pendant toute l'année dans le

Ménabé, avec les commandants Putz et Lucciardi, contre Inguerezza, chef des Sakalaves du sud qui se faisait passer pour un descendant de Toera, le chef qui avait jadis traité avec la France. Les bandes d'Inguerezza furent complètement désagrégées et toute la basse Tsirihibina était soumise. Du mois d'avril au mois d'août de la même année le colonel Lyautey, commandant du 4e territoire, assisté du commandant Ditte et des capitaines de Bouvié et Detrie, opérait dans la région de la Mahavavy et se reliait au territoire sakalave.

Dans le sud les commandants Cléret et Michard procédaient à une série de reconnaissances chez les Baras et infligeaient de nombreux échecs aux pillards. Dans le cercle de Tuléar le capitaine Flayelle et le lieutenant Montagnole furent tués en dispersant le rassemblement du Vohinghezo, mais le capitaine Toquenne parvint à obtenir la soumission de Tompomanana.

En octobre 1898 le général Gallieni dut faire procéder à des opérations dans la région du nord-ouest, dans la vallée du Sambirano, où les indigènes avaient massacré plusieurs colons : le capitaine Laverdure, les chefs de bataillon Lamolle et Mondon rétablirent l'ordre et dispersèrent les rebelles des cercles d'Analalava et de la Grande-Terre.

A l'été de 1899 au moment où le général Gallieni revenait en France, la pacification était complète, sur toute la côte est, à Nossi-Bé, dans la province de Majunga et dans le Betsiléo ; l'administration civile y était définitivement établie et le maintien de l'ordre y était confié à la milice. L'Emyrne, les cercles d'Analalava et de la Grande-Terre et le cercle de Fort-Dauphin étaient pacifiés, mais l'administration militaire y était maintenue parce que la soumission des indigènes y était de date trop récente. La pacification n'était point achevée dans les régions à peuplades sauvages et belliqueuses, le cercle de Morondava, les cercles des Baras et de Tuléar, une partie des cercles de Maintirano et de la Mahavavy. Enfin le pays mahafaly à la pointe sud-ouest de l'île restait en dehors de toute pénétration.

Cette pacification rapide par les armes avait été accompagnée de mesures morales qui en avaient confirmé la valeur, l'affranchissement des esclaves qui fut accompli sans amener de troubles et qui rallia à la France un grand nombre d'indigènes de la région insurgée, la création de villages armés et la distribution d'armes aux partisans, la suppression des droits et privilèges féodaux, la fondation d'écoles, l'organisation de la justice et de l'impôt, la neutralité absolue envers les diverses confessions religieuses, etc. Les résultats obtenus étaient d'autant plus remarquables qu'une épidémie de peste bubonique s'était déclarée à la fin de 1898 à Tamatave et avait entravé les communications et le ravitaillement.

Le général Pennequin qui prit le commandement intérimaire de la colonie pendant le séjour du général Gallieni en France continua la pacification et dans l'ouest où il créa un « territoire sakalave » et dans le sud où il constitua un « territoire militaire du sud ».

A son retour à l'été de 1900 le général Gallieni constatait la soumission complète du Ménabé et du pays sakalave. L'Emyrne demeurait tranquille, et il pouvait autoriser le retour des Malgaches exilés à la Réunion au début de l'insurrection et le transfert à Tananarive des restes de Rainilaiarivony. Dans le sud seulement l'œuvre de pacification restait à achever. Aussi par un arrêté du 12 septembre 1900 le général décida que les provinces civiles de Fianarantsoa et de Farafangana et les cercles militaires des Baras, de Tulear et de Fort-Dauphin seraient désormais groupés en un commandement unique sous le nom de « commandement supérieur du sud ». Le but de cette mesure est d'aboutir à la constitution de groupements de populations par races et par familles, base d'une division ultérieure du pays en provinces civiles logiquement et définitivement organisées, et d'obtenir ainsi la pacification complète de ces régions et leur ouverture à la colonisation et au commerce. C'est le colonel Lyautey qui a été chargé de ce commandement. Il y aura lieu sur ce point de pénétrer dans le pays mahafaly, au sud-ouest de l'île, où les intéressantes reconnaissances de M. Georges Bastard en 1900 ont jeté les premières bases de notre action.

V. — LE DÉVELOPPEMENT DE MADAGASCAR

1° ORGANISATION ADMINISTRATIVE

Le général Gallieni avait à son arrivée constitué en une « administration centrale » le 3e bureau de son état-major. L'importance de plus en plus grande des affaires civiles l'amena à constituer en novembre 1892 un « bureau des affaires civiles, politiques et commerciales » qui devint enfin par décision du 4 janvier 1899 la

« direction des affaires civiles ». Elle est divisée en cinq bureaux : administration générale, personnel et archives, colonisation, comptabilité, affaires indigènes. La colonie possède un conseil d'administration créé par décret du 3 août 1896 et placé auprès du gouverneur à titre consultatif.

Des décrets et arrêtés ont successivement organisé les divers services de la colonie, la direction du contrôle financier, le service judiciaire et la justice indigène, le trésor, les postes et télégraphes, les travaux publics, les domaines, les douanes, etc.

L'organisation de l'administration provinciale s'inspirait de deux principes : 1° la *politique de races*, c'est-à-dire la destruction de l'hégémonie hova et l'émancipation des peuplades autochtones, et 2° la *décentralisation* administrative et financière imposée par la difficulté des communications. Quant à la politique de races, les chefs de province devaient étudier de très près toutes les peuplades placées sous leur direction et procéder à l'organisation de chaque tribu : cette œuvre était accomplie dès 1897, les gouverneurs et les autorités hovas furent peu à peu renvoyés en Imérina et les Hovas ne formèrent plus qu'une peuplade isolée au milieu des autres peuplades de l'île, administrées comme ces dernières par des chefs de leur race sous la direction et le contrôle des autorités françaises. Quant à la décentralisation, elle était rendue nécessaire par la difficulté des communications avec Tananarive : sous la direction du secrétariat général, les résidents et administrateurs étaient libres de s'arrêter aux moyens qui leur paraîtraient les meilleurs pour organiser leur circonscription; tout en se conformant aux idées générales qui leur étaient indiquées pour l'application de la politique de races et la continuation de la pénétration, ils avaient pour mission de préparer eux-mêmes les divers règlements à mettre en vigueur dans leurs provinces et notamment l'établissement d'un système d'impôts basé sur les anciennes coutumes locales, enfin la responsabilité personnelle était établie à tous les degrés de la hiérarchie.

Le régime municipal avait été accordé aux anciennes colonies de Diégo-Suarez, Nossi-Bé et Sainte-Marie-de-Madagascar par le décret même, du 28 janvier 1896, qui les avait rattachées à Madagascar : leur administration communale est composée d'un administrateur colonial investi des fonctions de maire, et d'une commission municipale consultative nommée par le gouverneur général. Ce régime a été étendu en octobre 1897 à Tananarive et à Majunga. Les tendances

des commissions municipales à sortir de leurs attributions consultatives et les difficultés qui en résultent ont fait adopter pour Tananarive, Fianarantsoa et quelques autres centres un régime différent,
la création, non plus de communes, mais de centres autonomes
devant recevoir une organisation municipale suffisamment étendue
pour leur permettre de bénéficier de tous les avantages qui s'attachent à la personnalité civile, sous la direction exclusive d'un administrateur maire.

2º LE MOUVEMENT COMMERCIAL

Le commerce de Madagascar a pris depuis l'occupation française
un développement rapide et constant. Dès son arrivée le général
Gallieni avait promis son concours aux colons, « estimant, écrit-il,
que les colonies sont faites pour les colons français » et il avait pris
des mesures d'ordre général pour faciliter le développement économique de la colonie, création de chambres consultatives, organisation de bureaux de renseignements économiques destinés à éclairer
les nouveaux venus, réglementation de la main-d'œuvre, institution
de musées commerciaux, correspondance avec les Chambres de commerce de la métropole.

Une loi du 16 avril 1897 a placé Madagascar et ses dépendances
sous le régime de la loi douanière du 11 janvier 1892 portant application du tarif général des douanes.

Les importations qui étaient en 1890 de 9,338,000 fr. environ ont
atteint 14 millions en 1896, 18 millions 1/2 en 1897, 21 millions 1/2
en 1898, 28 millions en 1899 et près de 40 millions en 1900. Elles
portent surtout sur les tissus de coton, les vins, les alcools, la farine
et le riz. La part de la France aux importations était de 16 millions
en 1898 et a atteint 24 millions en 1899 ; les tissus de coton d'origine
française, qui en 1896 représentaient seulement le tiers des tissus
importés figurent aujourd'hui pour les 9/10.

Sans doute l'augmentation considérable des importations s'explique en partie par la présence du corps d'occupation, mais, comme
l'écrivait le général Gallieni dans son rapport de 1899, « la valeur
des produits qui trouvent presque exclusivement leur écoulement
dans la population indigène a considérablement augmenté et d'autres marchandises ont dû aussi leur importation plus forte à l'arrivée de nouveaux colons. »

Les exportations ont également augmenté pendant ces dernière s années. On comptait en 1896, 3 millions 1/2 d'exportations : ce chiffre s'est élevé à 5 millions en 1898, à 8 millions en 1899 et à 10,741,000 en 1900. C'est la France qui tient aujourd'hui la tête dans la liste des pays importateurs de Madagascar : cette colonie qui lui envoyait en 1896 pour 756,000 fr., plus 513,000 fr. en colonies françaises, a exporté en France en 1899 pour 4,976,000 fr. et dans les colonies pour 534,000 fr. L'exportation porte surtout sur le caoutchouc, le rafia, la cire, les peaux de bœufs, l'or et la vanille.

La statistique de la navigation accuse, elle aussi, un mouvement ascendant. En 1897 on avait enregistré dans les ports de l'île 3500 voiliers et 460 vapeurs, d'un tonnage de 827,000 tonneaux : en 1899 on a compté 6000 voiliers et près de 600 vapeurs d'un tonnage de 873,000 tonneaux.

3° LA COLONISATION

Le régime de colonisation agricole, qui s'inspire de la procédure de l'immatriculation, a été déterminé par divers arrêtés et l'exemple suivant que donne le général Gallieni dans son rapport de 1899 en fera nettement saisir le mécanisme :

M. X..., arrivant de France dans l'intention de se fixer à Madagascar comme planteur, fait escale à Diégo ; il se rend au bureau de colonisation et y trouve un vérificateur qui lui met sous les yeux la carte générale de la colonie, sur laquelle sont repérées toutes les concessions accordées et tous les lots de colonisation offerts aux immigrants, et encore disponibles. Le chef du bureau de colonisation fournit au colon des renseignements généraux sur chacune des provinces, et le nouvel arrivant peut fixer son choix, d'après ses connaissances spéciales et suivant les capitaux dont il dispose, ou tels ou tels motifs particuliers. Le colon continue alors sa route sur Tamatave ou Majunga, suivant qu'il a opté pour la côte est ou ouest.

En supposant que M. X... ait débarqué à Tamatave, il trouverait au bureau de colonisation de cette ville les renseignements particuliers sur chacune des provinces de la côte est et du haut pays, et alors, s'il juge, par exemple, que la province de Mananjary lui offre des chances particulières de succès, on lui indiquera aussi les moyens de s'y rendre et le prix des transports.

Arrivé à Mananjary, M. X... sera adressé par l'administration de la province au chef du bureau de la colonisation, qui le mettra tout de suite au courant du mouvement de la colonisation dans la région, des résul-

tats obtenus et des essais à tenter. Le colon aura alors à faire un choix
entre les terres domaniales mises à sa disposition et devra se décider
entre un lot de colonisation déjà immatriculé ou une concession qu'il
choisira lui-même et dont il fixera les limites comme il le jugera convenable.

1er cas : *Lot de colonisation.* — M. X..., après avoir visité les lots, dési-
gne celui qui lui convient et en fait la demande au chef de la province,
qui lui délivre aussitôt un titre provisoire d'occupation. Si le lot choisi
est de 100 hectares, le colon aura à payer immédiatement 100 francs et
pourra aussitôt commencer son exploitation.

Le jour où la propriété sera mise en valeur, M. X... obtiendra le titre
définitif en demandant au chef de la province de faire constater l'importance des travaux exécutés. Si la commission estime que la prise de
possession a été réelle, le gouverneur général décidera que le titre définitif doit être délivré ; le transfert du titre immatriculé sera fait aussitôt
au nom de M. X... qui, après payement de la somme de 100 fr. restant
due au service topographique, sera mis en possession définitive de sa
concession.

2e cas : *Concession choisie par le colon.* — M. X..., préférant choisir et
limiter lui-même sa concession, adresse une demande au chef de la province, indiquant la situation et les limites des terres dont il demande
la concession.

Le chef du bureau de colonisation fait aussitôt le bornage et le croquis de la concession, et, au retour, l'affichage de la demande est fait
dans les formes prescrites.

Après un délai de huit jours, le chef de la province examine, s'il y a
lieu, les oppositions ou les revendications qui ont été adressées au
bureau de colonisation et, lorsque rien ne s'opposera à la délivrance du
titre provisoire, il fera préparer aussitôt le titre d'occupation provisoire.
Ce titre est remis à M. X..., après payement de la somme de 50 fr., en
supposant la concession de 100 hectares.

Lorsque le colon aura mis la propriété en valeur et dans le délai
maximum de trois ans, il pourra obtenir le titre définitif, en faisant
constater l'importance de son exploitation. Si le gouverneur général
décide que la demande de M. X... doit être accueillie, le bureau de colonisation adresse au sous-conservateur de la propriété foncière tous les
documents permettant l'établissement de la réquisition d'immatriculation ; la procédure suit son cours ordinaire, et si l'immatriculation est
prononcée, le colon obtient le titre immatriculé, transféré à son nom,
après payement de la somme de 100 fr., restant due au service topographique (pour la concession de 100 hectares).

Les colons pourront ainsi obtenir, dans le plus bref délai, les titres
provisoires leur permettant de s'établir sur les terres qu'ils auront choisies et pourront recevoir, dans les trois ans qui suivront leur installation, le titre immatriculé qui les mettra en possession définitive du sol.

De novembre 1896 à la fin de 1897 il a été délivré 219 concessions d'une superficie de 149.000 hectares et en 1898, 350 concessions d'une superficie de 58.000 hectares.

Une intéressante tentative de colonisation militaire, s'inspirant des idées du général Gallieni sur l'utilisation coloniale de l'armée, a été entreprise à Madagascar. Il dit à ce sujet dans son rapport de 1899 :

J'ai cru qu'il y avait le plus grand intérêt, non seulement en vue du développement économique de l'Imérina et du Betsiléo, mais au point de vue de la sécurité et de la défense du pays, à utiliser pour commencer le peuplement des régions centrales avec prudence, méthode et proportionnellement aux ressources que peut offrir le pays dans l'état actuel, cet élément qui est sur place et que ne désillusionneront pas les obstacles auxquels il pourra se heurter.

Les militaires du corps d'occupation n'ont pas, en effet, à se familiariser avec le milieu avant de rien entreprendre.

Habitués au climat, ils n'en redouteront pas les atteintes, mais sauront observer les règles d'hygiène indispensables. L'agriculteur français qui a rarement perdu de vue le clocher de son village, l'ouvrier des villes lui-même, bien que son esprit soit plus éveillé, sont tentés de considérer que les facilités de l'existence, le bien-être, doivent être le prix immédiat de leur expatriement et non d'efforts persévérants secondés par beaucoup d'initiative et d'énergie ; en outre, souvent craintifs et imprudents, sous un climat nouveau, ils peuvent être surpris, découragés bientôt par les difficultés qui surgissent inopinément dans un pays où il faut tout créer. Tel ne saurait être le cas pour les anciens militaires du corps d'occupation. Placés souvent en face de nécessités imprévues auxquelles ils doivent parer avec de faibles moyens, les difficultés inhérentes en ce moment à la création d'une exploitation agricole ne les surprendront pas ; ils sont accoutumés à faire preuve d'ingéniosité.

Beaucoup d'entre eux ont acquis, au contact de la population indigène, la connaissance de la langue, des mœurs et des coutumes locales, autant d'avantages précieux sur le colon nouveau venu. Appelé en de nombreuses circonstances à exercer son initiative, le militaire libérable, déjà préparé dans les postes où il servait à la création de pépinières, d'ateliers professionnels, à des essais de culture, à la construction de routes, se transformera vite en colon. Pris dans l'élite, son installation dans le pays répondra à une double nécessité : elle affirmera aux yeux de tous notre prise de possession définitive, absolue ; elle constituera un noyau solide de colons énergiques qui, de soldats qu'ils étaient naguère, seront des défenseurs tout prêts en vue d'éventualités qu'il est toujours prudent d'entrevoir, et pourront, d'ailleurs, être appelés à assurer le maintien de la sécurité; enfin ces colons constitueront des centres de groupement et serviront d'exemples et de guides aux nouveaux venus, lorsque la colonie étant munie de l'outillage économique destiné à aplanir les obstacles qui s'opposent maintenant à l'installation de nombreux agriculteurs sur les hauts plateaux, le moment sera arrivé de faire appel à ceux de nos compatriotes qui, disposant de quelques ressources, pourront se livrer à la petite colonisation.

Ces considérations m'ont amené à inviter, par une circulaire du 5 juin 1898, les chefs de corps et les commandants de cercles à encourager le plus possible l'installation, sur des lots de colonisation, de militaires accomplissant leur dernière année de service. Un premier essai a été tenté dans ce sens dans le cercle d'Anjozorobé, où a été créé, à la fin de l'année 1897, à Analabé, une colonie militaire composée du sergent L... et des soldats S... et A..., de l'infanterie de marine; au début de l'année 1898, un lot de colonisation a été attribué à l'adjudant P... dans le cercle d'Ambatondrazaka, et M. le lieutenant-colonel commandant le 4e territoire militaire a, à son tour, installé dans le cercle d'Antrazobé quatre soldats libérables.

En dernier lieu, des terrains ont été remis, dans le cercle de Tsiafahy, à quatre soldats.

Tous ont activement travaillé; les premiers installés ont obtenu des résultats appréciables qui m'ont engagé à généraliser la mesure et à fixer dans le détail, par une circulaire du 22 janvier 1899, les conditions de son application.

J'ai ainsi décidé en principe que des titres provisoires de concessions seront accordés et que des avances, en nature autant que possible, seront faites à des militaires libérables du corps d'occupation dont le nombre sera fixé annuellement suivant les ressources du budget local, et qui seront choisis parmi les plus méritants. En retour des avantages qui leur seront concédés, ces soldats colons devront s'engager à concourir pendant trois années à dater de leur libération au maintien de la sécurité du pays; ils formeront en quelque sorte, avec leurs ouvriers indigènes, des corps de partisans qui permettront de restreindre peu à peu l'occupation militaire des régions centrales.

4° — LES VOIES DE COMMUNICATION

Le général Gallieni s'est préoccupé de l'établissement de voies de communication.

Deux grandes voies de pénétration iront de la côte vers l'Imerina. L'une de Tamatave à Tananarive par Andevorante; elle a été achevée en janvier 1901, grâce à l'emploi de 25.000 travailleurs : c'est le dernier travail accompli sous le régime de la prestation. L'autre, construite par le capitaine Mauriès, va de Tananarive à Majunga ; elle a été achevée à la même époque. Diverses autres routes seront tracées en territoires militaires.

Un chemin de fer va être établi de Tananarive à la mer. Après plusieurs années de missions et d'études le projet a été arrêté en 1899-1900 et les travaux ont commencé en 1901 sous la direction du colonel du génie Roques. Il aura une longueur de 270 kil. et sera à voie d'un mètre. Il passera de l'Emyrne dans la plaine du Mangoro par la Sahanjonjona, franchira au col de Tangaina, près de Moramanga, la crête des Betsimisarakas, rejoindra la vallée de la Sahatandra et de la Vohitra dont elle suivra la rive droite jusqu'à Aniverano, terminus de la navigation de la Vohitra : les transports à partir de ce point seront assurés par une voie navigable empruntant la Vohitra et le canal percé à travers les lagunes dites Pangalanes jusqu'à Tamatave. Il est à présumer que la voie sera poussée plus tard d'Aniverano jusqu'à Tamatave sur une longueur de 106 kilom. afin d'éviter les ruptures de charge.

Le Parlement a autorisé la colonie de Madagascar à faire un emprunt pour construire ce chemin de fer et pour exécuter divers travaux publics, tels que la construction de la route de l'ouest, l'amélioration des ports de Tamatave et de Majunga, le développement du réseau télégraphique, l'établissement de phares et de balises, etc.

Malheureusement les travaux publics et la colonisation elle-même sont entravés à Madagascar par la difficulté de recrutement de la main-d'œuvre. Le Malgache n'est pas laborieux. Il a pu sous le régime des prestations construire les deux routes de l'est et de l'ouest. Mais depuis la suppression des prestations, au 1er janvier 1904, la question de la main-d'œuvre se pose à Madagascar avec une particulière gravité. Des négociations diplomatiques engagées avec le gouvernement anglais pour l'emploi de la main-d'œuvre hindoue n'ont pas abouti. Le gouvernement général a songé à la main-d'œuvre javanaise, chinoise et japonaise et un premier convoi de travailleurs chinois a été amené dans la colonie en avril 1901. Un des entrepreneurs du chemin de fer a fait une tentative avec la main-d'œuvre italienne, mais les ouvriers qu'il avait amenés en 1904 se sont mis en grève et ont dû être rapatriés. Le général Gallieni a pris diverses mesures pour essayer de secouer l'apathie des Malgaches,

afin de trouver sur place la main-d'œuvre nécessaire aussi bien à
l'administration qu'aux colons.

Un « Comité de Madagascar » s'est fondé à Paris en 1895 sous la
présidence de M. J. Charles-Roux, ancien député, pour aider à la
colonisation de la grande île en faisant connaître en France les ressources qu'elle offre et en provoquant un mouvement de colonisation
française.

VI. — LES SATELLITES DE MADAGASCAR

La Réunion. — L'histoire de l'île de la Réunion est purement
administrative. Nous devons simplement mentionner comme fait
historique important la construction du port maritime de la Pointe-
des-Galets, ouvert en 1886, et d'un chemin de fer à voie étroite de
Saint-Pierre à Saint-Benoît par Saint-Denis, sur une longueur de
126 kil., ouvert en 1882.

La colonie de la Réunion est en face d'un grave problème qui
occupe toute son attention, celui de la main-d'œuvre. Son agriculture meurt faute de travailleurs. Elle a tenté d'avoir une immigration indienne, indo-chinoise, javanaise. Mais le problème n'est pas
encore résolu. Comme l'écrit un conseiller général de la Réunion,
M. Hugot, « depuis l'année 1882, l'immigration indienne, la seule
qui existât, ayant été arrêtée par l'opposition de l'Angleterre, le
nombre de nos immigrants a diminué au point qu'il se trouve
réduit aujourd'hui à 18,000 environ, chiffre absolument insuffisant
pour les besoins de notre agriculture. N'ayant plus à leur disposition les bras indispensables, nos propriétaires se sont trouvés dans
l'absolue nécessité de diminuer leurs plantations. Notre production
générale s'est trouvée atteinte à ce point que notre principal produit,
le sucre, est tombé à 39,500 tonnes. »

Le commerce de la colonie a subi des fluctuations assez grandes.
Les importations se sont élevées de 21 millions en 1870, à 30 millions en 1880, mais sont retombées à 21 millions en 1896, à 19 millions en 1898 et à 21 millions en 1899 ; les exportations, parties de
18 millions en 1870 et tombées à 12 millions en 1880, sont remontées
à 17 millions en 1890 et ont atteint 19 millions en 1898, mais sont
retombées à 15 millions en 1899. Les produits importés de France

en 1899 ont atteint 13 millions et les produits exportés en France 15 millions. En 1900, le total du mouvement commercial a été de 39 millions 1/2, dont 22 millions d'importations. La part totale de la France a été de 30 millions environ.

Diégo-Suarez, Nossi-Bé, Sainte-Marie. — La colonie de Diégo-Suarez, les îles de Nossi-Bé et de Sainte-Marie de Madagascar ne sont plus aujourd'hui que des parties de la colonie de Madagascar à laquelle elles ont été rattachées par la loi d'annexion.

Mayotte et Comores. — La colonie de Mayotte, en vertu d'un décret du 9 septembre 1899, comprend l'administration de l'île de Mayotte et de l'archipel des Glorieuses, ainsi que celle des protectorats de la Grande-Comore, d'Anjouan et de Mohéli. Le gouverneur qui réside à Dzaoudzi est représenté dans chacune des trois Comores par un résident.

L'île de Mayotte n'offre en ces dernières années d'autre histoire que celle de son développement agricole et commercial. Il faut noter que l'application de la loi douanière du 11 janvier 1892 (tarif général des douanes) a amené les commerçants, des Indiens pour la plupart, à s'adresser à la France pour leurs approvisionnements, surtout pour les tissus. La France importe annuellement pour 600.000 fr. environ et l'étranger (Bombay et Zanzibar) n'importe plus que pour 70.000 fr. Mayotte exporte aussi en France 3500 tonnes de sucre, un peu de café, 900 hectolitres de rhum et 3500 kil. de vanille et à Zanzibar et dans l'Inde 800 tonnes de sucre (1).

L'établissement de notre protectorat à la Grande-Comore date de 1886. Le sultan Saïd-Ali, vainqueur d'une rébellion dirigée par le chef Moussa-Foumou en 1883 demanda le protectorat de la France. Un naturaliste français, M. Humblot, informé des offres faites au Sultan par des Allemands et n'ayant pu obtenir du gouvernement français un protectorat formel, conclut lui-même avec Saïd-Ali une convention commerciale stipulant que le sultan ne pourrait placer son pays sous le protectorat d'aucun État sans le consentement de la France. Ce traité souleva une révolte contre Saïd-Ali qui était assiégé dans sa capitale par le chef Achimou lorsque le *La Bourdonnais* amena M. Gerville-Réache, gouverneur de Mayotte : le 6 janvier 1886 ce dernier signa avec Saïd-Ali un traité par lequel le sultan s'engageait à accorder une situation prépondérante au gou-

____

(1) Notice de M. Vienne, Exposition de 1900.

vernement français dans les affaires de l'île et à ne traiter avec les nations étrangères qu'avec l'assentiment de la France. Achimou, exilé à Diégo-Suarez, voulut profiter de la situation tendue créée par des dissentiments entre M. Humblot et le résident envoyé par le gouvernement français pour se révolter en arborant le pavillon allemand, mais le *Beautemps-Beaupré* vint au secours de Saïd-Ali et Achimou fut de nouveau vaincu. Une révolte des Comoriens amena en 1894 l'intervention du *Boursaint :* M. Humblot, qui avait été chargé de la résidence, organisa l'administration de l'île.

Saïd-Ali, qui s'était retiré à Mohéli, fut réinstallé à la Grande-Comore. Mais ses relations avec M. Humblot devinrent bientôt mauvaises et à la suite d'une tentative d'assassinat dirigée contre le beau-frère de notre compatriote, Saïd-Ali, dont la complicité avait été reconnue, fut exilé à Diégo-Suarez, puis à la Nouvelle-Calédonie.

Des troubles se sont de nouveau produits en 1899 à Moroni. Des indigènes, protestant contre une corvée de routes qu'on imposait à leurs femmes et à eux-mêmes, tuèrent un commissaire de police européen et envahirent la résidence. Le *D'Estaing* alla rétablir l'ordre. Cet incident montre que les Comoriens sont remuants, intrigants et peu susceptibles d'attachement et de fidélité et peut-être pourrions-nous éviter le retour des troubles qui se produisent si souvent dans ce groupe d'îles en y maintenant une troupe, permanente, mais peu nombreuse, de soldats indigènes, des Sénégalais, par exemple.

C'est aussi en 1886 que notre protectorat fut établi sur Anjouan. Le sultan Abdallah, désireux de se soustraire à la tyrannie des planteurs anglais et américains qui lui avaient fait consentir un prêt par l'Oriental Bank de Maurice, se plaça avec empressement sous le protectorat de la France quand M. Gerville-Réache vint lui faire des offres au nom du gouvernement. Le traité fut signé le 21 avril 1886. Mais Abdallah refusa notre résident et il fallut débarquer des troupes pour qu'il l'acceptât dans un nouveau traité du 26 mars 1887, suivi d'une convention du 15 octobre 1887 créant à Anjouan un tribunal mixte. A la mort d'Abdallah, le 2 février 1891, la guerre civile éclata entre son frère Saïd Othmann et son fils Salim. Ce dernier, vaincu, se retourna avec son oncle contre les Français et il fallut de nouveau débarquer des troupes le 23 avril. Les deux compétiteurs furent exilés et le prince Saïd-Omar fut nommé sultan d'Anjouan. Il abolit l'esclavage et signa le 8 janvier 1892 un nouveau traité qui supprimait le conseil des ministres et augmentait considérable-blement l'ingérence du résident dans l'administration de l'île. A la mort de Saïd-Omar, le 16 avril 1892, son fils, Saïd Mohamed, fut élevé au sultanat à sa place.

L'île de Mohéli a été placée sous notre protectorat par M. Gerville-Réache, qui, le 26 avril 1886, intervenant dans les querelles de deux compétiteurs, donna le trône au prince Marjani en lui faisant reconnaître la suzeraineté de la France. L'île resta cependant en proie à la guerre civile et les partisans du concurrent évincé Mahmoud continuèrent la lutte. Marjani, impopulaire, fut destitué en août 1888, et interné à Obock après un voyage à Paris. Le pouvoir fut donné à la princesse Salimba-Machimba, fille de l'ancienne reine Djounbé-Fatouma qui, en 1848, s'était fait couronner par le commandant de notre division navale de l'Océan Indien. Cette princesse a été élevée dans un couvent de la Réunion jusqu'en 1895, date de son retour dans l'île. Un décret du 23 janvier 1896 a placé le sultanat de Mohéli sous la surveillance du résident d'Anjouan.

Le groupe des îles Glorieuses, qui se compose des deux îles, l'île Glorieuse et l'île du Lys, a été occupé au nom de la France le 23 août 1892 et placé sous la dépendance de Mayotte. La concession de la pêche avait été donnée à un Français en 1873 et renouvelée en 1880. En 1881 l'Angleterre a voulu les considérer comme une dépendance des Seychelles. Mais notre gouvernement protesta et sa protestation fut admise. La garde du pavillon aux Glorieuses est confiée au concessionnaire français qui habite l'île principale avec sa famille et une quarantaine de travailleurs et exploite les cocotiers, le guano et les tortues.

Au nord des îles Glorieuses se trouve un autre archipel à propos duquel une contestation s'est élevée en 1892 entre la France et l'Angleterre : Aldabra, Cosmoledo, Astove et Assomption. L'Angleterre les considère depuis 1826 comme siennes et la colonie des Seychelles a affermé la pêche de la tortue. Elle a fait occuper Albadra en 1892. Un débat a été soulevé à la Chambre à ce sujet, le 4 juin 1892, par M. de Mahy qui réclame ces îles comme françaises et y voit un archipel indépendant des Seychelles. M. Ribot, ministre des affaires étrangères, a constaté les prétentions anglaises sans les confirmer ni les infirmer. Aucun droit spécial n'existe à la faveur des Anglais.

La France possède encore d'autres îles dans l'Océan Indien, à mi-route du Cap et de l'Australie : les îles Saint-Paul et Amsterdam, où la mission scientifique de l'amiral Mouchez alla observer le passage de Vénus en 1874 et dont possession fut prise les 14 et 27 octobre 1892, îles volcaniques et dénuées de ressources, dont on pensa pouvoir faire un jour le point d'attache d'un câble sous-marin ; et les îles Kerguelen, archipel d'îles petites ou grandes, d'une faune maritime très riche, produisant un « chou de Kerguelen » antiscorbutique fort utile aux marins, prises en possession en janvier 1893 par le transport l'*Eure* et données en concession à un armateur havrais : on a émis le projet d'en faire une colonie de transportation, mais le climat est trop rude et les ressources trop insuffisantes. Ces îles pourraient plutôt servir à l'élève du mouton comme les îles Falkland, et l'explorateur belge de Gerlache, qui s'y est rendu en 1901 en mission scientifique, doit faire un essai dans ce sens.

CHAPITRE VIII

FORMATION DE L'INDO-CHINE FRANÇAISE
1870-1900

Malgré toutes les difficultés que suscitaient à notre expansion malgache la mauvaise foi incessante du gouvernement hova, les perpétuelles tentatives. d'intrusion d'une puissance rivale, et parfois même en France les excès de l'esprit doctrinaire et formaliste se complaisant dans les élégantes ambiguités de protectorat, le succès final ne pouvait faire doute. Dans une île plus grande que la France, il est vrai, mais habitée par une population peu nombreuse et éparse, la lutte se poursuivait comme en champ clos, contre un adversaire dont le pays propre était loin des côtes, mal relié aux ports, c'est-à-dire peu favorisé pour le ravitaillement en armes et en munitions. Si nous avions osé plus tôt nous aurions vaincu plus tôt et acheté moins chèrement la victoire ; mais il n'y avait point un dommage irréparable dans nos erreurs de longanimité, et nous étions assurés d'arrêter les préparatifs de l'adversaire au moment qu'il nous plairait de choisir.

En Indo-Chine l'œuvre d'expansion fut autrement difficile et complexe. Il fallut compter avec une population nombreuse et assez homogène, apparentée d'ailleurs par la race et les mœurs à des voisins mal disposés contre nous, Chinois, Siamois et autres : enfin le contact des peuples de la péninsule avec un empire de plusieurs centaines de millions d'habitants, sur des confins que ne sépare aucune grande montagne, est le péril majeur qui menaçait nos essais d'expansion. Si l'Indo-Chine est une péninsule comme l'Inde, une différence capitale les sépare : l'Inde est protégée au nord et à l'ouest soit par de gigantesques montagnes, soit par l'interposition de régions médiocrement peuplées, tandis que l'Indo-Chine française s'ouvre aisément aux incursions des voisins du continent ou même du reste de la péninsule par de longues et riches vallées. L'Inde est encerclée d'un rempart, l'Indo-Chine sillonnée de chemins naturels d'invasion menant des confins de la masse asiatique aux riches deltas et aux grands ports de la lisière maritime.

La prise de possession, si pénible qu'elle ait été, n'a donc pas été la solution définitive du problème de colonisation indo-chinoise. Le gouvernement de notre Indo-Chine et son développement économique exigent des conditions de diplomatie à l'égard des voisins, de surveillance des frontières terrestres, d'habile tracé de ses voies de communication, qui font de cette œuvre de colonisation de l'Asie peu insulaire et tropicale quelque chose d'infiniment complexe. Il y faut travailler pour l'Indo-Chine elle-même, mais avec le perpétuel souci des affaires qui se traitent en Chine, au Siam, en Birmanie britannique et même dans l'archipel malais. Là est le mérite des artisans de notre expansion indo-chinoise ; là est la cause des débats passionnés auxquels elle a donné lieu dans la métropole ; et si l'opposition systématique contre l'entreprise que la ténacité de Jules Ferry mena à bien a cessé, c'est que notre politique indo-chinoise a tenu compte, et fort justement, de ce qu'il y avait de vrai dans les conseils des adversaires comme dans les encouragements des partisans.

I

EXPÉDITION DE FRANCIS GARNIER ET TRAITÉ DE 1874.

Au lendemain de la guerre franco-allemande, la France était maîtresse de la Cochinchine et protectrice du Cambodge. La mission du Mé-Kong, achevée sous la direction de Francis Garnier, avait prouvé que, dans l'état actuel du matériel de navigation fluviale, notre Cochinchine ne pouvait attendre du grand fleuve dont elle possédait les embouchures, le bienfait d'ouvrir une voie de commerce sûre et régulière vers la Chine. Déjà Garnier avait laissé entrevoir la valeur des débouchés du Tonkin, pays peuplé, où le commerce de batellerie était déjà fort développé, dont le climat est beaucoup plus salubre que celui de la Cochinchine. Cette dernière considération, à laquelle on attachait une grande importance dans le monde des études maritimes, engageait les esprits à souhaiter l'extension de notre Indo-Chine vers le nord ; la mortalité de nos troupes d'infanterie de marine à Saïgon et dans les garnisons de l'intérieur était alors très considérable, faute de bonnes installations. Ne valait-il pas mieux se transporter vers un pays que les missionnaires et commerçants français vantaient beaucoup, dès cette époque, pour l'avantage de son hiver relativement sec et froid ?

Parmi ces pionniers de la première heure de notre colonisation tonkinoise était un négociant habile et énergique, Jean Dupuis. Ayant eu l'occasion de nouer des relations, pour la vente d'armes et d'objets d'équipement avec les autorités militaires de la province du Yun-nan, il avait étudié la navigation du Song-Koï, souvent remonté par ses jonques, et s'était, dès lors, résolu à fonder, à Hanoï, un établissement de quelque valeur. C'était le contrôle expérimental des inductions de Garnier sur le rôle du Tonkin : c'était aussi la révélation de la richesse minière du Yun-nan, nouvel attrait, et nouvelle raison pour les Français de s'intéresser aux provinces septentrionales de l'empire d'Annam. Occupation d'un pays plus salubre, d'un débouché et d'une voie d'accès de l'empire chinois, d'un fleuve plus maniable que le Mé-Kong, tels se présentaient aux esprits les avantages d'une entreprise conseillée par Jean Dupuis et que l'amiral Dupré espérait mener à bonne fin, grâce à l'expérience particulière de Francis Garnier. L'empereur Tu-Duc était ou feignait d'être favorable à la mission dont le caractère pacifique et commercial fut nettement proclamé.

On sait l'hostilité de Nguyen-Tri-Phuong, la déclaration par Garnier de l'ouverture du fleuve Rouge aux navires de France et d'Espagne, la prise de Hanoï par une poignée de Français, le massacre de Garnier dans une embuscade tendue par les « Pavillons noirs » chinois, complices des mandarins annamites. Ce dramatique incident eut en France un écho douloureux ; Garnier était déjà populaire pour sa belle mission du Mé-Kong, pour sa vaillance pendant la guerre franco-allemande. Mais l'opinion publique était encore mal éclairée sur les avantages vrais d'une occupation du Tonkin que l'on distinguait mal de la Cochinchine dont l'insalubrité était connue et même exagérée. Le ministère de Broglie, dont le chef était personnellement et dogmatiquement hostile aux œuvres d'expansion coloniale, et que le souci d'une guerre européenne toujours imminente empêchait de détourner du territoire métropolitain une portion notable de notre armée à peine réorganisée, fit tout pour étouffer l'affaire et obtenir un règlement amiable. Ce règlement fut le traité du 15 mars 1874, dit traité Philastre, du nom de l'inspecteur des affaires indigènes qui eut la tâche désagréable et officiellement imposée de rétablir la paix à tout prix, mais qu'on en a souvent rendu responsable sans aucune preuve de son initiative.

Ce traité comprend en réalité deux conventions distinctes, l'une politique revêtue de la signature de l'amiral Dupré, l'autre commerciale que signa, quatre mois après, l'amiral Krantz. La convention politique avait pour principe évident la stricte limitation territoriale de nos anciens établissements de Cochinchine, ce qui, espérait-on, calmerait les susceptibilités de l'empire d'Annam, puis l'institution d'une sorte de protectorat qui ferait de ce même empire l'instrument de notre politique envers la Chine dont on voulait capter le commerce par le sud. Il y a, dans l'article 5, consacré à la fixation des frontières de notre colonie, une clause au moins faite pour surprendre, c'est celle qui mentionne le royaume de Cambodge comme état limitrophe au même titre souverain que le royaume d'Annam, sans aucune allusion à notre privilège de protectorat. Etait-ce pour montrer par prétérition que l'Annam était aussi protégé que le Cambodge et dans la même condition de dépendance, ou pour cacher à Tu-Duc la portée rigoureuse de l'acte qu'il signait ? Les deux hypothèses sont acceptables entre beaucoup que suscite la lecture de ce traité peu significatif et peut-être obscur à dessein. La promesse de protéger l'empire d'Annam et celle de lui donner les moyens matériels de se défendre n'impliquaient point rigoureusement le « protectorat ». Il y avait « paix, amitié et alliance », « perpétuelles », bien entendu. La France reconnaissait l'Annam « indépendant vis-à-vis de toute puissance étrangère » sans spécifier qu'il fût dépendant d'elle-même : les seuls termes qui ressemblent à une stipulation de ce genre, « En reconnaissance de cette protection », sont enchâssés dans un article (art. 3) où le roi d'Annam s'engage bien « à conformer sa politique extérieure à celle de la France », mais déclare « ne rien changer à ses relations diplomatiques actuelles », mots qui peuvent être interprétés en faveur d'une continuation des rapports de vassalité avec la Chine.

Si ce vague protectorat, qu'on pouvait reconnaître ou nier à volonté en commentant les mêmes termes, était conclu dans le dessein d'éviter à la France la charge de l'occupation territoriale, il faut avouer qu'il lui évitait du moins, avec une netteté presque suffisante, les avantages commerciaux : car « cet engagement (est-il dit dans l'article 3) politique ne s'étend pas aux traités de commerce. » Le roi d'Annam promettait bien de ne faire avec aucune puissance étrangère, sans avertir la France, « un traité de commerce en désaccord » avec le traité franco-annamite, clause bizarre et qui ne dut pas grandement émouvoir les concurrents étrangers quand ils prirent connaissance de la convention spécialement commerciale du 31 août 1874.

Cette seconde convention diffère de la première en ce que celle-ci ne nous concédait rien en termes catégoriques, tandis que la pièce annexe nous refuse tout sans ambiguïté, vu qu'elle accorde autant à toute autre puissance étrangère. Ce n'est pas au commerce français, mais « au commerce étranger sans distinction de pavillon ou de nationalité » que le roi d'Annam ouvre ses ports ; et nos négociateurs ont stipulé là comme ils auraient fait en Chine dix ans auparavant. Il en va de même du transit destiné à la province du Yun-nan ou en provenant. Signalons toutefois une habileté politique mêlée à cette générosité commerciale que Garnier ne prévoyait certainement pas en se sacrifiant : le « pavillon chinois » est assimilé aux « autres pavillons étrangers » ; encore la ruse indirecte de cette clause pouvait-elle être retournée contre nous si l'on faisait observer que cette mention spéciale prouvait précisément la condition privilégiée de la Chine en matière politique. Une dernière « annexe » déclarait la ville de Hanoï ouverte au « commerce étranger », et spécifiait que « les commerçants européens » paieraient l'impôt foncier.

La lecture de cet ensemble de traités aux formes solennelles et obscures rappelle à bien des égards les actes diplomatiques qui, en 1868, nous évincèrent de Madagascar en supprimant tout un passé de privilèges précis. C'est encore un traité de commerce conclu dans l'intérêt de l'Europe et non de la France ; pourtant l'époque n'était pas encore bien éloignée où nous avions fait une décisive expérience de la solidarité européenne. Et l'on s'étonnera, dix ans après, des progrès du commerce étranger au détriment du nôtre dans nos propres colonies, en particulier dans l'Indo-Chine !

Du moins, l'initiative des particuliers ne se laissait point décourager : nos intérêts commerciaux s'accroissaient au Tonkin, en dépit de l'insécurité du pays et du manque de protection de la métropole. Pourtant le gouvernement préparait l'avenir en organisant des missions géographiques dont l'œuvre fut très fructueuse, notamment celles de MM. Gouin et de Kergaradec. Peu à peu, par la presse, par les conférences des sociétés de géographie, on commençait à connaître en France ce pays jusque-là mystérieux du Tonkin que la mort héroïque de Garnier avait signalé à l'attention de ses compatriotes ; et ce pays arrosé du sang de nos soldats éveillait graduellement la curiosité sympathique qui est une des formes du culte des morts glorieuses et lointaines.

II

L'EXPÉDITION DU TONKIN ET LE TRAITÉ DE 1885

Le traité franco-annamite de 1874 fut, dans l'histoire de notre expansion indo-chinoise, ce que fut le traité franco-malgache de 1885 dans le cours de nos querelles avec le gouvernement hova, une « paix boiteuse et mal assise », une « trêve », la transition vers un conflit définitif. Il porta promptement ses fruits de discorde. Trois ans après sa conclusion, le roi d'Annam procédait à l'envoi de son tribut de suzeraineté à l'empereur de Chine : et, sous prétexte de remédier aux maux de la piraterie qui désolait le Tonkin, il fit à la fois appel à la France en vertu d'une clause du traité, et à la Chine, soit comme suzeraine de l'Annam, soit comme responsable des brigandages des « Pavillons Noirs » ; et la Chine, pour ne point demeurer en reste de subtilité, chassa bien ses « irréguliers » du Tonkin, mais les remplaça par des réguliers qui tinrent garnison. Enfin, en 1880, une seconde mission annamite alla, ostensiblement cette fois, porter à Pékin le tribut triennal et l'hommage traditionnel.

Le gouvernement français, averti avec une précision parfaite par M. Patenôtre, chargé d'affaires en Chine, connaissait jusqu'au détail des lettres de Tu-Duc à l'empereur, lettres d'ailleurs insérées dans la « Gazette de Pékin ». La situation de notre représentant était d'autant plus gênante que le gouvernement chinois n'avait point protesté contre le traité de 1874 dont communication lui avait été donnée. Il est vrai que les diplomates impériaux pouvaient, sans excès de subtilité apparente, prétendre que le texte était obscur et avait besoin de commentaires nombreux. En revanche, lorsque le marquis Tseng, passé maître dans l'art des absences opportunes et des habiles « lacunes d'instructions », apprit notre intention d'envisager « l'éventualité des opérations que nous pourrions être amenés à entreprendre au Tonkin », il affecta une stupéfaction qui dépassait trop manifestement la mesure des doutes diplomatiques.

Ce fut pour lui une simple entrée en matière destinée à rendre plus courtoises les demandes d'explications auxquelles il en vint bientôt. M. Barthélemy Saint-Hilaire répliqua d'abord avec une netteté purement défensive et conciliante que le Tonkin était une dépendance de l'Annam... et que « les intérêts européens en Annam étaient sous la protection de la France. »

C'était tirer le meilleur parti possible du traité de 1874 sans
rien faire qui ressemblât à une provocation (décembre 1880).

L'ambassadeur chinois commit la faute de brusquer les
pourparlers en déclarant bientôt que son gouvernement ne
reconnaissait pas le traité de 1874, ce qui était heureusement
pour nous en souligner la portée, et qu'il voulait obtenir la
promesse formelle de la France de ne point conquérir le Tonkin. Une lettre merveilleusement nette et fière (1er janvier 1882)
de Gambetta repoussa les prétentions chinoises, en réduisant
à sa juste valeur « l'intérêt historique » des relations de vassalité de l'Annam avec l'empire de Chine. Rivière reçut l'ordre
de faire au Tonkin une véritable opération de police, et l'expresse recommandation d'éviter tout conflit avec les troupes
régulières chinoises : il devait agir « politiquement, pacifiquement, administrativement ». En lui adressant ces instructions
dont l'effet n'était que trop facile à mesurer, M. Le Myre de
Vilers, gouverneur de la Cochinchine, avait soin de sous-en-
tendre, avec beaucoup de délicatesse, le cas de complications
que sa propre expérience lui faisait prévoir (1).

La mort de Rivière, survenant dans les mêmes conditions
qui avaient déterminé celle de Garnier, et presque au même
endroit, révolta l'opinion française contre la duplicité chinoise
dont l'insidieuse conduite du marquis Tseng donnait déjà le
soupçon fondé. Les débats qui eurent lieu, en juillet 1883, à
la Chambre des députés et au Sénat, prouvèrent combien la
doctrine d'une action énergique avait fait de progrès. M. Challemel-Lacour avait montré les dangers de l'irrésolution et opposait à la politique de M. de Broglie, défenseur habile du
traité de 1874, celle des situations nettes et des stipulations
précises.

Le gouvernement, conformant d'ailleurs sa conduite aux

(1) Cf. annexes, p. 853.

principes désormais définis de ce traité, déclarait son dessein de se contenter d'un solide établissement « dans le delta » du fleuve Rouge, et, laissant la Chine à ses récriminations, frappait à Hué, manifestant par là son intention de ne s'en prendre qu'à son protégé, Hiep-Hoa, successeur de Tu-Duc. Le 25 août 1883, après la prise des forts de Thuan-an, le roi d'Annam signait, cette fois, un acte de « reconnaissance pleine et entière du protectorat », et d'annexion du Bin-Thuan à la colonie française de Cochinchine. Le commissaire général français M. Harmand réservait habilement, pour une étude ultérieure, les questions de régime douanier et de contrôle intérieur (1).

La Chine avait été catégoriquement invitée à ne se point immiscer dans un débat qui ne regardait que la France et l'Annam, le protecteur et le protégé. Le marquis Tseng répondit à cette sommation en exigeant l'évacuation du Tonkin où l'empire chinois assumerait les charges de pacification et d'ouverture du fleuve Rouge en notre lieu et place (août 1883). Notre ministre des affaires étrangères, qui avait refusé d'approuver un projet de M. Bourée beaucoup trop avantageux pour la Chine, poussa l'esprit de conciliation jusqu'à offrir la constitution d'une zone neutre, d'une sorte d'état-tampon sur la frontière sino-tonkinoise. L'ambassadeur chinois réitéra, en termes moins courtois encore, sa demande d'évacuation du Tonkin.

Devant ce parti pris de provocation les Chambres françaises votèrent les crédits nécessaires à l'occupation des villes du delta, « notamment Sontay, Hong-hoa, et Bac-Ninh » ; et pourtant Jules Ferry, ministre des affaires étrangères, essaya encore d'éviter la rupture avec la Chine en représentant au gouvernement de Pékin la portée exacte de ces mesures de précaution et en faisant valoir de multiples raisons de bon voisinage. A

(1) Cf. annexes, p. 857.

une lettre comminatoire du marquis Tseng qui laissait entendre que les troupes chinoises du Tonkin opposeraient « la force à la force », il donnait l'excuse de quelque « faute de traduction » pour éviter un éclat : l'ambassadeur proposait alors d'établir une ligne de démarcation entre les armées des deux pays présentes au Tonkin, puis retirait cette offre et en revenait aux menaces (26 novembre et 5 décembre 1883).

La séance du 20 décembre de la Chambre des députés donna à Jules Ferry l'occasion de résumer avec éloquence l'histoire de la question tonkinoise et indo-chinoise dans sa généralité, et de mettre l'étranger, averti de la sorte, en présence d'une manifestation de la solidarité coloniale française à travers les siècles. Les succès de l'amiral Courbet, des généraux Millot, Brière de l'Isle et Négrier, firent le reste. Le 11 mai 1884, après rappel du turbulent marquis Tseng, Li-Hong-Chang et le commandant Fournier signaient le traité de Tien-Tsin. Il stipulait l'évacuation du Tonkin par les troupes chinoises, la reconnaissance des conventions franco-annamites présentes ou futures; la France s'engageait à traiter la Chine avec égard aux yeux de ses anciens vassaux de l'Annam et à respecter, à protéger au besoin la frontière sino-tonkinoise.

Ces engagements furent tenus, en ce qui concernait nos rapports avec l'Annam, dans le nouveau traité de Hué, du 6 juin 1884, forme définitive de l'œuvre de pacification qui avait été si heureusement ébauchée par M. Harmand. On note avec plaisir, dans cette convention complexe mais claire, un progrès de notre diplomatie commerciale; nous ne stipulons plus qu'en vue de l'intérêt français (1). Ce progrès de notre expansion indo-chinoise prenait une valeur nouvelle du fait de la révision du régime de protectorat cambodgien qui devenait plus caté-

(1) Cf. annexes, article 18, annonçant une réglementation ultérieure, p. 875.

gorique, étendait nos avantages de contrôle public et de colonisation privée, enfin était mis en accord avec la condition nouvelle de l'Annam, de telle sorte que notre expansion indochinoise pouvait être servie partout par des procédés méthodiques (17 juin 1884).

Le guet-apens de Bac-Lé (23 juin), qu'il soit le résultat d'un malentendu, de l'initiative personnelle d'un chef chinois, ou le commencement d'une série voulue d'actes destinés à rompre la paix, remit tout en question. Un ultimatum fut adressé au gouvernement chinois ; et en vue de hâter les effets de la bonne volonté que la Chine affectait, sans procéder à l'évacuation du Tonkin où bien au contraire elle envoyait des renforts, l'amiral Courbet prenait des gages en menaçant Formose, en détruisant une flotte et un arsenal chinois, en occupant les Pescadores et enfin en établissant le blocus du riz. Au Tonkin, les armées ennemies étaient graduellement refoulées avec des pertes considérables. Sous la pression de ces mesures coercitives, la Chine allait céder ; les négociations, menées par sir J. Duncan-Campbell, agent de sir Robert Hart, dans un esprit conciliant, allaient aboutir quand se produisit le déplorable incident de Lang-Son, l'envoi hâtif d'une dépêche pessimiste du général Brière de l'Isle, la panique parlementaire prodigieuse à laquelle l'esprit de parti ne fut peut-être pas étranger (30 mars 1885). Jules Ferry qui pouvait, d'un mot, tout calmer en montrant la paix prochaine, aima mieux tomber du pouvoir, subir le premier et cruel assaut de ces calomnies dont il ne devait triompher que tardivement, que manquer à la discrétion diplomatique. Il servit mieux sa patrie que son parti, dans cette circonstance comme toujours : et ce sera le suprême honneur de sa vie de fierté et d'abnégation. La première convention de paix fut en effet signée le 4 avril, avant que le président de la République eût investi un nouveau ministère ; et la dépêche de sir Robert Hart, qui annonçait

l'imminence d'un heureux résultat, avait été lancée le jour
même où Jules Ferry essayait vainement, sans trahir son secret
sauveur, de maintenir, au Parlement, le calme et le sang-froid
si nécessaires à l'intérêt du pays.

Le traité définitif qui fut substitué, le 9 juin 1885, à la convention de paix ou plutôt au simple rappel de l'acceptation du
traité de Tien-Tsin par les deux Etats, fut avantageux, sauf
l'abandon de l'excellent poste des Pescadores. Il réglait les
procédés de pacification auxquels auraient recours troupes
françaises et troupes chinoises des deux côtés de la frontière,
prévoyait une délimitation amiable sur le terrain, enfin reconnaissait sans réticence la condition du protectorat français en
Annam. La France et la Chine se concédaient mutuellement
des avantages de tarifs douaniers, de protection consulaire et
autres, pour leurs négociants.

La preuve de la bonne foi et même de la bonne volonté de
nos anciens adversaires a été faite, à l'occasion de l'attentat
annamite dirigé en juillet 1885 contre le général de Courcy à
Hué, attentat qui ne donna lieu à aucun trouble chez les Chinois de l'Indo-Chine ou des confins, puis dans le cours des
délicates opérations d'établissement de la ligne frontière et des
négociations d'accords commerciaux (avril 1886 et juin 1887).
Ces accords commerciaux ont préparé les pourparlers ultérieurs
relatifs à l'étude et à la construction de voies ferrées intéressant les deux pays.

L'œuvre purement française de la pacification de l'Indo-
Chine fut heureusement menée par les gouverneurs qui s'y
succédèrent jusqu'en 1897, date du rétablissement définitif de
l'ordre, et qui, malgré des divergences de principes ou d'applications, rendirent tous d'éminents services à notre colonie.
Dans l'Indo-Chine comme à Madagascar, les officiers s'ingé-
nièrent à seconder l'effort pacifique et civilisateur de nos agents
civils : les généraux de Négrier, Jamont, Voyron, Brissaud,

les colonels Frey, Pernot, Pennequin eurent part à l'honneur
de purger le Delta des nombreuses bandes de pillards que les
troupes chinoises, régulières ou irrégulières, avaient laissées
derrière elles, de 1885 à 1892; les dernières campagnes de
police, mêlées de négociations délicates, mirent en relief les
talents des colonels Gallieni, Servière et Valière.

Il fallut ce succès de pacification graduelle obtenu par des
moyens méthodiques pour ramener vers notre expansion indo-
chinoise la faveur de l'opinion publique, troublée par la panique
de 1885 et égarée souvent ensuite par des déclamations sans
mesure, parfois même sans scrupules. En 1885, M. Brisson,
président du Conseil, pour obtenir de la Chambre, à 4 voix
de majorité, le vote précaire d'un crédit, avait été obligé de
prononcer ces graves paroles : « Il ne faut pas qu'on puisse
dire : la monarchie a donné l'Algérie à la France, la République a déserté l'Indo-Chine. » Qui donc pensa, dix ans après,
à employer dans un sens injurieux le nom de « Tonkinois »
appliqué à Jules Ferry avec une pareille intention? Si l'œuvre
de pacification avait fait de rapides progrès, on doit dire aussi
que l'opinion publique française s'était promptement mûrie et
formée, et que partisans ou adversaires jadis acharnés de la
politique coloniale travaillèrent souvent ensemble pour la cause
que les uns avaient aimée, les autres combattue avec une égale
passion.

III

AFFAIRES DU MÉ-KONG, DU SIAM ET DU LAOS

La recherche d'une colonie aussi riche, mais plus salubre et
plus proche des marchés chinois que la Cochinchine avait
conduit la France à la conquête du Tonkin, et à la mise du
royaume d'Annam sous un protectorat de plus en plus étroit.

L'effort exigé par cette expansion dans la partie orientale de la péninsule indo-chinoise risqua de détourner notre attention des régions de l'intérieur que baigne le Mékong ; et longtemps le proverbe indigène, plus ou moins authentique, qui représente le Tonkin et la Cochinchine comme deux sacs de riz reliés par un faible bâton, l'Annam, fut tenu pour une vérité géographique rendue sous une forme familière et saisissante. L'espoir d'avoir trouvé la véritable voie navigable de pénétration vers la Chine, le Song-Koï tonkinois, avait détourné les esprits du Mé-Kong ; et pourtant les progrès de la navigation fluviale en Cochinchine et au Cambodge, progrès facilités par de fort ingénieuses inventions de matériel rapide et à faible tirant d'eau, avaient bientôt vaincu le découragement de la première heure. Enfin la nécessité d'une prompte vigilance nous fut prouvée bientôt par les empiètements de plus en plus marqués du royaume de Siam agissant soit pour son compte, soit sous l'impulsion d'influences étrangères. A mesure que nous connaissions mieux l'histoire cambodgienne et annamite, nous prenions une conscience plus nette de la valeur et de l'étendue des territoires que l'invasion siamoise avait déjà coûtés à nos protégés ; ceux-ci nous incitèrent à une revendication dès qu'ils eurent pris quelque accoutumance de notre communauté et reçu des gages de notre intérêt pour leur vie nationale.

Dès l'année 1884, une convention signée entre la France et la Grande-Bretagne nous garantissait le désintéressement des conquérants de la Birmanie à l'égard de nos entreprises dans les « Etats Shans » et dans le bassin du Mé-Kong. Les Siamois, obligés de renoncer à tout progrès du côté de la Birmanie, cherchèrent des compensations à nos dépens : telle fut la cause de leur violation du pays de Luang-Prabang en 1885. M. de Kergaradec, ministre de France à Bangkok, dut se contenter tout d'abord, en 1886, d'une convention assurément favorable aux sujets français, mais qui, sauf recours au consul, les pla-

çait sous l'autorité des fonctionnaires siamois, donc reconnaissait l'état de choses créé par l'invasion : le gouvernement
français, qui avait pris des précautions militaires sur les confins
de la Rivière Noire et du Mékong, refusa net la ratification.

Les Siamois, en dépit de l'esprit conciliant de M. Pavie,
vice-consul à Luang-Prabang, continuèrent leur mouvement
d'invasion dans la direction de Vinh qui fut bientôt menacé.
Attopeu, Aï-lao, Huong-Soï, Muong-Hong furent occupés ;
c'était une conquête systématique et impudente de l'Annam en
pleine paix, de 1887 à 1893. A cette date, nos troupes pous-
sèrent les agresseurs devant elles jusqu'au Mékong ; mais deux
actes de traîtrise marquèrent ces opérations de dégagement,
l'assassinat de l'inspecteur Grosgurin et l'emprisonnement du
capitaine Thoreux, à Khône, par les Siamois. Notre ministre
plénipotentiaire à Bangkok fut immédiatement rappelé ; puis
un ultimatum adressé au gouvernement siamois exigea l'é-
vacuation de la rive gauche du Mékong et des satisfactions
pour les déprédations et assassinats commis. L'amiral Humann,
dont les canonnières avaient déjà forcé les passes de la Ménam,
menaçait d'établir le blocus. Le Siam céda. Le traité du 3
octobre 1893 marquait un progrès décisif de notre expansion
dans la vallée du Mékong. Non seulement la rive gauche nous
était pleinement restituée, mais les Siamois se voyaient interdire tout travail de fortification à moins de 25 kilomètres de la
rive droite. Chantaboun nous était remis en gage et serait
occupé jusqu'à complète exécution du traité auquel fut annexée,
l'année suivante, une convention commerciale.

Restait à nous assurer, en face de la Grande-Bretagne, désormais maîtresse de toute la Birmanie, la même frontière du
Mékong nécessaire à la libre expansion de notre Tonkin. Nos
voisins demandèrent d'abord la création d'un Etat-tampon
entre le Tonkin et la Birmanie : mais le prompt désaccord de
la mission anglaise Scott et de la mission française Pavie mit

fin aux essais de délimitation (janvier 1895). Le gouvernement,
sans perdre de temps, comprenant que l'intérêt majeur résidait
dans l'exacte connaissance et la prise de possession du fleuve,
organisait coup sur coup les missions Robaglia, Simon et Le
Vay, Mazeran et Le Blevec qui, renouant la belle tradition de
Doudart de Lagrée et Garnier avec des moyens d'action bien
autrement efficaces, firent de l'hydrographie du Mékong une
œuvre purement française. La Grande-Bretagne prétextait une
cession du territoire de Kiang-Kheng à la Chine, avec interdiction formelle de rétrocession, et occupait pour son compte
Muong-Sin sur la rive gauche. Après quelques discussions, lord
Salisbury proposa, le 15 janvier 1896, un arrangement qui
fut accepté par la France. Nous donnions, il est vrai, la promesse formelle, comme la Grande-Bretagne elle-même, de ne
point attenter à l'indépendance du royaume de Siam que la
lettre du ministre anglais représentait un peu trop complai-
samment comme une dépendance commerciale de la Birmanie
britannique ; et l'offre de cession des pays de la rive gauche
du Haut-Mékong était accompagnée d'un commentaire en signalant « la médiocre étendue, la pauvreté et le climat insalubre » qui lui retiraient « tout attrait pour la Grande-Bretagne (1). »

Quoi qu'il en soit notre Indo-Chine avait gagné, avec une
frontière nette et prêtant peu aux contestations, l'appoint des
vastes et riches pays compris entre la chaîne annamitique et le
grand fleuve. De récentes études en ont prouvé la valeur agricole et minière. La navigation du Mé-Kong, jadis réputée chimérique, s'exercera sans trop de peine moyennant quelques
travaux de dérochement et quelques installations de transbordement. Les derniers voyages de nos explorateurs ont prouvé
aussi qu'il y avait des passages aisés de la montagne entre la

____

(1) Cf. Annexes, lettre du 15 janvier 1896, p. 914-915.

région côtière annamite et les sections navigables du Moyen Mékong ; le même bénéfice sera assuré au Tonkin dont les relations avec le Laos sont appelées à se développer rapidement. Enfin le succès de cette revendication a été, pour nos protégés de l'Annam et du Cambodge, une raison nouvelle de comprendre les bienfaits de leur entrée dans notre communauté.

IV

LA PÉNÉTRATION EN CHINE MÉRIDIONALE

Dans quelle mesure notre colonie d'Indo-Chine, par sa précieuse avant-garde septentrionale du Tonkin, est-elle une voie d'accès vers les marchés chinois ? Telle est la passionnante question qui s'est posée à nous dès l'origine de la crise tonkinoise, celle dont Doudart de Lagrée espérait la solution en étudiant le cours du Mé-Kong ; et l'intervention directe de plusieurs puissances européennes en Chine fait à nos hommes d'Etat un devoir pressant d'assurer cette nouvelle expansion de notre colonie, constituée d'hier, vers un pays libre de quatre cent millions d'habitants. Comme l'empire ami et allié de Russie, nous touchons la Chine sur une longue ligne de frontières ; mais au sud comme au nord on n'est pas voisin des provinces les plus riches et les plus peuplées de l'empire. Il faut donc, pour rendre efficace le bienfait de ce voisinage, prendre l'initiative d'une pénétration qui nous rapproche le plus tôt possible des régions les mieux dotées. Aussi l'œuvre de notre diplomatie commerciale des dix dernières années en Chine, est-elle une œuvre profondément solidaire de notre expansion indo-chinoise ; il convient d'en marquer ici les résultats essentiels.

La France qui avait contribué, avec l'Allemagne et la Russie,

à contenir les convoitises des Japonais victorieux et à adoucir
pour la Chine les sacrifices de la paix de Simonosaki (1895),
obtint toutd'abord de l'empire vaincu un tracé plus avantageux
de la délimitation des frontières du Tonkin, enfin et surtout
une convention de commerce grâce à laquelle nos nationaux
étaient spécialement favorisés, tant pour le trafic même que
pour la résidence et la protection consulaire, dans les provinces
de Yun-nan, Kouang-si et Kouang-tong (28 juin 1895). L'article 5 de l'accord commercial n'était, il est vrai, sous sa forme
vague, que l'annonce de négociations ultérieures d'une plus haute
portée : « La Chine *pourra* s'adresser à des ingénieurs et à des
industriels français pour l'exploitation des mines..... : les voies
ferrées *pourront* être prolongées sur le territoire chinois, etc... »
La même année notre ministre à Pékin, M. Gérard, faisait stipuler que les missions catholiques auraient la liberté d'acquisition collective de maisons et terrains dans l'empire chinois ;
on ne saurait trop louer l'habileté de cette négociation dont
les résultats confirmaient avec netteté le privilège du protectorat religieux de la France en Extrême-Orient. Hélas ! il aurait fallu, dans la suite, mieux que de l'habileté pour sauver ce
patrimoine d'influence morale.

Beaucoup plus douteux fut le bénéfice de la déclaration
franco-anglaise du 15 janvier 1896, aux termes de laquelle les
deux États européens mettaient en commun la jouissance des
avantages obtenus par l'un et l'autre soit au Yun-nan, soit au
Zé-Tschouen. C'était la substitution d'un « condominium » à
la recherche isolée de chaque puissance dans son intérêt. Cette
manière de négocier offrait toutefois, à défaut des concessions
dont l'échange était d'une réciprocité douteuse, l'avantage de
montrer que la France n'acceptait point la doctrine, inventée
contre elle, de voir restreindre son influence en Chine aux provinces strictement limitrophes de l'Indo-Chine. Il est manifeste
que certaines puissances étrangères pouvaient nourrir l'espoir

de nous duper ainsi en feignant de prendre l'intérêt spécial de notre colonie indo-chinoise. Aux Russes les steppes et prairies du nord, aux Français la charge du Yunnan et du Kouang-si, aux autres et notamment à la Grande-Bretagne la vallée du Yang-tsé-Kiang, programme d'une simplicité comique qui n'a d'égale que l'extrême assurance de ses auteurs. Ainsi les longs et durs sacrifices de la Russie et de la France auraient abouti à limiter leur expansion à la mise en valeur des provinces chinoises limitrophes de leurs colonies, et comptées parmi les moins riches de l'Empire. Il s'est trouvé des publicistes étrangers pour considérer notre dure conquête de l'Indo-Chine comme une part de nos bénéfices de politique chinoise et, chose plus curieuse ! des Français pour se laisser prendre à ce simulacre d'intérêt pour nos colonies !

La fructueuse « mission d'exploration commerciale en Chine » organisée par la Chambre de commerce de Lyon et diverses autres Chambres de commerce françaises, prouvait que telle n'était point l'interprétation limitative de nos industriels les plus directement intéressés. Elle étudiait non seulement nos colonies indo-chinoises et les provinces voisines de notre Tonkin, mais encore et surtout le Zé-Tschouen, et révélait à nos négociants l'organisation des marchés chinois de l'admirable région du Yang-Tsé-Kiang que des « jingoïstes » anglais avaient la modeste prétention d' « égyptianiser ».

Sans abandonner la recherche d'avantages étendus dans le reste de la Chine, le gouvernement français s'attachait à nouer d'abord des liens étroits d'intérêt avec les provinces voisines. En juin 1896 était signée la convention vaguement promise par le traité de l'année précédente : une compagnie française (Fives-Lille) recevait la charge de construire, moyennant conditions avantageuses, le chemin de fer de Long-Tchéou. Mais déjà avait commencé l'âpre concurrence des États européens en quête d'avantages commerciaux en Chine ; et six mois après notre succès de la concession de Long-Tchéou, notre ministre apprenait que la Grande-Bretagne avait obtenu mieux qu'une faveur équivalente dans l'intérêt de ses routes de trafic de la Birmanie au Yunnan (4 février 1897) : l'intérêt français n'eut pas à se plaindre de l'accord signé dans le courant de la même année (juin) par notre ministre à Pékin. Les industriels français recevaient promesse formelle d'une autre série de travaux après achèvement de la ligne de Long-Tchéou, tandis que le gouvernement chinois s'engageait à améliorer les conditions de navigabilité du haut fleuve Rouge.

Les négociations prirent une toute autre portée lorsque l'Allemagne se fut emparée de Kiao-Tchéou et la Russie de Port-Arthur et Talien-Ouan. Pendant qu'un syndicat franco-belge était décidément mis en possession des gages matériels nécessaires à la construction de la voie ferrée de Pékin à Hankéou (1898), d'autres stipulations, directement utiles à notre Indo-Chine, étaient acceptées par le gouvernement chinois (avril 1898). La Chine s'engageait à « ne céder, ni louer aucun territoire dans les trois provinces limitrophes du Kouang-Tong, du Kouang-si et du Yunnan » ; elle nous cédait à bail, pour y établir un dépôt de charbon, la baie de Kouang-Tchéou-Ouan, si heureusement située en face de Haïnan et dont les difficultés d'entrée et d'ancrage pourront être corrigées par quelques travaux. Enfin la France était chargée de la construction d'un chemin de fer, du Tonkin à Yun-nan-fou. Nos relations avec l'empire chinois, et spécialement nos relations du sud, pouvaient être aussi singulièrement facilitées par la nomination d'un Français dans les fonctions de directeur des postes impériales. L'assassinat de deux officiers de notre marine dans les parages de Kouang-Tchéou-Ouan nous valut, outre les réparations et indemnités, une nouvelle série d'avantages, meilleure délimitation du territoire adjoint au port, privilège d'une société franco-chinoise pour l'exploitation de riches mines. Un nouvel attentat, qui coûta la vie au P. Berthollet, donna lieu à une négociation de même nature : la voie ferrée de Packoï au Si-Kiang, sera française ou franco-chinoise.

Toutefois ces succès furent compensés bientôt par une nouvelle poussée de l'influence anglaise que nous avions nourri le vain espoir d'associer à la nôtre pour organiser en Chine des œuvres de civilisation. Tout d'abord l'occupation britannique de la presqu'île de Kow-Loon et de l'île Lantan qui abritent Hong-Kong et dominent les excellentes baies de Deep et de Mois (juin 1898) fut une violation flagrante de la promesse chinoise de n'aliéner aucun territoire des provinces limitrophes de l'Indo-Chine. Plus nuisible encore pour nous fut l'attribution à un syndicat anglais du chemin de fer de Han-Kéou à Canton et à Kow-Loon en face de Hong-Kong ; cette voie, d'un très habile tracé, détournera assurément beaucoup de trafic de celles dont nous avons obtenu la concession sur nos confins tonkinois. Cet événement constitue une victoire de Hong-Kong sur Hanoï et Haïphong.

Telles furent les vicissitudes de la lutte serrée de diplomatie commerciale que la France soutient depuis quinze ans en Chine pour accroître les avantages de notre expansion indo-chinoise. On ne saurait trop répéter pour combattre un préjugé naïf que les étrangers ont avantage à acclimater chez nous, que notre politique indo-chinoise, strictement française et qui ne regarde que nous, ne remplace nullement notre politique chinoise et ne nous dispense en rien d'en avoir une. La place que nous occupons, en vertu de sacrifices consentis et faits par nous seuls sur les bords du fleuve Rouge et du Mé-Kong, ne compte pas pour celle que nous avons le droit de tenir dans la vallée maîtresse du Yang-Tsé-Kiang, au cœur de l'empire chinois. Notre gouvernement semble l'avoir compris puisqu'il n'a pas voulu restreindre notre part d'action dans l'œuvre récente du châtiment des boxeurs chinois, et s'est opposé,

notamment, à la tentative anglaise d'accaparer Shang-Haï par
un débarquement inopiné.

V

L'organisation et la mise en valeur de notre Indo-Chine font
honneur aux hommes d'élite qui ont été chargés de la gouverner. De Paul Bert au dernier gouverneur général M. Doumer, homme de vues élevées et de merveilleux labeur, qui a
dirigé notre expansion vers les provinces de l'empire voisin,
chacun a contribué à la prospérité du grand et riche pays qui
nous consolera de la perte de l'Inde. Les actes administratifs
qui ont permis enfin à nos représentants une besogne vraiment méthodique et fructueuse, sont les décrets du 17 octobre
1887 et du 24 avril 1891 qui ont institué « l'union indo-chinoise ». Désormais les mesures de police, de travaux publics,
d'instruction, de surveillance militaire et maritimes, ont été
prises en vertu d'un plan logique ; et les intérêts provinciaux,
jadis en rivalité, ont pu être conciliés dans l'intérêt général.
Aussi en dix ans le commerce indo-chinois s'est-il accru du
simple au double.

Tant de richesse, de force productive, d'expansion civilisatrice,
ne vont pas sans un danger grave qu'il faut signaler à tout
prix et conjurer quand il en est temps encore. C'est le danger
de créer un Tonkin industriel à outrance et concurrent de la
prospérité de la mère-patrie dont il contrarierait l'activité au
lieu de la seconder : c'est aussi le danger de fonder là une
société internationale au lieu d'une société franco-annamite, de
livrer à des étrangers, déclarés, ou munis de prête-noms, le
précieux transit du Yun-nan et autres provinces voisines de
la Chine. Jusqu'ici le régime des concessions, des travaux publics, du commerce, est presque suffisamment organisé en vue

de l'intérêt français : mais n'est-il pas à craindre que la nécessité où nous sommes et avons raison de nous tenir de régler les questions chinoises avec un perpétuel souci de l'entente
internationale, fasse dévier, de proche en proche, notre politique indo-chinoise de sa ligne de conduite nationale ? L'exemple
d'autres colonies qui ont souffert des excès de la « diplomatie
à grande envergure », insouciante ou dédaigneuse de l'intérêt
du travail français, est là pour nous avertir.

ANNEXES

L'INDO-CHINE FRANÇAISE

I. — LES AFFAIRES D'INDO-CHINE, DE 1870 AU TRAITÉ DE 1874

L'expédition de Francis Garnier ; sa mort. — Le traité franco-annamite du 15 mars 1874 ; traité de commerce du 31 août 1874. — Missions d'étude.

II. — L'EXPÉDITION DU TONKIN ET LE TRAITÉ DE 1885

Les tributs annamites à la Chine. — Les crédits de 1880. — Intervention de la Chine. — Envoi du commandant Rivière au Tonkin, 17 janvier 1882 ; sa mort, 19 mai 1883. — Les mesures militaires : opérations du général Bouët. — Traité franco-annamite du 25 août 1883. — Négociations avec la Chine. — Interpellation du 30 octobre 1883 et discussion des crédits, 10-18 décembre. — Opérations de l'amiral Courbet et du général Millot. — Convention franco-chinoise de Tien-Tsin, 11 mai 1884. — Traité franco-annamite de Hué, 6 juin 1884. — Traité franco-cambodgien, 17 juin 1884.
Affaire de Bac-Lé, 23 juin 1884. — Ultimatum de Pékin. — Opérations de l'amiral Courbet à Fou-Tchéou ; opérations à Formose et au Tonkin. — Blocus du riz. — Ouverture de négociations. — Affaire de Lang-son, 28 mars 1885. — Chute du cabinet Ferry, 30 mars 1885. — Convention de paix, 4 avril 1885. — Traité franco-chinois, 9 juin 1885. — Vote des crédits du Tonkin à la Chambre, 24 décembre 1885. — Conventions commerciales et de délimitation franco-chinoises, 25 avril 1886 et 26 juin 1887.
Pacification du Tonkin : opérations de 1886 à 1896.

III. — LES AFFAIRES DU MÉKONG, DU SIAM ET DU LAOS

Convention franco-anglaise du 14 juillet 1884. — Invasion siamoise dans le haut Laos. — Convention de Louang-Prabang, 7 mai 1886. — Nouvelles incursions siamoises. — Assassinat de l'inspecteur Grosgurin, juin 1893. — La mission Le Myre de Vilers. — Incidents de Bangkok, 13 juillet 1893. — Discussion à la Chambre, 18 juillet. — Ultimatum au Siam. — Traité franco-siamois, 3 octobre 1893.
Négociations franco-anglaises pour le haut Mékong. — Affaire de Muong-Sin. — Exploration hydrographique du Mékong. — Déclaration franco-anglaise du 16 janvier 1896. — Constitution du Laos français.

IV. — LA PÉNÉTRATION EN CHINE MÉRIDIONALE

Après le traité de Simonosaki. — Conventions franco-chinoises, 28 juin 1895 :
délimitation et commerce ; renouvellement de la convention Berthemy. —
Déclaration franco-anglaise du 15 janvier 1896. — Mission lyonnaise en
Chine. Le chemin de fer de Long-Tchéou. — Nouvelles demandes françaises,
en 1897 ; déclaration d'inaliénabilité de l'île d'Haïnan, etc. — Demandes de
1898 : déclaration d'inaliénabilité du Kouang-Toung, du Kouang-Si et du
Yunnan, concession du chemin de fer du Yunnan, et de la baie de Kouang-
Tchéou-Ouan. — Incidents à Kouang-Tchéou-Ouan : délimitation. — Mis-
sions d'études au Yunnan.

V. — L'ORGANISATION ET LA MISE EN VALEUR

Organisation du gouvernement général : union indo-chinoise. — Progrès du
mouvement commercial. — Les chemins de fer projetés : le réseau indo-
chinois et les lignes de pénétration en Chine.

I. — LES AFFAIRES D'INDO-CHINE DE 1870
AU TRAITÉ DE 1874

C'est à partir de 1870 que la Chine semble avoir résolu d'intervenir d'une façon directe dans les affaires intérieures de l'Annam.
En 1872, un négociant français, M. Jean Dupuis, qui avait passé des
traités de fournitures d'armes avec le maréchal chinois Ma, avait
réussi à remonter le Song-Koï jusqu'à Mang-Hao. Il voulut, à son
retour, en avril 1873, fonder un établissement à terre près de Hanoï.
Mais le gouverneur annamite s'y opposa.

C'est alors que l'amiral Dupré envoya au Tonkin Francis Garnier,
l'ancien compagnon de Doudart de Lagrée, avec la mission suivante :
« Chercher à apaiser les conflits élevés entre M. Dupuis et le vice-
roi du Yunnan, d'un côté, et les mandarins annamites de l'autre ;
étudier les dispositions des populations, et s'en servir, au besoin,
comme d'une arme pour vaincre les dernières résistances des lettrés
annamites ; négocier avec eux et les autorités du Yunnan un tarif
douanier donnant satisfaction à toutes les parties ; essayer enfin
d'obtenir, pour notre industrie et nos nationaux, l'exploitation des
mines du Yunnan, qu'un décret impérial venait de rouvrir. » C'était
sur de pressantes réclamations de Tu-Duc que l'amiral Dupré agissait ainsi.

Parti de la Cochinchine en octobre 1873, Garnier, mal accueilli par le maréchal Nguyen-Tri-Phuong, en butte aux menaces et aux vexations des mandarins, usa d'énergie : le 15 novembre il proclama l'ouverture du Fleuve Rouge à la navigation et au commerce de la France et de l'Espagne. Nguyen-Tri-Phuong se fortifia dans la citadelle de Hanoï. Garnier n'avait que neuf officiers, 175 hommes et deux canonnières. Après un ultimatum resté sans réponse, il enleva Hanoï le 20 novembre et en quelques jours conquit tout le Delta. Les Annamites firent alors appel aux Hékis ou Pavillons Noirs, débris des anciennes bandes de rebelles chinois Taïpings et commandés par Lu-Vinh-Phuoc et prononcèrent un retour offensif ; attiré dans une embuscade, Francis Garnier fut tué à la tête d'une poignée d'hommes, à quelques kilomètres d'Hanoï, le 21 décembre 1873.

Sa brillante campagne avait décidé Tu-Duc à envoyer des ambassadeurs à Saïgon pour négocier un traité de paix. En apprenant le coup de force de Garnier ces ambassadeurs, Lé-Tuan et Nguyen-Van-Tuong, retournèrent à Hué et allèrent de là à Hanoï pour régler sur place la question avec M. Philastre, inspecteur des affaires indigènes. Celui-ci, à la nouvelle de la mort de Garnier, prit la direction des affaires politiques et, sachant le cabinet de Broglie opposé à l'occupation militaire du Tonkin, rappela à Hanoï les compagnons de Garnier, signa avec Nguyen-Van-Tuong une convention relative à l'évacuation du Delta par les forces françaises et ne laissa à Hanoï que le capitaine Rheinart avec une faible escorte.

M. Philastre et Nguyen-Van-Tuong retournèrent alors à Saïgon et sous la direction de l'amiral Dupré ils négocièrent un traité qui fut signé le 15 mars 1874 et ratifié par l'Assemblée nationale le 1er août. En voici le texte :

Art. 1er. — Il y aura paix, amitié et alliance perpétuelles entre la France et le royaume d'Annam.

Art. 2. — Son Excellence le Président de la République française, reconnaissant la souveraineté du roi de l'Annam et son entière indépendance vis-à-vis de toute puissance étrangère, quelle qu'elle soit, lui promet aide et assistance et s'engage à lui donner sur sa demande, et gratuitement, l'appui nécessaire pour maintenir dans ses États l'ordre et la tranquillité, pour le défendre contre toute attaque, et pour détruire la piraterie qui désole une partie des côtes du royaume.

Art. 3. — En reconnaissance de cette protection, Sa Majesté le Roi de l'Annam s'engage à conformer sa politique extérieure à celle de la France et à ne rien changer à ses relations diplomatiques actuelles.

Cet engagement politique ne s'étend pas aux traités de commerce. Mais, dans aucun cas, Sa Majesté le Roi de l'Annam ne pourra faire avec une nation, quelle qu'elle soit, de traité de commerce en désaccord avec celui conclu entre la France et le royaume d'Annam, et sans en avoir préalablement informé le gouvernement français.

Art. 4. — Son Excellence le Président de la République française s'engage à faire à Sa Majesté le Roi de l'Annam don gratuit :

1° De 5 bâtiments à vapeur d'une force réunie de 500 chevaux, en parfait état, ainsi que leurs chaudières et machines, armés et équipés, conformément aux prescriptions du règlement d'armement ;

2° De 100 canons de 7 à 16 centimètres de diamètre approvisionnés à 200 coups par pièce ;

3° De 1,000 fusils à tabatière et de 500,000 cartouches.

Ces bâtiments et armes seront rendus en Cochinchine et livrés dans le délai maximum d'un an, à partir de la date de l'échange des ratifications.

Son Excellence le Président de la République française promet, en outre, de mettre à la disposition du roi des instructeurs militaires et marins en nombre suffisant pour reconstituer son armée et sa flotte ; des ingénieurs et chefs d'ateliers capables de diriger les travaux qu'il plaira à Sa Majesté de faire entreprendre ; des hommes experts en matière de finances pour organiser le service des impôts et des douanes dans le royaume ; des professeurs pour fonder un collège à Hué. Il promet, en outre, de fournir au roi les bâtiments de guerre, les armes et les munitions que Sa Majesté jugera nécessaires à son service.

La rémunération équitable des services ainsi rendus sera fixée d'un commun accord entre les hautes parties contractantes.

Art. 5. — Sa Majesté le Roi de l'Annam reconnaît la pleine et entière souveraineté de la France sur tout le territoire actuellement occupé par elle et compris entre les frontières suivantes :

A l'est, la mer de Chine et le royaume d'Annam (province de Binh-Thuan) ;

A l'ouest, le golfe de Siam ;

Au sud, la mer de Chine ;

Au nord, le royaume du Cambodge et le royaume d'Annam (province de Bin-Thuan).

Les onze tombeaux de la famille Pham situés sur le territoire des villages de Tannien-Dong et de Tanquan-Dong (province de Saïgon) et les trois tombes de la famille Hô situées sur les territoires des villages de Linh-Chun-Tay et de Tan-May (province de Bien-Hoa) ne pourront être ouverts, creusés, violés ni détruits.

Il sera assigné un lot de terrain de 100 maos d'étendue aux tombes de la famille Pham et un lot d'égale étendue à celles de la famille Hô. Les revenus de ces terres seront consacrés à l'entretien des tombes et à la subsistance des familles chargées de leur conservation. Les terres seront exemptes d'impôts et les hommes de ces familles seront également exempts des impôts personnels, du service militaire et des corvées.

Art. 6. — Il est fait remise au roi par la France de tout ce qui lui reste dû de l'ancienne indemnité de guerre.

Art. 7. — Sa Majesté s'engage formellement à rembourser, par l'entremise du gouvernement français, le restant de l'indemnité due à l'Espagne, s'élevant à 1,000,000 de dollars (à 0,72 de taël le dollar), et à affecter à ce remboursement la moitié du revenu net des douanes des ports ouverts au commerce européen et américain, quel qu'en soit d'ailleurs le produit, le montant en sera versé chaque année au trésor public de Saïgon, chargé d'en faire la remise au gouvernement espagnol, d'en tirer reçu et de transmettre ce reçu au gouvernement annamite.

Art. 8. — Son Excellence le Président de la République française et Sa Majesté le roi accordent une amnistie générale, pleine et entière, avec levée de tous séquestres mis sur les biens, à ceux de leurs sujets respectifs qui, jusqu'à la conclusion du traité et auparavant, se sont compromis pour le service de l'autre partie contractante.

Art. 9. — Sa Majesté le roi de l'Annam, reconnaissant que la religion catholique enseigne aux hommes à faire le bien, révoque et annule toutes les prohibitions portées contre cette religion et accorde à tous ses sujets la permission de l'embrasser et de la pratiquer librement.

En conséquence, les chrétiens du royaume d'Annam pourront se réunir dans les églises en nombre illimité pour les exercices de leur culte. Ils ne seront plus obligés sous aucun prétexte à des actes contraires à leur religion, ni soumis à des recensements particuliers. Ils seront admis à tous les concours et aux emplois publics sans être tenus pour cela à aucun acte prohibé par la religion.

Sa Majesté s'engage à faire détruire les registres de dénombrement des chrétiens, faits depuis quinze ans, et à les traiter, quant aux recensements et impôts, exactement comme tous ses autres sujets. Elle s'engage, en outre, à renouveler la défense, si sagement portée par elle, d'employer dans le langage ou dans les écrits des termes injurieux pour la religion et à faire corriger les articles du Thâp Diên dans lesquels de semblables termes sont employés.

Les évêques et les missionnaires pourront librement entrer dans le royaume et circuler dans leurs diocèses avec un passeport du gouverneur de la Cochinchine, visé par le ministre des Rites ou par le gouverneur de la province. Ils pourront prêcher en tous lieux la doctrine catholique. Ils ne seront soumis à aucune surveillance particulière, et les villages ne seront plus tenus de déclarer aux mandarins ni leur arrivée, ni leur présence, ni leur départ.

Les prêtres annamites exerceront librement, comme les missionnaires, leur ministère. Si leur conduite est répréhensible et si, aux termes de la loi, la faute par eux commise est passible de la peine du bâton ou du rotin, cette peine sera commuée en une punition équivalente.

Les évêques, les missionnaires et les prêtres annamites auront le droit d'acheter et de louer des terres et des maisons, de bâtir des églises, hôpitaux, écoles, orphelinats et tous autres édifices destinés au service de leur culte.

Les biens enlevés aux chrétiens pour fait de religion, qui se trouvent encore sous séquestre, leur seront restitués.

Toutes les dispositions précédentes, sans exception, s'appliquent aux missionnaires espagnols aussi bien que français.

Un édit royal, publié aussitôt après l'échange des ratifications, proclamera dans toutes les communes la liberté accordée par Sa Majesté aux chrétiens de son Royaume.

ART. 10. — Le gouvernement annamite aura la faculté d'ouvrir à Saïgòn un collège placé sous la surveillance du directeur de l'Intérieur et dans lequel rien de contraire à la morale et à l'exercice de l'autorité française ne pourra être enseigné. Le culte y sera entièrement libre.

En cas de contravention, le professeur qui aura enfreint ces prescriptions sera renvoyé dans son pays, et même, si la gravité du cas l'exige, le collège pourra être fermé.

ART. 11. — Le gouvernement annamite s'engage à ouvrir au commerce les ports de Thin-Naï, dans la province de Binh-Dinh, de Ninh-Haï, dans la province de Haï-Dzuong, la ville de Hanoï et le passage par le fleuve du Nhi-Hà, depuis la mer jusqu'au Yunnan.

Une convention additionnelle au traité, ayant même force que lui, fixera les conditions auxquelles ce commerce pourra être exercé.

Le port de Ninh-Haï, celui de Hanoï et le transit par le fleuve seront ouverts aussitôt après l'échange des ratifications et même plus tôt, si faire se peut; celui de Thin-Naï, un an après.

D'autres ports ou rivières pourront être ultérieurement ouverts au commerce, si le nombre et l'importance des relations établies montrent l'utilité de cette mesure.

ART. 12. — Les sujets français ou annamites de la France et les étrangers en général, pourront, en respectant les lois du pays, s'établir, posséder, et se livrer librement à toutes opérations commerciales et industrielles dans les villes ci-dessus désignées. Le gouvernement de Sa Majesté mettra à leur disposition les terrains nécessaires à leur établissement.

Ils pourront de même naviguer et commercer entre la mer et la province du Yunnan par la voie du Nhi-Hà, moyennant l'acquittement des droits fixés, et à la condition de s'interdire tout trafic sur les rives du fleuve entre la mer et Hanoï et la frontière de Chine.

Ils pourront librement choisir et engager à leur service des compradors, interprètes, écrivains, ouvriers, bateliers et domestiques.

ART. 13. — La France nommera, dans chacun des ports ouverts au commerce, un consul ou agent assisté d'une force suffisante, dont le chiffre ne devra pas dépasser le nombre de cent hommes, pour assurer sa sécurité et faire respecter son autorité, pour faire la police des étrangers, jusqu'à ce que toute crainte à ce sujet soit dissipée par l'établissement des bons rapports que ne peut manquer de faire naître la loyale exécution du traité.

ART. 14. — Les sujets du roi pourront, de leur côté, librement voyager, résider, posséder et commercer en France et dans les colonies françaises en se conformant aux lois. Pour assurer leur protection, Sa Majesté aura la faculté de faire résider des agents dans les ports ou villes dont elle fera choix.

ART. 15. — Lorsque des sujets français, européens ou cochinchinois ou d'autres étrangers désireront s'établir dans un des lieux ci-dessus spécifiés, ils devront se faire inscrire chez le résident français, qui en avisera l'autorité locale.

Les sujets annamites voulant s'établir en territoire français seront soumis aux mêmes dispositions.

Les Français ou étrangers, qui voudront voyager dans l'intérieur du pays, ne pourront le faire que s'ils sont munis d'un passeport délivré par un agent français et avec le consentement et le visa des autorités annamites. Tout commerce leur sera interdit, sous peine de confiscation de leurs marchandises.

Cette faculté de voyager pouvant présenter des dangers dans l'état actuel du pays, les étrangers n'en jouiront qu'après que le gouvernement annamite, d'accord avec le représentant de la France à Hué, jugera le pays suffisamment calmé.

Si des voyageurs français doivent parcourir le pays en qualité de savants, déclaration en sera également faite; ils jouiront à ce titre de la protection du gouvernement, qui leur délivrera les passeports nécessaires, les aidera dans l'accomplissement de leur mission et facilitera leurs études.

ART. 16. — Toutes contestations entre Français, ou entre Français et étrangers, seront jugées par le résident français.

Lorsque des sujets français ou étrangers auront quelque contestation avec des Annamites ou quelque plainte ou réclamation à formuler, ils devront d'abord exposer l'affaire au résident, qui s'efforcera de l'arranger à l'amiable.

Si l'arrangement est impossible, le résident requerra l'assistance d'un juge annamite commissionné à cet effet, et tous deux, après avoir examiné l'affaire conjointement, statueront d'après les règles de l'équité.

Il en sera de même en cas de contestation d'un Annamite avec un Français ou un étranger : le premier s'adressera au magistrat, qui, s'il ne peut concilier les parties, requerra l'assistance du résident français, et jugera avec lui.

Mais toutes les contestations entre Français ou entre Français et étrangers seront jugées par le résident français seul.

Art. 17. — Les crimes et délits commis par des Français ou des étrangers sur le territoire de l'Annam seront connus et jugés à Saïgon par les tribunaux compétents. Sur la réquisition du résident français, les autorités locales feront tous leurs efforts pour arrêter le ou les coupables et les lui livrer.

Si un crime ou délit est commis sur le territoire français par un sujet de Sa Majesté, le consul ou agent de Sa Majesté devra être officiellement informé des poursuites dirigées contre l'accusé et mis en mesure de s'assurer que toutes les formes légales sont bien observées.

Art. 18. — Si quelque malfaiteur, coupable de désordres ou brigandages sur le territoire français se réfugie sur le territoire annamite, l'autorité locale s'efforcera, dès qu'il lui en aura été donné avis, de s'emparer du fugitif et de le rendre aux autorités françaises.

Il en sera de même si des voleurs, pirates ou criminels quelconques, sujets du roi, se réfugient sur le territoire français ; ils devront être poursuivis aussitôt qu'avis en sera donné et, si faire se peut, arrêtés et livrés aux autorités de leur pays.

Art. 19. — En cas de décès d'un sujet français ou étranger sur le territoire annamite, ou d'un sujet annamite sur le territoire français, les biens du décédé seront remis à ses héritiers ; en leur absence ou à leur défaut, au résident, qui sera chargé de les faire parvenir aux ayants-droit.

Art. 20. — Pour assurer et faciliter l'exécution des clauses et stipulations du présent traité, un an après sa signature, Son Excellence le Président de la République française nommera un résident ayant le rang de ministre auprès de Sa Majesté le Roi de l'Annam. Le résident sera chargé de maintenir les relations amicales entre les hautes parties contractantes et de veiller à la consciencieuse exécution des articles du traité.

Le rang de cet envoyé, les honneurs et prérogatives auxquelles il aura droit, seront ultérieurement réglés d'un commun accord et sur le pied d'une parfaite réciprocité entre les hautes parties contractantes.

Sa Majesté le Roi de l'Annam aura la faculté de nommer des résidents à Paris et à Saïgon.

Les dépenses de toute espèce, occasionnées par le séjour de ces résidents auprès du gouvernement allié, seront supportées par le gouvernement de chacun d'eux.

Art. 21. — Ce traité remplace le traité de 1862, et le gouvernement français se charge d'obtenir l'assentiment du gouvernement espagnol. Dans le cas où l'Espagne n'accepterait pas ces modifications au traité de 1862, le présent traité n'aurait d'effet qu'entre la France et l'Annam, et les anciennes stipulations concernant l'Espagne continueraient à être exécutoires. La France, dans ce cas, se chargerait du remboursement de l'indemnité espagnole et se substituerait à l'Espagne, comme créancière de l'Annam, pour être remboursée conformément aux dispositions de l'article 7 du présent traité.

Art. 22. — Le présent traité est fait à perpétuité. Il sera ratifié et les ratifications en seront échangées à Hué dans le délai d'un an, et moins, si faire se peut. Il sera publié et mis en vigueur aussitôt que cet échange aura eu lieu.

En foi de quoi les plénipotentiaires respectifs ont signé le présent traité et y ont apposé leurs cachets.

Fait à Saïgon, au Palais du gouvernement de la Cochinchine française, en quatre expéditions, le dimanche quinzième jour du mois de mars de l'an de grâce 1874, correspondant au vingt-septième jour du premier mois de la vingt-septième année de Tu-Duc.

(S.) C.-Am. Dupré.
(S.) Lé Thuan et Nguyen-Van-Tuong.

Le traité politique fut complété par un traité de commerce conclu le 31 août 1874 par l'amiral Krantz. En voici les principaux articles :

Art. 1er. — Conformément aux stipulations de l'article 11 du traité du 15 mars, le Roi de l'Annam ouvre au commerce étranger, sans distinction de pavillon ou de nationalité, ses ports de Thin-Naï dans la province de Binh-Dinh, de Ninh-Haï dans la province de Haï-Dzuong, la ville de Hanoï et le fleuve de Nhi-Hà depuis la mer jusqu'à la frontière chinoise.

Art. 2. — Dans les ports ouverts, le commerce sera libre après l'acquittement d'une taxe de 5 0/0 de la valeur des marchandises à leur entrée ou à leur sortie. Ce droit sera de 10 0/0 sur le sel.

Cependant les armes et les munitions de guerre ne pourront être ni importées, ni exportées par le commerce. Le commerce de l'opium reste assujetti à la réglementation spéciale établie par le gouvernement annamite.

L'importation des grains sera toujours permise, moyennant un droit de 5 0/0.

L'exportation des grains ne pourra avoir lieu qu'en vertu d'une autorisation temporaire du gouvernement de l'Annam, dont il sera donné connaissance au résident français à Hué. Les grains seront, dans ce cas, frappés d'un droit de sortie de 10 0/0.

L'importation de la soie et du go-hein sera toujours permise.

L'exportation de la soie et du bois dit go-hein ne sera permise chaque année qu'après que les villages qui payent leurs impôts avec ces deux denrées auront totalement acquitté cet impôt en nature, et que le gouvernement annamite aura acheté les quantités indispensables à son propre usage.

Le tarif d'entrée ou de sortie sur ces matières sera, comme pour toutes les autres marchandises, de 5 0/0.

Lorsque le gouvernement annamite aura l'intention de profiter de ce droit de suspendre l'exportation de la soie et du bois go-hein, il en préviendra, au moins un mois à l'avance, le résident français à Hué; il lui fera également connaître un mois à l'avance l'époque à laquelle l'exportation de ces denrées redeviendra libre.

Toutes les interdictions, à l'exception de celles qui concernent les armes et les munitions, qui ne peuvent être transportées sans une autorisation spéciale du gouvernement annamite, ne s'appliquent pas aux marchandises en transit pour le Yunnan, ou venant du Yunnan ; mais le gouvernement annamite pourra prendre des mesures de précaution pour empêcher que les objets prohibés soient débarqués sur son territoire.

Les marchandises transitant par le Yunnan n'acquitteront le droit de douane qu'à leur entrée sur le territoire annamite, que ce soit par mer ou par la frontière de Chine (province du Yunnan).

Aucun autre droit, accessoire ou supplémentaire, ne pourra être établi sur les marchandises régulièrement introduites à leur passage d'une province ou d'une ville à une autre.

Il est entendu que les marchandises importées ou exportées par des bâtiments chinois ou appartenant à l'Annam seront soumises aux mêmes interdictions, et que celles importées ou exportées sous pavillon chinois seront soumises aux mêmes droits que les marchandises importées sous pavillon européen ou américain (ce que l'on entend, dans ces deux traités, par *pavillon étranger*). Mais ces droits seront perçus séparément par les Mandarins annamites du service de la douane et versés dans une caisse spéciale, à l'entière disposition du gouvernement annamite.

Art. 3. — Les droits de place et d'ancrage sont fixés à trois dixièmes de taël par tonneau de jauge pour les navires entrant et sortant avec un chargement, et à quinze centièmes de taël par tonneau pour les navires entrant sur lest et sortant chargés, ou entrant chargés et sortant sur lest.

Sont considérés comme étant sur lest les navires dont la cargaison est inférieure au vingtième de leur jauge ou encombrement, et à cinq francs par tonneau en valeur.

Les navires entrant sur lest et partant sur lest ne payent aucun droit de place et d'ancrage.

Art. 4. — Les marchandises expédiées de Saïgon pour un des ports ouverts du Royaume de l'Annam ou à destination de la province du Yunnan en transit par le Nhi-Hà, et celles qui sont expédiées de l'un de ces ports ou de la province du Yunnan pour Saïgon, ne seront soumises qu'à la moitié des droits frappant les marchandises de toute autre provenance ou ayant une autre destination.

Pour éviter toute fraude et constater qu'ils viennent bien de Saïgon, ces bâtiments y feront viser leurs papiers par le capitaine du port de commerce et les y feront timbrer par le consul d'Annam.

La douane pourra exiger des bâtiments, à leur départ pour Saïgon, caution pour la moitié des droits auxquels il ne sont pas soumis en vertu du paragraphe 1er du présent article, et, si la caution ne paraît pas valable, la Douane pourra exiger le versement en dépôt de cette moitié des droits, qui sera restituée après justification.

Art. 5. — Le commerce par terre entre la province de Bien-Hoa et celle de Binh-Thuan restera provisoirement dans les conditions où il est en moment, c'est-à-dire qu'il ne pourra être établi de nouveaux droits ni apporté aucune modification aux droits existants.

Dans l'année qui suivra l'échange des ratifications du présent traité, une convention supplémentaire réglera les conditions auxquelles sera soumis ce commerce par terre.

En tous cas, l'exportation des chevaux de l'Empire d'Annam à destination de la province de Bien-Hoa ne pourra être assujettie à des droits plus forts que ceux qui sont payés actuellement.

Art. 6. — Pour assurer la perception des droits, et afin d'éviter les conflits qui pourraient naître entre les étrangers et les autorités annamites, le gouvernement français mettra à la disposition du gouvernement annamite les fonctionnaires nécessaires pour diriger le service des Douanes, sous la surveillance et l'autorité du ministre chargé de cette partie du service public. Il aidera également le gouvernement annamite à organiser sur les côtes un service de surveillance efficace pour protéger le commerce.

Aucun Européen non Français ne pourra être employé dans les Douanes des ports ouverts, sans l'agrément du consul de France ou du Résident français près la cour de Hué, avant le payement intégral de l'indemnité espagnole.

Ce payement terminé, si le gouvernement annamite juge que ses fonctionnaires employés dans les douanes peuvent se passer du concours des fonctionnaires français, les deux gouvernements s'entendront au sujet des modifications que cette détermination rendra nécessaires.

Art. 25. — Son Exc. le Président de la République française pourra faire stationner un bâtiment de guerre dans les ports ouverts de l'Empire où sa présence sera jugée nécessaire pour maintenir le bon ordre et la discipline parmi les équipages des navires marchands et faciliter l'exercice de l'autorité consulaire. Toutes les mesures nécessaires seront prises pour que la présence de ces navires de guerre n'entraîne aucun inconvénient. Les bâtiments de guerre ne seront assujettis à aucun droit.

Art. 26. — Tout bâtiment de guerre français croisant pour la protection du commerce sera reçu en ami et traité comme tel dans tous les ports de l'Annam où il se présentera. Ces bâtiments pourront s'y procurer les divers objets de rechange et de ravitaillement dont ils auraient besoin, et, s'ils ont fait des avaries, les réparer et acheter dans ce but les matériaux nécessaires, le tout sans la moindre opposition.

Il en sera de même à l'égard des navires de commerce français ou étrangers qui, par suite d'avaries majeures ou pour toute autre cause, seraient contraints de chercher refuge dans un port quelconque de l'Annam. Mais ces navires devront également n'y séjourner que momentanément et, aussitôt que la cause de leur relâche aura cessé, ils devront appareiller, sans pouvoir y prolonger leur séjour et sans pouvoir y commercer.

Si quelqu'un de ces bâtiments venait à se perdre sur la côte, l'autorité la plus proche, dès qu'elle en serait informée, porterait sur-le-champ assistance à l'équipage, pourvoirait à ses premiers besoins et prendrait les mesures d'urgence nécessaires pour le sauvetage du navire et la préservation des marchandises. Puis elle porterait le tout à la connaissance du consul ou agent consulaire le plus à la portée du sinistre, pour que celui-ci, de concert avec l'autorité compétente, pût aviser aux moyens de rapatrier l'équipage et de sauver les débris du navire et de la cargaison.

Le port de Thuân-An, à cause de sa situation dans une rivière qui conduit à la capitale et de sa proximité de cette capitale, fera exception, et aucun bâtiment étranger de guerre ou du commerce ne pourra y pénétrer.

Cependant si un bâtiment de guerre français était chargé d'une mission pressée pour le gouvernement de Hué ou pour le Résident français, il pourrait franchir la barre, après en avoir demandé et obtenu l'autorisation expresse du gouvernement annamite.

Art. 27. — Les navires de commerce annamites qui se rendront dans tous les ports de France ou des six provinces françaises de la Basse-Cochinchine pour y commercer, y seront traités, au point de vue des droits de toute nature, comme la nation la plus favorisée.

Art. 28. — Le gouvernement français renouvelle la promesse, faite au gouvernement annamite à l'article 2 du traité du 15 mars, de faire tous ses efforts pour détruire les pirates de terre et de mer, particulièrement dans le voisinage des villes et ports ouverts au commerce européen, de façon à rendre les opérations du commerce aussi sûres que possible.

Art. 29. — La présente convention aura la même force que le Traité du 15 mars 1874, auquel elle restera attachée; elle sera mise en vigueur aussitôt après l'échange des ratifications, qui aura lieu en même temps que celui du traité du 15 mars 1874, si c'est possible, et, en tous les cas, avant le 15 mars 1875.

En foi de quoi, les plénipotentiaires respectifs l'ont signé et y ont apposé leurs sceaux.

Fait à Saïgon, au palais du gouvernement, en deux expéditions en chaque langue, comparées et conformes entre elles, le 31 août 1873.

Signatures des plénipotentiaires annamites.   (*S.*). KRANTZ.

Afin d'éviter des difficultés dans l'interprétation de quelques passages des nouveaux traités, les plénipotentiaires des deux hautes parties contractantes sont convenus d'ajouter au présent traité un acte additionnel, qui sera considéré comme en faisant partie intégrante.

Article additionnel.

Il est entendu que la ville même de Hanoï est ouverte au commerce étranger, et qu'il y aura dans cette ville un consul avec son escorte, une douane, et que les Européens pourront y avoir des magasins et des maisons d'habitation aussi bien qu'à Ninh-Haï et à Thin-Naï.

Si, par la suite, on reconnaissait que la douane de Hanoï est inutile et que celle de Ninh-Haï suffit, la douane de Hanoï pourrait être supprimée, mais il y aurait toujours dans cette ville un consul et son escorte, et les Européens continueraient à y avoir des magasins et des maisons d'habitation.

Les terrains nécessaires pour bâtir les habitations des consuls et de leurs escortes seront cédés gratuitement au gouvernement français par le gouvernement annamite.

L'étendue de ces terrains sera, dans chacune des villes ou ports ouverts, de cinq maus (mesure annamite, environ deux hectares et demi). Les terrains nécessaires aux Européens pour élever leurs maisons d'habitation ou leurs magasins seront achetés par eux aux propriétaires. Les consuls et les autorités annamites interviendront dans ces achats, de façon à ce que tout se passe avec équité. Les magasins et les habitations des commerçants seront aussi rapprochés que possible de la demeure des consuls.

A Ninh-Haï, le consul et son escorte continueront à occuper les forts, tant que cela sera jugé nécessaire pour assurer la police et la sécurité du commerce. Il habitera plus tard sur le terrain de cinq maus, qui lui aura été concédé.

On respectera les pagodes et les sépulcres, et les Européens ne pourront acheter les terrains sur lesquels il existe des habitations qu'avec le consentement des propriétaires, et en payant une juste indemnité.

Les commerçants européens payeront l'impôt foncier d'après les tarifs en usage dans la localité où ils habiteront, mais ils ne payeront aucun autre impôt.

A Saïgon, le 31 août 1874.

(S.) Krantz.

(Signatures des plénipotentiaires annamites.)

Convention du 23 novembre, annexe au traité de commerce
du 31 août 1894.

Est et demeure supprimé le dernier paragraphe de l'article 2 du susdit traité, ainsi conçu :

« Il est entendu que les marchandises importées ou exportées par des
« bâtiments chinois ou appartenant à l'Annam seront soumises aux
« mêmes interdictions, et que celles importées ou exportées sous pavillon
« chinois seront soumises aux mêmes droits que les marchandises
« importées ou exportées sous pavillon européen ou américain (ce que
« l'on entend dans ces deux traités, par pavillon étranger). Mais ces
« droits seront perçus séparément par les mandarins annamites du
« service de la douane et versés dans une caisse spéciale, à l'entière
« disposition du gouvernement annamite. »

Ledit paragraphe supprimé est remplacé par le texte suivant :

« Il est entendu que les marchandises importées de l'étranger dans
« les ports ouverts, ou exportées des ports ouverts à l'étranger par des
« bâtiments chinois ou appartenant à l'Annam, seront soumises aux
« mêmes interdictions et aux mêmes droits que celles importées de
« l'étranger ou exportées à l'étranger sous tout autre pavillon, et que
« ces droits seront perçus par les mêmes employés et versés dans les
« mêmes caisses que ceux perçus sur les marchandises importées de
« l'étranger ou exportées à l'étranger sous les pavillons dits *étrangers.*

La présente convention sera rattachée au traité du 31 août 1874, lors
de l'échange des actes de ratification et en fera partie intégrante.

En foi de quoi les plénipotentiaires ont signé aujourd'hui, 23 novembre 1874, correspondant au quinzième jour du dixième mois de la vingt-septième année de Tu-Duc.

(S.) KRANTZ.
(Signatures des plénipotentiaires annamites.)

Ce traité n'empêcha pas les missions d'études de MM. Heraud et
Bouillet, de Bonières et Gouin en 1875 ni les explorations de M. de
Kergaradec en 1876 et 1877.

II. — L'EXPÉDITION DU TONKIN ET LE TRAITÉ DE 1885

Le traité de 1874 avait établi la cession complète de la Basse-Cochinchine à la France et le protectorat de la France sur l'empire
d'Annam. Mais l'Annam ne l'avait accepté qu'à cause des victoires
de Francis Garnier et la Chine était bien décidée à ne pas abandonner sa suzeraineté sur l'Annam. De plus le traité ne stipulait pas
nettement les conditions de notre protectorat.

Bientôt il fut évident que l'Annam se rapprochait de la Chine.
La question se posa nettement en 1876 par l'envoi à l'empereur de

Chine de l'ancien tribut traditionnel de l'Annam. Depuis deux ans notre ministre à Pékin négociait pour obtenir l'évacuation du Haut-Tonkin par les bandes chinoises et l'ouverture d'un port du Yunnan au commerce ; il n'obtenait que des réponses évasives. Le gouvernement français, informé par le vicomte Brenier de Montmorand, voulut considérer l'envoi du tribut triennal comme un acte de simple courtoisie.

Mais la situation allait en s'aggravant. Lu-Vinh-Phuoc restait maître du fleuve et les bandes chinoises irrégulières tinrent bientôt le nord du Tonkin. La cour de Hué demandait des renforts à la fois à la France et à la Chine qui envoya des troupes régulières pour combattre les rebelles et fit occuper les places par ses soldats : nous restions à ce moment cantonnés à Hanoï et à Haïphong.

Les vues du gouvernement chinois se précisèrent en 1880 par l'envoi d'une nouvelle mission annamite à Pékin avec le tribut traditionnel. Une dépêche de M. Patenôtre, notre ministre en Chine, en signalait ainsi la gravité :

M. Patenôtre, chargé d'affaires de France en Chine.
à M. de Freycinet, ministre des affaires étrangères.

Pékin, le 5 mai 1880 (reçu le 2 juillet 1880).

Je prends la liberté d'appeler toute l'attention de Votre Excellence sur le document ci-joint que j'emprunte à la *Gazette de Pékin* et dans lequel la prétendue suzeraineté de la Chine sur l'Annam, si souvent revendiquée dans ces derniers temps par le gouvernement impérial, s'affirme avec plus de netteté que jamais, grâce, cette fois, à la connivence du roi Tu-Duc. Le Roi d'Annam, en effet, loin de répudier les traditions de dépendance que le traité de 1874 a eu pour objet d'abroger, semble saisir avec empressement l'occasion de renouer les anciens liens qui l'unissaient à la Chine. C'est ainsi qu'il fait demander à la Cour de Pékin, par l'entremise du gouverneur du Kouang-Si, à quelle époque il lui sera permis d'envoyer à l'empereur le tribut que les souverains annamites ont coutume de lui offrir périodiquement. Ce n'est pas la première fois que le gouverneur du Kouang-Si sert ainsi d'intermédiaire entre le suzerain et le vassal. Je faisais remarquer à ce propos, dans ma dépêche du 4 mars, qu'en écrivant au Roi d'Annam, ce haut mandarin s'était servi récemment d'une forme de correspondance impliquant une sorte d'assimilation de grade entre lui et Tu-Duc. Non seulement ce dernier ne s'offense pas d'être traité d'égal à égal par un fonctionnaire chinois, mais il emploie aujourd'hui, en s'adressant au gouverneur du Kouang-Si, une forme de message réservée par l'étiquette pour les relations d'inférieur à supérieur.

J'ai montré, d'autre part, qu'en laissant, par une condescendance inexplicable et malgré les avertissements répétés de la légation, le roi Tu-Duc libre d'envoyer en 1876 son tribut à Pékin, notre gouvernement de Cochinchine avait donné, à l'intervention ultérieure de la Chine dans les affaires du Tonkin, un prétexte plus ou moins plausible. La question se pose à nouveau aujourd'hui avec une gravité particulière. Je ne puis que répéter ici ce que j'ai maintes fois déjà écrit au département : Si la France ne veut pas renoncer à toute influence dans l'Extrême-Orient, il est d'une nécessité absolue d'apporter un prompt remède à une situation qui va s'aggravant de jour en jour. Dans les circonstances actuelles et vu l'affectation que met la Chine à rappeler, à chaque instant, une suzeraineté qui est la négation même du protectorat français sur le Tonkin, il n'y a pas à se dissimuler que le maintien du tribut annamite serait interprété de notre part comme une abdication.

PATENOTRE.

Annexe à la dépêche du 5 mai 1880.

(Extrait de la *Gazette de Pékin* du 5 mai 1880).

Tchang-Chou-Chen, gouverneur de la province de Kouang-Si (récemment nommé vice-roi du Kouang-Si et du Kouang-Tong) s'agenouille pour rapporter à la Cour que le Roi de Viet-Nam (Cochinchine), devant faire parvenir son tribut l'année du cycle Ningsse, demande qu'on lui fasse savoir à quelle époque ce tribut devra franchir la frontière. En conséquence de cette démarche, Tchang-Chou-Chen lève les yeux sur Leurs Majestés en leur demandant des instructions. Moi, Tchang-Chou-Chen, j'ai reçu du roi Nguyen-Plmac-Ti (Tu-Duc) une missive dans laquelle ce prince me dit que l'époque à laquelle il doit faire parvenir (à Pékin) le tribut réglementaire tombe la septième année du règne de l'empereur Koang-Siu, c'est-à-dire l'année du Cycle Ningsse, que les règlements lui imposent de choisir des *fonctionnaires assistants* pour apporter respectueusement les objets déterminés par l'étiquette : désireux de savoir en quel mois et quel jour il leur sera permis de franchir la frontière, il me demande une réponse à la teneur de laquelle il se conformera.

Telle est la communication que m'a faite ce prince.

Les règlements établissent que tous les quatre ans le Viet-Nam (la Cochinchine) doit apporter son tribut : c'est l'année prochaine que tombe cette échéance, aussi le roi attend-il des instructions.

Je me fais un devoir de rapporter ces faits à la Cour, en lui demandant à quelle époque, l'année prochaine, elle voudra bien permettre aux fonctionnaires de ce royaume d'entrer à Pékin. De la sorte, je pourrai déterminer la date à laquelle ils devront passer la frontière et en donner communication au roi, pour sa gouverne.

C'est conjointement avec Yu-Koan, vice-roi intérimaire des deux Kouang, que nous venons adresser respectueusement à la Cour et conformément aux rites le présent rapport auquel nous annexons la copie de la lettre originale que m'a écrite le dit roi, afin que Vos Majestés daignent y jeter les yeux.

Nous supplions Leurs Majestés les impératrices et l'empereur de vouloir bien prendre en considération notre respectueuse requête.

Les membres du Conseil privé ont reçu le décret suivant :

« Nous ordonnons qu'il soit adressé une communication audit roi, lui enjoignant d'observer ce qui s'est pratiqué jusqu'ici quant à l'époque fixée pour le passage de la frontière. »

La lettre de demande de Tu-Duc était ainsi conçue :

Extrait de la *Gazette de Pékin*, du 25 décembre 1880.

Jouan-Fou-Chen (1), roi d'Annam, se prosterne humblement et adresse le mémoire suivant à l'Empereur au sujet de l'envoi prochain du tribut et des préparatifs qui sont respectueusement faits pour réunir les caisses qui doivent les contenir.

Votre Majesté a toujours daigné accorder l'investiture et des grâces particulières aux souverains de mon pays, qui depuis longtemps, fait partie des royaumes tributaires de la Chine. Nous avons reçu autrefois l'ordre impérial d'apporter le tribut, une fois tous les quatre ans, c'est une règle établie pour l'éternité : aussi lorsque l'époque d'offrir ce tribut arrive, nous devons respectueusement nous conformer aux règlements.

Comme l'année prochaine est l'époque fixée pour offrir le tribut, j'ai écrit le 8 du 1er mois de la 6e année de Kouang-Siu (17 février 1880), au gouverneur de la province du Kouang-Pi en le priant de vouloir bien faire part à votre Majesté de ma communication.

J'ai reçu, dans la suite, l'avis que les passes de la frontière chinoise seraient ouvertes le 1er du 9e mois de cette année (4 octobre 1880).

Ayant appris la volonté de votre Majesté, je me suis respectueusement incliné.

Les montagnes et les cours d'eau de l'Annam sont immobiles et reçoivent les ordres de votre Dynastie ; tous les royaumes tributaires ne demandent qu'à aller vous offrir tribut continuellement.

L'époque du tribut étant arrivée, j'éprouve le plus vif désir de me conformer aux règlements et d'aller vous l'offrir afin que Votre Majesté daigne s'apercevoir de la sincérité de mon respect et de mon obéissance,

(1) Nom chinois de Tu-Duc.

et pour que mon humble pays puisse mettre au jour les sentiments de respectueuse affection qu'il a pour elle.

Je me suis conformé avec respect aux règles que doivent suivre les princes vassaux et de loin j'ai les yeux fixés sur votre Cour. Je remets diligemment les objets du tribut de 1881 à mes ministres Jouan-Chou et autres qui iront les offrir, et j'attends humblement que Votre Majesté daigne les recevoir.

Dès le 25 décembre 1879, M. Patenôtre avait, par une longue dépêche à M. Waddington, ministre des affaires étrangères, attiré l'attention du gouvernement français sur la nécessité de s'opposer à l'intervention de la Chine : « Si, écrivait-il, la Cour de Pékin a semblé tenir jusqu'ici pour lettre morte notre traité avec l'Annam, elle n'a jamais non plus protesté contre la notification qui lui en a été faite par M. de Rochechouart et d'où découlait la proclamation officielle de notre protectorat. Elle protestera moins encore quand ces déclarations se seront traduites par une action énergique. »

Le gouvernement français avait rejeté en 1879 un plan d'occupation présenté par l'amiral Jauréguiberry. Mais à la veille de la rentrée du Parlement de 1880 il se disposa à demander des crédits « dans l'éventualité des opérations que nous pourrions être amenés à entreprendre au Tonkin. » C'est alors que le marquis Tseng, ministre de Chine à Paris, en mission à Saint-Pétersbourg, intervint auprès du ministre des affaires étrangères :

Le marquis Tseng, ministre de Chine à Paris, à M. Barthélemy Saint-Hilaire, ministre des affaires étrangères.

Saint-Pétersbourg, le 10 novembre 1880

J'ai l'honneur d'informer Votre Excellence qu'à la suite des bruits qui avaient couru sur certaines causes de nature à créer un conflit entre le gouvernement français et le prince du Tonkin, j'ai eu, le 25 janvier, une entrevue avec M. de Freycinet, au ministère des affaires étrangères. Et après avoir fait connaître à Son Excellence, lors de cet entretien, les liens de vassalité qui unissent le Tonkin à la Chine, je lui ai demandé s'il y avait réellement des causes de cette nature. Son Excellence a déclaré que de pareilles causes n'existaient point, et cette assurance a pu calmer nos appréhensions à ce sujet.

Mais, d'après des informations plus récentes, il paraît que le gouvernement français aurait l'intention d'envoyer ou a déjà expédié des troupes au Tonkin, ce qui m'a fait renaître des appréhensions.

J'ai donc l'honneur de prier Votre Excellence de vouloir m'informer si ces observations sont authentiques, et si, depuis l'entretien que j'ai eu avec M. de Freycinet les intentions du gouvernement français ont subi quelque changement.

J'espère que Votre Excellence voudra bien me faire connaître, comme son prédécesseur, les vues de votre gouvernement relatives à la question du Tonkin, car je n'ai pas besoin de déclarer à Votre Excellence que le gouvernement chinois ne saurait regarder avec indifférence des opérations qui tendraient à changer la situation politique d'un pays limitrophe comme le royaume du Tonkin, dont le prince a reçu jusqu'à présent son investiture de l'Empereur de Chine.

Comme je suis occupé à des négociations avec le gouvernement russe, je n'ai pu, à mon regret, présenter mes félicitations à Votre Excellence, le jour de votre entrée au ministère. Dès que je serai arrivé à un arrangement à Saint-Pétersbourg, je m'empresserai de venir à Paris pour présenter mes devoirs à Votre Excellence. Pour le moment, je dois prier Votre Excellence de vouloir bien me donner une réponse à la note que j'ai l'honneur de lui adresser.

Tseng.

M. Barthélémy Saint-Hilaire répondit par la lettre suivante :

M. Barthélémy Saint-Hilaire, ministre des affaires étrangères, au marquis Tseng, ministre de Chine à Paris.

Paris, le 27 décembre 1880.

Vous m'avez fait l'honneur de m'écrire de Saint-Pétersbourg, sous la date du 10 novembre, pour me demander des renseignements sur l'état actuel des rapports de la France avec le Tonkin, et vous avez bien voulu me rappeler les termes d'une conversation qui a eu lieu, sur le même sujet, entre mon prédécesseur et vous, dans les premiers jours de l'année courante.

Nos rapports avec le Tonkin sont réglés par le traité conclu, le 15 mars 1874, entre la République française et l'empire d'Annam, dont le Tonkin, vous ne l'ignorez pas, est une dépendance.

En vertu de l'article 2 de cet acte solennel, la France a reconnu l'entière indépendance du souverain de l'Annam vis-à-vis de toute puissance étrangère quelle qu'elle soit, lui a promis aide et assistance, et s'est engagée à lui donner tout l'appui nécessaire pour maintenir dans ses états l'ordre et la tranquillité, pour le défendre contre toute attaque. Je dois ajouter que le même traité a placé sous la protection de la France les intérêts européens en Annam.

L'acte dont je viens d'indiquer les principales clauses a été communiqué, en son temps, aux différents gouvernements qu'il pouvait intéresser, la Cour de Chine, en particulier, en a reçu notification par l'entremise de la légation de France, à Pékin. Les relations du gouvernement de la République avec l'Annam et ses différentes provinces se trouvent depuis lors définies, avec une précision suffisante, et, je ne doute pas que M. de Freycinet, à l'entretien amical de qui vous vous êtes référé, ne vous ait donné avant moi des explications parfaitement concordantes avec le texte du traité qui détermine les droits et les obligations de la France.

Je ne fais pas difficulté de vous assurer, à mon tour, que le gouvernement de la République a l'intention de se conformer aux stipulations du traité de 1874 et de remplir les obligations qui peuvent en découler pour lui. Il comprend sans peine l'intérêt que la Cour de Pékin attache, comme nous-mêmes, au maintien du bon ordre dans une contrée voisine de la frontière du Céleste Empire, et il appliquera tous ses efforts à empêcher qu'aucune difficulté ou aucun malentendu ne s'élève, de ce chef, entre la France et le gouvernement impérial chinois.

BARTHÉLÉMY SAINT-HILAIRE

Le général Chanzy, ambassadeur à Saint-Pétersbourg, faisait connaître en ces termes l'impression produite sur le marquis Tseng par la réponse du ministre :

> *Le général Chanzy, ambassadeur de la République française à Saint-Pétersbourg, à M. Barthélémy Saint-Hilaire, ministre des affaires étrangères.*

Saint-Pétersbourg, le 8 janvier 1881.

Votre dépêche du 27 décembre dernier m'entretient de la communication qu'a cru devoir vous faire le ministre de Chine près la République française, à propos des bruits qui circulent sur nos affaires au Tonkin. J'ai pris connaissance des diverses pièces annexées à cette dépêche et j'ai remis immédiatement au marquis Tseng la lettre qui lui était destinée.

Hier le marquis, qui est mon voisin et que je vois souvent, est venu me faire une visite, et amena de lui-même la conversation sur la question du Tonkin. Il exposa d'abord les considérations qui l'avaient décidé à vous écrire. Il n'avait pu, me dit-il, voir se renouveler les bruits qu'il avait déjà signalés à votre prédécesseur, sans chercher à savoir ce qu'ils pouvaient avoir de fondé. Il devait renseigner son gouvernement qui ne manquerait pas de s'émouvoir de ces bruits s'il en avait connaissance. Il expose ensuite la situation de l'Annam vis-à-vis de la Chine dont il avait toujours reconnu la suzeraineté et l'intérêt que devait avoir aux yeux de la Cour de Pékin tout ce qui pouvait se passer sur ses frontières et modifier les conditions de ses rapports avec un pays dont le souverain tenait d'elle son investiture.

Je répondis au marquis que je ne connaissais de cette question que ce qu'en disaient les lettres échangées entre lui et vous et que vous aviez bien voulu me communiquer ; mais que la situation de la France vis-à-vis de l'empire d'Annam me paraissait très nettement réglée par le traité de 1874. J'ajoutai, que cet acte, en nous créant comme devoir de protéger les intérêts européens dans cette partie de l'Asie, nous donnait également le droit de prendre toutes les dispositions que nous jugerions utiles pour maintenir dans l'Annam l'ordre et la sécurité auxquels la Chine était la première intéressée.

« Nous connaissons les droits et les devoirs qui résultent pour la France de ce traité, a repris le marquis ; il a été notifié à Pékin par votre gouvernement ; nous n'y avons vu qu'une garantie pour l'Annam, un bien pour la tranquillité, mais rien ne nous a indiqué que les liens de vassalité qui liaient ce pays au nôtre fussent rompus. Nous n'avons donc aucune raison de faire des objections, et nous ne soulèverions aucune observation si les bruits auxquels j'ai fait allusion ne faisaient prévoir, dans le cas où ils se réaliseraient, des modifications à une situation établie et touchant de si près à nos intérêts. »

Il m'était facile de voir que le représentant de la Chine ne m'avait pas encore dit toute sa pensée et qu'il était sous le coup d'une préoccupation que je ne pouvais cependant chercher à dissiper, ne connaissant rien des projets qui peuvent exister à l'endroit du Tonkin. Après avoir répété à diverses reprises les arguments déjà exposés, le marquis en arriva à la question que je prévoyais : «La lettre que vous m'avez remise, m'a-t-il dit, ne fait aucune allusion aux bruits que je signalais à M. le ministre des affaires étrangères et dont j'avais déjà entretenu M. de Freycinet. Ces bruits prêtent à la France la pensée de s'annexer le Tonkin et j'aurais désiré être rassuré à ce sujet et savoir dans quel sens je dois renseigner mon gouvernement que de pareils projets ne manqueraient pas de préoccuper. Si la Chine se désintéressait dans une question de cette importance, parce qu'elle a toute confiance dans la France et qu'elle tient essentiellement aux bonnes relations entre les deux pays, elle créerait par cela même un précédent dangereux. Déjà le Japon s'est annexé les îles Liou-Keou, parce que le Céleste Empire n'avait pas affirmé son droit de suzeraineté sur ces îles. Demain les Russes, s'ils ne trouvaient aucun obstacle, s'empareraient de la Corée, les Anglais du Thibet, et les conditions de l'empire Chinois et des pays sous sa dépendance se trouveraient complètement modifiées.

« Nous ne voyons, je le répète, ajouta le marquis, qu'un avantage dans le protectorat que vous exercez, en vertu du traité de 1874, sur l'Annam, mais l'annexion du Tonkin à votre colonie de Cochinchine, en plaçant sous une autre autorité que celle de l'empereur d'Annam une contrée desservie par les grands fleuves dont le cours est en grande partie sur notre territoire, outre le préjudice qu'elle porterait à nos intérêts, ne manquerait pas de soulever des conflits et des difficultés qu'il est utile de prévoir et d'empêcher. »

Je répondis au ministre de Chine que je n'avais pas mission de discuter avec lui sur des projets dont je ne connaissais ni l'existence ni la portée, mais que je pouvais lui donner l'assurance que la France avait l'intention de se conformer strictement aux stipulations du traité de 1874, en remplissant les obligations qui peuvent en découler pour elle.

La conversation dut en rester là, et le marquis me quitta d'autant plus préoccupé que les difficultés pendantes entre la Russie et la Chine pèsent sur lui et qu'il semble croire qu'elles ne feraient que s'aggraver, s'il en naissait d'autres avec la France. Aussi m'a-t-il prié de vous faire part de ses préoccupations; c'est ce qui m'a amené à vous rendre compte tout au long d'un entretien qui peut avoir son importance.

CHANZY.

Les vues du gouvernement français n'étaient pas douteuses. Elles furent encore confirmées par la lettre suivante :

M. Gambetta, ministre des affaires étrangères,
au marquis Tseng, ministre de Chine à Paris.

Paris, le 1er janvier 1882.

Je me suis fait représenter dernièrement une lettre que vous avez adressée, sous la date du 24 septembre 1881, à M. Barthélémy Saint-Hilaire, mon prédécesseur au département des Affaires étrangères, en réponse à sa communication du 27 décembre 1880, concernant les affaires de la colonie française de Cochinchine. Vous développiez dans cette lettre différentes considérations relatives à la situation internationale de l'empire d'Annam, et j'ai regretté de constater une certaine différence entre vos appréciations à cet égard et celles que M. Barthélémy Saint-Hilaire vous avait exposées au nom du gouvernement de la République. Je croirais inopportun d'engager ici une discussion de principe ; je préfère me borner à mentionner que la communication qui vous a été transmise à la date du 27 décembre 1880, contient l'indication exacte des faits auxquels le gouvernement français a le devoir de se tenir.

Il est toutefois un point de votre lettre que je ne saurais laisser passer sans une observation particulière. Le gouvernement impérial chinois, écriviez-vous, ne peut pas reconnaître le traité de 1874 conclu entre la France et l'Annam. Or, ce traité, qui règle précisément nos rapports avec l'Annam, a été officiellement communiqué au gouvernement chinois, le 25 mai 1875, par le comte de Rochechouart, chargé d'affaires de France à Pékin, et dans la réponse en date du 15 juin suivant, que le prince Kong a envoyée à M. de Rochechouart, il n'a été élevé aucune objection contre la conclusion du traité, ni contre aucune de ses clauses; l'Annam est mentionné simplement comme ayant été autrefois un pays tributaire de la Chine, ce qui ne présente, à vrai dire, qu'un intérêt historique.

Vous comprendrez sans peine que, dans ces conditions, il nous soit malaisé d'admettre que le gouvernement chinois vienne contester aujourd'hui un traité existant et déjà entré dans la période d'application depuis près de huit années; nous ne saurions nous arrêter en tout cas à une réclamation aussi tardive, et le gouvernement de la République hésite d'autant moins à revendiquer l'entière liberté de ses actes en ce qui concerne l'exécution de ses conventions avec l'Annam, qu'il ne nourrit, ainsi que M. de Freycinet et M. Barthélémy Saint-Hilaire vous en ont successivement donné l'assurance, aucun dessein qui puisse porter ombrage à la Chine ou qui soit préjudiciable à ses intérêts.

Léon Gambetta.

C'est en vain que le marquis Tseng protesta que le gouvernement impérial n'avait pas reconnu le traité de 1874. Le gouvernement français avait résolu d'agir enfin, et le 17 janvier 1882, le commandant Rivière, avec un petit corps de 600 hommes d'infanterie de marine, de fusiliers marins et de tirailleurs annamites, recevait de M. Le Myre de Vilers, gouverneur de la Cochinchine, l'ordre de se rendre à Hanoï avec une mission définie par la dépêche suivante :

Le Gouverneur de la Cochinchine à M. Rivière.

Saïgon, le 17 janvier 1882.

A la suite de l'attaque dont ont été victimes MM. Courtin et Villeroi, voyageurs français munis de passeports réguliers, j'ai dû faire des représentations au gouvernement Annamite et l'engager à expulser de son territoire les mercenaires chinois à sa solde connus sous le nom de « Pavillons Noirs ».

Sans repousser ma demande, la Cour de Hué, sous le prétexte que ces irréguliers lui avaient rendu des services, mais en réalité, par impuissance, n'a pu me donner satisfaction, elle s'est contentée de me répondre qu'elle éloignerait ces bandes.

D'un autre côté, j'apprends que Lun-Vinh Phuoc vient de se rendre en Chine, salué sur son passage comme un chef d'armée et emportant des sommes considérables destinées, sans aucun doute, à recruter de nouveaux soldats.

En même temps, des saisies opérées par la douane ont prouvé qu'il se faisait un approvisionnement considérable d'armes à tir rapide et de munitions de guerre.

Dans ces conditions, il me paraît nécessaire de mettre nos troupes à l'abri d'une surprise, et j'ai décidé que la garnison d'Hué serait doublée.

Vous voudrez bien donner des instructions pour que « le Drac » appareille jeudi soir et porte au Tonkin deux compagnies de renfort; je désire que vous présidiez à cette opération.

Vous connaissez les vues du gouvernement de la République. Il ne veut, à aucun prix, faire à 4000 lieues de la France une guerre de conquête, qui entraînerait le pays dans de graves complications.

C'est politiquement, pacifiquement, administrativement que nous devons étendre et affermir notre influence au Tonkin et en Annam : aussi la mesure que nous prenons aujourd'hui est-elle essentiellement préventive.

Vous devez donc n'avoir recours à la force qu'en cas d'absolue nécessité et je compte sur votre prudence pour éviter cette éventualité, peu probable d'ailleurs.

Nous n'avons pas à Hanoï les casernements nécessaires pour loger 450 hommes. Vous aurez à créer une installation provisoire; je vous recommande de la faire aussi salubre que possible, car, avant tout, il faut ménager la vie et la santé de nos soldats.

Comme vous le savez, des douanes intérieures ont été placées par les « Pavillons noirs » sur le cours du Song-Koï et de ses affluents, contrairement aux traités.

Vous aurez à surveiller le fleuve, et je considère comme très utile d'établir un poste fortifié à l'embouchure de la rivière Claire. Vous ferez étudier le projet par l'officier du génie que je mets à votre disposition et vous commencerez les travaux lorsque vous jugerez pouvoir le faire sans sortir du programme pacifique que je vous ai indiqué.

Incontestablement les autorités annamites auxquelles nous nous adressons pour obtenir la cession du terrain, feront des observations, demanderont à en référer à Hué et chercheront à gagner du temps, vous passerez outre, lorsque le moment vous paraîtra venu ; j'ai, du reste, tout lieu de croire que vous ne rencontrerez aucune opposition sérieuse.

Vous ne devez avoir aucun rapport direct ou indirect avec les « Pavillons noirs », pour nous, ce sont des pirates et vous les traiterez comme tels, s'ils se mettent sur votre route; seulement comme nous devons nous montrer ménagers de la vie humaine, au lieu de les passer par les armes, vous les expédierez à Saïgon et je les ferai interner à Poulo-Condore.

Dans le cas peu probable où vous rencontreriez des troupes impériales chinoises, vous éviteriez soigneusement un conflit.

Il est possible que votre présence seule provoque un mouvement insurrectionnel de la part de la population, vous aurez grand soin de ne pas vous y associer sans m'en avoir référé.

Les fonds nécessaires à la première installation seront mis à votre disposition par le chef du service administratif; ultérieurement, je prendrai les mesures nécessaires pour que les travaux d'établissement soient payés sur les douanes.

Si vous aviez besoin de forces complémentaires, vous m'en feriez la demande et j'y satisferais immédiatement.

Je ne crois pas devoir vous donner d'instructions plus détaillées, elles ne feraient que vous entraver, car, probablement, il se produira des incidents et des nécessités que je ne puis prévoir, mais je compte sur votre patriotisme et votre sagesse pour ne pas engager le gouvernement de la République dans une voie qu'il ne veut pas suivre.

Toute ma pensée peut se résumer dans cette phrase : Évitez les coups de fusils ; ils ne serviraient à rien qu'à vous créer des embarras.

Le Myre de Vilers.

Rivière se heurta à la même hostilité qu'avait rencontrée Garnier, agit et mourut comme lui. Le 25 avril il enleva la citadelle de Hanoï et recommença la conquête du Delta. Au marquis Tseng qui protestait de nouveau, M. de Freycinet, ministre des affaires étrangères, répondait « que nous avions donné l'ordre au gouvernement de la Cochinchine d'assurer l'application complète du traité de 1874, que les suites de l'action que nous entendions exercer dans cette vue concernaient exclusivement les deux États signataires et qu'en conséquence, nous n'avions aucune explication à fournir au gouvernement chinois ». Le gouvernement français était si bien résolu à repousser l'ingérence de la Chine qu'il désavouait M. Bourée, ministre à Pékin, qui avait communiqué au ministère un projet de convention, lequel, portant constitution d'une zone neutre à délimiter entre la Chine et l'Annam, cédait Laokay au Yunnan et contenait l'engagement pour la France de respecter la souveraineté territoriale de l'Annam.

Cependant les Pavillons-Noirs accouraient en nombre et bientôt Rivière fut comme prisonnier dans cette place. Le 19 mai 1883, il essaya de repousser l'ennemi en faisant une sortie sur la route de Sontay : attaqué par des forces considérables il fut tué avec le commandant Berthe de Villers, deux autres officiers et 26 de ses hommes, au pont de Papier, où avait été déjà tué Francis Garnier.

Le gouvernement, qui avait voulu attendre le vote du Parlement pour agir et qui avait même télégraphié de suspendre toute opération au Tonkin, prit immédiatement, croyant déférer au vœu de l'opi-

nion publique, des résolutions énergiques. La demande de crédits
de 5 millions et demi, déposée le 24 avril 1883, fut acceptée par les
Chambres ; le général Bouët était nommé au commandement des
troupes, des renforts étaient envoyés de Cochinchine et de France,
l'amiral Courbet formait une division navale et le docteur Harmand était nommé commissaire civil de la République au Tonkin.

Une importante discussion s'engagea à la Chambre le 10 juillet
1883 sur une interpellation de MM. Granet et Delafosse. M. Challemel-Lacour, ministre des affaires étrangères, fit connaître que les
vues du gouvernement étaient de s'établir solidement dans le Delta ;
il ajouta que nous étions dès ce moment en état de guerre avec l'Annam qui avait violé le traité de 1874 en prenant à sa solde les Pavillons-Noirs et que, pour dégager le gouverneur de la Cochinchine, on
avait nommé un commissaire civil au Tonkin, chargé d'organiser
l'administration, l'autorité militaire conservant la direction des
troupes : il concluait qu'il ne s'agissait point de conquérir l'empire
d'Annam et que l'on désirait maintenir avec la Chine des relations
pacifiques, tout en lui demandant de respecter les frontières du
Tonkin. Après un incident violent soulevé par M. de Cassagnac, qui
attribuait les affaires du Tonkin à des « motifs inavouables » comme,
disait-il, ceux qui avaient amené la guerre de Tunisie, la Chambre
vota par 362 voix contre 78, un ordre du jour de confiance. De même,
au Sénat, le 21 juillet, répondant au duc de Broglie, M. Challemel-Lacour expliqua que l'Annam ne nous avait pas déclaré la guerre
et que nous ne la lui avions pas déclarée, mais que en réalité nous
étions en guerre avec lui, parce que les bandes de Pavillons-Noirs ou
Jaunes étaient à sa solde.

Les renforts envoyés de France étaient arrivés au Tonkin en juillet et les opérations avaient immédiatement commencé.

Le colonel Brionval occupa Haï-Dzuong, mais le 15 août, le général Bouët ne put enlever les villages de Vuong et de Day où l'ennemi
s'était fortement retranché. D'autre part, la mort de Tu-Duc, le 17
juillet, son remplacement par Hiep-Hoa, la nécessité de plus en
plus évidente d'une intervention à Hué d'où partaient les ordres
donnés aux mandarins du Tonkin pour la résistance et les subsides
aux Pavillons-Noirs amenèrent le gouvernement français à autoriser
une action contre Hué ; le 18 août la division de Courbet paraissait
à l'entrée de la rivière de Hué et commençait le bombardement ; le
21, les forts de Thuan-An étaient entre nos mains et M. Harmand

adressait au gouvernement annamite un ultimatum qui aboutit le 25 août 1883 à la conclusion d'un traité dont voici l'analyse, d'après le télégramme même de M. Harmand :

M. Harmand, commissaire général de la République au Tonkin, à MM. les Ministres de la marine et des affaires étrangères, à Paris.

(Télégramme)

Tuan-An, 25 août (reçu 30 août).

« Une convention a été signée aujourd'hui à Hué même. En voici le résumé :

« Reconnaissance pleine et entière du protectorat. Annexion définitive du Binh-Tuan aux possessions françaises de Cochinchine. Occupation militaire permanente de la ligne Viung-Khina, des forts de Tuan-An et l'entrée de la rivière de Hué. Résidents assistés de force suffisante aux chefs-lieux de toutes les provinces du Tonkin, y compris Thanh-Hoa et Nghe-An. Ports de Xuanday et de Tourane ouverts. Douanes de tout le royaume entièrement aux mains de la France. Ligne télégraphique aérienne Saïgon-Hanoï. Résident à Hué. Audiences personnelles du roi. Postes militaires le long du fleuve Rouge et fortifications partout où elles seront nécessaires. Dettes de l'Annam considérées comme acquittées en échange du Binh-Thuan. Somme annuelle de deux millions au moins payée au roi sur le produit des douanes et l'impôt au Tonkin. Piastre et monnaies de la Cochinchine ont cours dans tout le royaume. Conférences ultérieures à Hué règleront régime commercial, douanes, points de détail de la convention.

« Les plénipotentiaires annamites ont demandé la réouverture de la légation aussitôt que possible. M. de Champeaux me paraît indiqué. Prière nomination par le télégraphe.

« Je demande instamment la ratification rapide de la convention et nominations de plénipotentiaires pour discuter certains points de détail que j'ai éludés intentionnellement, tels que le régime commercial, les douanes, les impôts, la quotité proportionnelle à attribuer à l'Annam, etc. Ces discussions seront probablement assez longues ; je ne puis y assister. Je demande de ne pas en être chargé. Il serait utile de désigner un plénipotentiaire qui fût un homme d'affaires et un financier.

Au Tonkin, le général Bouët, après l'affaire de Vuong, demandait des renforts et enleva, le 1er septembre, le village de Phung où il laissa un poste. Il demanda alors à rentrer en France et fut remplacé par le colonel Bichot ; puis l'amiral Courbet recevait le commandement en chef de toutes les forces de terre et de mer. La situation militaire était améliorée, mais, les relations avec la Chine s'aggravaient : des réguliers chinois étaient à Sontay et il devenait évident que la Chine intervenait militairement.

Le 9 mai, le marquis Tseng avait demandé à M. Challemel-Lacour des renseignements sur l'action que la France préparait au Tonkin. Le ministre répondit qu'il ne pouvait traiter avec la Chine des affaires de l'Annam, mais que cependant, pour témoigner de ses bonnes dispositions, il ne refuserait pas toute explication : le gouvernement français, déclara-t-il, n'avait d'autre but que de sauvegarder sa situation au Tonkin et il était prêt à ouvrir des négociations soit à Paris, soit à Pékin en vue du règlement des questions commerciales qui pouvaient intéresser les deux pays. Pour ces négociations M. Tricou avait été appelé à remplacer M. Bourée dont la mission avait pris fin à la suite du rejet de son projet de traité. M. Tricou se rendit à Shanghaï où il entama des pourparlers avec Li-Hong-Chang, vice-roi du Tchéli, chargé du commandement en chef des troupes chinoises dans le sud de la Chine ; Li-Hong-Chang à Shanghaï et Tseng à Paris répudiaient pour la Chine toute pensée d'assister l'Annam contre nous. Mais bientôt Li-Hong-Chang traîna les choses en longueur et le 5 juillet, il était brusquement rappelé à Tien-Tsin, interrompant tous pourparlers.

Ils furent repris à Paris au mois d'août, et le 18 le marquis Tseng faisait enfin connaître les réclamations du gouvernement chinois par la note suivante :

Le marquis de Tseng, ministre de Chine à Paris, à monsieur le ministre des affaires étrangères.

Paris, le 18 août 1883.

Monsieur le ministre,

Dans les entrevues que j'ai eu l'honneur d'avoir avec Votre Excellence, elle a bien voulu m'exprimer le désir du gouvernement français de connaître les vues de la cour de Pékin relativement à la question du Tonkin. Je me suis empressé d'en informer le Cabinet impérial, qui vient de m'ordonner de porter à la connaissance du Cabinet français les bases sur lesquelles il est prêt à s'entendre avec le gouvernement de la République. Ces bases peuvent se résumer dans les points suivants :

1° Que la France ne porte point atteinte à la position politique du royaume de l'Annam et ne s'annexe aucun territoire de ce pays en dehors des six provinces du Sud qu'elle avait annexées ou occupées en 1862 et 1867 ;

2º Que les liens de vassalité qui unissent l'Annam à la Chine restent comme par le passé ;

3º Que le territoire et les villes actuellement occupées par les forces françaises au Tonkin soient évacués et que certaines villes, moyennant une entente, soient ouvertes au commerce étranger, où des consulats pourront être établis, aux conditions semblables à celles qui régissent le commerce étranger dans les ports de Chine ;

4º Que le fleuve Rouge soit ouvert à la navigation des navires étrangers jusqu'à « Thouang-Hô-Khouan », situé sur la rive gauche du fleuve Rouge et en face de la ville de Sontay et qui doit être considéré provisoirement comme point extrême de la navigation étrangère et comme lieu d'échange des produits de la provenance du Yunnam et des localités riveraines en aval ;

5º Que la Chine s'engage à user de l'influence que lui confère sa position pour faciliter le commerce sur le fleuve Rouge et éviter l'emploi de la force contre les Pavillons Noirs ;

6º Que toute convention nouvelle entre la France et l'Annam soit l'objet d'une entente avec la Chine.

Sincèrement désireux d'arriver à une entente au sujet du Tonkin, le gouvernement impérial m'a prescrit de recommander ces propositions à la plus sérieuse attention du cabinet français et de lui exprimer l'espoir qu'elles seront l'objet d'une appréciation bienveillante et qu'elles pourront servir à provoquer à temps un échange de vues sur cette question que le gouvernement impérial tient profondément à cœur de régler d'une façon amicale et satisfaisante.

Veuillez agréer, etc.

Tseng.

La Chine en somme nous demandait d'évacuer le Tonkin, se réservant d'intervenir directement pour pacifier le pays et d'ouvrir le fleuve Rouge à la navigation étrangère jusqu'à la hauteur de Sontay.

M. Challemel-Lacour répondit en ces termes :

Le ministre des affaires étrangères, au marquis de Tseng, ministre de Chine à Paris.

Paris, le 27 août 1883,

Monsieur le marquis, vous avez bien voulu, par votre office du 18 de ce mois, m'informer des conditions dans lesquelles le gouvernement chinois désirerait mettre fin aux difficultés existantes au Tonkin. Permettez-moi de me féliciter que, répondant aux instances que nous avons plusieurs fois renouvelées, soit à Paris, soit en Chine, le gouvernement Impérial ait jugé le moment venu de nous communiquer ses vues. Je m'en féliciterais davantage si le caractère de quelques-unes des propositions que vous avez été chargé de me soumettre n'excluait la possibilité de les prendre, dans leur ensemble, pour base d'une discussion utile.

Les déclarations que le gouvernement a faites publiquement aux Chambres, aussi bien que les entretiens que j'ai eu l'honneur d'avoir avec vous dans ces derniers temps, vous ont fait connaître l'ordre d'idées dans lequel nous entendons nous maintenir. Vous ne serez donc pas surpris qu'il ne nous paraisse pas opportun d'entrer dans l'examen détaillé des propositions que vous m'avez transmises. En dehors de certaines hypothèses qu'il ne nous convient pas même d'envisager, la série de ces propositions soulève une objection générale, en ce qu'elle procède d'une manière de voir à laquelle nous ne saurions nous associer. Il semblerait résulter, en effet, que nous avons actuellement à traiter avec la Chine de notre situation dans le Royaume d'Annam et des droits que nous revendiquons au Tonkin. Or, quels que puissent être les titres invoqués par la Chine, c'est là une manière de procéder que nous ne saurions accepter.

Le gouvernement annamite nous a concédé, il y a neuf ans, à la suite d'événements qu'il n'est pas nécessaire de rappeler, des privilèges particuliers dans la vallée du Song-Koï. Lorsque le gouvernement de Pékin, en 1875, a été mis au fait de cette situation et informé des conséquences qui en dérivaient, il ne l'a pas jugé incompatible avec les droits ni avec les intérêts de la Chine. Tout en rappelant les liens d'ancienne date qui l'unissaient à l'Annam et les motifs qui ne lui permettaient pas de se désintéresser des affaires du Tonkin, il ne fit pas difficulté d'accéder à la demande que notre agent à Pékin était chargé de formuler auprès de lui. Il n'eut pas la pensée de contester la validité de notre traité avec l'Annam, et il s'empressa de rappeler les troupes impériales du Tonkin, reconnaissant ainsi qu'il nous appartenait désormais de maintenir l'ordre dans ce pays.

Si l'état de chose établi à cette époque et qui ne pouvait qu'être profitable à l'Annam n'a pas été maintenu, la faute en est à la négligence et à la mauvaise foi des mandarins annamites. C'est donc avec la Cour de Hué, responsable des difficultés actuelles, que nous devons aujourd'hui, comme nous l'avons fait il y a neuf ans, régler les affaires du Tonkin. Nous lui demanderons de remplacer les conventions qu'elle n'a pas su faire exécuter par des arrangements qui, sans porter atteinte à l'intégrité de son territoire, y garantissent la sécurité des personnes et des transactions, en nous donnant les facilités nécessaires pour rétablir et pour assurer l'ordre dans le bassin du fleuve Rouge.

Je ne dois retenir de votre démarche que l'intention manifestée par le cabinet impérial d'en faire, selon les termes mêmes de votre communication, le point de départ d'un échange de vues sur une question que nous avons à cœur, comme lui, de régler d'une façon amicale. Nous n'entendons pas méconnaître les motifs qu'a le gouvernement chinois de s'intéresser à ce qui se passe au Tonkin. Le gouvernement de la République est prêt à tenir grand compte de ses préoccupations et n'aura pas d'objection à examiner, de concert avec le cabinet impérial, les garanties qui lui paraîtraient nécessaires touchant la sécurité de la frontière de Chine, la répression du brigandage et la protection de l'important trafic auquel se livrent les négociants chinois dans le bassin du fleuve Rouge.

Le moment n'est pas éloigné sans doute où nous aurons lieu d'examiner cette question en détail, la Chine sait déjà, et nous nous plaisons à le répéter ici, qu'elle nous trouvera disposés à respecter les traditions qu'elle croirait de sa dignité de maintenir et les liens qui ne seraient pas incompatibles avec la situation que nous avons prise en Annam et que nous voulons y conserver.

Agréez les assurances, etc.

Signé : Challemel-Lacour.

Le 15 septembre, le ministre des affaires étrangères remit au ministre de Chine un mémorandum offrant une zone neutre à la frontière chinoise et demandant l'ouverture de la ville de Man-Hao au commerce étranger. La Chine les refusa et par une note du 16 octobre, fit connaître la solution qu'elle désirait :

Faute d'un arrangement qui conservait le *statu quo* politique du royaume d'Annam, tel qu'il existait avant 1873, et l'indépendance entière du roi d'Annam vis-à-vis de toute puissance quelconque, l'Empereur de Chine, son suzerain, seul excepté, aucun autre arrangement, qui ne laisserait pas au gouvernement impérial le droit entier et exclusif d'agir sur le fleuve Rouge, ne pourrait que lui paraître inadmissible.

Des deux solutions qui viennent d'être suggérées, la Chine préférerait la première ; car, étant à l'épreuve de toute ambition, elle regretterait de se trouver mise en demeure d'empiéter sur le territoire de son vassal qu'elle a su respecter depuis deux siècles.

Mis dans l'impossibilité d'éviter une occupation qui sauvegarderait ses droits et ses intérêts, le cabinet impérial serait prêt, mais seulement dans ce cas-là, à discuter la proposition du gouvernement français concernant l'établissement d'une zone neutre située entre Kouang-Bing-Kouan, frontière méridionale du Tonkin, et le 20e degré de latitude. Il serait également disposé à faire des propositions qui répondraient aux besoins du commerce par l'ouverture du fleuve Rouge à la navigation des pavillons de toutes les nations qui ont des traités avec la Chine.

En ce qui concerne le lieu des échanges, le gouvernement impérial propose, à titre provisoire, la ville de Thouang-Ho-Khouan, située en face de Sontay, comme point extrême, que j'avais d'abord proposé. Au fur et à mesure du développement du commerce, on pourra entrer en

négociations avec le gouvernement impérial, afin de l'étendre sur les
points situés plus en avant. Mais il ne saurait, quand à présent, consentir
à ouvrir ni la ville de Man-Hao ni même la ville de Lao-Kaï au commerce.

Cette fois c'était bien l'évacuation du Tonkin et l'abandon de nos
traités que la Chine demandait. Elle avait vainement cru agir sur
l'opinion européenne en publiant dans la presse anglaise sa correspondance avec la France depuis 1880.

C'est dans ces conditions que fut traitée, devant la Chambre, le
30 octobre 1883, une grande interpellation sur les affaires du Tonkin.
La discussion dura deux jours : elle fut surtout marquée par un
discours de M. Challemel-Lacour, ministre des affaires étrangères,
qui exposa les faits, et par un discours de M. Jules Ferry, président
du Conseil, qui, répondant à MM. Georges Périn et Clemenceau,
établit tout d'abord la tradition française dans l'affaire du Tonkin :

M. le Président du Conseil. — Ce n'est pas moi qui ai engagé une
entreprise qui a pour base des traditions déjà vieilles de près d'un siècle,
des expéditions militaires glorieuses pour la France, deux traités, les
exploits, la merveilleuse aventure de François Garnier, et, finalement,
le traité de 1874, voté par l'Assemblée Nationale. Ce n'est pas moi qui
ai engagé ni l'expédition ni la dépense, comme vous le dites. Je
relisais ce matin, et pour rafraîchir mes souvenirs, car cette affaire
remonte assez loin, votre discours du mois de juillet 1881. Oui, vous
avez toujours été l'adversaire de l'entreprise tonkinoise et du traité de
1874, mais vous aviez tort hier de dire que la responsabilité première
des premiers crédits engagés par cette chambre retombait sur moi, vous
savez très bien que c'est en 1880, sous le ministère de M. de Freycinet,
cabinet dont je faisais partie, je ne renie pas cette responsabilité, que
l'honorable président du conseil a présenté ce petit crédit, qui est resté
quinze mois à la commission du budget...

M. Georges Périn. — Je le sais très bien !

M. le Président du Conseil. — ... Que c'est en juillet 1881 qu'il en est
sorti ; qu'il n'avait aucunement pour but et ne pouvait avoir, en aucune
façon, pour conséquence d'engager une affaire plus considérable que le
chiffre même du crédit ne le comportait ; que ce crédit était spécifié pour
la construction d'un certain nombre de bateaux plats destinés à purger
les embouchures du fleuve Rouge...

M. Georges Périn. — Oui, c'est ainsi que vous avez engagé l'affaire !

M. le Président du Conseil. — N'y avait-il donc pas de garnison française au Tonkin en vertu du traité de 1874?

N'y avait-il pas un gouverneur de la Cochinchine auquel était parti-

culièrement réservée la direction des affaires militaires au Tonkin ?
Est-ce que ce n'est pas ce gouverneur qui a envoyé en avant le commandant Rivière ? Est-ce que c'est le cabinet que je préside, et n'est-ce pas
le cabinet présidé par M. Duclerc qui a envoyé la *Corrèze* avec 700
hommes ? Je ne dis pas cela, Messieurs, pour repousser les responsabilités ; je fais seulement des réserves pour qu'on ne déplace pas la question, qu'on n'en change pas le caractère, et pour qu'on ne fasse pas de
cette affaire du Tonkin une affaire personnelle à tel ou tel ministre, à
tel ou tel président du Conseil, à tel ou tel cabinet. Depuis le commencement jusqu'à la fin, c'est une affaire française et une question de
patrie.

Puis il expliqua l'état des négociations avec la Chine, répéta qu'il
n'y avait pas rupture et exposa que le but du gouvernement était
de nous établir solidement dans le Delta et de s'emparer de Sontay
et de Bac-Ninh.

La Chambre vota un ordre du jour de M. Paul Bert « approuvant
les mesures prises par le gouvernement pour sauvegarder au Tonkin
les intérêts, les droits et l'honneur de la France » et exprimant sa
confiance « dans la fermeté et la prudence du gouvernement pour
faire exécuter les traités existants. » Le ministère avait 240 voix de
majorité et ce chiffre le déterminait à agir avec vigueur.

Le 20 novembre, M. Jules Ferry prit le portefeuille des affaires
étrangères que M. Challemel-Lacour abandonnait pour raisons de
santé, les pouvoirs civils et militaires étaient remis à l'amiral
Courbet. La Chine se démasqua alors et la correspondance suivante
s'échangea entre le marquis Tseng et M. Jules Ferry :

*M. Jules Ferry, Président du conseil, ministre par intérim des affaires
étrangères, au marquis Tseng, ministre de Chine à Paris.*

Paris, le 17 novembre 1883.

Par une lettre du 5 de ce mois, vous avez bien voulu me communiquer une dépêche dans laquelle votre gouvernement prend texte d'un
récent télégramme de M. Tricou pour donner officiellement son approbation à la manière dont vous avez exécuté les ordres impériaux. Je
vous donne acte bien volontiers de cette déclaration et je m'en autorise
pour faire appel à vos bons offices afin d'empêcher que l'exécution du
plan que nous poursuivons au Tonkin ne donne lieu à de fausses interprétations de la part du gouvernement de Pékin.

L'ordre a été récemment donné aux troupes françaises cantonnées dans le bassin du fleuve Rouge de s'emparer de certains points dont l'occupation nous a toujours paru indispensable, notamment de Son-Tay, Hong-Hoa et Bac-Ninh. Bien que ces opérations ne doivent point amener nos colonnes près de la frontière chinoise, il ne serait pas inutile que le gouvernement impérial en fût avisé, afin qu'étant fixé sur le but, il ne se méprenne pas sur la portée de nos mouvements.

Peut-être, même, pour éviter tout malentendu, y aurait-il avantage à ce que le commandant de notre corps d'occupation et celui des forces chinoises voisines de la frontière fussent autorisés à s'entendre directement pour arrêter une ligne de démarcation entre leurs possessions respectives. Le gouvernement de la République serait, pour sa part, disposé à munir l'amiral Courbet des pouvoirs nécessaires pour conclure sur place un arrangement de cette nature, si une pareille combinaison devait obtenir l'adhésion du Cabinet de Pékin. Dans ce cas, il faudrait que des instructions convenables fussent envoyées de part et d'autre dans le plus bref délai, les opérations des troupes françaises étant sans doute déjà commencées à l'heure actuelle.

Je vous serais reconnaissant de porter cette suggestion à la connaissance de votre gouvernement, si, comme je l'espère, elle vous paraît de nature à être favorablement accueillie à Pékin. Le Tsong-Li-Yamen y verra, en tout cas, une nouvelle marque des dispositions conciliantes dont nous n'avons cessé de faire preuve et de notre désir d'éviter toute complication entre les deux pays.

Jules FERRY

Le marquis de Tseng, ministre de Chine à Paris, à M. Jules Ferry,
Président du conseil, ministre par intérim des affaires étrangères.

Paris, le 17 novembre 1883.

Monsieur le ministre, au cours de la séance de la Chambre, qui avait lieu le 31 octobre dernier, M. le Président du conseil a déclaré que le gouvernement français s'est décidé de s'établir dans le delta du fleuve Rouge et de s'emparer des villes de Son-Tay, Hong-Hoa et Bac-Ninh.

Vis-à-vis de cette déclaration, d'ordre de mon gouvernement, j'ai l'honneur d'annoncer à Votre Excellence que, usant des droits suzerains et remplissant les devoirs qui lui incombent en vertu de la suzeraineté de la Chine à l'égard de l'Annam, ainsi qu'en raison de la demande formelle que le roi de l'Annam lui avait adressée, le gouvernement impérial a envoyé il y a quelque temps, comme il avait fait maintes fois, dans le passé, des troupes impériales au Tonkin pour y sauvegarder ses intérêts et ceux de son vassal.

Puisque c'est justement dans les parages auxquels se rapporte la déclaration susmentionnée de M. le Président du conseil que se trouvent les troupes impériales, je dois notifier ce fait à Votre Excellence.

La présence de ces troupes, comme se le rappellera sans doute Votre Excellence, fut reconnue dans l'entretien que j'avais eu avec M. Challemel-Lacour, le 1er août 1883, entretien où son Excellence suggéra la question de leur rappel.

Toutefois, vu les complications, que pourrait produire une collision inattendue entre les troupes françaises et les troupes impériales, je me fais un devoir d'en faire le sujet de cette notification formelle.

Tseng

M. Jules Ferry, président du Conseil, ministre des Affaires étrangères, au marquis Tseng, ministre de Chine.

Paris, le 19 novembre 1883.

Le 17 de ce mois, vous avez bien voulu me prévenir que des troupes impériales, envoyées au Tonkin il y a quelque temps, se trouvaient actuellement dans les parages assignés aux opérations de notre corps expéditionnaire.

Le même jour, par une lettre qui s'est croisée avec la vôtre, je vous annonçais, de mon côté, que nos colonnes avaient déjà sans doute commencé leur mouvement pour s'emparer des points dont l'occupation est jugée nécessaire encore dans le delta du fleuve Rouge. En même temps, j'exprimais l'idée qu'il y aurait peut-être intérêt à ce que les commandants des deux armées fussent autorisés à s'entendre directement pour arrêter une ligne de démarcation entre leurs positions respectives.

Le voisinage des troupes chinoises, que vous signalez dans ces parages, ajoute encore à l'opportunité de notre proposition, qui constitue, ce semble, le plus sûr moyen de prévenir les dangers d'une collision entre les forces des deux pays.

Je me plais à penser dès lors que, vu l'urgence, vous aurez cru devoir en saisir immédiatement le gouvernement impérial, et je vous serai obligé de m'informer sans retard de la suite qu'elle lui aura paru comporter.

Jules Ferry.

Le même jour, le marquis Tseng remettait à M. Jules Ferry la copie d'une note adressée par le Tsong-li-Yamen à M. de Sémallé, chargé d'affaires en Chine, et protestant contre le traité de Hué. Cette note se terminait ainsi :

Le gouvernement impérial est très désireux de conserver ses bonnes relations avec la France, et, si ce désir est réciproque, il est prêt à s'entendre avec elle pour arriver à un arrangement à l'amiable. Mais si le gouvernement français, renonçant, comme il nous le semble, aux sentiments d'honneur et de justice, voulait quand même empiéter sur les lieux occupés par les troupes impériales au Tonkin, ce serait le cabinet français qui aurait voulu rompre la paix. Car alors les troupes impériales, mises en demeure de se défendre, ne manqueraient pas d'opposer la force contre la force.

M. Jules Ferry répondait le 22 que le protectorat de la France avait été fondé par le traité de 1874 et déclarait qu'il ne pouvait accepter les termes de la communication du Tsong-li-Yamen « dus sans doute à une erreur de traduction. »

Le marquis Tseng écrivait de nouveau le 24 :

> *Le marquis Tseng, ministre de Chine,*
> *à M. Jules Ferry, ministre des Affaires étrangères.*

Paris, le 24 novembre 1883.

Par une lettre en date du 17 de ce mois, Votre Excellence a bien voulu me faire connaître l'intention du gouvernement français de « s'emparer de certains points dont l'occupation vous a toujours paru indispensable, notamment Son-Tay, Hong-Hoa et Bac-Ninh. » Et, afin que l'exécution de ce plan ne donne lieu à de fausses interprétations de la part du gouvernement impérial, vous faites appel à mes bons offices pour les prévenir, en me servant de la marque de confiance que mon gouvernement vient de me témoigner.

Plus loin, dans la même dépêche, en vue de prévenir tout malentendu sur la portée des mouvements que le gouvernement français se propose de faire opérer par les troupes françaises contre les villes susdites, Votre Excellence exprime le désir que le commandant des forces françaises du Tonkin et celui des forces chinoises voisines de la frontière soient autorisés à s'entendre directement pour arrêter une ligne de démarcation entre leurs positions respectives.

J'ai toujours considéré comme le plus agréable de mes devoirs celui de prévenir que quelque malentendu ne surgisse entre nos deux pays; et bien que j'aie lieu de douter que le cabinet de Pékin puisse voir dans votre proposition, telle qu'elle se trouve formulée dans votre lettre, une mesure qui répondrait aux positions où se trouvent, en ce moment, les troupes impériales et les troupes françaises, néanmoins, vu qu'elle est motivée par le désir d'éviter toute complication, je n'ai pas hésité à la communiquer à mon gouvernement.

« L'occupation de certains points, notamment de Son-Tay, Hong-Hoa et Bac-Ninh, dit Votre Excellence, vous a toujours paru indispensable. » Je regrette vivement de recevoir cette déclaration, et tenant compte du désir, tant de fois réitéré par le gouvernement français, de conserver de bonnes relations avec la Chine, j'ai de la difficulté à comprendre quelle est la nécessité impérieuse qui pousse le cabinet français à décider d'occuper les lieux qu'il savait depuis longtemps occupés par les troupes impériales.

De plus, cette déclaration m'aurait été inexplicable si je n'avais fait des recherches hors des correspondances échangées entre nos deux gouvernements. Je connais l'inconvénient d'introduire dans les documents diplomatiques les débats du Parlement français, mais, répondant à l'invitation de votre prédécesseur, qui se trouve dans sa dépêche du 27 août, de suppléer les pièces diplomatiques par « les déclarations faites publiquement aux Chambres », je me suis permis de le faire.

Le 31 octobre, à la tribune de la Chambre des députés, M. le président du Conseil a justifié les dernières opérations ordonnées par le gouvernement français au Tonkin comme nécessitées par la politique coloniale de la France. En faisant l'éloge de « l'instinct profond qui a poussé ses prédécesseurs vers l'embouchure du fleuve Rouge et qui leur a montré comme but la possession du Tonkin », il a déclaré que le gouvernement français voulait s'établir solidement au delta du fleuve Rouge et s'emparer de Son-Tay et Bac-Ninh.

Cette déclaration et surtout cet éloge que je me suis empressé de communiquer au Tsong-li-Yamen, a fait une très pénible impression sur mon gouvernement, car personne ne méconnaîtra que cette déclaration est un nouveau point de départ dans la politique française ; jusqu'ici le gouvernement français s'appuyait, pour justifier l'intervention française au Tonkin, sur ses traités avec le roi d'Annam.

Voici les mots dont s'est servi M. Barthélémy Saint-Hilaire, ministre des affaires étrangères, en réponse à ma première dépêche au sujet du Tonkin : « Je ne fais de difficultés de vous assurer à mon tour que le gouvernement de la République a l'intention de se conformer aux stipulations du traité de 1874 et de remplir les obligations qui peuvent en découler pour lui. »

MM. Gambetta, de Freycinet et Duclerc se sont tenus à la même déclaration. Si donc, comme dit M. le Président du Conseil, la politique de tous ses prédécesseurs avait eu pour but la « possession » du Tonkin, nous aurions eu beau discuter, pendant ces trois années, la question de l'intervention française au Tonkin, au point de vue du droit conventionnel.

Cependant, si la déclaration de M. le Président du Conseil nous a fait de la peine, elle nous a aussi éclairés. Car, maintenant, nous saurons à quoi nous en tenir. Nous avons, paraît-il, à envisager la France, jadis si fière de protéger les petits pays, prête, à l'heure qu'il est, à s'emparer du bien du prince qu'elle faisait semblant de protéger, et à s'en emparer, bien entendu, à un moment où le gouvernement français paraît vivre en pleine et bonne harmonie avec ce prince.

Je serais bien aise si les assurances de Votre Excellence pouvaient dissiper la mauvaise impression à laquelle a donné lieu la différence

entre le langage tenu par M. le Président du Conseil aux Chambres et
celui qui se trouve dans les pièces diplomatiques. Car point n'est besoin
de dire à Votre Excellence que le gouvernement impérial ne saurait permettre que le Tonkin devienne une possession française.

TSENG.

Le marquis Tseng écrivait encore le 26 :

Le marquis Tseng, ministre de Chine,
à M. Jules Ferry, ministre des affaires étrangères.

Paris, le 26 novembre 1883.

Monsieur le Ministre, en accusant réception de votre office du 19 de ce
mois, et à la suite de ma dépêche du 24, j'ai l'honneur d'informer Votre
Excellence que le gouvernement impérial serait très heureux de s'entendre avec le gouvernement français pour éviter qu'aucun conflit ne
se produise entre les forces chinoises et françaises au Tonkin.

Mais comme la proposition contenue dans votre lettre du 17 de ce mois
envisage la prise de possession des villes de Sontay, Hong-Hoa et Bac-
Ninh, c'est-à-dire des villes occupées actuellement par les troupes impériales et qu'elles ont reçu l'ordre de garder, le gouvernement impérial
est très au regret de ne pouvoir trouver dans votre proposition une mesure qui répondrait au besoin de l'état actuel des choses au Tonkin.

Dans le même but qui a motivé la bienveillante proposition de Votre
Excellence, j'ai proposé à votre prédécesseur, dans un entretien que j'ai
eu avec lui le 1er août dernier, d'arrêter une ligne de démarcation
entre les armées cantonnées à Hanoï et à Sontay, ainsi que dans les
villes situées sur la rive gauche ou la rive droite du fleuve Rouge.

Je renouvelle cette proposition, et, eu égard aux grands intérêts internationaux qu'un conflit entre les troupes de nos deux pays ne manquerait pas de mettre en jeu, j'espère que Votre Excellence voudra bien
y accorder sa bienveillante considération.

TSENG.

L'intervention de la Chine avait déjà provoqué à la Chambre, le
29 novembre, un premier débat, mais c'est dans la séance du 10 décembre que la discussion s'engagea. Le gouvernement avait saisi
la Chambre d'une demande de crédits et il avait fait distribuer un
volumineux Livre Jaune. Attaqué à la fois par l'extrême gauche et
par la droite, M. Jules Ferry prononça un nouveau discours. Après
avoir rappelé une fois encore la continuité de la politique française,
il s'attacha à mettre en lumière l'attitude de la Chine qui avait tou-

jours tenté d'attirer les négociations sur son terrain, celui de sa
prétendue suzeraineté sur l'Annam, à Pékin où M. Bourée avait
accepté un projet répudié par le gouvernement français, à Shanghaï
où M. Tricou avait vainement fait œuvre de conciliateur, et à Paris
où le marquis Tseng allait jusqu'à écrire le 5 décembre :

Le gouvernement impérial espère que Votre Excellence, comme gage
de la sécurité de nos négociations, a déjà donné des ordres au commandant en chef des troupes françaises de ne faire aucune démonstration dans la direction de ces villes qui puisse être interprétée par les
troupes impériales comme une menace aux positions qu'elles occupent,
car, vu la déclaration formelle contenue dans le memorandum chinois,
mon gouvernement ne saurait concilier une pareille démonstration avec
le désir, tant de fois réitéré, de conserver la paix entre nos deux pays.

M. Jules Ferry répéta qu'il n'y avait point rupture avec la Chine,
mais négociations. La Chambre vota un ordre du jour de confiance.
Le 18 décembre 1883, elle adopta le crédit de 20 millions demandé
par le gouvernement après un nouveau discours du président du
Conseil et une éloquente intervention de Mgr Freppel. Au Sénat, ce
fut le duc de Broglie qui mena l'attaque dans la séance du 20 décembre, donnant ainsi à M. Jules Ferry l'occasion de signaler une
fois encore la continuité de la tradition française :

Vous avez parlé ici, Monsieur le duc de Broglie, comme si le Cabinet qui
est sur ces bancs avait improvisé l'affaire du Tonkin, en même temps
qu'il aurait improvisé je ne sais quelle politique coloniale démesurée et
extravagante contre laquelle j'ai protesté dans une autre enceinte, contre
laquelle je proteste ici. Et, à ce propos, permettez-moi de répéter ce que
j'ai déjà dit : à savoir que notre politique coloniale est une politique
de conservation coloniale, qui n'est pas une politique de folie coloniale.
Comment l'honorable duc de Broglie la désavouera-t-il, puisqu'il l'a
pratiquée, puisque le traité de 1874 est l'œuvre de son gouvernement,
puisqu'il y a, dans ce *Livre jaune* qui est l'histoire vivante de toute cette
affaire, un chapitre tout à l'honneur de M. le duc de Broglie et de M. le
duc Decazes, un chapitre, une série de dépêches, — elles font presque
un volume, elles sont presque une histoire à part, — qui montrent que
la politique du gouvernement d'alors n'était nullement en contradiction
avec celle que nous suivons aujourd'hui? Vous n'avez pas hésité, Monsieur le duc de Broglie, ni vous, ni M. le duc Decazes, vous n'avez pas
hésité à accepter le traité de 1874, si imparfait qu'il fût, si mal agencé,
si imprudemment formulé, si défectueux qu'il fût et qu'on l'eût démontré à la tribune; vous n'avez pas hésité à le porter au Parlement, et

l'Assemblée nationale a tenu à le voter, à le ratifier tel quel, sachant que, de ce faible embryon mal venu, peut-être un jour une grande chose pourrait sortir pour l'avenir de la France.

Et, quand il s'agit d'interpréter, vis-à-vis de l'Europe et particulièrement vis-à-vis de la Chine, — vis-à-vis de la Chine surtout, — le traité de 1874, qui a donné le premier l'interprétation, fourni, en quelque sorte, la glose nationale de laquelle jamais, comme tout à l'heure le répétait avec raison l'honorable M. de Freycinet, aucun ministère ne s'est départi depuis dix ans ? C'est M. le duc Decazes. Il a marqué, dans des dépêches que je ne veux pas lire en ce moment de la discussion, et que vous connaissez tous d'ailleurs, il a marqué les raisons de notre intervention et les intérêts qui nous appelaient là-bas. Il a précisé l'interprétation que la logique des choses devait donner aux formules imparfaites du traité de 1874. Il faisait tout cela en 1875, au moment où il notifiait le traité de 1874 à la Cour de Pékin. Il ne s'en est pas tenu là.

En 1877, lorsque ce que l'on peut appeler, sans métaphore, le pouvoir personnel, lorsque le pouvoir personnel régnait sur la France, la question s'est posée. Quelqu'un a dit alors : « Mais, cette affaire du Tonkin est bien grosse, bien lourde ; ce traité, il est bien difficile d'en tirer un bon parti. » Qui s'exprimait ainsi ? L'honorable amiral qui était alors gouverneur de la Cochinchine, l'amiral Duperré ; il avait eu comme un instant de doute, de défaillance, et alors il écrivait : « L'Annam se plaint, l'Annam gémit ; non seulement il pleure ses provinces et nous les redemande, mais il se plaint de nos garnisons, de nos consuls, de nos petites escortes ; si nous donnions satisfaction à l'Annam, les choses pourraient s'arranger ! » Eh bien ! à ce moment, une très curieuse et très instructive délibération commence, se poursuit et aboutit à ces derniers mots, dits au mois de septembre 1877 par M. le duc Decazes : « Non, il ne faut pas se départir du traité de 1874 ; non, il ne faut pas rappeler nos petites garnisons ; non, il ne faut pas abandonner les droits particuliers que nous avons là-bas. » Et, à l'appui de ses paroles, il donnait toutes les grandes raisons politiques et nationales ; l'affermissement de notre situation en Cochinchine, le maintien de notre prestige dans l'Extrême-Orient. Si je vous lisais sa dépêche, vous y trouveriez la réponse, en quelque sorte prophétique, à toutes les objections que nous avons été obligés de discuter dans une autre enceinte.

C'est donc à tort que l'honorable M. le duc de Broglie représente le cabinet comme l'inventeur, l'auteur et l'éditeur responsable de l'affaire du Tonkin. Non, c'est une affaire française, c'est une affaire qui se rattache à une tradition nationale. Elle remonte même plus haut que 1874, et vous savez mieux que moi à quelles visées les diplomates de la monarchie sur le déclin, ceux qui conduisaient avec plus de clairvoyance que de succès la politique de Louis XV, que vous avez étudiée depuis, et que vous admirez peut-être un peu trop, Monsieur le duc de Broglie, les diplomates qui conseillaient le roi Louis XVI et qui le conseillaient mieux que n'avait été conseillé son prédécesseur, lui avaient fait comprendre qu'à la suite de ce grand désastre de la paix de 1763, infligé par la monarchie à l'empire colonial de la France, il y avait peut-être quelque chose à tirer de ces ruines, un édifice à reconstruire lentement, péniblement peut-être, un moyen de rechercher dans l'Indo-Chine un faible dédommagement aux pertes que l'on venait de subir dans les Grandes-Indes. Et de là ce traité de 1787, signé par M. le comte de Montmorin, ministre de Louis XVI, et par l'évêque d'Adran, précurseur en cela d'un autre évêque que nous avons entendu l'autre jour, et dont vous avez vainement cherché à affaiblir ici l'éloquente et admirable adjuration.

Voilà, sans doute, les raisons, les sentiments, les traditions qui s'agitaient dans la pensée, dans le cœur des ministres de 1874 et 1877. Ce sont vos pensées, vos sentiments, ce sont des traditions auxquelles nous nous honorons de rester fidèles.

Le Sénat vota les crédits. Deux jours après, on apprenait que l'amiral Courbet avait enlevé Sontay le 16 décembre, après trois jours de sanglants combats. Une nouvelle brigade était envoyée au Tonkin et le commandement des troupes donné au général de division Millot qui avait sous ses ordres les généraux Négrier et Brière de l'Isle. En même temps, MM. Tricou et de Champeaux amenaient le régent d'Annam, Nguyen-Van-Tuong, qui avait fait empoisonner le roi Hiep-Hoa et l'avait remplacé par le jeune Kien-Phuc, neveu de Tu-Duc, à confirmer le traité du 25 août 1883.

Le général Millot prit le commandement le 12 février 1884, enleva Bac-Ninh le 11 mars et Hung-Hoa le 12 avril ; des colonnes volantes chassaient les Chinois et Tuyen-Quan fut pris le 1er juin.

Ces succès modifièrent les sentiments de la Chine. Elle rappela le marquis Tseng et le 11 mai 1884 le commandant Fournier signait avec Li-Hong-Tchang à Tien-Tsin le traité de paix provisoire suivant :

Art. 1er. — La France s'engage à respecter et à protéger contre toute agression d'une nation quelconque, et en toutes circonstances, les frontières méridionales de la Chine, limitrophes du Tonkin.

Art. 2. — Le Céleste Empire, rassuré par les garanties formelles de bon voisinage qui lui sont données par la France, quant à l'intégrité et à la sécurité des frontières méridionales de la Chine, s'engage : 1o à retirer immédiatement, sur ses frontières, les garnisons chinoises du Tonkin ; 2o à respecter, dans le présent et dans l'avenir, les traités directement intervenus ou à intervenir entre la France et la Cour de Hué

Art. 3. — En reconnaissance de l'attitude conciliante du gouvernement du Céleste Empire, et pour rendre hommage à la sagesse patriotique de Son Excellence Ly-Hung-Tchang, négociateur de cette convention, la France renonce à demander une indemnité à la Chine. En retour la Chine s'engage à admettre, sur toute l'étendue de ses frontières méridionales limitrophes du Tonkin, le libre trafic des marchandises entre l'Annam et la France, d'une part, et la Chine, de l'autre, réglé par un traité de commerce et de tarifs à intervenir, dans l'esprit le plus conciliant, de la part des négociateurs chinois, et dans les conditions aussi avantageuses que possible pour le commerce français.

Art. 4. — Le gouvernement français s'engage à n'employer aucune expression de nature à porter atteinte au prestige du Céleste Empire, dans la rédaction du traité définitif qu'il va contracter avec l'Annam et qui abrogera les traités antérieurs relatifs au Tonkin.

Art. 5. — Dès que la présente convention aura été signée, les deux gouvernements nommeront leurs plénipotentiaires, qui se réuniront, dans un délai de trois mois, pour élaborer un traité définitif sur les bases fixées par les articles précédents.

Conformément aux usages diplomatiques, le texte français fera foi.

Fait à Tien-Tsin, le 11 mai 1884, le dix-septième jour de la quatrième lune de la dixième année de Kouang-Siu, en quatre expéditions (deux en langue française et deux en langue chinoise), sur lesquelles les plénipotentiaires respectifs ont signé et apposé le sceau de leurs armes.

Pleins pouvoirs de Son Excellence le vice-roi Ly-Hung-Tchang.

Le 16e jour de la 4e lune de la 10e année Kouang-Siu, a été reçu le décret impérial suivant :

« Ly-Hung-Tchang, ancien grand chancelier, vice-roi intérimaire de
« la province du Tchéli, est chargé des fonctions de plénipotentiaire
« pour négocier un traité avec l'envoyé du gouvernement français.
« Respectez ceci. »

Dépêche télégraphique du Tsong-Li-Yamen.

10 mai 1884.

Communication secrète au grand commissaire impérial des ports du Nord.

Votre rapport a été présenté ; nous venons de recevoir l'ordre impérial suivant :

Ordre impérial

« Après avoir pris connaissance de votre rapport, nous ne trouvons rien qui y soit en contradiction avec notre constitution. Que l'affaire soit donc accordée et réglée suivant ce dont vous nous faites part. »

La convention de Tien-Tsin fut complétée par un nouveau traité
conclu par M. Patenôtre à Hué, le 6 juin 1884, avec le roi d'Annam.
Il est ainsi conçu :

Art. 1er. — L'Annam reconnaît et accepte le protectorat de la France.
La France représentera l'Annam dans toutes ses relations extérieures.
Les Annamites, à l'étranger, seront placés sous la protection de la
France.

Art. 2. — Une force militaire française occupera Thuan-An d'une façon permanente. Tous les forts et ouvrages militaires de la rivière de
Hué, seront rasés.

Art. 3. — Les fonctionnaires annamites, depuis la frontière de la Cochinchine jusqu'à la frontière de la province de Ninh Binh, continueront à administrer les provinces comprises dans ces limites, sauf en ce
qui concerne les douanes, les travaux publics et en général les services
qui exigent une direction unique ou l'emploi d'ingénieurs ou d'agents
européens.

Art. 4. — Dans les limites ci-dessus indiquées, le gouvernement annamite déclarera ouvert au commerce de toutes les nations, outre le
port de Qui-Nhon, ceux de Tourane et de Xuan-Day. D'autres ports
pourront être ultérieurement ouverts après une entente préalable. Le
gouvernement français y entretiendra des agents placés sous les ordres
de son résident, à Hué.

Art. 5. — Un résident général, représentant du gouvernement français, présidera aux relations extérieures de l'Annam et assurera l'exercice régulier du protectorat, sans s'immiscer dans l'administation locale
des provinces comprises dans les limites fixées par l'art. 3. Il résidera,
dans la citadelle de Hué, avec une escorte militaire. Le résident général aura droit d'audience privée et personnelle auprès de Sa Majesté le
roi d'Annam.

Art. 6. — Au Tonkin, des résidents ou résidents adjoints seront placés par le gouvernement de la République dans les chefs-lieux où leur
présence sera jugée utile. Ils seront sous les ordres du résident général.
Ils habiteront dans la citadelle et, en tous cas, dans l'enceinte même
réservée au mandarin ; il leur sera donné, s'il y a lieu, une escorte
française ou indigène.

Art. 7. — Les résidents éviteront de s'occuper des détails de l'administration intérieure des provinces, les fonctionnaires indigènes de tout
ordre continueront à gouverner et à administrer sous leur contrôle ;
mais ils devront être révoqués sur la demande des autorités françaises.

Art. 8. — Les fonctionnaires et employés français de toute catégorie
ne communiqueront avec les autorités annamites que par l'intermédiaire
des résidents.

Art. 9 — Une ligne télégraphique sera établie de Saïgon à Hanoï et
exploitée par des employés français. Une partie des taxes sera attribuée

au gouvernement annamite qui concédera en retour le terrain nécessaire aux stations.

Art. 10. — En Annam et au Tonkin, les étrangers de toute nationalité seront placés sous la juridiction française. L'autorité française statuera sur les contestations de quelque nature qu'elles soient, qui s'élèveront entre Annamites et étrangers, de même qu'entre étrangers.

Art. 11. — Dans l'Annam proprement dit, les Quan-Bô percevront l'impôt ancien sans le contrôle des fonctionnaires français et pour compte de la Cour de Hué. Au Tonkin, les résidents centraliseront, avec le concours des Quan-Bô, le service du même impôt, dont ils surveilleront la perception et l'emploi. Une commission composée de commissaires français et annamites déterminera les sommes qui devront être affectées aux diverses branches de l'administration et aux services publics. Ce reliquat sera versé dans les caisses de la Cour de Hué.

Art. 12. — Dans tout le royaume, les douanes réorganisées seront entièrement confiées à des administrateurs français. Il n'y aura que des douanes maritimes et de frontières placées partout où le besoin s'en fera sentir. aucune réclamation ne sera admise en matière de douanes, au sujet des mesures prises jusqu'à ce jour par les autorités militaires; les lois et règlements concernant les contributions indirectes, le régime et le tarif des douanes, et le régime sanitaire de la Cochinchine seront applicables aux territoires de l'Annam et du Tonkin.

Art. 13. — Les citoyens ou protégés français pourront, dans toute l'étendue du Tonkin et dans les ports ouverts de l'Annam, circuler librement, faire le commerce, acquérir des biens meubles et immeubles et en disposer. Sa Majesté le roi d'Annam confirme expressément les garanties stipulées par le traité du 15 mars 1874 en faveur des missionnaires et des chrétiens.

Art. 14 — Les personnes qui voudront voyager dans l'intérieur de l'Annam ne pourront en obtenir l'autorisation que par l'intermédiaire du résident général à Hué ou du gouverneur de la Cochinchine, les autorités leur délivreront des passeports qui seront présentés au visa du gouvernement annamite.

Art. 15 — La France s'engage à garantir désormais l'intégrité des états de Sa Majesté le roi d'Annam, à défendre ce souverain contre les agressions du dehors et contre les rébellions du dedans. A cet effet, l'autorité française pourra faire occuper militairement, sur le territoire de l'Annam et du Tonkin, les points qu'elle jugera nécessaires pour assurer l'exercice du protectorat.

Art. 16. — Sa Majesté le roi d'Annam continuera, comme par le passé, à diriger l'administration intérieure de ses États, sauf les restrictions qui résultent de la présente convention.

Art. 17. — Les dettes actuelles de l'Annam vis-à-vis de la France seront acquittées au moyen de paiements dont le mode sera ultérieurement déterminé. Sa Majesté le roi d'Annam s'interdit de contracter aucun emprunt à l'étranger sans l'autorisation du gouvernement français.

Art. 18. — Des conférences ultérieures régleront les limites des ports ouverts et des concessions françaises dans chacun de ces ports, l'établissement des phares sur les côtes de l'Annam et du Tonkin, le régime et l'exploitation des mines, le régime monétaire, la quotité à attribuer au gouvernement annamite sur le produit des douanes, des régies, des taxes télégraphiques et autres revenus non visés dans l'article 11 du présent traité. La présente convention sera soumise à l'approbation du gouvernement de la République française et de Sa Majesté le roi d'Annam, et les ratifications en seront échangées aussitôt que possible.

Art. 19. — Le présent traité remplacera les conventions des 15 mars, 31 août et 23 novembre 1874. En cas de contestation le texte français fera seul foi. En foi de quoi les plénipotentiaires respectifs ont signé le présent traité et y ont apposé leur cachet. Fait à Hué, en double expédition, le 6 juin 1884.

Le 17 juin 1884 un autre traité de protectorat, ainsi conçu, était signé avec le Cambodge :

Art. 1er. — Sa Majesté le roi du Cambodge accepte toutes les réformes administratives, judiciaires, financières et commerciales auxquelles le gouvernement de la République française jugera à l'avenir utile de procéder pour faciliter l'accomplissement de son protectorat.

Art. 2. — Sa Majesté le roi du Cambodge continuera, comme par le passé, à gouverner ses États et à diriger leur administration, sauf les restrictions qui résultent de la présente convention.

Art. 3. — Les fonctionnaires cambodgiens continueront, sous le contrôle des autorités françaises, à administrer les provinces, sauf en ce qui concerne l'établissement et la perception des impôts, les douanes, les contributions indirectes, les travaux publics et en général les services qui exigent une direction unique ou l'emploi d'ingénieurs ou d'agents européens.

Art. 4. — Des résidents ou des résidents adjoints, nommés par le gouvernement français et préposés au maintien de l'ordre public et au contrôle des autorités locales, seront placés dans les chefs-lieux de province et dans tous les points où leur présence sera jugée nécessaire.

Ils seront sous les ordres du résident chargé aux termes de l'article 2 du traité du 11 août 1863, d'assurer, sous la haute autorité du gouverneur de la Cochinchine, l'exercice régulier du protectorat, et qui prendra le titre de résident général.

Art. 5. — Le résident général aura droit d'audience privée et personnelle auprès de Sa Majesté le roi du Cambodge.

Art. 6. — Les dépenses d'administration du royaume et celles du protectorat seront à la charge du Cambodge.

Art. 7. — Un arrangement spécial interviendra, après l'établissement définitif du budget du royaume, pour fixer la liste civile du roi et les dotations des princes de la famille royale. — La liste civile du roi est provisoirement fixée à trois cent mille piastres, la dotation des princes est provisoirement fixée à vingt-cinq mille piastres, dont la répartition sera arrêtée suivant accord entre Sa Majesté le roi du Cambodge et le gouverneur de la Cochinchine. — Sa Majesté le roi du Cambodge s'interdit de contracter aucun emprunt sans l'autorisation du gouvernement de la République.

Art. 8. — L'esclavage est aboli sur tout le territoire du Cambodge.

Art. 9. — Le sol du royaume, jusqu'à ce jour propriété exclusive de la couronne, cessera d'être inaliénable. Il sera procédé, par les autorités française et cambodgienne, à la constitution de la propriété au Cambodge. — Les Chrétientés et les pagodes conserveront en toute propriété les terrains qu'elles occupent actuellement.

Art. 10. — La ville de Pnom-Penh sera administrée par une commission municipale composée du résident général ou de son délégué, président ; six fonctionnaires ou négociants français nommés par le gouverneur de la Cochinchine, de trois Cambodgiens, un Annamite, deux Chinois, un Indien et un Malais, nommés par Sa Majesté le roi du Cambodge sur une liste présentée par le gouverneur de la Cochinchine.

Art. 11. — La présente convention, dont, en cas de contestations et conformément aux usages diplomatiques, le texte français seul fera foi, confirme et complète le traité du 11 août 1863, les ordonnances royales et les conventions passées entre les deux gouvernements, en ce qu'ils n'ont pas de contraire aux dispositions qui précèdent. Elle sera soumise à la ratification du gouvernement de la République française, et l'instrument de la dite ratification sera remis à Sa Majesté le roi du Cambodge dans un délai aussi bref que possible. En foi de quoi, Sa Majesté le roi du Cambodge et le gouverneur de la Cochinchine ont signé le présent acte et y ont apposé leurs sceaux. Fait à Pnom-Penh, le 17 juin 1884.

Signé : Charles Thompson, Norodorm.

Tout paraissait terminé. Le 17 mai 1884, le commandant Fournier avait remis à Li-Hung-Tchang, qui l'avait acceptée, la note suivante relative à l'évacuation :

Note remise par le commandant Fournier à Li-Hung-Tchang,
le 17 mai 1884.

(Extrait)

Après un délai de vingt jours, c'est-à-dire le 6 juin, nous pourrons occuper Lang-Son, Cao-Bang, Chat-Khé et toutes les places du territoire tonkinois adossées aux frontières du Kouang-Ton et du Kouang-Si ; à la même date, nous pourrons établir des stations navales sur toute l'étendue des côtes du Tonkin.

Après un délai de quarante jours, c'est-à-dire le 26 juin, nous pourrons occuper Lao-Kaï et toutes les places du territoire du Tonkin adossées au territoire du Yunnan.

Ces délais expirés, nous procéderions sommairement à l'expulsion des garnisons chinoises attardées sur le territoire du Tonkin.

FOURNIER.

Mais le parti de la guerre à Pékin se montrait mécontent de la solution intervenue et l'évacuation promise ne se faisait point. Aussi nos colonnes, procédant à l'occupation, trouvèrent les bandes chinoises en position et c'est ainsi que le 23 juin le colonel Dugenne, chargé d'occuper Lang-son, fut attaqué à Bac-Lé par un corps chinois de plusieurs milliers d'hommes et après deux jours de combat, dut se décider à la retraite, ayant perdu deux officiers et 17 hommes tués et près de 80 blessés.

Le gouvernement français intervint résolument et le 9 juillet M. Jules Ferry écrivait à Li-Fong-Pao, le nouveau ministre de Chine à Paris :

M. Jules Ferry, président du Conseil, ministre des affaires étrangères,
à M. Li-Fong-Pao, ministre de Chine à Paris.

Paris, le 9 juillet 1884.

Par ma communication du 4 de ce mois, j'ai eu l'honneur de vous exposer la manière dont nous envisagions l'affaire de Lang-Son d'après les premiers renseignements reçus, et les satisfactions que nous croyions pouvoir attendre du gouvernement impérial. Le rapport qui nous est parvenu, depuis lors, du commandant en chef du Tonkin, a confirmé la gravité de l'incident, en établissant de la façon la plus formelle que ce sont les troupes chinoises qui ont attaqué les soldats français envoyés sur la foi du traité pour occuper Lang-Son. Convaincus qu'un attentat aussi contraire aux assurances de la Cour de Pékin n'est imputable qu'aux manœuvres d'un parti qui cherche à troubler les bons rapports des deux pays, nous avons cru devoir réclamer, sans plus attendre, des garanties pour l'exécution loyale des arrangements conclus à Tien-Tsin.

Notre représentant en Chine a été chargé, en conséquence, de demander que l'article 2 de la convention du 11 mai fût immédiatement exécuté et qu'un décret impérial, publié dans la Gazette de Pékin, ordonnât aux troupes chinoises d'évacuer le Tonkin sans délai.

De plus, il a reçu l'ordre de réclamer, comme réparation pour la violation du traité et comme dédommagement des frais qu'entraînera le maintien de notre corps expéditionnaire au Tonkin, une indemnité de deux cent cinquante millions de francs au moins, dont le règlement sera définitivement arrêté dans les négociations ultérieures. Nous comptons que, sur ces deux points, une réponse satisfaisante sera faite dans la semaine qui suivra la démarche de notre représentant. Autrement nous serions dans la nécessité de nous assurer directement les garanties et les réparations qui nous sont dues.

Je crois utile de vous aviser de ces résolutions, afin que vous puissiez les confirmer vous-même à Pékin, et j'espère que, dans l'état des choses, elles seront considérées comme une nouvelle preuve de nos dispositions amicales envers la Chine et du ferme espoir où nous sommes que le gouvernement impérial saura prévenir les complications que des conseillers imprudents cherchent à susciter. C'est dans le même esprit que M. Patenôtre attendra à Shanghaï les plénipotentiaires qui seront désignés par la Cour de Pékin pour suivre les négociations prévues par l'article final de la convention de Tien-Tsin.

Jules FERRY.

De plus, le 12 juillet 1884, M. de Sémallé, chargé d'affaires à Pékin, notifiait au Tsong-li-Yamen un ultimatum dont M. Patenôtre, alors en mission à Sanghaï, faisait connaître la remise :

M. Patenôtre, ministre de France en Chine,
à M. Jules Ferry, président du Conseil, ministre des affaires étrangères.

Shanghaï, le 13 juillet 1884.

M. de Semallé a, conformément à vos ordres, remis le 12 au Tsong-li-Yamen l'ultimatum suivant :

« Depuis la communication faite, le 4 juillet, au ministre de Chine à Paris, le gouvernement français a reçu la preuve que ce sont les troupes chinoises qui ont attaqué les soldats français envoyés sur la foi du traité, pour occuper Lang-Son. Convaincu qu'un attentat aussi contraire aux assurances de la Cour de Pékin n'est imputable qu'aux manœuvres d'un parti qui cherche à troubler les bons rapports des deux pays, le gouvernement français se voit dans l'obligation de réclamer, dès à présent, des garanties pour l'exécution loyale des arrangements conclus à Tien-Tsin.

« Le Ministre de France à Shanghaï est chargé, en conséquence, de demander que l'article 2 de la convention du 11 mai soit immédiatement exécuté et qu'un décret impérial, publié dans la *Gazette de Pékin*, ordonne aux troupes chinoises d'évacuer le Tonkin sans délai. De plus, il a reçu l'ordre de réclamer, comme réparation pour la violation du traité et comme dédommagement des frais qu'entraînera le maintien du corps expéditionnaire, une indemnité de deux cent cinquante millions au moins, dont le règlement sera définitivement arrêté dans les négociations ultérieures. Le gouvernement français compte que sur ces deux points une réponse satisfaisante lui sera faite dans la semaine qui suivra la remise au Tsong-li-Yamen de la présente note. Autrement le gouvernement français serait dans la nécessité de s'assurer directement les garanties et les réparations qui lui sont dues.

« Le gouvernement français espère que ces décisions seront considérées comme une nouvelle preuve de ses dispositions amicales envers la Chine et du ferme espoir où il est que la Cour de Pékin saura prévenir les complications que des conseillers imprudents cherchent à susciter. C'est dans le même esprit que le ministre de France attendra à Shanghaï les plénipotentiaires délégués par le gouvernement impérial pour suivre les négociations prévues par l'article 5 du traité du 11 mai. »

J'ai reçu hier la visite de M. Hart, envoyé ici par le Tsong-li-Yamen. Il m'a remis une note où l'affaire de Lang-Son est représentée comme un déplorable malentendu : le gouvernement chinois en exprime ses regrets et proteste de son désir de donner plein effet à la convention.

J'ai répondu que le Tsong-li-Yamen était mal venu de plaider aujourd'hui les circonstances atténuantes après avoir, par ses précédentes déclarations, assumé toute la responsabilité des derniers événements. J'ai ajouté que la Cour de Pékin était déjà saisie d'un ultimatum conçu en termes très courtois, mais sur le sens duquel elle ne devait pas se méprendre et que nous étions absolument résolus, si nous n'obtenions pas satisfaction sur tous les points, à employer la force.

Patenotre.

Le gouvernement décidait en même temps de prendre des gages. L'amiral Courbet pénétrait le 17 juillet dans la rivière Min pour la mettre en état de blocus. Les négociations engagées avec la Chine, en vue de l'ultimatum, le contraignirent de suspendre ses opérations.

La Chambre avait ratifié le 14 août la conduite du gouvernement et voté les crédits qu'il demandait. M. Jules Ferry avait fait valoir qu'il ne s'agissait point de faire la guerre à la Chine, mais de prendre des gages pour assurer l'exécution de la convention de Tien-Tsin.

L'ultimatum étant resté sans réponse, l'amiral Courbet reprit l'offensive le 22 août. Le 23, la flotte chinoise fut détruite, le 24, l'arsenal de Fou-Tchéou fut bombardé et les journées suivantes furent employées à raser les batteries du Min : le 29, notre escadre sortait du Min ayant achevé son œuvre. A Formose, Kélung avait été bombardé dès le 5 août, l'amiral Lespès échoua devant Tamsui et l'on se borna à garder Kélung. Au Tonkin, le général Brière de l'Isle avait pris le commandement en remplacement du général Millot, le général de Négrier s'emparait de Kep et de Chu, le colonel Duchesne nettoyait la vallée de la Rivière Claire.

A la rentrée des Chambres un grand débat s'engagea à l'occasion de la discussion des crédits demandés par le cabinet. Ils furent votés le 24 novembre 1884 par la Chambre et le 11 décembre par le Sénat. Une impulsion vigoureuse fut alors donnée aux opérations.

Le général Brière de l'Isle mit en mouvement une première colonne qui, sous les ordres du général de Négrier, battit les Chinois les 3 et 4 janvier, à Chu. Lui-même, après des combats acharnés, entrait à Lang-son le 13 février et les Chinois battaient en retraite vers le nord. Puis, laissant Négrier à Lang-son, il allait délivrer le 3 mars le colonel Dominé, assiégé depuis trois semaines dans Tuyen-Quan. Le général de Négrier chassait de son côté les Chinois jusqu'à la porte de Chine qu'il faisait sauter le 23 février.

A Formose, l'amiral Lespès et le colonel Duchesne s'ouvraient la route de Tamsui.

Enfin, l'amiral Courbet avec sept vaisseaux de guerre bloquait l'embouchure du Yang-tsé-Kiang et interceptait les convois de riz déclarés contrebande de guerre, faisait sauter, le 13 février, deux croiseurs chinois à Sheï-Poo, bombardait les forts de Tsing-Haï et faisait occuper les îles Pescadores.

Abattue par ces revers et surtout par le blocus du riz, la Chine venait à résipiscence déjà ; elle avait renoué les négociations depuis le 10 janvier 1885 par l'intermédiaire de sir J. Duncan-Campbell, représentant à Londres de sir Robert Hart, inspecteur général des douanes chinoises, venu à Paris pour ces pourparlers.

C'est à ce moment que se produisit la douloureuse affaire de Lang-son. Le 27 mars une première dépêche du général Brière de l'Isle annonçait un léger échec du général de Négrier qui s'était heurté au delà de la frontière chinoise à des forces considérables et avait dû, le 24 mars, rentrer au poste de Dong-Dang. Une première discussion s'engagea à la Chambre le 28 mars et le gouvernement n'obtint que 50 voix de majorité. Le lendemain soir la dépêche suivante était publiée par les journaux :

Hanoï, 28 mars, 11 h. 38 du soir.

Je vous annonce avec douleur que le général de Négrier, grièvement blessé, a été contraint d'évacuer Lang-Son. Les Chinois, débouchant par grandes masses sur trois colonnes, ont attaqué avec impétuosité nos positions en avant de Ki-Lua. Le colonel Herbinger, devant cette grande supériorité numérique et ayant épuisé ses munitions, m'informe qu'il est obligé de rétrograder sur Dong-Song et Than-Moï. Je concentre tous nos moyens d'action sur les débouchés de Chu et de Kep. L'ennemi grossit toujours sur le Song-Koï. Quoi qu'il arrive, j'espère pouvoir défendre tout le Delta. Je demande au gouvernement de m'envoyer le plus tôt possible de nouveaux renforts.

BRIÈRE DE L'ISLE.

Cette dépêche avait présenté de la situation un tableau beaucoup trop sombre. En réalité, une dépêche postérieure de Brière de l'Isle annonça que l'évacuation de Lang-Son « semblait avoir été un peu précipitée, surtout après la réussite d'une contre-attaque de notre part, sans pertes sensibles pour nous ; que la brigade avait vingt jours de vivres, et des munitions qui permettaient d'attendre les convois en route et annoncés ; qu'on ne s'expliquait pas non plus l'évacuation si rapide de Dong-Song ; que jusqu'à présent, les Chinois semblaient vouloir seulement occuper leurs anciennes positions au nord de Deo-Quan et de Deo-Van ; que la situation était, en résumé, meilleure que ne le faisaient supposer les renseignements exagérés qui étaient parvenus depuis quatre jours. » On sut plus tard, par l'enquête du colonel Borgnis-Desbordes, quelle responsabilité pesait sur le colonel Herbinger qui avait ordonné la retraite avec une inexplicable précipitation.

La séance de la Chambre du 30 mars 1885 fut fatale au cabinet Ferry. Le président du Conseil fit connaître qu'il avait fait immédiatement envoyer des troupes de renforts et qu'il avait ordonné à l'amiral Courbet de bloquer le golfe du Pétchili : il déposa en outre une demande de crédit de 200 millions. MM. Clemenceau et Ribot déposèrent des ordres du jour de défiance et le président du conseil ayant demandé la priorité pour la demande de crédits la vit repousser par 306 voix contre 149 : il alla porter sa démission au président de la République.

Cependant les pourparlers avec la Chine étaient arrivés à bonne fin. En cette même journée du 30 mars, sir R. Hart télégraphiait à

M. Campbell au sujet du projet de traité négocié entre Pékin et Paris :

Pour M. Ferry : La modification de l'article 1er est acceptée : la note explicative l'est également. Afin d'éviter de nouveaux combats ou des malentendus, le Tsong-li-Yamen désire faire quelques modifications à votre note explicative.

J'espère que Votre Excellence approuvera et permettra de signer le protocole.

Le même jour il télégraphiait encore :

En cas d'acceptation, signez et télégraphiez immédiatement le fait de la signature. La Cour adhère loyalement à l'arrangement que les négociations ont amené jusqu'ici ; ce fait, après la nouvelle reçue de la reprise de Lang-Son par les Chinois, etc. démontrera à M. Ferry que le désir de faire la paix et la détermination d'exécuter la convention de Tien-Tsin sont loyaux et réels. L'évacuation est certaine, mais sa réalisation en pays difficile demande du temps.

M. Campbell et M. Billot, directeur aux affaires étrangères, avaient été désignés pour suivre les négociations. Le 1er avril sir R. Hart télégraphiait à M. Campbell :

Pékin, le 1er avril 1885.

La situation ne pourrait-elle pas être facilitée si vous et M. Billot signiez tout de suite, puisque tous deux tiennent l'autorisation de signer ? On présenterait ensuite le document signé au président Grévy en le priant de le communiquer aux Chambres ? Peut-être que le ministère de M. Ferry pourrait conserver la direction des affaires ou que le nouveau ministère accepterait et proclamerait l'affaire terminée, voyant que la Chine tient encore pour l'embryon d'arrangement après un succès momentané.

Ces documents établissent que M. Jules Ferry savait, en montant à la tribune le 30 mars, que la paix était faite, mais il avait promis à M. Campbell de ne révéler les négociations qu'à un certain jour. Le ministère Brisson n'était pas encore constitué que le 4 avril M. Billot et M. Campbell signaient en effet la convention suivante :

Convention du 4 avril 1815.

Entre MM. Billot, ministre plénipotentiaire, directeur des affaires politiques au ministère des affaires étrangères, à Paris, et James Dun-

can Campbell, commissaire et secrétaire non résident de l'inspecteur
général des douanes impériales maritimes chinoises, de deuxième classe
du rang civil chinois, et officier de la Légion d'honneur,

Dûment autorisés l'un et l'autre à cet effet par leurs gouvernements
respectifs,

Ont arrêté le protocole suivant et la note explicative ci-annexée.

Protocole.

ART. 1er. — D'une part, la Chine consent à ratifier la convention de
Tien-Tsin, du 11 mai 1884, et, d'autre part, la France déclare qu'elle ne
poursuit pas d'autre but que l'exécution pleine et entière de ce traité.

ART. 2. — Les deux puissances consentent à cesser les hostilités partout, aussi vite que les ordres pourront être donnés et reçus, et la France
consent à lever immédiatement le blocus de Formose.

ART. 3. — La France consent à envoyer un ministre dans le Nord,
c'est-à-dire à Tien-Tsin ou à Pékin, pour arranger le traité détaillé, et
les deux puissances fixeront alors la date pour le retrait des troupes.

Fait à Paris, le 4 avril 1885.

Signé : BILLOT,
CAMPBELL.

Note explicative du protocole du 4 avril 1885.

1° Aussitôt qu'un décret impérial aura été promulgué, ordonnant la
mise à exécution du traité du 11 mai 1884 et enjoignant par conséquent
aux troupes chinoises qui se trouvent actuellement au Tonkin de se
retirer au delà de la frontière, toutes les opérations militaires seront
suspendues sur terre et sur mer, à Formose et sur les côtes de Chine ;
les commandants des troupes françaises au Tonkin recevront l'ordre de
ne pas franchir la frontière chinoise.

2° Dès que les troupes chinoises auront reçu l'ordre de repasser la
frontière, le blocus de Formose et de Pak-Hoï sera levé, et le ministre
de France entrera en rapport avec les plénipotentiaires nommés par
l'empereur de Chine pour négocier et conclure, dans le plus bref délai
possible, un traité définitif de paix, d'amitié et de commerce. Le traité
fixera la date à laquelle les troupes françaises devront évacuer le nord
de Formose.

3° Afin que l'ordre de repasser les frontières soit communiqué le plus
vite possible par le gouvernement chinois aux troupes du Yunnan, le
gouvernement français donnera toute facilité pour que cet ordre par-
vienne aux commandants des troupes chinoises par la voie du Tonkin.

4° Considérant toutefois que l'ordre de cesser les hostilités et de se
retirer ne peut parvenir le même jour aux Français et aux Chinois et à
leurs forces respectives, il est entendu que la cessation des hostilités, le
commencement de l'évacuation et la fin de l'évacuation auront lieu aux
dates suivantes :

Les 10, 20 et 30 avril, pour les troupes à l'est de Tuyen-Quan;

Les 20, 30 avril et 30 mai, pour les troupes à l'ouest de cette place.

Le commandant qui, le premier, recevra l'ordre de cesser les hostilités, devra en communiquer la nouvelle à l'ennemi le plus voisin et s'abstiendra ensuite de tout mouvement, attaque ou collision.

5° Pendant toute la durée de l'armistice et jusqu'à la signature du traité définitif, les deux parties s'engagent à ne porter à Formose ni troupes ni munitions de guerre.

Aussitôt que le traité définitif aura été signé et approuvé par décret impérial, la France retirera les vaisseaux de guerre employés à la visite, etc., en haute mer, et la Chine rouvrira les ports à traité aux bâtiments français, etc.

Fait à Paris, le 4 avril 1885.

Signé : BILLOT,
CAMPBELL.

Le Tsong-ly-Yamen ratifia cette convention le 6 avril 1885. M. Patenôtre, ministre en Chine, était chargé le 7 mai de négocier le traité définitif et le 9 juin 1885 il signait avec Li-Hong-Tchang le traité suivant :

ART. 1er. — La France s'engage à rétablir et à maintenir l'ordre dans les provinces de l'Annam qui confinent à l'empire chinois. A cet effet, elle prendra les mesures nécessaires pour disperser ou expulser les bandes de pillards et gens sans aveu qui compromettent la tranquillité publique et pour empêcher qu'elles ne se reforment. Toutefois, les troupes françaises ne pourront, dans aucun cas, franchir la frontière qui sépare le Tonkin de la Chine, frontière que la France promet de respecter et de garantir contre toute agression.

De son côté, la Chine s'engage à disperser ou à expulser les bandes qui se réfugieraient dans ses provinces limitrophes du Tonkin, et à disperser celles qui chercheraient à se former sur son territoire pour aller porter le trouble parmi les populations placées sous la protection de la France, et, en considération des garanties qui lui sont données quant à la sécurité de sa frontière, elle s'interdit pareillement d'envoyer des troupes au Tonkin.

Les Hautes Parties contractantes fixeront par une convention spéciale les conditions dans lesquelles s'effectuera l'extradition des malfaiteurs entre la Chine et l'Annam.

Les Chinois, colons ou anciens soldats, qui vivent paisiblement en Annam, en se livrant à l'agriculture, à l'industrie ou au commerce et dont la conduite ne donne lieu à aucun reproche, jouiront pour leurs personnes et pour leurs biens de la même sécurité que les protégés français.

Art. 2. — La Chine, décidée à ne rien faire qui puisse compromettre l'œuvre de pacification entreprise par la France, s'engage à respecter, dans le présent et dans l'avenir, les traités, conventions et arrangements directement intervenus ou à intervenir entre la France et l'Annam.

En ce qui concerne les rapports entre la Chine et l'Annam, il est entendu qu'ils seront de nature à ne point porter atteinte à la dignité de l'empire chinois et à ne donner lieu à aucune violation du présent traité.

Art. 3. — Dans un délai de six mois, à partir de la signature du présent traité, des commissaires désignés par les Hautes Parties contractantes se rendront sur les lieux pour reconnaître la frontière entre la Chine et le Tonkin. Ils poseront, partout où besoin sera, des bornes destinées à rendre apparente la ligne de démarcation. Dans le cas où ils ne pourraient se mettre d'accord sur l'emplacement de ces bornes ou sur les rectifications de détail qu'il pourrait y avoir lieu d'apporter à la frontière actuelle du Tonkin, dans l'intérêt commun des deux pays, ils en référeraient à leurs gouvernements respectifs.

Art. 4. — Lorsque la frontière aura été reconnue, les Français ou protégés français et les habitants étrangers du Tonkin qui voudront la franchir pour se rendre en Chine ne pourront le faire qu'après s'être munis préalablement de passeports délivrés par les autorités chinoises de la frontière sur la demande des autorités françaises. Pour les sujets chinois, il suffira d'une autorisation délivrée par les autorités impériales de la frontière.

Les sujets chinois qui voudront se rendre de Chine au Tonkin, par la voie de terre devront être munis de passeports réguliers, délivrés par les autorités françaises sur la demande des autorités impériales.

Art. 5. — Le commerce d'importation et d'exportation sera permis aux négociants français et aux négociants chinois par la frontière de terre entre la Chine et le Tonkin. Il devra toutefois se faire par certains points qui seront déterminés ultérieurement et dont le choix ainsi que le nombre seront en rapport avec la direction comme avec l'importance du trafic entre les deux pays. Il sera tenu compte, à cet égard, des règlements en vigueur dans l'intérieur de l'empire chinois

En tout état de cause, deux de ces points seront désignés sur la frontière chinoise, l'un au-dessus de Lao-Kaï, l'autre au delà de Lang-Son. Les commerçants français pourront s'y fixer dans les mêmes conditions et avec les mêmes avantages que dans les ports ouverts au commerce étranger. Le gouvernement de Sa Majesté l'Empereur de Chine y installera des douanes, et le gouvernement de la République pourra y entretenir des Consuls dont les privilèges et les attributions seront identiques à ceux des agents de même ordre dans les ports ouverts.

De son côté, Sa Majesté l'Empereur de Chine pourra, d'accord avec le gouvernement français, nommer des Consuls dans les principales villes du Tonkin.

Art. 6. — Un règlement spécial, annexé au présent traité, précisera les conditions dans lesquelles s'effectuera le commerce par terre entre le Tonkin et les provinces chinoises du Yunnan, du Kouang-Si et du Kouang-Tong. Ce règlement sera élaboré par des commissaires qui seront nommés par les Hautes Parties contractantes, dans un délai de trois mois après la signature du présent traité.

Les marchandises faisant l'objet de ce commerce seront soumises, à l'entrée et à la sortie, entre le Tonkin et les provinces du Yunnan et du Kouang-Si, à des droits inférieurs à ceux que stipule le tarif actuel du commerce étranger. Toutefois, le tarif réduit ne sera pas appliqué aux marchandises transportées par la frontière terrestre entre le Tonkin et le Kouang-Tong et n'aura pas d'effet dans les ports déjà ouverts par les traités.

Le commerce des armes, engins, approvisionnements et munitions de guerre de toute espèce sera soumis aux lois et règlements édictés par chacun des Etats contractants sur son territoire.

L'exportation et l'importation de l'opium seront régies par des dispositions spéciales qui figureront dans le règlement commercial susmentionné.

Le commerce de mer entre la Chine et l'Annam sera également l'objet d'un règlement particulier. Provisoirement il ne sera innové en rien à la pratique actuelle.

ART. 7. — En vue de développer dans les conditions les plus avantageuses les relations de commerce et de bon voisinage que le présent traité a pour objet de rétablir entre la France et la Chine, le gouvernement de la République construira des routes au Tonkin et y encouragera la construction des chemins de fer.

Lorsque, de son côté, la Chine aura décidé de construire des voies ferrées, il est entendu qu'elle s'adressera à l'industrie française, et le gouvernement de la République lui donnera toutes les facilités pour se procurer en France le personnel dont elle aura besoin. Il est entendu aussi que cette clause ne peut être considérée comme constituant un privilège exclusif en faveur de la France.

ART. 8. — Les stipulations commerciales du présent traité et les réglements à intervenir pourront être révisés après un intervalle de dix ans révolus, à partir du jour de l'échange des ratifications du présent traité. Mais au cas, où, six mois avant le terme, ni l'une ni l'autre des Hautes Parties contractantes n'aurait manifesté le désir de procéder à la revision, les stipulations commerciales resteraient en vigueur pour un nouveau terme de dix ans et ainsi de suite.

ART. 9. — Dès que le présent traité aura été signé, les forces françaises recevront l'ordre de se retirer de Kelung et de cesser la visite, etc., en haute mer. Dans le délai d'un mois après la signature du présent traité, l'île de Formose et les Pescadores seront entièrement évacuées par les troupes françaises.

ART. 10. — Les dispositions des anciens traités et conventions entre la

France et la Chine, non modifiées par le présent traité, restent en pleine vigueur.

Le présent traité sera ratifié dès à présent par Sa Majesté l'Empereur de Chine, et après qu'il aura été ratifié par le Président de la République française, l'échange des ratifications se fera à Pékin dans le plus bref délai possible.

Fait à Tien-Tsin en quatre exemplaires, le 9 juin 1885, correspondant au 27e jour de la quatrième lune de la onzième année Kouang-Sin.

Signé : PATENOTRE.

LI-HONG-CHANG.

LI-TEHEN.

TENG-TCHENG-SIEOU.

La mort de l'amiral Courbet, survenue le 11 juin 1885, vint troubler la satisfaction produite par la fin des hostilités.

Le dernier incident fut l'attaque dirigée contre le général de Courcy, commandant en chef du corps expéditionnaire, par les Annamites à l'instigation du régent Thuyet en pleine ville de Hué le 4 juillet 1885. Repoussés, ils s'enfuirent dans les montagnes, avec le roi Ham-Nghi. Des troubles éclatèrent soulevés par la fourberie du régent Nhuyen-Van-Tuong qui fut déporté à Poulo-Condore, puis à Tahiti. Le roi Ham-Nghi fut déposé, puis déporté en Algérie, et remplacé par le roi Dong-Khanh qui est mort en janvier 1889. Son successeur est le roi actuel Than-Thaï.

La nouvelle Chambre élue en 1885 fut saisie de la question du Tonkin par la demande d'un crédit de 50 millions pour le corps expéditionnaire. Après trois jours d'une large discussion où l'intervention de Mgr Freppel fut très remarquée, la Chambre vota le 24 décembre 1885 le crédit demandé par 273 voix contre 267, soit à la majorité de six voix. L'ensemble du projet de loi portant ouverture aux ministres de la guerre et de la marine sur l'exercice 1886 de crédits extraordinaires pour le service du Tonkin et de Madagascar ne recueillit que quatre voix de majorité.

Le traité de 1885 avec la Chine fut complété par une convention commerciale que signa M. Cogordan, ministre à Pékin, le 25 avril 1886, et dont voici les principaux articles :

ART. 1er. — Aux termes de l'article 5 du traité du 9 juin 1885, les Hautes Parties Contractantes conviennent qu'il y a lieu, quant à présent, d'ouvrir au commerce deux localités, l'une au nord de Lang-Son et l'autre au-dessus de Laokaï.

La Chine y établira des bureaux de douane et la France aura la faculté d'y nommer des consuls qui jouiront de tous les droits et privilèges concédés en Chine aux consuls de la nation la plus favorisée.

Les travaux de la commission chargée de la délimitation des deux pays ne se trouvant pas terminés au moment de la signature de la présente convention, la localité à ouvrir au commerce au nord de Langson devra être choisie et déterminée dans le courant de la présente année, après entente entre le gouvernement impérial et le représentant de la France à Pékin. Quant à la localité qui devra être ouverte au commerce au dessus de Laokaï, elle sera également déterminée d'un commun accord, à la suite des travaux de reconnaissance de la frontière entre les deux pays.

ART. 2. — Le gouvernement impérial pourra nommer des consuls à Hanoï et à Haïphong. Des consuls chinois pourront être aussi envoyés plus tard dans d'autres grandes villes du Tonkin, après entente avec le gouvernement français. Ces agents seront traités de la même manière et auront les mêmes droits et privilèges que les consuls de la nation la plus favorisée établis en France. C'est avec les autorités françaises chargées du protectorat qu'ils entretiendront tous leurs rapports officiels.

ART. 3. — Il est convenu de part et d'autre que, dans les localités où des consuls seront envoyés, les autorités respectives s'emploieront à faciliter l'installation de ces agents dans des résidences honorables.

Les Français pourront s'établir dans les localités ouvertes au commerce à la frontière de Chine dans les conditions prévues par les articles 7, 10, 11, 12 et autres du traité du 27 juin 1858. Les Annamites jouiront dans ces localités du même traitement privilégié.

ART. 4. — Les Chinois auront le droit de posséder des terrains, d'élever des constructions, d'ouvrir des maisons de commerce et d'avoir des magasins dans tout l'Annam. Ils obtiendront pour leur personne, leurs familles et leurs biens protection et sécurité à l'égal des sujets de la nation européenne la plus favorisée, et comme ces derniers ils ne pourront être l'objet d'aucun mauvais traitement.

Les correspondances officielles et privées, les télégrammes des fonctionnaires et commerçants chinois seront transmis sans difficulté par les administrations postale et télégraphique française.

Les Français recevront de la Chine le même traitement privilégié.

ART. 5. — Les Français, protégés français ou étrangers établis au Tonkin, pourront franchir la frontière et pénétrer en Chine, à la condition d'être munis de passeports. Ces passeports seront délivrés par les autorités chinoises de la frontière, à la requête des autorités françaises, qui les demanderont seulement en faveur de personnes honorables : ils seront rendus au retour et annulés.

Lorsqu'un voyageur devra traverser une localité occupée par des aborigènes ou des sauvages, il sera mentionné sur le passeport qu'il n'y a pas dans cette localité de fonctionnaire chinois qui puisse le protéger.

Les Chinois qui voudront se rendre de Chine au Tonkin par la voie de terre devront de la même manière être munis de passeports délivrés par les autorités françaises à la requête des autorités chinoises, qui les demanderont seulement en faveur de personnes honorables.

Les passeports ainsi délivrés de part et d'autre serviront simplement de titre de voyage et ne pourront pas être considérés comme des certificats d'exemption de taxe pour le transport des marchandises.

Les autorités chinoises sur le sol chinois et les autorités françaises au Tonkin auront le droit d'arrêter les personnes qui auraient franchi la frontière sans passeport et de les remettre aux mains de l'autorité respective pour être jugés et punis s'il y a lieu.

Les Chinois habitant l'Annam pourront rentrer du Tonkin en Chine en obtenant simplement des autorités impériales un laisser-passer leur permettant de franchir la frontière.

Les Français et autres personnes établis dans les localités ouvertes à la frontière pourront circuler sans passeport dans un rayon de 50 lis autour de ces localités.

ART. 6. — Les marchandises importées dans les localités ouvertes au commerce à la frontière de la Chine par les négociants français et les protégés français peuvent, après acquittement des droits d'importation, être transportées sur les marchés intérieurs de la Chine dans les conditions fixées par le 7e règlement annexe du traité du 27 juin 1858, et par les règlements généraux de la douane maritime sur les passes de transit à l'importation.

Dès que des marchandises étrangères seront importées dans ces localités, déclaration devra être faite en douane de la nature et de la quantité de ces marchandises ainsi que du nom de la personne qui les accompagne. La douane fera procéder à la vérification et percevra le droit du tarif général de la douane maritime chinoise diminué d'un cinquième. Les articles non dénommés au tarif resteront passibles du droit de 5 p. 100 *ad valorem*. Ce n'est qu'après que le droit aura été payé que les marchandises pourront sortir du magasin, être expédiées et vendues.

Le négociant qui voudrait envoyer dans l'intérieur des marchandises étrangères devra faire une nouvelle déclaration en douane, et payer, sans réduction, le droit de transit inscrit dans les règlements généraux de la douane maritime chinoise. Après ce paiement, la douane délivrera une passe de transit qui permettra au porteur de se rendre dans la localité désignée sur la passe pour y disposer desdites marchandises.

A ces conditions aucune perception nouvelle ne sera faite au passage des barrières intérieures et des bureaux du Tonkin.

Les marchandises pour lesquelles des passes de transit n'auraient pas été demandées seront passibles de tous les droits de barrière et de likin imposés aux produits indigènes dans l'intérieur du pays.

ART. 7. — Les marchandises achetées par des Français ou des protégés français sur les marchés intérieurs de la Chine peuvent être amenées dans les localités ouvertes de la frontière pour être de là exportées au Tonkin, dans les conditions fixées par le 7e règlement annexe du traité du 27 juin 1858, sur le transit des marchandises d'exportation.

Lorsque des marchandises chinoises arriveront dans ces localités pour être exportées, déclaration devra être faite en douane de la nature et de la quantité de ces marchandises ainsi que du nom de la personne qui les accompagne. La douane fera procéder à la vérification. Celles de ces marchandises qui auraient été achetées à l'intérieur par le négociant muni d'une passe de transit, et qui n'auraient, dès lors, acquitté ni taxe de likin, ni taxe de barrière, auront d'abord à payer le droit de transit inscrit au tarif général de la douane maritime chinoise. Elles payeront ensuite le droit d'exportation du tarif général diminué de 1/3. Les articles non dénommés au tarif resteront passibles du droit de 5 0/0 *ad valorem*. Après l'acquittement de ces taxes, les marchandises pourront sortir librement et être expédiées au delà de la frontière.

Le négociant qui, ayant acheté des marchandises dans l'intérieur, ne sera pas muni d'une passe de transit devra acquitter au passage des bureaux de perception les taxes de barrière et de likin ; des récépissés devront lui être délivrés. A son arrivée à la douane, il sera exempté du payement du droit de transit sur le vu de ces récépissés.

Les commerçants français et protégés français important ou exportant des marchandises par les bureaux de douane de la frontière du Yunnan et du Kouang-Si et les commerçants chinois important ou exportant des marchandises au Tonkin n'auront à acquitter aucune taxe de péage pour leurs voitures ou leur bête de somme. Sur les cours d'eau navigables franchissant la frontière, les barques pourront être, de part et d'autre, soumises à un droit de tonnage, conformément au règlement de la douane maritime des deux pays.

En ce qui concerne les dispositions du présent article et du précédent, il est convenu, entre les hautes parties contractantes, que, si un nouveau tarif douanier vient à être établi, d'un commun accord, entre la Chine et une tierce puissance pour le commerce par terre sur les frontières sud-ouest de l'empire chinois, la France pourra en obtenir l'application.

ART. 14. — Les produits d'origine chinoise importés au Tonkin par la frontière de terre auront à acquitter le droit d'importation du tarif franco-annamite. Ils ne payeront aucun droit d'exportation à la sortie du Tonkin. Il sera donné communication au gouvernement impérial du nouveau tarif que la France établira au Tonkin.

S'il est établi au Tonkin des taxes d'accise de consommation ou de garantie sur certains articles de production indigène, les produits similaires chinois auront à subir à l'importation des taxes équivalentes.

ART. 15. — L'exportation du riz et des céréales sera interdite en Chine. L'importation de ces articles s'y fera en franchise de droits. Il sera interdit d'importer en Chine : la poudre à canons, les projectiles,

les fusils et canons, le salpêtre, le soufre, le plomb, le spelter, les armes,
le sel, les publications immorales.

En cas de contravention, ces articles seront intégralement confisqués.
Si les autorités chinoises faisaient acheter des armes ou des munitions,
ou si des négociants recevaient l'autorisation expresse d'en acheter,
l'importation en serait permise sous la surveillance spéciale de la douane
chinoise : les autorités chinoises pourront, en outre, après entente avec
les consuls de France, obtenir, pour les armes et munitions qu'elles voudraient faire transporter en Chine à travers le Tonkin, l'exemption de
tout droit à la douane franco-annamite.

L'introduction au Tonkin, d'armes, de munitions de guerre, de publications immorales, est également interdite.

Art. 16. — Les Chinois résidant en Annam seront, sous le rapport
de la juridiction en matière criminelle, fiscale, ou autre, placés dans les
mêmes conditions que les sujets de la nation la plus favorisée. Les
procès qui s'élèveront en Chine dans les marchés ouverts de la frontière
entre sujets chinois et les Français ou Annamites seront réglés, en cour
mixte, par des fonctionnaires chinois et français. Pour des crimes ou
délits que les Français ou protégés français commettraient en Chine
dans les localités ouvertes au commerce, il sera procédé conformément
aux stipulations des articles 38, 39 du traité du 27 juin 1858.

Le 26 juin 1887, M. Constans, ministre à Pékin, signa deux nouvelles conventions.

La première, relative au commerce, est ainsi conçue :

Art. 1er. — Le traité signé à Tien-Tsin le 25 avril 1886 sera, immédiatement après l'échange des ratifications, fidèlement mis à exécution
dans toutes ses clauses, sauf, bien entendu, celles que la présente convention a pour but de modifier.

Art. 2. — En exécution de l'article 1er du traité du 25 avril 1886, il
est convenu entre les Hautes Parties Contractantes que la ville de Long-
Tchéou au Kouang-Si et celle de Mong-Tseu au Yunnan sont ouvertes
au commerce franco-annamite : il est entendu, en outre, que Manhao,
qui se trouve sur la route fluviale de Lao-Kaï à Mong-Tseu, est ouvert
au commerce comme Long-Tchéou et Mong-Tseu, et que le gouvernement
français aura le droit d'y entretenir un agent relevant du consul de cette
dernière ville.

Art. 3. — En vue de développer le plus rapidement possible le commerce entre la Chine et le Tonkin, les droits d'importation et d'exportation stipulés dans les articles 6 et 7 du traité du 25 avril 1886 sont provisoirement modifiés ainsi qu'il suit :

Les marchandises étrangères importées en Chine par les villes ouvertes
auront à acquitter le droit du tarif général de la douane maritime, diminué des trois dixièmes.

Les marchandises chinoises exportées au Tonkin payeront le droit d'exportation dudit tarif général, diminué des quatre dixièmes.

ART. 4. — Les produits d'origine chinoise qui auront acquitté les droits d'importation, conformément au paragraphe 1er de l'article 11 du traité du 25 avril 1886 et seront transportés à travers le Tonkin vers un port annamite pourront être soumis, à la sortie de ce port, s'ils sont à destination d'un autre pays que la Chine, au droit d'exportation fixé par le tarif des douanes franco-annamites.

ART. 5. — Le gouvernement chinois autorise l'exportation de l'opium indigène au Tonkin par la frontière de terre moyennant un droit d'exportation de 20 taëls par picul ou 100 livres chinoises. Les Français ou protégés français ne pourront acheter l'opium qu'à Long-Tchéou, Mong-Tseu et Manhao. Les droits de likin et de barrières que les commerçants indigènes auront à payer sur ce produit ne dépasseront pas 20 taëls par picul.

Les commerçants chinois qui auront apporté l'opium de l'intérieur remettront à l'acheteur, en même temps que la marchandise, les reçus constatant que le likin a été intégralement acquitté, et l'acheteur présentera ces reçus à la douane, qui les annulera au moment où il effectuera le payement du droit d'exportation.

Il est entendu que cet opium, dans le cas où il rentrerait en Chine, soit par la frontière de terre, soit par un des ports ouverts, ne pourra être assimilé aux produits d'origine chinoise réimportés.

ART. 6. — Les bateaux français et annamites, à l'exception des bâtiments de guerre et des navires employés au transport des troupes, d'armes ou de munitions de guerre, pourront circuler de Lang-Son à Cao-bang, et réciproquement, en passant par les rivières (Son-Ki-Kong et rivière de Cao-bang) qui relient Lang-Son à Long-Tchéou et Long-Tchéou à Cao-bang.

Il sera prélevé sur ces bateaux, pour chaque parcours, un droit de tonnage de 5 0/0 de taël par tonneau, mais les marchandises composant le chargement n'auront à acquitter aucun droit.

Les marchandises à destination de Chine pourront être transportées par les rivières dont il est question dans le paragraphe 1er du présent article, aussi bien par les routes de terre, et notamment par la route mandarinale qui conduit de Lang-Son à Long-Tchéou ; mais, jusqu'au jour où le gouvernement chinois aura établi un poste de douane à la frontière, les marchandises qui passeront par ces routes de terre ne pourront être vendues qu'après avoir acquitté les droits à Long-Tchéou.

ART. 7. — Il est entendu que la France jouira de plein droit, et sans qu'il soit besoin de négociations préalables, de tous les privilèges et immunités, de quelque nature qu'ils soient, et de tous les avantages commerciaux qui pourraient être accordés dans la suite à la nation la plus favorisée par des traités ou conventions ayant pour objet le règle-

ment des rapports politiques ou commerciaux entre la Chine et les pays
situés au sud et au sud-ouest de l'empire chinois.

Art. 8. — Ayant arrêté d'un commun accord les dispositions ci-dessus,
les plénipotentiaires ont apposé leurs signatures et leurs sceaux sur
deux exemplaires du texte français de la présente convention, ainsi que
sur la traduction chinoise qui accompagne chacun de ces exemplaires.

Art. 9. — Les stipulations de la présente convention additionnelle
seront mises en vigueur comme si elles étaient insérées dans le texte
même du traité du 25 avril 1886, à partir du jour de l'échange des ratifications desdits traité et convention.

Art. 10. — La présente convention sera ratifiée, dès à présent, par
S. M. l'Empereur de Chine, et dès qu'elle aura été ratifiée par le Prési-
dent de la République française, l'échange des ratifications aura lieu à
Pékin.

La seconde convention est relative à la délimitation de la frontière
entre la Chine et le Tonkin :

Les commissaires nommés par le Président de la République française et par S. M. l'empereur de Chine, en exécution de l'article 3 du
traité du 9 juin 1885 pour reconnaître la frontière entre la Chine et le
Tonkin ayant terminé leurs travaux ;

M. Ernest Constans, député, ancien ministre de l'intérieur et des cultes,
commissaire du gouvernement, envoyé extraordinaire de la République
française, d'une part,

Et S. A. le prince King, prince du second rang, président du Tsoung-
li-Yamen, assisté de :

S. Exc. Souen-Yu-Quen, membre du Tsoung-li-Yamen, premier vice-
président du ministère des travaux publics,

Agissant au nom de leurs gouvernements respectifs ;

On a décidé de consigner dans le présent acte les dispositions suivantes
destinées à régler définitivement la délimitation de ladite frontière :

1° Les procès-verbaux et les cartes y annexées qui ont été dressés et
signés par les commissaires français et chinois sont et demeurent approuvés ;

2° Les points sur lesquels l'accord n'avait pu se faire entre les deux
commissions, et les rectifications visées par le deuxième paragraphe de
l'article 3 du traité du 9 juin 1885 sont réglés ainsi qu'il suit :

Au Kouang-Tong, il est entendu que les points contestés qui sont
situés à l'est et au nord-est de Monkaï, au delà de la frontière telle qu'elle
a été fixée par la commission de délimitation, sont attribués à la Chine.
Les îles qui sont à l'est du méridien de Paris 105°43' de longitude
est, c'est-à-dire de la ligne nord-sud passant par la pointe orientale de l'île
de Tch'a Kou ou Ouanchou (Tra-co) et formant la frontière, sont égale-

ment attribuées à la Chine. Les îles Go-tho et les autres îles qui sont à l'ouest de ce méridien appartiennent à l'Annam.

Les Chinois coupables ou inculpés de crimes ou délits qui chercheraient un refuge dans ces îles, seront, conformément aux stipulations de l'article 27 du traité de 1886, recherchés, arrêtés et extradés par les autorités françaises.

Sur la frontière du Yunnan, il est entendu que la démarcation suivra le tracé suivant :

De Keou-teou-tchai (Cao-dao-trai) sur la rive gauche du Siaou-tou-Tchéou-ho (Tien-do-chu-hu), point M de la carte de la deuxième section, elle se dirige pendant cinquante lis (vingt kilomètres) directement de l'ouest vers l'est en laissant à la Chine les endroits de Tsui-kiang-cho ou Tsui-y-cho (Tu nghia xa), Tsui-meï-cho (Tu-mi-xa), Kiang-fei-cho ou Y-fei-cho (Nghia-fi-xa), qui sont au nord de cette ligne, et à l'Annam, celui de Yéou-p'ong-Cho (Hu-bang-xa) qui en est au sud, jusqu'aux points marqués P et Q sur la carte annexe où elle coupe les deux branches du second affluent de droite du Hëï-ho (Hac-ha) ou Tou-tcheou-ho (Do-chu-ha). A partir du point Q, elle s'infléchit vers le sud-est d'environ 15 lis (6 kilomètres) jusqu'au point R, laissant à la Chine le territoire de Nan-tan (Nam-don) au nord de ce point R ; puis à partir de ce point, remonte vers le nord-est jusqu'au point S, en suivant la direction tracée sur la carte par la ligne R, S, le cours du Nan-teng-ho (Nam-dang-ha) et les territoires de Man-meï (Man-mi), de Meng-tong-chang ts'oun (Muang-dong-troungthon), de Mong-toung-chan (Muong-dong-son), de Meng-toung-tchoung-ts'oun, Muong-dong-truong-thon), et de Meng-toung-chia-ts'ou (Muong-dong-ha-thon) restant à l'Annam.

A partir du point S (Meng-toung-chiat'soun ou Muong-dong-ha-thon), le milieu du Ts'ing-chouï ho (Than-thuy-ha) indique jusqu'à son confluent, en T, avec la rivière Claire, la frontière adoptée.

Du point T, son tracé est marqué par le milieu de la rivière Claire jusqu'au point X, à hauteur de Tch'ouan-teou (Thuyen-dan).

Du point X, elle remonte vers le nord jusqu'au point Y, en passant par Paiche-yai (Bach-thach-giai) et Lao-ai-K'an (Cao-hai-kan), la moitié de chacun de ces deux endroits appartenant à la Chine et à l'Annam ; ce qui est à l'est appartient à l'Annam, ce qui est à l'ouest à la Chine.

A partir du point Y, elle longe, dans la direction du nord, la rive droite du petit affluent de la rive gauche de la rivière Claire qui la reçoit entre Pien-pao-kia (Bien-bao-kha) et Pei-pao (Bac-bao) et gagne ensuite Kao-ma-paï (Cao-ma-bach), point Z, où elle se raccorde avec le tracé de la troisième section.

A partir de Long-po-tchaï (cinquième section) la frontière commune du Yunnan et de l'Annam remonte le cours du Hong-po-ho jusqu'à son confluent avec le Ts'ing-chouï-ho, marqué A sur la carte ; du point A, elle suit la direction générale du nord-est au sud-ouest jusqu'au point indiqué B sur la carte, endroit où le Saï-kiang-ho reçoit le Mienchouei-ouan ; dans ce parcours la frontière laisse à la Chine le cours du Ts'ing-chouei-ho.

Du point B, la frontière a la direction est-ouest jusqu'au point C, où elle rencontre le Teng-tiao-tchiang au-dessous de Ta-chou-tchio. Ce qui est au sud de cette ligne appartient à l'Annam, ce qui est au nord, à la Chine.

Du point C, elle redescend vers le sud en suivant le milieu de la rivière Teng-tia-Tchiang jusqu'à son confluent au point D avec le Tsin-tse-ho.

Elle suit ensuite le Tsin-tse-ho pendant environ 30 lis et continue dans la direction est-ouest jusqu'au point D où elle rencontre le petit ruisseau qui se jette dans la rivière Noire (Héi tciang ou Hac giang) à l'est du lac de Meng-pang. Le milieu de ce ruisseau sert de frontière du point E au point F.

A partir du point F, le milieu de la rivière Noire sert de frontière à l'ouest.

Les autorités locales chinoises et les agents désignés par le résident général de la République française en Annam et au Tonkin seront chargés de procéder à l'abornement, conformément aux cartes dressées et signées par la commission de délimitation et au tracé ci-dessus.

Au présent acte sont annexées trois cartes en deux exemplaires, signées et scellées par les deux parties. Sur ces cartes, la nouvelle frontière est tracée par un trait rouge et indiquée sur les cartes du Yunnan par les lettres de l'alphabet français et les caractères cycliques chinois.

Fait à Pékin, en double expédition, le 26 juin 1887.

Signature et cachet du plénipotentiaire chinois.

Signé : CONSTANS.

Cachet de la légation de France à Pékin.

Une commission de délimitation avait été instituée conformément au traité de 1885. La section française était présidée par M. Bourcier-Saint-Chaffray, puis par M. Dillon. Le première campagne (1885-1886) eut lieu sur les confins du Kouang-Tong, la seconde (1886) sur la frontière du Yun-nan et la troisième (1887) aux limites des deux Kouang. Les procès-verbaux de la commission, portés à Pékin par le commandant Bouïnais servirent à M. Constans dans ses négociations pour le traité de commerce.

Les opérations de pacification (1) avaient commencé dès 1885. Le général de Négrier pacifia le Bay-Say et le général Jamont la

____

(1) D'après la collection des *Annuaires de l'armée coloniale*, par M. Ned-Noll.

région de Sontay et la rivière Claire. Mais la piraterie n'était point éteinte et il fallut jusqu'en 1890 de nombreuses colonnes dans le delta pour achever la pacification.

En 1886, le colonel de Maussion occupa Laokaï. A la fin de cette année de longues et pénibles opérations furent dirigées dans le Thanh-Hoa, sur les limites du Tonkin et de l'Annam ; le général Brissaud enleva Ba-Dinh en janvier 1887. Le colonel Pernot entra à Laï-Chau, le 25 janvier 1888 soumettant le haut bassin de la rivière Noire et le colonel Pennequin commença la poursuite du doc Ngu qu'il vainquit et qui fut tué dans une seconde campagne en 1892.

A partir de 1891, c'est à la pacification des régions montagneuses que l'on s'attacha. Le colonel Frey avait déjà dirigé, au commencement de 1891, dans le Yen-Thé une reconnaissance heureuse. La constitution des territoires militaires allait rendre les opérations plus rationnelles et plus efficaces. Un arrêté du 6 août 1891 divisa les régions montagneuses qui entourent le Delta en quatre territoires militaires commandés chacun par un officier supérieur et divisés en un nombre variable de cercles.

Une première colonne opéra en 1891-1892 dans le Dong-Trieu sous le commandement du colonel Terrillon. Après avoir poursuivi les bandes isolées, la colonne surprit, le 15 décembre, Lunky, le chef des rebelles et le défit. Le chef échappa, mais il fut lui-même tué en juillet 1892, dans une embuscade tendue à nos troupes à Bac-Lé et qui coûta la vie au commandant Bonneau.

En mars 1892, le général Voyron dirigea une colonne dans le Yen-Thé contre Ba-Phuc et le Dé-Tham : il enleva les positions de Dé-Zuong et s'empara des repaires des bandes du Yen-Thé.

En même temps le contre-amiral Fournier présidait à la destruction des pirates de la mer et au mois de mai cette piraterie maritime avait vécu.

En 1892, le colonel Servière continua les opérations à la frontière chinoise. En 1893-94 le colonel Gallieni reçut le commandement du premier et du second territoires militaires et dispersait les bandes de Cao-Bang ; il faisait marcher de pair la pacification et l'organisation du pays. En 1895 les nouvelles opérations du colonel Gallieni brisèrent la puissance du chef Ba-Ky et isolèrent complètement Luong-Tam-Ky. La campagne 1896 fut dirigée par le colonel Valière qui débarrassa la région de Ha-Giang. La pacification avait pu être rendue plus facile par les relations que les colonels Servière et Gallien avaient nouées avec les autorités chinoises de la frontière. En 1894, Luong-Tam-Ky avait fait sa soumission et accepté qu'un résident fût placé à Chochu.

On pouvait considérer en 1897 la pacification comme définitivement acquise dans tout le Tonkin.

III. — LES AFFAIRES DU MÉKONG, DU SIAM ET DU LAOS

C'est le 1ᵉʳ janvier 1886 que furent proclamées la déchéance de Thebaw, le roi de Mandalay, et l'annexion par l'Angleterre de la Haute-Birmanie. Le 3 septembre 1883, l'Angleterre et le Siam avaient conclu une convention pour la police des territoires de Xieng-Maï, Lakon et Lampoonchi et le développement du commerce entre la Birmanie britannique et ces territoires. Le 14 juillet 1884 l'Angleterre avait conclu avec la France une convention par laquelle elle reconnaissait n'avoir aucun droit sur les Etats Shans et s'engageait à considérer tout le bassin du Mékhong comme faisant partie de l'influence française.

L'action résolue de l'Angleterre en Birmanie eut pour effet de rejeter vers l'est les visées du Siam. Un conseil secret du 20 septembre 1885 avait décidé l'envoi d'une expédition siamoise à Luang-Prabang, sous le prétexte de chasser les rebelles chinois, les Hôs. Notre ministre à Bangkok, M. de Kergaradec, informé en avril 1886, adressa immédiatement au gouvernement français une lettre rappelant les droits de l'Annam sur les Etats laotiens où était envoyée l'expédition et il faisait remarquer que le départ de l'expédition du Phra Hawaï coïncidait avec le retour d'un ingénieur anglais qui était allé dresser au Laos la carte des territoires réclamés par le Siam. Conformément à sa demande, le gouvernement envoya les colonnes Pernot et Oudry dans la rivière Noire et fit occuper les Sip song Chu Thaï et le plateau de Sonla.

Quelque temps après, le 7 mai 1886, M. de Kergaradec signait avec le Siam la convention suivante qui était valable pour sept ans et qui fut suivie de l'installation d'un vice-consul à Louang-Prabang (1) :

(1) De Pouvourville, l'*Affaire de Siam*, Chamuel ; E. Picanon, le *Laos français*, Challamel.

Art. 1er. — Les autorités siamoises à Luang-Prabang donneront aide et protection aux Français et protégés français qui viendront commercer ou s'établir dans cet état ; et réciprocité de la part des autorités annamites pour les Siamois qui viendraient s'établir en Annam.

Art. 2. — Les Français ou protégés français devront être munis d'un passeport délivré par les autorités françaises en Annam (résident général de Hué, ou fonctionnaire délégué à cet effet). Il devra être renouvelé à chaque voyage et présenté à toute réquisition. Les personnes qui ne seraient pas munies de passeport pourront être renvoyées à la frontière, mais sans être molestées. Des passeports pourront être aussi délivrés par le consul général de France à Bangkok et l'agent de France à Luang-Prabang, en cas de perte du passeport primitif, ou de remplacement du passeport périmé. Les Français voyageant dans l'intérieur du royaume devront être munis de passeports délivrés par les autorités siamoises.

Art. 3. — Les Français et protégés français paieront les taxes exigibles conformément aux lois siamoises ; les droits ainsi perçus à Luang-Prabang ne pourront être supérieurs à ceux qui sont perçus à Bangkok.

Art. 4. — Les intérêts des Français et protégés français seront placés sous la surveillance d'un consul ou vice-consul à Luang-Prabang.

Art. 6. — Le roi désignera un ou plusieurs fonctionnaires pour remplir à Luang-Prabang les fonctions de juges et de commissaires. Ils exerceront leur juridiction dans toutes les affaires où des Français ou protégés français seront intéressés comme plaignants ou accusés. Ils rendront leurs jugements conformément à la loi siamoise. L'agent français aura le droit d'assister aux débats, d'exiger copie de la procédure, et de donner aux juges les conseils qu'il jugera utiles.

L'agent français aura le droit d'évoquer devant le tribunal consulaire toute cause dans laquelle les deux parties seront des Français, ou dans laquelle un Français serait accusé ou demandeur, pourvu que le jugement ne soit pas encore intervenu. La cause sera alors jugée par l'agent français conformément aux lois françaises.

Art. 7. — L'appel des causes est ouvert à Bangkok ; dans le cas où les défendeurs ou accusés seront Français ou protégés, la décision finale appartiendra au consul général de France.

Art. 9. — Les Français ou protégés français pourront acheter des terrains dans l'État de Luang-Prabang, y demeurer, y construire ; ils seront assujettis aux mêmes impôts de propriétés que les Siamois.

Art. 10. — Tout Français ou protégé qui voudra acheter ou couper des arbres dans les forêts, exploiter des mines, établir des usines, devra passer avec les propriétaires un contrat pour une période déterminée. Ce contrat sera revêtu des sceaux du gouverneur de la Province et de l'agent français, et visé par le commissaire visé à l'article 6.

Art. 11. — Les commissaires veilleront à ce que les contrats reçoivent leur pleine et entière exécution.

Après la signature de cette convention qui d'ailleurs ne fut pas ratifiée par le gouvernement français, M. de Kergaradec posa la question des frontières entre l'Annam et le Siam et le prince Dewawongse, ministre des affaires étrangères, lui laissait entendre que l'accord serait facile.

Mais le 21 septembre 1886 un discours du Trône du roi de Siam annonçait en termes transparents l'invasion du Siam dans les provinces laotiennes dépendant de l'Annam :

L'expédition militaire, disait-il, que nous avons dû envoyer dans les provinces du nord-est a poursuivi ses travaux avec persévérance. Ces provinces sont presque entièrement nettoyées des bandes de pillards, de ces Hos féroces qui menaçaient de s'y établir. Dans cet état, il ne reste plus que quelques mesures administratives à prendre ; il s'agit avant tout d'organiser les provinces de Pou-Eun, Hopanh-hoatanghoc et Sibsongchuthaï.

M. Pavie, consul à Luang-Prabang, fut immédiatement envoyé à son poste dans le Haut-Laos et signa avec les Siamois à Luang-Prabang, une nouvelle convention par laquelle les troupes siamoises devaient arrêter leur marche vers l'est et évacuer la région du Cammon où un khaluong (vice-roi) siamois était autorisé à demeurer provisoirement.

Mais les empiétements des Siamois ne s'arrêtèrent point. Dans le Nghean et le Hatinh, le Khaluong Phra Yot alla s'établir près du poste français de Napé et M. Luce, notre résident à Vinh, ne tarda pas à saisir des proclamations siamoises très hostiles à la France ; Phra Yot alla jusqu'à assassiner en octobre 1891 le quan huyen de Kham favorable à la France. Dans le Quang Binh et le Quang Tri, les Siamois s'avançaient également.

Telle était la situation au début de 1893. Les Siamois occupaient la plus grande partie de la rive gauche du Mékhong et l'Annam était réduit à une bande de terre resserrée entre les montagnes et la mer ; au sud un poste siamois était installé à Stung-Treng ; au nord, à Luang-Prabang l'autorité était exercée en fait par les autorités siamoises ; le long du fleuve les Siamois étaient établis à Attopeu, à Ailao, à 50 kil. de Hué, à Muong-Soï, à Muong-Hang. L'Annam était réduit à une bande côtière, le Tonkin était menacé et le Mékhong abandonné aux Siamois.

L'année 1893 allait voir la reconnaissance de nos droits. Une première discussion à la Chambre, en février 1893, les fit proclamer de nouveau par le gouvernement français. Le suicide de M. Massie, qui avait remplacé M. Pavie à Luang-Prabang, en mars 1893, attira de nouveau l'attention du gouvernement et de la Chambre qui se prononcèrent pour l'action immédiate.

Dès la fin d'avril 1893, une colonne commandée par l'inspecteur Garnier chassait les Siamois de la région d'Ailao et allait jusqu'en face de Khemmarat. Dans la région du Cammon, M. Luce fit partir le khaluong siamois Phra Yot en le faisant escorter par l'inspecteur Grosgurin, mais celui-ci fut traîtreusement assassiné à Kheng-Xiec en juin 1893. Sa mort fut vengée dans un combat livré à Nakhaï. Dans le bief inférieur du fleuve, M. Bastard, vice-résident du Cambodge, et le capitaine Thoreux se rendaient à Stung-Teng et faisaient évacuer l'île de Khône le 5 avril, mais à la fin de ce mois le capitaine Thoreux était fait prisonnier par les Siamois qui investirent l'île de Khône : le commandant Adam de Villiers alla la réoccuper.

Les événements plus importants du golfe de Siam allaient porter le conflit à l'état aigu. Pour obtenir les réparations qu'il était en droit d'exiger, le gouvernement avait chargé M. Le Myre de Vilers, ministre plénipotentiaire, de se rendre à Bangkok, avec la mission suivante :

M. Develle, ministre des affaires étrangères,
à M. le Myre de Vilers, plénipotentiaire de la République française au Siam.

Paris, le 8 juillet 1893.

En présence des derniers événements survenus dans la vallée du Mékong et de l'attitude prise à notre égard par le gouvernement siamois, le gouvernement de la République a pensé qu'il y aurait intérêt à profiter du voyage que vous vous proposez de faire à Saïgon, pour vous confier le soin de poursuivre, s'il est possible, le règlement amiable des questions actuellement pendantes.

Il a, en conséquence, après en avoir conféré avec vous, décidé de vous envoyer à Bangkok, en mission extraordinaire, et vous trouverez sous ce pli les lettres qui vous accréditent auprès du Roi de Siam avec les pouvoirs les plus étendus.

Des ordres vont être donnés pour qu'un bâtiment de guerre vous attende à Singapore, d'où il vous conduira immédiatement à Bangkok.

Comme vous le savez, nos revendications à l'égard du Siam sont de deux sortes. D'une part, nous avons mis le gouvernement siamois en demeure de retirer les postes qu'il avait établis sur la rive gauche du Mékhong au mépris des droits du Cambodge et de l'Annam. D'autre part, nous avons demandé satisfaction pour l'insulte faite à notre drapeau à Tong-Xieng-Kham, pour les mauvais traitements et l'expulsion dont deux de nos compatriotes, MM. Esquilat et Champenois, ont été l'objet l'année dernière à Outhène, pour les vexations infligées à un autre Français, M. Baraton, pour l'enlèvement par surprise du capitaine Thoreux, enfin pour l'assassinat par le mandarin siamois de Kammoun de l'inspecteur Grosgurin, suivi du massacre d'un certain nombre de nos miliciens. Les démarches pressantes faites à ce sujet par notre représentant au Siam sont demeurées jusqu'à présent sans effet, et nous n'avons pu obtenir de la Cour de Bangkok que des réponses dilatoires.

Vous aurez donc à réclamer du gouvernement siamois : 1º la reconnaissance de nos revendications territoriales sur la rive gauche du Mékhong ; 2º les réparations dues pour les incidents que je viens de rappeler, ainsi que le payement d'une indemnité.

Au cas où le gouvernement siamois se refuserait à faire droit à ces diverses demandes, vous devriez, à l'expiration du délai que vous aurez fixé, amener le pavillon et quitter Bangkok avec le personnel du consulat général et les navires de guerre français qui se trouveraient dans le port. Vous aviseriez immédiatement le commandant de la division navale qui procéderait sans retard à la notification et à l'établissement du blocus.

Je m'empresse, d'ailleurs, d'ajouter que le gouvernement conserve l'espoir qu'il ne sera pas nécessaire de recourir à des mesures de coercition, et qu'il compte sur votre tact et votre fermeté pour amener la Cour de Bangkok à donner satisfaction à nos légitimes revendications.

Il n'est jamais, vous le savez, entré dans notre pensée de porter atteinte à l'indépendance du Siam. Vous pourrez, si vous le jugiez utile, vous expliquer nettement à cet égard avec la Cour de Bangkok et vous attacher à dissiper les craintes qu'elle aurait pu concevoir sur nos intentions. J'appelle, d'ailleurs, votre attention sur l'intérêt qui s'attache à ce que, dans les pourparlers que vous auriez à suivre à Bangkok, vous vous refusiez catégoriquement à entrer en rapport avec d'autres personnes que le Roi ou ses ministres et repoussiez l'intervention des conseillers étrangers.

Je vous serais reconnaissant de me tenir très exactement au courant, par le télégraphe, de la marche des pourparlers.

J. DEVELLE.

Sur ces entrefaites, le gouvernement britannique qui avait déclaré, par l'organe de lord Dufferin, ambassadeur à Paris, que la France ne trouverait en aucune façon l'Angleterre devant elle, avait cependant décidé d'envoyer trois bateaux sur le Ménam. Aussi le gouvernement français décida-t-il d'en agir de même. Et alors se produisirent les incidents que M. Develle, ministre des affaires étrangères, exposait en ces termes à la Chambre, le 18 juillet 1893, en réponse à une interpellation :

> Le 8 juillet, j'adressais à M. Pavie la dépêche suivante :
>
> « Le gouvernement anglais ayant résolu d'envoyer plusieurs bâtiments de guerre à Bangkok, en vue de protéger ses nationaux, nous avons décidé de renforcer nos forces navales.
>
> « Veuillez annoncer au gouvernement siamois l'arrivée de navires qui rejoindront le *Lutin*, en précisant qu'il s'agit exclusivement d'une mesure identique aux dispositions dont l'Angleterre et d'autres pays ont pris l'initiative. »
>
> Et, pour bien marquer nos intentions pacifiques, j'ajoutais :
>
> « Il est d'ailleurs entendu qu'on ne devra engager aucune hostilité sans qu'il nous en ait été référé, sauf le cas où nos bâtiments seraient attaqués et forcés ainsi de répondre au feu de l'ennemi. »
>
> Quatre jours plus tard, le 12 juillet, le ministre des affaires étrangères du Siam fit savoir à M. Pavie que le gouvernement siamois ne pouvait autoriser l'entrée de nos navires dans le Mé-Nam ; que la présence d'un très grand nombre de vaisseaux de guerre dans le port de Bangkok inquiétait la population, et qu'il ne pouvait tolérer que la présence d'un navire par puissance.
>
> En même temps, le ministre de Siam me faisait la même communication à Paris. Il ajoutait que les Anglais n'avaient qu'un navire devant Bangkok, que les autres navires n'avaient pas passé la barre, ce qui était exact, j'en avais la confirmation au même moment. Il me demandait de donner les mêmes instructions à nos bateaux, parce qu'il y avait des torpilles dans la rivière et qu'il importait d'éviter un conflit.
>
> Messieurs, fallait-il passer outre ? Fallait-il, au moment où nous pouvions espérer qu'il serait possible d'obtenir un arrangement de nature à nous donner toute satisfaction, nous exposer à un conflit devant la ville même que nous n'avions pas voulu attaquer ?
>
> Le gouvernement ne l'a pas pensé. L'amiral Humann, prévenu par M. Pavie, ne l'avait pas pensé davantage. Et alors, tout en réservant de la façon la plus formelle les droits que nous tenons du traité de 1856, tout en déclarant que nous entendions nous en servir à notre heure et à notre convenance, nous avons en même temps envoyé nos instructions à nos navires en leur disant de ne pas passer la barre avant nouvel avis.
>
> Les communications télégraphiques sont si irrégulières, si incertaines, si lentes avec Bangkok que ces télégrammes ne sont pas arrivés à temps.
>
> Et alors, vous savez ce qui a suivi : l'*Inconstant* et la *Comète*, qui étaient partis le 10 juillet de Saïgon, sont arrivés le 13 au soir sur la barre du

Mé-Nam ; ils ont été accueillis par le feu des forts et des navires siamois. Ils ont, avec une audace et une intrépidité admirables, franchi les barrages et les torpilles, et ne pouvant pas s'arrêter à Packnam, ils ont été mouiller à Bangkok.

Cependant, le gouvernement siamois savait, — M. Pavie le lui avait déclaré — dans quelles intentions pacifiques étaient envoyés nos navires ; il savait — le ministre de Siam à Paris le lui avait télégraphié — que nous avions donné l'ordre à nos navires de ne pas dépasser la barre, et que, par conséquent, si le soir ils pénétraient dans le fleuve, ils en sortiraient au matin ; il savait que le traité de 1856 n'avait pas été dénoncé et qu'il l'obligeait à laisser monter nos bateaux jusqu'à Packnam. Et cependant il a donné l'ordre de recevoir nos navires à coups de canons, et cet ordre a été exécuté sans avis préalable ni sommation d'aucune sorte.

Dès lors, je n'ai pas à rechercher si les braves commandants de nos navires auraient dû se préoccuper des avis donnés par le ministre de France, ou s'ils ne devaient pas exécuter les ordres qu'ils avaient reçus de leurs chefs, conformément au traité de 1856. Je constate une chose, c'est qu'ils ont été, dans cette circonstance, victimes d'un odieux attentat, victimes d'une violation du droit des gens.

Et ce n'est pas là le seul acte qui puisse provoquer notre indignation, car le lendemain, après cette funeste rencontre, un paquebot des messageries fluviales de Cochinchine, le *Jean-Baptiste Say*, qui avait échoué la veille et qu'on venait de renflouer à grand' peine, a été mis à sac par la population de Bangkok pendant que son équipage était traité avec la dernière sauvagerie.

M. Develle ajoutait :

Les actes du gouvernement siamois ne nous permettent pas de patienter davantage.

Il faut que nous sachions, dans un bref délai, si nos légitimes revendications sont acceptées par lui, s'il est prêt à réparer effectivement les dommages causés à nos nationaux et à nous donner satisfaction pour l'assassinat de M. Grosgurin et la violation formelle du traité de 1856.

C'est là le minimum que peut exiger la dignité de la France et qu'exigent aussi nos intérêts en Indo-Chine.

C'est la défense et la préservation de notre empire indo-chinois qui a été le seul but de notre action vis-à-vis du Siam ; nous n'avons jamais voulu porter atteinte à son indépendance, mais nous avons le droit d'obtenir pour la sécurité et l'intégrité de nos possessions les garanties les plus complètes et la reconnaissance formelle de nos droits.

Si ces légitimes satisfactions ne nous étaient pas données, le gouvernement devrait y pourvoir.

A l'unanimité la Chambre vota l'ordre du jour suivant :

La Chambre, comptant que le gouvernement prendra les mesures nécessaires pour faire reconnaître et respecter les droits de la France en Indo-Chine et exiger les garanties indispensables, passe à l'ordre du jour.

Dès le lendemain, M. Develle adressait le télégramme suivant à M. Pavie, ministre à Bangkok :

M. Develle, ministre des affaires étrangères, à M. Pavie, ministre-résident de la République française, à Bangkok.

Paris, le 19 juillet 1893.

Nous sommes aujourd'hui en mesure d'apprécier la gravité des récents incidents et les responsabilités nouvelles qui sont venues s'ajouter à celles que le gouvernement siamois avait déjà encourues vis-à-vis de nous. Nous étions en droit de penser que la Cour de Bangkok serait la première à se rendre compte de cette situation. Vos dernières dépêches indiquent au contraire que l'on persiste au Siam dans l'attitude dilatoire opposée jusqu'ici à nos légitimes revendications et que nous ne saurions tolérer plus longtemps.

Veuillez vous rendre immédiatement auprès du prince Devawongse.

Vous lui signalerez une dernière fois les conséquences auxquelles son gouvernement — dont nous n'entendons, d'ailleurs à aucun degré menacer l'indépendance, — s'exposerait en ne nous accordant pas immédiatement satisfaction. Enfin, vous lui remettrez une communication ainsi conçue :

« Le gouvernement français exige :

« 1º La reconnaissance formelle par le Siam des droits de l'empire « d'Annam et du royaume du Cambodge sur la rive gauche du Mékong, et sur ses îles ;

« 2º L'évacuation des postes siamois établis sur la rive gauche du « Mékong, dans un délai qui ne pourra excéder un mois ;

« 3º Les satisfactions que comportent les incidents de Tong-Xieng- « Kham et de Kam-Mon et les agressions dont nos navires et nos marins « ont été l'objet dans la rivière du Ménam ;

« 4º Le châtiment des coupables et les réparations pécuniaires dues « aux familles des victimes ;

« 5º Une indemnité de deux millions de francs pour les divers dom- « mages causés à nos nationaux ;

« 6º Le dépôt immédiat d'une somme de 3 millions en piastres pour « garantir ces réparations pécuniaires et ces indemnités, ou, à défaut, « la remise à titre de gage de la perception des fermes et revenus des « provinces de Battambang et de Siem-Reap.

« Le gouvernement siamois devra faire connaître dans un délai de 48
« heures s'il accepte ces conditions. Dans ce cas l'accord sera constaté
« par un échange de lettres entre le prince Devawongse et le ministre de
« France.

« A défaut de réponse, ou en cas de refus, à l'expiration dudit délai,
« le ministre de France quittera Bangkok et se retirera à bord du *Forfait*.

« Le blocus sera immédiatement déclaré sur les côtes du Siam.

« Si dans le trajet de Bangkok à la barre un acte hostile se produit
« contre nos canonnières, le gouvernement siamois est avisé qu'il s'ex-
« pose à des représailles immédiates. »

Si vous n'avez pas reçu une réponse. satisfaisante dans les formes
expresses indiquées plus haut, à l'expiration du délai de quarante-huit
heures, vous rejoindrez le *Forfait* avec les trois canonnières après avoir
prévenu l'amiral Humann, qui reçoit de son côté les instructions nécessaires.

J'ai la confiance que votre expérience et votre dévouement vous permettront de vous acquitter de votre mission dans les conditions les plus
propres à ménager tous les intérêts qui se recommandent à votre sollicitude dans les circonstances actuelles.

J. Develle.

L'incident franco-siamois soulevait cependant un vif émoi en
Angleterre et M. Curzon essayait, à la Chambre des communes,
de provoquer une intervention du gouvernement anglais qui refusa
de se prononcer sur la question. Le même jour, le roi du Cambodge
demandait au gouvernement français à être remis en possession des
provinces de Siemreap (Angkor) et Battambang enlevées au Cambodge par l'art. 4 du traité du 15 juillet 1867 (1).

En réponse à l'ultimatum, le gouvernement siamois offrit de
céder la rive gauche jusqu'au 18ᵉ degré et demanda que le délai de
48 heures fixé pour l'ultimatum fût prolongé. Ces propositions
furent rejetées, et le 26 juillet, M. Pavie quittait Bangkok. L'amiral
Humann organisait immédiatement le blocus.

Le 29 juillet, le Siam cédait et le prince Vadhana, ministre de
Siam, à Paris, en informait M. Develle par la lettre suivante :

Paris, le 29 juillet 1893.

Mon auguste souverain, S. M. le roi de Siam, ayant, avec de sincères
regrets, constaté que la réponse faite par son gouvernement à la note
comminatoire du 20 juillet dernier et aux conditions imposées par

(1) Pouvourville, ouv. cité, p. 257.

celle-ci fut considérée comme ne donnant pas toutes les satisfactions que le gouvernement de la République réclamait, j'ai été chargé par mon gouvernement de porter à la connaissance de Votre Excellence que S. M. le roi de Siam, inspiré par les meilleurs sentiments d'amitié pour la France, acceptait, sans réserve les réclamations du gouvernement de la République.

Je viens confirmer, par les présentes, ce que j'ai eu l'honneur de communiquer verbalement à Votre Excellence au cours de l'entrevue qu'elle a bien voulu m'accorder ce matin, et je viens préciser, autant que possible, les motifs qui avaient amené S. M. le roi à accepter définitivement les conditions de la France. C'était :

1° Pour apaiser et mettre fin à l'excitation, de jour en jour grandissante, de la population de Bangkok, excitation qui menaçait la vie et la propriété des indigènes comme des étrangers ;

2° Pour le repos et le bonheur de son peuple ;

3° Pour le maintien de la paix ;

4° Pour sauvegarder les intérêts du commerce ;

5° Pour renouveler les relations diplomatiques à Bangkok entre le Siam et la France, relations interrompues d'une façon regrettable ;

6° Pour reprendre les traditions d'un amical et cordial voisinage, et dans l'intérêt des deux nations.

Je me félicite d'avoir l'honneur de porter ce qui précède à la connaissance de Votre Excellence, et je ne doute point que le gouvernement de la République, pour mettre de son côté fin au différend qui s'est élevé entre le Siam et la France, ne donne les contre-ordres nécessaires en ce qui concerne le blocus que la flotte française, actuellement dans le golfe de Siam, se préparait à établir.

VADHANA

M. Develle, ministre des affaires étrangères, répondait au prince Vadhana par cette note :

(Note).

Paris, le 30 juillet 1893.

Le retard apporté par le gouvernement siamois à accepter l'ultimatum, qui lui a été remis par le ministre résident de France à Bangkok le 20 juillet, autorisait le gouvernement de la République française à en aggraver les conditions.

Désireux de donner une nouvelle preuve des sentiments de modération qui l'ont constamment inspiré, le gouvernement français se contentera, comme garantie indispensable de l'exécution pratique des clauses de l'ultimatum, d'occuper la rivière et le port de Chantaboun jusqu'à la complète et pacifique évacuation des postes établis par les Siamois sur la rive gauche du Mékong.

D'autre part, en vue de garantir les bonnes relations heureusement
rétablies entre la France et le Siam et de prévenir tout conflit dans la
région du Grand-Lac et du Mékong, le gouvernement siamois s'engagera
à n'entretenir désormais aucune force militaire à Battambang et à Siem-
Reap, ainsi que dans les localités situées dans un rayon de 25 kilomètres
sur la rive droite du Mékong à partir des frontières du Cambodge. Il y
maintiendra seulement le personnel de police nécessaire pour assurer
l'ordre. En outre, il s'abstiendra d'entretenir ou de faire circuler des
navires et embarcations armés sur les eaux du Grand-Lac et sur celles
du Mékong.

Le gouvernement français se réserve d'établir des consulats à M-Nan
et à Khorat.

L'acceptation par le Siam de ces garanties permettra au gouvernement
français de lever immédiatement le blocus.

Ces conditions furent acceptées le 1er août, M. Pavie rejoignit
son poste et l'amiral Humann leva le blocus et fit procéder à l'occupation de Chantaboun.

M. Le Myre de Vilers arriva le 16 août à Bangkok. Sa mission se
modifiait. Il devait négocier avec le gouvernement siamois un arrangement reproduisant les clauses de l'ultimatum et de la note du
30 juillet. Les négociations avec le prince Dewawongse durèrent
du 20 août à la fin de septembre. Le traité fut signé le 3 octobre 1893.
Il est ainsi conçu :

ART. 1er. — Le gouvernement siamois renonce à toute prétention sur
l'ensemble des territoires de la rive gauche du Mékong et sur les îles
du fleuve.

ART. 2. — Le gouvernement siamois s'interdit d'entretenir ou de faire
circuler des embarcations ou des bâtiments armés sur les eaux du Grand-
lac, du Mékong et de leurs affluents situés dans les limites visées à
l'article suivant.

ART. 3. — Le gouvernement siamois ne construira aucun poste fortifié
ou établissement militaire dans les provinces de Battambang et de Siem-
Reap et dans un rayon de 25 kilomètres sur la rive droite du Mékong.

ART. 4. — Dans les zones visées par l'article 3, la police sera exercée,
selon l'usage, par les autorités locales, avec les contingents strictement
nécessaires. Il n'y sera entretenu aucune force armée régulière ou irrégulière.

ART. 5. — Le gouvernement siamois s'engage à ouvrir, dans un délai
de six mois, des négociations avec le gouvernement français en vue du
règlement du régime douanier et commercial des territoires visés à
l'article 3 et de la révision du traité de 1856. Jusqu'à la conclusion de
cet accord, il ne sera pas établi de droit de douane dans la zone visée

à l'article 3, la réciprocité continuera à être accordée par le gouvernement français aux produits de la dite zone.

Art. 6. — Le développement de la navigation du Mékong pouvant rendre nécessaires sur la rive droite certains travaux ou l'établissement de ralais de batellerie et de dépôts de bois et de charbon, le gouvernement siamois s'engage à donner, sur la demande du gouvernement français, toutes les facilités nécessaires à cet effet.

Art. 7. — Les citoyens, sujets ou ressortissants français pourront librement circuler et commercer dans les territoires visés à l'article 3, munis d'une passe délivrée par les autorités françaises. La réciprocité sera accordée aux habitants des dites zones.

Art. 8. — Le gouvernement français se réserve d'établir des consuls où il jugera convenable dans l'intérêt de ces ressortissants, et notamment à Korat et à Muang-Nan.

Art. 9. — En cas de difficultés d'interprétation, le texte français seul fera foi.

Art. 10. — Le présent traité devra être ratifié dans un délai de quatre mois à partir du jour de la signature.

En foi de quoi, les plénipotentiaires respectifs susnommés ont signé le présent traité en duplicata et y ont apposé leurs cachets.

Fait au Palais de Vallabha, à Bangkok, le 3 octobre 1893.

(L. S.). Le Myre de Vilers.
(L. S.). Devawongse-Varapuakar.

Convention.

Les Plénipotentiaires ont arrêté dans la présente convention les différentes mesures et les dispositions qu'entraîne l'exécution du traité de paix signé en ce jour et de l'Ultimatum accepté le 5 août dernier.

Art. 1er. — Les derniers postes militaires siamois de la rive gauche du Mékong devront être évacués dans le délai maximum d'un mois à partir du 5 septembre.

Art. 2. — Toutes les fortifications de la zone visée à l'article 3 du traité en date de ce jour devront être rasées.

Art. 3. — Les auteurs des attentats de Tong-Xieng-Kham et de Kammoun seront jugés par les autorités siamoises; un représentant de la France assistera au jugement et veillera à l'exécution des peines prononcées. Le gouvernement français se réserve le droit d'apprécier si les condamnations sont suffisantes, et, le cas échéant, de réclamer un nouveau jugement devant un tribunal mixte dont il fixera la composition.

Art. 4. — Le gouvernement siamois devra remettre à la disposition du ministre de France à Bangkok ou aux autorités françaises de la frontière tous les sujets français, annamites, laotiens de la rive gauche et les Cambodgiens détenus à un titre quelconque; il ne mettra aucun obstacle au retour sur la rive gauche des anciens habitants de cette région.

ART. 5. — Le Bam-Bien de Tong-Xieng-Kam et sa suite seront amenés par un délégué du ministre des Affaires étrangères à la légation de France, ainsi que les armes et le pavillon français saisis par les autorités siamoises.

ART. 6. — Le gouvernement français continuera à occuper Chantaboun jusqu'à l'exécution des stipulations de la présente convention et notamment jusqu'à complète évacuation et pacification tant de la rive gauche que des zones visées à l'article 3 du traité en date de ce jour.

En foi de quoi, les Plénipotentiaires respectifs ont signé la présente Convention et y ont apposé leurs cachets.

Fait double au Palais de Vallabha, à Bangkok, le 3 octobre 1893.

(L. S.). LE MYRE DE VILERS.

(L. S.). DEVAWONGSE-VARAPUAKAR.

La convention commerciale prévue par le traité fut conclue le 1er mars 1894.

La question siamoise ainsi réglée, celle du Haut-Mékong allait se poser avec l'Angleterre. L'extrait suivant du discours prononcé par M. François Deloncle, député, dans la séance de la Chambre du 24 février 1896, expose très clairement la question et les incidents qu'elle souleva :

Dès 1883, au moment où nous nous engagions au Tonkin, le gouvernement de la Haute Birmanie indépendante envoyait en France une mission chargée de négocier et de conclure avec nous un traité d'amitié et de commerce. Les lettres de créance de cette mission établissaient que la Birmanie et la France étaient autrefois fort éloignées et leurs relations fort difficiles, mais que la prise de possession du Tonkin par la France rendait les deux pays limitrophes, c'est-à-dire qu'ils se touchaient par le côté est du territoire birman, par les provinces de Kien-Tong et de Kien-yun-ghie.

M. Jules Ferry, alors ministre des affaires étrangères, comprit toute la valeur de cette constatation. Il me fit l'honneur de m'envoyer m'enquérir à Mandalay de la véritable position de la Birmanie sur le Mékong et, à la suite des premiers rapports de cette mission, il signa le 5 avril 1884, avec l'ambassade birmane, une déclaration qui faisait revivre le traité de commerce conclu avec la Birmanie indépendante, le 24 janvier 1873, par M. Charles de Rémusat, ministre des affaires étrangères de l'époque, et affirmait le désir de la France d'entrer en rapports constants avec sa voisine du Haut-Mékong.

Quelque temps après, interrogé par l'ambassadeur d'Angleterre, lord

Lyons, sur les intentions de la France en ces affaires birmanes, M. Jules Ferry déclarait à cet éminent diplomate, le 11 juillet 1884, que « les Français et les Birmans étaient sur le point de devenir voisins » ; et comme lord Lyons répondait que la Birmanie ne saurait être voisine de la France comme elle l'est de l'Angleterre, M. Jules Ferry, le 16 juillet suivant, répliquait qu'il y avait une question de voisinage à traiter entre le Tonkin et la Birmanie, que la Birmanie pouvait avoir des droits sur la rive gauche du Mékong, mais qu'elle ne paraissait pas les avoir exercés depuis de longues années.

Pour confirmer cette affirmation, le 4 août suivant l'ambassade birmane remettait à M. Jules Ferry une déclaration unilatérale du gouvernement birman, déclaration que celui qui parle en ce moment à cette tribune s'honore d'avoir rapportée de Mandalay, de la main même du roi de Birmanie d'alors.

Cette déclaration était ainsi conçue :

« La rive droite du Mékong est la limite de la Birmanie ; la rive gauche du Mékong est la limite du Tonkin Français du point où cette rivière sort du territoire chinois jusqu'à la limite de Kien-Tching. »

Les termes de cette déclaration se retrouvent aujourd'hui à l'article 3 de l'arrangement du 15 janvier. Tant il est vrai qu'il était bien réel, en 1884, que la Haute-Birmanie indépendante ne dépassait pas le Mékong.

Mais le roi de Mandalay devait payer cher sa sincérité envers la France. A peine le gouvernement français avait-il conclu avec lui, dans les premiers jours de 1885, un traité de commerce, que la Chambre approuva quelques mois plus tard, sur un rapport très complet de M. de Lanessan, que le nouveau vice-roi des Indes, lord Dufferin, un grand Anglais, lançait une colonne sur Mandalay, et le 1er janvier 1886 la Birmanie indépendante était annexée à l'Angleterre. Dès ce jour, le gouvernement britannique se mit à l'œuvre pour détruire l'impression des négociations de M. Jules Ferry et de la déclaration de Mandalay, et faire prévaloir sa thèse de domination au delà du Mékong.

Il est dès lors facile de comprendre que la généreuse proposition de M. Waddington du mois d'avril 1889 ait été favorablement accueillie par le cabinet de Londres, qui s'empressa d'envoyer ses milices hindoues au delà de la Salouen, sur le territoire de Xieng-tong jusqu'au Mékong, en même temps qu'il lança le Siam au delà de la rive gauche du Mékong vers les territoires du Nam-hou.

Aussi fut-on réellement étonné à Londres d'apprendre que le 26 octobre 1891 l'honorable M. Ribot, alors ministre des affaires étrangères, avait déclaré, en réponse à une question de notre part, que la « rive gauche du Mékong, au moins dans la partie située entre la Chine et le royaume de Siam, devait être considérée comme notre limite naturelle et que les meilleurs esprits en Angleterre admettaient notre prétention de réserver à l'influence française toute la partie qui se trouve à l'est de la rive gauche. » Du coup, lord Lamington, qui arrivait de là-bas, qualifia à la Chambre des lords le langage de l'honorable M. Ribot de « déploiement inconvenant de l'ambition française » ; M. Waddington, chargé par M. Ribot de protester contre ces paroles, remit au gouvernement anglais, aux mois de février et de mai 1892, deux notes que je trouve au Livre bleu, et qui font le plus grand honneur à son patriotisme.

En effet, non seulement notre ambassadeur s'expliquait dans ces notes sur sa proposition d'avril 1889 et démontrait à l'Angleterre que du moment où elle n'avait pas voulu comprendre dans la barrière permanente projetée le territoire de Salouen et reconnaître à la France la rive gauche du Mékong, depuis le Cambodge jusqu'au Louang-Prabang, cette proposition d'avril 1889 ne tenait plus ; mais encore M. Waddington affirmait très nettement, d'accord en cela avec le sentiment qui s'était fait jour au Parlement à la suite du débat du 26 octobre 1891, que « le haut Mékong doit être une limite au delà de laquelle ni les Français vers l'ouest, ni les Anglais vers l'est ne devraient étendre leur sphère respective d'influence ».

Le cabinet de Londres ne répondit guère à ces notes et gagna du temps. Une dernière note de M. Waddington intervint — son testament diplomatique en quelque sorte — rappelant encore au premier ministre d'Angleterre tout l'historique de la question et réservant les droits de la France. Puis les événements de 1893 survinrent.

L'honorable M. Develle est mieux en mesure que moi, messieurs, de vous expliquer comment à cette époque, à la suite de l'entrée de nos bateaux à Bangkok, l'action de l'Angleterre s'entreprit d'une manière plus vive, non pas à faire revivre la proposition de M. Waddington du mois d'avril 1889, mais à imaginer la création d'une nouvelle zone neutre, d'une sorte d'état-tampon minuscule qui, à ses yeux, devait être constitué principalement aux dépens de la France, avec des territoires sur lesquels nos droits s'étaient déjà affirmés.

L'honorable M. Develle comprit tout de suite que cette nouvelle proposition anglaise était tellement étrange, se prêtait si mal à la réalité des faits, à l'état topographique du terrain, et apparaissait d'avance si bien condamnée à ne pas aboutir, que le 31 juillet 1893 il ne fit pas de difficulté à en accepter le principe et ses prévisions ne tardèrent pas à s'accomplir.

Le 23 novembre suivant, quand il s'agit de délimiter cette zone neutre, d'en fixer les lignes générales à l'est et à l'ouest, tant du côté de Nam-Hou que du côté de la Salouen, le cabinet anglais dut accepter un protocole qui, ordonnant l'envoi d'une mission géographique dans les régions à délimiter, obligeait l'Angleterre à reconnaître dès les premiers mois de 1894 l'impossibilité de créer une zone neutre quelconque dans les pays visités par cette mission. Mais, toujours suprêmement habile, la diplomatie britannique ne fut pas longue à chercher de nouveaux biais.

Elle commença par conclure avec la Chine, le 1er mars 1894, des arrangements tout nouveaux; du moins nous les croyions tels, puisqu'au 1er décembre 1893 lord Dufferin écrivait à M. Develle que ces arrangements n'étaient pas encore conclus. Aux termes de ces arrangements, une partie du Xieng-Hong, c'est-à-dire d'un territoire relevant de l'État shan de Xieng-Thong, appartenant à l'Angleterre, était cédée à la Chine, à condition que celle-ci ne les rétrocéderait à aucune tierce puissance.

Puis, l'Angleterre disait au Siam : Je vous ai cédé dans le coude du Mékong, alors que je pensais que vous arriveriez bon premier dans ces régions, je vous ai cédé ou reconnu certains territoires; vous avez été assez faible pour les abandonner à la France le 3 octobre 1893 ; vous n'avez pas le droit de les abandonner ainsi : ces territoires m'appartenaient, ils m'appartiennent encore ; rendez-les-moi, je les reprends.

Et, par cette double combinaison, l'Angleterre arrivait à ceci, que la zone neutre prévue, édictée par les protocoles des 31 juillet 1894 et 23 novembre 1893, se trouvait *ipso facto* diminuée de toute une région que la diplomatie britannique cédait à la Chine et de toute une autre région qu'elle reprenait pour elle seule au Siam.

Ce fut un imbroglio qui dura dix-huit mois, et l'on en est à se demander si l'on ne doit pas se féliciter que l'Angleterre y ait mis fin elle-même par un coup de force, par l'occupation de Muong-Sing.

En effet, le 24 décembre 1894, un membre anglais de la commission mixte chargée de la délimitation de la zone neutre s'installait sans plus de façon au pays de Muong-Sing, situé sur la rive gauche du Mékong, en plein territoire réservé à la future zone neutre.

Advint à son tour le commissaire français, qui obligea le commissaire anglais et son escorte à évacuer Muong-Sing; mais, au mois d'avril 1895, le commissaire anglais revenait et y mettait une garnison. L'opinion publique française se révolta : la négociation diplomatique eut un fait si brutal, si précis à discuter, que le gouvernement britannique, mis en présence de nos droits, des traités et du respect des convenances, dut finalement se soumettre.

En effet, le 24 décembre 1894, M. Scott, chef de la mission anglaise, avait fait amener le pavillon français à Muong-Sing, M. Pavie, chef de la mission française, ne put obtenir la rétrocession et les deux commissions se séparèrent le 22 janvier 1895, les membres de la mission Pavie continuant ces belles reconnaissances que leur chef avait inaugurées en 1887 et poursuivies jusqu'en 1892 et auxquelles les noms de MM. Cupet, Lefèvre-Pontalis, Vacle, Rivière, etc. restent attachés. Sir F. Friars, commissaire général de la Haute-Birmanie, obtint du cabinet Salisbury, qui venait de succéder au cabinet Roseberry, l'autorisation de faire occuper les territoires de

la rive droite du Mékong (juin 1895) et l'Angleterre repoussa alors
le principe de l'Etat-tampon, ayant ainsi occupé les territoires qui
devaient former la zone neutre. M. Pavie rentra en France en novembre 1895 et fit connaître la situation au gouvernement français.

Heureusement l'exploration française au Mékong avait été fort
brillante. Déjà avant nos démêlés avec le Siam, le capitaine de vaisseau Réveillère avait franchi les rapides de Préa-Patang que Francis
Garnier avait reconnus autrefois et que le lieutenant de vaisseau de
Fésigny avait étudiés. En 1894, le lieutenant de vaisseau Robaglia
trouva un chenal dans les rapides de Préa-Patang et étudia la
navigabilité du Bas-Mékong. En même temps, le lieutenant de
vaisseau Simon et l'enseigne Le Vay, avec deux canonnières, le
Massie et le *La Grandière*, reconnurent le bief de l'île de Khone à
Kemmarat. Le 2 septembre 1895, le *La Grandière* arrivait à Luang-
Prabang et alla atteindre Dieng-Lap et Tang-Ho à la fin de jan-
vier 1896. Ces études furent continuées par MM. Mazeran et Le
Blevec.

C'est dans ces conditions que la question du Haut-Mékong se
posa de nouveau entre la France et l'Angleterre, à la fin de 1895,
au moment où l'Angleterre avait des conflits graves au Venezuela
et au Transvaal. M. Berthelot, ministre des affaires étrangères,
rouvrit les négociations et le 16 janvier 1896, lord Salisbury et
M. de Courcel, ambassadeur de France, signaient à Londres une
déclaration dont les passages suivants sont relatifs aux affaires de
l'Indo-Chine :

I. — Les gouvernements de France et de Grande-Bretagne s'engagent
mutuellement à ne faire pénétrer, dans aucun cas ou sous aucun prétexte, sans le consentement l'un de l'autre, leurs forces armées dans la
région comprenant les bassins des rivières Petchabouri, Meiklong,
Ménam et Bang-Pa-Kong (rivière de Petriou) et de leurs affluents respectifs, ainsi que le littoral qui s'étend depuis Muong-Bang-Tapan
jusqu'à Muong-Pasc, les bassins des rivières sur lesquelles sont situées
ces deux villes, et les bassins des autres rivières dont les embouchures
sont incluses dans cette étendue du littoral, et comprenant aussi le
territoire situé au nord du bassin du Ménam entre la frontière anglo-
siamoise, le fleuve Mékong, et la limite orientale du bassin du Me-Ing.
Ils s'engagent en outre à n'acquérir dans cette région aucun privilège
ou avantage particulier dont le bénéfice ne soit pas commun à la France
et à la Grande-Bretagne, à leurs nationaux et ressortissants, ou qui ne
leur serait pas accessible sur le pied de l'égalité.

Ces stipulations, toutefois, ne seront pas interprétées comme dérogeant aux clauses spéciales qui, en vertu du traité conclu le 3 octobre 1893, entre la France et le Siam, s'appliquent à une zone de 25 kilomètres sur la rive droite du Mékong et à la navigation de ce fleuve.

II. — Rien dans la clause qui précède ne mettra obstacle à aucune action dont les deux puissances pourraient convenir, et qu'elles jugeraient nécessaire pour maintenir l'indépendance du royaume de Siam. Mais elles s'engagent à n'entrer dans aucun arrangement séparé qui permette à une tierce puissance de faire ce qu'elles s'interdisent réciproquement par la présente déclaration.

III. — A partir de l'embouchure du Nam-Huok et en remontant vers le nord jusqu'à la frontière chinoise, le thalweg du Mékong formera la limite des possessions ou sphères d'influence de la France et de la Grande-Bretagne. Il est convenu que les nationaux et ressortissants d'aucun des deux pays n'exerceront une juridiction ou autorité quelconque dans les possessions ou la sphère d'influence de l'autre pays.

Dans la partie du fleuve dont il s'agit, la police des îles séparées de la rive britannique par un bras dudit fleuve appartiendra aux autorités françaises tant que cette séparation existera. L'exercice du droit de pêche sera commun aux habitants des deux rives.

M. Berthelot communiquait cette déclaration à M. Guieysse, ministre des colonies, par la lettre suivante :

M. Berthelot, ministre des affaires étrangères,
à M. Guieysse, ministre des colonies.

Paris, le 20 janvier 1896.

J'ai l'honneur de vous communiquer, avec les lettres échangées par eux à cette occasion, les déclarations signées le 15 janvier par M. de Courcel et lord Salisbury, et qui règlent diverses questions pendantes entre le gouvernement français et le gouvernement britannique.

Je vous signalerai particulièrement la délimitation de nos possessions d'Indo-Chine, délimitation fixée au cours du Mékong, entre le gouvernement français et le gouvernement britannique. Les dispositions relatives à cette même limite entre le Siam et nous, inscrites dans notre traité du 3 octobre 1893, sont visées d'une manière expresse. On ne saurait méconnaître l'importance de cet accord qui met fin à une contestation existant depuis plusieurs années entre les deux gouvernements. La remise entre nos mains du territoire du Muong-Sing, occupé indûment, à nos yeux, par une force anglaise, présente à cet égard un intérêt moral et matériel des plus sérieux, indépendamment même du rôle que ce territoire est susceptible de jouer dans l'ouverture des voies de communication entre nos possessions et l'empire chinois par la vallée du Mékong.

Vous remarquerez les dispositions relatives au royaume de Siam. Les deux gouvernements déclarent qu'ils mettent en dehors de toute action militaire de leur part la partie de ce royaume comprise dans le bassin du Ménam et qu'ils s'engagent à n'entrer dans aucun arrangement séparé qui permette à une tierce puissance de faire ce qu'ils s'interdisent de faire réciproquement. Ils s'engagent, en outre, à n'acquérir dans cette région aucun privilège ou avantage particulier dont le bénéfice ne soit pas commun à leurs nationaux et ressortissants. Les autres parties du royaume de Siam demeurent en dehors de cette clause de neutralisation réciproque. Chacune des deux puissances conserve le droit d'assurer l'exécution des traités existant entre elle et le Siam par les voies et moyens convenables. Je n'ai pas besoin d'ajouter, en ce qui touche l'exécution demeurée jusqu'ici incomplète du traité du 3 octobre 1893, que nous userons de cette faculté en nous inspirant des sentiments de modération et d'équité qui nous ont toujours guidés.

M. BERTHELOT.

De son côté, lord Salisbury transmettait la déclaration en ces termes à lord Dufferin, ambassadeur à Paris :

Londres, le 15 janvier.

Mylord,

J'ai signé aujourd'hui avec l'ambassadeur de France un arrangement concernant principalement les affaires de Siam et que je joins à cette lettre. J'avais espéré vous l'envoyer avant Noël ; mais sa signature a été retardée accidentellement. Les dispositions les plus importantes qu'il contient sont celles par lesquelles les deux puissances distinguent, pour lui accorder un traitement à part, la région du Siam occupée par le bassin que draîne le Ménam et par ceux des fleuves côtiers situés sous la même longitude. Dans ces territoires, les deux puissances s'engagent à ne pas faire agir leurs forces de terre et de mer, si ce n'est d'accord, dans une action qui pourrait devenir nécessaire pour maintenir l'intégrité du Siam. Elles s'engagent, en outre, à n'acquérir, dans ces territoires, aucun privilège ou avantage commercial qui ne leur soit commun à toutes deux. En faisant parvenir cet arrangement à Votre Excellence, je suis désireux d'y joindre quelques mots d'explication pour éviter le risque de le voir mal interprété par ceux qui ne sont pas familiers avec les récentes négociations. On pourrait croire que, parce que nous nous sommes engagés et avons reçu l'engagement de la France de n'envahir en aucun cas ces territoires déterminés, nous mettons en doute la valeur absolue des titres et droits des Siamois sur le reste de leurs possessions, ou tout au moins que nous traitons ces droits avec indifférence. Toute interprétation de ce genre présenterait sous le jour le plus faux les intentions dans lesquelles cet arrangement a été signé. Nous reconnaissons entièrement au Siam son droit absolu et indiscuté de jouir de tous les territoires qui, d'après un long usage ou les traités existants, sont compris dans ses domaines; et il n'est rien dans notre action présente qui diminue la validité des droits du roi de Siam aux parties de son territoire qui ne sont pas affectées par le traité.

Nous avons choisi une aire particulière pour l'application des stipulations de ce traité, non parce que les titres du roi de Siam sur les autres parties de ses domaines sont moins valides, mais parce que c'est cette aire qui importe à nos intérêts en tant que nation commerciale. La vallée du Ménam est éminemment apte à recevoir un haut développement industriel. Elle peut, avec le temps, être traversée par des voies de communication du plus haut intérêt pour les parties voisines de l'empire britannique. Tout paraît indiquer que le capital se portera dans cette région si elle présente une sécurité suffisante pour son placement; le commerce et l'industrie du monde, et spécialement de la Grande-Bretagne, auraient un grand avantage à ce que les capitalistes fussent amenés à faire un pareil emploi de la force à laquelle ils commandent. Mais l'histoire de la région où est situé le Siam n'a pas été, dans ces dernières années, favorable au développement des entreprises industrielles et à l'accroissement de cette confiance qui est la première condition du progrès matériel. Un grand territoire, au Nord, a passé du gouvernement birman à la Grande-Bretagne. Un large territoire à l'Est a passé de ses anciens propriétaires à la France. Les événements de cette récente histoire ont certainement une tendance à faire naître des doutes sur la stabilité de la puissance du Siam; et sans partager en rien ces doutes, ni admettre la possibilité de voir, dans l'avenir dont nous avons à prendre soin, l'indépendance siamoise compromise, le gouvernement de Sa Majesté ne pouvait pas ne pas sentir qu'il y aurait avantage à donner au monde commercial quelque assurance que, dans la région, où le plus actif développement paraît devoir se produire, aucun nouveau changement de souveraineté territoriale n'était à craindre.

Je dois ajouter que nous avons déjà avec le Siam un commerce très considérable qui passe presque entièrement par cette région, et que tout changement de souveraineté entraînant l'application de tarifs hautement restrictifs serait un coup très dur pour notre commerce dans cette partie du monde.

Le gouvernement de Sa Majesté espère que la signature de cet arrangement tendra à encourager le développement industriel de ces districts étendus, et sa conviction à cet égard a fait assez impression sur lui pour qu'il ait été disposé à admettre les prétentions de la France à la propriété du district de Muong-Sing, appartenant au Xieng-Kheng, un territoire triangulaire sur la rive orientale du haut Mékong. Son étenduc et sa valeur intrinsèque ne sont pas considérables, et, par suite de son climat malsain il n'a pas grand attrait pour la Grande-Bretagne, bien que ses titres sur ce territoire, comme ancienne dépendance de la Birmanie, nous paraissent incontestablement valables. Mais sa conservation par nous pourrait devenir une entrave sérieuse à l'administration économique et efficace, par la France, de ses possessions dans ce voisinage.

Je suis, etc.

SALISBURY.

Une interpellation eut lieu dans les séances de la Chambre des 24 et 27 février 1896 sur la déclaration de Londres.

M. Berthelot, ministre des affaires étrangères, rappela, après M. François Deloncle, la marche des négociations avec l'Angleterre, le protocole du 31 juillet 1893 reconnaissant la nécessité de créer une zone neutre (état-tampon) entre les possessions des deux pays sur le Haut-Mékong, l'envoi d'une commission sur les lieux, de janvier à avril 1895, l'occupation de Muong-Sing, le 13 mai 1895, le refus du roi de cette ville de se soumettre aux Anglais, l'introduction dans la question d'éléments nouveaux par le traité anglo-chinois du 25 mars 1894 et le traité franco-chinois de juin 1895, la reprise des négociations, en novembre 1895, qui aboutirent à la déclaration du 15 janvier 1896.

M. Develle intervint également et nous détachons de son discours le passage suivant où il relevait l'affirmation de certains journaux attribuant au gouvernement anglais l'initiative des négociations relatives à la zone neutre :

Ce n'est pas en 1889 que le gouvernement avait pris cette initiative, c'est dès 1885 et à l'instigation, je dois le dire, d'un de nos diplomates les plus intelligents et les plus fermes qu'il y ait encore aujourd'hui en Extrême-Orient.

Le gouvernement français, préoccupé des progrès de l'Angleterre en Birmanie, avait pensé qu'il serait sage de conclure un arrangement établissant un partage d'influence entre les deux pays. Ce projet devait avoir pour objet de prévenir autant que possible en Indo-Chine tout contact immédiat entre nos possessions et celles de l'Angleterre ou même entre notre action politique et la sienne ; et l'ambassadeur de France à Londres avait été chargé de proposer au cabinet anglais de créer, entre nos deux domaines, une zone neutre assez étendue pour prévenir non seulement toute contiguïté de territoires, mais toute rencontre d'influences.

Nous étions en septembre 1885 : la Birmanie n'était pas encore con-

quise. Il semblait possible de limiter l'action politique de l'Angleterre
au bassin de la Salouen.

Il est regrettable peut-être qu'à cette époque il n'ait pas été donné suite
à des propositions que le cabinet anglais avait promis d'étudier de la
façon la plus sérieuse. Les années s'écoulent : l'Angleterre est maîtresse
de la Birmanie. Pendant qu'on parlait en France de l'évacuation du
Tonkin, elle s'avance sur le Mékong, elle va l'atteindre. Alors le gouvernement français fait, en 1889, de nouvelles propositions.

« Comme vous êtes maître de l'embouchure de la Salouen, nous proposons que ce fleuve qui constitue déjà sur une partie de son cours la
frontière entre vous et le Siam, le soit dans toute son étendue vers le
nord. D'autre part, comme la France est maîtresse du Mékong, nous
proposons comme frontière orientale du Siam le cours de ce fleuve depuis
la limite du Cambodge jusqu'à un point à déterminer en aval de Luang-
Prabang. Cette ville avec un territoire à déterminer ferait partie du
Siam et la frontière suivrait ensuite le cours du Nam-Hou, vers le nord
jusqu'à sa rencontre avec la frontière chinoise. »

Le cabinet anglais n'avait fait aucune réponse à ces ouvertures. Nous
sommes encore loin du Mékong, avait-il répondu ; et bien qu'il y eût eu
à ce sujet quelques conversations pendant les années 1892 et 1893, la
question de la frontière franco-anglaise en Indo-Chine n'était pas réglée
lorsque éclata le conflit franco-siamois.

Mais, vous venez de le voir, le gouvernement français n'avait pas varié
dans ses vues et, tout en déclarant que tous les territoires de la rive
gauche jusqu'au Mékong devaient être réservés à notre influence, il
avait paru penser qu'il y aurait des inconvénients à ce que, dans ces
régions lointaines, nous fussions voisins de l'Angleterre ; dans ces conditions vous voudrez bien reconnaître qu'il m'était peut-être difficile,
en juillet 1893, de me refuser à admettre même le principe de la zone
neutre dont nous avions, à plusieurs reprises, recommandé l'adoption.

Mais comment devait être constituée cette zone neutre ? « Au moyen
d'abandons et de sacrifices réciproques », disait le protocole du 31 juillet ;
« sans occasionner de morcellements », ajoute le protocole du 25 novembre, car si à ce moment l'Angleterre ne pouvait plus consentir à prendre
pour limite la Salouen, il nous était impossible, à nous-mêmes, de nous
contenter de la rive gauche du Nam-hou — j'ai expliqué pour quels motifs
il y a un instant — et d'abandonner une parcelle quelconque du Luang-
Prabang.

Quoi qu'il en soit, l'entente n'avait pas pu se faire pendant que j'étais
aux affaires, en 1893. J'avais alors proposé de nommer une commission
qui procéderait à un examen géographique des lieux, qui déterminerait
l'étendue et les limites de ces territoires sur lesquels nous n'avions que
les renseignements les plus vagues, car les cartes déposées au ministère des affaires étrangères, même la carte que nous devons au dévouement et à l'habileté de M. Pavie, renfermaient de telles lacunes qu'il

était impossible de les prendre comme bases de discussions sérieuses.

Cette proposition n'était pas aussi imprudente que quelques-uns l'avaient cru ou prétendu, car c'est précisément l'enquête à laquelle il a été procédé qui a permis de reconnaître que la zone neutre serait tellement rétrécie et étroite, qu'elle devenait inutile ; mais surtout c'est cette enquête qui a permis à lord Salisbury de se convaincre, comme il l'a écrit à lord Dufferin dans la lettre que vous avez pu lire ces jours derniers, que la valeur intrinsèque de l'état de Muong-Sing n'était pas grande et qu'à cause de son insalubrité il n'avait pas grand attrait pour la Grande-Bretagne.

Quand bien même les discussions, les enquêtes auxquelles a donné lieu la détermination de la zone neutre n'auraient eu d'autre effet que de démontrer au gouvernement anglais qu'il n'avait aucun intérêt à revendiquer ce territoire sur lequel cependant il prétendait avoir des droits incontestables et qu'il avait fait occuper par ses troupes, j'estime que ces discussions et ces enquêtes n'auraient pas été inutiles, et je me féliciterais, quant à moi, de les avoir ouvertes.

En tous cas la question est résolue ; le thalweg du Mékong a été accepté par les deux gouvernements comme la frontière de leurs États. Je crois quant à moi que les craintes de la diplomatie étaient chimériques. Je m'empresse de dire que les termes dans lesquels lord Salisbury a admis la réclamation de la France, disant qu'il ne voulait pas gêner notre action dans ces pays, ne peuvent, comme l'a dit M. le ministre des affaires étrangères, qu'être de nature à rendre plus faciles nos rapports dans ces régions lointaines.

Toutes les questions qui divisaient la France et l'Angleterre sont donc résolues. Nous sommes désormais les maîtres incontestés d'un vaste territoire de 22 millions d'hectares qui complète notre empire indo-chinois, et cet empire, qui ne dépassait pas, il y a trois années à peine, les montagnes qui dominent Hué et la mer de Chine, s'étend jusqu'au Siam, jusqu'à la frontière de Chine et de la Birmanie.

Ces résultats ne sont pas dus seulement au traité de 1893 ; ils sont dus aussi à la convention de la Chine, qui avait été si habilement préparée par M. Hanotaux et que vous avez votée, il y a quelques jours. Ils sont dus à l'arrangement du 15 janvier dernier qui fait, comme l'a dit M. le ministre des affaires étrangères, le plus grand honneur au baron de Courcel, à M. Hanotaux et à M. Berthelot.

Messieurs, ces résultats, nous les avons obtenus en marchant en quelque sorte, par étapes, conformément à un plan nettement tracé que nous avons voulu suivre, en prenant garde de nous laisser entraîner au delà du but que nous voulions atteindre.

La Chambre approuva les déclarations du gouvernement, et la déclaration de Londres fut immédiatement suivie d'effet. Le 16 mai

1896, M. Vacle, commandant supérieur par intérim du Haut-Laos, recevait le district de Muong-Sing et les territoires qui en dépendent et le 24 mai le pavillon français était arboré de nouveau.

Dès la signature du traité franco-siamois, du 3 octobre 1893, les territoires situés entre le Mékong et le versant occidental de la chaîne annamitique passèrent sous la domination française. Le 28 mai 1895, M. Boulloche, résident supérieur en Annam, fut envoyé au Laos, avec la mission d'organiser l'administration. Les territoires laotiens furent partagés en deux circonscriptions autonomes, le Haut-Laos et le Bas-Laos, dirigées chacune par un commandant supérieur. Un décret du 19 avril 1899 les a réunies en une même unité et placées sous l'autorité d'un résident supérieur qui jouit des mêmes prérogatives que les résidents supérieurs en Annam, au Tonkin et au Cambodge. Ces fonctions ont été remplies en ces dernières années par le colonel Tournier et les derniers rapports constatent une amélioration réelle de la situation commerciale.

IV. — LA PÉNÉTRATION EN CHINE MÉRIDIONALE

Au lendemain du traité de Simonosaki qui mit fin à la guerre sino-japonaise (16 avril 1895), la France intervint à Pékin en vue d'obtenir divers avantages et des négociations furent ouvertes par M. Gérard, notre ministre à Pékin.

Elles aboutirent le 28 juin 1895 à la signature de deux conventions complémentaires de la convention de délimitation du 26 juin 1887 et de la convention de commerce de la même date dont nous avons publié le texte plus haut (1).

La première était relative à la délimitation. En voici le texte :

Art. 1er. — Le tracé de la frontière entre le Yun-nan et l'Annam (carte de la deuxième section) du point R au point S est modifié ainsi qu'il suit :

« La ligne frontière part du point R, se dirige au nord-est jusqu'à Man-mei, puis de Man-mei, et suivant la direction ouest-ouest jusqu'à Nan-na, sur le Ts'ing-chouci-ho, laissant Man-mei à l'Annam et les territoires de Mong-t'ong-chang-ts'ouen, Mong-t'chan, Mong-t'ong-tchong-ts'ouen, Mong-t'ong-hia-ts'ouen à la Chine. »

(1) Voir page 891.

Art. 2. — Le tracé de la cinquième section entre Long-po-tchai et la Rivière-Noire est modifié ainsi qu'il suit :

« A partir de Long-po-tchai (cinquième section), la frontière commune du Yun-nan et de l'Annam remonte le cours du Long-po-ho, jusqu'à son confluent avec Hong-yai-ho, au point marqué A sur la carte. Du point A elle suit la direction générale nord-nord-ouest et la chaîne de partage des eaux jusqu'au point où le P'ing-ho prend sa source.

« De ce point la frontière suit le cours du P'ing-ho, puis celui du Mou-ki-ho jusqu'à son confluent avec le Ta-pao-ho, qu'elle suit jusqu'à son confluent avec le Nan-na-ho.

« La frontière remonte ensuite le cours du Pa-pao-ho, jusqu'à son confluent avec le Kouang-sse-ho, puis le cours du Kouang-sse-ho, et suit la chaîne de partage des eaux jusqu'au confluent du Nam-la-pi et du Nam-la-ho, enfin le Nam-la-ho jusqu'à son confluent avec la Rivière-Noire, puis le milieu de la Rivière-Noire jusqu'au Namnap ou Nan-ma-ho. »

Art. 3. — La frontière commune du Yun-nan et de l'Annam entre la Rivière-Noire, à son confluent avec le Nam-nap, et le Mékong, est tracée ainsi qu'il suit :

« A partir du confluent de la Rivière-Noire et du Nam-nap, la frontière suit le cours du Nam-nap jusqu'à sa source, puis dans la direction sud-ouest et ouest, la chaîne de partage des eaux jusqu'aux sources du Nam-Kang et du Nam-wou.

« A partir des sources du Nam-wou, la frontière suit la chaîne de partage des eaux entre le bassin du Nam-wou et le bassin du Nam-la, laissant à la Chine, à l'ouest, Bannoï, I-pang, I-wou, les six montagnes à Thé, et à l'Annam, à l'est, Mong-wou et Wou-te et la confédération des Hua-panh-ha-tang-hoc. La frontière suit la direction nord-sud, sud-est jusqu'aux sources du Nan-ouo-ho, puis elle contourne, par la chaîne de partage des eaux, dans la direction ouest-nord-ouest, les vallées du Nan-ouo-ho et des affluents de gauche du Nam-la, jusqu'au confluent du Mékong et du Nam-la, au nord-ouest de Muong-poung. Le territoire de Muong-Mang et de Muong-jouen est laissé à la Chine. Quant aux territoires des Huit Sources salées (Pa-Fa-tchaï), il demeure attribué à l'Annam. »

Art. 4. — Les agents, commissaires ou autorités, désignés par les deux gouvernements, seront chargés de procéder à l'abornement, conformément aux cartes dressées et signées par la commission de délimitation et au tracé ci-dessus.

Art. 5. — Les dispositions, concernant la délimitation entre la France et la Chine, non modifiées par le présent acte, restent en pleine vigueur.

La présente convention complémentaire, ainsi que la convention de délimitation du 26 juin 1887, sera ratifiée dès à présent par Sa Majesté l'Empereur de Chine et, après qu'elle aura été ratifiée par le Président de la République, l'échange des ratifications se fera à Pékin dans le plus bref délai possible.

Fait à Pékin, en quatre exemplaires, le 20 juin 1895 correspondant au 28e jour de la 5e lune de la 21e année, Kouang-siu.

(L. S.) *Signé* : A. Gérard.
(L. S.) *Signé* : K'ing.
(L. S.) *Signé* : Siu.

La seconde, ainsi conçue, était relative au commerce :

Art. 1er. — Il est convenu pour assurer la police de la frontière, que le gouvernement français aura le droit d'entretenir un agent d'ordre consulaire à Tong-hing, en face de Moncay, sur la frontière du Kouang-tong.

Un règlement ultérieur déterminera les conditions dans lesquelles devra s'exercer, d'accord entre les autorités françaises et chinoises, la police commune de la frontière sino-annamite.

Art. 2. — L'article 2 de la convention additionnelle, signée à Pékin le 26 juin 1887, est modifié et complété ainsi qu'il suit :

Il est convenu entre les Hautes Parties contractantes que la ville de Long-tchéou, au Kouang-Si, et celle de Mong-tse, au Yun-nan, sont ouvertes au commerce franco-annamite. Il est entendu, en outre, que le point ouvert au commerce, sur la route fluviale de Lao-Kai à Mong-tse, est non plus Man-hao, mais Ho-K'eou, et que le gouvernement français aura le droit d'entretenir à Ho-K'eou un agent relevant du consul de Mong-tse, en même temps que le gouvernement chinois y entretiendra un agent des douanes.

Art. 3. — Il est convenu que la ville de Sse-mao, au Yun-nan, sera ouverte au commerce franco-annamite. comme Long-tchéou et Mong-tse et que le gouvernement français aura le droit, comme dans les autres ports ouverts, d'y entretenir un consul, en même temps que le gouvernement chinois y entretiendra un agent des douanes.

Les autorités locales s'emploieront à faciliter l'installation du consul de France dans une résidence honorable.

Les Français et protégés français pourront s'établir à Ssè-mao, dans les conditions prévues par les articles 7, 10, 11, 12 et autres du traité du 27 juin 1858, ainsi que par l'article 3 de la convention du 25 avril 1886. Les marchandises à destination de Chine pourront être transportées par les rivières, notamment le Lo-so et le Mékong, aussi bien que par les routes de terre, et notamment par la route mandarinale qui conduit soit de Mong-le, soit d'I-pang à Sse-mao et P'ou-eul, les droits dont ces marchandises seraient passibles devant être acquittés à Sse-mao.

Art. 4. — L'article 9 de la convention commerciale du 25 avril 1886 est modifié ainsi qu'il suit :

1º Les marchandises chinoises, transitant de l'une à l'autre des quatre villes ouvertes au commerce sur la frontière, Long-tchéou, Mong-tse, Sse-mao et Ho-K'eou, en passant par l'Annam, payeront, à la sortie, le droit réduit des quatre dixièmes. Il leur sera délivré un certificat spécial, constatant le payement de ce droit et destiné à accompagner la marchandise. Lorsque celle-ci sera parvenue dans l'autre ville, elle sera exemptée du payement du droit d'importation.

2º Les marchandises chinoises qui seront exportées des quatre localités ci-dessus et transportées dans les ports chinois, maritimes ou fluviaux, ouverts au commerce, acquitteront, à leur sortie par la frontière, le droit d'exportation réduit des quatre dixièmes. Il leur sera délivré un certificat spécial, constatant le payement de ce droit et destiné à accompagner la marchandise. Lorsque celle-ci sera parvenue dans un des ports maritimes ou fluviaux, ouverts au commerce, elle aura à acquitter le demi-droit de réimportation, conformément à la règle générale pour toutes les marchandises semblables dans les ports maritimes ou fluviaux ouverts au commerce.

3º Les marchandises chinoises, qui seront transportées des ports chinois, maritimes ou fluviaux, ouverts au commerce par la voie de l'Annam, vers les quatre localités désignées ci-dessus, acquitteront, à la sortie, le droit entier. Il leur sera délivré un certificat spécial, constatant le payement de ce droit et destiné à accompagner la marchandise. Lorsque celle-ci sera parvenue à l'une des douanes de la frontière, elle acquittera, à l'entrée, un demi-droit de réimportation, basé sur la réduction de quatre dixièmes.

4º Les marchandises chinoises sus-mentionnées, et qu'accompagnera le certificat spécial prévu plus haut, seront, avant le passage en douane à l'exportation, ou après le passage en douane à la réimportation, soumises aux règlements régissant les marchandises natives chinoises.

ART. 5. — Il est entendu que la Chine, pour l'exploitation de ses mines dans les provinces du Yun-nan, du Kouang-Si et du Kouang-tong, pourra s'adresser à des industriels et ingénieurs français, l'exploitation demeurant, d'ailleurs, soumise aux règles édictées par le gouvernement impérial en ce qui concerne l'industrie nationale.

Il est convenu que les voies ferrées soit déjà existantes, soit projetées en Annam pourront, après entente commune et dans des conditions à définir, être prolongées sur le territoire chinois.

ART. 6. — L'article 2 de la convention télégraphique entre la France et la Chine, signée à Tche-fou, le 1er décembre 1888, est complétée ainsi qu'il suit :

D. — Un raccordement sera établi entre la préfecture secondaire de Sse-mao et l'Annam par deux stations, qui seront Sse-mao, en Chine, et Muong-ha-hin (Muong-ngay-neua), placé en Annam à mi-chemin de Laï-chau et de Luang-Prabang.

Les tarifs seront fixés conformément à l'article 6 de la convention télégraphique de Tche-fou.

ART. 7. — Il est convenu que les stipulations commerciales contenues dans la présente convention étant d'une nature spéciale et les résultats de concessions mutuelles déterminées par les nécessités des relations entre Long-tcheou, Ho-k'cou, Mong-tse, Sse-mao et l'Annam, les avantages qui en résultent ne pourront être invoqués par les sujets et protégés des deux Hautes Parties contractantes que sur les points ainsi que par les voies fluviales et terrestres, ici déterminés, de la frontière.

ART. 8. — Les présentes stipulations seront mises en vigueur comme si elles étaient insérées dans le texte même de la convention additionnelle du 26 juin 1887.

ART. 9. — Les dispositions des anciens traités, accords et conventions entre la France et la Chine, non modifiées par le présent traité, restent en pleine vigueur.

La présente convention complémentaire sera ratifiée, dès à présent, par Sa Majesté l'empereur de Chine et après qu'elle aura été ratifiée par le Président de la République française, l'échange des ratifications se fera à Pékin dans le plus bref délai possible.

Fait à Pékin, en quatre exemplaires, le 20 juin 1895, correspondant au 28e jour de la cinquième lune de la vingt et unième année de Kouang-Siu.

(L. S.) *signé* : A. GÉRARD,

(L. S.) *signé* : K'ING,

(L. S.) *signé* : SIU.

M. Gérard avait en même temps négocié, conformément au protectorat de la France sur les missions catholiques, la validation par un acte nouveau de la convention conclue le 20 février 1865 entre notre ministre à Pékin, M. Berthemy, et le Tsong-ly-Yamen, permettant l'acquisition à titre collectif par les missions de terrains et de maisons dans l'intérieur du pays. Cette convention avait été annulée en fait par un règlement chinois de 1865 aux termes duquel tout Chinois devait, avant de vendre aucune propriété aux missionnaires, demander aux autorités locales une autorisation préalable, qui était d'ordinaire refusée. M. Gérard obtint du Tsong-li-Yamen l'envoi aux vice-rois de la circulaire suivante :

Le Tsong-li-Yamen, aux vice-rois et gouverneurs de toutes les provinces.

(Lettre officielle).

Déjà, pendant la 9e lune de l'année dernière (octobre 1894), notre Yamen a, relativement à la question des achats de terrains faits par les missions religieuses dans l'intérieur du pays, adressé dans toutes les provinces, ainsi que le constatent les archives, le texte du règlement conclu, pendant la 4e année de T'ong-tché (1865) par le ministre de France, S. Exc. Berthemy, avec notre Yamen.

S. Exc. M. Gérard, ministre de France, vient maintenant de nous adresser une communication officielle dans laquelle il nous dit que les autorités locales de certaines provinces, telles que le Hou-kouang, le Tche-li, la Mongolie et la Mandchourie, déclarent n'avoir pas encore reçu d'ordres quant à la façon dont le règlement primitif de M. Barthemy doit être appliqué et qu'il y a aussi d'autres provinces où on continue d'obliger les personnes vendant leurs terrains à en donner préalablement avis aux autorités locales en demandant leurs instructions. Des ordres donnés par apostille du gouverneur du Kiang-si, une proclamation des autorités provinciales, Sse et Tao, de Sse-tch'ouan, et une proclamation du Taotai de Lei-tcheou et Kiang-tcheou, dans le Kouang-tong, ont été envoyés en copie à notre examen (par le ministre de France), en nous priant d'expédier de nouveau des instructions circulaires dans toutes les provinces, portant que :

« A l'avenir, si des missionnaires français vont acheter des terrains
« et des maisons dans l'intérieur du pays, le vendeur (tel ou tel, son
« nom) devra spécifier, dans la rédaction de l'acte de vente, que sa pro-
« priété a été vendue pour faire partie des biens collectifs de la mission
« catholique de la localité. Il sera inutile d'y inscrire les noms du mis-
« sionnaire ou des chrétiens. La mission catholique, après la conclusion
« de l'acte, acquittera la taxe d'enregistrement fixée par la loi chinoise
« pour tous les actes de vente, et au même taux. Le vendeur n'aura ni
« à aviser les autorités locales de son intention de vendre ni à demander
« au préalable leur autorisation. » De cette façon, le règlement conclu
entre les deux nations — est-il ajouté, — pourra recevoir son application.

Ayant reçu cette communication, nous croyons devoir adresser la présente lettre officielle à tous les vice-rois et gouverneurs des provinces pour qu'ils en prennent connaissance, agissent en conséquence et prescrivent aux autorités locales de s'y conformer uniformément, sans qu'il y ait lieu de s'en tenir à ce qui a été dit précédemment sur l'avis préalable à donner auxdites autorités locales, ce qui provoquerait des discussions. Ceci est très important.

Dans cette même année 1895, M. Gérard put encore obtenir, le 11 octobre, la libération de M. Lyaudet, employé de la Compagnie des charbonnages de Kebao, qui avait été enlevé le 25 avril, à Port-Vallut, avec sa femme et sa fille, par des pirates chinois qui avaient ensuite passé en Chine.

Pendant que des commissions mixtes franco-chinoises étudiaient sur place la délimitation, le gouvernement français à la fin de 1895

négociait avec l'Angleterre au sujet des affaires de Chine et la déclaration franco-anglaise du 15 janvier 1896, relative aux affaires
du Mékong et du Siam, contenait l'article suivant :

Art. 4. — Les deux gouvernements conviennent que tous les privilèges et avantages commerciaux ou autres, concédés dans les deux
provinces chinoises du Yunnan et du Setchouen, soit à la France, soit
à la Grande-Bretagne, en vertu de leurs conventions respectives avec la
Chine, du 1er mars 1894 et du 20 juin 1895, et tous les privilèges et
avantages de nature quelconque qui pourront être concédés par la suite
dans ces deux mêmes provinces chinoises, soit à la France, soit à la
Grande-Bretagne, seront, autant qu'il dépend d'eux, étendus et rendus
communs aux deux puissances, à leurs nationaux et ressortissants, et ils
s'engagent à user, à cet effet, de leur influence et de leurs bons offices
auprès du gouvernement chinois.

Par cette déclaration, l'Angleterre est donc tenue de faire participer la France aux avantages que son traité de 1894 (art. 18) lui
réservait dans le Yunnan et le Se-tchouen et la France de faire participer l'Angleterre à ceux que lui réservait son traité de 1895 dans
le Yunnan.

C'est aussi à la fin de l'année 1895 que fut constituée par la
Chambre de commerce de Lyon « la mission lyonnaise d'exploration commerciale en Chine », qui reçut le concours des Chambres
de commerce de Marseille, Bordeaux, Lille, Roubaix et Roanne.
Les directeurs en furent successivement le consul Rocher et M. Henri
Brenier et les opérations durèrent jusqu'au mois de novembre 1897.
Cette mission, dont l'envoi fut suivi de celui de missions semblables
par la Chambre anglaise de Blackburn et les Chambres de commerce
allemandes de Crefeld, Gladbach, Brême, etc., avait pour objet
« de se rendre compte, en vue de leur développement dans l'intérêt
général français, des ressources économiques et commerciales des
provinces chinoises avoisinant le Tonkin et de celles de la province
de Se-Tchouen. » Elle devait donc étudier, outre les ressources
propres de l'Indo-Chine, les éléments d'échange et les voies de
pénétration et facilités qu'elle offre pour les relations avec les provinces chinoises limitrophes et se rendre compte de la valeur économique du Se-Tchouen, notamment au point de vue séricicole.
Conformément à ce programme, la mission, par groupes séparés,
étudia le Tonkin, l'Annam et le Laos, puis pénétra au Yunnan et au

Kouang-Si ; puis, faisant de Tchoung-King son centre d'études, elle fit un examen approfondi du Se-Tchouen et enfin étudia le commerce général de la Chine, la grande voie du Yang-Tsé-Kiang, les centres de Shanghaï, Tien-Tsin, Pékin, Canton et Hong-Kong. La mission rédigea un rapport considérable plein d'observations sur la valeur économique des régions parcourues, sur la concurrence de l'Angleterre et sur le système de voies ferrées nécessaire pour assurer le développement des provinces méridionales de la Chine.

Au point de vue diplomatique l'année 1896 fut signalée par plusieurs conventions secondaires. Le 7 mai 1896, le Tsong-ly-Yamen adhéra à un règlement de police mixte de la frontière sino-annamite portant que si des pirates poursuivis sur le territoire français passent en territoire chinois, les postes français avertiront les postes chinois qui devront continuer la poursuite, et réciproquement. Au mois de juin 1896, M. Gérard annonçait la signature du contrat entre la Compagnie de Fives-Lille et le gouvernement impérial relatif au chemin de fer de Long-Tchéou et il écrivait à ce propos au ministre des affaires étrangères :

M. Gérard, ministre de la République française à Pékin,
à M. Hanotaux, ministre des affaires étrangères.

Pékin, le 9 juin 1896.

Votre Excellence me permettra, au moment même où vient d'être signé, entre la Compagnie de Fives-Lille et le gouvernement impérial, le contrat relatif au chemin de fer de Long-tchéou, de résumer ici, d'une part, l'historique de cette longue négociation et, de l'autre, les réflexions, non seulement rétrospectives, mais d'avenir, que je crois devoir présenter à ce sujet.

Le gouvernement de la République qui, dès le traité de paix du 9 juin 1885, s'était, par avance, préoccupé de la question des chemins de fer en Chine, a saisi l'occasion des négociations engagées à Pékin du mois d'août 1894 au mois de juin 1895, pour lier cette question des chemins de fer à la question même de sa pénétration en Chine par les voies du Tonkin, de l'Annam et du Laos. C'est dans ce dessein qu'a été insérée au deuxième paragraphe de l'article 5 de la convention complémentaire du 20 juin 1895 la disposition suivante : « Il est convenu que les voies ferrées, soit déjà existantes, soit projetées en Annam, pourront, après entente commune, et dans des conditions à définir, être prolongées sur le territoire chinois. »

Votre Excellence, désireuse d'obtenir sans retard du gouvernement chinois la mise en vigueur de cette disposition, m'adressait, le 14 juillet 1895, des instructions pour négocier la prolongation éventuelle en Chine jusqu'à Long-tchéou, et au delà, du chemin de fer de Lang-son.

Par un télégramme en date du 17 août, Votre Excellence m'avisait que la Compagnie de Fives-Lille demandait, sous les auspices du gouvernement de la République, l'autorisation de construire le chemin de fer de Dong-dang à Long-tchéou et que le dossier y relatif m'était envoyé.

Par un troisième télégramme en date du 30 août, Votre Excellence me prescrivait de faire auprès du Tsong-ly-Yamen les premières démarches et de présenter au gouvernement chinois la demande de concession de la Compagnie de Fives-Lille, dont le texte expédié de Paris dès le 3 juillet, et modifié en quelques parties par le télégramme du 30 août, m'était parvenu le 19 du même mois.

Mes négociations avec le Tsong-ly-Yamen, préparées vers la fin d'août dans quelques entretiens oraux, ont réellement commencé le 9 septembre 1895 par la remise que je fis ce jour même entre les mains des princes et des ministres chinois de la demande de concession de Fives-Lille et de la carte qui y était jointe.

Le 20 septembre, le représentant de la Compagnie, M. Antoine Grille, arrivait à Pékin, muni d'une procuration en règle et des pleins pouvoirs nécessaires pour traiter et signer.

La demande de concession présentée par la Compagnie, en onze articles, était une concession du type absolu, par laquelle la Compagnie concessionnaire était propriétaire de la ligne, la construisait et l'exploitait à ses risques et périls pour une durée indéfinie, avec faculté de rétrocéder la concession à une autre Compagnie française constituée par elle ou à l'administration qui serait chargée de l'exploitation de la ligne tonkinoise aboutissant à la porte de Chine.

Au moment même où je présentais au Tsong-ly-Yamen cette demande de concession absolue, la Chine, qui ne possédait jusqu'alors que la ligne ferrée de Tien-tsin à Ta-kou et à Chan-haï-kouan, n'avait encore nullement examiné la question des chemins de fer et ne la considérait qu'avec cet esprit d'inquiétude que lui inspire toute nouveauté. L'accueil fait par le Tsong-ly-Yamen à la demande de la Compagnie de Fives-Lille fut, comme il était facile de le prévoir, un refus poli, mais catégorique. Par une série de dépêches, en date des 12 septembre, 1er et 11 octobre, le Tsong-ly-Yamen me répondit que la Chine n'était pas préparée à de telles nouveautés; qu'aucun plan n'avait été arrêté pour la constitution d'un réseau chinois, qu'il était impossible d'envisager la construction des lignes de frontière avant que les lignes principales de l'intérieur ne fussent établies et qu'il n'y avait qu'à différer toute négociation jusqu'à une date plus propice. Le 1er novembre, par une nouvelle dépêche, le Tsong-ly-Yamen me déclarait que, si l'article 5 de la convention du 20 juin 1895 avait prévu le prolongement sur territoire chinois des chemins de fer de l'Annam, il n'en avait fixé ni les conditions, ni la date, et que, d'ailleurs, la demande de concession présentée par la Compagnie de Fives-Lille ne saurait, en aucun cas, être accueillie comme étant, dans plusieurs de ses articles, attentatoire aux droits de souveraineté de la Chine. Telle fut la première période des négociations, close par la dépêche du Tsong-ly-Yamen, en date du 1er novembre 1895.

La seconde période des négociations, ouverte le 2 novembre 1895 par l'entretien que j'eus à cette date avec le prince K'ing, s'est prolongée jusqu'au 31 mars 1896, c'est-à-dire jusqu'au jour où le Tsong-ly-Yamen me notifia officiellement le décret impérial du 20 mars, autorisant la construction de la ligne de Long-tchéou. Dans cette seconde période, le gouvernement chinois, au lieu de persister dans le refus systématique qu'il nous avait d'abord opposé, propose de substituer au principe du prolongement établi par l'article 5 de la convention du 20 juin 1895 le principe du raccordement et s'offre à construire lui-même la ligne qui, par Long-tchéou, se raccordera au réseau de l'Annam. Dans cette nouvelle position du problème, le gouvernement chinois se proposait, après avoir fait reconnaître la future ligne par les délégués du gouverneur du Kouang-Si, d'en entreprendre lui-même, dès que l'approbation de l'empereur serait obtenue par décret, la construction et l'exploitation avec le concours de la Compagnie française que recommanderait le gouvernement de la République. Malgré les lenteurs et les incertitudes d'une telle procédure, et malgré les arrière-pensées qu'il était permis d'y pressentir, je pensai qu'elle ne devait pas être déclinée, et qu'il convenait de nous y prêter, sauf à nous prémunir contre les tentatives qui pourraient être faites pour éluder la portée de l'article 5 de la convention du 20 juin 1895 et pour réduire au strict minimum le concours de la Compagnie.

Vers la fin de décembre, je présentai au prince K'ing un second projet de contrat dans lequel, à la demande de concession absolue d'abord introduite par la Compagnie de Fives-Lille, était substituée une demande de concession de la construction et de l'exploitation au compte de la Chine et en régie. Le 26 décembre, le prince K'ing écarta ce second projet, disant qu'il fallait attendre la reconnaissance de la ligne, la présentation d'un rapport au trône et l'apostille impériale, et qu'alors seulement il y aurait lieu de déterminer les conditions d'entente entre le gouvernement impérial et la compagnie. Les travaux de reconnaissance de la ligne furent achevés dès la fin de décembre par les délégués du gouverneur de Kouang-Si, mais le rapport et les cartes des délégués n'arrivèrent à Pékin qu'au commencement de mars, le rapport au trône ne fut présenté que le 20 mars, et, bien que le décret impérial approuvant la construction de la ligne de Long-tchéou eût été rendu ce même jour, notification officielle ne m'en a été faite que le 31 mars. La seconde période des négociations était close. Il restait maintenant à déterminer la part qui serait faite à la compagnie dans la construction et dans l'exploitation de la ligne et à négocier le contrat.

La troisième période des négociations, ouverte au lendemain du 31 mars et qui vient seulement de se clore, grâce à l'intervention de Votre Excellence, a été la plus laborieuse. Selon la tactique que j'avais prévue et dès le lendemain du jour où le décret impérial avait été rendu, le gouvernement chinois n'avait plus qu'une préoccupation : éluder le contrat. En vain, les 23 mars et 4 avril, avais-je insisté, par dépêches officielles, pour qu'une entente définitive intervînt sur le second projet de contrat remis par moi à la fin de décembre. Le Tsong-ly-Yamen proposait maintenant de substituer au contrat même un règlement et un cahier des charges chinois qui seraient arrêtés, non plus à Pékin, mais à Long-tchéou même, entre le représentant de la compagnie et le directeur en chef de l'administration officielle chinoise du chemin de fer nouvellement désigné, le général Sou. Le 19 avril, le Tsong-ly-Yamen rejetait nettement le contrat de Fives-Lille et me déclarait que toutes les questions restant à examiner devaient être traitées désormais à Long-tchéou entre le général Sou et le représentant de la Compagnie.

Tel était le point auquel nous étions parvenus un mois après le décret impérial du 20 mars, lorsque Votre Excellence, en reprenant elle-même, dans les premiers jours de mai, la direction d'une négociation qu'elle avait ouverte au mois de septembre précédent, a amené le gouvernement chinois à accepter et à signer, sauf quelques modifications, le projet de contrat qui, écarté une première fois le 26 décembre, avait été de nouveau rejeté le 19 avril. Votre Excellence m'ayant annoncé, par son télégramme du 10 mai, que la compagnie de Fives-Lille acceptait les suggestions contenues dans mon télégramme du 5 du même mois, le Tsong-ly-Yamen avait essayé encore de substituer à notre projet un projet absolument inacceptable. Mais l'attitude prise et le langage tenu par votre Excellence me permirent, dans les deux entretiens que j'eus les 22 et 30 mai avec le prince K'ing, de faire accueillir, comme définitif, sauf deux modifications, le contrat que j'avais, selon vos ordres, remis le 18 au Tsong-ly-Yamen.

La concession obtenue par la compagnie de Fives-Lille est une concession de construction et d'exploitation à forfait, au compte et aux risques de la Chine, pendant une durée de trente-six ans, pouvant elle-même être prolongée et renouvelée. Ce n'est plus la concession absolue demandée dès l'abord comme prolongement en Chine des lignes de l'Annam; c'est du moins une concession assurant le raccordement des deux réseaux dans des conditions propres à laisser intact et respecté le principe inscrit dans l'article 5 de la convention du 20 juin 1895.

La signature entre la compagnie de Fives-Lille et le gouvernement impérial du contrat relatif au chemin de fer de Long-tchéou est une date dans l'histoire de l'ouverture de la Chine. Considérée sous cet aspect et quelle que soit la longueur de la ligne à construire, la négociation

qui vient d'aboutir méritait hautement d'être poursuivie et menée jusqu'au terme.

A. Gérard

Le 17 octobre 1896, le gouvernement chinois confiait à une mission d'officiers et d'ingénieurs français la reconstruction de l'arsenal
de Fou-Tchéou.

Cependant les autres puissances ne restaient pas inactives. A la
fin de 1896, la Russie et la Chine signaient à Pékin une convention
(convention Cassini, du nom du ministre de Russie à Pékin) autorisant la Russie à faire passer le Transsibérien à travers la Mandchourie, à exploiter les mines situées dans le voisinage des voies
ferrées, à faire garder celles-ci par des troupes. Le 4 février 1897,
l'Angleterre obtenait un traité prévoyant la construction de nouvelles routes de pénétration de la Birmanie vers le Yunnan. La
France présenta immédiatement une nouvelle série de demandes
qu'indique la dépêche suivante de M. Gérard :

*M. Gérard, ministre de France à Pékin, à M. Hanotaux, ministre des
affaires étrangères.*

Pékin, le 15 février 1897.

Dans la conférence du 13 de ce mois, j'ai présenté au prince K'ing les
demandes de la France, à savoir :

1º Le prolongement du chemin de fer de Long-tcheou, soit jusqu'à
Nan-ning-fou et Pe-se, soit jusqu'à d'autres points qu'il y aurait lieu de
déterminer ;

2º L'accès et la pénétration de notre commerce au Yun-nan et notamment jusqu'à Yun-nan-fou, par les voies et moyens que le gouvernement
de la République reconnaîtrait les plus pratiques ;

3º Le droit d'exploitation, parallèlement au chemin de fer ou aux autres
voies de pénétration, des mines des deux Kouang et du Yun-nan.

Le prince, après quelque discussion, déclara que, désireux de me
parler ouvertement et sans détour, il estimait pouvoir s'entendre avec
moi, sauf à préciser encore les détails et les dates, sur les prolongements de notre chemin de fer et sur l'exploitation des mines, mais qu'il
ne comprenait pas nettement la pensée de la France, concernant les voies
de pénétration et d'accès au Yun-nan et qu'il lui semblait qu'à cet égard
les stipulations contenues dans les conventions de 1887 et de 1895 étaient
déjà suffisantes. Il dit, d'ailleurs, que les avantages ainsi réclamés par
le gouvernement de la République pourraient et devaient être considérés
comme l'application même de nos propres conventions déjà existantes.

Je convins très volontiers avec le prince que la France ne demandait pas mieux que d'obtenir de l'amitié même de la Chine et de sa fidélité aux engagements déjà contractés les avantages, sinon nouveaux, du moins plus précis que nous réclamions. J'ajoutai que les trois demandes présentées par la France étaient toutes également légitimes et toutes destinées à rétablir, au profit du commerce franco-annamite, l'équilibre détruit par l'ouverture du Si-kiang. Je m'attachai enfin à préciser, autant que possible, l'objet de ces trois demandes dont le but était de faciliter les communications et le commerce entre la Chine et l'Annam.

Le prince, dans sa réplique, s'en tint encore à ce qu'il avait déjà dit : à savoir que si une entente lui paraissait possible sur les prolongements de notre chemin de fer et sur l'exploitation de certaines mines, il ne se rendait pas compte des conditions dans lesquelles le gouvernement de la République désirait ouvrir de nouvelles voies d'accès et de pénétration au Yun-nan.

Je crus devoir, avant de clore cet entretien, faire part au prince de la suggestion que Votre Excellence m'avait invité à lui soumettre concernant l'île d'Haï-nan et la côte opposée du Kouang-tong. J'exposai à son Altesse comment les intérêts communs de la France et de la Chine dans les mers du sud nous imposaient une obligation légale de veiller à ce que, dans cette région, le *statu quo* territorial fût soustrait à toute menace. Le prince et les ministres écoutèrent avec la plus grande attention le langage que je leur tins. Le prince s'empressa de me répondre, de la façon la plus catégorique, que la France pouvait être tranquille, que ni là, ni ailleurs, la Chine n'était disposée à consentir, sous quelque forme que ce fût, des concessions propres à exciter d'autres convoitises.

[A. Gérard

Il fallut insister auprès du gouvernement chinois pour qu'il fît par écrit cette dernière déclaration. Ce n'est que le 15 mars 1897 que le Tsong-ly-Yamen écrivit à M. Gérard :

> *Le Tsong Ly-Yamen*
> *à M. Gérard, ministre de la République française à Pékin.*
>
> Le 13e jour de la 2e lune de la 23e année Kouang-siu (15 mars 1897).
>
> Le 1er jour de la 2e lune de la 23e année Kouang-siu (3 mars 1897), Nous avons reçu la dépêche par laquelle vous nous dites que la France, étant données les relations étroites d'amitié et de bon voisinage qu'elle entretient avec la Chine, attache un prix particulier à ce que jamais l'île de Haï-nan ne soit aliénée ni concédée par la Chine à aucune autre Puissance étrangère, à titre de cession définitive ou temporaire, ou à titre de station navale ou de dépôt de charbon.

Notre Yamen considère que Kiong-tchéou (l'île de Haï-nan) appartient au territoire de la Chine qui, de règle, y a son droit de souveraineté. Comment pourrait-elle la céder aux nations étrangères ? D'ailleurs, le fait n'existe nullement à présent, qu'elle en ait fait le prêt temporaire aux nations étrangères. Il convient que nous répondions ainsi officiellement à Votre Excellence.

(Suivent les signatures du Président et des membres du Tsong-ly-Yamen)

Le 12 juin 1897, M. Gérard obtenait les nouveaux avantages suivants :

> *Le Tsong-ly-Yamen,*
> *à M. Gérard, ministre de la République française à Pékin.*

> Le 13º jour de la 5º lune de la 23º année, Kouang-Siu
> (12 juin 1897).

Le gouvernement impérial de Chine et le gouvernement de la République française, animés d'un mutuel et égal désir de faciliter et de développer, conformément aux traités et conventions, et en témoignage de leurs sentiments de concorde, les relations de voisinage et de commerce entre la Chine et l'Annam, se sont attachés, par un échange de vues et un accord entre notre Yamen et la Légation de la République, à définir avec plus de précision et de netteté la mise à exécution de certaines clauses des conventions passées entre la Chine et la France.

Dans ce but et à cet effet, notre Yamen et la Légation de la République sont convenus des trois formules suivantes :

1º Il est entendu que, conformément à l'article 5 de la Convention commerciale complémentaire du 20 juin 1895, ainsi qu'au contrat intervenu le 5 juin 1896 entre la compagnie de Fives-Lilles et l'administration officielle du chemin de fer de Dong-Dang à Long-Tchéou, et aux dépêches échangées les 2 et 25 juin de la même année entre notre Yamen et la Légation de la République, si la compagnie de Fives-Lille a convenablement réussi, et dès que la ligne de Dong-Dang à Long-Tchéou sera achevée, on ne manquera pas de s'adresser à elle pour le prolongement de ladite ligne dans la direction de Nan-Ning et de Pe-se.

2º Il est entendu que, conformément à l'article 5 de la Convention commerciale complémentaire du 20 juin 1895, dans les trois provinces limitrophes du Sud, Kouang-Tong, Kouang-Si et Yun-Nan, le gouvernement chinois fera appel, pour les mines à exploiter, à l'aide d'ingénieurs et industriels français.

3º Il est entendu que la Chine entreprendra des travaux pour l'amélioration de la navigabilité du Haut Fleuve Rouge, et qu'en vue des intérêts du commerce, elle aplanira et amendera la route de Ho-Keou à

Man-Hao et Mong-Tse jusqu'à la capitale provinciale. Il est entendu, en outre, que faculté sera donnée d'établir une voie de communication ferrée entre la frontière de l'Annam et la capitale provinciale, soit par la région de la rivière de Pe-se, soit par la région du Haut Fleuve Rouge ; les études et la mise à exécution par la Chine devant avoir lieu graduellement.

Ces formules sont consignées dans le présent échange de dépêches pour faire foi. Notre Yamen et la Légation de la République, interprètes fidèles de la pensée commune des deux gouvernements, conviennent que ces formules sont destinées à préciser certaines des clauses des conventions précédemment passées entre les deux gouvernements, et à en assurer dans un esprit de confiance réciproque, de mutuelle bonne volonté, et dans l'intérêt égal des deux pays, la réalisation effective.

(Suivent les signatures du Président et des membres du Tsong-ly-Yamen).

La fin de l'année 1897 devait marquer une nouvelle étape de l'ouverture de la Chine. Le massacre, dans le Chan-Toung, en novembre 1897, de deux ecclésiastiques allemands, les Pères Hies et Ziegler, amena le gouvernement allemand à intervenir énergiquement en Chine. Le 15 novembre, l'amiral von Diederichs occupait la baie de Kiao-Tchéou et le 6 mars 1898, le prince Henri de Prusse signait à Pékin avec le gouvernement chinois un traité donnant à bail Kiao-Tchéou à l'Allemagne pour une durée de 99 ans et concédant en outre deux chemins de fer de Kiao-Tchéou à Tsinan, ce qui donnait à l'Allemagne une situation de premier ordre dans le Chan-Toung. Le 18 décembre 1897, la Russie occupait Port-Arthur et elle obtenait le 15 mars 1898 la cession à bail de ce port et de Talien-Ouan et la construction d'une voie ferrée reliant ces points au Transsibérien. L'Angleterre se faisait, de son côté, octroyer la cession à bail de Weï-Haï-Weï (14 avril 1898) et la péninsule de Kaulung vis-à-vis de Hong-Kong ; elle obtenait de plus une déclaration d'inaliénabilité de la vallée du Yang-tsé-Kiang.

Le 7 mars 1898, M. Hanotaux, ministre des affaires étrangères, faisait connaître en ces termes, à M. Dubail, les nouvelles demandes de la France :

> *M. Hanotaux, ministre des affaires étrangères,*
> *à M. Dubail, chargé d'affaires de la République française à Pékin.*
>
> Paris, le 7 mars 1898.

En présence des privilèges considérables récemment accordés par la Chine à divers états étrangers, le gouvernement de la République se trouve dans la nécessité de se prévaloir, tant de l'égalité de traitement assurée à la France par ses traités, que des importants services qu'il a naguère rendus à la Chine, pour réclamer les compensations suivantes :

1° Un engagement envers la France, identique à celui que la Chine a souscrit envers l'Angleterre relativement à la vallée du Yang-Tse, et qui concernera le Yun-Nan, le Kouang-Si et le Kouang-Tong;

2° L'attribution à un agent français de la direction du service des Postes;

3° La concession définitive d'une ligne de chemin de fer sur Yun-Nan-Fou;

4° La faculté pour la France d'installer, sur la côte méridionale de Chine, un dépôt de charbon, dans les mêmes conditions que la nation la plus favorisée.

Je recommande ces demandes à toute votre vigilance. Faites ressortir qu'aucune ne porte atteinte à l'intégrité de l'empire chinois, dont nous sommes plus que personne partisans, et qu'elles constituent un minimum de compensation pour les avantages qui ont été accordés à d'autres pays.

G. Hanotaux.

Le 14 mars, M. Hanotaux télégraphiait à l'ambassadeur de France à Saint-Pétersbourg :

M. Hanotaux, ministre des affaires étrangères, au comte de Montebello, ambassadeur de la République française, à Saint-Pétersbourg.

Paris, le 14 mars 1898.

Je vois avec satisfaction, par votre dernier télégramme, que le comte Mouravieff se rend compte des nécessités que nous ont créées les derniers événements survenus en Extrême-Orient et les avantages consentis à d'autres puissances.

Les points sur lesquels portent nos réclamations sont les suivants : un engagement pour les provinces limitrophes du Tonkin, pareil à celui que la Chine a souscrit envers l'Angleterre pour la vallée du Yang-tse, l'attribution à un agent français de la direction du service des Postes, la concession définitive du chemin de fer sur Yun-nan-fou, la faculté pour la France d'installer sur la côte méridionale de Chine un dépôt de charbon.

Je serai heureux de pouvoir compter, conformément à l'offre du comte Mouravieff, sur l'appui du représentant de la Russie à Pékin.

Je vous prie de remercier le Ministre des Affaires Étrangères de l'Empereur.

G. Hanotaux.

Le 20 mars, il faisait connaître à l'ambassadeur de France à Londres les renseignements donnés au gouvernement anglais sur l'action de la France :

> *M. Hanotaux, ministre des affaires étrangères, au baron de Courcel, ambassadeur de la République française à Londres.*

> Paris, le 20 mars 1898.

Au cours de l'entretien que j'ai eu aujourd'hui avec l'ambassadeur d'Angleterre, il m'a demandé si je pouvais lui donner quelques renseignements sur ce qui touche aux pourparlers pendants entre la France et la Chine. J'ai répondu que je n'y voyais aucun inconvénient. Nos demandes sont venues les dernières, lui ai-je dit : nous appréhendions, en effet, plus qu'une autre puissance, d'ouvrir la question chinoise. Mais nous ne pouvions faire moins que d'autres qui n'ont en Chine, ni le passé, ni la situation que la France s'est assurée par ses services et par ses traités. Ces traités nous assurent le traitement de la nation la plus favorisée ; en outre, nos accords de 1896 avec l'Angleterre nous donnent le droit de réclamer dans les deux provinces du Sse-tchouen et du Yun-nan tous les avantages obtenus par cette puissance. Telle est la base juridique de nos revendications. Quant au principe qui nous guide, il est éminemment conservateur. Nous demandons, avant toute chose, que certaines des régions qui avoisinent nos possessions soient soustraites à toute chance d'aliénation à notre détriment. Nous pouvons aider ainsi au maintien du *statu quo* territorial, politique qui nous paraît la plus sage au point de vue général, de même qu'elle est la plus conforme à la sauvegarde de nos intérêts.

> G. HANOTAUX.

Les négociations suivies à Pékin aboutissaient au mois d'avril 1898 et M. Dubail, chargé d'affaires à Pékin, en faisait connaître, en ces termes, le résultat :

> *M. Dubail, chargé d'affaires de la République française à Pékin à M. Hanotaux, ministre des Affaires Étrangères.*

> Pékin, le 11 avril 1898.

J'ai l'honneur d'adresser, ci-joint, à Votre Excellence, copie des lettres échangées entre le Tsong-ly-Yamen et moi, à la date des 4, 9 et 10 avril 1898. Ces documents constituent et constatent les accords intervenus entre le gouvernement de la République et le gouvernement chinois au sujet des demandes formulées par nous à la date du 11 mars dernier.

La première des lettres du Tsong-ly-Yamen établit l'engagement que la Chine souscrit, pour répondre à notre désir, de ne céder ni louer les territoires des trois provinces limitrophes, c'est-à-dire du Kouang-tong, du Kouang-si et du Yun-nan.

La seconde lettre du Tsong-ly-Yamen est relative aux trois autres points visés par nos revendications.

Le droit de construire un chemin de fer, de la frontière du Tonkin à la capitale du Yun-nan est accordé au gouvernement français ou à la Société française qu'il désignera, le gouvernement chinois n'ayant d'autre charge que de fournir le terrain nécessaire à la voie et aux dépendances. C'est la première fois qu'une concession est donnée, sous cette forme par l'autorité chinoise. Dès que la mission technique aura terminé ses études, le tracé sera fixé d'accord entre les deux gouvernements, et un règlement sera rédigé. Cette formule se trouve également, je crois, dans les conventions allemande et russe.

La baie de Kouang-tcheou-ouan nous est cédée à bail pour 99 ans. Nous avons le droit d'y établir une station navale avec dépôts de charbon. La délimitation de la concession sera faite sur place. Je me suis mis en rapport avec le commandant en chef de notre escadre afin de régler ici les formalités de la prise de possession.

En ce qui concerne le service des postes chinoises, j'ai présenté d'abord plusieurs formules plus explicites, mais cette question soulevait de grandes difficultés. Le gouvernement impérial ne se soucie guère de s'engager dans les dépenses importantes que nécessiterait l'établissement d'un service définitif; ce n'est pas seulement un directeur qu'il devrait appointer, c'est un personnel complet. Tout est à faire : le service actuel n'est qu'une greffe implantée sur le service des douanes, il est fait sans régularité, d'ailleurs, et uniquement entre les ports ouverts, par les fonctionnaires de la Douane, sans supplément de solde et avec le concours de quelques employés européens et de chinois.

En sus des stipulations contenues dans les deux documents ci-joints, il a été entendu verbalement que le Tsong-ly-Yamen et la légation négocieraient une amélioration du régime auquel est soumis, à l'entrée en Chine, l'opium transitant par le Tonkin, du Yun-nan à un autre point de la frontière chinoise.

Les négociations ont été laborieuses, surtout pendant les huit derniers jours. Les Chinois ont fait appel aux autres puissances et je dois constater qu'ils n'ont pas trouvé d'écho. J'ai rencontré chez le chargé d'affaires de Russie l'appui que je lui avais moi-même prêté en pareille circonstance.

G. Dubail.

Annexe n° 1 à la dépêche du chargé d'affaires de la République française à Pékin, en date du 11 avril.

M. Dubail, chargé d'affaires de la République française à Pékin, au Tsong-ly-Yamen.

Pékin, le 4 avril 1898.

Dans la pensée d'assurer les bons rapports de bon voisinage et d'amitié de la Chine et de la France, dans la pensée également de voir maintenir l'intégrité territoriale de l'Empire chinois et en outre par suite de la nécessité de veiller à ce que, dans les provinces limitrophes du Tonkin, il ne soit apporté aucune modification à l'état de fait et de droit existant, le gouvernement de la République attacherait un prix particulier à recueillir du gouvernement chinois l'assurance qu'il ne cédera à aucune autre puissance tout ou partie du territoire de ces provinces soit à titre définitif ou provisoire, soit à bail, soit à un titre quelconque.

Je serai reconnaissant à Vos Altesses et à Vos Excellences, en m'accusant réception de cette lettre, de vouloir bien répondre par dépêche officielle au désir du gouvernement de la République.

G. Dubail.

Annexe n° 2.

Traduction.

Le Tsong-ly-Yamen,
à M. Dubail, chargé d'Affaires de la République française à Pékin.

Le 20ᵉ jour de la 3ᵉ lune de la 24ᵉ année Kouang-siu (le 10 avril 1898).

Le 14ᵉ jour de la 3ᵉ lune de la 24ᵉ année Kouang-siu (le 4 avril 1898), nous avons reçu de Votre Excellence la dépêche suivante :
(*Voir l'annexe n° 1*).

Notre Yamen considère que les provinces chinoises limitrophes du Tonkin, étant des points importants de la frontière qui l'intéressent au plus haut degré, devront être administrées par la Chine et rester sous sa souveraineté. Il n'y a aucune raison pour qu'elles soient cédées ou louées à une puissance.

Puisque le gouvernement français attache un prix particulier à recueillir cette assurance, nous croyons devoir adresser la présente réponse officielle à Votre Excellence, en la priant d'en prendre connaissance et de la transmettre.

(*Suivent les signatures du Président et des Membres du Tsong-ly-Yamen*).

Annexe n° 3.

*M. Dubail, chargé d'Affaires de la République française à Pékin,
au Tsong-ly-Yamen.*

Pékin, 9 avril 1898.

Comme suite à nos entretiens et en exécution des instructions formelles du gouvernement de la République qui m'a muni de pouvoirs
spéciaux, j'ai l'honneur de demander à Vos Altesses et à Vos Excellences d'acquiescer aux accords suivants, destinés à resserrer les liens
d'amitié et de bon voisinage qui unissent l'Empire chinois et la République française :

1° Le gouvernement chinois accorde au gouvernement français ou
à la Compagnie française que celui-ci désignera, le droit de construire
un chemin de fer allant de la frontière du Tonkin à Yun-nan-fou, le
gouvernement chinois n'ayant d'autre charge que de fournir le terrain
pour la voie et ses dépendances. Le tracé de cette ligne est étudié en
ce moment et sera ultérieurement fixé d'accord avec les deux gouvernements. Un règlement sera fait d'accord.

2° Le gouvernement chinois, en raison de son amitié pour la France,
donne à bail pour 99 ans la baie de Kouang-tchéou-Ouan au gouvernement français, qui pourra y établir une station navale avec dépôts de
charbon. Les limites de la concession seront ultérieurement fixées d'accord entre les deux gouvernements, après études sur le terrain. On
s'entendra plus tard pour le loyer.

3° Quand le gouvernement chinois organisera un service définitif de
la poste et établira un haut fonctionnaire à sa tête, il se propose de faire
appel au concours de fonctionnaires étrangers, et il se déclare volontiers
disposé à tenir compte des recommandations du gouvernement français
dans le choix du personnel.

Je prie Vos Altesses et Vos Excellences de vouloir bien m'accuser
réception de la présente dépêche par une dépêche identique qui constituera l'accord de nos deux gouvernements. Les deux documents serviront de convention.

G. DUBAIL.

Annexe n° 4.

Traduction.

Le Tsong-ly-Yamen,
  à M. Dubail, chargé d'affaires de la République française à Pékin.

Le 20ᵉ jour de la 3ᵉ lune de la 24ᵉ année, Kouang-Siu
(10 avril 1898).

Le 19ᵉ jour de la 3ᵉ lune de la 24 année, Kouang-Siu (9 avril 1898),
nous avons reçu de Votre Excellence la dépêche suivante :

(*Voir l'annexe n° 3*).

Comme il est dit dans la dépêche que vous avez adressée à notre Yamen que ces trois demandes sont destinées à resserrer les liens d'amitié qui nous unissent, nous pouvons y acquiescer. La Chine et la France devront affermir les bonnes relations qui existent entre elles et écarter à tout jamais toute cause de conflit.

Nous croyons devoir adresser la présente réponse à Votre Excellence pour qu'Elle la transmette à son gouvernement.

(*Suivent les signatures du Président et des membres du Tsong-ly-Yamen*).

Le 22 avril 1898, l'amiral de la Bedollière, commandant la division navale, faisait arborer le pavillon français sur un fort abandonné dans la presqu'île de Leï-Chau, dans la baie de Kouang-Tchéou-Ouane. Le 24 juin 1899, l'amiral Courrejolles procédait à l'occupation. Mais le vice-roi de Canton souleva contre nous une véritable rébellion, une série de difficultés, dont la plus déplorable fut l'assassinat de deux enseignes de vaisseau du *Descartes*, MM. Kuhn et Gourlaouen, le 13 novembre 1899, à Men-Tao. Le général Sou, délégué du gouvernement chinois pour la délimitation, avait reconnu à la France les îles Tong-Haï et Nao-Tchéou. Devant notre action énergique à Kouang-Tchéou-Ouane et à Pékin, le gouvernement chinois finit par céder et par ratifier la convention de délimitation ainsi conçue :

ART. 1er. — Le gouvernement chinois, en raison de son amitié pour la France, a donné à bail pour 99 ans Kouang-tcheou-ouan au gouvernement français pour y établir une station navale avec dépôt de charbon, mais il reste entendu que cette location n'affectera pas les droits de souveraineté de la Chine sur les territoires cédés ;

ART. 2. — Le territoire loué comprendra les eaux et terrains nécessaires à la sécurité, à l'approvisionnement et au développement normal de la station navale et du dépôt de charbon, c'est-à-dire :

a) L'île de Tong-Haï ;

b) L'île de Nao-Tchéou ;

c) Au Lei-Tcheou, une bande de terrain reliant un point de la côte situé au sud de Kicou-man-sien (Tiao-man) et se trouvant par 20°50' de latitude nord, à Chemen par 21°25' de latitude nord sur une profondeur indiquée d'une manière générale sur la carte ci-annexée ;

d) Au Kao-tcheou, une bande de terrain comprise entre 21°25' de latitude nord et 21°04' de latitude nord, sur une profondeur indiquée d'une manière générale sur la carte ci-annexée ;

e) Les îlots compris dans l'intérieur de Kouang-tcheou-ouan, ainsi que les eaux intérieures et extérieures de la baie, et les eaux extérieures de Nao-tchcou et de Tong-haï dans les limites acceptées en droit international (six mille marins);

Les limites exactes sur le continent du Lei-tchéou et du Kao-tchéou seront fixées, après la signature de la présente convention. Quand des reconnaissances spéciales auront été faites par des fonctionnaires désignés par les deux gouvernements,

Lesdits fonctionnaires devront procéder sans retard à leur mission, afin d'éviter tout froissement possible entre les deux pays.

Art. 3. — Le territoire sera gouverné et administré pendant les 99 ans de bail par la France seule, cela afin d'éviter tout froissement possible entre les deux pays.

Les habitants conserveront la jouissance de leurs propriétés, ils pourront continuer à habiter le territoire loué et vaquer à leurs travaux et occupations sous la protection de la France, aussi longtemps qu'ils se montreront respectueux de ses lois et de ses règlements. La France payera un prix équitable aux propriétaires indigènes pour les terrains qu'elle désirera acquérir.

Art. 4. — La France pourra élever des fortifications, faire tenir garnison à des troupes ou prendre toute autre mesure défensive dans le terrain loué.

Elle pourra construire des phares, placer des bouées et signaux utiles à la navigation sur le terrain loué, le long des îles et des côtes, et, d'une manière générale, prendre toutes les mesures et adopter toutes les dispositions propres à assurer la liberté et la sécurité de la navigation.

Art. 5. — Les navires à vapeur de la Chine, ainsi que les navires des puissances en relations diplomatiques et commerciales avec elle, seront traitées dans le territoire loué comme dans les ports ouverts de Chine.

La France pourra promulguer tous les règlements qu'elle voudra dans l'administration du territoire et du port et notamment percevoir des droits de phare et de tonnage destinés à couvrir les frais de construction et d'entretien des feux, balises et signaux, mais lesdits règlements et droits seront appliqués impartialement aux navires de toutes nationalités.

Art. 6. — Si des cas d'extradition se présentent, ils seront traités d'après les stipulations des conventions existantes entre la France et la Chine, notamment celles qui règlent les rapports de voisinage entre la Chine et le Tonkin.

Art. 7. — Le gouvernement chinois autorise la France à construire une voie ferrée reliant un point de la baie de Kouang-Tchéou-Ouan, au Lei-Tchéou, à un point à désigner sur le côté ouest du Lei-Tchéou, aux environs d'On-Pou. Ce dernier point sera ultérieurement désigné avec précision.

La Chine fournira le terrain, mais les frais de construction et d'exploitation seront à la charge de la France. Les Chinois auront le droit de circulation et de trafic sur la voie ferrée, d'après le tarif général appliqué.

Les mandarins devront veiller à la protection de la voie et du matériel, mais la réparation et l'entretien de cette voie et de ce matériel seront à la charge de la France.

ART. 8. — La France pourra également, au point d'aboutissement de la ligne vers On-Pou, construire des débarcadères, appontements, magasins et hôpitaux, établir des feux, bouées et signaux. Le mouillage en eau profonde le plus voisin de ce point d'aboutissement (eaux territoriales) sera exclusivement réservé aux navires de guerre français et chinois, ces derniers en situation de neutralité seulement.

La présente convention entrera immédiatement en vigueur. Elle sera ratifiée dès à présent par l'empereur de Chine, et lorsqu'elle aura été ratifiée par le président de la République française, l'échange des ratifications aura lieu à..... dans le plus bref délai possible.

Fait à Pékin en huit exemplaires dont quatre en langue française et quatre en langue chinoise, le..... 1898.

De plus, un télégramme de M. Pichon du 25 décembre 1899 faisait connaître les satisfactions complémentaires qui nous étaient accordées :

> J'ai l'honneur de vous faire connaître ci-après les satisfactions qui nous ont été accordées pour l'assassinat de nos officiers ;
> Le vice-roi de Canton est remplacé par Li-Hong-Tchang ;
> Le sous-préfet de Soui-Kai est dégradé.
> Dès que la convention de limitation sera arrivée à Pékin, un rapport sera fait au trône pour demander sa ratification.
> Les terrains domaniaux ou vacants sur le tracé du chemin de fer de On-pou nous seront donnés.
> Les mines du Kao-tcheou, du Lien-tcheou et du Lei-tcheou sont concédées à une société franco-chinoise.
> Ordre est donné d'arrêter et d'exécuter les miliciens auteurs de l'assassinat. Les corps de nos officiers ont été restitués avec excuses, faites au nom du gouvernement chinois. Les familles des victimes recevront une indemnité de 50,000 taëls (200,000 francs).
> L'affaire de la mission du Lei-tcheou sera réglée.
> Le principe d'une indemnité pour les troubles de l'été dernier au Yunnan est formellement admis, et le chiffre sera fixé par un accord entre M. François et les autorités du Yunnan.
>
> PICHON.

En mai 1898, en réparation du meurtre du P. Berthollet, le gouvernement chinois consentait à notre demande pour le chemin de fer de Pa-Khoï au Si-Kiang et il était entendu que seule une compagnie française ou franco-chinoise pourrait construire tous chemins de fer ayant Pa-Khoï pour point de départ.

Tels sont les actes politiques de notre pénétration en Chine méridionale. Dans le domaine de l'exploration il faut citer les missions de M. Bonin, résident en Indo-Chine, au Thibet et en Chine orientale, du prince Henri d'Orléans et du lieutenant de vaisseau Roux, du Tonkin à l'Inde par le cours supérieur du Mékhong, les reconnaissances de M. Madrolle dans l'île d'Haïnan, etc.

Il faut accorder une mention spéciale aux études de M. Leclère, ingénieur des mines, qui, en compagnie de M. de Vaulxserre, a étudié les richesses minières du Yunnan, du Kouéï-Tchéou et du Kouang-Si. De plus, le prolongement au Yunnan des lignes de chemins de fer tonkinoises, a été étudié par MM. Guillemoto et Edouard Dardenne, les commandants Gosselin, Viard, le capitaine Bourguignon. Les consuls établis à Yunnan-Sen et à Tchoung-King, MM. François, Bons d'Anty et Haas, y appuyaient les efforts d'ingénieurs et d'entrepreneurs français qui préparaient la mise en exploitation des mines de houille et de fer. M. Doumer, gouverneur général, s'est rendu lui-même à Yunnan-Sen, dans l'été de 1899.

Les événements de 1900, le soulèvement boxer contre les étrangers dont les principaux actes furent le siège et la délivrance de Pékin et l'occupation du Pe-Tché-Li par une armée alliée commandée par le maréchal allemand de Waldersee et dans laquelle le corps expéditionnaire français était commandé par le général Voyron, ont arrêté l'action des Français au Yunnan qui dut être évacué par nos compatriotes au début des troubles. Mais c'est de ce côté qu'elle va se porter de nouveau puisque les complications de Chine ont pris fin en août 1901, et le Parlement, en votant, en juillet 1901, la convention conclue par le gouvernement de l'Indo-Chine avec des établissements financiers pour la formation d'une société chargée de l'exploitation de la section du chemin de fer de Haïphong à Laokay et de la construction de la section chinoise de Laokay à Yunnan-Sen, a témoigné de son désir de voir continuer notre pénération commerciale dans la Chine méridionale.

V. — L'ORGANISATION ET LA MISE EN VALEUR

Jusqu'en 1887, nos possessions d'Indo-Chine formèrent deux groupes, la Cochinchine, dont le gouverneur, civil depuis 1879, était représenté au Cambodge par un résident, et l'Annam-Tonkin où un résident général, relevant du ministère des affaires étrangères, fut institué après l'expédition. Un décret du 26 janvier 1886 avait institué le protectorat de l'Annam et du Tonkin qui fut successivement exercé par les résidents généraux Paul Bert, mort à Hanoï le 11 novembre 1886, et M. Bihourd.

Des décrets du 17 octobre 1887 et du 21 avril 1891 réalisèrent l'union indo-chinoise en créant un gouverneur général de l'Indo-Chine française ayant sous sa haute direction le lieutenant-gouverneur de la Cochinchine et les résidents supérieurs du Cambodge, de l'Annam et du Tonkin ; le Laos et le territoire de Kouang-Tchéou-Ouan ont été ultérieurement rattachés au gouvernement général. Les fonctions de gouverneur général ont été successivement remplies par MM. Constans (1887-1888), Richaud (1888-1889), Piquet (1899-1891), de Lanessan (1891-1894), Armand Rousseau (1894-1896), mort à Hanoï, et Paul Doumer, nommé le 28 décembre 1896.

Le commerce de l'Indo-Chine suit une progression ascendante. Il était en 1888 de 140 millions. Après une baisse qui dura jusqu'en 1892, il remonta à 156 millions en 1893, s'éleva à 205 millions en 1897 et à 252 millions en 1899. La Cochinchine et le Cambodge entrent dans ce dernier chiffre pour 177 millions, l'Annam pour 10 millions et le Tonkin pour 65 millions. Ce chiffre se décompose aussi en 115 millions d'importations, dont 58 millions 1/2 de France et 138 millions d'exportations, dont 22 millions pour France. En 1900, les importations se sont élevées à 186 millions et les exportations à 155 millions et demi, soit un total de 344 millions et demi, supérieur de 89 millions et demi à celui de 1899 : la France a compté aux importations pour 74 millions et aux exportations pour près de 35 millions.

Le régime économique de l'Indo-Chine est actuellement réglé par un décret du 29 décembre 1898. L'expérience de plusieurs années avait démontré la nécessité de modifier, sur certains points, le tarif douanier rendu applicable en Indo-Chine par le décret du 29 novembre 1892. Un nouveau tarif a donc été élaboré par une commission spéciale indo-chinoise et soumis, en exécution de la loi du 11 janvier 1892, aux délibérations du conseil colonial de la Cochinchine et du conseil du protectorat de l'Annam-Tonkin. L'administration locale a ensuite formulé ses propositions, qui ont reçu l'adhésion du ministre du commerce et du Conseil d'État.

Ce nouveau tarif, établi principalement en vue de favoriser la mise en valeur de notre colonie, supprime un certain nombre d'exemptions au tarif métropolitain et relève, pour d'autres articles, la taxe réduite dont ils bénéficient actuellement. Par contre, pour un petit nombre de produits qui payent l'intégralité des droits du tarif métropolitain, des réductions de taxes ou l'exemption totale sont proposées. Les dégrèvements accordés aux produits étrangers en Indo-Chine se trouvent, en somme, sensiblement diminués et le nouveau tarif, se rapprochant davantage du tarif métropolitain, constitue, par suite, une protection plus efficace pour nos produits à l'entrée dans la colonie.

D'autre part, un décret du même jour a établi des droits sur un certain nombre de produits à leur sortie de la colonie et à destination des pays étrangers exclusivement. Ces droits ont remplacé les taxes de cette nature qui existaient dans les divers pays de l'Union indo-chinoise et qui frappaient les produits exportés, quelle que fût leur destination, même lorsqu'ils passaient simplement d'un pays de l'Union dans l'autre : ainsi sont tombées les barrières intérieures entre les diverses parties de la colonie.

Le régime minier de l'Annam-Tonkin a été fixé par un décret du 25 février 1897 qui a augmenté l'étendue donnée aux droits de recherches et d'exploitation des mines et qui a diminué les charges fiscales grevant cette exploitation. Les mines non reconnues sont concédées aux explorateurs, mais celles dont le rendement a été évalué sont mises en adjudication publique. M. Bel, ingénieur des mines, a conclu, d'une mission scientifique accomplie par lui au Laos et en Annam, que le sous-sol de l'Indo-Chine ne paraît pas plus pauvre en substances minérales que celui de beaucoup d'autres pays, mais que l'industrie minérale indo-chinoise offre deux desiderata : l'organisation par le gouvernement du service des recherches et des renseignements et une confiance plus grande des capitaux dans les industries minières basées sur des recherches probantes. Le Tonkin, plus particulièrement, renferme de nombreux dépôts carbonifères.

Jusqu'en 1896 l'Indo-Chine ne comptait comme voies ferrées que la ligne de Saïgon à Mytho et celle de Phu-Lang-Thuong à Langson. Une loi de 1896 a autorisé le protectorat de l'Annam et du Tonkin à emprunter une somme de 80 millions qui devait être affectée, en même temps qu'à la liquidation définitive de sa situation financière, à l'exécution de divers travaux publics, parmi lesquels la transformation de la ligne de Phu-Lang-Thuong à Langson et le prolongement de cette ligne d'une part jusqu'à la frontière de Chine, et d'autre part vers Hanoï. Ce prolongement est aujourd'hui accompli.

En 1898, un nouveau plan de voies ferrées a été arrêté pour l'Indo-Chine. Il consiste en une grande artère qui part de la Cochinchine, longe l'Annam, traverse le Tonkin et aboutit au Yunnan. La colonie a été autorisée par la loi du 25 décembre 1898 à emprunter une somme de 200 millions pour exécuter cinq premiers tronçons de ce réseau :

1° De Haïphong à Laokay par Hanoï, Vietri et Yen-Bay, amorce du chemin de fer de pénétration au Yunnan. Un décret du 20 avril 1899 a autorisé les travaux du tronçon Haïphong-Vietri et un décret du 7 décembre 1900 ceux du tronçon Vietri-Laokay. Nous avons dit que des missions françaises ont étudié le prolongement vers Yunnan-Sen. Le gouvernement de l'Indo-Chine, par une convention approuvée par les Chambres en juin-juillet 1901, a été autorisé à concéder à une société anonyme formée par quatre établissements financiers l'exploitation de la ligne de Haïphong à Laokay qui doit être construite par le gouvernement de l'Indo-Chine et la construction et l'exploitation du chemin de fer de Laokay à Yunnan-Sen.

2° De Hanoï à Vinh par Nam-Dinh : le décret précité du 7 décembre 1900 a autorisé les travaux de la section de Nin-Binh à Giem-Quinh.

3° De Quang-Tri à Hué et à Tourane.

4° Une ligne de Saïgon par Tam-Linh au plateau de Lang-Biang et au Khan-Hoa.

5° Une ligne de Mytho à Vinh-Long et à Cantho.

Les tronçons Haïphong-Hanoï (92 kil.), Hanoï-Vietri (62 kil.) et Hanoï-Nam-Dinh-Binh-Dinh (118 kil.) seront mis en exploitation au printemps de 1903. Le tronçon Saïgon-Tam-Linh a été mis en adjudication le 17 novembre 1900. Et les tronçons Ninh-Binh-Vinh, Touranc-Hué, Tam-Linh-Lang-Biang et Victri-Laokay ont été mis en adjudication en mai 1901.

Le projet de Saïgon au plateau de Lang-Biang offre un intérêt particulier : M. Doumer veut établir sur ce plateau un sanatorium à propos duquel il a fourni dans une interwiew les indications suivantes (1) :

Plus on en a étudié le projet, plus on y a vu d'avantages. Le commandant en chef des troupes l'a fait examiner de son côté. Il y est plus attaché que moi encore si c'était possible. N'est-ce pas une chose éminemment propre à fonder solidement notre domination dans l'Extrême-Orient que d'avoir entre 1,400 et 1,700 mètres d'altitude, avec des températures d'Europe saine et vivifiante, un plateau très étendu où l'on pourra installer d'une part un grand camp militaire avec d'immenses champs de manœuvre où nos troupes blanches pourront vivre et s'exercer dans des conditions rappelant celles de l'Europe, et, d'autre part, une ville d'été où nos colons et nos fonctionnaires pourront se refaire des chaleurs et de l'anémie du bas pays?

Le plan de pénétration par voie ferrée en Chine méridionale comprend : 1° le prolongement de la ligne Haïphong-Laokay vers Yunnan-Fou, où tendent aussi le projet anglais Moulmeïn-Xieng-Hong-Semao (projet Colquhoun) et le prolongement anglais du chemin de fer de Rangoun à Mandalay par Bhâmo ; 2° le prolongement du chemin de fer de Langson vers Long-Tchéou, Nanning et Pe-Se ; 3° le projet Pakhoi-Nanning ; 4° le projet de Kouang-Tchéou-Ouan vers Ouï-pou. C'est par ces voies ferrées que la France projette de faire la liaison, la « soudure », entre le Tonkin et les provinces chinoises limitrophes, le Kouang-Toung, le Kouang-Si et surtout le Yunnan.

(1) *Temps*, 15 mars 1901.

CHAPITRE IX

ÉVOLUTION POLITIQUE ET ÉCONOMIQUE DES COLONIES
DE L'ANCIEN DOMAINE

On voit combien grande et complexe est l'œuvre coloniale
de la troisième République. Elle a reconstitué, au prix de sacrifices que le pays a consentis en vue de son relèvement, un
véritable empire d'outre-mer ; elle l'a fait parce que c'est une
tradition issue de l'instinct même du peuple maritime que nous
sommes, mais aussi parce qu'elle voyait dans l'expansion coloniale le remède à la crise de resserrement de nos exportations
sur les marchés d'Europe. Toutefois, il serait injuste de donner
à l'enthousiasme, que doit exciter le spectacle de cette renaissance, la forme d'une sorte de dédain de nos « vieilles colonies » ; car elles furent les gardiennes de nos droits, de nos
traditions, et maintinrent dans la communauté française le
goût des entreprises et des aventures lointaines, l'amour du
métier maritime, enfin l'espoir de réparer les malheurs de
1763 et de 1815. Sans la Réunion aurions-nous entretenu avec
la même vivacité la tradition de notre rôle à Madagascar ? Le
Sénégal n'a-t-il pas été la merveilleuse école d'application des
officiers qui, par la force et par la science, nous ont donné
l'Afrique occidentale ? Que dire de Terre-Neuve où se forment
tant d'admirables serviteurs de notre marine ! Ne devons-nous
pas aux Français des Antilles, comme à ceux de la Réunion,

la sauvegarde d'une longue expérience des cultures coloniales
les plus difficiles. Ce sont les aînées de la famille d'outre-mer :
et en cette qualité, elles ont parfois souffert sans murmurer
des faveurs que l'on prodiguait à leurs dernières sœurs d'a-
doption.

I

ANTILLES ET GUYANE

Le groupe des Antilles et de la Guyane a été grandement
éprouvé par le développement de la culture betteravière en
France. Il n'est pas douteux que le souci, témoigné aujourd'hui
par le gouvernement métropolitain, de réparer ce dommage
causé par la concurrence au sein d'une même communauté,
aurait dû se manifester beaucoup plus tôt, à une époque où il
aurait été facile de trouver les remèdes : mais l'espoir décevant
de voir le libre-échange régner bientôt chez tous les peuples
ne pouvait se concilier avec la sollicitude qui veille à empêcher
la concurrence entre la mère-patrie et ses colonies, puisque
mère-patrie et colonies n'ont point, dans cette hypothèse, à
veiller l'une sur l'autre : tous les marchés du monde ne leur
sont-ils pas ouverts ? Seulement l'hypothèse est restée hypothèse : et le désir de garder sa richesse, garantie de la force
militaire et de l'indépendance nationale, s'est renforcé chez
tous les peuples depuis trente ans, au lieu de s'affaiblir.
Encore a-t-il fallu lutter, en France même, pour obtenir le dé-
grèvement douanier des produits qui firent jadis la richesse de
nos vieilles colonies, à l'entrée dans la métropole.

Si l'adoption d'un régime douanier, plus conforme à la solidarité fraternelle de la France et de ses colonies, a atténué les
maux dérivés de la prodigieuse croissance de la culture et de
l'industrie sucrières, les progrès de l'importation étrangère, et

notamment de celle des États-Unis d'Amérique, dans nos colonies des Antilles ne semblent pas avoir été enrayés : de sorte qu'il n'y a plus réciprocité économique entre ces vieilles provinces, si françaises de mœurs que ce ne sont plus des colonies, et la mère-patrie.

On serait moins ému de cette condition contradictoire d'une métropole qui achète presque tout à ses Antilles, tandis qu'elle compte sur leur marché pour moins de la moitié des importations, s'il n'y avait une dangereuse harmonie entre la doctrine idéale de Monroë, devenue presque un article de foi patriotique dans la grande république américaine, et le fait pratique jusqu'à l'excès de la saisie des colonies sucrières espagnoles à la suite d'une guerre absolument injustifiée. Les puissances européennes qui possèdent des colonies de même nature dans les mêmes parages ne sauraient négliger cet avertissement ; et la « politique de l'autruche » n'est plus de mise, si jamais elle le fut. La France a déjà, malgré le maintien des formes courtoises et amicales de la diplomatie, senti l'hostilité de la politique douanière des États-Unis d'Amérique auxquels, d'ailleurs, on aurait mauvaise grâce et naïveté à demander autre chose que le souci de leurs intérêts. La prééminence industrielle de l'Europe est chose morte aux États-Unis, en raison de la faculté de ce grand peuple de se suffire, et de son parti pris fort intelligible de s'en servir ; le jour est proche où l'envoi de nombreux et grands paquebots vers New-York deviendra difficile à l'Europe et où le pavillon étoilé prendra sa part, sa très forte part.

Mais la revendication de Monroë, discutable en elle-même pour des raisons philosophiques et géographiques auxquelles les penseurs des États-Unis ne resteront pas insensibles, a déjà revêtu, quand elle s'adresse à la France, des formes de courtoisie et de délicatesse que nous aurions un égal tort de méconnaître. « L'Amérique aux Américains », voilà qui semble

net. Mais à quels Américains? A ceux du Nord ou du Sud; et
la guerre de Sécession n'est pas si lointaine qu'il ne puisse
venir à l'esprit de quelque Européen une formule de ce genre:
« Pour tout absorber il faut être d'abord homogène. » Le
monde américain ne l'est pas. Il n'est pas « dit dans l'Écriture
sainte », selon l'énergique protestation de nos ancêtres du
XVIᵉ siècle contre l'hégémonie espagnole en Amérique (car
il y eut aussi une doctrine de « l'Amérique aux Espagnols »)
que les régions tempérées de l'Amérique du Nord auront la
prééminence sur celles de l'Amérique du Sud, les Anglo-Saxons
sur les Latins, à supposer qu'Anglo-Saxons et Latins soient,
de part et d'autre, rigoureusement authentiques. Les États-
Unis du Nord ont l'avance : c'est une affaire de chronologie,
d'antériorité des débuts, nullement de supériorité de nature.
L'Europe méridionale s'éveilla avant l'Europe du nord-ouest,
l'Europe maritime du nord-ouest avant le centre slavo-germanique, le centre slavo-germanique avant l'Orient slave ; et où
sont aujourd'hui toutes ces hégémonies éphémères et successives, dans le nivellement de notre siècle de science vite transmise au voisin, de découvertes presque instantanément communes
à tous? Et pourquoi les énergies du Brésil et de l'Argentine
ne se marieraient-elles pas de même aux énergies nord-amé-
ricaines, sans compter ce Canada où il y a tant de sang français?

Et puis les Hawaï, les Samoa, surtout les Philippines, comment la doctrine de Monroë les annexe-t-elle? Et que vaut la
doctrine républicaine de la solidarité des enfants de la même
terre d'Amérique, s'il y a un « impérialisme » républicain (si
contradictoires que semblent les termes) comme un impérialisme britannique ? — « Nous ne touchons pas au vieux continent » — diront les doctrinaires d'Amérique, « mais seulement aux îles qui n'en sont point des parties intégrantes ».
— Mais alors pourquoi Cuba et Porto-Rico sont-elles Améri-
caines, si les Philippines ne sont pas Asiatiques? — « Asia-

tiques » répliqueront-ils, sans doute, mais non Européennes.
— Comment oser pareil sophisme ? L'Amérique du Sud et du
centre, ne tenant à l'Amérique du Nord que par des isthmes,
seraient un seul et même pays ; et l'Asie qui est Russe physi-
quement et ethnographiquement sur une immense étendue,
anglaise et française colonialement pour une immense population, ne ferait point corps avec l'Europe. Singulière géographie que celle du dogmatisme américain ! Et l'Afrique, la
jugent-ils Européenne ? Qu'ils prennent garde d'invoquer la
séparation du canal de Suez au lieu de l'ancienne union de
l'isthme, sinon le percement d'un des isthmes d'Amérique centrale serait la mort de la doctrine de Monroë ! Il est fort heureux, en vérité, que le Groënland ne vaille pas la peine d'une
querelle, ou malheureux qu'il n'ait aucune des qualités requises
pour être un terrain d'union entre les continents rivaux. On
se demande (et le doute ne dure hélas ! pas longtemps) pourquoi la doctrine de Monroë s'est appliquée aux champs de
canne à sucre de Cuba et de Porto-Rico, non aux champs de
glace du Groënland ?

En tout cas, la doctrine de Monroë était déjà connue et
célèbre quand la France acheta Saint-Barthélemy à la Suède
en 1877. C'est là un précédent diplomatique qui confirmerait,
s'il en était besoin, notre vieux droit de préemption sur les îles
danoises de Saint-Jean, Saint-Thomas et Sainte-Croix. Au
reste, la France a prouvé qu'elle était pleinement rassurée sur
les sentiments de l'État républicain qui vénère la mémoire de
La Fayette et de Rochambeau, en faisant de Fort-de-France
un « point d'appui » de la flotte.

L'avenir de nos colonies des Antilles n'est point clos, en dépit
de la crise économique, qui en y important la souffrance, y a
parfois, hélas ! importé la haine. Des cultures fines et de grand
revenu peuvent y être introduites qui attacheront nos Français
de la Guadeloupe et de la Martinique à leur terre redevenue

féconde, et noueront de mieux en mieux, leurs intérêts comme leurs sentiments à la métropole. Enfin, il y a là une pépinière de cultivateurs et de cultivateurs expérimentés, acclimatés sous le ciel des tropiques, qu'on a tort de ne pas assez attirer vers nos possessions nouvelles d'Afrique. Ils sont à l'étroit, dit-on, dans ces petites îles et la souffrance résulte de ce resserrement : vouez-les à l'expansion coloniale comme leurs frères de France, et vous sauverez de la discorde comme de la misère ces îles merveilleuses.

Si nos vieilles colonies insulaires ont souffert des excès d'une mise en valeur jadis hâtive, aujourd'hui mal adaptée à leurs besoins, la Guyane a été victime d'un abandon inexplicable. Elle fut, au xviiie siècle, l'objet de mémorables tentatives qui aboutirent à des désastres, faute de savoir et de procédés méthodiques ; le xixe siècle, en dépit des progrès de la science, eut aussi ses aventures guyanaises, religieuses ou laïques. Enfin, la consécration de cette riche colonie à des expériences pénitentiaires la mit décidément à l'écart des travaux d'expansion de la période contemporaine. Quand le docteur Crevaux et Coudreau y firent leurs explorations et révélèrent la richesse des forêts et des mines, ce fut une vive surprise : et nombre de faits prirent aux yeux du public le plus instruit l'aspect de découvertes, qui étaient dûment connus et commentés dans les « Epoques de la Nature » et autres œuvres de Buffon. Le fait est loin d'être sans exemple, dans l'histoire de nos explorations, de découvertes, même de haute valeur, oubliées, puis recommencées avec une parfaite négligence des efforts antérieurs ; mais il n'est aucune de nos colonies qui ait excité, après des enthousiasmes indomptables, une plus complète indifférence et une lassitude plus hostile.

Il n'est point surprenant que des arbitres, invoqués pour trancher des litiges entre la Guyane française et les pays voisins, aient tenu compte, dans une mesure qui n'est point in-

compatible avec la justice, mais influe néanmoins sur les décisions, de cette remarquable apathie de l'opinion publique de
France à l'endroit de la Guyane. Ils ont dû savoir que sur de
vastes espaces, les anciennes plantations avaient été envahies
et reprises par la forêt vierge ; et assurément les déclamations
des censeurs de notre politique coloniale qui ont comparé les
champs de canne à sucre des Guyanes anglaise et hollandaise
avec les campagnes désertes de la nôtre, sans s'arrêter une
minute à réfléchir sur les nécessités que nous impose notre richesse métropolitaine en betteraves, n'ont pas manqué de renforcer cette opinion d'une sorte d'abandon et de désintéressement de notre part.

Quoi qu'il en soit nos deux recours à l'arbitrage ont été
deux défaites. Le tsar Alexandre III a rendu, le 25 mai 1891,
une sentence fixant à la ligne de l'Awa la frontière franco-
hollandaise : et dans la question plus complexe du contesté
franco-brésilien, le gouvernement de la confédération helvétique
a adopté, sans restriction aucune, la doctrine brésilienne, et
nous a déboutés de toute prétention. On ne peut s'empêcher
de penser, quelles que puissent être en dogme philosophique
les vertus en soi de l'arbitrage, que l'intérêt reste toujours
grand de trancher à l'amiable et par des partages avec l'autre
intéressé, des litiges de ce genre. Quand on croit à son droit,
on le soutient ; s'il choque trop vivement autrui, on en cède une
part, ce qui laisse le souvenir d'un bon procédé ; un tribunal
international, représenté par un seul juge souverain ou par
des membres de plusieurs nationalités, reflète nécessairement
l'ensemble des sentiments d'estime, d'amitié, de mépris ou de
haine, qui ont cours dans le monde à l'égard de chacune des
puissances intéressées. L'arbitrage suppose la constitution
d'un tribunal composé d'humains habituellement et dès longtemps soustraits aux passions politiques, religieuses, sociales ;
et par là il semble indiqué qu'on ne les doit point chercher

parmi les détenteurs d'une part quelconque de l'autorité ou de l'influence politique, religieuse, sociale. Ces remarques, toutes générales, ne sauraient d'ailleurs viser aucun des deux cas de délimitation de notre Guyane par arbitrage.

II

SAINT-PIERRE, MIQUELON ET LA QUESTION DU FRENCH-SHORE.

Ce n'est pas avec la république des Etats-Unis d'Amérique que nous risquons d'entrer en conflit à propos de notre droit de pêche sur le « French Shore », droit qui donne seul quelque valeur à l'occupation de Saint-Pierre et Miquelon. La Grande-Bretagne elle-même ne conteste pas ce que des traités en bonne et due forme nous ont concédé ; mais le Parlement colonial de Terre-Neuve prétend n'avoir à tenir aucun compte des stipulations qui sont intervenues, dans un passé si lointain, entre sa métropole et la France ; par là il incite le gouvernement anglais, naturellement plus désireux d'être agréable aux Terre-Neuviens qu'aux Français, à rechercher quelque moyen amiable de nous faire lâcher prise. L'opinion publique n'a pas, chez nous, pleine conscience des intérêts engagés, comme il arrive dans un pays où la population continentale est plus nombreuse et plus riche que la population maritime ; et la tactique de l'Angleterre est servie par deux sentiments familiers chez nombre de partisans de l'expansion coloniale. D'une part, nous sommes toujours portés à nous laisser duper par l'attrait de quelque accroissement en Afrique, dussions-nous faire de graves sacrifices ailleurs, comme le prouvent nos succès diplomatiques sahariens de 1890 et de 1899 ; et d'autre part, certaine école de sensiblerie, comme on en a connu au dix-huitième siècle qui ont contribué à notre lassitude coloniale, nous ferait volontiers abandonner Terre-Neuve pour éviter de la peine à nos virils marins que touche peu une sollicitude de cette nature. Voilà pourquoi le gouvernement de la République a pris conscience du devoir de ne pas aliéner ce bien ; on voudrait espérer qu'il n'y aura dans l'avenir aucun fléchissement de notre diplomatie ou que du moins, si notre droit gêne si fort la Grande-Bretagne, il ne sera cédé que moyennant de très larges et vraies compensations. La question est l'une des plus graves de notre destinée coloniale.

Nous n'avons pas à rappeler longuement ici les confirmations légales si nombreuses de notre droit originel ni les empiètements parallèles des sujets anglais : notons cependant les phases essentielles de cette querelle sans fondement aucun. Il faut avouer, tout d'abord, que l'article 13 du traité d'Utrecht n'a pas la netteté parfaite que lui ont prêtée quelques historiens. La France, après avoir cédé à l'Angleterre tous ses droits sur l'île de Terre-Neuve, « se réservait le droit de pêche et de séchage » sur la vaste étendue de littoral appelée le « French Shore » et que l'usage courant désignait avec précision. « D'or- « dinaire quand un aliénateur se réserve un droit sur la chose « cédée, c'est pour continuer à l'exercer comme par le « passé ; autrement on s'explique et on définit. Or, antérieu- « rement au traité d'Utrecht, la France jouissait d'un droit « de pêche exclusif. C'est donc un droit exclusif qu'elle s'est « réservé. On comprend d'autant mieux qu'il en soit ainsi que « les Anglais n'avaient alors aucun intérêt à ce qu'il en fût « autrement (1). »

Le traité de Paris (10 février 1763) qui fut l'un des plus humiliants, sinon le plus humiliant de notre histoire coloniale, nous céda cependant « en toute propriété les îles de Saint-Pierre et Miquelon,... pour servir d'abri aux pêcheurs fran-

____

(1) Guernier, *Bulletin de la Société d'économie politique nationale*, mars 1901.

çais. » Cette cession territoriale est donc un corollaire, une dépendance de notre droit de pêche, non l'essentiel : il ne faut pas l'oublier.

Le traité de Versailles renferme une clause de confirmation, mais enregistre une concession de Louis XVI, qui n'avait pas voulu aller jusqu'au bout de notre droit, c'est-à-dire exiger l'expulsion pure et simple des pêcheurs anglais fréquentant le littoral de Terre-Neuve. Des querelles ayant eu lieu, on « parque » les hommes de chaque nation sur un espace délimité ; à la suite d'échanges, le lot des pêcheurs français est compris désormais entre le cap Saint-Jean et le cap Raye. Un jurisconsulte a fort justement commenté les termes de l'accord. « L'échange est consenti, dit le traité, pour prévenir les que- « relles qui ont eu lieu jusqu'à présent entre les deux nations « française et anglaise. On ne comprendrait pas que, pour « mettre fin à des querelles sur une côte, on se fût contenté « d'établir le moyen de les faire renaître, exactement dans les « mêmes conditions, sur une autre (1). » L'absence de tout article de réglementation du droit de pêche prouve avec évidence que chacun obtenait le monopole sur la portion de littoral à lui assignée. Enfin les termes catégoriques de la loi votée en 1788, au Parlement anglais, pour faire respecter par les sujets britanniques les clauses du traité de Versailles, les contraintes par force et les amendes stipulées, tout concourt à préciser un texte déjà clair en lui-même. La clarté est telle que, dans une négociation ultérieure (9 vendémiaire an X), Fox fait observer à l'ambassadeur de France, désireux alors de bien fixer une fois pour toutes le sens de l'article 13 du traité d'Utrecht, qu'il ne voit pas en quoi il pourrait y avoir ambiguité. Aussi, en 1814 et en 1815 y eut-il confirmation pure et simple, sans commentaire. Les instructions de 1788 ont été

(1) Guernier, *ibid.*, p. 69.

renouvelées par un acte de 1824, cet acte prorogé en 1828 pour trois ans et prorogé encore pour deux ans en 1832.

Mais depuis 1832, Terre-Neuve était dotée d'une « législature »; c'est à son instigation que se multiplient d'abord les actes de violation de notre droit, puis les négociations entamées en vue de le détruire par des énervements successifs. Sous cette influence qui est celle de quelques gros spéculateurs et non du peuple de Terre-Neuve intéressé au maintien de la pêche française, on voit les jurisconsultes de la couronne anglaise hésiter, puis biaiser; ce caractère d'ambiguité voulue est facile à percevoir dans la consultation du 17 avril 1837 (1). Malgré ces ouvertures favorables à une nouvelle politique, le gouvernement anglais ne se départit point de son attitude loyale, si ce n'est qu'il abandonna les mesures de répression contre ses sujets et laissa par là les empiètements se développer à l'aise.

Le gouvernement du second empire, dupé cette fois encore par le mirage de « l'entente cordiale », eut la faiblesse de laisser remettre notre droit en question. Assurément, la convention de 1857 le reconnut, stipula même la liberté du commerce de la boëtte entre Terre-Neuviens et Français, mais donna à la marine britannique le soin exclusif du contrôle et de la police. L'imprudence commise apparut bientôt dans toute sa simplicité : le Parlement de Terre-Neuve, qui n'aurait rien pu tenter contre des traités engageant les deux métropoles antérieurement à sa constitution, s'érigea en juge d'une nouveauté diplomatique ou de ce qu'il considérait comme tel, et refusa l'homologation.

Dès lors la campagne anti-française dispose de deux procédés, la violence sur le terrain, les querelles d'équivoque et de subtilité en matière diplomatique. Tout d'abord il y eut, en

____

(1) Cf. annexes, p. 988.

1867 et en 1874, après quelques démêlés, renouvellement des dispositions favorables au commerce de la boëtte entre Terre-Neuviens et Français : Parlement d'Angleterre et Parlement de Terre-Neuve s'y prêtaient. Mais en 1882 les rixes et les conflits s'étant multipliés sur ce terrain de pêche où nous devrions être seuls, on aboutit aux conventions du 26 avril 1884 et du 14 novembre 1885. Là nous cédons sur un point grave en permettant l'immixtion en tiers du Parlement de Terre-Neuve dans le débat anglo-français : car si « le droit d'acheter de la boëtte sans taxe, ni entraves légales » nous est maintenu, l'arrangement stipule qu'il faudra obtenir la ratification du Parlement de Terre-Neuve (1). Toutefois la police est dévolue aux navires de guerre des deux pays.

Le Parlement de Terre-Neuve, non content de refuser cette ratification, promulgua le « Bait-act » qui avait pour but de nous éliminer de la pêche en privant nos marins des appâts nécessaires : il convient de noter que les représentants du gouvernement anglais, loin d'avoir inspiré ces mesures hostiles, avaient tout mis en œuvre pour faire prévaloir la conciliation. Quoi qu'il en soit, et du fait d'une déviation de notre conduite diplomatique, nous étions désormais en face du Parlement de Terre-Neuve, comme dans la région du Niger en face d'une « compagnie royale ». La Grande-Bretagne avait la tentation et le moyen de nous mettre en présence d'une tierce personne et de faire valoir les égards qu'une métropole doit à sa colonie.

Au reste le « Bait-act » échoua piteusement, grâce à l'initiative des pêcheurs français et aux conseils éclairés de nos officiers de marine ; il aboutit tout au plus à ruiner les modestes marins et commerçants Terre-Neuviens qui vivaient du commerce avec la flotte française. Alors commença une guerre de subtilités qui trouveraient dignement leur place dans les « Pro-

(1) Cf. annexes, p. 994.

vinciales » de Pascal à côté des preuves de « suavité prévenante et de délectation » données par les fameux « docteurs graves ». On s'avisa, revenant ainsi au traité d'Utrecht dont on faisait, la veille, si bon marché, d'observer que les ateliers de nos homarderies n'étaient point semblables à ceux de 1713, etc., etc. Mais la merveille de cette argumentation fut imaginée par le gouvernement anglais ; elle mérite de figurer en première place dans l'histoire des plaisanteries faites de sang-froid : c'est l'étonnante assertion d'après laquelle les Français autorisés à pêcher, *fisch*, et non à prendre, *catch*, avaient droit sur la morue qui est un poisson, et non sur le homard qui est un crustacé. Cette intrusion de l'élément comique dans une discussion d'ordre sérieux nous valut du moins la rigoureuse et spirituelle réponse de l'amiral Krantz, dans la note du 30 janvier 1889, qu'approuva pleinement M. Goblet, ministre des affaires étrangères.

S'il était permis de discuter sérieusement une pareille argumentation, on pourrait tout d'abord faire observer la bizarrerie d'une prétention tendant à considérer, dans un traité franco-anglais, le texte anglais comme seul valable ; on sait qu'en 1713, les usages autorisaient plutôt le contraire d'une prétention de ce genre. Pareille argutie suppose, en outre, que les pêcheurs de cette époque connaissaient (et c'est leur langage qui est en cause, non celui des savants) la distinction entre crustacés et poissons, tandis qu'il est prouvé que les hommes de science eux-mêmes n'en tenaient point compte. Enfin aujourd'hui même il faudrait nous prouver que nul marin de langue anglaise ne s'oublie, eût-il reçu des instructions formelles de ses armateurs dans l'intérêt de la cause, à dire « pêcher un homard » et « prendre un poisson » (to fish a lobster, to catch a fish) ; cela serait difficile à démontrer sans rire. Le seul fait de l'absence de ce purisme d'occasion chez les pêcheurs français serait d'ailleurs suffisant pour réduire à sa valeur propre, c'est-à-dire à rien, le ballon d'essai grammatical et zoologique de nos voisins.

Le débat fut, on le pense, égayé seulement par cette plaisante digression ; le gouvernement de la République rentra dans le ton convenable et traditionnel en affirmant à nouveau que notre droit était « exclusif » ; et le gouvernement britannique, revenant aux sentiments de conciliation par lesquels il s'était honoré dans toute la première période du débat, demanda l'arbitrage que le ministre français M. Spuller accepta pour les seuls détails litigieux de la question des homarderies. Ce fut l'attitude du Parlement de Terre-Neuve, qui fit échouer cette tentative. La France et la Grande-Bretagne durent avoir recours à l'expédient d'un « modus vivendi », appliqué en 1890, et renouvelé en 1891 pour une durée de trois ans. Depuis cette époque, les négociations n'ont fait aucun progrès; on peut même affirmer que certaines déclarations de M. Chamberlain, plaisantant sur la vieillesse du traité d'Utrecht, auraient plutôt nui à la cause de la conciliation. Les protestations, laconiques ou explicites, de deux ministres français des affaires étrangères, MM. Ribot et Delcassé, ont pleinement affirmé la résolution de la France de ne plus laisser discuter son droit, ce qui n'implique point le refus de tout arrangement. Mais les Français sont *beati possidentes* ; ils n'ont qu'à attendre et à examiner les offres : ils sortiraient de leur rôle et commettraient une seconde fois la faute de 1857, en les provoquant.

La France, il faut le dire et le redire, possède à Terre-Neuve des intérêts considérables et dont la valeur, loin de décroître, s'accroît sans cesse, de telle sorte que les compensations offertes, que nous pouvons d'ailleurs accepter ou refuser sans autre raison que notre bon vouloir, doivent être calculées en considération de ces rapides progrès. La pêche intéresse, en France, non seulement de gros armateurs, mais encore de plus en plus des petits patrons : « Si vous consultiez la liste des bateaux

« et des armateurs vous verriez que très souvent pour un ba-
« teau il y a un armateur ; bien mieux, derrière lui il y a par-
« fois trois ou quatre familles qui se réunissent (1). » Le
nombre des navires et leur tonnage s'accroissent sans cesse ;
on armait 119 goélettes en 1894 et 202 en 1900. Pour la campagne de 1901 on n'a pas trouvé, à quelques centaines près,
le nombre de marins nécessaires aux armements.

Ce que gagnent les marins de Terre-Neuve, au nombre de
10 à 12,000, intéresse la subsistance de nombreuses et modestes
familles, 50 ou 60,000 personnes, au dire d'un juge autorisé (2).
De la hausse ou de la baisse des armements dépendent enfin des
industries multiples, constructions navales, corderies, tissages,
fabrication de tissus spéciaux ; la ruine de la pêche de Terre-
Neuve atteindrait également nos marais salants et salines,
nos fabriques de conserves, elle mettrait fin au mouvement
d'armement et de commerce entre les ports de Normandie ou
de Bretagne et les pays méditerranéens de consommation du
poisson. Sait-on ce que l'ouverture d'un marché de consommation, comme la Chine, peut réserver de bénéfices à l'industrie de la pêche devenue plus savante et mieux organisée ?
Allez au banc d'Arguin, dit-on parfois. — Mais notre faculté
d'enrichir beaucoup de marins français ou coloniaux sur le
banc d'Arguin nous fait-elle par hasard un devoir de quitter
Terre-Neuve ? Un Anglais raisonnerait autrement et c'est avec
les Anglais que nous sommes ou pouvons être en pourparlers.
Il comprendrait que l'État qui tient à sa disposition d'admirables emplacements de pêche à Terre-Neuve et en Islande, qui
possède la prodigieuse pêcherie de Bizerte, qui peut, demain,
organiser l'exploitation d'Arguin, a les éléments d'une grandiose et vraiment commerciale organisation de la pêche. Un

(1) Guernier, *ibid.*, p. 78.
(2) *Ibid.*, p. 79.

Américain rêverait le monopole d'un « trust ». Et nous nous mettrions, en traitant sur la base de quelque lambeau d'Afrique et d'un capital une fois versé, dans la condition de pauvres gens qui se laissent exproprier par un grand seigneur et « tuent la poule aux œufs d'or ».

Que de souffrances, a-t-on aussi objecté, endurent là-bas nos pêcheurs pour soutenir cette industrie? D'abord l'étranger n'a pas à entrer dans le contrôle du compte des maux de la vie de nos pêcheurs, pas plus qu'il n'est juge de l'éducation que donne aux futurs matelots de l'Etat la dure accoutumance des campagnes de Terre-Neuve. De plus, si l'on veut que la vie du marin devienne plus douce et meilleure, il faut chercher les moyens de cette heureuse réforme dans une organisation de plus en plus industrielle du labeur, en séparant la pêche sur place, faite avec un matériel spécial et bien adapté, des besognes industrielles de la salaison et du transport qui iront nécessairement à des paquebots outillés comme de vraies usines : et la sécurité dans la jouissance de nos droits est la condition première de ces progrès sans nombre. Sait-on, par exemple, ce qu'une fabrication scientifique de l'huile de foie de morue, substituée aux procédés empiriques dont le manque de capitaux fait une nécessité à nos marins, peut ajouter aux ressources de la pêche? Et la suppression de nombre d'intermédiaires inutiles qui font monter sur les marchés de nos grandes villes à 1 fr. 40, ce que le pêcheur vend 18 centimes, est-elle donc une réforme tellement chimérique? Cette pêche réformée, modernisée par un apport de capitaux, peut devenir un des plus beaux exemples de la juste attribution du bénéfice à ceux qui sont à la peine et au péril. Elle est donc d'un intérêt démocratique au premier chef.

Est-il aussi vrai qu'autrefois, comme l'exposait M. Ribot dans son admirable discours du 24 janvier 1899, que la pêche de Terre-Neuve forme les marins les plus nécessaires à la flotte

de l'État ? Hélas ! pour l'affirmer sans réserve, il faudrait fermer
les yeux au spectacle de la grande révolution qui a substitué
les navires à vapeur aux navires à voiles. Mais il est d'autant
plus rationnel de souhaiter que la pêche française de Terre-
Neuve devienne industrielle, évite, par l'emploi de bons navires
et de bonnes machines, les périls et les peines inutiles, tout
en accroissant les bénéfices, et se mette par là en mesure de
devenir l'école de savoir et d'endurance qu'il faut à la marine
d'aujourd'hui. L'abandon serait un désastre, le maintien de la
routine une faute, la transformation scientifique un prodigieux
accroissement des bienfaits publics et privés de cette industrie.

La question est donc de première importance pour l'expansion coloniale française. On doit ardemment souhaiter que
l'amour de la conciliation, dont nous avons donné tant de
preuves, ne nous entraîne pas trop loin, et que l'intérêt vital
de la France ne soit point sacrifié, à la dérobée, dans quelqu'un de ces règlements d'ensemble auxquels nous avons
rarement gagné et dont les vertus dissimulatrices sont seules
indéniables. L'affaire de Terre-Neuve vaut d'être étudiée en
face et pour elle-même.

III

NOUVELLE-CALÉDONIE ET ARCHIPELS DU PACIFIQUE

S'il est permis d'accueillir avec réserve les projets politiques
et économiques qui reposent sur une foi peu scientifique dans
l'homogénéité du continent africain, s'il est imprudent de rechercher le principe d'une « politique africaine », que dire des
spéculations de même nature qui ont pour objectif l' « Océanie
française » ? Des îles de médiocre étendue, parfois de médiocre
fertilité, que séparent les unes des autres plusieurs milliers de
kilomètres d'un océan mal pourvu d'escales dans toutes ses

régions du centre et de l'est, ne sont-elles point, comme les
oasis semées à la surface du grand désert, insuffisantes de
toutes manières à déterminer un courant commercial et colonisateur de quelque importance ?

L'océan Pacifique est la mer insociable et séparative par
excellence. Les grandes terres qui en occupent la portion sud-
occidentale sont des satellites de l'Asie orientale : c'est avec
ces terres de Chine, d'Indo-Chine et d'archipel Malais, que
l'Australie et même la Nouvelle-Zélande développent leurs
relations de vraie et proche solidarité. C'est vers ces riches
pays et vers l'Europe, à travers l'océan Indien et la Méditerranée que se dirigent les convois de marchandises de ce groupe,
beaucoup plus souvent que vers les petites îles éparses à la
surface du Pacifique, ou vers l'Amérique : ni les États-Unis,
ni le Chili, ni les colonies anglaises d'Amérique du Nord, pays
riverains du Pacifique oriental, n'auront jamais grand besoin
de l'Australie et de la Nouvelle-Zélande qui leur ressemblent
et produisent des denrées similaires. Une puissance qui réuni-
rait sous son autorité toutes les îles de l'océan Pacifique per-
drait sans doute encore beaucoup d'argent en essayant de les
réunir dans un ensemble solidaire par de fréquents voyages de
paquebots rapides ; à plus forte raison la charge est-elle lourde
pour des Etats qui ont à gouverner et à doter des instruments
de la vie moderne un ou plusieurs de ces archipels situés à
plusieurs milliers de kilomètres les uns des autres. En dehors
des groupes de l'est, où fort heureusement la France est représentée, toute l'ambition d'une puissance coloniale doit être
d'organiser dans chaque groupe une vie locale heureuse et se
suffisant à elle-même, sans recherche des lointains échanges
que les frais de transports rendraient nécessairement onéreux
ou même ruineux.

Peut-être cette remarque a-t-elle, à défaut de logique, inspiré
l'imitation australienne de la doctrine de Monroë, et dicté sa

bizarre formule : « L'Océanie aux Océaniens. » S'il est déjà contestable que les États-Unis d'Amérique du Nord aient le droit de veiller sur les Fuégiens et le moindre intérêt à le faire, on ne comprendrait pas même autant la prétention des Australiens à régir les îles Hawaï ou l'île de Pâques au nom de la « solidarité océanienne ». Il est vrai qu'ils ne se désintéressent point du sort de l'archipel Malais, tout comme la destinée des Philippines a ému les partisans de la doctrine de Monroë. Les Américains du Nord, qui ont imaginé les premiers cette mise en valeur pratique de l'illogique division du monde en parties, ne peuvent-ils réclamer les îles du Pacifique jusqu'à la ligne de longitude médiane, ou n'ont-ils pas le dessein de faire valoir leurs désirs sur une part des archipels de cet océan proportionnelle à leur surface continentale, ce qui ferait tort à l'Australie ? Enfin qui empêchera Chinois, Japonais et Russes d'exiger aussi leur part de riverains du bord occidental ? L'imagination se perd dès qu'on essaie de donner un sens précis et applicable, nous ne disons pas même une légitimité, à ces ambitieuses formules ! Bref, rien n'est moins unitaire que l'océan Pacifique.

On est naturellement amené à se demander si les longues croisières d'une « division navale » du Pacifique répondent à une nécessité de préparation d'événements belliqueux : car les rencontres sont peu probables et les luttes peu vraisemblables où si maigre est l'enjeu, tandis qu'une solidarisation complète des forces navales des mers d'Indo-Chine, de Chine et du Pacifique occidental répondrait mieux au fait de la distribution vraie des richesses qui serait, en cas de guerre, celle des convoitises.

La France possède, dans la zone des archipels encore assez resserrés et étendus, une belle colonie, la Nouvelle-Calédonie. Le gouvernement républicain a estimé que c'était un théâtre trop coûteux pour des expériences pénitentiaires ; et, après d'énergiques protestations contre le régime stérilisant des bagnes nombreux et éloignés les uns des autres (1), on a inauguré dans l'île la colonisation libre au succès de laquelle s'est voué un distingué et énergique gouverneur, M. Feillet. Colonisation agricole et colonisation industrielle ont été ingénieusement combinées par des mesures qui paraissent avoir assuré le succès (2).

Fait bien significatif, l'essor de la colonisation calédonienne a été tel que l'expansion des Français de ces parages s'est énergiquement portée vers l'archipel des Nouvelles-Hébrides. C'est un des événements qui témoignent le mieux de notre aptitude colonisatrice que cette poussée spontanée d'un groupe de colons établis si loin de la mère-patrie. Mais l'Australie veillait là pour sa métropole comme auprès de Saint-Pierre et Miquelon le Parlement de Terre-Neuve. Après des plaintes empreintes d'une philanthropie émue contre les dangers que faisaient courir à l'Australie quelques forçats échappés chaque année de Nouvelle-Calédonie, les assemblées australiennes et Néo-Zélandaises ont timidement esquissé une doctrine de « solidarité océanienne », mais résolument poussé leur métropole à arrêter les progrès de la colonisation française dans les Nouvelles-Hébrides. Cette pression a déterminé des négociations à la suite desquelles a été établi une sorte de condominium anglo-français pour la police de l'archipel (3). Il y a assurément là une excellente garantie de sécurité, et la courtoisie des officiers des deux marines, leur loyale entente a déjà donné des résultats pratiques ; on peut toutefois estimer que ce régime politique sans netteté, dont les mauvais effets ont déjà été constatés dans nombre de parages, devrait être aboli ; l'objet de la convoitise

(1) Cf. en particulier le rapport de M. Emile Chautemps, sur le budget des colonies de 1890.

(2) Cf. annexes, p. 1020 et suiv.

(3) Cf. annexes, p. 1024.

amiable que symbolise cette surveillance à deux, n'est point de telle valeur que l'on ne puisse aboutir à quelque convention de partage et d'échange. Ce qui est difficile en présence d'un gage de l'importance de la pêche de Terre-Neuve, n'est point d'un règlement malaisé aux Nouvelles-Hébrides.

Notre domaine de petites îles a été, pendant la période républicaine, rattaché de plus près à la métropole par une série de conventions d'annexion ou de protectorat. Les *îles de la Société* et leurs dépendances sont devenues colonies françaises en 1880, les Iles sous le Vent en 1888, l'archipel Gambier en 1881. Les Toubouaï ont reconnu notre protectorat en 1889. A défaut d'une valeur commerciale considérable, ces îles, soumises plus directement à notre autorité, peuvent devenir des terres de petite et moyenne colonisation ; la plupart se prêtent à l'immigration de familles françaises. Mais le groupe de la Nouvelle-Calédonie, par sa merveilleuse richesse en métaux, par son aptitude à plusieurs cultures de prix, a pris une réelle importance au cours des dix dernières années.

IV

ÉTABLISSEMENTS FRANÇAIS DE L'INDE

Depuis la formation de notre empire d'Indo-Chine nous pouvons considérer, sinon avec moins de tristesse, du moins avec le sentiment pacifique d'une revanche prise sur la destinée, les restes de l'Inde française que faillit constituer Dupleix. La Grande-Bretagne, quoique n'ayant rien fait pour encourager l'expansion française en Indo-Chine, doit aussi enregistrer avec plaisir l'attachement de notre pays à ses nouveaux sujets comme une preuve du détachement de ses vieilles et tenaces espérances indiennes. Ce n'est plus de la mer que lui viendront les menaces, et l'histoire des La Bourdonnais et des Dupleix ne risque plus d'être renouvelée, mais bien plutôt celle des conquérants continentaux venus du Nord-Ouest.

Nos établissements indiens vivent de plus en plus étroitement la vie économique de l'arrière-pays anglo-hindou et s'y rattachent de mieux en mieux par les liens de l'intérêt. Au reste la Grande-Bretagne, libre-échangiste en principe, a fait, par « l'Indian-act », une telle application de droits protecteurs à nos colonies, que l'industrie et l'armement français n'ont plus aucune chance de profiter de ce qui fit jadis la fortune de Pondichéry et de Mahé ; les mesures légales ont aboli les avantages géographiques. Si le chef-lieu de nos établissements est relié désormais au réseau ferré indien, il n'est pas difficile de prévoir que cet avantage de communications sera tout entier pour la diffusion de l'influence anglo-hindoue.

Il y aurait peut-être lieu de profiter de nos progrès à Madagascar et en Indo-Chine pour intéresser nos sujets indiens au sort de ces colonies dans lesquelles leurs aptitudes peuvent être précieuses et aisément employées : c'est affaire d'éducation spéciale et aussi de mise en relations faciles de nos vieilles et petites colonies avec les nouveaux et grands domaines. Si modestes que soient ces épaves de notre grandeur passée, il serait d'une mauvaise politique de les laisser graduellement perdre leur marque française ; ce serait au contraire sagesse et prévoyance que de les agréger aux nouvelles communautés coloniales que nous avons fondées. Serait-il donc si difficile à notre enseignement français de préparer les Hindous à prendre le chemin de Madagascar et de l'Indo-Chine, au lieu de les dresser, comme il arrive, dit-on, à devenir des fonctionnaires anglais ? Il semble que tel n'est point notre rôle : la résignation n'est pas une vertu d'expansion coloniale.

ANNEXES

EVOLUTION POLITIQUE ET ECONOMIQUE DES COLONIES DE L'ANCIEN DOMAINE

I. — GUADELOUPE ET DÉPENDANCES

La crise sucrière et le mouvement commercial. — Acquisition de Saint-Barthélemy, 10 août 1877.

II. — MARTINIQUE

Le mouvement commercial et la crise sucrière.

III. — GUYANE FRANÇAISE

Le mouvement commercial. — Projet de voie ferrée. — La délimitation : l'arbitrage du Tzar entre la France et la Hollande, 25 mai 1891 ; le contesté franco-brésilien, affaires de Counani et de Mapa, arbitrage du gouvernement helvétique, décembre 1900.

IV — SAINT-PIERRE ET MIQUELON ET LE FRENCH SHORE

Les intérêts français à Terre-Neuve. — Les traités relatifs au French Shore de 1713 à 1815. — L'Act de 1788. — La question de l'exclusivité. — Convention du 14 janvier 1857. — Arrangement du 14 novembre 1885. — Le *Baït-Act* ; le bulot. — L'affaire des homarderies. — Proposition anglaise d'arbitrage, mai 1889. — Le *modus vivendi* du 3 mars 1890. — Convention d'arbitrage du 11 mars 1891. — Le bill Knutsford. — Le bill terreneuvien du 26 mai 1891. — Ajournement de la solution. — Les renouvellements du *modus vivendi*. — Négociations de 1898-99. — Discussion à la Chambre française, 23-24 janvier 1899. — La situation actuelle.

V. — NOUVELLE-CALÉDONIE ET DÉPENDANCES

Le mouvement de colonisation : cantonnement des indigènes et recrutement des colons. — Les concessions domaniales et industrielles. — Le projet de chemin de fer. — Mouvement commercial.
Les Nouvelles-Hébrides. — Convention franco-anglaise du 24 octobre 1887.

VI. — ÉTABLISSEMENTS FRANÇAIS DE L'OCÉANIE

L'annexion de Tahiti, 29 juin 1880 ; et des Iles-sous-le-Vent, 16 mars 1888. — Les petits archipels polynésiens.

VII. — ÉTABLISSEMENTS FRANÇAIS DE L'INDE

Mouvement commercial.

I. — GUADELOUPE ET DÉPENDANCES

L'histoire de la colonie de la Guadeloupe est purement administrative et économique.

La crise sucrière, les modifications douanières (1) et les cyclones ou tremblements de terre ont entravé le développement commercial de la colonie. Le chiffre total du trafic, qui était de 43 millions et demi en 1894, est tombé à 28 millions et demi en 1895 sous l'influence de la crise de la main-d'œuvre et de difficultés douanières soulevées à l'étranger à la suite de l'application de la loi de 1892. Il s'est relevé à 40 millions en 1896 pour retomber à 36.265.000 fr. en 1898 et à 37.863.000 fr. en 1899. Dans ce dernier chiffre, les importations entrent pour 19.155.000 fr. dont 8.800.000 fr. de France et les exportations pour 18.708.000 fr. dont 17.701.000 pour la France. En 1900, le mouvement total du commerce a été de 37.109.000 fr. dont 25 millions avec la France.

La Guadeloupe possède depuis 1899 un chemin de fer qui va du bourg de Capesterre au port de Sainte-Marie.

Les dépendances de la Guadeloupe (Marie-Galante, Désirade, les Saintes, Saint-Martin) se sont accrues de l'île de Saint-Barthélemy qui avait jadis appartenu à la France de 1648 à 1784, avait passé sous la domination de la Suède et a été rétrocédée à la France par un traité du 10 août 1877. La remise a eu lieu le 16 mars 1878.

Un protocole du 31 octobre 1877 en avait ainsi réglé les conditions :

(1) Nous n'avons pas étudié pour la période 1870-1900 le régime douanier et la législation coloniale générale ; nous renvoyons au volume de M. Camille Guy dans la présente série, *La mise en valeur de notre domaine colonial.*

Les soussignés, munis des pleins pouvoirs de leurs gouvernements, à l'effet de réglementer la rétrocession de l'île de Saint-Barthélemy à la France, stipulée par traité signé à Paris, le 10 août dernier, sont convenus des dispositions suivantes :

Art. 1er. — La population de l'île de Saint-Barthélemy ayant été consultée, conformément à l'article 1er de la convention ci-dessus rappelée, et s'étant prononcée en faveur d'une réunion de cette île aux possessions françaises, les sujets de la couronne de Suède domiciliés dans ladite île ou dans les îlots qui en dépendent sont déliés de tout lien de sujétion envers Sa Majesté le roi de Suède et de Norvège, ses descendants et successeurs, et la nationalité française leur sera acquise de plein droit à dater du jour de la prise de possession par l'autorité française.

Art. 2. — Toutefois, il demeurera loisible aux personnes domiciliées dans l'île de Saint-Barthélemy et étant en possession de la qualité de sujets de la couronne de Suède, de s'assurer, si elles le préfèrent, la conservation de cette qualité moyennant une déclaration individuelle faite, à cet effet, devant l'autorité de l'île; mais, dans ce cas, le gouvernement français se réserve la faculté d'exiger qu'elles transportent leur résidence hors du territoire de Saint-Barthélemy. Le délai dans lequel pourra se faire la déclaration d'option prévue au paragraphe précédent sera d'un an, à dater du jour de l'installation de l'autorité française dans l'île de Saint-Barthélemy. Pour les personnes qui, à cette date, n'auront pas l'âge fixé pour la majorité par la loi française, le délai d'un an courra à partir du jour où elles atteindront cet âge.

Art. 3. — La France succède aux droits et obligations résultant de tous actes régulièrement faits par la couronne de Suède ou en son nom, pour des objets d'intérêt public ou domanial concernant spécialement la colonie de Saint-Barthélemy et ses dépendances. En conséquence, les papiers et documents de toute nature relatifs auxdits actes qui peuvent se trouver entre les mains de l'administration suédoise, aussi bien que les archives de la colonie, seront remis au gouvernement français.

Art. 4. — La reprise de possession de l'île de Saint-Barthélemy et de ses dépendances au nom de la France, et la remise des titres et archives prévue par l'article précédent, seront effectuées le plus tôt possible après l'échange des ratifications du traité de rétrocession. La date et les formalités de cette reprise de possession seront réglées, au nom de la Suède, par le gouverneur suédois de Saint-Barthélemy, et, au nom de la France, par le gouverneur de la Guadeloupe, lesquels recevront, à cet effet, la délégation de leurs gouvernements respectifs.

Art. 5. — En échange des propriétés domaniales possédées par la couronne de Suède dans l'île de Saint-Barthélemy, le gouvernement français versera au gouvernement suédois une somme de 80.000 fr., représentant l'évaluation desdites propriétés telle qu'elle a été fixée de commun accord.

Art. 6. — Le gouvernement français versera, en outre, entre les mains du gouvernement suédois, à titre d'indemnité tant pour le rapatriement que pour le pensionnement des fonctionnaires suédois de Saint-Barthélemy qui ne passeront pas au service de la France, une somme totale et une fois payée de 320.000 fr. Moyennant ce versement, le gouvernement suédois demeurera seul chargé du service des pensions de retraite auxquelles lesdits fonctionnaires pourront avoir droit, des frais de leur retour en Europe et de toutes indemnités qu'il y aura lieu de leur allouer pour suppression d'emploi.

Art. 7. — En ce qui concerne les fonctionnaires de l'île qui, conservant leurs fonctions actuelles, passeront au service de l'Etat français, il est entendu qu'ils seront soumis, pour la liquidation ultérieure de retraite, à la législation française. Leurs services antérieurs à la reprise de possession de Saint-Barthélemy par la France seront considérés, à cet effet, comme services rendus à l'Etat français.

Fait à Paris, le 31 octobre 1877.

> Decazes, *ministre des affaires étrangères,*
> Akermann, *ministre de Suède.*

II. — MARTINIQUE

Comme la Guadeloupe, la Martinique n'a depuis 1870 qu'une histoire économique et administrative, dont les faits les plus saillants sont le cyclone de 1883, la crise sucrière de 1884 et la crise financière qu'elle entraîna, l'incendie de Fort-de-France le 24 juin 1890, le cyclone du 18 août 1891 et l'application du tarif douanier de 1892. Il faut citer aussi la gravité de la question sociale qui, en 1900, provoqua au François des troubles qui amenèrent un conflit sanglant entre les troupes et des grévistes.

Fort-de-France a été classé comme point d'appui de la flotte.

Le mouvement commercial a subi de 1891 à 1895 un fléchissement qui l'a ramené de 55 millions à 40,800,000 fr. Les dernières années ont marqué un relèvement. Le chiffre total a atteint 44 millions en 1897, 47 millions en 1898 et 53.600.000 fr. en 1899, dont 27 millions d'importations et 26 600.000 fr. d'exportations. La part de la France a été de 12 millions et demi aux importations et 24 millions aux exportations. En 1900 nouveau relèvement à 52 millions : 24.900.000 f. d'importations, dont 11.245 000 de France et 27.100.000 fr. d'exportations, en majorité pour la France.

III. — GUYANE FRANÇAISE

La découverte de l'or et la transportation sont les deux grands
faits de l'histoire de la Guyane contemporaine.

Le mouvement commercial, qui était de 12 millions en 1890, s'est
élevé en 1895 à près de 20 millions, mais est retombé à 16 millions
en 1897. En 1899 il a atteint 19 millions, dont 12 millions d'importation. L'exportation de l'or suit un mouvement croissant. La part
de la France dans le commerce de 1899 a été de 8.800.000 fr. aux
importations et 6 millions et demi aux exportations. En 1900, le
chiffre total est tombé à 16.100.000 fr., dont 9.760.000 d'importations ; la part totale de la France a été de 12.880.000 fr.

Pour mettre en valeur les placers d'or et les autres richesses de la
colonie, un projet de voie ferrée a été soumis au conseil général
par l'ingénieur Levat qui l'a étudié sur place. La ligne aura pour
origine Cayenne, remontera le cours de la rivière Comté, celui de
l'Orapu, passera de là dans le bassin de l'Approuague et se dirigera
ensuite par la vallée de la crique Inini jusqu'au Maroni. Un embranchement partant de la région du Haut Approuague se dirigera
vers la crique Yaoué, affluent de l'Oyapock. Le Conseil général, sous
le gouvernement de M. Mouttet, a voté la concession de cette voie
ferrée à M. D. Levat dans sa session de janvier 1900.

Les frontières de la Guyane française n'ont été arrêtées qu'en ces
dernières années par deux sentences arbitrales.

La France et la Hollande étaient en désaccord au sujet de la limite
de leurs Guyanes. Le traité d'Utrecht avait indiqué le Maroni comme
frontière, mais, ce fleuve comprenant, dans la partie supérieure, deux
branches, l'Awa et la Tapanahoni, on ne savait à qui appartenaient
les tribus Boschs et les Bonis, habitant les territoires riverains. La
découverte de gisements aurifères amena des prospecteurs et des
travailleurs et augmenta la valeur du pays. Les deux puissances
résolurent d'avoir recours à l'arbitrage et soumirent le différend à
l'empereur de Russie Alexandre III. Le 25 mai 1891 le Tzar rendit
une sentence par laquelle l'Awa était considéré comme fleuve limitrophe devant servir de frontière entre les deux possessions.

En voici le texte :

Nous, Alexandre III, par la grâce de Dieu, empereur de toutes les Russies,

Le gouvernement de la République française et le gouvernement des Pays-Bas ayant résolu, aux termes d'une convention conclue entre les deux pays le 29 novembre 1888, de mettre fin à l'amiable au différend qui existe touchant les limites de leurs colonies respectives de la Guyane française et de Surinam et de remettre à un arbitre le soin de procéder à cette délimitation, nous ont adressé la demande de nous charger de cet arbitrage.

Voulant répondre à la confiance que les deux puissances litigeantes nous ont ainsi témoignée, et après avoir reçu l'assurance de leurs gouvernements d'accepter notre décision comme jugement suprême et sans appel et de s'y soumettre sans aucune réserve, nous avons accepté la mission de résoudre comme arbitre le différend qui les divise et nous tenons pour juste de prononcer la sentence suivante :

Considérant que la convention du 28 août 1817, qui a fixé les conditions de la restitution de la Guyane française à la France par le Portugal n'a jamais été reconnue par les Pays-Bas ;

Qu'en outre cette convention ne saurait servir de base pour résoudre la question en litige, vu que le Portugal, qui avait pris possession, en vertu du traité d'Utrecht de 1713, d'une partie de la Guyane française, ne pouvait restituer à la France en 1815 que le territoire qui lui avait été cédé : or, les limites de ce territoire ne se trouvent nullement définies par le traité d'Utrecht de 1713 ;

Considérant, d'autre part :

Que le gouvernement hollandais, ainsi que le démontrent des faits non contestés par le gouvernement français, entretenait à la fin du siècle dernier des postes militaires sur l'Awa ;

Que les autorités françaises de la Guyane ont maintes fois reconnu les nègres établis sur le territoire contesté comme dépendant médiatement ou immédiatement de la domination hollandaise, et que ces autorités n'entraient en relation avec les tribus indigènes habitant ce territoire que par l'entremise et en présence du représentant des autorités hollandaises ;

Qu'il est admis sans conteste par les deux pays intéressés que le fleuve Maroni, à partir de sa source, doit servir de limite entre leurs colonies respectives ;

Que la commission mixte de 1861 a recueilli des données en faveur de la reconnaissance de l'Awa comme cours supérieur du Maroni ;

Par ces motifs :

Nous déclarons que l'Awa doit être considéré comme fleuve limitrophe devant servir de frontière entre les deux possessions.

En vertu de cette décision arbitrale le territoire en amont du confluent des rivières Awa et Tapanahoni doit appartenir désormais à la Hollande, sans préjudice, toutefois, des droits acquis *bona fide* par les ressortissants français dans les limites du territoire qui avait été en litige.

Fait à Gatchina, le 13/25 mai 1891.

Signé : ALEXANDRE.

Contresigné : DE GIERS.

La contestation avec le Brésil fut plus longue à résoudre et donna lieu à de plus graves incidents. Elle remontait à la seconde moitié du XVIIe siècle. Déjà en 1886 les Portugais avaient construit sur les terres du Cap du Nord les forts de Macapa et d'Araguari et les Français les en avaient chassés. Don Pedro II et Louis XIV firent ouvrir des négociations. Les commissaires ne purent trouver les bases d'un arrangement définitif (1), reconnurent la nécessité de procéder à une plus ample information et adoptèrent un règlement destiné à supprimer toutes causes de nouvelles querelles : ce fut le traité provisionnel de Lisbonne du 4 mars 1700. Il fut aboli par le traité d'Utrecht (11 avril 1713) dans les clauses suivantes :

ART. 8. — Afin de prévenir toute occasion de discorde qui pourrait naître entre les sujets de la couronne de France et ceux de la couronne de Portugal, S. M. Très Chrétienne se désistera pour toujours, comme elle se désiste dès à présent par ce traité dans les termes les plus forts et les plus authentiques et avec toutes les clauses requises, comme si elles étaient insérées ici, tant en son nom qu'en celui de ses hoirs, successeurs et héritiers, de tous droits et prétentions qu'elle peut et pourra prétendre sur la propriété des terres du Cap du Nord et situées entre la rivière des Amazones et celle de Yapoc ou Vincent Pinson, sans se réserver ou retenir aucune portion desdites terres afin qu'elles soient désormais possédées par S. M. Portugaise, ses hoirs, successeurs et héritiers avec tous les droits de souveraineté, d'absolue puissance et d'entier domaine, comme faisant partie de ses Etats et qu'elles lui demeurent à perpétuité, sans que S. M. Portugaise, ses hoirs, successeurs et héritiers puissent jamais être troublés dans ladite possession par S. M. Très Chrétienne, ni par ses hoirs, successeurs et héritiers.

ART. 9. — En conséquence de l'article précédent S. M. Portugaise pourra faire rebâtir les forts d'Araguari et de Camaü ou Massapa aussi bien que tous les autres qui ont été démolis en exécution du traité provisionnel fait à Lisbonne le 4 mars 1700 entre S. M. Très Chrétienne et S. M. Portugaise Pierre II, de glorieuse mémoire, le dit traité prov.-

____

(1) Rouard de Card, *Le différend franco-brésilien*, *Revue générale de droit international public*, 1897.

sionnel restant nul et de nulle vigueur en vertu de celui-ci. Comme aussi il sera libre à S. M. Portugaise de faire bâtir dans les terres mentionnées au précédent article autant de forts qu'elle trouvera à propos et de les pourvoir de tout ce qui sera nécessaire pour la défense desdites terres.

Art. 10. — S. M. Très Chrétienne reconnaît par le présent traité que les deux bords de la rivière des Amazones, tant le méridional et le septentrional, appartiennent en toute propriété, domaine et souveraineté, à S. M. Portugaise et promet, tant pour elle que pour ses hoirs, successeurs et héritiers, de ne former jamais aucune prétention sur la navigation et l'usage de ladite rivière sous quelque prétexte que ce soit.

Art. 12. — Et comme il est à craindre qu'il y ait de nouvelles discussions entre les sujets de la couronne de France et les sujets de la couronne de Portugal à l'occasion du commerce que les habitants de Cayenne pourraient entreprendre de faire dans le Maragnan et dans l'embouchure de la rivière des Amazones, S. M. Très Chrétienne promet, tant pour elle que pour tous ses hoirs, successeurs et héritiers, de ne point consentir que lesdits habitants de Cayenne, ni aucuns autres sujets de Sa dite Majesté, aillent commercer dans les endroits sus-mentionnés, et qu'il lui sera absolument défendu de passer la rivière de Vincent Pinson pour y négocier et pour acheter des esclaves dans les terres du Cap du Nord, comme aussi S. M. Portugaise promet, tant pour elle que pour ses hoirs, successeurs et héritiers, qu'aucuns de ses sujets n'iront commercer à Cayenne.

Art. 13. — Sa Majesté Très Chrétienne promet aussi, en son nom, et en celui de ses hoirs, successeurs et héritiers, d'empêcher qu'il y ait des missionnaires français ou autres sous sa protection dans lesdites terres censées appartenir incontestablement par ce traité à la Couronne de Portugal, la direction spirituelle de ces peuples restant entièrement entre les mains des missionnaires portugais ou de ceux qu'on y enverra de Portugal.

C'est l'article 8 de ce traité, dans les mots « le Yapoc ou Vincent Pinson », qui est l'origine du différend, les Portugais soutenant qu'il s'agissait de la rivière débouchant entre le 4° et 5° lat. N. qu'ils appelaient Japoc ou Oyapoc, les Français répondant qu'il s'agissait d'une rivière plus proche de l'équateur et probablement de l'Araguari parce que l'explorateur Vincente Pinzon avait en 1500 abordé les côtes des Guyanes entre le Cap du Nord et l'embouchure des Amazones. Les deux parties maintenaient leurs thèses et au cours des guerres de la Révolution, les divers traités continrent des clauses relatives au contesté : traité de Paris du 10 août 1797 qui adopta la Carsevenne jusqu'à sa source et ensuite une ligne directe vers l'ouest jusqu'au rio Branco, mais qui ne fut point ratifié ; traité de Badajoz du 6 juin 1801 qui adopte le Arawari (Araguari) ; traité de Madrid du 29 septembre 1801, qui adopte le Carapanatuba ; traité d'Amiens, du 27 mars 1802 qui reproduit les articles du traité de Badajoz (1). Nous avons publié plus haut les stipulations du traité de Paris et de l'Acte de Vienne relatives au Contesté (2).

La restitution de la Guyane à la France ne fut réglée que par une convention du 28 août 1817. Le Portugal s'engageait à remettre à la France « dans le délai de trois mois, ou plus tôt si faire se pouvait, la Guyane française jusqu'à la rivière de l'Oyapock dont l'embouchure est située entre le 4ᵉ et le 5ᵉ degré de latitude septentrionale et jusqu'au 32ᵉ degré de longitude à l'est de l'île de Fer, par le parallèle de 2 degrés 24 minutes de latitude septentrionale. » Les deux puissances s'engageaient à envoyer sans retard des commissaires « pour fixer définitivement les limites des Guyanes française et portugaise conformément au sens précis de l'art. 8 du traité d'Utrecht » et au cas où le travail ne pourrait être effectué dans le délai imparti, elles promettaient « de procéder à l'amiable à un autre arrangement sous la médiation de la Grande-Bretagne. » Cette commission ne fut pas constituée. Les Français créèrent un poste à Mapa en 1836 et les Brésiliens, devenus les ayants-droit des Portugais, fondèrent la colonie de Dom Pedro II au nord de l'Araguari. En 1841 un accord dit « de neutralisation » fut conclu entre la France et le Brésil en vue d'arrêter toute entreprise de l'une et de l'autre puissance sur le territoire contesté. Le 28 juin 1862, une déclaration fut signée à Paris par laquelle « il demeurait entendu que le gouvernement de S. M. l'empereur des Français, et le gouvernement de S. M. l'empereur du Brésil ne mettraient respectivement aucun obstacle à ce que les malfaiteurs du territoire en litige qui viendraient à être remis entre les mains de la justice brésilienne ou de la justice française fussent jugés par l'une ou par l'autre. »

La période de 1862 à 1895 (3) ne fut marquée que par l'aventure de la constitution par les habitants de Counani en 1886 d'une répu-

(1) Voir plus haut, page 82.
(2) Voir page 99, articles 10 du traité de Paris et 107 de l'Acte de Vienne.
(3) Il faut citer pendant ces dernières années les voyages d'exploration de M. Crevaux et de M. Coudreau dans les Guyanes et l'Amazonie.

blique à la présidence de laquelle ils appelèrent M. Jules Gros, géographe. Ni la France ni le Brésil ne voulurent reconnaître la république counanienne dont l'existence ne dura qu'une année. Mais dès ce moment le Brésil chercha à étendre sa domination et son influence au contesté, où bientôt des bandes d'aventuriers brésiliens s'armèrent et agirent contre nous. La découverte de gisements aurifères au Carsewène aggrava encore la situation. En 1895 le chef d'une de ces bandes, Cabral, enleva un Français de Counani, M. Trajane. Le gouvernement français envoya à Counani l'aviso le *Bengali*, qui alla mouiller ensuite en mai dans les eaux de Mapa. Le capitaine d'infanterie de marine Lunier débarqua avec une section de marins et une compagnie d'infanterie de marine, se rendit à Mapa et s'avança en parlementant avec quelques marins pour conférer avec Cabral : dès les premiers mots, celui-ci tua traîtreusement le capitaine Lunier et ordonna le feu sur le détachement. Le lieutenant Destoup accourut et se rendit maître du village : l'affaire nous coûta cinq tués et vingt blessés.

Ce regrettable incident rappela l'attention des deux gouvernements sur la nécessité de mettre fin à la contestation et à l'anarchie qui troublaient le territoire en litige. Des négociations furent ouvertes en vue d'arriver à un arbitrage, on décida de faire administrer provisoirement le territoire contesté par une commission mixte et le 10 avril 1897, notre ministre au Brésil, M. Pichon, signait une convention par laquelle les deux puissances convenaient de recourir à la décision arbitrale du gouvernement de la Confédération suisse qui était invité « à décider quelle est la rivière Yapoc ou Vincent Pinson et à fixer la limite intérieure du territoire. »

Voici le texte de cette convention :

Le gouvernement de la République des Etats-Unis du Brésil et le gouvernement de la République française, désirant fixer définitivement les frontières du Brésil et de la Guyane française, sont convenus de recourir dans ce but à la décision arbitrale du gouvernement de la Confédération suisse. — L'arbitre sera invité à décider quelle est la rivière Yapoc ou Vincent-Pinson et à fixer la limite intérieure du territoire. — Pour la conclusion du traité, les deux gouvernements ont nommé leurs plénipotentiaires, savoir : le président de la République des Etats-Unis du Brésil a nommé le général de brigade Dionysio Evangelista de Castro Cerqueira, ministre d'Etat aux affaires étrangères. — Le président de la République française a nommé M. Stephen Pichon, envoyé extraordinaire et ministre plénipotentiaire de la même République au Brésil; lesquels, après avoir échangé leurs pleins pouvoirs, qui ont été trouvés en bonne et due forme, ont arrêté les articles suivants :

Art. 1er. — La République des Etats-Unis du Brésil prétend que, conformément au sens précis de l'article 8 du traité d'Utrecht, la rivière Yapoc ou Vincent-Pinson est l'Oyapoc qui débouche dans l'Océan à l'ouest du cap Orange et que la ligne de démarcation doit être tracée par le thalweg de cette rivière. La République française prétend que, conformément au sens précis de l'article 8 du traité d'Utrecht, la rivière Yapoc ou Vincent-Pinson est la rivière Araguari (Araonary) qui débouche dans l'Océan au sud du cap Nord et que la ligne de démarcation doit être tracée par le thalweg de cette rivière. L'arbitre résoudra définitivement les prétentions des deux parties en adoptant, dans la sentence qui sera obligatoire et sans appel, une des deux rivières réclamées comme limite ou, s'il le juge bon, quelqu'une des rivières comprises entre elles.

Art. 2. — La République des Etats-Unis du Brésil prétend que la limite intérieure dont une partie a été reconnue provisoirement par la convention de Paris du 28 août 1817 est le parallèle 2°24 qui, partant de l'Oyapoc, va aboutir à la frontière de la Guyane hollandaise. La France prétend que la limite intérieure est la ligne qui, partant de la source principale du bras principal de l'Araguari, court à l'ouest, parallèlement au fleuve des Amazones, jusqu'à la rive gauche du Rio Branco et suit cette rive jusqu'à sa rencontre avec le point extrême de la montagne Acarary. L'arbitre décidera définitivement quelle est la limite intérieure, en adoptant dans sa sentence, qui sera obligatoire et sans appel, une des lignes revendiquées par les deux parties ou en choisissant comme solution intermédiaire, à partir de la source principale adoptée comme étant le Yapoc ou Vincent-Pinson jusqu'à la frontière de la Guyane hollandaise, la ligne de partage des eaux du bassin des Amazones qui, dans cette région, est constituée en presque totalité par le faîte des monts Tumuc-Humac.

Art. 3. — Afin de mettre l'arbitre à même de prononcer sa sentence, chacune des deux parties devra, dans le délai de huit mois après l'échange des ratifications du présent traité, lui présenter un mémoire contenant l'exposé de ses droits et les documents à l'appui. Ces mémoires imprimés seront en même temps communiqués aux parties contractantes.

Art. 4. — A l'expiration du délai prévu dans l'article 3, chacune des parties aura un nouveau délai de huit mois pour présenter à l'arbitre, si elle le juge convenable, un second mémoire en réponse aux arguments de l'autre partie.

Art. 5. — L'arbitre aura le droit d'exiger des parties les éclaircissements qu'il jugera nécessaires et de régler les termes non prévus de la procédure d'arbitrage et les incidents occurrents.

ART. 6. — Les dépenses de la procédure d'arbitrage établies par l'arbitre seront partagées par moitié entre les parties contractantes.

ART. 7. — Les communications entre les représentants des parties contractantes se feront par l'intermédiaire du département des affaires étrangères de la confédération suisse.

ART. 8. — L'arbitre se prononcera dans le délai maximum d'un an à compter du dépôt des premiers mémoires ou des seconds si les parties ont répliqué.

ART. 9. — Le traité, une fois remplies les formalités légales, sera ratifié par les deux gouvernements, et les ratifications seront échangées dans la capitale fédérale des États-Unis du Brésil dans le délai de quatre mois ou avant s'il est possible.

En foi de quoi les plénipotentiaires respectifs signent ledit traité et y apposent leur sceau.

La décision arbitrale a été communiquée le 1er décembre 1900 à notre ministre à Berne. L'arbitre décide :

1o Que la rivière Japoc ou Vincent-Pinçon de l'article 8 du traité d'Utrecht est l'Oyapok, qui débouche à l'ouest du cap d'Orange, ainsi qu'il est établi par les documents que le Brésil a soumis au tribunal, et que le thalweg de cette rivière depuis son embouchure jusqu'à sa source constituera définitivement la première des lignes frontières entre le Brésil et la Guyane française ;

2o Que l'autre ligne frontière, depuis la source de l'Oyapok jusqu'au point de rencontre avec le territoire hollandais, sera celle que l'article 2 du traité d'arbitrage indique comme solution intermédiaire, c'est-à-dire la ligne de partage des eaux sur les monts Tumuc-Humac, formant la limite septentrionale du bassin de l'Amazone.

Le Brésil a immédiatement pris possession du contesté auquel il a donné le nom d'Aricary.

VI. — SAINT-PIERRE ET MIQUELON. — LE FRENCH SHORE

Le statistique de 1900 porte la colonie de Saint-Pierre et Miquelon pour un chiffre d'affaires de 22,793,000 fr. dont 9,326,000 fr. d'importations. La France compte pour 4,292,000 fr. aux importations et 10,576,000 fr. aux exportations. Le total du mouvement commercial avait été en 1899 de plus de 28 millions.

Au point de vue historique une grave question, celle des intérêts français à Terre-Neuve, n'est point encore résolue.

La France et l'Angleterre se disputèrent dès le XVIIe siècle la souveraineté de Terre-Neuve (1). Le traité d'Utrecht (13 avril 1713) fit passer Terre-Neuve entre les mains de l'Angleterre en réservant à la France le droit de pêcher et de sécher le poisson sur certaines côtes de l'île. Voici le texte de l'article 13 :

ART. 13. — L'isle de Terre-Neuve avec les îles adjacentes appartiendront désormais absolument à la Grande-Bretagne, et à cette fin le Roy Très Chrétien fera remettre à ceux qui se trouveront à ce commis en ce païs-là, dans l'espace de sept mois à compter du jour de l'échange des ratifications de ce traité ou plus tôt si faire se peut, la ville et le fort de Plaisance et autres lieux que les Français pourraient encore posséder dans ladite isle, sans que ledit Roy Très Chrétien, ses héritiers et successeurs, ou quelques-uns de ses sujets, puissent désormais prétendre quoi que ce soit, en quelque temps que ce soit, sur ladite isle et les îles adjacentes, en tout ou partie. Il ne leur sera pas permis non plus d'y fortifier aucun lieu, ni d'y établir aucune habitation en façon quelconque, si ce n'est des échafauds et cabanes nécessaires et usités pour sécher le poisson, ni aborder dans la dite isle dans d'autres temps que celui qui est propre pour pêcher et nécessaire pour sécher le poisson. Dans ladite isle, il ne sera pas permis auxdits sujets de la France de pêcher et sécher le poisson en aucune partie que depuis le lieu appelé Cap de Bona-Vista, jusqu'à l'extrémité septentrionale de ladite isle, et de là en suivant la partie occidentale jusqu'au lieu appelé Pointe-Riche. Mais l'isle dite Cap-Breton, et toutes les autres quelconques, situées dans l'embouchure et dans le golfe de Saint-Laurent, demeureront à l'avenir à la France, avec l'entière faculté au Roy Très Chrétien d'y fortifier une ou plusieurs places.

Ces dispositions reparurent dans les divers actes franco-anglais de 1763 à 1815. Nous en donnons ci-après les extraits :

(1) Moncharmont, *la Question de Terre-Neuve, Revue générale de droit international public*, 1899. — Garreau, *les Intérêts français à Terre-Neuve, Questions diplomatiques et coloniales*, 1899. — Livres jaunes de 1891 et 1892. — Guernier, *Rapport à la Société d'économie politique nationale*, mars 1901.

Traité de paix signé à Paris le 10 février 1763 entre la France,
l'Espagne et la Grande-Bretagne.

Art. 5. — Les sujets de la France auront la liberté de la pêche et de la sécherie sur une partie des côtes de l'île de Terre-Neuve, telle qu'elle est spécifiée par l'article 13 du traité d'Utrecht, lequel article est renouvelé et confirmé par le présent traité, à l'exception de ce qui regarde l'île du Cap Breton, ainsi que les autres îles et côtes dans l'embouchure et dans le golfe Saint-Laurent. Et sa Majesté Britannique consent à laisser aux sujets du Roy Très Chrétien la liberté de pêcher dans le golfe Saint-Laurent à condition que les sujets de la France n'exercent ladite pêche qu'à la distance de trois lieues de toutes les côtes de la Grande-Bretagne, soit celles du continent, soit celles des îles situées dans ledit golfe Saint-Laurent. Et pour ce qui concerne la pêche sur les côtes de l'île du Cap Breton, hors dudit golfe, il ne sera permis aux sujets du Roy Très Chrétien d'exercer ladite pêche qu'à la distance de quinze lieues des côtes de l'île du Cap Breton ; et la pêche sur les côtes de la Nouvelle Écosse ou Acadie et partout ailleurs, hors dudit golfe, restera sur le pied des traités antérieurs.

Art. 6. — Le Roy de la Grande-Bretagne cède les îles de Saint-Pierre et Miquelon en toute propriété, à sa Majesté Très Chrétienne pour servir d'abri aux pêcheurs français et sa dite Majesté Très Chrétienne s'oblige à ne point fortifier lesdites îles, à n'y établir que des bâtiments civils pour la commodité de la pêche.

Traité de paix signé à Versailles le 3 septembre 1783 entre
la France et la Grande-Bretagne.

Art. 4. — Sa Majesté le Roi de la Grande-Bretagne est maintenu en la propriété de l'île de Terre-Neuve et des îles adjacentes, ainsi que le tout lui a été assuré par l'article 13 du traité d'Utrecht, à l'exception des îles Saint-Pierre et Miquelon, lesquelles sont cédées en toute propriété par le présent traité à Sa Majesté Très Chrétienne.

Art. 5. — Sa Majesté le Roi Très Chrétien, pour prévenir les querelles qui ont eu lieu jusqu'à présent entre les deux nations française et anglaise, consent à renoncer au droit de pêche qui lui appartient, en vertu de l'article 13 susmentionné du traité d'Utrecht, depuis le cap de Bonavista jusqu'au cap Saint-Jean, situé sur la côte orientale de Terre-Neuve, par les 50 degrés de latitude septentrionale. Et Sa Majesté le Roi de la Grande-Bretagne consent de son côté que la pêche assignée aux sujets de Sa Majesté Très Chrétienne, commençant audit cap Saint-Jean, passant par le nord et descendant par la côte occidentale de l'île de Terre-Neuve,

s'étende jusqu'à l'endroit appelé cap Raye, situé au 47°50' de latitude.
Les pêcheurs français jouiront de la pêche qui leur est assignée par le
présent article, comme ils ont droit de jouir de celle qui leur est assignée par le traité d'Utrecht.

Déclaration du 3 septembre 1783.

Le Roi étant entièrement d'accord avec Sa Majesté Très Chrétienne sur
les articles du traité définitif, cherchera tous les moyens qui pourront
non seulement en assurer l'exécution, avec la bonne foi et la ponctualité
qui lui sont connues, mais de plus donnera, de son côté, toute l'efficace
possible aux principes qui empêcheront jusqu'au moindre germe de
dispute à l'avenir.

A cette fin, et pour que les pêcheurs des deux nations ne fassent
point naître des querelles journalières, Sa Majesté Britannique prendra
les mesures les plus positives pour prévenir que ses sujets ne troublent
en aucune manière par leur concurrence la pêche des Français, pendant
l'exercice temporaire qui leur est accordé, sur les côtes de l'île de
Terre-Neuve ; et elle fera retirer à cet effet les établissements sédentaires
qui y seront formés. Sa Majesté Britannique donnera des ordres pour
que les pêcheurs français ne soient pas gênés dans la coupe de bois
nécessaire pour la réparation de leurs échafaudages, cabanes et bâtiments de pêche.

L'article 13 du traité d'Utrecht et la méthode de faire la pêche qui a
été de tout temps reconnue, sera le modèle sur lequel la pêche s'y fera :
on n'y contreviendra pas, ni d'une part, ni de l'autre ; les pêcheurs
français ne bâtissant rien que leurs échafaudages, se bornant à réparer
leurs bâtiments de pêche et n'y hivernant point ; les sujets de Sa Majesté Britannique, de leur part, ne molestant aucunement les pêcheurs
français durant leurs pêches, ni ne dérangeant leurs échafaudages
durant leur absence.

Le roi de la Grande-Bretagne, en cédant les isles de Saint-Pierre et
Miquelon à la France, les regarde comme cédées afin de servir réellement d'abri aux pêcheurs français, et dans la confiance entière que ces
possessions ne deviendront point un objet de jalousie entre les deux
nations, et que la pêche entre lesdites et celle de Terre-Neuve sera bornée
à mi-canal.

En foi de quoi, nous ambassadeur extraordinaire et ministre plénipotentiaire de Sa Majesté Britannique, à ce dûment autorisé, avons
signé la présente déclaration et à icelle fait apposer le cachet de nos
armes.

Donné à Versailles, le trois septembre mil sept cent quatre-vingt-trois.

MANCHESTER.

Traité de paix signé à Paris le 30 mai 1814, entre la France, l'Autriche, la Russie, la Grande-Bretagne et la Prusse.

ART. 8. — Sa Majesté Britannique, stipulant pour elle et ses alliés, s'engage à restituer à Sa Majesté Très Chrétienne, dans les délais qui seront ci-après fixés, les colonies, pêcheries, comptoirs et établissements de tout genre que la France possédait, au 1er janvier 1792, dans les mers et sur les continents de l'Amérique, de l'Afrique et de l'Asie, à l'exception toutefois des îles de Tabago et de Sainte-Lucie, et de l'île de France et de ses dépendances, nommément Rodrigue et les Séchelles, lesquelles Sa Majesté Très Chrétienne cède en toute propriété et souveraineté à Sa Majesté Britannique, comme aussi de la partie de Saint-Domingue cédée à la France par la paix de Bâle, et que Sa Majesté Très Chrétienne rétrocède à Sa Majesté Catholique en toute propriété et souveraineté.

ART. 13. — Quant au droit de pêche des Français sur le grand banc de Terre-Neuve, sur les côtes de l'île de ce nom et des îles adjacentes, et dans le golfe de Saint-Laurent, tout sera mis sur le même pied qu'en 1792.

Traité de paix signé à Paris, le 20 novembre 1815, entre la France d'une part, l'Autriche, la Grande-Bretagne, la Prusse et la Russie, de l'autre.

ART. 11. — Le traité de Paris, du 30 mai 1814, et l'acte final du Congrès de Vienne, du 9 juin 1815, sont confirmés et seront maintenus dans toutes celles de leurs dispositions qui n'auraient pas été modifiées par les clauses du présent traité.

D'autre part, le gouvernement anglais avait fait voter en 1788, pour assurer l'exécution des stipulations des traités, un « acte pour mettre en mesure Sa Majesté de faire tous les règlements nécessaires afin de prévenir les inconvénients qui pourraient résulter des compétitions entre les sujets de Sa Majesté et ceux du Roi Très Chrétien pêchant sur les côtes de l'île de Terre-Neuve. » En voici les dispositions :

Qu'il soit édicté, par Sa Très Excellente Majesté, avec l'avis et le consentement des Lords spirituels et temporels et des Communes, réunis en la présente session du Parlement, et par leur autorité, qu'il est et sera loisible à Sa Majesté et à ses héritiers et successeurs de donner de temps à autre, après avis du Conseil, au gouverneur de Terre-Neuve, et à tous officiers dans cette colonie les ordres et instructions jugés par Sa Majesté ou par ses héritiers et successeurs convenables et nécessaires pour atteindre les objets du traité définitif et de la déclaration précités, s'il est nécessaire à cet effet, de donner des ordres et des instructions au gouverneur et aux officiers susdits pour enlever ou faire enlever tous chauffards, claies, matériel et autres installations quelconques servant à la pêche construits par les sujets de Sa Majesté sur cette partie de la côte de Terre-Neuve qui s'étend du cap Saint-Jean au cap Raye, passant au nord et descendant par le littoral occidental de l'île, ainsi que pour écarter ou faire écarter tous vaisseaux, navires et bateaux appartenant aux sujets de Sa Majesté, qui seraient trouvés dans les limites susdites, et en cas de refus de quitter les parages ci-dessus spécifiés, d'y contraindre par la force les sujets de Sa Majesté, nonobstant tous lois, usages et coutumes contraires.

Et qu'il soit également édicté de par l'autorité précitée que quiconque refusera sur sommation faite par le gouverneur ou par tous officiers sous ses ordres, en exécution des ordonnances ou instructions de Sa Majesté susdite, de se retirer des limites ci-dessus indiquées, ou de se conformer aux sommations ou avis qui leur seront adressés dans le but susdit par le gouverneur ou ses officiers, sera, en raison de son refus ou de toute autre contravention aux sommations ou avis susdits, passible d'une amende de deux cents livres sterling, somme qui sera recouvrée par la Cour de session ou la Cour de la vice-amirauté de ladite île de Terre-Neuve, ou, en vertu d'assignations, plaintes ou commissions, par l'une quelconque des cours à greffe de Sa Majesté, à Westminster, la moitié de cette amende revenant à Sa Majesté et à ses héritiers et successeurs, et l'autre moitié à ceux qui auront poursuivi ce recouvrement; pourvu toutefois que toute poursuite, si elle est introduite à Terre-Neuve, soit introduite dans les trois mois, et, si elle est introduite devant l'une des cours à greffe de Sa Majesté à Westminster, dans les douze mois qui suivront le délit.

Bientôt la population terre-neuvienne commença à apporter des entraves à l'exercice du droit des pêcheurs français et en 1822 et en 1823, le gouverneur de Terre-Neuve dut adresser à ses administrés des proclamations les rappelant au respect du « droit de pêche réservé aux sujets de Sa Majesté Très Chrétienne par ledit traité (du 20 novembre 1815) depuis le cap Saint-Jean sur la côte est de Terre-Neuve jusqu'au cap de Raye. » Un Act de 1824 reproduisit pour cinq ans les dispositions de l'Act ci-dessus de 1788 ; il fut renouvelé en 1828 pour trois ans et prorogé en 1832 pour deux ans.

La Législature de Terre-Neuve émit à ce moment l'avis que les Français n'avaient point au French-Shore un droit exclusif, mais un droit concurrent. Sur des représentations du gouvernement français, le gouvernement anglais soumit aux jurisconsultes de la Couronne ce point de droit. Les jurisconsultes émirent d'abord un avis conforme à la thèse française, puis sur des protestations de Terre-Neuve, ils furent de nouveau saisis de la question et émirent un nouvel avis un peu différent du premier. Voici ces deux documents :

Première consultation des jurisconsultes de la Couronne.

Traduction.

Doctor's Commons, 30 mai 1835.

Nous sommes honorés des ordres de Votre Seigneurie que nous avons reçus par la lettre de M. Backouse, du 19 juillet dernier, nous annonçant qu'il était chargé de nous transmettre la lettre du Board of Trade qu'il joignait à la sienne, relative aux droits des sujets britanniques sur les pêcheries de certaines parties de la côte de Terre-Neuve, sur lesquelles les sujets de la France réclament maintenant un droit exclusif, et nous priant de prendre connaissance du sujet de cette lettre en même temps que des traités auxquels elle se rapporte et de faire connaître à Votre Seigneurie notre opinion en ce qui concerne le droit que la Grande-Bretagne peut avoir à une part de pêcheries en question, ainsi que la convenance qu'il pourrait y avoir à proposer au gouvernement français d'entamer des négociations à l'effet de s'entendre et de s'arranger à l'amiable sur les droits respectifs des sujets britanniques et français sur la côte de Terre-Neuve.

Obéissant aux ordres de Votre Seigneurie, nous avons l'honneur de l'informer que, après avoir pris connaissance de la lettre mentionnée ci-dessus du Board of Trade, en même temps que des traités auxquels elle se rapporte, nous pensons que les sujets français ont le droit exclusif de pêcher sur la partie de la côte de Terre-Neuve, spécifiée dans le cinquième article du traité définitif, signé à Versailles, le 3 septembre 1783.

John Dodson,
J. Campbell,
R. W. Rolfe.

Deuxième consultation des jurisconsultes de la Couronne.

Traduction.

Doctor's Commons, 17 avril 1837.

Nous sommes honorés des ordres de Votre Seigneurie que nous avons reçus par la lettre de M. Backhouse, du 1er courant, nous transmettant deux notes du comte Sebastiani, ambassadeur français près Sa Majesté la Reine, et une copie de la réponse de Votre Seigneurie à la première de ces notes relatives à certaines collisions que le comte Sebastiani annonce avoir eu lieu entre des pêcheurs anglais et français, sur la côte de Terre-Neuve par suite de l'intervention des premiers dans la pêche de cette partie de la côte de Terre-Neuve sur laquelle les Français prétendent avoir le droit exclusif de pêche ; en conséquence de ces collisions, le comte Sebastiani demande au gouvernement de Sa Majesté d'opposer un désaveu formel à la prétention des sujets britanniques au droit de pêche concurremment avec celui des sujets de la France sur la côte en question, et le prie de donner aux autorités britanniques et aux officiers de marine de la station navale des instructions, insistant sur le droit exclusif de la France d'après la déclaration annexée au traité du 3 septembre 1783 et le définissant.

M. Backhouse joint aussi :

1° Une copie d'une note du prince de Talleyrand, du 19 mai 1831, à laquelle se reporte le comte Sebastiani dans sa note du 24 octobre dernier ainsi qu'une copie de la lettre du Foreign Office au Colonial Department, portant à la connaissance de lord Glenelg un passage de la réponse que Votre Seigneurie propose d'envoyer au comte Sebastiani ;

2° Les précédentes lettres se rapportant à la question au sujet de M. George Handley reçues par le Colonial Office et par l'Amirauté ;

3° Une lettre et ses annexes du Colonial Office au sujet de la réponse que Votre Seigneurie propose d'envoyer au comte Sebastiani, et une deuxième lettre de la même date ayant rapport au cas de M. Handley ;

4° La lettre du Board of Trade, de 1834 et le rapport des avocats de la couronne de 1835 sur cette matière, qui se rapporte à la lettre du *Colonial Office* ci-dessus mentionnée ;

5° Un mémorandum préparé par le *Foreign Office* sur la question du droit exclusif des Français sur les pêcheries.

M. Backouse termine en nous demandant d'étudier ces documents et de donner notre opinion sur la question.

Obéissant aux ordres de Votre Seigneurie, nous avons attentivement lu et examiné les documents ci-dessus mentionnés et nous avons l'honneur de vous rendre compte que, nous reportant à l'opinion exprimée dans notre rapport du 30 mai 1835, nous pensons que nous avons été plus loin que le sujet ne le comportait.

Attendu le traité de 1783 et la déclaration qui lui est adjointe, et l'acte du Parlement, nous pensons que la Grande-Bretagne a pris l'engagement de permettre aux sujets de la France de pêcher, pendant la saison, dans le district assigné, sans avoir à subir aucune interruption de la part des sujets britanniques.

S'il existait réellement assez de place dans les limites du district en question pour que les pêcheurs des deux nations pussent y pêcher sans que des collisions dussent en résulter, nous ne pensons pas que la

Grande-Bretagne serait astreinte à empêcher ses sujets d'y pêcher. Quoi qu'il en soit, il paraît résulter du rapport de l'amiral, sir P. Halkett, que c'est à peine praticable ; et nous sommes d'avis que, conformément à la véritable nature du traité et de la déclaration, il est interdit aux sujets britanniques de pêcher s'ils causent quelque embarras à la pêche française.

J. DODSON.
J. CAMPBELL,
R. W. ROLFE.

L'exclusivité de nos droits était néanmoins admise en fait. Mais le gouvernement anglais ne prit aucune mesure pour la faire respecter. Les incidents locaux continuèrent.

Les négociations ne furent reprises qu'après la guerre de Crimée à la faveur de l'entente cordiale. Elles aboutirent à la convention du 14 janvier 1857, dont voici les articles principaux :

ART. 1er. — Les sujets français auront le droit exclusif de pêcher et de se servir du rivage pour les besoins de leur pêche, pendant la saison spécifiée ailleurs (art. 8) sur la côte orientale de Terre-Neuve, depuis le cap Saint-Jean jusqu'aux îles Quirpon. Ils auront aussi le droit de pêcher et de se servir du rivage pour les besoins de leur pêche pendant ladite saison, à l'exclusion des sujets anglais, sur la côte septentrionale de Terre-Neuve, depuis les îles Quirpon jusqu'au cap Normand, et sur la côte occidentale, dans et sur les cinq havres de pêche de Port-au-Choix, Petit-Havre ou Petit-Port, Port-à-Port, l'île Rouge et l'île Cod-Roy, les droits de pêche exclusive s'étendront, entre les Quirpon et le cap Normand, jusqu'à une distance de trois milles marins dans le nord vrai de la ligne droite qui joint le cap Normand au cap Bauld, et, pour les cinq havres, jusqu'à trois milles marins dans toutes les directions à partir du centre de chacun d'eux ; toutefois les commissaires ou arbitre, désignés dans une partie de cette convention, pourront, pour chaque havre, modifier lesdites limites selon la pratique existante.

ART. 2. — Les sujets anglais auront le droit, concurremment avec les sujets français, de pêcher sur la côte occidentale de Terre-Neuve, depuis le cap Normand jusqu'au cap Raye, excepté sur les cinq points ci-dessus mentionnés, mais les sujets français auront l'usage exclusif du rivage pour les besoins de leur pêche pendant ladite saison, depuis le cap Normand jusqu'à la pointe Rock dans la baie des Iles (au nord de la rivière Humbert), par 49°5 de latitude environ, en outre du rivage des havres réservés.

ART. 3. — Les sujets français auront le droit, concurremment avec les sujets anglais, de pêcher sur les côtes de Labrador, depuis Blanc-Sablon jusqu'au cap Charles, et sur celles de Belle-Ile-du-Nord. Ils auront la faculté de sécher ou préparer le poisson sur toute partie des côtes de Belle-Ile non occupée au moment où cette convention deviendra effective. Toutefois le gouvernement britannique garde le droit d'élever sur ces points des constructions militaires ou publiques, et, si quelque établissement ayant pour objet une habitation permanente vient à être fondé ultérieurement sur une partie quelconque des côtes de l'île, le droit des sujets français à sécher et préparer le poisson à cet endroit cessera, moyennant que le commandement de la station française ait été prévenu, une saison d'avance, de cet établissement.

Ledit droit de pêche en concurrence des sujets français s'arrêtera aux embouchures ou issues des rivières et criques : la position de chaque embouchure ou issue sera déterminée, comme il est spécifié dans une autre partie de cette convention, par les commissaires ou arbitre.

ART. 4. — Depuis la pointe Rock dans la baie des Iles jusqu'au cap Rouge, la Grande-Bretagne aura exclusivement et sans restriction l'usage du rivage, excepté sur les points mentionnés en l'article 1er, et dans les limites de terre assignées à ces points (article 10).

ART. 5. — Les sujets français auront le droit d'acheter l'appât, hareng et capelan, sur toute la côte sud de Terre-Neuve, en y comprenant à cet effet les îles françaises de Saint-Pierre et Miquelon, en mer ou à terre, sur le même pied que les sujets anglais, sans que la Grande-Bretagne ou la colonie puisse imposer aux sujets anglais aucune restriction dans la pratique de cette pêche, non plus qu'imposer aux sujets français ou anglais aucun droit ou restriction à l'occasion de cette transaction, ou sur l'exportation dudit appât.

Si des circonstances quelconques venaient à restreindre d'une manière notoire, et préalablement constatée à la satisfaction des commandants des stations française et anglaise, pendant deux saisons, consécutives ou non, ledit approvisionnement par voie d'achat, les sujets français auraient le droit de pêcher l'appât sur la partie de la côte sud de Terre-Neuve comprise entre le cap Saint-Mary et le cap la Hune, durant les saisons de pêche française; ils ne pourraient, dans ce cas, faire usage d'aucun autre filet que ceux employés pour ce genre de pêche, et leur droit cesserait aussitôt que les causes de déficit dans l'approvisionnement par achat auraient disparu.

ART. 8. — La saison de pêche française sur les côtes de Terre-Neuve, de Labrador et de Belle-Ile du nord s'étendra du 5 avril au 5 octobre.

ART. 9. — Les officiers de marine du gouvernement français seront fondés à mettre en vigueur les droits exclusifs de pêche des sujets français, tels qu'ils sont définis par l'article 1er, en expulsant les navires ou bateaux qui tenteraient de pêcher en concurrence, toutes les fois qu'il n'y aura pas, dans un rayon de cinq milles marins, de croiseur anglais en vue, ou dont la présence ait été notifiée.

ART. 10. — Le rivage réservé à l'usage exclusif des Français pour les besoins de leur pêche s'étendra jusqu'à un tiers de mille anglais dans l'intérieur à partir de la marque de haute mer, entre la pointe Rock et Bonne-Baie inclusivement, ainsi que sur les quatre havres réservés situés au sud de Bonne-Baie; entre Bonne-Baie et le cap Saint-Jean, il s'étendra jusqu'à un demi-mille anglais à partir de la marque de haute mer.

Les limites latérales de terre des havres réservés seront déterminées par les commissaires ou arbitre, conformément aux usages de la pratique existante.

A la rencontre des bords des rivières et criques, le rivage sera limité latéralement par des lignes droites menées perpendiculairement à la direction desdites rivières ou criques, dans l'endroit où cesse le droit de pêche des Français; cette limite sera déterminée pour chaque rivière ou crique, comme il est spécifié ailleurs, par les commissaires ou arbitre.

ART. 11. — Aucun enclos ou construction anglais ne pourra être fait ni maintenu, sur le rivage réservé exclusivement aux Français, si ce n'est pour besoin de défense militaire ou d'administration publique, auquel cas un avis en due forme de l'intention d'élever ces ouvrages sera préalablement donné au gouvernement français. Si cependant, à la date de la présente convention, il existait sur ledit rivage des constructions ou enclos occupés depuis cinq saisons, sans objection de la part du gouvernement français, ils ne pourraient être déplacés sans qu'une indemnité équitable, concertée entre les commandants en chef des stations française ou anglaise, ou leurs délégués respectifs, fût accordée aux propriétaires par le gouvernement français.

Les officiers de la marine française ou autres délégués dûment nommés à cet effet par le commandant en chef de la station française, seront fondés à prendre telles mesures que les circonstances exigeront pour mettre les pêcheurs français en possession de toute partie du rivage dont l'usage leur est exclusivement reconnu par convention pour des besoins de pêche, toutes les fois qu'il n'y aura pas d'établissements de police anglais, de croiseur, ou d'autre autorité reconnue dans un rayon de cinq milles anglais.

Ces mesures comprennent le droit de déplacer les constructions ou enclos, conformément aux stipulations qui précèdent, pourvu qu'un avis de l'intention d'effectuer ces déplacements ait été donné quinze jours d'avance à toute autorité anglaise désignée ci-dessus, s'il en est connu d'établie dans un rayon de vingt milles anglais. S'il n'existe pas d'autorité anglaise dans ces limites, le commandant en chef de la station française informera par la plus prochaine occasion le commandant en chef de la station anglaise des déplacements qui auront pu être opérés.

ART. 12. — Aucun enclos ou construction français ne pourra être fait, ni maintenu pour besoins de pêche ou autres, entre le cap Saint-Jean et la pointe Rock, en dehors des limites reconnues par cette convention, comme celles du droit des Français sur le rivage. Il sera légal, de la part du gouvernement britannique ou colonial, de déplacer tout ouvrage

ou construction élevé en dehors desdites limites par les sujets français,
pourvu qu'un avis de l'intention d'effectuer son déplacement ait été
donné quinze jours d'avance au croiseur français, ou à toute autre autorité préposée à cet effet par le commandant en chef de la station française, s'il en est connu d'existante dans un rayon de vingt milles anglais.
S'il n'y a pas d'autorité française dans ces limites, celui des deux gouvernements (britannique ou colonial) qui aura opéré ces déplacements,
en informera par la plus prochaine occasion le commandant en chef
de la station française.

Si cependant, à la date de la présente convention, il existait en dehors
du rivage des constructions ou enclos occupés depuis cinq saisons, sans
objection de la part du gouvernement britannique, ils ne pourraient
être déplacés sans qu'une indemnité équitable, concertée entre les commandants des stations française et anglaise, ou leurs délégués respectifs, fût accordée aux propriétaires par le gouvernement britannique.

Art. 15. — Les sujets français auront la faculté de se servir de tels
matériaux et instruments qu'ils jugeront convenable pour leurs établissements de pêche sur le rivage réservé dans ce but, comme il a été dit,
à leur usage exclusif. Ces établissements et instruments devront être
construits et employés uniquement pour sécher, préparer ou manipuler
le poisson d'une façon quelconque.

Art. 18. — Afin de régler les divers points laissés par cette convention
à la décision des commissaires ou arbitre, et lorsque les lois nécessaires
pour rendre la convention effective auront été votées par le Parlement
impérial de la Grande-Bretagne et par la législature provinciale de
Terre-Neuve, chacun des gouvernements devra, sur la demande de
l'autre, désigner un commissaire pour entrer immédiatement en fonctions.

Dans tous les cas où une divergence d'opinion pourra se produire
entre les commissaires, ils désigneront une personne tierce pour prononcer à titre d'arbitre S'ils ne tombent pas d'accord sur le choix de
cette personne, chacun des commissaires en nommera une, et celle des
deux que le sort désignera sera l'arbitre. En cas de mort, d'absence ou
d'incapacité de l'un des commissaires ou de l'arbitre, ou si l'un d'eux
omet, refuse ou cesse d'agir, en sa qualité de commissaire ou d'arbitre,
une autre personne sera nommée selon la forme indiquée ci-dessus
pour agir en cette qualité à la place de celui désigné antérieurement.

Dans le but de prévenir des collisions, lesdits commissaires ou arbitre
dresseront des règlements pour l'exercice des droits de pêche en concurrence attribués aux parties de cette convention. Ces règlements devront
être approuvés par les gouvernements respectifs et mis en vigueur provisoirement en attendant cette approbation; mais ils pourront être revisés avec le consentement des deux gouvernements.

Art. 20. — La présente convention sera mise en pratique aussitôt que
les lois nécessaires pour la rendre effective auront été votées par le Par-

lement impérial de la Grande-Bretagne et par la législature provinciale
de Terre-Neuve ; et Sa Majesté britannique s'engage, par la présente
convention, à user de tous ses efforts, afin de procurer le vote desdites
lois en temps convenable pour mettre ladite convention en pratique le
1er janvier 1858, ou auparavant.

La Législature de Terre-Neuve n'accepta pas la convention de
1857 et les choses restèrent de nouveau en l'état. Mais les incidents
devinrent de plus en plus fréquents, surtout quand les Anglais
établirent des homarderies sur la côte. La campagne de 1882 ayant
amené des incidents particulièrement vifs, les négociations furent
reprises et amenèrent la signature d'une nouvelle convention, du
25 avril 1884, qui, amendée conformément à la demande des Terre-
Neuviens, devint l'arrangement du 14 novembre 1885, dont voici
les principaux articles :

Art. 1er. — Le gouvernement de Sa Majesté la Reine du Royaume-
Uni de Grande-Bretagne et d'Irlande s'engage à se conformer aux dispositions ci-après pour assurer aux pêcheurs français, en exécution des
traités en vigueur et particulièrement de la Déclaration de 1783, le
libre exercice de leur industrie sur les côtes de Terre-Neuve, sans gêne
ou obstacle quelconque de la part des sujets britanniques.

Art. 2. — Le gouvernement de la République française s'engage, de
son côté, en échange de la sécurité accordée aux pêcheurs français par
l'application des dispositions contenues dans le présent arrangement, à
n'élever aucune protestation contre la création des établissements nécessaires au développement de toute industrie autre que celles des
pêcheries sur les parties de la côte de Terre-Neuve comprises entre le
cap Saint-Jean et le cap Raye, qui sont teintées en rouge sur la carte
ci-annexée, et qui ne figurent pas dans l'état, également ci-annexé,
comprenant les portions de territoire auxquelles ne s'applique point
le présent paragraphe.

Il s'engage également à ne pas inquiéter les sujets anglais résidents,
à l'égard des constructions actuellement établies sur le littoral compris
entre le cap Saint-Jean et le cap Raye, en passant par le nord. Mais il
n'en sera point établi de nouvelles sur les parties du littoral comprises
dans l'état mentionné au paragraphe précédent.

Art. 4. — Il est entendu que les Français conserveront dans sa plé-
nitude, sur toutes les parties de la côte comprise entre le cap Saint-Jean
et le cap Raye et tel qu'il est défini par les traités, le droit de pêcher,
sécher, préparer le poisson, etc., ainsi que celui de couper, partout
ailleurs que dans les propriétés closes, le bois nécessaire pour leurs
échafaudages, cabanes et bâtiments de pêche.

Art. 5. — La surveillance et la police de la pêche seront exercées par des bâtiments de la marine militaire des deux pays, dans les conditions ci-après déterminées, les commandants des croiseurs ayant seuls, dans ces conditions, autorité et compétence dans toutes les affaires concernant la pêche et les opérations qui en sont la conséquence.

Art. 10. — Dans le cas où les résidents gêneraient ou troubleraient à terre, par leurs actes, le séchage et la préparation du poisson, et en général, les diverses opérations qui sont la conséquence de l'exercice de la pêche française sur la côte de Terre-Neuve, un procès-verbal de constatation du dommage causé sera dressé par les commandants des bâtiments croiseurs de Sa Majesté Britannique et, en leur absence, par les commandants des croiseurs français.

Dans ce dernier cas, le procès-verbal fera foi, pour la justice à rendre, en leur qualité de magistrats par les commandants des croiseurs de Sa Majesté Britannique.

Art. 16. — Les pêcheurs français seront exempts de toute taxe pour l'introduction, dans la partie de l'île de Terre-Neuve comprise entre le cap Saint-Jean et le cap Raye, en passant par le nord, de tous objets, matières, vivres, etc., nécessaires à leur indemnité, à leur subsistance et à leur établissement temporaire sur la côte de cette possession britannique.

Ils seront également, dans cette même partie de l'île, affranchis de tout droit de phare, de port, ou autre droit de navigation.

Art. 17. — Les pêcheurs français auront le droit d'acheter la boëtte, hareng et capelan, à terre ou à la mer, dans les parages de Terre-Neuve, sans droits ni entraves quelconques, postérieurement au cinquième jour d'avril de chaque année jusqu'à la fin de la saison de pêche.

Note verbale des délégués français.

Les délégués anglais à la Commission des Pêcheries de Terre-Neuve ayant, au cours de la séance du 9 décembre 1884, signalé à leurs collègues les inconvénients de diverse nature qui résultent du trafic des spiritueux auquel les pêcheurs français se livrent sur les côtes de l'île de Terre-Neuve, les délégués français ont appelé sur cet état de choses l'attention de leur gouvernement.

M. le ministre de la marine s'est montré disposé à prendre les mesures nécessaires pour mettre un terme à ce trafic. Il a pensé qu'il suffirait, à cet effet, d'interdire, par voie d'Instructions émanant de son département aux goëlettes et bateaux armés à Saint-Pierre en vue de la pêche, d'embarquer une quantité de spiritueux supérieure à celle qui serait reconnue nécessaire pour les besoins de l'équipage.

Les délégués français ont, en conséquence, été autorisés par leur gouvernement à déclarer que des Instructions dans ce sens seront adressées au commandant de la colonie de Saint-Pierre-et-Miquelon, immédiatement après la ratification par le gouvernement de Sa Majesté Britannique de l'arrangement signé à la date de ce jour pour le règlement de la question des pêcheries de Terre-Neuve.

D'autre part, et sur la demande qui leur en a été faite par les délégués anglais, ils ont également été autorisés à déclarer qu'après l'échange des ratifications sur ledit arrangement, le gouvernement de la République française n'élèvera aucune objection contre la création d'un consulat britannique à Saint-Pierre.

Paris, 14 novembre 1885.

Le gouvernement anglais envoya à Terre-Neuve un nouveau gouverneur, sir Henry des Vœux, et un agent du Colonial Office, M. Pennell, qui avait négocié la convention, avec la mission de la faire accepter. Mais leurs efforts échouèrent. Non seulement la Législature repoussa la convention, mais elle vota le 18 mai 1886 une loi sur les appâts, sur la boëtte, le *Bait-Act*, qui, sous des peines très sévères, interdisait l'exportation et la vente de la boëtte. Cet *Act* qui avait pour but d'éloigner les pêcheurs du French Shore en les privant de leurs appâts ne fut pas ratifié par le gouvernement britannique, mais la Législature de Terre-Neuve le renouvela par un nouveau *Bait-Act* du 21 février 1887, dont voici l'article premier :

Art. 1. — Nul ne pourra : 1º exporter, faire exporter, fournir pour l'exportation, aider à exporter ;

2º Travailler, prendre, acheter ou vendre pour l'exportation ;

3º Vendre ou acheter pour revendre sans un permis spécial écrit, délivré par le Receveur général de la colonie, du hareng, du capelan, de l'encornet ou autre poisson servant d'appât, que ces opérations aient lieu, soit dans une partie quelconque de la colonie et de ses dépendances, soit dans aucun port, baie ou autre lieu y situé. Ce permis pourra être délivré dans la forme indiquée dans la cédule ci-annexée et ne sera valable que pendant la saison de pêche pour laquelle il aura été accordé.

Le *Bait-Act* qui devait ruiner les pêcheries françaises alla à l'encontre des désirs des Terre-Neuviens. En effet, nos pêcheurs trouvèrent sur le French Shore même un nouvel appât, le *bulot* ou buccin ondé, qui ne tarda pas à distancer les autres appâts ; d'autres établirent des homarderies à l'exemple des Anglais : les Terre-Neuviens se trouvaient simplement privés par le *Bait-Act* du bénéfice du commerce de la boëtte, perte évaluée à 20,000 livres sterling par an.

Les Terre-Neuviens adoptèrent alors une autre tactique. Ils nous contestèrent, et le gouvernement britannique avec eux, le droit d'établir des homarderies en objectant que le traité d'Utrecht nous permettait les « échafauds et cabanes nécessaires et usités pour sécher le poisson » et non pas les ateliers ou installations nécessaires à l'industrie de la mise en boîte des homards. Lord Lytton écrivait à M. Goblet, ministre des affaires étrangères, le 24 décembre 1888 :

Paris, le 24 décembre 1888.

Le gouvernement de Sa Majesté a examiné la note du 30 octobre dernier, dans laquelle Votre Excellence m'a fait l'honneur de répondre à la représentation à Elle précédemment adressée par cette ambassade, au sujet des concessions de pêche accordées par le gouvernement français dans la Baie-Blanche (Terre-Neuve), et de la homarderie établie en ce lieu par une compagnie française. J'ai, en conséquence, reçu du principal secrétaire d'État de Sa Majesté aux affaires étrangères l'invitation de soumettre, relativement à cette note, les observations suivantes à Votre Excellence :

Un certain malentendu paraît exister quant au point principal des objections soulevées par le gouvernement britannique à ce sujet.

Au terme du traité; les citoyens français n'ont pas le droit d'ériger sur les côtes de Terre-Neuve d'autres constructions que « échafauds et cabanes nécessaires et usités pour sécher le poisson ». Le rapport fait au gouvernement de Sa Majesté par le gouvernement de Terre-Neuve relatait que certains citoyens français avaient, avec l'appui du *Drac*, navire de guerre français, débarqué une grande quantité de matériaux et d'outillage sur la côte de la Baie-Blanche et avaient déjà commencé à y élever des constructions très étendues et permanentes. Mais à supposer même qu'en fait les huttes élevées sur la côte, et contre lesquelles on soulevait des objections, soient construites seulement en planches, et aient un caractère temporaire comme l'affirme le gouvernement français, elles n'ont pas la destination prévue par le traité. Elles sont construites en vue de la mise en boîte des homards. Ce sont, le gouvernement français lui-même l'admet, des « usines » ou « factoreries » et, comme telles, elles ne correspondent ni à la lettre, ni à l'esprit du traité.

En outre, la concession par le gouvernement français à une compagnie française du privilège de pêcher, elle seule, le homard à cet endroit, pendant une durée de cinq ans, constitue, suivant l'opinion du gouvernement de Sa Majesté, un acte usurpatoire des droits territoriaux de la couronne britannique et contraire aux traités.

En soumettant les considérations qui précèdent au gouvernement français, j'ai ordre de protester de nouveau contre l'érection, sur les côtes de Terre-Neuve, d'une construction quelconque non prévue par les termes du traité et de la déclaration, ainsi que contre la prétention du gouvernement français d'accorder à ses nationaux des droits de pêche exclusifs dans les eaux britanniques.

LYTTON

Bien plus, le gouvernement anglais objecta que le homard n'était pas un poisson, mais un crustacé et que par suite les Français n'en avaient pas le droit de pêche. A quoi l'on répondait en France que les naturalistes contemporains du traité d'Utrecht rangeaient les crustacés dans la catégorie des poissons. De plus, l'amiral Krantz, ministre de la marine, réduisait à néant cette surprenante objection dans une note adressée à M. Goblet, ministre des affaires étrangères, le 30 janvier 1889 :

En ce qui concerne le fond de la question, c'est-à-dire, la mesure de notre droit ou du droit qu'auraient les habitants de Terre-Neuve de pêcher le homard, je ne puis que me référer aux communications que j'ai déjà eu l'honneur de vous faire à ce sujet. Nous avons le droit privilégié de pêcher et de préparer le homard, comme nous avons, sans conteste, le droit privilégié de pêcher et de sécher la morue. Telle est mon opinion arrêtée et je vais en reproduire ou plutôt en résumer rapidement les motifs.

Quand, en cédant Terre-Neuve, nous nous sommes réservé, sur une partie du littoral, ce démembrement du droit de souveraineté qui consiste dans le droit exclusif de pêche dans la mer riveraine et que nous avons de plus stipulé, comme accessoire de ce droit, celui d'user de la côte pour la préparation de nos produits, nous n'avons pas, le texte du traité d'Utrecht en fait foi, limité l'exercice de cette faculté à une seule espèce de poisson, la morue ; nous avons entendu conserver et l'on a entendu nous laisser le droit entier de pêche. Nous avons donc gardé la faculté de capturer et de préparer pour le transport en Europe, tous les animaux que l'on pêche et, dans la réalité, nous avons de tout temps pris, aussi bien que la morue, le capelan, le saumon, le homard.

En y réfléchissant, on aperçoit bien vite qu'il ne pouvait en être autrement.

A moins, en effet, de prétendre que personne, ni nous ni les Terre-Neuviens, ne peut pêcher le homard le long du French-Shore, ce que personne ne soutient, il faut bien reconnaître que, si le droit de faire cette pêche ne nous appartient pas exclusivement, ou bien les habitants de Terre-Neuve ont le droit de la pratiquer concurremment avec nous, ou bien ils possèdent à cet égard un droit dominant qui nous exclut et nous éloigne.

Or, chacune de ces deux hypothèses est également inadmissible.

Les Anglais n'ont pas le droit de pêche parallèle au nôtre, parce qu'un pareil droit n'existe pas de soi, qu'il devrait être stipulé par écrit, et que, dans l'espèce, il ne l'est pas, chaque nation est maîtresse dans sa mer territoriale, et, à moins de convention contraire, elle a, dans ce domaine, un droit d'exploitation exclusif. Par conséquent il faut arriver à la seconde hypothèse, celle du droit exclusif au profit des Anglais.

Mais celle-là n'est pas plus admissible. D'abord, le droit dominant pour les Anglais de pêcher le homard est incompatible avec notre droit dominant, sinon exclusif, de pêcher la morue. Dès que ces deux genres d'industrie se rencontrent, l'un des deux doit disparaître. On l'a bien vu, l'année dernière, dans la baie d'Ingornachoix où le commandant Humann, n'ayant pu obtenir du capitaine du croiseur anglais de forcer le sieur Shearer à retirer ses casiers à homards qui rendaient impraticable la manœuvre des seines de nos morutiers, il a fallu que, de guerre lasse, et après avoir perdu du temps et déchiré leurs filets, ceux-ci abandonnassent finalement la partie. J'ai eu l'honneur de vous adresser, à ce sujet, une demande d'indemnité.

Voilà le résultat inévitable de la coexistence de deux droits dominants de pêche sur la même côte.

Ainsi, admettre que les Anglais ont le droit dominant ou seulement (car les motifs sont dans les deux cas identiques), le droit concurrent de pêcher le homard, c'est admettre que notre droit même de pêcher la morue est relatif et subordonné.

Ce n'est pas tout. La pêche du homard comporte un établissement provisoire ou définitif sur la côte, le sieur Shearer, notamment, a des usines sur plusieurs points de la côte ouest. Or, les traités interdisent aux Anglais tout établissement sur le French Shore (1).

C'est pour que le French Shore fût exclusivement disponible pour nous, que, par le traité de 1783, on a échangé la partie du littoral comprise entre les caps Bonavista et Saint-Jean où des habitants de l'île avaient créé des établissements, contre la partie comprise entre la pointe Riche et le cap Raye. La déclaration du roi Georges qui complète le traité est, au reste, à cet égard, d'une précision qui ne peut laisser subsister aucun doute : « à cette fin, dit-elle, et pour que les pêcheurs des deux nations ne fassent pas naître de querelles journa-

---

(1) Il résulte d'une note du commandant Le Clerc, datée de 1886, que le sieur Shearer se refusait, à cette époque, à se conformer au règlement de Terre-Neuve relatif à la pêche du homard, prétendant, avec raison d'ailleurs, qu'établi sur le French Shore, il ne relevait que de la loi française.

lières, S. M. B. prendra les mesures les plus positives pour prévenir que ses sujets ne troublent en aucune manière par leur concurrence la pêche des Français, pendant l'exercice temporaire qui leur est accordé sur les côtes de Terre-Neuve, et *elle fera retirer à cet effet les établissements qui y sont formés.* » On ne peut plus disputer ici sur l'esprit du traité, c'est sa lettre même que je cite. Au reste, ce n'est que depuis une époque très récente que le gouvernement anglais paraît chercher à échapper à ce texte ou à en contester la portée.

En résumé, nous avons le droit privilégié de pêcher le homard aussi bien que la morue sur la côte réservée de Terre-Neuve et de l'y préparer comme une marchandise d'exportation.

1º Parce que les traités, entendus de bonne foi et suivant leur esprit, nous garantissent, sur le French-Shore, un droit de pêche sans restriction, ainsi que l'usage de la côte pour la préparation des produits.

2º Parce que l'on ne pourrait concevoir un droit concurrent ou privilégié pour les Anglais, de se livrer à la même industrie, qu'à la condition d'admettre, d'une part, qu'ils peuvent, là où ils se trouvent, nous empêcher de pêcher même la morue, ce qui reviendrait à dire que les traités sont sans valeur, et, d'autre part, qu'ils ont la faculté de s'établir sur la côte, ce qui est explicitement interdit par la déclaration du roi Georges.

Que l'on recherche l'esprit des traités ou qu'on n'en consulte que la lettre, il me paraît impossible de sortir de cette solution. De bonne foi, suivant les textes et par la force des choses, notre droit de pêche est complet dans les conditions de temps et de précarité d'établissement qui ont été fixées par les traités, et sur lesquelles nous n'avons jamais élevé de contestation.

Telles sont mes appréciations sur les points qui sont l'objet de votre lettre. Permettez-moi d'y insister, car je crois la question très grave et de nature à créer au gouvernement de sérieuses difficultés.

KRANTZ.

Le gouvernement français maintint énergiquement le principe de l'exclusivité. Le 21 mai 1889, le gouvernement anglais faisait connaître son désir de voir la question soumise à un arbitrage, comme en témoigne une dépêche de M. Waddington au ministre des affaires étrangères :

M. Waddington, ambassadeur de la République française à Londres,
à M. Spuller, ministre des affaires étrangères.

Londres, le 21 mai 1889.

J'ai eu avant-hier avec lord Salisbury un entretien au courant duquel il m'a parlé de la question de Terre-Neuve.

N'y aurait-il pas moyen, m'a-t-il dit, de soumettre l'ensemble de la question à un arbitre impartial ? Au fond, la difficulté vient des modifications profondes que le cours des années a introduites dans la situation à Terre-Neuve. A l'époque du traité d'Utrecht, d'où découlent les droits de la France, le French Shore était un désert, et, pendant de longues années, vos pêcheurs ont pu poursuivre leurs opérations sans entrer en conflit avec la population indigène. Depuis quelque temps, il n'en est plus de même. La population de la colonie a beaucoup augmenté ; elle cherche des débouchés sur la côte ; elle veut exploiter les ressources minérales et autres du pays, et partout elle se trouve en face de vos droits et de vos prétentions. Ainsi, au siècle dernier et jusqu'à tout récemment, personne ne songeait ni aux homards, ni aux gisements miniers. Le traité d'Utrecht n'a pas prévu et ne pouvait pas prévoir le développement de nouvelles industries sur cette côte inhospitalière. Il me semble donc qu'il y aurait pour les deux pays à déterminer de nouveau leurs droits respectifs, tels qu'ils ont été modifiés par la force des choses et reconnaître que les stipulations du traité d'Utrecht ne répondent plus à la situation actuelle. Les négociations directes ont échoué ; un arbitrage réussirait peut-être mieux.

J'ai répondu à lord Salisbury qu'un arbitrage sur l'ensemble de la question impliquerait que les droits de la France sont douteux. Tout au plus pourrait-on concevoir l'application de l'arbitrage à un point non visé par le traité d'Utrecht, les homarderies, par exemple ; mais qu'au surplus, j'étais sans instructions.

J'attire votre sérieuse attention sur cette ouverture qui témoigne du désir du gouvernement anglais de mettre fin à une situation qui peut toujours faire naître à l'improviste des incidents irritants.

WADDINGTON.

Le gouvernement français répondit qu'il accepterait l'arbitrage, mais à la condition que le principe de nos droits ne fût pas discuté et que l'on ne soumît à l'arbitre que des points non visés par le traité d'Utrecht, les homarderies, par exemple. Lord Salisbury accepta cette proposition :

M. Waddington, ambassadeur de la République française à Londres, à M. Spuller, ministre des affaires étrangères.

Londres, le 13 août 1889.

J'ai lu avec soin la dépêche de Votre Excellence du 26 juillet, ainsi que la lettre de M. le ministre de la marine, en date du 12 juillet, dont vous m'avez envoyé copie. Toutes les deux sont relatives à l'ouverture qui m'a été faite par lord Salisbury, en vue de soumettre à un arbitrage certaines questions soulevées par l'interprétation des traités en vertu desquels nous exerçons le droit de pêche à Terre-Neuve. Vous me demandez, en même temps, mon avis sur la nature des questions qui pourraient être soumises à un arbitre et sur l'ordre dans lequel elles devraient être présentées.

Avant de nous engager dans cette voie, il m'a semblé qu'il était essentiel de connaître d'abord les vues du gouvernement anglais et d'obtenir de lui une énumération explicite des questions qui, selon lui, devaient faire l'objet d'un arbitrage; car, il ne faut pas l'oublier, c'est lord Salisbury qui, le premier, a suggéré ce mode de trancher certains points sur lesquels les deux gouvernements sont en désaccord absolu. Aussi bien, ai-je prié à deux reprises le sous-secrétaire d'État permanent et lord Salisbury de formuler les vues du Foreign Office. Dans un entretien que j'ai eu avec lui hier, j'ai répété à lord Salisbury que, d'une façon générale, le gouvernement de la République ne repoussait pas l'idée d'un arbitrage, mais que nous désirions savoir les points précis sur lesquels le gouvernement britannique entendait le faire porter. Sa Seigneurie m'a répondu que la question lui avait paru trop délicate pour pouvoir être traitée verbalement et qu'il faisait préparer une note qu'il me remettrait très prochainement. Puis il a ajouté : « Pour que l'arbitrage puisse aboutir, je suis d'avis de le restreindre le plus possible et de le limiter à des questions qui n'ont pas été et ne pouvaient être prévues par les traités; je citerai la pêche et la préparation des homards par exemple, industrie toute moderne et à laquelle personne ne songeait lors du traité d'Utrecht, ni en 1783, ni jusqu'à ces dernières années. Si nous arrivons à une solution sur des points restreints, comme celui-là, nous verrons ensuite ce qu'il y a à faire pour le reste. » Je lui ai répondu qu'à première vue, la question des homarderies me paraissait être de celles qui pourraient être soumises à un arbitre.

WADDINGTON.

Pendant ce temps, le Parlement de Saint-Jean avait voté un nouveau *Bait-Act*, du 1er juin 1889, aggravant encore les stipulations des précédents. Les négociations devaient être longues et les incidents à Terre-Neuve devenaient de plus en plus fréquents. Aussi avant l'ouverture de la campagne de 1890, M. Spuller, ministre des affaires étrangères, proposa, le 19 janvier 1890, l'adoption d'un *modus vivendi* provisoire applicable à la campagne qui allait s'ouvrir. Le gouvernement anglais accepta et le 3 mars 1890 fut signé le *modus vivendi* dont le texte suit :

Modus vivendi.

Les questions de principe et les droits respectifs étant entièrement réservés de part et d'autre, les gouvernements français et britannique pourront convenir pour la saison prochaine du maintien du *statu quo* sur les bases suivantes.

Sans que la France ou la Grande-Bretagne demande dès aujourd'hui un nouvel examen de la légalité de l'installation des homarderies anglaises ou françaises sur les côtes de Terre-Neuve, où les Français jouissent des droits de pêche conférés par les traités, il est entendu qu'aucune modification ne sera apportée aux emplacements occupés par les établissements appartenant aux nationaux des deux pays au 1er juillet 1889 : par exception, les nationaux de l'un ou l'autre pays pourront transporter leurs établissements susdits à tout endroit au sujet duquel les commandants des deux stations navales seront préalablement tombés d'accord.

Aucune homarderie, ne fonctionnant pas antérieurement au 1er juillet 1889, ne sera admise, à moins que les commandants des stations navales anglaise et française n'en tombent simultanément d'accord.

En considération de chaque homarderie nouvelle autorisée dans ces conditions, il sera loisible aux pêcheurs appartenant à l'autre nationalité d'établir une nouvelle homarderie sur un point que lesdits commandants devront déterminer de même d'un commun accord.

Toutes les fois qu'un fait de concurrence concernant la pêche du homard se produira entre les pêcheurs des deux pays, les commandants des deux stations navales procéderont sur les lieux à une délimitation provisoire des fonds de pêche de homard, en tenant compte des situations acquises par les deux parties.

N. B. — Il sera bien entendu que cet arrangement, tout provisoire, ne sera valable que pour la durée de la campagne de pêche qui va s'ouvrir.

Le *modus vivendi* fut appliqué pendant la campagne de 1890 et le rapport de fin de campagne du capitaine de vaisseau Maréchal constatait que cette application n'avait eu que de bonnes conséquences. Les négociations en vue de l'arbitrage reprirent au mois de novembre 1890. Le gouvernement français écarta tout d'abord la proposition d'abandon de nos droits, moyennant indemnité pécuniaire et engagement de la colonie d'accorder toutes facilités à nos pêcheurs pour l'achat de la boëtte, proposition suggérée par les délégués terre-neuviens venus à Londres. Le 11 mars 1891 fut signé à Londres par lord Salisbury et M. Waddington un arrangement aux fins d'arbitrage qui renouvelait en même temps le *modus vivendi* pour la saison de pêche 1891 :

Le gouvernement de la République Française et le gouvernement de Sa Majesté britannique ayant résolu de soumettre à une Commission arbitrale la solution de certaines difficultés survenues sur la partie des côtes de Terre-Neuve comprise entre le cap Saint-Jean et le cap Raye, en passant par le nord, sont tombés d'accord sur les dispositions suivantes :

1. La Commission arbitrale jugera et tranchera toutes les questions de principe qui lui seront soumises par l'un ou par l'autre gouvernement ou par leurs délégués, concernant la pêche du homard et sa préparation, sur la partie susdite des côtes de Terre-Neuve.

2. Les deux gouvernements s'engagent, chacun en ce qui le concerne, à exécuter les décisions de la Commission arbitrale.

3. Le « modus vivendi » de 1890 relatif à la pêche du homard et sa préparation est renouvelé purement et simplement pour la saison de pêche 1891.

4. Une fois que les questions relatives à la pêche du homard et à sa préparation auront été tranchées par la Commission, elle pourra être saisie d'autres questions subsidiaires relatives aux pêcheries de la partie susdite des côtes de Terre-Neuve et sur le texte desquelles les deux gouvernements seront préalablement tombés d'accord.

5. La commission arbitrale sera composée :

1) De trois spécialistes ou Jurisconsultes désignés d'un commun accord par les deux gouvernements ;

2) De deux délégués de chaque pays qui seront les intermédiaires autorisés entre leurs gouvernements et les autres arbitres.

6. La commission arbitrale ainsi formée de sept membres statuera à la majorité des voies et sans appel.

7. Elle se réunira aussitôt que faire se pourra.

Fait à Londres, le 11 mars 1891.

WADDINGTON,
SALISBURY.

Les arbitres désignés furent MM. de Martens, professeur à l'Université de Saint-Pétersbourg, Rivier, consul général de Suisse à Bruxelles, et Gram, ancien membre de la Cour suprême de Norvège.

On pouvait croire la question en bonne voie de règlement. L'attitude de la colonie de Terre-Neuve allait encore ajourner la solution. Le gouvernement anglais présenta à la Chambre des lords un bill tendant à remettre en vigueur l'Act de 1824 venu à expiration en 1834 et donnant à la Couronne le droit de prendre toutes dispositions nécessaires pour régler les contestations relatives aux engagements temporaires ou permanents conclus entre l'Angleterre et la France au sujet des pêcheries de Terre-Neuve. En voici le texte :

Projet de loi.

1. — 1). Les dispositions mentionnées dans l'annexe à la présente loi seront remises en vigueur et auront leur plein effet ; le ou les traités qui y sont cités comprendront non seulement les engagements relatifs aux pêcheries de Terre-Neuve mais encore tout autre arrangement temporaire conclu avec la France, soit avant, soit après, le vote de la présente loi, à l'effet de régler les contestations se produisant à propos de ces engagements.

2). S'il est conclu un arrangement permanent entre le Royaume-Uni et la France relativement aux contestations qui ont surgi par rapport aux engagements concernant les pêcheries de Terre-Neuve, il sera loisible à Sa Majesté de prescrire, par décision en conseil, que les dispositions renouvelées par les présentes seront appliquées, comme si cet arrangement définitif était un des traités mentionnés dans ces mêmes dispositions.

3). Cette décision ne pourra toutefois être prise qu'à la condition que le texte en ait été communiqué au gouvernement de Terre-Neuve et soit resté déposé sur le bureau des deux Chambres du Parlement impérial, pendant un mois au moins.

2. — Au cas où Sa Majesté la Reine, en son conseil, aurait constaté que, par une loi quelconque faite avant ou après le vote du présent acte par le Parlement de Terre-Neuve, des dispositions suffisantes ont été arrêtées en vue d'assurer l'exécution, suivant les ordres et instructions de Sa Majesté, des engagements relatifs aux pêcheries de Terre-Neuve, ou de tout arrangement analogue mentionné dans le présent acte, il sera loisible à Sa Majesté, en son conseil, de suspendre l'effet de tout ou partie du présent acte pour le temps où la loi en question restera en vigueur et non plus longtemps, et d'ordonner que la dite loi ait son effet en totalité ou en partie, avec ou sans modifications et changements comme si elle faisait partie du présent acte, et toute décision en conseil rendue dans ces conditions aura son plein effet.

3. — Le présent Acte sera désigné sous le titre de « Acte sur les pêcheries de Terre-Neuve, de 1891. »

Extrait de la loi de 1824.

ART. 12. — Il sera loisible à Sa Majesté ainsi qu'à ses héritiers et successeurs, sur l'avis de son conseil ou de leur conseil, de donner au gouverneur de Terre-Neuve, et à tous officiers de la station de Terre-Neuve, les ordres et instructions qu'elle jugera ou qu'ils jugeront convenables et nécessaires pour exécuter les traités actuellement en vigueur entre Sa Majesté et tout État étranger ; et, dans le cas où cela serait nécessaire aux fins susdites, de leur donner des ordres et instructions pour enlever ou faire enlever tous chauffauds, claies et autres ouvrages que les sujets de Sa Majesté auraient établis, en vue de faire la pêche, sur la partie de la côte de Terre-Neuve qui s'étend du cap Saint-Jean au cap Raye, passant au nord, et descendant par le littoral occidental de l'île, ainsi que pour écarter ou faire écarter tous vaisseaux, navires et bateaux appartenant aux sujets de S. M., qui seraient trouvés dans les limites susdites, et en cas de refus de quitter les parages ci-dessus spécifiés, pour y contraindre par la force les sujets de Sa Majesté, nonobstant tous usages, lois et coutumes contraires.

ART. 13. — Quiconque refusera, sur sommation faite par le gouverneur ou par tous officiers sous ses ordres, en exécution des ordres ou instructions de Sa Majesté ainsi qu'il a été dit, de se retirer dans les limites ci-dessus indiquées, ou d'obéir aux sommations et invitations qui lui seront adressées conformément aux dispositions précédentes, sera, en raison de son refus ou de toute autre contravention à ces sommations, passible d'une amende de 50 livres sterling, pourvu toutefois que tous procès ou poursuites, s'ils ont été intentés à Terre-Neuve, soient commencés dans l'année, et s'ils sont intentés devant l'un des tribunaux ou cours de Record (enregistrement) de Sa Majesté à Westminster, dans les deux ans qui suivront à partir de la date du délit.

Le premier ministre de Terre-Neuve, sir W. Whiteway, alla lui-même le 23 avril 1891 à la Chambre des Lords, lire un mémorandum hostile à ce bill dit «bill Knutsford» et conclut que le gouvernement de Terre-Neuve consentirait à accepter et à assurer lui-même le renouvellement et l'exécution du *modus vivendi*, mais à la condition que l'arbitrage fût général et non pas limité. Le parti libéral, par l'organe de lord Kimberley, présenta une motion d'ajournement qui fut repoussée le 4 mai après un discours de lord Salisbury revendiquant le droit du Parlement de légiférer sur les pêcheries :

On semble croire, déclara-t-il, que nous infligeons une charge considérable et sans précédents aux habitants de Terre-Neuve en intervenant dans cette affaire, et que non seulement ceux-ci, mais si je comprends bien, tous les colons de l'empire seront irrités de cette intervention. Je m'oppose absolument à cette doctrine. Nous ne sommes aucunement intervenus dans ce qui ne nous regardait pas. Nous nous occupons de ce qui est spécialement de notre ressort, du domaine de notre autorité impériale : l'accomplissement des engagements internationaux. Ces obligations internationales sont supérieures à tous les droits des habitants de Terre-Neuve. Nous ne leur avons pas imposé le traité; ils sont allés dans un pays où le traité existait déjà et faisait loi; nous avons autant le droit et le pouvoir de nous occuper des relations internationales qu'ils ont eux-mêmes le droit et le pouvoir de s'occuper de leurs

propres affaires. Pour quelle raison n'en serait-il pas ainsi ? N'est-ce pas
là la conséquence naturelle des risques que comportent ces questions ?
Nous leur accordons des pouvoirs sans limites par rapport à leurs affaires
intérieures, parce qu'ils seront seuls à souffrir des erreurs qu'ils com-
mettront sur ce terrain. Il est donc juste de leur laisser leur indépendance relativement à ces affaires. Mais s'ils commettent de graves erreurs
dans le cas actuel, ce n'est pas eux qui en souffriront. Nous courrons
tous les risques et ils n'en courront guère. Je ne pense pas qu'au cas
d'une guerre avec la France, les Français se donneraient la peine d'envahir Terre-Neuve. Voilà donc nos risques ; et puisque nous devons supporter tout le fardeau et toute la responsabilité, il est essentiel que nous
ayons les pouvoirs nécessaires pour défendre nos intérêts ainsi que ceux
de nos concitoyens, pour nous conformer au droit international, pour
remplir nos obligations conventionnelles, enfin pour tenir la parole
donnée par le pays. Ce sont là les pouvoirs que nous vous demandons,
et j'ai l'espoir que si vous n'êtes pas résolus à nous les accorder, vous
ne cacherez pas votre refus sous le déguisement ou sous le masque de
cette mesquine proposition d'ajournement.

La Chambre des Lords vota le bill en seconde lecture le 15 mai
1891. Le Sénat français avait adopté de son côté, le 11 mai, l'arrangement aux fins d'arbitrage. Sur ces entrefaites la Législature de
Terre-Neuve, à laquelle le Colonial Office avait demandé de voter un
Act assurant l'exécution permanente des traités et non pas un Act
temporaire, se contenta de voter, le 26 mai 1891, le bill suivant, qui
rendait le *modus vivendi* exécutoire pendant trois ans seulement :

1. — Dans le cas où Sa Majesté, et ses successeurs, sur l'avis de son
ou de leur conseil, donnerait ou donneraient au gouverneur de Terre-
Neuve ou à tout officier ou sous-officiers de cette station les ordres et
instructions qu'Elle jugerait ou qu'Ils jugeraient nécessaires et convenables, afin d'atteindre le but visé par lesdits traités, déclarations et
arrangements ; dans le cas encore ou Elle donnerait ou Ils donneraient
au gouverneur ou aux officiers susmentionnés des ordres ou instructions
en vue d'enlever ou faire enlever tous chauffauds, claies, ou autres installations quelconques servant à la pêche, établis par les sujets de Sa
Majesté sur la côte de Terre-Neuve qui s'étend du cap Saint-Jean passant par le nord et descendant à la côte occidentale de cette île, jusqu'au cap Raye ; de faire écarter tous vaisseaux, navires, bateaux, appartenant aux sujets de Sa Majesté qui seraient trouvés dans les limites
indiquées ci-dessus et, en cas de refus d'abandonner les parages ci-dessus spécifiés, d'y contraindre tous les sujets de Sa Majesté, nonobstant
tous usages, lois ou coutumes contraires ; tous les actes accomplis par

ce gouverneur ou ces officiers, en exécution de ces ordres ou instructions seront légaux, et il ne sera pas introduit ou suivi d'actions, procès ou procédures quelconques relativement à ces actes.

2. — Dans le cas où Sa Majesté, ses héritiers ou successeurs, sur l'avis de Son ou de Leur conseil, donnerait ou donneraient auxdits gouverneurs et officiers des ordres ou instructions pour assurer l'exécution du *modus vivendi*, durant la saison de pêche de 1891 (ou toute période durant laquelle cet arrangement serait renouvelé en attendant que l'arbitrage ci-dessus mentionné ait eu lieu, et de même aussi pour assurer l'exécution de la sentence qui sortira dudit arbitrage, tous les actes accomplis par lesdits gouverneur ou officiers, en exécution de ces ordres ou instructions, seront légaux, et il ne sera pas introduit ou suivi d'actions, procès ou procédures quelconques relativement à ces actes.

3. — Quiconque contreviendra aux sommations que lesdits gouverneur ou officiers formuleront, agissant légalement en conformité des ordres ou instructions susindiqués, sera passible d'une amende de deux cents dollars, sous condition, toutefois, que les procès ou poursuites y relatifs seront introduits dans l'année qui suivra le fait du délit.

4. — La présente loi sera désignée sous le titre de *Newfoundland French Treaties Act*, et ne restera en vigueur que jusqu'à la fin de 1893, et non plus longtemps.

A la nouvelle du vote de cette loi, la Chambre des communes, déjà saisie du bill Knutsford, vota la résolution suivante :

La Chambre, ayant été informée qu'un acte satisfaisant a été voté par la Législature de Terre-Neuve, se déclare prête à soutenir le gouvernement dans toutes les mesures nécessaires pour assurer l'exécution des traités et arrangements conclus avec le gouvernement de France et ne passe pas, quant à présent, à la seconde lecture du bill.

L'exécution du *modus vivendi* se trouvait ainsi assurée pour trois ans, mais que se passerait-il après 1893 ? C'est ce que le gouvernement français demanda à lord Salisbury qui répondait le 1er juin :

Foreign Office, le 1er juin 1891.

J'ai l'honneur de vous accuser réception de votre lettre du 28 du mois dernier, lettre qui m'est parvenue à une heure avancée de la soirée du même jour. La veille, je vous avais informé que la Législature de Terre-Neuve a voté une loi sanctionnant d'avance la sentence des arbitres dans la question des homarderies, et dont les termes sont jugés satisfaisants par le gouvernement de Sa Majesté. Ç'a été pour nous une cause de regret que cette loi dût expirer en 1893 ; mais, comme la période ainsi assurée laisse tout le temps de faire voter la loi impériale qui deviendrait nécessaire au cas où l'acte dont il s'agit ne serait pas renouvelé par la colonie, le gouvernement de la Reine était disposé à accepter ses propositions pour l'instant. Nous demanderions probablement, disais-je, au Parlement, la deuxième lecture du bill, mais nous n'irions pas plus loin, sauf si de nouvelles conditions venaient à se présenter. En mentionnant ces circonstances, j'ai eu soin de faire remarquer que je ne demandais pas à Votre Excellence de formuler une opinion, mais que je vous en avais informé, dès que j'en avais eu connaissance, d'autant plus qu'elles résultaient de la récente convention conclue entre la Grande-Bretagne et la France, et que je désirais vous fournir l'occasion de faire, à ce sujet, toutes observations que vous jugeriez convenables. Vous avez répondu, si j'ai bien compris, que c'était là une affaire qui ne concernait pas la France, puisque celle-ci attendait de la Grande-Bretagne seule l'accomplissement de ses engagements, sans avoir à examiner le procédé par lequel ce résultat était obtenu, point de vue sur lequel je suis absolument d'accord avec vous. Vous m'aviez toutefois promis de me communiquer les observations que M. Ribot pourrait vous adresser à ce sujet.

La note, dont en ce moment j'ai l'honneur d'accuser réception, est donc de nature à me surprendre en ce sens qu'elle semble traiter ces circonstances comme intéressant la France, à tel point que son gouvernement se propose d'en prendre texte pour refuser de ratifier la convention. Je ne saurais accepter cette appréciation de la situation qu'ont créée, pour les deux pays, les circonstances actuelles.

Je préfère l'opinion qui, à ce qu'il me semble, était primitivement celle de Votre Excellence, savoir : que la France s'intéresse aux résultats et non aux mesures de politique intérieure au moyen desquelles ces résultats seront obtenus. Il n'importe pas à la France que nous assurions l'exécution de nos engagements au moyen d'une loi d'un effet permanent, ou bien par une série de lois renouvelées tous les ans. Une grande partie de notre travail législatif le plus important se fait par cette dernière méthode. Beaucoup de nos impôts, la plupart de nos dépenses, l'existence même de notre armée et de notre marine, et l'ensemble des lois qui régissent la discipline dans l'armée et dans la marine, la partie la plus importante de notre système électoral, — tout cela repose entièrement sur le système de la législation annuelle. Si donc nous décidions d'exécuter de la même manière nos engagements avec la France, nous ne ferions que les traiter comme nous traitons nos intérêts les plus vitaux.

Mais il est inutile de nous arrêter davantage sur ce point, vu que la situation a été considérablement modifiée par les événements qui se sont produits dans la soirée même où la lettre de Votre Excellence a été écrite. Au lieu de passer à la seconde lecture du bill, la Chambre des communes a pris une résolution de nature à dissiper toute incertitude dans l'esprit de M. Ribot relativement aux intentions du Parlement. Cette résolution est conçue dans les termes que voici : la Chambre, ayant été informée qu'une loi satisfaisante a été votée par la Législature de Terre-Neuve, se déclare prête à soutenir le gouvernement dans toutes les mesures nécessaires pour assurer l'exécution des traités et des arrangements conclus avec le gouvernement français en vue d'arbitrage, et ne passe pas, quant à présent, à la deuxième lecture du bill. »

La résolution ci-dessus a été proposée par un homme d'état appartenant à l'opposition, et a été, à l'unanimité, acceptée par la Chambre. Par cette résolution, la Chambre des Communes est explicitement tenue de prendre les dispositions nécessaires pour remplir les engagements acceptés par ce pays en vertu de la récente convention ; et, par conséquent, elle est tenue de concourir à cet effet par la confection de lois impériales, si, par la faute de la colonie, ces lois devenaient nécessaires en 1893. Cet engagement constitue de fait une garantie plus solide que n'en fournirait une loi permanente, si elle était votée. Une loi, bien que permanente dans son but, peut être aussi aisément rapportée que votée ; mais une résolution engageant, vis-à-vis d'une tierce partie, l'action future de la Chambre des Communes, est un engagement d'honneur qui sera certainement tenu et qui, de fait, n'a jamais été méconnu. Quant à l'opinion de la Chambre des Lords sur le même sujet, elle ressort suffisamment du vote du bill dont nous nous occupons.

J'ai l'espoir que le gouvernement français partagera l'avis du gouvernement de Sa Majesté, à savoir que le Parlement a approuvé la convention et donné pleine garantie pour son exécution ; j'ai également l'espoir qu'aussitôt après l'approbation de cette convention par la Chambre française, il ne subsistera plus aucun motif pour retarder davantage la procédure à suivre devant les arbitres.

SALISBURY

M. Ribot insista néanmoins pour savoir si le gouvernement britannique avait des pouvoirs complets et permanents pour faire exécuter l'arrangement du 11 mars. Lord Salisbury répondit affirmativement, mais en refusant de faire connaître les moyens par lesquels il tiendrait ses engagements :

Foreign Office, 26 juin 1891.

Depuis que j'ai reçu la lettre de Votre Excellence, en date du 7 courant, j'ai eu l'occasion, en deux circonstances, de conférer avec vous au sujet de cette lettre, et je viens y répondre en même temps qu'aux observations supplémentaires qui m'ont été faites par Votre Excellence au cours de ces deux conversations.

Je constate que quelques-unes des communications qui ont été échangées entre le gouvernement de Sa Majesté et les ministres de Terre-Neuve et certaines observations faites sur la question à la Chambre des

Communes ont laissé dans l'esprit de M. Ribot l'appréhension que le gouvernement de Sa Majesté ne fût pas désireux de remplir l'engagement qu'il a contracté, d'exécuter la sentence des arbitres nommés en vertu de la convention du 17 mars. Je ne discuterai pas les détails qui ont attiré l'attention de M. Ribot, ni les moyens par lesquels le gouvernement de Sa Majesté se propose de tenir ses engagements. Je m'abstiens de le faire, de crainte que, en quelque autre occasion, le précédent qui serait ainsi créé ne fût mal interprété et que l'on ne pût croire que le gouvernement de Sa Majesté a reconnu à une puissance étrangère le droit de critiquer ou de contester les dispositions prises par l'État pour satisfaire à ses obligations internationales ; une pareille supposition ne saurait évidemment être admise par le gouvernement de Sa Majesté. J'estime, en conséquence, préférable d'éviter de donner à Votre Excellence des explications formelles sur les mesures législatives ou exécutives que la convention du 11 mars pourra rendre nécessaires.

Mais j'éprouve une grande satisfaction à vous assurer que les appréhensions causées à M. Ribot par les comptes rendus de ce qui s'est passé dans ce pays et d'après lesquels le gouvernement de Sa Majesté n'aurait pas le pouvoir ou la volonté de remplir ses promesses solennelles relativement à l'exécution de la sentence arbitrale, sont dénués de tout fondement. Il n'y a point à craindre qu'aucun obstacle n'empêche, de la part du gouvernement britannique, une application scrupuleuse des promesses qui le lient ou qu'il cherche à se décharger sur une personne ou autorité quelconque du soin de justifier de sa bonne foi.

SALISBURY

M. Ribot déclara ne pouvoir se contenter de déclarations aussi peu précises et, les Chambres françaises allant entrer en vacances, la conversation diplomatique fut close par les déclarations de lord Salisbury rapportées en ces termes par M. Waddington :

M. Waddington, ambassadeur de la République française à Londres, à M. Ribot, ministre des affaires étrangères.

Londres, le 16 juillet 1891.

Au cours de l'entretien que j'ai eu hier avec lord Salisbury, je lui ai signalé, dans sa dernière note, ce malentendu qu'il importait d'écarter, à savoir que jamais nous n'avions suspecté la bonne foi du gouvernement anglais et que nos doutes portaient seulement sur le pouvoir qu'aurait le gouvernement de Sa Majesté, à la suite de l'abandon du bill Knutsford, d'exécuter d'une façon permanente l'arrangement du 11 mars. Je lui ai exposé que ces doutes n'avaient pas été entièrement dissipés par sa dernière communication. Je lui ai ensuite demandé quand il pourrait me faire connaître le texte du bill dont il était convenu avec les délégués de Terre-Neuve. Il m'a répondu que les délégués avaient refusé d'accepter le texte proposé par le Colonial Office, que l'accord n'était pas fait, et que peut-être, en fin de compte, il serait obligé de revenir devant le Parlement anglais pour demander des pleins pouvoirs. Je lui ai parlé des difficultés que susciterait l'intervention des commissaires-jurisconsultes ou des tribunaux à Terre-Neuve, je lui ai dit que, en dehors des questions de principe dont je lui avais signalé déjà la gravité, la procédure nouvelle était fort obscure et pouvait amener à propos de chaque incident des lenteurs infinies, puisqu'il y avait droit d'appel devant le conseil privé de la Reine. A cela, il m'a répondu que, dans sa pensée, il devait toujours y avoir *exécution provisoire* et que l'appel ne pouvait porter que sur des questions de dommages-intérêts. Je lui ai ensuite expliqué la difficulté où vous vous trouveriez, puisqu'on ne manquerait pas de vous opposer ses propres paroles à la Chambre des Lords, celles de lord Knutsford, et celles du sous-secrétaire d'Etat aux colonies, sir G. W. Herbert, qui toutes condamnaient la voie dans laquelle le gouvernement anglais est lui-même entré depuis alors.

Il m'a demandé quand nos Chambres se séparaient. Je lui ai répondu que la prorogation aurait lieu dans quelques jours et qu'il ne serait possible de reprendre, s'il y avait lieu, la question de l'approbation de l'arrangement du 11 mars, déjà votée par le Sénat, qu'à la session d'octobre.

WADDINGTON.

Les pourparlers reprirent au mois de février 1892, mais n'aboutirent pas davantage. Lord Salisbury exprima le désir d'attendre que la législature de Terre-Neuve eût statué sur un bill que le gouvernement terre-neuvien devait lui soumettre d'accord avec le gouvernement britannique. Ce bill instituait, à Terre-Neuve, un tribunal de juges-commissaires, nommés par la Reine et commissionnés par le gouverneur, devant lesquels seraient portés tous les litiges relatifs à l'exécution des traités sur le French Shore et dont un jugement serait préalablement nécessaire chaque fois qu'un officier de marine voudrait prendre une mesure d'exécution contre la personne ou contre les biens d'un individu. Le bill fut rejeté par le Parlement de Saint-Jean. Il n'eût pas été accepté d'ailleurs par le gouvernement français qui refusait d'attribuer à un corps judiciaire quelconque la connaissance des litiges relatifs à l'exécution des traités. Le gouvernement français fit observer aussitôt que le vote du Parlement de Terre-Neuve rendait au gouvernement anglais sa

liberté d'action, et que le moment était donc venu de faire voter par
le Parlement britannique la loi permanente que les déclarations du
gouvernement de la Reine avaient annoncée. Le gouvernement français rappelait en même temps qu'il avait toujours déclaré « qu'il ne
pouvait accepter de soumettre à des tribunaux anglais l'interprétation d'un traité qui est essentiellement du ressort diplomatique. »

La réponse du gouvernement britannique à cette demande très
nette de solution est donnée par le dernier document du Livre Jaune
de 1892 :

M. Waddington à M. Ribot.

Londres, le 29 mai 1892.

J'ai entretenu lord Salisbury et M. Balfour, leader de la Chambre des
communes, du bill à présenter au Parlement pour l'exécution de l'arbitrage à Terre-Neuve. Ils m'ont déclaré que, informations prises, ils ne
croyaient pas possible de faire passer le bill relatif à Terre-Neuve pendant le peu de temps que la cession durera encore. Nous restons donc
purement et simplement, comme il y a un an, sur le terrain du *modus
vivendi.*

WADDINGTON

La France et l'Angleterre sont encore sur ce terrain en 1901. La
discussion parlementaire n'a jamais été reprise et le *modus vivendi*
a été renouvelé jusqu'en 1901 d'année en année, non sans de vives
protestations de la Législature de Terre-Neuve, dont plusieurs membres, en votant le renouvellement pour la saison de 1901, ont
déclaré « qu'ils donnaient leur vote pour la dernière fois, préférant
à l'avenir laisser le gouvernement impérial émettre un bill de coercition, s'il l'ose » (1).

Les négociations entre les deux gouvernements ont repris leur
cours en 1898 et au début de 1899, on a beaucoup parlé de l'abandon
possible de nos droits sur le French Shore moyennant une compensation pour laquelle les Anglais ont semblé nous offrir tour à tour,
la cession de la Gambie anglaise, une indemnité pécuniaire, ou
même l'abandon des prétendus droits de l'Angleterre à Madagascar.
Dans un discours, du 18 janvier 1899, M. Chamberlain, ministre
des colonies, faisait observer « que la France a tort d'invoquer la

____
(1) *Times*, 28 février 1901.

sainteté des dispositions tombées en désuétude d'un ancien traité qui est vieux maintenant d'environ deux cents ans », et ajoutait que nos droits ne sont « d'aucune valeur réelle ou substantielle », parce que le nombre de nos pêcheurs au French Shore est tombé à 500 ou 600 ; c'est oublier qu'un retour de la morue au French Shore peut y ramener des milliers de pêcheurs français, de « Terre-Neuvas », qui vont actuellement au Grand-Banc, et que, au surplus, une partie des pêcheurs du Grand-Banc va au French Shore s'approvisionner de boëtte.

Une discussion a été d'ailleurs soulevée à la Chambre des députés les 23 et 24 janvier 1899, au cours de la discussion générale du budget du ministère des affaires étrangères. Le discours de M. Chamberlain cité plus haut en fut le prétexte. M. Ribot qui, en qualité de ministre des affaires étrangères, avait conduit les négociations de 1891 et 1892, s'exprima ainsi :

Pour Terre-Neuve, c'est une vieille question ; elle remonte, non pas dans ses difficultés, mais dans son origine, au traité d'Utrecht. Et on plaisante avec agrément sur ce traité qui est vieux de près de deux siècles, qui remonte à 1713, — comme si on oubliait que c'est ce traité qui a donné Gibraltar à l'Angleterre.

M. JOURDE. — Et, par erreur Jersey !

M. RIBOT. — Ce traité d'Utrecht nous a donné, comme un débris de notre grand empire colonial, des droits dans les parages et sur les côtes de Terre-Neuve, sur ce qu'on appelle le *French Shore*.

Ces droits, on affecte de dire qu'ils ne sont rien, qu'ils valent peut-être une légère compensation qu'on songerait à nous offrir.

J'ai toujours dit, quand j'avais la responsabilité des affaires, que ces droits importaient à la France et qu'on ne devait pas en diminuer l'importance.

Ce n'est pas à nous en tout cas — et j'ai vu récemment avec regret la publication d'une lettre qu'il aurait mieux valu ne pas livrer à la publicité — ce n'est pas à nous d'amoindrir nos droits. Mais ces droits, je ne les exagère pas quand je dis qu'ils sont importants. Quels sont-ils ? C'est le droit exclusif — on l'a contesté, mais enfin nous soutenons que nous avons « le droit exclusif » de pêcher sur une partie de la côte de la Grande île de Terre-Neuve, que nous avons le droit d'y atterrir et d'y faire les constructions provisoires pour utiliser les produits de notre pêche.

Vous savez ce qu'est notre flottille de pêche à Terre-Neuve, ce qu'il y a de marins vigoureux, solides, qui vont chaque année exposer leur vie dans ces pêches si rudes et si dangereuses. Ces marins-là, c'est la réserve de notre marine de guerre.

Sans eux, nous n'aurions pas de flotte, notre défense serait amoindrie. Ils vont pêcher, cela est vrai, sur le grand banc de Terre-Neuve, mais pourquoi ? Parce que la morue qui autrefois avait choisi le rivage de Terre-Neuve comme parage de prédilection, la morue, depuis quelques années, préfère le Grand-Banc. Elle peut revenir sur les rives de Terre-Neuve et il serait imprudent de notre part de renoncer d'avance à nos droits.

Et puis notre flottille a besoin de la côte de Terre-Neuve pour se procurer les appâts nécessaires à la pêche. La colonie de Terre-Neuve nous a fait une petite guerre, j'ai le droit de le dire à mon tour, en essayant d'interdire à ces pêcheurs l'achat de ces appâts, de la boëtte, comme on dit à Terre-Neuve. C'est une histoire qu'il serait un peu long de raconter. Je me borne à rappeler ce que sont nos droits, quelle est leur réelle importance et si j'en avais besoin, je demanderais à M. Riotteau qui connaît les dangers, les aléas, les chances de cette grande industrie de la pêche à Terre-Neuve, de nous dire s'il n'y a pas là un véritable intérêt français que nous ne devons pas laisser amoindrir et surtout laisser détruire.

On nous dit : Terre-Neuve n'est plus en 1899 ce qu'elle était en 1713. Je le sais à merveille. Il s'est fondé des industries, des nécessités nouvelles ont apparu ; il faut concilier dans l'esprit le plus bienveillant les droits qui résultent pour nous des traités et les nécessités nouvelles que nous reconnaissons.

Mais la France a-t-elle jamais refusé de tenir le plus grand compte de ces nécessités qu'on lui objecte ? A-t-elle refusé de limiter ses droits, d'en concilier l'exercice avec les prétentions, dans ce qu'elles ont tout au moins de légitime, des habitants de Terre-Neuve ?

Il faut oublier toute l'histoire de nos relations avec l'Angleterre sur cette grosse question. Dans les dernières années seulement, n'est-ce pas en 1885 que les deux gouvernements, animés du même esprit de bienveillance et de conciliation, étaient tombés d'accord pour préparer une loi qui permettait aux Terre-Neuviens, partout où cela était nécessaire, de faire des établissements définitifs sur la côte, contrairement aux stipulations du traité ? Cette loi, n'avait-elle pas été jugée équitable, suffisante par le gouvernement de Londres ? Pourquoi n'a-t-elle pas été appliquée ? Par la raison bien simple, que nous retrouverons dans la suite de cette courte histoire, c'est qu'il y a un parlement à Terre-Neuve, et que le gouvernement de Londres a toujours sur cette question — je ne me servirai pas d'une expression qui puisse froisser — été tenu en échec par le Parlement colonial de Terre-Neuve ; il n'a pas pu faire ratifier cette loi de 1885 par le Parlement de Terre-Neuve ; elle est devenue caduque.

Il y a quelques années, on a discuté la question des homarderies, cette fameuse question de savoir si le homard est un poisson. On en rit beaucoup après dîner en Angleterre, et on dit que nous ignorons l'histoire naturelle parce que nous en sommes encore à confondre le homard avec un poisson. On n'oublie qu'une chose, c'est que l'histoire naturelle a fait des progrès dans notre siècle, comme toutes les sciences; et quand on a la curiosité de lire les traités d'histoire naturelle publiés vers 1743, on voit que le homard était rangé dans la catégorie des poissons. C'est une grande querelle qui peut faire verser beaucoup d'encre, mais qui, je crois, ne peut pas déchaîner la guerre ni motiver le ton qu'on prend quelquefois de l'autre côté du détroit.

Mais nous sommes-nous refusés à la faire juger, comme il convient entre nations civilisées, par un arbitrage? En 1891, — quelques-uns de mes collègues qui m'écoutent peuvent s'en souvenir, — j'ai eu l'honneur de signer une convention avec lord Salisbury, qui était déjà ministre des affaires étrangères, pour soumettre à des arbitres qui avaient été choisis la question des homarderies et toutes autres questions que les deux gouvernements jugeraient convenable de soumettre aux arbitres.

Pourquoi l'arbitrage n'a-t-il pas eu lieu? Le Sénat français m'avait autorisé à le ratifier; la Chambre était disposée à le faire; mais j'ai dû demander à la commission de ne pas hâter le dépôt de son rapport. Nous l'attendons encore, par la raison bien simple que le gouvernement anglais a reçu la visite de délégués de Terre-Neuve qui ont dit : Nous voulons bien exécuter la sentence arbitrale pendant un an, trois ans si vous nous pressez beaucoup, mais nous ne dépasserons pas un délai de trois ans, et après ils demandaient que toutes les contestations entre Français et Terre-Neuviens fussent jugées par les tribunaux de Terre-Neuve.

Vous comprenez que je n'ai pas accepté cette condition. J'ai demandé au gouvernement anglais de faire voter les actes nécessaires pour consacrer en fait les résultats de l'arbitrage. Le vote n'a pas encore eu lieu, mais la convention tient, et, le jour où on le voudra, mon successeur et ami, M. Delcassé, pourra la soumettre au Parlement français.

Voilà l'histoire très abrégée — mais très exacte — de nos relations avec l'Angleterre sur cette question de Terre-Neuve dont on recommence à faire tant de bruit. Je demande à la Chambre de dire si c'est là la politique d'un pays qui se refuse à toute transaction, qui cherche toutes les occasions de nuire à son voisin sans profit pour lui-même, ou si ce n'est pas au contraire la politique large et conciliante d'un grand pays qui ne veut pas abandonner légèrement ses droits.

Et dans la séance du 24 janvier, sur une question de M. Robert Surcouf, député de Saint-Malo, M. Delcassé, ministre des affaires étrangères, déclarait à son tour :

Je n'ai qu'un mot à dire. A Terre-Neuve nos droits sont incontesta-

bles ; personne ne les conteste et rien n'empêche qu'ils soient librement
exercés.

Les populations de Saint-Pierre et Miquelon, de Saint-Malo et
d'autres centres de pêche à Terre-Neuve ont protesté contre le projet
d'abandon ou d'échange de nos droits au French Shore. Le conseil
général de Saint-Pierre et Miquelon a émis le 12 novembre 1900 le
vœu que nos droits au French Shore ne fussent pas cédés à l'Angleterre sans une compensation territoriale en toute souveraineté
sur la côte sud de Terre-Neuve : le rapport adressé à cette assemblée
indiquait comme compensation désirable la presqu'île bornée à
l'est par la baie de Plaisance jusqu'au Havre aux Chaloupes et à
l'ouest par la baie de Fortune jusqu'au Havre des Langues de Cerfs
et au nord par une ligne droite tirée entre ces deux havres.

D'autre part, un rapport de M. Legasse, délégué de Saint-Pierre
et Miquelon au Conseil supérieur des colonies, adressé au ministre
des affaires étrangères en mars 1901, faisait observer que le *bulot*
diminue sensiblement et que par suite nos pêcheurs peuvent avoir
intérêt à revenir se boëtter au French Shore et concluait que la cession de nos droits ne pourrait être consentie qu'au prix des stipulations suivantes :

1° Suppression du Bait Bill.

2° Liberté complète aux pêcheurs terre-neuviens de nous apporter à
Saint-Pierre et Miquelon, ou de vendre sur les lieux de pêche (dans les
eaux territoriales anglaises), l'appât nécessaire à nos pêcheurs, sans
aucun impôt d'exportation ou autres droits quelconques.

3° Liberté complète à nos bateaux pêcheurs de l'exercice de leur
industrie dans les eaux anglaises, en ce qui concerne la pêche de la
boëtte ; hareng, capelan, encornet, lançons et autres poissons et coquil-
lages pouvant servir d'appât et qui pourraient se découvrir dans la
suite sans que, jamais, aucune restriction puisse être apportée à leurs
droits de pêche, notamment en ce qui concerne les quantités, les époques et le mode de pêche.

4° Stipulation de l'exemption des « droits d'entrée », de séjour et de
sortie pour nos navires pêcheurs ou boëtteurs dans les ports de Terre-
Neuve (ancrage, port, phare, etc., etc., compris).

5° Une indemnité à accorder aux armateurs des goélettes *Virgina* et
Amazone pour le préjudice que leur a causé la saisie illégale de ces
bâtiments, opérée en 1888 par les autorités de Terre-Neuve.

6° Une indemnité pécuniaire aux concessionnaires français ayant des
établissements de pêche au « French Shore » (homards ou morues).

7° Une indemnité pécuniaire aux pêcheurs allant au French Shore.

8° Une indemnité pécuniaire sur laquelle la Métropole accorderait en seconde main, à la colonie de Saint-Pierre et Miquelon, deux millions qui compenseraient le cas échéant, dans une certaine mesure, les préjudices de la cession du French Shore. Cette somme servirait : 1° à l'établissement de parcs à moules (qui constituent un appât suffisant) ; 2° à la construction d'établissements frigorifiques pour la conservation des boëttes ; 3° à l'accomplissement de tous autres travaux que nécessiterait le nouveau système de s'assurer la boëtte; 4° à l'amélioration des ports de Saint-Pierre et Miquelon.

Des délégués de Terre-Neuve ont conféré avec le gouvernement anglais pendant l'hiver de 1900-1901 pour arriver à une solution acceptable pour le gouvernement français. Une déclaration de l'un d'eux, M. Bond, parue dans une interview (1), fait connaître l'opinion actuelle du gouvernement de Terre-Neuve :

Nous avons accepté le *modus vivendi* pour une année encore, uniquement pour accéder à la demande du gouvernement impérial ; mais, quant aux traités temporaires, ils ont été adoptés pour la dernière fois et ne seront certainement pas renouvelés. Une solution définitive ne peut être ajournée plus longtemps, car nous ne pouvons plus tolérer la présence des Français sur nos côtes.

Il n'y a pas à nier que les Français portent un préjudice considérable à notre colonie. Nous ne sommes pas d'accord et ne pourrons jamais l'être aussi longtemps que la France réclamera et possédera le droit exclusif à la pêche sur une étendue de 800 milles de notre littoral ; aussi longtemps qu'elle possédera des droits territoriaux sur cette région, et aussi longtemps qu'elle réclamera et jouira du droit de pêche aux homards dans nos eaux, et, par des empiètements injustifiés, empêchera toute solution finale et nuira au développement commercial de la meilleure partie de notre île.

Non pas que je nie les droits de la France reconnus par les traités, pas plus que je ne m'associe aux manifestations hostiles des foules et aux cris de : « A bas les Français ! »

V. — LA NOUVELLE-CALÉDONIE ET DÉPENDANCES

La colonie de la Nouvelle-Calédonie est depuis quelques années l'objet d'une intéressante tentative de petite colonisation agricole.

____

(1) *Pall Mall Gazette*, 9 mars 1901.

C'est la culture du café qui en a suggéré l'idée, et le projet a été
préparé et mis en œuvre par le gouverneur Feillet. Il a fallu rendre
disponibles les terres fertiles en diminuant les réserves pénitentiaires
et en cantonnant les tribus indigènes : le décret du 6 octobre 1897
a stipulé que 36.436 hectares expressément désignés cesseraient,
au fur et à mesure des nécessités du service pénitentiaire, d'être
réservés pour les besoins de la transportation et seraient affectés à
la colonisation libre et que 6.783 autres hectares, provenant d'achats,
recevraient la même affectation : un arrêté du 23 novembre 1897 a
réglementé la procédure à suivre pour le cantonnement des indigènes
auxquels on réservait, en cantonnant chaque tribu, trois hectares
par tête et qu'on indemnisait par compensation. Le cantonnement a
été accepté par les indigènes et l'on n'a revu aucune trace du mécontentement qui en 1878 avait abouti à la redoutable insurrection
réprimée par l'amiral Olry. Le recrutement des colons s'opère par
des moyens que résume ainsi la notice rédigée pour l'Exposition
universelle par l'Union agricole calédonienne, association de colons
de Nouméa :

Ceux qui persistent dans leurs intentions sont adressés au Ministère
des colonies, où un bureau est spécialement chargé de l'envoi des colons.

Mais, avant de leur donner la réquisition de passage qui leur assure,
à eux et à leurs familles, le transport gratuit jusqu'à Nouméa, le Ministère s'assure qu'ils remplissent les conditions requises :

1o Un casier judiciaire intact de condamnations infamantes ;

2o Un minimum de ressources, qui est fixé à 5000 francs pour les cultivateurs, et à 10.000 francs pour ceux qui ne le sont pas ;

3o Pour ceux qui n'ont pas ce petit capital, un contrat d'engagement
de travail chez un colon déjà établi et reconnu capable de tenir ses
engagements.

Ils s'embarquent. — Ils arrivent à Nouméa.

Dès que le paquebot a mouillé, un fonctionnaire du service de la colonisation se présente aux colons et est spécialement chargé de les dé-
brouiller. Ceux qui veulent épargner leurs ressources reçoivent l'hospitalité dans des bâtiments modestes, mais convenables, et ils n'ont à
supporter que les dépenses de nourriture.

Mais ils n'ont pas longtemps à attendre à Nouméa.

Le jour même de leur arrivée s'ils en ont le temps, le lendemain au
plus tard, ils sont reçus une première fois par le gouverneur qui leur
indique les centres de colonisation actuellement en voie de formation
et où ils seront dirigés. Les colons lui font part des inquiétudes qui les
assaillent, semées dans leur esprit par les adversaires de la colonisation,

ou nées spontanément au moment où le rêve va faire place à la réalité. Une véritable conférence s'établit ainsi naturellement, au cours de laquelle les conseils pratiques et vécus ne sont pas épargnés. Après avoir reçu les colons tous ensemble, le gouverneur les reçoit isolément et donne à chacun en particulier les avis que lui paraît comporter sa situation particulière.

Puis, l'*Union agricole calédonienne* a délégué un ou deux de ses membres qui se font les cicérones des nouveaux colons. Ils leur donnent des conseils au sujet de leurs achats, que l'administration est incompétente à leur fournir.

Enfin, alors que chacun a choisi la combinaison qui lui a paru la plus avantageuse, les colons sont transportés gratuitement jusqu'au centre choisi. Ils y sont reçus par le géomètre chargé du lotissement, qui leur signale les concessions disponibles, et les aide dans leur choix. Ils trouvent dans ces centres des cases rudimentaires qui sont mises gratuitement à leur disposition et qui leur permettent d'attendre, sans frais et à l'abri, la construction de leur maison.

Avec cette organisation, on le voit, le colon, depuis le jour où sa vocation s'est manifestée, jusqu'à celui où il s'est installé sur sa concession, est pour ainsi dire conduit à la main, et, à partir du moment où il s'embarque à Marseille, tout est combiné pour qu'il perde le moins de temps possible, et pour que son courage ne soit pas usé dans de longues attentes.

Les formalités sont réduites au strict nécessaire. Huit ou dix jours au plus tard après son arrivée dans la colonie, l'émigrant peut, s'il le veut, être installé sur sa terre, qu'il a librement choisie parmi celles qui sont disponibles.

Voici le texte de l'arrêté du 22 mars 1898 relatif aux concessions domaniales :

ART. 1er. — Des concessions de terres à titre gratuit peuvent être accordées par arrêté du gouverneur aux immigrants, justifiant des ressources suffisantes, qui viennent s'établir en Nouvelle-Calédonie pour y entreprendre des exploitations agricoles.

ART. 2. — L'étendue de ces concessions peut varier suivant les accidents du terrain et sa qualité. Cette étendue ne sera jamais inférieure à 10 hectares ni supérieure à 25 et comprendra toujours au moins cinq hectares de terres à cultures.

ART. 3. — Les immigrants, à leur arrivée dans la colonie, choisiront leur concession parmi celles qui seront disponibles dans les centres créés.

Dans le cas où plusieurs demandes se produiraient en même temps, pour l'obtention des mêmes lots, l'attribution de ces lots se ferait par voie de tirage au sort.

Art. 4. — Le concessionnaire est tenu de mettre son terrain en valeur et de l'habiter. Il ne peut s'en absenter pendant plus de six mois sans en aviser l'Administration et se faire remplacer par un gérant libre.

Art. 5. — Il est délivré au concessionnaire, au moment de son installation, un titre provisoire : ce titre provisoire sera transformé en titre définitif de propriété au bout de cinq ans et seulement s'il a planté en caféiers ou autres plantes de longue durée (caoutchouc, vanille, etc.) la moitié de la surface susceptible de les recevoir. Le délai de cinq ans indiqué ci-dessus peut être réduit à trois ans si les caféiers ou autres plantes de longue durée occupent les deux tiers de la surface susceptible de les recevoir.

Art. 6. — L'immigrant, qui dispose du minimum du capital exigé, peut obtenir dans le centre de colonisation libre où il s'est établi, et touchant celle qui lui a été attribuée à titre gratuit, une concession à titre onéreux, soit par vente directe, soit par location avec promesse de vente. Les prix de vente ou de location sont déterminés par arrêté du gouverneur pris en conseil privé. Un capital supérieur au minimum exigé peut donner lieu à l'obtention d'un nombre de concessions à titre onéreux, proportionnel au montant de ce capital, sans que toutefois la surface totale de ces concessions et de celle qui est gratuite puisse dépasser 100 hectares.

Art. 7. — Dans les centres de colonisation libre, les concessions à titre onéreux, accordées, dans les conditions ci-dessus, entraînent pour leurs détenteurs les mêmes obligations énumérées aux articles 4 et 5 que les concessions gratuites.

Art. 8. — L'exécution de ces obligations sera constatée par l'administrateur de l'arrondissement ou son délégué agréé par le gouverneur.

Art. 9. — Tout concessionnaire qui, sauf le cas de force majeure, ne remplira pas ses obligations, encourra la déchéance qui sera prononcée par décision du gouverneur en Conseil privé lorsqu'il s'agira d'une concession purement gratuite et par le Conseil du Contentieux administratif en ce qui concerne les concessions en partie gratuites et en partie à titre onéreux.

Art. 10. — Les officiers ou fonctionnaires en service dans la colonie, cinq ans au plus avant l'époque à laquelle ils ont droit à leur admission à la retraite, les employés civils ou militaires, auxquels la loi de finances du 28 décembre 1895 a dénié tout droit à une pension de retraite, les jeunes gens nés dans la colonie et âgés d'au moins 21 ans ou ayant rempli les obligations du service militaire, les sous-officiers et les soldats qui prennent leur congé dans la colonie, les employés européens amenés par les immigrants ou appelés par eux dans la colonie peuvent obtenir, sous la réserve des mêmes obligations, les mêmes avantages que ceux accordés aux immigrants.

Un mouvement d'émigration déjà important a été déterminé par cette procédure : on a enregistré de juin 1895 à janvier 1898 l'arrivée en Nouvelle-Calédonie de 195 familles d'émigrants français, et le nombre de passages collectifs accordés officiellement a été de 89 en 1899, de 100 en 1900 et de 66 pendant le premier semestre de 1901.

La colonisation industrielle est appelée également à un bel avenir. L'industrie, celle des mines de nickel surtout, employait jusqu'à ce jour à des prix relativement élevés la main-d'œuvre libérée. Les contrats venant à expiration, on tente de remplacer cette main-d'œuvre par la main-d'œuvre française attirée dans la colonie par la promesse de possession d'un petit lot de terre. Voici les articles principaux de l'arrêté du 8 décembre 1899 réglementant cette colonisation industrielle :

ART. 1er. — Des lots de village de quinze à vingt ares pourront, dans la mesure où le permettront les ressources du domaine, être attribués gratuitement, par arrêté du gouverneur, dans le voisinage des mines en exploitation, ou de tous autres établissements industriels, aux ouvriers et employés de provenance européenne qui justifieront d'un engagement contracté pour trois ans au moins avec les propriétaires ou exploitants de ces mines ou établissements industriels.

ART. 2. — La concession des lots de cette nature fera d'abord l'objet d'un titre provisoire. Elle sera accordée sous la condition, pour le bénéficiaire, de résider sur le lot concédé, d'y installer une maison, d'y aménager et entretenir un jardin.

ART. 3. — Des lots de pâturage seront, en outre, mis à la disposition en commun de tous les membres de chaque agglomération ouvrière.

La contenance de ces lots de pâturage, dont la jouissance sera indivise entre tous les habitants d'un même centre industriel, sera calculée autant que possible, à raison de trois hectares pour chaque ouvrier attributaire d'un lot de village.

ART. 4. — Après trois ans de résidence, et, s'il a été satisfait aux conditions de l'article 2 ci-dessus, la concession provisoire sera de plein droit transformée en concession définitive : l'administration devra délivrer le titre définitif dans les trois mois de la demande qui lui en sera faite.

ART. 5. — Par contre, la déchéance pourra être prononcée par le gouverneur en conseil privé, contre tout ouvrier concessionnaire qui n'aura pas pris possession de son lot dans les six mois de la délivrance du titre provisoire, ou qui s'en absentera pendant plus d'un an sans l'autorisation du service de la colonisation ou qui ne remplira pas les conditions de l'article 2 ci-dessus.

ART. 6. — A l'expiration de leur engagement avec les entreprises minières ou les établissements industriels, les ouvriers qui ne le renouvelleront pas pourront, s'ils justifient de ressources suffisantes, obtenir à titre gratuit dans les centres de colonisation libre et aux conditions de l'arrêté du 22 mars 1898, des lots de culture de dix à vingt-cinq hectares.

La colonie améliore son outillage économique. Un projet d'amélioration du port de Nouméa est à l'étude. Diverses routes vont être tracées. De plus une voie ferrée est projetée de Nouméa à Bourail et pourra être ultérieurement poussée jusqu'au nord de l'île ; cette ligne ne fera pas concurrence au cabotage, car la voie de mer ne peut être utilisée que par des navires d'un faible tirant d'eau, et les richesses agricoles et minières que doit atteindre le rail sont placées assez loin de la mer dans le voisinage des massifs du centre de l'île.

Le commerce de la colonie, longtemps stationnaire, est en progression. Il était en 1895 de 15 millions, a varié autour de ce chiffre de 1896 à 1898 et s'est relevé à 19.871.000 fr. en 1899, dont près de 11 millions d'importations ; la France a importé pour 6.275.000 fr. et la colonie a exporté pour elle 5 millions et demi. En 1900 le mouvement commercial a dépassé 21 millions, dont 12 aux importations.

Des dépendances de la Nouvelle-Calédonie un seul groupe mérite une mention historique en ces dernières années, les Nouvelles-Hébrides. Ces îles ont été considérées comme faisant partie de droit des dépendances de la Nouvelle-Calédonie jusqu'à l'année 1877 (1) où les missionnaires presbytériens tentèrent de déterminer en Australie et en Angleterre un mouvement d'opinion en faveur de l'annexion britannique, bien que les planteurs anglais de Vaté (port Havannah) eussent eux-mêmes sollicité l'annexion française par une pétition adressée en mai 1876 au gouverneur de la Nouvelle-Calédonie. Un arrangement provisoire intervint en 1878 entre les gouvernements français et anglais. Mais Anglais et Français continuaient à rivaliser d'influence. Les colonies australiennes sommaient le gouvernement métropolitain d'annexer les Nouvelles-Hébrides, mais il confirmait à la France en 1883 l'arrangement de 1878 et au mois de décembre 1885 une convention de la France avec l'Allemagne nous assurait du désintéressement de cette puissance quant aux Nouvelles-Hébrides ; en 1884 une expédition française commandée par M. Higginson avait occupé Mallicolo.

Des incidents graves se produisirent en 1886. La France dut envoyer

(1) Notices coloniales de 1889.

des troupes pour punir des vols et des meurtres commis par les indigènes, elles occupèrent Port-Havannah et Port-Vila. Notre action ayant soulevé des protestations, les gouvernements français et anglais conclurent le 24 octobre 1887 une convention ainsi conçue :

Le gouvernement de la République française et le gouvernement de S. M. la Reine du Royaume-Uni de la Grande-Bretagne et d'Irlande, désirant abroger la déclaration du 19 juin 1847, relative aux îles Sous-le-Vent de Tahiti, et assurer, en même temps, pour l'avenir, la protection des personnes et des biens aux Nouvelles-Hébrides, sont convenus des articles suivants :

Art. 1er. — Le gouvernement de S. M. britannique consent à procéder à l'abrogation de la déclaration de 1847, relative au groupe des îles Sous-le-Vent de Tahiti, aussitôt qu'aura été mis à exécution l'accord ci-après formulé pour la protection, à l'avenir, des personnes et des biens aux Nouvelles-Hébrides, au moyen d'une commission mixte.

Art. 2 — Une commission navale mixte, composée d'officiers de marine appartenant aux stations française et anglaise du Pacifique, sera immédiatement constituée ; elle sera chargée de maintenir l'ordre et de protéger les personnes et les biens des citoyens français et des sujets britanniques dans les Nouvelles-Hébrides.

Art. 3. — Une déclaration à cet effet sera signée par les deux gouvernements.

Art. 4. — Les règlements destinés à guider la commission seront élaborés par les deux gouvernements, approuvés par eux et transmis aux commandants français et anglais des bâtiments de la station navale du Pacifique, dans un délai qui n'excédera pas quatre mois à partir de la signature de la présente convention, s'il n'est pas possible de le faire plus tôt.

Art. 5. — Dès que ces règlements auront été approuvés par les gouvernements et que les postes militaires français auront pu, par suite être retirés des Nouvelles-Hébrides, le gouvernement de S. M. Britannique procédera à l'abrogation de la déclaration de 1847. Il est entendu que les assurances relatives au commerce et aux condamnés qui sont contenues dans la note verbale du 24 octobre 1893, communiquée par M. de Freycinet à lord Lyons, demeureront en pleine vigueur.

En foi de quoi les soussignés, dûment autorisés à cet effet, ont signé la convention présente et y ont apposé leurs cachets.

Fait en double à Paris, le 16 novembre 1887.

FLOURENS.   EGERTON.

Nos troupes évacuèrent Port Havannah et Port Sandwich. Mais en 1892 la France et l'Angleterre envoyèrent des croiseurs et des

troupes dans l'île de Mallicolo pour venger le massacre du colon
français Parent. Le condominium anglo-français étant relatif au
seul maintien de l'ordre, il en résultait que nos nationaux établis
aux Nouvelles-Hébrides étaient pour les actes de la vie civile et
sociale abandonnés à eux-mêmes et ne dépendaient d'aucun pouvoir
organisé. Une loi votée par le Parlement en 1900 a autorisé le Président de la République à prendre par voie de décret les mesures
d'ordre administratif et judiciaire nécessaires pour assurer la protection et garantir l'état et les droits des citoyens français établis
dans les îles et terres de l'Océan Pacifique ne faisant pas partie du
domaine colonial de la France et n'appartenant à aucune puissance
civilisée, et à établir le régime douanier auquel seront assujettis en
France et dans les colonies les produits originaires de ces îles et
terres.

Il faut signaler chez la jeune fédération australienne une tendance vers une sorte de doctrine de Monroë océanienne qui a poussé
quelques notables et quelques journaux d'Australie à demander
l'entrée des Nouvelles-Hébrides dans cette fédération et l'éviction de
la France de ces îles.

VII. — ÉTABLISSEMENTS FRANÇAIS DE L'OCÉANIE

Les archipels océaniens dépendant de la France forment aujourd'hui
une colonie spéciale, les établissements français de l'Océanie, composés d'une centaine d'îles disséminées sur une étendue de 600 lieues
de long sur 500 de large et formant un territoire d'environ 400.000
hectares. Ils comprennent les archipels de la Société, des Marquises,
des Tuamotu et des Gambier, les îles Tubuai, Raivavae et Rapa et
le protectorat des îles Rurutu et Rimatara.

L'archipel de la Société se compose des Iles-du-Vent et des Iles
sous-le-Vent. Les Iles-du-Vent sont Tahiti et Moorea.

Depuis l'affaire de 1852 (1) l'autorité de la France ne faisait que
croître à Tahiti. A la mort de Pomaré IV en 1877, son fils aîné,
Arü-Aué, fut appelé au trône sous le nom de Pomaré V. Le prestige
très amoindri de ce chef et son mariage avec la fille d'un résident
anglais amenèrent la France à rechercher l'annexion de Tahiti, les

(1) V. plus haut page 367.

démarches engagées par le capitaine de vaisseau Planche furent menées à bien par M. Chessé, commissaire de la République, qui obtint le 29 juin 1880 de Pomaré V la renonciation suivante :

Nous, Pomaré V, roi des Iles de la Société et dépendances :

Parce que nous apprécions le bon gouvernement que la France a donné aujourd'hui à nos Etats, et parce que nous connaissons les bonnes intentions de la République française à l'égard de notre peuple et de notre pays, dont elle veut augmenter le bonheur et la prospérité,

Voulant donner au gouvernement de la République française une preuve éclatante de notre confiance et de notre amitié,

Déclarons par les présentes, en notre nom personnel et au nom de nos descendants et successeurs,

Remettre complètement et pour toujours entre les mains de la France le gouvernement et l'administration de nos Etats, comme aussi tous nos droits et pouvoirs sur les Iles de la Société et dépendances.

Nos états sont ainsi réunis à la France, mais nous demandons à ce grand pays de continuer à gouverner notre peuple en tenant compte des lois et coutumes tahitiennes.

Nous demandons aussi de faire juger toutes les petites affaires par nos conseils de district, afin d'éviter pour les habitants des déplacements et des frais onéreux.

Nous désirons enfin que l'on continue à laisser toutes les affaires relatives aux terres entre les mains des tribunaux indigènes.

Quant à nous, nous conserverons pour nous-même le titre de roi et tous les honneurs et préséances attachés à ce titre ; le pavillon tahitien avec le yac français, pourra, quand nous le voudrons, continuer à flotter sur notre palais.

Nous désirons aussi conserver personnellement le droit de grâce qui nous a été accordé par la loi tahitienne du 28 mars 1866.

Nous faisons cette déclaration à la famille royale, aux chefs et au peuple pour qu'elle soit écoutée et respectée.

La cession fut ratifiée par une loi du 30 décembre 1880 ainsi conçue :

Art. 1er. — Le Président de la République est autorisé à ratifier et à faire exécuter les déclarations signées le 29 juin 1880 par le roi Pomaré V et le commissaire de la République aux Iles de la Société, portant cession à la France de la souveraineté pleine et entière de tous les territoires dépendant de la couronne de Tahiti.

Art. 2. — L'île de Tahiti et les archipels qui en dépendent sont déclarés colonies françaises.

Art. 3. — La nationalité française est acquise de plein droit à tous les anciens sujets du roi de Tahiti.

Art. 4. — Les étrangers nés dans les anciens États du Protectorat, ainsi que les étrangers qui y seront domiciliés depuis une année au moins, pourront demander leur nationalisation. Ils seront dispensés des délais et des formalités prescrites par les lois des 27 juin-5 juillet 1867, ainsi que des droits de sceaux.

Les demandes seront adressées aux autorités coloniales dans le délai d'une année à partir du jour où la loi sera exécutoire dans la colonie et après enquête faite sur la moralité des postulants, au ministère de la marine et des colonies qui les transmettra, avec son avis, au garde des sceaux.

La naturalisation sera accordée par décret du Président de la République.

Les Iles-sous-le-Vent comprennent les îles de Raiatea, Tahaa, Huahine et Bora-Bora, plus six petites îles. Elles furent annexées le 16 mars 1888 par le gouverneur Lacascade qui fit la proclamation suivante :

Art. 1er. — Les îles Raiatea-Tahaa, Huahine et Borabora, ainsi que toutes leurs dépendances, notamment Tubuaï-Manu (dit Maiao), Maupiti, Scilly, Mapihaa, Bellingshausen, sont, à l'avenir, placées, sans partage ni réserve, sous la souveraineté pleine et entière de la France.

Art. 2. — Le pavillon national de la France y sera seul arboré, dès ce jour, en présence des autorités civiles et militaires qui nous accompagnent, des fonctionnaires indigènes et des troupes de terre et de mer, qui présenteront les armes au moment où le drapeau sera hissé.

Il sera salué de 21 coups de canon.

Art. 3. — Les anciens souverains de Raiatea, de Borabora et de Huahine, continueront à être traités avec tous les égards qui leur sont actuellement dus. Ils sont placés sous la haute tutelle de la France, qui leur assurera une situation honorable.

Art. 4. — Les chefs et sous-chefs de districts, les toohitu, les juges, les pasteurs et tous autres agents quelconques actuellement en exercice conserveront leurs fonctions, ainsi que les soldes qui y sont attachées.

Art. 5. — Il n'est rien changé présentement à l'administration municipale des districts ; les conseils élus continueront également à connaître les affaires du pays, sous la présidence de notre délégué.

Art. 6. — La justice continuera à être rendue dans la même forme que par le passé à l'égard des indigènes.

Toutefois, les étrangers, Européens ou autres, ne relèveront que des tribunaux français.

Art. 7. — L'exercice de tous les cultes reconnus par les lois françaises est libre ; nul ne sera inquiété dans la pratique de sa religion.

Mais ces îles comptaient un certain nombre de rebelles et, après plusieurs tentatives de pacification restées vaines, le gouvernement se résolut à envoyer à la fin de 1896 une expédition militaire qui, le 1er janvier 1897, mit en état de siège les îles Raiatea et Tahaa et traqua les rebelles : Teranpoo, le principal chef, et quelques autres furent faits prisonniers et déportés. Une loi du 19 mars 1898 a déclaré les Iles-sous-le-Vent partie intégrante du domaine colonial de la France. Elles forment un établissement secondaire ayant un budget spécial.

L'archipel des Marquises comprend deux groupes, le groupe sud-est (Hiva-Oa, Tauata, Fatouhiva, Fatouhuka et Motane) et le groupe nord-ouest (Nouka-Hiva, Ua-Pu, Ua-Uka et Eiao).

L'archipel Tuamotu est un archipel d'atoll. Il dépendait de Pomaré et a été annexé avec Tahiti.

L'archipel Gambier comprend dix îlots volcaniques dont les principaux sont Mangareva, Taravai, Akamaru et Aukena. Les Mangaréviens ont demandé en 1881 leur annexion qui a été prononcée le 23 février 1881.

L'archipel Tubuai se compose de quatre îles, Tubuai, Raivavae, Rurutu et Rimatara. Les deux premières ont été annexées comme dépendances de Pomaré. Le protectorat a été établi sur les deux secondes en 1889. A Tubuai est rattachée l'île de Rapa, située aux confins de nos possessions polynésiennes dans la direction australe et où un seul gendarme représente toute l'autorité aux yeux des 170 habitants.

La statistique de 1899 donne pour les établissements de l'Océanie 2.861.000 fr. d'importations et 3.528.000 fr. d'exportations, au total 6.389.000 fr. d'affaires, dont 746.000 fr. avec la France. La principale exportation est la nacre qui va surtout en Angleterre. En 1900, la colonie a fait 7.108,000 fr. d'affaires, dont 3.514.000 fr. d'importations : la part de la France a été de 578.000 fr. aux importations, et de 534.000 aux exportations.

VIII. — ÉTABLISSEMENTS FRANÇAIS DE L'INDE

La situation commerciale de nos établissements de l'Inde laisse à désirer. En 1890 le chiffre total des importations et des exportations avait été de plus de 23 millions et demi : en 1899 il n'a été que de 14 millions, dont 4.811.000 fr. d'importations.

Le commerce de l'Inde subit le contrecoup du régime douanier appliqué sur les territoires anglais par l'Indian Act du 10 mars 1894 qui, en frappant d'un droit de 5 0/0 les produits importés de nos établissements, a éloigné de nos ports les produits indiens venant de la côte à destination de l'intérieur. Ce sont surtout les importations qui ont fléchi : de 9 millions en 1890 elles sont tombées à 2 millions et demi en 1897 et ne s'étaient relevées qu'à 4.811.000 fr. en 1899.

Comme voie ferrée il faut signaler la ligne de Karikal à Péralam et le projet de Pondichéry à Goudelour.

CONCLUSION

En moins d'un quart de siècle la France républicaine a refait
un empire colonial digne de celui que la patrie avait perdu au
siècle dernier. Aujourd'hui quarante-cinq millions d'hommes
de toutes races, parvenus aux degrés les plus divers de la
civilisation, sont entrés dans la communauté française. Insis-
tons plus sur ce fait que sur la gigantesque superficie des
Frances d'outre-mer ; à côté de terres merveilleusement riches,
comme le Tell Algérien et Tunisien, les vallées du Sénégal et
du Niger, les régions littorales de la Guinée, les deltas du Mé-
Kong et du Fleuve-Rouge, nous avons acquis et chèrement
acquis de vastes étendues de déserts, de steppes, de savanes.

Le temps est passé où l'on mettait en doute l'aptitude de
notre race à faire œuvre coloniale; tout au plus redit-on
quelquefois en France cette boutade que l'on voudrait élever
au rang de classification : « La Grande-Bretagne a des colo-
« nies et des colons, l'Allemagne des colons sans colonies, la
« France des colonies sans colons. » Mieux vaudrait, peut-
être, se demander si notre pays a la force expansive particulière qui convient à la nature de ses colonies, si ses colonies
conviennent ou répugnent à son tempérament propre. Réflé-
chit-on beaucoup, quand on développe le sens de cette formule
ironique, à la détresse où nous risquerions de tomber si notre

race, dont l'essor numérique s'arrête, hélas! avait devant elle d'immenses colonies de climat tempéré à peupler et à défendre? Encore certains penseurs estiment-ils qu'en ce cas particulier la fonction créerait l'organe. D'autre part manquons-nous des capitaux et des initiateurs agricoles qu'exige la mise en valeur des nombreux pays tropicaux réunis sous notre loi? Telle est la question qu'il faut se poser. Enfin, si nos facultés suffisent à une telle fonction, notre tradition nationale, notre éducation, bref notre condition actuelle, nous poussent-elles à l'effort nécessaire? Nos lois et les conventions internationales qui nous lient secondent-elles ou contrarient-elles cet effort?

Le trait essentiel de la composition de notre empire colonial, c'est la prépondérance des pays de climat tropical; et ce climat lui-même comporte un très grand nombre de variétés. Il est vrai que, sous les tropiques mêmes, ou sur leurs confins, certaines régions sont habitables pour les gens de notre race, soit d'une manière permanente comme les Antilles, la Réunion, la Nouvelle-Calédonie, soit d'une façon passagère, et moyennant une atténuation des conditions normales de la vie de travail, comme le Tonkin, dans sa partie septentrionale, en dehors du delta.

La catégorie des colonies, dites d'exploitation, c'est-à-dire où le peuplement n'est que précaire et peu durable (car c'est là ce que signifie la classification des économistes) est donc, de beaucoup, la mieux représentée. Pour une nation dont la population s'accroît rapidement, ce serait un grave dommage, une perte fatale des éléments d'émigration, après un délai de durée variable. Mais la fonction la plus nécessaire de la métropole française, si pauvre en émigrants, est de fournir au labeur indigène la direction d'initiateurs instruits et l'appui de capitaux bien appliqués. Il s'agit donc pour nous de tout autre chose que d'une expansion instinctive, énergique et enthousiaste que nous recommandent souvent des orateurs chaleureux mais mal informés : le premier besoin est celui de bien déterminer les pays de notre empire tropical où l'intelligence et la richesse d'une élite de la métropole auront le plus d'intérêt à se porter.

Au premier rang de nos colonies sont les régions de climat tropical maritime, caractérisées par une humidité presque constante, par une chaleur sujette à peu de variations, par l'oblitération à peu près complète des contrastes de saisons. Dans ces pays, il y a, pour ainsi dire, perpétuel labeur de la terre sous l'influence de pluies abondantes et chaudes ; les saisons de mort ou même les saisons de repos de l'activité végétale que l'on connaît chez nous, n'existent pas. Aussi telle plante nourricière de première richesse, comme le riz, y donne jusqu'à trois récoltes par an. Un nombre considérable de cultures excellentes y peuvent être introduites, comme le prouve l'exemple classique de Java que les Hollandais trouvèrent boisée, mal peuplée, sauf dans les districts côtiers où foisonnait une redoutable population de pirates.

Les colonies qui semblent vouées à cet avenir de richesse rapidement développée sont les régions maritimes de l'Afrique occidentale, bas pays de Guinée, Côte-d'Ivoire et Dahomey, une part notable de notre Congo, enfin la Guyane laissée depuis si longtemps à l'état d'abandon.

Ces trois groupes de colonies françaises doivent donc, à divers degrés d'aptitude, fournir à leurs habitants, dont le nombre s'accroîtra au sein de la « paix française », une extrême abondance de produits alimentaires, igname, taro, patate, riz, bananes, et à la métropole le café, les épices, le caoutchouc, le cacao.

Il serait inutile et dangereux de dissimuler que, comparées à Java, modèle du genre, nos colonies de climat tropical maritime ne sont ni aussi complètement favorisées par la nature ni même aussi bien pourvues sur place des éléments humains capables de mettre en valeur tant de ressources latentes. Seule peut-être notre Guyane, étouffée désormais entre les frontières étroites que lui ont donnée les derniers arbitrages, a, comme l'île Malaise, de vastes étendues de plaines basses, formées par l'alluvionnement; ses fleuves et les remous marins que détermine le gigantesque Amazone, garnissent le littoral de précieux dépôts. Mais l'arrière-pays ne contient pas les grands monts volcaniques si facilement entaillés par l'érosion à Java, et la côte n'est point bordée de la mer peu profonde qui favorise le rapide gain de la plaine alluviale. Malgré ces désavantages, la forêt luxuriante de la Guyane atteste ce qu'on pourrait y obtenir par un labeur organisé et méthodique. L'histoire, une histoire vieille d'un siècle seulement, prouve ces merveilleuses facultés de la Guyane. Il suffit, pour s'en convaincre, de lire dans Buffon la description des plantations des environs de Cayenne ; elle a toute l'éloquence d'une comparaison faite pour nous navrer, mais peut aussi nous donner grand espoir dans l'avenir, si nous mettons un terme à l'expérience pénitentiaire si désastreuse pour ce beau pays.

Les bas pays de la Guinée, de la Côte-d'Ivoire et du Dahomey, également fort bien dotés par la nature, jouissent du bienfait capital du voisinage de la métropole, et de leur excellente position sur le parcours du fructueux cabotage d'escale à escale qui s'y pratique depuis tant de siècles entre l'embouchure du Congo et celle du Sénégal ; ils sont enfin à bonne portée d'une grande ligne de trafic international, celle qui, partant de l'Amérique du Sud Atlantique, aboutit à Dakar.

Mais comparée à la Guyane, cette région de colonisation révèle un grave désavantage, celui de la valeur fort inégale des terrains de culture, même sur la lisière proprement maritime. Les montagnes de l'intérieur étant d'altitude médiocre, les fleuves qui en descendent, coupés de rapides, jetés dans une mer profonde à courte distance de la côte, n'alluvionnent

pas comme ceux de Java, de Sumatra et de Bornéo. Bien
plus, encaissés dans des plateaux successifs, ils n'alluvionnent
même pas leurs rives assez régulièrement pour donner naissance à un sillon continu de terres riches. De grandes étendues
que féconderaient les moindres inondations, restent couvertes
de cette roche infertile, la latérite, qui est la désolation de tant
de pays tropicaux.

Au Congo, l'inconvénient d'une plus grande distance entre
la métropole et la colonie est sensible pour nombre de contrées
riches de l'intérieur, qui, en dépit de leur fertilité, enverront
difficilement leurs produits vers les marchés de France.

Voilà donc un premier groupe de colonies dont la force
productive est remarquable, mais la mise en valeur, pour des
motifs divers, médiocrement avancée. Ce sont des pays qui
devront leur développement à un choix intelligent d'initiateurs
de cultures et à un emploi bien raisonné des capitaux.

De haute valeur est notre domaine de colonies de la zone
climatérique des moussons : ce sont pays à saisons contrastantes, l'une humide, de climat maritime, l'autre sèche, de
climat continental. Dans de telles contrées, la faculté de production du sol est diminuée par l'intervention d'une période
d'assèchement dont le début est favorable, la fin parfois désastreuse. Là le cultivateur doit tenir un compte exact des
saisons, il doit veiller rigoureusement ; son métier est pénible,
difficile, et ne rappelle en rien la nonchalance de l'indigène
des pays riches en bananiers. Il connaît déjà, comme nous,
gens de pays à saisons et à pluies variables, les « rabat-joie »,
les surprises que ménage tantôt un excès de sécheresse tantôt
un excès d'humidité. On sait les vicissitudes classiques de
richesse et de misère de l'Inde, les récoltes merveilleuses d'une
année, les famines d'une autre.

En revanche, ce contraste même des saisons permet une
plus grande variété de cultures ; par là, et du fait même de la

nécessité d'un labeur intelligent qui trempe les sociétés comme les individus, des civilisations se sont formées, longtemps avant notre arrivée, dont le trésor d'expérience peut s'associer heureusement à notre apport de savoir et diminuer la durée de l'initiation; là sont des peuples plus civilisés et plus capables de nous comprendre si nous faisons l'effort de les comprendre aussi. Une partie de notre Afrique occidentale, toute l'Indo-Chine, la moitié au moins de Madagascar, répondent à cette définition naturelle; mais des causes historiques sont intervenues, à l'encontre ou au secours des conditions de nature, qui ont assigné à chacune de ces vastes régions, des degrés et des caractères divers de civilisation; par là notre rôle de tuteurs devient singulièrement complexe, exige ici une intervention énergique de nos procédés civilisateurs, là un respect prudent des traditions du labeur indigène.

Au premier rang de nos colonies de cette catégorie se place, sans aucun doute, l'Indo-Chine. Elle vaut moins que l'Inde, tant à cause de sa superficie beaucoup moindre, qu'en raison du développement inférieur, aussi, des terroirs vraiment riches. Elle offre, comme l'Inde, ces délicatesses de transitions climatériques qui sont un avantage de premier ordre; les côtes de Cochinchine, d'Annam et du Tonkin, aux pays baignés par le Mé-Kong à l'intérieur, s'étagent et se différencient les climats, et c'est bien cette même condition naturelle qui a permis dans l'Inde une si merveilleuse variété des cultures.

Mais notre Indo-Chine n'a que des plaines deltaïques d'étendue restreinte, non de larges plaines comme la région Indo-Gangétique : Cochinchine, Cambodge et bas-Tonkin portent la majeure partie des cultures, le plus grand nombre des populations. Ce fait de répartition de la richesse et des hommes n'est pas dû seulement, il faut en convenir, à l'inégalité de valeur culturale des terres ; le voisinage de la mer, d'où vinrent des colons apportant la civilisation de l'Inde et de la Chine, qui rend les échanges si faciles entre les pays de moussons, a grandement influé sur la marche historique des sociétés indochinoises ; mais là, comme en Chine, comme dans l'Inde, le premier et décisif attrait qui a groupé les hommes, c'est l'exubérance des plaines deltaïques.

Que de nuances délicates dans ce bel empire de France indochinoise. Ici la Cochinchine, où la longue durée de la saison humide, l'étendue et l'épaisseur des alluvions, sont des gages de richesse semblables ou analogues à ceux que Java réserve aux Hollandais : là notre Tonkin, aux hivers salubres et dotés de quelques pluies, cumulant le trésor de ses rizières du delta et de ses pays d'élevage de l'intérieur, permettant aux Français un long séjour et des projets patiemment menés à bien ; entre la Cochinchine et le Tonkin, le Cambodge, le Laos, l'Annam intérieur ou maritime, avec mille degrés d'acclimatation des cultures les plus diverses. Et partout ou presque partout une main-d'œuvre suffisante, en qualité et en quantité, pour rendre fructueuses les tentatives les plus délicates d'introduction de plantes nouvelles et les extensions nécessaires de cultures déjà usitées, café, thé, coton, épices, jute, etc..... Enfin, la position de cette vaste colonie sur le grand parcours du trafic international qui mène du Japon et de l'Asie russe à l'Europe du Nord et du Nord-Ouest, compense le désavantage de l'éloignement.

Au second rang se placent les régions intérieures de notre Afrique occidentale, ce Soudan si varié que Dupouchel appela « nos Indes noires ». Hélas ! il faut reconnaître que ce vaste domaine est fort inférieur à la péninsule indienne, par ses aptitudes naturelles, et par son degré de mise en valeur : ni les maux séculaires de l'esclavage ni ceux de la guerre, pourvoyeuse des marchands d'esclaves, n'expliquent seuls cette infériorité ; s'il y a une part de déchéance historique, il y a aussi notable influence de causes physiques, inhérentes, indestructibles. C'est que la saison humide, la mousson bienfaisante de la mer, est beaucoup moins efficace à l'intérieur de l'Afrique occidentale qu'elle n'est dans l'Inde et dans l'Indo-Chine ; médiocrité du relief, présence d'un arrière-pays désertique, tout contribue à exagérer les effets de l'assèchement continental luttant contre la fécondation marine. Au Nord est la fournaise saharienne, ou plutôt la vaste nappe d'assèchement du désert, car ses effets nuisibles de froidure se font sentir en hiver comme en été ses souffles brûlants, destructeurs de la vie végétale. Pour passer des déserts du Nord aux riches cantons forestiers et culturaux du littoral, il faut la transition de steppes presque aussi misérables que le désert, de savanes où règne la vie pastorale, parfois encore la vie nomade. Cette vie précaire et désespérante a fait là, comme dans la haute-Egypte, comme en Arabie, surgir le « mahdisme », entraîneur d'hommes que l'insuffisance du sol natal jetait naturellement dans la clientèle d'un sauveur conquérant et pillard. Aussi la main-d'œuvre est-elle encore rudimentaire chez nos Soudanais, parfois même jusqu'au voisinage de la côte ; et il nous faudra un long labeur d'initiation avant d'obtenir d'autres bénéfices que ceux de l'exploitation des produits naturels, bois, huile de palme, caoutchouc, kola.

Madagascar exigera de ses initiateurs français, à peu près autant de sacrifices et d'efforts persistants que l'Afrique occidentale. Elle compte, dans les plaines de l'Ouest et du Sud-Ouest, des régions dont la sécheresse contraste avec l'exubérance du versant oriental et nord-oriental ; elle dispose en revanche, dans le voisinage, à la Réunion, et à Maurice, quoique anglaise, de précieuses pépinières de colons capables de comprendre à la fois les aptitudes de la grande île et les besoins de la métropole. Enfin les populations indigènes de l'Imérina et d'une partie du Betsiléo pourront être, moyennant quelques précautions d'ordre politique, assez promptement

associés aux œuvres françaises. Madagascar, grâce à ses
hautes terres du Centre et du Sud, est pour sa métropole un
pays de peuplement et, par là, présente des chances d'assimilation partielle, de rapprochement intime et durable de quelques-unes de ses races indigènes avec la race française ; c'est
un avantage que n'offrent au même degré ni l'Indo-Chine, ni
l'Afrique occidentale : et s'il y a un jour dans la grande île
moins de richesses, que dans notre immense colonie continentale d'Afrique, que dans notre péninsule d'Indo-Chine, ces
richesses seront mieux et plus directement à nous, parce que
nous pouvons être « sur place », comme des propriétaires ruraux soucieux de leur bien.

La Nouvelle-Calédonie ressemble, par ses conditions d'acclimatation, aux provinces tempérées de Madagascar. La vie
française s'y est implantée avec autant de facilité que dans les
meilleurs cantons de notre Algérie-Tunisie. Mais nous nous
reprocherions de définir ici les caractères bien connus de nos
colonies tempérées ; aucune contestation n'est possible sur les
principes essentiels de leur mise en valeur : et telles autres
« vieilles colonies », comme nos Antilles et la Réunion, ont
déjà leur destinée bien marquée après plusieurs siècles de vie
familiale dans la communauté française où on les considère
comme de vraies provinces du vieux pays national. Leurs habitants ne peuvent être regardés, sans qu'on leur fasse injure,
comme de simples auxiliaires de la mise en valeur de notre
domaine colonial ; ils doivent avoir et ils auront, comme les
Français de France et d'Algérie-Tunisie, leur rôle original
dans toutes les entreprises d'exploitation des nouvelles Frances
d'outre-mer qui ne sont pas encore devenues semblables à la
métropole ni par la condition politique, ni par les mœurs, ni
par le langage.

II

Le grave problème que nous sommes tenus de résoudre, en principe d'abord et pour guider notre action, est celui de l'emploi à la fois fructueux et fraternel des terres nouvelles dont les peuples sont soumis à la loi française, à titre de sujets directs ou de protégés. Malgré quelques divergences de doctrine qui s'effacent, dans un sentiment de patriotique solidarité, dès qu'on en vient à l'application, on peut dire que l'opinion française s'est énergiquement prononcée en faveur d'une organisation qui rendrait « la production coloniale toujours solidaire jamais antagoniste de la production métropolitaine ». Cette doctrine n'a pas seulement pour elle des raisons de sagesse et de prévoyance politiques ; elle s'impose comme pure et simple exécution d'un contrat solennellement proclamé à l'époque où le gouvernement de la république demandait au pays, représenté par ses Chambres, les sacrifices nécessaires à l'œuvre. On promit alors que les colonies acquises seraient pour la France autant de marchés privilégiés : l'engagement fut dix fois renouvelé par des déclarations non équivoques. Mais il ne suffit pas de proclamer le principe indiscutable de cette union étroite d'intérêts : il faut en indiquer les moyens. Là commença la divergence.

La thèse de la solidarité douanière de la métropole et des colonies, du droit de la France de régler à cet égard le régime des pays conquis au prix de tant de sacrifices, a été exposée et soutenue avec une grande vigueur par M. Etienne, au cours des délibérations du Conseil supérieur du commerce et de l'industrie, le 17 juillet 1890 : « Mon sentiment est très net », dit-il, « j'appartiens à cette école qui veut que les colonies « soient absolument réservées au marché français. Je ne com- « prends pas cette conception qui consiste à avoir sur tous

« les points du globe des marchés commerciaux qui seraient
« exclusivement destinés à alimenter tous les autres marchés,
« excepté celui de la France… Quand on a accordé l'indépen-
« dance économique, la force des choses veut qu'on arrive
« bien vite à l'indépendance complète. Quand les colonies n'ont
« plus de relations, plus de liens communs avec la métropole,
« tôt ou tard cette dernière est abandonnée. On en a des
« exemples. L'Angleterre sait ce qu'il lui en coûte d'avoir laissé
« une indépendance absolue à ses colonies. »

Quels sont les moyens efficaces et permis d'éviter l'antagonisme, la concurrence de production soit agricole, soit industrielle entre la France et ses colonies ? C'est le problème que
posait récemment (1), avec une netteté remarquable, M. Jules
Méline : « Si nous ne prenons pas des mesures rapides — et,
« à mon sens, nous sommes déjà en retard — nous courons
« le risque de voir s'établir, dans nos colonies, une situation
« que l'on nous opposera plus tard, comme un fait accompli,
« et à laquelle nous ne pourrons pas remédier. On nous dira
« alors : « Il faut indemniser les industriels qui se sont ins-
« tallés sur la foi de la législation existante… » Je considère
« que ce serait alors la ruine de notre empire colonial ; car
« jamais, en France, on ne consentirait à procéder comme le
« font les Anglais. Il est certain que, le jour où il serait dé-
« montré que nos colonies s'émancipent vis-à-vis de la métro-
« pole, comme le font les Indes, on dirait : ce n'était pas la
« peine de faire tant de sacrifices pour arriver à ne rien récol-
« ter ! Notre but avait été de créer des débouchés à notre in-
« dustrie, et ils nous échappent. Le Français accepte très bien,
« en effet, de prendre dans ses colonies les produits naturels
« et les matières dont il a besoin — et je dirai qu'à ce point
« de vue je suis même d'avis d'ouvrir les portes plus larges.

(1) Communication à la Société d'Economie politique nationale, 1900.

« Mais en retour, nous entendons que nos colonies ne viennent
« pas faire concurrence à nos produits manufacturés. Or, si
« nous laissons des industries s'installer dans nos colonies,
« les capitaux iront également s'y installer ; on y amènera des
« contre-maîtres, des équipes d'ouvriers, et, dans ces condi-
« tions, rien ne sera plus facile que d'y faire fonctionner des
« industries exactement comme elles fonctionnent en France.
« Dans l'Indo-Chine, par exemple, on manufacturera le coton
« et la soie, et, il y a quelques années, M. de Lanessan avait
« même eu l'idée originale d'offrir une prime à la création des
« filatures de soie. Quelles seraient les conséquences d'un pa-
« reil système ? C'est que, non seulement les débouchés colo-
« niaux se fermeraient à nos industries coloniales, mais que,
« avant peu, les produits industriels de nos colonies viendraient
« nous concurrencer sur nos propres marchés, comme le font
« les produits des Indes sur les marchés de l'Angleterre. C'est
« là qu'est le nœud de la question : c'est là le grave problème
« que nos Pouvoirs publics ont le devoir d'envisager ; ils le
« résoudront comme ils le voudront, mais il faut l'examiner,
« et promptement, car plus tard, je le répète, on nous dira :
« Ces industries se sont établies dans le pays, elles avaient le
« droit de le faire, il est maintenant impossible de les ruiner,
« de les faire disparaître. »

Or nous avons essayé de montrer ci-dessus, par une classification que nous avons affranchie des vieilles coutumes de
la division en parties du monde pour pénétrer jusqu'à des
causes essentielles et permanentes de diversité, que notre
nouvel empire colonial est déjà bien connu dans ses plus
importantes facultés de production. Mais à toutes ces sources
de richesses que nos explorateurs ont révélées puisent déjà de
nombreux étrangers, dont l'association avec quelques Français
dissimule mal les progrès de l'envahissement. Et pendant que
se fait, à l'ombre du drapeau, cette expropriation par efforts

individuels qui évite à nos concurrents les dangers et les frais d'une conquête, nous achetons, chaque année, à l'étranger, pour une valeur de plus d'un milliard, des produits qui pourraient nous être expédiés par nos colonies (1). Soie grège, coton et laine, bois, graines oléagineuses et fruits, café, cacao, caoutchouc, thé, vanilles, épices, voilà nombre d'importations qui devraient enrichir nos colonies et nous assurer sans doute de meilleures conditions d'achat. Il est d'ailleurs piquant de constater qu'une part de ces achats sont faits dans des entrepôts étrangers qui ont su attirer les denrées des colonies françaises, ce qui prouve tout au moins qu'il est beaucoup de colonies françaises où un étranger est au moins aussi favorisé qu'un Français pour acheter et cultiver les terres, commercer, fréquenter les ports, etc..., etc..., c'est-à-dire recueillir les fruits d'une conquête à laquelle le sang et l'argent français ont seuls contribué.

On sait (2) les causes aujourd'hui partiellement atténuées d'un état de choses aussi contradictoire. Notre législation douanière a été modifiée par une série de mesures dont les unes sont des remèdes décisifs, les autres des atténuations considérables. Jules Ferry l'entendait ainsi : « Il n'est jamais « entré, disait-il, dans la pensée d'un être raisonnable de « transporter en bloc les tarifs de la métropole dans les colo- « nies françaises, sans tenir compte ni des distances, ni des « climats, ni de l'infinie variété de ce lointain domaine dis- « persé dans toutes les parties du monde, sous toutes les lati- « tudes. Cette conception étroite, absolue, radicale, n'a point « été celle du Parlement ; c'est la caricature du régime nou- « veau, ce n'en est point la saine et loyale application. » C'est

_____

(1) Cf. la remarquable étude de M. Edmond Théry, *Faits et chiffres*, *Economiste Européen*, 1899, p. 27 et suiv.

(2) Cf. Camille Guy, *La mise en valeur de notre domaine colonial*, même collection, p. 39 et suivantes.

bien de cet esprit que se sont inspirés nos ministres des colonies dans la rédaction des instructions, lois et décrets, destinés à modifier le régime douanier de nos possessions d'outre-mer depuis cette époque. Tel est le sens de l'excellente circulaire que M. Trouillot adressait le 1er août 1898 aux gouverneurs de colonies et résidents de pays protégés : « Lorsqu'on examine « la situation économique de l'ensemble de nos colonies, on « est amené à constater que leur exploitation agricole est loin « d'avoir acquis le développement qu'elle devrait atteindre, et « que notamment la culture des denrées exotiques susceptibles « d'être importées en France a été particulièrement négligée « jusqu'à ce jour..... Au premier rang s'impose le dévelop- « pement de leur production agricole, base de toute richesse, « aliment essentiel du mouvement d'échanges qui doit s'éta- « blir au grand avantage de la métropole et de nos possessions « d'outre-mer..... Les corps élus et les représentants auto- « risés de la colonie française apprécieront, j'en suis assuré, « l'importance du but à atteindre, lequel tend à disputer effi- « cacement à la production étrangère la place qu'elle a prise « sur le marché métropolitain, et à resserrer ainsi, pour leur « mutuel avantage, les liens qui unissent les colonies fran- « çaises à la mère-patrie. »

Voter des lois qui donnent aux colonies et à la métropole les moyens de se rendre solidaires et de renforcer les liens moraux d'union d'autant plus sûrs que l'intérêt n'en sera jamais antagoniste, n'est pas même la seule charge des pouvoirs publics : et les pouvoirs publics n'ont pourtant encore qu'un rôle de haute surveillance. En effet si les tarifs douaniers facilitent les échanges entre les colonies et la métropole, il n'est pas prouvé par là même que ces échanges enrichissent des Français et des habitants de nos colonies. D'une part les produits coloniaux dont nous souhaitons l'envoi en France par nos possessions d'outre-mer, peuvent, dans l'état actuel de notre législation, provenir des plantations d'un Allemand, d'un Anglais ou d'un Américain qui seuls s'enrichissent, d'où une première inefficacité du régime douanier dit protecteur ; en second lieu ces produits, dans nombre de cas, sont importés par navires étrangers. Donc le régime douanier le mieux conçu est une pure duperie si l'on ne met en harmonie avec son esprit la législation relative au séjour, au droit de propriété, à la patente des étrangers domiciliés dans les colonies françaises ; il est encore un leurre si l'on ne veille avec sollicitude sur le privilège dû aux navires français dans nos colonies. Or il suffit, aujourd'hui encore, de lire la plupart de nos traités de délimitation, de navigation et de cabotage pour comprendre que nombre d'accords internationaux, et des plus récents, fixent rigoureusement la frontière dans les premiers articles pour l'abaisser libéralement dans les derniers : en particulier nos domaines de l'Afrique occidentale et à plus forte raison du Congo sont hypothéqués d'une telle manière par l'artifice des clauses dites libérales de ces conventions de délimitation, qu'ils sont en pratique, sur une vaste étendue, *res nullius* ou *res omnium*. Nos ministres des Colonies, nos commissions des douanes, notre Chambre des Députés, notre Sénat, font la meilleure besogne d'adaptation de nos colonies à l'intérêt français ; mais leur bonne volonté, leur courage semble se heurter à une tradition diplomatique de complaisance commerciale, comme si les concessions économiques faites à l'étranger dans nos colonies n'avaient qu'une répercussion minime et lointaine, comme les colonies elles-mêmes, sur l'intérêt métropolitain. Il ne s'agit pas de refuser des avantages de réciprocité, à condition qu'il y ait vraiment réciprocité matérielle des avantages échangés, et non seulement similitude des termes de protocole qu'on signe : car on peut faire un parfait marché de dupes, même si les « hautes parties contractantes » se mettent d'accord sur des termes identiques. Les exemples de ces chances d'erreur viennent en foule à l'esprit : dans le cas d'une stipulation de même formule qui ouvrirait le Togo allemand à la France et le Dahomey à l'Allemagne, l'avantage serait du côté de l'Allemagne parce que le Dahomey a des ressources plus développées, un port plus commode et plus fréquenté, une faculté d'accession vers le Niger et les marchés de l'intérieur beaucoup meilleure que le Togo. Que si l'on échange des clauses facilitant le cabotage, on ne commette jamais l'imprudence d'ouvrir un bon port en échange du libre accès d'un mauvais, ni surtout celle d'ouvrir dix ports à qui ne peut en offrir que trois à nos navires ! Nous blâmons et avons raison de blâmer Louis XV qui, séduit aussi par les économistes ennemis de la méthode de Colbert, ne voulut point « faire la paix en marchand » ; les leçons de 1748 et de 1763 devraient bien nous suffire et nous édifier même pour le temps présent ; la colonisation d'aujourd'hui a ses théoriciens à la Voltaire, tout comme celle du prince négligent et léger que fut Louis XV.

Enfin il faut que les particuliers secondent de leur initiative les efforts que, depuis dix ans, le gouvernement ne cesse de faire pour franciser le commerce de nos colonies. Car, après que l'État aura imposé à la communauté française tous les sacrifices nécessaires à l'efficacité de cette œuvre de libération, le progrès sera nul si l'on ne triomphe de la routine et de l'indifférence internationale de certains représentants du haut commerce. On croirait vraiment qu'il est « écrit dans le testament d'Adam » que le café consommé en France doit fatalement venir et viendra toujours, pour la part majeure, de Brésil et de Java, quitte à changer de nom suivant les manipulations et les tamisages dont il aura été l'objet, que nos manufactures sont « vouées » à l'emploi du coton des États-Unis, de l'Inde et de l'Égypte. Il y a là ce qu'on appelle des « grands courants » à la fixité desquels plus d'un fataliste du quiétisme commercial croit mieux qu'à celle du Gulf-Stream et du Kouro-

Siwo. C'est qu'on se laisse mollement porter par ces courants, de père en fils, depuis plusieurs siècles ; et ces courants portent vers la fortune facile, paisible, tandis que l'exploitation de nos colonies c'est un labeur nouveau, c'est l'étude de l'agriculture au lieu de la pratique pure et simple de l'échange dont l'étranger a la bonté de fournir les éléments, c'est le risque de la production ajouté à ceux de la vente et de l'achat, le contact avec la terre, avec ses travailleurs ; et assurément, c'est un effort qui veut beaucoup de science, de labeur et qui va donc d'un cœur allègre au-devant de tant de risques même pour l'amour de la patrie d'outre-mer, solidaires pourtant de la vieille patrie.

Si les commerçants de France que ces perspectives de changement des centres de production et de vente effraient, se donnaient la peine de constater que cette évolution fatale est commencée, et qu'elle les ruinera s'ils ne s'en rendent solidaires et protecteurs, leur parti serait vite pris et leur résolution ardente. Car, grâce au développement des moyens de transport rapide et de communication facile, il devient dangereux et il deviendra ruineux de s'en tenir à la fonction d'échanger, quelles que soient les mains desquelles on prend et auxquelles on livre. La fonction productive a ressaisi la prépondérance qui lui était due ; et le progrès de la circulation rapide des marchandises et des ordres d'achat ou de vente amène peu à peu, et c'est justice, le profit au travail en supprimant nombre d'intermédiaires inutiles. C'est en quoi les capitaux d'un pays, si les gouvernants de ce pays savent veiller à la conservation des privilèges nationaux, peuvent être à la fois les instruments d'une mise en valeur rapide, économique, et ceux d'une plus directe association du travail et des bénéfices.

L'intérêt peut garantir la durée du sentiment de solidarité morale de la métropole avec sa colonie ; mais le sentiment doit aussi, surtout chez le Français de la métropole qui est l'aîné, encourager les actes de solidarité matérielle : et c'est là une indispensable application de l'esprit démocratique aux œuvres de colonisation. A cet égard notre éducation est fort en retard. Sont-ils nombreux les Français qui portent un intérêt assez constant à notre Indo-Chine pour rechercher le riz de nos colons et de nos indigènes, de préférence aux produits similaires de l'étranger? En dehors du monde des « coloniaux », dont l'ardeur commence à entamer l'indifférence du public, qui se préoccupe de favoriser par ses achats les cafés de nos colonies vieilles ou nouvelles, le thé de l'Annam? Que l'on n'objecte pas la résistance de notre esprit paysan ; car les Hollandais, autant et plus paysans que nous, sont soucieux, jusqu'au fond de leurs plus petites villes, du succès de la vente des produits de leurs Indes. Et en vérité, la routine, en cette matière spéciale, n'est point le fait de la France agricole, mais celui du « grand commerce »; et ceux-là mêmes entravent le libre-échange entre la France et ses colonies qui veulent le plus ardemment que l'échange reste libre entre la France et l'étranger.

Qu'on prenne donc chez nous la coutume de ne plus jamais considérer nos colonies comme « l'étranger » : la réforme est inscrite dans nos lois, mais il s'en faut de beaucoup qu'elle ait pénétré et modifié nos mœurs, nos habitudes de penser, de parler et d'agir. S'il en était autrement, serions-nous choqués de la sorte de tutelle qu'exerce la métropole sur les cultures, les industries, le commerce de ses colonies? Car, en vérité, la communauté française, par le vote de primes, d'indemnités, de travaux publics, à l'une ou l'autre de ses propres provinces, ne fait-elle point l'œuvre de contrôle, de nivellement, d'accord, des désirs de chacune dans l'intérêt de toutes : et les Français s'imposent, par des moyens plus détournés mais tout aussi efficaces, ce qu'on leur reproche si souvent de vouloir imposer à leurs colonies.

Il n'est aucune part de la société française qui ne puisse, si l'on applique à nos colonies un régime méthodique de production et d'échange, bénéficier de notre œuvre d'expansion. Elle doit procurer à nos agriculteurs, sous forme de graines, de tourteaux, etc..., le moyen de perfectionner le moyen et le petit élevage, assurer aux classes laborieuses de l'industrie d'excellentes matières nutritives, riz, cacao, café, à bon marché. L'expansion coloniale n'est en contradiction avec aucun des besoins essentiels de la nation française, mais ses procédés n'ont pas encore été adaptés à ces besoins, sa méthode n'a pas été assez nettement fixée, en dépit des progrès très réels des dernières années du siècle.

En effet, dans la période contemporaine, l'absolue solidarité d'un pays est la condition première d'un effort fructueux d'expansion coloniale; mais aussi tout vigoureux effort d'expansion coloniale doit profiter à la communauté tout entière. Jadis la colonisation put être, dans l'œuvre d'une nation, le lot des provinces voisines de la mer; dans tous les pays, sans exception, faute de moyens de communication aisés et rapides, ce partage du travail d'expansion économique, cette séparation des attributs et des rôles était le fait normal. L'Angleterre seule fit exception en qualité de pays tout maritime; et les Hollandais, grâce à l'excellence de leurs voies navigables, purent rivaliser avec eux.

Aujourd'hui un Etat, dont les côtes sont découpées et hospitalières, qui est peuplé d'un grand nombre de marins de profession et de race, peut être vaincu, dans la lutte coloniale, par un autre Etat dont les débouchés sur mer sont précaires, la population maritime peu nombreuse, pourvu que cet Etat, mal doté par la nature, jouisse d'une meilleure condition de solidarité de sa richesse, emploie plus habilement ses voies de communication intérieure, et les soude mieux à ses lignes de navigation. L'Allemagne en est une preuve, la Russie une autre; et si l'on nous prédisait que, dans dix ans, l'Autriche-Hongrie aura un essor colonial supérieur à celui de l'Italie, nous n'aurions point lieu de rire d'une pareille prophétie, qu'on eût qualifiée d'amusant paradoxe, il y a moins de vingt ans.

Notre système colonial, qui est en même temps de tradition française et d'essence démocratique, celui qui emploie toutes les facultés d'un pays, sans exception, à l'œuvre d'expansion, n'est pas seulement le plus humain; il est le plus sage. Il ménage à la fois métropole et colonies; il procède sans introduire dans la vie sociale de l'une ni de l'autre une brusque et funeste révolution. La colonisation purement mercantile à laquelle on nous convie parfois, en nous vantant les triomphes de la Grande-Bretagne qu'on calomnie d'ailleurs par ce jugement excessif et incomplet de son œuvre, n'est point digne d'une France, ni d'une démocratie; elle est contraire à nos traditions, à nos institutions, à nos intérêts. L'Européen qui débarque dans un pays nouveau avec la seule passion du gain, qui a le triste courage de faire table rase de tout, plantes, animaux et humains, pour faire produire à ce pays et à ses habitants ce que son usine ou sa maison de commerce l'envoie chercher, n'est point un colonisateur. Le plus souvent il n'a pas su, dans la mère-patrie, ce qu'est l'attachement à un coin du sol, la reconnaissance envers la Terre qui nourrit. Il faut que même le soldat de France, envoyé au delà des mers pour une nécessaire mais cruelle besogne, pense tendrement et avec douceur à son champ de blé quand il foule les rizières de l'Asiatique ou de l'Africain : et qui a lu les instructions des Archinard, des Gallieni, des Trentinian, a le bonheur de sentir que nos soldats ont éprouvé ce sentiment généreux : notre réprobation des défaillances individuelles atteste ce respect.

L'expansion coloniale de la communauté française est pleinement originale dans sa nature et dans ses moyens. Il en doit

être ainsi, puisque, parmi tous les peuples coloniaux de notre
siècle, il n'en est assurément pas deux qui soient, aux mêmes
degrés, agriculteurs, industriels et commerçants ; d'où il résulte
que chacun est tenu de suivre une politique coloniale particulière et de s'adonner à un genre spécial d'expansion. Parler
en général de l'expansion européenne au xix⁰ siècle, soit en
Afrique, soit ailleurs, c'est grouper dans une synthèse aventureuse et en vue de conclusions contestables, nombre de faits
différents, sinon contraires. Conseiller à la France l'imitation
de la Grande-Bretagne ou de l'empire allemand, en matière
coloniale, sans atténuations, sans remarques restrictives, est
agir à l'encontre de ses intérêts.

Aux impatients qui se plaignent de la lenteur des progrès
obtenus par le gouvernement de la République nous répon-
drons par les sages observations de M. Gaston Doumergue,
rapporteur du budget de 1899 : « C'est dans l'espace de dix
« ans que l'Annam, le Laos, le Tonkin, le Soudan, le Congo,
« la Guinée, le Dahomey, Madagascar, sont venus s'ajouter à
« nos vieilles possessions. Au prix de quels sacrifices et de
« quelles pertes en hommes et en argent, nous ne le savons
« que trop..... La supériorité des peuples étrangers n'est donc
« pas due uniquement à leur méthode particulière d'adminis-
« tration ; elle vient plutôt de ce qu'ils ont su n'accroître et ne
« constituer leur domaine colonial que dans la mesure de leurs
« forces et en espaçant raisonnablement leurs efforts. »

ADDENDA

I. — CONVENTION FRANCO-PORTUGAISE DU 23 JANVIER 1901
(*Délimitation du Congo*).

A partir de la borne D, placée par la commission mixte au point terminus de la ligne médiane entre la rivière Loema ou Louisa-Loango et la rivière Lubinda, la frontière des possessions françaises et portugaises rejoindra la ligne de faîte qui sépare les bassins de la Loema ou Louisa-Loango et du Chiloango, en suivant la ligne de partage des eaux entre le bassin de la Lufica, d'une part, et celui de la Lubinda, d'autre part, et en se rapprochant autant que possible du parallèle qui passe par la borne D susmentionnée.

La frontière se confondra ensuite avec la ligne de faîte qui sépare les bassins de la Loema ou Louisa-Loango et du Chiloango jusqu'au parallèle du confluent de la rivière Bilisi avec la rivière Luali, elle suivra ce parallèle jusqu'audit confluent, puis le thalweg de la rivière Luali jusqu'à sa source.

A partir de ce point, la frontière se confondra avec la ligne de faîte qui sépare les bassins de la Loema ou Louisa-Loango et du Chiloango, jusqu'à la source de la première rivière qui se trouve par environ 10°22'50" longitude Est de Paris et environ 4°21'11" latitude Sud.

A partir de ce point, la frontière suivra la ligne de partage des eaux des bassins du Niari-Quillou, au Nord, et du Chiloango, au Sud, jusqu'au méridien 10°30' longitude Est de Paris, en se rapprochant autant que possible du parallèle qui passe par la source de la rivière Loema ou Louisa-Loango susindiquée.

La frontière suivra ensuite le méridien 10°30' jusqu'au point d'intersection avec la crête des hauteurs qui limite le soulèvement dit « forêt de Mayumbe », puis elle se confondra avec cette crête jusqu'à sa rencontre avec la rivière Chiloango, qui sert en cet endroit

de frontière entre les possessions portugaises et l'Etat libre du
Congo.

II. — CONVENTION FRANCO-ITALIENNE DU 10 JUILLET 1901
(*Délimitation de la Côte des Somalis*).

La commission spéciale, visée par l'article 2 du protocole signé à
Rome, le 24 janvier 1900, entre la France et l'Italie, au sujet de la
frontière délimitant leurs possessions respectives dans la région
côtière de la mer Rouge et du golfe d'Aden, ayant achevé, sur les
lieux, le travail dont elle avait été chargée, et ledit protocole devant
maintenant être complété d'après les résultats de ce travail, les soussignés, dûment autorisés à cet effet, ont stipulé ce qui suit :

La ligne de frontière, stipulée par l'article 1er du protocole du
24 janvier 1900, a son point de départ à la pointe extrême du Ras
Doumeirah ; elle s'identifie ensuite avec la ligne de partage des eaux
du promontoire de ce nom ; après quoi, à savoir après le parcours
d'un kilomètre et demi, elle se dirige en ligne droite au point, sur
le Weima, marqué Bisidiro dans la carte ci-annexée.

A partir de Bisidiro, la ligne se confond avec le thalweg du Weima,
en le remontant jusqu'à la localité que la carte ci-annexée dénomme
Daddato, cette localité marquant ainsi le point extrême de la délimitation franco-italienne, établie par le susdit protocole du 24 janvier 1900.

En foi de quoi, le présent protocole a été dressé et signé en double
exemplaire.

Fait à Rome, le 10 juillet 1901.

L'ambassadeur de France,

Signé : Camille BARRÈRE.

(L. S.)

*Le ministre des affaires étrangères
de S. M. le Roi d'Italie.*

Signé : PRINETTI.

(L. S.)

ERRATA

Page 100, *septième ligne*, lire : article 8 du traité d'Utrecht.
— 116, *septième ligne* du sommaire, lire : Gourbeyre.
— 217, *première ligne*, lire : l'ordonnance du 21 août 1825.
— 305, *sixième ligne*, lire : le sénatus-consulte du 22 avril 1863.
— 317, *dixième ligne*, lire : le sénatus-consulte du 22 avril 1863.
— 320, *quatorzième ligne*, lire : les Beni-Snassen et les Angad.
— — *vingt-deuxième ligne*, lire : les Douimenia.
— — *vingt-septième ligne*, lire : Overweg.
— 322, *vingt-et-unième ligne*, lire : Sinaoun.
— 341, *première ligne*, lire : Koundian.
— — *dix-septième ligne*, lire : Nyamina.
— — *vingt-septième ligne*, lire : Nyamina.
— 350, *trente-deuxième ligne*, lire : Rasoherina.
— 359, *quatorzième et vingt-et-unième lignes*, lire : de la Grandière.
— 362, *vingt-troisième ligne*, lire : de la Grandière.
— 617, *dix-neuvième ligne*, lire : Fondère.
— 882, *trente-quatrième ligne*, lire : 1885.

INDEX DES TRAITÉS ET CONVENTIONS
CITÉS DANS CE VOLUME

I. — TRAITÉS GÉNÉRAUX

II. — TRAITÉS DE PARTAGE ET DE DÉLIMITATION

1° ALLEMAGNE

2° BRÉSIL

3° CHINE

4° ESPAGNE

5° ÉTAT INDÉPENDANT DU CONGO

6° ÉTHIOPIE

7° GRANDE-BRETAGNE

8° ITALIE

9° LIBÉRIA

10° MAROC

11° MASCATE

12° Pays-Bas

13° Portugal

14° Siam

15° Suède

III. — TRAITÉS DE PROTECTORAT ET D'ANNEXION

1° Algérie-Tunisie

2° Afrique Occidentale

7º OCÉANIE

TABLE DES MATIÈRES

Du traité d'Amiens au traité de Paris

CHAPITRE II
La Restauration (1815-1830)

ANNEXES DU CHAPITRE II

DEUXIÈME PARTIE (1830-1848)
Règne de Louis-Philippe

CHAPITRE I

CHAPITRE II

CHAPITRE III

CHAPITRE IV

ANNEXES DE LA DEUXIÈME PARTIE

TROISIÈME PARTIE

République de 1848 et Second Empire

CHAPITRE I

CHAPITRE II

CHAPITRE III

CHAPITRE IV

CHAPITRE V

ANNEXES DE LA TROISIÈME PARTIE

1. — *L'Algérie et l'Afrique du Nord*

II. — *Le régime des colonies*

III. — *Le développement de l'Afrique occidentale*

IV. — *Dans l'Océan indien*

V. — *Établissement dans la Mer Rouge*

VI. — *Reprise de la tradition française en Indo-Chine*

VII. — *Dans l'Océan Pacifique*

QUATRIÈME PARTIE (1870-1900)
Troisième République

CHAPITRE I

ANNEXES DU CHAPITRE Ier

CHAPITRE II

ANNEXES DU CHAPITRE II

i. — *L'Algérie*

ii. — *La Tunisie*

CHAPITRE III
L'Afrique occidentale française
Sénégal, Guinée, Niger

ANNEXES DU CHAPITRE III

I. — *L'expansion de 1870 à 1890*

II. — *L'expansion de 1890 à 1894*

III. — *L'expansion de 1895 à 1900*

CHAPITRE IV

Le Congo français, le lac Tchad et le Haut-Nil

ANNEXES DU CHAPITRE IV

I. — *Gabon et Congo*

CHAPITRE V

CHAPITRE VI

Les établissements de la Mer Rouge

ANNEXES DU CHAPITRE VI

I. — *Formation de la colonie de la côte française des Somalis*

II. — *La question éthiopienne*

III. — *Adulis, Cheikh-Saïd et Mascate*

CHAPITRE VII

Madagascar et ses satellites

ANNEXES DU CHAPITRE VII

I. — *La guerre de* 1882-1885

II. — *De* 1885 *à* 1895

III. — *La guerre de* 1895

CHAPITRE VIII

L'Indo-Chine française

CHAPITRE IX
Evolution politique et économique des colonies de l'ancien domaine

ANNEXES DU CHAPITRE IX
I. — *Guadeloupe et dépendances*

II. — *Martinique*

III. — *Guyane française*

IV. — *Saint-Pierre et Miquelon et le French Shore*

V. — *Nouvelle-Calédonie et dépendances*

VI. — *Établissements français de l'Océanie*

VII. — *Établissements français de l'Inde*

DIJON. — IMPRIMERIE DARANTIÈRE.

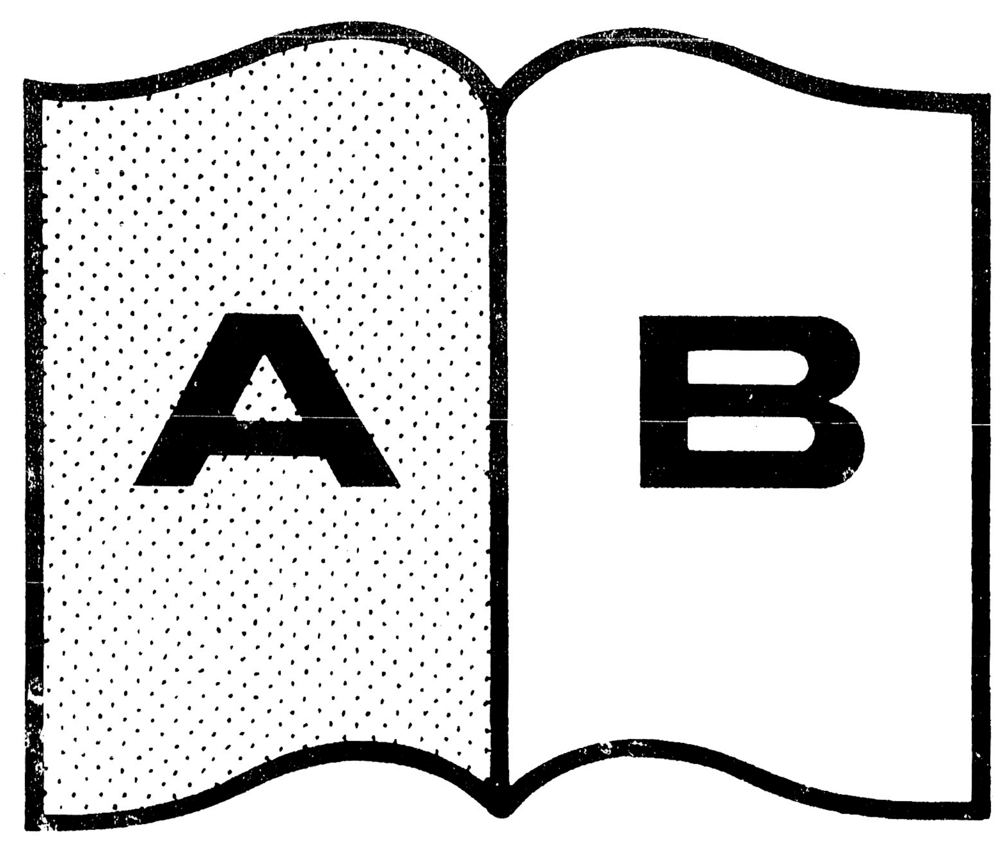

Contraste insuffisant

NF Z 43-120-14

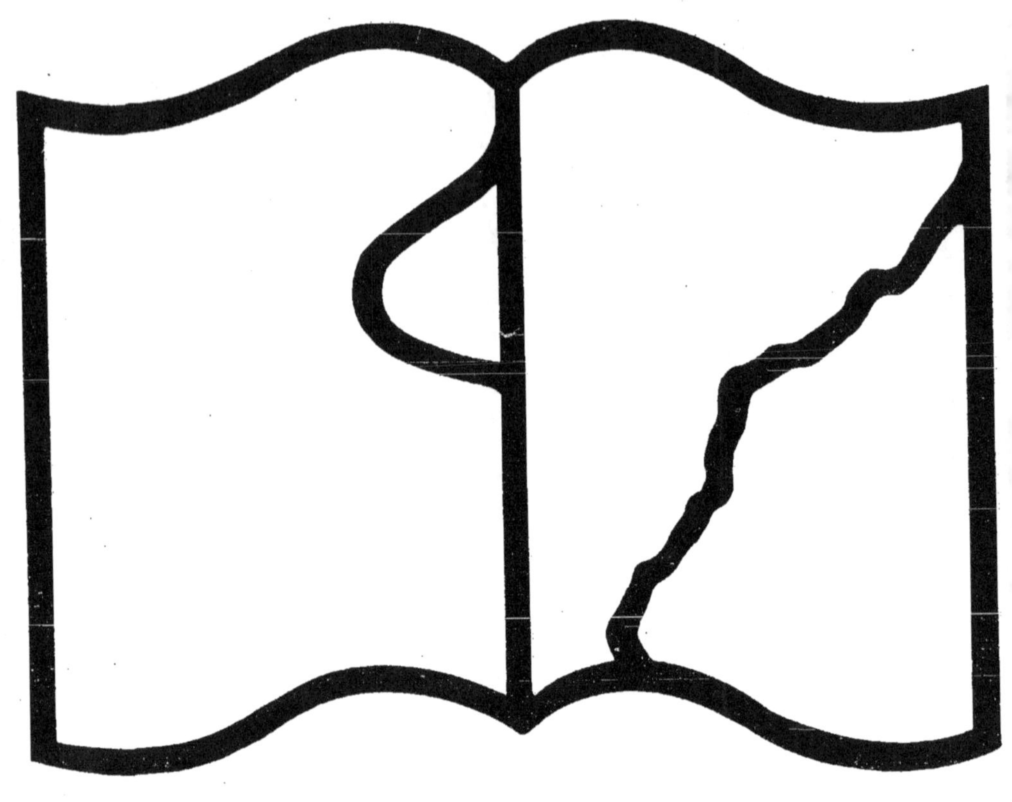

Texte détérioré — reliure défectueuse

NF Z 43-120-11

www.ingramcontent.com/pod-product-compliance
Lightning Source LLC
Chambersburg PA
CBHW051223050726
47594CB00001B/1